Die

Gleichstrommaschine.

Zweiter Band.

Die
Gleichstrommaschine.

Theorie, Konstruktion, Berechnung, Untersuchung und Arbeitsweise derselben.

Von

E. Arnold,
o. Professor und Direktor des elektrotechnischen Instituts
der grossherzoglichen technischen Hochschule Fridericiana zu Karlsruhe.

Zweiter Band.

Konstruktion, Berechnung, Untersuchung und Arbeitsweise der Gleichstrommaschine.

Mit 484 Textfiguren und 11 Tafeln.

Springer-Verlag Berlin Heidelberg GmbH
1903.

Additional material to this book can be downloaded from http://extras.springer.com.

ISBN 978-3-662-42884-9 ISBN 978-3-662-43170-2 (eBook)
DOI 10.1007/978-3-662-43170-2

Softcover reprint of the hardcover 1st edition 1903

Vorwort.

Bei der Bearbeitung des vorliegenden zweiten Bandes war es mein Bestreben, die Konstruktion und die Berechnung einer Gleichstrommaschine in allen Theilen klarzulegen.

Der erste Theil behandelt den mechanischen Aufbau der Gleichstrommaschine. Ich habe ihn der Berechnung vorangestellt, weil insbesondere die Anordnung und der Bau der Wicklung sowie die Art und die Stärke der Isolation bei der Vorausberechnung bekannt sein müssen. Die Konstruktion verschiedenartiger Maschinen wird durch 30 Beispiele für Leistungen von 2 bis 1320 KW, deren Hauptabmessungen und berechneten Grössen in Tabellen zusammengestellt sind, erläutert.

Der zweite Theil des Buches umfasst die Vorausberechnung, ihm liegt die im ersten Band gegebene Theorie zu Grunde. Die Wahl der einzelnen Grössen wird ausführlich begründet und die Methode der Berechnung derart aufgebaut, dass man unter stetiger Kontrolle und Kritik der berechneten Grössen von Stufe zu Stufe bis zur endgültigen Lösung der Aufgabe vorwärtsschreitet.

Den besten Ueberblick über die vollständige Berechnung einer Maschine giebt das Berechnungsformular (S. 388 bis 397). Eine Durchsicht desselben und des Beispieles für die ausführliche Berechnung einer Maschine lehrt, dass die vollständige und genaue Berechnung viel Zeit in Anspruch nimmt. Mit den gegebenen Hülfsmitteln sollte auch derjenige, der über keine grossen Erfahrungen im Dynamobau verfügt und sich doch nicht ohne Kritik an ausgeführte Maschinen anlehnen will, im Stande sein, eine technisch und wirthschaftlich gute Maschine zu entwerfen. Der erfahrene Ingenieur wird in vielen Fällen, z. B. bei vorläufigen Projekten oder wenn ausreichende Erfahrungen mit der zu berechnenden Type vorliegen, die Berechnung wesentlich kürzen können, dem gewissenhaften Anfänger kann jedoch nur eine genaue Berechnung die erwünschte Sicherheit bringen.

Die Berechnung der Regulir- und Anlasswiderstände enthält alle wesentlichen hierbei in Betracht kommenden Gesichtspunkte ohne auf die Konstruktion der Widerstände selbst einzugehen.

Im dritten Theil des Buches, der die Untersuchung einer Gleichstrommaschine umfasst, sind die im Laboratorium des Elektrotechnischen Instituts gemachten Untersuchungen und Erfahrungen verwerthet worden. Die Untersuchungen über die Kommutation und die Wirbelstromverluste im Ankerkupfer gehörten eigentlich in den ersten Band, sie waren aber bei dessen Fertigstellung noch nicht beendet.

Die Parallelschaltung und Verwendung der Gleichstromgeneratoren für verschiedene Zwecke, die Regulirung der Umdrehungszahl, das Anlassen und die Verwendung der Gleichstrommotoren, die Dreileitermaschinen und die Gleichstromkraftübertragungen bringt endlich der vierte Theil des Buches.

Die grossen Anwendungsgebiete des Elektromotors für bestimmte Zwecke und Betriebe, wie z. B. Werkstättenbetrieb, Betrieb von Transportmaschinen und Bahnen, Bergbau u. s. f. werden kurz berührt. Eine eingehende Würdigung dieser Anwendungen liegt ausserhalb des gesteckten Rahmens des ohnehin umfangreich gewordenen Buches.

Bei der Bearbeitung und Drucklegung des zweiten Bandes haben mich insbesondere die Herren Dipl.-Ing. J. L. la Cour, Dipl.-Ing. K. Czeija und Dr. ing. M. Kahn, Assistenten am Elektrotechnischen Institut, unterstützt. Herr Czeija hat namentlich am dritten Theil des Buches, und Herr Kahn am vierten Theil sowie an der Berechnung der Regulirwiderstände mitgearbeitet. Ich spreche diesen Herren, die mir die grosse Arbeit wesentlich erleichtert haben, meinen besten Dank aus.

Ferner habe ich den zahlreichen im Buche genannten elektrotechnischen Firmen, die mir Zeichnungen und Versuchsresultate zur Verwerthung überliessen, ebenfalls zu danken.

Karlsruhe, den 20. Juli 1903.

E. Arnold.

Inhaltsverzeichniss.

Erster Theil.

Die Konstruktion der Gleichstrommaschine.

Erstes Kapitel.

Zweites Kapitel.

Drittes Kapitel.

Viertes Kapitel.

Fünftes Kapitel.

Sechstes Kapitel.

Siebentes Kapitel.

Achtes Kapitel.

Neuntes Kapitel.

Zehntes Kapitel.

Elftes Kapitel.

Zwölftes Kapitel.

Zweiter Theil.

Die Vorausberechnung der Gleichstrommaschine.

Dreizehntes Kapitel.

Vierzehntes Kapitel.

Fünfzehntes Kapitel.

Sechszehntes Kapitel.

Siebenzehntes Kapitel.

Achtzehntes Kapitel.

Neunzehntes Kapitel.

Zwanzigstes Kapitel.

Einundzwanzigstes Kapitel.

Zweiundzwanzigstes Kapitel.

Dritter Theil.

Untersuchung der Gleichstrommaschine.

Dreiundzwanzigstes Kapitel.

Vierundzwanzigstes Kapitel.

Fünfundzwanzigstes Kapitel.

Sechsundzwanzigstes Kapitel.

Siebenundzwanzigstes Kapitel.

Achtundzwanzigstes Kapitel.

Vierter Theil.

Die Arbeitsweise und Anwendung der Gleichstrommaschine.

Neunundzwanzigstes Kapitel.

Dreissigstes Kapitel.

Einunddreissigstes Kapitel.

Zweiunddreissigstes Kapitel.

Dreiunddreissigstes Kapitel.

Vierunddreissigstes Kapitel.

Verzeichniss der Tafeln.

Berichtigungen.

Seite 10. Zeile 7, 5, 4, 3 von unten ist überall $2p\Phi$ statt $p\Phi$ einzusetzen.
Seite 66. Zeile 9 von oben ist „nicht“ zu streichen.
Seite 102. Zeile 3 von unten lies 90 statt 92.
Seite 237. Zeile 13 von oben lies Stäben statt Scheiben.
Seite 245. Zeile 1 von oben lies 40,5 statt 41,5.
„ 2 von oben lies 41,0 statt 40,0.
Seite 280 ist in der Tabelle 6000 statt 60 zu setzen.
Seite 284 Formel 37 lies k_z statt k_2.
Seite 306. Zeile 5 von oben lies W_n statt w_n.
Zeile 6 von oben Formel 72 soll lauten:

$$W_n = \frac{(1 + 0{,}04\, T_m)\, i_n\, w_n\, l_n}{5700}\, s_n.$$

Erster Theil.

Die Konstruktion der Gleichstrommaschine.

Erstes Kapitel.

1. Wellen. — 2. Zapfen. — 3. Gleitlager. — 4. Kugellager.

1. Wellen.

Die Welle einer Dynamomaschine wird durch biegende und drehende Kräfte beansprucht. Die ersteren verursachen eine Durchbiegung, welche in verschiedener Hinsicht nachtheilig wirkt.

Erstens liegt der Zapfen, sofern das Lager sich nicht selbstthätig einstellen kann, nicht gleichmässig auf seiner ganzen Länge auf, und es wird dadurch eine Erhöhung der maximalen Zapfenpressung hervorgerufen.

Zweitens wird der Luftzwischenraum δ am Umfang des Ankers ungleich, wenn sich die Welle senkt. Der Kraftfluss der unteren Pole wird infolge dessen verstärkt, während er an den oberen Polen abnimmt, und die geometrische Summe der magnetischen Anzugskräfte aller Pole wird nicht mehr gleich Null, sondern es tritt ein einseitiger magnetischer Zug nach den verstärkten Polen hin auf, welcher die Durchbiegung noch vergrössert.

Drittens hat die excentrische Lage des Ankers, die auf Seite 19 I behandelten Ausgleichströme zur Folge, welche den Wirkungsgrad der Maschine beeinträchtigen und ihre Leistungsfähigkeit herabsetzen.

Die Berechnung der Welle muss also nach zwei Gesichtspunkten erfolgen:

a) Nach der Biegungs- und Drehungsbeanspruchung.

b) Nach der Durchbiegung.

a) Biegungs- und Drehungsbeanspruchung sind massgebend.

Die Biegungsbeanspruchung. In Fig. 1 ist eine Welle schematisch aufgezeichnet. Q sei das Gewicht des Ankers, das hier durch eine im Schwerpunkt des Ankers angreifende Kraft Q ersetzt ist. Diese Kraft ruft in den Lagern die Lagerdrücke P_1 und P_2 hervor.

$$P_1 = \frac{a_2 \cdot Q}{a_1 + a_2}; \qquad P_2 = \frac{a_1 \cdot Q}{a_1 + a_2} = Q - P_1 \quad . \quad . \quad . \quad (1)$$

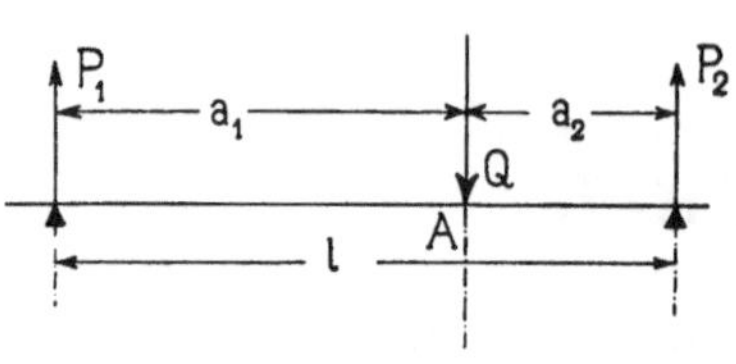

Fig. 1.

Das maximale biegende Moment tritt im Querschnitt A auf.

$$M_{b\,max} = P_1 \cdot a_1 = P_2 \cdot a_2 .$$

Für kreisförmigen Querschnitt ist das Widerstandsmoment

$$W = \frac{\pi}{32} d^3 \cong \frac{d^3}{10}$$

und daher

$$M_b = W \cdot k_b = \frac{d^3}{10} \cdot k_b ,$$

$$d = \sqrt[3]{\frac{10 \cdot M_b}{k_b}}, \quad . \quad . \quad . \quad . \quad . \quad . \quad . \quad (2)$$

woraus man für M_b in cmkg d in cm erhält. Nach C. Bach „Die Maschinenelemente" ist die zulässige Biegungsbeanspruchung für

Flussstahl	$k_b = 400$ bis 500	kg pro cm^2
Flusseisen	$k_b = 300$ „ 400	„ „ „
Schweisseisen	$k_b = 300$	„ „ „

Ist der Generator nicht direkt mit der Kraftmaschine gekuppelt, sondern z. B. durch Riemen, Seile oder Räder angetrieben, so tritt noch, herrührend vom Antriebsmomente, ein zweites Biegungsmoment auf, welches mit dem erstbehandelten meist einen Winkel einschliesst. Die beiden Biegungsmomente setzen sich zu einem resultirenden zusammen, das sich nach den Parallelogramm für jeden Querschnitt leicht bestimmen lässt. In die Formel

$$M_b = W \cdot k_b$$

muss der Maximalwerth des resultirenden Momentes eingesetzt werden.

Die Drehungsbeanspruchung. Das Drehmoment M_d in cmkg ist gleich dem Produkt der am Umfang des Ankers wirkenden Kraft T in kg multiplicirt mit dem Radius des Ankers $\frac{D}{2}$ in cm. Für die Welle einer Maschine von KW Kilo-Watt bezw. PS Pferdestärken ergiebt es sich zu

$$M_d = T \cdot \frac{D}{2} = \frac{1000 \cdot KW \cdot \frac{D}{2}}{9{,}81 \frac{\pi \cdot D \cdot n}{60 \cdot 100}} \cong 10^5 \frac{KW}{n},$$

bezw.

$$M_d = \frac{75 \cdot PS \cdot \frac{D}{2}}{\frac{\pi \cdot D \cdot n}{60 \cdot 10}} = 71620 \frac{PS}{n}.$$

Ferner ist für massive Wellen

$$M_d = \frac{\pi}{16} d^3 \cdot k_d,$$

woraus d in cm gefunden wird. Ist das Drehmoment gleichbleibend und stossfrei, z. B. beim Antrieb durch Turbinen, so kann nach C. Bach gesetzt werden:

für Flussstahl	$k_d = 900$	bis	1200	kg pro cm^2
„ Flusseisen	$k_d = 600$	„	840	„ „ „
„ Schweisseisen	$k_d = 360$	„	480	„ „ „

Schwankt das Drehmoment ohne eigentliche Stösse abwechselnd zwischen Null und seinem grössten Werth, so wird

für Flussstahl	$k_d = 600$	bis	800	kg pro cm^2
„ Flusseisen	$k_d = 400$	„	560	„ „ „
„ Schweisseisen	$k_d = 240$	„	320	„ „ „

Das resultirende Biegungsmoment und das Drehmoment eines Querschnittes setzt sich zu einem kombinirten Moment M_c zusammen, welches gleich ist

$$M_c = 0{,}35\, M_b + 0{,}65 \sqrt{M_b^2 + (\alpha_0 \cdot M_d)^2}; \quad . \quad . \quad (3)$$

α_0 wird als Anstrengungsverhältniss bezeichnet und hat den Werth

$$\alpha_0 = \frac{k_b}{1{,}3\, k_d}.$$

Der Maximalwerth von M_c wird

$$M_{c\,max} = \frac{d^3}{10} \cdot k_b$$

gesetzt, woraus die Grösse des Wellendurchmessers in cm folgt, zu

$$d = \sqrt[3]{\frac{10 \cdot M_{c\,max}}{k_b}} \quad . \quad . \quad . \quad . \quad . \quad (4)$$

b) Die Durchbiegung der Welle ist massgebend.

Die Durchbiegung der Welle wird durch ihr Eigengewicht, die Lasten, die sie trägt, den magnetischen Zug und die Antriebsmomente verursacht. Als Last wird meist nur das Ankergewicht in Frage kommen, neben dem das Eigengewicht der Welle vernachlässigt werden kann. Wie der einseitige magnetische Zug berechnet wird, soll weiter unten gezeigt werden.

Die Durchbiegung, welche durch eine an der Welle angreifende Kraft an irgend einem Punkte hervorgerufen wird, ist gegeben durch die Gleichung der elastischen Linie, welche diese Durchbiegung als Funktion der Kraft, der Lage ihres Angriffspunktes, des Trägheitsmomentes Θ des Querschnitts in Bezug auf die zur Kraft senkrechte Axe und des Dehnungskoefficienten α des Materials darstellt. Sie wird erhalten durch zweimaliges Integriren der Gleichung

$$\frac{d^2 y}{d x^2} = -\frac{\alpha}{\Theta} \cdot M_x \quad . \quad . \quad . \quad . \quad . \quad . \quad (5)$$

wobei y die Durchbiegung an der Stelle x und M_x das im Querschnitt x wirkende Moment ausdrückt. Für runden Querschnitt wird

$$\Theta = \frac{\pi}{64} d^4 \cong \frac{1}{20} d^4.$$

Der Dehnungskoefficient α beträgt

$$\text{für Flussstahl } \alpha = \frac{1}{2\,200\,000}$$

$$\text{für Flusseisen } \alpha = \frac{1}{2\,150\,000}$$

$$\text{für Schweisseisen } \alpha = \frac{1}{2\,000\,000}.$$

Um die Durchbiegung der Welle unter allen angeführten Belastungen zu finden, betrachtet man den Einfluss jeder angreifenden Kraft gesondert und setzt die sich ergebenden Werthe geometrisch zusammen. Zur Berechnung des Wellendurchmessers nimmt man dann unter Beachtung der am Anfang des Kapitels angegebenen Gesichtspunkte eine zulässige Durchbiegung am besten im Verhältniss zum Luftzwischenraum δ zwischen Ankereisen und Pol an.

$$y = z \cdot \delta.$$

Im allgemeinen lässt man eine Durchbiegung von $^1/_{20}$ bis $^1/_{10}$ δ zu. Für diese bleibt die Beanspruchung der Welle gewöhnlich in den zulässigen Grenzen und eine Nachrechnung des Querschnitts mit Rücksicht darauf ist meist nicht erforderlich.

Aus der Zahl der möglichen Anordnungen sollen nun zwei besonders häufig vorkommende herausgegriffen und an diesen der Gang der Berechnung erläutert werden.

I. Fall. Fig. 2 stellt eine Welle mit zwei Lagern und einer fliegenden Riemscheibe dar.

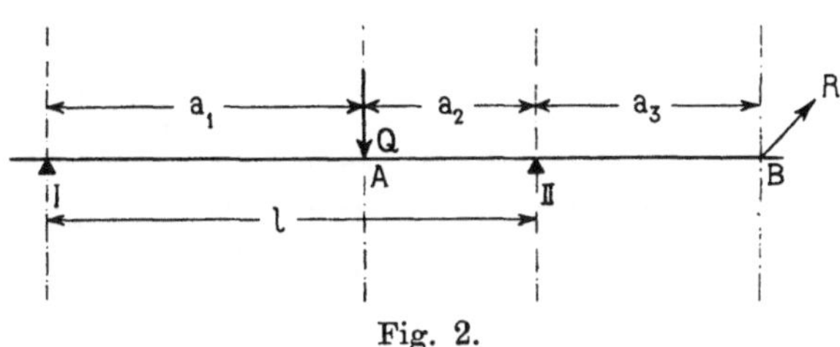

Fig. 2.

A ist die Ankermitte, in der man sich das Ankergewicht *Q* koncentrirt denkt, in *B* greife der Riemenzug *R* an. Ausserdem wird die Welle noch durch den in *A* wirkenden magnetischen Zug *Q'* beansprucht, welcher in Richtung der resultirenden Durchbiegung wirkt. Da diese jedoch im allgemeinen nicht stark von der Vertikalen abweicht, kann man den magnetischen Zug einfach zum Ankergewicht hinzufügen. Man erhält dann eine vertikale Durchbiegung

$$y_Q = (Q + Q') \frac{a_1^2 \cdot a_2^2}{3l} \cdot \frac{\alpha}{\Theta} = \frac{C_1}{\Theta} \quad . \; . \; . \quad (6)$$

und eine vom Riemenzug herrührende Durchbiegung y_R, welche unter Vernachlässigung der Verschiedenheit der Wellenquerschnitte gesetzt werden kann

$$y_R = R \cdot \frac{a_3}{6l} (l^2 \cdot a_1 - a_1^3) \cdot \frac{\alpha}{\Theta} = \frac{C_2}{\Theta} \quad . \; . \; . \; . \quad (7)$$

Beide setzen sich geometrisch zur resultirenden Durchbiegung y zusammen. In vielen Fällen wird man die Richtung des Riemenzugs beim Entwurf einer Maschine nicht kennen. Man dimensionirt dann am besten die Welle für den ungünstigen Fall, dass der Zug nach oben unter 45° gegen die Horizontale wirke, die beiden Durchbiegungen also einen Winkel von 45° einschliessen. Dann wird

$$y = \sqrt{y^2_Q + y^2_R + y_Q \cdot y_R \sqrt{2}} = \frac{1}{\Theta} \sqrt{C_1^2 + C_2^2 + C_1 \cdot C_2 \sqrt{2}},$$

und für die zulässige Durchbiegung $y = z\delta$

$$\Theta = \frac{1}{z\delta}\sqrt{C_1^2 + C_2^2 + C_1 \cdot C_2 \sqrt{2}} \quad . \quad . \quad . \quad (8)$$

II. Fall. Das zweite Beispiel, das in Fig. 3 dargestellt ist, behandelt eine an drei Stellen gelagerte Welle, wie sie etwa bei einer mit Riemen angetriebenen Maschine vorkommt, bei welcher die Scheibe sich zwischen zwei Lagern befindet.

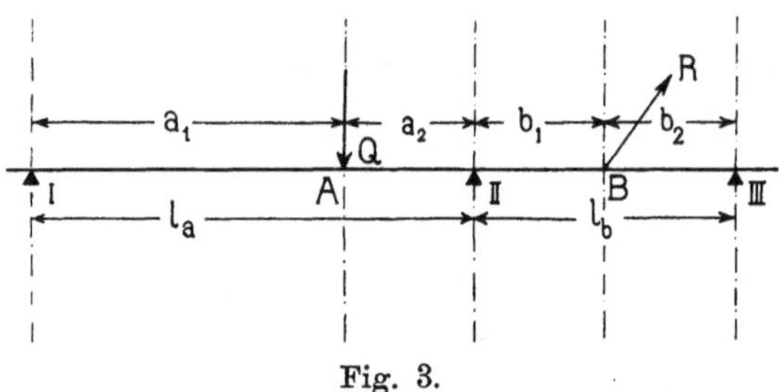

Fig. 3.

Eine genaue Untersuchung dieses Belastungsfalls zeigt, dass die vom Ankergewicht Q herrührenden Beanspruchungen und Deformationen in dem Wellenstück II III nur sehr gering sind, und ebenso die Kraft R das Wellenstück I II sehr wenig beeinflusst, dass also die Belastung Q hauptsächlich von den Lagern I und II und R von den Lagern II und III aufgenommen wird. Man kann daher ohne grossen Fehler annehmen, dass für Q nur das Stück I II der Welle in Betracht komme, und sich diese bei II abgeschnitten denken. Hierdurch ist die Berechnung ausserordentlich vereinfacht. Es wird die Durchbiegung in der Ankermitte A nach Gl. 6

$$y = (Q + Q') \cdot \frac{a_1^2 \cdot a_2^2}{3 l_a} \cdot \frac{\alpha}{\Theta}$$

und

$$\Theta = \frac{(Q + Q')}{z \cdot \delta} \cdot \frac{a_1^2 \cdot a_2^2}{3 l_a} \cdot \alpha \quad . \quad . \quad . \quad . \quad (9)$$

Ebenso wird das Wellenstück II III gesondert berechnet. Hier kommen nur Festigkeitsrücksichten in Betracht. Der am meisten beanspruchte Querschnitt liegt bei B; das hier auftretende Biegungsmoment ist

$$M_b = \frac{R \cdot b_1 \cdot b_2}{l_b}.$$

Dieses ist mit dem drehenden Moment zu kombiniren und die Welle danach zu dimensioniren.

Die angegebene Berechnungsart liefert etwas zu hohe Werthe der Wellendurchmesser, da die Annahme, dass die Belastungen nur von je zwei Lager aufgenommen werden, zu ungünstig ist. Der Fehler wird jedoch dadurch verringert, dass die gegenseitigen Beanspruchungen (Q in II III und R in I II) nicht berücksichtigt sind.[1])

Die genaue Durchrechnung der Welle eines 250 PS-Motors ergab, dass der mit dem angegebenen Verfahren erhaltene Werth des Durchmessers um 5 % zu gross war.

Eine Anzahl ausgeführter Wellen sind in Fig. 4 dargestellt. Besonders bemerkenswerth ist Welle No. 1, welche ihrer ganzen Länge nach nahezu den gleichen Durchmesser hat, was eine sehr einfache und billige Herstellung ermöglicht; in axialer Richtung wird dieselbe durch zwei warm aufgezogene Ringe zu beiden Seiten des mittleren Lagers festgehalten, welche zugleich als Schleuderringe für das Oel dienen (s. Seite 26).

Auch bei den anderen abgebildeten Wellen sind eine Reihe von Konstruktionen, welche zu diesem Zwecke dienen, zu erkennen.

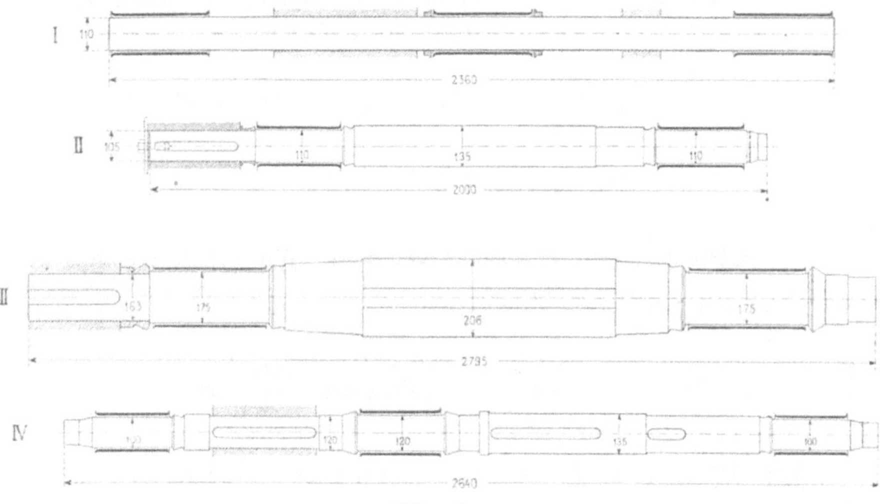

Fig. 4.

Berechnung des einseitigen magnetischen Zuges Q bei excentrischer Lage des Ankers.[2])

Zur Berechnung des magnetischen Zugs nehmen wir an, dass die Polflächen einen geschlossenen Cylinder bilden (Fig. 5) und die

[1]) Genauere Rechnungsverfahren siehe „Analytisch-graphisches Verfahren zur Bestimmung der Durchbiegung zwei- und dreifach gestützter Träger“. Von Dr. Ing. M. Kloss.

[2]) Nach: „Sur le calcul de machines électriques“. Maschinenfabrik Oerlikon.

magnetomotorische Kraft überall am Cylindermantel die gleiche Grösse habe. Dann wird, wenn man den Einfluss der Zähne vernachlässigt, die Induktion B umgekehrt proportional dem Luftzwischenraum. Für eine Durchbiegung der Welle um y wird dieser gleich

$$\delta' = r_a - r_i - y \cdot \sin\alpha$$
$$= \delta - y \sin\alpha$$

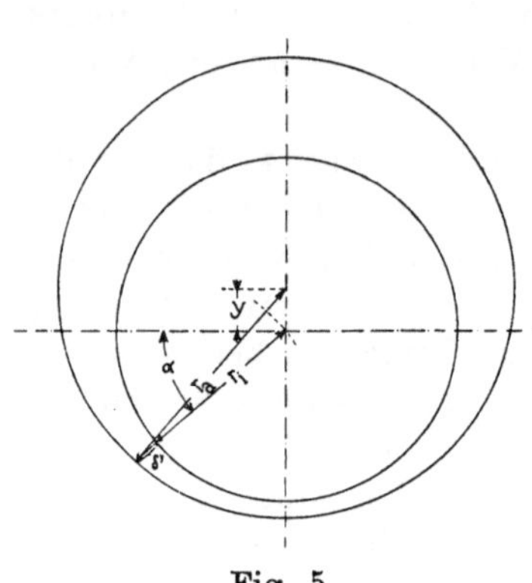

Fig. 5.

und die Luftinduktion

$$B' = B \cdot \frac{\delta}{\delta'} = B\left(1 + \frac{y}{\delta} \cdot \sin\alpha\right),$$

wenn B die Induktion für konzentrischen Anker, also für den Luftzwischenraum δ bedeutet.

Die Vertikalkomponente des magnetischen Zuges für das Oberflächenelement des Ankers $d f = r_i d\alpha \cdot l_a$ beträgt nach Maxwell

$$d q' = \frac{d f \cdot B'^2}{8\pi \cdot 9{,}81} \sin\alpha \cdot 10^{-5}\,\mathrm{kg} = \frac{10^{-6}}{25} B'^2 \cdot r_i \cdot l_a \cdot \sin\alpha\, d\alpha$$
$$= \frac{10^{-6}}{25} \cdot B^2 r_i l_a \left(1 + 2\frac{y}{\delta} \sin\alpha\right) \sin\alpha\, d\alpha,$$

wobei das Glied $\frac{y^2}{\delta^2} \cdot \sin^2\alpha$ vernachlässigt ist. Wir erhalten somit für den gesamten vertikalen Zug

$$Q' = \int_0^{2\pi} \frac{10^{-6}}{25} B^2 \cdot r_i \cdot l_a \left(1 + 2\frac{y}{\delta} \sin\alpha\right) \sin\alpha\, d\alpha = \frac{10^{-6}}{25} B^2 \cdot 2\pi r_i l_a \cdot \frac{y}{\delta}.$$

Nun ist $2\pi r_i \cdot l_a \cdot B$ der totale Kraftfluss der Maschine $p \cdot \Phi$, also wird

$$\boldsymbol{Q' = \frac{10^{-6}}{25} \cdot p \cdot \Phi \cdot B \cdot \frac{y}{\delta}\ \mathrm{kg}} \quad . \; . \; . \quad (10)$$

oder wenn wir für y den Werth $z \cdot \delta$ und für $p\,\Phi_a$ den Wert

$$p\,\Phi_a = \frac{KW}{AS \cdot v_{\mathrm{m/sec}}} \cdot 10^9$$

einführen,

$$\boldsymbol{Q' = 40 \cdot \frac{KW \cdot B \cdot z}{AS \cdot v_{\mathrm{m/sec}}}\ \mathrm{kg}} \quad . \; . \; . \quad (11)$$

Diese Berechnung giebt für die symmetrisehe Wellenwicklung ohne Aequipotentialverbindungen ziemlich genaue Resultate, für Schleifen- und Spiralwicklung und Wellenwicklung mit Aequipotentialverbindungen dagegen erhalten wir zu hohe Werthe des Zuges, da hier die durch die ungleiche Induktion im Anker hervorgerufenen inneren Ströme (Bd. I, 19) auf das Feld zurückwirken und die Verschiedenheit der Luftinduktion zum Theil aufheben. Eine Berücksichtigung dieses Umstandes in der Berechnung würde dieselbe jedoch ausserordentlich kompliciren.

Bei Ankern mit Wellenwicklung kann der magnetische Zug dazu benutzt werden, die durch das Ankergewicht hervorgerufene Lagerpressung aufzuheben; in diesem Falle wird die Excentricität nach oben verlegt.

2. Die Zapfen.

a) Die Druckvertheilungen zwischen Zapfen und Lager.

Im Dynamobau haben wir es fast ausschliesslich mit Tragzapfen zu thun, d. h. mit Zapfen, bei welchen die Richtung des Zapfendruckes senkrecht zur Drehaxe gerichtet ist.

Es bezeichne

P den Zapfendruck in kg,

p den specifischen Druck in der Zapfenquerschnittsfläche oder die mittlere Pressung zwischen Zapfen und Lager in kg/cm^2,

p_0 die Pressung zwischen Zapfen und Lager in einem beliebigen Flächenelement in kg/cm^2,

l_z die Länge des Zapfens in cm,

d_z den Durchmesser des Zapfens in cm.

Ueber die Vertheilung des Druckes zwischen Zapfen und Lager hat Tower[1]) genaue Untersuchungen durchgeführt, deren Resultate in Fig. 6 gegeben sind.

Die Kurven Fig. 6a lassen den Verlauf der Pressung in der Richtung der Zapfenaxe in den drei Längsschnitten A, B, C erkennen. Wie ersichtlich nimmt die Pressung nach den Stirnflächen der Lagerschale hin ab, erst langsam, zuletzt ziemlich rasch. Von einer gleichmässigen Vertheilung des Zapfendrucks über die ganze Länge des Zapfens ist demnach keine Rede. Die Kurven Fig. 6b geben die am Umfang auftretenden Pressungen p_0 für die Querschnitte 1 und 3. Wie ersichtlich tritt die grösste

[1]) Engineer. 1884. 2. Halbjahr. S. 434. Siehe C. Bach, Maschinenelemente, denen die nachfolgenden Angaben entnommen sind.

Pressung nicht in der Mitte, sondern etwas in der durch den Pfeil angegebenen Drehrichtung des Zapfens verschoben auf.

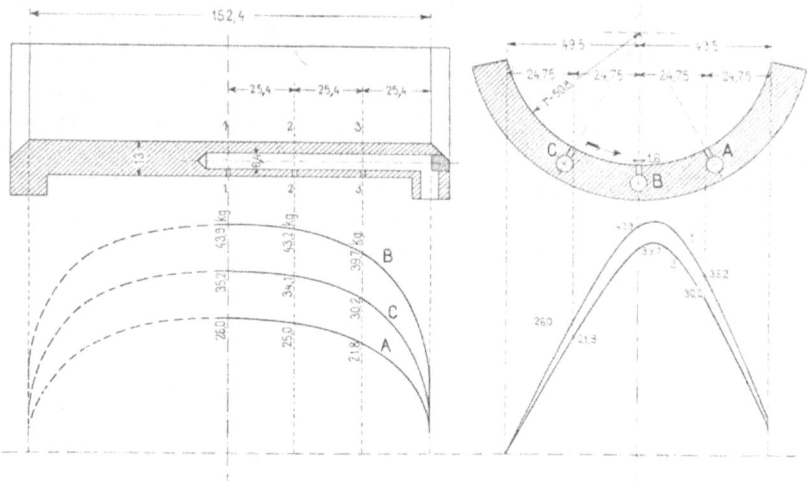

Fig. 6a. Fig. 6b.

Vertheilung des Zapfendruckes über die Berührungsfläche nach Versuchen von Beauchamp-Tower.

Für die Berechnung nimmt man gewöhnlich den specifischen Druck bezogen auf die Zapfenquerschnittsfläche

$$p = \frac{P}{d_z \cdot l_z}$$

an. Der gesammte Zapfendruck betrug bei den Versuchen 3632 kg, also

$$p = \frac{3632}{2 \times 49,5 \times 152,4} \simeq 24 \text{ kg.}$$

Die maximale Pressung ergab sich zu 45 kg, war also um etwa 90% grösser, was man bei der Festsetzung von p sich stets gegenwärtig zu halten hat.

b) Berechnung der Zapfen.

Die Berechnung eines Zapfens hat nach drei Gesichtspunkten zu erfolgen:

Erstens muss er den Anforderungen der Festigkeit genügen.

Zweitens darf die Pressung zwischen Zapfen und Lager nicht zu gross werden, damit nicht das Schmiermaterial weggedrückt wird und die Gleitflächen fressen.

Drittens darf die Lagertemperatur nicht zu hoch werden.

Wenn wir annehmen, dass sich der Zapfendruck in Richtung der Axe gleichmässig über das Lager vertheile, so können wir denselben durch eine Kraft ersetzen, die in der Mitte des Zapfens angreift. Mit Rücksicht auf die Festigkeit gilt dann

$$P \cdot \frac{l_z}{2} = \frac{d_z^3}{10} \cdot k_b.$$

Die Länge des Zapfens wird bedingt durch den zulässigen Werth von p.

$$l_z = \frac{P}{d_z \cdot p}$$

in die obenstehende Formel eingeführt, ergiebt

$$P \cdot \frac{P}{2 \cdot d_z \cdot p} = \frac{d_z^3}{10} \cdot k_b,$$

woraus für den Zapfendurchmesser folgt:

$$\boldsymbol{d_z = \sqrt[4]{\frac{5 \cdot P^2}{k_b \cdot p}}} \quad \ldots \ldots \quad (12)$$

Hierbei ist zu setzen:

für Flussstahl . . . . $k_b = 400$ bis 500 kg pro cm²

für Flusseisen und Schweisseisen $k_b = 300$ „ 400 „ „ „

Die mittlere Pressung p wählt man in den bei Dynamomaschinen üblichen Lagern zu

$$p \leqq 8 \text{ bis } 11 \text{ kg/cm}^2.$$

Das erhaltene Resultat ist noch mit Rücksicht auf Punkt 3, die zulässige Erwärmung, nachzuprüfen.

Die Formeln für die Zapfentemperatur T_z und den Reibungseffekt W_r für die üblichen Zapfengeschwindigkeiten und Pressungen sind auf S. 497, Bd. I, gegeben.

$$T_z = \frac{T_l + \sqrt{T_l^2 + 12{,}5 \cdot k_6 \cdot k_7 \sqrt{v_z^3}}}{2} \quad \ldots \quad (13)$$

$$W_R = 9{,}81 \cdot \frac{k_6}{T_z} \cdot d \cdot l_z \sqrt{v_z^3} \quad \ldots \ldots \quad (14)$$

wobei

v_z die Zapfengeschwindigkeit in m/sek,

k_6 eine von der Oelsorte abhängige Konstante

und

k_7 eine von der Lagerkonstruktion abhängige Konstante

bedeutet. Wie aus Gl. 13 hervorgeht, ist die Temperaturerhöhung des Zapfens bei derselben Lagertype und derselben Aussentemperatur lediglich von der Umfangsgeschwindigkeit des Zapfens v_z ab-

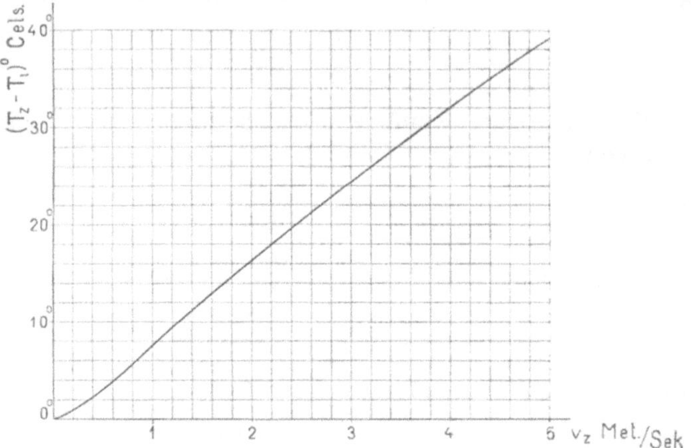

Fig. 7. Abhängigkeit der Temperaturerhöhung eines Zapfens von dessen Umfangsgeschwindigkeit.

hängig. Man kann nun diese Abhängigkeit für eine bestimmte Lagertype als Funktion der Umfangsgeschwindigkeit auftragen, wie dies z. B. in Fig. 7, für die Lagerkonstruktion Fig. 8 (übereinstinmend

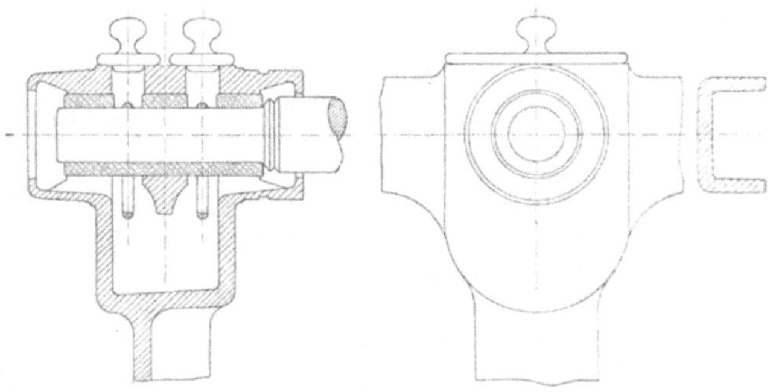

Fig. 8.

mit den Fig. 397 u. 398, Bd. I) geschehen ist. Man braucht dann nur für den erhaltenen Durchmesser die Zapfengeschwindigkeit

$$v_z = \frac{\pi \cdot d_z \cdot n}{6000} \text{ m/sek}$$

auszurechnen und findet aus der aufgezeichneten Kurve die Erhöhung der Temperatur des Zapfens gegenüber der der Umgebung.

Ist diese zu gross, so nimmt man eine zulässige Temperaturerhöhung an, entnimmt aus der Kurve die zugehörige Zapfengeschwindigkeit und berechnet hieraus den Zapfendurchmesser

$$d_z = \frac{6000 \cdot v_z}{\pi \cdot n} \text{ cm.}$$

Will man von Berücksichtigung der Lagertype absehen, so kann man auch nach den für die angegebene Lagertype erhaltenen Resultaten die Temperatur annähernd berechnen.

Die in Fig. 7 aufgezeichnete Kurve lässt sich für Geschwindigkeiten von 1—5 m/sec ausdrücken durch die Gleichung

$$T_z - T_l = 8 \cdot v_z,$$

woraus sich ergiebt

$$T_z - T_l = 4{,}2 \cdot d_z \cdot n \cdot 10^{-3}$$

resp.

$$d_z = \frac{240\,(T_z - T_l)}{n}.$$

Die maximal zulässige Temperaturerhöhung wird im allgemeinen zu 30° bis 40° C. angenommen.

Ist auf diese Weise der Zapfendurchmesser festgelegt, so ergiebt sich die Zapfenlänge zu

$$l_z = \frac{P}{d_z \cdot p} \quad . \; . \; . \; . \; . \; . \quad (15)$$

In der folgenden Tabelle sind von modernen Maschinen mit fliegender Riemscheibe die Dimensionen des Zapfens zwischen Scheibe und Anker, dessen specifische Beanspruchung k_b und der specifische Lagerdruck p zusammengestellt. Der Lagerdruck P_r wurde als Resultirende der zwei senkrecht auf einander stehenden Lagerreaktionen ermittelt, die durch das Ankergewicht (vertikal) und den gespannten Riemen (horizontal) hervorgerufen werden. Die letztere wurde gleich der dreifachen, durch den Riemen übertragenen Umfangskraft angenommen. Ausserdem ist auch noch die für die Erwärmung massgebende Zapfengeschwindigkeit v_z angegeben.

KW	n	P_r	d	l_z	$\frac{l_z}{d}$	v_z	k_b	p
2	1300	17,2	2,5	10,0	4	1,7	339	2,57
3,5	1400	33,7	3,0	9,6	3,2	2,2	365	4,02
4	1300	34,8	3,2	10,0	3,12	2,17	361	3,6
4	1200	34,7	3,0	12,0	4,0	1,88	436	3,40
6	1100	47,8	3,5	13,0	3,7	2,01	411	3,65
10	1000	80,5	4,0	15,0	3,75	2,09	541	4,53

KW	n	P_r	d	l_z	$\frac{l_z}{d}$	v_z	k_b	p
12	950	92,5	4,5	16,0	3,55	2,24	502	4,35
14	1000	111,0	5,0	12,5	2,5	2,61	383	5,83
15	930	107,4	5,0	18,0	3,6	2,43	447	4,07
18	900	123,0	5,5	19,0	3,45	2,59	435	4,03
20	850	136,8	6,0	20,0	3,33	2,66	390	3,90
30	800	201,3	7,0	23,0	3,3	2,93	435	4,26
30	720	239	6,0	17,0	2,84	2,25	680	7,5
40	700	272,5	8,0	26,0	3,25	2,93	459	4,42
50	600	355	9,0	28,0	3,1	2,82	450	4,63
55	600	430	7,0	25,0	3,57	2,20	347	7,88
60	500	419,5	10,0	30,0	3,0	2,61	438	4,69
70	400	528	12,0	34,0	2,84	2,50	351	4,38
75	500	470	9,5	42,0	2,53	2,49	555	4,04
80	350	620	13,5	36,0	2,65	2,47	315	4,32
84	400	479	10,5	32,0	3,05	2,20	458	4,76
100	500	650	9,0	32,0	3,55	2,35	950	7,28
100	300	773	15,5	38,0	2,45	2,44	281	4,44
125	400	650	12,5	28,0	2,24	2,61	453	6,06

Beispiel.

Es soll die Welle eines Gleichstromgenerators von 170 KW Leistung und 375 Umdrehungen in der Minute berechnet werden. Der Anker darf sich infolge Durchbiegung der Welle nur um $^1/_{20}$ des Luftzwischenraums senken. Die Entfernungen der drei Lager I, II, III, sowie die Lage des Ankers A und der Riemscheibe B sind in Fig. 9 gegeben.

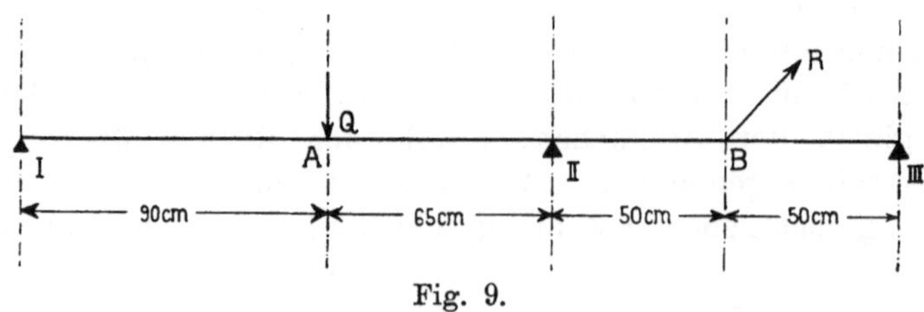

Fig. 9.

1. Berechnung der Wellendurchmesser. Das Ankergewicht beträgt

$$Q = 2770 \text{ kg}.$$

Der Durchmesser der Riemenscheibe ist $D_r = 1{,}10$ m. Die Umfangskraft wird dann

$$P = \frac{KW \cdot 75 \cdot 60}{0{,}736\,\pi \cdot D_r \cdot n} = \frac{170 \cdot 75 \cdot 60}{0{,}736 \cdot 3{,}14 \cdot 1{,}1 \cdot 375} = 800 \text{ kg}$$

und der resultirende Zug des Riemens an der Welle wird unter normalen Verhältnissen

$$R = 3\,P = 2400 \text{ kg}.$$

Der magnetische Zug Q' wird gleich

$$Q' = 40 \frac{KW \cdot B}{AS \cdot v} \cdot z \quad . \quad . \quad . \quad . \quad \text{(Gl. 11)}$$

$$= \frac{40 \cdot 170 \cdot 7000}{200 \cdot 15} \cdot \frac{1}{20} = 800 \text{ kg}.$$

a) Wellenstück I, II.

$$\Theta = \frac{(Q + Q') \cdot a}{z \cdot \delta} \cdot \frac{a_1^{\,2} \cdot a_2^{\,2}}{3\,l} \quad . \quad . \quad . \quad \text{(Gl. 9)}$$

Für eine Welle aus Flussstahl und $\delta = 0{,}6$ cm erhält man

$$\Theta = \frac{(2770 + 800)}{\frac{1}{20} \cdot 0{,}6 \cdot 2\,200\,000} \cdot \frac{90^2 \cdot 65^2}{3 \cdot 155} = 3950 = \frac{d_A^4}{20}$$

$$d_A = \sqrt{20 \cdot 3950} = 16{,}8 \text{ cm } (17{,}0).^{1)}$$

b) Wellenstück II, III. Die Auflagedrucke in II und III werden gleich

$$\frac{R}{2} = 1200 \text{ kg};$$

das biegende Moment in B wird

$$M_b = 1200 \times 50 = 60000 \text{ cmkg},$$

das drehende Moment

$$M_d = \frac{KW}{n} \cdot 10^5 = \frac{170}{375} \cdot 10^5 = 45\,300 \text{ cmkg}$$

und das kombinirte Moment

$$M_c = 0{,}35 \cdot 6000 + 0{,}65 \sqrt{60000^2 + (\alpha\, 45\,300)^2}.$$

Für $k_b = 500$ und $k_d = 700$ wird

---

[1]) Die ausgeführten Maasse sind jeweils in Klammern angegeben.

$$\alpha = \frac{k_b}{1{,}3\,k_d} = \frac{500}{1{,}3 \cdot 700} = 0{,}55\,,$$

$$M_c = 63000$$

$$d_B = \sqrt[3]{\frac{10 \cdot M_c}{k_b}} = \sqrt[3]{\frac{10 \cdot 63000}{500}}$$

$$d_B = 11 \text{ cm } (14{,}0).$$

2. Berechnung der Zapfendimensionen. Bei dem von uns eingeschlagenen Rechnungsverfahren ergiebt sich der Lagerdruck P_I in Lager I herrührend von der Belastung $(Q + Q')$ $= 3570$ kg zu

$$P_I = \frac{3570 \cdot 65}{155} \underline{\sim} \mathbf{1500\ kg,}$$

und der Lagerdruck in III herrührend von der Belastung $R = 2400$ zu

$$P_{III} = \frac{2400 \cdot 50}{100} = \mathbf{1200\ kg.}$$

Der Lagerdruck in II setzt sich zusammen aus den beiden von $(Q + Q')$ und von R herrührenden Reaktionen. Wir erhalten den von $Q + Q'$ erzeugten Druck

$$P_{II\,Q} = (Q + Q') - P_I = 2070 \text{ kg}$$

und die von R hervorgerufene Reaktion

$$P_{II\,R} = R - P_{III} = 1200 \text{ kg.}$$

Nimmt man an, dass der Riemenzug R horizontal wirke, $(Q + Q')$ und R also einen rechten Winkel einschliessen, so wird der resultirende Lagerdruck P_{II}

$$P_{II} = \sqrt{P_{II\,Q}^2 + P_{II\,R}^2} = \sqrt{2070^2 + 1200^2} = \mathbf{2400\ kg.}$$

Bei der angewandten Art der Berechnung erhält man die Belastung des mittleren Zapfens etwas zu klein, die der äusseren entsprechend zu gross. Wir berücksichtigen dies, indem wir für den mittleren Zapfen wählen:

$$k_b = 400 \text{ kg/cm}^2; \qquad p = 6 \text{ kg/cm}^2;$$

während wir für die äusseren Zapfen

$$k_b = 500 \text{ kg/cm}^2; \qquad p = 7 \text{ kg/cm}^2$$

zulassen. Ausserdem ist noch zu beachten, dass der mittlere Zapfen ausser auf Biegung auch noch auf Drehung beansprucht ist.

Zapfen I. Mit Rücksicht auf Festigkeit und Pressung ergiebt sich

$$d_{zI} = \sqrt[4]{\frac{5 \cdot P_I^2}{k_b \cdot p}} = \sqrt[4]{\frac{5 \cdot 1500^2}{500 \cdot 7}} = 7{,}5 \text{ cm } (11{,}0 \text{ cm}).$$

Die Zapfenlänge erhalten wir zu

$$l_{zI} = \frac{P}{p \cdot d_z} = \frac{1500}{7 \cdot 7{,}5} = 28{,}5 \text{ cm } (30 \text{ cm}).$$

Die Temperaturerhöhung wird bei dem ausgeführten Zapfendurchmesser von 11 cm für ein Lager, wie es in Fig. 8 dargestellt ist,

$$T_z - T_l = 4{,}2\, d \cdot n\, 10^{-3} = 4{,}2 \cdot 11{,}0 \cdot 375 \cdot 10^{-3} = 17{,}3^0.$$

Ganz analog erhalten wir für den **Zapfen III**

$$d_{zIII} = 6{,}8 \text{ cm } (11{,}0 \text{ cm})$$

$$l_{zIII} = 25{,}3 \text{ cm}$$

$$T_z - T_l = 17{,}3^0.$$

Zur Berechnung des **Zapfens II** nehmen wir zunächst einmal an, dass derselbe nur auf Biegung beansprucht sei; dann wird

$$d_{zII} = \sqrt[4]{\frac{5\, P_{II}^2}{k_b \cdot p}} = \sqrt[4]{\frac{5 \cdot 2400^2}{400 \cdot 6}} = 10{,}5 \text{ cm}$$

und

$$l_{zII} = \frac{P}{p \cdot d_{zII}} = \frac{2400}{6 \cdot 10{,}5} = 38 \text{ cm}.$$

In diesem Zapfen tritt ein biegendes Moment auf

$$M_b = P \cdot \frac{l_z}{2} = 2400 \cdot 19 = 45\,600 \text{ cmkg}.$$

Das drehende Moment wurde oben berechnet zu

$$M_d = 45\,300 \text{ cmkg};$$

mit $\alpha = 0{,}55$ (wie oben) ergiebt sich das kombinirte Moment

$$M_c = 0{,}35\, M_b + 0{,}65 \sqrt{M_b^2 + (\alpha\, M_d)^2}$$

$$= 0{,}35 \cdot 45\,600 + 0{,}65 \sqrt{45\,600^2 + (0{,}55 \cdot 45\,300)^2}$$

$$= 50\,700 \text{ kg/cm}$$

und hieraus der endgültige Werth

$$d_{zII} = \sqrt[3]{\frac{10\, M_c}{k_b}} = \sqrt[3]{\frac{10 \cdot 50\,700}{400}} = 11{,}3 \text{ cm } (13 \text{ cm}),$$

dem eine Zapfenlänge

$$l_{zII} = \frac{2400}{6 \times 11,3} = 35,4 \ (36,0)$$

entspricht. Die Temperaturerhöhung dieses Zapfens wird

$$T_z - T_l = 4,2 \cdot 13 \cdot 375 \cdot 10^{-3} = 20,5^0.$$

Die ausgeführten Durchmesser sind höher gewählt, als die Rechnung ergiebt, da man bei der Ausführung eine zu starke Stufung der Welle vermeidet.

3. Gleitlager.

Die Gleitlager werden im Dynamobau mit Ausnahme der Lager von Bahnmotoren fast immer mit Ringschmierung versehen.

In Fig. 10 ist ein kleines Lager mit eintheiliger Lagerschale oder Lagerbüchse aus Bronce, wie es in ähnlicher Art vielfach

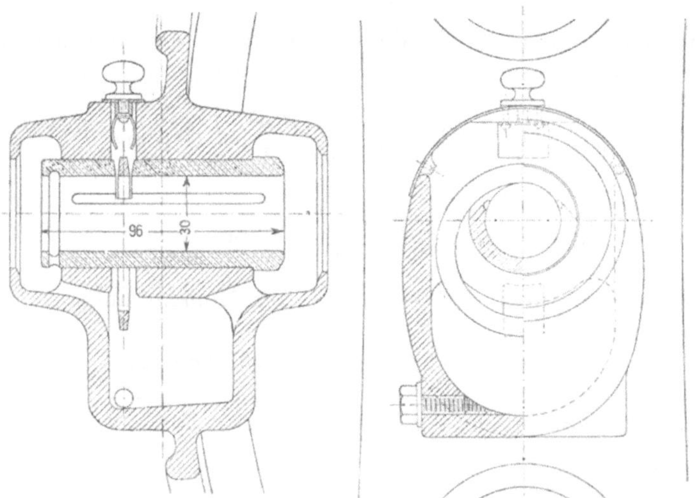

Fig. 10. Société Électricité et Hydraulique, Charleroi.

ausgeführt wird, abgebildet. Ein Lager von grösseren Abmessungen mit eintheiliger Schale und zwei Schmierringen zeigt Fig. 11. Obwohl Lager von 300 bis 400 mm Länge bei rasch laufenden Wellen von einem Schmierring noch genügende Schmierung erhalten, ist es der Sicherheit wegen doch rathsam, bei Längen über etwa 150 bis 200 mm zwei Schmierringe anzuwenden. Auf der einen Seite ist die Lagerschale erweitert, damit das von der Welle abgeschleuderte Oel aufgefangen wird. Der Lagerkörper ist zweitheilig, so dass bei abgehobenem Deckel, der Anker aus dem Gestell gehoben werden kann.

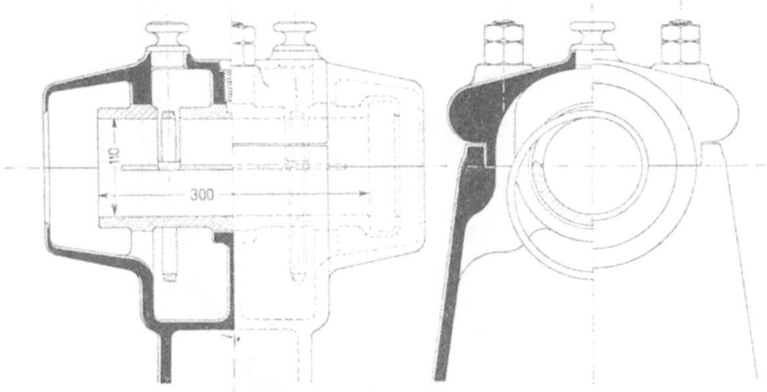

Fig. 11. Gesellschaft für elektrische Industrie, Karlsruhe.

Gebräuchliche Arten der Lagerkonstruktion für grössere Lager stellen Fig. 12 und 13 dar. Die Lagerschale ist zweitheilig; sie besteht aus zähem Gusseisen und einer Fütterung aus einer weichen Legirung von Weissmetall.[1])

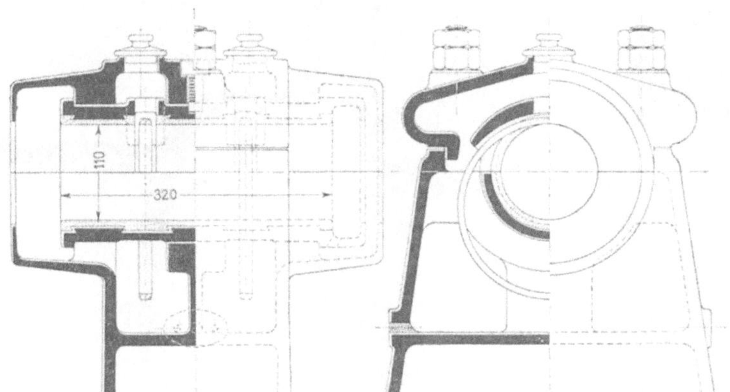

Fig. 12. Gesellschaft für elektrische Industrie, Karlsruhe.

Das weiche Lagermetall ermöglicht ein gutes und rasches Einlaufen der Welle, und ist daher sehr zu empfehlen. Die Legirung wird um ein Kaliber, das durch Führungen in der Mitte der Lager-

[1]) z. B. Magnoliametall, eine Legirung aus Blei, Zinn und Antimon.

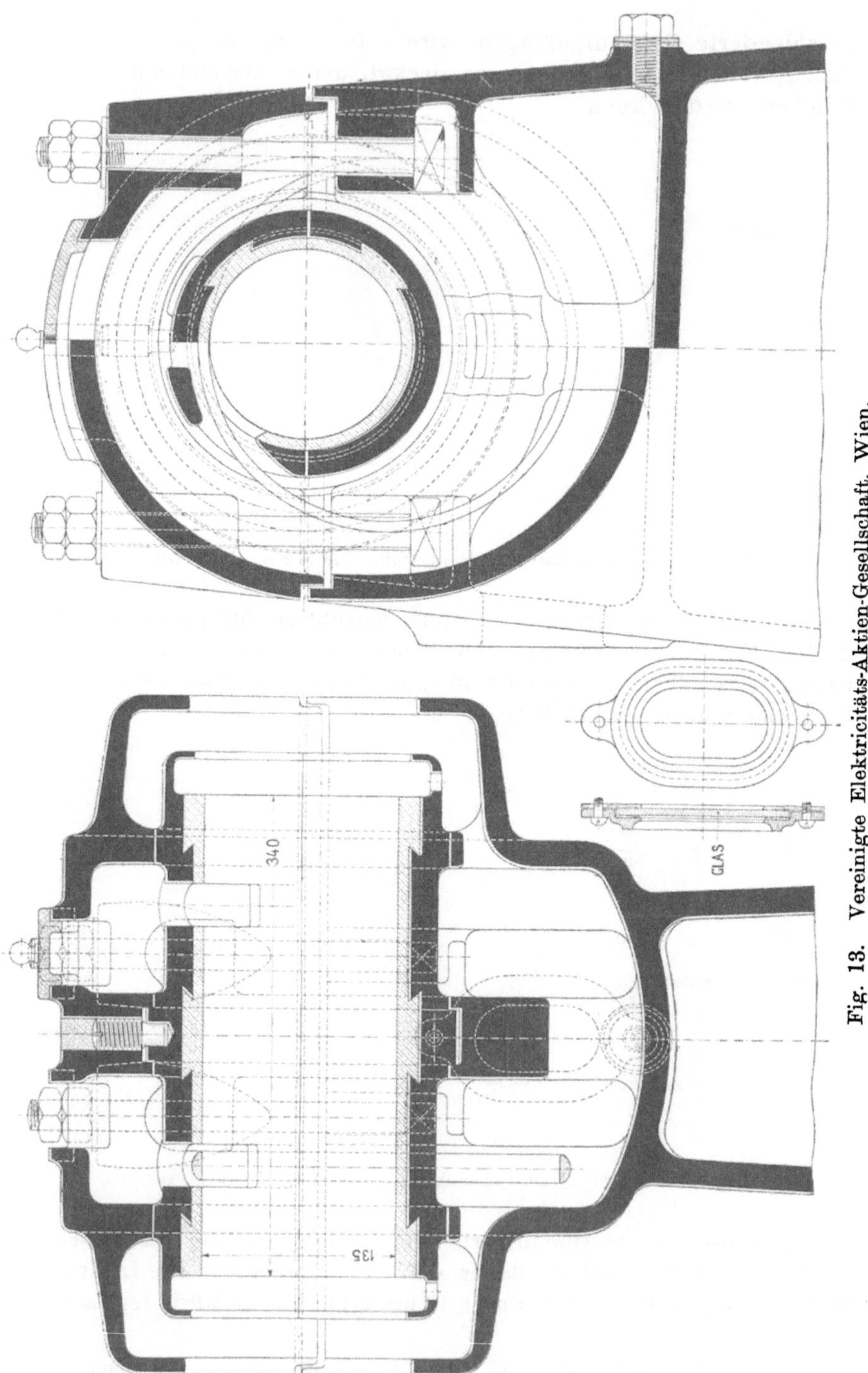

Fig. 13. Vereinigte Elektricitäts-Aktien-Gesellschaft, Wien.

schalen gehalten wird, in flüssigem Zustande eingegossen. Ein Ausbohren der Schalen ist nicht nothwendig.

Eine eigenartige Konstruktion des Lagerkörpers zeigt das in Fig. 14 abgebildete Lager der A.-G. Volta, Reval. Die Lagerschale ist eintheilig und die umschliessende Gusshülse mit der Oelkammer wird mittels zweier Schrauben auf dem Lagerbock befestigt. Diese Abtrennung des Lagers hat für die Fabrikation und die Verwendung gewisse Vortheile.

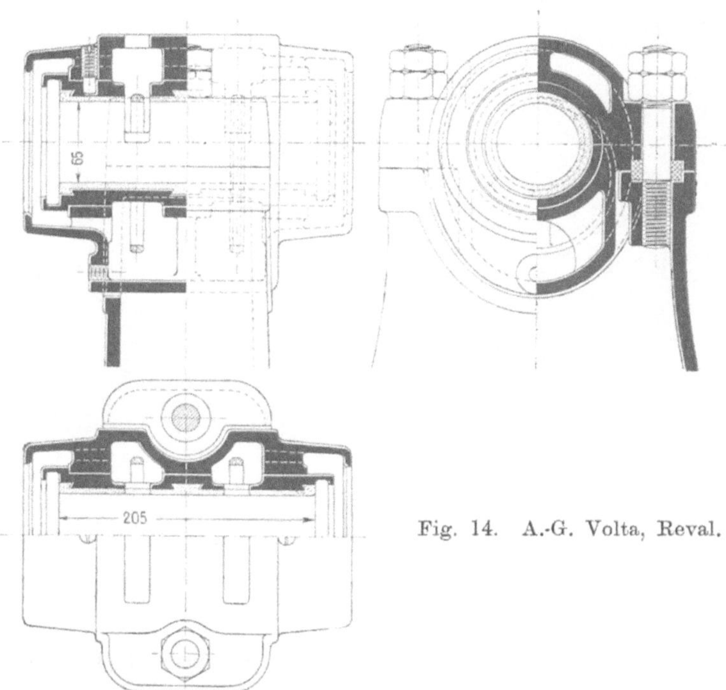

Fig. 14. A.-G. Volta, Reval.

Die Dicke der Weissmetallschicht ist im allgemeinen

$$= \frac{d_z}{16}$$

und die Dicke der Gussschale

$$= \frac{d_z}{6}.$$

Bei den bis jetzt angeführten Gleitlagern sitzt die Lagerschale auf der ganzen Länge fest im Lagerkörper auf, ein Verbiegen der Schale, das eine sehr ungleichmässige Vertheilung der Pressung zur Folge haben würde, wird daher nicht stattfinden, dagegen kann sich das Lager nicht selbstthätig in die Axenrichtung einstellen, wodurch, bei ungenauer Arbeit oder Durchbiegung der Welle, ebenfalls hohe Lagerpressungen entstehen können. Einige Konstrukteure wenden daher Gleitlager mit Kugelschalen an, besonders wenn eine Welle mehr als zwei Lager erhält. Da die Berührungsfläche mit dem Lagergehäuse wesentlich verkleinert wird, ist die Abkühlung der Lager verschlechtert.

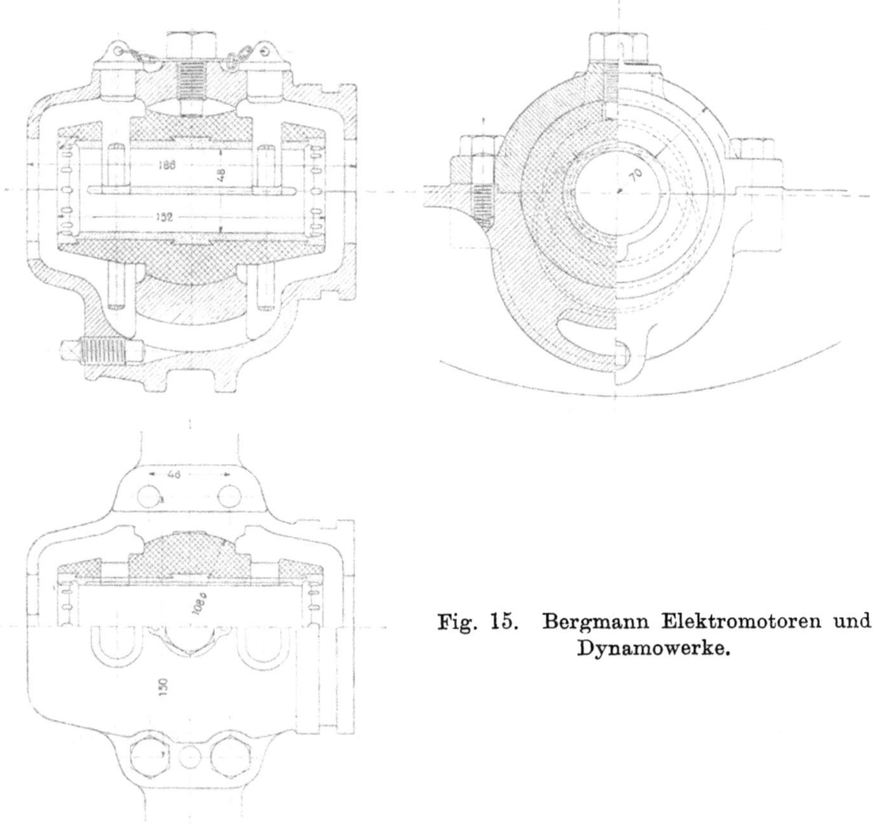

Fig. 15. Bergmann Elektromotoren und Dynamowerke.

Ein solches Lager der Bergmann Elektromotoren und Dynamowerke veranschaulicht Fig. 15 und ein ebensolches Fig. 16 das einer von der S[té]. Elektricité et Hydraulique, Charleroi, ausgeführten Dynamo entnommen ist. Die äussere Lagerschale ist aus Stahlguss und sehr kräftig gehalten, so dass eine Verbiegung nicht eintritt; in der Mitte ist sie kugelförmig abgedreht und in dem ebenfalls kugelförmig abgedrehten Lagerkörper beweglich.

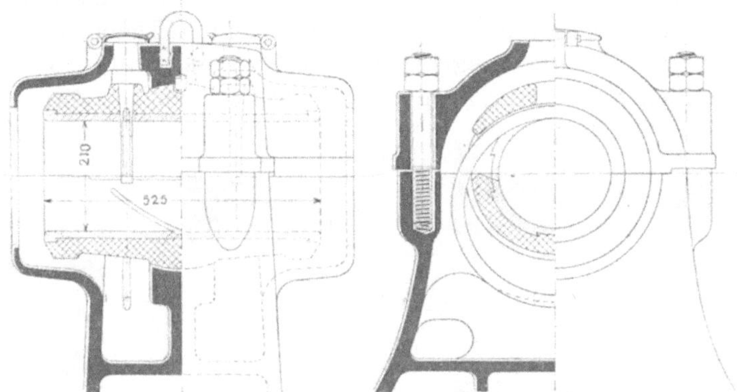

Fig. 16. Société Électricité et Hydraulique, Charleroi.

Die Gleitlager haben zwei grundsätzliche Mängel, welche in der Nothwendigkeit des Einlaufens und in der Abhängigkeit von der Schmierung bestehen. Das Einlaufen hängt von der Art des Lagermetalls ab. Nach dem Einlaufen ist das Schmiermittel von grösserem Einfluss als das Lagermetall, nur wenn Fremdkörper ins Lager gelangen, kommt die gute oder schlechte Eigenschaft der Lagermetalle zur Geltung. Die Zapfenpressung kann um so grösser gewählt werden, je vollkommener das Einlaufen und die Schmierung erfolgt. Die Schmierung erfolgt um so besser, je rascher die Welle umläuft, in allen Fällen ist jedoch auf eine gute und zweckmässige Oel- Zu- und Abfuhr grösstes Gewicht zu legen.

Die Oelzufuhr zu den Gleitflächen wird durch sog. Schmiernuten (s. Fig. 15 und 16), welche an den inneren Flächen der Lagerschalen hergestellt werden, wesentlich verbessert. Eine gute Schmierung erhält man nach J. Riemer[1]), wenn man den Zapfen mit wenigen flachen Schmiernuten in Richtung der Axe versieht. Die Ränder der Nuten müssen natürlich mit einer Schlichtfeile sorgfältig abgerundet werden. Bei grossen Dynamos haben sich diese Nuten vorzüglich bewährt und wesentlich geringere Lagerlängen ermöglicht.

Die Schmierringe werden aus Bronce und ein- oder zweitheilig hergestellt. Sie dürfen nicht zu tief in das Oel eintauchen, weil sonst ihre Geschwindigkeit infolge der vermehrten Reibung ver-

[1]) Zeitschrift des Vereins deutscher Ing. 1895. Seite 654 u. f.

ringert wird. — Der Oelbehälter soll tief sein, damit sich die Verunreinigungen des Oeles zu Boden setzen können.

Bei der Oelabfuhr ist hauptsächlich zu beachten, dass das Oel nicht ausserhalb des Lagers gelangt und die Maschine verunreinigt. Das Oel quillt sowohl an den beiden Enden als durch die Fugen von getheilten Lagerschalen heraus. In den Fig. 17 bis 23 sind verschiedene Anordnungen gezeichnet, welche den Zweck ver-

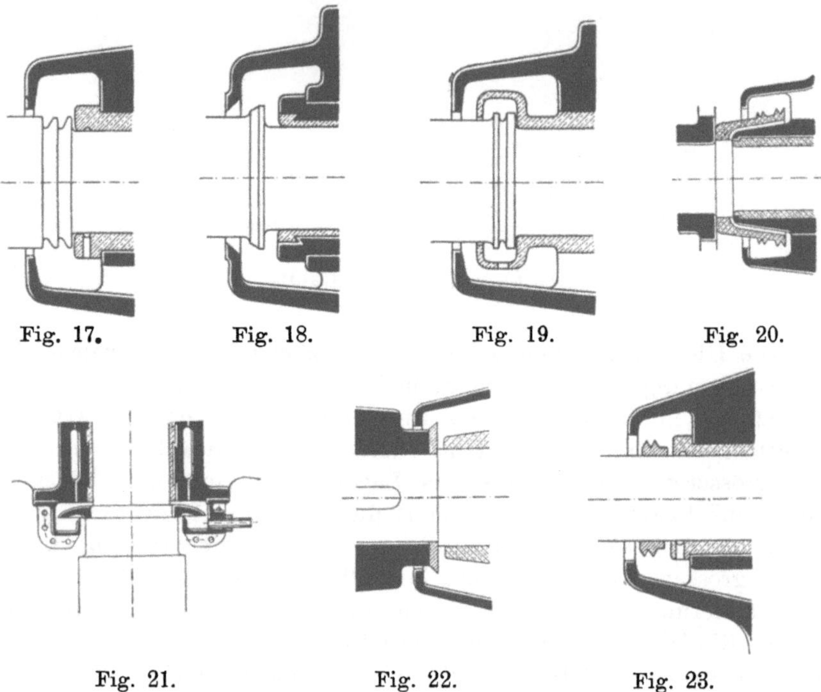

Fig. 17. Fig. 18. Fig. 19. Fig. 20.

Fig. 21. Fig. 22. Fig. 23.

folgen, das an den Enden der Lagerschalen austretende Oel von der Welle abzuschleudern. Vorzüglich bewährt sich die in Fig. 10 und auch in den Lagerkonstruktionen Fig. 14 und 15 dargestellte Form der Lagerschale. Bevor das Oel austritt, gelangt es zu einer Rille der Schale und fliesst von da durch kleine Oeffnungen ab.

Damit das Oel nicht seitlich durch den Schnitt des Lagerdeckels austreten kann, ist dieser Schnitt in den Lagern Fig. 11, 12, 13, 15 höher gelegt, als der Schnitt der Lagerschalen.

4. Kugellager.

Die Kugellager sind seit längerer Zeit bekannt, man hielt sie jedoch nicht für betriebssicher genug. Durch die grundlegenden

Untersuchungen von Prof. Stribeck[1]) und die sich daran schliessenden Vervollkommnungen der Stahlkugeln und Spurringe durch die Deutschen Waffen- und Munitionsfabriken, Berlin ist jedoch der Beweis erbracht, dass richtig bemessene und sorgfältig durchgebildete und ausgeführte Kugellager gerade hinsichtlicht der Betriebssicherheit weitgehenden Anforderungen entsprechen und ihre Anwendung auch dort angezeigt ist, wo Gleitlager rasch abgenutzt werden.

Für die Lager der rasch laufenden Dynamowellen ist das Kugellager ganz besonders gut geeignet und wird deshalb in neuerer Zeit, namentlich für kleine Motoren bis 20 und 50 PS angewendet.

In den Fig. 24 und 25 sind zwei Laufringsysteme, wie dieselben in vorzüglichster Ausführung von den Deutschen Waffen- und Munitionsfabriken in vielen Abstufungen bis zu einer zulässigen Belastung von 8000 kg geliefert werden, abgebildet.

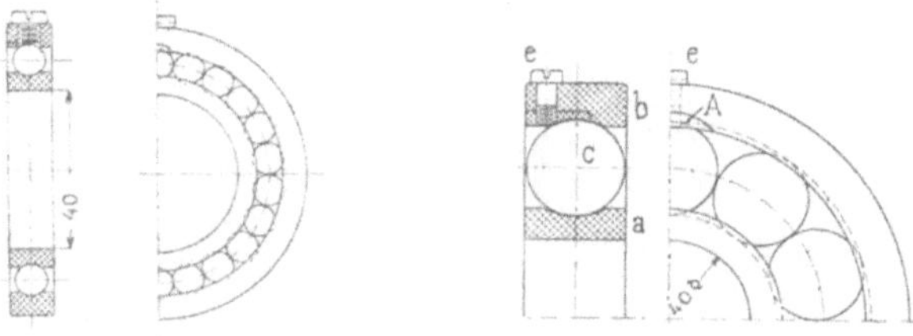

Fig. 24. Fig. 25.

Fig. 24 u. 25. Laufringsysteme der Deutschen Waffen- und Munitionsfabriken.

Dieselben bestehen aus einem inneren Laufring *a*, einem äusseren Laufring *b*, den Kugeln *c* und dem Schlosse *A* mit Schraube *e*; letzteres verschliesst die zum Einfüllen der Kugeln angebrachte Oeffnung. Die Laufringe sind gehärtet, ihre Auflageflächen geschliffen, die Laufbahnen polirt, und ebenso sind die Kugeln gehärtet, geschliffen und polirt.

Drei verschiedene Arten des Einbaues der Laufringe sind in den Fig. 26 bis 28 dargestellt. Der innere Laufring sitzt in der Fig. 26 fest auf der Welle. Diese Befestigung genügt überall dort, wo im Betriebe keine andauernden heftigen Stösse auftreten, also fast immer auf der Kollektorseite. Erfolgt der Antrieb durch Zahnräder und treten bei grossen Umdrehungszahlen schnell wechselnde Belastungen auf, so könnte ein Einhämmern des innern Laufringes in die Welle stattfinden. Die Welle muss in dem Falle an dieser Stelle oberflächlich gehärtet werden. Lässt sich diese Härtung nicht

---

[1]) Zeitschr. d. Vereins Deutscher Ing. 1901. S. 73 u. f.

ausführen, so liefern die Deutschen Waffen- und Munitionsfabriken zur Befestigung des inneren Laufringes sog. Spannhülsen. Dieselbe besteht, wie aus Fig. 27 ersichtlich, aus zwei geschlitzten konischen Büchsen, die durch eine Mutter ineinander gepresst werden.

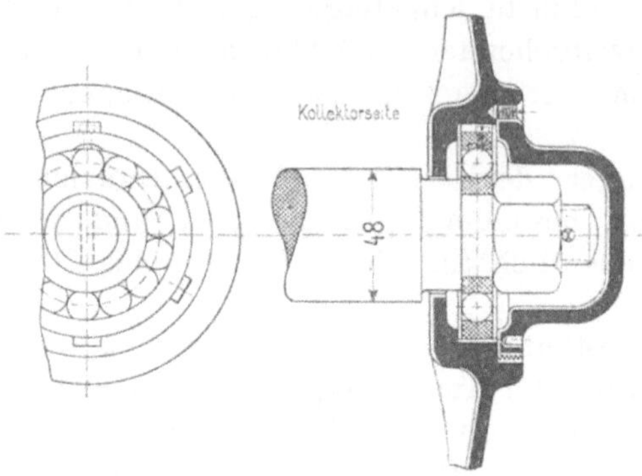

Fig. 26.

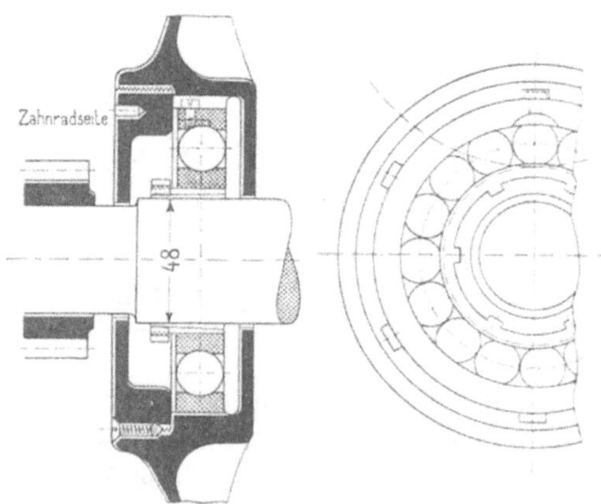

Fig. 27.

Fig. 26 und 27. Einbau von Kugellagern bei einer Schildtype.

Die äusseren Laufringe müssen im Gehäuse seitlich etwas Luft haben und in der Bohrung so eingepasst sein, dass sie verschiebbar sind, damit sich die Laufringsysteme beim Erwärmen der Ankerwelle entsprechend einstellen können, sonst wird der axiale Druck auf die Kugeln zu gross. Auf der Kollektorseite, wo die Welle gegen axiale Verschiebung festgehalten werden soll, soll die Luft der bequemen Montage wegen nur etwa 0,5 mm betragen, dagegen auf der Antriebsseite auf jeder Seite des äusseren Laufringes 4 bis 5 mm. Das Schloss des Laufringes ist an eine Stelle zu legen, wo die Kugeln nicht belastet werden.

Nach den Untersuchungen von Prof. Stribeck ist die zulässige Belastung P_1 einer Kugel dem Quadrate ihres Durchmessers d_k proportional, also

$$P_1 = k \cdot d_k^2.$$

Für die Laufringsysteme der Deutschen Waffen- und Munitionsfabriken, mit Kugeln in hohler Rinne, deren Krümmungsradius $= {}^2/_3\, d_k$ ist, wird

$$k = 150$$

gesetzt; die Versuche liessen sich jedoch bis $k = 450$ noch ausführen.

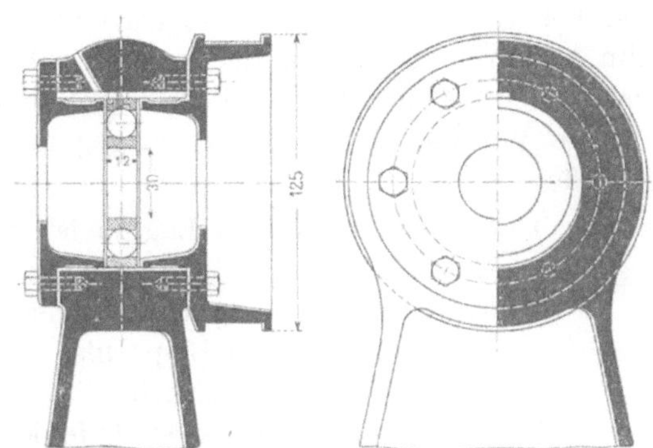

Fig. 28. Einbau von Kugellagern in einen Lagerbock.

Nimmt man an, dass nur der fünfte Theil der Kugeln volltragend ist, so wird die zulässige Belastung P des Lagers

$$\boldsymbol{P = \frac{Z}{5} \cdot k \cdot d_k^2 = 30 \cdot Z \cdot d_k^2} \quad . \quad . \quad . \quad (16)$$

wo Z die Anzahl der Kugeln bedeutet und d_k in cm einzusetzen ist.

Während bei den Gleitlagern der Reibungskoefficient von der Zapfenpressung und der Zapfengeschwindigkeit (bez. von der Schmierung) und der Temperatur des Lagers abhängt, ist der Reibungskoefficient der Kugellager nahezu konstant. Nach den erwähnten Versuchen von R. Stribeck[1]) schwankte derselbe bei Belastungsänderungen von $58 \cdot d_k^2$ bis $110 \cdot d_k^2$ nur zwischen

0,00165 bis 0,0013.

Während also bei den Gleitlagern nach Gl. 135, Bd. I, 497, die Reibungsarbeit für die üblichen Geschwindigkeiten und Pressungen unabhängig vom Lagerdruck ist, ist sie bei Kugellagern dem Lagerdruck nahezu proportional und ausserdem viel kleiner als bei Gleitlagern. Nach den Versuchen der Gesellschaft für elektr. Industrie in Karlsruhe mit Drehstrommotoren, ist sie nicht mehr als $\frac{1}{10}$ derjenigen von eingelaufenen Gleitlagern. Es wird daher namentlich bei kleinen Motoren eine wesentliche Erhöhung des

[1]) Siehe Zeitschr. d. V. D. Ing. 1901, S. 73 und 118. R. Stribeck, Kugellager für beliebige Belastungen.

Wirkungsgrades und bei Dauerbetrieb eine relativ grosse Energieersparniss erreicht. — Bei aussetzendem Betrieb, wie z. B. bei Hebe- und Transportmaschinen, in dem sich die Lager nicht erwärmen, wird bei Gleitlagern die Reibungsarbeit wesentlich vergrössert und beim Anfahren ist wegen der grossen ruhenden Reibung ein grosses Drehmoment erforderlich; beim Kugellager ist das nicht der Fall.

Die Vorzüge der Kugellager gegenüber den Gleitlagern sind folgende:

1. Ein Einlaufen des Lagers ist nicht erforderlich.
2. Eine beständige Schmierung ist nicht erforderlich, ein Einfetten der Kugeln mit Vaseline reicht für ein halbes Jahr. Ausser der Ersparniss an Oel, erreicht man damit sehr grosse Reinlichkeit.
3. Die Reibungsverluste sind viel kleiner und die Reibung der Ruhe ist nur um Weniges grösser als die der Bewegung.
4. Seine Länge in der Axenrichtung ist viel kürzer, was beim Zusammenbau von Motoren mit anderen Maschinen von Wert ist.
5. Es ist leicht auszuwechseln.

Die oben beschriebenen Laufringsysteme sind in unveränderter Form auch für axiale Lagerdrucke verwendbar, z. B. bei Schneckengetrieben. Der zulässige axiale Druck, der von einem Ring auf den andern übertragen werden kann, ist etwa

$$= 6 \cdot Z \cdot d_k^2.$$

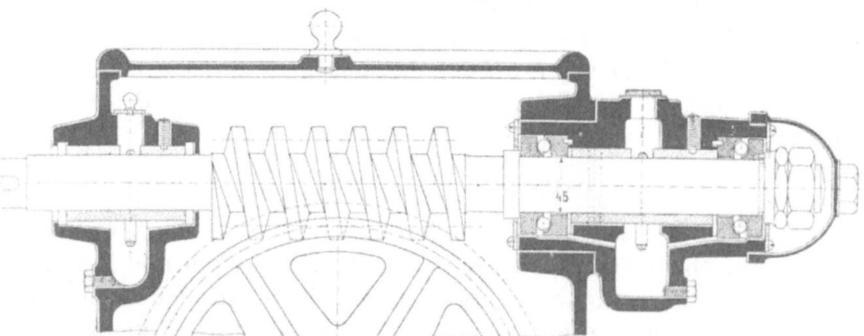

Fig. 29. Kugellager für axialen Lagerdruck.

Eine andere Form des Kugellagers für axiale Lagerdrucke, wie es von der Ges. f. Elektr. Industrie, Karlsruhe, für die Schneckengetriebe von Windwerken ausgeführt wird, ist in Fig. 29 aufgezeichnet. Damit beim Abschrauben des Lagers die Kugellager nicht herausfallen, ist auf jeder Seite eine Scheibe aus Eisenblech angeschraubt.

Zweites Kapitel.

5. Riemen und Riemenscheiben.

Für rasch laufende Riemen und wagrechten oder wenig geneigten Betrieb mit hinreichend grossem Axenabstand, kann die Kraft k_r, welche für das Centimeter eines Riemens aus Kernleder (ca. 5 mm dick) übertragen werden darf, nach C. Bach für verschiedene Riemengeschwindigkeiten v_r und Scheibendurchmesser D_r wie folgt in abgerundeten Zahlen gewählt werden

bei v_r =	. . . . .	3	10	20	30	40 m
für D_r = 50 cm	k_r =	5	7	9	10	10 kg
für D_r = 100 cm	k_r =	6	8,5	11	12	12 kg
für D_r = 200 cm	k_r =	6,5	9,5	12	13	13 kg

Ist

$$P_r = \frac{75 \cdot PS}{v_r} \text{ kg}$$

die vom Riemen zu übertragende Kraft, so wird die Riemenbreite

$$b = \frac{P_r}{k_r} \text{ cm.}$$

In den untenstehenden Tabellen sind die Werthe von k_r für Motoren von verschiedener Leistung und Geschwindigkeit ausgerechnet.

Motoren der A.-G. Siemens & Halske.

PS	n	D_r	b	v_r	P_r	k_r
1	1000	11,5 cm	5 cm	6,0 m	12,5 kg	2,5
1,75	950	12,0 „	6 „	6,9 „	22,0 „	3,7
2,5	900	17,0 „	7 „	8,0 „	23,4 „	3,3
3,5	850	18,0 „	8 „	8,0 „	32,7 „	4,1
5,0	800	24,0 „	10 „	10,0 „	37,3 „	3,7
7,5	800	29,0 „	12 „	12,1 „	46,2 „	3,9
10,0	800	29,0 „	13,5 „	12,1 „	61,7 „	4,6
13,5	620	44,0 „	17 „	14,8 „	71,0 „	4,2
20,0	620	44,0 „	22 „	14,8 „	105,0 „	4,8
29,0	560	54,0 „	26 „	15,9 „	137,0 „	5,3
47,0	520	66,0 „	31 „	18,0 „	196,0 „	6,3
75,0	390	95,0 „	40 „	19,4 „	290,0 „	7,2

Motoren der Union. E.-G.

PS	n	D_r	b	v_r	P_r	k_r	
5	1500	19,0 cm	5 cm	15,0 m	25 kg	5,0	Schnell laufende Motoren
7,5	1300	22,0 „	6 „	15,0 „	37,4 „	6,2	
10	1200	26,0 „	8 „	16,3 „	46,0 „	5,8	
15	1100	29,5 „	10 „	17,0 „	66,2 „	6,6	
20	1000	34,5 „	14,5 „	18,1 „	82,8 „	5,7	
25	900	38,0 „	18 „	17,9 „	104,5 „	5,8	
30	800	41,0 „	22 „	17,2 „	141,0 „	6,4	
40	750	44,0 „	23 „	17,3 „	173,0 „	7,5	
50	700	46,0 „	28 „	16,9 „	223,0 „	8,0	
60	650	60,0 „	28 „	20,2 „	220,0 „	7,9	
75	600	67,5 „	35 „	21,2 „	265,0 „	7,6	
2	1100	13,5 „	4 „	7,8 „	19,3 „	4,8	Langsam laufende Motoren
3	950	19,0 „	5 „	9,5 „	22,9 „	4,6	
5	900	22,0 „	6 „	10,4 „	36,1 „	6,0	
7,5	850	26,0 „	8 „	11,5 „	48,6 „	6,0	
10	800	29,5 „	10 „	12,3 „	61,0 „	6,1	
15	700	34,5 „	14,5 „	12,6 „	89,0 „	6,1	
20	660	38,0 „	18 „	13,1 „	114,0 „	6,3	
25	630	41,0 „	22 „	13,5 „	138,0 „	6,3	
30	580	44,0 „	23 „	13,3 „	168,0 „	7,3	
40	540	46,0 „	28 „	13,0 „	230,0 „	8,2	
50	510	60,0 „	28 „	16,0 „	234,0 „	8,4	
65	450	67,5 „	35 „	16,0 „	306,0 „	8,8	

Bei der Berechnung des Uebersetzungsverhältnisses ist der Geschwindigkeitsverlust infolge des Gleitens zu berücksichtigen. Nach C. Bach ist der Geschwindigkeitsverlust annähernd

1. für neue, jedoch vorher entsprechend gestreckte Riemen

$$\psi = \frac{k_r}{625} \text{ oder } = \frac{k_r}{6{,}25} \text{ Procent,}$$

2. für gebrauchte Riemen

$$\psi = \frac{k_r}{1125} \text{ oder } = \frac{k_r}{11{,}25} \text{ Procent.}$$

Bezeichnet

s die Riemendicke,

r_1 den Halbmesser der treibenden Scheibe,

r_2 den Halbmesser der getriebenen Scheibe,

so wird das Uebersetzungsverhältniss

$$= \frac{r_1 + 0{,}5\, s}{r_2 + 0{,}5\, s}(1 - \psi).$$

Der gesammte Zug, den der Riemen während des Betriebes auf die Welle ausübt, ist annähernd

$$= 3 \cdot P_r$$

und beansprucht die Welle auf Biegung. Bei rasch laufenden Riemen kann dieser Zug erheblich unter den obigen Betrag sinken, man rechnet jedoch der Sicherheit wegen besser mit $3\,P_r$.

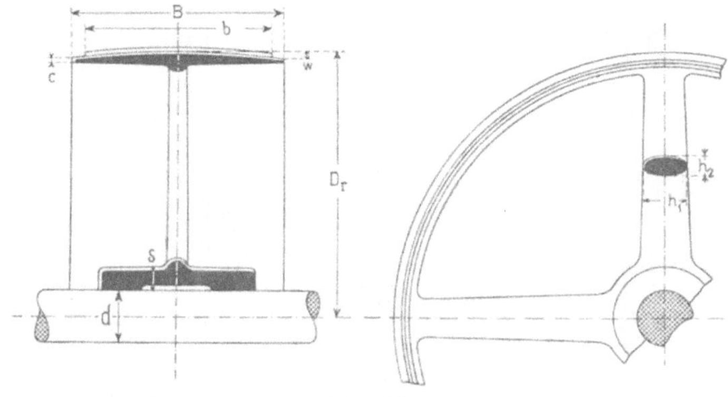

Fig. 30.

Die Riemenscheiben werden gewöhnlich aus Gusseisen hergestellt. Für hohe Umfangsgeschwindigkeiten werden oft schmiedeeiserne Scheiben verwendet. Bei gusseisernen Scheiben Fig. 30 wird nach üblichen Regeln die Breite des Kranzes

$$B = 1{,}1\,b + 0{,}3 \text{ cm},$$

die Randstärke

$$c = \frac{D_r}{200} + 0{,}3 \text{ cm},$$

die Wölbung

$$w = 0{,}25\sqrt{B} \text{ bis } 0{,}4\sqrt{B},$$

wobei w und B in mm ausgedrückt sind.

Die Arme erhalten elliptischen Querschnitt mit dem Achsenverhältniss

$$\frac{h_1}{h_2} = 2{,}0 \text{ bis } 2{,}5.$$

Die gebräuchlichsten Armzahlen sind 4, 6 und 8; kleine Riemenscheiben werden als volle Scheiben ausgeführt, wie Fig. 31 zeigt.

Denkt man sich den Arm bis zur Wellenmitte fortgesetzt und nur $^1/_3$ der Arme an der Kraftübertragung theilnehmend, so wird

$$h_1 = 2{,}5\sqrt[3]{\frac{P_r \cdot D_r}{A \cdot k_b} \cdot \left(\frac{h_1}{h_2}\right)};$$

für $k_b = 300$ und $\frac{h_1}{h_2} = 2{,}5$ wird

$$h_1 = \sqrt[3]{\frac{P_r \cdot D_r}{8 \cdot A}}$$

Für Scheiben mit grosser Umfangsgeschwindigkeit ist noch dem Einfluss der Centrifugalkraft Rechnung zu tragen.

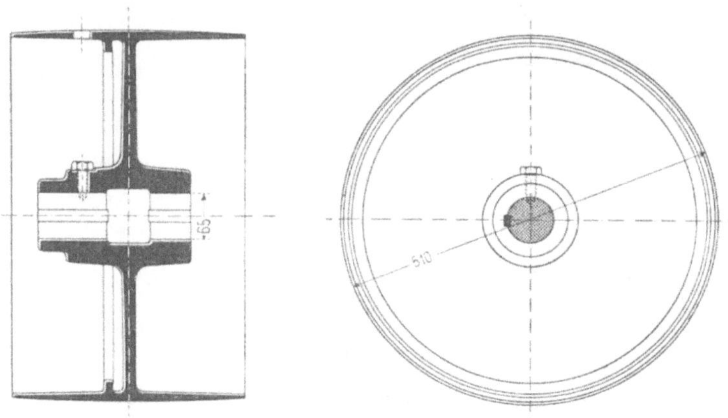

Fig. 31.

Um leichte Scheiben zu erhalten, wird der Kranz schwach und die Armzahl reichlich gross gewählt.

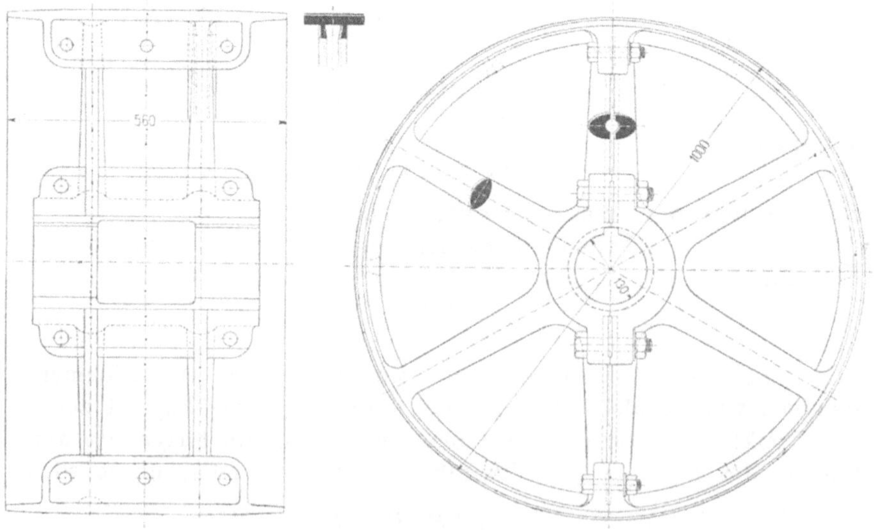

Fig. 32.

Breite Scheiben erhalten, wie Fig. 32 zeigt, zwei Armsysteme. Zum Ausbalanciren der Scheibe sind in Fig. 31 und 32 am äusseren Umfange Bleitaschen angebracht.

Die durch das Keilloch unangegriffene Wandstärke der gusseisernen Nabe ist nach C. Bach in Centimeter

$$\delta = \frac{1}{5}\left(d_0 + \frac{d}{2}\right) + 1 \text{ cm bis } \frac{1}{4}\left(d_0 + \frac{d}{2}\right) + 1 \text{ cm},$$

worin bedeutet

d die Bohrung der Nabe, d. h. den thatsächlichen Durchmesser der Welle

d_0 den Durchmesser derjenigen Welle, die dem zu übertragenden Moment entspricht. Dieser ist aus

$$d_0 = \sqrt[3]{\frac{P_r \cdot D_r}{0{,}4 \cdot k_d}}$$

zu berechnen.

Die Nabenlänge ist

$$\geqq 1{,}2\, d \text{ bis } 1{,}5\, d$$

und ungefähr gleich der Riemenscheibenbreite.

Die Befestigung der Riemenscheibe auf der Welle. Die Riemenscheibe ist auf der Welle so zu befestigen, dass sie sich weder verdrehen noch verschieben kann. Zur Sicherung gegen Drehung dient gewöhnlich ein Flachkeil (Fig. 33); bei grösseren Scheiben kommen Tangentialkeile zur Verwendung (Fig. 34). Diese letztere Befestigungsart ist namentlich da vorzuziehen, wo Stösse vorkommen können

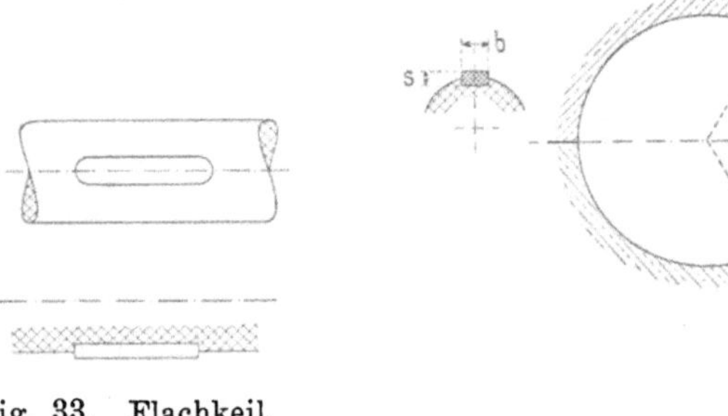

Fig. 33. Flachkeil.

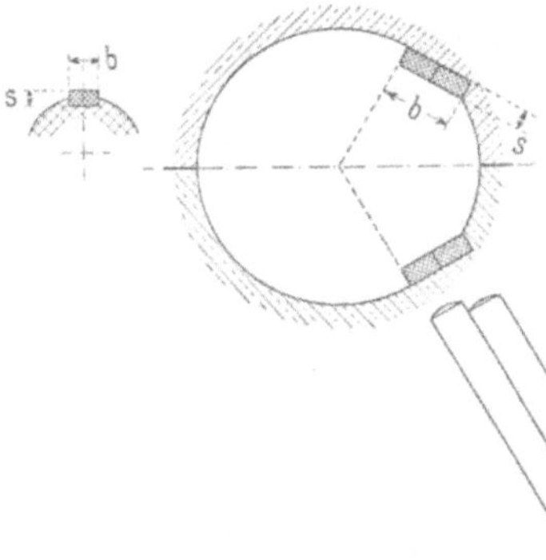

Fig. 34. Tangentialkeil.

Die Abmessungen der Keile können nach dem Wellendurchmesser (d in cm) bestimmt werden, und zwar gilt für Flachkeile:

$$b = 0{,}8 \text{ bis } 1{,}0\sqrt{d} \text{ cm},$$

$$s = 0{,}5\sqrt{d} \text{ cm}$$

und für Tangentialkeile:

$$b = \frac{1}{4}d, \qquad s = \frac{1}{16}d.$$

Die Sicherung der Riemenscheiben gegen axiale Verschiebung auf der Welle geschieht entweder durch eine gegen den Keil um

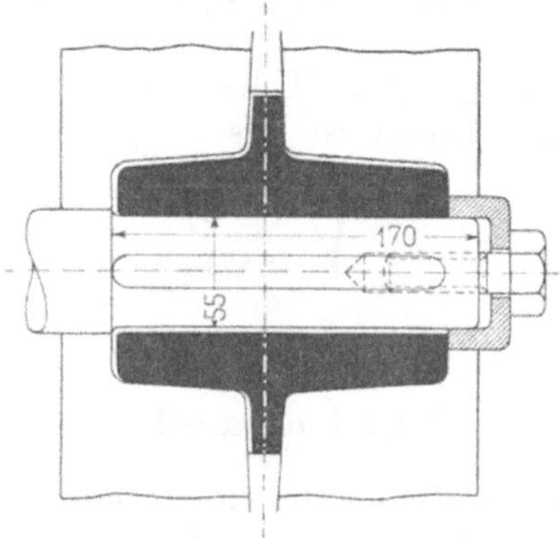

Fig. 35.

90^0 versetzte Schraube, wie Fig. 31 zeigt, oder durch am Wellenende befestigte Scheiben (Fig. 35).

Drittes Kapitel.

Die Konstruktion des Ankerkörpers.

6. Der Ankerkern und die Isolation der Ankerbleche.

Der Ankerkern bildet einen Theil des magnetischen Stromkreises der Maschine. Um den Wattverlust durch Wirbelströme, welche bei der Drehung des Ankers im Ankerkern inducirt werden, auf einen kleinen Betrag zu vermindern, wird der Kern senkrecht zur Richtung der inducirten EMK, also auch senkrecht zu den aktiven Ankerleitern, lamellirt. Durch Blechscheiben von etwa 0,5 mm Stärke wird eine genügende Untertheilung erreicht.

Die einzelnen Blechscheiben werden durch dünne Papierscheiben von einander isolirt oder mit einem isolirenden Anstrich (z. B. Wasserglas oder Isolirlack) versehen. Die natürliche Oxydschicht der Bleche trägt zur Isolation ebenfalls bei.

Die Isolation durch Papier findet heute am meisten Verwendung. Papier von 0,04 mm bis 0,06 mm kann in selbständige Scheiben geschnitten und zwischen die Eisenbleche eingelegt werden. Vorzüglich hat sich das von der A.-G. Siemens & Halske eingeführte maschinelle Bekleben der Bleche mit Papier bewährt. Solche Klebemaschinen werden von der Maschinenfabrik H. F. Stollberg, Offenbach a. M., gebaut.

Die Blechtafeln werden vor dem Verarbeiten mit Papier beklebt, das eine Stärke von nur ca. 0,02 bis 0,03 mm erhalten kann.

Der Koefficient

$$k_2 = \frac{\text{effektives Eisenvolumen des Kernes}}{\text{gesammtes Volumen des Kernes}}$$

wird bei Papierzwischenlagen von 0,04 bis 0,06 mm und 0,5 mm Blechstärke mit Berücksichtigung der Unebenheiten der Bleche

$$k_2 = 0,85 \text{ bis } 0,88$$

dagegen bei 0,02 bis 0,03 mm Papierstärke oder einem dünnen Anstrich

$$k_2 = 0,9 \text{ bis } 0,92.$$

Die Bleche, welche den Ankerkern zu beiden Seiten abschliessen, werden häufig etwas stärker gemacht, man nimmt auf jeder Seite zwei bis drei Bleche zu 0,8 mm oder ein Blech von 1 bis 2 mm oder es werden Messingbleche von 2 bis 5 mm Stärke eingelegt (s. Fig. 48).

Ein starkes Endblech oder eine gegossene Endplatte ist bei Nutenankern namentlich dann erforderlich, wenn die Nuten gefräst werden, damit die vorstehenden Zähne den nöthigen Halt bekommen.

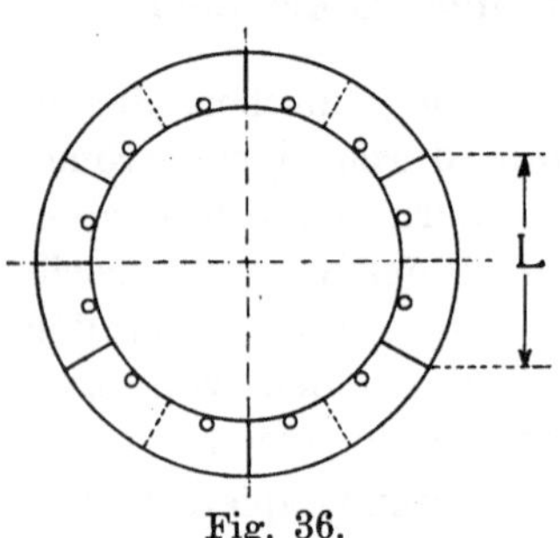

Fig. 36.

Ankerbleche bis zu 100 cm oder 110 cm Durchmesser können aus normalen Blechtafeln in einem Stück ausgeschnitten werden.

Für grössere Durchmesser wird jede Scheibe aus mehreren Segmenten zusammengesetzt, wie Fig. 36 zeigt, und die Stossfugen der auf einander folgenden Scheiben werden gegen einander versetzt. Bei der Feststellung der Zahl der Segmente eines Ringes ist zu berücksichtigen, dass die zu verwendenden Blechtafeln wenig Abfall ergeben und dass die Segmentzahl, wenn möglich, durch die Nutenzahl des Ankers theilbar ist.

7. Die Lüftung des Ankerkernes.

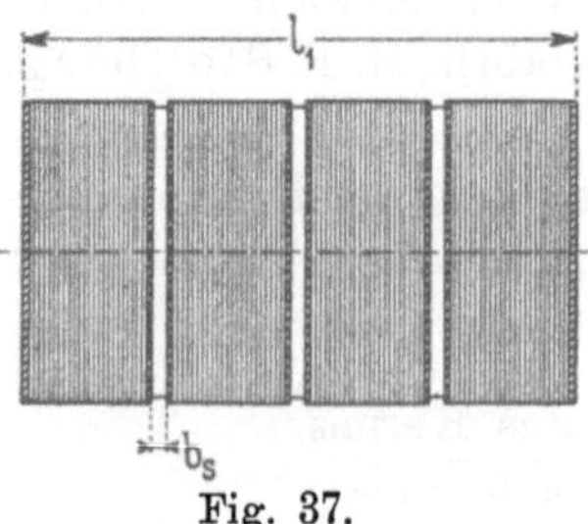

Fig. 37.

Um eine genügende Abkühlung des Ankers und einen guten Temperaturausgleich im Innern der Maschine zu erreichen, ist in vielen Fällen eine Lüftung des Ankerkernes erforderlich.

Die Kernbreite l_1 (Fig. 37) wird zu dem Zwecke in einzelne Theile von 6 bis 10 cm Breite zerlegt und zwischen je zwei Theilen ein Luftschlitz von 0,8 bis 1,2 cm Breite freigelassen.

In den Fig. 38—44 sind verschiedene Konstruktionen für die Herstellung von Luftschlitzen dargestellt.

In Fig. 38 ist als sog. „Luftscheibe" ein Eisenblech verwendet, dessen Zähne und 90^0 verdreht und in welches nach beiden Richtungen runde Vertiefungen gedrückt sind. Fig. 39 zeigt eine ähnliche Konstruktion, hier sind aus dem Bleche kleine Stege herausgedrückt, deren Länge die Weite des Luftschlitzes bestimmt.

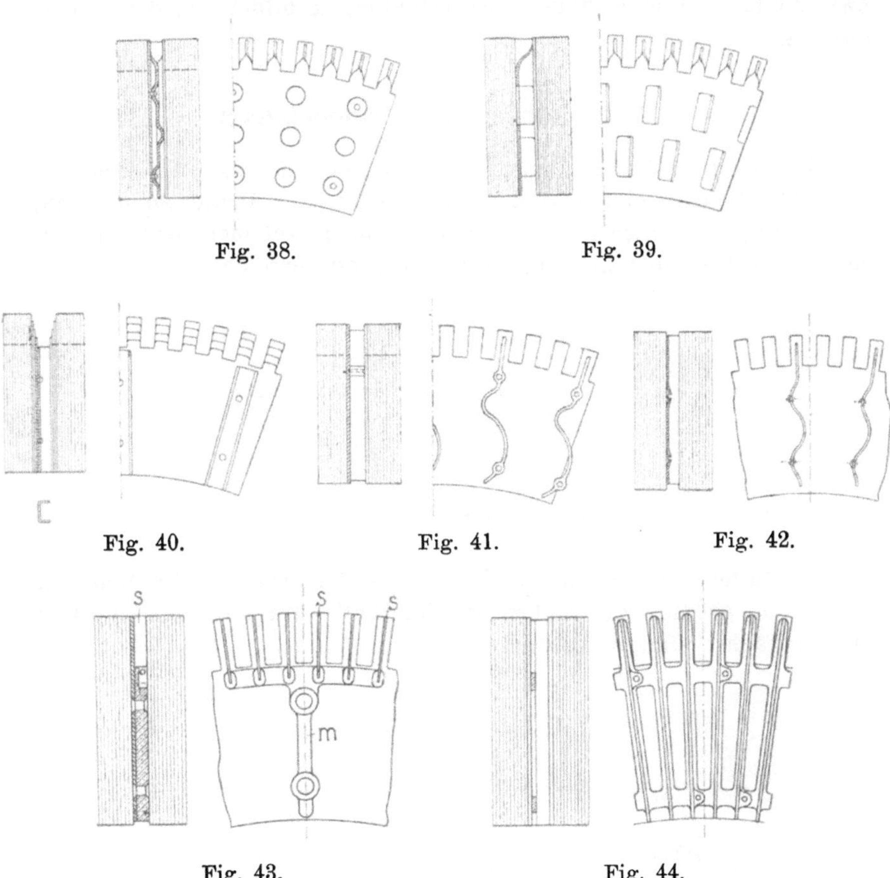

Fig. 38. Fig. 39.

Fig. 40. Fig. 41. Fig. 42.

Fig. 43. Fig. 44.

In Fig. 40 werden die Endbleche in der Nähe des Luftschlitzes treppenförmig abgestuft, um den Zähnen den erforderlichen Halt zu geben, und auf ein Endblech werden Leisten aus Eisen oder Messing oder profilirte Metallstäbe, wie die Figur zeigt, angenietet.

Aehnliche Anordnungen veranschaulichen die Fig. 41 und 42.

Die Bleche zu beiden Seiten des Schlitzes sind etwas stärker gemacht und auf eines derselben gebogene Flacheisen aufgenietet.

In Fig. 43 besteht eine Luftscheibe aus einer gezahnten Blechscheibe, auf welche Segmente *m* aus Messingguss aufgenietet werden. Die Segmente tragen am äusseren Umfang dünne, aus Eisenblech hergestellte Stege *s*, welche in die kleinen Wulste der Segmente eingegossen sind und den Zähnen des Ankers einen Halt geben. Die Luft streicht zwischen den Wulsten durch.

Eine andere Anordnung, bei der die Luftkanäle ebenfalls durch Zwischenlage von gerippten Gussstücken gebildet werden, zeigt Fig. 44.

8. Ankerkörper für Trommelanker.

Bei kleinen Trommelankern ist es zweckmässig, die Bohrung der Ankerbleche gleich dem Durchmesser der Welle zu machen, wie in Fig. 45 dargestellt ist; bei einem gegebenen Ankerdurchmesser wird so der grösste Eisenquerschnitt erreicht.

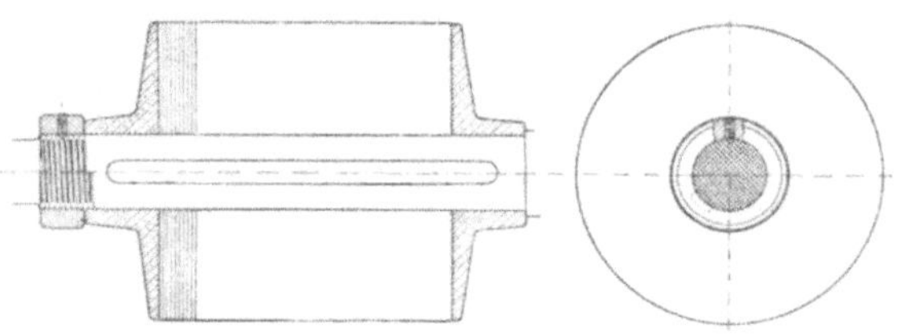

Fig. 45.

Gestattet die berechnete Höhe des Ankereisens die Bohrung der Bleche grösser zu machen als der Wellendurchmesser, so erhält man zunächst eine Ankerbüchse.

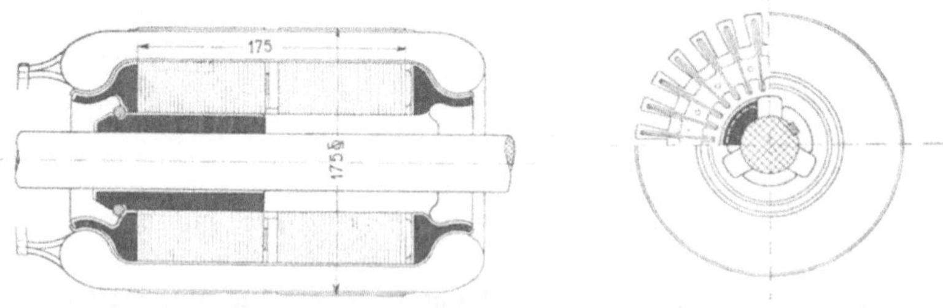

Fig. 46.

In den Fig. 46 und 47 sind zwei verschiedene Konstruktionen dargestellt.

Die Ankerbüchse, Fig. 46, hat auf der hinteren Seite drei Luftkanäle, und auf der Kollektorseite wird die aufgepresste guss-

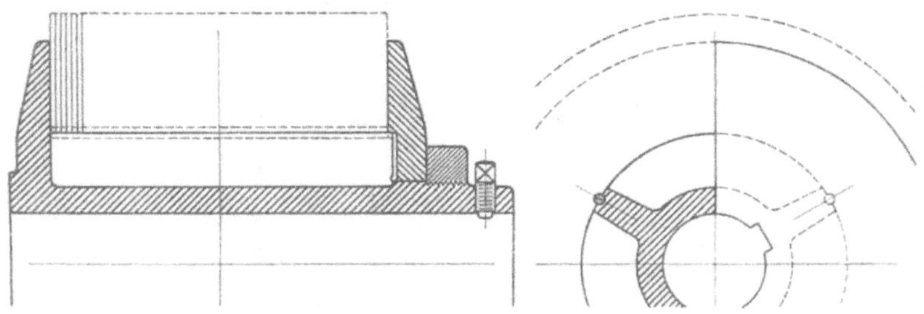

Fig. 47.

eiserne Endplatte durch einen über die Ankerbüchse geschobenen Ring gehalten, während in Fig. 47 die Endplatte durch eine Schraubenmutter auf die Bleche gepresst wird.

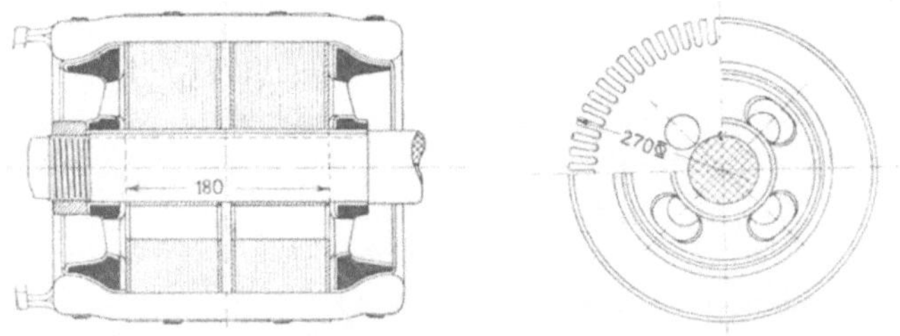

Fig. 48. Sociéte Électricité et Hydraulique, Charleroi.

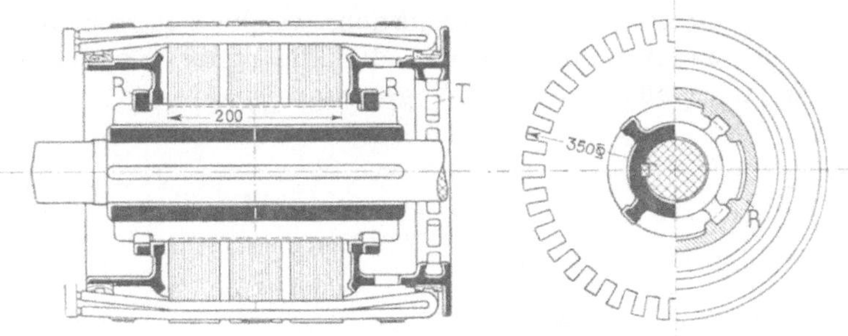

Fig. 49. A.-G. Volta, Reval.

Man kann jedoch, wenn eine Ankerbüchse möglich ist, die Bleche doch bis zur Welle gehen lassen und den Anker nach der in Fig. 48 dargestellten Art lüften.

Eine Konstruktion des Ankerkörpers, wie sie in ähnlicher Form oft ausgeführt wird, zeigt die Fig. 49. Die Ankerbüchse hat vier Rippen und die Kopfplatten werden mittelst Bajonettverschluss

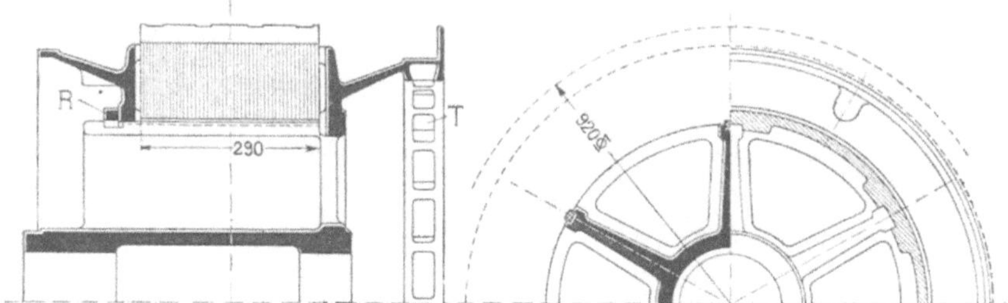

Fig. 50. Gesellschaft für elektrische Industrie, Karlsruhe.

durch zwei Ringe *R* gehalten. Der Ring *R* ist in der Seitenansicht schraffirt; beim Einlegen ist er um 45^0 gegen die jetzige Lage verdreht, so dass er über die Rippen der Büchse geschoben werden kann. Die hintere Kopfplatte hat Bleitaschen *T* zum Ausbalanciren des Ankers.

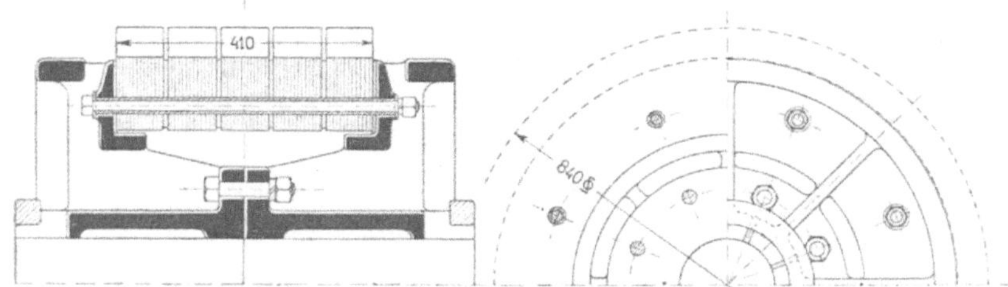

Fig. 51. Siemens & Halske A.-G., Wien.

Die Fig. 50 giebt eine Konstruktion, welche sich von der vorhergehenden dadurch unterscheidet, dass die hintere Kopfplatte mit dem Ankerstern aus einem Stück gegossen ist.

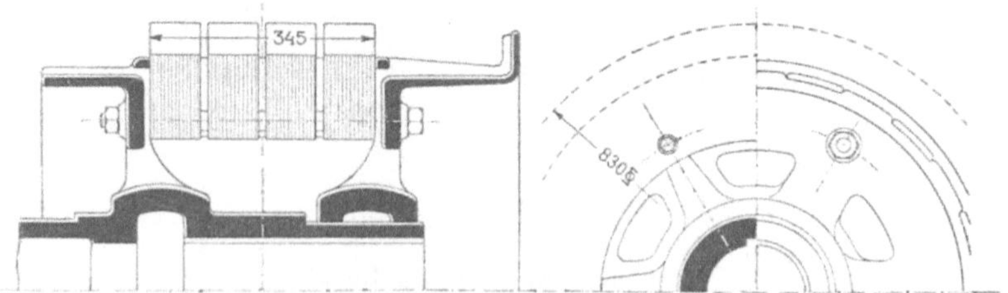

Fig. 52. Patent von J. J. Wood, Cleveland.

Zwei Ankerkonstruktionen, die ebenso wie die vorhergehenden, eine gute Lüftung besitzen, veranschaulichen die Fig. 51 und 52.

Die Kopfplatten werden durch Bolzen, welche die Ankerbleche durchdringen, zusammengepresst.

Für grössere Anker, bei denen der Kern aus einzelnen Blechsegmenten zusammengesetzt ist, ist es erforderlich, den Kern in radialer Richtung fest mit dem Ankersterne zu verbinden, sonst ist ein Loswerden des Kernes während des Betriebes zu befürchten.

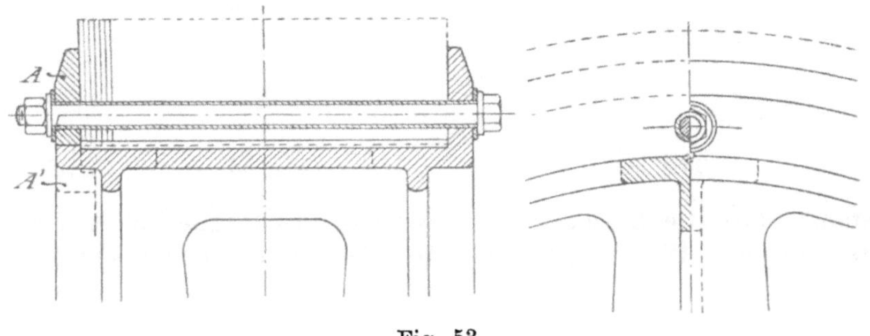

Fig. 53.

In Fig. 53 ist eine Konstruktion dargestellt, welche dieser Anforderung entspricht. Die einzelnen Blechsegmente werden durch die isolirten Schrauben sowohl zusammengepresst, als auch fest mit dem Ankersterne verbunden. Die Zahl der Schrauben muss so gross sein, dass jedes Segment mindestens durch zwei Schrauben gehalten wird.

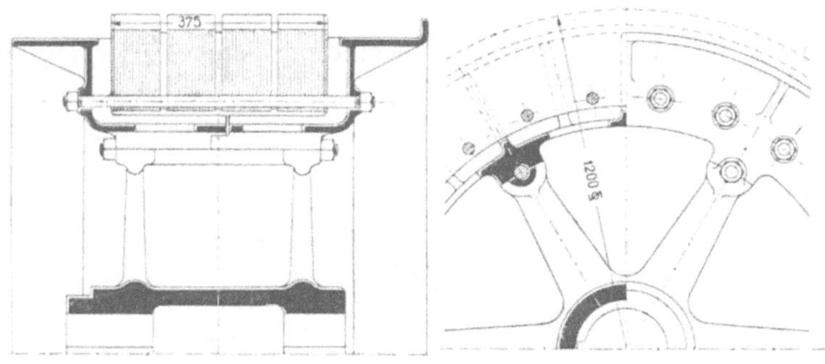

Fig. 54.

Die Isolation der Schrauben lässt sich vermeiden, wenn dieselben nahe an den innern Blechrand gerückt werden, wie in Fig. 54 gezeigt ist. Der Ankerkern mit den beiden Kopfplatten ist bei dieser Konstruktion auf das Armsystem cylindrisch aufgesetzt und durch Schrauben gegen Verschiebung und Verdrehung gehalten.

Zweckmässig ist es auch, die Bolzen nach einer vom Verfasser für eine Maschine von 800 KW. ausgeführten Art, die in Fig. 55 dargestellt ist, anzuordnen. Die Ankerbleche sind so aus-

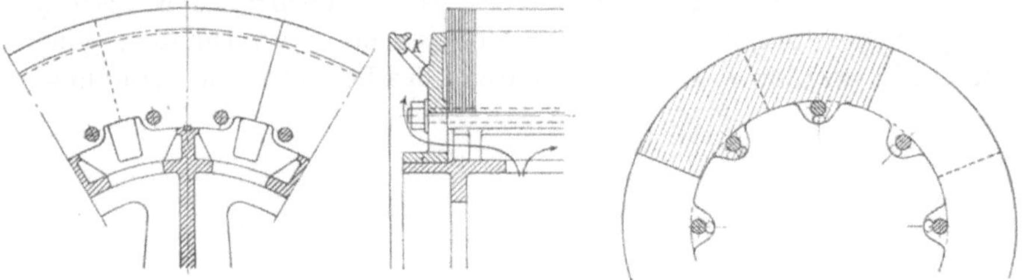

Fig. 55. Fig. 56. Wood, Cleveland.

gestanzt, dass die Bolzen ganz ausserhalb des magnetischen Kraftflusses liegen. Die Aussparungen des Bleches, welche mit seitlichen

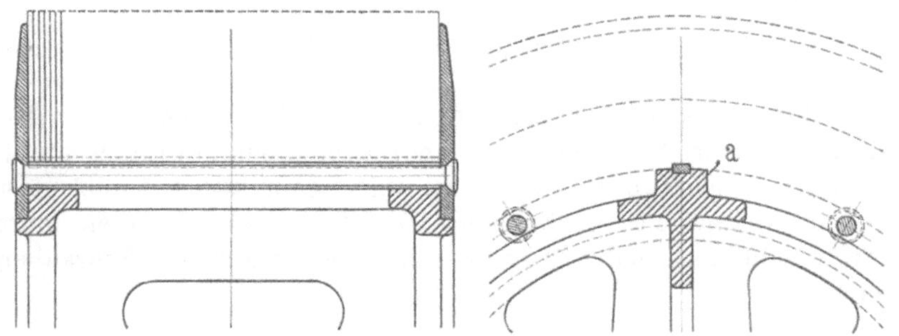

Fig. 57. E.-G. Alioth.

Oeffnungen im Ankersterne in Verbindung stehen, ermöglichen ausserdem eine vorzügliche Kühlung.

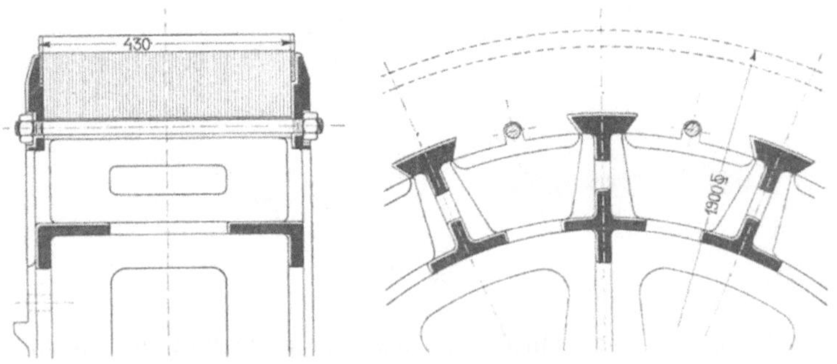

Fig. 58. E.-G. Alioth.

Fig. 56 zeigt eine Befestigungsart der Bleche nach der Methode von Wood, Cleveland.

Die in den Fig. 49 bis 55 dargestellten Ankerkörper sind für Mantelwicklungen bestimmt. Zwei Anker für Stirnwicklungen, der eine für einen kleinern, der andere für einen grossen Durchmesser, sind in den Fig. 57 und 58 gezeichnet.

Die E.-A.-G. vorm. Schuckert & Co. und die E.-G. Alioth benutzen für grosse Anker Konstruktionen, welche nicht nur ein

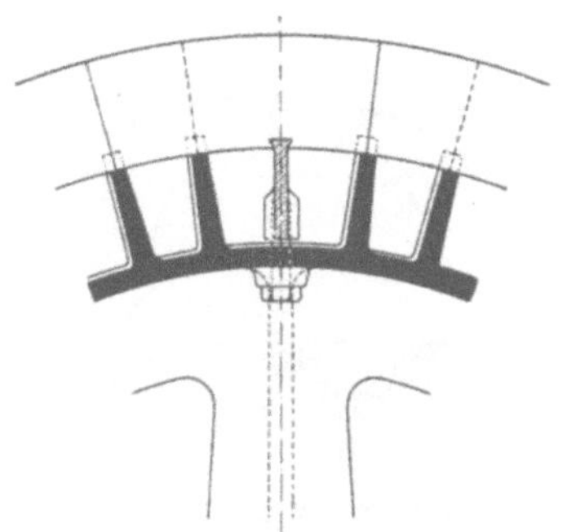

Fig. 59. E.-A.-G. vorm. Schuckert & Co. — E.-G. Alioth.

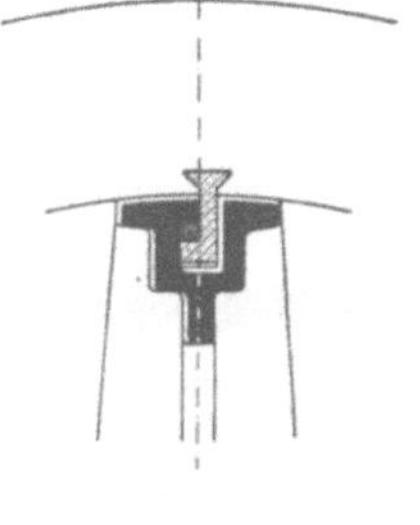

Fig. 60. E.-G. Alioth.

axiales, sondern auch ein radiales Festspannen der Bleche ermöglichen. Fig. 59 zeigt eine solche Konstruktion. Die Bleche werden mittelst Schrauben und Broncestücken, die schwalbenschwanzförmig in die Bleche eingreifen, radial festgespannt. Fig. 60 veranschaulicht eine weitere, denselben Zweck verfolgende Konstruktion der E.-G. Alioth. Hier sichert das Broncestück die Bleche, ebenso wie ein Keil, zugleich gegen die Verdrehung.

Mehrere andere Konstruktionen von Trommelankern sind auf den Tafeln II bis X und in den Fig. 266 bis 325 dargestellt.

9. Ankerkörper für Ringanker.

In den bis jetzt angeführten Konstruktionen ist angenommen worden, dass der Armaturstern aus Gusseisen besteht; für Trommelanker ist das zulässig, aber nicht für Ringanker.

Bei Ringankerwicklung erzeugen die Armaturdrähte im Innern des Ringes ein stehendes magnetisches Feld, dessen Stellung nur von der Lage der Schleifbürsten abhängt. Um die Intensität dieses Feldes und damit den Verlust durch Wirbelströme, welche bei der Rotation des Armatursternes in diesem magnetischen Felde entstehen, zu vermindern, muss der Armaturstern aus einem nicht magnetischen Metalle, am besten aus Bronce oder Messingguss hergestellt werden.[1])

In den Fig. 61 bis 69 sind verschiedene Konstruktionen von Ankersternen für Ringanker dargestellt. Das Befestigen der Armaturbleche auf dem Armatursterne zur Sicherung gegen Verdrehung geschieht in Fig. 61 durch direktes Eingreifen des Sternes in ausgestanzte Nuten der Bleche.

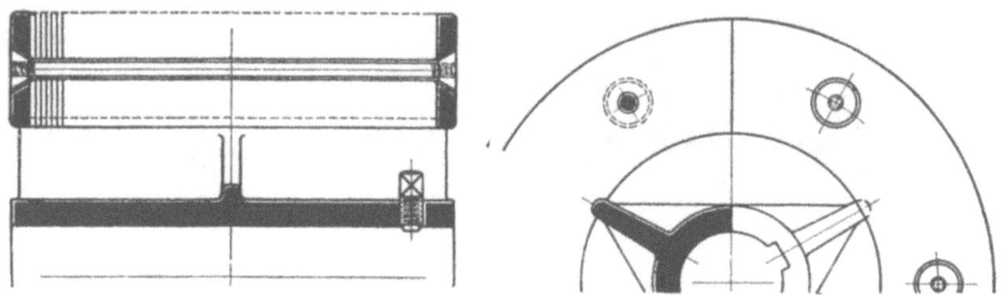

Fig. 61. E.-A.-G. vorm. Schuckert & Co.

In Fig. 62 ist eine von der Maschinenfabrik Oerlikon vielfach angewandte Konstruktion dargestellt. Der Ankerstern besteht aus zwei gleichen, um eine Armtheilung gegen einander versetzten Theilen, mit abwechselnd kurzen und langen Armen oder Rippen

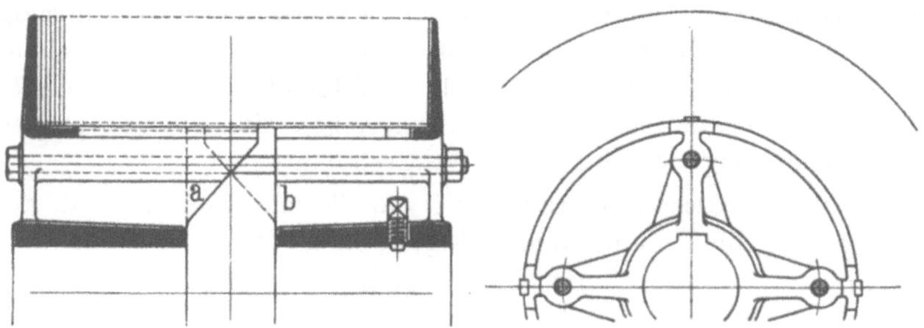

Fig. 62. Maschinenfabrik Oerlikon.

a und *b*. Einem langen Arme *a* steht dann ein kurzer Arm *b* gegenüber, und bei der nächsten Armtheilung gehört zu einem kurzen Arme auf der *a*-Seite ein langer Arm auf der *b*-Seite; die letztere Stelle ist punktirt angedeutet. Auf diese Weise wird eine gute Führung der Bleche erreicht, auch wenn dieselben noch nicht zusammengepresst sind. Das Zusammenpressen erfolgt mittels be-

---

[1]) Mit Ausnahme der Fig. 66 sind in den Fig. 61 bis 69 die Querschnitte der Broncetheile ausnahmsweise schwarz.

sonderer Schrauben, oder bei kleineren Ankern (Fig. 45) durch eine auf der Welle sitzende Schraubenmutter.

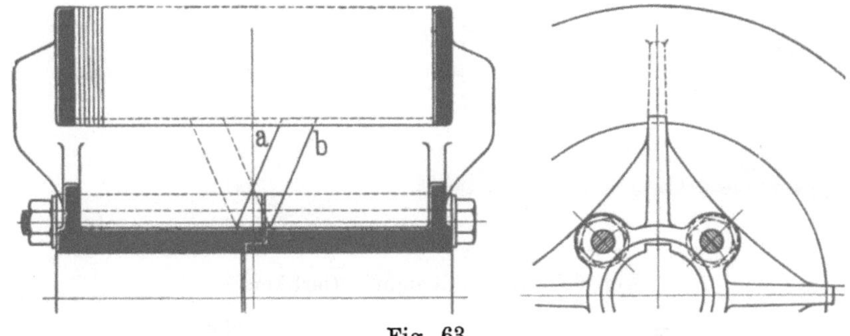

Fig. 63.

Die Bauart der Armatursterne in Fig. 63 und Fig. 65 ist ähnlich der durch Fig. 62 dargestellten Konstruktion.

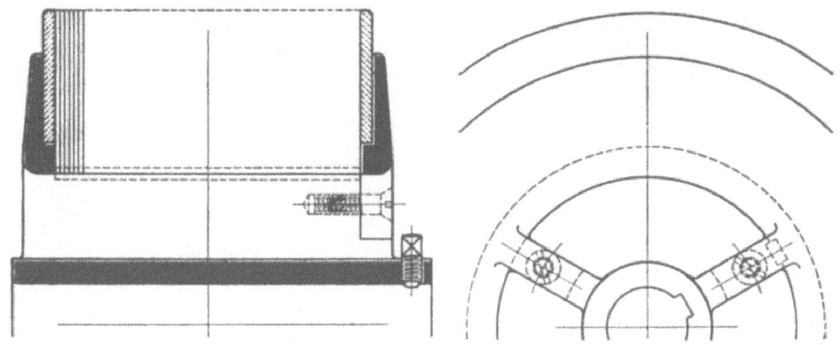

Fig. 64.

Die Konstruktion Fig. 65 ist für kleinere Dynamos geeignet; die beiden Hälften des Sternes werden durch schmiedeeiserne

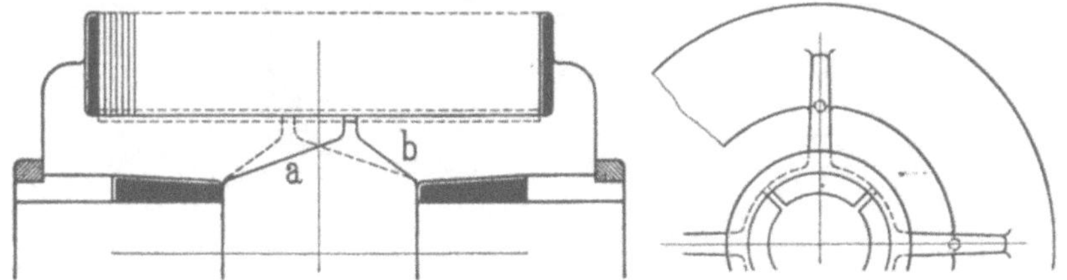

Fig. 65. E.-A.-G. vorm. Schuckert & Co.

Schwindringe auf der Welle sowohl gegen Drehung als seitliche Verschiebung festgehalten.

Eine Bauart, die den Zweck hat, an Bronceguss zu sparen, stellt Fig. 66 dar. Der Broncestern wird von der gusseisernen Nabe umfasst. Der Ring *R* ist für Bajonettverschluss eingerichtet.

Für grosse Ankerdurchmesser würde die Herstellung des Sternes aus Bronce zu theuer ausfallen. Da die Entfernung des inneren

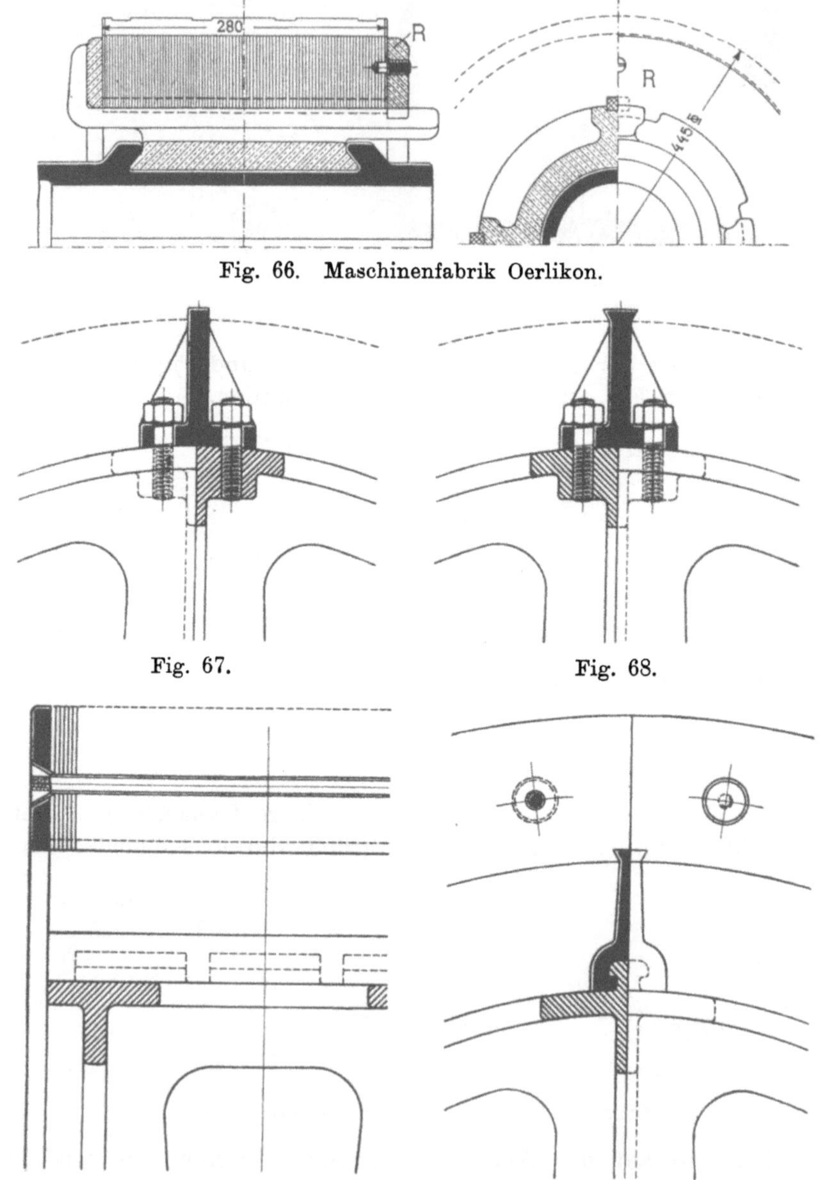

Fig. 66. Maschinenfabrik Oerlikon.

Fig. 67.

Fig. 68.

Fig. 69. E.-A.-G. vorm. Schuckert & Co.

Theiles der Ringwicklung vom Gusseisen des Sternes von 8 bis 10 cm genügt, so kann für grosse Durchmesser der auf der Welle sitzende Theil des Sternes aus Gusseisen hergestellt werden. Auf den gusseisernen Theil werden dann die Broncetheile, welche den Ankerkern tragen, befestigt.

In den Fig. 67 und 68 sind die Bronceleisten auf den gusseisernen Stern aufgeschraubt und in Fig. 69 aufgegossen.

10. Die Berechnung der Speichen des Ankersternes.

Die Speichen oder Arme des Ankersternes werden durch die am Umfange des Ankers wirkenden Kräfte auf Biegung beansprucht. Ist L die Länge einer Speiche in cm, vom Mittelpunkt der Welle aus gemessen, und A die Anzahl der Speichen, n die Tourenzahl des Ankers und PS die Zahl der verbrauchten oder geleisteten Pferdestärken, so ist die Kraft K, welche die Speiche auf Biegung beansprucht

$$K = 71\,620 \frac{PS}{A \cdot n \cdot L} \text{ kg.}$$

Ist ferner l die Länge der Speiche bis zur Nabe, oder allgemein die Länge des Hebelarmes, welche für die Biegung in Betracht kommt, W das Widerstandsmoment des Speichenquerschnittes und k_b die zulässige Beanspruchung des Materials auf Biegung pro qcm, so folgt

$$K \cdot l = W \cdot k_b.$$

Mit Rücksicht auf plötzliche Belastungen oder grosse Ueberlastungen, wie im Falle eines Kurzschlusses, sowie mit Rücksicht auf die Herstellung, wird der Speichenquerschnitt so gross gewählt, dass die Beanspruchung k_b klein ausfällt.

Für Gusseisen soll

$$k_b \leqq 50 \text{ bis } 100 \text{ kg}$$

und für Messingguss

$$k_b \leqq 100 \text{ bis } 150 \text{ kg}$$

sein.

11. Die Befestigung des Ankers auf der Welle.

Der Anker ist auf der Welle sowohl gegen Verdrehung wie gegen Verschiebung zu sichern. Die Sicherung gegen Drehung geschieht wie bei Riemenscheiben durch Flach- oder Tangentialkeile, deren Abmessungen auf S. 36 angegeben sind.

Die Sicherung gegen Verschiebung muss insbesondere bei Ankern, die mit der Welle transportirt werden, eine sehr gute sein. In den später (Fig. 266 bis 311) abgebildeten Ankerkonstruktionen sind verschiedene Befestigungsarten zu finden. Kleine Anker werden häufig zwischen einen Wellenbund und einen Schrumpfring (siehe Fig. 290) oder eine Schraubenmutter (Fig. 45) eingeklemmt. Das Schraubengewinde vertheuert die Welle und wird daher gerne vermieden, wie bei den Ankern Fig. 46 und 47.

Viertes Kapitel.

12. Die gebräuchlichsten Isolirmaterialien und ihre Verwendung. — 13. Die Untersuchung der Isolirfestigkeit. Durchschlagspannungen für die gebräuchlichsten Isolirmaterialien.

12. Die gebräuchlichsten Isolirmaterialien und ihre Verwendung.

Lässt man auf ein Isolirmaterial eine gewisse Spannung einwirken, so werden nach Massgabe der dielektrischen Eigenschaften Ströme in ihm auftreten, durch welche zugleich mit einer Erwärmung auch eine Strukturveränderung veranlasst wird.

Die Fähigkeit, eine gewisse Spannung auszuhalten, ohne dass infolge dieser Aenderungen eine Entladung durch das Material hindurch, ein Durchschlag erfolgt, wollen wir als Isolirfestigkeit bezeichnen.

Die Isolirfestigkeit eines Materials kann man durch die Grösse der Durchschlagspannung ausdrücken, welche somit vom Isolationswiderstand, der Temperatur, der Dauer der Einwirkung der betreffenden Spannung und der mechanischen Widerstandsfähigkeit abhängig sein wird. Die Anforderungen, welche man an ein gutes Isolirmaterial stellt, können folgendermassen zusammengefasst werden:

1. Möglichst hohe und für das ganze Material gleichförmige Isolirfestigkeit.
2. Geringe Abhängigkeit der Isolirfestigkeit von der Temperatur.
3. Es darf nicht hygroskopisch sein.
4. Unabhängigkeit von der bei der Verarbeitung und während des Betriebes auftretenden mechanischen Beanspruchung.
5. Es dürfen keinerlei Substanzen in ihm enthalten sein, welche die zu isolierenden Metalltheile gefährden (oxydiren, anfressen).

Allen diesen Anforderungen wird kein Isolirmaterial vollkommen entsprechen, sondern nur einigen von ihnen. Für einen bestimmten Zweck müssen daher unter den zahlreichen Isolirmaterialien die am besten geeigneten ausgewählt werden; hierbei kommen auch die Kosten und die Raumbeanspruchung in Betracht.

Die im Dynamobau gebräuchlichsten Isolirmaterialien sind die folgenden:

Glimmer (Mika) besitzt die besten Isolireigenschaften, ist gegenüber hohen Temperaturen beständig und absorbirt keine Feuchtigkeit. Die mechanische Festigkeit ist jedoch sehr gering. Die Durchschlagspannung einer 0,25 mm dicken, fehlerlosen, vollständig hellen Glimmerplatte kann bis 30000 Volt betragen. Die Durchschlagspannung für den auf den Markt kommenden Glimmer wurde für eine

0,19 mm dicke Platte zwischen 8000—12000 Volt und
für eine 0,45 mm dicke Platte zwischen 18000—30000 Volt

gefunden.

Da Glimmerplatten nur in beschränkter Grösse vorkommen und daher grössere Stücke sehr theuer würden, so werden im Dynamobau, speciell für Kollektoren, Glimmerfabrikate aus gespaltenen Glimmerplatten hergestellt, welche unter dem Namen Mikanite bekannt sind. Je nach der Dicke und Form des betreffenden Isolirstückes werden dieselben durch Pressen und Kleben unter Verwendung eines gut isolirenden Bindemittels zusammengesetzt.

Für Mikanit aus metallfreiem und hellem Glimmer geben Parshall & Hobart für eine

		Volt
Dicke von 0,127 mm	eine Durchschlagspannung von	3600— 5860
„ „ 0,178 „	„ „ „	7800—10800
„ „ 0,228 „	„ „ „	8800—11400
„ „ 0,279 „	„ „ „	11600—14600

an.

Für ein unter dem Namen „Megohmit“ in den Handel gebrachtes Glimmerfabrikat, aus welchem durch verschiedene Verfahren der verwendete Klebestoff wieder zum Entweichen gebracht wurde, giebt die Firma Meirowsky & Comp. Köln-Ehrenfeld für die mittlere Durchschlagspannung an:

Dicke 0,25 mm	8000 Volt
„ 0,40 „	12500 „
„ 0,60 „	20500 „
„ 0,80 „	27500 „
„ 1,00 „	36000 „

Der Isolationswiderstand von Mikanit beträgt ca. $2490 \cdot 10^6$ Megohm pro ccm (Mica Insulator Comp. New York, London).

Ueberall dort, wo Glimmer bzw. Mikanit nicht in Form von Façonstücken, wie z. B. bei Kollektorisolationen, Nutenröhren, Spulenkörpern u. s. w. verwendet wird, wird derselbe mit Papier oder mit verschiedenen Sorten von Geweben kombinirt. Es entstehen dadurch die unter den verschiedensten Namen bekannten Mikanitpapiere, Mikanitleinwand, Mikanitcloth u. s. w. Diese Sorten sind jedoch in Bezug auf die Isolationsfestigkeit mehr oder weniger inhomogen und daher von der Art des Verarbeitungsvorganges und der Verwendung abhängig, so dass bei Isolation kantiger Gegenstände ganz besondere Rücksicht auf Ueberlappungen und Ueberdeckungen des Materials genommen werden muss.

Aus vielen Versuchen, die von verschiedenen Firmen und im hiesigen E. T. I. vorgenommen wurden, kann als Durchschlagspannung für

Mikanitpapier

von 0,2 mm Dicke . . . . . 1000—3500 Volt
0,32 mm Dicke . . . . . 2000—4300 Volt

und für Mikanitleinwand

von 0,2—0,3 mm Dicke . . . . . 1000—3500 Volt
0,5 mm Dicke . . . . . 1000—6000 Volt

angesehen werden. Das Biegen von Mikanitfabrikaten soll in warmem Zustande erfolgen.

Mikanitpräparate werden auch vielfach mit Lacken imprägnirt, jedoch geht in diesem Falle die Temperaturbeständigkeit verloren.

Zu erwähnen wäre noch, dass infolge ihrer inhomogenen Struktur manche Glimmerfabrikate in ihrer Isolationsfestigkeit eine wesentliche Einbusse erleiden, wenn sie mit Maschinenöl in Berührung kommen.

Hartgummi (Ebonit) ist ein vorzüglicher Isolator, der auch mechanische Beanspruchung gut aushält, jedoch Wärmeeinflüssen gegenüber sehr wenig widerstandsfähig ist. Bei 70° C. wird er schon weich, bei 80° C. flüssig. Hartgummiblätter und Stäbe können, ohne dass die Isolirfestigkeit leidet, auf einen Krümmungsradius der gleich der drei bis vierfachen Materialstärke ist, gebogen werden.

Die Durchschlagspannung für eine 0,42 mm dicke Platte betrug 16000 Volt; eine 2 mm dicke Platte konnte mit 54000 Volt nicht durchschlagen werden. Eine 0,0254 mm dicke Platte hält 500 Volt aus. Gegenüber Feuchtigkeit der Luft verhält sich Hartgummi mittelmässig.

Schiefer kann nur als minderwerthiges Isolirmaterial angesehen werden. Seine Isolirfestigkeit ist gering und kann durch Metalläderchen, die das Gestein durchziehen, stark vermindert werden. Schiefer ist hygroskopisch, Wärmeeinflüssen gegenüber aber beständig. Mechanisch ist er gut verwendbar. Gut getrockneter und homogener Schiefer hält bei einer Materialstärke von 25 mm einer Spannung von 5000 Volt stand. Wird Schiefer für Schalter, Widerstandstafeln und dergl. verwendet, dann empfiehlt es sich, die Stromdurchführungen mit besonderen Büchsen aus Hartgummi oder Mikanit zu versehen. Die hygroskopischen Eigenschaften des Schiefers können durch einen Paraffinüberzug zum Theil behoben werden.

Marmor zeigt ähnliches Verhalten wie Schiefer, ist aber als besseres Isolationsmaterial anzusehen. Er kann in Bezug auf Isolationsfestigkeit, Unabhängigkeit von Temperatur und Feuchtigkeit als gut bezeichnet werden.

Einige Holzarten, wie Ahorn-, Buchen- und Wallnussholz, werden zur Isolation von Klemmen und dergl. mitunter verwendet. Sie müssen vor der Verwendung im Ofen getrocknet und mit Firniss oder heissem Leinöl imprägnirt werden. In Dicken von 25 mm können dieselben, gut getrocknet und imprägnirt, ca. 10000 Volt aushalten.

Asbest wird seiner Feuerbeständigkeit wegen verwendet. In feuchten Betrieben bei Spannungen über 250 Volt ist er wegen seiner hygroskopischen Eigenschaften nur mit Vorsicht zu gebrauchen. Die Durchschlagspannung einer 2,0 mm dicken trockenen Asbestplatte beträgt 1000—3500 Volt. Indem man Asbest mit einer gewissen Gummisorte vermengt, erhält man das als Vulkanasbest bekannte Material, welches bis zu Temperaturen von 314 °C. unverändert bleibt. Gewöhnlich guter Vulkanasbest wird bei einer Dicke von 12,5 mm bei 31000 Volt durchschlagen. Die mechanische Widerstandsfähigkeit des Vulkanasbestes ist grösser als die des reinen Asbestes.

Rother und vulkanisirter Fiber wird hauptsächlich seiner mechanischen Eigenschaften wegen verwendet. Er nimmt jedoch Feuchtigkeit aus der Luft sehr leicht auf. Unter Wärme getrocknet, verbessert er seine Isolationsfestigkeit, wird aber brüchig. Gut getrockneter, vulkanisirter Fiber hält in Dicken von 20 mm ca. 10000 Volt aus.

Pressspahn wird im Dynamobau vielseitig verwendet. Als Durchschlagspannungen für getrockneten Pressspahn können angegeben werden:

Dicke 0,3—0,37 mm	. . . . .	1000— 5000 Volt
„ 0,5 „	. . . . . .	2000— 6200 „

Dicke	0,6 mm	. . . . .	4000— 8000 Volt
„	0,7 „	. . . . .	6000—10100 „
„	0,8 „	. . . . .	7500—12900 „
„	1,0 „	. . . . .	12000—13000 „
„	1,5 „	. . . . .	10000—21000 „
„	1,97 „	. . . . .	20000—21000 „
„	2,88 „	. . . . .	30000—32000 „
„	4,10 „	. . . . .	40500—43000 „
„	5,20 „	. . . . .	46000—48000 „

Pressspahn muss vollständig getrocknet werden, bevor er zur Verwendung gelangt. Er ist gegenüber mechanischen Beanspruchungen sehr widerstandsfähig und kann, ohne dass seine Isolationsfestigkeit leidet, auf einen Krümmungsradius gleich der fünffachen Materialdicke gebogen werden.

Um Pressspahn gegen Feuchtigkeit widerstandsfähiger zu machen, wird er in reinem, doppelt gekochtem, durch Benzin verdünntem Leinöl bei ca. 100—110^0 C. gekocht. Die Dauer des Kochens ist je nach der Materialdicke verschieden: 0,5 mm Dicke benötigt 12, 1 mm 18 Stunden. Die Isolirfestigkeit des auf solche Art präparirten Materiales steigt gegenüber dem Roh-Pressspahn auf ca. das dreifache.

Ganz ähnlich wie Pressspahn verhält sich Rothpapier, nur ist seine mechanische Festigkeit geringer.

Leatheroid besteht aus ähnlichen Substanzen und ist in seinem Verhalten ähnlich dem Pressspahn. Die Durchschlagspannung für 0,32—0,45 mm Dicke beträgt ca. 8000 Volt. Nach Parshall & Hobart hält Leatheroid gerade noch folgenden Spannungen stand:

bei einer Dicke von

0,397 mm	. . . .	5000 Volt
0,795 „	. . . .	8000 „
1,19 „	. . . .	12000 „
1,59 „	. . . .	15000 „
3,17 „	. . . .	15000 „

Die Zunahme der Dicke bedingt bei Fiber und Leatheroid nicht auch eine entsprechende Zunahme der Isolationsfestigkeit, weil hier grössere Materialstärken nicht mehr homogen hergestellt werden können.

Manila-Papier und Cellulose-Papier werden vielfach mit Lacken oder Oelen präparirt verwendet. Die Durchschlagspannung beträgt im rohen Zustande für 0,1 mm Dicke ca. 400 Volt.

Im Dynamobau werden die zur Nuten- und Stabisolation gebräuchlichen Isolirmaterialien nie im reinen Zustande, sondern meistens erst, nachdem sie mit besonderen Lacken, Firnissen, Oelen und dergl. behandelt wurden, verwendet.

Die hauptsächlichst hierzu verwendeten Sorten sind die sogenannten: Sterling- und Standard Varnish- oder kurz S-Lacke, Japan A-, C- und H-Lacke, Armalack, Insul-Lack, Voltalack u. s. w.[1])

Die beste Isolirfestigkeit wird offenbar auch wieder jenes Material als Träger für den betreffenden Lack gewährleisten, welches die grösste Gleichförmigkeit entlang der ganzen Isolirfläche sichert.

Imprägnirt werden: Leinen-, Baumwoll-, Papier- und einige Specialfaserfabrikate.

In den meisten Firmen ist es zur Zeit üblich, die betreffenden Rohmaterialien besonderen Imprägnirungsverfahren zu unterziehen. Hierbei werden dieselben entweder in einen der Lacke, Firnisse oder Oele getaucht oder mit demselben bestrichen. Um das Trocknen zu erleichtern, wird das Material „gebacken", wobei für die Zeit, Menge des Luftzutrittes und Temperatur des Backens besondere Gesichtspunkte für jedes einzelne Fabrikat zu beobachten sind.

Manila- und Cellulose-Papier werden mit S- oder Excelsiorlack behandelt. Die Durchschlagspannung von mit S-Lack getränkten Proben von

0,23 mm Dicke beträgt . . . 8000—9000 Volt,
0,17 mm Dicke beträgt . . . 5000—7000 Volt.

Dünnere Papiersorten werden mit Excelsiorlack behandelt:

für Dicken von 0,09—0,1 mm beträgt die Durchschlagspannung . . . . . 3000—6000 Volt.

Mit Leinöl behandelt, verlieren diese Papiersorten an Festigkeit.

Leatheroid wird mit C-Lack bestrichen. Segeltuch wird durch unverdünntes, heisses Leinöl gezogen und wie Pressspahn getrocknet.

Die Insulating Varnish Comp. giebt für mit „Insulating Varnish" getränkte Musselin (Battist) eine Durchschlagspannung von 700 Volt und für getränktes Papier eine solche von 1100 Volt für eine Dicke von 0,0254 mm an. Mit „Voltalack" getränkte Musselin von 0,0254 mm Dicke soll bei 1050 und ebenso getränktes Papier von 0,0254 mm bei 970 Volt durchschlagen werden.

[1]) Bezugsquellen für Lacksorten: Japanlacke A, H, C, Insul-Lack: Paege & Komp., Berlin. Armalack: Massachusetts Chemical Comp., Ph. Mühsam, Berlin. Sterling Varnish: Sterling Varnish Comp., Pittsburg, Birmingham. Insulating Varnish: Sterling Varnish Comp., New York, London. Excelsior Lack: Meirowsky & Komp., Köln. Isolir-Kompositionen: Allut, Noodt & Komp., Hamburg.

Die Sterling Varnish Comp. giebt für ihr „Red Rope Paper" (Rothpapier) von der Dicke 0,254 mm eine Durchschlagspannung von 11000 Volt und für eine besonders gleichförmige mit Sterling Varnish präparirte Leinwand von derselben Dicke 13000—15000 Volt an.

Die Lacksorten, die zur Imprägnirung von isolirten Wickeleiprodukten oder direkt zur Isolirung von Metalltheilen verwandt werden, sind verschiedener Art, je nach dem Zwecke, dem sie dienen sollen.

1. Der Lack soll den zu isolirenden Theil möglichst innig umschliessen, und dabei alle Unebenheiten und Poren ausfüllen. Hierzu werden die dickeren Lacksorten wie Japan-H-Lack, Armalack, Voltalack u. a. verwendet. Diese ersten Lacke haben in erster Linie das betreffende Material zu isoliren. S-Lack hat sich vielfach nicht zur Verwendung als erster Lack bewährt, da er die Isolation spröde macht und das Kupfer oxydirt.

2. Diese dicken Lacke bedürfen noch eines Schutzes gegen mechanische Beschädigungen, welcher durch eine zweite Lackschicht, den Schutzlack, erhalten wird. Hierzu eignen sich S- und Excelsior-Lack, indem die damit mehrfach angestrichenen Wickeleiprodukte grosse mechanische Festigkeit erhalten.

3. Um das Anhaften von Staub zu verhindern und eine möglichst glatte Oberfläche zu erhalten, verwendet man häufig noch eine dritte Lackschicht, zu der als sogenannter Decklack: Kopallack oder Emaillelack verwendet wird. Mit Emaillelack behandelte Armaturspulen und dergl. können nachgerichtet oder nachgepresst werden, ohne dass ein Abspringen des Lackes zu befürchten ist.

Mitunter wird auch der Decklack mit dem Schutzlack kombinirt, so dass nur zwei Lackschichten aufgetragen werden.

Zur Isolation von Armaturblechen wird in neuerer Zeit auch Armalack verwendet.

Um Isolationspapiere, wie Rothpapier, Pressspahn und dergl. auf Kupferstäben, Spulenkörpern etc. festzukleben, verwendet man sogenannten Insul-Lack.

Die Isolationseigenschaften von Isolirlacken werden in der Weise geprüft, dass man Lackschichten in bestimmten Dicken auf Zinkblech aufträgt und dieses dann einer Durchschlagsprobe unterzieht.

In dieser Weise wurde gefunden:

Für Leinöl	0,1 mm	3—4000 Volt
„ Japan-A-Lack . .	0,07 „	2000 „

Für Japan H-Lack . . .	0,1 mm	2500 Volt
„ „ C- „ . . .	0,2 „	5000 „
„ Sticka- „ . . .	0,15 „	4000 „
„ Arma- „ . . .	0,15 „	4000 „
„ S- „ . . .	0,15 „	7500 „
„ Excelsior- „ . . .	0,05 „	2500 „
„ „ „ . . .	0,1 „	8000 „
„ Emaille- „ . . .	0,05—0,1 mm	300—700 „
„ „ „ . . .	0,25 mm	2500 „

In vielen Fällen werden zur Isolation besondere Kombinationen von Mikanitleinwand oder Papier mit Pressspahn oder Rothpapier, das ganze mit irgend einem Lack getränkt, verwendet.

13. Die Untersuchung der Isolirfestigkeit. Durchschlagspannung für die gebräuchlichsten Isolirmaterialien.

Die Einführung eines Isolationsmaterials kann erst auf Grund von Resultaten vorgenommen werden, die durch eingehende Versuche gewonnen werden. Diese Versuche sollen sich hauptsächlich auf die Untersuchung der Durchschlagspannung bei verschiedenen Verhältnissen erstrecken.

Die Isolationsprobe wird zwischen Metallelektroden von 5—7 cm Durchmesser gebracht, auf welche die durch einen Transformator mit variablem Übersetzungsverhältniss hinauftransformirte Spannung einwirkt. Um die Temperatur beliebig variiren zu können, stellt man die Elektroden in einen nach aussen wärmedicht abgeschlossenen Kasten, der durch Glühlampen oder irgend einen Widerstand geheizt und auf konstanter Temperatur gehalten werden kann.

Um die Versuche direkt vergleichen zu können, ist es erforderlich dem Transformator einen Wechselstrom gleicher Kurvenform, womöglich Sinusform, zuzuführen. Der Effektivwerth der Spannung, der im Moment des Durchschlages an einem elektrostatischen Voltmeter abgelesen wird, entspricht der effektiven Durchschlagspannung, der Maximalwerth ist bei Sinusform $\sqrt{2}$ mal so gross. Die Versuche werden nach Parshall u. Hobart in der Weise durchgeführt, dass man gleichzeitig 5—10 Proben einer bestimmten Spannung bei einer bestimmten Temperatur aussetzt. Die Anzahl der bei einer bestimmten Spannung, Dauer der Einwirkung und Höhe der Temperatur undurchschlagen gebliebenen Proben wird in Procenten von der Zahl der Proben ausgedrückt, mit welchen der betreffende Versuch ausgeführt wurde.

Indem man die Spannungen als Abscissen und die Procente der bei diesen Spannungen unversehrt gebliebenen Proben als Ordinaten aufträgt, erhält man einen sehr guten Ueberblick über die Verwendbarkeit der betreffenden Materialien für besondere Verhältnisse.

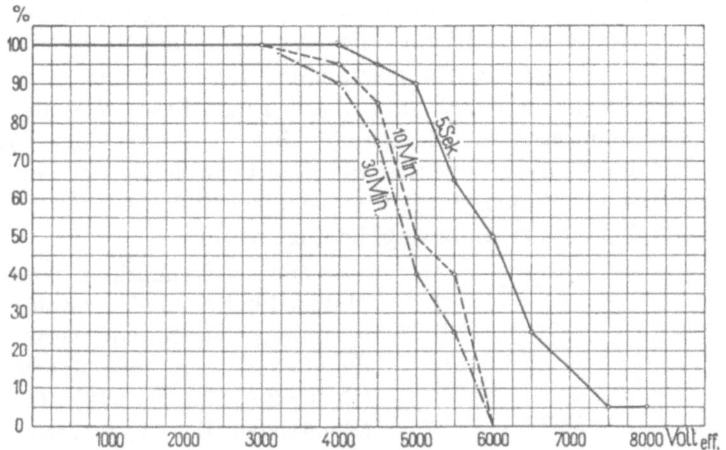

Fig. 70a. Durchschlagversuche für Mikanitleinwand bei konstanter Temperatur von 25° C. und verschiedener Dauer der Spannungseinwirkung.

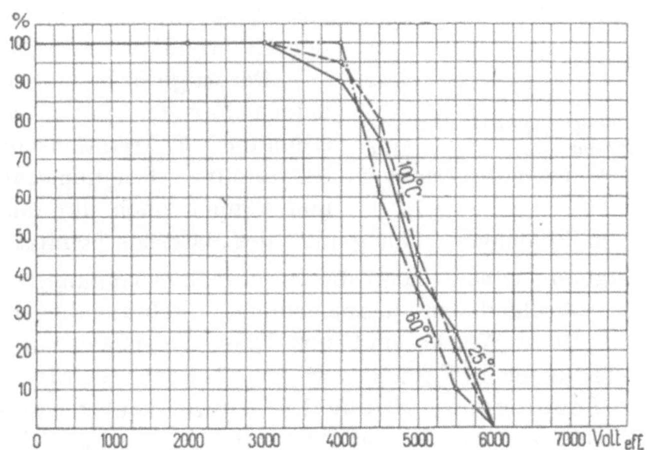

Fig. 70b. Durchschlagversuche für Mikanitleinwand bei konstanter Dauer der Spannungseinwirkung von 10 Min. und verschiedenen Temperaturen.

In Fig. 70a sind diese Kurven einmal für konstante Temperatur und verschiedene Dauer der Einwirkung der betreffenden Spannung und in Fig. 70b für konstante Dauer der Einwirkung der Spannung und verschiedene Temperaturen für eine Mikanitleinwand wiedergegeben (aus Parshall u. Hobart). Aus diesen Kurven ersieht man, dass mit der Dauer der Einwirkung die Isolationsfestigkeit wesentlich abnimmt, während eine Variation derselben als Funktion der Temperaturen nicht festgestellt werden kann.

Die Abhängigkeit zwischen Temperatur und Isolationswiderstand wird für alle Isolationsmaterialien, welche hygroskopisch sind, durch eine Kurve ausgedrückt, die erst mit Zunahme der Temperatur ansteigt und von einem bestimmten Maximum aus sehr rasch sinkt. Fig. 71 (aus Parshall u. Hobart) zeigt dieses Verhalten für einen nicht imprägnirten Zeugstoff. Das Ansteigen des Widerstandes mit der Temperatur entspricht dem Entweichen der Feuchtigkeit, während das Sinken durch die bei fortschreitender Erwärmung auftretende Strukturveränderung bedingt wird.

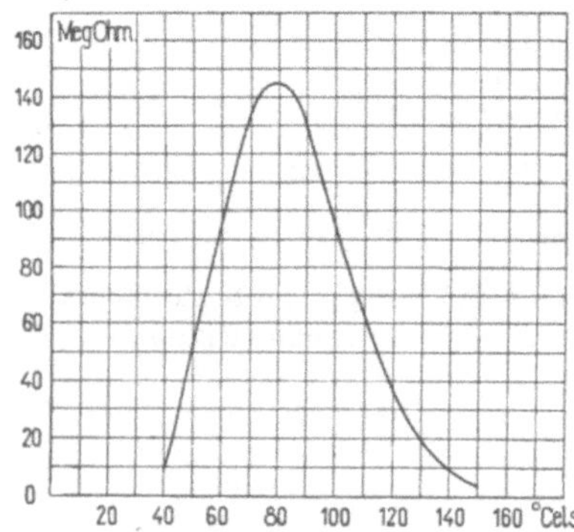

Fig. 71. Abhängigkeit zwischen Isolationswiderstand und Temperatur bei einem nichtimprägnirten Zeugstoff.

Die Abhängigkeit zwischen Materialdicke und Durchschlagspannung wurde von verschiedenen Beobachtern, wie Steinmetz (E. T. Z. 1893, S. 248), C. Baur (Electrician, Bd. 47, S. 758) untersucht und durch Gleichungen ausgedrückt. Dieselben zeigen alle, dass die Isolationsfestigkeit pro mm Materialdicke mit zunehmender Materialdicke abnimmt.

Derartige Beziehungen gelten jedoch nur für unter ganz bestimmten Fabrikationsvorgängen hergestellte Isolationsmaterialien und können auch nur unter Voraussetzung vollkommener Homogenität des Materials benutzt werden.

Die folgende Tabelle zeigt die Durchschlagspannungen pro mm Dicke der verschiedenen hauptsächlichst gebräuchlichen Isolirmaterialien. Diese Werthe sind zum Theil Versuchen entnommen, die von verschiedenen Firmen und im Elektrotechnischen Institut der Technischen Hochschule durchgeführt wurden und zum Theil nach Angaben in der Literatur: Th. Gray, O'Gorman (Inst. of El. Eng., Bd. XXX, S. 666) und Wiener (Dynamo El. Machines) zusammengestellt.

Als Durchschlagspannungen sind hier die Maximalwerthe (Amplituden) eingesetzt, die als praktische Mittelwerthe aus vielen Versuchen angesehen werden können.

Die Versuche beziehen sich auf normale Temperaturen.

Material	Dicke in mm	Praktischer Mittelwerth der Amplitude der Durchschlagspannung Kilo-Volt pro 1 mm
Asbest rein	0,1—0,5	5
„ geölt	0,2—0,6	12
„ mit Musselin und geölt	0,25—0,75	15
Vulkan-Asbest	1,0—2,5	1,5—8
Baumwollstoff (Kattun)	0,13—0,3	11
„ in Paraffin gekocht	0,15—0,4	16
Fiber, roth, vulkanisirt	0,75—2,0	8
Glas, ohne Blei	2	25,3
„	4	20,0
„	6	16,8
Fensterglas	2	16,0
Glimmer, rein weiss	0,025—3,0	120—61
Glimmerfabrikate:		
Mikanitplatten	0,25—0,5	40
Megohmit	0,25—1,0	36
Mikanitleinwand	0,3—0,4	4—12
Flexible Mikanitleinwand	0,2—0,5	8
Mikanitpapier	0,2—0,6	17
Flexibles Mikanitpapier	0,25—0,6	12
Gummiblätter	0,35—2,5	16—30
Guttapercha	—	10,95
Hartgummi (Ebonit)	1,5—75	51—40
Holzarten: Fichte	3—100	0,4
Mahagoniholz	3—100	0,6
Wallnussholz	3,0—100	0,8
Leatheroid	0,35—1,0	7
Leinwand, geölt	0,125—0,75	20
„ schellackiert	0,15—0,3	1,6
„ mit Varnish getränkt	0,15—0,3	10
Luft (760 mm)	0,2	5,75
Zwischen zwei Platten	0,4	5,25
	0,6	4,92
	0,8	4,62
	1,0	4,36
	4,0	3,45
	8,0	3,11
	12,0	2,88
	16,0	2,74
Oel: Gewöhnliches Schmieröl		4,8
Leinöl, ungekocht		8,3—3,8
„ gekocht		8,5
Petroleum		10,5
Leinöl u. Petroleum		2,1
Paraffin (Wachs)		27,5—13
„ geschmolzen		5,6
Paraffinöl		10,5
Vaselin		9,1—6,0
Papier:		
Weisses Schreibpapier	0,07—0,15	9
Gelbes Papier	0,1—0,2	8
Braunes Papier	0,125—0,25	7

Material	Dicke in mm	Praktischer Mittelwerth der Amplitude der Durchschlagspannung Kilo-Volt pro 1 mm
Papier:		
Einfach geölt	0,1—0,85	24
Doppelt geölt	0,15—0,25	28
Paraffinirt	0,05—0,2	36
Mit Bienenwachs		54—40
Seidenpapier mit „Insulating Varnish“	0,115	39
Japanpapier mit Holzöl	0,138	25
Pergament, geölt	0,25—0,5	34
Pressspahn	0,6—3,0	6—15
Seide (einmal gedeckt)	0,025—0,065	19
„ „ „ schellackirt . . .	0,04—0,1	21
„ (zweimal gedeckt)	0,04—0,125	15
„ „ „ schellackirt . . .	0,05—0,175	18

Material	Gebräuchliche Materialdicke in mm	Durchschlagspannung in Kilo-Volt für die angegebene Dicke
Material der Standard Varnish Werke:		
Weisse Musselin, getränkt:		
Mit „Insulating Varnish“	0,264	7,3
„ „Quick Drying Varnish“ . . .	0,23	6,6
„ „Special Cloth Varnish“ . . .	0,1575	5,3
„ „Voltalack“	0,242	8,0
„ „	0,198	5,4
Weisses Papier, getränkt:		
Mit „Insulating Varnish“	0,14	5,8
„ „Quick Drying Varnish“ . . .	0,122	4,3
„ „Voltalack“	0,128	5,16
Material der Pittsburgh Insulating Comp.:		
Leinwand:		
Mit „A-Lack“	0,152	5
„ „B-Lack“	0,254	13
„ „C-Lack“	0,394	18,0
Papier:		
Mit „A-Lack“	0,165	8
„ „B-Lack“	0,24	14
„ „C-Lack“	0,32	20
Rothpapier mit „A-Lack“	0,254	9,5
Fiberpapier mit „A-Lack“	0,165	9,0

Für die Spannung, unter welcher die einzelnen Isolationsmaterialien noch mit Sicherheit zu verwenden sind, können bestimmte Angaben nicht gemacht werden.

Der Grad der Sicherheit, welcher hier zu Grunde zu legen ist, wird bestimmt durch die Homogenität des Materials, der Abhängigkeit desselben von mechanischen Beanspruchungen, Temperatur und Feuchtigkeit. Für Isolationsmaterialien, die in geringen Dicken und für niedere und mittlere Spannungen verwendet werden, wird die Materialdicke so zu wählen sein, dass das Verhältniss von

$$\frac{\text{mittlerer Durchschlagspannung}}{\text{Spannung, für welche eine Gefährdung nicht eintritt}} = 5 \text{ bis } 10$$

und für grössere Dicken und hohe Spannungen gleich 3 bis 6 wird.

Manche Firmen geben auch für die Höchstbeanspruchung ihres Materials diejenige Spannung an, welche es bei einer bestimmten Dicke dauernd aushält, ohne sich um mehr als 3° C. über die Lufttemperatur zu erwärmen. Bei Mikanit und Hartgummifabrikaten entspricht diese Spannung ungefähr einem Drittel bis Sechstel der Durchschlagspannung.

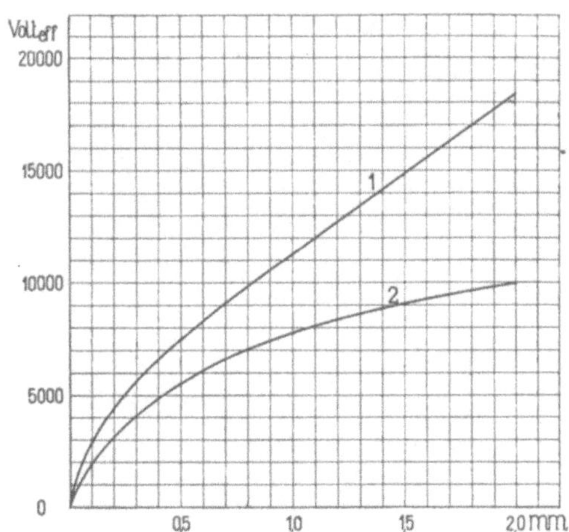

Fig. 72. Kurve 1: Mikanitplatten. Kurve 2: Geölte Leinwand.
Abhängigkeit zwischen Materialdicke und der Spannung, bei welcher eine merkbare Erwärmung des Isolirmaterials auftritt.

In Fig. 72 sind Kurven für Mikanitplatten (Kurve 1) und geölte Leinwand (Kurve 2) angegeben, aus welchen für verschiedene Materialdicken die Spannungen zu ersehen sind, für welche während des Versuchs eine bemerkbare Erwärmung des Materials und der Elektroden eintritt. (Maschinenfabrik Oerlikon.) Während Mikanit erst bei dem 6—8fachen Werth der Spannung durchgeschlagen wird, bei dem eine Erwärmung eintritt, erfolgt bei geölter Leinwand der Durchschlag schon bei dem ungefähr zweifachen Werth dieser Spannung.

Bei Materialien mit sehr grosser Durchschlagfestigkeit treten, bevor das Material durchschlagen wird, Oberflächenentladungen auf, die, wenn die Oberfläche des Isolationsmaterials klein im Verhältniss zur Stromberührungsfläche ist, zu einem Ueberspringen der Funken zwischen den Elektroden führt. So sind nach Steinmetz,

E. T. Z. 1893, S. 248, bei Glimmerplatten von 0,19 mm Dicke die Oberflächenfunken bei einer Spannung von 13550 Volt ca. 7,6 cm lang.

Man muss daher bei Isolationsmaterialien, die sehr hohen Spannungen standhalten sollen, nicht blos auf die Materialdicke Rücksicht nehmen, sondern auch für eine möglichst grosse Isolatoroberfläche sorgen.

Fünftes Kapitel.

14. Die Querschnittsformen der Ankerdrähte.

Die verschiedenen Wicklungsarten, die gute Ausnutzung eines gegebenen Wicklungsraumes, die Grösse der Stromstärke im Drahte, die Entstehung von Wirbelströmen in massiven Leitern von grossem Querschnitte und andere Gründe führen den Konstrukteur zu verschiedenen Querschnittsformen der Ankerdrähte. In Fig. 73 sind verschiedene gebräuchliche Querschnittsformen abgebildet.

Für Drahtwicklungen ist der runde Querschnitt der geeignetste; die Ausführung einer Wicklung mit rundem Draht macht weniger Arbeit, und die Isolation wird weniger gefährdet als bei Verwendung von Flachdraht oder quadratischem Draht.

Für Stabwicklungen werden dagegen meistens rechteckige oder quadratische Stäbe benutzt; namentlich für Nutenanker sind diese Querschnitte geeignet.

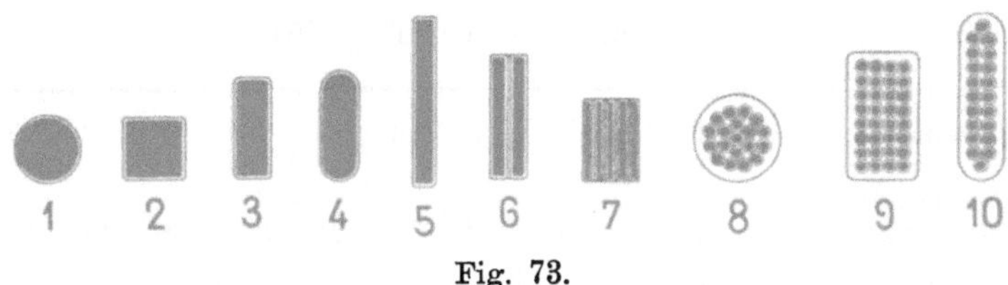

Fig. 73.

In massiven Leitern werden Wirbelströme inducirt, welche dieselben erwärmen und den Wirkungsgrad der Dynamo, sowie ihre Belastungsgrenze erniedrigen.

Um die Wirbelstromverluste zu vermindern, werden Leiter von grossem Querschnitt häufig aus zwei oder mehr parallelen Streifen (Fig. 73, No. 6 und 7) hergestellt. Diese Spaltung des Querschnittes hat nur geringen Erfolg, wenn die Stäbe an beiden Enden verlöthet werden, weil die in den parallelen Streifen inducirten EMKe verschieden sind und einen innern Strom erzeugen, der sich durch die Löthstellen schliesst. Bildet dagegen jeder Streifen für sich eine ganze Windung und kreuzen sich die Streifen einer Windung nicht beim Uebergange von einem Pole zum andern, so wird die Entstehung von innern Strömen verhindert.

Das letztere gilt auch für Drahtlitzen, bei denen die Drähte verdrillt sind (Fig. 73, No. 8, 9, 10).

Die Drahtlitzen lassen sich in quadratische und rechteckige Querschnittsformen walzen, wodurch bei der Wicklung eine bessere Raumausnutzung erreicht wird, was um so wichtiger ist, weil die Raumausnutzung der Litze nur 70 bis 75 % beträgt.

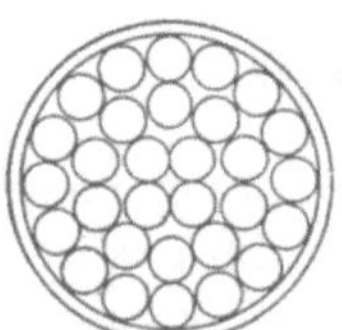

Fig. 74.

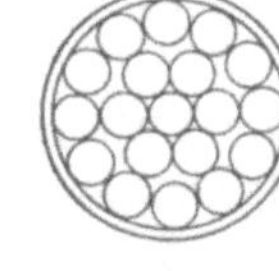

Fig. 75.

Die Raumausnutzung der Litzen ohne und mit Seele, ist in den nachfolgenden Tabellen angegeben. Litzen, die weniger als 70 % Raumausnutzung besitzen, sind als minderwerthig zu betrachten.[1])

Litzen ohne Seele (Fig. 74).

Anzahl Drahtlagen	1	2	3	4	5
Anzahl der Drähte in jeder Lage	4	10	16	22	28
Gesammtzahl der Drähte	4	14	30	52	80
Raumausnutzung in %	69,0	72,4	72,9	73,7	74,0

Litzen mit Seele (Fig. 75).

Anzahl Drahtlagen	1 (Seele)	2	3	4	5	6	7	8	9	10
Anzahl der Drähte in der äussersten Lage	1	6	12	18	24	30	36	42	48	54
Gesammtzahl der Drähte	1	7	19	37	61	91	127	169	217	271
Raumausnutzung in %	100	77,7	76	75,6	75,3	75,2	75,2	75,2	75,2	75,2

[1]) Siehe E. T. Z. 1902. „Ueber die Raumausnutzung von Litzen." Von Ing. Dr. P. Holitscher.

Durch den Drall der Litzen geht ebenfalls etwas an Raum verloren, und der Widerstand wird wegen der Vergrösserung der Drahtlänge erhöht. Da jedoch der Drall nur 1 bis 3 $^0/_0$ beträgt, so darf sein Einfluss vernachlässigt werden.

Massive Leiter dürfen bei glatten Ankern bis zu etwa 5 mm Breite verwendet werden, sofern die Polecken gut abgerundet oder die Polspitzen stark gesättigt sind. Bei Nutenankern werden die Wirbelströme um so stärker, je grösser $B_l (k_1 - 1) v$ und die Zahnsättigung werden und je näher die Stäbe an dem Ankerumfange liegen. (Siehe S. 473, I.) Es ist rathsam, mit der Dicke der Stäbe nicht über 3 bis 4 mm hinauszugehen.

15. Die Isolation der Ankerdrähte.

Obwohl die Ankerdrähte auf einen gut isolirten Ankerkörper oder in isolirte Nuten gelegt werden, so muss doch noch für eine gute Isolation der einzelnen Drähte und eine gute Isolation der Armaturspulen unter sich Sorge getragen werden.

Als Armaturdraht verwendet man meistens zwei oder dreimal besponnenen, oder ein- oder zweimal besponnenen und einmal beklöppelten, möglichst weichen Kupferdraht von höchster Leitungsfähigkeit.

Schellackirte Drähte wurden früher im Dynamobau viel benutzt; jetzt ist man von deren Verwendung vielfach abgekommen. Schellackirte Drähte zeigen eine kleinere Durchschlagspannung als solche mit ungetränkter Umspinnung, und das Schellackiren verhindert das Ansaugen von Lack seitens der Umspinnung; ausserdem ist zu beachten, dass das Schellackiren den Fabrikanten verleiten kann, ein schlechteres Material zur Umspinnung zu benutzen. Der Schellack hatte den Zweck, die mechanische Verletzung der Bespinnung zu verhüten, man hilft sich jetzt dadurch, dass man den Draht mit festem Paraffin bestreicht.

Der Platz auf der Ankeroberfläche muss mit möglichster Sparsamkeit an Isolation ausgenutzt werden, denn jeder verschwendete Raum bedeutet eine verminderte Leistung der Maschine. Die doppelte Bespinnung ist die gebräuchlichste, die dreifache Bespinnung oder die ein- und zweifache Bespinnung mit Beklöppelung kommt bei höheren Spannungen und mechanischer Beanspruchung des Drahtes, wie z. B. bei Strassenbahnmotoren und Ankern mit Handwicklung, in Betracht. Die Dicke der Bespinnung ist aus der nachfolgenden Tabelle ersichtlich, gewöhnlich wird eine Bespinnung mit 60er und 50er Baumwolle gewählt.

5*

Durchmesserzunahme durch die Umspinnung.

Umspinnung mit ungebleichter Baumwolle No.	160	100	60	50
1 mal umsponnen	0,1 mm	0,13 mm	0,17 mm	0,20 mm
2 „ „	0,2 „	0,26 „	0,32 „	0,40 „
3 „ „	0,30 „	0,39 „	0,51 „	0,60 „
1 „ umsponnen 1 „ umklöppelt	0,60 „	0,63 „	0,67 „	0,70 „
2 „ umsponnen 1 „ umklöppelt	0,70 „	0,76 „	0,82 „	0,90 „

Für flache Drahtquerschnitte ist zu berücksichtigen, dass die Bespinnung auf der flachen Seite nicht fest anliegt; die Isolation trägt daher hier bis $2 \times 0{,}05 = 0{,}1$ mm mehr auf, als auf der Hochkantseite.

Bei der Berechnung des Raumbedarfes für die Drähte ist noch etwa 0,05 bis 0,1 mm pro Draht zuzugeben.

Leiter von grossem Querschnitt werden von nackten Kupferstangen abgeschnitten, auf Schablonen in die Spulenform gebogen und dann von Hand oder mittels einer Wickelmaschine isolirt. Zur Isolation dienen Streifen von Baumwolltuch, das mit einem Isolirlack getränkt ist, Streifen von Oelleinwand und Oelpapier, die mit Ueberlappung spiralförmig oder kanalförmig um den Stab gewickelt werden.

16. Die Isolation und die Anordnung der Wicklung von glatten Ankern.

Die Wicklung muss sehr sorgfältig gegen eine Berührung mit dem Ankerkörper geschützt werden. Zu dem Zwecke wird der letztere mit einem isolirenden Lackanstrich versehen und dann mit Isolirmaterial bekleidet. Hierzu wird zähes Papier, Baumwolltuch, gummirtes Tuch (Tape), Fiberpapier, Fiber, Holz, Stabilit, Glimmer (Mika), Mikatuch, Mikanit und anderes Material verwendet.

Für die Isolation der Seitenflächen können Ringe aus Holz, Fiber oder Stabilit verwendet werden, oder man bekleidet dieselben mit mehrfachen Lagen aus Papier, gummirtem Tuch, Mikatuch, Baumwolle u. s. f., welche mit Lack bestrichen und festgeklebt werden.

Während an den Seitenflächen und bei Ringankern an den Innenflächen des Eisenkernes die Isolation meist reichlich bemessen werden kann, muss man am Umfange der Armatur sparsamer damit sein, weil es hier auf eine gute Ausnützung des Raumes wesentlich ankommt.

Am äusseren Umfange werden glatte Anker mit mehrfachen Lagen von Isolirmaterial bedeckt. Für Spannungen bis 200 Volt genügt z. B. eine mehrfache Lage von zähem Papier von 0,5 bis 0,75 mm Stärke; 2 bis 3 mm starke Papierlagen genügen bis zu Spannungen von 2000 Volt. Für so hohe Spannungen verwendet man besser Mikatuch, oder Mika und Papier in abwechselnden Lagen.

Die Isolationsmaterialien, welche den Ankerkörper bedecken, dürfen nirgends stumpf zusammenstossen, sondern es ist sorgsam darauf zu achten, dass keine Fugen entstehen, welche wegen ungenügender Oberflächenisolation leicht zu Kurzschlüssen oder Erdschlüssen Veranlassung geben können. An den Ecken, wo das Isolirmaterial gebogen wird, ist es stärker zu halten.

Um die Anordnung der Wicklung vornehmen zu können, muss die Zahl der Drähte, ihr Querschnitt und der Durchmesser des isolirten Ankers bekannt sein. Es ist dann zu untersuchen, wie die Drähte am äussern, und bei Ringwicklungen auch am innern Ankerumfange untergebracht werden können; möglicherweise muss der Armaturdurchmesser, oder die Drahtzahl und Armaturlänge, oder alle Dimensionen zugleich geändert werden, wenn es nicht möglich ist, durch einen passenden Drahtquerschnitt und eine geeignete Wicklungsart die geforderte Kupfermenge auf der Armatur unterzubringen. Wer Uebung und Erfahrung hat, kommt bald zum richtigen Resultate.

In den Fig. 76 bis 79 sind zunächst mehrere Anordnungen der Armaturdrähte für glatte Trommelanker angegeben. In Fig. 76 haben wir eine Lage Runddraht. Wird die Zahl der Runddrähte für eine Lage zu viel, aber für zwei Lagen zu wenig, so gelangt man zu einer Wicklung mit Flachdraht, der hochkant gewickelt wird, oder auch zu Quadratdraht (Fig. 77).

In Fig. 78 haben wir zwei Lagen Runddraht, die einzelnen Spulen sind durch Fiberstege voneinander isolirt, und in Fig. 79 zwei Lagen quadratischen Draht.

Für Ringanker wird zunächst die Spulenzahl zweckmässig als ein Vielfaches der Speichenzahl des Ankersternes gewählt.

Die Zahl der Drahtlagen wird am inneren Umfange gewöhnlich grösser als am äusseren. In den Fig. 80 bis 82 sind einige gebräuchliche Anordnungen der Drähte für glatte Ringanker aufgezeichnet. Flachdraht kann, wie in der Fig. 81 angegeben, aussen hochkant und innen flach gewickelt werden oder umgekehrt. Für Maschinen mit hohen Spannungen werden die Drähte einer Spule

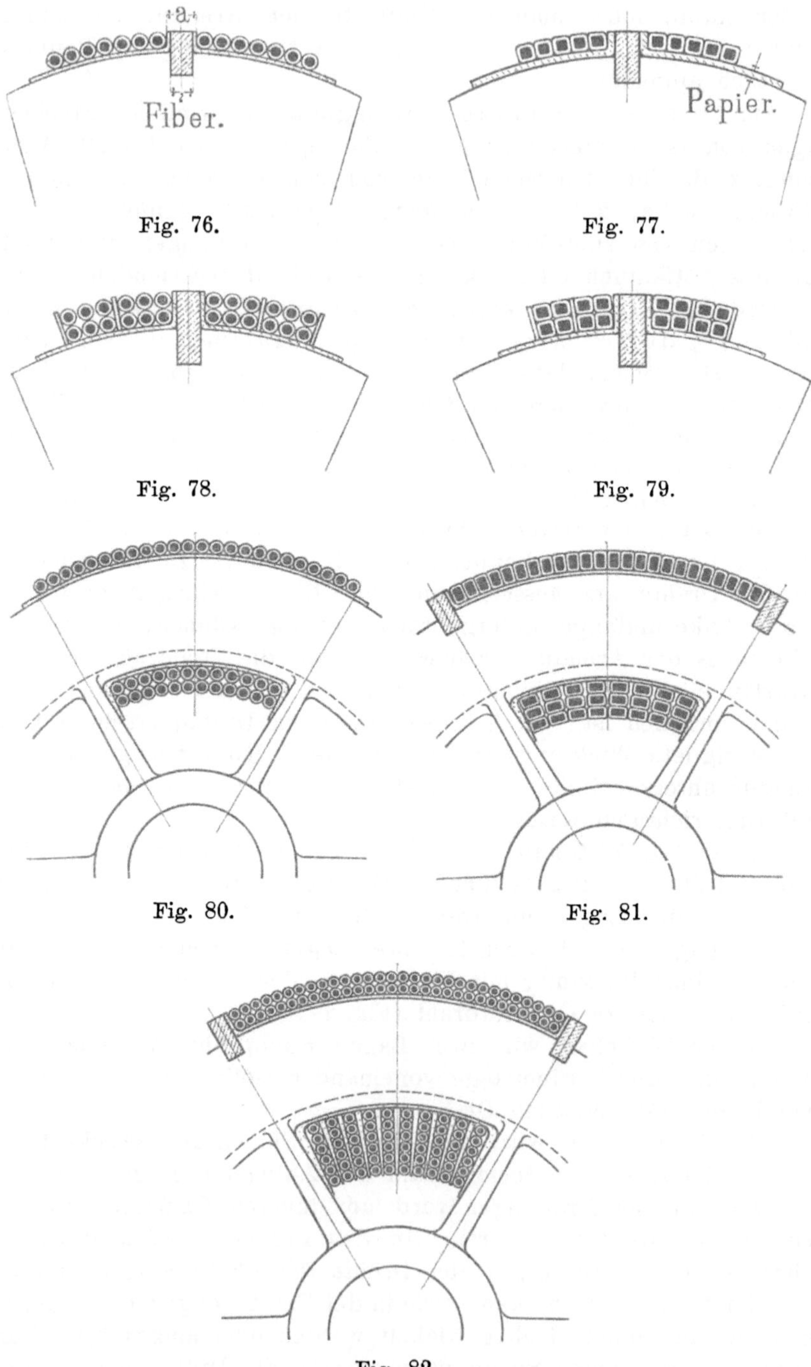

Fig. 76.

Fig. 77.

Fig. 78.

Fig. 79.

Fig. 80.

Fig. 81.

Fig. 82.

am innern Umfange in besondere, aus Isolirmaterial (Fiber, Pressspahn, Baumwolle mit Glimmereinlage etc.) hergestellte Kanäle gewickelt (Fig. 82).

Ein Verschieben der Drähte auf der Ankerfläche wird durch sogenannte Treibstützen verhindert. Sie bestehen aus 4 bis 8 mm starken, in Nuten des Ankers eingelassenen Leisten aus Fiber, Stabilit oder Metall. Das letztere ist vom Eisenkern zu isoliren und nicht mehr als etwa 5 mm stark zu machen. In den Fig. 76 bis 82 sind solche Treibstützen sichtbar.

17. Vorzüge und Zweck der Ankernuten.

Die Lagerung der Ankerdrähte in Nuten wird bei neuern Konstruktionen fast ohne Ausnahme angewandt; sie hat folgende Vorzüge:

1. Der Luftspalt δ kann so klein gehalten werden, als es mit Rücksicht auf die Ankerrückwirkung oder aus mechanischen Gründen zulässig ist. Es kann daher in allen Fällen das mögliche Minimum an Magnetkupfer erreicht werden.

2. Bei gleichem Wattverluste und gleichem Kupfergewicht der Erregerspulen wie bei glatten Ankern, kann, namentlich bei kleinen Maschinen, die Luftinduktion viel grösser sein. Die Dimensionen der Maschine werden dadurch bei gleicher Leistung kleiner.

3. Die Ankerdrähte werden durch die Zähne magnetisch geschirmt. Die Schirmwirkung ist um so vollkommener, je kleiner die magnetische Sättigung der Zähne ist oder je tiefer die Drähte in den Nuten liegen. Dadurch wird es möglich, massive Drähte von erheblichem Querschnitt zu verwenden, ohne dass grosse Wirbelstromverluste im Ankerkupfer auftreten.

4. Eine grosse Sättigung der Ankerzähne vermindert die Ankerrückwirkung und wirkt ebenso wie der Luftspalt auf eine seitliche Ausbreitung des in den Anker eintretenden Kraftflusses.

5. Die in einer gemeinsamen Nut angeordneten Seiten verschiedener Spulen haben eine grössere gegenseitige Induktion als die nebeneinanderliegenden Spulen eines glatten Ankers. Die scheinbare Selbstinduktion kann daher kleiner werden als bei glatten Ankern.

6. Es wird ein sicheres mechanisches Mitnehmen der Ankerdrähte erreicht und eine vorzügliche Befestigung derselben bei grossen Umfangsgeschwindigkeiten ermöglicht.

7. Die Abkühlung des Ankers bez. die Wärmeabgabe an die umgebende Luft wird durch die Zähne, welche mit keinem Isolirmaterial bedeckt sind und eine bessere Lüftung des Ankers ermöglichen, begünstigt.

8. Infolge der magnetischen Schirmwirkung der Zähne wird auf einen in einer Nut liegenden Draht nur eine sehr kleine Tangentialkraft oder ein kleiner elektromagnetischer Zug ausgeübt. Diese ist

$$=\frac{B_n \cdot l \cdot i}{9{,}81 \cdot 10^6}\,\text{kg}.$$

Die Induktion B_n in den Nuten ist sehr klein, da der magnetische Kraftfluss zum grössten Theile den Zähnen des Ankers folgt. Man kann sich vorstellen, dass die Kraftlinien mit grosser Geschwindigkeit von einem Zahne zum benachbarten durch den Zwischenraum hinüberschnellen, etwa gleich einem durch seitliche Ausbiegung angespannten und dann freigelassenen elastischen Faden. Bezeichnet v die Umfangsgeschwindigkeit des Ankers, v_n die Geschwindigkeit mit der die Kraftlinien durch den Raum einer Nut hindurchschnellen und B die mittlere Induktion im Luftraume, so ist, da die inducirte EMK dieselbe bleibt

$$B \cdot l \cdot v = B_n \cdot l \cdot v_n \quad \text{oder}$$

$$B_n = B \cdot \frac{v}{v_n}.$$

Wäre z. B. $v_n = 1000\,v$, so wäre die auf einen Draht ausgeübte Zugkraft bei dem Nutenanker nur $^1/_{1000}$ derjenigen eines gleich langen glatten Ankers. Die Zugkräfte wären bei derselben inducirten EMK bezw. derselben Leistung der Maschinen einander gleich, wenn der glatte Anker mit 1000facher Umfangsgeschwindigkeit rotiren würde. Die elektromagnetischen Zugkräfte werden bei Nutenankern somit hauptsächlich an den Zähnen des Ankers ausgeübt.

18. Die Nutenformen und die Anordnung und Isolation der Wicklung bei Nutenankern.

Es sind hauptsächlich zwei Nutenformen gebräuchlich, die offene Nut (1 bis 6 Fig. 83) und die theilgeschlossene oder halbgeschlossene Nut (7 bis 9 Fig. 83).

Die offene, glatte Nut (1 und 2) wird aus den einzelnen Ankerblechen ausgestanzt oder in den zusammengesetzten Anker eingefräst. Die Formen 3 bis 6, welche für Keilverschluss eingerichtet sind, und die halbgeschlossenen Nuten müssen gestanzt werden. — Die offene Nut hat den Vorzug, dass die Wicklung bequem isolirt und eingelegt werden kann. Bei Schablonenwicklungen, wo die isolirte Spule die ganze Nutenbreite ausfüllt, ist nur die offene Nut brauchbar.

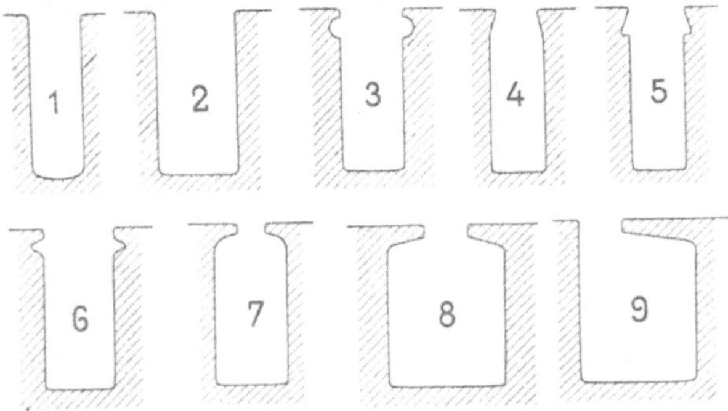

Fig. 83. Nutenformen.

Die halbgeschlossene Nut gestattet dagegen ein bequemes Befestigen der Wicklung und vermindert die Wirbelströme in massiven Ankerleitern und in den Polschuhen, so dass auch bei grossen Nutweiten massive Pole verwendet werden können. Nachtheilig ist die etwas grössere Selbstinduktion der Ankerspulen bei dieser Nutenform. — Am meisten wird die offene Nut angewandt.

Verschiedene Anordnungen der Drähte in den Nuten sind in den Fig. 84 und 85 für Drahtwicklungen dargestellt. Die Drähte von verschiedenen Spulenseiten sind verschieden gezeichnet. — Um die gewünschte Nutenform zu erhalten, oder um den Raum einer gegebenen Nutenfom gut auszunützen, ist in jedem Falle die gün-

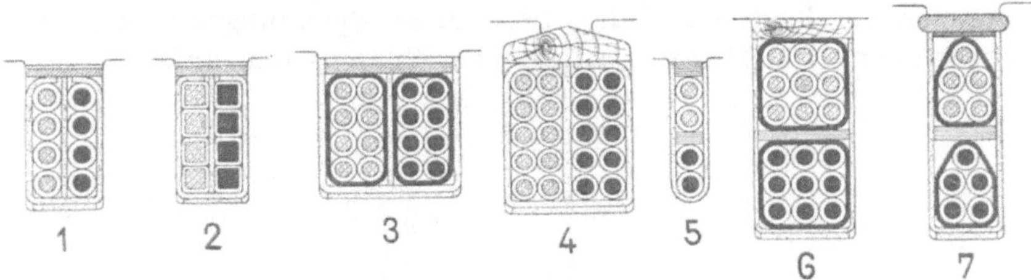

Fig. 84. Drahtwicklungen mit zwei Spulenseiten pro Nut.

stigste Anordnung aufzusuchen. Da Drähte von über 3 bis 4 mm Durchmesser, namentlich bei kleinen Ankern, schwer zu wickeln sind und daher ihre Isolation leicht beschädigt wird, werden solche Drähte oft durch zwei parallele Drähte ersetzt, dadurch wird jedoch die Ausnützung des Nutenquerschnittes verschlechtert. In Fig. 84 No. 3 und 4 können z. B. zwei Drähte parallel geschaltet sein.

In Fig. 84 No. 7 und Fig. 85 No. 2 hat eine Spule 5 Windungen, und die Anordnung der Drähte ist etwas unsymmetrisch; es wird aber dadurch eine bessere Ausnützung des Wicklungsraumes erreicht, als bei 10 Drähten, die paarweise parallel geschaltet sind. —

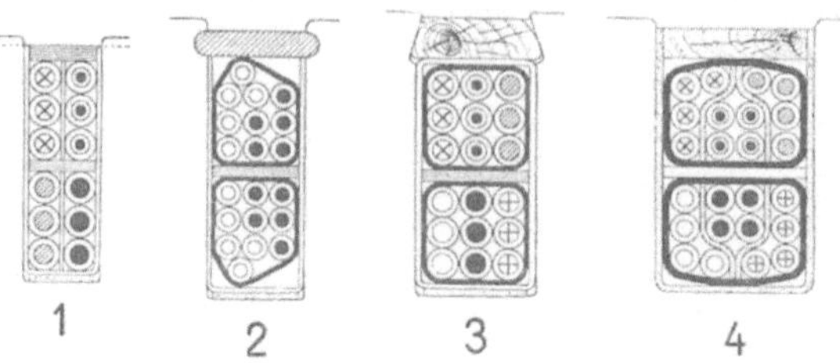

Fig. 85. Drahtwicklungen mit vier und sechs Spulenseiten pro Nut.

Fig. 85 No. 4 zeigt eine Anordnung der Drähte, wie sie von Rothert in der E. T. Z. 1901 Seite 318 erwähnt wurde. Wenn die drei Spulen, die gemeinsam isolirt sind, auch gemeinsam gewickelt werden, sind Anordnungen wie No. 2 und 4 möglich.

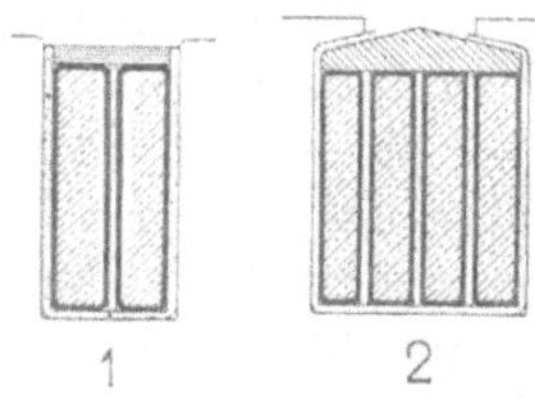

Fig. 86. Stabwicklungen mit nebeneinander liegenden Stäben.

Wird der Querschnitt eines Ankerleiters grösser als etwa 20 bis 25 mm², so geht man von der Drahtwicklung besser zur Stabwicklung über.

Die Stäbe können ebenso wie die Drähte entweder alle nebeneinander oder in zwei Lagen übereinander angeordnet werden. Im ersten Falle ist die maximale Spannungsdifferenz zwischen zwei Spulenseiten immer nahezu gleich der Klemmenspannung, im letzteren Falle tritt diese Spannungsdifferenz nur zwischen den übereinander liegenden Spulenseiten auf.

Fig. 87. Stabwicklungen mit übereinander liegenden Stäben.

Verschiedene Anordnungen der Stäbe stellen die Fig. 86 und 87 dar. In Fig. 87 No. 2 und 3 besteht ein Leiter aus zwei parallelen, nackt zusammengelegten Stäben und in Fig. 87 No. 4 aus gepresster Drahtlitze; beides soll die Entstehung von Wirbelströmen vermindern.

19. Die Isolation der Wicklung von Nutenankern.

Die Isolation der Wicklung wird auf zwei principiell verschiedene Arten ausgeführt. Entweder werden die Nuten für sich isolirt und die Ankerleiter nur besponnen oder mit Band bewickelt in die isolirten Nuten eingelegt, oder es werden die Ankerspulen oder Rahmen vor dem Einlegen in die Nuten vollständig isolirt und in nackte oder mit dünnem Pressspahn bekleidete Nuten eingelegt. Die letztere Art der Isolirung ist nur bei Schablonen- oder Stabwicklungen und offenen Nuten ausführbar, sie ist aber als die beste Isolirmethode zu bezeichnen, weil die Isolation jeder Spule einzeln hergestellt und genau geprüft werden kann.

Die Stärke der Isolation muss sich nach der Klemmenspannung der Maschine richten. Man darf verlangen, dass Probestücke der Isolationsschicht im kalten Zustande etwa die fünf- bis zehnfache Klemmenspannung ohne durchzuschlagen mindestens fünf Minuten aushalten. Um dieses Resultat bei möglichst geringer Stärke der Isolation zu erreichen, ist es durchaus erforderlich, dieselbe aus mehreren, mindestens etwa 3 Lagen, zusammenzusetzen.

Als Isolirmaterial für die Nuten wird hauptsächlich Pressspahn (Karton), Cellulose- und Manilapapier, Leatheroid, Oelpapier, Rothpapier, Letroli (eine Art imprägnirtes Papier), Oelleinwand oder Baumwolltuch mit Leinöl oder Isolirlack getränkt verwendet; Mika, Mikaleinen und Megohmit werden für die Nutenisolation seltener gebraucht, da man mit den andern Materialien in fast allen Fällen eine genügende Isolation erreicht.

Jede Fabrik hat ihre eigenen Erfahrungen und Verfahren bei der Isolation.

Das sorgfältige Studium der Eigenschaften der Isolirmaterialen und ihre richtige Behandlung und Verwendung ist dabei von grösster Wichtigkeit.

Es genügt nicht, für die Isolation einen grossen Theil des Nutenraumes zu beanspruchen, um eine grosse Sicherheit zu erlangen, sondern man soll vielmehr durch eine richtige Auswahl der Isolirmaterialien dahin streben, mit möglichst wenig Raumbeanspruchung eine ausreichende Isolation zu erreichen. —

Einen Maassstab für die Ausnützung des Nutenraumes giebt das Verhältniss des Kupferquerschnittes einer Nut zum totalen Nutenquerschnitt. Man kann dieses Verhältniss als Füllfaktor der Nut bezeichnen. Seine Grösse hängt von der Spannung, Umdrehungszahl und Leistung der Maschine, bezw. von der Grösse und Form des Drahtquerschnitts, der Zahl der Drähte pro Nut, der Nutenform, der Isolationsprobe, welcher die Maschine unterworfen wird, und ferner von der Geschicklichkeit, mit der die Isolation ausgeführt wird, ab.

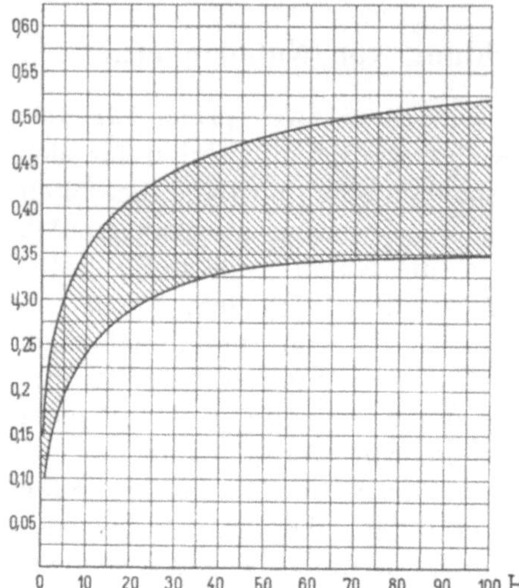

Fig. 88. Nutenfüllfaktor für Spannungen von 100 (obere Kurve) bis 600 Volt (untere Kurve).

In Fig. 88 sind zwei Kurven nach H. M. Hobart[1]) dargestellt. Der Füllfaktor der Nuten von kleinen Motoren bis 100 PS für Spannungen von 100 bis 600 Volt liegt innerhalb der von diesen Kurven begrenzten schraffirten Fläche. Er nähert sich der unteren Grenze oder wird noch kleiner, je höher die Spannung, je grösser die Zahl der Nuten ist und je weniger Geschicklichkeit und Kenntniss bei der Ausführung, Wicklung und Isolation und der Wahl der Isolirmaterialien zur Geltung kommt. Die angegebenen Grenzen können für normale Motoren eingehalten werden, sofern die Prüfspannung bei der Isolationsprobe zwischen Kupfer und Ankerkörper bei 60° C. während einer Minute 2000 bezw. 3600 Volt für Maschinen mit einer Spannung von 100 bezw. 600 Volt beträgt.

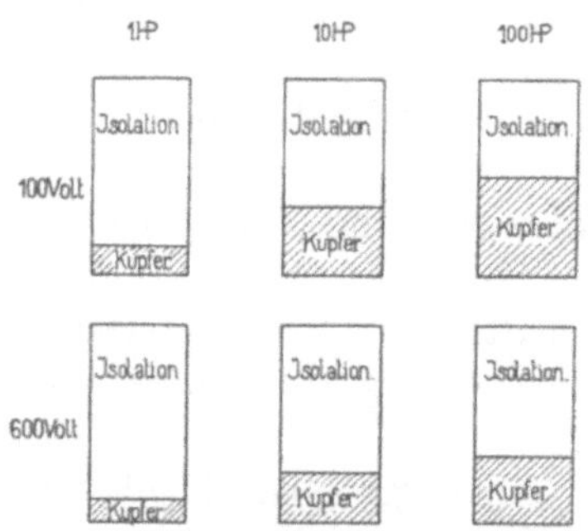

Fig. 89. Schematische Darstellung der Raumausnutzung in Nuten.

Fig. 89 veranschaulicht ebenfalls nach H. M. Hobart in sehr schöner Weise das Verhältniss zwischen Kupfer- und Nutenquerschnitt für verschiedene Annahmen.

Man sieht, dass die Ausnützung des Nutenraumes bei kleinen Motoren für hohe Spannungen (normale Tourenzahlen) sehr gering ist.

Um die Abmessungen einer Nut für eine gegebene Anzahl

[1]) Traction and Transmission.

Tabelle für die Isolation der Wicklung von Nutenankern.

Leistung KW	Leistung PS	Touren	Volt	Nuten-Füll-faktor	Drähte oder Stäbe pro Nut nebeneinander	Nutenweite[1]) = Kupferbreite + mm	Drähte oder Stäbe pro Nut übereinander	Nutenhöhe[1]) = Kupferhöhe + mm	Nutenform	Leiterform	Firma	Bemerkungen
—	12	635	500	0,286	3	6,0+5,8	8	16,24+10,76	Offen	Draht	Siemens & Halske, Berlin	Strassenbahnmotor
4,5	—	850	110	0,326	2	3,6+2,1	8	14,4 + 7,6	„	„	E.-A.-G. vorm. Lahmeyer & Co. Frankfurt	Nebenschluß-Dynamo
—	8	400	220	0,326	3	5,1+3,9	6	15 +11	„	Flachdr.	Union E.-G., Berlin	Kranmotor
—	35	530	500	0,34	3	8,4+5,1	8	22,4 + 9,6	„	Draht	A.-E.-G., Berlin	Strassenbahnmotor
—	35	300—900	220	0,56	2	7,0+3,0	2	20 + 5,0	„	Stab	Ges. f. elektr. Industrie, Karlsruhe	Nebenschluss-Motor mit regulirbarer Tourenzahl
33	—	300	230	0,41	5	6,0+5,5	2	30 + 8	„	„	A.-G. Volta, Reval	Nebenschl.-Dynamo
100	—	150	115	0,51	2	5,4+3,6	1	22 + 4	„	„	Maschinenfab. Oerlikon	„ „
150	—	500	200	0,376	2	4,8+3,7	2	24 +12	keilverschlossen	„	Brown, Boveri & Co., Baden	„ „
165	—	150	550	0,5	3	12 +5,0	2	22 + 9	„	„	Ganz & Co., Budapest	„ „
174	—	275	105	0,483	4	9,2+4,8	2	38 +12	„	„	A.-G. Volta, Reval	„ „
280	—	450	190	0,485	1	4 +2,8	2	30 + 6,5	„	„	M.-F. Oerlikon	„ „
500	—	90	500—550	0,356	3	6 +7,5	2	40 +10	offen	„	E.-A.-G. vorm. Kolben & Co., Prag-Vysocan	Strassenbahn-Generator
500	—	100	500—550	0,41	2	6,2+4,3	2	29 +13	keilverschlossen	„	Sté. Électric. et Hydraul., Charleroi	Strassenb.-Generat.
500	—	100	550	0,4	2	7,6+4,4	2	26 +15	„	„	Beispiel	„ „
525	—	100	550	0,41	2	4,6+4,75	2	37 + 7,5	offen	„	Union E.-G., Berlin	„ „
700	—	110	660	0,445	1	3,5+2,7	2	30 + 8	keilverschlossen	„	E.-A.-G. vorm. Lahmeyer & Co., Frankfurt	Nebenschl.-Dynamo Bahn-Type
1000	—	94	240	0,51	1	4 +2,2	2	30 + 8	„	„	E.-A.-G. vorm. Lahmeyer & Co., Frankfurt	Nebenschl.-Dynamo
1000	—	95	550	0,44	2	8 +5	2	36 +14	„	„	Siemens & Halske, Wien	Strassenb.-Generat.
1000	—	100	575	0,42	3	7,2+5,5	2	32 +12,5	„	„	General Electric Co.	„ „
1000	—	90	500	0,49	3	8,4+5,0	2	25 + 7	offen	„	Hobart	„ „

[1]) Die erste Zahl der Rubrik bedeutet die Kupferbreite bezw. Kupferhöhe, die folgende den Zuschlag für die Nutenabmessung.

Kupferquerschnitte zu bestimmen, ist es am einfachsten zu berechnen, wie viel zu der Kupferbreite aller Leiter oder der Kupferhöhe aller Leiter addirt werden muss, um die Nutenweite, bezw. die Nutenhöhe zu erhalten. Diese zu addirende Länge ist ein besseres Maass für die Stärke der Isolation als der Füllfaktor. In der vorstehenden Tabelle sind für eine Anzahl von ausgeführten Maschinen der Füllfaktor und die zu der Kupferbreite und Kupferhöhe zu addirende Länge angegeben.

Uebliche Gesammtstärken der Isolation für Stabwicklungen und verschiedene Spannungen giebt die folgende Tabelle.

Anzahl der nebeneinander liegenden Stäbe einer Nut	1	2	3	4	5
Klemmenspannung	Nutenweite = Kupferbreite plus				
Volt 125	2,0 mm	2,6 mm	3,3 mm	4,0 mm	4,7 mm
„ 250	2,4 „	3,2 „	4,0 „	4,8 „	5,6 „
„ 550	3,0 „	4,0 „	5,0 „	5,8 „	6,6 „
„ 750	3,4 „	4,4 „	5,4 „	6,2 „	7,0 „

Man wird bei ausgeführten Maschinen häufig etwas grössere, aber auch kleinere Stärken der Isolation finden.

Die Art der Isolirung ist eine sehr mannigfaltige. Von den zahlreichen Kombinationen sollen hier nur wenige Beispiele, die der Praxis entnommen sind, angeführt werden.

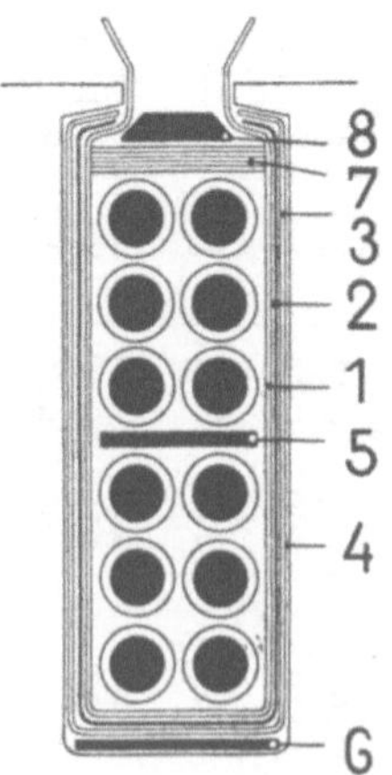

Fig. 90. Handwicklung 110 Volt.

1. Pressspahn, geölt = 0,2 mm.
2. Cellulosepapier = 0,06 mm.
3. Pressspan, geölt = 0,2 mm.
4. Luft = 0,2 mm.
5. und 6. Leatheroid = 0,4 mm.
7. Pressspahn = 1,5 mm.
8. Leatheroid oder Presspan.

Nutenweite = Kupferbreite + 1,8 mm.

Für 220 Volt ebenso mit 0,14 mm Manilapapier anstatt 0,06 Cellulosepapier.

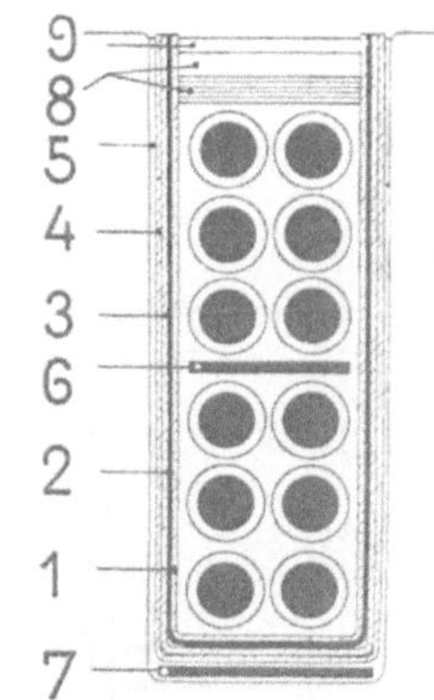

Fig. 91. Handwicklung 500—600 Volt.

1. Pressspahn, geölt = 0,2 mm.
2. Manilapapier = 0,14 mm.
3. Pressspahn, geölt = 0,2 mm.
4. Pressspahn, geölt = 0,2 mm.
5. Luft = 0,2 mm.
6. und 7. Leatheroid = 0,4 mm.
8. Pressspahn = 0,5 und 1,0 mm.
9. Drahtband

Nutenweite = Kupferbreite + 4,0 mm.

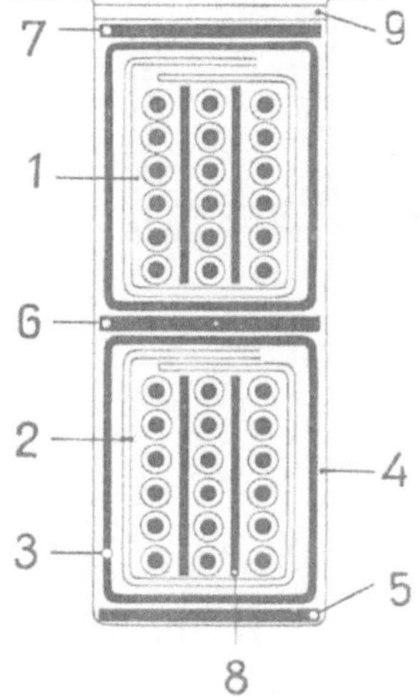

Fig. 92. Schablonenwicklung für Bahnmotor, 500 Volt.

1. Spule in Japan-A-Lack getränkt.
2. Oelbaumwolle, zweifach zu 0,21 mm.
3. Umbandlung $^1/_3$ überlappt. Band roh = 0,14 mm. Die so isolirte Spule wird mit Japan-C-Lack oder Armalack, und alsdann mit S-Lack oder Excelsiorlack getränkt.
4. Luft = 0,3 mm.
5. 6. 7. Leatheroid, lackirt = 0,4 mm.
8. Pressspahn, geölt = 0,2 mm.
9. Unter dem Drahtband Leatheroid 0,35 mm einseitig lackirt. Drahtband aus verzinntem Stahldraht.

Nutenweite = Kupferbreite + 5,8 mm.

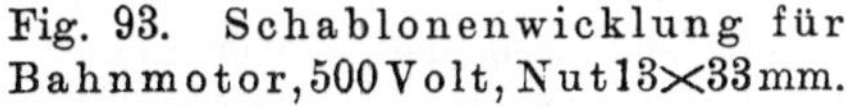
Fig. 93. Schablonenwicklung für Bahnmotor, 500 Volt, Nut 13×33 mm.

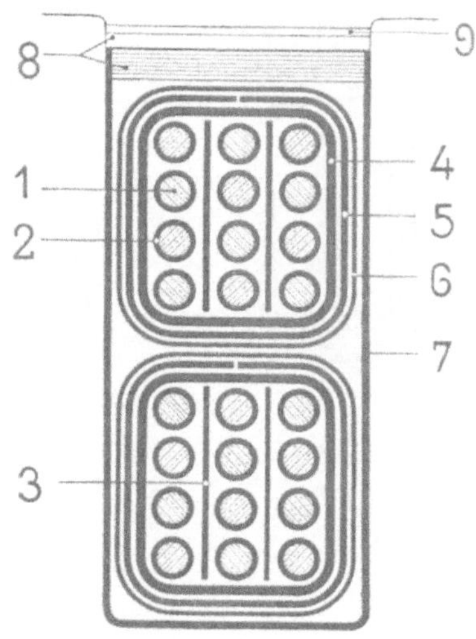

1. Draht nackt = 2,8 mm.
2. Draht isolirt = 3,1 mm (2 mal besponnen).
3. Oelpapier = 0,1 mm.
4. 2 mal mit Baumwollband bewickelt und mit Sterling-Lack getränkt.
5. Rahmen aus flexiblem Mikanit = 0,3 mm.
6. Baumwollband.
7. Leinwand.
8. Karton = 1,0 und 1,5 mm.
9. Drahtband = 0,6 mm.

Nutenweite = Kupferbreite + 4,6 mm.

500 Volt Stabwicklung wird ebenso isolirt.

Prüfspannung kalt 5000 Volt: 1 Minute
„ warm 3000 „ 1 „

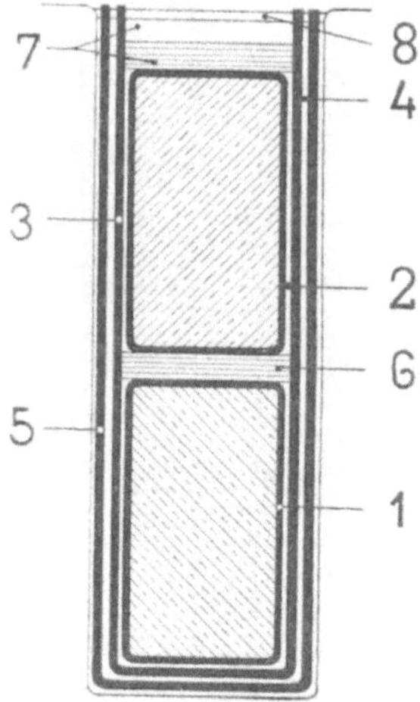

Fig. 94. Stabwicklung für 110 Volt.

1. Baumwollband und Sterling-Lack = 0,4 mm.
2. Spielraum = 0,1 mm.
3. Karton = 0,2 mm.
4. Geöltes Papier = 0,1 mm.
5. Karton = 0,2 mm.
6. Karton = 1,0 mm.
7. Karton = 1 und 1,5 mm.
8. Drahtband = 0,6 mm.

Nutenweite = Kupferbreite + 2,0 mm.

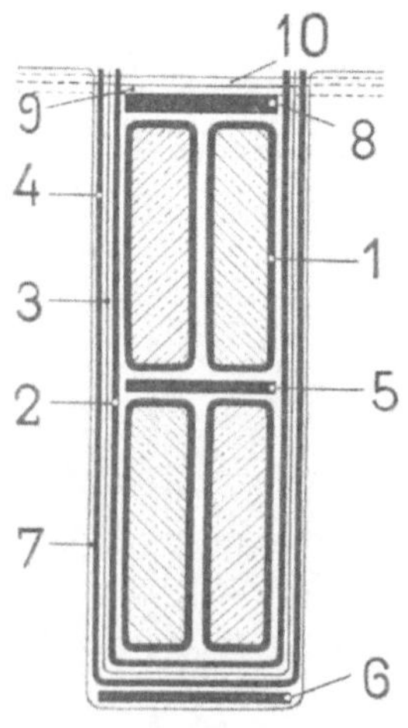

Fig. 95. Stabwicklung für 110 Volt und 220 Volt.

1. Baumwollband = 0,15 mm ($^1/_3$ überlappt und in Japan-A-Lack getränkt) = 0,4 mm.
2. Pressspan = 0,25 mm.
3. Für 110 Volt Cellulosepapier = 0,06 mm. Für 220 Volt Manilapapier = 0,15 mm.
4. Pressspahn = 0,25 mm.
5. und 6. Leatheroid = 0,4 mm.
7. Luft = 0,2 mm.
8. Leatheroid je nach dem vorhandenen Platz.
9. Pressspahn 1,0 mm.
10. Drahtband aus verzinntem Klaviersaitendraht.

Nutenweite = Kupferbreite + 3,3 mm.

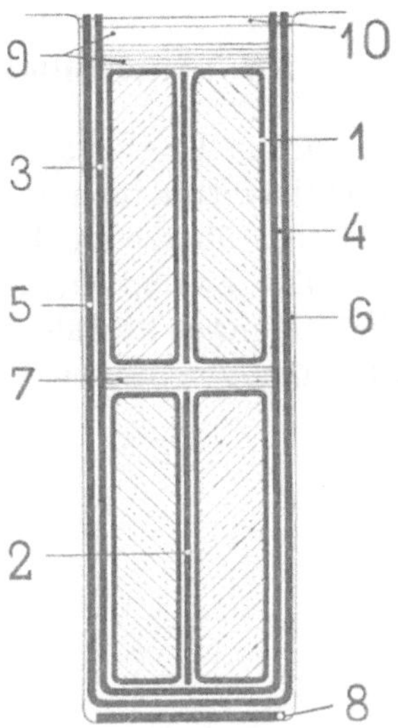
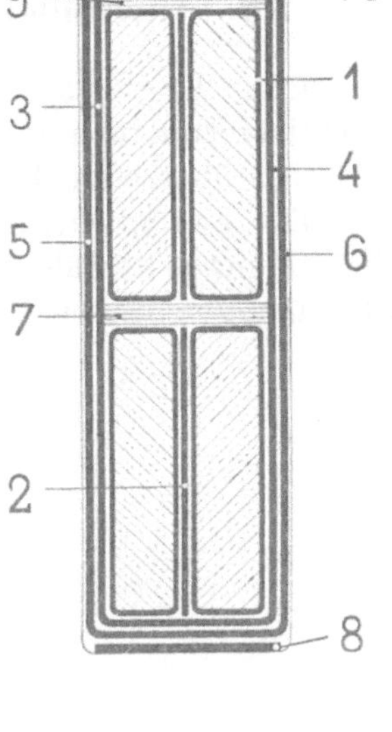

Fig. 96. Stabwicklung für 230 Volt.

1. Baumwolle mit Sterling-Lack = 0,4 mm.
2. Gewöhnliches Papier = 0,1 mm.
3. Karton = 0,3 mm.
4. Geöltes Papier = 0,1 mm.
5. Karton = 0,3 mm.
6. Spielraum = 0,20 mm.
7. Karton = 1,0 mm.
8. Karton = 0,3 mm.
9. Karton 1,0 und 1,5 mm.
10. Drahtband.

Anstatt 3, 4 und 5 können zwei Lagen Oelleinwand, eingefasst von dünnem Baumwolltuch, mit zusammen ca. 0,6 mm Stärke gewählt werden.

Nutenweite = Kupferbreite + 3,5 mm.

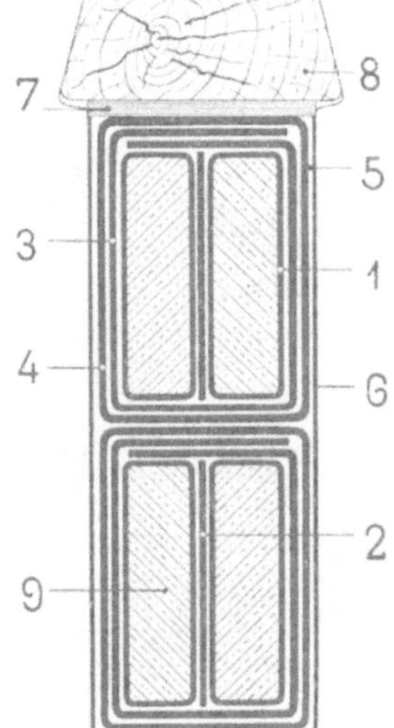

Fig. 97. Stabwicklung für 500 Volt.
(Zwei Stäbe werden gemeinsam vor dem Einlegen in die Nut isolirt.)

1. Baumwollband mit Sterling-Lack = 0,4 mm.
2. Geöltes Papier = 0,1 mm.
3. Roth-Papier = 0,2 mm und geölte Leinwand = 0,3 mm.
4. Baumwollband mit Sterling-Lack = 0,4 mm.
5. Spielraum = 0,1 mm.
6. Karton = 0,2 mm.
7. Karton = 0,5 mm.
8. Holzkeil.
9. Stab.

Nutenweite = Kupferbreite + 4,0 mm.

oder:

1. Baumwollband mit $^1/_3$ Ueberlappung = 0,4 mm.
2. Geöltes Papier = 0,1 mm.
3. Baumwollband mit $^1/_3$ Ueberlappung = 0,4 mm.
4. Zwei Lagen Oelleinwand, eingefasst von einem dünnen Baumwolltuch, mit einer Gesammtstärke = 0,6 mm.
5. Spielraum = 0,15 mm.

Nutenweite = Kupferbreite + 4,0 mm.

In letzterem Falle ist die Bandbewicklung nicht mit Lack getränkt. Diese Tränkung erfolgt erst nach Fertigstellung der Wicklung. Der Anker wird vorher gut ausgetrocknet und dann zuerst in Japan-A-Lack oder auch gleich in Sterling-Lack getaucht und nach dem Trocknen mit einer Lösung von Kopallack bestrichen.

20. Anordnung der Aequipotentialverbindungen.

Jeder Konstrukteur, der die vorzügliche Wirkung der Aequipotentialverbindungen bei mehrpoligen Maschinen kennen gelernt und sich überzeugt hat, dass sie eine sparsamere Abmessung der Maschine ermöglichen, wird keine vielpolige Maschine ohne diese Verbindungen ausführen. Im Nachfolgenden sind daher verschiedene Anordnungen dieser Verbindungen dargestellt.

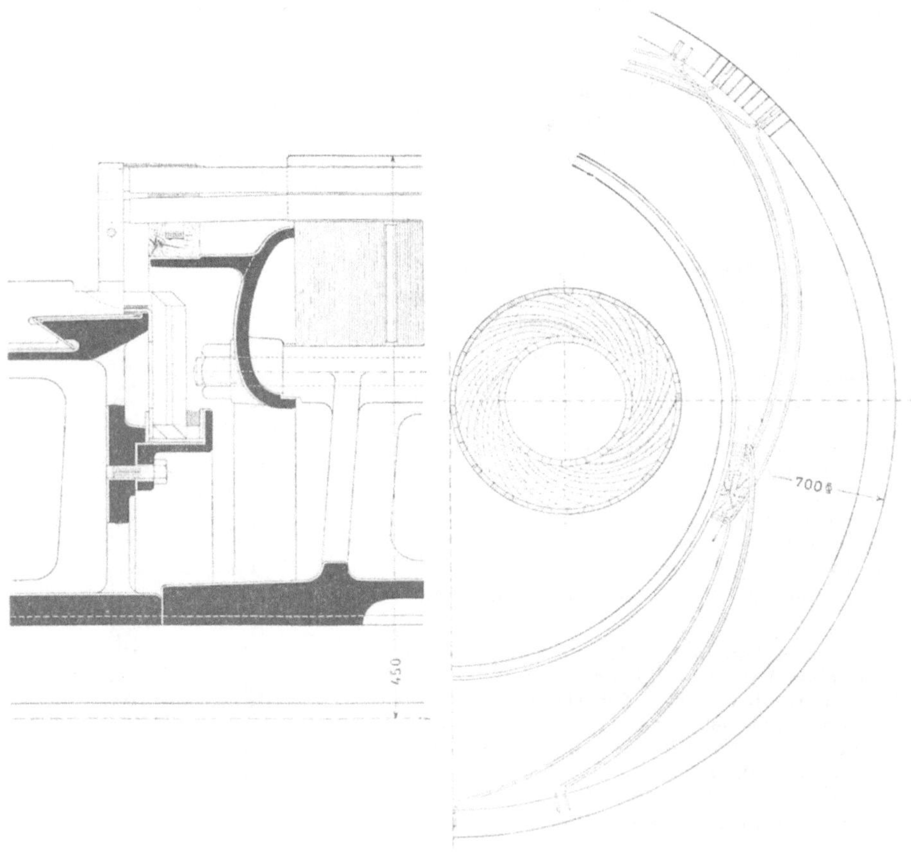

Fig. 98. A.-G. Volta, Reval.

Fig. 98 veranschaulicht eine Ausführung der A.-G. Volta, Reval.

Die Verbindungen sind aus gebogenem Kupferband hergestellt

und liegen hinter dem Kollektor. Der Anker besitzt Reihenparallelschaltung, es ist

$$K = 312, \quad p = 5, \quad a = 3, \quad y_k = 63.$$

Die Wicklung ist symmetrisch und dreifach geschlossen.

$\frac{a}{p}$ ist keine ganze Zahl, folglich müssen die Potentialschritte ungleich werden. Gewählt ist

$$x_1 = x_2 = 2 \text{ und } x_3 = 1,$$

so dass sich die Potentialschritte

$$y_{p1} = x_1 \cdot y_k - 1 = 2 \cdot 63 - 1 = 125$$
$$y_{p2} = x_2 \cdot y_k - 1 = 2 \cdot 63 - 1 = 125$$
$$y_{p3} = x_3 \cdot y_k - 1 = \quad 63 - 1 = \quad 62$$

ergeben. Ausgeführt sind nur die beiden gleichen Verbindungen, der Schlussschritt y_{p3} ist jeweils weggelassen. Wie das der Fig. 98 beigegebene Schema zeigt, ist der sechste Theil der Lamellen mit Aequipotentialverbindungen versehen.

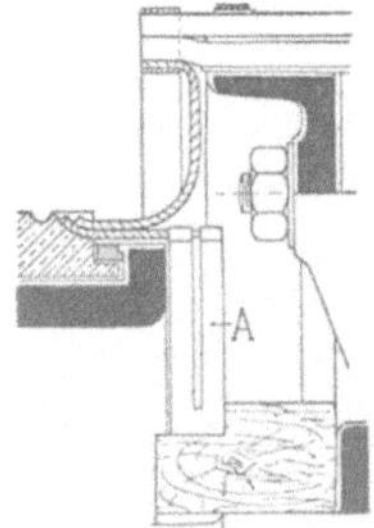

Fig. 99.

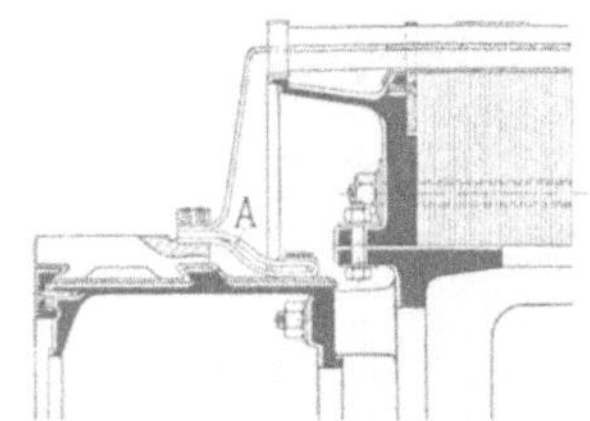

Fig. 100.
E.-A.-G. vorm. W. Lahmeyer & Co.

In Fig. 99 bestehen die Verbindungen A ebenfalls aus Kupfergabeln, die mittels Drahtstücken an den Kollektor angeschlossen sind.

Bequem herstellbar sind die Ausgleichverbindungen mit Drähten, die in zwei Ebenen angeordnet werden. Die Drähte A liegen dann gewöhnlich, wie Fig. 100 zeigt, auf dem Umfange des Kollektorgehäuses.

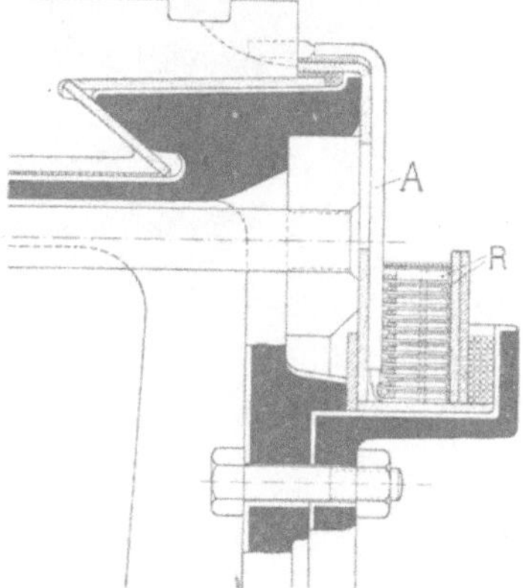

Fig. 101. A.-G. Volta, Reval.

Wenn der Potentialschritt gross ist, oder wenn ungleiche Potentialschritte vorkommen, ist es besser, sog. Ausgleichringe anzuordnen. Da die Zahl der Lamellen, die ein gleiches Potential

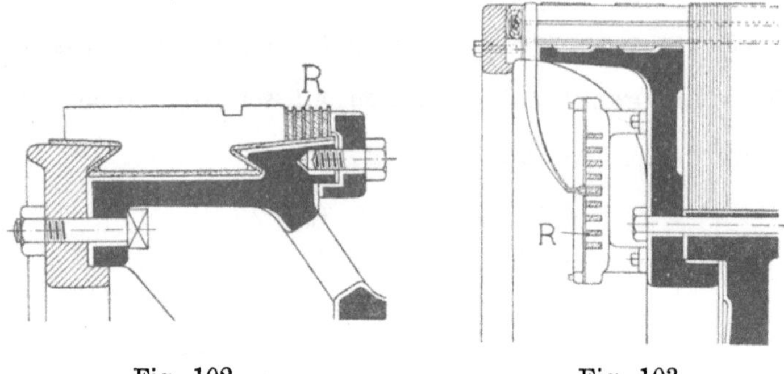

Fig. 102. Fig. 103.

haben, allgemein gleich der halben Anzahl der Ankerstromzweige *(a)* ist, so ist jeder Ring mit *a* Lamellen oder *a* Stellen der Wick-

Fig. 104. E.-A.-G. vorm. Kolben & Co., Prag.

lung zu verbinden. Es können z. B. die Drahtbänder, welche die Wicklung zusammenhalten, zugleich als Ausgleichringe benutzt werden.

Fig. 105. Union, E.-G., Berlin.

In den Fig. 101 und 102 ist gezeigt, wie solche Ringe *R* hinter dem Kollektor, und in Fig. 103, wie sie auf der hinteren Seite des Ankers angeordnet werden können.

Fig. 104 stellt das Bild eines Ankers der E.-A.-G. vorm. Kolben & Co. dar, bei welchem die zehn Ausgleichringe, ähnlich wie in Fig. 103 auf der hinteren Ankerseite angebracht sind. — Einen Anker mit 16-poliger

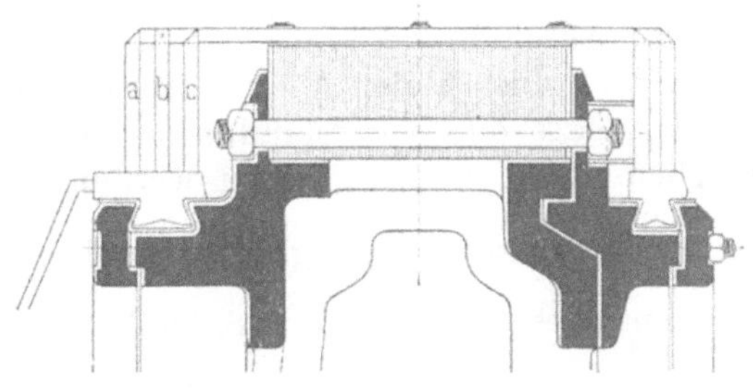

Fig. 106.

Parallelwicklung, 1000 KW., 500 Volt, 90 Umdrehungen und 8 Ausgleichringen von ca. 52 mm² Querschnitt der Union E.-G., Berlin, veranschaulicht Fig. 105.

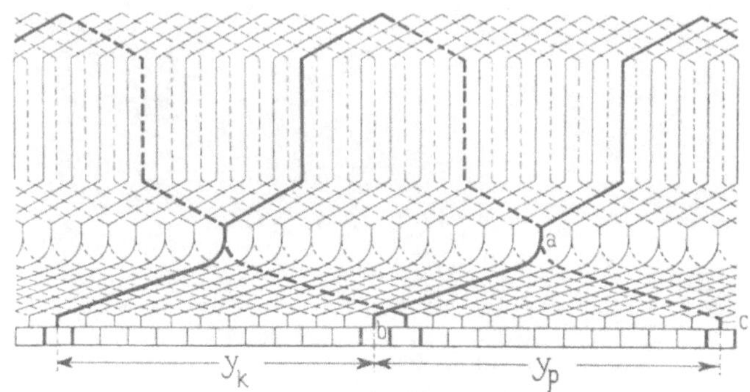

Fig. 107.

Werden alle Lamellen an Ausgleichverbindungen angeschlossen, wie das in Fig. 99, Bd. I, S. 130, dargestellt ist, so ergiebt sich nach Ausführungen der Maschinenfabrik Oerlikon die Stabwicklung, Fig. 106, mit drei Verbindungen (*a*, *b*, *c*) zu jeder Lamelle.

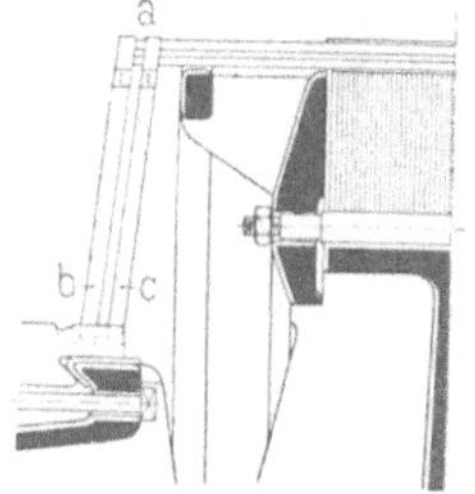

Fig. 108.

Eine schöne Wicklung ergiebt sich ferner nach dem Schema Fig. 107, indem man jeden Knotenpunkt (*a*) einer Mantelwicklung in Fig. 108 mit zwei Lamellen (*b* und *c*), die um den Potentialschritt y_p voneinander entfernt sind, verbindet.

Der Kupferverbrauch wird durch die grössere Zahl der Verbindungen natürlich erhöht.

21. Querschnitt und Anzahl der Aequipotentialverbindungen.

Im Abschnitt 23, Bd. I, Seite 75, der die Stromstärke und den Wattverlust in den Aequipotentialverbindungen behandelt, wird gezeigt, dass der Widerstand einer Aequipotentialverbindung wennmöglich nicht grösser gewählt werden soll als der konstante Theil $\frac{2\,R_w}{F_u}$ des Bürstenübergangswiderstandes, wenn F_u die Fläche eines Bürstensatzes und (s. Bd. I, S. 366)

$$R_w = R_k - \frac{e_u}{s_{u\,x}} \text{ ist.}$$

Ist z. B. für Kohlenbürsten $e_u = 0{,}2$, $s_{ux} = 6$, $R_k = 0{,}14$, so wird $R_w = 0{,}10$ Ohm, und der Widerstand einer Verbindung soll dann kleiner als $\frac{0{,}2}{F_u}$ Ohm sein.

Für Kupferbürsten ist der Werth des spezifischen Widerstandes R_w ca. $\frac{1}{10}$ von dem für Kohlenbürsten; der Widerstand einer Verbindung ist daher kleiner als $\frac{0{,}02}{F_u}$ Ohm zu wählen. Der Wattverlust für den Ausgleich wird jedoch um so kleiner, je grösser der Widerstand einer Verbindung ist. Man wird daher bei Wellenwicklungen den Querschnitt um so knapper halten, je grösser der Fehler (s. Bd. I, S. 67)

$$\alpha_x = 1 - \frac{a}{p} x$$

ist.

Die Zahl der Lamellen oder Knotenpunkte der Wicklung, welche an Ausgleichleitungen angeschlossen wird, darf um so kleiner sein, je mehr Sorgfalt auf eine symmetrische Ausführung der Maschine gelegt wird.

Bei Schleifenwicklungen genügt es, wenn ein $^1/_8$ bis $^1/_{36}$ aller Lamellen, mit Ausgleichleitungen verbunden werden. Man wird fast in allen Fällen mit etwa 4 bis 12 Ausgleichringen, von denen jeder an p-Lamellen angeschlossen ist, d. h. mit einem 4 bis 12-phasigen Ausgleich, auskommen. Der Querschnitt eines Ringes beträgt bei 120 bis 750 Volt-Maschinen bis 30 und 60 mm².

Bei Wellenwicklungen genügt es, wenn $^1/_4$ bis $^1/_{16}$ aller Lamellen oder Knotenpunkte angeschlossen wird; je grösser die Zahl der Lamellen pro Pol ist, um so mehr können übergangen werden. Ein Querschnitt der Verbinder von 7 bis 12 mm² (3 bis 4 mm Drahtdurchmesser) hat sich bei vielen Ausführungen bewährt.

Sechstes Kapitel.

22. Befestigung der Wicklung durch Drahtbänder. — 23. Befestigung der Wicklung durch Keile und Drahtbänder. — 24. Befestigung der Wicklung unter Vermeidung von Drahtbändern.

22. Befestigung der Wicklung durch Drahtbänder.

Nachdem die Wicklung des Ankers fertiggestellt ist, muss sie gegen die Wirkungen der Centrifugalkraft geschützt werden. Hierzu werden für kleine Anker mit offenen Nuten hauptsächlich Drahtbänder verwendet. Das Drahtband wird durch Aufwickeln eines über Rollen laufenden, stark angespannten Drahtes, hergestellt. Nach dem Aufwickeln werden die Drähte eines Bandes untereinander verlöthet. An der Stelle, wo das Drahtband zu liegen kommt, wird bei Nutenankern in den Eisenkern meistens eine Rille von etwa 2 mm Tiefe abgedreht.

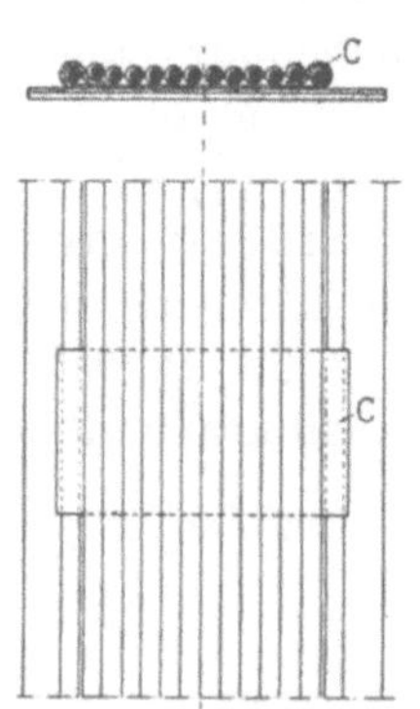

Fig. 109. Einfaches Drahtband.

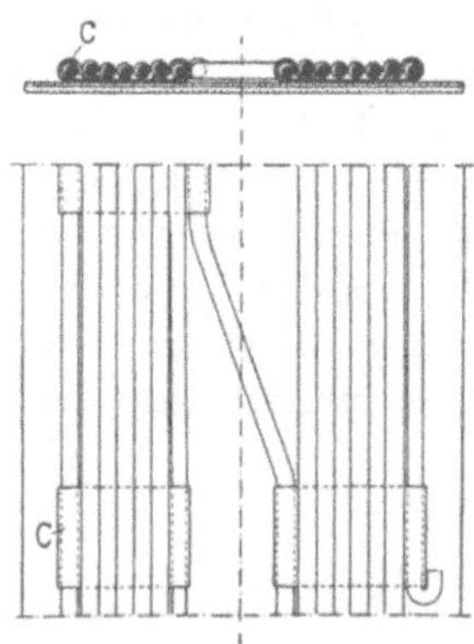

Fig. 110. Doppeltes Drahtband.

In Fig. 109 ist ein einfaches und in Fig. 110 ein doppeltes Drahtband aufgezeichnet. Zwischen Wicklung und Drahtband besteht die volle Klemmenspannung. Zur Isolation wird Pressspahn und Leatheroid auf der inneren Seite lackirt oder mit Paraffin getränkt, Mikaleinen, Mika etc. verwendet.

Pressspahn oder Leatheroid genügen in zwei oder drei Lagen, bis zu 2,0 mm Stärke bei grösseren Maschinen, für Spannungen bis 1000 und mehr Volt. Jedoch wird häufig bei 500 und mehr Volt Mikaleinen, Megohmit oder Naturglimmer in Vereinigung mit Pressspahn verwendet.

Auf das so hergestellte Isolirband wird nun das Drahtband gewickelt. Hierzu wird Draht von hoher Zugfestigkeit, wie Messingdraht, Siliciumbroncedraht, Stahldraht etc. von 0,6 bis 1,6 mm Durchmesser benutzt.

Die Breite eines einfachen Drahtbandes, das im magnetischen Felde liegt, soll nicht über 20 mm oder besser nicht über 16 mm betragen, weil sich dasselbe sonst durch Wirbelströme stark erwärmen kann. Die Isolation soll auf jeder Seite des Bandes um 2 bis 3 mm vorstehen.

Die Drähte werden zweckmässig an mehreren Stellen des Umfanges, etwa in Abständen von 20 bis 30 cm, durch Messingbleche c zusammengehalten und ringsum miteinander verlöthet.

Die Berechnung der Drahtbänder. Durch die Centrifugalkraft der rotirenden Kupferleiter werden die Drahtbänder tangential auf Zug beansprucht. Um den tangentialen Zug zu berechnen, bezeichnen wir mit

N die am Umfang des Ankers gezählte Drahtzahl,
q den Querschnitt eines Drahtes in mm^2,
l seine axiale Länge in cm,
D den Ankerdurchmesser in cm,
γ das spec. Gewicht des Kupfers,
$g = 9,81$ die Beschleunigung der Schwere,
v die Umfangsgeschwindigkeit in m pro Sek.

Der tangentiale Zug, der im Querschnitte sämmtlicher Drahtbänder auftritt, ist dann

$$T = \frac{\gamma}{1000 \cdot g} \cdot \frac{N \cdot q \cdot l}{\pi \cdot D} \cdot v^2.$$

Da γ ungefähr $= 9$, wird

$$T = \frac{N \cdot q \cdot l}{3400 \cdot D} \cdot v^2 \quad . \quad . \quad . \quad . \quad . \quad . \quad (17)$$

Die Länge l eines Drahtes ist nur so weit in die Rechnung einzusetzen, als dessen Centrifugalkraft von Konstruktionstheilen der Armatur selbst nicht aufgenommen wird.

Bezeichnet nun ferner k_z die zulässige Beanspruchung des Bindedrahtes auf Zug pro cm^2 und Q den erforderlichen totalen Drahtquerschnitt in cm^2, so wird

$$Q = \frac{T}{k_z} = \frac{N \cdot q \cdot l}{3400 \cdot D} \cdot \frac{v^2}{k_z} \quad . \quad . \quad . \quad . \quad (18)$$

Die Bruchbelastung in kg pro qcm für verschiedene Drahtsorten ist in der nachfolgenden, dem Taschenbuch „Hütte" entnommenen Tabelle angegeben.

Tiegelflussstahl	9000—19000
Bessemerstahldraht, blank	6500
„ geglüht . . .	4000—6000
Broncedraht	4600—7100
Höpermetalldraht, blank	14000
„ geglüht	6300
Deltametalldraht . . . . . bis	9800
Messingdraht	5000
Siliciumbroncedraht	6500—8500.

Beispiel. Es sei

$$v = 20 \text{ m}, \quad l = 40 \text{ cm}, \quad N = 200,$$

$$D = 52 \text{ cm}, \quad q = 35 \text{ qmm}.$$

Der tangentiale Zug der Drahtbänder wird

$$T = \frac{200 \cdot 35 \cdot 40}{3400 \cdot 52} \cdot 20^2 = 630 \text{ kg}.$$

Mit zehnfacher Sicherheit und Anwendung von Broncedraht wird k_z etwa $= 700$ und der Querschnitt aller Drahtbänder

$$Q = \frac{630}{700} = 0{,}90 \text{ qcm} = 90 \text{ qmm}.$$

Der Durchmesser des Bindedrahtes sei 1,2 mm. Die Zahl der Bindedrähte wird

$$\frac{90}{1{,}13} = 80,$$

was etwa 6 Bänder von je 13 Drähten ergiebt.

Breite eines Bandes

$$13 \cdot 1{,}2 = 15{,}6 \text{ mm}.$$

Bei grossen Umfangsgeschwindigkeiten und grossen Kupfermengen ist eine Berechnung der Beanspruchung der Drahtbänder unerlässlich.

23. Befestigung der Wicklung durch Keile und Drahtbänder.

Bei halbgeschlossenen Nuten (Fig. 83, No. 4, 7, 8, 9) und offenen eingekerbten Nuten (Fig. 83, No. 3, 5, 6) können die Drähte durch Keile aus Buchenholz, das in Leinöl gekocht wird, aus Leatheroid oder Fiber festgehalten werden. In diesem Falle sind Drahtbänder nur noch für den über das Ankereisen vorstehenden Theil der Wicklung nothwendig.

24. Befestigung der Wicklung unter Vermeidung von Drahtbändern.

Wenn der Ankerdurchmesser etwa 200 bis 250 cm übersteigt, ist eine Befestigung der Drähte mittels Drahtbänder nicht mehr gut möglich, weil das Band bei seiner grossen Länge leicht locker wird. Ausserdem ist es sehr zeitraubend, bei allfälligen Reparaturen an der Wicklung die Bänder entfernen und wieder herstellen zu müssen. — In solchen Fällen können die Drähte in den Nuten durch Keile und ausserhalb derselben durch getheilte, leicht ab- und auflegbare Bänder aus Stahl- oder Messingblech gehalten werden.

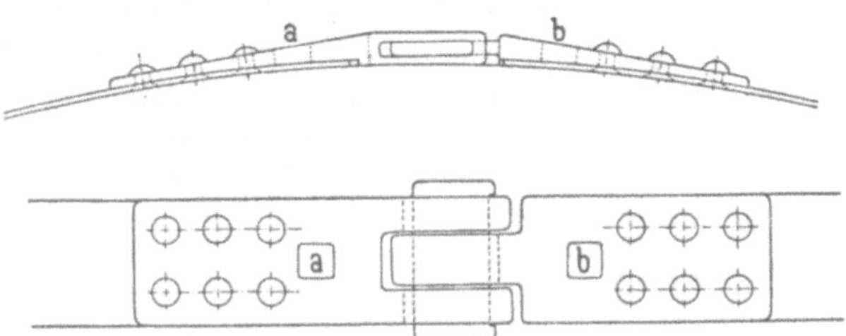

Fig. 111. Keilschloss für Drahtbänder. E.-A.-G. vorm. W. Lahmeyer & Co.

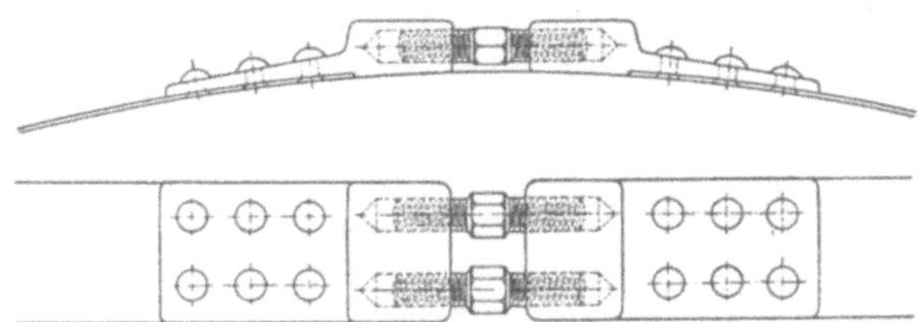

Fig. 112. Schraubenverbindung für Drahtbänder. M.-F. Oerlikon.

Die Fig. 111 veranschaulicht eine Bandkonstruktion der E.-A.-G. vorm. Lahmeyer & Co. Die Bandenden werden mittels eines Keilschlosses zusammengehalten.

Das Anspannen des Bandes erfolgt durch eine Zange mit grosser Hebelübersetzung, welche in die Vertiefungen *a* und *b* des Keilschlosses eingreift.

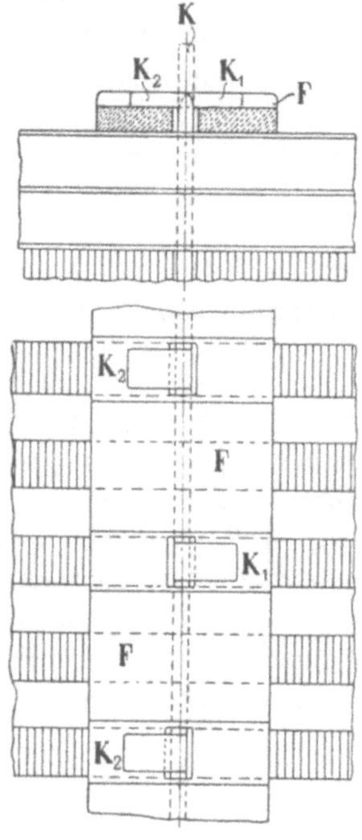

Fig. 113.

An Stelle des Keiles können links- und rechtsgängig Schrauben treten, wie Fig. 112 zeigt. Bemerkenswerth ist die Art, wie die M.-F. Oerlikon bei den grossen Ankern von 460 cm Durchmesser und 40 cm Eisenlänge der Gleichstrommaschinen des Elektricitätswerkes Rheinfelden, die Drähte, ohne Anwendung von Keilen, in den Nuten befestigt hat. In das Ankereisen sind drei Scheiben aus Kupferblech eingelegt, deren Zacken *K*, wie Fig. 113 zeigt, zunächst über die Zähne des Ankers vorstehen. Ueber die Zacken werden Fiberleisten mit entsprechenden Oeffnungen geschoben und die Zacken des Kupferbleches nun abwechselnd nach rechts (K_1) und nach links (K_2) abgebogen.

Ferner können bei Stirnwicklungen zur Befestigung der Wicklung sog. Hülfskollektoren, wie in Fig. 106, angewandt werden, oder es werden über die Kopfenden Metallkappen geschoben, wie auf Tafel IV dargestellt ist.

Siebentes Kapitel.

25. Allgemeines über die Konstruktion des Kollektors.

Der Kollektor ist einer beständigen und unter ungünstigen Verhältnissen einer raschen Abnutzung unterworfen; unter günstigen Betriebsverhältnissen, d. h. bei funkenfreiem Gange und richtiger Wahl des Materials der Lamellen und der Bürsten kann er aber viele Jahre halten.

Das funkenfreie Arbeiten eines Kollektors hängt im wesentlichen von der Konstruktion der Dynamo ab, aber die Konstruktion des Kollektors selbst ist ebenfalls von Bedeutung. Hierbei kommt besonders das Material der Lamellen, die Isolation der einzelnen Lamellen gegeneinander, die Isolation des ganzen Kollektors gegen die Kollektorbüchse und die Befestigung der Lamellen in Betracht.

Der Kollektor soll aus bestem Material und mechanisch so hergestellt werden, dass er ein festes unveränderliches Gefüge behält, die Lamellen sind zu diesem Zweck unter grossem Druck zusammenzuspannen.

26. Das Material und die Gestalt der Lamellen.

Die Lamellen werden heute fast allgemein aus gezogenem, hartem Profilkupfer ausgesägt, ausgestanzt oder aus Kupferbarren in Gesenke geschmiedet. In allen Fällen muss das Material sehr homogen sein und die Lamellen eines Kollektors müssen gleiche Härte haben.

Verschiedene Formen der Lamellen sind aus den folgenden Figuren ersichtlich. Der Winkel α (Fig. 114), unter welchem die Kollektorbüchse die Lamellen fasst, soll 30^0 oder 45^0 betragen.

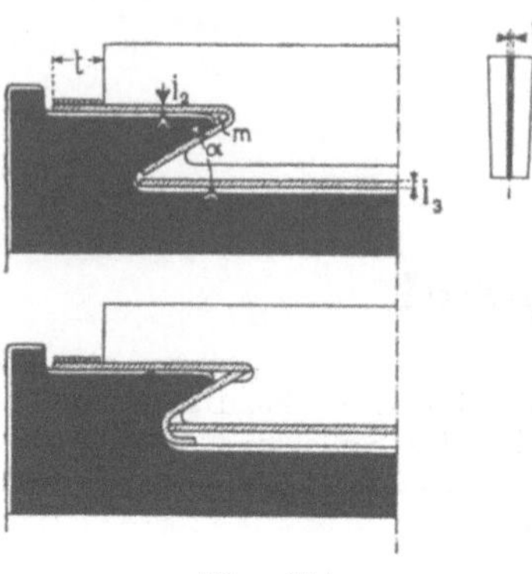

Fig. 114.

Die Stärke der Lamellen richtet sich nach der Stärke der Armaturleiter und dem Durchmesser des Kollektors. Wenn möglich geht man nicht unter eine Stärke von 7 bis 8 mm; als noch ausführbar kann eine Stärke von 3 bis 3,5 mm angesehen werden. — Sehr breite Lamellen, wie sie bei Elektrolytmaschinen mit grossen Stromstärken und kleinen Spannungen vorkommen, kann man, um die auf Seite 486, I erwähnten Wirbelstromverluste zu vermindern, aus zwei oder mehr parallelen Lamellen herstellen; ein Ankerdraht ist dann an zwei bezw. mehr Lamellen anzuschliessen.

27. Die Isolation des Kollektors.

Für die seitliche Isolation i_1 (Fig. 114) der Lamellen wird fast ausschliesslich weicher Glimmer (Mika) verwendet, und zwar entweder Naturglimmer oder bei grösseren Längen das billigere Megohmit,[1]) das aus kleinen Glimmerstücken mit möglichst wenig Klebstoff hergestellt wird.

Glimmer besitzt eine sehr hohe Isolationsfähigkeit, ist nicht hygroskopisch und Kollektoren mit Glimmerisolation können, ohne dass die Isolation geschädigt wird, im Betriebe von Zeit zu Zeit leicht geschmiert werden, was zur Schonung des Kollektors beiträgt.

Von grosser Wichtigkeit ist, dass der Glimmer metallrein und so weich ist, dass er sich mit den Lamellen gleichmässig abnutzt.

Besondere Sorgfalt ist der Isolation der Lamellen gegen das Gehäuse zu widmen, denn hier kommt die volle Spannung der Maschine in Betracht. Die Isolation i_2 der Enden der Lamellen wird aus Papier, Pressspahn mit und ohne Glimmereinlage und bei Trambahnmotoren und höheren Spannungen, aus Mikanit und Megohmit hergestellt. Diese Endisolationen, sog. Kollektorringe, können von den Fabrikanten in einem Stück bezogen werden.

Die Isolation i_3 am innern Umfange ist nur dann erforderlich, wenn der Luftabstand der Lamellen vom Gehäuse keine genügende

[1]) von Meirowsky & Co., Köln-Ehrenfeld.

Isolation bietet, oder wenn das Gehäuse durchbrochen ist, um die innern Flächen vor Staub zu schützen. — Die Isolation soll, insbesondere bei Hochspannungsmaschinen, um eine genügende Strecke t über die Lamellen vorstehen. Zum Festhalten derselben dient ein Schnurband.

Die Stärke der Isolation kann nach der folgenden Tabelle bemessen werden.

Für Spannungen	i_1 Glimmer mm	i_2 Glimmer mm	i_2 und i_3 Papier mm
bis 250 Volt	0,5 bis 0,8	1 bis 3	2 bis 4
„ 1000 „	0,8 „ 1,0	3 „ 5	4 „ 6

Bei grossen Kollektoren wird wegen der mechanischen Festigkeit i_2 grösser gewählt, als bei kleinen.

28. Beispiele von Kollektorkonstruktionen.

In den Fig. 115 bis 130 sind 16 verschiedene Konstruktionen dargestellt, welche ausgeführten Maschinen entnommen sind.

In den Fig. 115, 118, 119 und 120 ist zum Festschrauben der Kollektorlamellen eine einzige schmiedeeiserne Mutter angeordnet. Bei den übrigen Konstruktionen werden die Schlussringe oder Segmente mittels Schrauben angepresst. Die Schlussringe besitzen in allen Fällen, wie z. B. in Fig. 116 und 117 eine gute Führung.

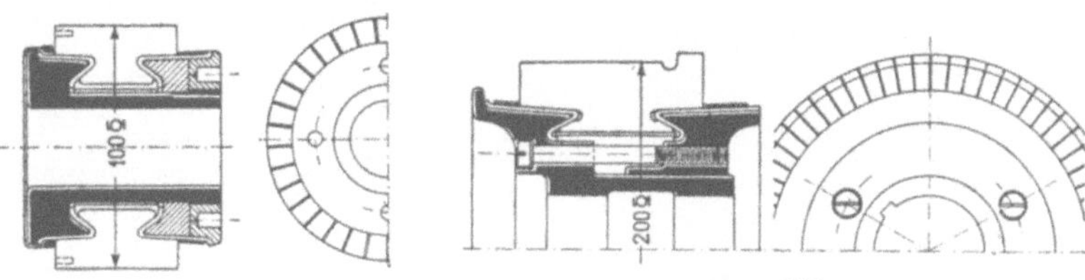

Fig. 115.
Sté. Électricité et Hydraulique, Charleroi.

Fig. 116.
Parshall und Hobart.

In Fig. 122, einer Bauart der E.-A.-G. vorm. W. Lahmeyer & Co. für grössere Kollektoren, ist der Pressring in mehrere Theile zerlegt, die mittels Kopfschrauben auf die Lamellen gepresst werden.

Diese Theilung des Pressringes in einzelne Segmente ist bei grossen Kollektoren schon aus Herstellungsrücksichten zweckmässig. Ausserdem gewährt diese Konstruktion den Vortheil, dass eine gleich gute Befestigung am ganzen Umfange erreicht und ein Auswechseln einzelner, fehlerhafter Lamellen nachträglich leicht möglich wird. Wie aus den Figuren ersichtlich ist, ruhen die Lamellen auf einer Zwischenisolation fest auf der Kollektorbüchse auf.

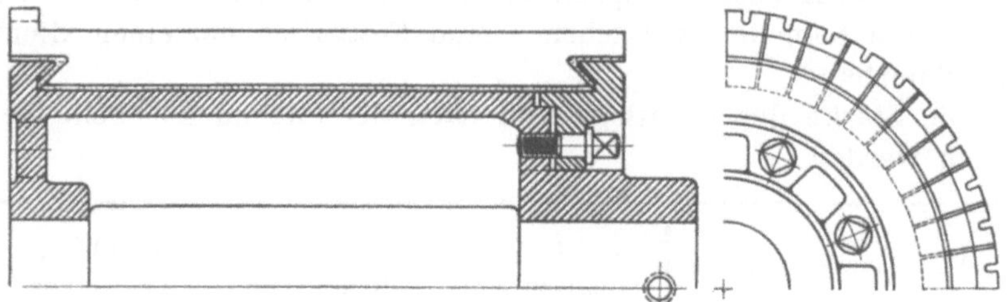

Fig. 117. E.-A.-G. vorm. Schuckert & Co.

An den Kollektoren, Fig. 123, 124, 125, ist bemerkenswerth, dass bei der Formgebung des Gehäuses auf eine gute Luftkühlung Bedacht genommen ist. Der erstere besitzt Ausgleichverbindungen.

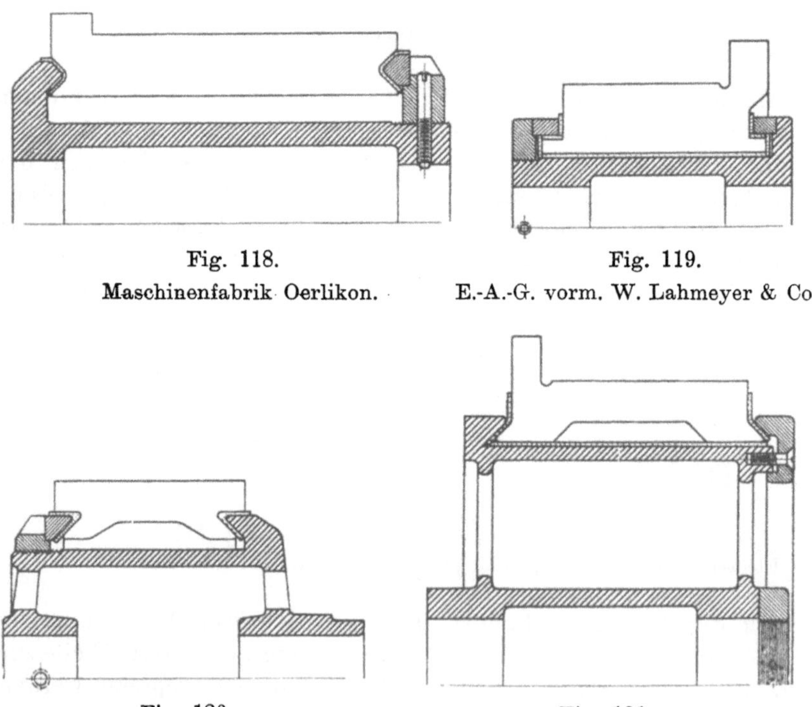

Fig. 118. Maschinenfabrik Oerlikon.

Fig. 119. E.-A.-G. vorm. W. Lahmeyer & Co.

Fig. 120. Maschinenfabrik Oerlikon.

Fig. 121. E.-A.-G. vorm. W. Lahmeyer & Co.

Zwei Schlussringe haben die Kollektoren Fig. 125, 126, welche entweder gemeinsam oder einzeln festgezogen werden.

Fig. 127 giebt den Schnitt durch den Kollektor eines Trambahnmotors. Auf der Stirnseite ist ein Stabilitring aufgesetzt, um eine gute Oberflächenisolation zu erreichen.

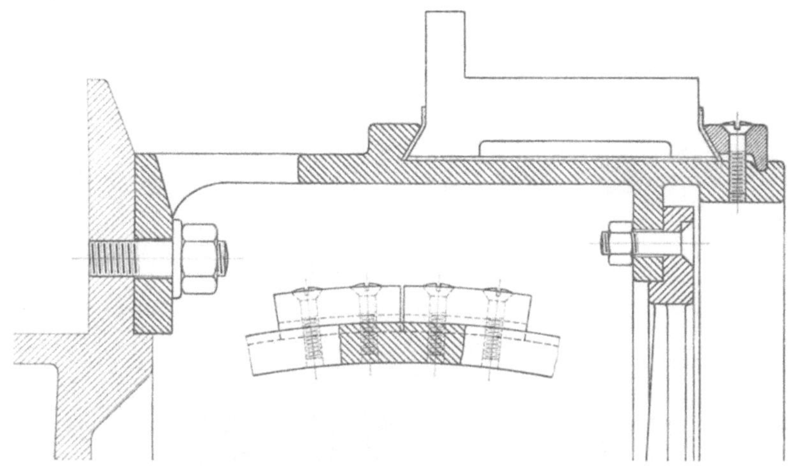

Fig. 122. E.-A.-G. vorm. W. Lahmeyer & Co.

Bei langen Lamellen ist eine besonders gute Befestigung erforderlich. In Fig. 128 wird das erreicht, indem eine Lamelle an drei Stellen festgeklemmt wird und in Fig. 129, indem noch radiale Druckschrauben, die auf getheilte Ringstücke drücken, angeordnet sind.

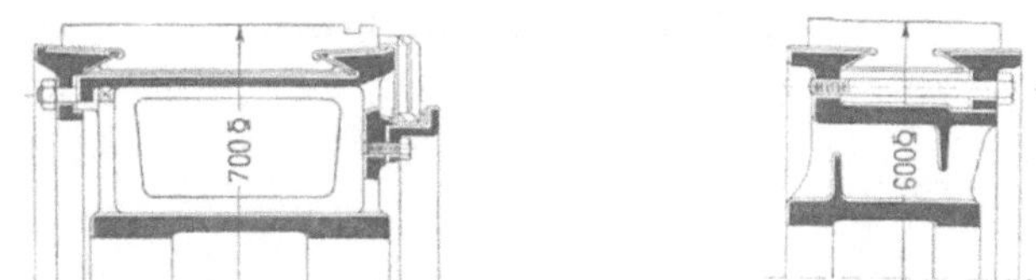

Fig. 123. A.-G. Volta, Reval. Fig. 124. Parshall und Hobart.

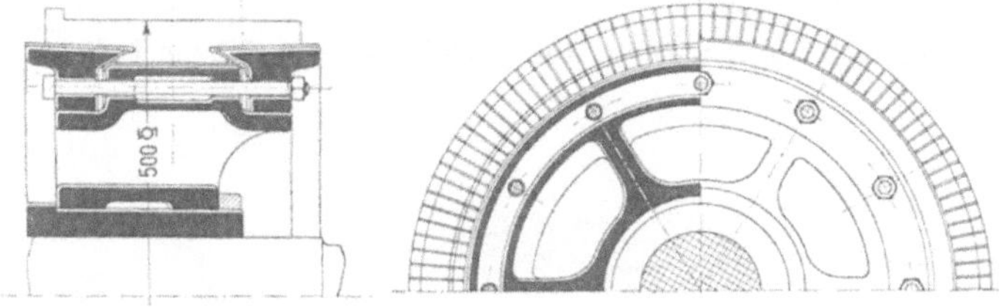

Fig. 125. Thomson-Houston-Compagnie.

Die Fig. 130 veranschaulicht einen sog. Stirnkollektor, dessen Ebene senkrecht zur Wellenaxe steht. Der Pressring besteht, wie in Fig. 122, aus mehreren Segmenten.

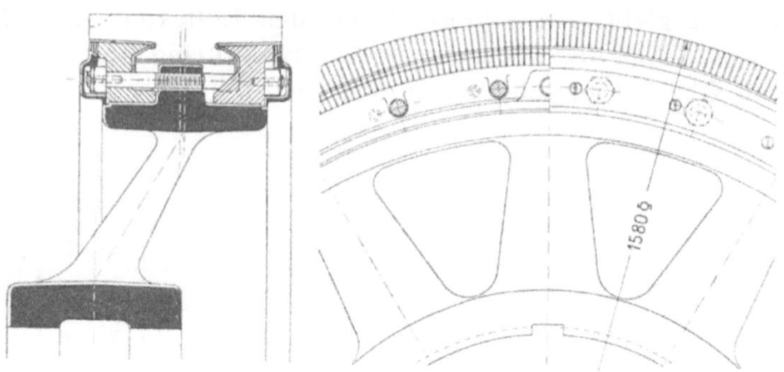

Fig. 126. Union E.-G., Berlin.

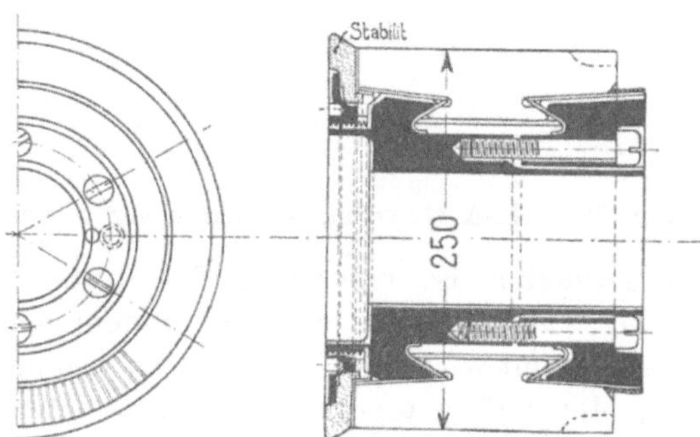

Fig. 127. Union E.-G., Berlin.

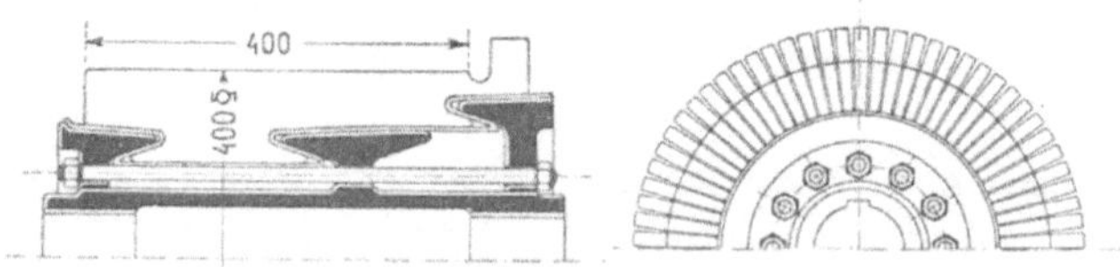

Fig. 128. Patent von Henry Geisenhouer, Schenectady.

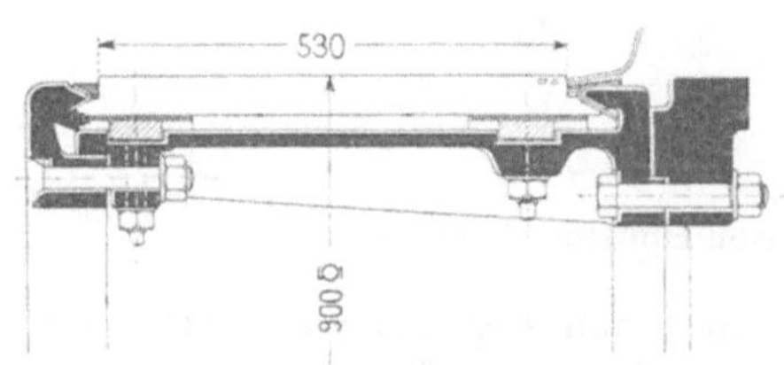

Fig. 129. Brown, Boveri & Co.

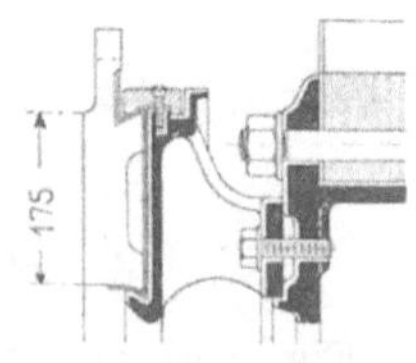

Fig. 130. E.-A.-G. vorm. W. Lahmeyer & Co.

29. Die Verbindung der Armaturdrähte mit dem Kollektor.

Die Armaturdrähte werden mit den Kollektorlamellen entweder verschraubt, vernietet oder verlöthet. Die Verschraubung hat den Vorzug, dass ein Lösen der Drähte einfacher und rascher auszu-

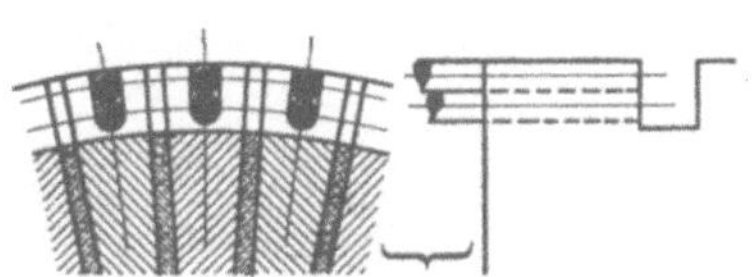

Fig. 131.

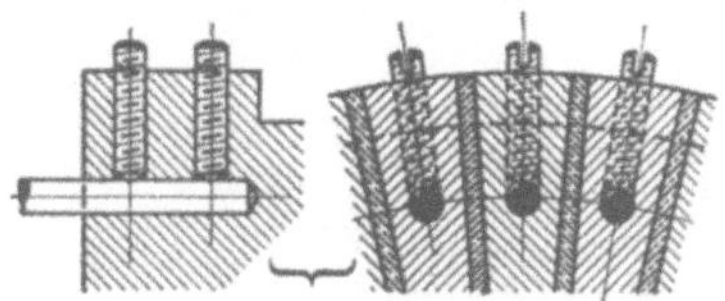

Fig. 132.

führen ist; dagegen giebt das Einlöthen der Drähte einen besseren Kontakt, und die Herstellung der Schrauben und Schraubengewinde kommt in Wegfall. Im allgemeinen ist dem Verlöthen oder Vernieten der Vorzug zu geben.

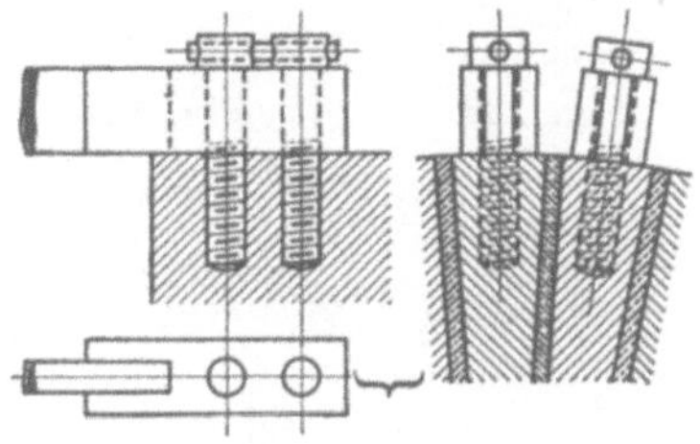

Fig. 133.

Bei dünndrähtigen Wicklungen wird gewöhnlich das Ende der einen und der Anfang der folgenden Spule zum Kollektor geführt, wie Fig. 131 zeigt, in diesem Falle sind also je zwei Drähte mit einer Lamelle zu verbinden. Bei Stabwicklungen wird dagegen der Knotenpunkt mit einem einfachen Drahte an den Kollektor

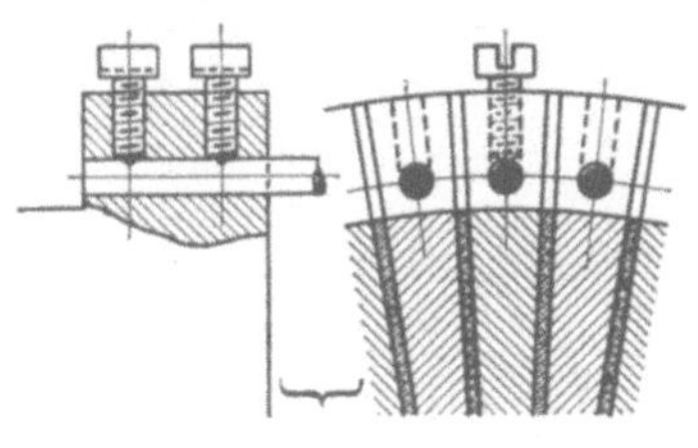

Fig. 134.

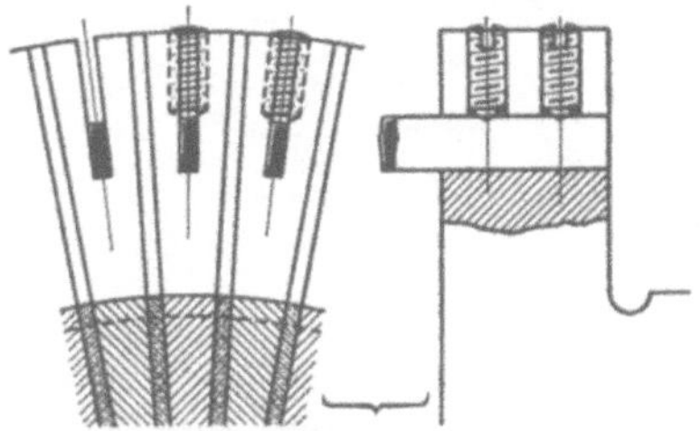

Fig. 135.

angeschlossen und die Verbindungsdrähte sind nur so lange stromführend, als die betreffende Lamelle mit einer Bürste in Verbindung steht. Der Querschnitt dieser Verbindungsdrähte kann daher kleiner sein, als derjenige der Ankerdrähte, und wird, um den Widerstand des Kurzschlussstromkreises zu erhöhen, öfters aus Nickelin, Kruppin etc., hergestellt.

In den Fig. 132 bis 135 sind verschiedene Verbindungsarten einzelner Drähte mit den Kollektor dargestellt, ebenso in den

Fig. 136 bis 141. Die letzteren zeigen zugleich, wie die Stäbe der Wicklung gefasst werden. Es wird um die Stabenden entweder eine Schleife aus Kupferband oder nach einer Konstruktion von Brown, Boveri & Co., Fig. 140, ein Drahtband gelegt, und mit den Stäben

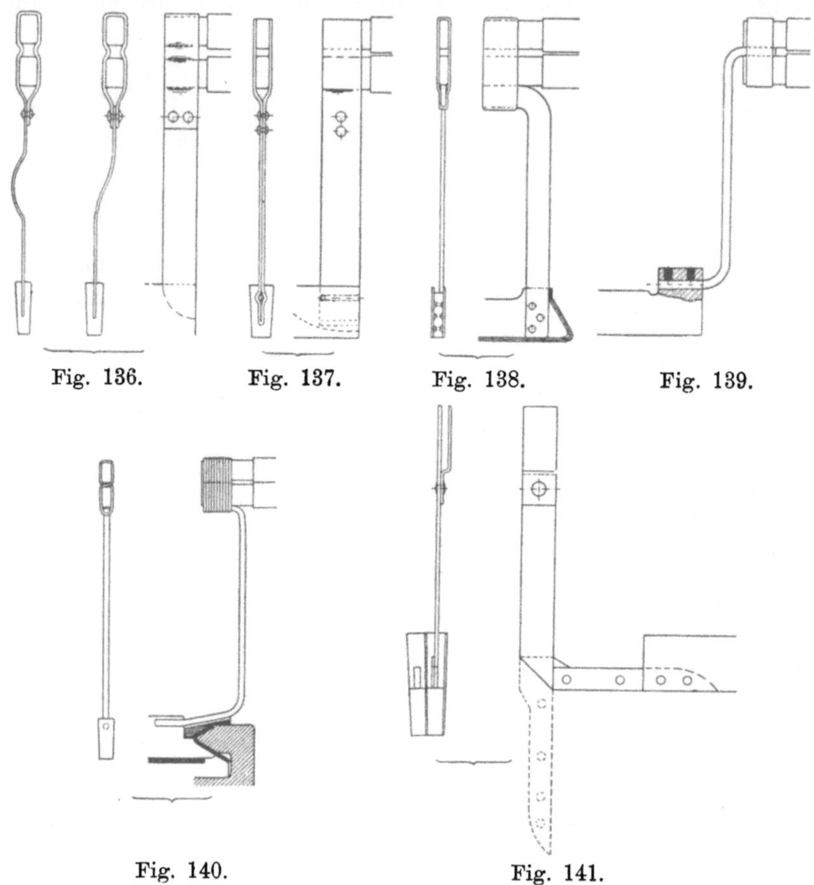

Fig. 136. Fig. 137. Fig. 138. Fig. 139.

Fig. 140. Fig. 141.

und dem Drahte, der zum Kollektor führt, verlöthet. Damit die Löthstellen durch die Erschütterungen der Maschine weniger leiden, werden oft, wie Fig. 136 zeigt, die Verbinder in der Mitte etwas abgebogen oder gekröpft.

Andere Verbindungsarten sind im Zusammenhange mit ganzen Ankerkonstruktionen dargestellt.

Achtes Kapitel.

30. Die Prüfung der Isolation und des Widerstandes der Ankerwicklung. — 31. Die Prüfung des Kollektors. — 32. Das Lackiren, Trocknen und Verkleiden des Ankers.

30. Die Prüfung der Isolation und des Widerstandes der Ankerwicklung.

Die Prüfung der Isolation der Ankerwicklung wird in verschiedenen Stadien der Fabrikation vorgenommen. Besteht eine Spule aus mehreren Windungen oder werden mehrere Spulen vor dem Einlegen in die Ankernuten gemeinsam isolirt, so wird zunächst und zwar vor dem Einlegen der Spulen geprüft, ob innerer Kurzschluss zwischen zwei Windungen besteht. Zur Prüfung wird ein Trans-

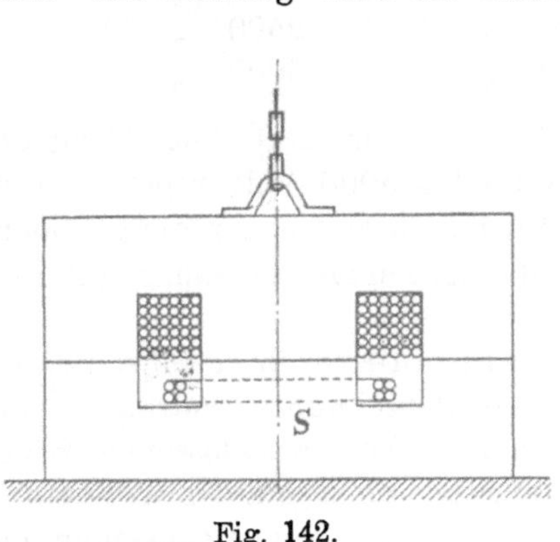

Fig. 142.

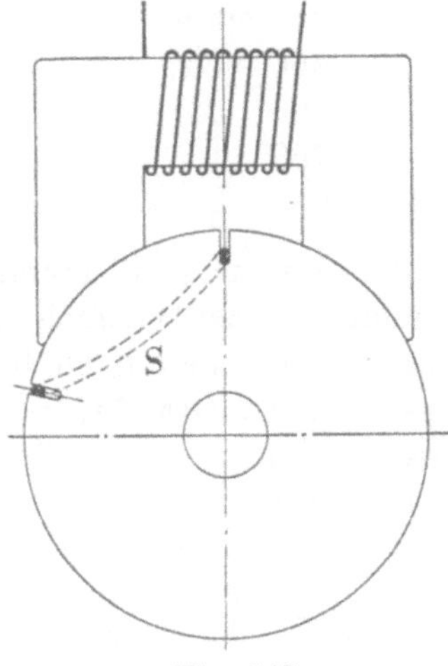

Fig. 143.

formator, Fig. 142, benutzt und jede Spule *S* (mehrere gleichzeitig) zur sekundären Wicklung dieses Transformators gemacht. Die obere Hälfte des Transformators ist an einem Waagebalken befestigt, so dass sie leicht abgehoben und neue Spulen eingelegt werden können.

Zu beobachten ist die primäre Stromstärke; sobald ein Kurzschluss sich einstellt, steigt sie plötzlich an. Die primäre Spannung des Transformators wird so bemessen, dass die Prüfspannung mindestens gleich der dreifachen normalen Spannung einer Spule wird.

Die gleiche Prüfung kann nöthigenfalls wiederholt werden, nachdem die Spulen eingelegt sind. Hierzu dient die in Fig. 143 dargestellte Einrichtung. Der auf den Anker aufgesetzte Bügel trägt die primäre Spule des Transformators.

Nachdem alle Spulen auf den Anker gebracht, und bevor sie mit dem Kollektor verbunden sind, erfolgt die erste Prüfung auf Körperschluss (Schluss gegen den Ankerkörper); die zweite Prüfung wird vorgenommen, nachdem der Anker vollkommen fertiggestellt ist. Ausserdem kann während der Herstellung der Wicklung mit einem direkt zeigenden Galvanometer wiederholt eine Isolationsmessung vorgenommen werden, wodurch direkte Kurzschlüsse sofort ermittelt werden.

Bei der Wahl der Spannung des Wechselstromes zur Prüfung auf Körperschluss ist zu beachten, dass der Anker in warmem Zustande einen kleineren Isolationswiderstand besitzt als im kalten. Ein gut isolirter Anker soll bei einer Prüfdauer von einer Minute folgende Spannungen aushalten

Klemmenspannung des Ankers bis	Wicklung gegen den Körper kalt	Wicklung gegen den Körper warm (60° C.)
250 Volt	2000 Volt	1500 Volt
500 „	2600 „	2000 „
750 „	3200 „	2500 „
1000 „	4000 „	3000 „

Die Anker von Trambahnmotoren für 500 Volt Klemmenspannung werden vielfach mit 4000 bis 5000 Volt geprüft. Den angegebenen Spannungen liegt eine annähernd sinusförmige Spannungskurve zu Grunde, so dass die maximale Spannung $\sqrt{2}$ mal so gross wird.

Der Widerstand der Wicklung wird vor ihrer vollständigen Fertigstellung nach vorausgegangener Berechnung kontrollirt, was man auf folgende Art ausführt. Bei einfach geschlossenen Wicklungen bleibt die Wicklung an einer Stelle offen und der Widerstand der Drähte in Serie wird durch Strom- und Spannungsmessung bestimmt; bei mehrfach geschlossenen Wicklungen geschieht dasselbe für jede Wicklung einzeln. Man kann jedoch auch das im Abschnitt 90 beschriebene Verfahren einschlagen.

Durch das Verlöthen der Spulen mit dem Kollektor kann zwischen zwei Lamellen durch das Loth ein Kurzschluss entstehen.

Um einen solchen aufzufinden, wird der Widerstand zwischen je zwei Kollektorlamellen gemessen. Ist ein Kurzschluss oder eine schlechte Isolation zwischen einzelnen Spulen vorhanden, so macht sich das in einer grössern Abweichung des betreffenden Widerstandes von den übrigen geltend.

31. Die Prüfung des Kollektors.

Bevor der Kollektor mit der Wicklung verbunden wird, wird die Isolation gegen das Gehäuse und der Lamellen unter sich geprüft. Die Prüfspannung darf 500 bis 1000 Volt grösser sein als die oben für die Wicklung angegebene. Die Prüfung auf Körperschluss erfolgt in der Art, dass die Lamellen mittelst eines Drahtes kurzgeschlossen werden, so dass alle Lamellen gleichzeitig die Spannungsdifferenz gegen das Gehäuse auszuhalten haben.

Für die Prüfung der Isolation zwischen den Lamellen genügt in allen Fällen eine Spannung von 250 Volt.

32. Das Lackiren, Trocknen und Verkleiden des Ankers.

Die fertig gewickelten Anker werden entweder ganz in Isolirlack getaucht, oder sie erhalten einen lufttrocknenden Isoliranstrich. Das erstere geschieht namentlich mit kleinen für höhere Spannungen gewickelten Ankern.

Es ist nothwendig, den Anker vor dem Eintauchen in den Lack im Trockenofen oder im Vacuumtrockenapparat (v. Passburg) gründlich zu trocknen. Das Austrocknen hat hier nicht blos den Zweck, die Feuchtigkeit zu entfernen, sondern es unterstützt gleichzeitig das Ansaugen von Lack. Der Anker (ohne Drahtbänder) soll so lange im Lack bleiben, bis keine Luftblasen mehr aufsteigen. Es wird dazu als erster Lack vielfach dünnflüssiger Japan-A-Lack oder Armalack und als Lack zum zweiten Tränken Sterling-Lack oder Excelsior-Lack verwendet.

Nach jedem Tränken muss der Anker 6 bis 12 Stunden bei 80 bis 90° C. getrocknet werden. Die Lacke geben der Wicklung eine grosse machanische Festigkeit.

Wenn es sich nur um einen Lackanstrich handelt, ist ein vorhergehendes Trocknen nicht durchaus nothwendig, obwohl es öfter geschieht. Als Anstrichlack wird lufttrocknender Japan-C-Lack, Sterling-Lack, Excelsior-Lack, Kopal-Lack und Schellack verwendet. Hinsichtlich des letzteren ist wegen Wassergehaltes Vorsicht geboten.

In manchen Fällen, z. B. bei Strassenbahnmotoren, wo die Wicklung gegen das Eindringen von Staub und Feuchtigkeit geschützt werden muss, oder wenn das Eindringen von Kupferstaub auf der Kollektorseite verhindert werden soll, bedarf der Anker noch einer besonderen Verkleidung.

Die freien Spulenköpfe werden mit Segeltuch, das in Leinöl getränkt wurde und noch einen Lackanstrich erhält, verkleidet. Am Umfange des Ankers und des Kollektors wird das Tuch durch Drahtbänder gehalten.

Das Ausbalanciren des Ankers. Die Anker der Dynamomaschinen, welche meistens eine grosse Umfangsgeschwindigkeit haben, und bei denen ein ruhiger Gang schon wegen des funkenfreien Arbeitens der Bürsten am Kollektor sehr wichtig ist, müssen ausbalancirt werden.

Zunächst wird der Ankerkörper ohne Bewicklung ausbalancirt und nach Fertigstellung der Wicklung nochmals geprüft. Die Ausbalancirung erfolgt meistens nur statisch, indem der Anker mit einer Welle auf zwei horizontale Schneiden gelagert und untersucht wird, ob ein Uebergewicht nach einer Seite in irgend einer Lage vorhanden ist. Dieses Uebergewicht wird dann durch Hinzufügen oder Wegnehmen von Material ausgeglichen.

Sehr bequem sind hierzu sog. Bleitaschen, die, wie Fig. 50 zeigt, im Ankerkörper vorgesehen werden.

Neuntes Kapitel.

33. Bürsten und Bürstenhalter. — 34. Die Bürstenträger und Stromableitungen.

33. Bürsten und Bürstenhalter.

Metallbürsten. Die Metallbürsten werden aus Kupfer- oder Messingblättern und aus Kupfer- oder Messinggewebe hergestellt. — Zu den bekanntesten Blätterbürsten gehören die Bürsten Patent Boudreaux. Sie bestehen aus dünn gewalzten Metallblättchen von 0,02 bis 0,03 mm Dicke, welche gefaltet und unter hohem Druck zusammengepresst werden. Das dazu verwendete Metall, welches im wesentlichen aus Kupfer besteht, ist sehr biegsam und schont den Kollektor mehr als Bürsten aus hart gewalztem Messingblech. Die Boudreauxbürste gehört zu den besten Metallbürsten.

Aehnlich den Boudreauxbürsten sind die Bürsten, welche aus sehr dünnen, auf galvanischem Wege hergestellten, gefalteten und gepressten Kupferblättern bestehen. Bürsten aus hart gewalztem dünnen Messingblech oder Kupferblech, das in einzelnen Blättern über einander gelegt und an einem Ende verlöthet wird, sind vielfach im Gebrauch; diese haben den Vorzug, dass sich die Bürstenspitzen bei Maschinen, die zur Funkenbildung neigen, besser halten als die aus weichen Metallblättern oder aus Gewebe hergestellten Bürsten.

Die verschiedenen Herstellungsarten und Zusammensetzungen der Gewebebürsten, die im Handel angepriesen werden, sind zahlreich. Meistens wird chemisch reines Kupfergewebe zu einer Bürste gefaltet und gepresst; es kommen jedoch auch Kupferlegirungen und Messinggewebe, sowie Kupfergewebe mit Graphiteinlage zur Verwendung.

Gewebebürsten sind weich und erfordern einen geringen Auflagedruck; obwohl sie sich im allgemeinen gut bewähren, darf doch gesagt werden, dass die Bürstenspitze empfindlicher ist als bei Blätterbürsten.

Der Querschnitt der Metallbürsten ist immer rechteckig, die Stärke b_1 (Fig. 144) beträgt im allgemeinen 3—10 mm und die Länge a_1 20—50 mm.

Die Kohlenbürsten. Die Kohlenbürsten werden in verschiedener Stärke und mit verschiedener Härte und mit verschiedenem Graphitgehalt in jeder beliebigen Form hergestellt, verschiedene Formen derselben enthalten die in den Fig. 148 bis 157 dargestellten Bürstenhalter.

Um einen guten Kontakt zwischen der Kohle und dem Bürstenhalter zu bekommen, wird die Kohle galvanisch verkupfert oder mit einem Metallschuh oder einem in die Kohle eingelassenen Metallstift versehen.

Damit die ganze Stirnfläche der Kohle mit dem Kollektor in Berührung kommt und die Kohle sich rasch in die richtige Form einschleift, wendet man für einem Bürstensatz je nach der Stromstärke mehrere Kohlen von kleineren Abmessungen an. Die Stärke b_1 richtet sich nach der Zahl der zu bedeckenden Lamellen und beträgt 5 bis 30 mm und mehr, die Länge a_1 meistens 20 bis 30 mm und höchstens etwa 50 mm; so dass die Kontaktfläche einer Kohle im allgemeinen nicht mehr als 6 bis 9 cm^2 erreicht.

Die Bürstenhalter. Der Bürstenhalter ist ein sehr wichtiger Konstruktionstheil einer Dynamomaschine. Die hauptsächlichsten Bedingungen, die ein guter Bürstenhalter erfüllen soll, sind folgende:

1. Für die Ableitung des Stromes zum Bürstenstift muss ein guter Kontakt vorhanden sein.
2. Der Auflagedruck muss leicht und gut regulirbar sein.
3. Die Bürste muss nachstellbar sein, oder sie darf durch die Abnutzung ihre Stellung zum Kollektor nur wenig oder gar nicht verändern.
4. Der Bürstenhalter soll bei Erschütterungen der Maschine nicht in Vibration gelangen.
5. Die Bürsten und der Bürstenhalter müssen leicht auf- und abmontirt werden können.
6. Der Bürstenhalter muss möglichst geräuschlos arbeiten.

Als weitere Bedingungen, die in gewissen Fällen hinzukommen und zweckmässig sind, können noch genannt werden:

7. Es soll jede Bürste einzeln vom Kollektor abgehoben werden können.
8. Es soll jede Bürste für sich auf dem Kollektor etwas verstellt werden können.
9. Bei Bürstenhaltern mit beweglichen Kohlen ist darauf zu achten, dass die Kohle durch die Hülse des Halters eine ruhige und sichere Führung erhält.

Von den zahlreichen Konstruktionen sollen hier nur einige typische Beispiele angeführt werden.[1])

In Fig. 144 ist ein Bürstenhalter dargestellt, der im wesentlichen aus dem feststehenden Klemmstücke *A* und dem beweglichen Stück *C*, das die Bürste *B* trägt, besteht. Eine flexible Drahtlitze *D* verbindet *C* mit *A* und sorgt für die Stromableitung. Durch Ver-

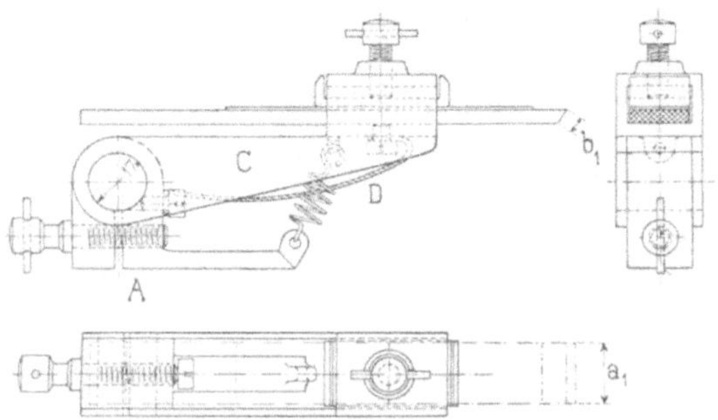

Fig. 144. Gebr. Körting, Hannover.

drehung von *A* gegen *C* kann die Spiralfeder gespannt und der Auflagedruck hergestellt werden. Nachtheilig ist bei dieser und ähnlichen Konstruktionen, dass die schmalen Sitzflächen von *C* auf dem Stifte sich abnützen, wodurch die sichere Führung der Bürste verloren geht, auch die Ableitung des Stromes kann verbessert werden, wie Fig. 145 zeigt.

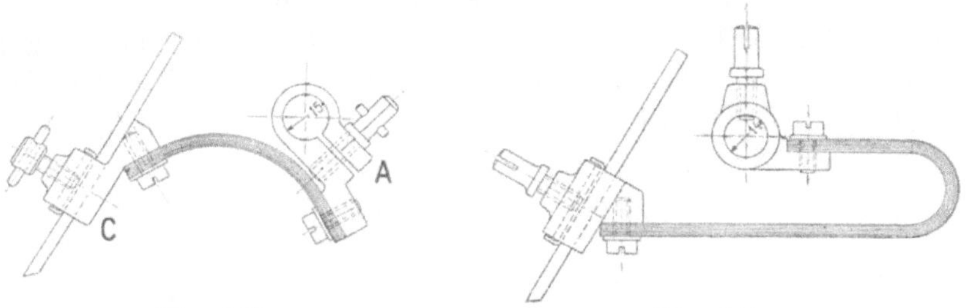

Fig. 145. Siemens & Halske A.-G.

Fig. 146. E.-A.-G. vorm. Schuckert & Co.

Hier ist das Klemmstück *A* durch eine aus mehreren Lagen dünnem, hart gewalztem Messingblech bestehende Feder direkt mit der Hülse *C* verbunden.

Fig. 146 veranschaulicht einen Bürstenhalter der E.-A.-G., vorm. Schuckert & Co. Diese Form der Feder besitzt grössere Weichheit,

[1]) Weitere Beispiele siehe „Konstruktionstafeln für den Dynamobau“. I. Theil. „Die Gleichstrommaschinen“, herausgegeben von E. Arnold. Stuttgart, F. Enke, 1902.

die Bürste geräth jedoch leicht in Vibration, sofern die Maschine Erschütterungen ausgesetzt ist.

Ein bekannter Bürstenhalter ist derjenige der E.-G. Alioth, Fig. 147, bei dem eine Feder aus Stahl- oder hartem Kupferblech angewandt ist.

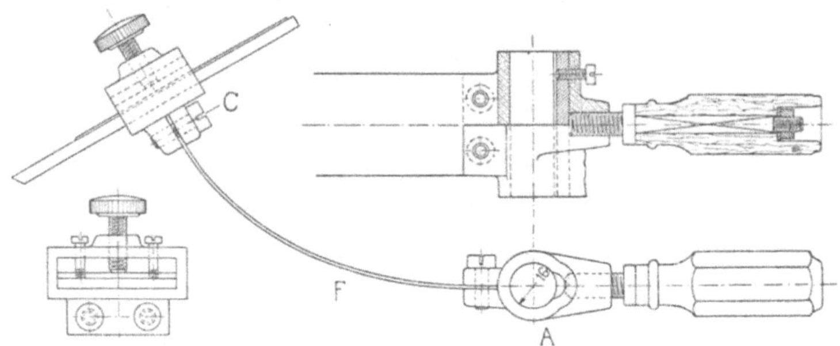

Fig. 147. E.-G. Alioth, Basel.

Bei den Kohlenbürstenhaltern wird die Kohle entweder fest eingeklemmt oder in einer Hülse beweglich angeordnet. Die erste Anordnung gewährt auf einfache Art einen guten Kontakt für die Ableitung des Stromes, während sich die letztere bei Motoren, die, wie z. B. Trambahnmotoren, starken Erschütterungen ausgesetzt sind, besser bewährt hat. Je leichter die beweglichen Massen des Bürstenhalters in letzterem Falle sind, um so besser ist es; sie werden daher auch aus Aluminium hergestellt.

Ein Bürstenhalter, der in vielen Variationen Nachahmung gefunden hat, ist derjenige der Compagnie de l'Industrie Electrique, Genf, Fig. 148.

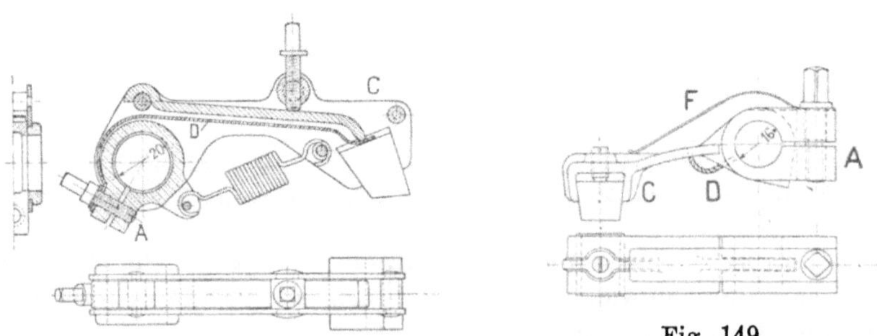

Fig. 148. Comp. de l'Industrie Electrique, Genf.

Fig. 149. Maschinenfabrik Oerlikon.

Die seitlichen Theile *C* bestehen aus galvanisirtem, gestanztem Eisenblech, die Kohle wird zwischen dieselben eingeklemmt. Die Stromableitung muss durch ein Kupferblech *D* unterstützt werden.

Fig. 149 veranschaulicht einen Bürstenhalter der Maschinenfabrik Oerlikon aus Messingguss mit Stahlfeder *F*, und Fig. 150 eine Konstruktion von Siemens & Halske, Berlin. Letztere ist dadurch bemerkenswerth, dass nach dem Lösen der Schraube der ganze Bürstenhalter vom Bürstenstift entfernt werden kann.

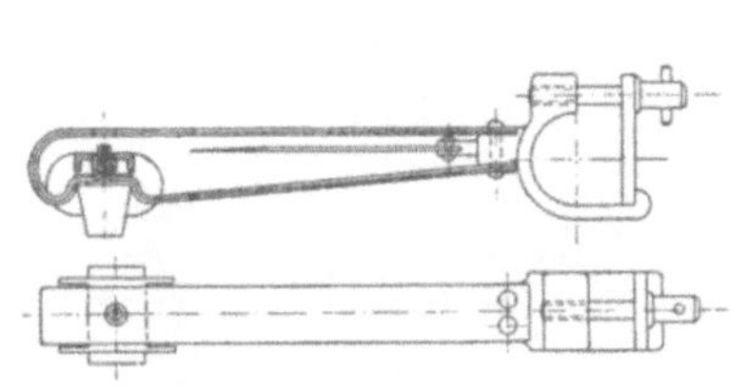

Fig. 150.
Siemens & Halske A.-G., Berlin.

Fig. 151.
Bergmann Elektricitäts-Werke, Berlin.

Bei den bis jetzt erwähnten Haltern ändert die Bürste etwas ihre Lage zum Kollektor, infolge ihrer Abnutzung.

Bergmann & Co. vermeiden das durch Anordnung einer Parallelführung, wie Fig. 151 darstellt.

Zwei neuere Konstruktionen von Bürstenhaltern zeigen die Fig. 152 und 153. Die bewegliche Kohle wird durch einen Metallschuh gefasst und leitend mit dem Klemmstück verbunden.

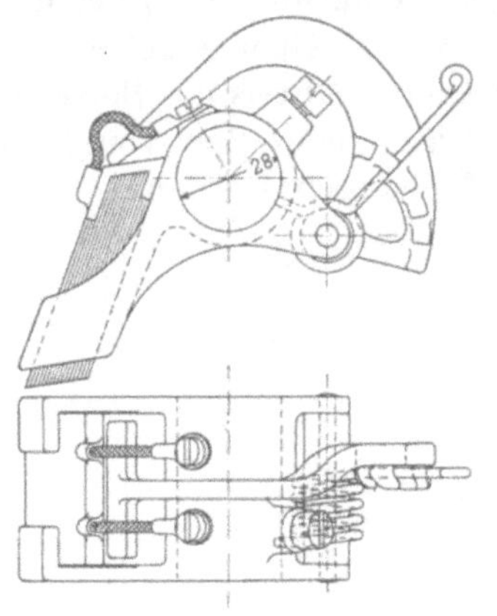

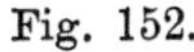

Fig. 152.
Sté. Électricité et Hydraulique, Charleroi.

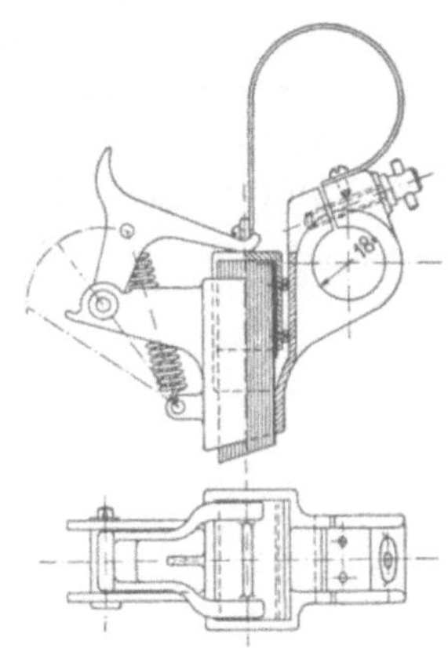

Fig. 153.
Siemens & Halske A.-G., Wien.

Von dem neuesten Bürstenhalter der E.-A.-G. vorm. Lahmeyer & Co. giebt Fig. 154 ein Bild. Der eigentliche Bürstenkasten besteht aus zwei Theilen, der vordere Theil umschliesst die

Kohle und ist auf dem hintern Theil mittels der Schraube *a* befestigt, wodurch ein sehr guter Kontakt mit der Kohle hergestellt wird. Der hintere Theil ist mit den seitlichen Blechtheilen, die den Bürstenstift umschliessen, verschraubt und verstellbar, so dass die Entfernung zwischen Kohle und Stift etwas veränderlich ist.

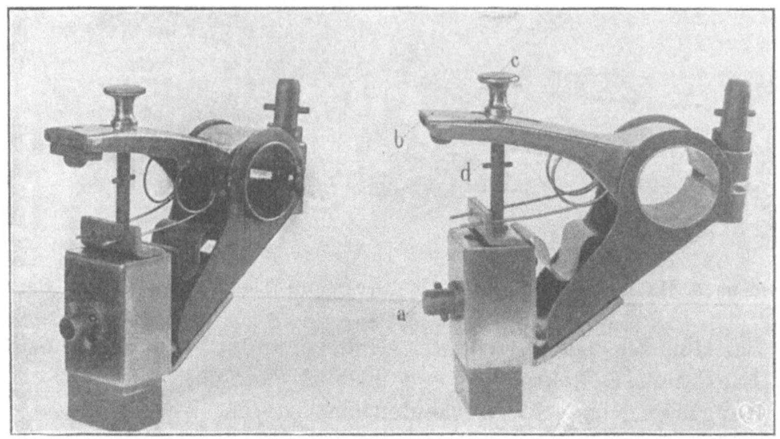

Fig. 154. E.-A.-G. vorm. W. Lahmeyer & Co., Frankfurt a. M.

Eine besondere Messingfeder vermittelt eine gute Verbindung zwischen dem Bürstenkasten und dem Klemmstücke. Eine doppelte Stahldrahtfeder, die an dem Bügel *b* des Klemmstückes befestigt ist, drückt die Kohle auf den Kollektor. Mittels des Bolzens *c* und dem Stift *d* kann die Bürste, wenn nöthig, jeder Zeit vom Kollektor abgehoben und an dem Bügel *b* aufgehangen werden.

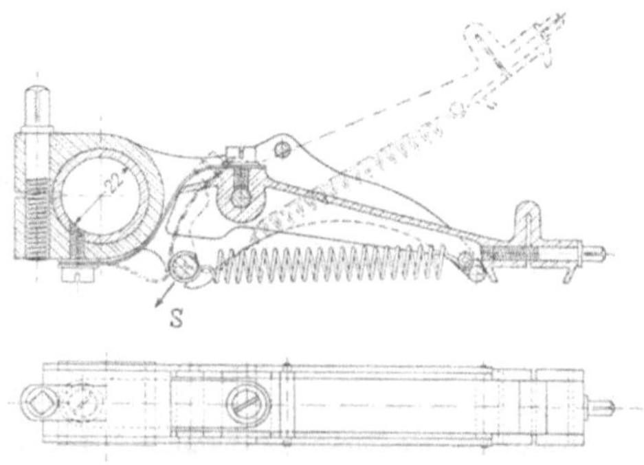

Fig. 155. A. E.-G., Berlin.

Ein rasches und bequemes Abheben jeder einzelnen Bürste gestattet der Bürstenhalter der A. E.-G. Berlin (Fig. 155); in der abgehobenen Lage ist er punktirt gezeichnet. Er stützt sich hierbei auf den mit der Spiralfeder verbundenen, etwas in der Pfeilrichtung verschiebbaren Stift *S*.

Die Union E.-G. benutzt seit Jahren den in Fig. 156 dargestellten Bürstenhalter. Die grosse Blattfeder ermöglicht eine sehr feine Regulirung des Bürstendruckes.

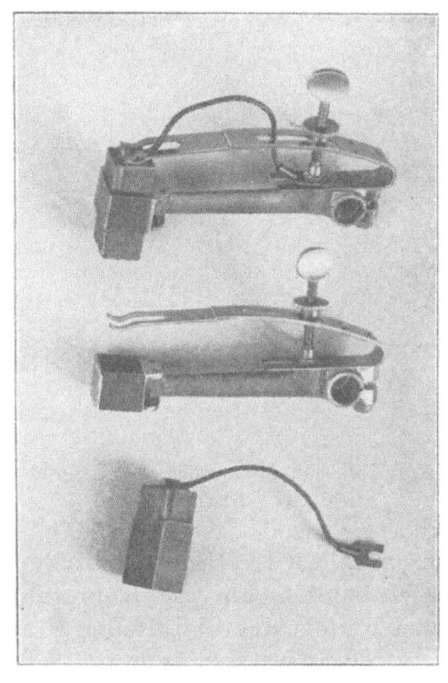

Fig. 156. Union E.-G., Berlin.

Anstatt mehrere Bürstenhalter nebeneinander auf einem Bürstenstift zu befestigen, können mehrere Kohlen in einen gemeinsamen Halter nebeneinander angeordnet werden. In Fig. 157 ist eine derartige Konstruktion der Westinghouse-Co., für Trambahngeneratoren bestimmt, dargestellt. (Siehe auch Fig. 170.)

Vereinigte Metall- und Kohlenbürsten. Das Bestreben, die Eigenschaften der Metallbürsten, welche in kleinen Uebergangsverlusten und der Zulässigkeit grosser Stromdichten bestehen und daher kleinere Abmessungen des Kollektors ermöglichen, mit den Eigenschaften der Kohlenbürsten, die eine bessere Kommutation und eine grössere Schonung des Kollektors er-

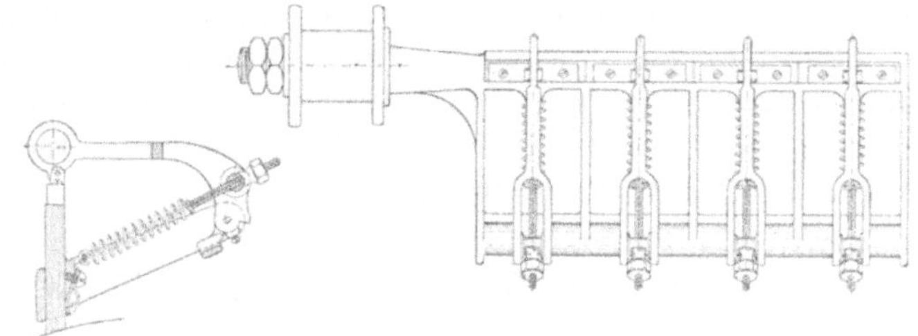

Fig. 157. Westinghouse El. and Mfg. Co., Pittsburg.

geben, zu vereinigen, ist dann sehr gerechtfertigt, wenn die Stromstärke der Maschine im Verhältniss zu ihrer Leistung gross ist. Die kombinirten Bürsten thuen aber auch in solchen Fällen gute

Dienste, in denen mit Metallbürsten allein eine funkenfreie Stromabnahme nicht zu erreichen ist.

In Fig. 158 ist eine kombinirte Bürste der E.-A.-G. vorm. Schuckert & Co. dargestellt. Die Kohle *K* bildet die ablaufende Bürstenspitze und sitzt unmittelbar hinter der Kupfergewebebürste. Der Kohlenhalter ist so konstruirt, dass er an jedem Kupferbürstenhalter gleicher Breite ohne weiteres angebracht werden kann. Der ganze Halter ist auf einem Blech *G* befestigt, welches an Stelle des Beilageblechs zu der Kupferbürste in den Kupferbürstenhalter eingeschoben und hier festgespannt wird. Um der Kohle besseren Halt zu geben, ist das Blech seitlich um die Kupferbürste umgebogen. Die Kohle selbst wird mittels der Spiralfeder *F* auf den Kollektor gepresst.

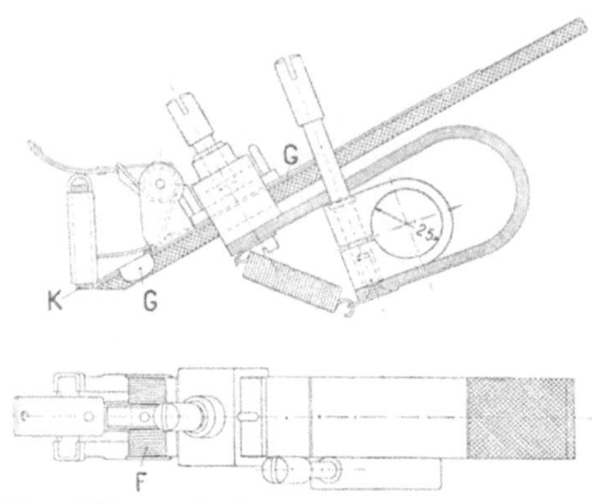

Fig. 158. E.-A.-G. vorm. Schuckert & Co., Nürnberg.

34. Die Bürstenträger und Stromableitungen.

Bei allen Motoren mit veränderlicher Drehrichtung, also insbesondere bei Trambahnmotoren, werden die Bürsten in fester Stellung und zwar in der geometrisch neutralen Zone angebracht. Haben wir dagegen nur eine Drehrichtung, so ist es namentlich bei grösseren Maschinen zweckmässig, die Bürsten verstellbar anzuordnen, damit sowohl hinsichtlich der Funkenbildung als der Uebergangsverluste die günstigste Bürstenstellung aufgesucht werden kann, die sich zwar annähernd, aber nicht mit erwünschter Genauigkeit und Leichtigkeit vorausberechnen lässt.

In den meisten Fällen wird gefordert, dass die Bürsten in der einmal eingestellten Lage für alle Belastungen ohne schädliche Funkenbildung bleiben können.

Die in den Fig. 144 bis 155 dargestellten Bürstenhalter werden in axialer Richtung auf dem Kollektor verschiebbar auf die Bürstenstifte gesetzt. Die Bürstenstifte sind mit dem eigentlichen Bürstenträger isolirt verbunden. Einige Arten dieser Isolirung sind in den Fig. 159 bis 162 dargestellt. Bei höheren Spannungen ist auf eine gute Oberflächenisolation Bedacht zu nehmen, indem man die Isolirscheiben über dem gusseisernen Träger hervorstehen und die Isolirhülsen wie in Fig. 160 und 161 einander übergreifen lässt. Die Stärke der Isolirhülsen und Scheiben beträgt 5 bis 15 mm.

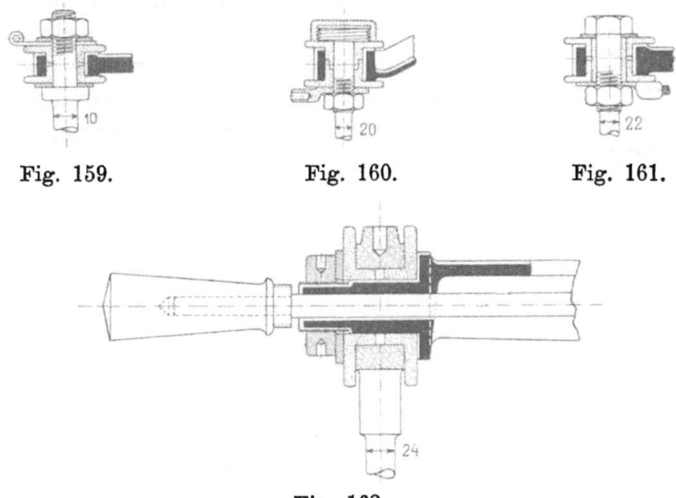

Fig. 159. Fig. 160. Fig. 161.

Fig. 162.

Als Isolirmaterial wird gepresstes Papier, Holz, Fiber, Stabilit, Megohmit etc. verwendet. —

Bei kleineren Maschinen wird der Bürstenträger gewöhnlich auf der Lagerhülse drehbar angeordnet, wie Fig. 163 zeigt. Diese

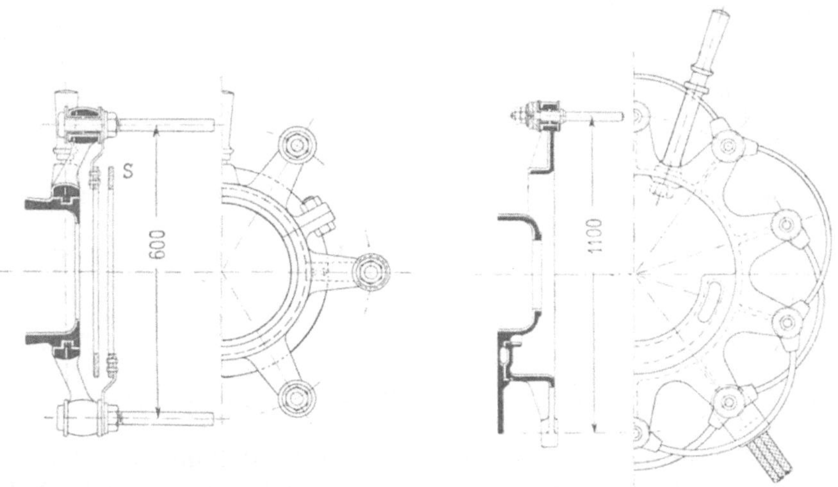

Fig. 163.
Ges. f. el. Ind., Karlsruhe.

Fig. 164.
E.-A.-G. vorm. Kolben & Co., Prag.

Anordnung hat den Nachtheil, dass bei einem getrennten Lager der obere Lagerdeckel erst entfernt werden kann, wenn der Bürstenträger abgenommen ist. — Dieser Uebelstand ist in den Fig. 164 bis 166 vermieden. In Fig. 164 dreht sich der Bürstenträger in einer im Lagerkörper eingedrehten Führung, und in Fig. 165 und 166 ist an dem Lagerkörper eine besondere cylindrische Führung für den Bürstenträger angeschraubt.

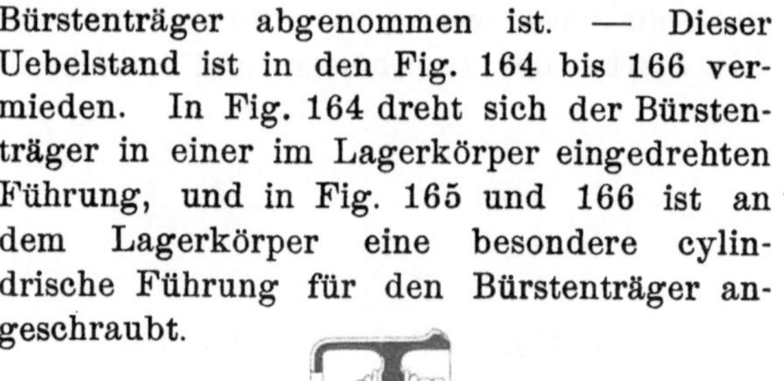

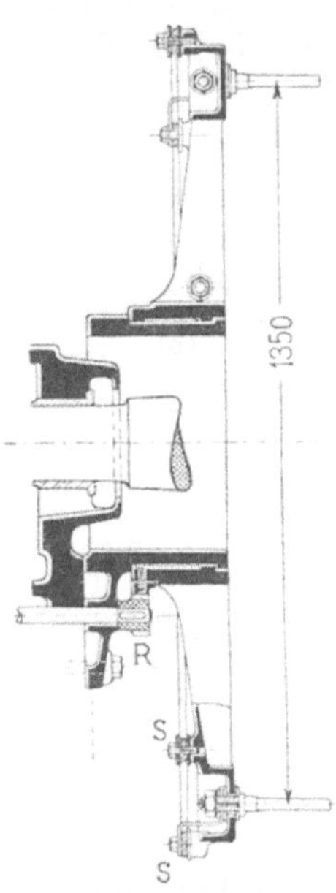

Fig. 165.
E.-G. Alioth, Basel.

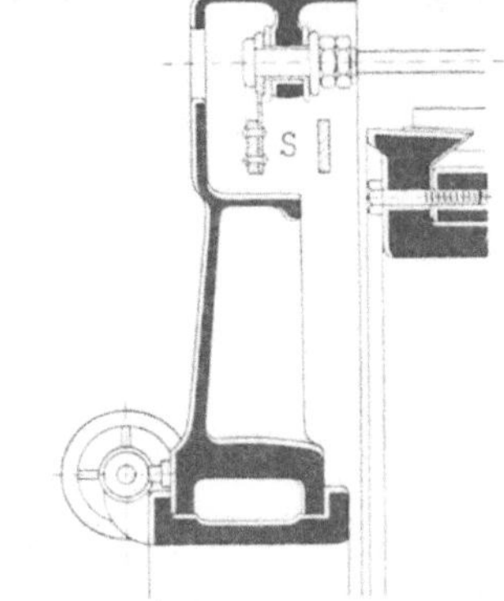

Fig. 166.

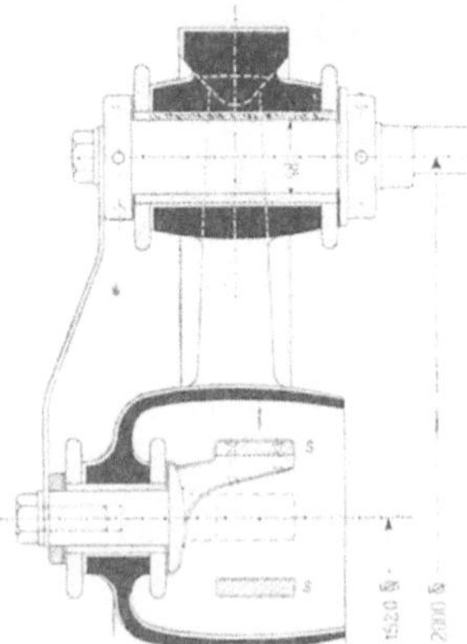

Fig. 167. A. E.-G., Berlin.

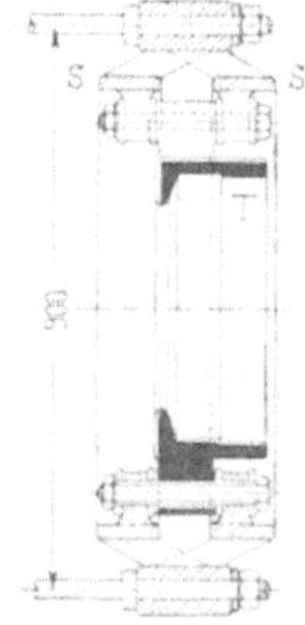

Fig. 168. Maschinenfabrik Oerlikon.

Während in Fig. 163 und 164 die Verstellung der Bürsten direkt von Hand und die Arretirung durch einen Handgriff *H* mittels einer Schraube erfolgt, dient in Fig. 165 ein kleines Rad *R*, das in ein Radsegment eingreift, zu Verdrehung des Bürstenhalters.

Um den Strom abzuleiten, werden alle positiven und alle negativen Stifte je mit einem Sammelring, in den Figuren mit *S* bezeichnet, leitend verbunden. Von diesen Sammelringen führen flexible Leitungen zu feststehenden, isolirten Klemmen, die entweder an der Maschine selbst oder am Fundamente befestigt sind.

Während in Fig. 166 die Sammelringe mit der Befestigung der Bürstenstifte in einem kastenförmigen Raum des Bürstenträgers untergebracht sind, ist in Fig. 167 nach einer Konstruktion der A. E.-G. Berlin für die Sammelringe ein besonderer Schutz vorgesehen. Die erste Anordnung hat den Vorzug, dass auch die Verbindungen von den Stiften zu den Sammelringen geschützt sind.

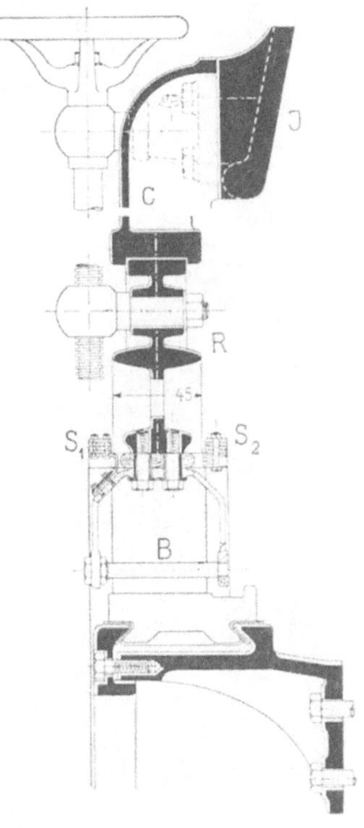

Fig. 169. Helios E.-A.-G., Köln.

Anstatt jeden Bürstenstift einzeln zu isoliren, können nach einer Konstruktion der Maschinenfabrik Oerlikon alle positiven und alle negativen Stifte ohne Isolation in je einen gemeinsamen Ring *S* eingesetzt werden, wie Fig. 168 darstellt. Diese Ringe dienen dann gleichzeitig als Sammelringe; sie sind isolirt mit einem dritten Ringe *T* verbunden, der auf einer Hülse drehbar angeordnet wird. Diese Anordnung eignet sich besonders für niedrige Spannungen und grosse Stromstärken. In diesem Falle werden die Sammelringe aus Rothguss hergestellt, sie können jedoch auch aus Gusseisen bestehen.

Bei der oben besprochenen Anordnung der Bürstenträger ist man durch den letztern, namentlich bei einer grossen Anzahl von Bürstenstiften, in der Zugänglichkeit des Kollektors und der Bürsten etwas behindert. Man bevorzugt daher vielfach die aus Amerika stammende Konstruktion, bei der der Bürstenträger vom Joche aus festgehalten wird.

In Fig. 169 ist eine Konstruktion, wie sie in dieser und ähnlicher Form vielfach im Gebrauch ist, dargestellt. — Jeder Bürstenstift *B* sitzt in einer Gabel, die isolirt mit dem gusseisernen Ringe *R* verbunden ist. Der Ring ist in Konsolen *C*, die am Joch *J* angeschraubt sind, drehbar gelagert und kann durch ein Handrad verstellt werden. Die Gabeln werden abwechselnd mit den Sammelringen S_1 und S_2 verbunden.

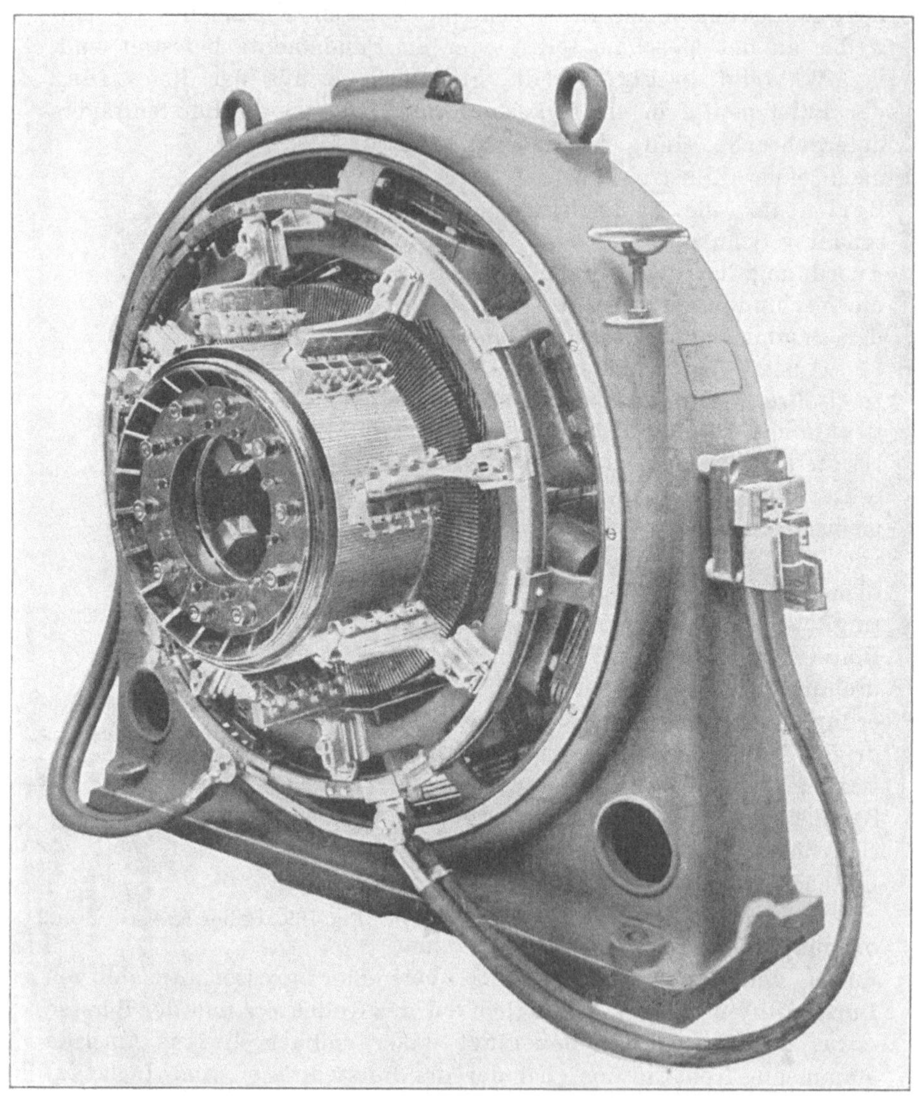

Fig. 170. Westinghouse Electric and Mfg. Co., Pittsburg.

Fig. 170 giebt das Bild einer Maschine der Westinghouse Electric and Mfg. Co., aus dem die Anordnung des Bürstenträgers und der Bürsten und die freie und leicht zugängliche Lage derselben deutlich ersichtlich ist. Der Bürstenträger ist hier in einer Eindrehung des Joches gelagert und mittels Schnecke und Zahnradsegment durch ein in der Figur sichtbares Handrad drehbar.

Bei Verwendung von Kupferbürsten in Fällen, wo die Antriebsmaschine der Dynamo beim Anlassen oder Abstellen leicht eine rückläufige Bewegung macht, ist es zweckmässig, den Bürstenträger so einzurichten, dass alle Bürsten abgehoben werden können.[1])

---

[1]) Verschiedene Konstruktionen von Bürstenträgern siehe: E. Arnold, „Konstruktionstafeln für den Dynamobau". I. Theil. 4. Auflage, 1902.

Zehntes Kapitel.

35. Die Konstruktion von Ringankern. — 36. Trommelanker mit von Hand ausgeführter Drahtwicklung. — 37. Trommelanker mit Drahtwicklung aus Formspulen. — 38. Trommelanker mit Stabwicklung.

35. Die Konstruktion von Ringankern.

Ringanker einer 40 KW-Maschine der Maschinenfabrik Oerlikon. Auf Tafel I ist in Fig. 1 im Längsschnitte und in Fig. 2 im Querschnitte und in Vorderansicht zunächst ein Anker mit Gramme-

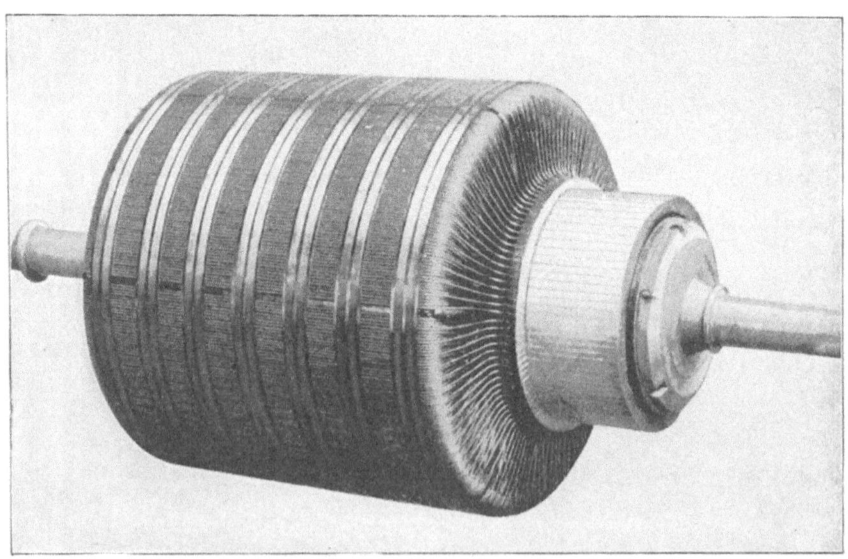

Fig. 171. Maschinenfabrik Oerlikon.

scher Wicklung abgebildet. Derselbe gehört zu einer vierpoligen Maschine von 40 KW Leistung bei 570 Volt, 70 Ampère und 700 Touren pro Minute.

Die Hauptdimensionen der Maschine sind folgende:

Ankerdurchmesser .	50,4 cm	Kollektordurchmesser	34,0 cm
Eisenlänge	36,0 „	Kollektorbreite . .	14,0 „
Eisenhöhe	9,2 „	Lamellenzahl . . .	160
Drahtzahl	960	Polbogen	30 cm
Drahtdurchmesser . .	2,6 mm	Feldbohrung . . .	53,2 „

Die Drähte sind am äusseren Umfange des Ringes in zwei und am inneren Umfange in sechs Lagen gewickelt. Am inneren Umfange sind die Spulen durch eingelegte Fiberstege voneinander getrennt. Die Seitenflächen des Ringes sind mit Hartholzringen, welche an dem Armatursterne festgeschraubt und deren Kanten gut abgerundet sind, bedeckt. Die Papierisolation am äusseren und inneren Umfange überdeckt diese Holzringe auf ein kurzes Stück. Die Kollektorlamellen sind aus hartgezogenem Profilkupfer hergestellt und mit den Armaturdrähten verlöthet.

Das Gesammtbild eines fertigen Ankers derselben Konstruktion, und zwar einer zweipoligen 100-Kilowattmaschine (Manchestertype) für 1000 Volt Klemmenspannung bei 600 Touren giebt Fig. 171.

Ringanker mit zwei Kollektoren einer 140 KW-Maschine der Maschinenfabrik Oerlikon. Ein Ringanker mit doppelter Wicklung und zwei Kollektoren, welcher von der Maschinenfabrik Oerlikon für die ersten im Aluminiumwerk Neuhausen aufgestellten Maschinen ausgeführt wurde, ist in den Fig. 3 und 4 auf Tafel I abgebildet. Die Maschinen sind sechspolig und leisten bei 250 Touren 40 Volt und 3500 Ampère.

Die Hauptabmessungen der Maschine sind:

Ankerdurchmesser .	97,9 cm	Drahtdurchmesser .	13,5 mm
Eisenlänge . . .	60,0 „	Kollektordurchm. .	50,0 cm
Eisenhöhe	11,0 „	Kollektorbreite . .	44,0 „
Drahtzahl	2 × 60	Lamellenzahl . . .	60
Lochzahl	120	Polbogen	30 cm
Lochdurchmesser .	1,65 cm	Feldbohrung . . .	100 „

Die Verbindung der Stäbe zur Ringwicklung erfolgt durch nackte, flache Kupferlamellen, welche am inneren Umfange in Holzkanälen geführt sind, wie aus der Seitenansicht ersichtlich ist. Jede einzelne Wicklung besteht somit aus 60 Windungen, welche an die 60 Lamellen des betreffenden Kollektors festgelöthet sind.

36. Trommelanker mit von Hand ausgeführter Drahtwicklung.

Die Ausführung der Wicklung weicht namentlich bei den Trommelankern in mancher Hinsicht von den im ersten Bande dargestellten Schemas ab. Es wird deshalb gerechtfertigt sein, wenn hier zunächst auf einige wesentliche Punkte aufmerksam gemacht wird.

Hinsichtlich der Art der Ausführung lassen sich die Trommelanker in zwei Gruppen eintheilen, und zwar in solche mit Drahtwicklung und in solche mit Stabwicklung. Als Drahtwicklung bezeichnet man im allgemeinen eine Wicklung, bei welcher eine Spule aus mehreren Windungen besteht, die aus einem Stücke Draht oder aus mehreren parallel geschalteten Drahtstücken hergestellt sind. Bei Stabwicklungen ist dagegen jede Windung für sich aus einem oder mehreren Drahtstücken oder Stäben hergestellt.

Die Wicklung wird entweder von Hand direkt auf die Trommel gewickelt oder aus Formspulen, die einzeln auf Schablonen hergestellt werden, zusammengesetzt.

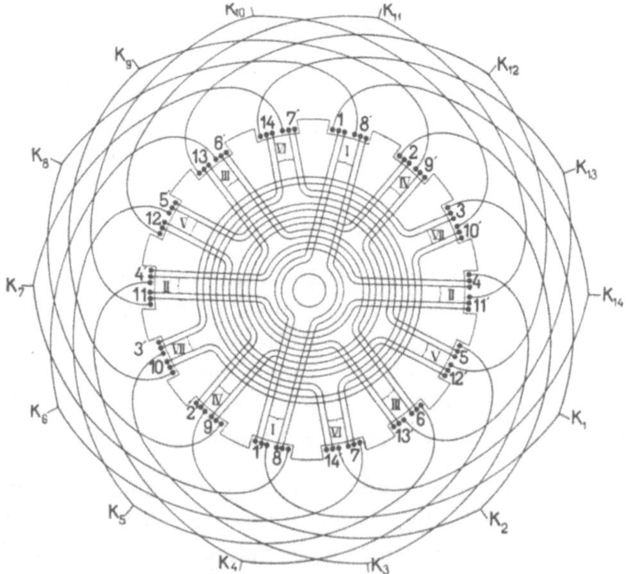

Fig. 172. Symmetrische Verteilung der Wicklung auf den Stirnflächen des Ankers.

Die Handwicklung verschwindet immer mehr, die meisten Fabriken wenden sie nur noch bei zweipoligen Ankern an, aber auch hier findet man vielfach Schablonenwicklung.

Es werden bei der Handwicklung gewöhnlich mindestens 2, vielfach aber 4 und 6 Spulenseiten in eine Nut gewickelt. Für die Handwicklung ermöglichen zwei oder vier Spulenseiten in einer Nut die beste Anordnung der Spulenköpfe, wie nachfolgend gezeigt werden soll.

In Fig. 172 ist eine Wicklung mit 14 Spulen und 14 Nuten, also mit zwei Spulenseiten in einer Nut dargestellt. Für dieses und die nachfolgenden Schemas ist es bequemer, die Spulenseiten, nicht wie früher fortlaufend zu numeriren, sondern die Spulenanfänge mit 1, 2, 3 u. s. f. und die Enden mit 1', 2', 3' u. s. f. zu bezeichnen; es ist dann das Ende der einen Spule mit einer Kollektorlamelle und dem Anfange der folgenden Spule zu ver-

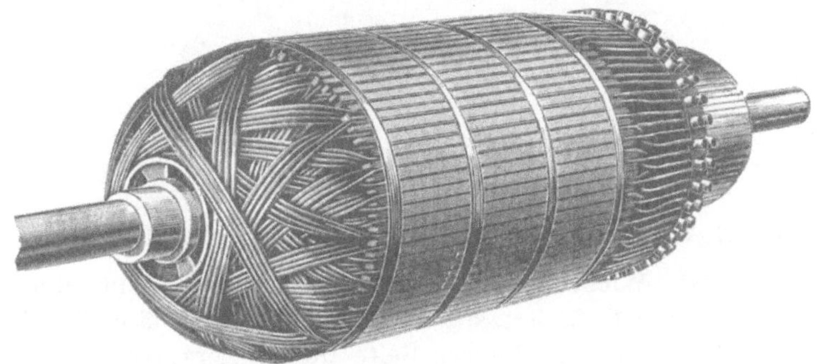

Fig. 173. Ankerwicklung nach dem Schema Fig. 172.

binden. Wir erhalten also, wenn K eine Lamelle bedeutet, das Verbindungsschema

$$(1 - 1') - K_1 - (2 - 2') - K_2 - (3 - 3') - K_3 - (4 - 4') - K_4 \text{ u. s. f.}$$

Um eine möglichst symmetrische Lage der Drahtbündel und ein schönes Aussehen der Wicklung zu erhalten, werden die Spulen paarweise gewickelt und zwar ohne Kreuzung der Drähte eines Paares.

Die Spulenpaare werden in der Reihenfolge I, II, III u. s. f. gewickelt, und zwei aufeinander folgende Paare bilden einen Winkel von 90^0 oder nahezu 90^0.

Man wickelt also zuerst die Spule 1 — 1', welche in der Figur aus 3 Windungen besteht, dann 8' — 8, ferner 4 — 4', dann 11' — 11 u. s. f. und lässt die Enden frei vorstehen. Wenn alle Spulen gewickelt sind, können die Verbindungen der Spulen unter sich und zum Kollektor hergestellt werden.

In der Fig. 172 sind dieselben der Deutlichkeit wegen nach außen verlegt.

In Fig. 173 ist ein zweipoliger Anker abgebildet, dessen Drähte nach dem Schema Fig. 172 in Nuten gewickelt sind.

Eine Handwicklung für zweipolige Anker, welche der fertigen Wicklung ebenfalls ein gutes Aussehen giebt, ist in Fig. 174 dargestellt.

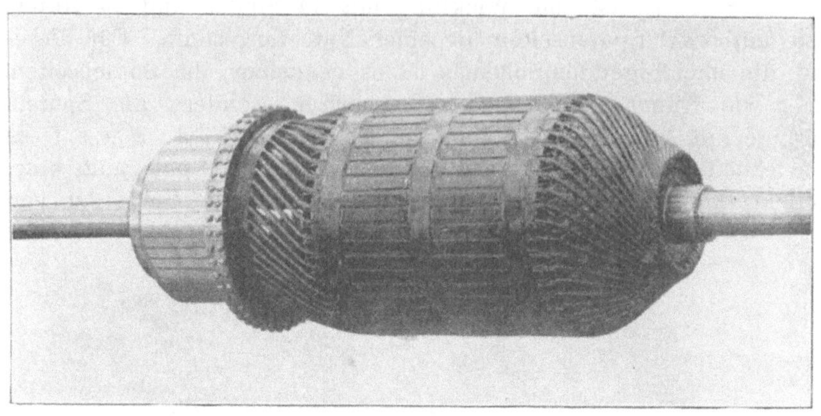

Fig. 174. Wicklung mit über den Anker zurückgelegten Endverbindungen.

Bei dieser Wicklungsart beginnt man z. B. mit den Anfängen der Spulen 1, 2, 3 u. s. f. am Kollektor und läßt die Enden 1′, 2′, 3′ u. s. f. auf der hinteren Seite des Ankers vorstehen. Auf die Welle wird ein Holzring geschoben, der später entfernt wird, und alle Enden 1′, 2′, 3′ u. s. f. werden bis zu diesem Ringe geführt.

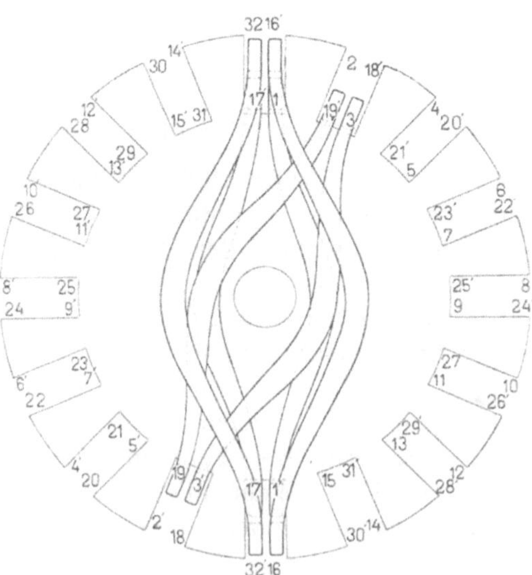

Fig. 175. Durchmesserwicklung mit vier Spulenseiten in einer Nut.

Nachdem sämmtliche Spulen fertiggestellt und die Spulenköpfe der hintern Stirnseite mit einer Lage Isolirmaterial bedeckt sind, können die freien Drahtenden 1′, 2′, 3′ u. s. f. der Reihe nach aufgenommen, und indem der Wicklungsschritt theils auf der hinteren, theils auf der Kollektorseite ausgeführt wird, mit dem Kollektor verbunden werden.

Haben wir vier Spulenseiten in einer Nut, so ergiebt sich die Anordnung Fig. 175. Wir beginnen mit der Numerirung der Spulenseiten 1, 2, 3, 4 u. s. f., welche abwechselnd rechts unten und links oben in der Nut liegen. Für eine Durchmesserwicklung ergeben sich dann sofort die Lagen der anderen Spulenseiten 1′, 2′, 3′, 4′ u. s. f., welche so gewählt sind, dass die Drahtbündel derselben Nut sich nicht kreuzen.

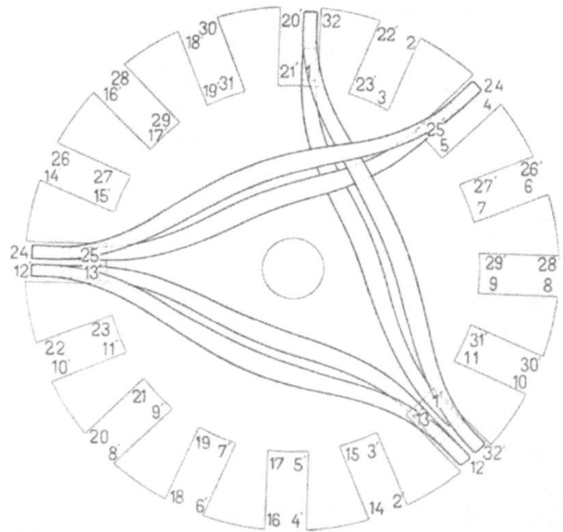

Fig. 176. Sehnenwicklung mit vier Spulenseiten in einer Nut.

Soll dagegen die Wicklung als Sehnenwicklung ausgeführt werden, so liegen die Spulenseiten 1, 2, 3, 4 u. s. f., wie Fig. 176 zeigt, auf der einen Seite und die Seiten 1′, 2′, 3′, 4′ u. s. f. auf der andern Seite der Nut.

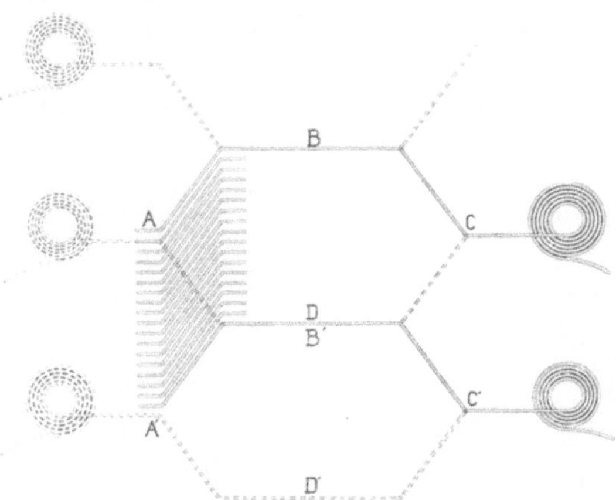

Fig. 177. Schema für Handwicklung mit einzelnen Wicklungslagen.

Das Verbindungsschema ist in beiden Fällen wie früher

$$(1 - 1') - K_1 - (2 - 2') - K_2 - (3 - 3') - K_4 - (4 - 4') - K_5$$

u. s. f.

Fig. 178a. Ankerwicklung nach dem Schema Fig. 177 in unfertigem Zustande.

Für mehrpolige Anker gelten dieselben eben angegebenen Spulenanordnungen. Hier sind jedoch Formspulen unbedingt vorzuziehen.

Eine sehr schöne Handwicklung, welche einer Schablonenwicklung gleichwerthig ist, erhält man auf folgende, in den Werk-

Fig. 178b. Nach dem Schema Fig. 177 fertig bewickelter Anker.

stätten von Brown, Boveri & Co. vielfach gebrauchte Methode, indem man jede Wicklungslage für sich fertigstellt. Man beginnt, wie in Fig. 177 für eine Schleifenwicklung dargestellt ist, mit der

Wicklung auf der Kollektorseite bei *A*, und legt in jede Nut eine Drahtlage *ABC*, die vorn und hinten um den halben Wicklungsschritt abgebogen wird. Nachdem so die erste Drahtlage hergestellt ist (in der Figur von *A* bis *A'* angedeutet), wird sie mit einer Isolirschicht bedeckt und über diese die zweite Drahtlage gewickelt, indem man die Drähte in Richtung *CDA* zurücklegt. Nachdem die zweite Lage mit einer Isolirschicht bedeckt ist, kann die dritte ebenso wie die erste und eine vierte ebenso wie die zweite hergestellt werden.

Einen auf diese Art gewickelten Anker in halbfertigem und fertigem Zustande zeigen die Fig. 178a und b. In Fig. 178b sind die vier Drahtlagen auf der Rückseite deutlich sichtbar.

37. Trommelanker mit Drahtwicklung aus Formspulen.

Mit dem Namen Schablonenwicklung oder Wicklung mit Formspulen belegt man eine solche Wicklung, deren Spulen vor dem Aufbringen auf die Armatur einzeln nach einer Schablone hergestellt werden und dabei eine Gestalt erhalten, welche unverändert oder nahezu unverändert auf dem Armaturkörper befestigt werden kann.

Die Schablonenwicklung hat folgende Vortheile: erstens kann die Isolation der Spulen sehr sorgfältig ausgeführt werden, zweitens ermöglicht sie eine billige und schnelle Herstellung der Wicklung bei Massenfabrikation, drittens erhalten alle Spulen gleiche Windungslängen und eine gleiche Lage auf dem Anker, was eine funkenfreie Kommutation begünstigt, viertens kühlen sich Schablonenwicklungen besser ab als Handwicklungen, bei denen die Spulenköpfe einen festen Knäuel bilden, und fünftens können bei Beschädigung der Wicklung einzelne Spulen gegen neue ausgewechselt werden.

Für die Herstellung der Formspulen giebt es verschiedene Verfahren, die gebräuchlichsten sind nachfolgend beschrieben.

Erstes Verfahren. Die Herstellung einer Formspule wird am einfachsten, wenn die Spulenseiten in zwei Lagen übereinander liegen und Mantelwicklung gewählt wird.

In Fig. 179a ist ein Theil einer sechspoligen Wicklung mit 40 Nuten, 40 Spulen und $S_2 = 13$ dargestellt. Die Spulenseite *A* liegt in der oberen und die Seite *B* in der unteren Hälfte der Nut. Denken wir uns die Spule aus dem Anker herausgehoben und so zusammengedrückt, dass *B* unter *A* zu liegen kommt, so erhält sie die Form Fig. 179b und c, es lässt sich daher folgendes Verfahren für die Herstellung der Spulen anwenden.

Der Draht wird von einem Haspel auf einen um den Punkt *C* drehbaren Rahmen (Schablone) aufgewickelt, bis die erforderliche Windungszahl erreicht ist. Werden zwei oder mehr Drähte parallel geschaltet, so sind diese gleichzeitig aufzuwickeln. Nun werden die Drähte gewöhnlich durch schmale Bleistreifen an mehreren Stellen in ihrer gegenseitigen Lage festgehalten.

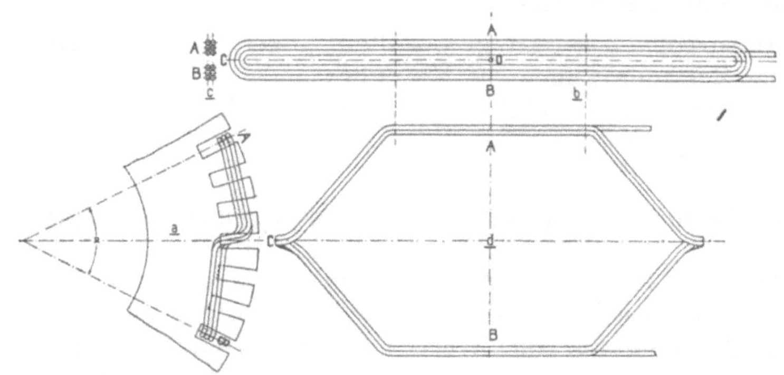

Fig. 179. Mit Scherenschablone hergestellte Formspule.

Werden jetzt die Seiten *A* und *B* der Spule seitlich auseinander gezogen, so entsteht die im Grundriss (*A d B*) dargestellte Form. Zu diesem Auseinanderscheeren der Spule kann eine besondere Vorrichtung benutzt werden. Eine solche Vorrichtung ist z. B. im Engl. Patent 7373 v. J. 1900 von W. Langdon-Davies und A. Soanes beschrieben. Die innere Spulenweite *B* wird dabei festgehalten und die Seite *A* auf einem Kreisbogen, dessen Radius gleich dem Ankerdurchmesser ist, um die Spulenweite gegen *B* verschoben, wodurch die Seiten *A* und *B* zugleich die richtige radiale Stellung erhalten.

Einfacher und leistungsfähiger wird das Verfahren, wenn das Aufwickeln und Auseinanderscheeren der Spule mit derselben Schablone erfolgt.

Die Schablone wird zu dem Zwecke entweder mit Gelenken versehen, welche ein Zusammenklappen, und um die radiale Stellung der Spulenseiten einstellen zu können, auch ein Verdrehen der Seiten *A* und *B* um ihre eigene Axe gestatten, oder man stellt die Schablone aus verschiebbaren Theilen her. Diese Gelenkschablonen und Scherenschablonen sind vielfach im Gebrauch. —

Solange eine Spule aus wenigen Windungen besteht und der Ankerdurchmesser gross ist, ist bei der Formgebung der Spule eine besondere Rücksicht auf die radiale Stellung der Spulenseiten nicht erforderlich, bei kleinen Ankerdurchmessern und vieldrähtigen Spulen ist das jedoch unerlässlich, wenn der Nutenraum gut ausgenutzt werden soll. —

Eine Scherenschablone, welche die durch den Winkel α (Fig. 179) bestimmte radiale Stellung der Nuten berücksichtigt, ist in Fig. 180 skizzirt.

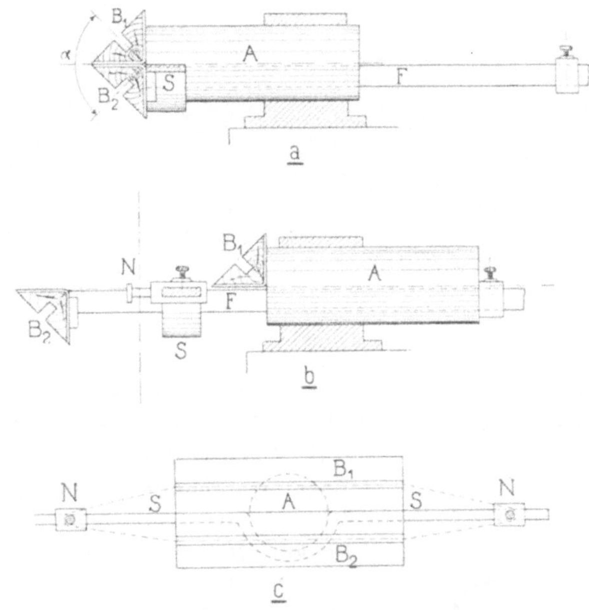

Fig. 180. Scherenschablone.

B_1 und B_2 sind hölzerne, in Eisen gefasste Backen, deren Einschnitte genau dem Wicklungsraum einer Spule entsprechen und deren Länge und Neigung gleich der Länge und Neigung der Nuten sind, in die die Spule zu liegen kommt.

Einer dieser Backen, der obere B_1, ist fest auf die Stirnseite eines Eisencylinders A aufgesetzt, der seinerseits in einem Lager gedreht und nach vorn und hinten verschoben werden kann. Dieser Cylinder dient beim Aufspulen des Drahtes als Axe.

Der zweite Backen B_2 ist an einem Flacheisenstab F befestigt, der in einer Führung des Cylinders A verschiebbar ist. Ist F ganz hinein gestossen, so liegen beide Holzbacken knapp übereinander; dies ist die Stellung beim Aufspulen des Drahtes.

Der Draht steht um die Länge eines Spulenkopfes zu beiden Seiten über die Holzbacken vor und wird mittels zwei auf einem Stabe S, der im Querschnitt sichtbar ist, in Schlitzen verschiebbaren

Stiften N, eingestellt. Der Querstab S steht auf beiden Seiten der Holzbacken um so viel vor, dass jede gewünschte Windungslänge eingestellt werden kann. Wenn die Aufspulung beendet ist, werden

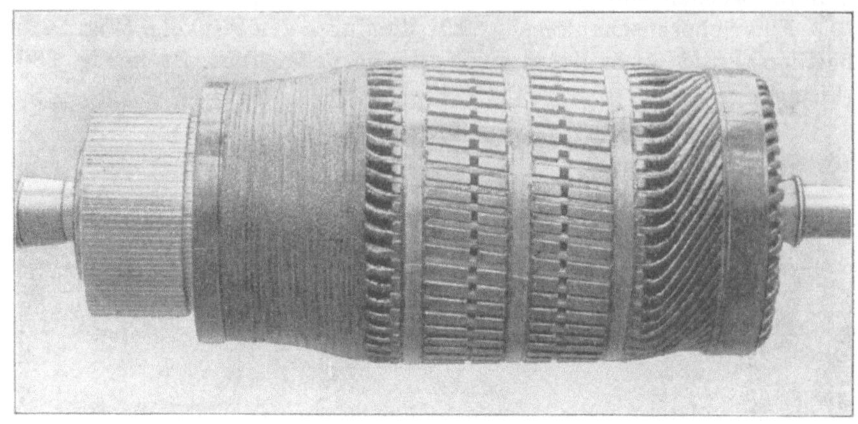

Fig. 181.

die verschiebbaren Stifte festgeklemmt und die Backen B_1 und B_2, wie Fig. 180b zeigt, von Hand auseinander gezogen. Der Querstab S wird dabei in einer solchen Lage festgehalten, das er in der Mitte der auseinandergezogenen Backen B_1 und B_2 liegt.

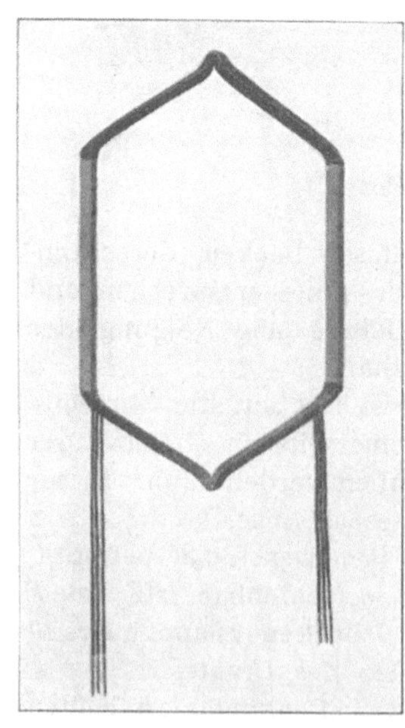

Fig. 182.

Durch eine so hergestellte Spule könnte eine Ebene gelegt werden. Da die Spule jedoch auf einen Cylinder zu liegen kommt, müssen die Spulenköpfe entsprechend gebogen werden, was auf der Wickelbank selbst durch eine Abwärtsbewegung des Stabes S mit den Stiften N, oder später beim Einlegen der Spulen geschehen kann.

So lange eine Spule aus dünnen Drähten, oder aus wenigen Drähten besteht, lässt sich das Scheeren der Spule leicht ausführen, und dieses Verfahren ist dann das beste von allen.

In Fig. 181 ist das Bild eines fertigen zweipoligen Ankers, der E.-A.-G. vorm. Lahmeyer & Co., dessen Spulen auf diese Weise hergestellt sind, dargestellt, und Fig. 182 zeigt eine fertig isolirte zum Einlegen in die Nuten bereite dreifache Spule eines vierpoligen Ankers.

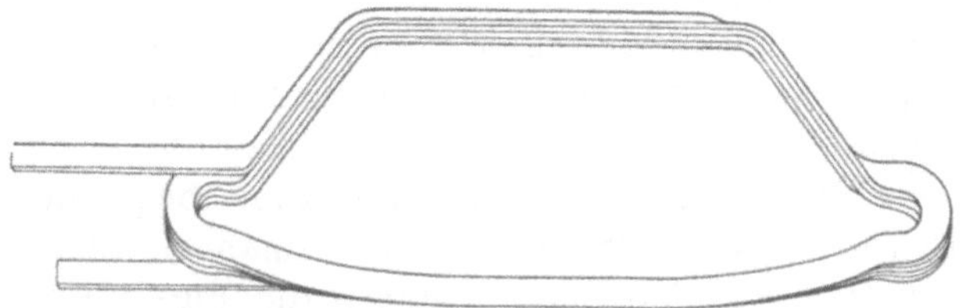

Fig. 183. Spule aus Kupferband.

Das beschriebene Verfahren ermöglicht Spulen aus Kupferband herzustellen (Schweiz. Pat. No. 21731 v. J. 1900 von Mallet). In Fig. 183 ist eine solche aus vier Windungen bestehende Spule dargestellt.

Zweites Verfahren. Bei diesem Verfahren wird die Spule nicht im zusammengeklappten, sondern im offenen Zustande und ohne Kröpfung gewickelt.

Wird auf die radiale Stellung der Nuten keine Rücksicht genommen, so erhält die fertige, in einem passenden Rahmen aufgewickelte Spule die Form Fig. 184. Sie wird in dieser Form isolirt und ihr erst

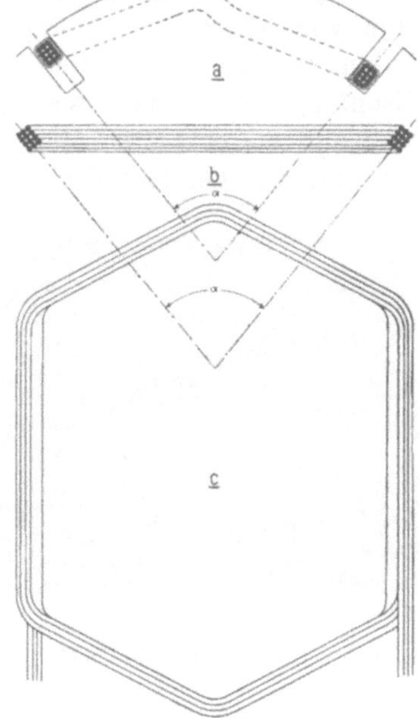

Fig. 184. Fig. 185.

beim Einlegen in die Nut die Kröpfung und die richtige Lage von Hand beigebracht.

Diese Herstellungsart ist nur für dünndrähtige Spulen möglich. Zur Erläuterung einer anderen Ausführung des zweiten Verfahrens dient die in Fig. 185 dargestellte Wicklung des Ankers eines vierpoligen Trambahnmotors.

In jeder Nut liegen 6 Spulenseiten und es werden drei Spulen gemeinsam gewickelt. In diesem Falle wird das Drahtbündel einer dreifachen Spule so steif, dass das Auseinanderscheeren die Umspinnung der Drähte gefährden würde. Eine bequeme Wicklung der Spulen wird jedoch erreicht, indem man sie ohne Kröpfung mittels einer Holzschablone in die durch die Fig. 185b und 185c dargestellte Form wickelt, wobei den Spulenseiten die erforderliche radiale Stellung gegeben wird.

Mit einer zweiten zweitheiligen Holzschablone wird die so gewickelte Spule in die fertige abgekröpfte Form der Fig. 185a gepresst.

Das Bild einer solchen Spule in drei verschiedenen Fabrikationsstadien, d. h. ungepresst, mit eingepresster Kröpfung und mit Baumwollband bewickelt, zeigt die Fig. 186. Diese Spulen gehören zu dem Anker eines 30 PS Trambahnmotors der Sté. Electricité et Hydraulique, Charleroi von 500 Volt 555 Umdrehungen mit 37 Nuten von 33×13 mm, 111 Lamellen, 24 Drähten pro Nut von 2,8/3,1 mm Durchmesser. Der Ankerdurchmesser beträgt 34,6 cm, die Eisenlänge 15,6 cm, der Kollektordurchmesser 23,0 cm und dessen Breite 8,4 cm, die Magnetbohrung 35,2 cm, die Polbogen 17,8 cm und der Querschnitt des Polkernes $13{,}0 \times 16{,}2$ cm^2.

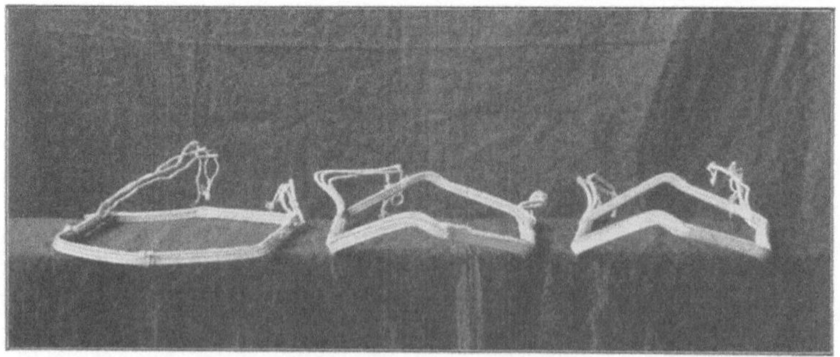

Fig. 186. Spule eines 30 PS Bahnmotors der Sté. El. et Hydr. in drei verschiedenen Fabrikationsstadien.

Die Spulen werden vor dem Einlegen in die Nuten nach Fig. 186 fertig isolirt.

Die Herstellung der Wicklung und das Verbinden der Spulen mit dem Kollektor veranschaulichen die Fig. 187 und 188. Fig. 187

zeigt den Zustand der Bewicklung, in welchem eine Seite der zuerst eingelegten Spulen wieder aus den Nuten herausgehoben ist, damit die letzten Spulen von der andern Seite eingelegt werden können.

Fig. 187. Einbau der Ankerspulen Fig. 186.

Zum Kollektor werden erst alle inneren Enden, die eine Wicklungslage bilden, geführt, dann mit Isolirmaterial bekleidet und darüber wie Fig. 188 zeigt, die äusseren Enden der Spulen gelegt und mit dem Kollektor verbunden, und es erfolgt dann das Verlöthen mit den Lamellen. Die Spulen sind in Reihenschaltung verbunden. Es ist

$$y_k = \frac{111 - 1}{2} = 55$$

$$y_2 = 9 \cdot 6 + 1 = 55 \quad y_1 = 55$$

Fig. 188. Verbinden der Spulen mit dem Kollektor.

Drittes Verfahren. Die ersten zwei Verfahren lassen sich nicht mehr anwenden, wenn die Spulenköpfe auf den Stirnseiten des Ankers abgebogen werden, wie es in Fig. 189 gezeigt ist. Denken wir uns wiederum die Spule so zusammengedrückt, dass *B* unter *A*

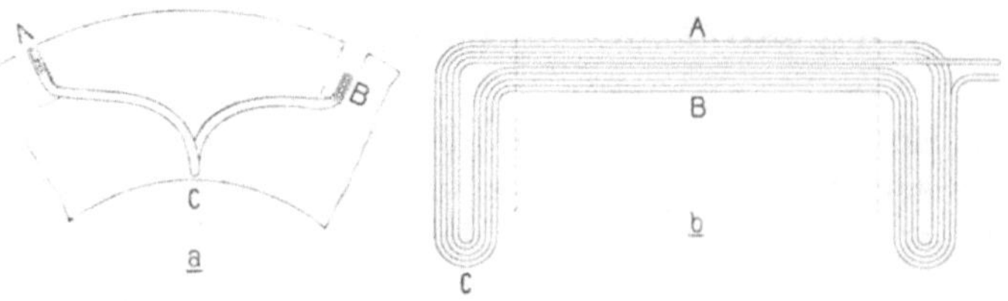

Fig. 189.

zu liegen kommt, so entsteht Fig. 189 b. Diese Spule kann auf einer sogen. Plattenschablone gewickelt werden. Diese Schablone, die in Fig. 190 dargestellt ist, besteht aus einer auf einem Tisch um eine Axe drehbaren Messing- oder Zinkplatte, welche

Fig. 190. Plattenschablone.

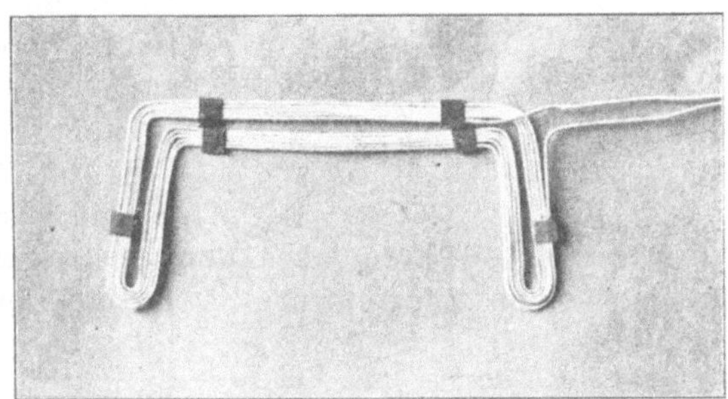

Fig. 191. Auf einer Plattenschablone hergestellte Spule.

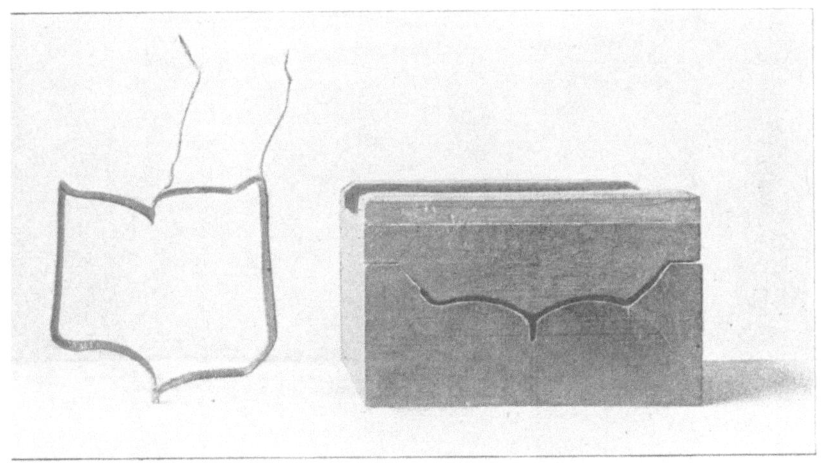

Fig. 192. Zweiteilige Holzschablone zum Pressen der Spulen Fig. 191.

für die Drahtführung entsprechende Erhöhungen besitzt, so dass die Drähte in die geforderte Lage gewickelt werden können. Da die Schablone drehbar ist und der Wickler, ebenso wie bei dem früheren Verfahren, nur in einer Ebene zu wickeln braucht, ist diese Einrichtung für Massenfabrikation ebenfalls gut geeignet. Mittels einer Presse werden die Spulen nachträglich in eine zweite hölzerne Schablone gepresst, welche denselben die endgültige Form giebt. —

Die Abbildung einer Spule im zusammengeklappten Zustande und in fertiger Form mit der dazugehörigen zweiteiligen Presse zeigen die Fig. 191 und 192.

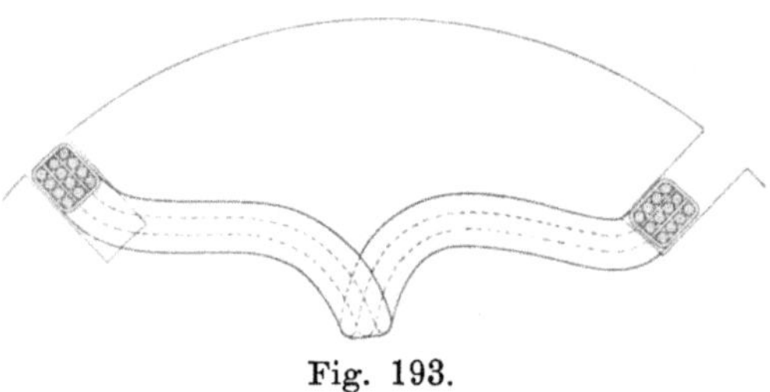

Fig. 193.

Zum Einlegen in Nuten können nun zwei oder drei Spulen vereinigt und gemeinsam isolirt werden, so dass z. B. eine Anordnung entsteht, wie sie in Fig. 193 für drei Spulen dargestellt ist.

Viertes Verfahren. Während bei den bisherigen Verfahren die Spule erst nach dem Wickeln in die fertige Form gebracht

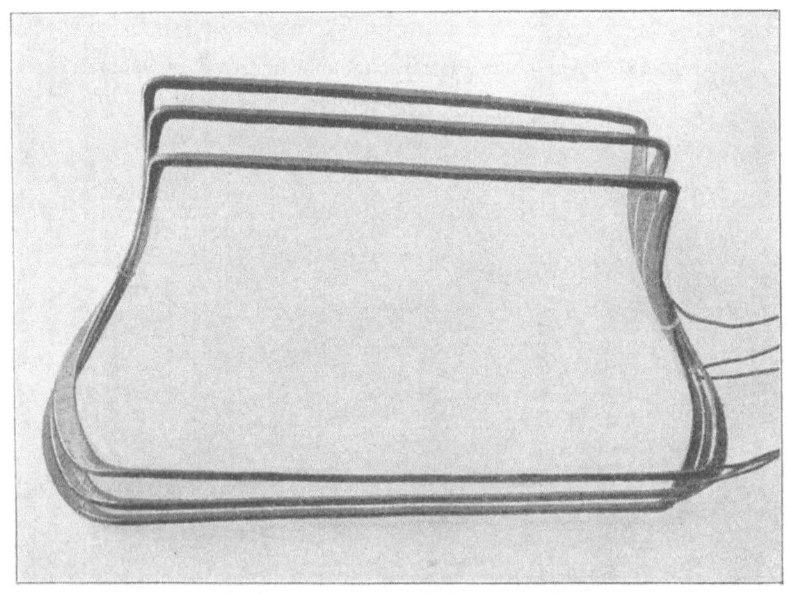

Fig. 194. Spulen der Schablonenwicklung der E.-G. Alioth.

wurde, wird bei dem nachfolgenden Verfahren jeder Draht in die endgültige Form der Spule gewickelt. Diese Herstellungsart hat vor den andern den Vorzug, dass die Isolation von stärkeren Drähten mehr geschont wird.

Hierher gehört die Schablonenwicklung der E.-G. Alioth in Basel, D. R. P. No. 34783 vom 17. März 1885; diese Firma hat die ersten Schablonenwicklungen ausgeführt.

Die Gestalt von drei aufeinander folgenden Spulen ist in Fig. 194 dargestellt. Dieselben werden auf hölzernen Schablonen von der in Fig. 195 dargestellten Bauart gewickelt. Die Schablone besteht im wesentlichen aus vier Theilen, einer Bodenplatte *a* und drei aufgeschraubten Theilen *b*, *c* und *d*. In der Figur ist am Fusse der stehenden Schablone eine zweite auseinandergeschraubte Schablone a_1, b_1, c_1, d_1 dargestellt.

Für die geschweiften Theile der Spule ist zwischen *b*, *c* und *c*, *d* Raum freigelassen, während diejenigen Drähte, die an den Umfang der Armatur zu liegen kommen, längs der geraden Seite von *c* gewickelt werden. Um die Spule herausnehmen zu können, müssen die Theile *b*, *c* und *d* entfernt werden.

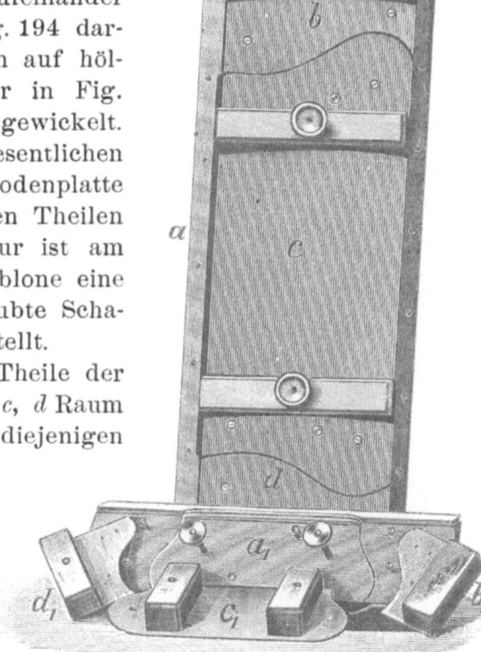

Fig. 195. Schablone zur Wicklung der E.-G. Alioth.

Die Spule beschreibt zu beiden Seiten der Trommel eine Art Schraubenlinie um einen röhrenförmigen Hohlraum von kreis- oder ellipsenförmigem Querschnitt. Damit die Drähte Platz finden, muss die axiale Höhe des seitlichen Wulstes, von der Stirnfläche der Trommel an gerechnet, mindestens $= \frac{y_1 + y_2}{2} \cdot d$ sein, wenn *d* den Drahtdurchmesser bedeutet, und am inneren Umfange des Wulstes müssen sämmtliche Drähte noch Platz finden.

Die Alioth'sche Schablonenwicklung ist diejenige Wicklung, welche die kleinste Drahtlänge erfordert.

Das Charakteristische der Alioth'schen Wicklung besteht ferner darin, dass die scharfe Abkröpfung des Drahtes ganz vermieden ist. Wenn man die beiden Spulenseiten *A* und *B* zusammenklappt, so erhält man die Fig. 196.

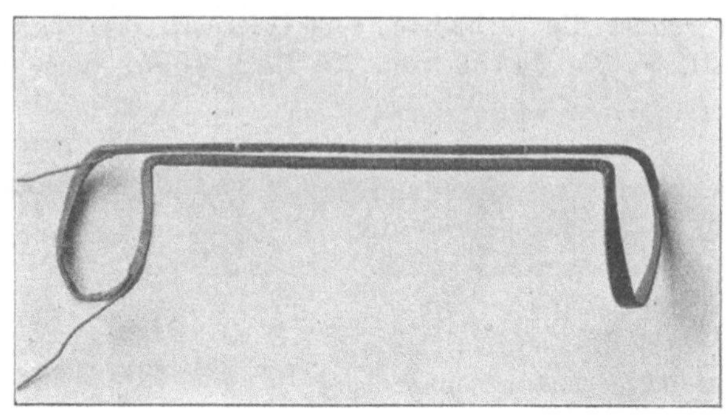

Fig. 196.

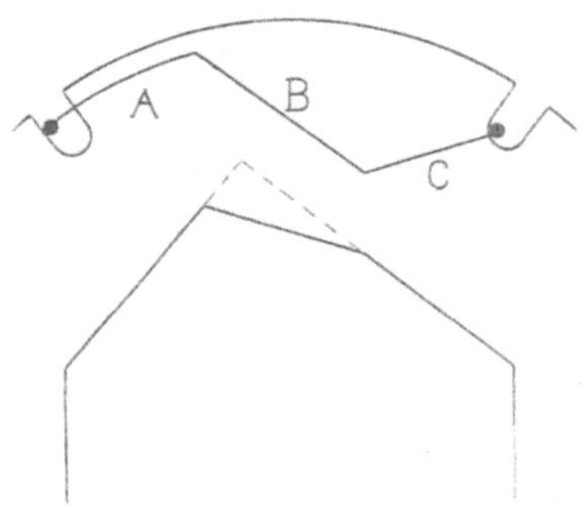

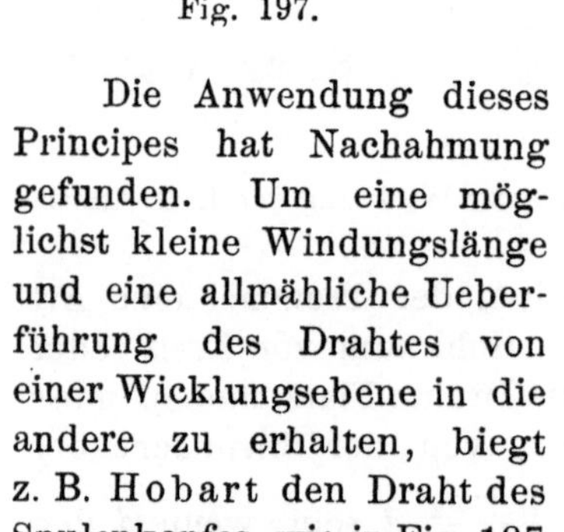

Fig. 197.

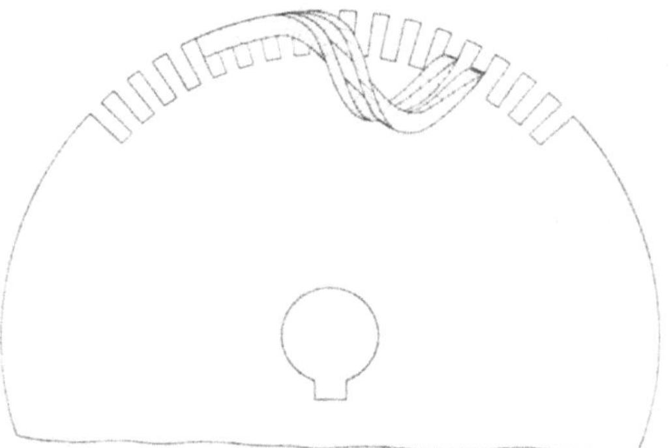

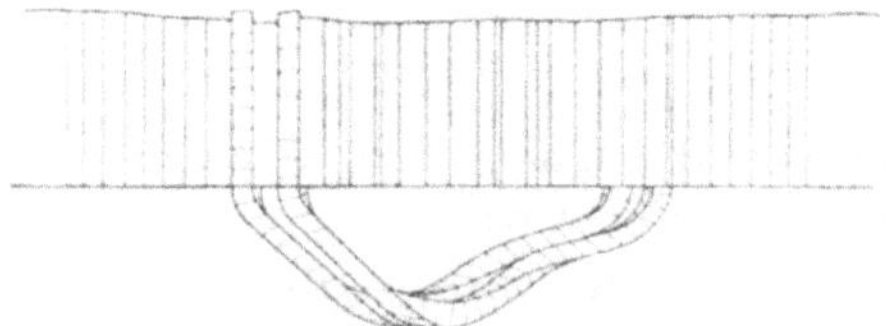

Fig. 198 a.

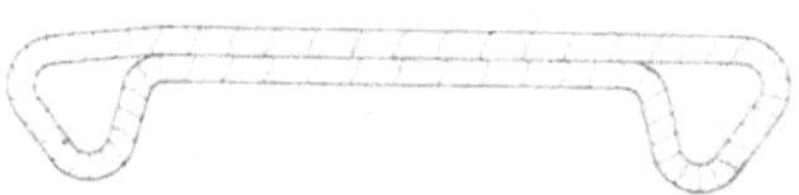

Fig. 198 b.

Die Anwendung dieses Principes hat Nachahmung gefunden. Um eine möglichst kleine Windungslänge und eine allmähliche Ueberführung des Drahtes von einer Wicklungsebene in die andere zu erhalten, biegt z. B. Hobart den Draht des Spulenkopfes, wie in Fig. 197 dargestellt ist, längs drei gleichen Seiten *A*, *B*, *C* eines Polygons, an dessen Ecken der Draht in leichter Rundung gebogen wird. Die Seite *A* liegt auf einer cylindrischen, *B* und *C* liegen auf einer konischen Fläche.

Die Spule kann in diesem Falle, ebenso wie nach dem dritten Verfahren auch in einer Ebene gewickelt werden, wie Fig. 198a zeigt. Nach dem Oeffnen der Spule erhält sie die in Fig. 198b dargestellte Form. Fig. 199 giebt das Bild eines Ankers der Westinghouse Electric and Mfg. Co., in welcher eine Anzahl derartig geformter Spulen eingelegt sind.

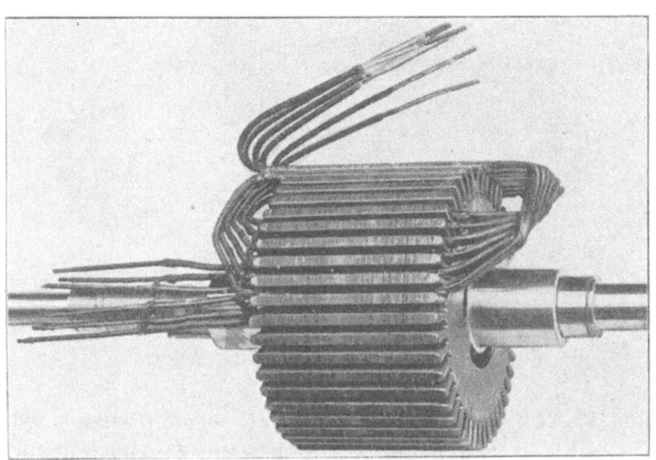

Fig. 199. Westinghouse Electric and Mfg. Co.

Die Neigung und Länge der Seite *B* in Fig. 197 lässt sich in verschiedener Weise variiren. Es kann z. B. *B* kürzer als $^1/_8$ der Länge des Spulenkopfes sein und radial laufen, wie aus Fig. 200 ersichtlich ist. Durch eine starke Verkleinerung von *B* kommt man schliesslich wieder zu einer Spule mit scharfer Kröpfung zurück.

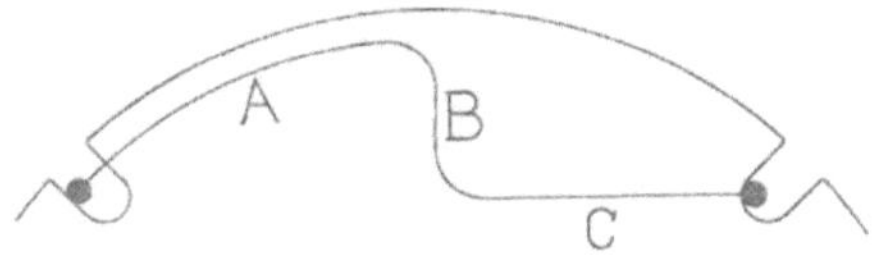

Fig. 200.

Eine Schablone der E.-G. Alioth, bei der die Seite *B* (Fig. 200) schon erheblich verkürzt ist, zeigt Fig. 201. Bei dieser Schablone sind nur für die Spulenseiten *a b* und *c d* Nuten vorgesehen, während die Spulenköpfe offen liegen.

Der Vorgang der Wicklung ist folgender:

Um ein Element zu wickeln (s. Fig. 202), wird bei *a* begonnen und nach *b* gefahren. Weil diese Strecke eine gerade Linie ist, können die Drähte mit Leichtigkeit in eine Nut eingelegt werden. Beim Spulenkopf *b c d* ist dies nicht mehr der Fall, hier haben die Drähte nur auf der unteren und inneren Seite gegen die Schablone zu eine feste Auflage, die zwei äusseren Flächen bleiben offen, um

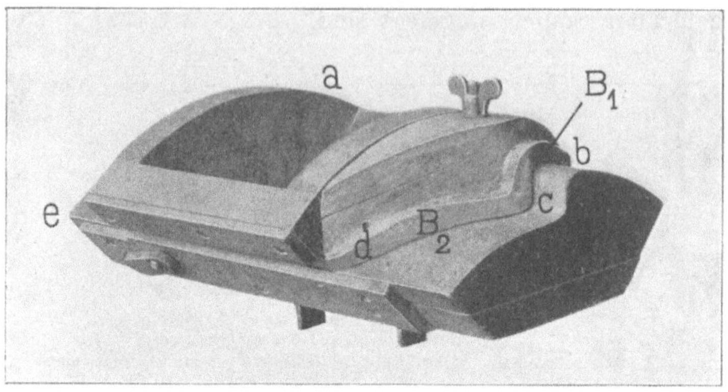

Fig. 201. Schablone der E.-G. Alioth.

ein bequemes Abbiegen der Drähte zu ermöglichen. Sind die Drähte von *b* bis *c* und *c* bis *d* abgebogen, so werden sie mittels zweier Klammern B_1 und B_2 festgehalten; von *d* bis *e* längs der Spulenseite bedarf es keiner weiteren Vorrichtung mehr, da die Drähte

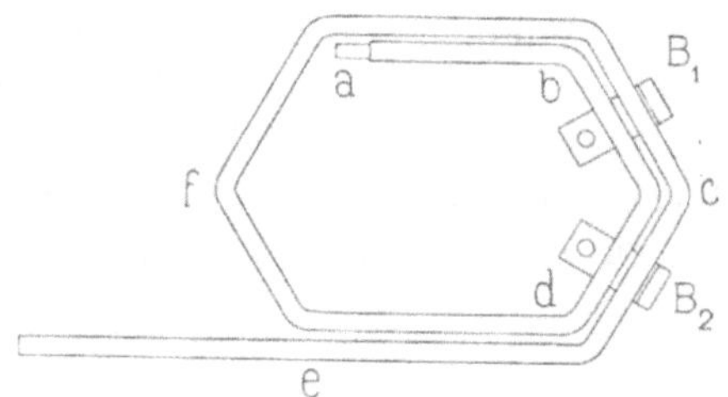

Fig. 202.

in der Nut der Schablone liegen. Der andere Spulenkopf *e f a* wird in gleicher Weise wie *b c d* gewickelt. Am Punkte *a* angekommen, geht der Draht in die zweite Windung, welche in gleicher Weise wie die erste gewickelt wird.

Das Bild einer auf dieser Schablone gewickelten fünffachen Spule giebt Fig. 203.

Zu den bekanntesten und sowohl für glatte als genutete Anker vielfach angewandten Schablonenwicklungen gehört die von R. Eickemeyer D. R. P. No. 54413 vom 14. Februar 1888.

In den Fig. 204 und 205 ist die Gestalt der Spule eines zweipoligen glatten Trommelankers mit vier Windungen abgebildet. Die Seiten *a* und *b* liegen am Umfange und die Seiten *c*, *e* und *d*, *f*

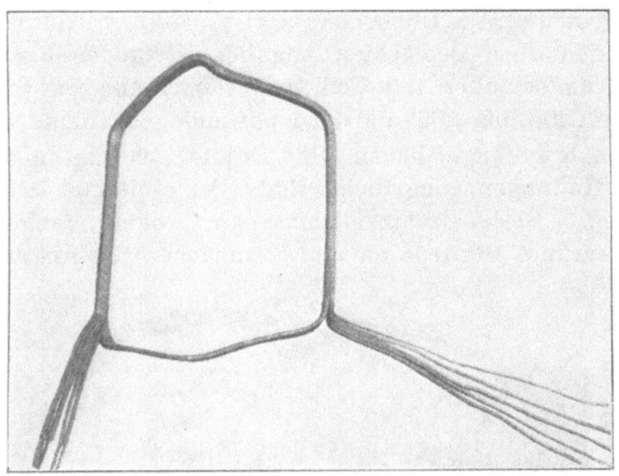

Fig. 203. Spule einer Schablonenwicklung der E.-G. Alioth.

auf den Stirnseiten der Trommel. Die auf den Stirnflächen liegenden Seiten sind nach Kreisevolventen gekrümmt; wie aus Fig. 205 ersichtlich ist. In der Mitte ist der Draht abgekröpft, so dass

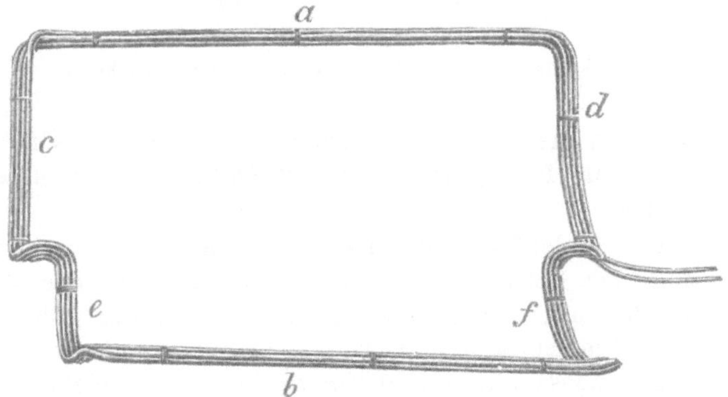

Fig. 204. Spule einer Schablonenwicklung nach Eickemeyer.

bei dem Zusammensetzen der Wicklung die Seiten *c*, *d* in die eine und die Seiten *e*, *f* in die andere Ebene zu liegen kommen, wodurch eine Berührung der sich kreuzenden Drähte vermieden wird.

Am Umfange der Trommel (Seiten *a* und *b*) liegen zwei Drähte übereinander und zwei nebeneinander, an den Seitenflächen müssen dagegen die vier Drähte übereinander gewickelt werden, damit hier sämmtliche Drahtspulen Platz finden.

Denkt man sich die Spule in die Papierebene flach gedrückt und die Drähte auch am äusseren Umfange übereinander gewickelt, so erhält man die Fig. 189 b.

Nach den oben gemachten Angaben ist in den Fig. 206 und 207 ein Trommelanker mit Eickemeyer-Wicklung entworfen und in den Fig. 208 bis 209 die dazu passende Schablone beigefügt.

Am Ankerumfange liegen 480 Drähte, welche in 40 Spulen von je 6 Windungen eingetheilt sind; der Kollektor erhält somit 40 Lamellen. Diese Drahtzahl muss am Ankerumfange in drei Lagen angeordnet werden; an den Stirnflächen des Ankers ist, wie

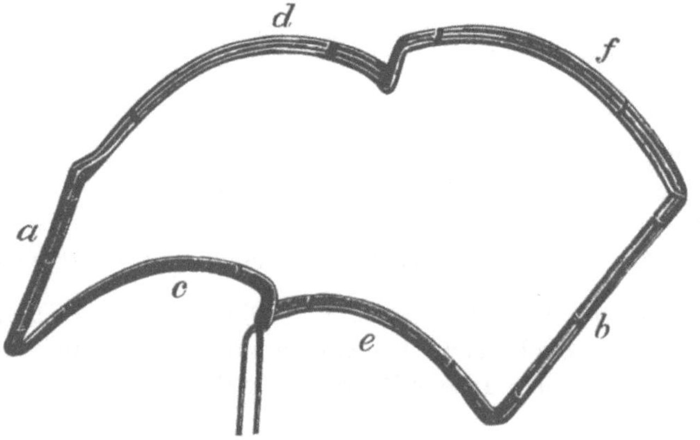

Fig. 205. Spule einer Schablonenwicklung nach Eickemeyer.

die Konstruktion der Fig. 206 ergiebt, dagegen für sämmtliche Drähte nur dann Platz, wenn hier 6 Drähte übereinander gewickelt werden.

Wenn die Spulenform auf diese Weise bestimmt ist, kann zur Konstruktion der Schablone geschritten werden, welche der ermittelten Spulenform genau anzupassen ist. In Fig. 208 ist der Grundriss, in Fig. 208a die Ansicht von N aus gesehen und in Fig. 209 der Längsschnitt MN der Schablone aufgezeichnet.

Diese besteht aus einem Rahmen, der durch die Holzstücke A, K, B und die Eisenbleche L, L_1 gebildet wird. An den Eisenblechen sind zwei äussere Formstücke aus Blei oder Zinn C, D und zwei innere E, F mittels Bolzen und Keil befestigt. Die Stärke der Eisenbleche wird entsprechend dem Abstande der Spulen x (Fig. 207) gewählt, und die Formstücke werden nach der in Fig. 206 festgelegten Form der Kreisevolvente bearbeitet.

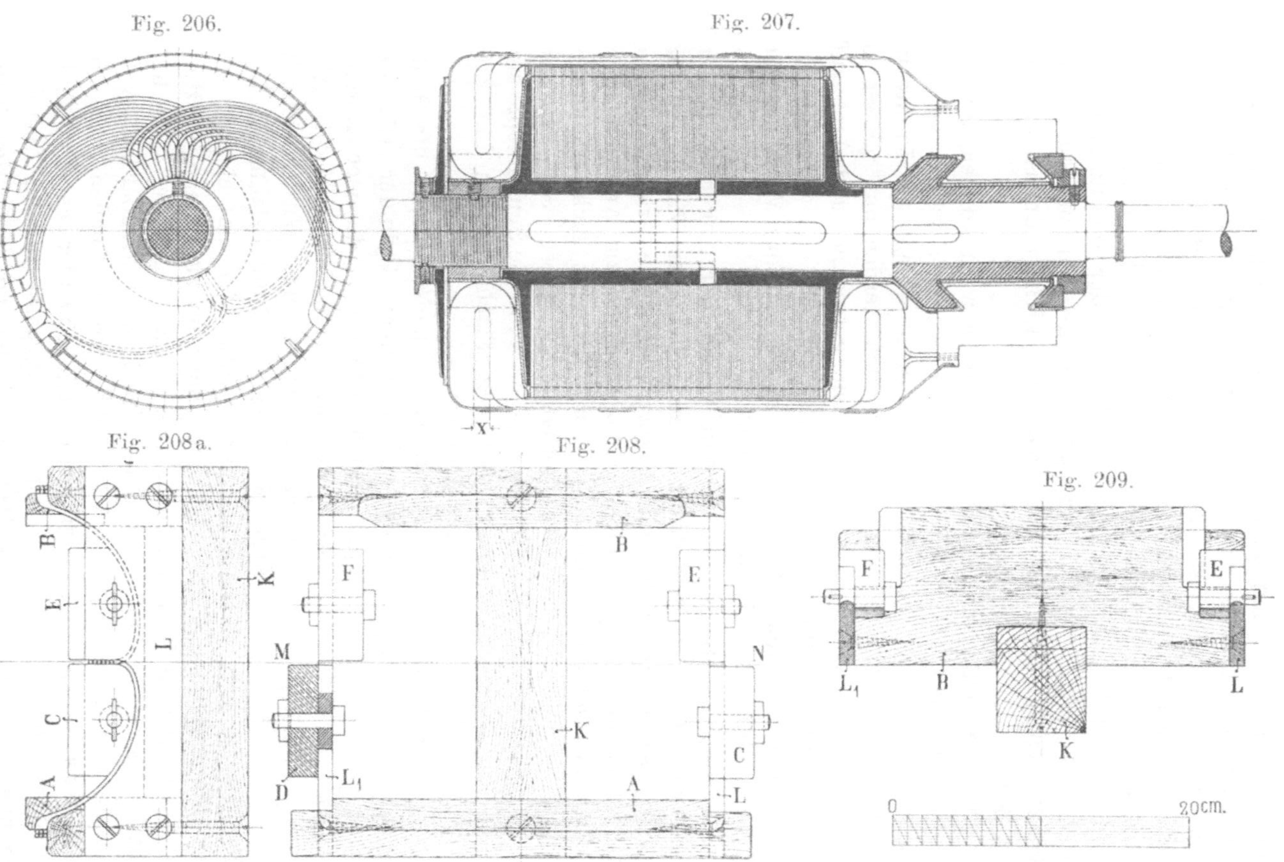

Fig. 206—209. Anker und Schablone einer Wicklung nach Eickemeyer.

Beginnt man mit der Wicklung der Spule bei *M*, so wird der Draht zunächst in den zwischen *D* und *F* freigelassenen Schlitz eingeklemmt und dann wie folgt geführt: Nach der Innenseite des Rahmens, um das Formstück *F*, längs der Seite *B*, um das Formstück *E*, nach der Aussenseite des Rahmens, um das Formstück *C*, längs der Seite *A*, um das Formstück *D*, nach der Innenseite des Rahmens u. s. f. Man beginnt natürlich mit der Windung, welche an den Blechen *L* und L_1 anliegt. Die grossen Buchstaben der Fig. 206 entsprechen der Lage nach den kleinen Buchstaben der Fig. 204.

Um die Spule aus dem Rahmen entfernen zu können, müssen die Formstücke *C*, *D*, *E* und *F* entfernt werden; vorher versieht man die Spule mit kleinen Schnurbändern, welche die Drähte in der gegebenen Lage festhalten. Die Spulen werden nun mit einem Lack oder einer Gummilösung bestrichen, getrocknet und dann auf dem isolirten Armaturkörper befestigt.

Liegen die Ankerdrähte in Nuten, so ist das Verfahren für die Herstellung der Schablone dasselbe.

Werden die Spulen zu beiden Seiten der Anker nach der Welle zu abgebogen, wie das bei den Eickemeyer-Wicklungen der Fall ist, so ist es bei kleinen Ankern nötig, die Drähte auf den Stirnflächen des Ankers anders anzuordnen als am Ankerumfange (s. Fig. 206 und 207), und in vielen Fällen ist nicht genügend Platz vorhanden. Diese Schwierigkeit wird umgangen, wenn die Spulenköpfe auf einer konischen Fläche wie in Fig. 210 angeordnet werden.

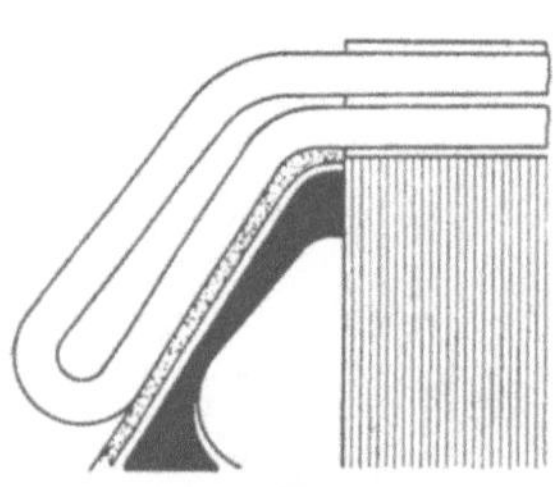
Fig. 210.

Heute ist es meist üblich, die Spulköpfe auf demselben Cylinder wie die Spulenseiten anzuordnen, die mechanische Ausführung wird einfacher, und die Abkühlung ist eine bessere. Wir bezeichnen diese Wicklung als Mantelwicklung. Die Schablone für eine solche Wicklung gestaltet sich einfach.

In Fig. 211 a und 211 b ist eine solche im zusammengesetzten und in zerlegtem Zustande mit einer Spule abgebildet. Sie besteht aus zwei Theilen. Der untere Theil wird drehbar gelagert, seine obere Begrenzung bilden zwei cylindrische Ebenen, die um den Betrag der Kröpfung der Spule gegeneinander versetzt sind. Der obere Theil ist auf den unteren aufgepasst und am äusseren Umfange entsprechend dem Platzbedarf und der Form der Spule ausgearbeitet.

In Fig. 212 ist eine Wicklung, die aus derart hergestellten

Spulen besteht, dargestellt. Der Anker ist vierpolig und erhält für 220 Volt 87 Spulen à 2 Windungen; je zwei Spulenseiten liegen in einer Nut des Ankers übereinander. Um die letzten Spulen-

Fig. 211 a.

Fig. 211 b.

Fig. 211 a und b. Schablone für Mantelwicklung.

seiten unten in die Nut einlegen zu können, müssen die oben liegenden Seiten der zuerst eingelegten Spulen herausgehoben werden.

Dieser Zustand des Wicklungsvorganges ist in Fig. 212 dargestellt.

Nachdem die letzte Spule eingelegt ist, können die abgehobenen Drähte in die betreffenden Nuten zurückgebogen werden.

Für Massenfabrikation kann die Wicklung mit zweitheiliger Schablone derart eingerichtet werden, dass für das Auseinanderziehen und Zusammensetzen der Schablone ein Fusstritt des Arbeiters genügt; ferner wird der Antrieb der Wickelbank so ausgeführt, dass die Schablone nach jedem Fusstritt nur eine halbe Umdrehung macht, so dass der Arbeiter Zeit hat, den Draht an der Kröpfungsstelle zu biegen und die Schablone für eine weitere halbe Umdrehung wieder rasch einzurücken.

Von derart hergestellten Spulen können mehrere nach dem Wickeln vereinigt, gemeinsam isolirt und in eine gemeinsame Nut

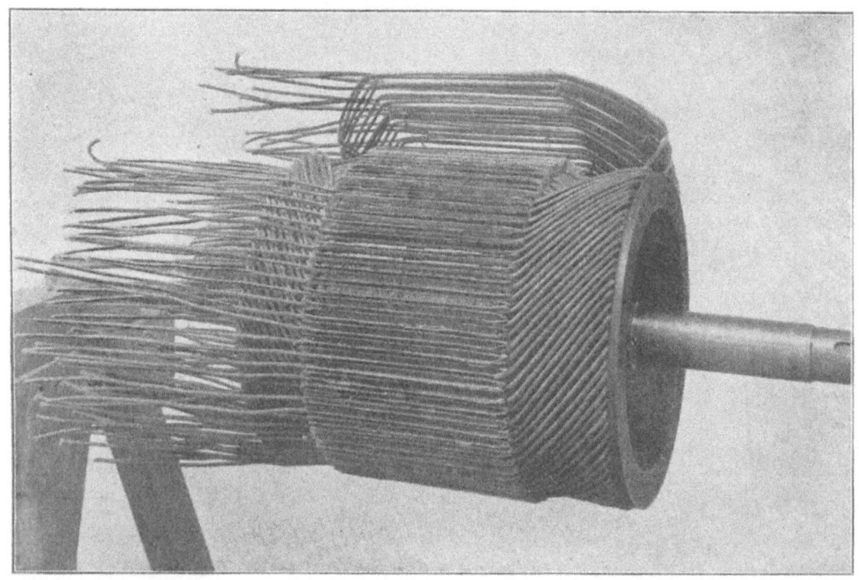

Fig. 212. Zusammensetzen der Schablonenwicklung eines Ankers der Ges. f. elektr. Industrie, Karlsruhe.

des Ankers eingelegt werden, ebenso wie in Fig. 193 gezeigt wurde.

In Fig. 213 ist noch ein Anker dargestellt, der deutlich erkennen lässt, wie die Verbindungen zum Kollektor ausgeführt werden die eine Hälfte der Enden ist angeschlossen, während die andere noch frei ist. — Schliesslich giebt Fig. 214 das Bild eines fertigen Ankers mit Drahtwicklung und zugleich die Konstruktion eines Ankertransportwagens für die Werkstätte.

Zweipolige Nutenanker mit Formspulen. Einige Schwierigkeiten macht das Aufbringen einer Wicklung aus Formspulen auf einen zweipoligen Nutenanker; denn das Herausheben der ersten Spulenseiten, um die letzten einlegen zu können, ist hier erheblich schwieriger als bei mehrpoligen Ankern.

Man verfährt auf zwei verschiedene Arten: Nach der ersten Art wird die Wicklung als Sehnenwicklung ausgeführt, und die Spulenweite um so viel verkürzt, dass es möglich ist die Spulen in der durch die Wicklung hergestellten Form auf den Anker zu bringen.

Die Wicklung ist um so bequemer ausführbar, je mehr die Spulenweite verkürzt wird; das ist aber in anderer Hinsicht nachtheilig, weil die scheinbare Selbstinduktion einer Spule (s. S. 121 I.)

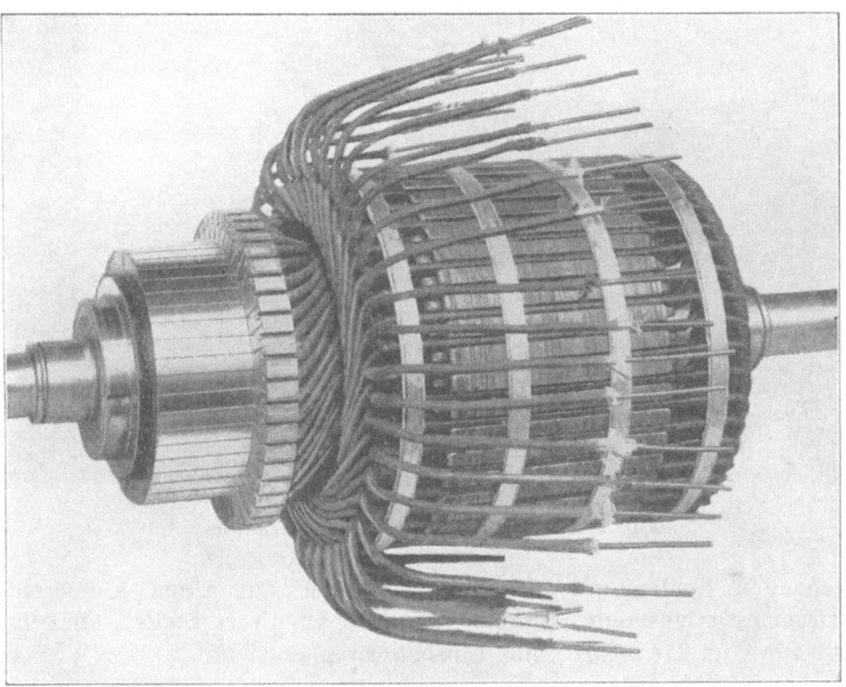

Fig. 213. Anker der Westinghouse El. and Mfg. Co., Pittsburg.

vergrössert und der in der Lage des Kurzschlusses in die Fläche der Spule eintretende Kraftfluss verkleinert wird, wenn man nicht zugleich den Polbogen verkürzt. Man soll daher die Verkürzung der Spulenweite möglichst klein halten. Ein Einlegen der Formspulen ist noch möglich, wenn die Spulenweite $^1/_3$ oder ein wenig mehr als $^1/_3$ sämmtlicher Nuten umfasst.

Es lässt sich jedoch die zweipolige Wicklung auch ohne oder nur mit kleiner Verkürzung der Spulenweite ausführen, wenn die Spulen in der in Fig. 184 dargestellten Form gewickelt werden.

Die über dem Ankerkörper vorstehenden Köpfe der Spulen

müssen so weit sein, d. h. so viel Spielraum gewähren, dass das Einlegen der letzten Spulen, wie oben beschrieben, möglich wird. Nachdem alle Spulen eingelegt sind, werden die voneinander ab-

Fig. 214. Anker der Union E.-G., Berlin.

stehenden Spulenköpfe durch Drahtbänder auf einen kleineren Durchmesser zusammengepresst, so dass an dieser Stelle, ähnlich wie die Fig. 214 zeigt, eine Einschnürung entsteht.

38. Trommelanker mit Stabwicklung.

Die Drahtwicklungen sind nur so lange bequem auszuführen, als der Drahtquerschnitt gewisse Grenzen nicht überschreitet; diese Grenze hängt zum Theil auch von der Grösse der Armatur ab. In den letzten Jahren haben sich die Stabwicklungen allgemein eingebürgert; diese ermöglichen nicht allein eine bequeme Herstellung der Wicklung für grosse Querschnitte, sondern zugleich eine Anordnung der Stäbe in getrennte Wicklungsebenen, daher eine vorzügliche Isolation und ein leichteres Auswechseln schadhaft gewordener Theile.

Die Herstellungsart der Wicklung ist wesentlich vom Stabquerschnitt abhängig. Bei kleineren Stabquerschnitten kann eine ganze Windung aus einer Stablänge hergestellt werden, bei grossen Stabquerschnitten und mit Rücksicht auf das bequemere Zusammensetzen der Wicklung ist es jedoch oft zweckmässig, eine Windung aus zwei oder mehr Theilen zusammen zu löthen.

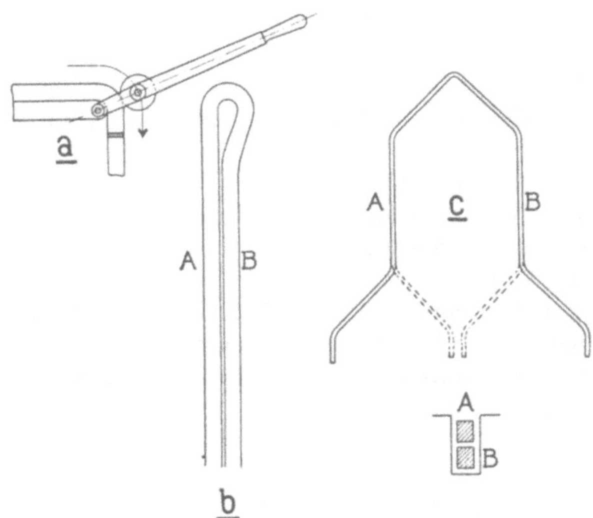

Fig. 215. Herstellung einer Windung ohne Löthstelle für eine Mantelwicklung.

Fig. 215c stellt eine Windung einer Wellenwicklung und, mit den punktirt gezeichneten Abbiegungen zum Kollektor, eine Windung einer Schleifenwicklung dar. Liegt der Stab A in der oberen und der Stab B (um den Schnitt y_2 entfernt) in der unteren Hälfte der Nut, so können wir diese Windung wie folgt herstellen. Der Kupferstab wird zunächst mittels einer einfachen, in Fig. 215a skizzirten Vorrichtung in kaltem Zustande in die Form Fig. 215b gebogen. Bei starken Kupferstäben darf diese Biegung nicht mit einem Mal ausgeführt werden, sondern die Biegungsstelle ist nach der ersten Biegung auszuglühen, oder man biegt den Stab in warmem Zustande. — Alsdann werden die Schenkel A und B seitlich auseinander gezogen und mittels Schablonen in die endgültige Form, Fig. 215c, gepresst oder gehämmert.

Soll die Wicklung auf der einen Seite als Stirnwicklung ausgeführt werden, so ist der Stab in die Form Fig. 216 oder Fig. 217 zu biegen, oder in die Form Fig. 218, wenn die Stäbe auch auf der Kollektorseite, nach den Stirnflächen des Ankers hin, abgebogen werden.

Im letzteren Falle lassen sich die Biegungen besser ausführen und die Wicklung leichter zusammensetzen, wenn eine Windung, wie Fig. 219 zeigt, aus zwei Theilen besteht.

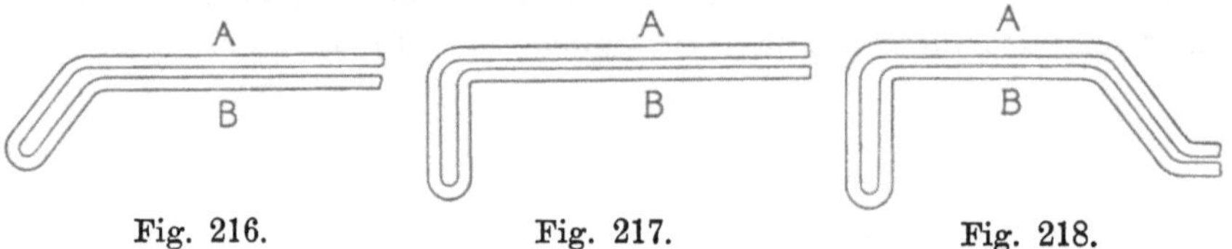

Fig. 216. Fig. 217. Fig. 218.

Fig. 216—218. Herstellung einer Windung ohne Löthstelle für Stirnwicklungen.

Die Theile A und B sind in allen Fällen entsprechend den Wicklungsschritten seitlich auseinander zu biegen.

Bei Mantelwicklungen wird, namentlich bei grossen Stabquerschnitten, eine Windung häufig aus zwei Stäben zusammengesetzt, wie in Fig. 220 für eine Schleifenwicklung dargestellt ist. Auf der hinteren Seite der Wicklung sind, ebenso wie auf der Kollektorseite, je zwei Stäbe durch einen Kupferbügel zusammengehalten und miteinander verlöthet.

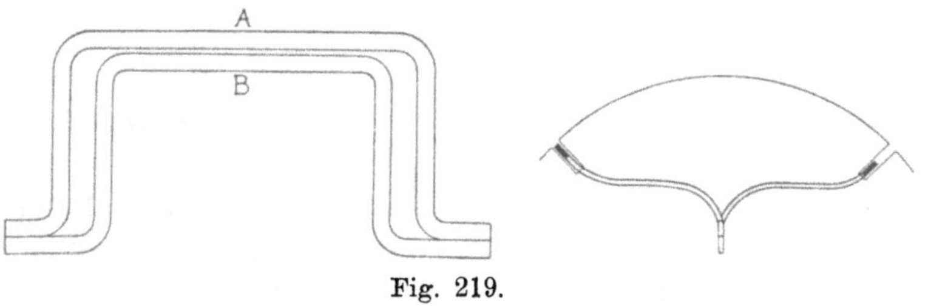

Fig. 219.

Ein Stab, der eine halbe Windung bildet, kann für eine Wellenwicklung, wie Fig. 221 zeigt, nur auf einer Seite abgebogen werden. Man ermöglicht damit das seitliche Einschieben in halb geschlossene Nuten, bei denen ein direktes Einlegen nicht möglich ist; die Länge (l_k) des Wicklungskopfes wird dagegen grösser.

Die Länge l_k lässt sich wie folgt bestimmen. Bezeichnet d_s die Dicke eines Stabes mit Isolation plus dem Spielraum zwischen zwei Stäben (Fig. 220), und n_s die Anzahl der Stäbe einer Lage auf der Strecke U, so ist

$$\cos \gamma = \frac{d_s \cdot n_s}{U}.$$

Machen wir somit $OP = n_s \cdot d_s$, errichten in P die Senkrechte PQ und machen $OQ = U$, so liefert der Schnittpunkt der Verlängerung von OQ mit dem Stabe in der Entfernung U den Endpunkt von l_k. Um die gesammte Länge des Spulenkopfes zu erhalten, sind zu l_k noch die Längen, welche durch die Krümmung eines Stabes, sowie die Länge der Löthstelle zu addieren.

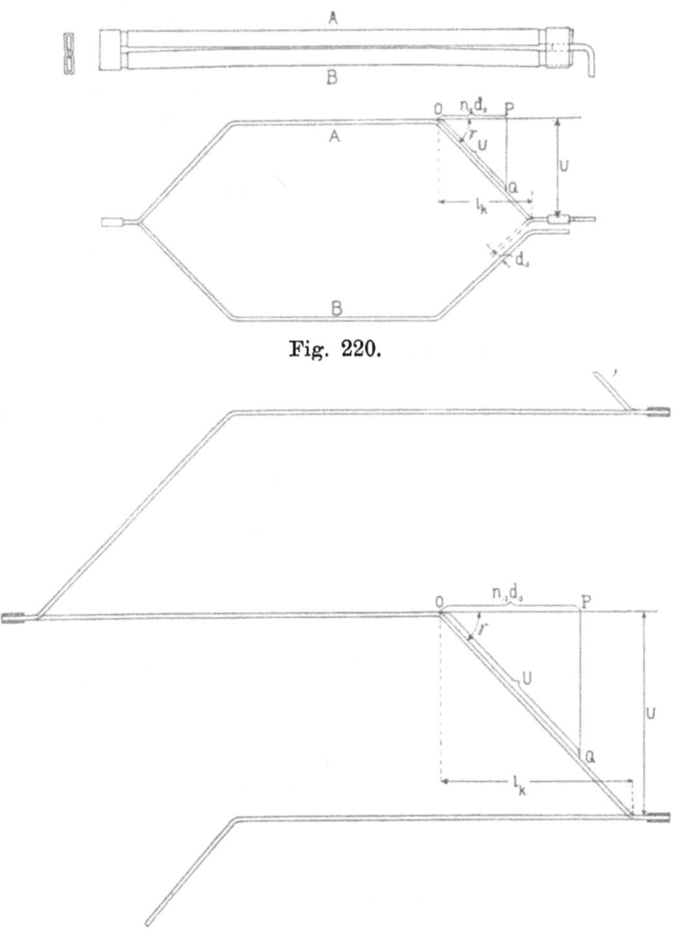

Fig. 220.

Fig. 221.

Legen wir die Stäbe in den Nuten nebeneinander, so erhalten wir bei nicht zu grossen Querschnitten als Ankerleiter ein biegsames Kupferband, und wir können nun eine Windung aus einem geraden Stück Kupferband in die verlangte Form falten und biegen.

In Fig. 222 besteht jede Hälfte A und B einer Windung aus einem an den Enden rechtwinklig abgebogenen Kupferband; die Enden d, e sind in einen Schuh (c), der aus Kupferblech gefaltet ist, eingelöthet und die auf der einen Seite liegenden Schuhe c_1 werden mit dem Kollektor verbunden.

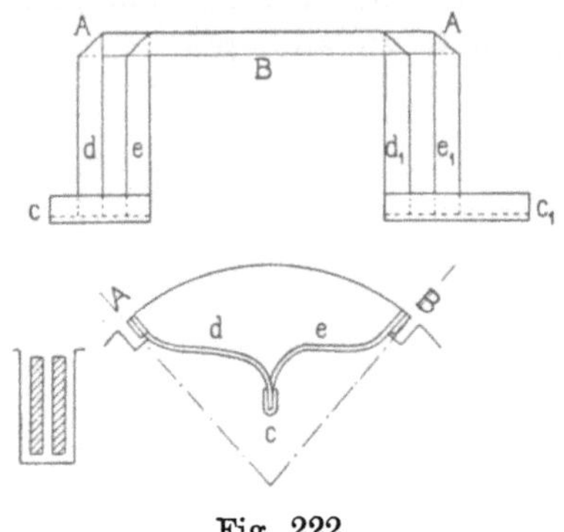

Fig. 222.

Es ist leicht möglich, dass für die Löthstellen in Fig. 222 mit dem Schuh c nicht genügend Platz vorhanden ist, in diesem Falle kann man sie nach dem Ankerumfange verlegen, wodurch die in Fig. 223 gezeichnete Herstellungsart entsteht. Eine Windung setzt sich jetzt aus einem langen Stab A, einem kurzen Stab B, der Verbindungsgabel d, e und den Verbindungslamellen d_1 und e_1 zum Kollektor zusammen. Will man die Lamellen d_1 und e_1 nicht direkt zum Kollektor führen, so erhält man auch auf der Kollektorseite Verbindungsgabeln (d'_1, e'_1), die mittels des Lappens c_1 oder einem Drahtstück mit dem Kollektor verbunden werden.

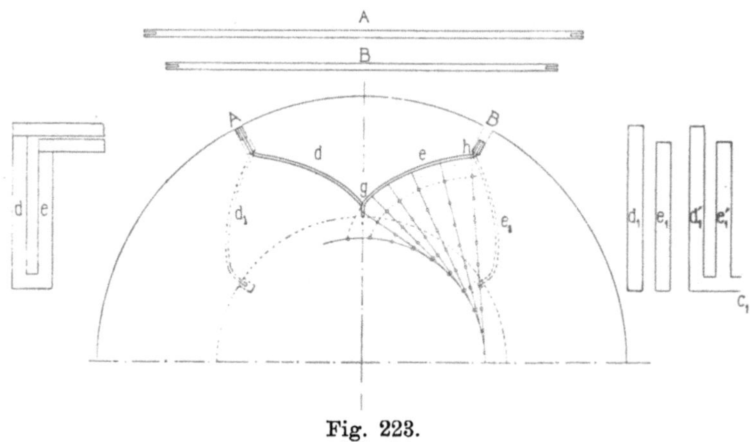

Fig. 223.

Die Verbindungsstücke d und e sind nach einer solchen Kurve zu biegen, dass die Verbindungsstücke der anderen Stäbe ebenfalls Platz finden und dass ihre Länge möglichst kurz wird; das wird am besten erreicht, wenn die Kurve g—h eine Evolvente ist, deren Grundkreis möglichst gross gewählt wird.

Bei Nutenankern legt man am besten die kurzen Stäbe innen und die langen aussen in die Nuten. — Diese Wicklungsart ist aber auch ausführbar für nebeneinanderliegende Stäbe, z. B. bei glatten Ankern, kurze und lange Stäbe wechseln dann am Ankerumfange miteinander ab. — Liegen die Stäbe in Nuten nebeneinander, so kann einer derselben, wie Fig. 224 zeigt, abgebogen werden, damit man für die Verbindung mit den Gabeln Platz gewinnt.

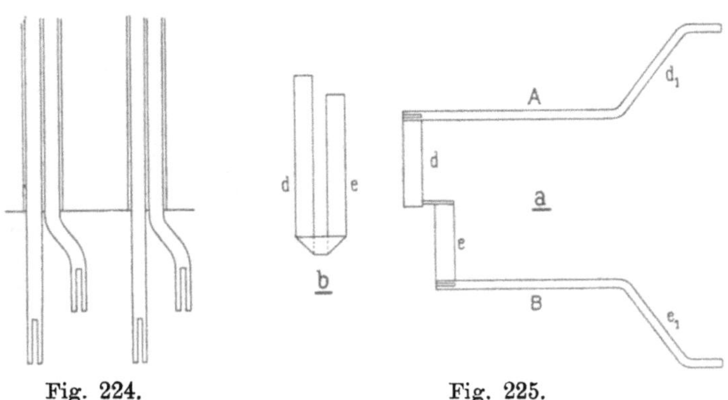

Fig. 224. Fig. 225.

Ferner ist es möglich die Gabelverbindungen nur auf einer Seite der Wicklung anzuwenden, und auf der anderen Seite die Ankerstäbe selbst entsprechend dem Wicklungsschritte abzubiegen, wie Fig. 225a darstellt. Die Verbindungsgabel besteht hier aus einem Kupferband, das in die Form Figur 225b zusammengefaltet wird.

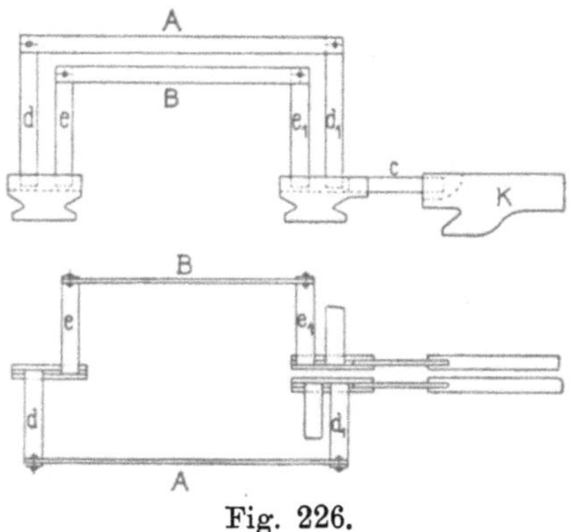

Fig. 226.

Schliesslich sei noch eine Wicklung erwähnt, bei der eine Windung aus 8 Theilen besteht, wie in Fig. 226 gezeigt ist.

Die Kupferbänder d, e und d_1, e_1 sind einerseits mit den Ankerstäben und anderseits mit den Lamellen von sog. Hülfskollektoren verbunden. Diese Herstellungsart kommt nur bei grossen Stabquerschnitten in Betracht. Die Hülfskollektoren dienen gleichzeitig zur Aufnahme der auf die rotirende Wicklung wirkenden centrifugalen Kräfte.

Einige Ankerkonstruktionen, bei denen die Wicklung in einer der beschriebenen Weisen ausgeführt worden ist, geben die folgenden Beispiele.

Trommelanker einer 100 KW-Maschine der Union Elektricitäts-Gesellschaft. (Fig. 227 u. 228.) Der Ankerkörper besitzt ein

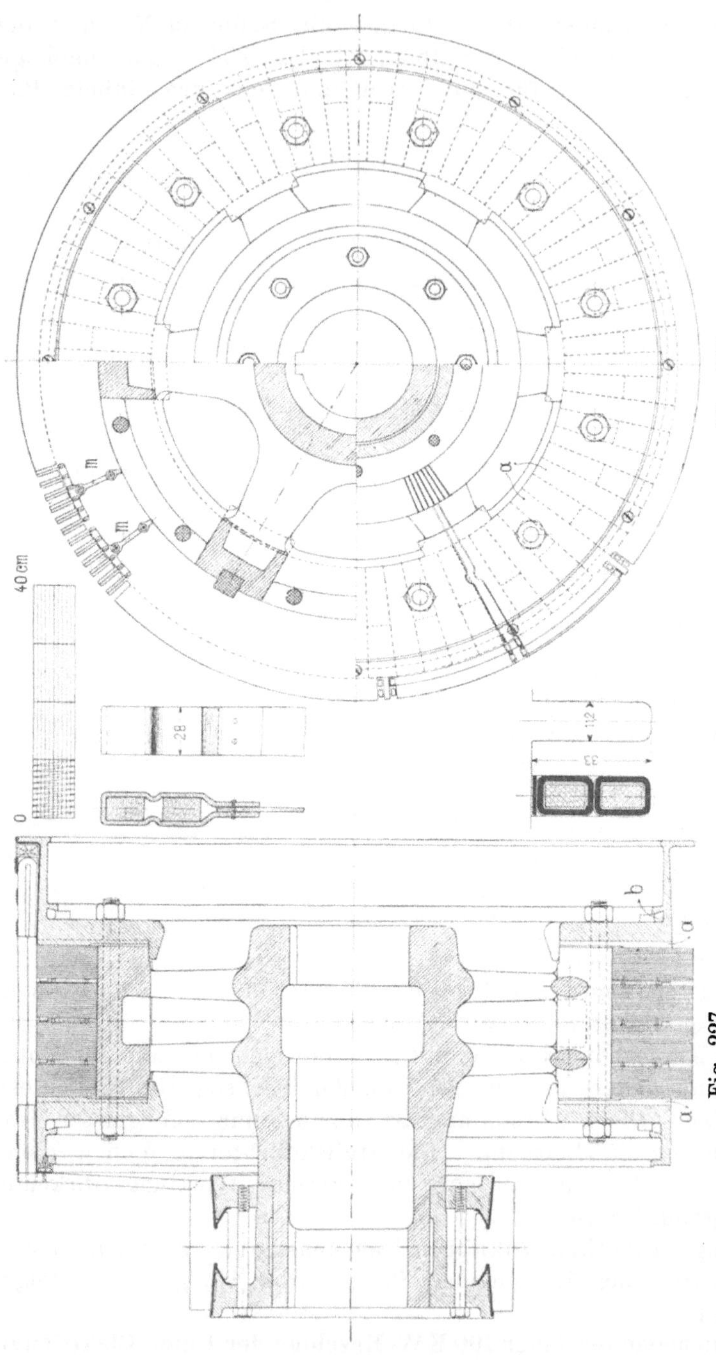

Fig. 227.

Fig. 228.

Fig. 227 und 228. Union E.-G., Berlin. Ventilirter Anker einer 100 KW-Maschine, 250 Volt, 400 Ampère, 180 Umdrehungen.

doppeltes Armsystem mit je sechs Armen von elliptischem Querschnitte. Zwei Deckel fassen mittels Nasen die sechs Arme und dienen als Träger für die Mantelwicklung. Die inneren, dem Bleche zugekehrten Seiten dieser Deckel besitzen radiale Kanäle *a a*, welche in der Seitenansicht Fig. 228 durch punktirte Linien angedeutet sind; sie dienen zur Lüftung des Ankers.

Ausserdem sind in den Eisenkern drei sog. „Luftscheiben“ eingelegt, welche nach der in Fig. 42, Seite 39 beschriebenen Art hergestellt sind.

Fig. 229. Trommelanker der E.-G. Alioth, Basel.

Die Wicklung besteht aus Stäben, die nach Fig. 215 zu einer Windung gebogen sind.

Bemerkenswerth ist noch, dass die Deckel am Umfange Aussparungen *b* besitzen, welche bei der Ausbalancirung des Ankers zur Aufnahme von Blei bestimmt sind.

Die Hauptabmessungen des Ankers sind folgende:

Klemmenspannung	250 Volt	Totale Eisenhöhe .	13,8 cm
Stromstärke . .	400 Amp.	Stabzahl	334
Umdrehungen . .	180	(Reihenschaltung $a=1$)	
Ankerdurchmesser	114,6 cm	Stabquerschnitt .	$6,5 \times 11$ mm
Eisenlänge . . .	23,5 „	Nutenzahl . . .	167

Nutentiefe . . .	3,3 cm	Kollektorlamellen .	167
Nutenbreite . . .	1,12 „	Polzahl	8
Kollektordurchm. .	54,6 „	Polbogen . . .	34,2 cm
Kollektorbreite .	20,0 „	Feldbohrung . .	115,9 „

Trommelanker der E.-G. Alioth, Basel. Der Anker Fig. 229 ruht auf zwei Wickelböcken, in die eine Hälfte sind die Bahnen noch nicht eingelegt. Die Nutenisolation und die Gestalt der Bahnen ist deutlich sichtbar. Jede Windung besteht aus einem Kupferstab, der zuerst nach der in Fig. 215 dargestellten Art gebogen und dann mit Hülfe der in Fig. 230 dargestellten Schablone in die endgültige Form gebracht wird.

Fig. 230. Schablone für Stabwicklung der E.-G. Alioth, Basel.

Trommelanker einer 24 KW-Maschine der E.-A.-G. vorm. Kolben & Co. Diese in Fig. 231 bis 233 dargestellte Konstruktion ist dadurch bemerkenswerth, dass die Ankerstäbe mit den seitlich abgekröpften Querverbindungen aus einem Stücke hergestellt sind (ebenso wie in Fig. 219). Der Anker besitzt eine vierpolige Seriewicklung und ist für eine Leistung von 120 Volt, 200 Ampère bei 750 Touren gebaut. Die Hauptabmessungen sind folgende:

Ankerdurchmesser.	39,0 cm	Nutentiefe . . .	2,0 cm
Eisenlänge . . .	24,0 „	Nutenbreite . . .	0,6 „
Tot. Eisenhöhe . .	7,5 „	Kollektordurchm. .	20,5 „
Drahtzahl . . .	170	Kollektorbreite . .	8,6 „
Drahtquerschnitt .	8×4 mm	Lamellenzahl . .	85
isolirt	8,6×4,6 „	Polbogen . . .	20 cm
Nutenzahl . . .	85	Feldbohrung . .	40,2 „

Um die Wirbelströme zu vermindern, ist der Ankerkörper seitlich gezahnt und die Endscheiben sind aus Messingblech hergestellt. Die Ankerbleche sind am äusseren Umfange nicht abgedreht; um auch das Eindrehen von Nuten für die Drahtbänder zu sparen, haben, wie Fig. 223 zeigt, die Bleche seitlich der Bänder einen etwas grösseren Durchmesser erhalten.

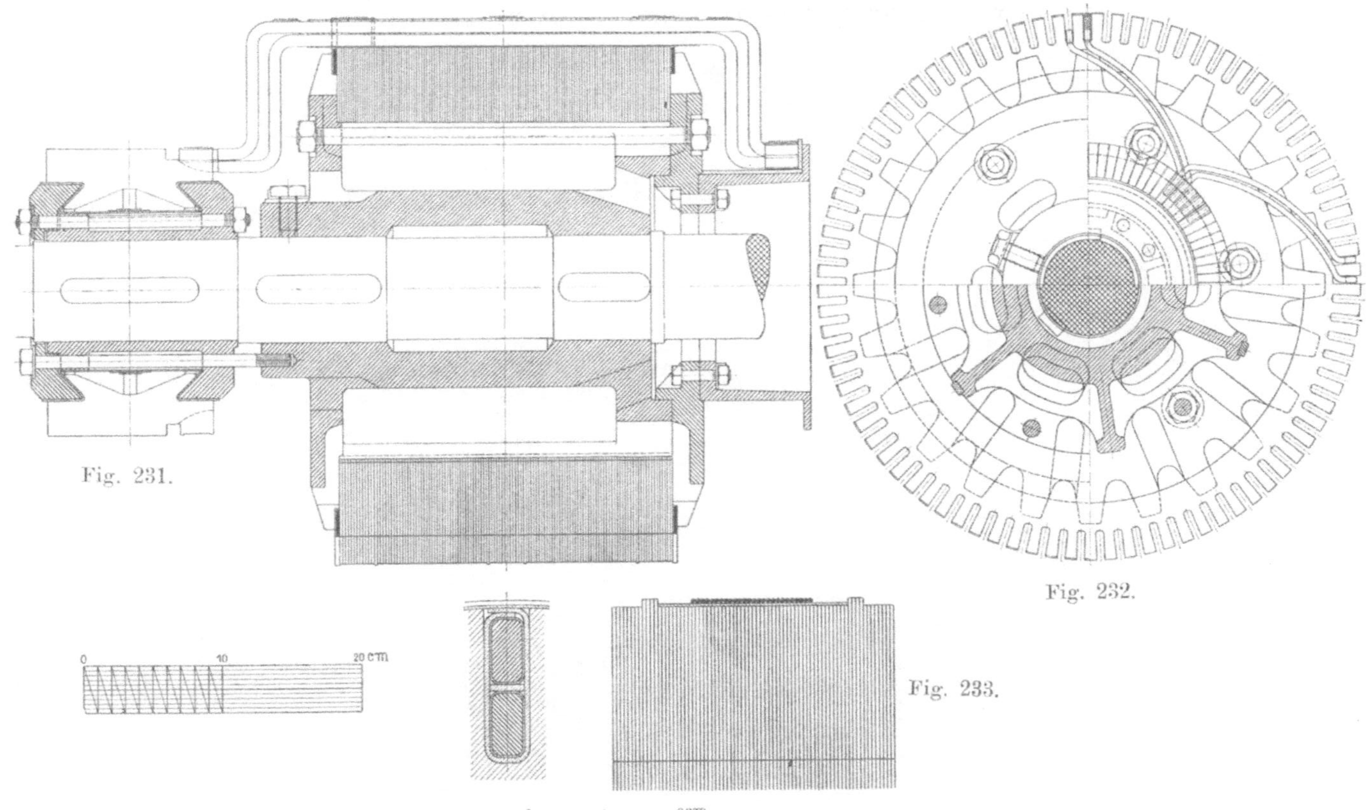

Fig. 231—233. E.-A.-G. vorm. Kolben & Co. Vierpoliger Trommelanker für 120 Volt, 200 Apère, 750 Umdrehungen.

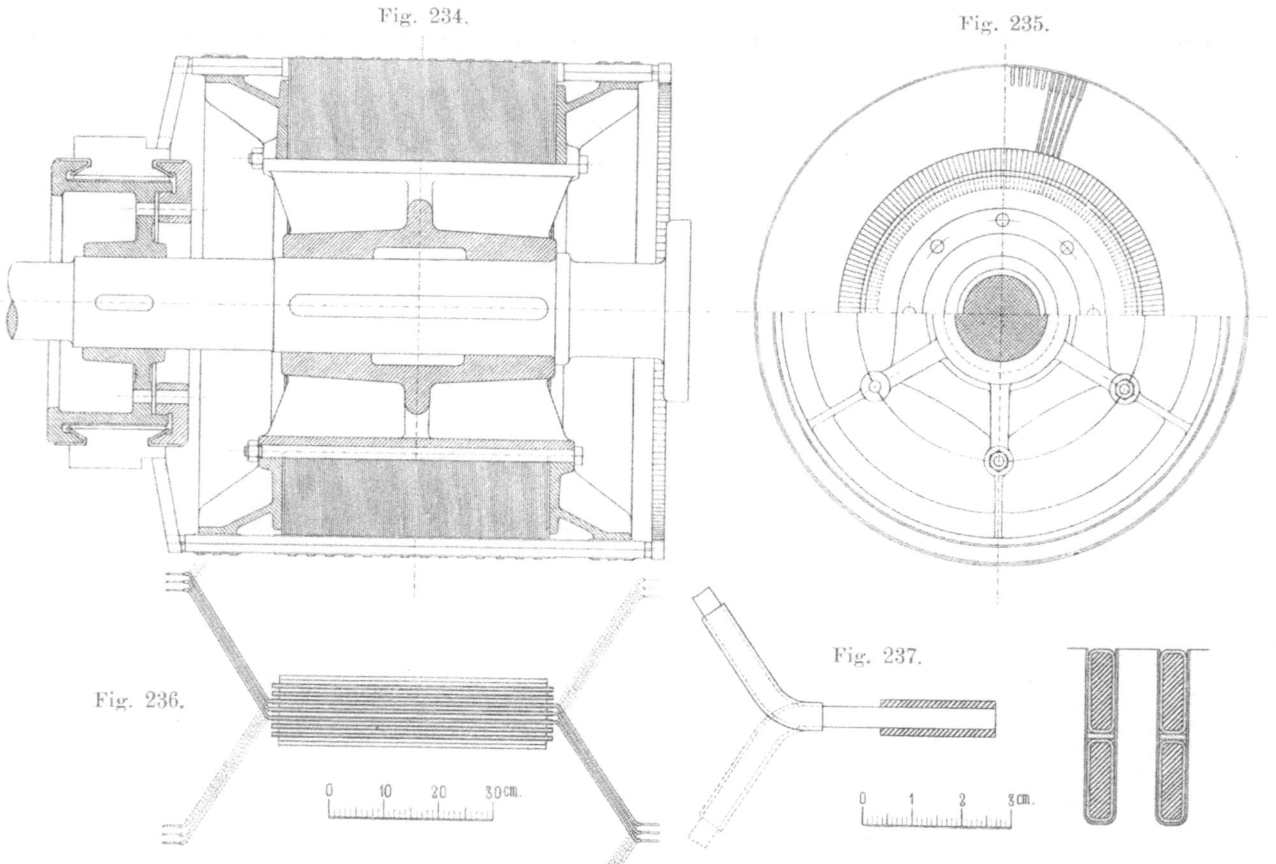

Fig. 234—237. Anker mit Stabwicklung von Brown, Boveri & Co.

Trommelanker mit Stabwicklung von Brown, Boveri & Co. Auch bei dieser, in Fig. 234 bis 237 aufgezeichneten Konstruktion eines Ankers von 900 mm Durchmesser und 480 mm Eisenbreite sind die Stäbe am Trommelumfange auf zwei Cylindern angeordnet. In Fig. 236 ist angenommen, dass die Stäbe in Reihenschaltung verbunden seien, die punktirt gezeichneten Stäbe liegen auf dem inneren Cylinder. Die Armaturbleche werden mittels sechs durchgehenden schmiedeeisernen Bolzen, welche zur Hälfte in den Ankerstern und zur Hälfte in die Bleche eingreifen, zusammengepresst.

Die Ansicht des Ankers einer Erregermaschine der Centrale in Frankfurt a. M. ist in Fig. 238 wiedergegeben; sie lässt die Konstruktion der Wicklung deutlich erkennen.

Fig. 238. Trommelanker mit Stabwicklung von Brown, Boveri & Co.

Trommelanker einer 36 KW-Maschine der Gesellschaft für Elektrische Industrie in Karlsruhe. (Fig. 239 u. 240.) Dieser Anker ist für direkte Kupplung mit einem Gasmotor bestimmt.

Die Ankerbleche werden durch zwei Deckel und acht durchgehende schmiedeeiserne Bolzen gehalten, welche zur Hälfte in die Bleche eingreifen.

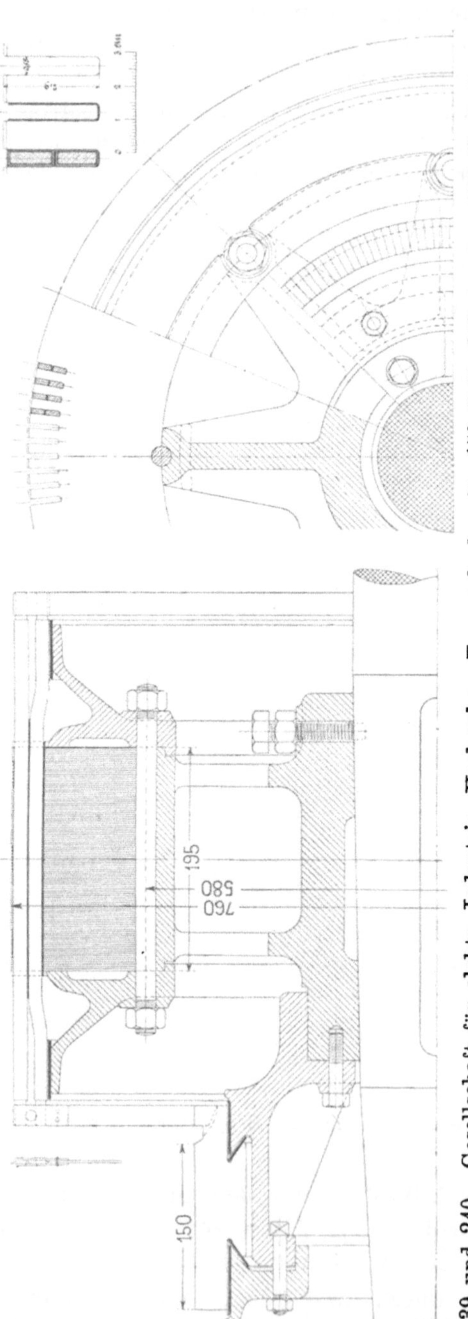

Fig. 239 und 240. Gesellschaft für elektr. Industrie, Karlsruhe. Trommelanker für 150 Volt, 240 Ampère, 190 Umdrehungen.

Die Abmessungen sind:

Klemmenspannung 150 Volt
Stromstärke 240 Ampère
Umdrehungen 190
Ankerdurchmesser 76,0 cm
Eisenlänge 19,5 cm
Totale Eisenhöhe 12,0 cm
Stabzahl 346 (Reihenschaltung $a = 1$)
Stabquerschnitt
3,5 × 12 mm nackt
4,5 × 13 „ isolirt
Nutenzahl 173
Nutentiefe 2,9 cm
Nutenbreite 0,55 cm
Kollektordurchmesser 43,0 cm
Kollektorbreite 15,0 cm
Polbogen 23,5 cm
Polzahl 8
Feldbohrung 77,0 cm.

Trommelanker mit Stabwicklung der E.-A.-G. vorm. Schuckert & Co. Die Konstruktion eines vierpoligen Stabankers dieser Firma ist in Fig. 241 bis 245 zusammengestellt. Derselbe entspricht einer Leistung von ca. 60 Kilowatt bei 110 Volt und 600 Touren pro Minute. Der Ankerkern ist mit seitlichen Bronceplatten versehen und mit isolirten Siliciumbroncestiften zusammengeschraubt. In 80 Nuten desselben liegen 160 quadratische Stäbe, je zwei übereinander, und zwar liegt

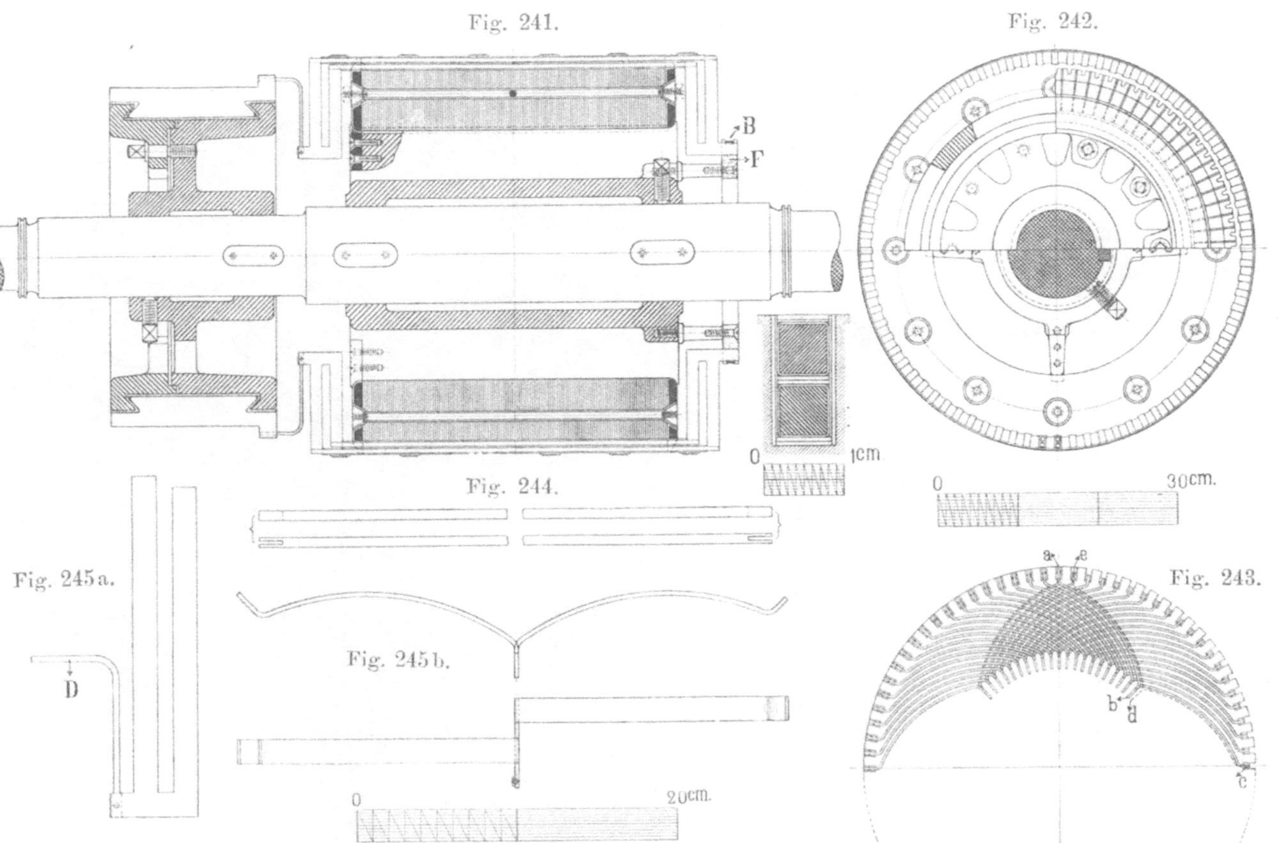

Fig. 241—245. E.-A.-G. vorm. Schuckert & Co. Trommelanker mit Stabwicklung für 110 Volt, 550 Ampère, 600 Umdrehungen.

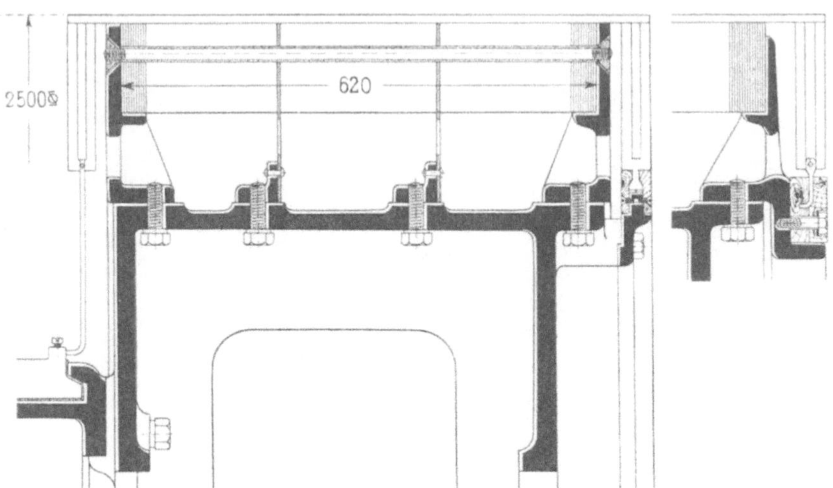

Fig. 246. E.-A.-G. vorm. Schuckert & Co., Nürnberg. Befestigung der Verbindungsgabeln.

Fig. 247. Anker der Westinghouse Electric and Mfg. Co.

unten in der Nut ein kurzer und oben ein langer, zu beiden Seiten vorstehender Stab. Die Stäbe sind an beiden Enden (Fig. 244) eingefräst und werden durch besondere Verbindungsgabeln (Fig. 245), welche aus Kupferblech ausgestanzt werden, miteinander verbunden.

Fig. 248. Anker von Brown, Boveri & Co.

Da jeweils ein kurzer Stab mit einem langen, oder ein innerer Stab mit einem äussern verbunden wird, so ist ein Schenkel der Gabel kürzer als der andere. Die nach Fig. 245 a ausgestanzten Gabeln werden auf Schablonen in die durch das Schema Fig. 243 bestimmte und in Fig. 245 b nochmals dargestellte Form gepresst. Die Stäbe sind nach der gewöhnlichen Schleifen-Parallelschaltung miteinander verbunden, so z. B. der äussere Stab *a* (Fig. 243) durch die Gabel *abc* mit dem inneren Stabe *c*, und auf der Rückseite der Stab *c* durch die punktirt angedeutete Gabel *cde* mit dem äussern Stabe *e* u. s. f.

Auf der hintern Seite werden die Gabeln durch einen gezahnten Fiberring *F* (Fig. 241) und ein Schnurband *B* gehalten; vorn sind dieselben durch kurze Verbindungsdrähte aus schlechtleitendem Metalle mit den Kollektorlamellen verbunden.

Bei grossen Trommelankern, Fig. 246, verwendet Schuckert & Co. für die Verbindungsgabeln eine durch ihre Einfachheit bemerkenswerthe Befestigungsart. Mit jeder Gabel auf der Kollektorseite wird ein Draht vernietet und verlöthet und mit einer Lamelle verbunden. Auf der hinteren Seite erhält jede Gabel entweder eine griffartige Verlängerung oder ein kurzes, unten hakenförmig umgebogenes Drahtstück. Mit diesen Fortsätzen greift jede Gabel in die Auskerbungen eines Holzringes, auf den ein zweiter Holzring geschraubt wird, nachdem alle Gabeln befestigt sind.

Zwei fertige Anker mit Stabwicklung stellen die Fig. 247 und 248 dar. Bei beiden sind die Stäbe in den Nuten durch Keile befestigt. Der Anker von Brown Boveri & Co. mit Mantelwicklung hat ausserdem auf jeder Seite noch vier Drahtbänder. Die zum Kollektor führenden blanken Kupferbänder sind leicht gebogen und werden in der Mitte durch zwei durchgezogene Hanfschnüre in ihrem gegenseitigen Abstande festgehalten.

Elftes Kapitel.

39. Das Material der Feldmagnete. — 40. Die Befestigung des Polschuhes an dem Magnetkern und des Magnetkernes an dem Joch. Jochquerschnitte. — 41. Die Spulenkasten und die Magnetspulen. — 42. Anordnung der Compoundwicklung.

39. Das Material der Feldmagnete.

Die hauptsächlichsten Formen und Anordnungen der Feldmagnete sind im dreizehnten Kapitel, Band I, besprochen worden. Im heutigen Dynamobau kommt fast ausschliesslich die Radialpoltype zur Verwendung. Das Feldsystem einer solchen Type besteht aus den Polschuhen, den Magnetkernen und den Jochverbindungen. Als Material für diese Theile wird weicher Stahlguss, Flusseisen, Schmiedeeisen, Eisenblech und Gusseisen verwendet.

Für die Wahl des Materials sind seine magnetischen und elektrischen Eigenschaften, die Herstellungskosten und das Gewicht der Maschine und oft noch andere Punkte, wie Lieferzeit u. s. f. massgebend.

Die magnetische Sättigungsgrenze liegt für Schmiedeeisen, weichen Stahlguss und Flusseisen etwa doppelt so hoch wie für Gusseisen; die ersteren ergeben daher bei gleichem Kraftfluss ungefähr halb so grosse Querschnitte. Um an Erreger-Kupfer zu sparen, wird daher für die Magnetkerne selten Gusseisen, sondern fast immer Stahlguss, Flusseisen, Schmiedeeisen oder Eisenblech, die wir als Weicheisen bezeichnen wollen, verwendet. Magnetkerne aus den ersteren drei werden häufig mit dem Polschuh aus einem Stück hergestellt und in Gesenke geschmiedet, damit der Polkern möglichst homogen wird und keine Nacharbeit erfordert.

Der kreisförmige Querschnitt ist für die Magnetkerne der günstigste, weil er die kleinste Windungslänge für die Magnetwicklung ergiebt. Die Blechpole haben den Nachtheil, dass sie für runden Querschnitt ungeeignet sind, dagegen erhalten wir damit gleichzeitig lamellirte Polschuhe; bei kleineren Maschinen mit weiten Nuten, sind daher lamellirte Pole sehr beliebt.

Grosse Magnetkerne werden meistens massiv gemacht mit rundem Querschnitt, und wenn der Polschuh lamellirt sein soll, wird er für sich aus Eisenblech hergestellt. Wegen der geringen Permeabilität und der kleineren Leitfähigkeit für die Wirbelströme werden auch auf Weicheisenpole gusseiserne Polschuhe aufgeschraubt; es ist jedoch besser, stärker über das Knie der Magnetisirungskurve hinaus gesättigte Weicheisenpole zu verwenden, die nötigenfalls lamellirt werden.

Die verschiedene Form der Magnetisirungskurve von Weicheisen und Gusseisen kommt oft bei der Wahl des Materials für das Joch in Betracht. Für eine Nebenschlussmaschine, die mit sehr verschiedenen Klemmenspannungen arbeiten, z. B. beleuchten und Akkumulatoren laden soll, ist es günstig, das Joch aus Gusseisen herzustellen, weil die Leerlaufcharakteristik dann allmählicher abbiegt als bei einem Weicheisenjoch. In letzterem Falle gelangt man vor dem Knie der Leerlaufcharakteristik bald zu wenig stabilen Betriebsverhältnissen. In allen solchen und ähnlichen Fällen ist es zweckmässig, auf den verschiedenen Charakter der Magnetisirungskurven der Materialien Rücksicht zu nehmen.

Bei Maschinen mit grossem Durchmesser, bei welchen ein Weicheisenjoch zu wenig Festigkeit besitzt und sich durchbiegen wird, ergiebt der grössere Querschnitt eines gusseisernen Joches auch grössere Steifigkeit und zugleich ein besseres Aussehen der Maschine. —

Wenn man ausserdem beachtet, dass das Gusseisen dem Konstrukteur grössere Freiheit in der Formgebung gestattet, dass es leichter und rascher zu beschaffen und zu bearbeiten ist, so ist erklärlich, dass das Joch noch vielfach aus Gusseisen hergestellt wird. —

Zu beachten ist, dass das Gusseisen infolge seiner grösseren Koercitivkraft mehr Zeit zur Magnetisirung und Entmagnetisirung verbraucht als Weicheisen; wo ein rasches Anlaufen oder Ummagnetisiren nötig ist, wäre daher Gusseisen zu vermeiden.

Bei Maschinen mit Compoundwicklung und rasch wechselnden Belastungen, wie sie z. B. im Bahnbetrieb vorkommen, ist die magnetische Trägheit der Compoundirung hinderlich, und bei Maschinen mit grossen Eisenmassen wird das Magnetfeld der rasch wechselnden magnetisirenden Kraft nur in sehr geringem Maasse folgen. Vollständig lamellirte Pole und Weicheisenjoch sind in solchen Fällen vorzuziehen.

40. Die Befestigung des Polschuhes an dem Magnetkern und des Magnetkernes an dem Joch. Jochquerschnitte.

Verschiedene Formen der Magnetkerne und der Polschuhe, wie sie zur Erreichung eines günstigen kommutirenden Feldes und

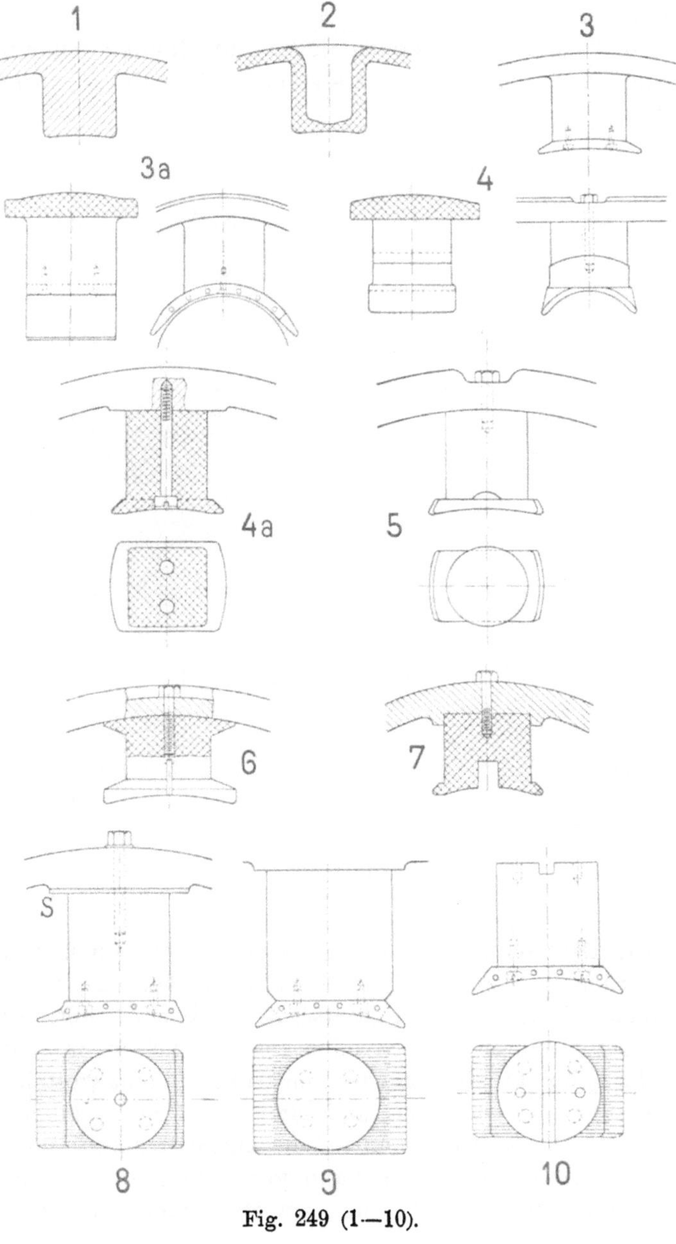

Fig. 249 (1—10).

einer kleinen Quermagnetisirung zu entwerfen sind, sind auf Seite 395 I. ausführlich besprochen worden. Die konstruktive Ausführung geben die nachfolgenden Fig. 249 No. 1 bis 17.

In No. 1 und 2 ist kein Polschuh vorhanden, Magnetkern und Joch sind zusammengegossen; der Stahlgusspol (No. 2) kann eine Höhlung erhalten.

In No. 3 und 3a bestehen Joch und Magnetkern aus Stahlguss, und der Polschuh, massiv oder lamellirt, wird aufgeschraubt.

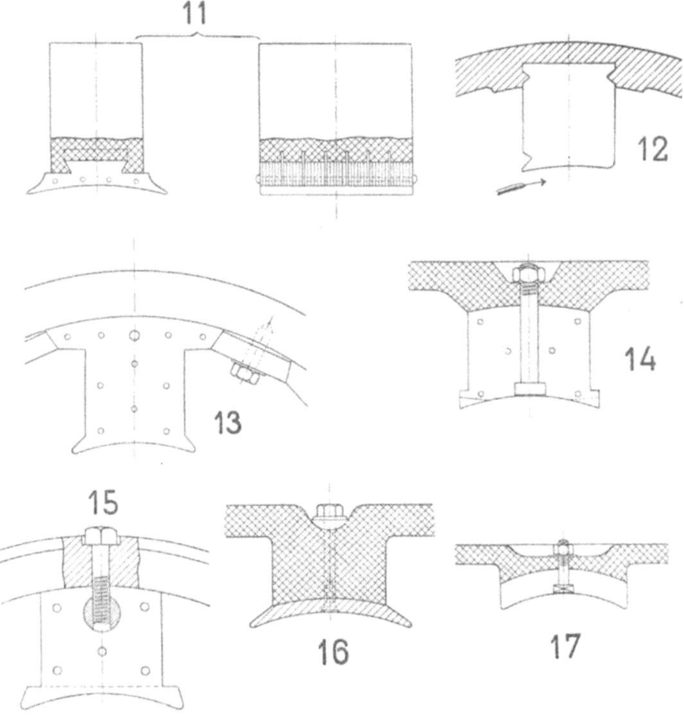

Fig. 249 (11—17).

Sofern das Joch und die Magnetkerne in einem Stück gegossen werden, bilden sich in den massiven Kernen leicht Blasen. Es ist daher besser, die Magnetkerne, entweder mit oder ohne Polschuh besonders zu giessen oder aus Weicheisen zu schmieden. In den No. 4 bis 11 sind solche Konstruktionen dargestellt. — Besteht das Joch aus Gusseisen und sind die Weicheisenkerne stark gesättigt, so ist es gut, den Uebergangsquerschnitt vom Kerne zum Joch zu vergrössern; das kann geschehen, indem man wie in No. 6 den Fuss des Magnetkernes erweitert oder ihn wie in No. 7

in eine Vertiefung des Joches einlässt oder eine schmiedeiserne Platte *S* von 5 bis 10 mm Stärke zwischen Magnetkern und Joch einlegt, wie in No. 8.

Bei grossen Luftinduktionen wird der Kerndurchmesser oft so gross, dass der Polschuh nur richtig ausgebildet werden kann, wenn eine Einschnürung des Querschnittes, wie in No. 9, vorgenommen wird. No. 10 zeigt eine runde Polform mit seitlicher Abschrägung für kleine Ankerlängen und grosse Polbogen. In beiden Fig. No. 9 und 10 sind die lamellirten Polschuhe aufgeschraubt, und an den Polspitzen ist die Hälfte der Bleche abgeschnitten.

Der Magnetkern und der lamellirte Polschuh lassen sich auch durch das Giessverfahren vereinigen, indem man das mit Schwalbenschwanz (No. 11) versehene Blechpacket in die Gussform einlegt.

Dasselbe Verfahren wird auch angewandt, um die Blechpole mit dem Joch zu verbinden, wie No. 12 veranschaulicht, und hat sich gut bewährt. An der Polecke, unter welcher die Kommutation sich vollzieht, oder auch an beiden Polecken kann durch Einschnürung des Querschnittes eine Polspitze hergestellt werden.

Die Figuren 249 No. 13 bis 17 zeigen noch einige andere gebräuchliche Arten der Befestigung von lamellirten Polen.

Jochquerschnitte. (Fig. 250 No. 1 bis 15.) Die Formen 1 bis 3 eignen sich bei kleineren Maschinen mit offener Bauart sowohl für Gusseisen als Weicheisen. Um bei grösseren Maschinen und kleinen Jochquerschnitten, die man für Weicheisen erhält, die nöthige Steifigkeit zu erlangen, wählt man Querschnittsformen ähnlich den No. 7 und 8, während die Querschnitte No. 10 bis 15 für die gusseisernen Joche von grösseren Maschinen bestimmt sind.

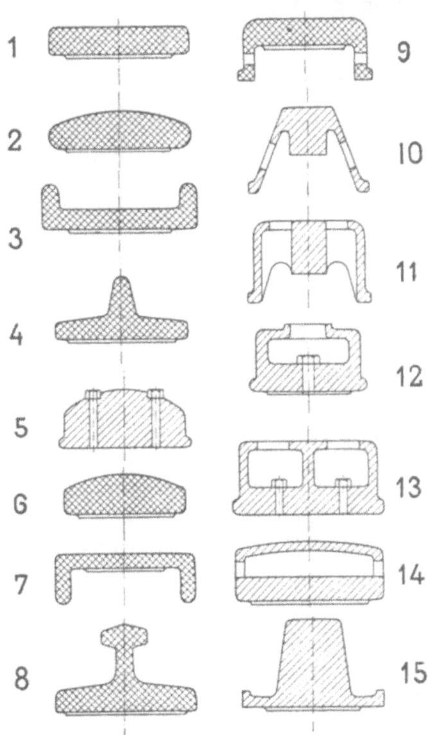

Fig. 250. No. 1—15 Jochquerschnitte.

41. Die Spulenkasten und die Magnetspulen.

Die Feldwicklung wird meistens in sog. Spulenkasten, welche auf die Magnetkerne aufgepasst werden, gewickelt. Diese Kasten bestehen entweder aus Isolirmaterial (imprägnirtem und lackirtem Papier, gehärtetem Asbest) oder aus Metall (Zinkblech, Eisenblech, Messingblech, Messingguss, Gusseisen), das mit Isolirmaterial bekleidet wird. Vielfach werden jedoch die Spulen ohne Kasten hergestellt, mit Band oder Schnur umwickelt und gut isolirt auf den Magnetkernen befestigt.

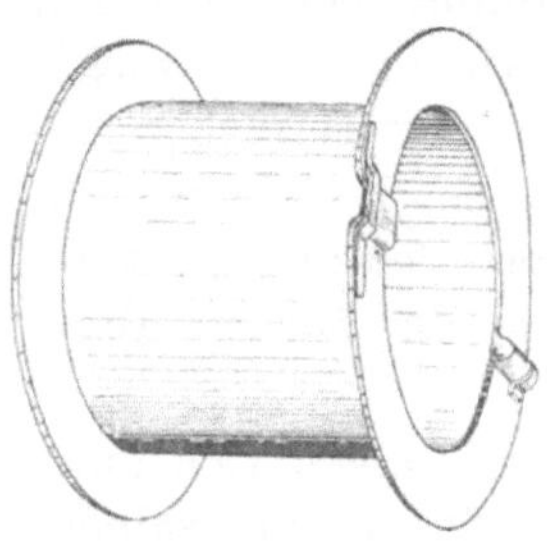

Fig. 251. Spulenkasten aus Amit.

Fig. 251 giebt das Bild eines Spulenkastens aus gehärtetem Asbest. Der Anfang der am inneren Umfange beginnenden Wicklung wird durch einen Kanal im Flansche des Kastens nach aussen geführt.

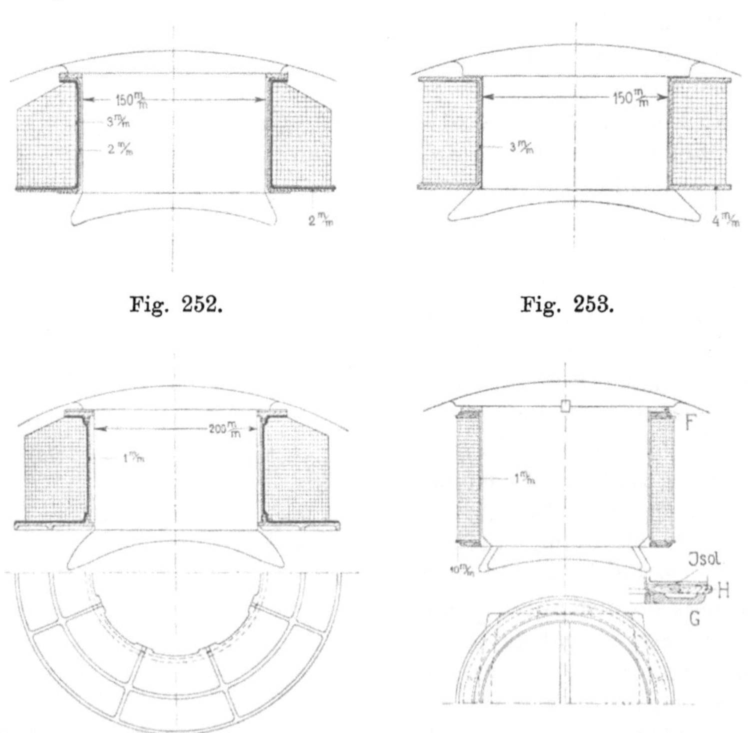

Fig. 252.

Fig. 253.

Fig. 254. A.-G. Volta, Reval.

Fig. 255. Union E.-G., Berlin.

Zwei Kasten aus Zinkblech zeigen die Figuren 252 und 253, während die Kasten Fig. 254 Stirnplatten aus Messingguss besitzen, mit denen ein Rohr oder Cylinder aus Eisenblech von 1 mm Stärke vernietet wird.

Um das Aufpassen der Spulen auf den Kern zu erleichtern, stehen an den Endplatten am inneren Umfange nur einzelne Ansätze vor.

Der Spulenkasten Fig. 255 ist ähnlich gebaut. Die Stirnplatten *G* bestehen aus schmiedbarem Guss und sind mit einem Blechcylinder von 1 mm Stärke vernietet. *H* bezeichnet einen Holzring und *F* einen Ring aus Filz, der zwischen Spule und Joch eingelegt wird.

Zur Isolation werden die Spulenkasten mit Papier, Pressspahn, Baumwolltuch, Segeltuch, Mikaleinen etc. bekleidet.

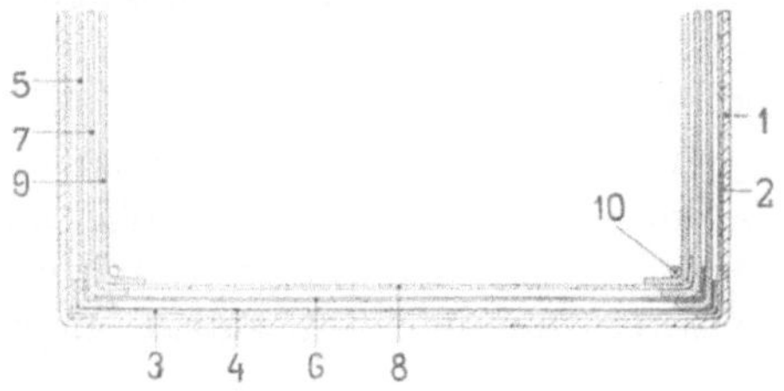

Fig. 256. Spulenkasten aus Zinkblech für 500—700 Volt isolirt.

1. Zinkblechgehäuse 1,2 mm.
2. Segeltuch 0,65 mm.
3. Segeltuch 0,65 mm.
4. 2 × geölte Baumwolle 0,17 mm.
5. Pressspahn, geölt 1,0 mm.
6. 3 × Papier à 0,2 mm.
7. Pressspahn, geölt 1,0 mm.
8. Segeltuch 0,65 mm.
9. Pressspahn, geölt 0,65 mm.
10. Hanfschnur 1,5 mm.

Die Stärke der Isolation richtet sich nach der Spannung des Erregerstromes; sie soll mit genügender Höhe über die äusserste Drahtlage vorstehen. Sie wird aus mehreren Lagen hergestellt, und die einzelnen Lagen der Stirnseiten und des Cylinders sollen sich überlappen. Als Beispiel ist in Fig. 256 die Isolation einer Spule für 500 bis 700 Volt dargestellt. Die Gesammtstärke der Isolation erreicht in diesem Falle 3 bis 4 mm. In den Ecken ist je eine Windung aus Hanfschnur von der Stärke eines Drahtdurchmessers eingelegt. Für Spannungen bis 220 Volt genügt eine Isolationsstärke von 1 bis 2 mm.

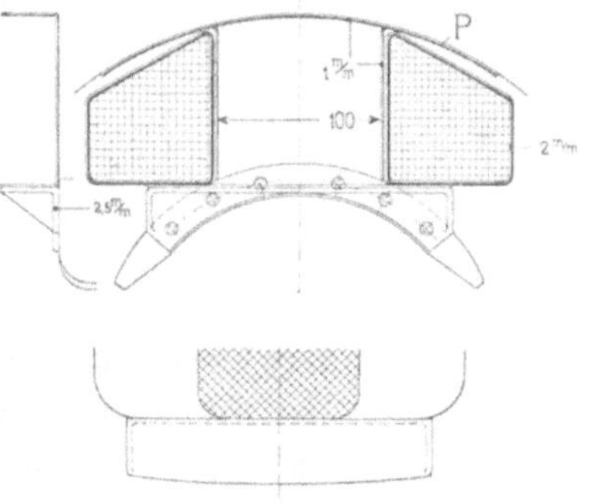

Fig. 257. A.-G. Volta, Reval.

Feldspulen ohne besondere Spulenkasten stellen die Fig. 257 bis 259 dar. In Fig. 257 wird die Spule gleichzeitig mit dem Polschuh festgehalten.

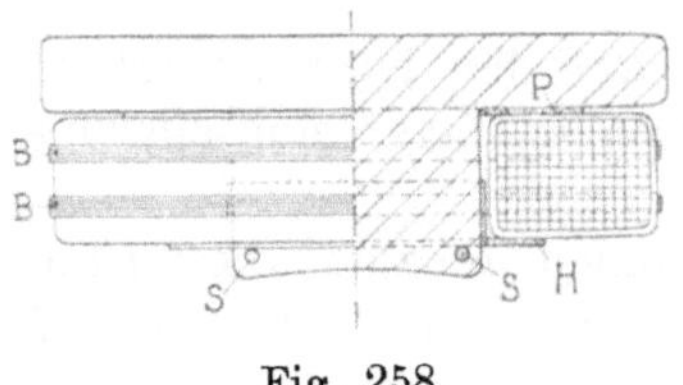

Fig. 258.

Fig. 259.
Erregerspule für Bahnmotor.
E.-A.-G. vorm. Lahmeyer & Co.

In Fig. 258 bezeichnet H eine Hülse aus Messingblech, P eine Pressspahnschicht, B Schnurbänder und S eiserne Stifte, die in den Pol eingeschraubt sind, um die Spule festzuhalten.

Fig. 259 veranschaulicht, wie die Spulen vom Joche aus festgehalten werden können.

Magnetspulen mit Lüftung veranschaulichen die Fig. 260 und 261. In Fig. 260 sind in halber Tiefe der Wicklung Streifen aus Pressspahn eingewickelt, zwischen denen Luftkanäle frei bleiben. Die Endplatten erhalten für den Luftzutritt entsprechende Aussparungen.

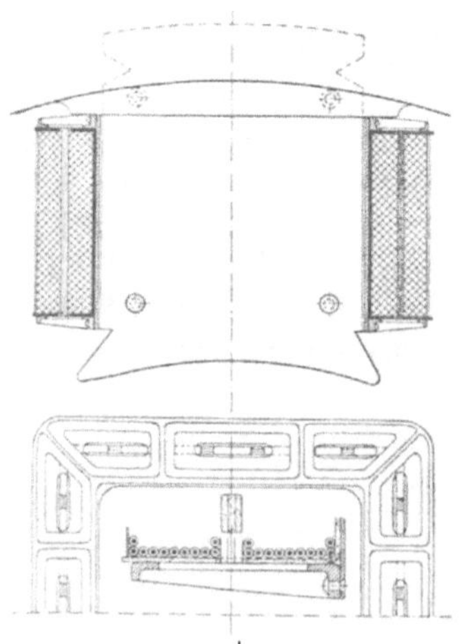

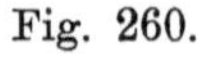

Fig. 260.

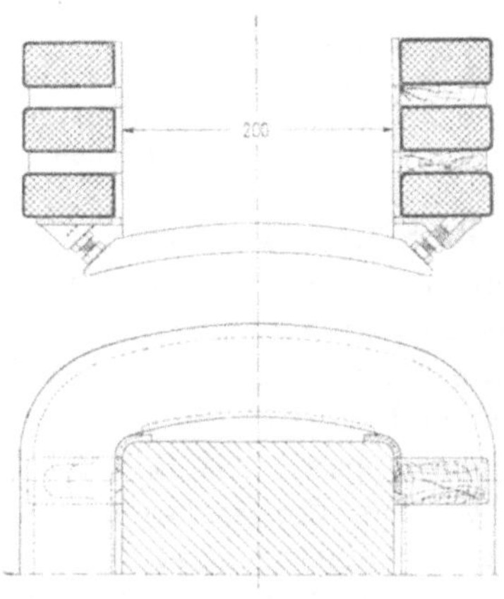

Fig. 261. A. E.-G., Berlin.

Eine andere Art der Lüftung zeigt die Konstruktion der A. E.-G., Berlin Fig. 261. Um die Kühlfläche der Spule zu vergrössern, ist sie aus drei getrennten Theilen hergestellt, die durch Holzleisten vom Kerne und unter sich isolirt sind. Zwischen den Holzleisten kann die Luft längs des Polkernes auf allen vier Seiten frei durchströmen. Um den Querschnitt für die Luft zu vergrössern, ist die Spule auf den äusseren Seiten leicht gewölbt.

Der für die Magnetwicklung verwendete Draht ist ein- oder zweimal besponnen. Einfach besponnener Draht ist zulässig, wenn jede Wicklungslage noch einen Lackanstrich erhält.

Anfang und Ende der Wicklung werden gewöhnlich, wie Fig. 262 zeigt, oder in ähnlicher Art durch ein Kupferblech gefasst. Das Blech wird gut isolirt in die Wicklung eingebettet und am äusseren Ende mit einer Oese versehen, in welche der Verbindungsdraht, der zur benachbarten Spule führt, eingelöthet wird.

Fig. 262. Stromableitungen aus Magnetspulen.

Die Spulen ohne besondere Kasten werden mit Papier, Baumwollband, Leinwand, Schnur etc. umkleidet; bei den Trambahnmotoren werden auch Einlagen aus Mika und Mikanit verwendet. Eine mechanisch feste und gut isolirende Oberfläche wird auf folgende Art erhalten. Die Spule wird in Japan-A-Lack getränkt, mit Isolirmaterial umkleidet, wieder in A-Lack getränkt und schliesslich mit Sterling Lack oder Excelsiorlack gestrichen.

42. Anordnung der Compoundwicklung.

Einige gebräuchliche Anordnungen der Compoundwicklung sind in Fig. 263 dargestellt. In den Fig. 263 No. 1 bis 3 liegt die Hauptschlusswicklung über der Nebenschlusswicklung; in Fig. 263 No. 1 besteht die erstere aus Draht oder Kabel, in Fig. 263 No. 2 aus Draht von rechteckigem Querschnitt, welcher weniger Wicklungsraum beansprucht, und in Fig. 263 No. 3 aus Lagen von Kupferband, die durch Papiereinlagen isolirt sind. Da die zwischen der Haupt- und Nebenschlusswicklung vorhandene maximale Spannungsdifferenz gleich der Klemmenspannung ist, ist eine entsprechende Isolation vorzusehen.

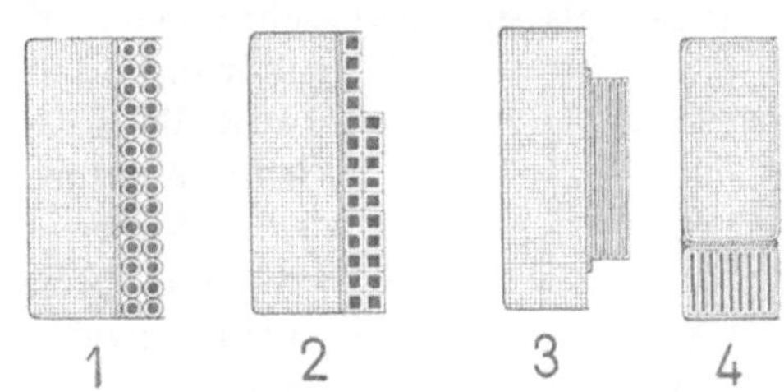

Fig. 263. Anordnung der Compoundwicklung.

In den Fig. 263 No. 4 und 264 sind Haupt- und Nebenschlusswicklung getrennt gewickelt. Die Hauptschlusswicklung besteht aus Kupferband, das flach oder hochkant gebogen wird. Die getrennte Herstellung erleichtert das Aufbringen und Abnehmen der

Fig. 264. Westinghouse Electric and Mfg. Co.

Spulen, und auch in Bezug auf die Abkühlung ist diese Anordnung günstiger als die erstbeschriebene. Fig. 264 entspricht einer Ausführung der Westinghouse Electric and Mfg. Co.; im Vordergrund ist noch eine Windung eines Stabankers sichtbar.

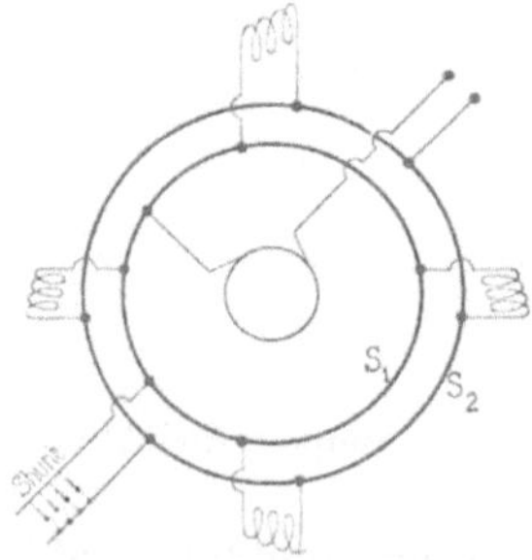

Fig. 265. Parallelschaltung von Hauptschlussspulen.

Wegen der grossen Stromstärken werden die Hauptschlussspulen häufig gruppenweise parallel geschaltet. Fig. 265 zeigt eine Anordnung, bei welcher alle Spulen parallel geschaltet sind. S_1, S_2 sind zwei Sammelschienen, welche die Klemmen der einzelnen Spulen untereinander verbinden. Der Shuntwiderstand zur Regulirung der Compoundirung wird ebenfalls an diese Schienen angeschlossen.

Zwölftes Kapitel.

43. Beispiele von zweipoligen Maschinen. — 44. Beispiele von mehrpoligen Maschinen.

43. Beispiele von zweipoligen Maschinen.

Die Formen der zweipoligen Type sind recht mannigfaltig. Es ist schwieriger, für das zweipolige Feld eine gefällige und für die Ausführung praktische Anordnung zu finden als für das mehrpolige. Seitdem man die Pole lamellirt und die Polspitzen und Zähne stark sättigt und es dadurch möglich geworden ist, bei kleinem Luftspalte die Wirbelstromverluste zu verkleinern, werden die zweipoligen Typen weniger angewandt, und man baut heute auch für ganz kleine Leitungen, etwa von 0,5 PS an, vielfach die leichteren vierpoligen Motoren, bei denen die Schablonenwicklung bequemer auszuführen ist.

Für niedrige Spannungen und normale Umdrehungszahlen werden die zweipoligen Typen, von Ausnahmefällen abgesehen, bis zu einer Leistung von etwa 12 KW gebaut. Für Spannungen über 500 Volt findet dagegen die zweipolige Type auch für grössere Leistungen noch Anwendung, ebenso für hohe Umdrehungszahlen. Im folgenden sind eine Reihe normaler zweipoliger Maschinen, wie sie von den verschiedenen Firmen gebaut werden, abgebildet und beschrieben.

1. **Zweipolige Nebenschlussmaschine der Maschinenfabrik Oerlikon.** (Fig. 266 bis 268.)

In den Fig. 266 bis 268 ist eine zweipolige Type für kleine Leistungen abgebildet, wie sie die Maschinenfabrik Oerlikon für Leistungen bis 9 KW baut. Diese Form in der gegebenen stehenden oder auch in liegender Anordnung ist sehr verbreitet. Sie eignet sich vermöge ihrer gedrängten Bauart (sehr geringer Breite und kleiner Grundfläche) vorzüglich zum Zusammenbau mit Arbeitsmaschinen aller Art, besonders Werkzeugmaschinen.

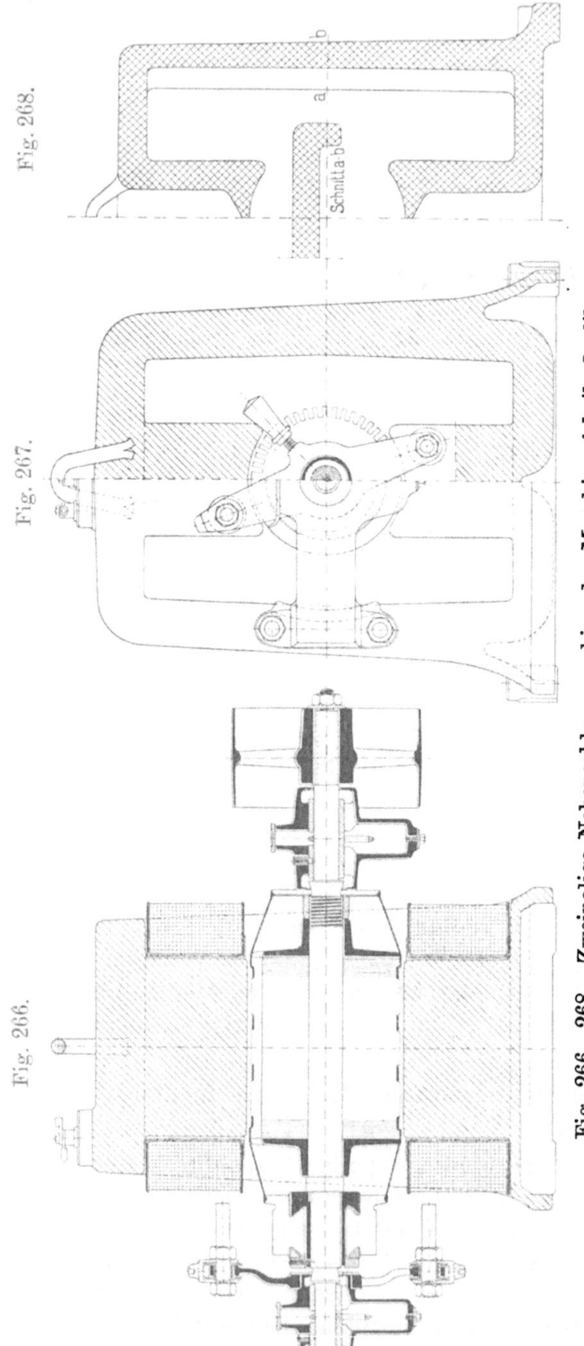

Fig. 266—268. Zweipolige Nebenschlussmaschine der Maschinenfabrik Oerlikon.

Das Magnetgestell besteht in Fig. 267 aus Gusseisen, es wird jedoch auch aus Stahlguss hergestellt und erhält dann die in Fig. 268 gekennzeichnete Gestalt. Da keine Polschuhe vorhanden sind, kann das ganze Magnetgestell aus einem Stück gegossen werden. Früher wurden die Anker dieser Type ausschliesslich von Hand gewickelt, neuerdings verwendet die Firma jedoch auch bei diesen Maschinen Schablonenwicklung mit verkürzter Spulenweite (Sehnenwicklung).

2. 4,5 KW-Nebenschlussgenerator der E.-A.-G. vorm. W. Lahmeyer & Co., Frankfurt a. M. 110 Volt, 41 Ampère, 1500 Umdrehungen. (Fig. 269 und 270.)

In Fig. 269 u. 270 ist eine Maschine mit gusseisernem Joch und eingegossenen Blechpolen dargestellt, wie sie von der E.-A.-G. vorm. W. Lahmeyer & Co. gebaut wird. Der Anker erhält Nuten und eine Schablonenwicklung mit verkürzter Spulenweite. Die Ankerbleche werden

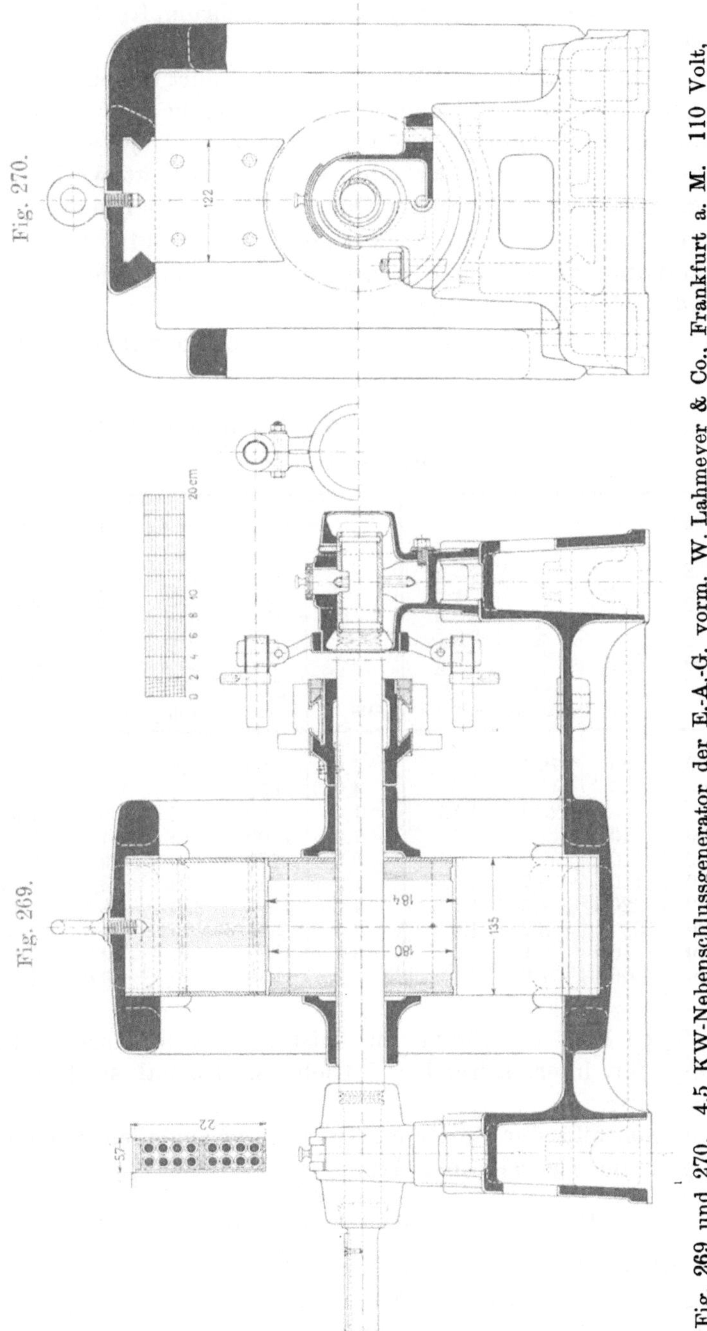

Fig. 269 und 270. 4,5 KW-Nebenschlussgenerator der E.-A.-G. vorm. W. Lahmeyer & Co., Frankfurt a. M. 110 Volt, 41 Ampère, 1500 Umdrehungen.

durch zwei gusseiserne, auf der Welle aufgeschrumpfte Pressringe zusammengehalten.

Die Bürstenstifte sind durch ein Papierrohr isolirt in den Bürstenträger eingeklemmt, und die Lager sitzen auf einer mit der Feldbohrung koncentrisch gedrehten Fläche, wodurch für jede Stellung des Lagers eine centrische Lage des Ankers gesichert wird. Bemerkenswerth ist ferner der hohle Querschnitt des Oelringes.

Dasselbe Modell wird für Spannungen von 65, 110, 220, 440 und 500 Volt und verschiedene Tourenzahlen gebaut, wie aus der nachfolgenden Tabelle ersichtlich ist.

Die fettgedruckten Zahlen gelten für die normalen Tourenzahlen.

Gleichstrom-Motoren. — Modell NA V. der E.-A.-G. vorm. W. Lahmeyer & Co.

Dauerbetrieb					Intermittirender Betrieb				
Leistung PS eff.	Umdrehungen in der Minute ca.	Klemmenspannung Volt	Stromstärke ca. Amp.	Energieverbrauch bei voller Beanspruchung ca. KW	Leistung PS eff.	Umdrehungen in der Minute ca.	Klemmenspannung Volt	Stromstärke ca. Amp.	Energieverbrauch bei voller Beanspruchung ca. KW
5,3	**1300**	**65**	**72,5**	**4,7**	**7,0**	**1200**	**65**	**97**	**6,3**
3,1	720	65	45	2,9	4,0	650	65	58	3,8
1,4	330	65	23,4	1,52	1,8	300	65	30	1,94
5,3	**1300**	**110**	**43**	**4,7**	**7,0**	**1200**	**110**	**57**	**6,3**
2,5	620	110	22	2,42	3,3	560	110	29	3,2
0,9	270	110	9,7	1,07	1,2	250	110	13,2	1,45
5,3	**1300**	**220**	**21,5**	**4,7**	**7,0**	**1200**	**220**	**28,5**	**6,3**
1,9	620	220	8,7	1,9	2,5	560	220	11,6	2,55
4,5	**1300**	**440**	**9,1**	**4,0**	**6,0**	**1200**	**440**	**12,3**	**5,4**
4,0	**1500**	**500**	**7,2**	**3,6**	**5,2**	**1350**	**500**	**9,6**	**4,8**

Diese Type baut die Firma für Leistungen von 1 bis 23 PS. Die Leistung für intermittirenden Betrieb ist 1,3 mal so gros als die Dauerleistung.

Ein Gesammtbild der Maschine mit zwei verschiedenen Grundplatten zeigen die Fig. 271 und 272.

Hauptdaten der Maschine.

Armatur:		Nutenzahl	= 46
Durchmesser	= 18 cm	Nutenweite	= 0,57 cm
Eisenlänge	= 13,5 „	Nutentiefe	= 2,2 „
Eisenhöhe ohne Zähne	= 4,5 „	Luftspalt δ	= 0,3 „

Fig. 271.

Fig. 272.

Fig. 271 und 272. 4,5 KW-Nebenschlussgenerator der E.-A.-G. vorm. W. Lahmeyer & Co., Frankfurt a. M.

Wicklung:

Reihenschaltung a = 1
Drahtzahl N = 368
Drahtdurchmesser = 2 × 18 mm
Drähte in einer Nut = 16

Kollektor:

Durchmesser = 13 cm
Länge = 4,5 „
Lamellenzahl = 92

Magnete:

Polzahl = 2
Kernquerschnitt = 148 cm² Blech
Jochquerschnitt = 125 cm² Guss
Polschuhlänge = 13,5 cm
Polbogen (b_p) = 12,2 „

Wicklung:

Nebenschluss
Schaltung der Spulen: Serie
Windungen pro Spule 2000
Drahtdimensionen ϕ = 1,3 mm

Temperaturerhöhungen:

Anker = 40°
Kollektor = 45°
Magnetwicklung = 30°

Weitere Angaben siehe Haupttabelle lfd. No. 9.

3. **4 KW-Gleichstrommaschine der A.-G. Volta, Reval.** 120 Volt, 33 Ampère, 1300 Umdrehungen. (Fig. 273 u. 274.)

Eine sehr gefällige Form der Maschine wird durch eine kreisförmige Gestalt des Joches erreicht, und ohne dass die magnetische Streuung von den Polschuhen zum Joche hin gross wird, kann der Polschuh und der Polbogen gross gemacht werden, was eine kleinere Bürstenverstellung und Ankerrückwirkung zur Folge hat. Der Verfasser hat diese Form schon im Jahre 1886 für gusseiserne zweipolige Typen ausgeführt.

In den Fig. 273 u. 274 ist eine Maschine der A.-G. Volta in Reval von 4 KW Leistung bei 1300 Umdrehungen dargestellt; Joch und Polkerne sind in einem Stück aus Stahl, die Polschuhe aus Blech und die Lagerschilder aus Gusseisen hergestellt.

Ein Gesammtbild der Maschine giebt Fig. 275.

Hauptdaten der Maschine.

Armatur:

Durchmesser = 19 cm
Eisenlänge = 16 „
Eisenhöhe ohne Zähne = 5,8 „
Nutenzahl = 24
Nutenweite = 1,05 cm
Nutentiefe = 1,75 „
Luftspalt δ = 0,3 „

Wicklung:

Reihenschaltung a = 1
Drahtzahl N = 288
Drahtdurchmesser = 2,7/3,1 mm
Drähte in einer Nut = 12

Kollektor:

Durchmesser = 14 cm
Länge = 7 „
Lamellenzahl = 48

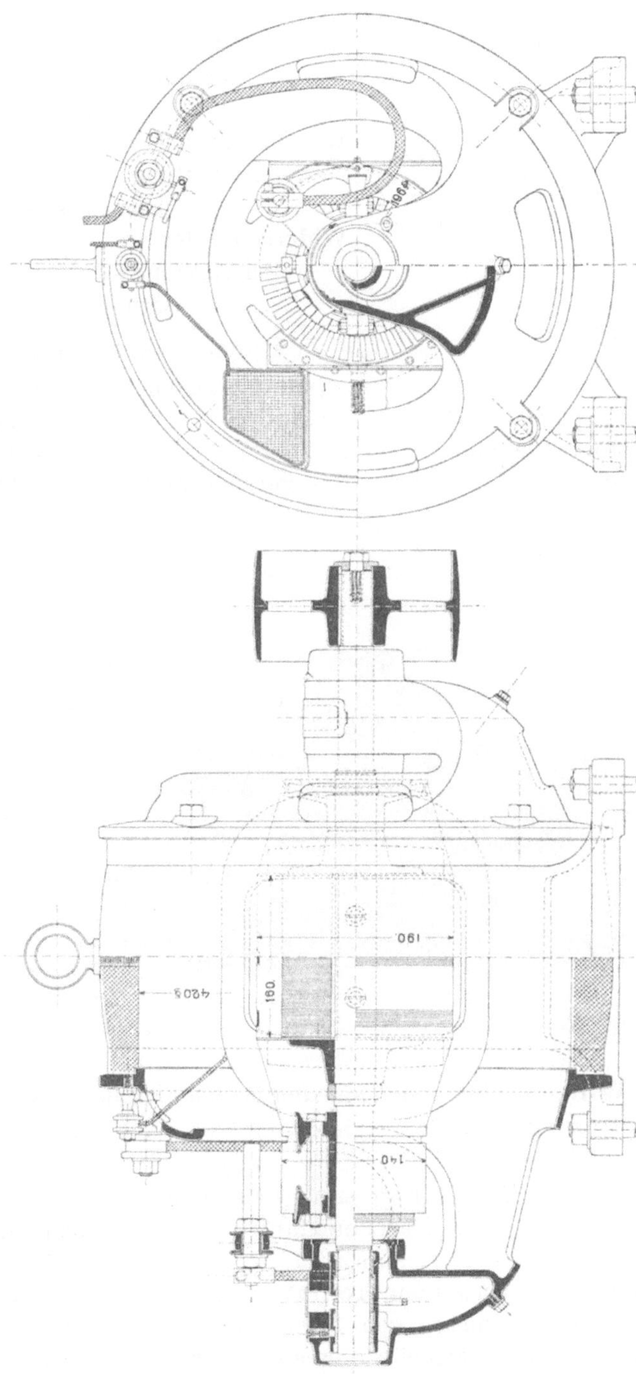

Fig. 273 und 274. 4 KW-Gleichstrommaschine der A.-G. Volta, Reval. 120 Volt, 33 Ampère. 1300 Umdrehungen.

Magnete:

Polzahl = 2
Kernquerschnitt = 150 cm² Stahlguss
Jochquerschnitt = 83 „ „
Polschuhlänge = 16 cm
Polbogen (b_p) = 20,5 „

Wicklung:

Nebenschluss
Schaltung der Spulen: Serie
Windungen pro Spule 900
Drahtdimensionen ϕ = 1,2/1,5 mm

Versuchsergebnisse:

Ankerwiderstand (kalt) = 0,0856 Ω
Widerstand der Erregerwicklung: kalt = 45,4 „
Widerstand der Erregerwicklung: warm = 58,5 „

Temperaturerhöhungen:
(mit Thermometer ermittelt)

Anker = 44°
Kollektor = 44°
Erregerwicklung = 38°

Fig. 275. 4 KW-Maschine der A.-G. Volta, Reval.

4. 132 KW-Hauptschlussmaschine der Maschinenfabrik Oerlikon für Kraftübertragungen. 2000 Volt, 66 Ampère, 475 Umdrehungen. (Fig. 276 u. 277.)

Eine zweipolige Type für grössere Leistungen ist in Fig. 276 und 277 dargestellt. Die Maschinenfabrik Oerlikon baut diese Maschinengattung in 7 Normalgrössen von 22 bis 150 KW als Seriemaschinen für Hochspannungskraftübertragungen und verwendet dabei normal die Spannungen von 1000, 1500 und 2000 Volt. Die Haupteigenschaften und Vortheile dieses Uebertragungssystems sind in Abschnitt 131 näher erläutert.

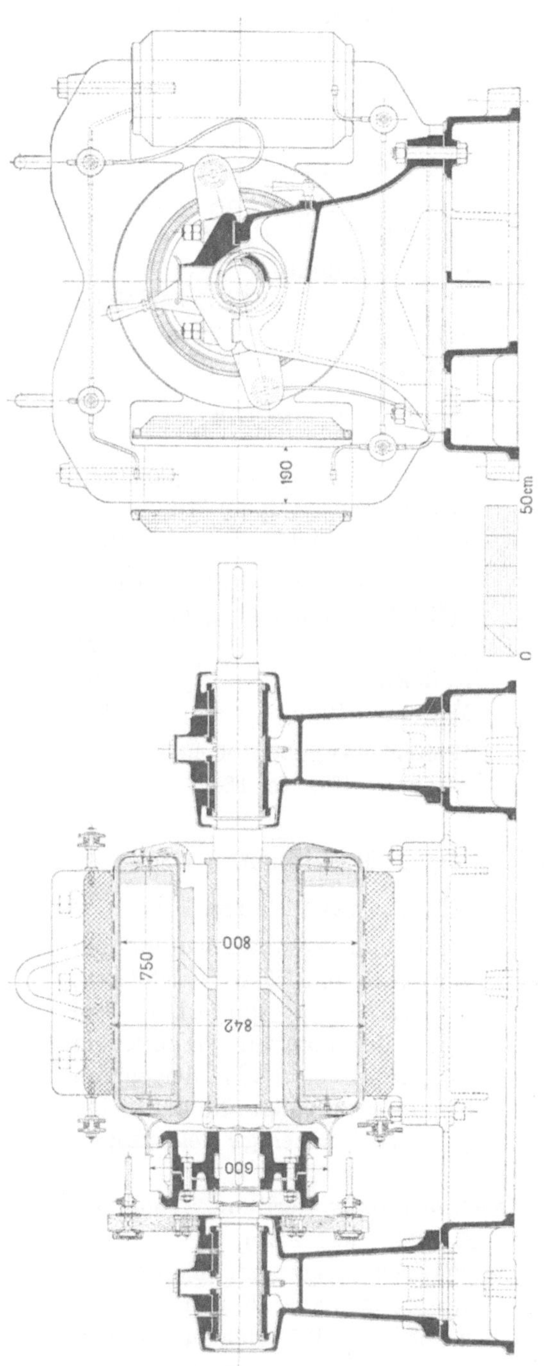

Fig. 276 und 277. 132 KW-Hauptschlussmaschine der Maschinenfabrik Oerlikon für Kraftübertragungen. 2000 Volt, 66 Ampère, 475 Umdrehungen.

Die magnetische Anordnung der Maschine entspricht der sogen. Manchestertype. Diese früher vielfach ausgeführte Bauart ist heute, abgesehen von dem vorliegenden speciellen Falle, wohl vollständig verlassen, da sie eine sehr grosse Streuung ergiebt und auch in Bezug auf das Gewicht der Maschinen ungünstig ist. Der glatte Anker ist mit Ringwicklung versehen, welche bei Hochspannungsmaschinen den Vortheil bietet, dass die Spannung zwischen benachbarten Wicklungselementen nur gleich der in einer Spule inducirten EMK wird.

Das Joch besteht aus Stahlguss und ist auf die gusseiserne Grundplatte aufgeschraubt. Die beiden Magnetspulen sind unter sich parallel geschaltet. Die Führung der Verbindungsleitungen und Anschlüsse auf beiden Seiten des Jochs ist in der Figur deutlich sichtbar.

Bemerkenswerth ist noch die Konstruktion der Bürstenbrille. Auf das Lager ist ein zweitheiliger, schmiedeiserner Führungsring aufgesetzt, an welchen zwei Scheiben aus in Oel gekochtem Holz angeschraubt sind, die die Bürstenstifte tragen. Auch auf beiden Seiten des Ankers sind ölgetränkte Holzringe angebracht.

Hauptdaten der Maschine.

Armatur:

Durchmesser	= 80 cm
Eisenlänge	= 75 „
Eisenhöhe	= 17,5 „
Nutenzahl	= 210
Luftspalt δ	= 2,1 cm

Wicklung:

Reihenschaltung a	= 1
Drahtzahl N	= 840
Drahtdurchmesser	= 5,2 mm
Drähte in einer Nut	= 4

Kollektor:

Durchmesser	= 60 cm
Länge	= 12 „
Lamellenzahl	= 210

Magnete:

Polzahl	= 2
Kernquerschnitt	= 1430 cm² Stahl
Polschuhlänge	= 75 cm
Polbogen (b_p)	= 97 „

Wicklung:

Hauptschluss

Schaltung der Spulen: parallel

Windungen pro Spule 704

Drahtdimensionen $\phi = 7{,}0$ mm

Temperaturerhöhungen:
(Mit Thermometer gemessen.)

Anker	= 37°
Kollektor	= 28°
Magnetwicklung	= 38°

Weitere Angaben siehe Haupttabelle lfd. No. 16.

44. Beispiele mehrpoliger Maschinen.

I. Maschinen mit geschlossener Bauart.

Um die Wicklung und den Kollektor vor Beschädigungen durch äussere Einwirkungen, z. B. vor Staub und Nässe zu schützen, ist in vielen Fällen eine Einkapselung des Motors erforderlich. Die Einkapselung vermindert die Abkühlung des Motors in erheblichem Maasse; seine Dauerleistung beträgt nur 40 bis 60% derjenigen bei offener Bauart. Bei aussetzendem Betrieb steigt die zulässige Belastung, und zwar um so mehr, je öfter kurzzeitige Belastungen mit Ruhepausen abwechseln.

5. **3 PS-Kapselmotor der Maschinenfabrik Oerlikon.** 105 Volt, 27 Ampère, 1400 Umdrehungen. (Fig. 278 und 279.)

Der Motor ist vollständig geschlossen; sogar die Lager sind möglichst nach innen verlegt. Die obere Lageröffnung ist mit eingekapselt und erst nach Abheben der Deckelklappen zugänglich, um das Eindringen von Staub in die Lager möglichst zu verhindern.

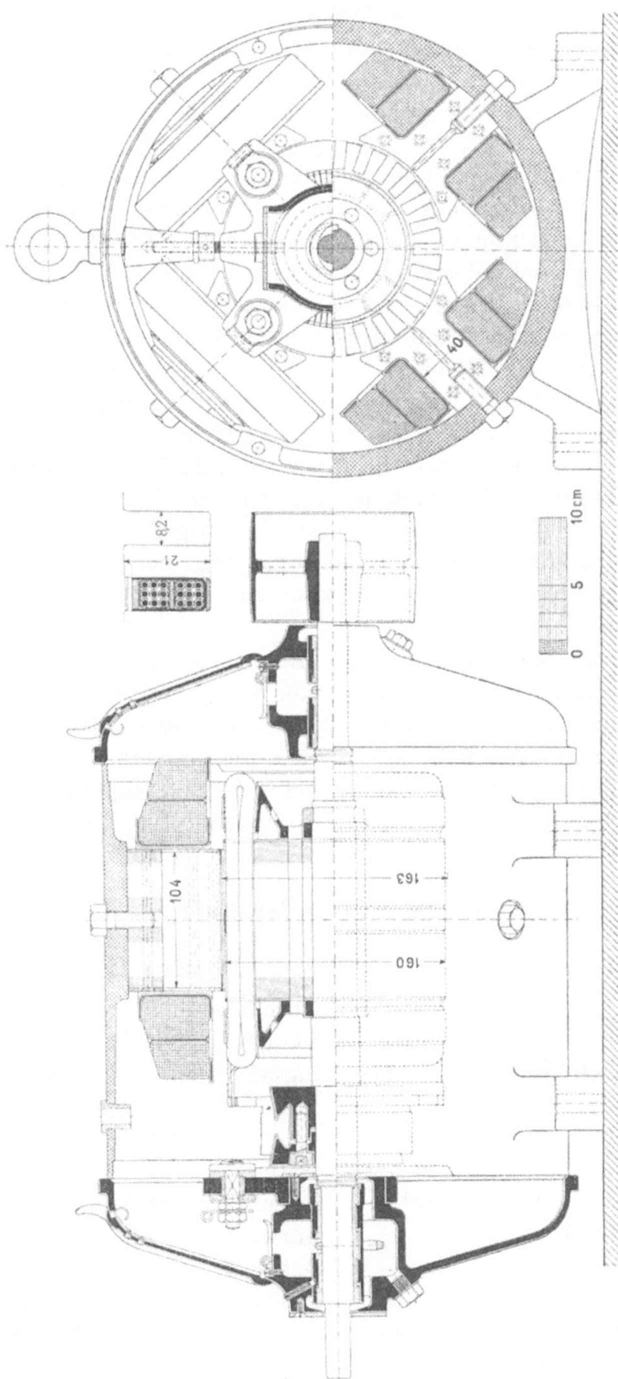

Fig. 278 und 279. 3 PS-Kapselmotor der Maschinenfabrik Oerlikon. 105 Volt, 27 Ampère, 1400 Umdrehungen.

Die auf das Stahlgehäuse aufgeschraubten Blechpole sind in der Mitte mit radialen Schlitzen versehen, um die Quermagnetisirung zu verringern. An den Polspitzen ist die Hälfte der Bleche abgeschnitten. Durch die Verwendung der lamellirten Pole ist es ermöglicht, dem Anker trotz des geringen Luftraums von 1,5 mm eine ziemlich grobe Theilung zu geben. Die Ankerbleche werden durch einen Schrumpfring, der in einer flachen Eindrehung der Welle festsitzt, zusammengehalten; sechs axiale Luftöffnungen dienen zur Abkühlung der Bleche und verbessern die Luftcirkulation im Innern des Motors. Auch bei Herstellung der Magnetspulen ist für möglichst gute Abkühlung Sorge getragen, um eine intensive Materialausnutzung erreichen zu können. Sie sind in zwei Abtheilungen gewickelt, welche durch zwischengelegte Pressspahnstreifen getrennt sind, ähnlich wie die auf Seite 170 beschriebene Magnetspule Fig. 260, und die obere Stirnfläche ist möglichst unbedeckt gelassen. Die Bürstenstifte sind, um Verdrehung zu vermeiden, an der Einsatzstelle vierkantig ausgeführt, und die Zuleitungen sind ohne Zwischenschaltung von besondern Klemmen an sie angeschlossen. Die Riemenscheibe kann auf beiden Seiten der Maschine aufgesetzt werden.

Der Motor hat bei der vollen Belastung von 3 PS einen Wirkungsgrad von 78%, bei Halblast von 70%. Das Gesammtgewicht der Maschine beträgt 115 kg. Bei einstündigem Betrieb ergiebt sich eine Temperaturerhöhung von 45°; bei dreistündigem, ununterbrochenem Betrieb kann der Motor bei gleicher Temperaturerhöhung nur die halbe Leistung von 1,5 PS abgeben.

Hauptdaten der Maschine.

Armatur:

Durchmesser	= 16 cm
Eisenlänge	= 11,4 „
Eisenhöhe ohne Zähne	= 3,1 „
Nutenzahl	= 25
Nutenweite	= 0,82 „
Nutentiefe	= 2,1 „
Luftspalt δ	= 0,15 „

Wicklung:

Reihenschaltung a	= 1
Drahtzahl N	= 450
Drahtdurchmesser	= 1,8/2,2 mm
Drähte in einer Nut	= 18

Kollektor:

Durchmesser	= 11,6 cm
Länge	= 3 „
Lamellenzahl	= 75

Bürsten:

Material	Kohle
Anzahl der Stifte	= 2
Bürsten pro Stift	= 1
Bedeckte Lamellen	= 2,1
Auflagefläche einer Bürste	
Breite	= 1 cm
Länge	= 2,5 „

Magnete:

Polzahl = 4
Kernquerschnitt = 36 cm² Blech
Jochquerschnitt = 20 „ Stahlguss
Polschuhlänge = 11 cm
Polbogen (b_p) = 8,6 „

Wicklung:
Nebenschluss
Schaltung der Spulen: Serie
Windungen pro Spule 1420
Drahtdimens. ϕ = 1,0/1,3 mm

Temperaturerhöhungen
(mit Thermometer gemessen):
Anker = 45°
Kollektor = 40°
Magnetwicklung = 40°

6. **5 PS-Kapselmotor der E.-A.-G. vorm. W. Lahmeyer & Co.** 110 Volt, 42 Ampère, 850 Umdrehungen. (Fig. 280 und 281.)

Der Motor hat eine gefällige und gedrungene Form. Um einen guten Temperaturausgleich im Innern zu erreichen, ist das Ankereisen mit vier axialen Löchern und einem Lüftungsschlitz versehen. Die Welle ist möglichst wenig abgesetzt, und der Anker wird durch einen Wellenbund und einen Schrumpfring in der richtigen Lage gehalten. Die Pole sind aus Blechen zusammengesetzt und mit dem Stahlgehäuse verschraubt. Dasselbe ist zu diesem Zweck an der Stelle, wo die Pole aufliegen, ringsum abgedreht.

Die betrachtete Type wird zur Zeit von der E.-A.-G. vorm. W. Lahmeyer & Co. in zehn Grössen von 2 bis 80 PS ausgeführt, und zwar wird jede Grösse ganz geschlossen oder halbgeschlossen, mit Oeffnungen in den Lagerschildern, hergestellt. Das Verhältniss der Leistungsfähigkeit der einzelnen Modelle, je nachdem sie halbgeschlossen oder ganz geschlossen, für Dauerbetrieb oder für intermittirenden Betrieb verwandt werden, ist aus Fig. 282 zu ersehen. Da bei den vollständig geschlossenen Typen für die Abkühlung im wesentlichen nur die Oberfläche des Motorgehäuses in Betracht kommt, wird, wie man sieht, die Leistung eines Modells, namentlich für Dauerbetrieb, durch die Kapselung stark vermindert. Bei intermittirendem Betrieb, bei welchem ausserdem die Wärmekapacität des Motors von Einfluss ist (Bd. I S. 532 ff.), sinkt die Leistungsfähigkeit bedeutend weniger.

Hauptdaten der Maschine.

Armatur:

Durchmesser = 22,5 cm
Eisenlänge mit Luftschlitzen = 11,4 „
Eisenlänge ohne Luftschlitze = 10,4 „
Eisenhöhe ohne Zähne = 5,45 cm
Nutenzahl = 38
Nutenweite = 0,7 „
Nutentiefe = 3,7 „
Luftspalt δ = 0,2 „

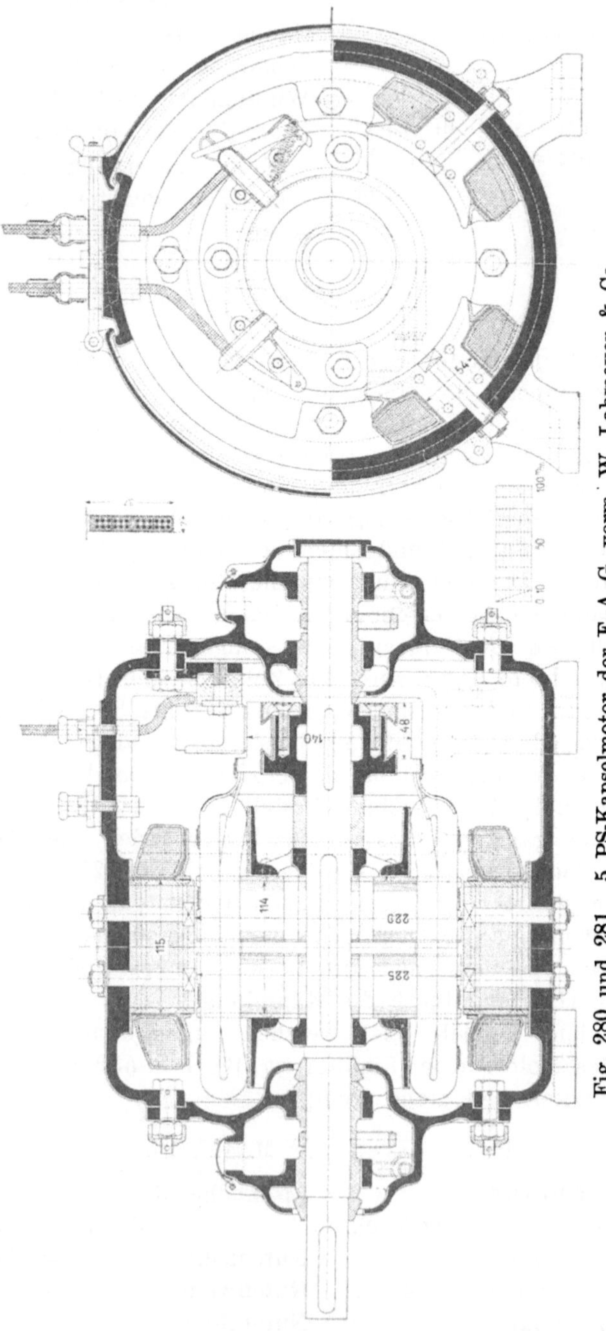

Fig. 280 und 281. 5 PS-Kapselmotor der E.-A.-G. vorm. W. Lahmeyer & Co.
110 Volt, 42 Ampère, 850 Umdrehungen.

Wicklung:

Reihenschaltung a =	1
Drahtzahl N =	456
Drahtdurchmesser =	2 × 2,1 mm
Drähte in einer Nut =	24

Kollektor:

Lamellenzahl	= 76
Durchmesser	= 14 cm
Länge	= 4,8 „

Bürsten.

Material	Kohle
Anzahl der Stifte	= 2
Bürsten pro Stift	= 1
Bedeckte Lamellen	= 2,6

Auflagefläche einer Bürste
Breite = 1,5 cm
Länge = 3,8 „

Magnete:

Polzahl	= 4
Kernquerschnitt	= 56 cm² Blech
Jochquerschnitt	= 55 „ Guss
Polschuhlänge	= 11,5 cm
Polbogen (b_p)	= 12,4 „

Wicklung:

Hauptschluss
Schaltung der Spulen: parallel in 2 Gruppen
Windungen pro Spule = 95
Drahtdimensionen ϕ = 3,1 mm

Temperaturerhöhungen:

Anker	= 55°
Kollektor	= 60°
Magnetwicklung	= 45°

Weitere Angaben siehe Haupttabelle lfd. No. 3.

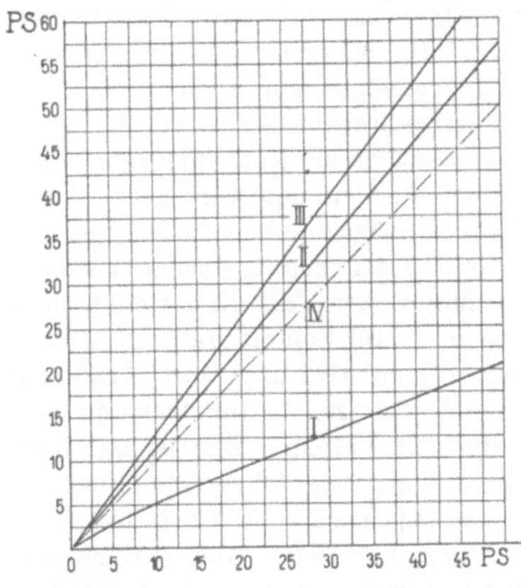

Dauerleistung des halbgeschlossenen Modells.

Fig. 282. Verhältniss der Leistungen gleicher Modelle von Kapselmotoren bei verschiedener Ausführung und Betriebsart.

I. Leistung des vollständig geschlossenen Modells bei Dauerbetrieb.
II. Leistung des vollständig geschlossenen Modells bei intermittirendem Betrieb.
III. Leistung des halboffenen Modells bei intermittirendem Betrieb.
IV. Leistung des halboffenen Modells bei Dauerbetrieb.

Um die Herabsetzung der Leistung durch die Kapselung zu verringern, hat die E.-A.-G. vorm. Schuckert & Co. für Motoren, bei welchen die Einkapselung nur vor Verletzung durch Stösse oder vor Beschädigung durch umherfliegende Spähne, durch Spritzwasser etc. schützen soll, eine besondere Konstruktion angewandt, durch welche ein Luftwechsel im Innern des Motors herbeigeführt wird. Der Kapselmotor erhält im Innern ein Flügelrad, und an seiner unteren Fläche zwei Oeffnungen, durch welche die Luft ein- resp. austritt. Die Vortheile dieser Bauart kann man theilweise auch ausnützen, ohne den Motor im Innern mit der ihn umgebenden Luft in Berührung zu bringen, wenn man an die beiden Luftöffnungen Rohrleitungen anschliesst, welche reine, für den Motor unschädliche Luft zuführen.

7. **8 PS-Kapselmotor der Union E.-G. Berlin.** 220 Volt, 33 Ampère, 400 Umdrehungen. (Fig. 283 und 284.)

Der in Fig. 283 und 284 abgebildete Motor wird hauptsächlich zum Antrieb von Krahnen verwendet, wodurch auch die im Verhältniss zur Leistung niedere Tourenzahl bedingt ist. Er ist mit Kugellagern ausgerüstet. Die Pole sind an das Polgehäuse angegossen. Die seitliche Schlussplatte der lamellirten Polschuhe ist mit einem Vorsprunge versehen, auf welchem die Magnetspulen aufsitzen. Der Bürstenträger ist zwischen dem Gehäuse und dem Lagerschild eingesetzt. Die Klemmen für die Stromzuführung sind in einem besonderen verschlossenen Kasten, der seitlich am Gehäuse befestigt ist, untergebracht und so vor Staub und Feuchtigkeit geschützt, was namentlich bei Krahnmotoren, welche im Freien oder in Giessereien arbeiten sollen, nothwendig ist. Auf der Kollektorseite sind an dem Deckel zwei abnehmbare Platten angeordnet, um den Kollektor und die Bürsten zugänglich zu machen.

Der dargestellte Motor wird als Hauptschlussmotor für Spannungen von 110, 220 und 500 Volt ausgeführt. Nutenzahl, Nutenform und Lamellenzahl sind für alle drei Ausführungen gleich. Ferner ist die Drahtzahl und -stärke für 110 und 220 Volt gleich. Die Ankerwicklung der 220 Volt-Maschine ist mit Reihenschaltung, also zwei Ankerstromzweigen ausgeführt; sämmtliche Hauptschlussspulen sind hintereinander geschaltet. Bei 110 Volt erhält der Anker Parallelschaltung, also vier Ankerstromzweige und pro Stromzweig die halbe Drahtzahl, so dass die nothwendigen Erreger-Ampèrewindungen für beide Spannungen gleich werden. Es können daher die gleichen Erregerspulen verwendet werden, nur werden hier je zwei Hauptschlussspulen parallel geschaltet. Für die Spannung von 500 Volt wird die Drahtzahl verdoppelt und die Erregung etwas erhöht.

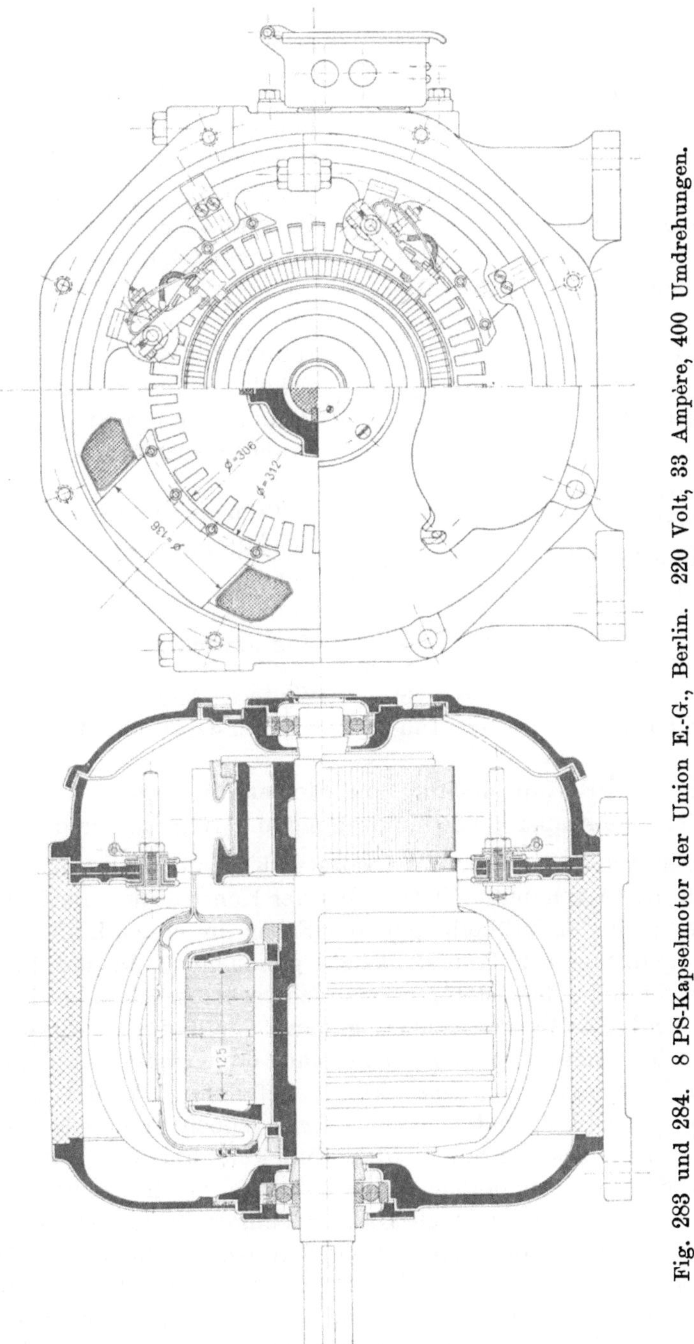

Fig. 283 und 284. 8 PS-Kapselmotor der Union E.-G., Berlin. 220 Volt, 33 Ampère, 400 Umdrehungen.

Hauptdaten der Maschine.

Armatur:

Durchmesser	=	30,6 cm
Eisenlänge mit Luftschlitzen	=	12,5 „
Eisenlänge ohne Luftschlitze	=	11,9 „
Eisenhöhe ohne Zähne	=	6,4 „
Nutenzahl	=	45
Nutenweite	=	0,9 „
Nutentiefe	=	2,6 „
Luftspalt δ	=	0,3 „

Wicklung:

Reihenschaltung a	=	1
Drahtzahl N	=	810
Drahtquerschnitt	=	1,7×2,5 mm²
Drähte in einer Nut	=	18

Kollektor:

Durchmesser	=	24 cm
Länge	=	8 „
Lamellenzahl	=	135

Magnete:

Polzahl	=	4
Kernquerschnitt	=	145 cm² Stahl
Jochquerschnitt	=	75 „ „
Polschuhlänge	=	12,5 cm
Polbogen (b_p)	=	18,2 „

Wicklung:

Hauptschluss	
Schaltung der Spulen	Serie
Windungen pro Spule	97
Drahtdimensionen	= 4,2 mm

Temperaturerhöhungen (nach zweistündigem Lauf):

Anker	=	51°
Kollektor	=	52°
Magnetwicklung	=	70°

Weitere Angaben siehe Haupttabelle lfd. No. 4.

8. **12 PS-Kapselmotor von Siemens & Halske A.-G., Berlin.** 500 Volt, 20 Ampère, 635 Umdrehungen. (Fig. 285 und 286.)

Der Motor entspricht den neuesten Krahnmotoren und zwar dem Modell K. 15 genannter Firma. Bei der Konstruktion dieser Motoren wurde nach den Mittheilungen der Firma in erster Linie auf möglichst gedrungenen Bau Rücksicht genommen, da der Platz zur Unterbringung der Motoren vielfach sehr beschränkt ist. Vor allem sind die Motoren schmal gebaut, damit die Vorlegewelle der Motorachse möglichst nahe liegt und demgemäss die Räder des ersten Vorgeleges möglichst klein ausfallen. Dies ist durch Anwendung von Folgepolen erreicht, was jedoch ungünstige Kommutationsverhältnisse ergiebt. Der Kollektor und die Bürsten sind durch Klappen zugänglich. Das Gehäuse ist horizontal getheilt; die obere Hälfte kann nach Lösung einiger Schrauben abgehoben werden, wodurch der Anker freigelegt wird. Die Lager sind mit Ringschmierung versehen. Damit trotzdem die Motoren auch in umgekehrter Lage (mit den Füssen nach oben) oder auch an senkrechter Wand angeordnet werden können, was in manchen Fällen erwünscht sein kann, sind besondere Lagerschilder vorgesehen, die

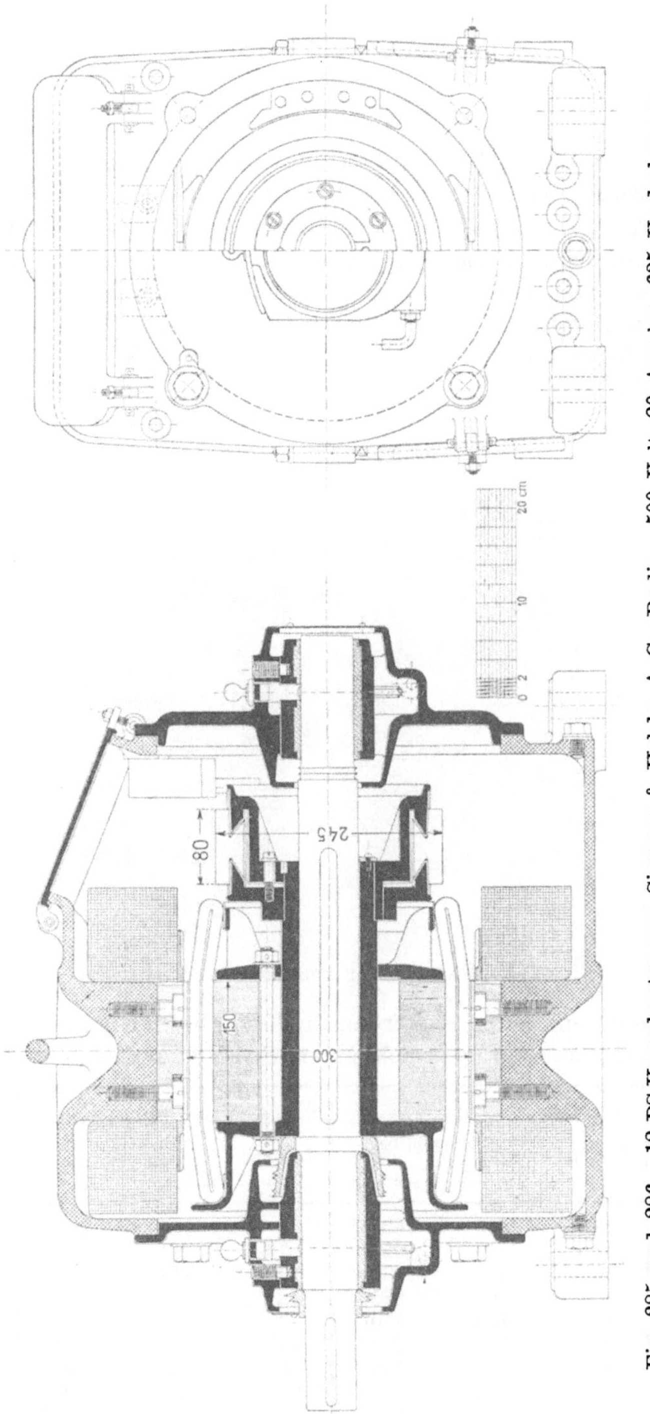

Fig. 285 und 286. 12 PS-Kapselmotor von Siemens & Halske A.-G., Berlin. 500 Volt, 20 Ampère, 635 Umdrehungen.

am Polgehäuse mit 4 Schrauben befestigt sind und daher stets so angeschraubt werden können, dass das Oelgefäss die richtige Lage erhält. An die Seiten des Polgehäuses sind Arbeitsleisten angegossen, die es ermöglichen, den Motor entweder an eine Wand anzuschrauben oder ein Vorgelegelager mit ihm zu verbinden oder ihn pendelnd aufzuhängen. — Die Bleche des Motorankers sind nicht unmittelbar auf die Axe, sondern auf eine besondere Buchse gesteckt, was den Vortheil bietet, dass die Axe leicht auswechselbar ist. Die Ausführung von Motoren mit anormalen Wellenenden (grössere Länge, Anbringung eines Gewindezapfens und dergl., Verlängerung auf der Kollektorseite) bereitet also in der Fabrikation keine Schwierigkeiten. Eine Aussenansicht des Motors zeigt Fig. 287.

Fig. 287. Kapselmotor von Siemens & Halske.

Die Motoren Modell K werden für Krahnbetrieb stets als Hauptstrommotoren und zwar in folgenden Grössen gebaut.

Modell	Bei niedriger Tourenzahl			Bei hoher Tourenzahl			Netto-gewicht
	Leistung PS	Tourenzahl bei 110, 220, 440 Volt	Tourenzahl bei 500 Volt	Leistung PS	Tourenzahl bei 110, 220, 440 Volt	Tourenzahl bei 500 Volt	etwa kg
K 9	**2,5**	560	635	**4**	840	950	**150**
K 11	**5**	560	635	**7,5**	840	950	**260**
K 13	**8**	560	635	**12**	840	950	**370**
K 15	**12**	560	635	**18**	840	950	**500**
K 17	**18**	450	510	**27**	675	770	**710**
K 19	**27**	350	400	**40**	525	600	**1100**
K 22	**40**	350	400	**60**	525	600	**1540**
K 26	**60**	300	340	**90**	450	510	**2200**

Die in der Tabelle angegebenen normalen Leistungen sind so bemessen, dass die Motoren für normalen Krahnbetrieb, bei welchem sie stark intermittirend arbeiten und vielfach auch kleinere Lasten als die Maximallast zu bewegen haben, ohne weiteres verwendbar sind.

Als maximales Drehmoment ist das 2- bis 2,5-fache des normalen anzusehen. Dieses darf jedoch nur auf Augenblicke vom Motor verlangt werden, nämlich beim Anfahren und beim Heben der Probelast, die das Doppelte der für den Krahn zulässigen Maximallast betragen kann.

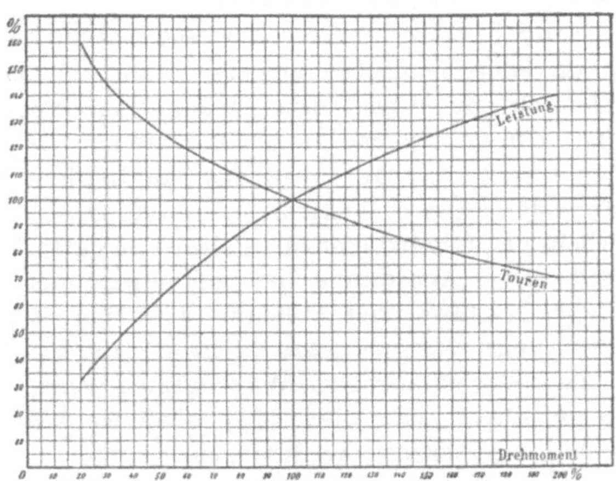

Fig. 288. Procentuale Touren- und Leistungsänderung als Funktion der procentualen Aenderung des Drehmoments.

Eine Touren- und eine Leistungskurve in Abhängigkeit vom Drehmoment, die für sämmtliche acht K-Modelle annähernd gilt, ist in Fig. 288 gegeben. Die Veränderlichen sind in Procenten von den in der Tabelle angegebenen Normalwerthen aufgetragen.

Hauptdaten der Maschine.

Armatur:

Durchmesser	= 30	cm
Eisenlänge	= 15	„
Eisenhöhe ohne Zähne	= 4,8	„
Nutenzahl	= 41	
Nutenweite	= 1,19	„
Nutentiefe	= 2,7	„
Luftspalt δ	= 0,3	„

Wicklung:

Reihenschaltung a	= 1	
Drahtzahl N	= 984	
Drahtdurchmesser	= 2,03	mm
Drähte in einer Nut	= 24	

Kollektor.

Durchmesser	= 24,5	cm
Länge	= 8	„
Lamellenzahl	= 123	

Magnete:		
Polzahl	=	4
Kernquerschnitt	=	165 cm² Stahl
Polschuhlänge	=	14,6 cm
Polbogen (b_p)	=	16,5 „
Wicklung:		
Hauptschluss		
Zahl der Spulen	=	2

Schaltung der Spulen		Serie
Windungen pro Spule		357
Drahtquerschnitt	=	7,8 mm²

Weitere Angaben siehe Haupttabelle lfd. No. 5.

9. **35 PS-Strassenbahnmotor der A. E.-G., Berlin.** 500 Volt, 60 Ampère, 530 Umdrehungen. (Tafel II.)

Die modernen Strassenbahnmotoren weisen in ihrer konstruktiven Durchbildung und der Beanspruchung des Materials untereinander grosse Aehnlichkeit auf; es liegen ihnen jahrelange Betriebserfahrungen zu Grunde, welche zu einer typischen Bauart geführt haben, die den hohen Anforderungen des Bahnbetriebs hinsichtlich grosser Leistungsfähigkeit bei kleinem Raumbedarf und grosser Betriebssicherheit bei ungünstigen Verhältnissen entspricht.

Die konstruktive Anordnung ist gekennzeichnet durch das eisengeschlossene Gehäuse, vier Pole mit vier Magnetspulen, horizontal getheiltes Magnetgehäuse, das einerseits auf der Wagenachse und andererseits federnd auf dem Wagengestell ruht, und dessen eine Hälfte nach unten oder oben abgehoben werden kann, ohne dass die Aufhängung berührt werden muss.

Auf der in Fig. 289 gegebenen Abbildung eines Strassenbahnmotors der Union E.-G. ist der Zusammenbau eines derartigen Motors deutlich zu erkennen.

Der 35 PS-Strassenbahnmotor der A. E.-G., Berlin (Taf. II, Fig. 1 bis 6) besitzt ein zweitheiliges Stahlgussgehäuse. Die obere Hälfte des Lagergehäuses ist mit der oberen Hälfte des Motorgehäuses in ein Stück gegossen, die untere Hälfte besteht aus Gusseisen. Die Lagerschalen sind eintheilig und mit Weissmetall von 4 mm Stärke ausgegossen. Das Lager der Radseite ist in Fig. 6 besonders dargestellt.

Die vordere Endscheibe des Ankers ist an der Nabe dreifach gespalten und trägt einen Schrumpfring; ebenso sitzt zwischen dem Kollektor und dem Lager auf der Welle ein Schrumpfring. Gegen das Eindringen von Oel in den Motor sind Oelschleuderer angebracht; das abgeschleuderte Oel fliesst nach aussen ab.

Die Pole sind mit zwei Schrauben am Gehäuse befestigt und bestehen aus 1 mm Eisenblech mit 2 mm starken Endplatten. Je eine Polecke eines Bleches ist nach der punktirten Linie abgeschnitten. Beim Zusammensetzen des Poles wird die Lage der

Bleche derart abwechselnd vertauscht, dass bei jeder Polspitze die Hälfte der Bleche abgeschnitten ist.

Fig. 289. Strassenbahnmotor der Union E.-G.

Zur Befestigung der Bürstenhalter (Fig. 4 und 5) wird mit dem Stahlgehäuse ein im Querschnitt viereckiger Unterguss Z aus Zink vereinigt. Zwischen dem Unterguss und dem Bürstenhalter ist eine 3 mm starke, allseitig weit vorstehende Mikanitscheibe eingelegt und ein durch Mikanit isolirter Bolzen hält den Bürstenhalter fest.

Hauptdaten der Maschine.

Armatur:

Durchmesser	= 32	cm
Eisenlänge	= 18	„
Eisenhöhe ohne Zähne	= 7,7	„
Nutenzahl	= 33	
Nutenweite	= 1,35	„
Nutentiefe	= 3,0	„
Luftspalt δ	= 0,5	„

Wicklung:

Reihenschaltung a	= 1
Drahtzahl N	= 792
Drahtdurchmesser	= 2,8 mm
Drähte in einer Nut	= 24

Kollektor:

Durchmesser	= 23,5 cm
Länge	= 8 „
Lamellenzahl	= 99

Bürsten:

Material	Kohle
Anzahl der Stifte	= 2
Bürsten pro Stift	= 2
Bedeckte Lamellen	= 1,75
Auflagefläche einer Bürste:	
Breite	= 1,3 cm
Länge	= 3,5 „

Magnete:

Polzahl	= 4
Kernquerschnitt	= 236 cm² Blech
Jochquerschnitt	= 150 cm Stahl
Polschuhlänge	= 17 cm
Polbogen (b_p)	= 17,5 „

Wicklung:

Hauptschluss	
Schaltung der Spulen:	Serie
Windungen pro Spule	140
Drahtdimensionen	ϕ = 6,0 mm

Weitere Angaben siehe Haupttabelle lfd. No. 7.

II. Maschinen mit offener Bauart.

10. **2 PS-Nebenschlussmotor der A.-G. Volta, Reval.** 220 Volt, 8,5 Ampère, 900 Umdrehungen. (Fig. 290 u. 291.)

Dieser runde vierpolige Typ mit Lagerschildern zeichnet sich durch ein sehr gefälliges Aussehen aus. Gehäuse und Pole sind aus Stahlguss in einem Stück gegossen. Die lamellirten Polschuhe sind an den Spitzen stark abgeschrägt. Die Ankerbleche werden durch zwei symmetrische Pressplatten und einen Schrumpfring zusammengehalten, welcher in einer flachen Eindrehung der Welle festsitzt. Die Wicklung liegt ziemlich tief in den Nuten, und die Bandagen ruhen vollständig in Eindrehungen des Ankers, wodurch die Anwendung eines kleinen Luftraums ermöglicht wird. Eine Gesammtansicht des Motors ist in Fig. 292 gegeben.

Der Motor wurde bei seiner Untersuchung einer sechsstündigen Dauerprobe unterworfen, und es ergaben sich nach Berichten der Firma dabei folgende mit dem Thermometer gemessene Temperaturerhöhungen:

Anker	33°.
Kollektor	26°.
Erregerwicklung	27°.

Aus der Widerstandszunahme wurde die Temperaturerhöhung der Erregerwicklung zu 41° gefunden.

Hauptdaten der Maschine.

Armatur:

Durchmesser	= 18 cm
Eisenlänge	= 9 „
Eisenhöhe ohne Zähne	= 5 „
Nutenzahl	= 24
Nutenweite	= 0,9 cm
Nutentiefe	= 2,2 „
Luftspalt δ	= 0,125 „

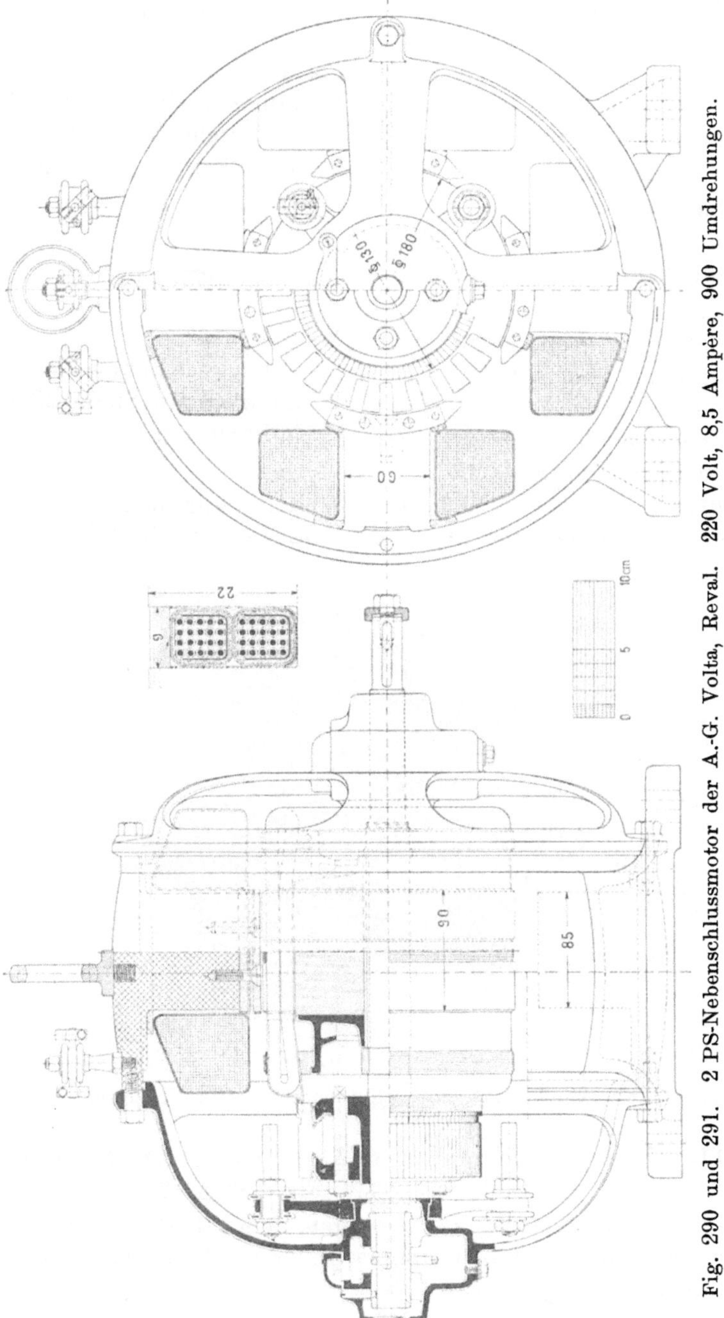

Fig. 290 und 291. 2 PS-Nebenschlussmotor der A.-G. Volta, Reval. 220 Volt, 8,5 Ampère, 900 Umdrehungen.

Wicklung:

Reihenschaltung	$a = 1$
Drahtzahl	$N = 950$
Drahtdurchmesser	= 1,2 mm
Drähte in einer Nut	= 40

Kollektor:

Durchmesser	= 13 cm
Länge	= 4 „
Lamellenzahl	= 95

Bürsten:

Material	Kohle
Anzahl der Stifte	= 4
Bürsten pro Stift	= 1
Bedeckte Lamellen	= 2,1
Auflagefläche einer Bürste: Breite	= 0,9 cm
Länge	= 1,6 „

Magnete:

Polzahl	= 4
Kernquerschnitt	= 51 cm² Stahl
Jochquerschnitt	= 30 „ „
Polschuhlänge	= 9 cm
Polbogen (b_p)	= 11 „

Wicklung:

Nebenschluss
Schaltung der Spulen: Serie
Windungen pro Spule 2300
Drahtdimensionen $\phi = 0{,}8$ mm

Weitere Angaben siehe Haupttabelle lfd. No. 1.

Fig. 292. 2 PS-Nebenschlussmotor der A.-G. Volta.

11. 174 KW-Generator der A.-G. Volta, Reval. 105 Volt, 1660 Ampère, 275 Umdrehungen. (Fig. 293 u. 294.)

Die hauptsächlichsten Bedingungen, denen diese für die russische Marine in mehreren Ausführungen gelieferte Maschine zu genügen hatte, sind folgende:

1. Funkenfreie Kommutation bei konstanter Bürstenstellung von Null- bis 174 KW-Belastung.

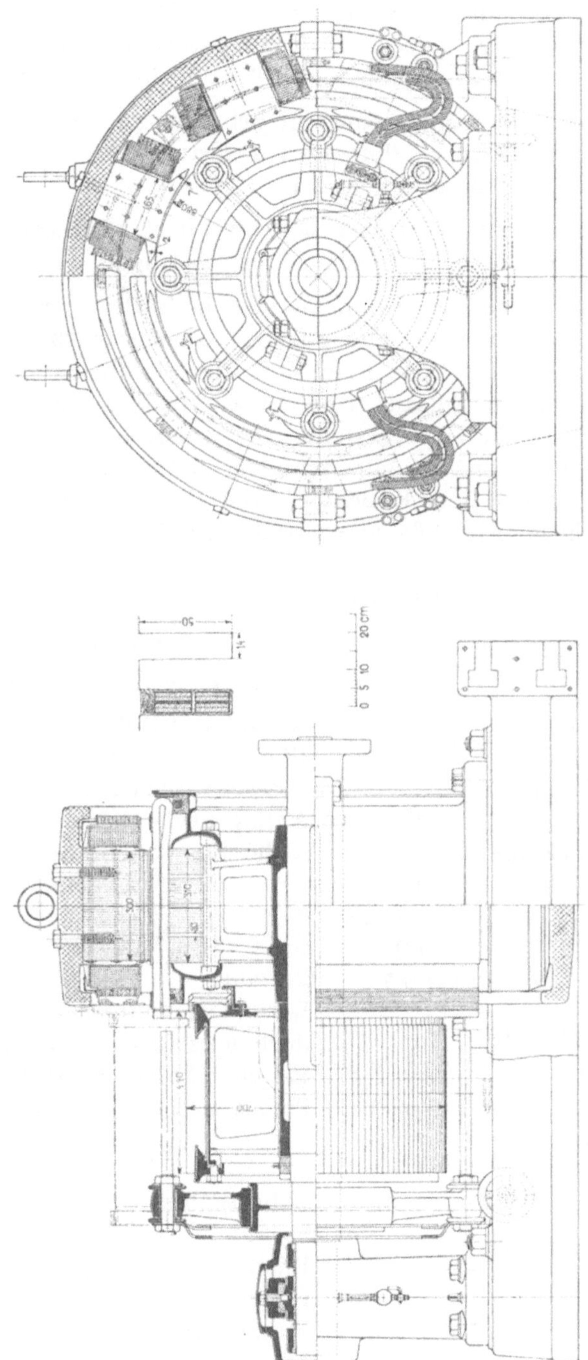

Fig. 293 und 294. 174 KW-Generator der A.-G. Volta, Reval. 105 Volt, 1660 Ampère, 275 Umdrehungen.

2. Nach 6stündigem Betrieb mit 174 KW darf die mit dem Thermometer gemessene Temperaturerhöhung der Wicklungen und des Kollektors 40° C. nicht überschreiten.
3. Der Generator muss compoundirt sein, und die Spannungsänderung darf bei Ent- oder Belastung von Null bis Volllast 4 % nicht überschreiten.
4. Das Gesammtgewicht der Maschine darf höchstens 5200 kg und ihre Höhe höchstens 140 cm betragen.

Diese Anforderungen bedingen eine hohe Beanspruchung des Materials und dabei doch eine günstige Dimensionirung hinsichtlich der Kommutation. Die Pole sind aus Eisenblech mit excentrischen Polbogen und Polzahn nach der Konstruktion des Verfassers (s. Fig. 304, Seite 399 I) hergestellt. Der Anker hat Reihenparallelschaltung mit $a = p$ und Aequipotentialverbindungen. Die letzteren liegen direkt hinter dem Kollektor. Die Hauptschlussspulen sind nach dem Schema Fig. 265 alle parallel geschaltet.

Hauptdaten der Maschine.

Armatur:

Durchmesser	= 88 cm
Eisenlänge mit Luftschlitzen	= 33 "
Eisenlänge ohne Luftschlitze	= 28 "
Eisenhöhe ohne Zähne	= 9,2 "
Nutenzahl	= 92
Nutenweite	= 1,4 cm
Nutentiefe	= 5,0 "
Luftspalt δ	= 0,2 bis 0,7 "

Wicklung:

Reihenparallel	$a = 4$
Drahtzahl	$N = 368$
Drahtquerschnitt	$= 2 \times (2{,}3 \times 19)\,\mathrm{mm}^2$
Drähte in einer Nut	= 8

Kollektor:

Durchmesser	= 70 cm
Länge	= 40 "
Lamellenzahl	= 184

Bürsten:

Material	Kohle
Anzahl der Stifte	= 8
Bürsten pro Stift	= 10
Bedeckte Lamellen	= 2,0
Auflagefläche einer Bürste: Breite	= 2,4 cm
Länge	= 3,0 "

Magnete:

Polzahl	= 8
Kernquerschnitt	= 433 cm² Blech
Jochquerschnitt	= 250 " Stahl
Polschuhlänge	= 30 cm
Polbogen (b_p)	= 27,5 "

Wicklung:

Nebenschluss

Schaltung der Spulen	Serie
Windungen pro Spule	= 290
Drahtdimensionen	$\phi = 4{,}3$ mm

Hauptschluss

Schaltung der Spulen: alle parallel

Windungen pro Spule = 11
Drahtdimensionen = 7,5 × 21 mm²

Weitere Angaben siehe Haupttabelle lfd. No. 20.

Widerstände:

	kalt	warm
Anker (gerechnet)	0,00077 Ω	0,00093 Ω
Bürstenübergang (gerechnet) . . .	—	0,00127 „
Nebenschlusswicklung (gemessen) .	3,02 „	3,8 „
Hauptschlusswicklung (gemessen) .	0,000237 „	0,0003 „

Kupfergewichte:

Anker	230 kg
Feld- Nebenschluss	345 „
Feld- Hauptschluss	178 „
Kollektor	350 „
Gesammtgewicht der Maschine . .	5130 kg

Versuchszahlen:

Ampèrewindungen im Nebenschluss bei Volllast .	58 000
„ in der Hauptschlusswicklung .	20 000

Verluste:

Eisenverluste, Wirbelstromverluste in den Ankerstäben und Ausgleichverluste .	5775
J^2R Verlust im Anker	2650
„ „ „ Nebenschluss	2360
„ „ „ Hauptschluss	840
„ „ „ Regulirwiderstand . . .	280
„ „ am Kollektor	3550
Bürstenreibung	1300
Lagerreibung (ein Lager)	340
Gesammtverlust bei Volllast	17 120
„ „ Leerlauf	9 720

Temperaturerhöhungen mit Thermometer gemessen nach 6 Stunden Dauerbetrieb bei 105 Volt, 1660 Ampère, 275 Umdrehungen.

Ankereisen-Oberfläche	36,5° C.
Ankerkreuz innen	37° „
Feldspulen: Aussenseite Hauptschlussspule . . .	39,5° „
Feldspulen: Innenseite Nebenschlussspule . . .	38,5° „
Kollektor	43,5° „

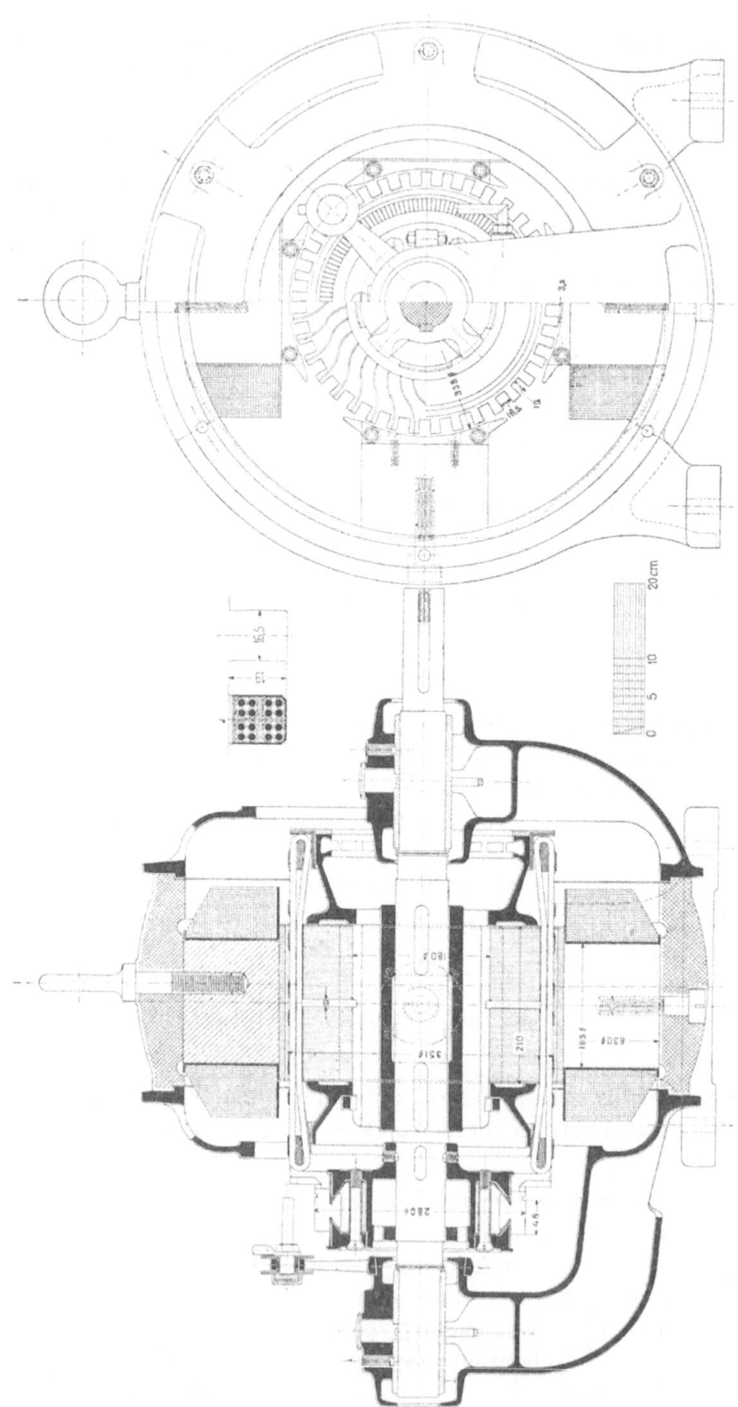

Fig. 295 und 296. 23 KW-Generator der Gesellschaft für elektrische Industrie, Karlsruhe. 450 Volt, 50 Ampère, 950 Umdrehungen.

Auflaufpolspitze . . . . 37,5° C.
Jochaussenfläche . . . . 22° „

Aus der Widerstandserhöhung ergab sich die Uebertemperatur der

Nebenschlusswicklung zu . . . . 65° C.
Hauptschlusswicklung „ . . . . 65° „

Funkenbildung. Die Maschine kommutirt bei konstanter Bürstenstellung von Null bis 175 KW funkenfrei. Das Potential der ablaufenden Bürstenspitze schwankt zwischen Null- und Volllast von ca. — 2,0 bis + 1,7 Volt.

Die kommutirende Spule liegt ca. 1 cm innerhalb der Polspitze.

12. **23 KW-Generator der Gesellschaft für elektrische Industrie in Karlsruhe.** 450 Volt, 50 Ampère, 950 Umdrehungen. (Fig. 295 u. 296.)

Diese Maschine stellt eine Type mit Lagerschildern von sehr gefälliger Form dar. Die Polschuhe bestehen aus Eisenblech, die Polkerne aus Schmiedeisen (Rundeisen) und das Joch aus Stahlguss. — Der Anker ist ventilirt; seine vordere Endplatte wird durch einen Ring mit Bajonettverschluss festgehalten. (Siehe auch Fig. 49.)

Die Ankerbüchse ist am äusseren Rande mit Taschen versehen, welche zum Ausbalanciren nach Bedarf mit Blei ausgegossen werden.

Fig. 297. 23 KW-Generator der Ges. f. el. Ind., Karlsruhe.

An den Polspitzen ist die Hälfte der Bleche abgeschnitten. Das Gesammtbild der Maschine veranschaulicht Fig. 297.

Für noch grössere Abmessungen ist es vortheilhaft, die Schildtype zu verlassen und zu einer Grundplatte mit Lagern überzugehen. Denn obwohl die Schildtype in der Fabrikation gewisse Vortheile bietet und durch Drehung der Lagerschilder in jeder Lage z. B. mit den Füssen an der Wand oder an der Decke montirt werden kann, so wird die durch den Wegfall der Grundplatte erlangte Ersparniss an Gewicht bei Verwendung einer Grundplatte durch die bessere Abkühlung des Ankers und der Magnetspulen wieder ausgeglichen.

Fig. 298. 65 KW-Generator der Ges. f. el. Ind., Karlsruhe.

Eine derartige grössere Type (65 KW) derselben Firma mit Grundplatte und aufgeschraubten Lagern veranschaulicht Fig. 298. Der Zusammenbau der Maschine ist aus der Figur deutlich zu ersehen. Die Verstellvorrichtung für die Bürsten ist an einem Konsol angebracht, welches an der Seite des vorderen Lagers befestigt ist. Die ganze Maschine ruht auf zwei Spannschienen, welche beim Einbau mit dem Fundament verschraubt werden.

Fig. 299 giebt ein Bild eines kleinen Motors der Firma mit Kugellagern; der vordere Deckel des Lagers ist geöffnet, so dass man die Kugeln im Innern deutlich erkennen kann.

Fig. 299. Kugellagermotor der Ges. f. el. Industrie, Karlsruhe.

Hauptdaten der 23 KW-Maschine.

Armatur:

Durchmesser	= 35,1 cm
Eisenlänge mit Luftschlitzen	= 21 „
Eisenlänge ohne Luftschlitze	= 20 „
Eisenhöhe ohne Zähne	= 6,6 „
Nutenzahl	= 37
Nutenweite	= 1,65 cm
Nutentiefe	= 1,9 „
Luftspalt δ	= 0,35 „

Wicklung:

Reihenschaltung a	= 1
Drahtzahl N	= 588
Drahtdurchmesser	= 2,8 mm
Drähte in einer Nut	= 16

Kollektor:

Durchmesser	= 28 cm
Länge	= 4,6 „
Lamellenzahl	= 147

Bürsten:

Material	Kohle
Anzahl der Stifte	= 4
Bürsten pro Stift	= 2
Bedeckte Lamellen	= 2,5
Auflagefläche einer Bürste: Breite	= 1,5 cm
Länge	= 2 „

Magnete:

Polzahl	= 4
Kernquerschnitt	= 214 cm^2 Stahl

Jochquerschnitt = 154 „ Stahl
Polschuhlänge = 21 cm
Polbogen (b_p) = 21,6 „

Wicklung:

Nebenschluss
Schaltung der Spulen: Serie
Windungen pro Spule = 3800
Drahtquerschnitt = 1,1 mm²

Temperaturerhöhungen:
(mit dem Thermometer gemessen)

Anker = 40°
Kollektor = 24°
Magnetwicklung = 33°

Weitere Angaben siehe Haupttabelle lfd. No. 11.

13. **55 KW-Nebenschlussgenerator der Vereinigten E.-A.-G., Wien.** 120 Volt, 460 Ampère, 610 Umdrehungen. (Tafel III.)

Tafel III giebt eine Type mit an die Grundplatte angegossenen Lagern. Der Rahmen (Fig. 3 und 4) ist so lange gehalten und so eingerichtet, dass er für Maschinen mit breitem und mit schmalem Kollektor (bis 220 Volt resp. von 220 Volt an aufwärts) in gleicher Weise benutzbar ist.

Die dargestellte Maschine von 120 Volt hat einen breiten Kollektor, und es sind die vorstehenden Teile *A B* der Arbeitsfläche von dem Abguss entfernt. Bei Ausführungen mit schmalem Kollektor werden statt der Löcher I die gestrichelt eingezeichneten Löcher II für die Befestigung des Magnetgestells benutzt. Entsprechend den sechs Polen des Generators ist das Magnetgehäuse sechseckig geformt. Es ist aus Stahlguss hergestellt und die Pole sind angegossen. Die Polschuhe sind lamellirt und an den Enden stark abgeschrägt.

Bei der Konstruktion des Ankers ist besonders auf gute Kühlung Rücksicht genommen. Die Pressplatten fassen die Bleche nur an einzelnen Stellen und lassen den Ankerkörper im übrigen frei. Dieser ist von zwei 15 mm breiten Luftschlitzen durchzogen, sodass die einzelnen Blechpackete nur eine Breite von 5 cm erhalten. Die Packete werden seitlich durch je drei Bleche von 1 mm Stärke abgeschlossen, welche nach dem äusseren Rande zu ähnlich, wie in Fig. 40 gezeigt ist, abgestuft sind.

Die Wicklung ist möglichst frei angeordnet, und es ist dafür Sorge getragen, dass die Luft auch die Innenseite der Stäbe bestreichen kann. Auf der Kollektorseite ist dies dadurch erreicht, dass die Wicklung nicht, wie sonst üblich, auf einem Wicklungsträger ruht, sondern allein durch die lamellenartig ausgebildeten Verbindungsstücke mit dem Kollektor *a* (Fig. 5) gestützt ist, in deren Einfräsungen die Ankerleiter eingelassen sind. Am unteren Ende sind die Verbindungsstücke auf halbe Dicke abgefräst und mit den ebenso abgefrästen Kollektorlamellen vernietet. Bemerkenswert ist auch die Konstruktion der Kollektorbüchse, durch die eine gute Ventilation erreicht wird.

Hauptdaten der Maschine.

Armatur:

Durchmesser = 54 cm
Eisenlänge mit Luftschlitzen = 18 „
Eisenlänge ohne Luftschlitze = 15 „
Eisenhöhe ohne Zähne = 10 „
Nutenzahl = 73
Nutenweite = 1,1 „
Nutentiefe = 3,0 „
Luftspalt δ = 0,4 „

Wicklung:

Reihenparallel a = 3
Drahtzahl N = 438
Drahtquerschnitt = 2,5×11 mm²
Drähte in einer Nut = 6

Kollektor:

Durchmesser = 31 cm
Länge = 19 „
Lamellenzahl = 219 „

Bürsten:

Material Kohle
Anzahl der Stifte = 6
Bürsten pro Stift = 4
Bedeckte Lamellen = 3,1
Auflagefläche einer Bürste: Breite = 1,4 cm
Länge = 4 „

Magnete:

Polzahl = 6
Kernquerschnitt = 188,7 cm² Stahl
Jochquerschnitt = 127 „ „
Polschuhlänge = 19,2 cm
Polbogen (b_p) = 21,6 „

Wicklung:

Nebenschluss
Schaltung der Spulen: Serie
Windungen pro Spule 684
Drahtdimensionen ϕ = 2,6 mm

Temperaturerhöhungen:
(mit Thermometer gemessen)

Anker = 28°
Kollektor = 40°
Magnetwicklung = 32°

Weitere Angaben siehe Haupttabelle lfd. No. 13.

14. **100 KW-Generator mit vertikaler Welle der Maschinenfabrik Oerlikon.** 115 Volt, 870 Ampère, 150 Umdrehungen. (Fig. 300 und 301.)

Der Generator wird durch eine Turbine angetrieben, und das Gewicht des Ankers ruht auf der Turbinenwelle. Das untere Lager ist zweitheilig, und der äussere Durchmesser der Lagerhülse ist so gross, dass der Wellenflansch durch die Bohrung des Armkreuzes hindurchgeht. Die Schmierung erfolgt von oben durch eine Bohrung der Welle. Unter jedem Lager sind für das abtropfende Oel Fangschalen angebracht.

Die obere Stirnfläche ist mit einer Verkleidung aus Segeltuch versehen, damit der von den Bürsten und dem Kollektor abfallende

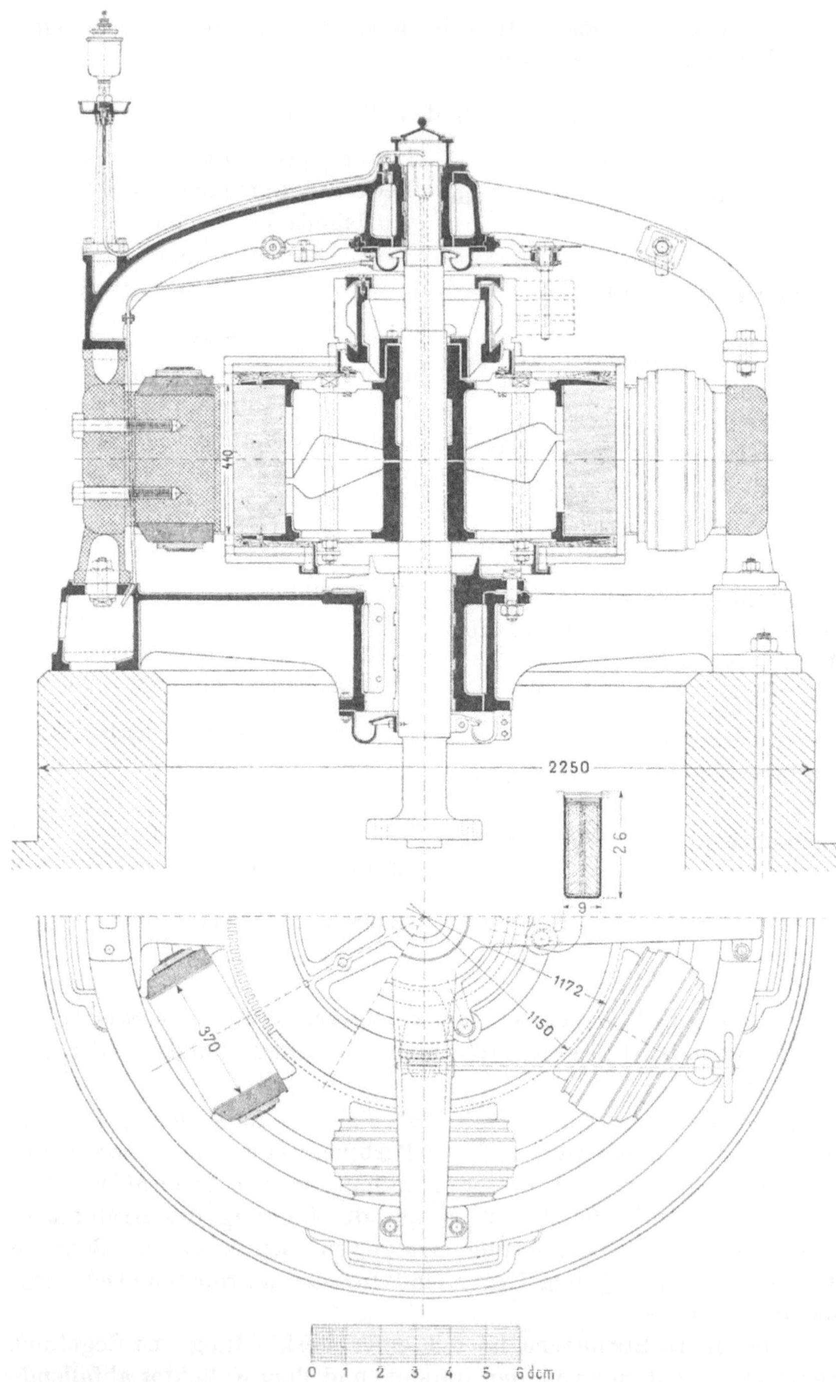

Fig. 300 und 301. 100 KW-Generator mit vertikaler Welle der Maschinenfabrik Oerlikon. 115 Volt, 870 Ampère, 150 Umdrehungen.

Staub nicht in den Anker eindringen kann. Wie aus der Nachrechnung ersichtlich ist, ist dieser Generator sehr reichlich dimensionirt.

Hauptdaten der Maschine.

Armatur:

Durchmesser	= 115 cm
Eisenlänge	= 44 „
Eisenhöhe ohne Zähne	= 14,9 „
Nutenzahl	= 180
Nutenweite	= 0,9 „
Nutentiefe	= 2,6 „
Luftspalt δ	= 1,1 „

Wicklung:

Reihenparallel a =	3
Drahtzahl N =	360
Drahtquerschnitt	= 2,7×22 mm²
Drähte in einer Nut =	2

Kollektor:

Durchmesser	= 53 cm
Länge	= 17 „
Lamellenzahl	= 180

Magnete:

Polzahl	= 6
Kernquerschnitt	= 1075 cm² Stahl
Jochquerschnitt	= 528 „ „
Polschuhlänge	= 47 cm
Polbogen (b_p)	= 43 „

Wicklung:

Nebenschluss
Schaltung der Spulen: Serie
Windungen pro Spule 450
Drahtdimensionen $\phi = 5{,}0$ mm

Weitere Angaben siehe Haupttabelle lfd. No. 15.

15. **280 KW-Generator der Maschinenfabrik Oerlikon.** 90 bis 190 Volt, 1500 Ampère, 450 bis 787 Umdrehungen. (Fig. 302 bis 304.)

Diese für die Gesellschaft Volta in Rom gelieferte Maschine ist wegen der Konstruktion des Kollektors und des Bürstenträgers bemerkenswert. Jeder Bürstenstift wird von einer Gabel an beiden Enden gefasst, und die Gabel ist mit drei Schrauben isolirt an einem Ring R_1 befestigt, der seinerseits in einem zweiten Ring R_2 drehbar ist. Dieser letztere ruht mit zwei Füssen auf der Fundamentplatte. Der Ring R_1 trägt Konsolen K mit Rollen. In den Führungen dieser Rollen ruht ein dritter Ring R_3, der durch je zwei Hebel mit jedem Bürstenstift derart verbunden ist, dass eine Drehung des Ringes ein Abheben sämmtlicher Bürsten vom Kollektor bewirkt. Das Verstellen des Ringes R_1 und der Bürsten erfolgt durch das in Fig. 304 sichtbare grössere Handrad und das Verstellen des Ringes R_3 durch das kleinere Handrad.

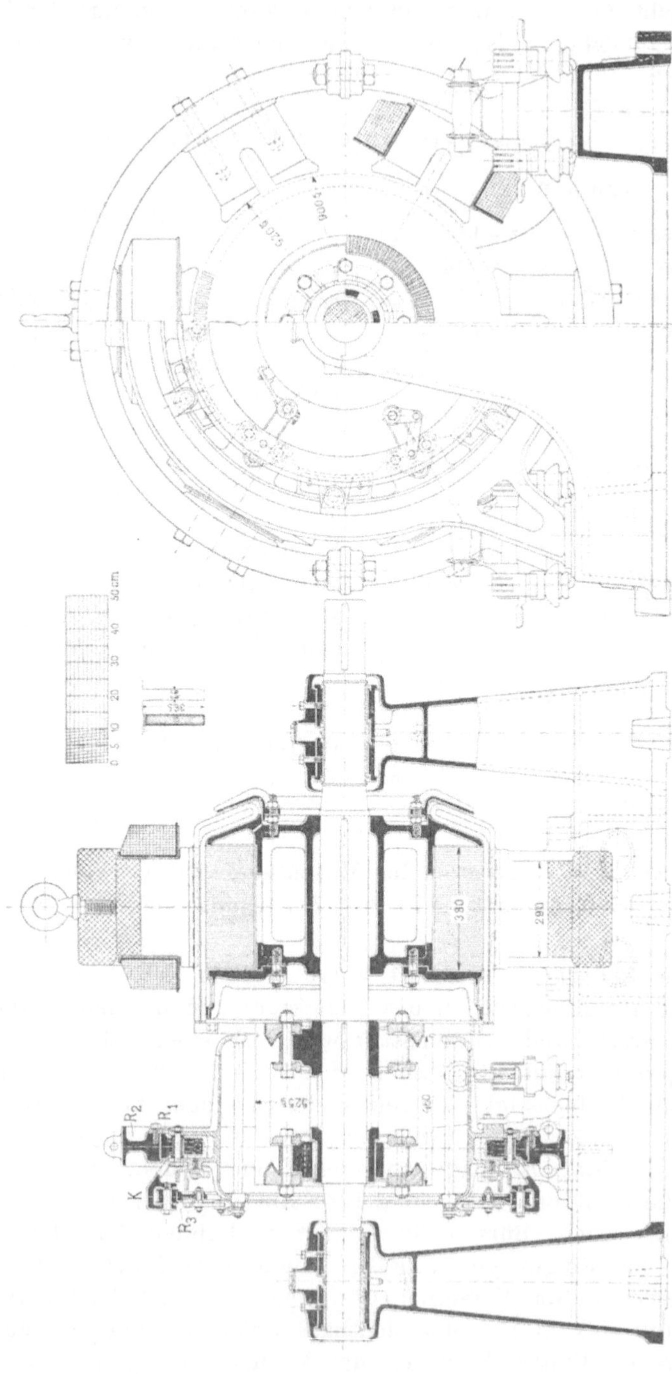

Fig. 302 und 303. 280 KW-Generator der Maschinenfabrik Oerlikon. 90 bis 190 Volt, 1500 Ampère, 450 bis 787 Umdrehungen.

Die Kollektorlamellen sind an beiden Enden durch je zwei Ringe an eine gusseiserne Nabe festgeklemmt. Die vordere Nabe kann sich in der Axenrichtung verschieben und der Ausdehnung des Kollektors infolge Erwärmung folgen.

Fig. 304. 280 KW-Generator der Maschinenfabrik Oerlikon. 90 bis 190 Volt, 1500 Ampère, 450—787 Umdrehungen.

Da die Spannung der Maschine von 90 bis 190 Volt durch Aenderung der Erregung regulirt werden muss, wurde es notwendig, um die Funkenbildung am Kollektor zu beseitigen, die Pole mit einem 5 cm weiten und 14 cm tiefen Schlitz zu versehen. Der Kraftfuss wird dadurch mehr nach den Polspitzen gedrängt und die quermagnetisirende Wirkung verkleinert.

Zur Sicherung der Maschine sind zwei ausschaltbare Schmelzsicherungen auf Porcellanisolatoren in die Ableitungen des Stromes eingesetzt.

Hauptdaten der Maschine.

Armatur:

Durchmesser = 90 cm
Eisenlänge = 38 „
Eisenhöhe ohne Zähne = 15 „
Nutenzahl = 187
Nutenweite = 0,68 „
Nutentiefe = 3,65 „
Luftspalt δ = 1,0 „

Wicklung.

Parallelschaltung a = 3
Drahtzahl = 374
Drahtquerschnitt = 4×15 mm²
Drähte in einer Nut = 2

Kollektor.

Durchmesser = 52,5 cm
Länge = 46 „
Lamellenzahl = 187

Bürsten.

Material Kohle
Anzahl der Stifte = 6
Bürsten pro Stift = 13
Bedeckte Lamellen = 3,4
Auflagefläche einer Bürste: Breite = 3 cm
Länge = 3 „

Magnete.

Polzahl = 6
Kernquerschnitt = 660,5 cm² Stahl
Jochquerschnitt = 316 „ „
Polschuhlänge = 36 cm
Polbogen (b_p) = 32,5 „

Wicklung.

Nebenschluss
Schaltung der Spulen Serie
Windungen pro Spule 1225
Drahtdimensionen ϕ = 3,2 mm

Temperaturerhöhungen:

Anker = 40°
Kollektor = 40°
Magnetwicklung = 38°

Weitere Angaben siehe Haupttabelle lfd. No. 21.

16. **150 KW-Generator von Brown, Boveri & Co.** 200 Volt, 750 Ampère, 500 Umdrehungen. (Fig. 305 bis 307.)

Die Figuren 305 bis 307 stellen die normale Konstruktion eines Gleichstromgenerators obiger Firma dar. Anker und Kollektor gestatten der Luft ein Durchstreichen von der einen Ankerseite zur anderen. Der Anker hat drei Lüftungsschlitze, deren Konstruktion aus Fig. 307 ersichtlich ist; zwischen den Zähnen liegen 2 mm starke Messingstege, und im Innern des Ankerkernes bilden dreiseitig ausgestanzte und ausgebogene rechteckige Blechstücke die erforderlichen Stützen.

Die Magnetspulen sind ohne Spulenkasten hergestellt, mit Baumwollband umwickelt und mit Schnurbändern versehen. Zwischen Joch und Spule liegt eine Filzscheibe *F*. Die Entfernung der Lager ist so gross gewählt, dass für andere Verhältnisse, z. B. grosse Stromstärken, auch ein längerer Kollektor und Anker Platz hat.

Fig. 307.

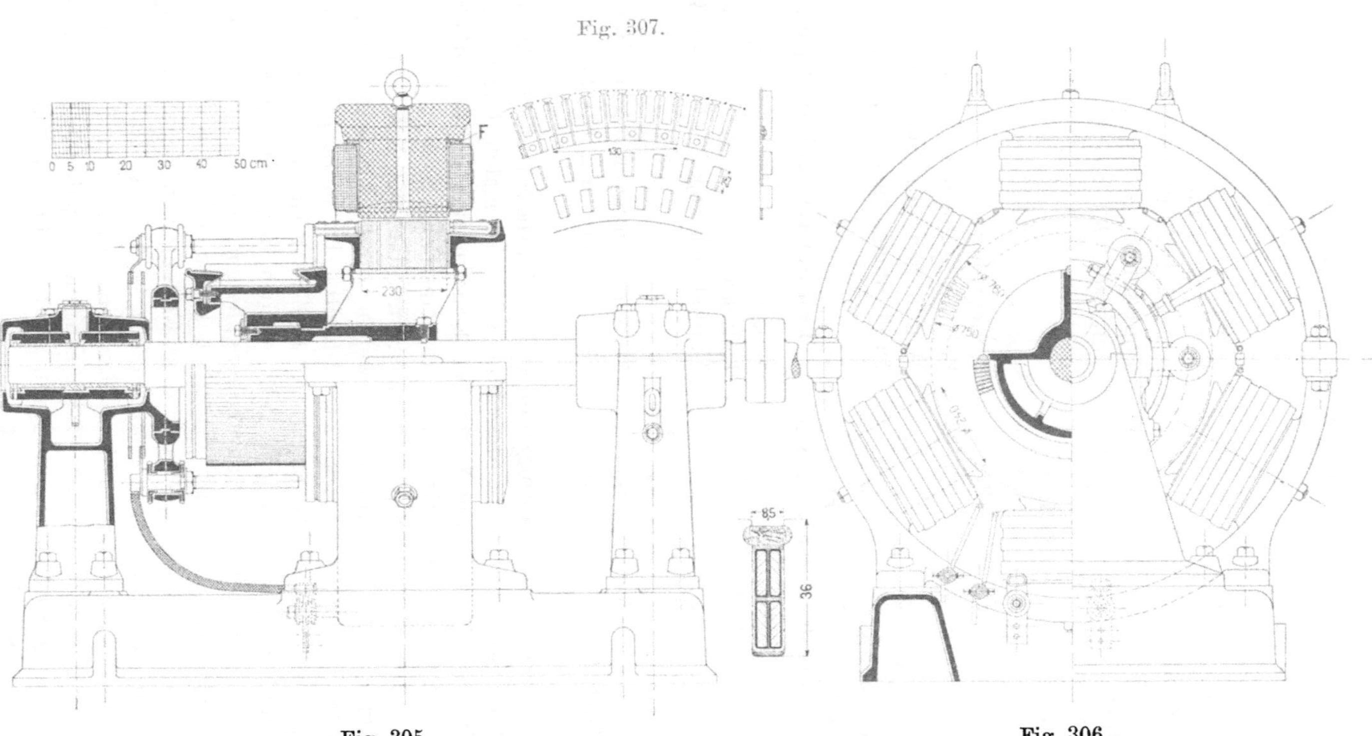

Fig. 305.

Fig. 306.

Fig. 305 bis 307. 150 WK-Generator von Brown, Boveri & Co. 200 Volt, 750 Ampère, 500 Umdrehungen.

Hauptdaten der Maschine.

Armatur:

Durchmesser	= 75	cm
Eisenlänge mit Luftschlitzen	= 23	„
Eisenlänge ohne Luftschlitze	= 20	„
Eisenhöhe ohne Zähne	= 11,4	„
Nutenzahl	= 114	
Nutenweite	= 0,85	cm
Nutentiefe	= 3,6	„
Luftspalt δ	= 0,5	„

Wicklung:

Parallelschaltg. a =	3
Drahtzahl N =	456
Drahtquerschnitt =	$2{,}4 \times 12$ mm²
Drähte in einer Nut =	4

Kollektor:

Durchmesser	= 52	cm
Länge	= 26,5	„
Lamellenzahl	= 228	

Magnete:

Polzahl	= 6	
Kernquerschnitt	= 453 cm²	Stahl
Jochquerschnitt	= 216 „	„
Polschuhlänge	= 25 cm	
Polbogen (b_p)	= 28 „	

Wicklung:

Nebenschluss
Schaltung der Spulen: Serie
Windungen pro Spule 868
Drahtdimensionen ϕ = 2,6 mm

Temperaturerhöhungen:

Anker	= 45°
Kollektor	= 50°
Magnetwicklung	= 40°

Weitere Angaben siehe Haupttabelle lfd. No. 17.

Zwei weitere Ausführungen derselben Fabrik zeigen die Fig. 308 und 309. Fig. 308 giebt das Bild einer normalen Gleichstrommaschine der Firma, welche in der Konstruktion im wesentlichen mit dem beschriebenen Generator übereinstimmt.

Fig. 309 stellt eine Vertikalmaschine dar (600 KW, 120 Volt, 5000 Ampère, 180 Umdrehungen), welche direkt mit einer darunterliegenden Turbine gekuppelt ist. Dieselbe ist in Sarpsborg, Norwegen, zur Aufstellung gelangt. Der Kollektor ist von bedeutender Länge und wird deshalb in der Mitte noch besonders durch einen warm aufgezogenen Ring zusammengehalten, welcher durch eine Mikazwischenlage isolirt ist. Deutlich ist auch in der Figur sichtbar, wie die Verbindungen mit dem Kollektor in der Mitte abgebogen sind, um ein Loslösen zu verhindern (siehe Seite 100). Bürstenträger und Sammelringe sind an den vier gebogenen Tragstücken aufgehängt, welche das obere Führungslager halten. Der Strom wird von den Sammelringen durch vielfach übereinander gelegte dünne Kupferbänder abgeleitet.

17. **165 KW-Gleichstromgenerator von Ganz & Co., Budapest.** 550 Volt, 300 Ampère, 150 Umdrehungen. (Tafel IV, Fig. 1 bis 4.)

An der Maschine fällt sofort das aussen vollständig runde Stahlgehäuse in die Augen, an welches die beiden Füsse nicht wie sonst bei Gleichstrommaschinen üblich angegossen, sondern angeschraubt sind. Diese Konstruktion bietet Vortheile in Bezug auf

Fig. 308. Brown, Boveri & Co.

den Guss, da die ganze Form ohne Seitenkasten mit Schablonen hergestellt werden kann. Das Joch ist seitlich durch zwei übergreifende Flanschen versteift, welche bei jeder Erregerspule durch eine Ventilationsöffnung durchbrochen sind. Der vordere Flansch dient gleichzeitig dazu, den Bürstenträger zu halten, welcher in einer Eindrehung frei drehbar gelagert ist. Die Pole sind aus Stahlguss hergestellt und mit den Polschuhen in einem Stück gegossen. Diese haben, wie Fig. 3 der Tafel zeigt, mit Rücksicht auf günstige Kommutationsverhältnisse eine besondere Formgebung erhalten und sind am Ende mit einer Anzahl Einfräsungen versehen, sodass nur noch ein geringer Eisenquerschnitt übrig bleibt und eine hohe Sättigung der Polspitzen erreicht wird. Die Maschine

Fig. 309. Nebenschlussgenerator mit vertikaler Welle. Brown, Boveri & Co. 600 KW, 120 Volt, 500 Ampère, 180 Umdrehungen.

ist in Bezug auf das Ankereisen sehr reichlich dimensionirt; die Eisenhöhe wird infolge davon grösser als die Ankerlänge. Die Ankerwicklung ist mit Reihenschaltung ausgeführt. Die Maschine soll sich im Betrieb sehr gut bewährt haben.

Hauptdaten der 165 KW-Maschine.

Armatur:

Durchmesser	= 140 cm		Eisenhöhe ohne Zähne	= 20,9 cm
Eisenlänge mit Luftschlitzen	= 21 „		Nutenzahl	= 133
			Nutenweite	= 1,7 cm
Eisenlänge ohne Luftschlitze	= 18 „		Nutentiefe	= 3,1 „
			Luftspalt δ	= 0,5 „

Wicklung:

Reihenschaltung $a =$ 1
Drahtzahl $N =$ 798
Drahtquerschnitt $= 4 \times 11\,mm^2$
Drähte in einer Nut = 6

Kollektor:

Durchmesser = 90 cm
Länge = 16 „
Lamellenzahl = 399

Magnete.

Polzahl = 10
Kernquerschnitt = 415 cm^2 Stahl
Jochquerschnitt = 300 cm^2 Stahl
Polschuhlänge = 20 cm
Polbogen (b_p) = 37,5 „

Wicklung.

Nebenschluss
Schaltung der Spulen: Serie
Windungen pro Spule 1570
Drahtdimensionen $\phi = 2{,}3$ mm

Weitere Angaben siehe Haupttabelle lfd. No. 18.

18. **340 KW-Hochspannungsgenerator der Compagnie de l'Industrie Électrique et Mécanique in Genf.**[1]) 2250 Volt, 150 Ampère, 300 Umdrehungen. (Fig. 310 und 311.)

Die Maschine ist ein Hauptschlussgenerator und ist in der Seriekraftübertragung St. Maurice-Lausanne (s. Abschnitt 135) in Betrieb. Es sind dort in der Erregerstation zehn derartige Generatoren aufgestellt, von welchen je zwei direkt mit einer 1000 PS-Turbine gekuppelt sind.

Wie man sieht, weicht ihre Konstruktion wesentlich von der sonst üblichen Bauart ab. Charakteristisch für dieselbe ist, dass das Gehäuse der Maschine nicht, wie sonst üblich, aus einem Stück besteht, sondern aus einzelnen Stahlgussplatten von rechteckigem Querschnitte zusammengesetzt ist, welche die Erregerwicklung tragen und mit den radial ganz kurzen Polen verschraubt und so zu einem Gestell vereinigt sind. Die Pole bestehen ebenfalls aus Stahlguss. Die sechs Magnetspulen sind, um eine bequemere Bewicklung zu erzielen, parallel geschaltet; die Verbindung der Spulen wird durch zwei koncentrische, auf Porcellanisolatoren montirte Ringe aus blankem Draht hergestellt. Der Anker trägt eine Trommelwicklung, welche, um die Spannung zwischen zwei benachbarten Lamellen möglichst zu vermindern, als Reihenschaltung mit vermehrter Kollektorlamellenzahl ausgeführt ist, wie sie auf S. 137 ff. Bd. I oder ausführlicher in „Ankerwicklungen, zweite Auflage 1896“ auf S. 121 ff. vom Verfasser angegeben worden ist, und zwar beträgt die Lamellenzahl das p-fache der Spulenzahl. Ein

[1]) Die Angaben über die Maschine sind einem Artikel von Prof. Dr. Wyssling in der E. T. Z. 1902 S. 1003 ff. entnommen.

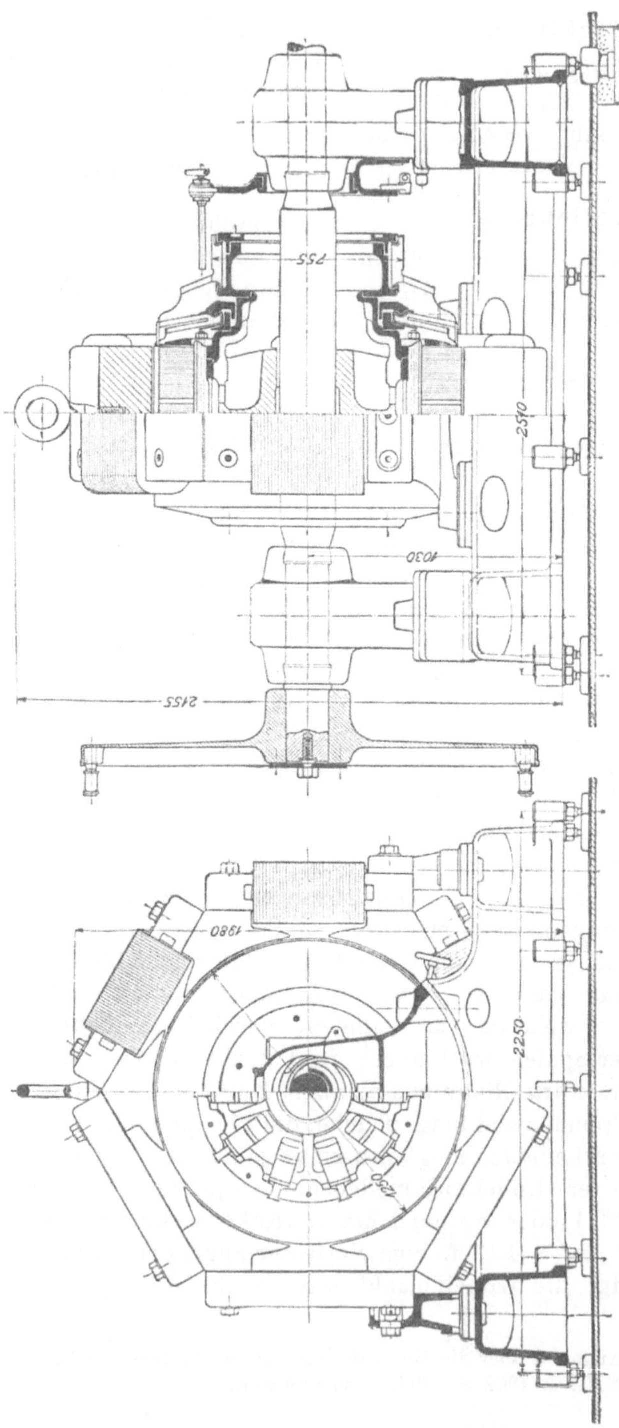

Fig. 310 und 311. 340 KW-Hochspannungsgenerator der Compagnie de l'Industrie Électrique et Mécanique in Genf. 2250 Volt, 150 Ampère, 300 Umdrehungen.

Schema dieser Wicklungsart giebt die der angegebenen Stelle entnommene Fig. 312. Es sind zwischen je zwei einen vollen Ankerumgang einschliessende Lamellen jeweils zwei weitere Lamellen eingeschoben, welche durch im Innern des Kollektors untergebrachte Verbindungsgabeln mit den andern zu demselben Ankerumgang gehörigen Lamellen verbunden sind. Die Wicklung besteht aus 190 Spulen mit je zwei Windungen; die Zahl der Kollektorlamellen

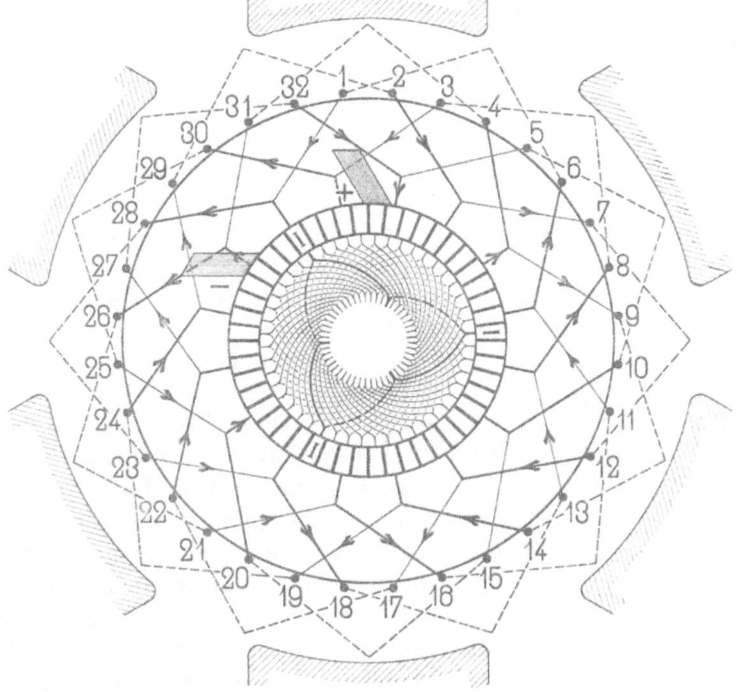

Fig. 312. Reihenschaltung mit vermehrter Kollektorlamellenzahl.

$$p = 3 \qquad s = 32 \qquad k = p \cdot \frac{s}{2} = 48.$$

beträgt also 570. Von den den sechs Polen entsprechenden möglichen sechs Bürstenlagen sind vier benutzt und vier Bürstenstifte mit je vier Kohlenbürsten von 3 cm² Uebergangsfläche angeordnet.

Besondere Sorgfalt ist naturgemäss bei dieser Maschine auf die Isolation der Wicklung und des Kollektors gegen Gehäuse und Erde verwendet, da ja hierzwischen die volle Uebertragungsspannung, welche in dem gegebenen Falle 22 000 Volt beträgt, vorhanden ist. R. Thury hat mit Rücksicht auf diesen Punkt eine besondere Ankerkonstruktion ausgebildet. Der Ankerkasten besteht aus einer Nabe mit fünf Armen, welche am Ende verbreitert und so bearbeitet sind, dass die Arbeitsflächen im Schnitt die Seiten eines regelmässigen Zehnecks darstellen. Auf diese Arbeitsflächen sind Mitnehmer aus Bronce mit T-förmigem Querschnitt aufgesetzt, deren radial nach aussen gerichtete Enden schwalbenschwanzförmig gestaltet sind und die mit entsprechenden Einschnitten versehenen Ankerbleche tragen. Zwischen die ebenen Flächen des Armatursternes und der Broncestücke sind Glimmerschichten eingelegt, sodass der Armaturkörper vollständig von dem Gestell isolirt ist. An die Broncemitnehmer ist auch die Kollektorbüchse angeschraubt, sodass auch diese vollständig von dem Gestell isolirt ist. Zwischen der Büchse und dem Armaturkörper sind zwei Ringe angeordnet, durch welche die Verbindungsgabeln der Armaturstäbe festgehalten werden. Auch für die Isolation der Bürstenstifte sind Scheiben und Büchsen aus Glimmer verwandt. Die Magnetbewicklung ist von den Jochtheilen, welche sie tragen, durch starke Papierzwischenlagen getrennt. Die am Gestell selbst montirten Leitungen sind sämmtlich auf Porcellanisolatoren befestigt.

Die beschriebene erste Isolation gegen das Gestell würde bereits für die höchste vorkommende Spannung genügen; es ist jedoch zur Erhöhung der Sicherheit auch noch der ganze Fundamentrahmen gegen Erde und die Welle gegen die Turbine isolirt. Die Isolation des Fundamentrahmens ist in der Figur deutlich sichtbar; er ruht auf 16 Bolzen, die ihn um einige Centimeter vom Boden abheben und in grosse Porcellanisolatoren eingezogen sind. Hierzu sind besonders starke, mit dem Kopf nach unten montirte Dreifach-Glockenisolatoren verwendet, die jedoch wiederum nicht direkt einbetonnirt sind, sondern auf einer Glasplatte von $3\,{}^1/_2$ cm Stärke und 30 cm Seitenlänge unter Zwischenlage einer Asbestschicht aufruhen. Diese Glasplatten ruhen auf dem Cementbeton, und der Raum über ihnen ist bis nahe an den oberen Rand der Porcellanisolatoren mit Asphalt ausgegossen. Mit der Turbine und unter sich sind die beiden auf einer Welle sitzenden Generatoren durch eine flexible Isolirkuppelung verbunden. Jede Kuppelungshälfte trägt, die eine auf einem kleineren Durchmesser als die andere, 10 axiale Zapfen, die miteinander durch einen in Zickzackform dazwischen geschlungenen kautschukirten Riemen von 70 mm Breite isolirt verbunden sind.

Hauptdaten der Maschine.

Armatur:

Eisenlänge mit Luftschlitzen = 70 cm

Eisenlänge ohne Luftschlitze = 66 cm

Eisenhöhe ohne Zähne = 14 „

Wicklung.

Reihenschaltung	a =	1
Drahtzahl	N =	760
Drahtquerschnitt	=	17 mm^2

Kollektor.

Durchmesser	=	75,5 cm
Länge	=	14 „
Lamellenzahl	=	570

Bürsten.

Material		Kohle
Anzahl der Stifte	=	4
Bürsten pro Stift	=	4
Auflagefläche einer Bürste	=	3 cm^2

Magnete.

Polzahl	=	6
Kernquerschnitt	=	1000 cm^2 Stahl
Polbogen (b_p)	=	97 cm
Magnetbohrung	=	125 „

Wicklung.

Hauptschluss

Schaltung der Spulen: alle parallel

Drahtquerschnitt 20 mm^2

Weitere Angaben siehe Haupttabelle lfd. No. 22.

19. **500 KW-Bahngenerator der Sté. Électricité et Hydraulique, Charleroi.** 500 Volt, 1000 Ampère, 100 Umdrehungen. (Tafel V.)

Der Generator ist entsprechend den hohen Anforderungen, welche der Bahnbetrieb mit seinen starken und raschen Belastungsschwankungen an die Maschinen stellt, sehr kräftig und gedrungen gebaut. Der Ankerkörper ist mit dem Schwungrad fest verschraubt und dadurch gewissermassen mit diesem zu einem Stücke vereinigt, so dass die aus den Belastungsschwankungen resultirenden Stösse direkt vom Schwungrad aufgenommen werden, ohne die Welle und die übrigen Maschinentheile zu beanspruchen.

Der Ankerkörper ist auf eine sogenannte falsche Nabe aufgesetzt; diese ist zweitheilig und wurde angeordnet, um den eintheiligen Ankerkörper über die Kurbel der Dampfmaschinenwelle bringen zu können. Das Joch besteht aus Gusseisen und zeigt einen massiven, einfach zu formenden Querschnitt. Pole und Polschuhe bilden ein Stück; die Polschuhe sind in axialer Richtung steil abgeschnitten. Die Ankerwicklung ist als vierfach geschlossene Reihenparallelschaltung mit Aequipotentialverbindungen ausgeführt, welche hinter dem Anker in Form von Gabeln angeordnet sind. Der Bürstenträger ist, wie dies bei grösseren Maschinen neuerdings vielfach geschieht, durch vier Konsole an dem Joch befestigt. Auch bei den andern im folgenden beschriebenen Maschienen mit grösseren Leistungen ist diese Anordnung beinahe regelmässig angewandt.

Rechts neben der Maschine ist noch die zugehörige Schaltsäule U sichtbar, auf welcher der Unterbrecher der Ausgleichleitung (siehe Abschn. 113) und ein Umschalter angebracht ist, mit dem man die Maschine entweder als Compoundmaschine oder als Nebenschlussmaschine schalten kann. Das Schema dieser Schaltvorrichtung ist in Fig. 3 Tafel V aufgezeichnet. Der einfache Schalter stellt den Unterbrecher der Ausgleichleitung, der doppelarmige den Umschalter dar, mit welchem die Compoundwicklung kurzgeschlossen werden kann.

Hauptdaten der Maschine:

Armatur:

Durchmesser = 220 cm
Eisenlänge mit Luftschlitzen = 45 „
Eisenlänge ohne Luftschlitze = 41 „
Eisenhöhe der Zähne = 21,8
Nutenzahl = 338
Nutenweite = 1,05 cm
Nutentiefe = 4,2 „
Luftspalt δ = 0,7 „

Wicklung:

Reihenparallel $a = 4$
Drahtzahl $N = 1352$
Drahtquerschnitt = $3{,}1 \times 14{,}5$ mm²
Drähte in einer Nut = 4

Kollektor:

Durchmesser = 170 cm
Länge = 20 „
Lamellenzahl = 676

Bürsten:

Material Kohle
Anzahl der Stifte = 12
Bürsten pro Stift = 4
Bedeckte Lamellen = 1,9
Auflagefläche einer Bürste: Breite = 1,5 cm
Länge = 4 „

Magnete:

Polzahl = 12
Kernquerschnitt = 1320 cm² Stahl
Jochquerschnitt = 1480 „ Guss
Polschuhlänge = 43 cm
Polbogen (b_p) = 43 „

Wicklung:

Nebenschluss
Schaltung der Spulen: Serie
Windungen pro Spule = 1012
Drahtdimensionen $\phi = 3{,}0$ mm
Hauptschluss
Schaltung der Spulen: Serie
Windungen pro Spule = $5^1/_2$
Drahtdimensionen = $2 \times (4 \times 90)$ mm

Weitere Angaben siehe Haupttabelle lfd. No. 26.

20. **500 KW-Bahngenerator der E.-A.-G. vorm. Kolben & Co., Prag.** 500 bis 550 Volt, 1000 Ampère, 90 Umdrehungen. (Tafel VI.)

Auch dieser Bahngenerator zeigt eine starke und gedrungene Bauart. Das Stahlgehäuse ist mittels Druckschrauben auf zwei gusseiserne Grundplatten aufgesetzt und durch Schrauben in allen drei Dimensionen verstellbar, so dass es leicht genau centrisch eingestellt werden kann.

Bei der Konstruktion von Anker und Kollektor, sowie bei der Anordnung der Wicklung ist für möglichst freien Luftzutritt und gute Kühlung Sorge getragen. Die Wicklung (Schleifenwicklung) ist mit Aequipotentialverbindungen versehen, welche hinter dem Anker als Ringe angeordnet sind. Eine Abbildung des Ankers der Maschine, auf welcher die Ausgleichsringe deutlich sichtbar sind, giebt Fig. 104.

Der Bürstenträger ist an einem grossen Ring befestigt, der in das Joch eingesetzt und in diesem frei drehbar ist.

Auf der Tafel ist auch noch die Leerlaufcharakteristik der Maschine (Fig. 3) und eine Verlustkurve gegeben (Fig. 4), welche die Verluste in Watt als Funktion der Klemmenspannung für die vollbelastete Maschine zeigt.

Bei 500 Volt, 1000 Ampère und einer Nebenschlusserregung von 4,7 Ampère (Compoundwicklung ausgeschaltet) vertheilen sich die Verluste wie folgt:

Ankerkupfer . . .	15000	Watt	=	2,8 %
Feldkupfer	2600	„	=	0,48 „
Nebenschl.-Regulator	250	„	=	0,05 „
Hysteresis	10000	„	=	1,9 „
Bürstenübergang . .	5000	„	=	0,93 „
Bürstenreibung . .	2550	„	=	0,48 „
	35400	Watt	=	6,64 %.

Der Wirkungsgrad für Volllast beträgt demnach 93,4 %.

Als Widerstände des Generators wurden bei 15° gefunden:

Ankerwiderstand	0,013	Ohm
Nebenschlusswicklung . . .	70,9	„
Hauptschlusswicklung . . .	0,00455	„
Bürstenübergang bei Stillstand	0,006	„

Hauptdaten der Maschine.

Armatur:

Durchmesser	= 244	cm
Eisenlänge mit Luftschlitzen	= 39,8	„
Eisenlänge ohne Luftschlitze	= 47	„
Eisenhöhe ohne Zähne	= 27	„
Nutenzahl	= 300	
Nutenweite	= 1,35	cm
Nutentiefe	= 5,0	„
Luftspalt δ	= 0,875	„

Wicklung:

Parallelschaltung a	= 5
Drahtzahl N	= 1800
Drahtquerschnitt	= 2×20 mm²
Drähte in einer Nut	= 6

Kollektor:

Durchmesser = 220 cm
Länge = 19 „
Lamellenzahl = 900

Magnete:

Polzahl = 10
Kernquerschnitt = 1590 cm² Stahl
Jochquerschnitt = 880 „ „
Polschuhlänge = 47 cm
Polbogen (b_p) = 59 „

Wicklung:

Nebenschluss
Schaltung der Spulen: Serie
Windungen pro Spule = 1500
Drahtdimensionen ϕ = 2,8 mm
Hauptschluss
Schaltung der Spulen: Serie
Windungen pro Spule = 9
Drahtdimensionen
$2 \times (2{,}2 \times 150)$ mm²

Temperaturerhöhungen:

Anker = 30°
Kollektor = 35°
Magnetwicklung = 28°

Weitere Angaben siehe Haupttabelle lfd. No. 27.

21. **525 KW-Bahngenerator der Union E.-G., Berlin.** 550 Volt, 956 Ampère, 100 Umdrehungen. (Tafel VII.)

Fig. 313. 525 KW-Bahngenerator der Union E.-G., Berlin.

Der in Tafel VII abgebildete Bahngenerator der Union E.-G. ist, wie die Gesammtansicht der Maschine, Fig. 313, zeigt, direkt gekuppelt mit einer stehenden Dampfmaschine. Er ist ohne Fundamentrahmen aufgestellt; Lager und Magnetgestell ruhen auf besonderen Gussplatten. Die genaue Höhe des Magnetgestells wird durch zwischengeschobene Holzplatten eingestellt. Der Generator ist mit Stahljoch und Stahlpolen ausgeführt; die angegossenen Polschuhe sind seitlich schwach gekrümmt, um ein allmähliches Ansteigen des Feldes zu erzielen. Die neuesten Maschinen der Firma zeigen dieselbe Bauart wie die dargestellte, sind jedoch mit lamellirten Polen und Aequipotentialverbindungen versehen.

Die Maschine ist compoundirt; auf der Zeichnung sind die drei Ableitungen sichtbar, die sich bei Compoundmaschinen, welche mit anderen parallel arbeiten sollen, ergeben. An die mit dem Bürstenträger verschraubten Sammelringe sind die negative Ableitung und die Ausgleichsleitung angeschlossen (*A*), während die positive Ableitung von der Compoundwicklung ausgeht.

Hauptdaten der Maschine.

Armatur:

Durchmesser = 183 cm
Eisenlänge mit Luftschlitzen = 64 „
Eisenlänge ohne Luftschlitze = 55,9 „
Eisenhöhe ohne Zähne = 19,4 „
Nutenzahl = 312
Nutenweite = 0,935 „
Nutentiefe = 4,45 „
Luftspalt δ = 0,8 „

Wicklung:

Parallelschaltung a = 4
Drahtzahl N = 1248
Drahtquerschnitt = $2{,}3 \times 18{,}5$ mm²
Drähte einer Nut = 4

Kollektor:

Durchmesser = 157,5 cm
Länge = 25,5 „
Lamellenzahl = 624

Bürsten:

Material Kohle
Anzahl der Stifte = 8
Bürsten pro Stift = 6
Bedeckte Lamellen = 3,15

Auflagefläche einer Bürste: Breite = 2,5 cm
Länge = 3 „

Magnete:

Polzahl = 8
Kernquerschnitt = 2206 cm² Stahl
Jochquerschnitt = 1715 „ „
Polschuhlänge = 62 cm
Polbogen (b_p) = 54 „

Wicklung:

Nebenschluss
Schaltung der Spulen: Serie
Windungen pro Spule = 920 mit 2,59 mm ϕ + 376 mit 2,31 „ ϕ.

Hauptschluss
Schaltung der Spulen: Serie
Windungen pro Spule = $4^1/_2$
Drahtdimensionen $4 \times (11{,}2 \times 160)$ mm²

Temperaturerhöhungen:[1]

Anker = 29°
Kollektor = 36°
Magnetwicklung = 24° m. Th.

Weitere Angaben siehe Haupttabelle lfd. No. 28.

[1]) Nach 21 stündigem Lauf.

22. 1000 KW-Nebenschlussgenerator der E.-A.-G. vorm. W. Lahmeyer & Co., Frankfurt a. M. 240 Volt, 4200 Ampère, 94 Umdrehungen. (Tafel VIII.)

Die E.-A.-G. vorm. W. Lahmeyer & Co. hat in letzter Zeit eine ganze Reihe grosser Maschinen ausgeführt. Zwei derselben sind auf Tafel VIII und IX dargestellt. Die Firma baut ihre grossen Gleichstromgeneratoren mit hohen Umfangsgeschwindigkeiten. Die Maschinen erhalten infolge davon grosse Ankerdurchmesser und geringe Ankerlänge. Die grossen Durchmesser haben dazu geführt, dass die Firma eine besondere Jochkonstruktion ausgebildet hat, welche sich an die entsprechenden Formen für grosse Drehstromgeneratoren anschliesst. Die Form dieser Gussgehäuse ist aus den Tafeln zu ersehen. Sie sind innen abgedreht, und die Pole aus Stahlguss sind auf die Drehfläche mit einer von aussen hineinragenden Schraube aufgeschraubt; der Kopf dieser Schraube ist in die Höhlung des Gehäuses verlegt, was das gute Aussehen der Maschine erhöht. Um die Uebergangsfläche zwischen den Stahlpolen und dem Gussjoch zu vergrössern, sind zwischen diesen Bleche eingeschoben, in welchen sich der Kraftfluss, ehe er in das Gussjoch übertritt, ausbreitet. Die Maschinen sind sämmtlich mit Reihenparallelschaltung und Aequipotentialverbindungen ausgeführt, welche in Form von Drahtgabeln hinter dem Kollektor angeordnet und auf der Kollektorbüchse durch Bandagen festgehalten sind.

Der in Tafel VIII aufgezeichnete 1000 KW-Generator, dessen Gesammtbild in Fig. 314 gegeben ist, ist in drei Ausführungen im Elektricitätswerk Gersthofen bei Augsburg zur Aufstellung gelangt. Die Maschinen sind direkt mit Turbinen gekuppelt. Die Nabe des doppelarmig ausgebildeten Ankerkörpers ist gesprengt und mit Schrumpfringen zusammengehalten. Die Kollektorbüchse ist an Arbeitsflächen des Armsystems angeschraubt. Die Ankerpressplatten tragen an der Innenseite eine grosse Anzahl radialer Rippen, so dass zwischen ihnen und den Ankerblechen Zwischenräume entstehen, durch welche die Luft frei durchstreichen kann. Die Wicklung wird unter den Polen durch Holzkeile und ausserhalb durch die in Fig. 111 dargestellten Stahlbandagen festgehalten.

Fig. 3 zeigt die Konstruktion des Bürstenträgers in grösserem Maassstabe. Zur Centrirung des drehbaren Ringes besitzt jede Konsole zwei Stellschrauben V, die auf ein radial bewegliches Führungsstück F gepresst werden. S_1 und S_2 sind die Sammelringe; der eine wird an alle positiven, der andere an alle negativen

Bürstenstifte angeschlossen. Von denselben wird, wie in den Fig. 1, 2 und 4 dargestellt ist, der Strom abgeleitet.

Fig. 314. 1000 KW-Nebenschlussgenerator der E.-A.-G. vorm. W. Lahmeyer & Co.

Hauptdaten der Maschine.

Armatur:

Durchmesser	= 380	cm
Eisenlänge mit Luftschlitzen	= 30	„
Eisenlänge ohne Luftschlitze	= 27	„
Eisenhöhe ohne Zähne	= 26	„
Nutenzahl	= 816	
Nutenweite	= 0,62	cm
Nutentiefe	= 3,8	„
Luftspalt δ	= 0,9	„

Wicklung.

Reihenparallel	$a =$ 12
Drahtzahl	$N =$ 1632
Drahtquerschnitt	$= 4 \times 15$ mm²
Drähte in einer Nut	= 2

Kollektor.

Durchmesser	= 290	cm
Länge	= 30	„
Lamellenzahl	= 816	

Bürsten.

Material	Kohle
Anzahl der Stifte	= 24
Bürsten pro Stift	= 8
Bedeckte Lamellen	= 1,79
Auflagefläche einer Bürste	
Breite	= 2 cm
Länge	= 3 „

Magnete.

Polzahl	= 24
Kernquerschnitt	= 660 cm² Stahl
Jochquerschnitt	= 836 „ Guss
Polschuhlänge	= 30 cm
Polbogen (b_p)	= 38 „

Wicklung.

Nebenschluss

Schaltung der Spulen	Serie
Windungen pro Spule	308
Drahtdimensionen	ϕ = 6,6 mm

Temperaturerhöhungen:

Anker	= 20°
Kollektor	= 27°
Magnetwicklung	= 19° m. Th.

Weitere Angaben siehe Haupttabelle lfd. No. 30.

23. **Doppelgenerator der E.-A.-G. vorm. W. Lahmeyer & Co., Frankfurt a. M.**[1]) I. Lichtdynamo (links). 700 KW, 250 bis 290 Volt, 2800 bis 2420 Ampère, 110 Umdrehungen, II. Bahndynamo (rechts). 700 KW, 600 bis 660 Volt, 1170 bis 1060 Ampère. 110 Umdrehungen. (Tafel IX).

Die auf Tafel IX dargestellte Maschine derselben Firma zeigt die Vereinigung zweier Generatoren, von denen der eine zur Speisung eines Lichtnetzes, der andere zur Stromerzeugung für Bahnbetrieb dient. Sie werden durch eine stehende Dreifachexpansionsmaschine angetrieben, die bei 110 Umdrehungen 1200 PS leistet. Die Generatoren leisten jeder normal bei Dauerbetrieb 700 KW, während drei Stunden 830 KW und während $^1/_2$ Stunde 1000 KW.

Die beiden Anker, die gleichzeitig als Schwungrad dienen, sitzen an einem eintheiligen gusseisernen Ankerträger, dessen Nabe an drei Stellen gesprengt und durch zwei Schrumpfringe und einen Keil auf der Welle gehalten ist. Beide Anker haben gleichen Durchmesser und sind vollständig unabhängig vom Ankerträger so ausgebildet, dass sie fix und fertig mit Wicklung und Kollektor zum Versandt gebracht und an Ort und Stelle an den Ankerträger angeschraubt werden konnten. Der Ankerdurchmesser ist so gewählt, dass das geforderte Schwunggewicht $GD^2 = 30000$ durch die rein konstruktiven Querschnitte erreicht wurde und eine weitere Schwungmasse nicht mehr untergebracht zu werden brauchte. Die Kollektorbüchse und die Ankerpressringe enthalten keinerlei Aussparungen, so dass die ganze angesaugte Luft über den Kollektor hinwegstreicht und durch die in den Ankerblechen vorgesehenen Ventilationsschlitze

[1]) Siehe E. T. Z. 1903, S. 231. F. Collischonn. Ueber Doppelmaschinen, insbesondere solche in Schwungradanordnung.

wieder austritt, wodurch eine sehr wirksame Kühlung erreicht wird. Um Ueberschlagen von Funken von dem Kollektor der Bahnmaschine nach der Kollektorbüchse zu verhindern, sind die Pressbacken auf der Stirnseite des Kollektors mit einem in Segmenten aufgeschraubten Stabilitring *S* verkleidet.

Die Wicklungsstäbe sind mit Isolationsmaterial direkt umpresst und in die gefrästen Nuten am Ankerumfang eingelegt. In diesen werden die Spulen, wie bei der vorher beschriebenen Maschine, durch Stahlbandagen festgehalten, von welchen zwei an der Austrittsstelle der Stäbe aus den Nuten und zwei an den Wickelköpfen am Ende der Wicklungsträger angebracht sind. Wegen der hohen Umfangsgeschwindigkeit der Maschine (21 m) ist die Isolation des Ankerkörpers am äusseren Umfange durch Aufziehen von Schnurbandagen besonders gegen Loslösen geschützt. Die Umfangsgeschwindigkeit des Kollektors musste natürlich bedeutend kleiner gewählt werden als die des Ankers, und so ergiebt sich eine grosse Differenz zwischen Ankerdurchmesser und Kollektordurchmesser und eine grosse Länge der Verbindungen der Wicklung mit dem Kollektor. Diese sind daher zur Sicherung ihrer gegenseitigen Lage in der Mitte besonders befestigt, indem sie in einem mit Nuten versehenen Holzring eingesetzt und durch aufgeschraubte Fiberstücke in diesen festgehalten sind. (Siehe Fig. 6 d. T.) Wegen des grossen Abstandes zwischen Kollektor und Gehäuse ist bei dieser Maschine auch der Bürstenträger nicht am Gehäuse angebracht, sondern bei der Bahnmaschine am Lagerfuss, bei der Lichtmaschine am Oelkasten für das Excenter der Dampfmaschine mittels einer Manschette angeschraubt. Zur Führung dient ein auf die Manschette aufgeschraubter Ring; die Stellvorrichtung ist auf einer besonderen Säule gelagert. Die Stromsammelschienen der Bahnmaschine sind in den gusseisernen, mit Holz ausgekleideten Bürstenträger von I-förmigem Querschnitt isolirt und völlig verdeckt eingelegt und abwechslungsweise direkt mit den Bürstenbolzen verschraubt. Die letzteren sind an den Durchführungsstellen durch den Bürstenträger mittels Büchsen isolirt und ausserdem an den Endmuttern durch Ambroinkappen verdeckt, so dass also stromführende Theile am Bürstenträger nicht frei liegen.

Die untere Hälfte des Gehäuses ist durch eine starke Druckschraube an der tiefsten Stelle gestützt. Das linke Lager ist auf der Tafel nur schematisch angedeutet.

Die Fig. 315a und b geben die Leerlaufcharakteristik der beiden Maschinenhälften und die Regulirkurven, d. h. die Abhängigkeit der Erregung von der Belastung (äussere Maassstäbe).

Die bei den Abnahmeversuchen vorgenommenen Indicirungen

ergaben folgende Werthe für den Gesammtwirkungsgrad der Dampfdynamo:

Lichtmaschine bei 712 KW 87,2 %,
Bahnmaschine bei 736 KW 88 %.

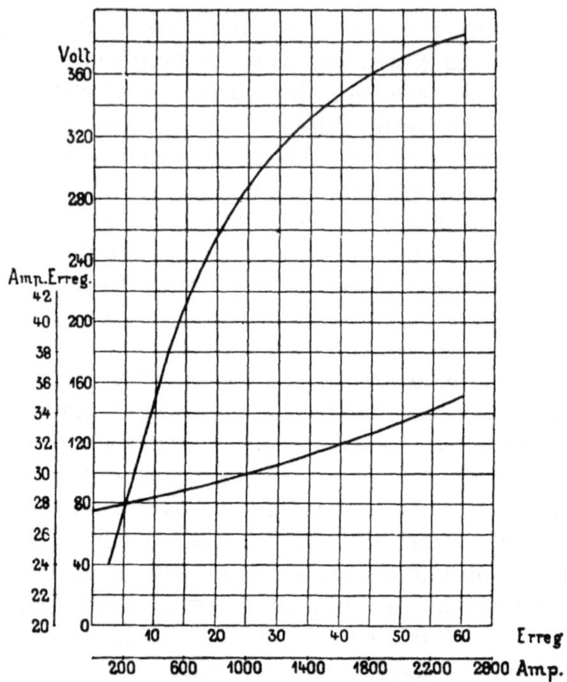

Fig. 315 a. Leerlaufcharakteristik und Regulirungskurve der Lichtmaschine.

Ferner wurden folgende Temperaturerhöhungen festgestellt:

	Belastung				Temperaturzunahme		
	Volt	Ampère	Kilowatt	Dauer Stunden	Anker	Kollektor	Magnete [1]
Lichtmaschine	246	3315	815	3	20°	35°	—
Lichtmaschine	246	2896	712	10	22,5°	27,5°	51°
Bahnmaschine	607	1211	736	$9^1/_3$	21°	15°	40°

Hauptdaten der Maschine.

Armatur:		Licht-Type	Bahn-Type	
Durchmesser	=	370	370	cm
Eisenlänge mit Luftschlitzen	=	24,4	24,4	„

[1]) Durch Widerstandsmessung ermittelt.

		Licht-Type	Bahn-Type	
Eisenlänge ohne Luftschlitze	=	21,4	21,4	cm
Eisenhöhe ohne Zähne . .	=	26,4	26,4	„
Nutenzahl	=	840	764	
Nutenweite	=	0,52	0,62	„
Nutentiefe	=	3,8	3,8	„
Luftspalt δ	=	0,9	1,0	„

Wicklung.

Reihenparallel	a =	10	4	
Drahtzahl	N =	1680	1528	
Drahtquerschnitt	=	3×15	$3{,}5 \times 15$	mm²
Drähte in einer Nut . . .	=	2	2	

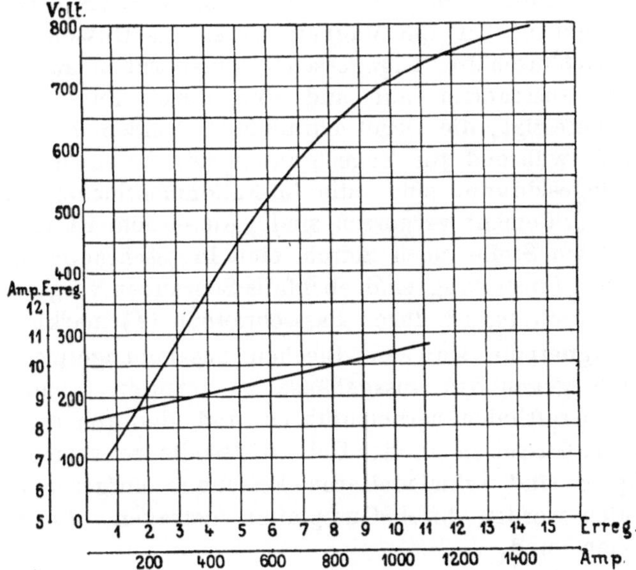

Fig. 315b. Leerlaufcharakteristik und Regulirungskurve der Bahnmaschine.

Kollektor.

Durchmesser	=	223	225	cm
Länge	=	30	15	„
Lamellenzahl	=	840	764	„

Magnete.

Polzahl	=	20	16
Kernquerschnitt	=	817	1020 cm² Stahl
Jochquerschnitt	=	545	775 cm² Guss

Polschuhlänge . . . . . =	24,4	24,4 cm
Polbogen (b_p) . . . . . =	42	52,5 cm

Wicklung.

Nebenschluss		
Schaltung der Spulen . .	Serie	Serie
Windungen pro Spule . .	390	1100
Drahtdimensionen	6,0	4,2 mm ϕ.

Weitere Angaben siehe Haupttabelle lfd. No. 29a, b.

24. **1320 KW-Gleichstromgenerator der Allgemeinen Elektricitäts-Gesellschaft, Berlin.** 114 bis 145 Volt, 9500 bis 9100 Ampère, 85 Umdrehungen. (Tafel X.)

Der Generator, welcher für die Elektrochemische Fabrik Bitterfeld ausgeführt wurde, hat ein Magnetgehäuse aus Gusseisen. Die an die untere Gehäusehälfte angegossenen Füsse ruhen auf einem eincementirten Gussrahmen auf und sind durch Zug- und Druckschrauben befestigt; die Druckschrauben (D) sitzen auf dem Gussrahmen auf, während die Zugschrauben (Z) unten in gusseiserne Cylinder eingeschraubt sind, die in Fundamentlöcher eingelassen und darin mit Cement vergossen sind. Ausserdem ist das Gehäuse an der tiefsten Stelle noch durch eine Pressschraube unterstützt. Zur seitlichen Einstellung sind ebenfalls Schrauben vorgesehen, und die richtige Stellung ist durch Passschrauben (P) markirt.

Die Magnetpole sind aus Blechen zusammengesetzt und am oberen Ende gegen das Gussgehäuse zu verbreitert, um ein Ausbreiten der Kraftlinien herbeizuführen und dadurch eine zu hohe Induktion im Gusseisen an der Uebertrittsstelle zu vermeiden. Auf die Blechpole sind schmiedeiserne Polschuhe aufgeschraubt. Die Magnetspulen werden durch Gussplatten getragen, die mit Pressspahn beklebt sind.

Der Ankerstern der Maschine besteht aus einer kräftigen viermal gesprengten Nabe und einem doppelten Armsystem. Die vorderen Arme sind nach vorn ausgebaucht und tragen die Kollektorbüchse. Die Wicklung ist als zweifach geschlossene Reihenparallelschaltung mit 36 Ankerstromzweigen ausgeführt. Bei ihrer Anordnung ist auf gute Luftkühlung Rücksicht genommen. Die Ankerleiter, welche einzeln mit Mika isolirt und in die unisolirten Nuten eingelegt sind (Fig. 8), sind von aussergewöhnlicher Breite; sie werden mit dem Kollektor durch Rheotanbänder verbunden, deren Form in Fig. 141 gegeben ist. Entsprechend ihrer hohen Stromstärke erhält die Maschine einen sehr grossen und langen Kollektor; für dessen gute Abkühlung ist dadurch gesorgt, dass er auch auf der Innenseite vollständig frei angeordnet ist, so dass auch diese ganze Fläche als Kühlfläche wirkt. Der Strom wird durch kombinirte Kupfer-Kohlenbürsten abgenommen (Fig. 7), welche ähnlich konstruirt sind, wie die auf Seite 112 beschriebenen. Die Kohle wird hier durch eine Spiralfeder an den Kollektor angedrückt, welche durch Drehung des Stiftes S_1 eingestellt werden kann.

Der Bürstenträger ist durch lange Arme am Gehäuse befestigt. An diese ist zunächst ein feststehender Tragring (T) angeschraubt, der ausserdem noch durch zwei auf Säulen montirte Druckschrauben gestützt ist, welche gleichzeitig zur genauen centrischen Einstellung dienen. In diesen Tragring ist der Bürstenring eingesetzt und an den Stellen, wo die Arme angreifen seitlich durch schmiedeeiserne Scheiben S gehalten. Er kann durch die Verstellvorrichtung C (Fig. 4) gedreht werden und durch die unter dem rechten oberen Arm angebrachte Keilschraube K mit Pressstück P_1 in seiner Lage festgestellt werden (Fig. 3).

Der Strom wird von den Sammelringen mittels U-förmig ausgebogener Kupferschienen (Fig. 5) und von diesen durch S-förmige Kupferbänder B abgenommen, die aus vielen Lagen dünner Bleche zusammengesetzt sind, um die zur Bürstenverstellung nothwendige Biegsamkeit dieser Ableitungen zu erreichen.

Hauptdaten der Maschine.

Armatur:

Durchmesser	= 320	cm
Eisenlänge mit Luftschlitzen	= 50	„
Eisenlänge ohne Luftschlitze	= 45,5	„
Eisenhöhe ohne Zähne	= 20	„
Nutenzahl	= 576	
Nutenweite	= 0,92	„
Nutentiefe	= 3,0	„
Luftspalt δ	= 1,6	„

Wicklung.

Reihenparallel a =	18
Drahtzahl N =	1152
Drahtquerschnitt =	7×11 mm²
Drähte in einer Nut =	2

Kollektor.

Durchmesser	= 220 cm
Länge	= 63 „
Lamellenzahl	= 576

Magnete.

Polzahl	= 18	
Kernquerschnitt	= 1175 cm²	Blech
Jochquerschnitt	= 1200 „	Guss
Polschuhlänge	= 47 cm	
Polbogen (b_p)	= 40 „	

Wicklung.

Nebenschluss

Schaltung der Spulen:	parallel in 3 Gruppen
Windungen pro Spule	660
Drahtdimensionen	5×7 mm²

Temperaturerhöhungen: (bei 140 Volt, 9100 Amp.)

Anker $= 45^0$

Kollektor $= 50^0$

Magnetwicklung $= 45^0$

Weitere Angaben siehe Haupttabelle lfd. No. 34.

25. **55 KW-Nebenschlussgenerator der E.-A.-G., vorm. Schuckert & Co.** 135 Volt, 408 Ampère, 700 Umdrehungen. (Fig. 316.)

Fig. 316. 55 KW.-Nebenschlussgenerator der E.-A.-G. vorm. Schuckert & Co. 135 Volt, 408 Ampère, 700 Umdrehungen.

Fig. 316 zeigt das Gesammtbild einer *A*-Type der E.-A.-G. vorm. Schuckert & Co. mit der charakteristischen achteckigen Form des Magnetgestells. Lager und Gehäuse sind auf dem Fundamentrahmen aufgeschraubt. Die Maschine ist mit den kombinirten Kupfer-Kohlenbürsten der Firma ausgerüstet, welche in Fig. 158 abgebildet sind.

26. **135 KW-Generator von Siemens & Halske, A.-G., Berlin.** 220 Volt, 610 Ampère, 500 Touren. (Fig. 317.)

Die Maschine ist wie die soeben beschriebene für Riemenantrieb bestimmt und dreifach gelagert. Das gusseiserne Gehäuse ist auf der Grundplatte mit Schrauben befestigt und besteht aus zwei Theilen, welche mit gutem magnetischen Schluss zusammengesetzt sind. Die Pole sind lamellirt. Die Lamellen des Kollektors sind so hoch, dass sie einen Verschleiss von 20 bis 25 mm zulassen. Der Bürstenträger ist am Gehäuse befestigt und schildartig ausgebildet. Die Sammelringe für die Stromableitung sind nach innen verlegt und mit Ableitungskabeln durch am Schild angebrachte Klemmen verbunden.

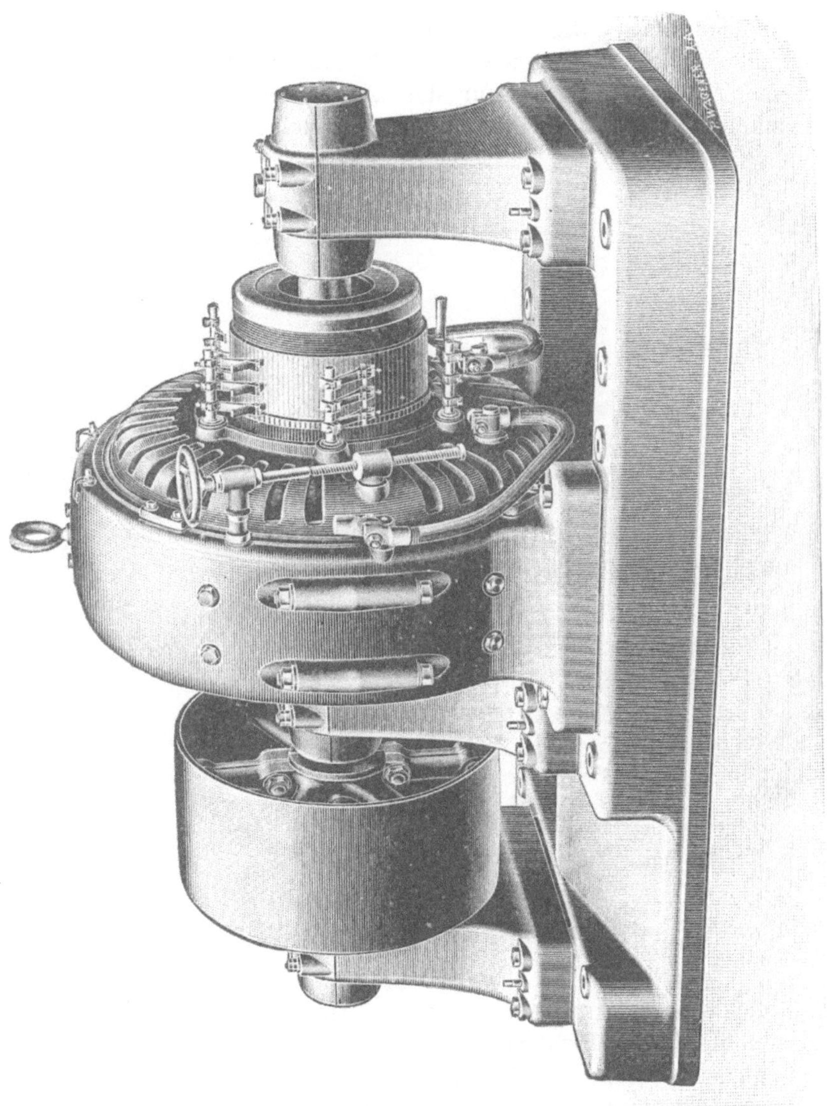

Fig. 317. 135 KW-Generator von Siemens & Halske, A.-G., Berlin.

27. **Bahngeneratoren mit Riementrieb der Westinghouse Electric and Manufacturing Co., Pittsburg Pa.** (Fig. 318.)

Die dargestellte Type wird in drei verschiedenen Grössen gebaut, zu:

I.	250 KW	500—550 Volt,	445 Ampère,	450 Umdrehungen
II.	375 „	500—550 „	680 „	360 „
III.	500 „	500—550 „	910 „	320 „

Die Grundplatte, die drei Lager und die untere Gehäusehälfte bilden ein Stück. Die lamellirten Pole sind in das Gehäuse eingegossen. Als Wicklung ist für das kleinste Modell von 250 KW Reihenschaltung, für die beiden andern Parallelschaltung mit Aequi-

Fig. 318. Bahngenerator der Westinghouse Electric and Mfg. Co.

potentialverbindungen gewählt, und die Firma berichtet, dass sie mit diesen die besten Erfahrungen gemacht hat. Die Armaturstäbe werden durch eingepresste Fiberkeile in den Nuten festgehalten. Die Generatoren sind Compoundmaschinen mit 10% Uebercompoundirung. Hauptschluss und Nebenschluss sind nebeneinander angeordnet und durch einen Ventilationsschlitz getrennt, wie Fig. 264 zeigt. Die Bürstenverstellung geschieht mittels eines am Bürstenträger angebrachten Kegelrades, welches in ein zweites Kegelrad eingreift. Dieses ist auf einer Stange aufgekeilt, die an ihrem unteren Ende mit Gewinde in einer am Fundamente mittels Drehzapfens befestigten Mutter läuft.

28. **Kompensirte Maschinen der Oesterreichischen Union-Elektricitäts-Gesellschaft.** Diese Firma baut die kompensirten Maschinen nach dem System Deri, deren Theorie auf Seite 403 u. f. Bd. I gegeben wurde.

Die Feldwicklung besteht aus einer Nebenschlusswicklung und einer Kompensationswicklung. Die letztere wird vom Hauptstrome durchflossen und ist gleichmässig in Nuten über den ganzen Umfang vertheilt; sie kann ebenso wie eine Ankerwicklung als Parallelwicklung, Reihenwicklung oder Reihenparallelwicklung ausgeführt werden, oder wie in Fig. 319a und b als spiralförmige Wicklung. Gewöhnlich kann die Kompensationswicklung aus Stäben hergestellt werden, nur bei kleinen Stromstärken werden die einzelnen Abtheilungen der spiralförmigen Wicklung aus Draht auf Schablonen gewickelt, dann eingebaut und entsprechend unter sich verbunden.

Die Kompensations-Ampèrewindungen sind etwa um 10 bis 20% grösser als die Ankerampèrewindungen (d. h. $OC = 1,1$ bis $1,2\ OQ$ in Fig. 318, Bd. I, Seite 408).

Die Nebenschlusswicklung wird auf zwei Arten ausgeführt. Sie kann, ebenso wie die Kompensationswicklung in den gleichen Nuten auf den ganzen Umfang vertheilt werden, wie z. B. die Ständerwicklung eines Wechselstrom-Induktionsmotors. Da es sich um beträchtliche Drahtlängen handelt, stellt sich diese Wicklungsart in der Herstellung theuer, ausserdem umspannt ein grosser Theil der Spulen nur eine kleine Fläche, bezw. nur einen Bruchtheil des Kraftflusses pro Pol, ihre magnetisirende Wirkung ist daher im Verhältniss zur Windungsfläche klein.

Diese Nachtheile vermeidet die zweite Wicklungsart. Die Nebenschlusswicklung besteht hierbei nur aus einer oder höchstens zwei Spulen pro Pol, die in breiten Nuten untergebracht werden. Diese Spulen werden auf Schablonen hergestellt und dann eingebaut.

Das Schema einer vierpoligen Wicklung der zweiten Art, die jetzt fast ausschliesslich im Gebrauch ist, zeigt Fig. 319a und b.

Für die Nebenschlusswicklung sind pro Pol nur zwei grosse Nuten vorgesehen, sie ist in mehrere Spulen zerlegt, die einzeln auf Schablonen hergestellt werden, die Kompensationswicklung ist dagegen gleichmässig über die Polflächen vertheilt.

Zwischen je zwei Polen ist ein Eisensteg stehen geblieben, und eine Kompensationsspule 1—1 umschlingt diesen Steg. Diese Stege bilden sogenannte Hülfspole für die Kommutation. Die Anordnung solcher Hülfspole ist in verschiedenen älteren Patenten zu finden. Insbesondere giebt auch Ryan dieselbe Anordnung der Hülfspole

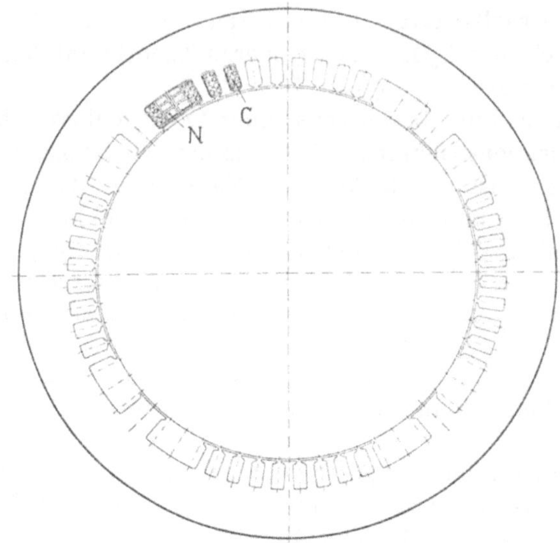

Fig. 319a.

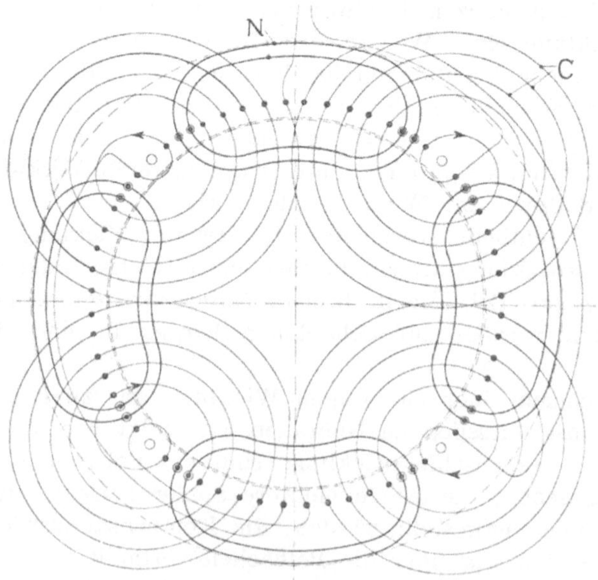

Fig. 319b.

Fig. 319a und b. Erregerwicklung einer kompensirten Maschine.

an, auch er benützt in ganz gleicher Weise die Kompensationswicklung zu ihrer Erregung. Die in Fig. 311, Bd. I, Seite 402 dargestellte Hülfspolkonstruktion von Fischer-Hinnen verfolgt denselben Zweck.

Die Dimensionirung und die Erregung dieser Hülfspole lässt sich mit Hülfe der gegebenen Theorie der Kommutation berechnen. Das kommutirende Feld der Hülfspole, bezw. ihre Sättigung, Breite und Form ist derart zu bestimmen, dass die theoretisch erforderliche kommutirende EMK erhalten wird, und die Form des Feldes muss so bemessen werden, dass für alle Belastungen weder eine wesentliche Unterkommutirung, noch eine Ueberkommutirung erhalten wird. Der Luftspalt unter dem Hülfspol kann, wenn erforderlich, grösser als unter den Hauptpolen gemacht werden.

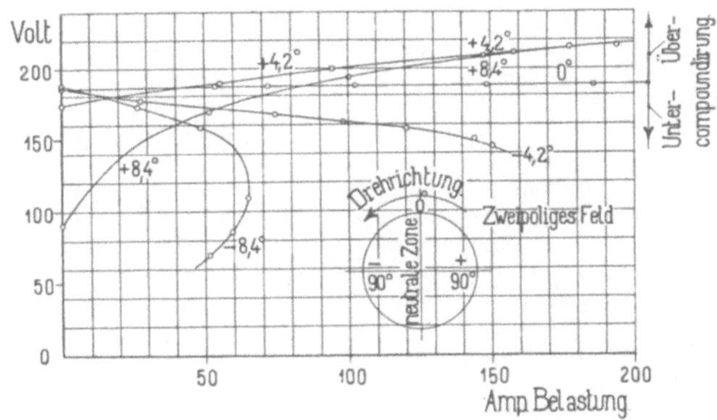

Fig. 320. Aeussere Charakteristiken einer kompensirten Maschine.

Wie in Bd. I, Seite 408 erläutert wurde, setzen sich das Ankerfeld und das Kompensationsfeld zu einem resultirenden Felde zusammen. Die Grösse der Resultante ist abhängig von der Lage des Ankerfeldes, also von der Lage der Bürsten, und man erhält, je nachdem die Bürsten aus der neutralen Zone in der Drehrichtung oder entgegengesetzt zu ihr verschoben werden, eine Untercompoundirung oder eine Uebercompoundirung.

Versuche an ausgeführten Maschinen hat F. Eichberg in der E. T. Z. 1902 veröffentlicht, denen die nachfolgenden Angaben entnommen sind.

Die Versuche beziehen sich auf eine Maschine von 40 KW, 220 Volt, 690 Touren. Fig. 320 zeigt die äusseren Charakteristiken, d. h. die Abhängigkeit der Klemmenspannung vom Belastungsstrome. Die Kurve 0^0 bezieht sich auf die Stellung der Bürsten in der praktisch neutralen Zone.

Die dabei auftretende geringe Uebercompoundirung genügt gerade zur Aufhebung des Spannungsabfalles.

Die Zahlen — 4,2° und — 8,4° bezeichnen eine Bürstenverstellung in der Drehrichtung und + 4,2°, + 8,4° eine solche entgegengesetzt zur Drehrichtung bezogen auf eine zweipolige Anordnung.

Auffallend ist der grosse Abfall der Spannung bei Leerlauf in der Uebercompoundirungstellung + 4,2° und + 8,4°. Dieser Abfall ist durch die Verstellung der Bürsten allein nicht zu erklären, da er sonst bei den Untercompoundirungskurven auch auftreten müsste. Wie Ing. K. Schnetzler, der bei den Versuchen

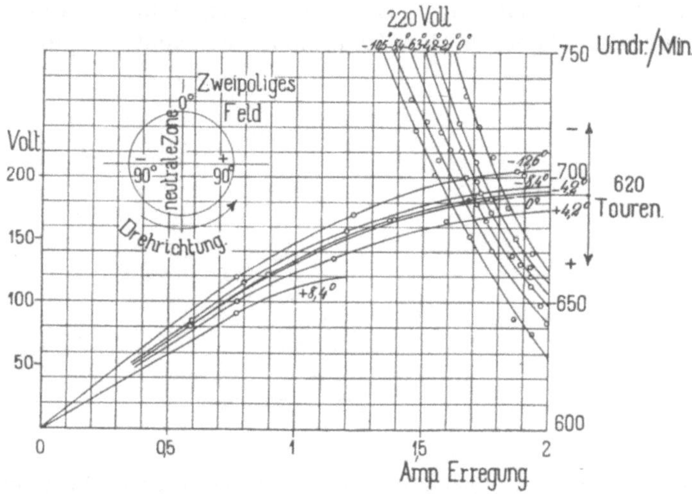

Fig. 321. Leerlauf- und Tourencharakteristiken einer kompensirten Maschine.

mitwirkte, herausfand, erklärt sich dies aus dem Einfluss der Ströme der durch die Bürsten kurzgeschlossenen Spulen. — In den übercompoundirten Stellen wirkt das von den Kurzschlussströmen erzeugte Feld schwächend und in der untercompoundirten Stellung verstärkend auf das Magnetfeld.

Die Leerlaufcharakteristiken, Fig. 321, zeigen dementsprechend das merkwürdige Verhalten, dass sie für die untercompoundirten Bürstenstellungen (— 4,2°, — 8,4° und — 12,6°) höher liegen als für die neutrale Stellung 0°.

Dieser grosse Einfluss des Kurzschlussfeldes giebt der compoundirten Maschine ganz besondere Eigenschaften. Eine Verstellung der Bürsten um wenige Lamellen, also innerhalb der funkenfreien Zone, ändert die Compoundirungen ganz bedeutend, und man kann je nach der Bürstenstellung eine mit der Belastung steigende, fallende oder konstante Klemmenspannung erhalten. Auch die Auflagebreite der Bürsten ist von grossem Einfluss auf die Compoundirung. Je mehr Spulen kurzgeschlossen sind, desto kleiner wird die Bürstenverstellung, um eine gewisse Ueber- oder Untercompoundirung zu erhalten.

Betreibt man die Maschine als Motor, so lässt sich die Tourenzahl durch Aenderung der Erregung, ohne dass Funkenbildung eintritt, innerhalb weiter Grenzen verändern.

In Fig. 321 ist ein Theil der Tourenkurven, die verschiedenen Bürstenstellungen entsprechen, eingezeichnet. Die Nulllinie beginnt mit 600 Touren.

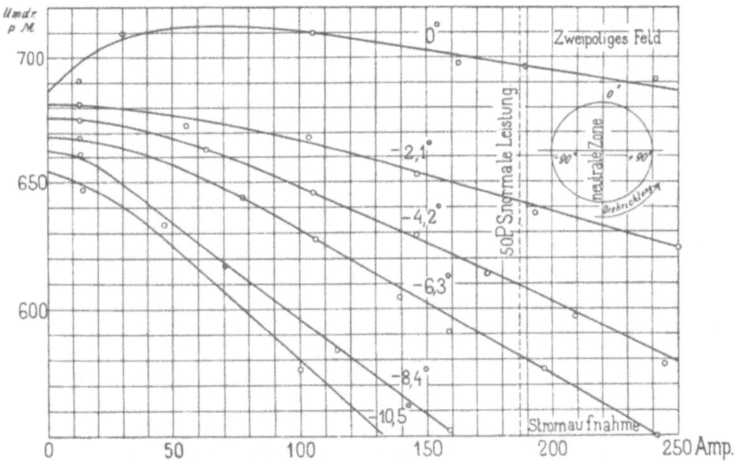

Fig. 322. Tourencharakteristiken eines kompensirten Motors.

In Fig. 322 sind die Tourencharakteristiken des Motors für Belastung gegeben. Je nach der Bürstenstellung kann man dem Motor eine mehr oder weniger abfallende Charakteristik geben.

Der totale Wirkungsgrad dieser Maschine ist 89 %. — Sie lief bis zum 4fachen Kurzschlussstrom funkenfrei. Die Einstellung der Bürsten muss sehr genau erfolgen, aber besondere Schwierigkeiten sind mit der Einstellung der Bürsten nicht verbunden.

Eine Erscheinung, die man auch schon bei Maschinen gewöhnlicher Bauart beobachtet hat, wird bei der kompensirten Maschine besonders stark hervortreten, nämlich das Entstehen einer hohen Wechselspannung von z. B. einigen 1000 Volt bei offener Nebenschlusswicklung, wenn Anker und Kompensationswicklung widerstandslos verbunden sind. Diese Spannung wird von dem Wechselfelde der Kurzschlussströme, deren Periodenzahl sehr hoch ist, inducirt. Die Spannung erreicht ihr Maximum, wenn die Bürsten in der geometrisch neutralen Zone stehen.

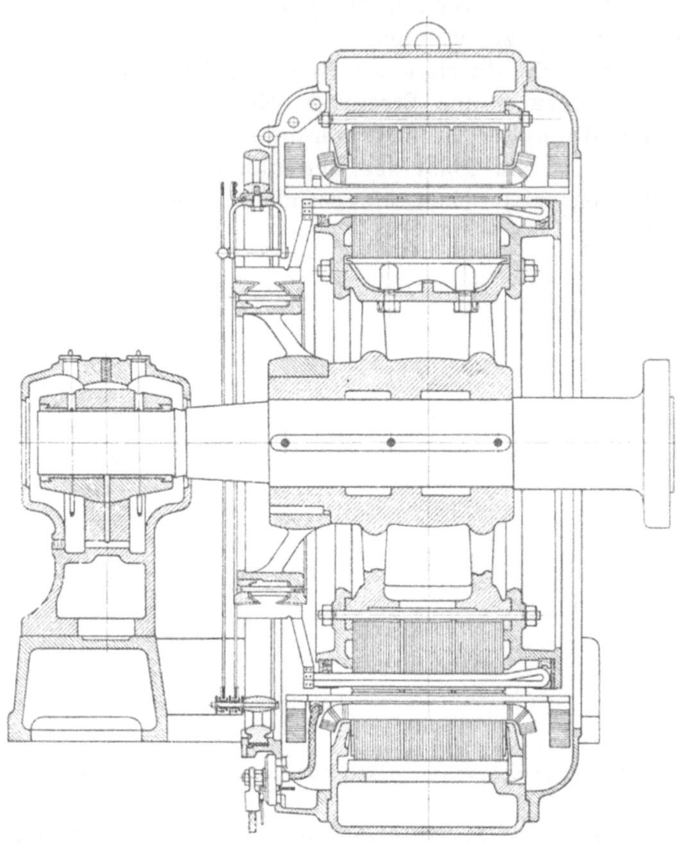

Fig. 323. Kompensirte Maschine der österreichischen Union E.-G. 225 KW, 150 Touren, 600 Volt.

Den Querschnitt durch eine Maschine, Type C. D. 1400/420 von 225 KW, 150 Touren, 600 Volt, 140 cm Ankerdurchmesser, 42 cm Ankerlänge mit 12 Polen, von denen 6 Folgepole sind, giebt Fig. 323.

Die Kupfer- und Eisengewichte und einige andere Angaben ausgeführter Maschinen enthält die folgende Tabelle. — In die Tabelle sind auch die Kupfer- und Eisengewichte von einigen gewöhnlichen Maschinen eingetragen, und um einen besseren Vergleich zu ermöglichen, sind in den beiden letzten Kolonnen die Gewichte auf 100 Umdrehungen reducirt.

Kompensirte Maschinen.

No.	Leistung in KW	n	$2p$	E_k	Kupfergewichte in kg: Anker	Kompensation	Magnete	Total G_k	Eisengewichte in kg: Eisenblech	Gehäuse (geschätzt)	J^2R Verlust in % von KW: Anker	Kompensation	Magnete	Eisenverlust in %	Anker: D cm	l cm	Luftspalt δ einseitig mm	$\frac{D^2 l n}{KW}$	$\frac{G_k \cdot n}{100\,KW}$	$\frac{G_e \cdot n}{100\,KW}$ mit Gehäuse
1	40	620	6	220	41	78	30	149	508	350	5,0	5,0	0,95	3,8	52	14,5	1	$60 \cdot 10^4$	23,0	132
2	72	250	8	120	140	215	63	418	880	620	2,75	2,36	1,85	0,64	75	20,0	1,5	$40 \cdot 10^4$	14,5	52
3	225	360	8	500	250	423	99	772	2190	1100	1,82	2,35	0,835	2,3	85	31,0	1,5	$35{,}5 \cdot 10^4$	12,0	52
4	225	150	12	600	260	515	173	948	4720	2300	—	—	—	—	140	42,0	2,0	$54{,}7 \cdot 10^4$	6,32	47

Gewöhnliche Maschinen (Radialpoltype).

Laufende No. der Haupttabelle	Leistung KW	n	$2p$	E_k	Kupfergewichte in kg: Anker	Magnete	Total G_k	Eisengewichte in kg: Ankerblech u. Magnete	Joch Stahlguss	J^2R Verlust: Anker	Magnete	Eisenverluste	Anker: D cm	l cm	Luftspalt δ einseitig mm	$\frac{D^2 l n}{KW}$	$\frac{G_k \cdot n}{100\,KW}$	$\frac{G_e \cdot n}{100 \cdot KW}$ ohne Joch	mit Joch
13	55	610	6	120	64	150	214	283	300	—	—	—	54	15	4	$48{,}5 \cdot 10^4$	23,7	31,4	65
14	100	250	6	120	138	268	406	1035	1000	3,4	1,55	1,72	82	24,5	3	$41 \cdot 10^4$	10,1	25,8	50,5
19	170	375	6	240	216	290	506	1170	1660	—	—	—	92	29	8,5	$54 \cdot 10^4$	11,1	25,8	62
20	174	275	8	105	225	530	755	920	825	—	—	—	88	28	2—7	$34{,}2 \cdot 10^4$	11,9	14,5	27,5
25	500	100	12	550	700	1010	1710	5880	4700	3	1,1	1,74	240	33	6	$38 \cdot 10^4$	3,42	11,7	21,16
—[1]	500	100	16	550	615	1020	1635	4850	3460	—	—	—	260	28	5	$38 \cdot 10^4$	3,27	9,7	16,6

[1]) Siehe Beispiel Abschnitt 74.

Obwohl die zu vergleichenden Maschinen nicht für genau dieselben Verhältnisse entworfen sind, kann man doch erkennen, dass der Kupferverbrauch der kompensirten Maschinen grösser ist.

Die Eisengewichte sind für die gewöhnlichen Maschinen mit und ohne Joch angegeben und bei den kompensirten Maschinen ist das Gewicht des Gehäuses geschätzt worden.

Nimmt man an, dass das Gehäuse das Eisengewicht der kleineren Maschinen um 70 % und der größeren Maschinen um 50 % vergrössert, was ziemlich richtig sein wird, so wird das Eisengewicht der kompensirten Maschinen eher grösser wie kleiner als das der gewöhnlichen Maschinen.

Soweit als die Zahlen der Tabelle einen Schluss zulassen, bieten die kompensirten Maschinen keine Ersparnisse an Gewicht und sie dürften daher infolge der theureren Herstellung für normale Verhältnisse, wo die Kompensation nicht von besonderem Werth ist, gegen die gewöhnlichen Maschinen nicht konkurrenzfähig sein.

Sobald jedoch gefordert wird, dass durch Aenderung der Nebenschlusserregung die Spannung der Maschine bei voller Stromstärke innerhalb sehr weiter Grenzen regulirt, oder die Tourenzahl eines Motors innerhalb weiter Grenzen verändert werden soll, wird die Anwendung der Kompensation in Frage kommen, ebenso bei Tourenzahlen, die im Verhältniss zur Leitung sehr gross sind. In allen diesen Fällen bietet die gute Kommutation Schwierigkeiten, es muss jedoch hervorgehoben werden, dass mit sorgfältig berechneten Maschinen gewöhnlicher Bauart auch hinsichtlich funkenfreier Kommutation mehr geleistet werden kann, als vielfach angenommen wird.

29. Turbo-Dynamo von Brown Boveri & Co.

Fig. 324 giebt das vollständige Bild einer Dampfturbine, System Parsons, mit einer Gleitstrommaschine von 150 bis 180 KW, 3500 Touren, 450 bis 650 Volt. Die Maschine ist in der Centrale der Stadt Heidelberg aufgestellt und dient parallel mit einer Batterie zum Betriebe der Strassenbahn.

Die Hauptabmessungen der Gleichstrommaschine sind folgende:

Anker-Durchmesser	40 cm
Ankerlänge mit 5 Luftschlitzen à 1 cm	35 „
Nutenzahl	50
Umfangsgeschwindigkeit	73 m/sec.
Kollektor-Durchmesser	22 cm
Kollektor-Länge	47 „
Nutzbare Länge	2 × 15 cm
Lamellenzahl	100

Umfangsgeschwindigkeit	41,5 m/sec.
Feld-Bohrung	40,0 cm
Polzahl	2
Vier Luftschlitze . . . . à	1,2 cm.

Der Kollektor besitzt ausser den Pressringen noch drei warm und hochkant aufgezogene Stahlringe von 3,5 × 7,0 cm Querschnitt, zwei am Ende und einen in der Mitte, die durch Glimmer isolirt sind.

Fig. 324. Turbo-Dynamo von Brown, Boveri & Co.

Der Bürstenträger ist sehr kräftig gebaut und direkt auf der Fundamentplatte gelagert. Er besteht aus zwei schmiedeeisernen Ringen, zwischen denen die Bürstenstifte eingesetzt sind. Die Ringe sind in zwei anderen feststehenden Ringen drehbar gelagert.

Jeder Bürstenstift trägt vier Kupferbürsten von 0,7 × 3 cm (System Boudreaux) und zwei Kohlenbürsten von 1,5 × 2,1 cm. Sie bedecken insgesammt nahezu drei Lamellen, und eine Verstellung aus der Zone mit konstanter Klemmenspannung um ca. 3 Lamellen genügt, um einen Spannungsabfall zwischen Leerlauf und Volllast von ca. 100 $^0/_0$ zu erreichen.

Die Bürsten werden derart eingestellt, dass ein gutes Parallelarbeiten mit der Batterie eintritt und zwar so, dass die Batterie im Laufe des Tages möglichst wenig entladen wird.

Die Maschine arbeitet funkenfrei, nur zeitweise bemerkt man unter den Bürsten kleine Lichtperlen. Der Kollektor ist nach mehrmonatlichem Betriebe vollkommen glatt geblieben.

Dieses schöne Resultat ist hauptsächlich der Anwendung von Hülfspolen für die Kommutation zuzuschreiben. Auf die Bemessung der Kompensations-Ampèrewindungen kommt es hierbei weniger an. Bei der Heidelberger Maschine sind die letzteren durch eine Neben-

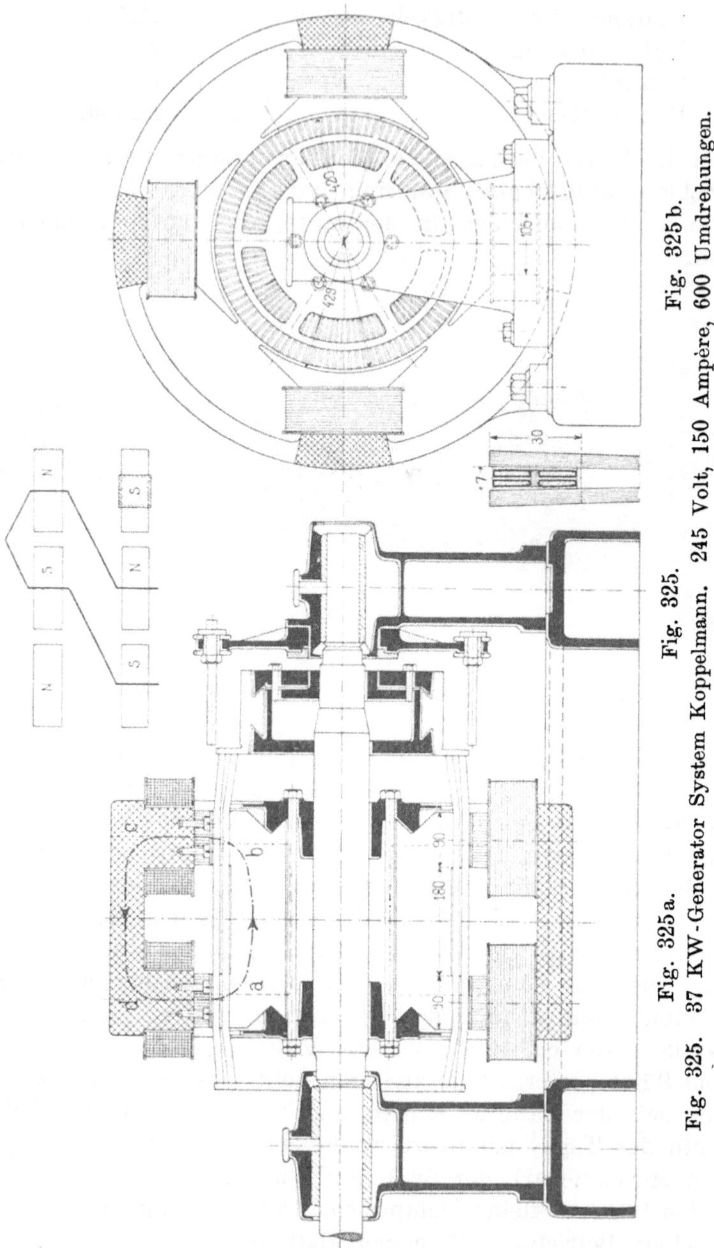

Fig. 325. Fig. 325a. Fig. 325. Fig. 325b.

Fig. 325. 37 KW-Generator System Koppelmann. 245 Volt, 150 Ampère, 600 Umdrehungen.

schliessung regulirbar gemacht, bei den neueren Ausführungen wird diese Regulirung nicht mehr vorgesehen, da sich die Kompensations-Ampèrewindungen genau genug vorausberechnen lassen.

30. 37 KW-Gleichstrommaschine, System G. Koppelmann. 245 Volt, 150 Ampère, 600 Umdrehungen. (Fig. 325 u. 326.)

Die in den Fig. 325 u. 326 abgebildete Maschine (D. R. P. 120625 vom 13. Jan. 1900) stellt eine Type dar, bei welcher die sonst bei Gleichstrommaschinen übliche magnetische Anordnung verlassen ist. Die zusammengehörigen Nord- und Südpole stehen sich in axialer Richtung gegenüber, und der Kraftfluss verläuft in Anker und Joch vorwiegend axial von *a* nach *b* und von *c* nach *d*, wie der in Fig. 325a eingezeichnete mittlere Kraftlinienweg zeigt.

Fig. 326. Generator System Koppelmann.

Dementsprechend sind auch die Ankerbleche anders angeordnet wie gewöhnlich; sie sind radial eingesetzt und in viele einzelne Packete untertheilt, zwischen denen radiale Schlitze frei bleiben. Der Anker ist also, ähnlich wie bei der Mordey'schen Wechselstrommaschine (D. R. P. 50446), senkrecht zur Drehrichtung lamellirt, und die Kraftlinien verlaufen in ihm ununterbrochen in Eisen. Erhebliche Wirbelströme in den Blechen treten nicht auf, da der Kraftfluss senkrecht zu ihnen, d. h. zwischen zwei am Umfange nebeneinander liegenden Polen wegen der vielen Lufträume zwischen den Packeten nur gering ist. Die in der Ebene der Bleche verlaufenden Kraftlinien ergeben, gerade wie bei den gewöhnlichen Typen, infolge der Lamellirung nur geringe Wirbelstromverluste.

Dagegen erzeugt der durch die Ankernuten seitlich in die Bleche eintretende Kraftfluss, welcher im Kraftlinienbild Fig. 174 Bd. I dargestellt ist, Wirbelströme, welche bei in axialer Richtung lamellirten Zähnen nicht auftreten. Die Wirbelstromverluste müssen daher bei höheren Sättigungen infolge der Vermehrung dieser Streulinien stärker als mit dem Quadrate der Induktion wachsen (Gl. 125 Bd. I), was Versuche an der Maschine bestätigt haben.

Die einzelnen Blechscheiben des Ankers sind ähnlich wie Kollektorlamellen unten schwalbenschwanzförmig ausgeschnitten, und der Anker wird auf beiden Seiten durch Ringe gefasst.

Die Wicklung wird zwischen die einzelnen Blechpackete eingelegt; die Führung der einzelnen Stäbe veranschaulicht Fig. 325c. Sie dürfen natürlich nicht gerade unter zwei gegenüberliegenden Polen durchgeführt werden, da sich sonst die unter den beiden Polen inducirten EMKe gegenseitig aufheben würden. Die Ankerbleche sind daher zwischen den Polen um die Höhe der Wicklung eingeschnitten und die Stäbe sind schief von Nordpol zu Nordpol bezw. von Südpol zu Südpol geführt. Auch die Gehäusekonstruktion weicht von den sonst üblichen Ausführungen ab, da der Bogen zwischen den am Umfang aufeinander folgenden Polpaaren keine Kraftlinien zu führen hat und nur zur mechanischen Verbindung der Pole dient. Das Gehäuse hat daher grosse Aussparungen; wie man aus der in Fig. 326 gegebenen Gesamtansicht der Maschine deutlich erkennen kann.

Die Polschuhe sind lamellirt; die Schichtung der Bleche ist ebenso wie bei den gewöhnlichen Maschinen, da die Fluktuationen des Kraftflusses in gleicher Richtung auftreten, wie bei einem Nutenanker.

Die beschriebene Anordnung hat einen doppelten Zweck. Einmal wird die Selbstinduktion der Ankerspulen stark verringert, und ferner ist die Ankerrückwirkung bei der Maschine nahezu aufgehoben. Die Selbstinduktion ist kleiner als bei anderen Maschinen, da die Kraftlinien, welche die Ankerleiter umschliessen, zweimal die Luft zu durchdringen haben, und ebenso wird auch die Quermagnetesirung ausserordentlich gering, da die Luftschlitze zwischen den einzelnen Blechpacketen dem Querkraftfluss einen sehr hohen magnetischen Widerstand entgegensetzen. Durch diese beiden Umstände wird die Kommutation des Stromes sehr begünstigt, und es ist möglich, die Bürsten mitten zwischen die Pole in die geometrische neutrale Zone zu stellen. Infolge davon übt der Ankerstrom auch keine entmagnetisirende Wirkung aus. Die Verringerung der Quermagnetisirung ermöglicht ferner, die Maschine mit kleinem Luftzwischenraum zu bauen, was zusammen mit dem Fortfall der Entmagnetisirung eine bedeutende Reduktion des Magnetkupfers ergiebt.

Ein weiterer Vortheil der Maschine sind die ausserordentlich günstigen Kühlungsverhältnisse; der Anker erhält durch die vielen Luftschlitze eine sehr grosse Oberfläche, und ausserdem entsteht infolge der radialen Anordnung der Blechpackete bei der Drehung ein starker Luftzug, so dass der Anker geradezu wie ein Ventilator wirkt.

Trotz dieser Eigenschaften, welche eine gute Ausnutzung des Materials, also Gewichtsersparniss ermöglichen, weichen die Gewichte der bisher von Herrn Koppelmann gebauten Versuchsmaschinen nicht wesentlich von denen der Typen gewöhnlicher Bauart ab, wie die in unten stehender Tabelle ausgeführte Vergleichung der Maschine mit einer für gleiche Bedingungen berechneten Radialpoltype und mit einem von der A.-G. Volta gebauten Generator erkennen lässt. Dieser ist, wie die drei letzten Rubriken der Tabelle zeigen, sogar mit geringerem Materialaufwand gebaut, als die Koppelmannsche Maschine. Dies ist hauptsächlich darin begründet, dass bei letzterer das Ankerkupfer und Ankereisen zwischen den nebeneinander liegenden Polen als totes Material zu betrachten ist, da bei einer gewöhnlichen Maschine ohne dieses die gleiche Leistung erzielt wird. Auch die Grundplatte wird um dieses Stück länger als bei anderen Maschinen.

Vergleich einer Koppelmann-Maschine mit Radialpoltypen.

	Leistung	n	E_k	J	$2p$	Kupfergewichte in kg			Eisengewichte in kg		J^2R — Verlust		Eisen-Verlust	Anker		$\frac{D^2 \cdot l \cdot n}{KW}$	$\frac{G_k \cdot n}{100 \cdot KW}$	$\frac{G_e \cdot n}{100 \cdot KW}$	
						Anker	Magnete	Total G_k	Ankerblech + Magnete	Joch Stahlguss	Anker	Magnet		D	l			ohne Joch	mit Joch
	KW		Volt	Amp.							%	%	%	cm	cm				
Koppelmanntype	37	607	245	150	2·4	57,7	70	127,7	238,5	180	5,85	1,65	1,9	42	18	$52 \cdot 10^4$	21	39,3	68,5
Vergleichsmaschine	37	600	245	150	4	42	89	131	208	265	4,05	2,97	1,92	42	16	$45{,}5 \cdot 10^4$	21,2	33,6	76,5
Gen. d. A.-G. Volta	33	300	230	144	4	57	130	187	300	360	7	3,05	2,15	45	22	$40{,}5 \cdot 10^4$	17	27,2	55

Versuche an der Maschine ergaben bei Dauerbelastung mit 37 KW eine Temperaturerhöhung des Ankers um 29° C.; die Maschine könnte also allenfalls noch höher belastet werden. Der Leerlaufverlust wurde zu 1100 Watt ermittelt. Hiervon sind etwa 700 Watt Eisenverluste und ca. 400 Watt Reibungsverluste. Bei einer Belastung von 33 KW (220 Volt, 150 Ampère) kommen hierzu:

Verluste durch Stromwärme im Anker . .	2200	Watt
„ „ „ an den Bürsten	250	„
Erregerverluste	660	„

woraus sich ein Wirkungsgrad von ca. 89% berechnet.

Diese Versuchsergebnisse sind recht günstig; es geht daraus hervor, dass die Leerlaufverluste gering sind und die Eisenverluste nicht grösser werden als bei gut gebauten andern Typen.

Vorausgesetzt, dass sich bei der betrachteten Type nicht mit Rücksicht auf mechanische Festigkeit der Ankerkonstruktion oder auf einfache und billige Herstellung Schwierigkeiten ergeben, erscheint es vor allem im Hinblick auf die günstigen Kommutationsverhältnisse als möglich, dass sich die Type für bestimmte Verwendungsgebiete Eingang verschafft, bei welchen gerade diese Eigenschaft besonders ins Gewicht fällt. Hauptsächlich kämen hier Nebenschlussmotoren mit stark veränderlicher Tourenzahl (Abschnitt 124 No. 2) und solche Generatoren in Betracht, bei welchen die Spannung bei voller Stromstärke von Null bis zur Maximalspannung geändert werden muss, z. B. Zusatzmaschinen (Abschnitt 118) und Anlassmaschinen (Abschnitt 126).

Hauptdaten der Maschine.

Armatur:

Durchmesser aussen	= 42 cm
„ innen	= 18 „
Eisenlänge	= 36 „
Zahl der Blechpackete:	= 75 Packete zu 10 Scheiben 0,526 mm Blech und 25 Packete zu 11 Scheiben 0,526 mm Blech
Nutenzahl	= 100
Nutenweite	= 0,7 bis 0,5 cm
Nutentiefe	= 3,0 „
Luftspalt δ[1])	= 0,45 „

Wicklung:

Reihenschaltg.	a = 1
Drahtzahl	N = 398
Drahtquerschnitt	= 1,5 × 12 mm²
Drähte in einer Nut	= 4

Kollektor:

Durchmesser	= 33 cm
Länge	= 12 „
Lamellenzahl	= 199

Magnete:

Polzahl	= 2·4
Kernquerschnitt	= 110 cm² Stahlguss
Jochquerschnitt	= 88 cm² Stahlguss
Polschuhlänge	= 10 cm
Polbogen (b_p)	= 28 „

Wicklung:

Nebenschluss	
Schaltung der Spulen:	Serie
Windungen pro Spule	700

Gewichte:

Ankerkupfer	= 57,7 kg
Magnetkupfer	= 72,0 „
Ankerbleche	= 145,0 „
Anker mit Kollektor und Achse	= 389,2 „
8 Polschuhe	= 38,4 „
Magnetgestell ohne Polschuhe und Magnetwicklung	= 239,7 „
Gesammtgewicht inkl. Riemensch.	= 1055,5 „

[1]) Bei einem späteren Versuch wurde der Luftspalt auf 0,25 cm verkleinert, die Stromabgabe erfolgte dabei bei unveränderter Bürstenstellung funkenfrei.

Zweiter Theil.

Die Vorausberechnung der Gleichstrommaschine.

Dreizehntes Kapitel.

45. Allgemeines über die Vorausberechnung einer Gleichstrommaschine. — 46. Die Wahl der Ankerkonstruktion. — 47. Die Wahl der Ankerwicklung. — 48. Die Umfangsgeschwindigkeit und die Tourenzahl. — 49. Die Polzahl. — 50. Die Abhängigkeit der Polzahl und des Ankerdurchmessers von dem Verhältniss Pollänge : Polbogen. — 51. Der Einfluss der Art der Ankerwicklung, der Stromstärke und der Klemmenspannung auf die Polzahl. — 52. Ableitung der Formel zur Berechnung der Hauptdimensionen der Maschine. — 53. Die Grösse der linearen Belastung AS und ihr Einfluss auf das Gewicht, die Erwärmung und die Funkenbildung der Maschine.

45. Allgemeines über die Vorausberechnung einer Gleichstrommaschine.

Die Vorausberechnung einer elektrischen Maschine macht eine grosse Zahl von Ueberlegungen nothwendig. Der Berechnende steht vielen unbekannten Grössen, die er festlegen soll, gegenüber, und die möglichen Lösungen sind sehr zahlreich. Es bleibt daher nichts anderes übrig, als unter der Annahme von gewissen Grössen mit der Berechnung der Reihe der Unbekannten an einem Ende zu beginnen und unter beständiger Kontrolle und eventuellen Korrekturen schrittweise der endgiltigen Lösung zuzustreben. Dem Konstrukteur wird dabei nicht nur die Aufgabe gestellt, eine gute Maschine zu entwerfen, sondern er soll auch mit dem geringsten Gewicht des Materials, bezw. den geringsten Kosten allen gestellten Bedingungen genügen. — Es ist in den meisten Fällen nicht schwierig, eine gut arbeitende Maschine zu bauen, wenn auf die Wirtschaftlichkeit keine Rücksicht genommen wird. Erst das Bestreben, eine möglichst billige und doch gute Maschine zu bauen, führt den Konstrukteur an die Grenzen der zulässigen Beanspruchungen und macht genaue Berechnungen und sorgfältige Ueberlegungen erforderlich.

Wer in der Berechnung und im Bau von Dynamomaschinen Erfahrung besitzt und sich ein gewisses Geschick in der Wahl und der Ermittlung der verschiedenen Grössen angeeignet hat, wird besser und schneller zum Ziele kommen als der Anfänger. Im Nachfolgenden wird die Berechnung ausführlich erörtert und möglichst genau durchgeführt, sie nimmt dadurch mehr Zeit in Anspruch, als es in vielen Fällen nothwendig ist. Der erfahrene Rechner wird jedoch die Kürzungen je nach dem Grade der gewünschten Genauigkeit leicht vornehmen können, und dem gewissenhaften Anfänger kann nur eine genaue Berechnung die ererwünschte Sicherheit bringen.

46. Die Wahl der Ankerkonstruktion.

Zu den Scheibenankern, die sich im Betriebe bewährt haben, gehört der Radanker von W. Fritsche und der Scheibenanker von Desroziers (Maison Breguet, Paris). Sie werden nur für mehrpolige Maschinen und ohne Eisenkern gebaut. Diese Anker müssen als Specialkonstruktionen angesehen werden, denen wegen ihrer begrenzten Verwendbarkeit eine allgemeine Bedeutung nicht zukommt.

Der Flachringanker wurde früher namentlich von der Firma Schuckert & Co. für alle normalen Maschinen bis 400 KW Leistung angewandt; sie hat jedoch diese Konstruktion jetzt ganz verlassen. — Wir werden somit in allen Fällen die Wahl zwischen dem gewöhnlichen Ringanker und dem Trommelanker zu treffen haben. Hierbei kommen folgende Gesichtspunkte in Betracht.

1. Bei der Trommelwicklung ist die maximale Spannungsdifferenz zwischen benachbarten Armaturspulen gleich der vollen Klemmenspannung, bei der Gramme'schen Ringwicklung (s. S. 86 Bd. I) dagegen nur gleich der in einer einzelnen Spule inducierten EMK. Ferner kann bei einer Ringwicklung jede einzelne Spule, ohne die übrigen zu beschädigen, leicht ersetzt werden. Die Ringwicklung eignet sich daher bei kleinen Stromstärken besser für hohe Spannungen als die Trommelwicklung.

2. Die Ringwicklungen haben dagegen den Nachtheil, dass bei kleinen und namentlich bei zweipoligen Maschinen der Armaturquerschnitt $D \times l$ nur schlecht ausgenützt werden kann, dass die Selbstinduktion der Armaturspulen und die Drahtlänge derselben grösser wird als bei Trommelankern und dass der ganze Armaturstern oder ein Theil von ihm aus Bronce hergestellt werden muss.

Bei Trommelankern mit Wellenwicklung wird der Wicklungsschritt räumlich nur halb so gross als bei Ringankern mit Wellenwicklung, die Querverbindungen werden kürzer, und die ganze Wicklung, die sich auch als Mantelwicklung ausführen lässt, ist daher bei der Trommel viel einfacher. Ferner ist das Zusammensetzen der Wicklung aus Formspulen, ein Verfahren, das insbesondere bei Massenfabrikation grosse Vortheile bietet, nur bei Trommelwicklung möglich. Ueberhaupt ermöglicht die Trommelwicklung eine bessere mechanische Konstruktion, sowie eine bessere Kühlung und Ventilation des Ankers. Man wird daher in allen Fällen, wo nicht besondere Gründe dagegen sprechen, die Trommelwicklung anwenden.

47. Die Wahl der Ankerwicklung.

Für die Ringanker kommt in fast allen Fällen nur die Gramme'sche Wicklung in Betracht; die Wicklung des Verfassers (Fig. 81 Bd. I) und eine Reihen- oder Reihenparallelschaltung kommen für Ringanker nur ausnahmsweise zur Ausführung.

Bei zweipoligen Trommelankern ist entweder die Schablonenwicklung, oder da sich diese für genutete Anker nicht so leicht ausführen lässt, wie eine Handwicklung, die symmetrische Wicklung nach den Fig. 172 bis 175 zu empfehlen.

Für mehrpolige Trommelanker kommt Schablonen-Drahtwicklung oder Stabwicklung in Betracht. Wenn möglich, ist der Ankerzweigstrom i_a so zu wählen, dass eine Stabwicklung ausführbar wird.

Wir müssen hier unterscheiden:

1. die Parallelschaltung (Schleifenwicklung) mit $i_a = \frac{J_a}{2p}$
2. die mehrfache Parallelschaltung (Schleifenwicklung) mit $i_a = \frac{J_a}{2\,mp}$
3. die Reihenschaltung (Wellenwicklung) mit $i_a = \frac{J_a}{2}$
4. die Reihenparallelschaltung des Verfassers (Wellenwicklung) mit $i_a = \frac{J_a}{2\,a}$

Auf die Wahl der Schaltung ist die Stromstärke i_a die maximale Spannungsdifferenz zwischen benachbarten Kollektorlamellen und die Polzahl der Maschine von wesentlichem Einfluss.

Der Ankerzweigstrom i_a darf, wie es später gezeigt werden soll, im allgemeinen die Grenze 200 bis 250 Ampère nicht überschreiten, und man bleibt bei Nutenankern und Spannungen über 120 Volt besser unter oder in der Nähe von 150 bis 200 Ampère, ferner soll er für Stabwicklungen wenn möglich nicht kleiner als etwa 80 Ampère sein.

Die Spannung zwischen zwei Kollektorlamellen ist

$$E_{dk} = \frac{p}{a} \cdot e_{max}$$

wo für $\frac{p}{a}$ gebrochen, die nächst grössere ganze Zahl einzusetzen ist.

Denken wir uns nun einen Anker mit Stabwicklung, der sich in einem gegebenen Magnetfelde mit bestimmter Geschwindigkeit bewegt, und führen wir die Wicklung mit verschiedenen Schaltungen für eine konstante Klemmenspannung aus, indem wir die Stabzahl, die Lamellenzahl und den Stabquerschnitt entsprechend ändern, so bleibt $p \cdot e_{max}$ für alle Schaltungen konstant und E_{dk} wird für $a \geqq p$ ein Minimum und für die einfache Reihenschaltung $(a = 1)$ ein Maximum.

Betrachten wir nun zunächst die Schleifenwicklung. Bei dieser liegen die Spulen eines Ankerstromzweiges beim Ringanker innerhalb einer einfachen und beim Trommelanker innerhalb einer doppelten Poltheilung; treten daher infolge von magnetischen Unsymmetrien des Feldes kleine Potentialdifferenzen zwischen den gleichnamigen Bürsten und daher ungleiche Stromstärken in den einzelnen Ankerstromzweigen auf, so wird auch die Ankerrückwirkung des am stärksten belasteten Zweiges am grössten, und das betreffende Magnetfeld wird am meisten geschwächt. Diese unabhängige Rückwirkung auf die einzelnen Magnetfelder hat daher eine Schwächung der Unsymmetrien zur Folge.

Bei grösseren Unsymmetrien reicht jedoch diese Schwächung nicht aus, um stärkere innere Ankerströme zu vermeiden, welche den Anker erwärmen, die Verluste vergrössern und einzelne Bürsten bis zur Funkenbildung überlasten. Die Schwierigkeiten werden um so grösser, je grösser die Polzahl der Maschine ist. In allen Fällen ist auf eine gleiche Beschaffenheit und Form der Pole und Polschuhe und auf eine genau centrische Lagerung der Anker grosses Gewicht zu legen. Ein grosser Luftspalt und grosse Zahnsättigung vermindern die magnetischen Unsymmetrien ebenfalls, man findet daher öfters mehrpolige Maschinen mit einem auffallend grossen Luftspalt und entsprechend hohem Aufwand an Magnetkupfer. (Siehe z. B. Masch. No. 34 d. Haupttabelle.) Es kann daher vorkommen, dass eine Maschine bei voller Spannung funkenfrei arbeitet und bei kleineren Spannungen feuert.

Viel besser und hinsichtlich des Kupferverbrauches sparsamer als ein grosser Luftspalt sind Aequipotentialverbindungen. Fabriken, die im Baue von grossen Generatoren mit Schleifenwicklung reiche Erfahrung besitzen, wie z. B. die Westinghouse Electric and Mfg. Co. und die General Electric Co. führen diese stets mit Aequipotentialverbindungen und einem verhältnissmässig kleinen Luftspalt aus. Das Verhältniss der Ampèrewindungen des Feldes zu denjenigen des Ankers ist meistens kleiner als 1,3.

Bei Anwendung von Aequipotentialverbindungen können die magnetischen Unsymmetrien erheblich sein, ohne das gute Arbeiten der Maschine zu beeinträchtigen. Die Ausgleichströme fliessen jetzt nicht mehr durch die Bürsten, sondern als Wechselströme durch die Aequipotentialverbindungen und schwächen die Unsymmetrien. Denn in den schwächeren Magnetfeldern ist der Ausgleichstrom der inducirten EMK entgegengesetzt gerichtet (in der Phase nahezu um 180^0 gegen die inducirte EMK verschoben), und verstärkt das Feld, während er in den stärkeren Magnetfeldern der inducirten EMK gleich gerichtet ist und das Feld schwächt. — Je grösser die Ankerrückwirkung ist, je kleiner also der Luftspalt und die Zahnsättigung sind, um so besser wird die ausgleichende Wirkung auf die Magnetfelder sein. Damit aber die Wattverluste möglichst klein werden, ist ebenso wie ohne Anwendung von Aequipotentialverbindungen ein elektrisch und magnetisch möglichst symmetrischer Bau der Maschine anzustreben.

Die Anwendung von Aequipotentialverbindungen empfiehlt sich meistens schon bei vier- und sechspoligen Maschinen, sofern die Vortheile, die sie bieten, ausgenützt werden.

Bei der Schleifenwicklung ist es in vielen Fällen und insbesondere bei gegebener Polzahl häufig nicht möglich, einen für eine Stabwicklung geeigneten Ankerzweigstrom zu erhalten. Ist z. B. $E = 550$ Volt, $J = 600$ Ampère, $n = 90$ Umdrehungen p. M., so wird die Polzahl $2p$ am besten etwa gleich 12 gewählt, und es würde für einfache Parallelschaltung $i_a = \frac{600}{12} = 50$ Ampère.

Die mehrfache Parallelschaltung mit zwei $2mp$ Ankerstromzweigen kommt aus diesem Grunde nur bei Maschinen, deren Stromstärke im Verhältniss zur Polzahl sehr gross ist, in Betracht, also bei kleinen Klemmenspannungen oder bei sehr grossen Umfangsgeschwindigkeiten.

Die amerikanische Praxis giebt bis jetzt der Schleifenwicklung den Vorzug, und um einen passenden Ankerzweigstrom zu erhalten, wird die Polzahl oft ungewöhnlich niedrig, der Polbogen sehr gross und daher die Maschine im Eisen schwer ausgeführt. Die Bevorzugung der Schleifenwicklung beruht aber nur darauf, dass die Anwendung der Aequipotentialverbindungen für Wellenwicklungen nicht bekannt war, denn ohne diese Verbindungen verlangt die Wellenwicklung eine genauere Ausführung der Maschine und ein gegen die Rückwirkung steiferes Magnetfeld als die Schleifenwicklung.

Die Spannungsdifferenz zwischen den Kollektorlamellen wird zwar für die Schleifenwicklung ein Minimum, es lässt sich aber bei der Wellenwicklung stets ein zulässiger Werth dieser Spannungsdifferenz und für $a \geqq p$ der Minimalwerth erreichen.

Wenden wir uns nun zur Reihenschaltung (mit $a = 1$), so ist bekannt, dass diese Wicklung für vier- und sechspolige Maschinen bis zu einem Ankerzweigstrom von 250 und mehr Ampère gute Resultate ergiebt. Da beide Ankerstromzweige sämmtliche Pole und zwar in relativ gleicher Lage zu den Polen durchlaufen, kann eine Unsymmetrie nur dadurch zu Stande kommen, dass die positiven und negativen Bürsten eine ungleiche Anzahl Spulen kurzschliessen. Bei vier- und achtpoligen Maschinen ist die Lamellenzahl ungerade, es werden daher, wenn z. B. die Bürstenbreite gleich 2,5 Lamellenbreiten ist, die Bürsten der einen Polarität zeitweise drei und die Bürsten der anderen Polarität gleichzeitig vier Lamellen bedecken sodass von einem Stromzweige eine Spule mehr kurz geschlossen wird als vom andern. Für ungerade Polpaarzahlen mit gerader Lamellenzahl und Bürsten unter 180^0 tritt diese Unsymmetrie nicht auf, weil beide Bürsten dieselbe Lage in Bezug auf die Lamellen haben. — Die zwischen den beiden Ankerstromzweigen entstehende Potentialdifferenz ist eine periodisch wechselnde, weil bald der eine und bald der andere eine Spule mehr besitzt, die Periodzahl pro Sekunde ist $= K \cdot \frac{n}{60}$, also gross. Infolge der grossen Reaktanz der Wicklung und der kleinen EMK, die in der Nähe der neutralen Zone inducirt wird, wird der innere Ausgleichstrom nur unbedeutend sein und keine Störung verursachen.

Sobald wir jedoch bei der einfachen Reihenschaltung die Polzahl und die Bürstenzahl vergrössern, treten leicht Uebelstände auf. Die Vertheilung des Stromes auf die gleichnamigen Bürsten, die durch die kurzgeschlossenen Spulen direkt miteinander verbunden sind, ist keine zwangläufige, wie bei der Schleifenwicklung, und grössere Unterschiede in den Uebergangswiderständen oder geringe Potentialdifferenzen genügen, um einzelne Bürsten zu überlasten. Es darf jedoch nicht übersehen werden, dass in der freien Stromvertheilung ein gewisser Vorzug der Wellenwicklung liegt, indem Bürsten mit schlechtem Kontakt entlastet werden. Um diesen Vorzug auszunützen, ist es nur nothwendig, die Auflagefläche aller Bürsten etwas reichlicher zu bemessen.

Durch die Vergrösserung der Polzahl wird ferner die maximale Spannung zwischen zwei Lamellen

$$E_{dk} = p \cdot e_{max}$$

leicht zu gross.

Die Erfahrung zeigt, dass man aus den angegebenen Gründen mit der Anwendung der Reihenschaltung um so vorsichtiger sein muss, je grösser die Polzahl und die Bürstenzahl wird.

Wird i_a oder die Polzahl zu gross, so müssen wir von der Reihenschaltung absehen, und es frägt sich nun, ob sich dann die Vorzüge der Reihenschaltung mit denjenigen der Schleifenwicklung vereinigen lassen; das ist bis zu einem gewissen Grade oder vollkommen durch die Reihenparallelschaltung des Verfassers mit Aequipotentialverbindungen (D. R. P. No. 126872) möglich.

Gehen wir von dem oben genannten Beispiele mit $E = 550$ Volt, $J = 600$ Ampère, $2p = 12$ aus und wählen wir $a = 2$, so wird $i_a = \frac{600}{4} = 150$ Ampère, d. h. der Stabquerschnitt wird viermal grösser und die Anzahl der Stäbe viermal kleiner als bei Schleifenwicklung. Die Wicklung ist daher nicht nur mechanisch besser, sondern auch billiger herzustellen. Versehen wir ferner alle Lamellen mit Aequipotentialverbindungen, so bilden, ebenso wie bei einer Schleifenwicklung mit Ausgleichverbindungen, je zwei Spulen und zwei Verbindungen eine geschlossene Schleife; während jedoch bei der Schleifenwicklung je p Spulen zu einem Ausgleichsystem verkettet sind, sind es bei der Reihenparallelwicklung nur je a Spulen, was auch daraus hervorgeht, dass die Reihenparallelschaltung im reducirten Schema eine Wicklung mit $2a$ Polen darstellt. Der Ausgleich der Potentialunterschiede und die Rückwirkung auf die magnetischen Unsymmetrien erfolgt daher ebenso wie bei einer Schleifenwicklung mit $2a$ Polen, jedoch erstreckt sich dieser Ausgleich auf sämmtliche $2p$ Pole.

Es ist jedoch nicht erforderlich, sämmtliche Lamellen an Ausgleichverbindungen anzuschliessen; die Erfahrung zeigt, dass viel weniger Verbindungen genügen, um einen guten Ausgleich zu erhalten. In diesem Falle ergiebt sich für die Schleifen- und Wellenwicklung ein wesentlicher Unterschied.

Die Wicklung muss ganz allgemein so ausgeführt sein, dass man von irgend einer Lamelle mit Aequipotentialverbindung ausgehend und der Wicklung folgend z Ankerspulen durchlaufen muss, bis man wieder auf eine Lamelle mit Aequipotentialverbindung stösst. Es kann z gleich 3, 4, 5 u. s. f. bis 10 und noch grösser sein und wird so gewählt, dass die Verbindungen sich möglichst gleichmässig auf die Lamellen vertheilen, was aus der Bd. I Seite 73 angegebenen Tabelle sofort ersichtlich ist.

Bei der Schleifenwicklung bilden die z Ankerspulen aufeinander folgende Schleifen innerhalb der Felder von zwei Polen, dagegen bei der Wellenwicklung z aufeinander folgende Wellen, die sich auf $2z$ Magnetfelder erstrecken. Bei der Schleifenwicklung werden daher z Spulen, die sich im stärksten Felde befinden, durch die Ausgleichverbindungen gegen z Spulen geschaltet, die sich im schwächsten Felde bewegen, und wir erhalten einen grossen Ausgleichstrom und einen entsprechend grossen Wattverlust. Dagegen treten bei der Wellenwicklung kleinere Potentialdifferenzen und kleinere Ausgleichströme auf, weil sich die z Spulen durch $2\ z$ Felder bewegen, und wir erhalten bei einem vollkommenen Ausgleich der Potentialdifferenzen erheblich kleinere Wattverluste. Hierin liegt ein weiterer Vorzug der Reihenparallelschaltung.

Als Vorzug der Schleifenwicklung könnte man dagegen anführen, dass die grossen Ausgleichströme die Magnetfelder infolge Rückwirkung ausgleichen und den einseitigen magnetischen Zug auf den Anker grösstentheils beseitigen. Aber ganz abgesehen davon, dass es nicht richtig ist, deswegen grosse Wattverluste zuzulassen, zeigt die Erfahrung dass auch hinsichtlich des magnetischen Zuges bei Wellenwicklung ein genügender Ausgleich erreicht werden kann, es ist das nur eine Frage der Grösse von z.

Schliesslich haben wir noch die Reihenparallelwicklung hinsichtlich der Spannung $E_{dk} = \frac{p}{a} \cdot e_{max}$ zu prüfen, wo für $\frac{p}{a}$ gebrochen die nächstgrössere ganze Zahl einzusetzen ist.

Wir sehen, dass es günstig ist, $\frac{p}{a}$ möglichst klein zu machen. Auch mit Rücksicht auf die Aequipotentialverbindungen ist es gut, wenn $\frac{p}{a}$ klein ist. Eine vollkommene symmetrische Anordnung der Ausgleichverbindungen wird für $\frac{p}{a}$ = einer ganzen Zahl erreicht, und es ist auch mit Rücksicht auf E_{dk} wennmöglich dieses ganzzahlige Verhältniss anzustreben, in jedem Falle soll aber $\frac{k}{a}$ = einer ganzen Zahl sein.

Hinsichtlich der Stromvertheilung auf die Bürsten ist zu beachten, dass durch die Ausgleichverbindungen je a Lamellen leitend verbunden werden und die Zahl der gleichnamigen Bürsten gleich p sein darf. Von diesen p Bürsten sind also je a durch die Ausgleichleitungen miteinander in Verbindung, und es ist deshalb auch mit Rücksicht auf die Stromvertheilung günstig, $\frac{p}{a}$ klein zu machen. Werden Bürsten weggelassen, so ist es empfehlenswert, diejenigen zu entfernen, welche zwischen einem Aequipotentialschritt liegen. Wicklungen mit $\frac{p}{a} \leqq 5$ sind vielfach mit bestem Erfolge ausgeführt worden.

Wenn die Reihenparallelschaltung des Verfassers nach den hier gegebenen Gesichtspunkten entworfen und mit Aequipotentialverbindungen versehen wird, so wird es möglich, den Luftspalt bei nicht allzugrossem Polbogen so weit zu verkleinern, als es aus mechanischen Gründen zulässig ist. Dabei wird bei grossen linearen Belastungen AS und konstanter Bürstenstellung ein vollkommen funkenfreier Gang für alle Belastungen von Leerlauf bis Ueberlast erreicht.

Die Erfahrung hat gezeigt, dass auch für $a = p$, wo eine Schleifenwicklung möglich ist, die Reihenparallelschaltung sich vorzüglich eignet. So führt z. B. die E.-A.-G vorm. Lahmeyer & Co., welche im Bau von Reihenparallelankern die grösste Erfahrung besitzt, auch bei $a = p$ die Reihenparallelwicklung aus. Auf Taf. VIII ist eine 1000 KW-Maschine mit $p = 12$, $a = 12$, und auf Taf. IX ein Doppelgenerator dieser Firma dargestellt. Auch andere Firmen verwenden fast ausnahmslos die Reihenparallelwicklung.

Wie schon oben erwähnt, kommt bei Maschinen, deren Stromstärke im Verhältniss zur Polzahl sehr gross ist, die mehrfache Parallelschaltung in Betracht; es ist jedoch vortheilhafter, solche Maschinen mit Reihenparallelschaltung und $a > p$ auszuführen. Bei solchen Maschinen wird der Ankerwiderstand sehr klein, und kleine magnetische Unsymmetrien erzeugen daher bei Schleifenwicklung grosse innere Ströme. Hier ist daher eine Reihenparallelschaltung mit Aequipotentialverbindungen durchaus am Platze, und die vorzüglichen Erfolge solcher Ausführungen bestätigen die hier gegebenen theoretischen Erörterungen.

Bei sehr kleinen Spannungen kann hier auch die Ringwicklung, bei welcher eine gleiche Stabzahl doppelt so viel Lamellen ergiebt als die Trommelwicklung, in Frage kommen.

48. Die Umfangsgeschwindigkeit und die Tourenzahl.

Die Umfangsgeschwindigkeit v des Ankers darf bis zu 20 m und bei sorgfältiger Ankerkonstruktion bis 25 m pro Sekunde betragen. Die gebräuchlichste Umfangsgeschwindigkeit normaler Maschinen mit Riementrieb beträgt 12 bis 17 m, wobei der kleinere Werth für kleinere Maschinen von ca. 2 KW Leistung gilt. Für langsam laufende, direkt gekuppelte Dynamos fällt v bis 8 m und ausnahmsweise noch tiefer. Bei grossen Tourenzahlen und Leistungen kann der Konstrukteur gezwungen sein, mit v bis zu 40 m und noch höher zu gehen. Bei Gleichstrommaschinen, die direkt mit

Dampfturbinen gekuppelt werden, gelangt man sogar zu Umfangsgeschwindigkeiten bis 80 m. In solchen Fällen müssen zum Festhalten der Ankerdrähte gegen die Centrifugalkraft halb geschlossene Nuten verwendet werden. Die funkenfreie Kommutation macht bei solchen Maschinen schon grosse Schwierigkeiten (s. Seite 410 Bd. I). Im allgemeinen ist es bei der Vorausberechnung nicht zweckmässig, v zu wählen, sondern man wählt die Tourenzahl, berechnet den Ankerdurchmesser und hieraus den Werth von v. Da die Umfangsgeschwindigkeit an die oben angegebenen Grenzen gebunden ist und der Ankerdurchmesser mit der Grösse der verlangten Leistung zunehmen muss, muss im allgemeinen die Tourenzahl mit der Leistung abnehmen. In Fällen, wo die Gleichstromgeneratoren mit Turbinen, Dampfmaschinen, Dampfturbinen oder Gasmotoren direkt gekuppelt oder die Gleichstrommotoren direkt mit den Arbeitsmaschinen zu verbinden sind, ist die Tourenzahl innerhalb enger Grenzen vorgeschrieben, und man gelangt zum Bau von langsam oder auch von schnelllaufenden Dynamos. Ist die Wahl der Tourenzahl frei gelassen, was bei Riementrieb zutrifft, so ist man wegen der Riemengeschwindigkeit und der Verwendung der Dynamos als Motoren doch an gewisse Grenzen gebunden. Die Tourenzahlen der normalen Maschinen mit Riementrieb einiger Elektricitätsfirmen sind aus der Tabelle ersichtlich.

Tabelle I.

Generatoren 230 Volt											
Brown, Boveri & Co., Baden				E.-A.-G. vorm. W. Lahmeyer & Co., Frankfurt a/M.				Allgemeine Elektricitäts-Gesellschaft, Berlin			
Touren proMin.	Leistung in KW	Kraftverbrauch in PS	Wirkungsgrad η	Touren proMin.	Leistung in KW	Kraftverbrauch in PS	Wirkungsgrad η	Touren proMin.	Leistung in KW	Kraftverbrauch in PS	Wirkungsgrad η
2100	1	2,2	0,62	2000	1,0	1,85	0,735	1950	0,5	1	0,68
1900	2	3,5	0,788	1850	1,5	2,7	0,755	1750	1	1,75	0,775
1700	3	5,0	0,816	1700	2,3	3,9	0,80	1700	1,85	3,25	0,775
1550	6	9,5	0,856	1600	3,0	5,0	0,815	1600	2,75	4,8	0,775
1400	9	14	0,878	1500	4,5	7,4	0,825	1430	4,6	7,5	0,835
1250	13	20	0,883	1400	6,0	9,7	0,84	1400	6,7	10,6	0,86
1150	18	27,5	0,889	1300	8,5	13,4	0,86	1150	9,0	14	0,875
1000	26	39	0,905	1200	11,5	17,8	0,88				
850	35	52	0,915	1100	14,0	21,5	0,885				
730	46	68	0,919	1050	18,0	27,5	0,89				
600	65	96	0,919	750	25	39,5	0,86				
500	100	148	0,92	650	40	62	0,88				
450	140	206	0,922	550	50	76	0,895				
400	190	280	0,924	525	75	113	0,905				
350	250	370	0,918								

Tabelle II.

Motoren 220 Volt

Siemens & Halske, Berlin				Brown, Boveri & Co., Baden				Allgemeine Elektricitäts-Gesellschaft, Berlin				Aktien-Gesellschaft Volta, Reval			
Touren proMin.	Leistung in PS	Kraftverbrauch in KW	Wirkungsgrad η	Touren proMin.	Leistung in PS	Kraftverbrauch in KW	Wirkungsgrad η	Touren proMin.	Leistung in PS	Kraftverbrauch in KW	Wirkungsgrad η	Touren proMin.	Leistung in PS	Kraftverbrauch in KW	Wirkungsgrad η
1550	1,5	1,445	0,76	1900	1	1,02	0,72	1550	0,5	0,52	0,706	1250	3	2,6	0,85
1450	2,0	1,88	0,78	1750	2	1,91	0,77	1450	1	0,95	0,775	1175	5	4,3	0,855
1350	2,5	2,3	0,80	1600	3	2,73	0,81	1320	2	1,90	0,775	1075	7,5	6,35	0,87
1200	4	3,6	0,82	1450	6	5,25	0,841	1250	3	2,85	0,775	975	11	9,2	0,88
1150	6	5,32	0,83	1300	10	8,5	0,866	1150	5	4,40	0,835	925	15	12,5	0,88
1100	9	7,8	0,84	1150	15	12,7	0,87	1050	7,5	6,40	0,865	825	19	15,7	0,89
1050	12	10,4	0,85	1000	21	17,3	0,894	980	10	8,50	0,866	780	25	20,2	0,91
1000	15	12,8	0,86	850	30	24,4	0,905								
960	20	16,98	0,87	730	40	32,2	0,905								
870	25	21,0	0,88	630	55	44,0	0,92								
780	32	26,52	0,89	530	75	60,0	0,92								
740	40	32,8	0,90												
700	50	40,8	0,90												
650	67	54,25	0,91												
600	90	73	0,91												
540	110	89	0,91												
500	140	113	0,91												
450	170	136	0,92												
410	210	168,5	0,92												

49. Die Polzahl.

Die Polzahl wird durch die Leistung, die Umdrehungszahl, die Ankerwicklung und das gewünschte Verhältniss von Pollänge zu Polbogen am wesentlichsten beeinflusst. Aber auch die Klemmenspannung und die Stromstärke können auf die Wahl der Polzahl von Einfluss sein.

Je grösser die Polzahl für eine zu bauende Maschine gewählt wird, um so kleiner wird der Aufwand an Eisen für das Magnetfeld und die Armatur bei derselben Sättigung des Eisens und demselben totalen Kraftfluss $2p \cdot \Phi$.

Die Leistung $E_a \cdot J_a$, die Umdrehungszahl und die normale Stromstärke J_a sind als gegeben zu betrachten. Das Drehmoment, das dem Produkte aus Kraftfluss und Stromvolumen proportional ist, ist daher ebenfalls gegeben und wir können schreiben:

$$2p \cdot \Phi \cdot N \cdot i_a = \text{konstant}$$

oder

$$2p \cdot F_m \cdot B_m \cdot F_{ka} \cdot s_a = \text{konstant} \quad . \quad . \quad . \quad (19)$$

Die Summe der Querschnitte aller Magnetkerne $2p \cdot F_m$ bleibt somit bei einer Aenderung von p unverändert, so lange die übrigen Grössen, d. h. der Querschnitt aller Ankerstäbe F_{ka}, die Beanspruchung B_m des Eisens und die Stromdichte s_a im Ankerkupfer denselben Werth behalten, dagegen ändert sich der Querschnitt des Joches und des Ankereisens.

Denken wir uns z. B., wie in den Fig. 327 und 328 dargestellt ist, für eine Maschine den Ankerdurchmesser und das Ankerkupfer

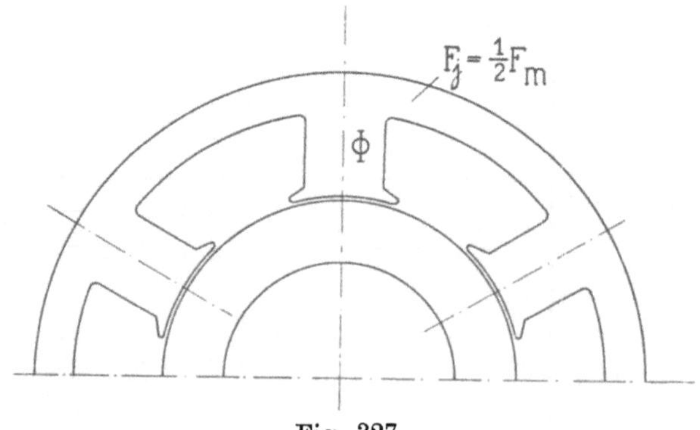

Fig. 327.

als gegeben und das Feld das eine Mal mit 6 und das andere Mal mit 8 Polen ausgeführt, so muss der totale Kraftfluss $2p \cdot \Phi$ und der totale Querschnitt $2p \cdot F_m$ in beiden Fällen (gleiche procentuale Feldstreuung vorausgesetzt) derselbe sein. Da jedoch der Kraftfluss pro Pol bei 8 Polen nur $^3/_4$ mal so gross ist, so werden Joch und Ankerquerschnitt bei gleichen Sättigungen nur $^3/_4$ der Querschnitte der sechspoligen Anordnung.

Der Hysteresisverlust im Ankereisen ist der Periodenzahl $\frac{p \cdot n}{60}$ und dem Eisenvolumen proportional. Die Periodenzahl wird $^4/_3$ und das Eisenvolumen $^3/_4$ mal so gross, der Hysteresisverlust bleibt daher für den Ankerkern konstant. Jedoch wird der Hysteresisverlust der Ankerzähne, da das Volumen und die Sättigung derselben unverändert bleibt, $^4/_3$ mal grösser.

Die achtpolige Maschine wird also bei nahezu denselben Eisenverlusten im Eisen leichter als die sechspolige, und es bleibt noch zu untersuchen, wie sich der Aufwand an Magnetkupfer geändert hat.

Bei dem Uebergange von 6 zu 8 Polen ist die Zahl der magnetischen Stromkreise um zwei vermehrt worden, dagegen ist der Kraftlinienpfad etwas kürzer und die mittlere Länge einer Feldwicklung kleiner geworden. Setzen wir den Querschnitt des Magnetkernes in beiden Fällen als quadratisch voraus, so verhalten sich die Windungslängen wie $\sqrt{F_{m6}} : \sqrt{F_{m8}}$ oder wie $\sqrt{4} : \sqrt{3} = 2 : 1{,}73$. Denken wir uns den Gewinn infolge der Verkürzung des Kraftlinienpfades durch die vermehrte Streuung ausgeglichen und lassen den Luftzwischenraum in beiden Fällen gleich, so würde das Magnetkupfer im Verhältniss von $6 \cdot 2 : 8 \cdot 1{,}73$ oder von $1 : 1{,}15$ grösser werden, d. h. die achtpolige Maschine würde 15% mehr Magnetkupfer brauchen. Nun darf aber der Luftzwischenraum der acht-

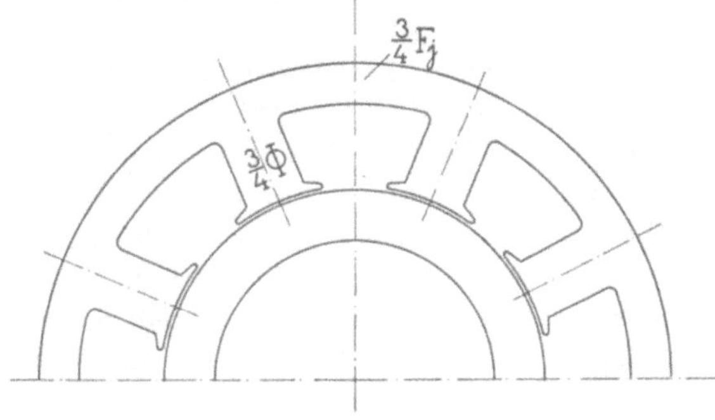

Fig. 328.

poligen Maschine etwa im Verhältniss der Polbogen (3 : 4) verkleinert werden. Entfallen 50% der Ampèrewindungen auf den Kraftlinienweg im Eisen, was bei stark gesättigten Maschinen ungefähr zutrifft, so würde das Magnetkupfer statt 1,15 noch den relativen Betrag

$$0{,}5\cdot 1{,}15+\frac{3}{4}\cdot 0{,}5\cdot 1{,}15=1{,}007$$

also fast genau dasselbe Gewicht wie die sechspolige Maschine haben. Würden auf den Kraftlinienweg im Eisen nur 30% der Ampèrewindungen entfallen, so würde das Magnetkupfer den relativen Betrag

$$0{,}3\cdot 1{,}15+\frac{3}{4}\cdot 0{,}7\cdot 1{,}15=0{,}95$$

erreichen, also nur um 5% kleiner sein als bei der sechspoligen Maschine.

Wir dürfen daher sagen, dass durch die Vermehrung der Polzahl nur das Eisengewicht der Maschine abnimmt und dass das Kupfergewicht annähernd konstant bleibt, so lange wir den Luftspalt in demselben Verhältniss wie den Polbogen verkleinern können. Sobald wir mit dem Luftspalt an die durch die mechanische Ausführung vorgeschriebene Grenze angelangt sind, muss das Kupfergewicht mit wachsender Polzahl zunehmen.

Ferner ist zu beachten, dass mit der Polzahl gewöhnlich auch die Kosten der Fabrikation wachsen, weil mehr Theile und Flächen zu bearbeiten, sind und dass die Wirbelstromverluste mit dem Quadrate der Periodenzahl also auch mit dem Quadrate der Polpaarzahl wachsen. Aus dem letzten Grunde wird man die Sättigung des Ankereisens bei der grossen Polzahl kleiner wählen als bei der kleinen, so dass im allgemeinen das Gewicht des Ankereisens fast unabhängig von der Polzahl wird.

Bei grossen Maschinen muss das Joch ausserdem mit Rücksicht auf die Steifigkeit und das Aussehen der Maschine einen erheblichen Querschnitt besitzen. Es hat daher bei solchen Maschinen wenig Werth, unter eine Poltheilung von 45 bis 55 cm oder unter einen Polbogen von 34 bis 40 cm zu gehen. Bei etwa 35 cm Polbogen und Anwendung von Aequipotentialverbindungen kann bei grossen Ankerdurchmessern auch ein Luftspalt δ erreicht werden, der aus mechanischen Gründen nicht wesentlich unterschritten werden darf. Bei kleinen Ankerdurchmessern kann dagegen der Polbogen, wie spätere Beispiele zeigen, viel kleiner werden, hier wird durch Vermehrung der Polzahl an Eisengewicht auch verhältnissmässig mehr erspart als bei den grossen Maschinen.

Mit Rücksicht auf die bequeme Herstellung der Wicklung aus Formspulen und das kleinere Gewicht, beginnen in neuerer Zeit fast alle Firmen die kleinen Motoren von 0,5 PS an vierpolig mit lamellirten Polen zu bauen.

Wir haben eben vorausgesetzt, dass der Querschnitt des Magnetkernes der sechs- und achtpoligen Maschine quadratisch sei. Im allgemeinen wird das bei demselben Ankerdurchmesser nicht zutreffen, und man wird daher bei dem Uebergang von einer Polzahl zur anderen auch den Ankerdurchmesser und die Ankerlänge ändern, um in beiden Fällen eine günstige Polform zu erreichen.

50. Die Abhängigkeit der Polzahl und des Ankerdurchmessers von dem Verhältniss Pollänge : Polbogen.

Hinsichtlich des Kupferverbrauches ist für die Magnet- und Ankerspulen diejenige Form der Windung als die günstigste zu bezeichnen, welche einen gegebenen Querschnitt (bezw. Kraftfluss) mit der geringsten Länge umschliesst, d. h. die Kreisform. Da die Anker für kreisrunde Spulen nicht gebaut werden können, giebt hier die quadratische Form den kleinsten Kupferaufwand. Für die Magnetkerne soll man, wenn es möglich ist, die Kreisform wählen, umsomehr, als in diesem Falle auch die Herstellung der Spulenkasten und das Wickeln der Spulen sich am besten gestaltet. Ist die Kreisform nicht ausführbar, wie z. B. bei lamellirten Polen oder wegen Raummangel, so ist eine möglichst wenig gestreckte Rechteckform mit gut abgerundeten Ecken anzustreben. Die Rechteckform hat den Vorzug einer besseren Ausnützung des freien Wicklungsraumes zwischen den Polen, sie ergiebt aber mehr Feldstreuung.

Bei Maschinen mit Radialpolen, deren Tourenzahl im Vergleich zu ihrer Leistung als normal betrachtet werden kann, ist das Verhältniss

$$\frac{l}{b} = 0,8 \text{ bis } 1,2.$$

Ist bei hohen Tourenzahlen die Umfangsgeschwindigkeit des Ankers schon so gross gewählt, dass eine weitere Steigerung derselben nicht mehr erwünscht oder zulässig ist, und wird die geforderte Leistung der Maschine nur durch entsprechende Vergrösserung der Ankerlänge erreicht, so kann das Verhältniss von $l:b$ erheblich grössere Werthe annehmen. Ist umgekehrt der Ankerdurchmesser einer Maschine im Verhältniss zur Leistung gross, wie bei den Schwungradmaschinen, so kann $l:b$ erheblich kleiner sein.

Mit Rücksicht auf die Funkenbildung (vgl. Formeln 32 u. 33 S. 272) und die Ausführung der Maschine wählt man die Ankerlänge selten grösser als 35 bis 40 cm. Bei kleinen zweipoligen Typen wird die Trommel nahezu quadratisch, d. h. $D \cong l$, und bei grossen Maschinen, mit Ausnahme der Schwungradmaschinen oder sehr langsam laufenden Maschinen, wo l oft unerwünscht klein ausfällt, liegt l meistens zwischen 25 und 35 cm. Durch eine passende Wahl von l und des Verhältnisses $l:b$, kann, wie später gezeigt wird, die Polzahl der Maschine ermittelt werden. Allgemein giltige Regeln lassen sich jedoch für die günstigste Polzahl nicht aufstellen. In zweifelhaften Fällen wird eine Maschine am besten für verschiedene Polzahlen entworfen, das Gewicht von Eisen und Kupfer berechnet und die Wattverluste sowie der Herstellungspreis ermittelt. Ausser den oben genannten wirtschaftlichen Gesichtspunkten für die Wahl der Polzahl kommen noch elektrische und magnetische in Betracht.

51. Der Einfluss der Art der Ankerwicklung, der Stromstärke und der Klemmenspannung auf die Polzahl.

Soll der Anker eine Schleifenwicklung erhalten, so ist die Zahl der Ankerstromzweige $= 2mp$ (wo $m \geqq 1$ und eine ganze Zahl) daher die Stromstärke pro Ankerstromzweig

$$i_a = \frac{J_a}{2 \cdot mp}.$$

Ist für eine gewählte Polzahl die Stromstärke zu gross, so kann entweder p vergrössert oder $m > 1$ gewählt werden. Wird dagegen i_a zu klein, so kann möglicherweise durch Verkleinerung von p noch ein Werth von i_a erhalten werden, der für die Ausführung der Wicklung gut geeignet ist.

Für Maschinen mit höherer Spannung ist ferner noch zu berücksichtigen, dass die maximale Spannung zwischen zwei Kollektorlamellen (s. Seite 103 Bd. I)

$$E_{dk} = \frac{3 \cdot r \cdot a \cdot E}{K} < 25 \text{ Volt} \quad . \; . \; . \quad (20)$$

sein soll. Nur bei kleinen Stromstärken darf E_{dk} bis 35 Volt betragen. Die Polzahl ist daher bei Hochspannungsmaschinen entsprechend klein zu halten.

Um die kleinste Polzahl, die noch zulässig ist, zu bestimmen, muss die Grösse der Quermagnetisirung, welche von $b_i \cdot AS$ und daher auch mittelbar von der Polzahl abhängt, berücksichtigt werden. — Amerikanische Ausführungen von grossen Trambahngeneratoren zeigen Werthe von $b_i \cdot AS = 8000$ bis 14000.

Im allgemeinen erhalten Maschinen mit kleiner Spannung grössere Polzahlen als solche mit hoher Spannung. Die Maschinenfabrik Oerlikon baut z. B. Maschinen für 2000 Volt bis zu 150 KW zweipolig mit Ringwicklung.

Wählt man bei kleineren Maschinen die Poltheilung $\tau = 20$ bis 35 cm und bei grossen Maschinen 35 bis 70 cm, so wird man meistens gute Verhältnisse erhalten.

Da die Wirbelstromverluste mit dem Quadrate und die Hysteresisverluste der Ankerzähne mit der 1,6 Potenz der Periodenzahl wachsen soll wenn möglich

$$\frac{p \cdot n}{60} < 25 \text{ bis } 30 \text{ sein.}$$

52. Ableitung der Formeln zur Berechnung der Hauptdimensionen der Maschine.

Als gegeben sind E, J und n anzusehen. Bei Motoren ist gewöhnlich an Stelle von J die Leistung in PS gegeben, es muss dann durch eine vorläufige Annahme des Wirkungsgrades η (siehe Tabelle I u. II Seite 262 u. 263) die elektrische Leistung

$$KW = \frac{0{,}736 \cdot PS}{\eta} \quad \ldots\ldots \quad (21)$$

oder

$$J = \frac{736 \cdot PS}{\eta \cdot E} \quad \ldots\ldots\ldots \quad (22)$$

berechnet werden.

Es ist

$$\pi \cdot D \cdot AS = N i_a = N \frac{J_a}{2 \cdot a}$$

somit

$$J_a = \frac{\pi \cdot D \cdot AS \cdot 2 \cdot a}{N} \quad \ldots\ldots \quad (23)$$

Ferner ist die im Anker inducirte EMK

$$E_a = \Phi \cdot N \cdot \frac{n}{60} \cdot \frac{p}{a} \cdot 10^{-8} \quad \ldots\ldots \quad (24)$$

$$\Phi = b_i \cdot l_i \cdot B_l \quad \ldots\ldots\ldots \quad (25)$$

$$b_i = \alpha_i \frac{\pi \cdot D}{2p} \quad \ldots\ldots\ldots \quad (26)$$

Durch Multiplikation der Gleichungen 23 und 24 und Benützung der Gleichungen 25 und 26 folgt

$$\frac{6\cdot 10^8\cdot E_a\cdot J_a}{\alpha_i\cdot B_l\cdot AS\cdot n}=D^2 l_i \quad . \quad . \quad . \quad . \quad . \quad (27)$$

Diese Gleichung ist allgemein giltig für Generatoren und Motoren[1]). Wir können auch schreiben

$$\frac{6\cdot 10^{11}\cdot KW}{\alpha_i\cdot B_l\cdot AS\cdot n}=D^2 l_i \quad . \quad . \quad . \quad . \quad . \quad (28)$$

oder auch

$$\frac{\boldsymbol{D^2\cdot l_i\cdot n}}{\boldsymbol{KW}}=\frac{\boldsymbol{6\cdot 10^{11}}}{\boldsymbol{\alpha_i\cdot B_l\cdot AS}} \quad . \quad . \quad . \quad . \quad (29)$$

Setzt man für KW die normale Leistung ein, so hat dieser Quotient für jede Maschine einen bestimmten Werth, man kann ihn daher als Maschinenkonstante bezeichnen. Wie aus der rechten Seite der Gl. 29 ersichtlich ist, hängt die Grösse der Maschinenkonstante nur von B_l und AS ab, sie ist daher ein Maass für die magnetische und elektrische Beanspruchung der Maschine.

Führen wir $v=\frac{\pi D n}{6000}$ ein, so ergiebt sich

$$\frac{v^2\cdot l_i}{n\cdot KW}=\frac{10^6}{6\cdot\alpha_i\cdot B_l\cdot AS} \quad . \quad . \quad . \quad (30)$$

Sind Tourenzahl, Leistung und α_i gegeben, so können wir auch schreiben

$$v\cdot\sqrt{B_l\cdot AS\cdot l_i}=\text{konstant} \quad . \quad . \quad . \quad (31)$$

Zur Berechnung von D und l_i benützen wir eine der Formeln 28 und 29 indem wir die Werthe α_i, B_l und AS erfahrungsgemäss wählen.

Das Verhältniss $\alpha_i=\frac{b_i}{\tau}$:

Es ist

$\alpha_i=0{,}6$ bis 0,7 für zweipolige Maschinen,
$\alpha_i=0{,}65$ bis 0,80 für mehrpolige Maschinen.

---

[1]) Der Verfasser benützt diese Beziehung zur Vorausberechnung von Maschinen schon seit vielen Jahren (s. E. T. Z. 1896, Seite 177 und E. T. Z. 1903, Seite 285).

J. K. Sumec schreibt in der Zeitschrift für Elektrotechnik 1898 dieselbe Beziehung wie folgt

$$KW=10^{-11}\cdot v\cdot AS\cdot B_l\cdot\frac{b}{\tau}\cdot D\cdot\pi l$$

und drückt sie wie folgt in Worten aus, da sie der Gleichung Effekt = Geschwindigkeit × Kraft entspricht.

Mechanisch-elektrischer Energieumsatz = mechanische × elektrische × magnetische Beanspruchung × Gesammtpolfläche.

Wie aus Bd. I Fig. 176, Seite 213 und Fig. 211, Seite 259 hervorgeht, hat der Werth von α_i einen grossen Einfluss auf die Gestalt der Feldkurve und die Form des von den Ankerwindungen erzeugten Feldes; ferner wächst die Leitfähigkeit λ_q, wie Fig. 282 Bd. I, Seite 390 veranschaulicht, mit α_i. Ein grosses Verhältniss α_i hat den Vortheil, dass ein grosser Theil des Ankerumfanges magnetisch beaufschlagt und daher bei gegebenen B_l ein grosser Kraftfluss Φ erhalten wird, dagegen werden die Bedingungen für eine gute Kommutation verschlechtert.

Für die Gestalt der Feldkurve in der Kommutirungszone ist der Werth von α_i zwar nicht direkt massgebend, sondern die Grösse der Pollücke $(\tau - b) = \tau\,(1 - \alpha_i)$ und die Sättigung der Polspitzen. Man kann daher auch die Grösse der Pollücke annehmen, und es darf α_i um so grösser sein, je grösser die Poltheilung τ ist.

Für die Luftinduktion B_l geben die folgenden Zahlen übliche Werthe.

1. Gezahnte Anker und kleine Maschinen $B_l = 5000$ bis 7000
2. Gezahnte Anker und grosse Maschinen $B_l = 7000$ bis 11000
3. Glatte Anker und kleine Maschinen $B_l = 3000$ bis 5000
4. Glatte Anker und grosse Maschinen $B_l = 5000$ bis 8000

Bei kleinen Maschinen werden 2 bis 5% der normalen Leistung der Maschine für die Magnetisirung des Eisens verbraucht. Bei grossen Maschinen nur 1 bis 2%, es muss daher, damit bei kleinen Maschinen diese procentuale Erregungsarbeit nicht zu gross wird, die Luftinduktion kleiner genommen werden.

Ferner wird bei glatten Ankern, namentlich bei kleinen Maschinen, der Luftspalt δ grösser als bei Zahnankern; die Luftinduktion muss daher mit Rücksicht auf die Erregungsarbeit ebenfalls klein gehalten werden. Ueber gebräuchliche Werthe der linearen Belastung AS und B_l giebt noch Tabelle III Seite 276 Auskunft. B_l ist von AS insofern abhängig, als der mit AS wachsende Kupferquerschnitt den Querschnitt der Ankerzähne verkleinert. Man kommt daher bei grossen Werthen von AS mit B_l nicht viel über 8000 bis 9000 hinaus, wenn die maximale Zahninduktion $(B_{z\,max})$ etwa 20000 bis 22000 nicht überschreiten soll.

53. Die Grösse der linearen Belastung AS und ihr Einfluss auf das Gewicht, die Erwärmung und die Funkenbildung der Maschine.

Im ersten Bande (siehe Seite 389) erhielten wir die Beziehungen

$$e_M + e_q = (1 + p_w) \cdot \frac{N}{K} \cdot AS \cdot l_i \cdot v \cdot 10^{-6} (\lambda_M + \lambda_q) \quad . \quad (32)$$

$$e_s = (1 + p_w) \cdot \frac{N}{K} AS \cdot l_i v \cdot 10^{-6} \cdot f_u \cdot k_s \lambda_s \cdot \frac{\beta}{b_r} \quad . \quad . \quad . \quad (33)$$

Wie aus den Kurven Fig. 338a und b für $\alpha = 0{,}65$ bis $0{,}75$ und den Tabellen Seite 311 und 315 hervorgeht, bewegen sich die Werthe $\lambda_M + \lambda_q$ und $k_s \cdot \lambda_L$ für die üblichen Verhältnisse und Nutenformen nur innerhalb verhältnissmässig enger Grenzen und zwar ungefähr

$$\lambda_M + \lambda_q = 6 \text{ bis } 10$$

und

$$k_s \cdot \lambda_L = 2 \text{ bis } 4{,}5.$$

Da ausserdem $p_w = 0$ ist, wenn alle Bürsten aufliegen, so ist ersichtlich, dass der Ausdruck,

$$\frac{N}{K} \cdot AS \cdot l_i \cdot v \cdot 10^{-6},$$

den wir als Ankerkonstante bezeichnen können, von wesentlichem Einfluss auf die Grösse von $e_M + e_q$ und e_s ist, welche nach der Gleichung

$$P_T'' = \frac{e_M + e_q}{1 - \frac{e_s}{P_w}} \quad . \quad . \quad . \quad . \quad . \quad . \quad (34)$$

die Potentialdifferenz zwischen der ablaufenden Bürstenspitze und dem Kollektor bestimmen.

Für Trommelanker mit $K = \frac{N}{2}$, was fast für alle Stabwicklungen zutrifft, wird die Ankerkonstante

$$= 2 \cdot AS \cdot l_i \cdot v \cdot 10^{-6}.$$

Setzen wir noch den Werth von v aus Gleichung 31 ein, welche lautet

$$v \cdot \sqrt{B_l \cdot AS \cdot l_i} = \text{konstant},$$

so erhalten wir für die Ankerkonstante

$$\text{Konstante} \cdot \sqrt{\frac{AS \cdot l_i}{B_l}},$$

d. h. bei gegebener Umdrehungszahl ist die Ankerkonstante unabhängig von der Umfangsgeschwindigkeit. Um eine kleine Ankerkonstante zu erhalten, ist zunächst B_l möglichst gross zu machen, ferner ist es günstig, die Maschine mit grosser

Umfangsgeschwindigkeit und kleiner Ankerlänge l zu bauen, man wird also bei grossen Tourenzahlen und Leistungen zu sehr hohen Werthen von v gelangen, weil man gezwungen ist, die Maschine möglichst kurz zu bauen.

Was nun die Wahl der linearen Belastung AS anbelangt, so darf dieselbe offenbar um so grösser gewählt werden, je kleiner l_i und v sind. Im allgemeinen soll AS möglichst gross sein, weil das Gesammtgewicht der Maschine mit wachsendem AS abnimmt, denn nach Gleichung 19 ist

$$p \cdot \Phi \cdot F_{ka} \cdot s_a = \text{konstant.}$$

Die mittlere Kraftlinienlänge ist fast immer viel grösser als die halbe Länge einer Ankerwindung; wenn $F_{ka} \cdot s_a = \pi \cdot D \cdot AS$ vergrössert wird, nimmt daher mit abnehmendem Φ das Eisengewicht viel rascher ab als das Kupfergewicht steigt. Dabei ist jedoch zu beachten, dass mit AS auch gleichzeitig das Magnetkupfer erhöht werden muss und dass 1 kg Kupfer das 4- bis 6fache eines kg Eisens kostet. Es wird also eine Grenze für die Vergrösserung von AS geben, von welcher an der Preis der Maschine wieder steigt. Diese Grenze liegt um so höher, je kleiner das Verhältniss

$$\frac{\text{Feldampèrewindungen}}{\text{Ankerampèrewindungen}} = \frac{p \cdot AW_k}{\pi \cdot D \cdot AS}$$

gemacht werden kann. Da sich mit zunehmendem AS die Abmessungen der Maschine verkleinern, erfahren auch die Abkühlungsflächen eine Verminderung.

Der Einfluss von AS auf den Wirkungsgrad und die Erwärmung der Maschine lässt sich am besten ermessen, wenn wir die Verluste in die konstanten Verluste und die veränderlichen Verluste trennen. Zu den ersteren gehören die Eisenverluste, die Erregerverluste im Nebenschluss und die Reibungsverluste, zu den letzteren die Stromwärmeverluste am Kollektor, sowie in der Anker- und Hauptschlusswicklung.

Soll bei einem Motor mit veränderlicher Belastung der Tageswirkungsgrad (gleich dem Verhältniss der als mechanische Arbeit abgegebenen Kilowattstunden zu den verbrauchten Kilowattstunden) möglichst gross sein, so müssen die konstanten Verluste klein gemacht werden, selbst wenn eine Erhöhung des Gesammtverlustes dadurch bedingt wird, oder bei einem gegebenen Gesammtverlust ist das Verhältniss

$$\frac{\text{konstante Verluste}}{\text{veränderliche Verluste}}$$

möglichst klein zu machen. Das ist erreichbar, indem wir durch Erhöhung von AS den Kraftfluss und die Sättigung des Eisens des zu verwendenden Modells verkleinern.

Für Kapselmotoren mit Dauerbetrieb gilt dasselbe, denn je höher der Tageswirkungsgrad bezw. je kleiner die Tagesverluste, um so kleiner wird die Erwärmung des Motors oder um so höher die zulässige Belastung bei gegebener Temperaturerhöhung.

H. M. Hobart giebt in „Traction and Transmission“ für einen 100 PS 500 Volt-Nebenschlussmotor folgendes Beispiel

	Entwurf No. 1	Entwurf No. 2	
Stromwärmeverlust in der Armatur (Volllast)	6000	2700	Watt
Kollektorübergangsverlust „	400	300	„
Veränderlicher Verlust (total)	6400	3000	Watt
Verlust im Armatureisen	1000	2300	Watt
Stromwärmeverlust in den Feldspulen . . .	300	1000	„
„ i. Nebenschlusswiderstand	50	150	„
Bürstenreibung	350	400	„
Lagerreibung	1000	1000	„
Konstante Verluste	2700	4850	Watt
Totaler Verlust bei voller Last . .	9100	7850	
„ „ „ $^3/_4$ „ . .	6300	6540	
„ „ „ $^1/_2$ „ . .	4300	5600	
„ „ „ $^1/_2$ „ . .	3100	5000	
„ „ „ 0 „ . .	2700	4850	
Wirkungsgrad bei voller Last . . .	89,1	90,5	
„ „ $^3/_4$ „ . . .	89,9	89,6	
„ „ $^1/_2$ „ . . .	89,6	86,9	
„ „ $^1/_4$ „ . . .	85,7	79,0	
Der maximale Wirkungsgrad entspricht einer Belastung von	65 %	127 %	der Volllast.

Wird für die geschlossene und die offene Bauart dasselbe Magnetgestell verwendet, so ist es empfehlenswerth, die Wicklung von Feld und Anker in beiden Fällen verschieden zu wählen.

Wählen wir z. B. den obigen Entwurf No. 2, so haben wir für die offene Bauart und 100 PS Leistung

Konstante Verluste	4850	Watt
Veränderliche Verluste	3000	„
Zusammen	7850	Watt

Wird die Maschine nun, ohne eine andere Aenderung, geschlossen und die Leistung von 100 auf 60 PS heruntergesetzt, so haben wir

Konstante Verluste	. . . .	4850
Veränderliche Verluste	. $=(0,6)^2 \cdot 3000 =$	1080
	Zusammen	5930

oder 75,5 % der Verluste bei 100 PS Leistung, während die Abkühlungsfläche um erheblich mehr vermindert wurde. Selbst bei Leerlauf sind die Verluste noch immer 62 %, so dass sich der Motor schon bei Dauerbetrieb und Leerlauf ebenso oder mehr erwärmen würde als der offene Motor.

Wählen wir dagegen den Entwurf I so erhalten wir

Konstante Verluste	. . . .	2700 Watt
Veränderliche Verluste	$=(0,6)^2 \cdot 6400 =$	2300 „
	Zusammen	5000 Watt

oder 63,5 % der Verluste bei 100 PS, so wird sich der Motor viel weniger erwärmen.

Ist der Motor intermittirend derart belastet, dass auf kurzzeitige Vollbelastungen Ruhepausen folgen, wie z. B. bei den Krahnmotoren wenig beschäftigter Krahne, oder ist der Motor nahezu dauernd voll belastet, so hat das Verhältniss der konstanten zu den veränderlichen Verlusten nicht den grossen Einfluss auf die Erwärmung und die zulässige Belastung des Motors, hier kommt es mehr darauf an, den Gesammtverlust klein zu machen.

Bei Nutenankern wird AS oft dadurch begrenzt, dass bei der zulässigen maximalen Sättigung der Zähne noch der erforderliche Querschnitt für den Kraftfluss Φ vorhanden sein muss, und bei glatten Ankern darf die Höhe der Kupferschicht mit Rücksicht auf das aufzuwendende Magnetkupfer gewisse Grenzen nicht überschreiten. Namentlich bei Maschinen mit Drahtwicklung und hoher Spannung, wo viel Raum für die Isolation verbraucht wird, nimmt AS verhältnissmässig kleine Werthe an.

Hinsichtlich der Funkenbildung ist es in fast allen Fällen, d. h. so lange man bei normalen Ankerlängen nicht gezwungen ist über etwa 20 bis 25 m Umfangsgeschwindigkeit hinaus zu gehen, zulässig, so viel Kupfer auf die Armatur zu bringen, bezw. AS so gross zu machen, als mit Rücksicht auf die Sättigung der Zähne, die Erwärmung und den Preis der Maschine untergebracht werden kann.

Aus all diesen Gründen bewegt sich der Werth von AS für bestimmte Maschinentypen und gewisse Maschinengrössen nur innerhalb kleinen Grenzen. — Noch vor wenigen Jahren haben die

Tabelle III.

Lfd. No.[1]	Leistung KW	Leistung PS	E Volt	n	v m/sec.	l cm	B_l	$B_{i\,max}$	AS	$\frac{N}{K}\cdot\frac{l_i v AS}{10^6}$	$c=\frac{pn}{60}$	B_a	B_m
1	—	2	220	900	8,5	9	7 700	23 000	72,5	0,055	30,0	8 900	17 000
2	—	2	220	1000	7,0	11,4	6 000	25 600	106	0,244	16,7	15 500	15 000
3	—	5	110	850	10,0	10,4	5 700	23 200	136	0,0907	28,4	7 700	16 700
4	—	8	220	400	6,45	11,9	8 100	22 400	139	0,067	13,35	12 900	14 500
5	—	12	500	635	10,0	15	8 400	30 600	104	0,125	21,2	16 000	14 900
6	—	26	600	640	11,0	18	9 400	28 400	156	0,247	21,4	9 400	18 000
7	—	35	500	530	8,9	18	10 600	31 000	238	0,305	17,7	12 500	16 700
8	—	35	220	300—900	8,36—25,08	23	10 800	25 700	107	0,086—0,258	15—45	14 100	17 000
9	4,5	—	110	1500	14,1	13,5	8 200	31 000	140	0,102	25,0	11 900	11 200
10	18	—	125	1100	17,1	15,6	6 000	16 800	172	0,0977	36,7	6 400	17 400
11	23	—	450	950	17,0	20	5 650	17 800	136	0,266	31,6	11 700	13 700
12	33	—	230	300	7,1	22	7 550	22 400	282	0,092	10,0	13 900	16 000
13	55	—	120	610	17,2	15	7 650	23 200	202	0,118	30,5	9 300	17 000
14	100	—	120	250	10,7	24,5	9 600	22 100	214	0,124	12,5	13 100	17 300
15	100	—	115	150	8,75	44	7 200	15 800	147	0,112	7,5	10 300	14 800
16	132	—	2000	475	20,6	75	4 250	—	110	0,068	7,75	13 000	16 200
17	150	—	200	500	19,6	20	8 900	22 800	212	0,186	25,0	12 000	14 000
18	165	—	550	150	11,0	18	8 880	23 300	211	0,092	12,5	8 500	16 600
19	170	—	240	375	18,0	29	7 300	20 000	202	0,21	18,8	12 200	14 800
20	174	—	105	275	12,7	28	8 500	25 200	281	0,218	7,0	13 900	17 300
21	280	—	190	450	21,2	38	6 800	16 200	330	0,515	22,5	7 000	12 600
22	337	—	2250	300	ca. 19	66	5 500	—	145	0,296	15,0	12 000	11 600
23	350	—	250	70	7,7	34	9 100	21 800	326	0,364	7,0	14 500	11 600
24	500	—	230	212	22,2	36	7 800	19 300	167	0,29	21,2	9 900	15 500
25	500	—	550	100	12,5	33	8 900	22 600	248	0,222	10,0	13 600	15 500
26	500	—	500—550	100	11,5	41	8 700	23 600	228	0,234	10,0	10 300	14 200
27	500	—	500—550	90	11,5	39,8	8 850	25 700	217	0,225	8,35	10 900	14 800
28	525	—	550	100	9,57	55,9	8 200	23 400	264	0,325	6,7	14 000	13 600
29 a	700	—	290	110	21,2	21,4	9 900	18 500	178	0,18	18,3	9 900	13 700
29 b	700	—	660	110	21,2	21,4	9 900	19 650	182	0,181	14,7	12 400	13 900
30	1000	—	240	94	19,0	27	8 950	19 200	240	0,264	18,8	7 650	16 500
31	1000	—	550	95	12,5	49	11 200	26 200	266	0,36	11,1	13 400	17 500
32	1000	—	575	100	16,0	34,4	8 600	23 000	283	0,36	11,7	11 300	14 100
33	1000	—	500	90	16,5	24,6	8 700	23 600	260	0,28	12,0	10 700	14 900
34	1320	—	145	95	15,9	45,5	8 500	21 900	292	0,45	14,2	10 000	15 300

[1]) Uebereinstimmend mit der Numerirung der Haupttabelle Abschnitt 75.

Tabelle III.

G_{Eisen} kg	i_a Amp.	s_a	G_{ka} kg	s_h	ca. s_n	G_{km} kg	$\Sigma(G_k)$ kg	$\frac{G_{km}}{G_{ka}}$	$\frac{G_{Eisen}}{\Sigma(G_k)}$	$\frac{2p\Phi}{i_a \cdot N}$	Firma
28	4,3	3,8	2,7	—	1,5	19,2	21,9	7,1	1,28	880	A.-G. Volta.
16	4,5	5,7	3,1	2,6	—	11,5	14,6	3,7	1,1	475	Sté. Él. et Hydr.
30	21	2,96	11,6	2,78	—	13,4	25,0	1,16	1,2	325	A.-G. Lahmeyer.
74	16,5	3,9	15	2,38	—	30	45	2,0	1,65	525	Union, E.-G.
88	10	3,1	15	2,54	—	66	81	4,4	1,08	835	Siemens & Halske.
150	18,8	3,56	23	2,34	—	93	116	4,05	1,29	870	Siemens & Halske.
150	30	4,9	25	2,14	—	126	151	5,05	1,0	550	A. E.-G.
610	63,5	1,81	59	—	1,0	440	499	7,5	1,22	1720	Ges. f. el. Ind.
54	21,5	4,2	9	—	1,98	33	42	3,66	1,29	330	A.-G. Lahmeyer.
120	73	3,9	20	—	1,06	65	85	3,25	1,85	400	Oerlikon.
177	26	4,15	20	—	1,82	94	114	4,7	1,54	475	Ges. f. el. Ind.
300	74	4,1	57	—	1,59	130	187	2,28	1,4	460	A.-G. Volta.
283	78	2,84	64	—	1,7	150	214	2,35	1,32	492	Vereinigte E.-A.-G.
1 035	141,5	3,28	138	—	1,55	268	406	1,94	2,55	835	Beispiel.
2 960	147	2,48	255	—	1,75	635	890	2,5	3,33	1530	Oerlikon.
3 340	33	1,55	370	0,86	—	1100	1470	2,98	2,28	2240	Oerlikon.
1 215	127	4,4	115	—	1,8	230	345	2,0	3,5	570	Brown, Boveri & Co
2 030	154,5	3,5	255	—	1,58	285	540	1,12	3,76	470	Ganz & Co.
986	120	2,5	216	1,7	1,5	290	506	1,35	1,95	820	Ges. f. el. Ind.
1 040	211	2,42	225	1,3	1,5	530	755	2,35	1,38	665	A.-G. Volta.
1 690	250	4,16	160	—	1,06	660	820	4,1	2,06	460	Oerlikon.
—	75	4,4	—	1,25	—	—	—	—	—	2070	Comp. de l'Ind. él.
7 840	119	2,36	950	—	1,02	1950	2900	2,06	2,7	700	Sté. Alsac. de Constr.
5 000	91	2,18	505	—	1,14	1370	1875	2,7	2,67	1310	Sté. Él. et Hydr.
5 880	154	3,15	700	1,56	1,5	1010	1710	1,44	3,44	910	Beispiel.
8 350	115	2,58	710	1,26	1,27	1825	2535	2,57	3,3	1290	Sté. Él. et Hydr.
11 150	92,5	2,31	1000	1,38	1,05	2190	3190	2,19	3,6	1260	Kolben.
10 600	122	2,88	800	1,27	1,3	1550	2350	1,94	4,5	1450	Union, E.-G.
8 460	123	2,74	740	—	1,0	3130	3870	4,2	2,18	970	Lahmeyer.
9 100	138	2,64	930	—	0,95	4050	4980	4,35	1,83	940	Lahmeyer.
9 250	176	2,94	900	—	1,17	2600	3500	2,9	2,64	810	Lahmeyer.
12 300	182	2,52	980	—	1,7	3900	4880	4,0	2,52	1500	Siemens & Halske.
11 400	124	3,2	1000	—	—	1620	2620	1,62	4,35	840	Gen. Electr. Comp.
12 200	125	3,57	900	—	—	1570	2470	1,75	4,95	825	H. Hobart.
14 000	254	3,3	1000	—	0,86	6750	7750	6,75	1,81	1000	A. E.-G.

normalen Maschinen der ersten elektrotechnischen Firmen den Werth $AS = 200$ selten überschritten.

Auf Grund der im ersten Bande gegebenen Theorien und Berechnungsmethoden macht es, wie die Erfahrung gezeigt hat, heute keine Schwierigkeit, unter günstigen Bedingungen noch bei $AS = 300$ bis 350 ohne übermässigen Verbrauch an Magnetkupfer eine tadellose Kommutation zu erreichen. Wenn man also bei grösseren Maschinen für die normale Belastung etwa $AS = 250$ bis 300 wählt, so ist noch eine erhebliche Ueberlastung zulässig.

In der vorstehenden Tabelle sind für eine Reihe von Maschinen Angaben über $\frac{N}{K} \cdot l_i \cdot v \cdot AS \cdot 10^{-6}$, AS, s_a und B_m gemacht. G_e bezeichnet das Gewicht der Ankerbleche und der Magnetpole; das Joch ist nicht mit inbegriffen, da dasselbe bald aus Stahlguss und bald aus Gusseisen besteht. G_{ka} bezeichnet das Gewicht des Armaturkupfers, G_{ke} das Gewicht des Magnetkupfers und $\Sigma(G_k)$ die Summe beider Gewichte.

Zu den Tabellenwerthen, die ausgeführten Maschinen entnommen sind, ist jedoch zu bemerken, dass dieselben nicht durchweg den höchsten Anforderungen hinsichtlich eines geringen Kupferaufwandes für die Magnetwicklung und einer bis an die zulässige Grenze gewählten linearen Belastung AS entsprechen.

Vierzehntes Kapitel.

54. Die Berechnung der Hauptdimensionen der Maschine. — 55. Die Berechnung der Eisenlängen l_1 und l_i und des Polbogens b. — 56. Die Berechnung der Zahl der Ankerdrähte und der Zahl der Kollektorlamellen. — 57. Die Berechnung des Querschnittes q_a der Ankerdrähte. — 58. Die Berechnung der Nuten. — 59. Die Berechnung der Eisenhöhe h des Ankers. — 60. Die Berechnung des Durchmessers und der Breite des Kollektors. — 61. Die Abmessungen der Bürsten.

54. Die Berechnung der Hauptdimensionen der Maschine.

Wir betrachten die Ermittlung des Ankerdurchmessers D und der Eisenlänge l_i zunächst nur als eine vorläufige und behalten uns Abrundungen auf ein gewisses Mass oder spätere im Laufe der vollständigen Berechnung des Ankers etwa nothwendige Aenderungen vor.

Als Ausgangspunkt für die Berechnung dient die Formel 28 oder 29 auf Seite 270.

Die erstere lautet

$$D^2 \cdot l_i = \frac{6 \cdot 10^{11} \cdot KW}{\alpha_i \cdot B_l \cdot AS \cdot n}.$$

Hierin bedeutet

$$KW = \frac{E_a \cdot J_a}{1000}$$

die Leistung in Kilowatt, welche bei Generatoren dem in elektrischen Effekt umgesetzten mechanischen Effekt und bei Motoren dem in mechanischen Effekt umgesetzten elektrischen Effekt entspricht.

Da der Ankerstrom J_a einer Nebenschlussmaschine und die im Anker zu inducirende EMK E_a nicht genau angegeben werden können, bevor die Maschine berechnet ist, so können entweder beide geschätzt werden oder man setzt, da es sich nur um eine vorläufige Berechnung von D und l_i handelt,

$$KW = \frac{E \cdot J}{1000}.$$

Mit Hülfe der über α_i, B_l und AS gemachten Angaben kann das Produkt $D^2 l_i$ aus Gleichung 28 gefunden werden und wir haben es nun passend zu zerlegen.

Ist die maximale zulässige Umfangsgeschwindigkeit des Ankers gegeben, wie z. B. bei sehr rasch laufenden grossen Maschinen oder Schwungraddynamos, so findet man

$$D = \frac{6000 \cdot v}{\pi \cdot n}$$

und

$$l_i = \frac{(D^2 \cdot l_i)}{D^2}.$$

Man bestimmt nun die Polzahl so, dass eine passende Grösse des Polbogens erhalten wird.

In allen Fällen, wo man mit v an einen bestimmten Werth nicht gebunden ist, verfährt man besser wie folgt: Man wählt einen Werth l_i und berechnet folgende Tabelle:

Gewählt	Berechnet							
l_i	$D=\sqrt{\frac{D^2 l_i}{l_i}}$	$\tau=\frac{\pi D}{2p}$	$b_i=\alpha_i \tau$	$\frac{l_i}{b_i}$	$v=\frac{\pi D n}{60}$	$2p$	a	$i_a=\frac{J_a}{2a}$
. . .	. . . .	. . . .	. . . .	. . .	. . . . . .	. .	. .	. . . .

Hierbei wird die Polzahl derart gewählt, dass die Poltheilung τ einen passenden Werth erhält (s. Seite 266).

Es sollen nun für diesen Werth von τ das Verhältniss $l_i : b_i$ und v ebenfalls brauchbare Werthe ergeben.

Es wäre Zufall, wenn alle gewünschten Bedingungen bei der ersten Wahl von l_i erfüllt würden, man muss daher D und l_i so lange ändern, bis das der Fall ist.

Wenn möglich soll das Verhältniss $\frac{l_i}{b_i}$, bei Maschinen mit radial angeordneten Aussenpolen $= 0{,}8$ bis $1{,}4$, bei dem Hufeisen- und Manchestertyp $= 0{,}7$ bis $1{,}2$ sein, und der Polkern, der die Magnetspulen trägt, soll, wenn möglich, einen kreisförmigen Querschnitt haben.

Ist man mit der Umfangsgeschwindigkeit an der erlaubten Grenze angelangt, so kann l_i so gross werden, dass das obige Verhältniss nicht mehr eingehalten werden kann. Wenn möglich soll $l_i \leqq 40$ cm sein.

Es kann jetzt noch geprüft werden, ob die Ankerkonstante

$$\frac{N}{K} \cdot l_i \cdot v \cdot AS \cdot 10^{-6}$$

einen brauchbaren Werth erhält.

Damit sind die Hauptdimensionen der Maschine vorläufig festgelegt. Man kann dieselben noch schneller ermitteln, wenn man die Dimensionen von bereits gebauten guten Maschinen oder von sorgfältig berechneten Maschinen als Ausgangspunkte wählt.

Nach Gleichung 29 ist

$$\frac{D^2 \cdot l_i \cdot n}{KW} = \frac{6 \cdot 10^{11}}{\alpha_i \cdot B_l \cdot AS} = \text{Konstante.}$$

Solange also $B_l \cdot AS$ unverändert bleibt, ist die rechte Seite eine Konstante, und da diese Grössen B_l und AS ein Mass für die magnetische und elektrische Beanspruchung der Maschine sind, ist die Konstante eine charakteristische Grösse derselben.

Je kleiner die Konstante wird, um so kleiner sind die Dimensionen der Maschine im Verhältniss zur Leistung. Damit ist aber nicht gesagt, dass bei gegebener Leistung die Maschine mit dem kleinsten $\frac{D^2 \, l_i \, n}{KW}$ die billigste sei, weil hier das Verhältniss von Eisen zu Kupfer von grossem Einfluss ist.

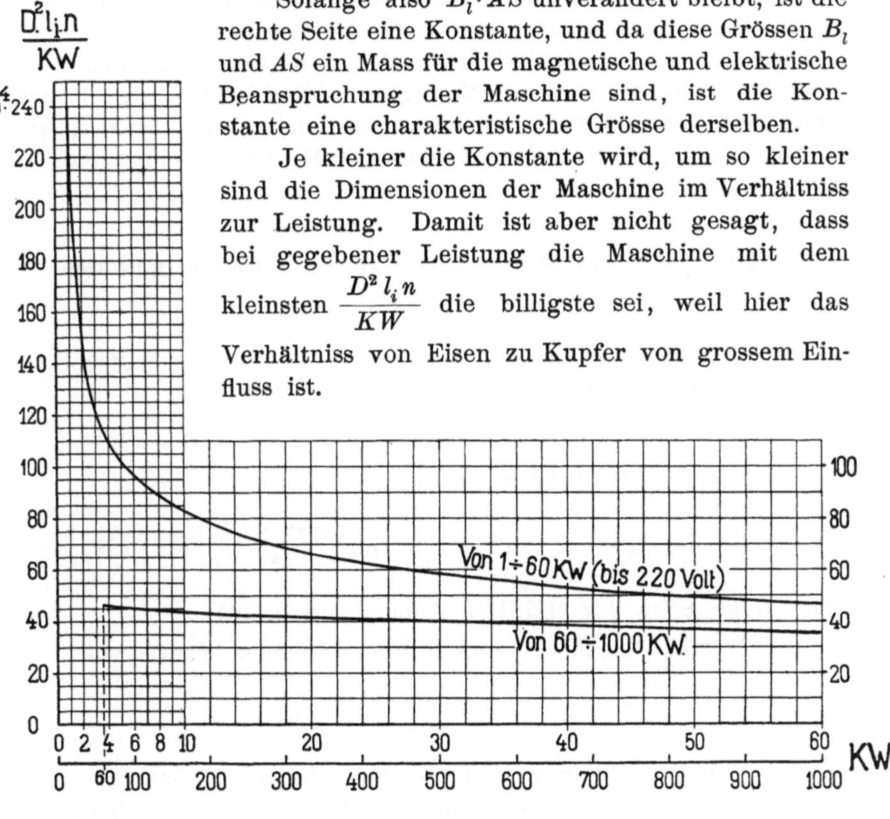

Fig. 329.

In der Haupttabelle Abschnitt 75, S. 407, sind die Werthe der Konstanten berechnet, und in der Fig. 329 sind zwei Kurven aufgezeichnet, welche die Abhängigkeit der Konstanten von der Leistung darstellen.

Die obere Kurve gilt für offen gebaute Maschinen bis 60 KW und Spannungen bis 220 Volt. Für 500 Volt liegt die Kurve etwas höher. Man wird finden, dass ausgeführte Maschinen Werthe ergeben, die öfter höher als tiefer liegen, weil die Kurven modernen gut ausgenutzten Maschinen entsprechen. — Dasselbe gilt auch für die untere Kurve; sie entspricht offen gebauten Maschinen von 60 bis 1000 KW, zwischen 100 und 1000 KW bewegt sich die Maschinenkonstante $\frac{D^2 l_i n}{KW}$ nur zwischen $45 \cdot 10^4$ und $35 \cdot 10^4$.

Durch Aufwand von mehr Anker- und Feldkupfer kann man unter diese Werthe und zwar bis etwa zu $25 \cdot 10^4$ gelangen.

Die Höhe der Klemmenspannung hat bei den grossen Maschinen auf die Maschinenkonstante nur einen geringen Einfluss.

Wird ein Satz gleichartiger Maschinen entworfen, so giebt die Aufstellung dieser Kurve die Möglichkeit, die Gleichmässigkeit der Berechnung der einzelnen Grössen zu prüfen, obwohl es nicht erforderlich oder gut erreichbar ist, dass alle Werthe auf einer stetigen Kurve liegen.

55. Die Berechnung der Eisenlängen l und l_1 und des Polbogens b.

Bei ventilirten Ankern wird, wenn n_s die Zahl der Luftschlitze und b_s die Breite eines solchen bedeuten,

$$l_1 = l + n_s \cdot b_s \quad . \quad . \quad . \quad . \quad . \quad . \quad . \quad (35)$$

Die Eisenlänge l erhalten wir aus

$$l = l_i - \left[n_s \cdot X' + \frac{4{,}6}{\pi} \cdot \log \left(\frac{\pi r_2 + \delta}{\delta} \right) \right] \delta \quad . \quad (36)$$

nach Gl. 38, Seite 222, Bd. I (s. Anmerkung S. 284).

Die Werthe von X' können für verschiedene Werthe von

$$\nu = \frac{l_1 - l}{n_s \cdot \delta}$$

aus Fig. 330 entnommen werden. — Dieselbe Kurve benutzen wir zur Berechnung von k_1, indem wir den Werth X entsprechend

$$\nu = \frac{t_1 - z_1}{\delta}$$

aufsuchen.

Sind, wie Fig. 331 zeigt, in dem Ankereisen Eindrehungen für die Drahtbänder vorhanden, oder in den Polen Eindrehungen

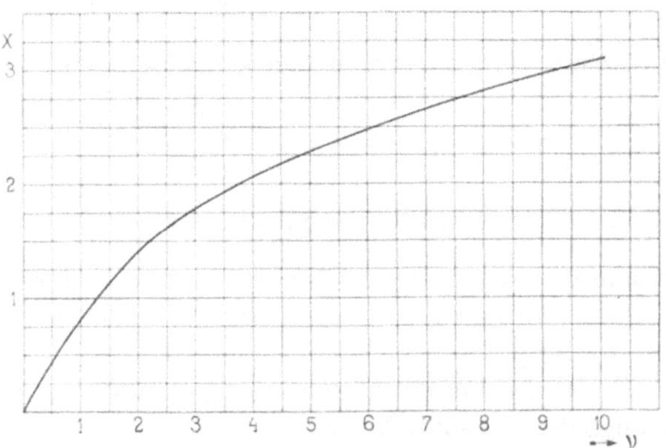

Fig. 330. Kurve zur Ermittlung der Werthe X und X'.

gegenüber den Ventilationsschlitzen, und ist l_1 grösser als die Pollänge l_p, so wird dadurch das Verhältniss von $l_i : l$ ebenfalls etwas beeinflusst, bezw. die maximale Luftinduktion B_l etwas verändert, was annähernd durch Einführung eines mittleren Luftspaltes in die Rechnung berücksichtigt werden kann.

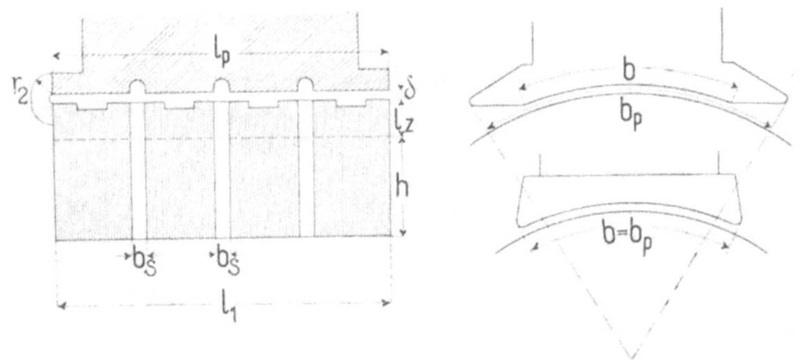

Fig. 331.

Um den Polbogen b zu bestimmen, muss zuerst die Polschuhform (s. Seite 396, Bd. I) gewählt werden. Durch Aufzeichnen des Kraftlinienbildes und Berechnung der magnetischen Leitfähigkeit nach der auf Seite 211, Bd. I beschriebenen Weise, kann man, da b_i bekannt ist, b finden. Für wenig gesättigte Polspitzen und symmetrische Polschuhe wird[1])

$$b = b_i - 2 \cdot \delta \cdot k_1 k_2 \Sigma \frac{b_x}{\delta_x} \quad . \; . \; . \; . \; (37)$$

Ist der Polschuh unsymmetrisch, so schreiben wir

$$b = b_i - \delta \cdot k_1 \cdot k_z \Sigma \frac{b_x}{\delta_x} \quad . \; . \; . \; . \; (38)$$

und erstrecken $\Sigma \frac{b_x}{\delta_x}$ über beide Polspitzen.

Für abgeschrägte Polspitzen ist b_i kleiner als der über die Spitzen gemessene Polbogen b_p, für stumpfe nicht abgeschrägte Polspitzen wird $b_i > b_p$.

Für angenäherte Rechnungen genügt es, b und b_p, ausgehend von b_i, schätzungsweise anzunehmen.

56. Die Berechnung der Zahl der Ankerdrähte und der Zahl der Kollektorlamellen.

Es ist

$$i_a = \frac{J \pm i_n}{2 \cdot a} = \frac{J_a}{2a}, \quad . \; . \; . \; . \; . \; . \; (39)$$

worin das negative Vorzeichen für Motoren giltig ist.

Die Erregerstromstärke im Nebenschluss i_n muss zunächst geschätzt werden; auf eine grosse Genauigkeit kommt es hierbei nicht an.

---

1) Auf Seite 211, Bd. I ist bei der Berechnung von b_i ein Fehler gemacht worden. Da für die Kraftröhren mit grosser Länge δ_x der Koefficient k_1 nahezu $= 1$ wird, wird die Leitfähigkeit einer Röhre

$$\frac{b_x}{0{,}8\,\delta_x} \cdot l_i$$

und wir erhalten dann

$$b_i = b + 2\,\delta\,k_1\,\Sigma \frac{b_x}{\delta_x}$$

und bei grossen Zahnsättigungen

$$b_i = b + 2\,\delta \cdot k_1 \cdot k_z \cdot \Sigma \frac{b_x}{\delta_x},$$

$$\text{worin } k_1 = \frac{t_1}{z_1 + X\delta} \text{ und } k_z = 1 + \frac{AW_z}{AW_l}.$$

Ferner ist auf Seite 221, Bd. I zur Berechnung von X'

$$\nu = \frac{l_1 - l}{n_s \cdot \delta}$$

zu setzen.

Hierzu dienen die in Fig. 332 gegebenen Kurven, welche den Erregerstrom in $^0/_0$ des Gesammtstromes abzulesen gestatten.

Kurve I gilt für den oberen Massstab.

Kurve II gilt für den unteren Massstab.

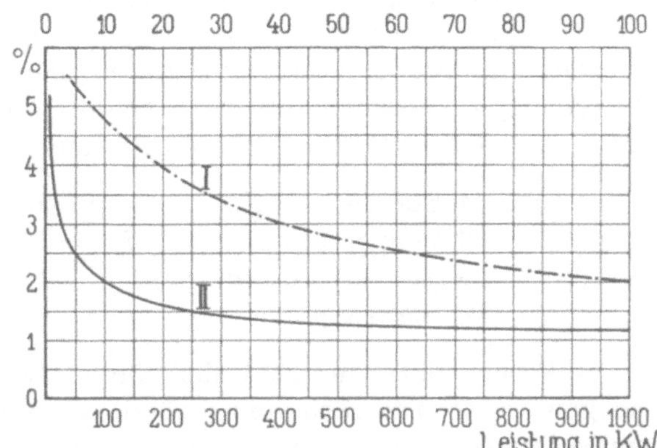

Fig. 332. Gesammte Erregerverluste in Proc. von der Leistung oder Erregerstrom in Proc. des Gesammtstromes.

Die Zahl der Ankerdrähte wird dann

$$N = \frac{\pi \cdot D \cdot AS}{i_a} = \frac{\pi \cdot D \cdot AS \cdot 2a}{J_a}$$

und die Zahl der Kollektorlamellen

$$K = \frac{N}{2w}$$

Bei Stabankern ist gewöhnlich die Windungszahl einer Spule $w = 1$ und

$$K = \frac{N}{2}$$

Wir sehen hieraus, dass die Wahl von $2a$ bezw. von i_a auf die Grössen N und K einen bestimmten Einfluss ausübt. Bei der Wahl von a muss daher geprüft werden, ob die entsprechenden Werthe von N und K brauchbar sind. Hierbei kommen folgende Gesichtspunkte in Betracht.

a) Bei Ankern mit Stabwicklung soll die Ankerstromstärke i_a mindestens etwa 60 bis 80 Ampère betragen, damit noch ein Stab von genügendem Querschnitt erhalten wird. Wird i_a kleiner als 60 Ampère, so wird zweckmässiger eine Drahtwicklung ausgeführt. Eine Stabwicklung kann daher bei Parallelwicklungen mit $2a = 2p$ Ankerstromzweigen die Wahl einer kleinen Polzahl mit grossen Polbogen zur Folge haben (vergleiche Seite 268).

b) Hinsichtlich der Nutenzahl oder der Anordnung der Spulenseiten ist es günstig, um eine kleine EMK e_s der scheinbaren Selbstinduktion zu erhalten, mehrere Drähte (4, 6, 8, 10) in einer Nut anzubringen. Damit jedoch die Lagen der Spulen einer Nut während des Kurzschlusses im magnetischen Felde nicht allzu verschieden werden, darf das Stromvolumen einer Nut nicht grösser als etwa 900 sein. Es würde demnach bei

4 Stäben pro Nut	$i_a \leqq 225$ Ampère
6 Stäben pro Nut	$i_a \leqq 150$ Ampère
8 Stäben pro Nut	$i_a \leqq 115$ Ampère
10 Stäben pro Nut	$i_a \leqq 100$ Ampère.

c) Ferner darf die Zahl der Nuten zwischen den Polspitzen eine gewisse Grenze nicht unterschreiten, damit die Variation der kommutirenden EMK nicht zu gross ausfällt. Es soll ungefähr

$$\frac{(1-\alpha_i)\,\tau}{t_1} > 3 \text{ bis } 4 \quad . \quad . \quad . \quad . \quad (40)$$

sein, wo τ die Poltheilung und t_1 die Nutentheilung bedeuten.

d) Die Drahtzahl N, bezw. die Lamellenzahl K muss so gross sein, dass die maximale Spannung zwischen zwei Lamellen

$$\boldsymbol{E_{kd} = \frac{3 \cdot r \cdot a \cdot E}{K} \leqq 25 \text{ bis höchstens } 35 \text{ Volt ist.}}$$

Für $K = \frac{N}{2}$ folgt

$$E_{dk} = \frac{3 \cdot r \cdot E \cdot J_a}{\pi \cdot D \cdot AS} \quad . \quad . \quad . \quad . \quad . \quad (41)$$

Wenn möglich, soll man mit E_{dk} nicht über 20 Volt hinausgehen. Ist $\frac{p}{a}$ eine gebrochene Zahl, so ist dieselbe zur Berechnung von E_{kd} auf die nächst grössere ganze Zahl (r) zu erhöhen.

Diese Bedingung kann bei höheren Klemmenspannungen entweder eine Vergrösserung von a oder eine Verkleinerung von p gegenüber den Annahmen bei Niederspannungsmaschinen zur Folge haben.

Auch mit Rücksicht auf die Kommutation darf mit i_a nicht über eine gewisse Grenze hinausgegangen werden, denn die Dämpfung durch gegenseitige Induktion ist bei gegebener Bürstenbreite um so grösser, je mehr Lamellen bedeckt werden oder je kleiner das in den Kurzschluss ein- und austretende Stromvolumen im Verhältniss zum gesammten Stromvolumen $u_k \cdot i_a$ aller kurzgeschlossenen

Spulen ist. Es soll also bei gegebenem Werthe von $u_k \cdot i_a$ die Zahl der kurzgeschlossenen Spulenseiten u_k möglichst gross sein.

e) Andererseits stellen sich die Herstellungskosten einer Maschine mit grossen Werthen von i_a und kleiner Lamellenzahl K billiger; man wird daher i_a so gross bezw. K so klein wählen, als es die Bedingungen für eine gute Kommutation gestatten.

f) Für Anker mit Drahtwicklung giebt die empirische Formel

$$\boldsymbol{K \geqq 0{,}04 \text{ bis } 0{,}037\, N\sqrt{i_a}} \quad . \; . \; . \quad (42)$$

brauchbare Werthe für K. Bei Trommelankern mit Stabwicklung ist $K = \frac{N}{2}$, und aus obiger Bedingung würde folgen,

$$i_a \leqq 150 \text{ bis } 180 \text{ Ampère.}$$

g) Die aus der Formel

$$N = \frac{\pi \cdot D \cdot AS}{i_a}$$

berechnete Drahtzahl bezw. die Lamellenzahl K muss auf einen solchen Werth nach oben oder unten abgerundet werden, dass die Schaltungsformel erfüllt ist. Für die Wellenwicklungen muss also

$$p\,(y_1 + y_2) = K \pm a \quad . \; . \; . \; . \; . \quad (43)$$

sein, wo y_1 und y_2 ganze und ungerade Zahlen sind. Günstig ist aus dem auf Seite 355, Bd. I angegebenen Grunde, wenn $\frac{K}{2p}$ eine gebrochene Zahl ist.

Aus den auf Seite 357, Bd. I angegebenen Gründen soll ferner, wenn möglich

$$y_2 = x \cdot u_n - 1 \quad . \; . \; . \; . \; . \quad (44)$$

sein, wo x eine ganze Zahl ist und u_n die Anzahl der Spulenseiten einer Nut.

Diese Bedingung ist nicht erfüllbar, wenn die Spulen einer Nut vor dem Einlegen gemeinsam isolirt werden sollen, wie es vielfach besonders bei höheren Spannungen üblich ist. In diesem Falle müssen die Seiten der Spulen, die in einer Nut beisammen sind auch in der andern Nut beisammen bleiben, was nur zutrifft, wenn

$$y_2 = x \cdot u_n + 1 \text{ ist.}$$

Häufig tritt noch wegen der bequemeren Herstellung der gestanzten Bleche die Bedingung hinzu, dass die Nutenzahl durch 4, 6, 8, 10, 12 u. s. w. theilbar sein soll.

Diese Bedingung lässt sich ohne Unsymmetrien bei Wellenwicklungen nur für gewisse Kombinationen von K, p und a erfüllen. Es kann derselben jedoch immer genügt werden, wenn man überzählige Nuten ausführt und dieselben möglichst gleichmässig am Umfang vertheilt. Sind z. B. vier Stäbe pro Nut angeordnet, so erhalten dann einige Nuten nur zwei Stäbe.

Die dadurch entstehenden Unsymmetrien haben bei Anwendung von Aequipotentialverbindungen keine Nachtheile.

g) Nachdem N und K bestimmt sind, kann die Ankerkonstante

$$\frac{N}{K} \cdot AS \cdot l_i \cdot v \cdot 10^{-6}$$

berechnet und geprüft werden, ob dieselbe einen brauchbaren Werth besitzt. Wie aus der Tabelle Seite 276 ersichtlich, steigt der Werth derselben in einzelnen Fällen über 0,4 hinaus; dabei ist jedoch zu beachten, dass diese Maschinen nur zum Theil den günstigsten Dimensionen entsprechen. Es sollte, wenn möglich, die Ankerkonstante $<$ 0,3 bis 0,35 sein. Bei Drahtwicklungen muss ferner die Zahl der Kollektorlamellen so gewählt werden, dass auf jede Lamelle eine bestimmte Zahl von Armaturwindungen fällt, und dabei ist zu beachten, dass bei Ringwicklung ein Draht und bei Trommelwicklung zwei Drähte am Umfang des Ankers zu einer Windung gehören.

Es ist nicht unbedingt erforderlich, dass an jede Lamelle gleichviel Windungen angeschlossen werden, obwohl gleichmässige Vertheilung besser ist. Unter Umständen, z. B. bei der Umwicklung einer Maschine, ist es schwierig, die gewünschte Lamellenzahl auch nur annähernd zu erhalten, wenn man die Windungszahl gleichmässig auf alle Lamellen vertheilen will, und man ist genötigt, eine andere Vertheilung vorzunehmen.

Soll z. B. ein Trommelanker 192 Armaturdrähte oder 96 Windungen erhalten, so können diese Windungen, wie folgt, an den Kollektor angeschlossen werden:

Lamelle No. . . .	1	2	3	4	5	6	Zahl der Lamellen	$\frac{N}{K}$
Windungen pro Lamelle	1	1	1	1	1	1	96	2
oder	2	1	2	1	2	1	64	2 und 4
oder	2	2	2	2	2	2	48	4
oder	3	3	3	3	3	3	32	6

Es ist nun möglich, dass 96 Lamellen zu viel und 48 zu wenig sind, so dass man sich zu der ungleichen Vertheilung der Windungen auf 64 Lamellen entschliessen muss.

57. Berechnung des Querschnittes q_a der Ankerdrähte.

Es ist

$$q_a = \frac{i_a}{s_a} \text{mm}^2.$$

Die Stromdichte s_a variirt zwischen weiten Grenzen. Es ist für sie die zulässige Erwärmung des Ankers und der Wirkungsgrad der Maschine massgebend. Man kann jedoch die Stromdichte auf Grund der Erfahrung wählen und nachträglich die Erwärmung und den Wirkungsgrad prüfen.

Die Tabelle Seite 277 und nachfolgende Tabelle geben gebräuchliche Werthe der Stromdichte für Dauerbelastung.

Draht-		Stromdichte	
Durchmesser mm	Querschnitt q_a mm²	$s_a \frac{\text{Amp.}}{\text{mm}^2}$	i_a
0,8 bis 1,2	0,5 bis 1,10	6,5 bis 5,0	3,25 bis 5,5
1,3 „ 2,0	1,32 „ 3,14	5,0 „ 4,5	6,6 „ 14,1
2,1 „ 3,5	3,46 „ 9,62	4,5 „ 3,8	15,6 „ 36,5
3,6 „ 5,0	10,1 „ 19,6	3,8 „ 3,2	38,2 „ 62,8
Stab-	25 „ 60	3,4 „ 3,0	85 „ 180
wicklungen	60 „ 120	3,0 „ 2,0	180 „ 240

Bei Stabankern mit guter Ventilation darf, sofern es der Wirkungsgrad erlaubt, die Stromdichte für Dauerbelastung wesentlich höher, etwa bis 3,6 und selbst 4 gewählt werden. Für Maschinen mit kurzzeitiger Belastung und Drahtlitzen, die kleinere Wirbelstromverluste ergeben, darf die Stromdichte ebenfalls grösser sein.

Die Abhängigkeit der Stromdichte von der Erwärmung lässt sich ausdrücken, indem wir pro 1 Watt Kupferverlust eine bestimmte Abkühlungsfläche A_{ak} fordern. Der Kupferverlust pro cm² Ankeroberfläche wird für den Strom AS Ampère und den Querschnitt q mm² pro cm Ankerumfang und $\frac{1}{48}$ Widerstand des warmen Kupfers

$$w_{ak} = AS^2 \frac{0{,}01}{48 \cdot q},$$

oder da

$$\frac{AS}{q} = s_a,$$

$$w_{ak} = \frac{AS \cdot s_a}{4800} \quad \ldots \ldots \quad (45)$$

Die Abkühlungsfläche pro 1 Watt Verlust auf Stillstand reducirt wird somit

$$A_{ak} = \frac{4800\,(1 + 0{,}1 \cdot v)}{s_a \cdot AS} \quad \ldots \ldots \quad (46\,a)$$

oder

$$\boldsymbol{s_a = \frac{4800\,(1 + 0{,}1 \cdot v)}{A_{ak} \cdot AS}} \quad \ldots \ldots \quad (46\,b)$$

In der nachfolgenden Tabelle sind für eine Zahl von ausgeführten Maschinen die Werthe A_{ak} berechnet.

Tabelle für: $A_{ak} = \dfrac{4800\,(1 + 0{,}1 \cdot v)}{s_a \cdot AS}$.

Lfd. No.[1])	Leistung		A_{ak}	Lfd. No.[1])	Leistung		A_{ak}
	KW	PS			KW	PS	
1	—	2	32,2	19	170	—	26,6
2	—	2	13,5	20	174	—	16,0
3	—	5	23,6	21	280	—	10,9
4	—	8	14,6	22	337	—	ca. 22
5	—	12	29,8	23	350	—	11
6	—	26	18,2	24	500	—	42,5
7	—	35	7,8	25	500	—	13,8
8	—	35	45,5—87	26	500	—	17,6
9	4,5	—	19,7	27	500	—	20,6
10	18	—	19,4	28	525	—	12,4
11	23	—	23	29a	700	—	30,6
12	33	—	7,1	29b	700	—	31,2
13	55	—	22,7	30	1000	—	19,7
14	100	—	14,1	31	1000	—	16,1
15	100	—	24,8	32	1000	—	13,8
16	132	—	86,5	33	1000	—	13,7
17	150	—	15,2	34	1320	—	12,9
18	165	—	13,7	35	2000	—	17,5

[1]) Die laufenden Nummern stimmen mit der Haupttabelle, Abschn. 75 überein.

Mit Rücksicht auf den Wirkungsgrad der Maschine kann auch von vornherein ein bestimmter Wattverbrauch W_{ka} im Ankerkupfer angenommen und daraus s_a berechnet werden.

Man findet dann

$$s_a = \frac{4800 \cdot W_{ka}}{N \cdot l_a \cdot i_a} \quad \ldots \ldots \quad (47)$$

worin l_a die halbe Länge einer Ankerwindung in cm bezeichnet.

Annähernd ist für Trommelwicklung

$$l_a \cong l_1 + 1{,}4\,\tau + 5 \quad \ldots \ldots \quad (48)$$

Das Kupfergewicht des Ankers ergiebt sich aus obiger Gleichung 47, indem wir $i_a = q_a \cdot s_a$ und das Kupfervolumen

$$V = N \cdot l_a \cdot \frac{q_a}{100}$$

in cm³ einsetzen

$$\boldsymbol{G = \frac{0{,}43 \cdot W_{ka}}{s_a^2}} \textbf{ Kilogramm} \quad \ldots \quad (49)$$

Der Ohm'sche Widerstand der Ankerwicklung, die aus 2a parallelgeschalteten Stromzweigen besteht, ergiebt sich nun zu (s. Seite 472, Bd. I).

$$R_a = \frac{N}{(2\,a)^2} \cdot \frac{l_a (1 + 0{,}004\,T_a)}{5700 \cdot q_a} \quad \ldots \quad (50)$$

oder für eine Temperaturerhöhung T_a von 45⁰ über ca. 15⁰ C.

$$R_a = \frac{N}{(2\,a)^2} \cdot \frac{l_a}{4800 \cdot q_a} \quad \ldots \ldots \quad (51)$$

Der Spannungsabfall im Anker, bedingt durch den Ohm'schen Widerstand, wird gleich

$$J_a \cdot R_a = 2\,a \cdot i_a \cdot R_a = \frac{N}{2\,a} \cdot \frac{l_a \cdot s_a}{4800} \quad \ldots \quad (52)$$

Dieser Abfall ist somit der Stromdichte proportional.

58. Die Berechnung der Nuten.

Die Abmessungen der Nuten müssen verschiedenen Bedingungen genügen. Erstens muss der berechnete Querschnitt der Ankerdrähte mit einer für die betreffende Spannung ausreichenden Isolation in den Nuten Platz finden, ohne dass die Zahnsättigung und die Hysteresisverluste die zulässigen Grenzen überschreiten.

Zweitens soll die magnetische Leitfähigkeit der Nut möglichst klein sein.

Drittens soll bei massiven Polen, damit die Wirbelstromverluste in ihnen nicht zu gross werden (s. Seite 490, Bd. I)

$$(k_1 - 1) B_l \cdot \frac{Z \cdot n}{10^5 \cdot 60} \leqq 5 \text{ bis } 6 \quad . \quad . \quad . \quad (53)$$

sein, worin k_1 von der Nutenöffnung abhängig ist.

Die Zahl der Spulenseiten s bezw. die Stabzahl N sowie die Zahl u_n der Seiten pro Nut sind bekannt.

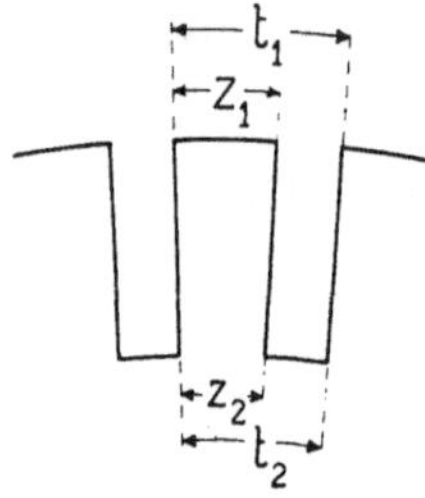

Fig. 333.

Die Nutenzahl wird

$$Z = \frac{s}{u_n} = \frac{N}{u_n}$$

und die Nutentheilung

$$t_1 = \frac{\pi \cdot D}{Z}.$$

Um nun die Dimensionen der Nut (Fig. 333) zu bestimmen, gehen wir am besten von dem erforderlichen Querschnitt der Zähne am Fusse aus.

Die Zahl der Nuten, die auf einen Polbogen entfallen, ist $= \frac{b_i}{t_1}$, es muss daher, wenn $B_{i\,max}$ die ideelle maximale Zahninduktion des Zahnfusses bedeutet,

$$\frac{b_i}{t_1} \cdot z_2 \cdot l \cdot k_2 \cdot B_{i\,max} = \Phi = b_i \cdot l_i \cdot B_l$$

sein, wo

$$\Phi = \frac{E \cdot a \cdot 60 \cdot 10^8}{N \cdot n \cdot p}.$$

Für E setzen wir zunächst die maximale Klemmenspannung der Maschine ein und beachten bei der Wahl von $B_{i\,max}$, dass bei Generatoren der Kraftfluss mit der Belastung und konstanter Klemmenspannung und Tourenzahl zunimmt und bei Motoren abnimmt. Eine Berechnung von $B_{i\,max}$ für die belastete Maschine erfolgt später.

Wir erhalten

$$z_2 = \frac{t_1 \cdot \Phi}{b_i \cdot l \cdot k_2 \cdot B_{i\,max}} = \frac{t_1 \cdot B_l \cdot l_i}{k_2 \cdot B_{i\,max} \cdot l} \quad . \quad . \quad (54)$$

Aus der Tabelle, Seite 276, ist ersichtlich, welche Werthe $B_{i\,max}$ annimmt. Bei normalen Generatoren ist meistens

$$B_{i\,max} < 23000$$

und etwa = 19000 bis 22000.

Wird die maximale Zahninduktion grösser als diese Werthe gewählt und ist die Blechsorte nicht von guter Qualität, was leicht vorkommen kann, so steigt die Ampèrewindungszahl AW_z und daher der Kupferverbrauch der Magnetwicklung derart rasch an, dass eine andere Dimensionirung der Nuten bezw. grössere Eisendimensionen des Ankers vorzuziehen sind. Ausserdem vergrössert eine hohe Zahninduktion die Wirbelströme in massiven Ankerstäben ganz erheblich.

Bei grossen Periodenzahlen kann auch die Verkleinerung des Hysteresisverlustes der Zähne eine Verminderung der Zahninduktion bedingen, weil z. B. sonst der gewünschte Wirkungsgrad nicht erreicht oder weil die Erwärmung der Maschine zu gross wird.

Wenn es sich jedoch darum handelt, der Maschine möglichst kleine Dimensionen zu geben, wie z. B. den Trammotoren, so wird mit $B_{i\,max}$ unter Verwendung bester Blechsorten erheblich höher und zwar bis ca. 30000 gegangen.

Wenn z_2 berechnet ist, können wir die Dimensionirung der Nut und die Anordnung der Drähte vornehmen. Je grösser wir bei gegebenen z_2 die Nutentiefe wählen, um so kleiner wird die Breite derselben, und wir müssen der Gestalt der Nut nun die Anordnung, die Querschnitte und die Isolation der Drähte anzupassen suchen (s. Seite 72 ff.). Ist eine passende Lösung nicht möglich, so sind entweder $B_{i\,max}$, oder AS, oder s_a, oder B_l und infolgedessen event. auch die Hauptdimensionen D und l_i oder mehrere dieser Grössen, soweit es zulässig ist, zugleich zu ändern, und zwar so lange, bis eine nach jeder Hinsicht befriedigende Lösung gefunden ist. Wer etwas Uebung und Erfahrung hat, kommt rasch zum Ziele.

59. Die Berechnung der Eisenhöhe *h* des Ankers.

Bezeichnet B_a die Ankerinduktion, so wird die Eisenhöhe ohne Zahnhöhe

$$h = \frac{\Phi_a}{2 \cdot k_2 \cdot l \cdot B_a} \quad . \quad . \quad . \quad . \quad . \quad (55)$$

und die totale Eisenhöhe $= h +$ Zahnhöhe. Hierin ist, wenn die Ankerbleche von 0,4 bis 0,5 mm Stärke durch Zwischenlage von Papier, dessen Stärke 0,05 bis 0,08 mm beträgt, isolirt werden,

$$k_2 = 0{,}85 \text{ bis } 0{,}88.$$

Wird das Papier mit einer Beklebemaschine auf die Bleche gebracht, so kann dünneres Papier und zwar von 0,02 bis 0,03 mm verwendet werden, und es ist dann

$$k_2 = 0{,}88 \text{ bis } 0{,}92.$$

Diese letzteren Werthe gelten auch für eine Isolation mittels Lackanstrich. Werden die Bleche nicht gut aufeinandergepresst, so nimmt k_2 kleinere Werthe an, als oben angegeben. Bei der Wahl von B_a ist die Grösse des entstehenden Eisenverlustes durch Hysteresis und Wirbelströme zu berücksichtigen. Bei gegebener Periodenzahl $c = \frac{p \cdot n}{60}$ und konstantem Kraftflusse Φ ist der Hysteresisverlust annähernd umgekehrt proportional der 0,6ten Potenz des Eisenvolumens oder der $\sqrt{h}$. Der Hysteresisverlust pro Kubikdecimeter bleibt im allgemeinen bei kleinen Maschinen unter 15 bis 30 Watt und bei grossen Maschinen unter 10 bis 20 Watt.

In der Tabelle S. 276 sind für verschiedene Maschinengrössen und Periodenzahlen übliche Werthe von B_a angegeben. Demnach ist ungefähr für

$\frac{p \cdot n}{60}$	B_a
5 bis 15	15 bis 12000
15 „ 20	13 „ 11000
20 „ 25	12 „ 10000
25 „ 30	10 „ 8000
30 „ 40	9 „ 7000
40 „ 50	7 „ 6000

60. Die Berechnung des Durchmessers und der Breite des Kollektors.

Diese sind so zu bestimmen, dass eine genügende Berührungsfläche für die Bürsten und eine ausreichende Abkühlungsfläche erhalten wird. Die Formeln für die Berechnung der Verluste sind auf Seite 485, Bd. I und 487, Bd. I und die Formeln für die Temperaturerhöhung auf Seite 530, Bd. I zu finden und auf Seite 395, Bd. II zusammengestellt.

Der Kollektordurchmesser. Der Durchmesser des Kollektors wird durch Annahme der Breite einer Lamelle β und der Isolation δ_i ermittelt. Es wird

$$D_k = \frac{K \cdot (\beta + \delta_i)}{\pi} \quad . \; . \; . \; . \; . \quad (56)$$

und immer kleiner als der Ankerdurchmesser.

Der kleinste Werth von β, für welchen ein Kollektor noch gut ausführbar ist, beträgt 0,3 bis 0,4 cm; normale Werte bei Klemmenspannungen $\geqq$ 100 Volt sind etwa 0,7 bis 1,2 cm. Es muss β um so grösser sein, je stärker die anzuschliessende Stromstärke des Ankers ist. Bei Niederspannungsmaschinen von z. B. 5 oder 10 Volt erreicht β leicht den Werth von 3, 4 und mehreren Centimetern.

Um das Auftreten von Wirbelströmen in den Lamellen zu vermeiden, ist es in letzterem Falle zweckmässig, eine Lamelle in zwei oder drei Lamellen zu theilen und diese nur auf der Ankerseite miteinander zu verbinden.

Die Glimmerisolation δ_i ist abhängig von der maximalen Spannungsdifferenz zwischen den Lamellen und kann etwa wie folgt gewählt werden:

Spannung E_{dk}	Isolation δ_i
bis 10 Volt	0,05 bis 0,06 cm
„ 20 „	0,08 „ 0,1 „
„ 30 „	0,1 „ 0,12 „

61. Die Abmessungen der Bürsten.

Wie auf Seite 373, Bd. I angegeben wurde, darf bei Metallbürsten die Stromdichte pro cm² 20 bis 35 Ampère und bei Kohlenbürsten je nach ihrer Härte 7 bis 15 Ampère betragen; meistens bewegt sie sich bei ausgeführten Maschinen zwischen 5 und 8 Ampère.

Bezeichnet J_a die Stromstärke der Maschine bei maximaler Belastung, so wird die Kontaktfläche aller (der positiven und negativen) Bürsten etwa

$$F_b \geqq \frac{2\,J_a}{20} \text{ bis } \frac{2\,J_a}{35} \text{ für Metallbürsten.}$$

$$F_b = \frac{2\,J_a}{5} \text{ bis } \frac{2\,J_a}{8} \text{ für Kohlenbürsten.}$$

Bei Kohlenbürsten kann F_b um so kleiner gewählt werden, je besser leitend die verwendete Kohle ist und je grösser die Abkühlungsfläche der Kohle im Verhältniss zu deren Querschnitt ist. Für gut leitende Kohlen, welche z. B. aus Platten bis etwa 1 cm Dicke bestehen, und die mit dem Metalle des Bürstenhalters einen guten Kontakt haben, kann für die max. Belastung der Maschine $F_b = \frac{2\,J_a}{10}$ bis $\frac{2\,J_a}{13}$ gewählt werden.

Bei Reihenparallelschaltungen oder Reihenschaltungen mit mehr als zwei Bürstensätzen ist zu beachten, dass sich der Strom nicht ganz gleichmässig auf alle Bürsten vertheilt und dass die Gefahr der Ueberlastung einer Bürste um so grösser wird, je mehr Bürstensätze vorhanden sind, sofern keine Aequipotentialverbindungen angebracht werden. Die Stromdichte ist daher in solchen Fällen in der Nähe der unteren Grenzen zu wählen.

Die berechnete Fläche ist auf eine genügende Zahl von Bürsten zu vertheilen. Die Bürstenbreite b_1 (in der Drehrichtung des Kollektors) muss sich nach der Lamellenbreite richten. Die Zahl der Lamellen, die eine Bürste bedecken darf, ohne dass sie feuert, hängt wesentlich von der Steilheit des kommutirenden Feldes und den übrigen Grössen, welche die Kommutation beeinflussen, ab. Eine definitive Bestimmung der Bürstenbreite ist daher nicht möglich ohne Berechnung der Kommutation. Um aber diese Berechnung durchführen zu können, müssen wir eine Bürstenbreite annehmen und uns spätere Aenderungen vorbehalten.

Bei Maschinen, deren Klemmenspannung grösser als etwa 100 Volt ist, bedecken die Kupferbürsten gewöhnlich 1 bis $2^1/_2$ und die Kohlenbürsten 2 bis $3^1/_2$ Lamellen, bei Niederspannungsmaschinen wird die Bürstenbreite oft kleiner als die Lamellenbreite. Sollen bei mehrfachen Parallelschaltungen und Reihenparallelschaltungen mit $a > p$ die Bürsten eines Stiftes mehrere Lamellen bedecken oder ist die Lamellenbreite gross, so können die Bürsten, wie in Fig. 110, Seite 152, Bd. I dargestellt ist, zweckmässig gestaffelt werden.

Im übrigen richtet man sich in jeder Fabrik mit der Bürstenbreite nach gewissen Normalien, um denselben Bürstenhalter für verschiedene Maschinengrössen verwenden zu können.

Die Breite des Kollektors. Ist die Anzahl der Bürstenstifte p_1, so ist die Gesammtlänge der Bürsten eines Stiftes

$$=\frac{F_b}{b_1 \cdot p_1}$$

Diese Zahl ist so abzurunden, dass sie eine ganze Zahl Bürsten von der angenommenen Länge ergiebt. Die Kollektorbreite wird etwas grösser gemacht. Nun werden nach den auf Seite 485, Bd. I und Seite 487, Bd. I angegebenen Formeln die Effektverluste am Kollektor berechnet und die Temperaturerhöhung (s. Seite 530, Bd. I) ermittelt und, wenn erforderlich, die Abmessungen des Kollektors geändert.

Fünfzehntes Kapitel.

62. Die Grösse des Luftspaltes δ und die Bohrung der Feldmagnete. — 63. Entwurf des Magnetgestelles. — 64. Die vorläufige Berechnung des Wicklungsraumes der Erregerwicklung. — 65. Die Berechnung der Erregung. — 66. Die Berechnung einer Nebenschlusswicklung. — 67. Die Berechnung einer Hauptschlusswicklung. — 68. Die Berechnung einer Compoundwicklung.

62. Die Grösse des Luftspaltes δ und die Bohrung der Feldmagnete.

Eine richtige Bemessung des Luftspaltes δ ist von grosser Wichtigkeit. Einige Gründe sprechen für einen kleinen, andere dagegen für einen grossen Luftspalt.

Es ist ein möglichst kleiner Luftspalt anzustreben,

1. weil die für die Magnetisirung des Luftspaltes verbrauchten AW mit δ abnehmen,

2. weil die magnetische Streuung der Feldmagnete mit δ abnimmt,

3. weil bei der Anwendung von Aequipotentialverbindungen die Rückwirkung der Ausgleichströme auf das Feld mit der Abnahme von δ zunimmt.

Ein grosser Luftspalt ist dagegen günstig,

1. weil der Widerstand des quermagnetischen Kreises, zu welchem zwei Luftzwischenräume δ gehören, mit δ wächst,

2. weil die magnetischen Unsymmetrien des Feldes, herrührend von einer excentrischen Lage des Ankers, ungleichen Polschuhen, ungleichen Erregungen der einzelnen Pole u. s. f., verhältnissmässig um so kleiner werden, je grösser δ ist,

3. weil das magnetische Feld ausserhalb der Polschuhe, also in der Kommutirungszone um so allmählicher abnimmt, je grösser δ wird (s. Fig. 212, Seite 259, Bd. I),

4. weil bei Nutenankern und massiven Polen die Wirbelstromverluste in den Polschuhen mit δ abnehmen.

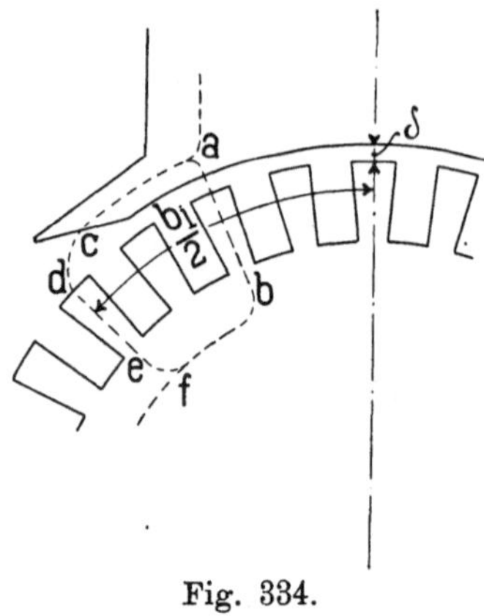

Fig. 334.

Die hier unter 1 bis 3 angeführten Gründe sprechen auch für eine hohe Zahnsättigung. Man wird daher mit hohen Zahnsättigungen und lamellirten Polen auch bei verhältnissmässig kleinem Luftspalte allen geforderten Bedingungen genügen können.

Betrachten wir die Fig. 334, so wirkt zwischen den Punkten a und f eine gewisse magnetomotorische Kraft, welche gleich den verbrauchten AW auf dem Wege $a—b—f$ oder dem Wege $a—c—d—f$ ist, also annähernd gleich

$$\frac{1}{2}(AW_p + AW_l' + AW_z')_{a-c-d-f} = \frac{1}{2}(AW_l + AW_z)_{a-b-f}.$$

Für den Fall, dass das kommutirende Feld bei Volllast gerade gleich Null wird, ist die Polspitze auf der Eintrittseite nahezu entmagnetisirt. Damit das Feld in der Kommutirungszone zwischen Leerlauf und Volllast der Maschine sich nicht zu stark ändert, können wir die Bedingung aufstellen, dass es nicht Null werden soll. Es müssen dann die magnetisirenden Windungen grösser sein als die entmagnetisirenden der Polspitze, d. h. es soll

$$AW_l + AW_z > b_i \cdot AS$$

sein. Wir setzen

$$AW_l + AW_z > 1{,}2 \cdot b_i \cdot AS$$

und erhalten hieraus die Bedingung

$$\delta > \frac{1{,}2\, b_i \cdot AS - AW_z}{1{,}6 \cdot k_1 \cdot B_l} \quad . \quad . \quad . \quad . \quad (57)$$

Wir sehen hieraus, dass δ um so kleiner gemacht werden kann, je grösser AW_z wird. — Auf dem Wege $a—c—f$ ist die Zahnsättigung nur klein und daher annähernd

$$AW_l + AW_z = AW_l' + AW_p.$$

Es ist günstig, AW_p möglichst gross zu machen, also die Polspitze stark zu sättigen, weil dann die Uebertrittscharakteristik (Fig. 209, Seite 255, Bd. I) ein starkes Knie erhält, und die Quermagnetisirung einen viel geringeren Einfluss auf das kommutirende Feld ausübt, vorausgesetzt, dass bei Leerlauf die Sättigung der Polspitze erheblich hinter dem Knie liegt.

Um dem letzteren Umstande Rechnung zu tragen, und damit die Bürstenstellung nicht zu nahe an die Polspitze heranrückt, setzen wir

$$\delta \geqq \frac{(1,2 \text{ bis } 2) b_i \cdot AS - AW_z}{1,6 \cdot k_1 \cdot B_l} \quad . \quad . \quad (57\,a)$$

AW_z wird nach der auf Seite 222, Bd. I angegebenen Weise berechnet.

Aus dieser Formel ist ersichtlich, dass man durch eine Vermehrung der Polzahl, bezw. Verkleinerung des Polbogens b_i um so eher an denjenigen Grenzwerth von δ gelangt, der aus mechanischen Gründen nicht mehr unterschritten werden darf, je grösser AW_z und B_l und je kleiner AS und b_i sind.

Ist z. B. $b_i = 35$ cm, $AS = 220$, $AW_z = L_z \cdot aw_z = 8 \cdot 400 = 3200$, $k_1 = 1,1$, $B_l = 8600$, so wird

$$\delta \geqq \frac{1,5 \cdot 35 \cdot 220 - 3200}{1,6 \cdot 1,1 \cdot 8600} = 0,55 \text{ cm.}$$

Bei grossen Ankerdurchmessern wird man den Luftspalt nicht gern kleiner als 0,5 cm machen und sofern der Ankerdurchmesser etwa über 200 cm beträgt ihn grösser wählen.

Die Bohrung der Feldmagnete ist

$$D + 2\,\delta.$$

63. Entwurf des Magnetgestelles.

Wir berechnen zunächst den Kraftfluss einer Spule in der Lage des Kurzschlusses

$$\Phi = \frac{60 \cdot 10^8 \cdot E_a \cdot a}{N \cdot p \cdot n} \quad . \quad . \quad . \quad . \quad . \quad (58)$$

worin für Generatoren

$$E_a = E + J_a (R_a + R_h) + 2\,[P_g + P_w (f_u - 1)]$$

und für Motoren

$$E_a = E - J_a (R_a + R_h) - 2\,[P_g + P_w (f_u - 1)].$$

Wir dürfen annähernd setzen

$$P_w = 0,8\, P_g \text{ und } f_u = 1,5$$

und erhalten dann

für Generatoren:

$$E_a = E + J_a (R_a + R_h) + 2,8\, P_g \quad . \quad . \quad . \quad (59)$$

für Motoren:

$$E_a = E - J_a (R_a + R_h) - 2{,}8\, P_g \quad . \quad . \quad . \quad (60)$$

Für Kohlenbürsten besitzt P_g die auf Seite 481, Bd. I angegebenen Werthe und für Kupferbürsten darf es gleich 0,15 bis 0,3 gesetzt werden.

Der in den Anker eintretende Kraftfluss ist

$$\Phi_a = \sigma_a \cdot \Phi$$

und der Kraftfluss eines magnetischen Stromkreises

$$\Phi_m = \sigma \sigma_a \Phi.$$

Der Koefficient der Feldstreuung σ kann entsprechend den auf Seite 236 Bd. I gemachten Angaben angenommen und später, wenn erforderlich, durch Berechnung (s. Seite 228, Bd. I) geprüft werden. Die Ankerstreuung σ_a ist für Maschinen mit kleiner Bürstenverstellung gleich 1 bis 1,05 zu setzen.

Um nun aus Φ_m die Querschnitte des Magnetgestelles berechnen zu können, ist zu entscheiden, aus welchem Material es hergestellt und welche Induktion zugelassen werden soll. Oft werden mehrere Materialien verwendet, z. B. für die Polschuhe Eisenblech, die Magnetkerne Stahlguss und das Joch Gusseisen.

Die Induktion hat sich nach dem Material, der Bauart und dem Verwendungszwecke der Maschine zu richten.

Bei Nebenschlussmaschinen mit konstanter Klemmenspannung ist eine hohe Sättigung des Eisens günstig, weil die äussere Charakteristik von wenig gesättigten Maschinen (s. S. 439, Bd. I) rasch abfällt, und das Verhalten der Maschine leicht ein unstabiles wird. Die normale Erregung soll hinter dem Knie der Magnetisirungskurve liegen.

Passende Werthe für die Ampèrewindungszahlen per cm Kraftlinienweg sind

$$aw_m = 30 \text{ bis } 80; \quad aw_j = 10 \text{ bis } 40.$$

Entspricht das verwendete Eisen den Magnetisirungskurven Tafel XI, so wird annähernd

für Schmiedeeisen:

$$B_m = 15500 \text{ bis } 17500 \qquad B_j = 12000 \text{ bis } 15000$$

für Stahlguss

$$B_m = 14800 \text{ bis } 17200 \qquad B_j = 11000 \text{ bis } 14000$$

für Gusseisen

$$B_m = 6000 \text{ bis } 8600 \qquad B_j = 5000 \text{ bis } 8000$$

Die kleineren Werthe gelten für kleinere Maschinen, damit die procentuale Erregerarbeit nicht zu gross wird.

Ist die Klemmenspannung stark veränderlich, wie z. B. bei Maschinen, die bei konstanter Tourenzahl zeitweise zum Akkumulatorenladen ohne Zusatzmaschine benutzt werden, oder bei Motoren, deren Tourenzahl durch die Felderregung innerhalb weiter Grenzen regulirt werden soll, so wird man für die normale Felderregung geringere und für die maximale Felderregung höhere Werthe von B_m und B_j erhalten. In diesem Falle geht man bei der Berechnung am besten von den maximalen zulässigen Werten der Induktionen, die den betreffenden Magnetisirungskurven entnommen werden, und dem maximalen erforderlichen Kraftfluss aus.

Bei Hauptschlussmaschinen werden die Induktionen für die maximale Stromstärke ebenso gewählt wie bei stark gesättigten Nebenschlussmaschinen.

Bei Compoundmaschinen mit konstanter oder mit der Belastung steigender Klemmenspannung ist es zweckmässig, wenn eine

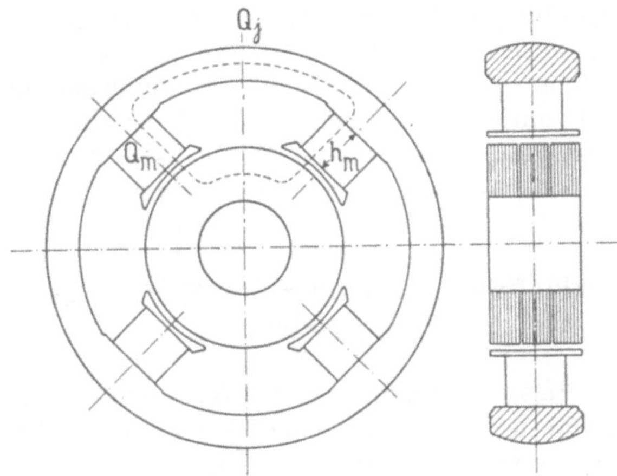

Fig. 335.

gute Compoundirung erreicht und die Hauptschlussampèrewindungen nicht zu gross werden sollen, etwas geringere Induktionen als oben angegeben, zu wählen. Die Charakteristik und die Berechnung der Hauptschlusswindungen geben am besten Aufschluss darüber, ob sie passend sind.

Wenn B_m und B_j bekannt sind, finden wir

$$Q_m = \frac{\Phi_m}{B_m}; \quad Q_j = \frac{\Phi_m}{B_j} \text{ oder } Q_j = \frac{\Phi_m}{2\,B_j}$$

wobei in letzterem Falle vorausgesetzt ist, dass wie gewöhnlich, der Kraftfluss Φ_m pro Pol sich auf zwei Querschnitte Q_j vertheilt.

In den Figuren 335 und 336 sind als Beispiele die Skizzen von zwei Magnetfeldern aufgezeichnet. Bei dem Entwurf dieser Skizzen muss darauf geachtet werden, dass genügend Raum für

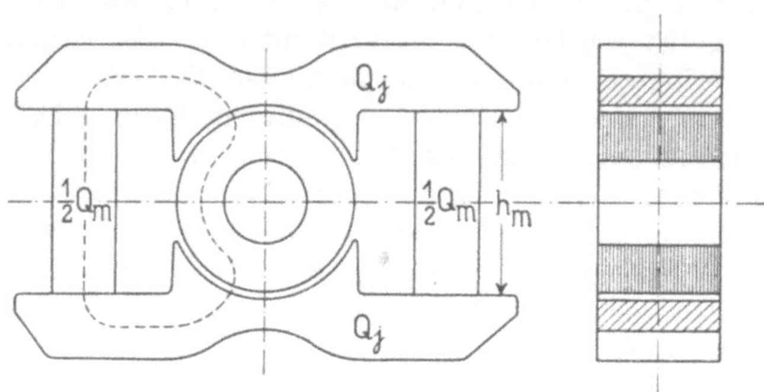

Fig. 336.

die Erregerwicklung bleibt und die Magnetspulen eine ausreichende Abkühlungsfläche erhalten. Wird der Raum zu gross oder zu klein gewählt, so kann später, nachdem die Magnetwicklung berechnet ist, das Gestell entsprechend geändert werden. Um keinen grossen Fehler zu begehen, kann jedoch die Grösse des Wicklungsraumes annähernd wie folgt gefunden werden.

64. Die vorläufige Berechnung des Wicklungsraumes der Erregerwicklung.

Das Verhältniss der Feld- zu den Ankerampèrewindungen kann bei einiger Erfahrung mit ziemlicher Sicherheit geschätzt werden, und zwar ist etwa bei Nebenschlussmaschinen mit konstanter Klemmenspannung

$$AW_k = 1{,}2 \text{ bis } 2{,}5 \frac{N \cdot i_a}{2p}.$$

Bei ganz kleinen Dynamos werden die Feldampèrewindungen das 2,5 fache der Ankerampèrewindungen noch überschreiten, dagegen wird man bei sorgfältig berechneten grossen Maschinen etwa auf das 1,2 fache der Ankerampèrewindungen kommen.

Denken wir uns nun, die Feldwicklung bestehe aus einer einzelnen Windung und s_e sei die Stromdichte, so wird der erforderliche Gesammtkupferquerschnitt der Erregung

$$Q_{ke} = \frac{AW_k}{s_e}.$$

Zerlegen wir jetzt diesen Querschnitt in mehrere Windungen, so geht ein Theil des Wicklungsraumes für die Isolation der Drähte verloren, und es wird der erforderliche Wicklungsraum pro magnetischen Kreis

$$= \frac{AW_k}{100 \cdot s_e f_e} \text{ cm}^2 \quad . \; . \; . \; . \; . \quad (61)$$

Gebräuchliche Werthe der Stromdichte sind in der Tabelle III auf Seite 277 angegeben. Besteht die Wicklung aus Neben- und Hauptschlusswindungen, mit verschiedenen Stromdichten, so kann der Wicklungsraum von beiden getrennt berechnet werden.

Der Füllungsfaktor f_e der Erregerspulen nimmt für zweimal besponnene Drähte folgende Werthe an:

Durchmesser nackt	$d = 0{,}5$	1,0	2,0	3,0	4,0	5,0	mm
„ isolirt	$d_1 = 0{,}8$	1,4	2,4	3,5	4,5	5,5	„
Füllungsfaktor $f_e = 0{,}785 \frac{d^2}{d_1^{\,2}}$	$= 0{,}30$	0,40	0,55	0,58	0,62	0,65	

Die Dicke der Kupferschicht soll, wenn man hierüber frei verfügen kann, was z. B. bei den offenen Radialpoltypen der Fall ist, etwa 5 bis 6 cm nicht überschreiten, weil sonst die Abkühlung der Spulen zu sehr erschwert wird. Es würde demnach in diesem Falle die Höhe des Wicklungsraumes

$$h_w \cong \frac{AW_k}{500 \text{ bis } 600\, s_e f_e} \quad . \; . \; . \quad (61\,\text{a})$$

Um h_m (Fig. 335) zu finden, ist noch die doppelte Dicke der Spulenkasten zu h_w zu addiren. Wir können nun die Skizze der magnetischen Anordnung der Maschine entwerfen und den mittleren Kraftlinienweg, wie in den Fig. 335 und 336 angegeben ist, einzeichnen.

65. Die Berechnung der Erregung.

Zu einer vollständigen Berechnung der Maschine gehört die Berechnung der Leerlaufcharakteristik und der äusseren Charakteristik, besonders wenn über die Grösse der Spannungsabfälle oder die Grenzen der Regulirfähigkeit der Maschine bestimmte Garantien zu geben sind. In den meisten Fällen beschränkt man jedoch die Rechnung auf die Ermittelung der Feldampèrewindungen, welche erforderlich sind:

1. Bei Leerlauf bezw. Fremderregung und normaler Klemmenspannung und Tourenzahl. Wir bezeichnen diese Ampèrewindungszahl pro magnetischen Kreis mit

$$AW_{ko}.$$

Die Berechnung (s. Seite 391 u. 392) von AW_{ko} ist bei Hauptschlussmaschinen nicht erforderlich.

2. Bei normaler Belastung und normaler Klemmenspannung und Tourenzahl. Wir bezeichnen diese Ampèrewindungen mit

$$AW_k.$$

Die Berechnung s. Seite 392 u. 393.

3. Bei Betriebsverhältnissen, die von den normalen abweichen, sofern solche gefordert sind, wie z. B. bei Nebenschlussgeneratoren, die bei konstanter Tourenzahl mit wesentlich verschiedenen Klemmenspannungen arbeiten sollen, oder bei Motoren mit regulirbarer Tourenzahl u. s. f.

66. Die Berechnung einer Nebenschlusswicklung.

Bezeichnet i_n die Stromstärke, q_n den Querschnitt in mm², l_n die mittlere Länge einer Nebenschlusswindung in cm, ferner w_n die Anzahl aller Nebenschlusswindungen, R_n deren Widerstand und AW_t die gesammte Ampèrewindungszahl, so ist bei Leerlauf

$$AW_{to} = p \cdot AW_{ko} \quad \ldots \ldots \quad (62)$$

und bei Volllast

$$AW_t = p \cdot AW_k \quad \ldots \ldots \quad (63)$$

wenn eine Erregerwindung wie bei der gewöhnlichen Radialpoltype den ganzen Kraftfluss Φ_m umschlingt. Umspannt dagegen eine Erregerwindung nur den Kraftfluss $\frac{1}{2}\,\Phi_m$ wie bei der Manchestertype, so wird

$$AW_{to} = 2\,p \cdot AW_{ko} \quad \ldots \ldots \quad (64)$$

und

$$AW_t = 2\,p \cdot AW_k \quad \ldots \ldots \quad (65)$$

Ferner erhalten wir

$$R_n = \frac{w_n \cdot l_n (1 + 0{,}004\, T_m)}{5700 \cdot q_n}\ \text{Ohm} \quad \ldots \quad (66)$$

wenn T_m die mittlere Temperaturerhöhung des Magnetkupfers über ca. 15° Cels. bedeutet und l_n zunächst aus der entworfenen Skizze des Magnetgestelles ermittelt wird.

Der maximale Erregerstrom bei der Klemmenspannung E wird

$$i_{n\,max} = \frac{E}{R_n} \quad . \quad . \quad . \quad . \quad . \quad . \quad (67)$$

Aus den Gleichungen 66 und 67 folgt

$$i_{n\,max} \cdot w_n = \frac{5700 \cdot E \cdot q_n}{(1 + 0{,}004\, T_m) \cdot l_n} = AW_{t\,max} \quad . \quad (68)$$

Die maximale Ampèrewindungszahl einer Nebenschlusswicklung ist somit unabhängig von der Windungszahl, wenn die Klemmenspannung E und die mittlere Windungslänge l_n gegeben sind, und nur abhängig vom Querschnitt q_n.

Wenn daher die Erregung einer Nebenschlussmaschine z. B. wegen magnetisch schlechten Materials zu klein ausgefallen ist, so hat es keinen Zweck, die Windungszahl zu erhöhen. AW_t kann nur durch Vergrösserung des Querschnittes q_n oder allenfalls durch Parallelschaltung der Feldspulen vergrössert werden.

Um den erforderlichen Kraftfluss Φ_m noch mit Sicherheit etwas überschreiten zu können, setzen wir

$$\boldsymbol{q_n = \frac{AW_t \cdot l_n (1 + 0{,}004\, T_m)}{5700 \cdot E} (1{,}1 \text{ bis } 1{,}2)} \quad . \quad (69)$$

Für runden Draht wird der Durchmesser

$$d_n = \sqrt{\frac{4}{\pi} q_n}\,.$$

Der sich ergebende Werth ist nach oben auf einen gebräuchlichen Durchmesser abzurunden; wenn dadurch der Widerstand R_n über das gewünschte Mass verkleinert wird, kann man auch zwei Drahtdurchmesser anwenden, so dass der Querschnitt des einen grösser und des andern kleiner ist als das berechnete q_n. Der grössere wird in den mittleren Lagen der Spule, wo die Erwärmung am grössten ist, gewickelt. Beide Drähte ergeben einen nach Massgabe der betreffenden Windungslängen zu berechnenden mittleren Querschnitt q_n.

Meistens hat man es nur mit einer Drahtstärke zu thun, und es ist dann der wirkliche Querschnitt des Nebenschlussdrahtes

$$q_n = d_n^2 \frac{\pi}{4} \text{ mm}^2.$$

Das Kupfergewicht in kg der Nebenschlusswicklung ist, wenn das specifische Gewicht des Kupfers = 9 gesetzt wird

$$G_{ke} = 9 \cdot 10^{-5} \cdot w_n \cdot l_n \cdot q_n \, \mathrm{kg} \quad \ldots \ldots \quad (70)$$

und da

$$q_n = \frac{i_n}{s_n}$$

$$G_{ke} = \frac{9 \cdot w_n \cdot i_n \cdot l_n}{10^5 s_n} \cong \frac{\text{Konstante}}{s_n} \quad \ldots \quad (71)$$

Der Wattverlust w_n in der Nebenschlusswicklung ist

$$W_n = i_n^2 \frac{(1 + 0{,}004\, T_m)\, w_n \cdot l_n}{5\,700 \cdot q_n} = \frac{(1 + 0{,}004\, T_m)\, i_n \cdot w_n \cdot l_n}{5\,700 \cdot q_n} \cdot s_n \quad (72)$$

woraus

$$s_n = \frac{5\,700 \cdot W_n}{(1 + 0{,}004\, T_m)\, i_n \cdot w_n \cdot l_n}$$

Setzen wir den Werth von s_n in Gleichung 71 ein, so wird

$$G_{ke} = \frac{(1 + 0{,}004\, T_m) \left(\frac{i_n \cdot w_n \cdot l_n}{1000} \right)^2}{64 \cdot W_n} \quad \ldots \quad (73)$$

oder

$$\boldsymbol{G_{ke} = 156\,(1 + 0{,}004\, T_m) \frac{\left(\frac{\text{Ampère} \times \text{Meter}}{1000} \right)^2}{\text{Wattverlust}}} \quad (73\text{a})$$

Aus den obigen Gleichungen ist ersichtlich, dass für eine gegebene Ampèrewindungszahl und mittlere Windungslänge l_n das Kupfergewicht und der Wattverlust nur von der Stromdichte abhängig sind; das Gewicht ist umgekehrt und der Wattverlust direkt proportional derselben.

Da nun der Wattverlust im Nebenschluss, namentlich bei grossen Maschinen wegen seines geringen Betrages keine Rolle spielt, wird man, um kleines Kupfergewicht zu erhalten, die Stromdichte möglichst gross wählen, und zwar so gross, als es die Erwärmung der Spulen zulässt.

Uebliche Werthe der Stromdichte für die normale Erregung sind in der Tabelle III S. 277 angegeben, sie bewegt sich etwa zwischen den Grenzen

$$s_n = 1{,}2 \text{ bis } 2{,}2 \text{ Ampère}$$

und beträgt meistens

1,4 bis 1,7 Ampère.

Bei gut ventilirten Spulen würde man s_n noch grösser als 2,2 wählen können.

Am zweckmässigsten wählt man zunächst s_n und findet dann

$$i_n = q_n \cdot s_n$$

$$w_n = \frac{AW_t}{i_n}$$

$$i_{n\,max} = \frac{AW_{t\,max}}{w_n}$$

$$s_{n\,max} = \frac{i_{n\,max}}{q_n}$$

Wir können nun den Wicklungsraum nach Grösse und Gestalt bestimmen und die mittlere Windungslänge l_n, sowie den Widerstand R_n genauer berechnen.

Es wird

$$i_{n\,max} = \frac{E}{R_n}$$

$$AW_{t\,max} = i_{n\,max} \cdot w_n$$

Für die normale Belastung bezw. den normalen Nebenschlussstrom i_n wird der gesammte Widerstand des Nebenschlussstromkreises

$$= \frac{E}{i_n} = R_n + r_{nb}$$

oder

$$r_{nb} = \frac{E}{i_n} - R_n \quad \quad (74)$$

wenn r_{nb} den bei normaler Belastung vorzuschaltenden Widerstand im Nebenschluss bedeutet.

Bei Leerlauf wird die Stromstärke im Nebenschluss

$$i_{no} = \frac{AW_{to}}{w_n}$$

und der erforderliche Vorschaltwiderstand bei nicht erwärmter Maschine

$$r_{no} = \frac{E}{i_{no}} - \frac{l_n \cdot w_n}{5700 \cdot q_n} \quad \quad (75)$$

Um den Einfluss von Aenderung der Umdrehungszahl auf die Klemmenspannung ausgleichen zu können, macht man den Vorschalt- und Regulirwiderstand

$$\boldsymbol{r_n = 1{,}1 \text{ bis } 1{,}5 \left(\frac{E}{i_{no}} - \frac{l_n \cdot w_n}{5700 \cdot q_n}\right)} \quad \quad (76)$$

Die Abstufung des Regulirwiderstandes ist in Kap. 20 behandelt.

67. Die Berechnung einer Hauptschlusswicklung.

Bezeichnet w_h die gesammte Zahl der Hauptschlusswindungen und J_h die Stromstärke, so muss

$$w_h = \frac{AW_t}{J_h} \text{ sein}$$

und

$$q_h = \frac{J_h}{s_h} \text{ mm}^2.$$

Die Stromdichte s_h kann aus der Gleichung

$$s_h = \frac{5700 \cdot W_h}{(1 + 0{,}004\, T_m)\, J_h \cdot w_h \cdot l_h} \quad . \quad . \quad . \quad (77)$$

berechnet werden, wenn der Wattverlust W_h der Hauptschlusswindungen und die mittlere Länge l_h einer Windung bekannt sind.

Mit Rücksicht auf den Wirkungsgrad wird bei den Hauptschlussgeneratoren meistens

$$s_h = 1 \text{ bis } 1{,}7 \frac{\text{Amp.}}{\text{mm}^2}$$

gewählt; bei Motoren mit kurzzeitigem Betrieb und Trambahnmotoren steigt es bis auf

$$s_h = 2 \text{ bis } 3 \frac{\text{Amp.}}{\text{mm}^2}.$$

Die Magnetspulen können entweder in Serie oder gruppenweise parallel geschaltet werden. Im allgemeinen ist einer Serieschaltung der Vorzug zu geben, weil ungleiche Erwärmungen oder ungleiche Wicklungslängen bei der gruppenweisen Parallelschaltung zu magnetischen Unsymmetrien Veranlassung geben.

Eine Regulirung der Hauptschlussampèrewindungen kann entweder durch Veränderung der Windungszahl w_h, d. h. durch das Zu- und Abschalten oder das Serie- und Parallelschalten von Windungen oder durch Aenderung der Stromstärke J_h erfolgen. In dem letzteren Falle wird parallel zu der Magnetwicklung, wie in Fig. 143, Seite 184, Bd. I, angegeben ist, ein Widerstand r_s gelegt.

Wenn g_p die Zahl der parallel geschalteten Gruppen der Hauptschlusswicklung bezeichnet (s. Fig. 265) wird

$$g_p \cdot J_h = \frac{J}{1 + \frac{R_h}{r_s}} \quad . \quad . \quad . \quad . \quad . \quad (78)$$

d. h. für $r_s = \infty$ gleich dem Gesammtstrom der Maschine.

68. Die Berechnung einer Compoundwicklung.

Soll die Klemmenspannung konstant bleiben, so ist die Zahl der Nebenschlussampèrewindungen bei allen Belastungen gleich denjenigen bei Leerlauf, also

$$i_n \cdot w_n = A W_{to}$$

und die Hauptschlussampèrewindungen bei Volllast sind

$$i_h \cdot w_h = A W_t - A W_{to}.$$

Wir erhalten somit

$$q_n = \frac{(1 + 0{,}004\, T_m)\, l_n \cdot A W_{to}}{5700 \cdot E} \quad . \quad . \quad . \quad (79)$$

$$i_n = \frac{q_n}{s_n},$$

$$w_n = \frac{A W_{to}}{i_n},$$

$$w_h = \frac{A W_t - A W_{to}}{J_h},$$

$$q_h = \frac{J_h}{s_h} \quad . \quad . \quad . \quad . \quad . \quad . \quad . \quad . \quad (80)$$

Wird Uebercompoundirung, d. h. eine mit der Belastung steigende Klemmenspannung verlangt, so bleibt $i_n \cdot w_n$ nicht konstant. In diesem Falle berechnen wir zunächst, wie oben angegeben, aus

$$i_n \cdot w_n = A W_{to}$$

die Nebenschlusswicklung für Leerlauf und den Widerstand

$$R_n = \frac{(1 + 0{,}004 \cdot T_m) \cdot l_n}{5700 \cdot q_n}.$$

Es ist dann für eine beliebige höhere Klemmenspannung E die Zahl der Nebenschlussampèrewindungen

$$A W_n = \frac{E}{R_n} \cdot w_n.$$

Berechnen wir jetzt noch die Gesammtampèrewindungszahl $A W_{t\,max}$ für die maximale Klemmenspannung der vollbelasteten Maschine, so muss

$$w_h = \frac{A W_{t\,max} - A W_n}{J_h}$$

sein.

Fällt die Tourenzahl der Maschine mit der Belastung um einen gewissen Betrag, so wird $AW_{t\,max}$ für einen Kraftfluss berechnet, der dem E_{max} oder dem E_{konst} bei der kleineren Tourenzahl entspricht.

Für die Stromdichten gilt das früher Gesagte.

Will man die Compoundirung für verschiedene Belastungen prüfen, so ist das auf Seite 433 bis 445, Bd. I, beschriebene graphische Verfahren zu empfehlen.

Da die Grösse der Ankerrückwirkung nicht genau berechnet werden kann, und die magnetischen Eigenschaften des Eisens, von dessen Sättigung die Compoundirung ebenfalls abhängt, meistens nicht genau bekannt sind, ist es auch nicht möglich, die Compoundirung genau vorauszuberechnen, und man ist auf den Versuch mit der ausgeführten Maschine angewiesen, wenn die Compoundirung eingehalten werden soll.

Bei Maschinen mit kleinen Querschnitten der Hauptschlusswicklung können nachträglich Windungen ab- oder einige Windungen zugewickelt werden, bei grossen Querschnitten ist es jedoch bequemer eine Nebenschliessung, wie in Fig. 143, Seite 184, Bd. I, angegeben wurde, zur Hauptschlusswicklung anzuwenden; man hat dann die Möglichkeit, die Compoundirung auch während des Betriebes zu ändern.

Da ferner die Compoundirung auf konstante Klemmenspannung eine bestimmte Tourenzahl voraussetzt, die im Betriebe vielfach nicht eingehalten wird, und weil sich der Widerstand der Nebenschlusswicklung infolge der Erwärmung der Maschine ändert, wird häufig auch in den Nebenschlussstromkreis ein Regulirwiderstand eingeschaltet.

In diesem Falle ist q_n entsprechend den zu erwartenden Betriebsverhältnissen etwas grösser zu machen, als sich nach Gleichung 79 ergiebt.

Sechszehntes Kapitel.

69. Kontrollrechnung bezüglich der Kommutation. — 70. Berechnung der Polschuhform und der Feldkurven.

69. Kontrollrechnung bezüglich der Kommutation.

Um sicher zu sein, dass die Kommutation in jeder Beziehung günstig verläuft, berechnen wir noch zuletzt die Potentialdifferenz zwischen ablaufender Bürstenspitze und Kollektor. Es ist zuerst die EMK e_M, die durch die Kommutation des Stromes in einer Spule inducirt wird, zu bestimmen. Dies geschieht nach Formel (105), Bd. I

$$e_M = (1 + p_w)\frac{N}{K}\cdot AS\cdot l_i\cdot w\cdot \lambda_M 10^{-10} \text{ Volt.}$$

Die specifische Leitfähigkeit λ_M kann nach der Formel (104) S. 351 Bd. I berechnet werden

$$\lambda_M = \frac{1}{u_k}\left[\lambda_n + \Sigma\mu_n + \lambda_k + \Sigma\mu_k + \frac{l_s}{l_i}(\lambda_s + \Sigma\mu_s)\right]. \quad (81)$$

Hierin ist

$$u_k = u\left[\frac{b_1}{\beta} + 1 - (p_w + 1)\frac{p}{a}\right] \quad . \quad . \quad (82)$$

die Anzahl kurzgeschlossener Spulenseiten pro neutrale Zone.[1]) λ_M kann auch mit grosser Annäherung der folgenden Tabelle entnommen werden, da es nur innerhahlb enger Grenzen schwankt.

Tabelle IV.

Tabelle für λ_M.

h_n/b_n	5			3,33			2,5			2		
h_k/b_n	0,75			0,584			0,5			0,4		
Anzahl Nuten, deren Leiter pro neutrale Zone gleichzeitig kurzgeschlossen sind.	$2^1/_2$	2	$1^1/_4$	$1^2/_3$	$1^1/_3$	1	$1^1/_4$	1	$^3/_4$	$1^1/_4$	1	$^3/_4$
Armatur mit Drahtbändern (Fig. 337 a S. 312).	2,98	3,35	4,23	2,98	3,36	3,94	3,02	3,43	3,8	2,96	3,18	3,47
Armatur m. keilverschlossenen Nuten (Fig. 337 b S. 312)	3,35	3,81	4,98	3,42	3,9	4,67	3,52	4,05	4,64	3,66	4,19	4,8

[1]) Es ist $u = \frac{N}{K\cdot w}$ wenn w die Zahl der Windungen einer Spule.

In gleicher Weise lässt sich die vom Ankerfelde inducirte EMK $2\,e_q$ berechnen.

Nach Formel (117) S. 389 Bd. I ist

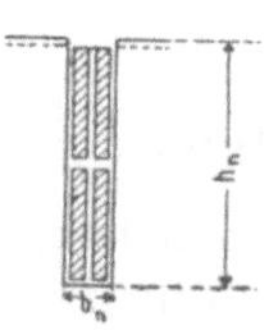

$$e_q = (1 + p_w)\frac{N}{K}\cdot AS\cdot l_i\cdot v\cdot \lambda_q\, 10^{-6} \text{ Volt.}$$

Die specifische Leitfähigkeit λ_q lässt sich am besten in folgender Weise ermitteln. Es ist angenähert Fig. 339 S. 318

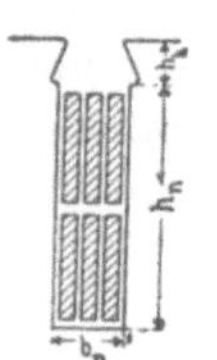

Fig. 337a u. b.

$$B_{q1} = \frac{b_x AS - \frac{1}{2} AW_p}{0{,}8\,\overline{bc}},$$

wo $\frac{1}{2} AW_p$ die Ampèrewindungen für eine Polspitze bedeutet, und

$$B_{q2} = \frac{(\tau - b_x)AS}{0{,}8\,\overline{bf}}$$

$\overline{bf}$ ist bei starker Sättigung der Polspitze an der Austrittseite etwas grösser zu wählen als sonst. Man kann für stark gesättigte Polspitzen diese Strecke ungefähr, wie in der Fig. 339 gezeigt ist, annehmen. Also

$$\boldsymbol{\lambda_q = \frac{B_{q1} + B_{q2}}{2\,AS} = 0{,}625\left(\frac{b_x - \frac{AW_p}{2\,AS}}{\overline{bc}} + \frac{\tau - b_x}{\overline{bf}}\right)} \quad (83)$$

λ_q hängt von der Form und Sättigung der Polspitzen und von der Bürstenstellung ab. Um einige Werthe von λ_q tabellarisch zusammenstellen zu können, ist es deswegen nöthig, gewisse Annahmen zu machen.

Wir können z. B. annehmen, dass die Bürsten nahe an die Polspitzen verschoben sind, so dass die kurzgeschlossenen Spulen in einem 4 mal so schwachen Felde als unter der Mitte des Polschuhes liegen, d. h. $\overline{bc} \cong 4\,\delta$. Ferner machen wir die oft zutreffende Annahme, dass

$$\delta = \frac{b_i}{64}, \quad b_x = 1{,}5\,\overline{bc} + \frac{1}{2}b_i, \quad \tau - b_x \cong \tau - \frac{1}{2}b_i, \quad \overline{bf} = (1 - \alpha_i)\,\tau\,\frac{\pi}{2}$$

und

$$AW_p = C\cdot b_i\, AS,$$

wo C eine Konstante ist. Es wird dann

$$\lambda_q = 0{,}625 \left(1{,}5 + \frac{0{,}5\, b_i - 0{,}5\, C b_i}{\frac{b_i}{16}} + \frac{\tau - \frac{1}{2} b_i}{(1 - \alpha_i)\, \tau \frac{\pi}{2}} \right)$$

$$= 0{,}625 \left(1{,}5 + 8\,(1 - C) + \frac{1 - 0{,}5\, \alpha_i}{(1 - \alpha_i) \frac{\pi}{2}} \right) \quad . \quad . \quad . \quad (84)$$

Für einen und denselben Werth von C erhält man für jedes Verhältniss α_i eine andere Leitfähigkeit λ_q. In Fig. 338a ist nun λ_q als Funktion von α_i aufgetragen und zwar für fünf verschiedene Werthe von C, nämlich für $C = 0$; 0,25; 0,5; 0,75 und 1,0.

In Fällen, in denen die Bürsten in die geometrisch neutrale Zone gestellt werden, kann $\overline{b\,c} = \frac{1}{2}(\tau - b_i)$ und wegen der hohen Sättigung der Polspitze an der Austrittsseite $\overline{b\,f} = \frac{1}{2}(\tau - b_i)\frac{\pi}{2}$ gesetzt werden. In diesem Falle wird

$$b_x = \tau - b_x = \frac{\tau}{2}$$

und

$$\lambda_q = 0{,}625 \left(\frac{0{,}5\,(\tau - C b_i)}{0{,}5\,(\tau - b_i)} + \frac{0{,}5\, \tau}{0{,}5\,(\tau - b_i) \frac{\pi}{2}} \right)$$

$$= 0{,}625 \left(\frac{1 - C \alpha_i}{1 - \alpha_i} + \frac{1}{(1 - \alpha_i) \frac{\pi}{2}} \right) \quad . \quad . \quad . \quad (85)$$

Die nach dieser Formel berechneten Werthe für λ_q sind in den Kurven Fig. 338a dargestellt.

Mittels der Tabelle IV S. 311 und der Kurven, Fig. 338a u. b, ist es nun leicht, die EMK $e_M + e_q$ zu berechnen; es ist nämlich

$$e_M + e_q = (1 + p_w) \frac{N}{K} A S\, l_i\, v\, (\lambda_M + \lambda_q)\, 10^{-6} \text{ Volt.}$$

Eine andere für die Kommutation wichtige Grösse ist die EMK e_s der scheinbaren Selbstinduktion. Die Bestimmung derselben geschieht nach der Formel (118) S. 389 Bd. I

$$e_s = f_u \frac{\beta}{b_r} (1 + p_w) \frac{N}{K} A S\, l_i\, v\, k_s\, \lambda_L\, 10^{-6} \text{ Volt} \quad . \quad (86)$$

Der Formfaktor f_u muss mit Bezug auf den Verlauf der Feldkurve in der Kommutationskurve geschätzt werden. Es ist

$f_u = 1,2$ bis 1,6 für flachverlaufende Feldkurven, während bei steilen Feldkurven f_u auf 2,5 bis 3 hinaufgehen kann. β ist die Breite einer Kollektorlamelle. b_r, die reducirte Bürstenbreite, ist gleich

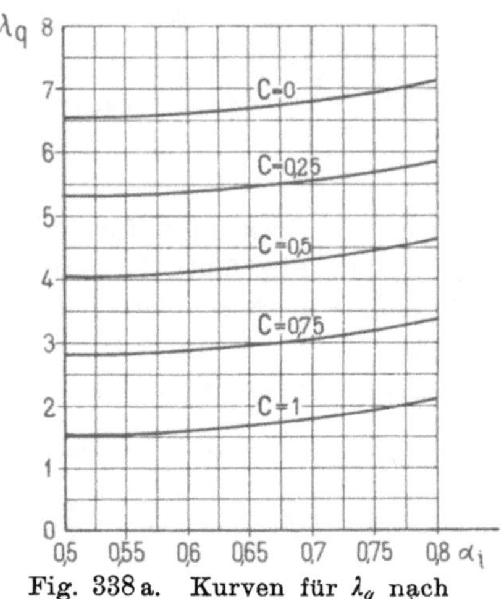

Fig. 338a. Kurven für λ_q nach Gl. 84 berechnet.

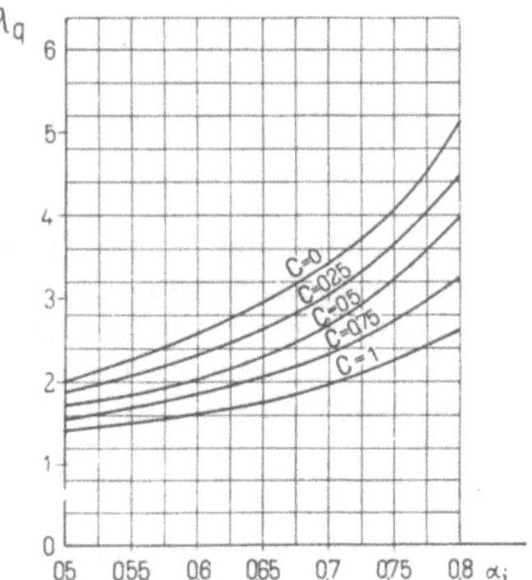

Fig. 338b. Kurven für λ_q nach Gl. 85 berechnet.

$$b_r = b_1 + \beta\left(1 - (1 + p_w)\frac{a}{p}\right) - \delta_i \quad . \quad . \quad (87)$$

Die scheinbare Leitfähigkeit

$$k_s \lambda_L = k_s \frac{2}{u}\left(\lambda_n + \lambda_k + \frac{l_s}{l_i}\lambda_s\right)$$

kann der Tabelle V entnommen werden, die sich auf moderne Nutenformen bezieht.

Werden die Bürsten bei Leerlauf in ein Feld von der Stärke

$$B_k = (\lambda_M + \lambda_q) AS$$

eingestellt, wobei AS dem Strome bei Volllast entspricht so wird die zusätzliche EMK e_z bei Halblast fast gleich Null, bei Leerlauf gleich $+(e_M + e_q)$ und bei Vollast gleich $-(e_M + e_q)$[1].

Wir erhalten in diesem Falle nach Formel (115) Bd. I die maximale Spannungsdifferenz zwischen ablaufender Bürstenspitze und Kollektor bei konstanter Bürstenstellung zu

$$P_T'' = \frac{e_M + e_q}{1 - \dfrac{e_s}{P_w}} \quad . \quad . \quad . \quad . \quad . \quad (88)$$

[1]) Es ist dann bei

		Leerlauf	Halblast	Volllast
Das vorhandene Feld . .	=	$(\lambda_M + \lambda_q) AS$	$\lambda_M \cdot AS$	$(\lambda_M - \lambda_q) AS$
Das erforderliche Feld .	=	0	$\lambda_M \cdot AS$	$2\lambda_M \cdot AS$
Somit das zusätzliche Feld	=	$(\lambda_M + \lambda_q) AS$	0	$-(\lambda_M + \lambda_q) AS$
und die zusätzliche EMK	=	$(e_M + e_q)$	0	$-(e_M + e_q)$

Tabelle V.

Tabelle für $k_s \lambda_L$.

$\frac{h_n}{b_n}$	$\frac{h_k}{b_n}$	Anzahl der gleichzeitig kurzgeschlossenen Spulenseiten pro Nut: 2		4		6		8	
		Armatur mit keilverschlossenen Nuten	Armatur mit Drahtbändern	Armatur mit keilverschlossenen Nuten	Armatur mit Drahtbändern	Armatur mit keilverschlossenen Nuten	Armatur mit Drahtbändern	Armatur mit keilverschlossenen Nuten	Armatur mit Drahtbändern
5	0,75	5,3	4,52	4,2	3,58	3,35	2,87	—	—
3,33	0,584	4,34	3,73	3,44	2,96	2,75	2,37	2,22	1,91
2,5	0,5	3,8	3,3	3,02	2,6	2,4	2,1	1,95	1,68
2,0	0,4	3,75	3,0	2,95	2,4	2,34	1,92	1,87	1,56

P_w ist eine von dem Bürstenmaterial abhängige Spannung; sie liegt zwischen 0,6 und 1,0 Volt bei gewöhnlichen Kohlensorten.

$A = \frac{P_w}{e_s}$ darf nicht kleiner wie eins sein; je grösser dieses Verhältniss ist, desto günstiger wird die Kommutation verlaufen. Ist es zu klein, so kann man es bei flach verlaufenden Feldkurven dadurch erhöhen, dass man die Bürstenbreite b_1 vergrössert, wodurch e_s verkleinert wird. Bei steilen Feldkurven wird mit grösserer Bürstenbreite der Formfaktor f_u stark erhöht, so dass in diesem Falle eine kleinere Bürstenbreite günstiger sein kann.

Bei Motoren, die bald in der einen Richtung bald in der anderen laufen sollen, wie z. B. Trammotoren und Krahnmotoren, müssen die Bürsten in die geometrisch neutrale Zone eingestellt werden, wo das Feld bei Leerlauf fast gleich Null ist. — Bei Belastung sollte man das Feld $2 \lambda_M AS$ haben; man hat aber ein negatives Feld $- 2 \lambda_q AS$, so dass das fehlerhafte Feld gleich $- 2 (\lambda_M + \lambda_q) AS$ und die von diesem inducirte zusätzliche EMK gleich

$$e_z = - 2 (e_M + e_q)$$

wird. Diese bedingt (Seite 385, Bd. I) eine maximale Potentialdifferenz zwischen der ablaufenden Bürstenspitze und dem Kollektor gleich

$$P_T'' = 0{,}75 \text{ bis } 1{,}25 + \frac{2 (e_M + e_q)}{1 - \frac{e_s}{P_w}} \quad . \quad (89)$$

also fast doppelt so viel wie bei Maschinen, die nur für eine Drehrichtung bestimmt sind. e_q ist nämlich für die Bürstenlage in der geometrisch neutralen Zone kleiner als wenn die Bürsten gegen die Polspitzen hin verschoben sind.

Die Formel für die maximale Spannung P_T'' ist nicht vollständig richtig und wird deshalb nicht immer Werthe liefern, die mit der experimentell aufgenommenen mittleren Spannung zwischen Bürstenspitze und Kollektor übereinstimmen. In der Formel für P_T'' ist der durch die elektrische Verkettung (s. S. 290, Bd. I) bedingte Einfluss der übrigen kurzgeschlossenen Spulen auf die betrachtete nicht berücksichtigt; diese Vernachlässigung kann unter Umständen zu einem ziemlich bedeutenden Fehler führen.

Ferner ist die Formel für P_T'' unter der Voraussetzung abgeleitet, dass der Uebergangswiderstand R_k dem Gesetz (108) Bd. I

$$R_k = \frac{e_u}{s_{u\,x}} + \frac{P_w}{s_{u\,eff}}$$

folgt. Dies trifft aber nicht für alle Kohlensorten zu und gilt nur von ca. 1 Amp. Stromdichte ab. Ferner ist es in den wenigsten Fällen möglich, die Bürsten in einem solchen Felde einzustellen, dass man bei Halblast eine geradlinig verlaufende Kurzschlussstromkurve erhält. Der Abstand zwischen den Polspitzen wird der besseren Ausnützung des Materials wegen stets so klein gewählt, als es mit Bezug auf eine funkenfreie Kommutation ohne Bürstenverstellung angängig ist. Das Feld in der Kommutirungszone wird deswegen viel steiler ansteigen, als eine geradlinige Kommutation erfordert. Mit der Zeit, wenn mehr Versuchsmaterial zur Verfügung steht, werden diese Ungenauigkeiten der Formel (88) korrigirt werden können.

70. Berechnung der Polschuhform und der Feldkurven.

In den meisten Fällen wird man die Vorausberechnung einer Maschine abschliessen, ohne die Polschuhform und die Feldkurven zu berechnen, indem man sich erfahrungsgemäss an bekannte Polformen anlehnt. In manchen Fällen, namentlich wenn die gegebenen Verhältnisse für eine funkenfreie Kommutation ungünstig liegen, ist es jedoch erwünscht, die Form des kommutirenden Feldes genauer zu studiren.

Um die Feldkurven bei Leerlauf und Belastung richtig vorausberechnen zu können, muss die Bürstenstellung vorher bekannt sein. Die Bürstenstellung hängt aber wiederum vom Felde ab, so dass die Feldkurven nur durch schätzungsweises Vorgehen ermittelt werden können. Hierzu kommt noch der Umstand, dass man den Polspitzen die günstigste Form geben will. Die Polspitze ist also auch nicht bekannt und muss zuerst berechnet werden.

Die Vorausberechnung einer Polspitze ist ziemlich umständlich, wenn die Spitze stark gesättigt ist, und da eine solche Berechnung ausserdem nur eine Annäherung sein kann, so ist sie nur dort zu empfehlen, wo es von besonderem Werth ist, dass die Kommutation möglichst günstig verläuft.

Man fängt mit der Berechnung des erforderlichen kommutirenden Feldes an. Sollen die Bürsten von Leerlauf bis Volllast in derselben Stellung bleiben, so ist das kommutirende Feld gleich

$$B_k = \frac{(e_M + e_q)\, 10^6}{w\, l_i\, v} = AS\,(\lambda_M + \lambda_q)$$

λ_M kann nach der Formel

$$\lambda_M = \frac{1}{u_k}\left[\lambda_n + \Sigma\mu_n + \lambda_k + \Sigma\mu_k + \frac{l_s}{l_i}(\lambda_s + \Sigma\mu_s)\right]$$

berechnet oder der Tabelle Seite 311 entnommen werden. λ_q muss vorläufig geschätzt werden, und dafür geben die Kurven Fig. 338a und 338b gute Anhaltspunkte.

Es wird nun die Form des Polschuhes vorläufig angenommen. Diese muss den angenommenen ideellen Polbogen besitzen und das gewünschte kommutirende Feld liefern. — Der Abstand zwischen den äussersten Polspitzen ist bei nicht gesättigten Spitzen je nach der Abschrägung derselben bis zu 2 cm grösser als der ideelle Polbogen und bei gesättigten Spitzen bis zu 3 cm grösser.

Ferner macht man zweckmässig die Abschrägung der Polspitze an der Eintrittsseite so gross, dass die Kommutirungszone ein wenig ausserhalb des äussersten Teiles der Spitze fällt. Dies wird der Fall sein, wenn die Länge der Kraftröhre in der Kommutirungszone $(b\,c)$ gleich

$$\delta_k = \frac{AW_l + AW_z - AW_p}{1{,}6\, B_k} \cdot \frac{b_k}{a_k} \quad . \; . \; . \quad (90)$$

wird, wo b_k die mittlere Breite der Kraftröhre und a_k die Breite der Kraftröhre in der Nähe der Ankeroberfläche bedeutet.

Die Ampèrewindungen AW_l für den Luftspalt und AW_z für die Zähne sind bekannt. Die Ampèrewindungen AW_p für die zwei Polspitzen kann man beliebig wählen; denn es ist stets möglich, durch richtige Dimensionirung der Polspitze den angenommenen Werth einzuhalten. AW_p wählt man am besten mit Rücksicht auf die quermagnetisirenden Ampèrewindungen $b_i\, AS$, und zwar kommt die Sättigung der Polspitze erst recht zur Wirkung, wenn

$$AW_p \geqq 0{,}5\, b_i \cdot AS.$$

An Hand der berechneten Grössen δ_k und b_i und unter Annahme einer 2,5 bis 6 cm langen Abschrägung der Polspitze erhalten wir für den vorläufigen Polschuh die in Fig. 339 dargestellte

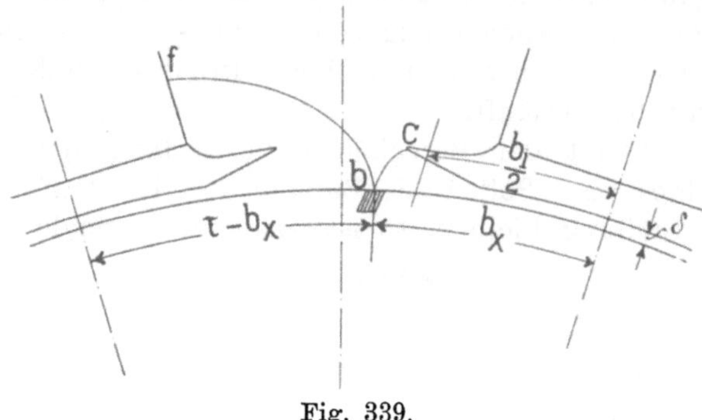

Fig. 339.

Form. — Für diese Form und die angenommene Bürstenstellung berechnen wir nun die Leitfähigkeit λ_q, und zwar geschieht dies zuerst angenähert in der folgenden Weise (siehe Seite 258—260, Bd. I). Es ist

$$B_{q,1} = \frac{b_x \cdot AS - \frac{1}{2} AW_p}{0,8\,\delta_k}$$

und

$$B_{q,2} = \frac{(\tau - b_x)\,AS}{0,8\,\overline{bf}}$$

also

$$\lambda_q = \frac{B_{q,1} + B_{q,2}}{2\,AS} = 0,625 \left(\frac{b_x - \frac{AW_p}{2\,AS}}{\delta_k} + \frac{\tau - b_x}{\overline{bf}} \right)$$

$\overline{bf}$ ist mit Rücksicht auf die Sättigung der Polspitze an der Austrittsseite etwas grösser zu wählen als sonst. Man kann für stark gesättigte Polspitzen diese Strecke ungefähr wie in Fig. 339 gezeigt ist, annehmen.

Wenn die in dieser Weise gefundene Leitfähigkeit λ_q nicht mit dem angenommenen Werth übereinstimmt, so muss die Form der Polspitze dementsprechend abgeändert werden. — Ist die Form des unteren Theiles der Polspitze festgelegt, so gehen wir zur Berechnung ihrer Stärke über.

Bekannt ist hier die Ampèrewindungszahl $\frac{1}{2}(AW_l + AW_z)$, die auf jede Kraftröhre zwischen Magnetkern und Ankerkern wirkt.

Ferner sind die Ampèrewindungen $\frac{1}{2} AW_p$ für die Polspitze bekannt. Es wirken somit auf den Theil einer Kraftröhre in der Kommutirungszone, der durch die Luft verläuft, die Ampèrewindungen

$$\frac{1}{2}(AW_l + AW_z - AW_p).$$

Nehmen wir der Einfachheit halber an, dass die Ampèrewindungen für die Polspitze sich gleichmässig über die Länge derselben vertheilen, so kennt man auch die MMK, die auf jede zwischen Polspitze und Armaturoberfläche verlaufende Röhre wirkt, und kann durch Ermittelung der Leitfähigkeit jeder Röhre den Kraftfluss derselben bestimmen.

Es kann somit der Kraftfluss Φ_1, Φ_2, Φ_3 u. s. w. bis Φ_6 in jedem Querschnitt der Polspitze ermittelt werden. Indem ferner die MMK pro cm Länge der Polspitze gleich $\frac{AW_p}{2\, l_p}$ bekannt ist, so kann die dieser Ampèrewindungszahl entsprechende Induktion B_p der Magnetisirungskurve des Polschuhmateriales entnommen werden. $Q_1 = \frac{\Phi_1}{B_p}$, $Q_2 = \frac{\Phi_2}{B_p}$, $Q_3 = \frac{\Phi_3}{B_p}$ u. s. w. geben uns die Querschnitte der Polspitze an den verschiedenen Stellen; aus diesen ergeben sich wieder die Stärke und Form der Spitze. Man wird sich aber nicht streng an die durch diese Rechnung erhaltene Form halten, sondern dieselbe mit Bezug auf die Herstellung des Polschuhes etwas abändern. Doch darf die Gesammtzahl der Ampèrewindungen $\frac{1}{2} AW_p$ sich nur wenig ändern. Man wählt die Begrenzungslinien möglichst geradlinig.

Es ist nun die Polspitze an der Eintrittsseite und der totale Kraftfluss Φ_{6e}, der durch sie in die Armatur eintritt, bekannt.

In der auf Seite 214—216, Bd. I beschriebenen Weise wird nun die Magnetisirungskurve für die Polspitze an der Austrittsseite berechnet. Dieser Kurve entnehmen wir den Kraftfluss Φ_{6a}, der den Ampèrewindungen $\frac{1}{2}(AW_r + AW_z)$ entspricht und der durch die Polspitze an der Austrittsseite in die Armatur eintritt.

Ist Φ der totale Kraftfluss pro Pol, so ergiebt sich nun der Kraftfluss

$$\Phi_{bo} = \Phi - \Phi_{6e} - \Phi_{6a}$$

der durch die Fläche $b \cdot l_i$ in den Anker eintritt. Der koncentrische Theil b des Polbogens wird also gleich

$$b = \frac{\Phi_{bo}}{B_l l_i}.$$

Es kann nunmehr der Polschuh und die Feldkurve bei Leerlauf endgültig aufgezeichnet werden. Die Feldkurve verläuft über den Polbogen b fast horizontal; unter den Polspitzen fällt sie langsam ab.

Wir gehen nun zur Berechnung der Feldkurve bei Belastung über. Hierbei geht man in der Weise vor, dass man die neutrale Zone $d - e$, des Zusatzfeldes (den Werth ϱ) schätzt, welches über das Feld bei Leerlauf superponirt werden muss, um das Feld bei Belastung zu erhalten. Mit Hilfe der Uebertrittcharakteristiken für die Mitte des Polschuhes und für die beiden Polspitzen kann nach dem auf Seite 268—271, Bd. I gezeigten Verfahren die Feldstärke in jedem Punkte ermittelt werden, und man kann durch Ausmessung der Fläche dieser Kurve zwischen den Bürsten B_1 und B_2 die Grösse des Kraftflusses Φ_b bei Belastung kontrolliren. Stimmt sie nicht mit der gewünschten überein, so muss die neutrale Zone $d - e$ anders gewählt werden. — Hat man zuletzt die richtige Feldkurve bei Belastung erhalten, so ergiebt sich der genaue Werth für die Leitfähigkeit λ_q zu

$$\lambda_q = \frac{2\,B_q}{2\,AS}$$

wo $2\,B_q$ die Stärke des Zusatzfeldes in der Kommutirungszone bedeutet. Stimmt dieser aus den Feldkurven genau ermittelte Werth von λ_q nicht ganz mit dem angenommenen überein, so kann die Bürste ein wenig verschoben werden, bis die Feldstärke B_k in der Kommutirungszone genau mit dem Werth

$$AS\,(\lambda_M + \lambda_q)$$

übereinstimmt, welcher der Leitfähigkeit λ_q der Bürstenlage entspricht.

Ist das erreicht, so kennen wir die Form des Polschuhes wie die Lage der Bürsten und können die Ampèrewindungen AW_k pro Kreis nachkontrolliren. Es sind nach der Formel (54), Bd. I die Ampèrewindungen AW_k bei Belastung

$$AW_k = AW_{ko} + AW_{mb} - AW_{mo} + AW_{jb} - AW_{jo} + 2\,(b_c + \varrho)\,AS \quad . \quad (91)$$

wo b_c und ϱ der Feldkurve bei Belastung entnommen werden können.

Um sicher zu sein, dass die Kommutation in jeder Beziehung günstig verläuft, kontrolliren wir noch zuletzt die Potentialdifferenz zwischen ablaufender Bürstenspitze und Kollektor.

Siebenzehntes Kapitel.

71. Beispiel für die ausführliche Berechnung einer Gleichstrommaschine. — 72. Berechnung eines 100 KW-Nebenschlussgenerators. — 73. Nachrechnung eines Nebenschlussmotors mit regulirbarer Umdrehungszahl.

71. Beispiel für die ausführliche Berechnung einer Gleichstrommaschine.

Aufgabe. Es ist ein Trambahngenerator für 500 KW bei 100 Umdrehungen pro Minute und 550 Volt Spannung zu berechnen. Die Maschine soll für konstante Klemmenspannung compoundirt werden und von Leerlauf bis $^5/_4$ Belastung (625 KW) ohne Bürstenverstellung funkenfrei laufen. Die Wicklung ist mit Aequipotentialverbindungen zu versehen. Der Wirkungsgrad soll mindestens bei Volllast 92 $^0/_0$ und bei Halblast 90 $^0/_0$ betragen. Die Temperaturerhöhung von Anker und Kollektor darf 50° C. und die aus der Widerstandszunahme berechnete Temperaturerhöhung der Magnetspulen 60° nicht überschreiten.

Für die Bestimmung der Hauptdimensionen der Maschine gehen wir von Formel 29 aus:

$$\frac{6 \cdot 10^{11}}{\alpha_i \cdot B_l \cdot AS} = \frac{D^2 \cdot l_i \cdot n}{KW}$$

Wählen wir vorderhand: $\alpha_i = 0{,}7$

$B_l = 9000$

$AS = 240$,

so wird:

$$\frac{D^2 \cdot l_i \cdot n}{KW} = \frac{6 \times 10^{11}}{0{,}7 \times 9000 \times 240} = 39{,}8 \times 10^4$$

(Siehe Fig. 329 Seite 281.)

Hieraus folgt:

$$D^2 \cdot l_i = \frac{39{,}8 \times 10^4 \times 500}{100} = 199 \times 10^4.$$

Indem wir für l_i oder D verschiedene Werthe annehmen und eine Polzahl $2p$ wählen, lassen sich die Werthe der folgenden Tabelle berechnen.

Tabelle VI.

l_i	D	$2p$	$\tau=\frac{\pi D}{2p}$	$b_i=\alpha_i\tau$	l_i/b_i	v	$\frac{J}{2a}=i_a$	a	p/a
25	276	16	54,2	37,9	0,66	14,4	114	4	2
28	260	16	51	35,7	0,785	13,6	114	4	2
30	251	14	56,3	39,2	0,765	13,1	114	4	$^7/_4$
32	245	12	64	44,8	0,71	12,8	114	4	$^6/_4$
35	234	12	61,3	42,8	0,77	12,25	154	3	2
37	227	10	71,3	49,8	0,74	11,9	114	4	$^5/_4$
40	220	10	69	48,3	0,83	11,5	91	5	1
45	206	8	81	56,6	0,8	10,8	114	4	1

Wir legen der weiteren Berechnung die zwölfpolige Anordnung zu Grunde und nehmen $a=3$ an; wir erhalten dann symmetrische Aequipotentialverbindungen, da p/a ganzzahlig ist.

Wir wählen:

$$\boldsymbol{l_i=36\ \text{cm}\quad D=240\ \text{cm}\quad v=12{,}5\ \text{m/sec}\quad p=6\quad a=3.}$$

Dann ist:

$$\frac{\boldsymbol{D^2 l_i n}}{\boldsymbol{KW}}=\frac{240^2\times 36\times 100}{500}=\boldsymbol{41{,}5\times 10^4}.$$

$$AS=\frac{6\times 10^{11}}{41{,}5\times 10^4\times \alpha_i B_l}=\frac{6\times 10^{11}}{41{,}5\times 10^4\times 0{,}7\times 9000}=230.$$

Für die Stabzahl erhält man:

$$N=\frac{\pi\cdot D\cdot AS}{i_a}=\frac{3{,}14\times 240\times 230}{154}\cong 1130.$$

Die Stabzahl N muss derart gewählt werden, dass sie in der Nähe von 1130 liegt und der Wicklungsformel genügt. Ferner sollen in jeder Nut $u_n=4$ Stäbe untergebracht werden und N soll daher wenn möglich durch 4 theilbar sein. Durch einiges Ausprobiren ergiebt sich

$$\boldsymbol{N=1218;\quad AS=248.}$$

Man erhält:

$$y=y_1+y_2=\frac{s\pm 2a}{p}=\frac{1218-6}{6}=202$$

$$\boldsymbol{y_1=y_2=101}$$

$$y_2=x\cdot u_n+1=25\cdot 4+1.$$

Pro Wicklungselement müssen wir 2 Stäbe rechnen, es wird dann die Kollektorlamellenzahl:

$$\boldsymbol{K} = \frac{s}{2} = \frac{1218}{2} = \mathbf{609}$$

und $\frac{K}{a} = 203$ eine ganze Zahl.

$$y_k = \frac{y_1 + y_2}{2} = 101.$$

y_k und a sind theilerfremd; die Wicklung ist somit einfach geschlossen.

Wenn wir eine Stromdichte $s_a = 3{,}0$ Amp/mm^2 annehmen, so wird der Querschnitt eines Ankerstabes q_a:

$$q_a = \frac{i_a}{s_a} = \frac{154}{3{,}0} = \text{ca. } 51 \text{ mm}^2.$$

Da wir in jeder Nut 4 Stäbe unterbringen wollen, so wird die Nutenzahl:

$$Z = \frac{1218}{4} = 304 + {}^2/_4 \cong 305.$$

Wir erhalten demnach 305 Nuten, wobei in eine Nut nur 2 Stäbe zu liegen kommen. Wir wählen eine keilverschlossene Nutenform.

Die Zahntheilung t_1 am Zahnkopfe ist:

$$\boldsymbol{t_1} = \frac{\pi D}{Z} = \frac{3{,}14 \times 240}{305} = \mathbf{24{,}7\ mm.}$$

Als maximale Zahninduktion wählen wir $B_{i\,max} = 21\,000$, ferner sei die Dicke des Eisenblechs: $\Delta = 0{,}5$ mm. Die Isolation zwischen den Blechen beträgt $10\,^0/_0$ oder $k_2 = 0{,}9$.

Nun ist:

$$z_2 \cong \frac{t_1 B_l}{k_2 \cdot B_{i\,max}} = \frac{24{,}7 \times 9000}{0{,}9 \times 21\,000} = 11{,}8.$$

Wir schätzen die Nutentiefe zu 4 cm und erhalten alsdann für die Zahntheilung am Fuss:

$$t_2 = \frac{\pi\,(240-8)}{305} = 23{,}8 \text{ mm.}$$

Die Nutenweite ist somit:

$$t_2 - z_2 = 23{,}8 - 11{,}8 = 12 \text{ mm.}$$

Nehmen wir für Isolation und Spielraum einen Zuschlag von

4,4 mm, quer über die Nut gemessen, an, so bleiben für die gesammte Kupferbreite

$$12 - 4{,}4 = 7{,}6 \text{ mm.}$$

Oder die Breite eines Stabes wird: $\frac{7{,}6}{2} = 3{,}8$ mm und die Stabhöhe $\frac{51}{3{,}8} \cong 13$ mm.

Wenn man mit der Rechnung an diesem Punkt angelangt ist, so wird man gewöhnlich für die Nutenform und den Stabquerschnitt noch nicht ganz passende Werthe finden. Man muss dann die gemachten Annahmen und die gefundenen Dimensionen derart ändern, dass Nutenform, Stabquerschnitt und Zahnsättigung passend ausfallen.

Ist die Dicke der Stabisolation einseitig 0,4 mm, so ergeben sich die endgiltigen Stabdimensionen zu $3{,}8 \times 13$ mm nackt und $4{,}6 \times 13{,}8$ mm isolirt.

Es wird also:

$$q_a = \mathbf{49\ mm^2}$$

$$s_a = \frac{154}{49} = \mathbf{3{,}15\ \frac{Amp.}{mm^2}}$$

Die genauen Abmessungen der keilverschlossenen Nut werden jetzt wie folgt (vergl. Fig. 340):

Nutenweite: $b_n = 1{,}20 + 0{,}8 + 2 \cdot 3{,}8 + 0{,}8 + 0{,}4 + 1{,}20 =$ **12 mm**

Nutentiefe: $h_n + h_k = 1{,}20 + 0{,}8 + 13 + 1{,}20 + 0{,}8 + 1{,}20 + 0{,}8 + 13 + 1{,}20 + 0{,}8 + 7 = 2 \cdot 13 + 15 =$ **41 mm** (d. h. Nutenhöhe = Kupferhöhe + 15 mm).

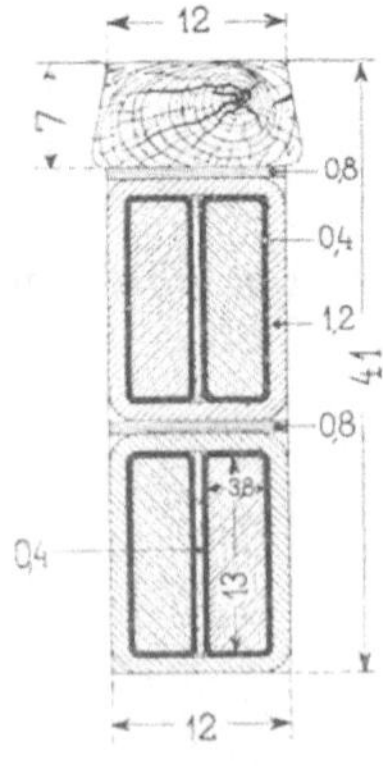

Fig. 340.

Der Nutenfüllfaktor ist:

$$f_n = \frac{4 \times 49}{12 \times 41} = \frac{196}{492} = \mathbf{0{,}40.}$$

Die Zahndicken am Kopf bezw. Fuss sind:

$$z_1 = 24{,}7 - 12 = \mathbf{12{,}7\ mm}$$

$$z_2 = 23{,}8 - 12 = \mathbf{11{,}8}\ „$$

$$z_m = \frac{12{,}7 - 11{,}8}{2} = \mathbf{12{,}25}\ „ \text{ (mittl. Zahndicke).}$$

Die Wicklung soll mit Aequipotentialverbindungen versehen werden. Die einzelnen Potentialschritte sind:

$$y_{p1} = x_1 y_k \mp 1$$

$$y_{p2} = x_2 y_k \mp 1$$

$$y_{p3} = x_3 y_k \mp 1$$

Da p durch a theilbar ist, können wir alle x einander gleich setzen; es wird:

$$x = p/a = 2 \text{ und}$$

$$y_{p1} = y_{p2} = y_{p3} = 2 \times 101 + 1 = 203$$

$$y_{p1} + y_{p2} + y_{p3} = 609 = K.$$

Es genügt, wenn jede siebente Lamelle an eine Aequipotentialverbindung angeschlossen wird (wir wählen in diesem Falle 7, weil $K = 609$ durch sieben theilbar ist). Wir stellen jetzt die Tabelle des reducirten Schemas (Bd. I, S. 373) in 6 vertikalen Kolumnen auf und theilen dieselbe in drei gleiche Theile.

Da alle Potentialschritte einander gleich sind und wir je sieben Lamellen überspringen, können wir das reducirte Schema in gekürzter Form darstellen, indem wir jeweils um

$$7\, y_k = 7 \cdot 101 = 707 = 609 + 98$$

oder um je 98 Lamellen weiter zählen. Man erhält so zunächst die Tabelle VII. Am Anfang der drei Gruppen dieser Tabelle müssen die Zahlen 1, $1 + 203 = 204$ und $204 + 203 = 407$ stehen. — Je drei gleich gelegene Zahlen der drei Gruppen bezeichnen drei Lamellen von gleichem Potential, und wir können daher die Tabelle VIII direkt hinschreiben.

Die Gesammtzahl der mit Aequipotentialverbindungen ausgestatteten Lamellen ist gleich 87. Wir führen sie mit einem Drahte von 4 mm Durchmesser aus.

Feldmagnete. Wenn man 4 % Spannungsabfall im Anker und in der Compoundwicklung annimmt, so ist die inducirte EMK E_a im Anker 572 Volt. Dann folgt für den Kraftfluss pro Pol bei Belastung.

$$\Phi_b = \frac{E_a \cdot 60 \cdot 10^8 \cdot a}{N \cdot n \cdot p} = \frac{572 \times 60 \times 10^8 \times 3}{1218 \times 100 \times 6} = 14{,}1 \times 10^6.$$

Den Streuungskoefficient σ wählen wir vorerst zu 1,12, es ist dann der Kraftfluss im Magnetkern:

$$\Phi_m = \sigma \Phi_b = 1{,}12 \times 14{,}1 \times 10^6 = 15{,}8 \times 10^6.$$

Tabelle VII.

1	99	197	295	393	491
589	78	176	274	372	470
568	57	155	253	351	449
547	36	134	232	330	428
526	15	113	211	309	
204	302	400	498	596	85
183	281	379	477	575	64
162	260	358	456	554	43
141	239	337	435	533	22
120	218	316	414	512	
407	505	603	92	190	288
386	484	582	71	169	267
365	463	561	50	148	246
344	442	540	29	127	225
323	421	519	8	106	

Tabelle VIII.

Tabelle der Aequipotentialverbindungen.

1	204	407	1	253	456	50	253
99	302	505	99	351	554	148	351
197	400	603	197	449	43	246	449
295	498	92	295	547	141	344	547
393	596	190	393	36	239	442	36
491	85	288	491	134	337	540	134
589	183	386	589	232	435	29	232
78	281	484	78	330	533	127	330
176	379	582	176	428	22	225	428
274	477	71	274	526	120	323	526
372	575	169	372	15	218	421	15
470	64	267	470	113	316	519	113
568	162	365	568	211	414	8	211
57	260	463	57	309	512	106	309
155	358	561	155				

Das Material der Magnetpole sei Stahlguss und wenn vorläufig eine Induktion $B_m = 16000$ eingeführt wird, so wird der Querschnitt

$$Q_m = \frac{15,8 \times 10^6}{16000} \cong 1000 \text{ cm}^2.$$

Da wir runde Pole anwenden, so wird:

$$D_m = 2\sqrt{\frac{Q_m}{\pi}} = 2\sqrt{\frac{1000}{3,14}} \cong \mathbf{36\ cm}$$

und

$$Q_m = \frac{D_m^2\,\pi}{4} = \frac{36^2\cdot\pi}{4} = \mathbf{1017,9\ cm^2}$$

$$B_m = \frac{15,8\times 10^6}{1017,9} = \mathbf{15500.}$$

Polschuh. Für den ideellen Polbogen b_i ergiebt sich:

$$b_i = \alpha_i\,\tau = 0,7\times 62,8 = \mathbf{44\ cm.}$$

Der Luftspalt δ ist angenähert:

$$\delta \cong \frac{1,35\,b_i\,AS - AW_z}{1,6\,k_1\,B_l} = \frac{1,35\times 44\times 248 - 4500}{1,6\times 1,2\times 9000} \cong 0,6$$

$$\boldsymbol{\delta = 0,6\ cm,}$$

indem vorläufig $AW_z \cong L_z\cdot aw_{z\,max} = 8,2\cdot 440 = 4500$ gesetzt und der Koefficient $k_1 = 1,2$ geschätzt wird.

Der genaue Werth von k_1 berechnet sich:

$$k_1 = \frac{t_1}{z_1 + X\delta} = \frac{24,7}{12,7 + 1,38\times 6} = 1,19\,,$$

wobei

$$\nu = \frac{t_1 - z_1}{\delta} = 2 \text{ und } X = 1,38 \text{ (vergl. Fig. 330).}$$

Ferner wird:

$$(k_1 - 1)\,B_l\cdot\frac{Z}{10^5}\cdot\frac{n}{60} = 0,19\times 9000\times\frac{305}{10^5}\times\frac{100}{60} \cong 8,7.$$

Infolge des hohen Werthes müssen die Polschuhe lamellirt werden.

Die Ankerlänge l wird:

$$l = l_i - \left[n\,X' + \frac{4,6}{\pi}\log\left(\frac{\pi\,r_2 + \delta}{\delta}\right)\right]\delta;$$

Es ist: $r_2 = 2,5$ cm; $n = 3$ Luftschlitze à 1 cm, also:

$$\nu' = \frac{l_1 - l}{\delta\cdot n} = \frac{3}{0,6\times 3} = 1,67$$

und $X' = 1,2$ (aus Fig. 330, Seite 283).

$$\boldsymbol{l} = 36 - \left(3\times 1,2 + \frac{4,6}{3,14}\times 1,06\right)\times 0,6 = 36 - 3,09 \cong \mathbf{33\ cm.}$$

Die gesammte Ankerlänge l_1 ist:

$$l_1 = l + n \cdot 1 = 33 + 3 = \mathbf{36\ cm.}$$

Die Polschuhlänge wird

$$l_p = l_1 = \mathbf{36\ cm.}$$

Joch. Wenn man im Joch aus Stahlguss eine Induktion von 13500 annimmt, so wird der Querschnitt:

$$Q_j = \frac{\Phi_m}{2 \cdot B_j} = \frac{15,8 \times 10^6}{2 \times 13500} = 585\ \text{cm}^2.$$

Sei die Länge in Axenrichtung = 44 cm
und die radiale Höhe = 13,5 „

dann wird:

$$Q_j = \mathbf{594\ cm^2}$$

$$B_j = \mathbf{13300}\ „$$

Kollektor. Die Kollektorlamellen sollen aus Hartkupfer bestehen. Die Dimensionen des Kollektors werden durch die zulässige Erwärmung bestimmt. Die Zahl der Kollektorlamellen wurde früher:

$$K = 609$$

gefunden.

Es werde die Breite einer Kollektorlamelle zu $\beta = 0,66$ cm und die Dicke der Isolation (Mika) zu $\delta_i = 0,9$ mm angenommen, so folgt alsdann für den Kollektordurchmesser:

$$D_k = \frac{609 \times 0,75}{\pi} = \mathbf{145\ cm.}$$

Die Umfangsgeschwindigkeit des Kollektors ist:

$$v_k = \frac{\pi \cdot D_k \cdot n}{60} = \frac{3,14 \times 145 \times 100}{60} = \mathbf{7,6\ m/sek.}$$

Die maximale Spannung zwischen zwei Lamellen beträgt:

$$E_{dk\,max} = \frac{3\, r \cdot a \cdot E}{k} = \frac{3 \times 2 \times 3 \times 550}{609} = \mathbf{16,3\ Volt,}$$

wobei

$$r = \frac{p}{a} = \frac{6}{3} = 2.$$

Bürsten. Wir verwenden Kohlenbürsten. Die Zahl der Bürstenstifte sei gleich der Polzahl $p_1 = 2p = 12$.

Die Stromstärke pro Stift wird nun

$$\frac{2 \cdot J_a}{p_1} = \frac{2 \cdot 924}{12} = 154 \text{ Amp.}$$

Unter Annahme folgender Abmessungen für die Bürsten:

Breite: $\boldsymbol{b_1 = 2}$ **cm**

Länge: $\boldsymbol{= 3}$ **cm,**

also Bürstendeckung $\frac{b_1}{\beta + \delta_i} = \frac{20}{7,5} = 2,7$ und Auflagefläche $= 2 \times 3 = 6 \text{ cm}^2$, und indem wir eine Stromdichte von 5 Amp/cm² zulassen, erhalten wir:

$$\frac{154}{6 \times 5} \cong 5 \text{ Bürsten pro Stift.}$$

Bei 5 Bürsten à 6 cm² ist die Stromdichte:

$$s_u = \frac{154}{30} = \mathbf{5{,}13\ Amp/cm^2}.$$

Die Länge der 5 Bürsten ist $5 \times 3 = 15$ cm, die Länge des Kollektors wird also ungefähr: $\boldsymbol{L_k = 18}$ **cm.** Später ist noch zu kontrolliren, ob die hier gefundenen Abmessungen eine genügende Abkühlung ergeben.

Die Auflagefläche aller Bürsten beträgt:

$$\boldsymbol{F_b} = \frac{2\,J_a}{5{,}13} = \mathbf{360\ cm^2}.$$

Berechnung der Erregung bei Leerlauf. Bei Leerlauf beträgt die Klemmenspannung 550 Volt und der zur Erzeugung dieser Spannung erforderliche Kraftfluss wird:

$$\Phi = \frac{E \cdot 60 \cdot 10^8 \cdot a}{N \cdot n \cdot p} = \frac{550 \times 60 \times 10^8 \cdot 3}{1218 \times 100 \times 6} = 13{,}6 \times 10^6.$$

Die einzelnen Induktionen berechnen sich wie folgt:

Luftinduktion B_l:

$$\boldsymbol{B_l} = \frac{\Phi}{b_i \cdot l_i} = \frac{13{,}6 \times 10^6}{44 \times 36} = \frac{\Phi}{1584} = \mathbf{8600}.$$

Bei Annahme einer Ankerinduktion $B_a = 13\,000$ erhält man für den effektiven Eisenquerschnitt:

$$Q_a = l \cdot h \cdot k_2 = \frac{13{,}6 \times 10^6}{2 \times 13000} = 525 \text{ cm}^2.$$

Die effektive Zahnhöhe (ohne Zähne) h des Ankers wird:

$$\boldsymbol{h} = \frac{525}{33 \times 0{,}9} = \mathbf{17{,}5\ cm}$$

und $Q_a = l\,h\,k_2 = 33 \times 17{,}5 \times 0{,}9 = 520\ \text{cm}^2$.

$$\boldsymbol{B_a} = \frac{13{,}6 \times 10^6}{2 \times 520} = \mathbf{13100.}$$

Für die Induktion in den Zähnen folgt:

$$B_{i\,min} = \frac{t_1 B_l l_i}{k_2 z_1 l} = \frac{24{,}7 \times 8\,600 \times 36}{0{,}9 \times 12{,}7 \times 33} = 2{,}36 \times B_l = 20\,200,$$

$$B_{i\,mitt} = \frac{t_1 B_l l_i}{k_2 z_m l} = \frac{24{,}7 \times 8\,600 \times 36}{0{,}9 \times 12{,}25 \times 33} = 2{,}44 \times B_l = 21\,000,$$

$$B_{i\,max} = \frac{t_1 B_l l_i}{k_2 z_2 l} = \frac{24{,}7 \times 8\,600 \times 36}{0{,}9 \times 11{,}8 \times 33} = 2{,}54 \times B_l = 21\,800.$$

Aus der Magnetisirungskurve für die Zähne (Fig. 185, Bd. I, S. 224) entnehmen wir die einzelnen Werthe von B_w, indem:

$$k_{3\,(min)} = \frac{l_1 t_1}{l \cdot k_2 z_1} - 1 = 1{,}36,$$

$$k_{3\,(mitt)} = \frac{l_1 t_m}{l\,k_2 z_m} - 1 = 1{,}4,$$

$$k_{3\,(max)} = \frac{l_1 t_2}{l\,k_2 z_2} - 1 = 1{,}44.$$

Hiermit ergiebt sich

$$B_{w\,min} = 19\,700,$$

$$B_{w\,mitt} = 20\,400,$$

$$B_{w\,max} = 21\,000.$$

Der Streuungskoefficient σ bei Leerlauf ist angenähert:

$$\sigma = 1 + \frac{5 \cdot \delta}{b_i \cdot l_i}\left(\Sigma\lambda_p + \Sigma x \cdot \lambda_m + \Sigma x \cdot \lambda_j\right).$$

Unter Zuhilfenahme der Fig. 341[1]) (Seite 228, Bd. I) folgt zunächst die Leitfähigkeit zwischen den Polschuhen:

$$\lambda_p = \frac{l_p \cdot h_p}{0{,}8\,(\tau - b_p)} + 2\,h_p \log\left(1 + \frac{\pi}{2}\,\frac{b_p}{\tau_1 - b_p}\right),$$

worin: $h_p = 4{,}5$ cm; $l_p = 36$ cm (Polschuhbreite)

[1]) Die Polschuhform wird in dieser Figur vorläufig angenommen, da die genauere Ermittelung derselben erst späterhin vorgenommen werden soll.

$\tau_1 - b_p$ = mittlerer Abstand zweier benachbarter Polspitzen.

$$\tau_1 - b_p = 23{,}5 \text{ cm}; \qquad b_p \cong 40 \text{ cm}; \qquad \tau_1 = 63{,}5 \text{ cm}.$$

Es wird also:

$$\Sigma \lambda_p = \frac{36 \times 4{,}5}{0{,}8 \times 23{,}5} + 2 \times 4{,}5 \log\left(1 + \frac{\pi}{2}\,\frac{40}{23{,}5}\right)$$

$$\boldsymbol{\Sigma \lambda_p = 8{,}65 + 2 \times 4{,}5 \times 0{,}565 = 13{,}7.}$$

Die Leitfähigkeit der Kernflächen ist:

$$\Sigma x \cdot \lambda_m = \frac{d_q \cdot h_m}{0{,}8\,(\tau_1 + \tau_2 - 2 d_q)} + h_m \cdot \log\left(1 + \frac{\pi\, d_q}{\tau_1 + \tau_2 - 2\, d_q}\right).$$

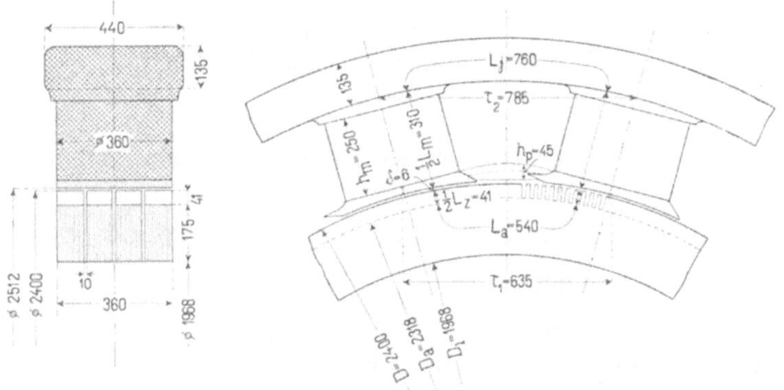

Fig. 341.

Hier ist: $d_q = \frac{D_m}{2}\sqrt{\pi}$; ($D_m$ = Durchmesser des Magnetkerns)

$$d_q = 18\sqrt{\pi} = 31{,}8 \text{ cm}.$$

$$\tau_2 = 78{,}5 \text{ cm}; \qquad h_m = 25 \text{ cm (Kernhöhe)}.$$

$$\Sigma x \cdot \lambda_m = \frac{31{,}8 \times 25}{0{,}8\,(63{,}5 + 78{,}5 - 63{,}6)} + 25 \log\left(1 + \frac{3{,}14 \times 31{,}8}{78{,}5}\right)$$

$$\boldsymbol{\Sigma x \cdot \lambda_m = 12{,}7 + 25 \times 0{,}386 = 21{,}6.}$$

Da die Polzahl dieser Maschine verhältnissmässig gross ist, so kann

$$\Sigma x \cdot \lambda_j \cong 0$$

gesetzt werden.

Wir erhalten somit für den Streuungskoefficienten:

$$\sigma = 1 + \frac{5 \times 0{,}6}{44 \times 36}(13{,}7 + 21{,}6) = 1 + 0{,}0019 \times 35{,}3 = 1{,}067 \cong \mathbf{1{,}07}.$$

Infolge der Verschiebung der Bürsten aus der neutralen Zone tritt nicht der ganze Kraftfluss pro Pol in die Fläche einer kurz geschlossenen Windung ein. Um diesen Einfluss zu berücksichtigen, setzen wir

$$\sigma_a \cdot 1{,}07 = 1{,}03 \cdot 1{,}07 = 1{,}1.$$

$$\Phi_m = \sigma \cdot \sigma_a \cdot \Phi = 1{,}1 \times 13{,}6 \times 10^6 = 15 \times 10^6;$$

$$B_m = \frac{\Phi_m}{Q_m} = \frac{13{,}6}{\frac{1017{,}9}{1{,}1}} = \frac{\Phi}{930} = 14\,600;$$

$$B_j = \frac{\Phi_m}{2\,Q_j} = \frac{13{,}6}{\frac{2 \cdot 594}{1{,}1}} = \frac{\Phi}{1080} = 12\,600.$$

In Fig. 341 ist der mittlere Kraftlinienweg eingezeichnet. Wir finden:

$L_j = 76$ cm; $L_m = 2 \times 31 = 62$ cm; $2\,\delta = 1{,}2$ cm;

$L_z = 2 \times 4{,}1 = 8{,}2$ cm; $L_a = 54$ cm.

Die Ampèrewindungen bei Leerlauf sind dann folgende (nach den Magnetisirungskurven Tafel XI):

$AW_a = aw_a \cdot L_a = 12 \times 54$ . . . . $=$ 650

$B_{w\,min} = 19\,700$; $aw_{z\,min} = 190$;

$B_{w\,mitt} = 20\,400$; $aw_{z\,mitt} = 350$;

$B_{w\,max} = 21\,000$; $aw_{z\,max} = 460$.

$$AW_z = L_z \frac{aw_{z\,min} + 4\,aw_{z\,mitt} + aw_{z\,max}}{6}$$

$= 8{,}2 \dfrac{190 + 4 \times 350 + 460}{6}$ . . . . $=$ 2800

$AW_m = aw_m \cdot L_m = 29 \times 62$ . . . . $=$ 1800

$AW_j = aw_j \cdot L_j = 15 \times 76$ . . . . $=$ 1140

$AW_l = 1{,}6\,B_l \cdot \delta \cdot k_1 = 1{,}6 \times 8600 \times 0{,}6 \times 1{,}19 = 1{,}17\,B_l =$ 10000

$AW_{k_o} =$ 16390

$\boldsymbol{AW_{to} = p \cdot AW_{k_o} = 98340.}$

Indem wir diese Rechnung für verschiedene Werthe von E_a durchführen und E_a als Funktion von AW_{to} auftragen, erhalten wir die Leerlaufcharakteristik der Maschine (vergl. Tabelle IX).

Tabelle IX.

E_a	200	300	400	500	550	600	650	
$\Phi = E_a \times 2,46 \times 10^4$.	4,92	7,4	9,85	12,4	13,6	14,9	16,1	10^6
$B_l = \frac{\Phi}{1584}$	3100	4650	6200	7800	8000	9400	10100	
$B_a = \frac{\Phi}{1040}$	4750	7100	9500	11900	13100	14300	15500	
$B_{i\,min} = 2,36\,B_l$ (ideell) . .	7300	11000	14600	18400	20200	22200	23800	
$B_{i\,mitt} = 2,44\,B_l$ (ideell) . .	7560	11350	15100	19000	21000	22900	24600	
$B_{i\,max} = 2,54\,B_l$ (ideell) . .	7900	11800	15750	19800	21800	23800	25650	
$B_{w\,min}$ (wirklich)	7300	11000	14600	18200	19700	21400	22400	
$B_{w\,mitt}$ (wirklich)	7560	11350	15100	18750	20400	21800	23000	
$B_{w\,max}$ (wirklich)	7900	11800	15750	19500	21000	22400	23600	
$B_m = \frac{\Phi}{930}$	5280	7900	10600	13300	14600	15900	17300	
$B_j = \frac{\Phi}{1080}$	4550	6850	9000	11500	12600	13800	14900	
aw_a	0,7	1,4	3,2	7,6	12	20	31,5	
$aw_{z\,min}$	1,5	5,4	22	100	190	540	780	
$aw_{z\,mitt}$	1,6	6,1	27	140	350	650	910	
$aw_{z\,max}$	1,8	7,3	35	210	460	780	1100	
w_m	2,4	4,8	8,9	19	29	46	85	
aw_j	1,85	3,8	6	11	15	22	31	
$AW_a = aw_a \times 54$ . . .	38	75	174	410	650	1080	1700	
AW_z	13	50	226	1190	2800	5350	7550	
$AW_l = 1,17 \times B_l$ . . .	3620	5450	7250	9150	10000	11000	11800	
$AW_m = aw_m \times 62$ . . .	149	295	550	1170	1800	2850	5250	
$AW_j = aw_j \times 76$ . . .	140	280	455	800	1100	1590	2120	
AW_{ko}	3960	6200	8655	12720	16390	21870	28320	
$AW_{to} = 6 \cdot AW_{ko}$ . . .	24760	37200	51930	76320	98340	131220	169900	

Die Leerlaufcharakteristik ist in Fig. 342 (Kurve I) eingezeichnet. Man bildet das Dreieck $Q\,b\,c$, indem der Ohm'sche Spannungsabfall $\overline{Q\,b}$ vorläufig zu 4 % angenommen wird:

$$\overline{Q\,b} = 0,04 \times 550 = 22 \text{ Volt.}$$

Ferner ist angenähert:

$$\overline{bc} = p\,AW_r = p\,2\,(b_c + \varrho)\,AS,$$

setzen wir:

$$AW_r = \frac{1}{2}(\tau - b_i)\,AS = 0{,}5 \times 0{,}3 \times 62{,}8 \times 248 = 2390,$$

so wird $$p \cdot AW_r = 6 \times 2340 = 14040.$$

Die Ampèrewindungen bei Volllast und 550 Volt Klemmenspannung erhält man nun durch Parallelverschiebung der Geraden cQ bis $c'Q'$. Die Kurve II (Fig. 342) stellt den Zusammenhang zwischen dem Belastungsstrom (Massstab rechts) und den entsprechenden Ampèrewindungen (QQ') dar (s. Fig. 353, Seite 444, Bd. I).

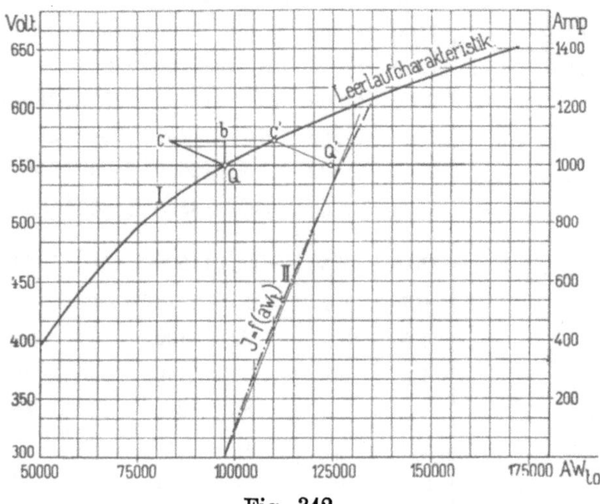

Fig. 342.

Aus der Leerlaufcharakteristik kann noch rückwärts die äussere Charakteristik konstruirt werden (vergl. hierüber Fig. 354, Bd. I). In unserem Falle verläuft die äussere Charakteristik fast als horizontale Linie.

Berechnung der Erregung bei Belastung. Wir nehmen

$$E_a = 1{,}04 \cdot E = 572 \text{ Volt an},$$

dann folgt für

$$\Phi_b = \frac{E_a \cdot 60 \cdot 10^8 \cdot a}{N \cdot n \cdot p} = \frac{572 \times 60 \times 10^8 \times 3}{1218 \times 100 \times 6} = 14{,}1 \times 10^6,$$

$$\boldsymbol{B_l} = \frac{\Phi_b}{b_i \cdot l_i} = \frac{14{,}1}{1584} = \mathbf{8900},$$

$$\boldsymbol{B_a} = \frac{\Phi_b}{2\,l\,h\,k_2} = \frac{14{,}1}{1040} = \mathbf{13\,600},$$

$$\boldsymbol{B_{i\,min}} = 2{,}36\,B_l = 2{,}36 \times 8900 = \mathbf{21\,000},$$

$$\boldsymbol{B_{i\,mitt}} = 2{,}44\,B_l = 2{,}44 \times 8900 = \mathbf{21\,700},$$

$$\boldsymbol{B_{i\,max}} = 2{,}54\,B_l = 2{,}54 \times 8900 = \mathbf{22\,600},$$

$$B_{w\,min} = 20400; \quad B_{w\,mitt} = 20900; \quad B_{w\,max} = 21\,500,$$

$$aw_{z\,min} = 350; \quad aw_{z\,mitt} = 440; \quad aw_{z\,max} = 590.$$

$$AW_z = 8{,}2\,\frac{350 + 4\cdot 440 + 590}{6} = 3\,700,$$

$$AW_l = 1{,}17 \times B_l = 1{,}17 \times 8900 = 10400,$$

$$AW_a = aw_a \cdot L_a = 14{,}5 \times 54 = 785,$$

$$AW_r \cong 0{,}5 \cdot 0{,}3 \cdot 62{,}8 \cdot 248 = 2\,340$$

$$AW_z + AW_l + AW_a + AW_r = 17\,225$$

$$\sigma_b = 1 + \frac{2(AW_l + AW_a + AW_z + AW_r)}{\Phi_b}(\Sigma\lambda_p + \Sigma x\cdot\lambda_m + \Sigma x \cdot \lambda_j),$$

$$\sigma_b = 1 + \frac{2 \times 17\,225}{14{,}1 \times 10^6} \times 35{,}3 = 1 + 0{,}0865 \cong 1{,}1.$$

Indem $\sigma_a = 1{,}02$ gesetzt wird, folgt:

$$\Phi_m = \sigma_a \cdot \sigma_b\,\Phi = 1{,}12 \times 14{,}1 \times 10^6 = 15{,}8 \times 10^6,$$

$$\boldsymbol{B_m} = \frac{\Phi_m}{Q_m} = \frac{15{,}8 \times 10^6}{1017{,}9} = \mathbf{15\,500},$$

$$\boldsymbol{B_j} = \frac{\Phi_m}{2\,Q_j} = \frac{15{,}8 \times 10^6}{2 \times 594} = \mathbf{13\,300},$$

$$AW_m = aw_m \cdot L_m = 39 \times 62 = 2420,$$

$$AW_j = aw_j \cdot L_j = 19 \times 76 = 1440,$$

$$\boldsymbol{AW_k} = 17\,225 + 3860 = \mathbf{21\,085} = \text{Ampèrewindungen pro magnet. Kreis},$$

$$\boldsymbol{AW_t} = p \cdot AW_k = 6 \times 21085 = \mathbf{126\,410}.$$

$$\frac{AW_t}{AW_{to}} = \frac{126\,410}{98\,340} = \mathbf{1{,}28},$$

$$\frac{2\,AW_t}{N \cdot i_a} = \frac{2 \times 126\,410}{1218 \times 154} = \mathbf{1{,}35}.$$

Erregung.

1. Nebenschlusserregung. Die 12 Spulen sollen in Serie geschaltet werden. Der Drahtquerschnitt der Erregerwicklung ergiebt sich aus:

$$q_n = \frac{(1 + 0{,}004\, T_m)\, AW_{to} \cdot l_n}{5700 \cdot E} \times (1{,}05 \text{ bis } 1{,}1).$$

Indem

$$l_n \cong \pi (D_m + 5) = \pi (36 + 5) \cong 130 \text{ cm}.$$

$$E = 550 \text{ V.}; \quad T_m \cong 50^0; \quad AW_{to} = 98340;$$

wird $$q_n = \frac{1{,}2 \times 98340 \times 130}{5700 \times 550} \times 1{,}08 = 5{,}30 \text{ mm}^2.$$

Nehmen wir den Draht $\phi = 2{,}6/3{,}2$ mm, so wird:

$$\mathbf{q_n = 5{,}31 \text{ mm}^2}.$$

Ferner sei die Stromdichte $\mathbf{s_n = 1{,}5 \frac{Amp.}{mm^2}}$ gewählt; dann wird der Erregerstrom bei Volllast

$$i_n = 1{,}5 \times 5{,}31 = 8{,}0 \text{ Amp.}$$

und die totale Windungszahl

$$w_n = \frac{AW_{to}}{i_n} = \frac{98340}{8{,}0} = 12300.$$

Pro Spule erhalten wir

$$\frac{12300}{12} \cong 1000 \text{ Windungen.}$$

Es wird also

$$\mathbf{w_n = 12000.}$$

Widerstand der Nebenschlusswicklung

$$\mathbf{R_n} = \frac{(1 + 0{,}004\, T_m) \cdot w_n \cdot l_n}{5700 \cdot q_n} = \frac{1{,}2 \cdot 12000 \cdot 130}{5700 \times 5{,}31} = \mathbf{62\ \Omega},$$

$$i_{n\,max} = \frac{E}{R_n} = \frac{550}{62} = 8{,}9 \text{ Amp.},$$

$$\frac{i_{n\,max}}{q_n} = \frac{8{,}9}{5{,}31} = 1{,}68 \frac{\text{Amp.}}{\text{mm}^2}$$

Setzen wir

$$i_{min} = 0{,}9 \cdot 8{,}0 = 7{,}2 \text{ Amp.},$$

so wird der erforderliche Regulirwiderstand im Nebenschluss

$$r_n = \frac{E}{i_{min}} - R_n = \frac{550}{7,2} - 62 = 76 - 62 = \mathbf{14}\ \boldsymbol{\Omega}.$$

Durch einiges Probiren erhält man für

die radiale Höhe des Wicklungsraumes $h_s = 18$ cm,
„ Breite „ „ $b_s = 5,5$ „

Die Spule besteht dann aus 18 Lagen à 56 Windungen.

2. Hauptschlusserregung. Die zur Compoundirung nothwendigen Ampèrewindungen sind

$$AW_h = AW_t - AW_{to} = 126\,410 - 98\,340 = 28\,070$$

und pro Spule erhält man

$$\frac{28\,070}{12} = 2340.$$

Die Spulen werden in 4 parallel geschalteten Gruppen angeordnet, so dass in jeder Gruppe nur $^1/_4$ des Belastungsstromes fliesst. Die Windungen der Compoundwicklung pro Pol sind alsdann

$$\frac{2340}{\frac{910}{4}} \cong 10.$$

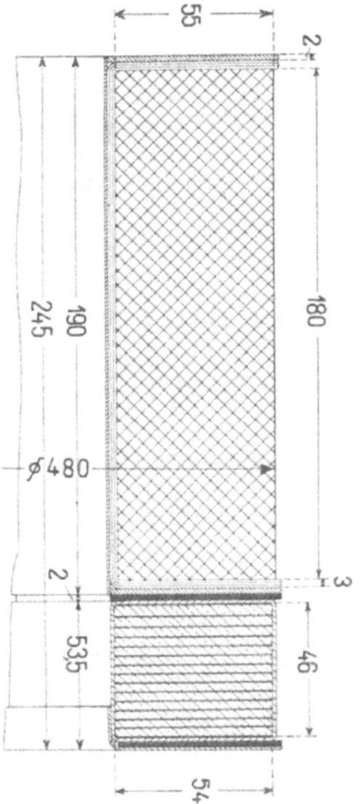

Fig. 343.

Der Sicherheit wegen wollen wir jedoch 12 Windungen pro Pol rechnen, um die genaue Einstellung der Compoundirung durch eine Nebenschliessung nachträglich vornehmen zu können.

Die gesammte Windungszahl beträgt somit

$$w_h = 12 \times 12 = 144.$$

Sei eine Stromdichte $s_h = 1,6$ Amp./mm² zugelassen, so wird der Querschnitt

$$q_h = \frac{910}{4 \times 1,6} = 142 \text{ mm}^2.$$

Nehmen wir Flachkupfer von $3,0 \times 48$, so wird

$$\boldsymbol{q_h = 144\ \mathrm{mm}^2}$$

und

$$\boldsymbol{s_h} = \frac{910}{4 \cdot 144} = \mathbf{1,58\ \frac{Amp.}{mm^2}}$$

Indem die Wicklung hochkantig ausgeführt und zwischen je zwei nebeneinanderliegenden Windungen 0,5 mm Isolationsmaterial eingelegt wird, ergeben sich folgende Abmessungen für den Wicklungsraum der Compoundwicklung

Höhe $= b_h = 4{,}6$ cm
Breite $= h_h = 4{,}8$ „

Die Gesammtanordnung der Magnetwicklung zeigt Fig. 343.[1]

Die mittlere Windungslänge wird nun

$$l_h = 3{,}14\,(36 + 5 \text{ cm}) = 130 \text{ cm}.$$

Da die Compoundwicklung aus 4 parallelen Zweigen besteht, so sind die Windungen von je 3 Polen in Serie und ihr Widerstand wird

$$\boldsymbol{R_h} = \frac{1}{4}\,\frac{(1 + 0{,}004 \cdot T_m) \cdot l_h \dfrac{w_h}{4}}{5700 \cdot q_h} = \frac{1{,}2 \times 130 \times 36}{4 \times 5700 \times 144} = \mathbf{0{,}00171\ \Omega}.$$

Verluste. 1. Armatur.

a) Eisenverluste.

$$\text{Periodenzahl } c = \frac{p \cdot n}{60} = \frac{6 \times 100}{60} = 10{,}0.$$

$$\text{Hysteresiskonstante } \sigma_h = \frac{\eta}{0{,}0016}.$$

Für $\eta = 0{,}0032$ folgt

$$\boldsymbol{\sigma_h} = \frac{0{,}0032}{0{,}0016} = \mathbf{2{,}0.}\text{[2]}$$

Das Eisenvolumen des Kerns ist (vergl. Fig. 341)

$$V_a = (D_a^2 - D_i^2)\,\frac{\pi}{4} \cdot l \cdot k_2 = (23{,}14^2 - 19{,}64^2)\,\frac{\pi}{4} \times 3{,}3 \times 0{,}9 = 347 \text{ dm}^3.$$

Eisenvolumen der Zähne:

$$V_z = Z\left(\frac{z_1 + z_2}{2}\right)\frac{1}{2} L_z \cdot l \cdot k_2 = 305 \cdot 0{,}1225 \times 0{,}41 \times 3{,}3 \times 0{,}9 = 45{,}5 \text{ dm}^3.$$

Hysteresisverlust im Anker:

$$\boldsymbol{W_{ah}} = \sigma_h \cdot \left(\frac{c}{100}\right)\left(\frac{B_a}{1000}\right)^{1,6} \cdot V_a = 2 \times \frac{10}{100} \times \left(\frac{13600}{1000}\right)^{1,6} \times 347$$
$$= \mathbf{4500\ Watt.}$$

---

[1]) Die Höhe h_h ist bei einer späteren Korrektur (S. 353) auf 5,4 cm vergrössert.

[2]) Für sehr gute Blechsorten darf $\sigma_h = 1{,}5$ bis 1 gesetzt werden.

Hysteresisverlust in den Zähnen:

$$\boldsymbol{W_{hz}} = \sigma_h \cdot k_4 \cdot \frac{c}{100} \left(\frac{B_{w\,min}}{1000}\right)^{1,6} \cdot V_z = 2 \times 1 \times 0,1 \times (20,4)^{1,6} \times 45,5$$

$$= \mathbf{1150\ Watt.}$$

Wirbelstromkonstante: $\boldsymbol{\sigma_w = 15.}$

Wirbelstromverlust im Ankerkern:

$$\boldsymbol{W_{wa}} = \sigma_w \cdot \left(\varDelta \frac{c}{100} \frac{B_a}{1000}\right)^2 \cdot V_a = 15\,(0,5 \times 0,1 \times 13,6)^2 \cdot 347 = \mathbf{2360.}$$

Wirbelstromverlust in den Zähnen:

$$\boldsymbol{W_{wz}} = \sigma_w \cdot k_5 \left(\varDelta \frac{c}{100} \cdot \frac{B_{w\,min}}{1000}\right)^2 \cdot V_z = 15 \times 1 \times (0,5 \times 0,1 \times 20,4)^2 \times 45,5$$

$$= \mathbf{700\ Watt.}$$

Totaler Eisenverlust:

$$W_{ha} + W_{hw} + W_{hz} + W_{wz} = 4500 + 1150 + 2360 + 700 = \mathbf{8710\ Watt.}$$

b) Kupferverluste.

Stablänge:

$$l_a \cong l_1 + 1,4\,\tau + 5\ \text{cm} = 36 + 1,4 \cdot 62,8 + 5 = 129\ \text{cm}.$$

Ankerwiderstand:

$$\boldsymbol{R_a} = \frac{N}{(2\,a)^2} \cdot \frac{l_a\,(1 + 0,004\,T_a)}{5700 \cdot q_a} = \frac{1218}{6^2} \times \frac{129 \times (1 + 0,16)}{5700 \times 49} = \mathbf{0,0181\,\Omega.}$$

Spannungsverlust in der Ankerwicklung:

$$J_a \cdot R_a = 924 \times 0,0181 = 16,7\ \text{Volt}.$$

Wattverlust im Ankerkupfer:

$$\boldsymbol{W_{ka}} = J_a^2\,R_a = 924 \times 16,7 = \mathbf{15\,400\ Watt.}$$

Abkühlungsfläche des Ankers:

$$A_a = \pi\,D\,l_1 = 3,14 \times 240 \times 36 = 27\,200\ \text{cm}.$$

Specifische Kühlfläche:

$$a_a = \frac{A_a}{W_{kz} + W_{hz} + W_{wz}}\,(1 + 0,1\,v),$$

$$W_{kz} = \frac{l_1}{l_a}\,W_{ka} = \frac{36}{129}\,15\,400 = 4300\ \text{Watt},$$

$$a_a = \frac{27\,200}{4300 + 1150 + 700}\,(1 + 1,25) = 10\ \text{cm}^2/\text{Watt}.$$

Temperaturerhöhung:

$$\boldsymbol{T_a} = \frac{350}{10} \cong \mathbf{35^0\ C.}$$

Kollektorverluste:

$$W_u = 2\,J_a(P_g + P_w[f_u - 1]).$$

Wir setzen $f_u = 1{,}3$ und für mittelharte Kohlen $P_g = 1{,}0$.

$$P_w = 0{,}8 \cdot P_g = 0{,}8 \text{ (s. Seite 373, Bd. I);}$$

$$\boldsymbol{W_u} = 1848\,(1 + 0{,}8 \cdot 0{,}3) \cong \mathbf{2300\ Watt.}$$

Der Spannungsverlust an den Bürsten:

$$\frac{W_u}{J_a} = \frac{2300}{924} \cong 2{,}5 \text{ Volt.}$$

Der Auflagedruck pro cm² sei $g = 0{,}14$ kg und der Reibungskoefficient $\varrho = 0{,}25$.

Dann wird der Wattverlust durch Reibung

$$\boldsymbol{W_r} = 9{,}81 \cdot v_k \cdot F_b \cdot g \cdot \varrho = 9{,}81 \times 7{,}6 \times 360 \times 0{,}14 \times 0{,}25 = \mathbf{940\ Watt.}$$

Die specifische Abkühlungsfläche des Kollektors ist

$$A_k = \frac{\pi D_k \cdot L_k}{W_u + W_r}(1 + 0{,}1\,v_k) = \frac{3{,}14 \times 145 \times 18}{2400 + 940}(1 + 0{,}76) = 4{,}32\,\frac{\text{cm}^2}{\text{Watt}},$$

$$\boldsymbol{T_k} = \frac{100 \text{ bis } 150}{a_k} = \frac{120}{4{,}32} \cong \mathbf{28^0\ C.}$$

Erregerverluste.

Wattverlust in der Hauptschlusswicklung:

$$\boldsymbol{W_H} = R_h \cdot J^2 = 0{,}00171 \times 910^2 = \mathbf{1410\ Watt.}$$

Wattverlust in der Nebenschlusswicklung:

$$W_n = R_n \cdot i_n{}^2 = 62 \times 8^2 = 3960 \text{ Watt.}$$

Die Abkühlungsfläche der Spulen berechnet sich in folgender Weise. Für die Abkühlungsfläche einer Spule gilt nach Fig. 343

$$\pi \cdot 48 \cdot 24 + \frac{\pi}{4} \cdot (48^2 - 36^2) = 3600 + 792 = 4392$$

und somit für alle Spulen

$$A_m = 12 \cdot 4392 \cong 52\,500.$$

Es wird dann die specifische Kühlfläche

$$a_m = \frac{A_m}{W_n + W_H} = \frac{52\,500}{1410 + 3960} = 9{,}8\,\frac{\text{cm}^2}{\text{Watt}}$$

und die Temperaturerhöhung

$$T_m = \frac{500}{a_m} = \frac{500}{9,8} \cong 50^0 \text{ C.}$$

Die mit dem Thermometer gemessene Temperaturerhöhung würde etwa 0,6 bis 0,7 $T_m = 30^0$ bis 35^0 C. betragen.

Die totalen Verluste im Nebenschluss sind

$$W_{nt} = E \cdot i_n = 550 \times 8 = \mathbf{4400 \text{ Watt.}}$$

Die Verluste durch Lager- und Luftreibung werden zu 1 % geschätzt, also

$$W_R \cong 5000 \text{ Watt.}$$

Die Summe aller Verluste ist

$$W_v = W_k + W_h + W_w + W_\varrho.$$

Bei Volllast ist

$$W_k = W_{ka} + W_u + W_{Ht} + W_{nt} = 15\,400 + 2300 + 1410 + 4400 = 23\,510 \text{ Watt}$$
$$W_h = W_{ha} + W_{hz} = 4500 + 1150 = 5\,650 \text{ „}$$
$$W_w = W_{wa} + W_{wz} = 2360 + 700 = 3\,060 \text{ „}$$
$$W_\varrho = W_r + W_R = 940 + 5000 = 5\,940 \text{ „}$$

Summe aller Verluste $W_v = \mathbf{38160 \text{ Watt}}$

Wirkungsgrad bei Volllast

$$\eta = \frac{\text{Leistung}}{\text{Leistung} + \text{Summe aller Verluste}},$$

$$\eta = \frac{500\,000}{500\,000 + 38\,160} = \frac{500\,000}{538\,160} = \mathbf{93\ \%}.$$

Bei Halblast bleiben die Verluste W_{nt}, W_h, W_w und W_ϱ annähernd unverändert; W_{ka} und W_{Ht} nehmen mit dem Quadrat, W_u nur etwa proportional der Stromstärke ab. Es ergiebt sich

$$W_k = \frac{15\,400}{4} + \frac{2300}{2} + \frac{1410}{4} + 4400 = 9\,750 \text{ Watt}$$
$$W_h + W_w + W_\varrho \;\ldots\ldots\ldots = 14\,650 \text{ „}$$

Summe aller Verluste $= 24\,400$ Watt.

Wirkungsgrad bei Halblast

$$\eta = \frac{250\,000}{274\,400} = \mathbf{91,4\ \%}.$$

Kontrollrechnung bezüglich der Funkenbildung. Wir denken uns die Bürsten so eingestellt, dass die Kommutation bei Leerlauf sowie auch bei Volllast unter gleich günstigen Bedingungen stattfindet.

Dies ist möglich, wenn die Bürsten in einem Feld von der Stärke

$$B_k = (\lambda_M + \lambda_q) AS$$

eingestellt werden.

Pro Nut haben wir 4 Stäbe und pro neutrale Zone

$$u_k = u\left[\frac{b_1}{\beta} + 1 - (p_w + 1)\frac{a}{p}\right]$$

$$= 2\left(\frac{2}{0,66} + 1 - \frac{3}{6}\right) = 2 \times 3,52 \cong 7,0$$

kurzgeschlossene Spulenseiten. Es ergiebt sich somit aus Tabelle VI, Seite 311 für die in Fig. 340 dargestellte Nutenform eine Leitfähigkeit

$$\lambda_M = 3,4.$$

Es ist nämlich

$$\frac{h_n}{b_n} = \frac{34}{12} \cong 3; \qquad \frac{h_k}{b_n} = \frac{7}{12} = 0,58$$

und die Anzahl der Nuten, deren Leiter pro neutrale Zone gleichzeitig kurzgeschlossen sind, ist gleich

$$\frac{u_k}{4} = \frac{7}{4} = 1,75.$$

Nehmen wir an, dass die Polspitze an der Eintrittsseite gesättigt ist, und dass die Ampèrewindungen für diese Spitze gleich

$$^1/_2\, AW_p = 0,375\, b_i\, AS$$

oder

$$AW_p = 0,75\, b_i\, AS \text{ ist,}$$

so entnehmen wir der Kurve Fig. 338b

$$\text{für } c = 0,75 \quad \text{und} \quad \alpha_i = 0,7$$

die Leitfähigkeit λ_q

$$\lambda_q = 3,05.$$

Es ist also

$$B_k = (\lambda_q + \lambda_M) AS = (3,05 + 3,4)\, 248 = 1600.$$

Bei Leerlauf und Volllast wird nun die zusätzliche EMK

$$e_M + e_q = (1 + p_w)\frac{N}{K} AS\, l_i\, v\, (\lambda_q + \lambda_M)\, 10^{-6}$$

$$= 1 \times 2 \times 248 \times 36 \times 12,5\, (3,05 + 3,4) \times 10^{-6} = 1,43 \text{ Volt.}$$

Die Leitfähigkeit der scheinbaren Selbstinduktion ergiebt sich aus Tabelle V, S. 315 zu

$$k_s \lambda_L = 3{,}44;$$

die effektive EMK der scheinbaren Selbstinduktion wird daher

$$e_s = f_u \frac{\beta}{b_r}(1 + p_w) \cdot \frac{N}{K} \cdot AS \cdot l_i \cdot v \cdot k_s \lambda_L \cdot 10^{-6}$$

$$= 1{,}3 \times \frac{0{,}66}{2{,}24} \times 1 \times 2 \times 248 \times 36 \times 12{,}5 \times 3{,}44 \times 10^{-6} = 0{,}288 \text{ Volt},$$

wobei der Formfaktor $f_u = 1{,}3$ gesetzt wurde und die reducirte Bürstenbreite

$$b_r = b_1 + \beta\left[1 - (1 - p_w)\frac{a}{p}\right] - \delta_i = 2 + 0{,}66\,(1 - 0{,}5) - 0{,}09 = 2{,}24.$$

Bei Anwendung einer mittelharten Kohlensorte, für die $P_w = 0{,}8$ gesetzt werden kann, wird

$$\boldsymbol{A} = \frac{P_w}{e_s} = \frac{0{,}8}{0{,}288} = \mathbf{2{,}78}$$

und wir erhalten nun als maximale Spannungsdifferenz zwischen der Bürstenspitze und der ablaufenden Lamelle

$$\boldsymbol{P_T''} = \frac{e_M + e_q}{1 - \frac{e_s}{P_w}} = \frac{1{,}43}{1 - \frac{0{,}288}{0{,}8}} = \mathbf{2{,}23\ Volt},$$

welcher Werth als günstig zu bezeichnen ist.

Bei $^5/_4$ Belastung ändert sich in der Kontrollrechnung bezüglich Funkenbildung allein der Wert von AS. Wir erhalten:

$$AS = 248 \times \frac{5}{4} = 310$$

$$e_M + e_q = 1{,}43 \times \frac{5}{4} = 1{,}79$$

$$e_s = 0{,}288 \times \frac{5}{4} = 0{,}36$$

$$P_T'' = \frac{1{,}79}{1 - \frac{0{,}36}{0{,}8}} = \mathbf{3{,}26\ Volt.}$$

Es darf angenommen werden, dass die Maschine bei dieser Belastung noch funkenfrei oder doch nahezu funkenfrei arbeitet, so dass zwischen Leerlauf und 5/4 Belastung keine Bürstenverstellung erforderlich ist.

Berechnung der Gewichte. 1. Kupfergewichte:

a) Ankerkupfer:

$$G_{ka} = N \cdot l_a \cdot q_a \cdot 8{,}9 = 1218 \times 12{,}9 \times 0{,}0049 \times 8{,}9 = 700 \text{ kg}$$

b) Magnetkupfer:

Gewicht der Nebenschlusswicklung:

$$w_n \cdot l_n \cdot q_n \cdot 8{,}9 = 12000 \times 13{,}0 \times 0{,}000531 \times 8{,}9 = 735 \text{ kg}$$

Gewicht der Hauptschlusswicklung:

$$w_h \cdot l_h \cdot q_h \cdot 8{,}9 = 144 \times 13{,}0 \times 0{,}0144 \times 8{,}9 = 240 \text{ kg}$$

Gesammtgewicht des Magnetkupfers:

$$G_{km} = 735 + 240 = 975 \text{ kg}$$

$$G_k = G_{ka} + G_{km} = 700 + 975 = \mathbf{1675\ kg}$$

$$\frac{G_{km}}{G_{ka}} = \frac{975}{700} = 1{,}39.$$

c) Kollektorgewicht:

$$G_{kk} = K \cdot \beta \cdot (L_k + 4 \text{ cm}) \times \text{Lamellenhöhe} \times 8{,}9 =$$

$$= 609 \times 0{,}066 \times 2{,}2 \times 0{,}35 \times 8{,}9 = 275 \text{ kg}$$

Gesammtes Kupfergewicht:

$$\Sigma(G_k) = G_{ka} + G_{km} + G_{kk} = 700 + 975 + 275 = \mathbf{1950\ kg}$$

2. Eisengewichte:

a) Gewicht des Armatureisenblechs:

$$G_{ea} = (V_a + V_z)\, 7{,}88 = (347 + 45{,}5) \times 7{,}88 = \mathbf{3100\ kg.}$$

b) Gewicht der Magnete:

Gewicht der Magnetkerne: (Stahlguss)

$$2p \cdot Q_m \times \text{Höhe der Magnetkerne} \times 7{,}86$$

$$= 12 \times 10{,}18 \times 2{,}6 \times 7{,}86 = 2480 \text{ kg.}$$

Gewicht der Polschuhe:

$$2p \cdot l_p \cdot b_m \cdot k_2 \ \text{Höhe}\ 7{,}88 =$$

$$= 12 \times 3{,}6 \times 4{,}0 \times 0{,}9 \times 0{,}25 \times 7{,}88 \cong 300 \text{ kg.}$$

Gesammtgewicht der Magnete ohne Joch:

$$G_{em} = 2480 + 300 = \mathbf{2780.}$$

c) Gewicht des Jochs (Stahlguss):

$$G_{ej} = Q_j \cdot \pi \times \text{mittlerer Jochdurchmesser} \times 7{,}86$$

$$= 5{,}94 \times 3{,}14 \times 31{,}9 \times 7{,}86 = \mathbf{4700\ kg}$$

Gesammtgewicht des Magnetsystems:

$$G_{em} + G_{ej} = 2780 + 4700 = \mathbf{7480\ kg.}$$

Berechnung der Polschuhform und der Feldkurven. Bekannt ist der ideelle Polbogen $b_i = 44$ cm. Den Abstand zwischen den äussersten Polspitzen wählen wir vorläufig 2 cm grösser, da die Spitze an der Eintrittsseite stark gesättigt wird. In Fig. 344 (bezw. 345) zeichnen wir zuerst die untere Begrenzungslinie des Polschuhes auf.

Die Abschrägung der Polspitze an der Eintrittsseite ist so gewählt, dass die Kommutirungszone ausserhalb des äussersten Theiles der Spitze fällt. Die Kraftröhrenlänge in der Kommutirungszone ist nach Gl. 90 S. 317

$$\delta_k = \frac{AW_l + AW_z - AW_p}{1{,}6\, B_k} \cdot \frac{b_k}{a_k}$$

Es ist nach früherem:

$$B_k = (\lambda_M + \lambda_q)\, AS = (3{,}05 + 3{,}4)\, 248 = 1600$$

$$AW_l = 10000;\quad AW_z = 2800$$

AW_p haben wir zu: $0{,}75\, b_i\, AS = 0{,}75 \times 44 \times 248 = 8200$ angenommen, und da $\frac{b_k}{a_k} \cong 0{,}95$ ist, wird:

$$\delta_k = \frac{10000 + 2800 - 8200}{1{,}6 \cdot 1600} \times 0{,}95 = 1{,}71 \text{ cm.}$$

Für die in dieser Weise gefundene Bürstenstellung ergiebt sich nun für $\varrho = 0$:

$$\lambda_q = 0{,}625 \left(\frac{b_x - \frac{AW_p}{2\, AS}}{\delta_k} + \frac{\tau - b_x}{\overline{bf}} \right) =$$

$$= 0{,}625 \left(\frac{23{,}7 - \frac{8200}{2 \cdot 248}}{1{,}71} + \frac{62{,}8 - 23{,}7}{32} \right) = 3{,}3.$$

Diese Leitfähigkeit weicht wenig von dem angenommenen Werth ab, sodass wir mit dieser Bürstenstellung weiter rechnen können. Der untere Theil der Polspitze ist somit bekannt, und es ist jetzt die Stärke derselben festzulegen. Auf die von der Polspitze ausgehenden Kraftröhren wirken die Ampèrewindungen

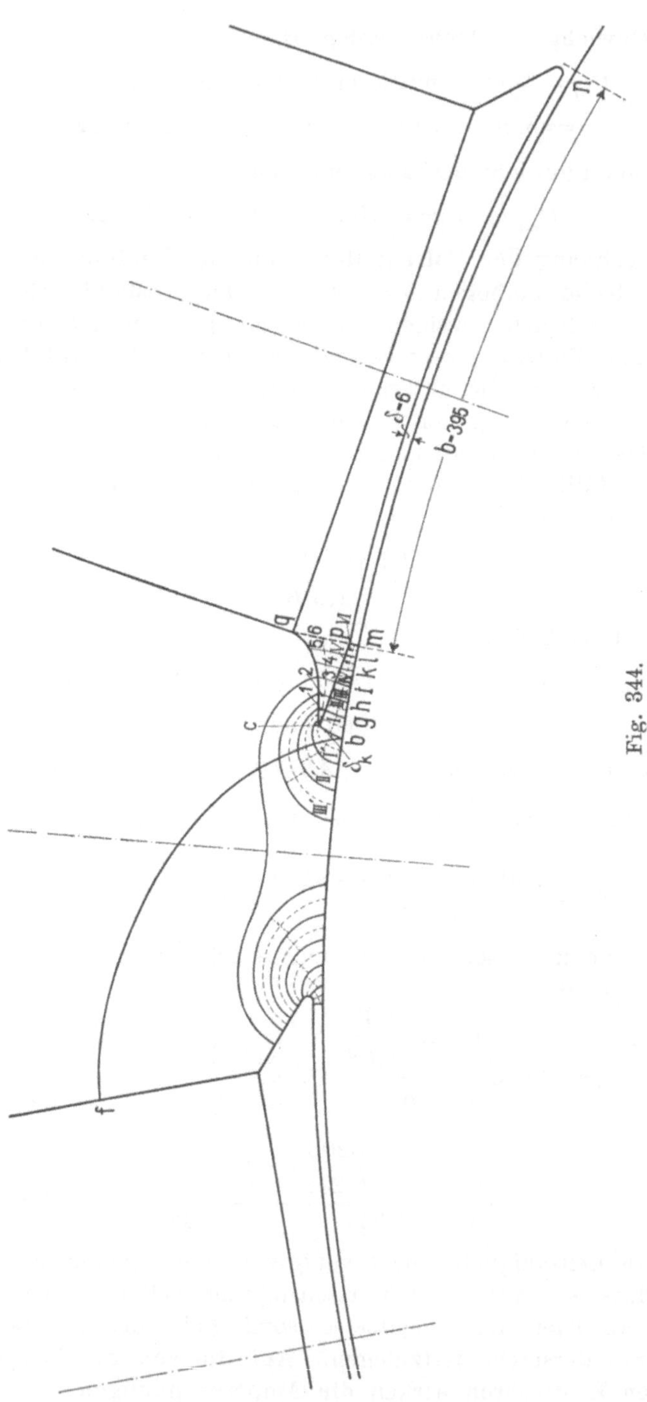

Fig. 344.

$$\frac{1}{2}(AW_l + AW_z - AW_p) = 2300$$

und da die Leitfähigkeit dieser Röhren I', II', III' pro cm Länge des Ankers sich zu 1,245 ergiebt, so erhalten wir einen Kraftfluss

$$\Phi_p = 1{,}245 \times 2300 = 2860,$$

der von der Polspitze austritt.

Wir machen nun die weitere Annahme, dass die Ampèrewindungen $^1/_2\, AW_p$ sich gleichmässig über die 5,5 cm lange Polspitze vertheilen. Man erhält somit eine Ampèrewindungszahl $aw_p = \frac{4100}{5{,}5} = 745$ pro cm Länge der Polspitze; hierdurch ist die MMK., die auf jede zwischen der Polspitze und Armaturfläche verlaufende Röhre wirkt, bekannt. Diese MMKe der einzelnen Röhren sind (vergl. Fig. 345):

$$AW_I = \frac{1}{2}(AW_l + AW_z - AW_p) + \frac{1}{2}\, aw_p = 2300 + 372 = 2672$$

$$AW_{II} = AW_I + aw_p = 2672 + 745 = 3417$$

$$AW_{III} = AW_{II} + aw_p = 3417 + 745 = 4162$$

$$AW_{IV} = AW_{III} + aw_p = 4162 + 745 = 4907$$

$$AW_V = AW_{IV} + aw_p = 4907 + 745 = 5652$$

$$AW_{VI} = AW_V + aw_p = 5652 + 745 = 6397$$

und da die Leitfähigkeiten der Röhren I, II, III gleich

$$\lambda_I = 0{,}94; \quad \lambda_{II} = 0{,}93; \quad \lambda_{III} = 1{,}04$$

sind, so ergeben sich die Kraftflüsse dieser Röhren zu:

$$\Phi_I = AW_I \cdot \lambda_I = 2672 \times 0{,}94 = 2510$$

$$\Phi_{II} = AW_{II} \cdot \lambda_{II} = 3417 \times 0{,}93 = 3180$$

$$\Phi_{III} = AW_{III} \cdot \lambda_{III} = 4162 \times 1{,}04 = 4350.$$

Die Kraftflüsse der Röhren IV, V, VI würden, in gleicher Weise ermittelt, zu grosse Werthe ergeben, weil hierbei der Einfluss der Aenderung von AW_z unberücksichtigt bliebe.

Um sie zu bestimmen, berechnen wir zuerst die Uebertrittscharakteristik Fig. 346, nach der auf Seite 248, Bd. I beschriebenen Art, indem wir die angenommenen Induktionen B_l als Ordinaten und die dazu berechneten Ampèrewindungen (Tabelle IX S. 333)

$$\frac{1}{2}(AW_l + AW_z) = 0{,}8\, B_l \cdot \delta \cdot k_1 + \frac{1}{2} AW_z$$

als Abscissen auftragen. Vom Punkt O aus werden für andere Luftwege δ_x Strahlen gezogen, deren Abstände von der Ordinatenaxe gemessen

$$0{,}8\, B_l (\delta \cdot k_1 - \delta_x \cdot k_{1x})$$

sind. —

Tragen wir nun die Ampèrewindungen AW_{IV}, AW_V und AW_{VI} als Abscissen zwischen die Uebertrittscharakteristik und der zugehörigen Strahlen δ_x ein, wie in Fig. 346 gezeigt ist, so ergeben die

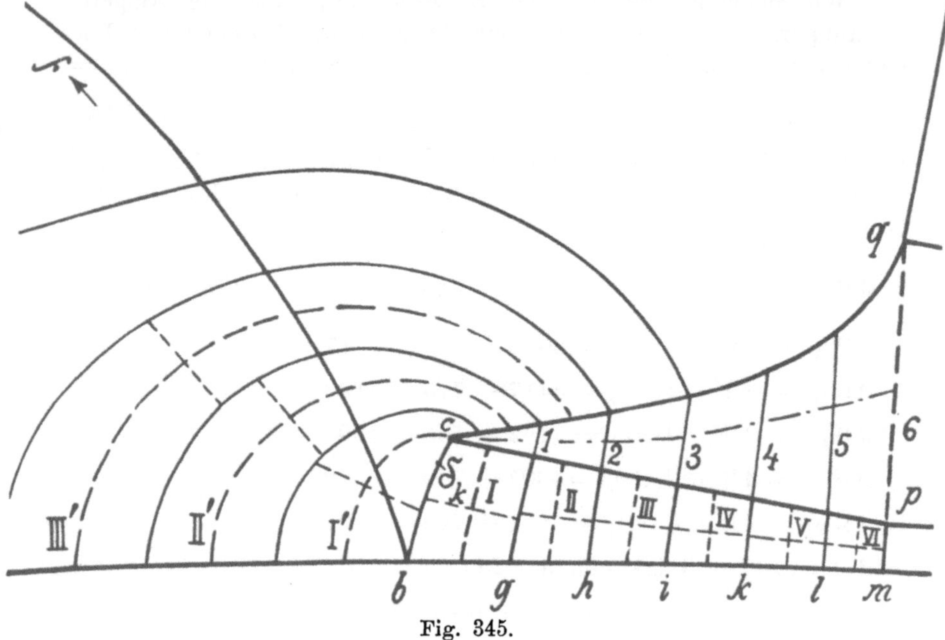

Fig. 345.

abgeschnittenen Ordinaten die Induktionen

$$B_{IV} = 5400 \quad B_V = 7000 \quad B_{VI} = 8350.$$

Multipliciren wir diese Induktionen mit den zugehörigen Querschnitten der Kraftröhren, so erhalten wir die Kraftflüsse pro 1 cm Ankerlänge

$$\Phi_{IV} = B_{IV} \cdot \overline{ik} = 5400 \cdot 1 \quad = 5400$$

$$\Phi_V = B_V \cdot \overline{kl} = 7000 \cdot 1 \quad = 7000$$

$$\Phi_{VI} = B_{VI} \cdot \overline{lm} = 8350 \cdot 0{,}8 = 6650$$

Durch die verschiedenen Querschnitte 1, 2, 3 u. s. w. der Polspitze gehen also die Kraftflüsse:

$$\Phi_1 = \Phi_p + \Phi_I = 2860 + 2510 = 5370$$

$$\Phi_2 = \Phi_1 + \Phi_{II} = 5370 + 3180 = 8550$$

$$\Phi_3 = \Phi_2 + \Phi_{III} = 8550 + 4350 = 12900$$
$$\Phi_4 = \Phi_3 + \Phi_{IV} = 12900 + 5400 = 18300$$
$$\Phi_5 = \Phi_4 + \Phi_V = 18300 + 7000 = 25300$$
$$\Phi_6 = \Phi_5 + \Phi_{VI} = 25300 + 6650 = 31950.$$

Aus der Magnetisirungskurve $aw = f(B_w)$ Seite 224, Bd. I entnimmt man die der MMK $aw_p = 745$ entsprechende Induktion $B_p = 22300$ und

$$Q_1 = \frac{\Phi_1}{B_p} = \frac{5370}{22300} = 0{,}24 \text{ cm}^2$$

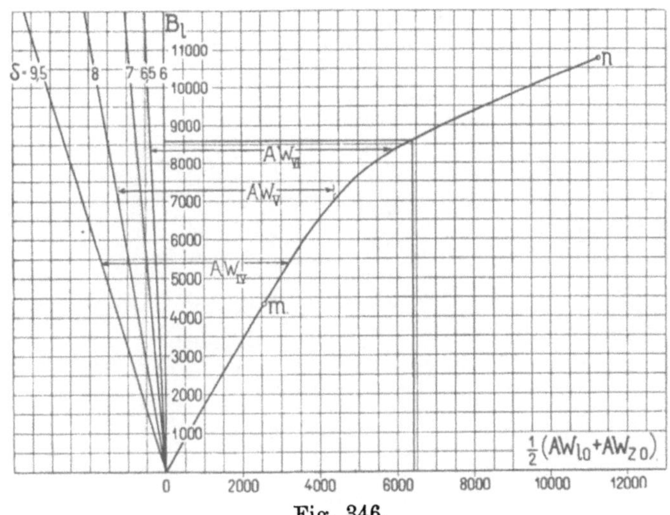

Fig. 346.

$$Q_2 = \frac{\Phi_2}{B_p} = \frac{8550}{22300} = 0{,}38 \text{ „}$$
$$Q_3 = \frac{\Phi_3}{B_p} = \frac{12900}{22300} = 0{,}58 \text{ „}$$
$$Q_4 = \frac{\Phi_4}{B_p} = \frac{18300}{22300} = 0{,}82 \text{ „}$$
$$Q_5 = \frac{\Phi_5}{B_p} = \frac{25300}{22300} = 1{,}14 \text{ „}$$
$$Q_6 = \frac{\Phi_6}{B_p} = \frac{31950}{22300} = 1{,}45 \text{ „}$$

geben uns die Querschnitte der Polspitze an den verschiedenen Stellen pro 1 cm Ankerlänge. Mit diesen Querschnitten als Anhaltspunkten wird nun die obere Begrenzungslinie der Polspitze eingezeichnet (siehe auch Fig. 345, in der die Polspitze besonders in natürlicher Grösse dargestellt ist); hierbei ist zu berücksichtigen, dass die Hälfte der Bleche nach pq abgeschnitten wird. Durch diese Spitze tritt in den Anker der Kraftfluss

$$\Phi_{6e} = l_i \, \Phi_6 = 36 \times 31950 = 1,15 \times 10^6$$

ein. Ist Φ der totale Kraftfluss pro Pol bei Leerlauf, so ergiebt sich der Kraftfluss

$$\Phi_{bo} = \Phi - \Phi_{6e} = (13,6 - 1,15) \times 10^6 = 12,45 \times 10^6,$$

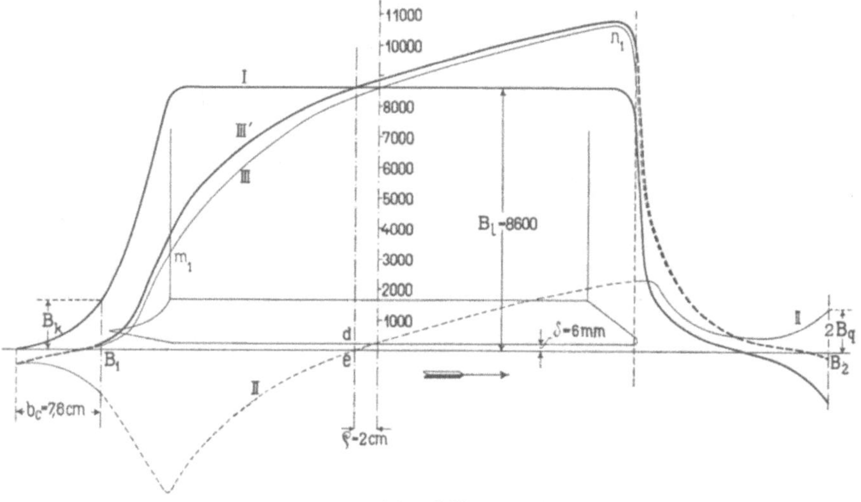

Fig. 347.

der durch die Fläche $b \cdot l_i$ in den Anker eintritt. Der koncentrische Theil des Polbogens wird also:

$$b = \frac{\Phi_{bo}}{B_l \cdot l_i} = \frac{12,45 \times 10^6}{8600 \times 36} = 40 \text{ cm.}$$

Nachdem der Polschuh vollständig bekannt ist, kann jetzt die Feldkurve bei Leerlauf (Kurve I, Fig. 347) aufgezeichnet werden. Unter dem koncentrischen Theil der Feldkurve hat die Feldstärke den konstanten Werth $B_{lo} = 8600$. An der Eintrittsseite sind die Kraftflüsse Φ_I, Φ_{II}, Φ_{III} der einzelnen Röhren bekannt, woraus sich die Feldstärken

$$B_I = \frac{\Phi_I}{bg} = \frac{2510}{1,3} = 1930$$

$$B_{II} = \frac{\Phi_{II}}{\overline{gh}} = \frac{3180}{1} = 3180$$

$$B_{III} = \frac{\Phi_{III}}{\overline{hi}} = \frac{4350}{1} = 4380$$

unter der Polspitze ergeben, während die Feldstärken B_{IV}, B_V, B_{VI} bereits früher gefunden wurden (Seite 348).

An der Austrittsseite werden die Feldstärken in gewöhnlicher Weise (s. Seite 211, Bd. I) durch Aufzeichnen der Kraftröhren ermittelt.

Um die Feldkurve bei Belastung zu bestimmen, nehmen wir vorläufig an, dass die neutrale Zone d—e des Zusatzfeldes mit der Polschuhmitte zusammenfällt. Ferner berechnet man die Uebertrittscharakteristik für den koncentrischen Theil des Polschuhs. Die Polspitze an der Eintrittsseite ist bei Belastung so stark geschwächt, dass die Sättigung derselben vernachlässigt werden kann, da $\frac{1}{2} AW_p = 0{,}375\ b_i AS < 0{,}5\ b_i AS$ ist.

Die magnetische Potentialdifferenz zwischen einem Punkte des Polschuhs und dem gegenüberliegenden Punkte des Zahnfusses ist bei Leerlauf gleich $\frac{1}{2}(AW_{lo} + AW_{zo})$ und bei Belastung gleich $\frac{1}{2}(AW_{lo} + AW_{zo}) + b_x \cdot AS = 6400 + b_x \cdot 248$, wo b_x von der neutralen Zone d—e nach der Austrittsseite hin positiv und nach der Eintrittsseite hin negativ gerechnet wird. Trägt man nun in die Uebertrittscharakteristik Fig. 346 die an irgend einem Orte herrschende magnetische Potentialdifferenz bezw. Ampèrewindungszahl ein, so giebt uns die zugehörige Ordinate die in diesem Punkte auftretende Feldstärke. Der unter dem koncentrischen Theil des Polschuhs gelegene Theil $m_1 n_1$ der Feldkurve III entspricht somit dem Theil mn der Uebertrittscharakteristik.

Zur Ermittlung der Feldstärke im Raume zwischen den Polen wird zuerst das Zusatzfeld (angenähert das Ankerfeld) aufgezeichnet. Die Feldstärke dieses Zusatzfeldes berechnet sich wie folgt:

$$2 B_q = Bq_1 + Bq_2 = \frac{b_x \cdot AS - \frac{1}{2} AW_p}{0{,}8\,\overline{bc}} + \frac{(\tau - b_x) AS}{0{,}8 \cdot \overline{bf}} =$$

$$= 1{,}25\, AS \left(\frac{eB_1 - B_1 b - 0{,}375\, b_i}{\overline{bc}} + \frac{\overline{hb}}{\overline{bf}} \right),$$

indem man bei konstanter Bürstenstellung verschiedene Lagen des Punktes b in Fig. 344 annimmt.

In dieser Weise bestimmen wir denjenigen Theil der Feldkurve II des Ankerfeldes, der zwischen den Polen liegt; derselbe ist in der Figur voll ausgezogen. Die Ordinaten der Kurve II addiren wir zu denen der Kurve I und erhalten die Feldkurve zwischen den Polen bei Belastung; diese ist in der Figur punktirt angedeutet.

Die Feldkurve (III) bei Belastung wurde bis jetzt unter der Annahme konstruirt, dass die neutrale Zone des Zusatzfeldes unter der Mitte des Poles liegt. Diese Annahme ist jedoch nicht ganz richtig, da der Flächeninhalt der Feldkurve III zwischen den Bürsten B_1 und B_2 nicht genau gleich $\frac{\Phi_b}{l_i} = \frac{14,1 \times 10^6}{36} = 392 \times 10^3$ ist. Wir verschieben daher die neutrale Zone d—e nach links und erhalten nach einigem Probiren bei einer Verschiebung um $\varrho = 2$ cm die in Fig. 347 eingezeichnete richtige Feldkurve bei Belastung III′. Für die angenommene Bürstenstellung ergiebt sich eine Leitfähigkeit

$$\lambda_q = \frac{2\,B_q}{2\,AS} = \frac{1400}{2 \times 248} = 2{,}88,$$

welche fast mit dem angenommenen Werth $\lambda_q = 3{,}05$ übereinstimmt.

Die Ampèrewindungen bei Belastung sind nach dieser Feldkurve gleich

$$\begin{aligned} AW_k &= AW_{ko} + AW_{mb} - AW_{mo} + AW_{jb} - AW_{jo} + 2\,(b_c + \varrho)\,AS \\ &= 16\,390 + (2420 - 1800) + (1440 - 1140) + 2\,(7{,}6 + 2)\cdot 248 \\ &= 16\,390 + 620 + 300 + 4750 = 22\,060. \end{aligned}$$

Dieser Werth weicht von dem früher berechneten Werth $AW_k = 21\,085$ (S. 335) ab[1]), sodass nun die Compoundwicklung nochmals geprüft werden muss.

Die Ampèrewindungszahl pro Pol beträgt jetzt:

$$\frac{AW_h}{2p} = \frac{6}{12}\,(22\,060 - 16\,390) = \frac{6}{12}\,5670 = 2835.$$

[1]) Die Differenz zwischen den Werthen von AW_k rührt daher, dass bei der ersten Berechnung AW_r zu klein eingeführt wurde. Wir berücksichtigen bei den in Tabelle XIII S. 388 zusammengestellten Maschinen die durch die genaue Berechnung sich ergebende Erhöhung dadurch, dass wir für

$$AW_r = 0{,}75\cdot(\tau - b_i)\,AS - w\cdot i_a\left(\frac{y_1 - y_2}{2}\right)$$

setzen.

Es sind somit pro Pol für die Compoundwicklung $\frac{2835 \cdot 4}{910} \simeq 12{,}5$ Windungen erforderlich. Es wird sich jedoch bei der Ausführung empfehlen, die Windungen auf 13,5, also $w_h = 12 \cdot 13{,}5 = 162$, zu erhöhen. Die eventuelle Uebercompoundirung der Maschine kann alsdann nachträglich durch eine Nebenschliessung ausgeglichen werden.

Wegen des beschränkten Wicklungsraumes ändern wir nun die Querschnittsdimensionen auf $5{,}4 \times 2{,}7$ mm ab und erhalten:

$$q_h = 146 \text{ mm}^2,$$

$$s_h = \frac{910}{4 \cdot 146} = 1{,}56 \frac{\text{Amp.}}{\text{mm}^2}.$$

In Fig. 343, Seite 337 sind die richtigen Abmessungen der Hauptschlusswicklung eingezeichnet.

Infolge der Erhöhung der Compoundwindungen verändert sich auch das Kupfergewicht der letzteren, welches jetzt:

$$w_h \cdot l_h \cdot q_h \cdot 8{,}9 = 162 \cdot 13 \cdot 0{,}0146 \cdot 8{,}9 = 275 \text{ kg}$$

beträgt.

Es wird alsdann (vergl. S. 344):

$$G_{km} = 735 + 275 = 1010 \text{ kg}$$

$$G_k = G_{ka} + G_{km} = 700 + 1010 = 1710 \text{ kg}$$

$$\Sigma(G_k) = G_{ka} + G_{km} + G_{kk} = 700 + 1010 + 275 = 1985 \text{ kg}$$

$$\frac{G_{km}}{G_{ka}} = \frac{1010}{700} = 1{,}44.$$

Auf Grund der vorgenommenen Aenderungen ergeben sich ferner folgende korrigirte Werthe:

$$R_H = \frac{1}{4} \frac{1{,}2 \cdot 130 \cdot \frac{162}{4}}{5700 \cdot 146} = 0{,}0019 \,\Omega$$

$$W_H = 910^2 \cdot 0{,}0019 = 1570 \text{ Watt}$$

$$a_m = \frac{52500}{1570 + 3960} = 9{,}5 \frac{\text{cm}^2}{\text{Watt}}$$

$$T_m = \frac{500}{9{,}5} = 52{,}5^0 \text{ C.}$$

$$W_v = 38320 \text{ Watt}$$

$$\eta = \frac{500000}{538320} = 93\,^0/_0.$$

72. Berechnung eines 100 KW-Nebenschlussgenerators.

Es ist eine 100 KW-Nebenschlussdynamo bei 250 Umdrehungen pro Minute und 120 Volt Klemmenspannung zu entwerfen, die für Beleuchtungszwecke bestimmt ist. Es wird ein funkenfreier Betrieb von Leerlauf bis $^5/_4$ Belastung (125 KW) gefordert und die Wicklung ist mit Aequipotentialverbindungen zu versehen. Der Spannungsabfall zwischen Leerlauf und Vollbelastung soll 18 % nicht übersteigen.

Unter vorläufiger Annahme der Werthe:

$$\alpha_i = 0{,}7$$

$$B_l = 9000$$

$$AS = 210$$

finden wir

$$\frac{D^2 \cdot l_i n}{KW} = \frac{6 \cdot 10^{11}}{\alpha_i B_l \cdot AS} = \frac{6 \cdot 10^{11}}{0{,}7 \cdot 9000 \cdot 210} = 45{,}0 \cdot 10^4$$

und

$$D^2 l_i = \frac{45{,}0 \cdot 10^4 \cdot 100}{250} = 18 \cdot 10^4 .$$

Indem wir mit Rücksicht auf einen günstigen Querschnitt des Magnetkerns

$$l_i = 0{,}9\, b_i = 0{,}9 \cdot \alpha_i \frac{\pi D}{2p}$$

wählen, wird:

$$D^2 \cdot l_i = 0{,}9 \cdot 0{,}7 \cdot \frac{\pi}{2p} \cdot D^3 .$$

Wir setzen von vornherein eine 6 polige Anordnung der Maschine mit 6 Ankerstromzweigen fest. Es ist also:

$$p = 3; \quad a = 3$$

und

$$D^2 \cdot l_i = 0{,}9 \cdot 0{,}7 \cdot \frac{\pi}{6} \cdot D^3 = 0{,}33\, D^3 = 18{,}0 \cdot 10^4,$$

woraus:

$$D = \sqrt[3]{\frac{18{,}0 \cdot 10^4}{0{,}33}} = 81{,}7 \text{ cm folgt.}$$

Wir nehmen: $\boldsymbol{D = 82}$ **cm** an, während

$$l_i = 0{,}9 \cdot \frac{\pi D}{2p} = 0{,}33 \cdot 82 = \mathbf{27\ cm}$$

wird.

Es ist alsdann:

$$\frac{D^2 l_i n}{KW} = 45 \cdot 10^4,$$

$$\boldsymbol{v} = \frac{\pi D \cdot n}{60} = \frac{3{,}14 \cdot 82 \cdot 250}{60} = \mathbf{10{,}7\ m/sek}$$

$$\tau = \frac{\pi D}{2p} = \frac{3{,}14 \cdot 82}{6} = 43 \text{ cm}$$

$$\boldsymbol{b_i} = 0{,}7 \cdot \tau = 0{,}7 \cdot 43 = \mathbf{30\ cm.}$$

Wir schätzen den Erregerstrom im Nebenschluss vorläufig zu 2 % des Belastungsstromes (siehe Fig. 332 S. 285). Es wird also:

$$i_n = 0{,}02 \times 834 \cong 16 \text{ Amp.}$$

und

$$\boldsymbol{i_a} = \frac{J + i_n}{2a} = \frac{834 + 16}{6} = \mathbf{141{,}5\ Amp.}$$

Für die Stabzahl erhält man:

$$N = \frac{\pi \cdot D \cdot AS}{i_a} = \frac{\pi \cdot 82 \cdot 210}{141{,}5} = 382.$$

Indem in jeder Nut $u_n = 6$ Stäbe untergebracht werden, berechnet sich nach der Wicklungsformel für Reihenparallelschaltung die richtige Stabzahl zu:

$$\boldsymbol{N} = \mathbf{390.}$$

Es ist nun:

$$\boldsymbol{AS} = \frac{N \cdot i_a}{\pi D} = \frac{390 \cdot 141{,}5}{3{,}14 \cdot 82} = \mathbf{214}$$

$$y = y_1 + y_2 = \frac{s \pm 2a}{p} = \frac{390 + 6}{3} = 132$$

$$y_2 = x \cdot u_n + 1 = 11 \cdot 6 + 1 = 67$$

also: $\boldsymbol{y_1} = \mathbf{65;}$ $\quad \boldsymbol{y_2} = \mathbf{67.}$

Die Kollektorlamellenzahl wird gleich

$$\boldsymbol{K} = \frac{s}{2} = \frac{390}{2} = \mathbf{195}$$

gesetzt und es ist:

$$\frac{K}{a} = \frac{195}{3} = 65$$

eine ganze Zahl.

$$\boldsymbol{y_k} = \frac{K \pm a}{p} = \frac{195 + 3}{3} = \mathbf{66}$$

und K sind durch 3 theilbar, die Wicklung ist somit dreifach geschlossen.

Um den Luftzwischenraum δ klein zu machen und hierdurch an Erregerkupfer zu sparen, wird die Maschine mit Aequipotentialverbindungen versehen. Da $\frac{p}{a} = 1$ ist, so können die einzelnen Potentialschritte gleich gesetzt werden und es wird:

$$y_{p1} = y_{p2} = y_{p3} = x \cdot y_k \mp 1 = 1 \times 66 - 1 = 65.$$

Es wird nur jede fünfte Lamelle an eine Aequipotentialverbindung angeschlossen, wodurch sich die Anzahl dieser Lamellen zu 39 (vergl. Tabelle X) ergiebt.

Der Querschnitt einer Aequipotentialverbindung sei gleich: $q_s \cong 10$ mm².

Tabelle X.

Tabelle der Aequipotentialverbindungen.

1	66	131	1	166	36	101	166
136	6	71	136	106	171	41	106
76	141	11	76	46	111	176	46
16	81	146	16	181	51	116	181
151	21	86	151	121	186	56	121
91	156	26	91	61	126	191	61
31	96	161	31				

Indem die Stromdichte s_a zu 3,3 Amp/mm² angenommen wird, ergiebt sich der Querschnitt eines Ankerleiters zu:

$$q_a = \frac{i_a}{s_a} = \frac{141,5}{3,3} = 43 \text{ mm}^2$$

Die Nutenzahl ist:

$$Z = \frac{390}{6} = 65.$$

Um bei dem kleinen Luftraume die Wirbelströme in den Armaturleitern zu vermindern, wird man dieselben in keilverschlossenen Nuten einbetten.

Die Zahntheilung am Kopf ist:

$$t_1 = \frac{\pi D}{Z} = \frac{3,14 \cdot 82}{65} = 39,6 \text{ mm}.$$

Es werde vorderhand $B_{i\,max} = 19\,500$ angenommen; bei den 0,5 mm dicken Eisenblechen wird die Isolation ca. 10 %, also $k_2 = 0,9$, betragen.

Es wird:

$$z_2 \cong \frac{t_1 B_l}{k_2 B_{i\,max}} = \frac{39{,}6 \cdot 9000}{0{,}9 \cdot 19\,500} \cong 20 \text{ mm.}$$

Wir nehmen die Nutentiefe vorläufig zu 3,5 cm an und erhalten für die Zahndicke am Fuss:

$$t_2 = \frac{\pi(82 - 7)}{65} = 36{,}2 \text{ mm}$$

und für die Nutenweite:

$$t_2 - z_2 = 36{,}2 - 20 \cong 16{,}0 \text{ mm}.$$

Für Isolation und Spielraum brauchen wir ca. 4,6 mm; es bleiben somit für die gesammte Kupferbreite:

$$16 - 4{,}6 = 11{,}4 \text{ mm übrig.}$$

Wir wählen die Breite des Stabes zu 3,6 mm und seine Höhe zu 12 mm, also:

$$q_a = 3{,}6 \times 12 = \mathbf{43{,}2\ mm^2}$$

und

$$s_a = \frac{141{,}5}{43{,}2} = 3{,}28 \text{ Amp/mm}^2.$$

Die Nutendimensionen ergeben sich nunmehr, wie die Fig. 348 zeigt:

Nutenweite:

$$b_n = 2 \cdot 0{,}5 + 3 \cdot 0{,}8 + 2 \cdot 0{,}3 + 2 \cdot 0{,}2 + 2 \cdot 0{,}1 + 3 \cdot 3{,}6 = \mathbf{15{,}4\ mm.}$$

Nutenhöhe:

$$h_n + h_k = 0{,}3 + 0{,}5 + 2 \cdot 0{,}8 + 2 \cdot 1{,}0 + 0{,}2 + 2 \cdot 12 + 8 = \mathbf{36\ mm.}$$

(d. h. Nutenhöhe = 12 mm + Kupferhöhe).

Nutenfüllfaktor:

$$f_n = \frac{6 \cdot 43{,}2}{15{,}4 \cdot 36} = 0{,}47.$$

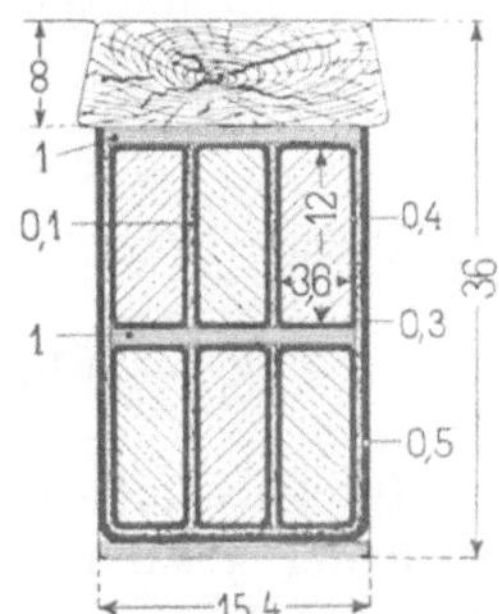

Fig. 348.

Die Zahnstärken sind:

$$z_1 = 39{,}6 - 15{,}4 = 24{,}2 \text{ mm}$$

$$z_2 = 36{,}2 - 15{,}4 = 20{,}8 \quad „$$

$$z_m = \frac{z_1 + z_2}{2} = 22{,}5 \quad „$$

Magnetsystem: Wenn man im Anker und am Kollektor einen Spannungsabfall von ca. 4% zulässt, so ergiebt sich $E_a = 125$ Volt und der Kraftfluss bei Belastung wird gleich

$$\Phi_b = \frac{E_a \cdot 60 \cdot 10^8 \cdot a}{N \cdot n \cdot p} = \frac{125 \cdot 60 \cdot 10^8 \cdot 3}{390 \cdot 250 \cdot 3} = 7{,}7 \cdot 10^6.$$

Den Streuungskoefficienten wählen wir vorerst zu

$\sigma \cdot \sigma_a = 1{,}12 \cdot 1{,}03 = 1{,}15$, und erhalten einen Kraftfluss

$$\Phi_m = \sigma \cdot \sigma_a \cdot \Phi_b = 1{,}15 \cdot 7{,}7 \cdot 10^6 = 8{,}85 \cdot 10^6$$

im Magnetkern.

Wir wenden runde Pole aus Stahlguss an und wählen $B_m = 17000$, wodurch der Querschnitt der Magnetkerne gleich

$$Q_m = \frac{8{,}85 \cdot 10^6}{17000} = 520 \text{ cm}^2 \text{ wird.}$$

$$\boldsymbol{D_m} \doteq 2\sqrt{\frac{Q_m}{\pi}} = 2\sqrt{\frac{520}{3{,}14}} \cong \mathbf{25{,}5\ cm}$$

und:

$$\boldsymbol{Q_m} = \mathbf{510\ cm^2}$$

$$\boldsymbol{B_m} = \frac{8{,}85 \cdot 10^6}{510} = \mathbf{17300.}$$

Luftspalt und Polschuh. Es ist:

$$\delta \cong \frac{(1{,}2 \text{ bis } 2)\, b_i\, AS - AW_z}{1{,}6\, k_1\, B_l}.$$

Für $AW_z \cong L_z \cdot aw_z = 7{,}2 \times 400 = 2880$ und $k_1 = 1{,}3$ wird dann:

$$\delta = \frac{1{,}3 \cdot 30 \cdot 214 - 2880}{1{,}6 \cdot 1{,}3 \cdot 9000} = 0{,}290 \cong 0{,}3 \text{ cm}$$

oder

$$\boldsymbol{\delta} = \mathbf{3\ mm.}$$

Der genaue Werth von k_1 ist:

$$k_1 = \frac{t_1}{z_1 + X \cdot \delta} = \frac{39{,}6}{24{,}2 + 2{,}29 \cdot 3} = 1{,}27.$$

Ferner ist:

$$(k_1 - 1)\, B_l \cdot \frac{Z}{10^5} \cdot \frac{n}{60} = 0{,}27 \cdot 9000 \frac{65}{10^5} \cdot \frac{250}{60} = 6{,}6.$$

Die Polschuhe werden somit lamellirt, und zwar soll ihre Länge gleich der gesammten Ankerlänge l_1 gesetzt werden, die sich wie folgt berechnet:

Die Ankerlänge ist gleich:

$$l = l_i - \left(n X' + \frac{4{,}6}{\pi} \log\left[\frac{\pi r_2 + \delta}{\delta}\right]\right) \delta,$$

wobei: $r_2 = 2{,}5$ cm, $n = 3$ Luftschlitze à 1 cm und

$$X' = 1{,}85 \qquad \left(\nu' = \frac{l_1 - l}{\delta \cdot n} = \frac{3}{0{,}3 \cdot 3} = 3{,}34\right) \text{ ist.}$$

Es wird alsdann:

$$\boldsymbol{l} = 27 - \left(3 \cdot 1{,}85 + 1{,}465 \cdot 1{,}43\right) 0{,}3 = 27 - 2{,}3 \cong \mathbf{24{,}5\ cm}$$

und

$$l_1 = l + n \cdot 1 = 24{,}5 + 3 = 27{,}5 \text{ cm}.$$

Es wird also:

$$\boldsymbol{l_p = l_1 = 27{,}5\ \mathrm{cm}.}$$

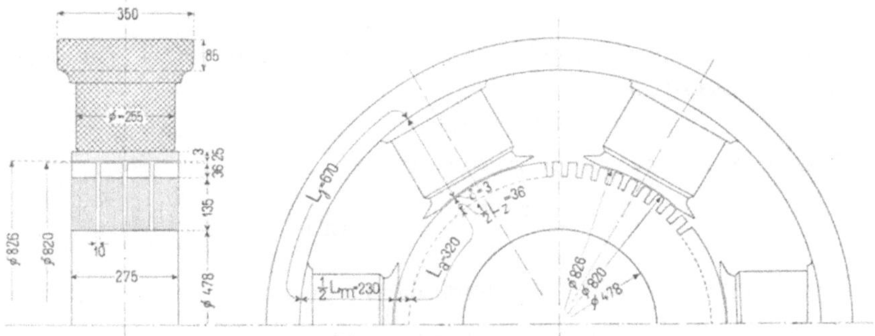

Fig. 349.

Die Polschuhform ist in Fig. 349 eingezeichnet. Die beiden Polspitzen des Polschuhes sind stark gesättigt und symmetrisch angenommen.

Joch: Das Material sei Stahlguss; bei Annahme einer Induktion $B_j = 15\,000$ folgt der Querschnitt

$$Q_j = \frac{\Phi_m}{2\,B_j} = \frac{8{,}85 \cdot 10^6}{2 \cdot 15\,000} = 295 \text{ cm}^2.$$

Wir wählen die Länge des Joches in der Axenrichtung zu 35 cm und die radiale Höhe desselben zu 8,5 cm. Es wird also:

$$\boldsymbol{Q_j = 297\ \mathrm{cm}^2.}$$

Kollektor: (Material Hartkupfer). Wir erhielten 195 Lamellen. Es werde mit Rücksicht auf die Stromstärke i_a pro Ankerstromzweig die Breite einer Kollektorlamelle zu $\beta = 0{,}7$ cm und die Dicke der Mikaisolation mit Rücksicht auf die Spannung zu $\delta_i = 0{,}7$ mm angenommen. Der Kollektordurchmesser wird demnach gleich

$$D_k = \frac{195 \cdot 0{,}77}{3{,}14} = \mathbf{48\ cm},$$

dem eine Umfangsgeschwindigkeit

$$v_k = \frac{\pi D_k \cdot n}{60} = \frac{3{,}14 \cdot 48 \cdot 250}{60} = 6{,}3 \text{ m/sek.}$$

entspricht.

Die max. Spannung zwischen zwei Lamellen beträgt:

$$E_{dk} = \frac{3\, r \cdot a \cdot E}{K} = \frac{3 \cdot 1 \cdot 3 \cdot 120}{195} = \mathbf{5{,}5\ Volt},$$

wobei

$$r = \frac{p}{a} = 1 \text{ ist.}$$

Bürsten: Wir verwenden Kohlenbürsten und setzen die Anzahl der Bürstenstifte:

$$p_1 = 2\,p = 6.$$

Die Stromstärke pro Stift wird gleich

$$\frac{2 \cdot J_a}{p_1} = \frac{2 \cdot 850}{6} = 283 \text{ Amp.}$$

Wir wählen folgende Bürstenabmessungen

Breite: $b_1 = 2$ **cm**
Länge: $= 3{,}6$ „

und erhalten demnach eine Auflagefläche von $2 \times 3{,}6 = 7{,}2$ cm² und eine Büstendeckung von

$$\frac{b_1}{\beta + \delta_i} = \frac{2}{0{,}77} = 2{,}6.$$

Ist die zulässige Stromdichte gleich 6,5 Amp/cm², so beträgt die Bürstenzahl pro Stift

$$\frac{283}{7{,}2 \cdot 6{,}5} \cong 6 \text{ Bürsten.}$$

und die Stromdichte

$$s_b = \frac{283}{7{,}2 \cdot 6} = 6{,}55 \frac{\text{Amp}}{\text{cm}^2}.$$

Die gesammte Auflagefläche aller Bürsten ist:

$$F_b = 7{,}2 \cdot 6 \cdot 6 = 259 \text{ cm}^2.$$

Die Länge der 5 Bürsten ist $6 \times 3{,}6 = 21{,}6$ cm, weshalb wir die Länge L_k des Kollektors zu 26 cm wählen.

Berechnung der Erregung bei Leerlauf. Der Kraftfluss bei Leerlauf beträgt:

$$\Phi = \frac{E \cdot 60 \cdot 10^8 \cdot a}{N \cdot n \cdot p} = \frac{120 \cdot 60 \cdot 10^8 \cdot 3}{390 \cdot 250 \cdot 3} = 7{,}4 \cdot 10^6$$

$$\boldsymbol{B_l} = \frac{\Phi}{b_i\, l_i} = \frac{7{,}4 \cdot 10^6}{30 \cdot 27} = \mathbf{9150.}$$

Wird B_a mit Rücksicht auf die kleine Periodenzahl

$$c = \frac{p \cdot n}{60} = \frac{3 \cdot 250}{60} = 12{,}5$$

zu 12600 gewählt, so erhält man:

$$l \cdot h \cdot k_2 = \frac{\Phi}{2\, B_a} = \frac{7{,}4 \cdot 10^6}{2 \cdot 12\,600} = 294 \text{ cm}^2.$$

Die effektive Eisenhöhe h beträgt somit:

$$\boldsymbol{h} = \frac{294}{24{,}5 \cdot 0{,}9} = \mathbf{13{,}5\ cm}$$

und $l\,h\,k_2 = 24{,}5 \cdot 13{,}5 \cdot 0{,}9 = 298 \text{ cm}^2$

$$B_a = \frac{7{,}4 \cdot 10^6}{2 \cdot 298} = 12\,400.$$

Die Induktionen in den Zähnen sind:

$$B_{i\,min} = \frac{t_1\, B_l \cdot l_i}{k_2\, z_1 \cdot l} = \frac{39{,}6 \cdot 9150 \cdot 27}{0{,}9 \cdot 24{,}2 \cdot 24{,}5} = 2{,}0\, B_l = 18\,300$$

$$B_{i\,mitt} = \frac{t_1\, B_l \cdot l_i}{k_2\, z_m\, l} = \frac{39{,}6 \cdot 9150 \cdot 27}{0{,}9 \cdot 22{,}5 \cdot 24{,}5} = 2{,}16\, B_l = 19\,800$$

$$B_{i\,max} = \frac{t_1\, B_l \cdot l_i}{k_2\, z_2\, l} = \frac{39{,}6 \cdot 9150 \cdot 27}{0{,}9 \cdot 20{,}8 \cdot 24{,}5} = 2{,}33\, B_l = 21\,400.$$

Es ist:

$$k_{3\,(min)} = 1{,}04; \qquad k_{3\,(mitt)} = 1{,}1; \qquad k_{3\,(max)} = 1{,}16$$

und wir erhalten aus der Magnetisirungskurve (Fig. 185, Bd. I)

$$B_{w\,min} = 18\,200; \qquad B_{w\,mitt} = 19\,500; \qquad B_{w\,max} = 20\,800.$$

Der Streuungskoefficient bei Leerlauf kann ungefähr zu $\sigma = \sigma_a \cdot 1{,}1 = 1{,}03 \cdot 1{,}1 = 1{,}13$ angenommen werden; es ist dann:

$$\Phi_m = 1{,}13 \cdot 7{,}4 \cdot 10^6 = 8{,}35 \cdot 10^6$$

$$B_m = \frac{8{,}35 \cdot 10^6}{510} = \frac{7{,}4 \cdot 10^6}{\frac{510}{1{,}13}} = \frac{\Phi}{450} = \mathbf{16500}$$

$$B_j = \frac{8{,}35 \cdot 10^6}{2 \cdot 297} = \frac{7{,}4 \cdot 10^6}{\frac{594}{1{,}13}} = \frac{\Phi}{525} = \mathbf{14100.}$$

Aus Fig. 349 ergeben sich die folgenden mittleren Kraftlinienwege:

$L_j = 67$ cm; $L_m = 2 \times 23 = 46$ cm; $2\,\delta = 0{,}6$ cm

$L_z = 2 \times 3{,}6 = 7{,}2$; $L_a = 32$ cm.

Die Ampèrewindungen bei Leerlauf sind:

$AW_a = aw_a \cdot L_a = 9{,}2 \cdot 32$ . . . . = 295

$AW_z = L_z \frac{aw_{z\,min} + 4\,aw_{z\,mitt} + aw_{z\,max}}{6} = 7{,}2 \frac{100 + 4 \cdot 220 + 440}{6} =$ 1700

$AW_m = aw_m \cdot L_m = 60 \cdot 46$ . . . . = 2760

$AW_j = aw_j \cdot L_j = 25 \times 67$ . . . . = 1670

$AW_l = 1{,}6\,B_l \cdot \delta \cdot k_1 = 1{,}6 \cdot 9150 \cdot 0{,}3 \cdot 1{,}27 = 0{,}61 \cdot B_l$ . . . = 5600

Ampèrewindungen pro Kreis $AW_{ko} = \mathbf{12025}$

und total $AW_{to} = p \cdot AW_{ko} = \mathbf{36075.}$

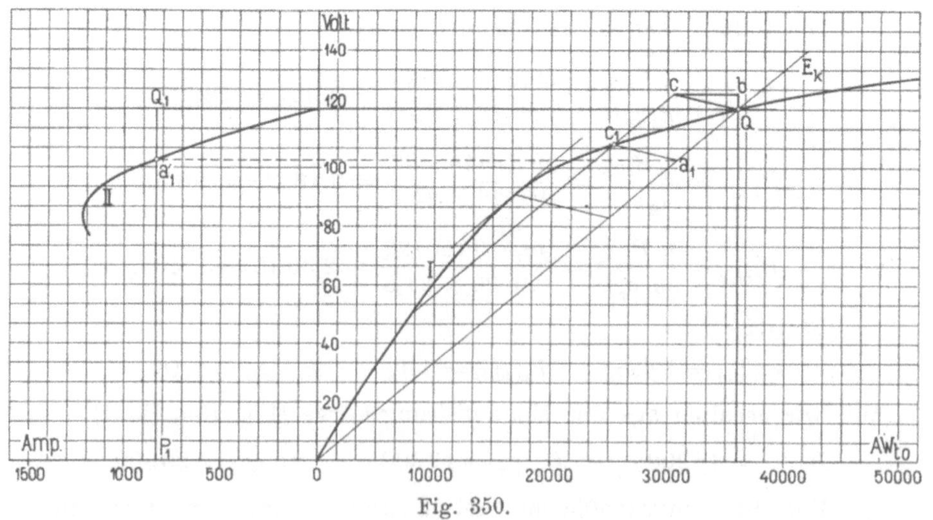

Fig. 350.

In Fig. 350 ist die Leerlaufcharakteristik (I) unter Zuhilfenahme der Tabelle XI aufgezeichnet. Ferner ist in der gleichen

Figur die äussere Charakteristik (Kurve II) mit Hilfe der Geraden OQ und der Leerlaufcharakteristik konstruirt. (Seite 439, Bd. I.) Zu diesem Zwecke wurde das Dreieck Qbc für den normalen Belastungsstrom $J = 834$ Amp. berechnet. Die Seiten desselben sind

$$\overline{Qb} = J\left(R_a + \frac{2}{a} R_u\right) \cong 0{,}04 \cdot 120 = 5 \text{ Volt}$$

und

$$\overline{bc} = p \cdot AW_r = p \cdot \frac{2}{3}(\tau - b_i)\, AS = 3 \cdot \frac{2}{3} \cdot 0{,}3 \cdot 43 \cdot 214$$
$$= 3 \cdot 1\,850 = 5\,550.$$

Tabelle XI.

E_a	40	60	80	100	110	120	130	
$\Phi = E_a \cdot 6{,}15 \cdot 10^4$ . . .	2,46	3,68	4,92	6,15	6,75	7,4	8,0	10^6
$B_l = \frac{\Phi}{810}$	3040	4550	6080	7600	8350	9150	9900	
$B_a = \frac{\Phi}{596}$	4140	6200	8280	10300	11300	12400	13400	
$B_{i\,min} = 2{,}0\, B_l$ . . .	6080	9100	12160	15200	16700	18300	19800	
$B_{i\,mitt} = 2{,}16\, B_l$ . . .	6560	9850	13120	16400	18000	19800	21400	
$B_{i\,max} = 233\, B_l$ . . .	7100	10600	14200	17700	19500	21400	23100	
$B_{w\,min}$	6080	9100	12160	15200	16700	18200	19500	
$B_{w\,mitt}$	6560	9850	13120	16400	17900	19500	20800	
$B_{w\,max}$	7100	10600	14200	17650	19300	20800	22100	
$B_m = \frac{\Phi}{470}$	5450	8200	10900	13700	15000	16500	17800	
$B_j = \frac{\Phi}{525}$	4180	7000	9360	11700	12900	14100	15200	
aw_a	0,6	1,1	2	4,2	6	9,2	13,5	
$aw_{z\,min}$	1	2,5	8	21	40	100	220	
$aw_{z\,mitt}$	1,2	3,5	12	35	80	220	440	
$aw_{z\,max}$	1,4	4,5	18	75	180	440	710	
aw_m	2,6	5,2	9,5	21,5	33,5	60	1070	
aw_j	1,6	3,9	6,8	11,7	16,5	25	36	
$AW_a = aw_a \cdot 32$	19	35	64	135	190	295	430	
AW_z	6	25	90	280	650	1700	3230	
$AW_m = aw_m \cdot 46$	118	240	435	990	1540	2760	4900	
$AW_j = aw_j \cdot 67$	107	260	456	785	1100	1670	2420	
$AW_l = 0{,}61 \cdot B_l$	1850	2770	3700	4640	5100	5600	6040	
AW_{ko}	2100	3330	4745	6830	8580	12025	17020	
$AW_{to} = 3\, AW_{ko}$ . . .	6300	9990	14235	20490	25740	36075	46710	

Die einzelnen Punkte der Kurve II findet man durch Parallelverschiebung der Graden $c\,Q$ bis $c_1\,a_1$; die Strecke $c_1\,a_1$ giebt uns ein Maass für den jeweiligen Belastungsstrom J, während ihr Schnittpunkt a_1 mit der Geraden $O\,Q$ die betreffende Klemmenspannung kennzeichnet.

Es ergiebt sich somit ein Spannungsabfall von ca.

$$\frac{Q_1\,a_1'}{P_1\,Q_1} = \frac{17}{120} = 0{,}142 \cong \mathbf{14\,^0/_0}$$

bei der normalen Belastung.

Berechnung der Erregung bei Belastung. Wir setzen $E_a = 125$ Volt, dann folgt für

$$\Phi_b = \frac{E_a \cdot 60 \cdot 10^8 \cdot a}{N \cdot n \cdot p} = \frac{125 \cdot 60 \cdot 10^8 \cdot 3}{390 \cdot 250 \cdot 3} = 7{,}7 \cdot 10^6$$

$$\boldsymbol{B_l} = \frac{\Phi_b}{b_i\,l_i} = \frac{7{,}7 \cdot 10^6}{810} = \mathbf{9600}$$

$$\boldsymbol{B_a} = \frac{\Phi_b}{2\,l \cdot h \cdot k_2} = \frac{7{,}7 \cdot 10^6}{588} = \mathbf{13100}$$

$$B_{i\,min} = 2{,}0 \;\cdot B_l = 2{,}0 \;\cdot 9500 = 19000$$

$$B_{i\,mitt} = 2{,}16 \cdot B_l = 2{,}16 \cdot 9500 = 20500$$

$$B_{i\,max} = 2{,}33 \cdot B_l = 2{,}33 \cdot 9500 = 22100.$$

Man findet dann:

$$B_{w\,min} = 18800; \quad B_{w\,mitt} = 20000; \quad B_{w\,max} = 21300$$

$$aw_{z\,min} = 150; \quad aw_{z\,mitt} = 290; \quad aw_{z\,max} = 520.$$

Ferner sei

$$\Phi_m = 1{,}15 \cdot \Phi_b = 1{,}15 \cdot 7{,}7 \cdot 10^6 = 8{,}85 \cdot 10^6$$

$$\boldsymbol{B_m} = \frac{\Phi_m}{Q_m} = \frac{8{,}85 \cdot 10^6}{510} = \mathbf{17300};$$

$$\boldsymbol{Q_j} = \frac{\Phi_m}{2\,Q_j} = \frac{8{,}85 \cdot 10^6}{2 \cdot 297} = \mathbf{14900.}$$

Die Ampèrewindungen bei Belastung sind gleich:

$$AW_a = aw_a \cdot 32 = 12 \cdot 32 \;.\;.\;.\;. = 385$$

$$AW_l = 0{,}61 \cdot B_l = 0{,}61 \cdot 9500 \;. = 5800$$

$$AW_z = 7{,}2\,\frac{150 + 4 \cdot 290 + 520}{6} = 2200$$

$$AW_m = aw_m \cdot 46 = 86 \cdot 46 \dots\dots = 3950$$

$$AW_j = aw_j \cdot 67 = 32 \cdot 67 \dots\dots = 2140$$

$$AW_r = \frac{3}{4} \cdot 0{,}3 \cdot 43 \cdot 214 \dots\dots = 1850$$

$$AW_k = 16325$$

$$\mathbf{AW_t = 3 \cdot AW_k = 48975}$$

$$\frac{AW_t}{AW_{to}} = \frac{48975}{36076} = \mathbf{1{,}36}$$

$$\frac{2\,AW_t}{N \cdot i_a} = \frac{2 \cdot 48975}{390 \cdot 141{,}5} = \mathbf{1{,}78.}$$

Nebenschlusswicklung. Bei Serieschaltung aller sechs Erregerspulen erhält man den Drahtquerschnitt:

$$q_n = \frac{(1 + 0{,}004\,T_m) \cdot AW_t \cdot l_n}{5700 \cdot E} \cdot (1{,}1 \text{ bis } 1{,}2).$$

Es ist angenähert:

$$l_n = \pi (D_m + 5 \text{ cm}) = \pi (25{,}5 + 5) = 96 \text{ cm}$$

$T_m = 50^0$, und

$$q_n = \frac{1{,}2 \cdot 48975 \cdot 96}{5700 \cdot 120} \cdot 1{,}15 \cong 9{,}5 \text{ mm}^2.$$

Wir wählen einen Draht ϕ von 3,5/4,0 mm, und es wird dann:

$$\mathbf{q_n = 9{,}62 \text{ mm}^2}.$$

Lassen wir eine Stromdichte von 1,55 Amp./mm² zu, so wird der Erregerstrom bei Volllast:

$$i_n = 1{,}55 \cdot 9{,}62 = 15 \text{ Ampère}.$$

Wir erhalten also eine totale Windungszahl von

$$w_n = \frac{AW_t}{i_n} = \frac{48975}{15} = 3260$$

und pro Spule

$$\frac{3260}{6} \cong 546 \text{ Windungen},$$

$$\text{also: } \mathbf{w_n = 6 \times 546 = 3276.}$$

Wir wickeln die Spule in 13 Lagen à 42 Windungen, wodurch sich die folgenden Abmessungen des Wicklungsraumes ergeben:

Radiale Höhe: $h_s = 42 \cdot 4{,}0 = 16{,}8$ cm
Breite: $b_s = 13 \cdot 4{,}0 = 5{,}2$ „

Der Widerstand der Nebenschlusswicklung ist:

$$\boldsymbol{R_n} = \frac{(1+0{,}004\,T_m)\,w_n\,l_n}{5700\cdot q_n} = \frac{1{,}2\cdot 3276\cdot 96}{5700\cdot 9{,}62} = \mathbf{6{,}9}\ \boldsymbol{\Omega}$$

der maximale Erregerstrom

$$i_{n\,max} = \frac{E}{R_n} = \frac{120}{6{,}9} = 17{,}4 \text{ Ampère}$$

und die maximale Stromdichte:

$$s_{n\,max} = \frac{17{,}4}{9{,}62} = 1{,}81\ \frac{\text{Amp.}}{\text{mm}^2}.$$

Bei Leerlauf beträgt der Erregerstrom:

$$i_n = \frac{AW_{to}}{w_n} = \frac{36075}{3276} \cong 11 \text{ Amp.}$$

Wir setzen $i_{n\,min} \cong 0{,}9\cdot 11 \cong 10$ Amp. Der Regulirwiderstand wird also gleich:

$$\boldsymbol{r_n} = \frac{E}{i_{n\,min}} - R_n = \frac{120}{10} - 6{,}9 = \mathbf{5{,}1}\ \boldsymbol{\Omega}.$$

Verluste: 1. Armatur:
a) Eisenverluste:

$$\text{Periodenzahl:}\ c = \frac{p\cdot n}{60} = \frac{3\cdot 250}{60} = 12{,}5.$$

Die Hysteresiskonstante setzen wir gleich:

$$\sigma_h = \frac{\eta}{0{,}0016} = \frac{0{,}0025}{0{,}0016} = 1{,}5,$$

die Wirbelstromkonstante $\sigma_w = 15$.

Das Volumen des Eisenkernes ist:

$$\boldsymbol{V_a} = \mathbf{57{,}5\ dm^3}.$$

Das Eisenvolumen der Zähne ist:

$$\boldsymbol{V_z} = \mathbf{11{,}5\ dm^3}.$$

Die Hysteresisverluste im Anker und in den Zähnen:

$$W_{h_a} = \sigma_h\left(\frac{c}{100}\right)\left(\frac{B_a}{1000}\right)^{1,6}\cdot V_a = 1{,}5\cdot\frac{12{,}5}{100}\cdot\left(\frac{13100}{1000}\right)^{1,6}\cdot 57{,}5 = 670 \text{ Watt}$$

$$W_{h_z} = \sigma_h\cdot k_4\cdot\frac{c}{100}\left(\frac{B_{w\,min}}{1000}\right)^{1,6}\cdot V_z = 1{,}5\cdot 1\cdot 0{,}125\,(18{,}8)^{1,6}\cdot 11{,}5 = 240 \text{ Watt.}$$

Die Wirbelstromverluste im Anker und in den Zähnen:

$$W_{wa} = \sigma_w \left(\varDelta \cdot \frac{c}{100} \cdot \frac{B_a}{1000}\right)^2 \cdot V_a = 15\,(0{,}5 \cdot 0{,}125 \cdot 13{,}1)^2 \cdot 57{,}5 = 575 \text{ Watt}$$

$$W_{wz} = \sigma_w \left(\varDelta \cdot \frac{c}{100} \cdot \frac{B_{w\,min}}{1000}\right)^2 \cdot V_z = 15\,(0{,}5 \cdot 0{,}125 \cdot 18{,}8)^2 \cdot 11{,}5 = 235 \text{ Watt.}$$

Totaler Eisenverlust:

$$\boldsymbol{W_{ha} + W_{hz} + W_{wa} + W_{wz}} = 670 + 240 + 575 + 235 = \mathbf{1720\ Watt.}$$

b) Kupferverluste:

Der Ankerwiderstand ist gleich:

$$R_a = \frac{N}{(2a)^2} \cdot \frac{l_a(1 + 0{,}004\,T_a)}{5700 \cdot q_a}.$$

Es ist:

Stablänge: $l_a \cong l_1 + 1{,}4 \cdot \tau + 5$ cm $= 27{,}5 + 1{,}4 \cdot 43 + 5 \cong 92$ cm.
$T_a = 40^0$ und somit

$$\boldsymbol{R_a} = \frac{390 \cdot 92 \cdot 1{,}16}{6^2 \cdot 5700 \cdot 43{,}2} = \mathbf{0{,}0047\ \Omega.}$$

Spannungsverlust in der Ankerwicklung:

$$J_a R_a = 850 \cdot 0{,}0047 = 4{,}0 \text{ Volt.}$$

Wattverlust im Ankerkupfer:

$$W_{ka} = J_a{}^2 R_a = 850 \cdot 4{,}0 = 3400 \text{ Watt.}$$

Abkühlungsfläche des Ankers:

$$A_a = \pi D \cdot l_1 = 3{,}14 \cdot 82 \cdot 27{,}5 = 7100 \text{ cm}^2.$$

Specifische Kühlfläche:

$$a_a = \frac{A_a}{W_{kz} + W_{hz} + W_{wz}} (1 + 0{,}1\,v)$$

$$W_{kz} = \frac{l_1}{l_a} \cdot W_{ka} = \frac{27{,}5}{92{,}5} \cdot 3400 = 1010 \text{ Watt,}$$

$$a_a = \frac{7100}{1010 + 240 + 235} (1 + 1{,}07) = 10 \frac{\text{cm}^2}{\text{Watt}}.$$

Temperaturerhöhung:

$$\boldsymbol{T_a} = \frac{400}{10} \cong \mathbf{40^0}\text{ C.}$$

Kollektorverluste:

$$W_u = 2\,J_a (P_g + P_w [f_u - 1]).$$

Wir setzen: $f_u = 1{,}5$ und für weiche Kohlen:

$$P_g = 0{,}8;\; P_w = 0{,}8 \cdot P_g = 0{,}64$$

und erhalten

$$W_u = 2 \cdot 850\,(0{,}8 + 0{,}64\,[1{,}5 - 1]) = 1900 \text{ Watt}$$

und einen Spannungsabfall an den Bürsten von

$$\frac{W_u}{J_a} = \frac{1900}{850} = 2{,}25 \text{ Volt.}$$

Der Auflagedruck pro cm² sei: $g = 0{,}14$ kg und der Reibungskoefficient: $\varrho = 0{,}25$; es ist dann der Reibungsverlust gleich:

$$W_r = 9{,}81 \cdot v_k \cdot F_b \cdot g \cdot \varrho = 9{,}81 \cdot 6{,}3 \cdot 259 \cdot 0{,}14 \cdot 0{,}25 = 560 \text{ Watt.}$$

Die specifische Kühlfläche des Kollektors berechnet sich zu:

$$a_k = \frac{\pi D_k \cdot L_k}{W_u + W_r}(1 + 0{,}1 \cdot v_k) = \frac{3{,}14 \cdot 48 \cdot 26}{1900 + 560}(1 + 0{,}1 \cdot 6{,}3) = 2{,}6 \frac{\text{cm}^2}{\text{Watt}}.$$

und die Temperaturerhöhung desselben:

$$T_k \cong \frac{100 \text{ bis } 150}{a_k} = \frac{100}{2{,}6} \cong 38^0 \text{ C.}$$

Verlust in der Erregerwicklung.

$$W_n = R_n \cdot i_n^2 = 6{,}9 \cdot 15^2 = 1550 \text{ Watt.}$$

Die Abkühlungsfläche einer Spule beträgt:

$$\pi \cdot 36 \cdot 17{,}5 + \frac{\pi}{4}(36^2 - 25{,}5^2) = 1980 + 508 = 2488 \text{ cm}^2$$

und die Abkühlungsfläche aller Spulen somit:

$$A_m = 6 \cdot 2488 = 14\,928 \text{ cm}^2.$$

Specifische Kühlfläche:

$$a_m = \frac{A_m}{W_n} = \frac{14\,928}{1550} \cong 9{,}65 \frac{\text{cm}^2}{\text{Watt}}.$$

Temperaturerhöhung:

$$T_m = \frac{550}{9{,}65} \cong 57^0 \text{ C.}$$

und mit dem Thermometer gemessen ca. $0{,}6 \cdot 57 \cong 34^0$.

Der totale Verlust im Nebenschluss ist gleich:

$$W_{nt} = E \cdot i_n = 120 \cdot 15 = 1800 \text{ Watt.}$$

Die Verluste durch Lager und Luftreibung werden zu 1 % geschätzt, also:

$$W_R = 1000 \text{ Watt.}$$

Die Summe aller Verluste wird gleich

$$W_v = W_k + W_h + W_w + W_\varrho$$

Bei Volllast ist:

$$W_k = W_{ka} + W_u + W_{nt} = 3400 + 1900 + 1800 = 7100$$
$$W_h = W_{ha} + W_{hz} = 670 + 240 = 910$$
$$W_w = W_{wa} + W_{wz} = 575 + 235 = 810$$
$$W_\varrho = W_r + W_R = 560 + 1000 = 1560$$

Summe aller Verluste $W_v = 10380$ Watt.

Wirkungsgrad bei Volllast:

$$\eta = \frac{100000}{100000 + 10380} = \frac{100000}{110380} = \mathbf{90{,}6\,\%}.$$

Kontrollrechnung bezüglich der Funkenbildung. Das nothwendige kommutirende Feld beträgt:

$$B_k = (\lambda_M + \lambda_q) \cdot AS.$$

Es ist $u_n = 6$ und

$$u_k = u \left[\frac{b_1}{\beta} + 1 - (p_w + 1)\frac{a}{p}\right] = 2\left[\frac{2}{0{,}7} + 1 - 1\right] \cong 6,$$

folglich $\dfrac{u_k}{u_n} = 1.$

Ferner gilt für die in Fig. 348 dargestellte Nutenform:

$$\frac{h_n}{b_n} = \frac{28}{15{,}4} = 1{,}82; \quad \frac{h_k}{b_n} = \frac{8}{15{,}4} = 5{,}2.$$

Es ergiebt sich somit aus der Tabelle IV S. 311 eine Leitfähigkeit

$$\lambda_M = 4{,}20.$$

Nehmen wir an, dass die Ampèrewindungen für die beiderseits gesättigten Polspitzen gleich:

$$AW_p = 0{,}75\, b_i\, AS \text{ sind,}$$

so erhält man nun aus der Kurve $c = 0{,}75$, Fig 338a S. 314, für $\alpha_i = 0{,}7$ die Leitfähigkeit

$$\lambda_q = 3{,}05.$$

Es ist also:

$$\boldsymbol{B_k} = (\lambda_q + \lambda_M)\, AS = (3{,}05 + 4{,}20) \cdot 214 = \mathbf{1550}$$

und $e_M + e_q = (1 + p_w)\dfrac{N}{K} \cdot AS \cdot l_i \cdot v(\lambda_q + \lambda_M)\, 10^{-6}$

$$= 1 \cdot 2 \cdot 214 \cdot 27 \cdot 10{,}7\,(3{,}05 + 4{,}2) \cdot 10^{-6} = 0{,}90 \text{ Volt.}$$

Man entnimmt ferner der Tabelle V S. 315 den Werth $k_s \cdot \lambda_L = 2{,}34$ und erhält dann:

$$e_s = f_u \cdot \frac{\beta}{b_r} \cdot (1 + p_w) \frac{N}{K} \cdot AS \cdot l_i \cdot v \cdot k_s \lambda_L \cdot 10^{-6}$$

$$= 1{,}5 \cdot \frac{0{,}7}{1{,}93} \cdot 1 \cdot 2 \cdot 214 \cdot 27 \cdot 10{,}7 \cdot 2{,}34 \cdot 10^{-6} = 0{,}157 \text{ Volt},$$

wenn man für den Formfaktor $f_u = 1{,}5$ setzt und die reducirte Breite zu

$$b_r = b_1 + \beta \left[1 - (1 + p_w) \frac{a}{p}\right] - \delta_i = 2 + 0{,}7 \left[1 - \frac{3}{3}\right] - 0{,}07 = 1{,}93$$

berechnet wird.

Da hier eine weiche Kohlensorte, für die $P_w = 0{,}64$ gesetzt werden kann, angewendet wurde, so erhält man:

$$A = \frac{P_w}{e_s} = \frac{0{,}64}{0{,}157} = 4{,}1$$

und als maximale Spannungsdifferenz zwischen der Bürstenspitze und der ablaufenden Lamelle:

$$\boldsymbol{P_T''} = \frac{e_M + e_q}{1 - \frac{e_s}{P_w}} = \frac{0{,}9}{1 - \frac{0{,}157}{0{,}64}} = \mathbf{1{,}19\ Volt.}$$

Ferner ist:

$$\frac{AW_l + AW_z}{b_i\, AS} = \frac{5800 + 2200}{30 \cdot 214} = 1{,}24.$$

Endlich wollen wir noch die Kontrolle bezüglich der Funkenbildung bei $^5/_4$ Ueberlastung der Maschine, d. h. bei einer Leistung von 125 KW vornehmen. Bei der Klemmenspannung von 120 Volt liefert dann die Maschine einen Strom von 1040 Ampère. Da die Werthe von λ_M, λ_q und $k_s \cdot \lambda_L$ konstant bleiben, so ändern sich $e_M + e_q$ und e_s proportional der Zunahme von AS.

Für diese Ueberlastung wird

$$AS = \frac{1040}{834} 214 = 267$$

und demnach:

$$e_M + e_q = 0{,}9 \cdot \frac{267}{214} = 1{,}13 \quad \text{Volt}$$

$$e_s = 0{,}157 \cdot \frac{267}{214} = 0{,}196 \quad \text{„}$$

$$A = \frac{0{,}64}{0{,}196} = 3{,}26 \quad \text{Volt}$$

$$P''_T = \frac{1{,}13}{1 - \frac{0{,}196}{0{,}64}} = \mathbf{1{,}63} \quad \text{„}$$

Dieser Werth ist bei dieser Ueberlast noch als sehr günstig zu bezeichnen.

Berechnung der Gewichte. 1. Kupfergewichte.

a) Ankerkupfer:

$$G_{ka} = N \cdot l_a \cdot q_a \cdot 8{,}9 = 390 \cdot 9{,}25 \cdot 0{,}00432 \cdot 8{,}9 = 138 \text{ kg.}$$

b) Magnetkupfer:

$$G_{km} = w_n \cdot l_n \cdot q_n \cdot 8{,}9 = 3276 \cdot 9{,}6 \cdot 0{,}000962 \cdot 8{,}9 = 268 \text{ kg.}$$

$$G_k = G_{ka} + G_{km} = 138 + 268 = 406 \text{ kg,}$$

$$\frac{G_{km}}{G_{ka}} = \frac{268}{138} \cong 1{,}94.$$

c) Kollektorgewicht:

$$G_{kk} = K \cdot \beta \times (L_k + 4 \text{ cm}) \times \text{Lamellenhöhe} \times 8{,}9$$
$$= 195 \cdot 0{,}07 \cdot (2{,}6 + 0{,}4) \cdot 0{,}3 \cdot 8{,}9 = 110 \text{ kg.}$$

Gesammtes Kupfergewicht:

$$\Sigma(G_k) = G_{ka} + G_{km} + G_{kk} = 138 + 268 + 110 = 516 \text{ kg.}$$

2. Eisengewichte:

a) Gewicht des Armatureisenbleches.

$$G_{ea} = (V_a + V_z) \cdot 7{,}88 = (57{,}5 + 11{,}5) \times 7{,}88 = 545 \text{ kg.}$$

b) Gewichte der Magnete:

Gewicht der Magnetkerne (Stahlguss)

$$2p \cdot Q_m \times \text{Höhe des Magnetkerns} \times 7{,}86 = 6 \cdot 5{,}1 \cdot 1{,}76 \cdot 7{,}86 = 420 \text{ kg.}$$

Gewicht der Polschuhe:

$$2p \cdot l_p \cdot b_m \cdot \text{Höhe} \times 7{,}88 = 6 \cdot 2{,}75 \cdot 2{,}4 \cdot 0{,}25 \cdot 7{,}88 = 78 \text{ kg.}$$

Gesammtgewicht der Magnete:

$$G_{em} = 420 + 78 = 498 \text{ kg.}$$

c) Gewicht des Joches:

$$G_{ej} = Q_j \cdot \pi \times \text{mittlere Jochdurchmesser} \times 7{,}86$$
$$= 2{,}97 \cdot 3{,}14 \cdot 13{,}7 \cdot 7{,}86 = 1000 \text{ kg.}$$

Gesammtgewicht des Magnetsystems:

$$G_{em} + G_{ej} = 498 + 1000 = 1498 \text{ kg}.$$

73. Nachrechnung eines Nebenschlussmotors mit regulirbarer Umdrehungszahl.

Der von der Gesellschaft für elektrische Industrie, Karlsruhe, für den Antrieb einer Papiermaschine gebaute Motor hat eine zwischen 150 und 900 regulirbare Tourenzahl und leistet

17,5 PS bei 110 Volt $n = 150$ bis 450
35 „ „ 220 „ $n = 300$ „ 900.

Die Erregerspannung beträgt in beiden Fällen 110 Volt. Der Motor arbeitet nur mit einer Drehrichtung.

Unter Zugrundelegung der Zeichnung in Fig. 351 u. 352 ergeben sich folgende Dimensionen der Maschine:

Armatur:

Ankerdurchmesser $D = 53$ cm
Ankerlänge $l = 23$ cm.

Es ist ein Luftschlitz von 1 cm Breite vorhanden, so dass die gesammte Ankerlänge

$$l_1 = l + 1 = 23 + 1 = 24 \text{ cm}$$

beträgt.

Die effektive Eisenhöhe (exkl. Zahnhöhe) ist gleich

$$h = 8{,}75 \text{ cm}.$$

Der effektive Eisenquerschnitt wird dann

$$l \cdot h \cdot k_2 = 23 \cdot 8{,}75 \cdot 0{,}9 = 181 \text{ cm}^2.$$

Die Armaturwicklung enthält $N = 280$ Stäbe und der Kollektor $K = 140$ Lamellen. Die Wicklung ist als Reihenschaltung ausgeführt und es ist

$$y_1 = 45, \qquad y_2 = 49, \qquad y_k = 47.$$

Die Stromstärke des Motors beträgt bei beiden Spannungen bei normaler Belastung ca. 135 Ampère und der Erregerstrom ca. 8 Ampère.

Es wird daher

$$i_a = \frac{J - i_n}{2a} = \frac{135 - 8}{2} = 63{,}5 \text{ Amp.}$$

$$AS = \frac{N \cdot i_a}{\pi D} = \frac{280 \cdot 63{,}5}{3{,}14 \cdot 53} = 107.$$

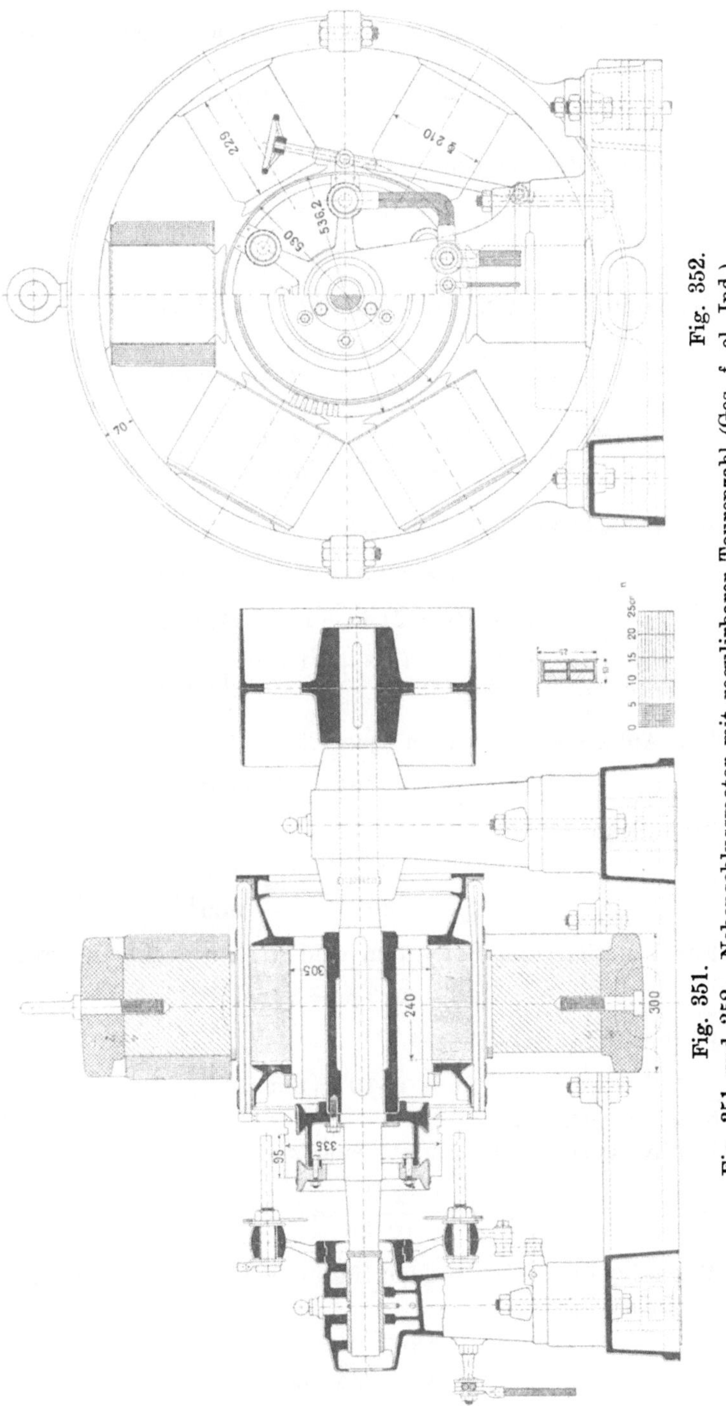

Fig. 351.

Fig. 352.

Fig. 351 und 352. Nebenschlussmotor mit regulirbarer Tourenzahl (Ges. f. el. Ind.).

Die Nutenzahl beträgt $Z = 70$ und in jeder Nut liegen

$$u_n = \frac{N}{Z} = \frac{280}{70} = 4 \text{ Stäbe.}$$

Die Nutendimensionen sind:

Breite $b_n = 10$ mm
Tiefe $h_n = 25$ „

und die Zahntheilungen am Kopf bezw. am Fuss

$$t_1 = \frac{\pi D}{Z} = \frac{3{,}14 \cdot 53}{70} = 23{,}8 \text{ mm,}$$

$$t_2 = \frac{\pi (D - 5)}{Z} = \frac{3{,}14 \cdot 48}{70} = 21{,}6 \text{ mm.}$$

Die Zahnstärken ergeben sich zu:

$$z_1 = t_1 - 10 = 23{,}8 - 10 = 13{,}8 \text{ mm,}$$

$$z_2 = t_2 - 10 = 21{,}6 - 10 = 11{,}6 \text{ „}$$

$$z_m = \frac{z_1 + z_2}{2} = \frac{13{,}8 + 11{,}6}{2} = 12{,}7 \text{ mm.}$$

Der Ankerstab hat einen Querschnitt von

$$q_a = 3{,}5 \times 10 = 35 \text{ mm}^2;$$

die Stromdichte ist also gleich

$$s_a = \frac{i_a}{q_a} = \frac{63{,}5}{35} = 1{,}81 \frac{\text{Amp.}}{\text{mm}^2}.$$

Für Isolation und Spielraum sind in der Breite der Nut

$$10 - 2 \cdot 3{,}5 = 3 \text{ mm}$$

und in der Höhe derselben

$$25 - 2 \cdot 10 = 5 \text{ mm}$$

in Abzug zu bringen.

Der Nutenfüllfaktor ergiebt sich zu

$$f_n = \frac{4 \cdot 35}{10 \cdot 25} = 0{,}56.$$

Magnetsystem. Die runden Magnetpole bestehen aus Schmiedeeisen. Es ist:

$$D_m = 21 \text{ cm,}$$

$$Q_m = 346 \text{ cm}^2.$$

Polschuhe. Die Polschuhe sind lamellirt und die Polspitzen stark gesättigt; ihre Form ist aus der Zusammenstellung der Maschine, Fig. 351 u. 352, ersichtlich.

Die Polschuhlänge beträgt $l_p = 24$ cm $(= l_1)$, der zwischen den Polspitzen gemessene Polbogen $b_p = 21$ cm und der koncentrische Theil des Polbogens: $b = 16{,}4$ cm.

Der Luftspalt ist

$$\delta = 0{,}3 \text{ cm}.$$

$$k_1 = \frac{t_1}{z_1 + X \cdot \delta} = \frac{23{,}8}{13{,}8 + 1{,}85 \cdot 3} = 1{,}23.$$

Den Werth $X = 1{,}85$ erhält man für $\nu = \frac{10}{3} = 3{,}33$ aus Fig. 330 S. 283.

Joch. Stahlguss. Axiale Länge 30 cm, radiale Höhe 7 cm, Jochquerschnitt

$$Q_j = 7 \cdot 30 = 210 \text{ cm}^2.$$

Kollektor. Durchmesser $D_k = 33{,}5$ cm
Nutzbare Breite $L_k = 9{,}5$ „
Lamellenbreite $\beta = 0{,}69$ „
Isolationsdicke $\delta_i = 0{,}6$ mm.

Max. Spannung zwischen 2 Lamellen

$$E_{dk} = \frac{3\, r\, a\, E}{K} = \frac{3 \cdot 3 \cdot 1 \cdot 110}{140} = 7 \text{ Volt}$$

bei 110 Volt Spannung

und $E_{dk} = 14$ Volt bei $E = 220$ Volt.

Bürsten. Material: Kohle.

Es sind hier nur $p_1 = 4$ Bürstenstifte à 3 Bürsten vorhanden und demnach $2\,p_w = 2 \cdot 1 = 2$ Bürstenstifte fortgelassen.

Die Bürsten haben eine Breite von $b_1 = 1{,}6$ cm und eine Länge von 3 cm.

Die Stromdichte unter den Bürsten beträgt

$$s_b = 4{,}4 \frac{\text{Amp.}}{\text{cm}^2}.$$

Die Bürstendeckung ist gleich

$$\frac{b_1}{\beta + \delta_i} = \frac{1{,}6}{0{,}69 + 0{,}06} = \frac{1{,}6}{0{,}75} = 2{,}14.$$

Berechnung der Erregungen bei Leerlauf. Infolge des grossen Regulirungsbereichs der Tourenzahl ist eine grosse Aenderung der Erregung nothwendig.

Die Berechnung der Erregung soll daher für die in Betracht kommenden kleinsten und grössten Werthe der Tourenzahl durchgeführt werden. Bezüglich des Funktionirens des Motors bei den beiden Spannungen 110 und 220 Volt ist zu bemerken, dass die Erregung in beiden Fällen die gleichen Grenzwerthe aufweisen muss, wie dies die den Ausgangspunkt unserer Rechnung bildende Gleichung für den Kraftfluss

$$\Phi = \frac{E \cdot 60 \cdot 10^8 \cdot a}{N \cdot n \cdot p} = C \cdot \frac{E}{n}$$

zeigt.

In dem einen Falle ist die Spannung $E = 110$ Volt und die Tourenzahl $n = 150$ bis 450, während im anderen Falle bei der doppelten Spannung $E = 220$ Volt, die Tourenzahl die doppelten Werthe $n = 300$ bis 900 annimmt. Das in der betreffenden Gleichung auftretende Verhältniss $\frac{E}{n}$ bleibt somit in beiden Fällen unverändert.

Bei $E = 110$ Volt und $n = 150$ gilt nun zunächst

$$\Phi = \frac{E \cdot 60 \cdot 10^8 \cdot a}{N \cdot n \cdot p} = \frac{110 \cdot 60 \cdot 10^8 \cdot 1}{280 \cdot 150 \cdot 3} = 5{,}25 \cdot 10^6.$$

Die ideelle Eisenlänge wird $l_i = 24$ cm.

Den ideellen Polbogen schätzen wir, da $b_p = 21$ cm auf

$$b_i = 19{,}5 \text{ cm},$$

so dass

$$\alpha_i = \frac{b_i}{\tau} = \frac{19{,}5}{27{,}8} = 0{,}7.$$

Es wird nun

$$B_l = \frac{\Phi}{b_i \cdot l_i} = \frac{5{,}25 \cdot 10^6}{24 \cdot 19{,}5} = \frac{\Phi}{470} = 11\,200$$

$$B_a = \frac{\Phi}{2 \cdot l \cdot h \cdot k_2} = \frac{5{,}25 \cdot 10^6}{2 \cdot 181} = \frac{\Phi}{362} = 14\,500.$$

Zahninduktionen

$$B_{i\,min} = \frac{t_1 \cdot B_l \cdot l_i}{k_2 \cdot z_1 \cdot l} = \frac{23{,}8 \cdot 11\,200 \cdot 24}{0{,}9 \cdot 13{,}8 \cdot 23} = 2{,}0 \cdot B_l = 22\,400$$

$$B_{i\,mitt} = \frac{t_1 \cdot B_l \cdot l_i}{k_2 \cdot z_m \cdot l} = \frac{23{,}8 \cdot 11\,200 \cdot 24}{0{,}9 \cdot 12{,}7 \cdot 23} = 2{,}18 \cdot B_l = 24\,400$$

$$B_{i\,max} = \frac{t_1 \cdot B_l \cdot l_i}{k_2 \cdot z_2 \cdot l} = \frac{23{,}8 \cdot 11\,200 \cdot 24}{0{,}9 \cdot 11{,}6 \cdot 23} = 2{,}38 \cdot B_l = 26\,600.$$

Die entsprechenden Werthe von k_3 sind

$$k_{3\,min} = 1{,}0; \qquad k_{3\,mitt} = 1{,}08; \qquad k_{3\,max} = 1{,}16.$$

Aus Fig. 185, Bd. I, S. 224 folgt weiter

$$B_{w\,min} = 21\,650; \qquad B_{w\,mitt} = 23\,100; \qquad B_{w\,max} = 24\,700.$$

Wird der Streuungskoefficient bei Leerlauf zu $\sigma = 1{,}15$ angenommen, so erhalten wir einen Kraftfluss

$$\Phi_m = \sigma \cdot \Phi = 1{,}15 \cdot 5{,}25 \cdot 10^6 = 6{,}05 \cdot 10^6$$

im Magnetkern, und es wird dann

$$B_m = \frac{\Phi_m}{Q_m} = \frac{6{,}05 \cdot 10^6}{346} = 17\,500$$

$$B_j = \frac{\Phi_m}{2\,Q_j} = \frac{6{,}05 \cdot 10^6}{2 \cdot 210} = 14\,400.$$

Zeichnen wir in Fig. 352 den mittleren Kraftlinienverlauf ein, so ergeben sich die einzelnen Kraftlinienwege zu

$$L_j = 53 \text{ cm}; \qquad L_m = 2 \cdot 27 = 54 \text{ cm};$$

$$2\,\delta = 0{,}6 \text{ cm}; \qquad L_z = 2 \cdot 2{,}5 = 5 \text{ cm}; \qquad L_a = 17 \text{ cm}.$$

Bei $n = 150$ und $E = 110$ Volt,

sowie bei $n = 300$ „ $E = 220$ „

sind nunmehr folgende Ampèrewindungen erforderlich:[1])

$AW_a = aw_a \cdot L_a = 22{,}5 \cdot 17$ . . . . $= 380$

$AW_z = L_z \dfrac{aw_{z\,min} + 4\,aw_{z\,mitt} + aw_{z\,max}}{6} = 5\,\dfrac{600 + 4 \cdot 950 + 1400}{6}$ $= 4840$

$AW_m = aw_m \cdot L_m = 95 \cdot 54$ . . . . $= 5150$

$AW_j = aw_j \cdot L_j = 28 \cdot 53$ . . . . $= 1500$

$AW_l = 1{,}6\,B_l \cdot \delta \cdot k_1 = 1{,}6 \cdot 11\,200 \cdot 0{,}3 \cdot 1{,}23 = 0{,}59 \cdot B_l$ . . $= 6600$

Ampèrewindungen pro Kreis AW_{ko} $= 18470$

und total $AW_{to} = 3 \cdot AW_{ko}$ . . $= 55410$

In analoger Weise berechnet man nun die Ampèrewindungen bei $n = 450$ und $E = 110$ Volt, die zugleich für $E = 220$ Volt bei $n = 900$ gelten. Hier wird:

$$\Phi = 5{,}25 \cdot 10^6 \cdot \frac{150}{450} = 1{,}75 \cdot 10^6$$

[1]) Der Rechnung sind die Magnetisirungskurven Taf. XI zu Grunde gelegt.

$$B_l \quad = 11200 \cdot \frac{150}{450} = 3740$$

$$B_a \quad = 14500 \cdot \frac{150}{450} = 4835$$

$$B_{i\,min} = 2{,}0 \cdot 3740 = 7480$$

$$B_{i\,mitt} = 2{,}18 \cdot 3740 = 8150$$

$$B_{i\,max} = 2{,}38 \cdot 3740 = 8900.$$

Die Werthe von B_w sind bei den geringen Sättigungen gleich B_i.

Ferner wird

$$\Phi_m \quad = 1{,}15 \cdot 1{,}75 \cdot 10^6 = 2{,}0 \cdot 10^6$$

$$B_m \quad = \frac{2{,}0 \cdot 10^6}{346} = 5800$$

$$B_j \quad = \frac{2{,}0 \cdot 10^6}{420} = 4750.$$

$$AW_a = 0{,}7 \cdot 17 \; \ldots\ldots\ldots = \quad 12$$

$$AW_z = 5 \cdot \frac{1{,}5 + 4 \times 2 + 2{,}5}{6} \; \ldots = \quad 10$$

$$AW_m = 2{,}9 \cdot 54 \; \ldots\ldots\ldots = \quad 156$$

$$AW_j = 2 \cdot 53 \; \ldots\ldots\ldots = \quad 106$$

$$AW_l = 0{,}59 \cdot B_l = 0{,}59 \cdot 3740 \; \ldots = 2210$$

$$AW_{ko} = 2484$$

$$AW_{to} = 3 \cdot AW_{ko} = 7452$$

Berechnung der Erregung bei Belastung. Der Spannungsabfall im Anker und am Kollektor beträgt ca. 5 Volt, so dass $E_a = 105$ bezw. $E_a = 215$ Volt wird. Wir erhalten demnach bei 220 Volt etwas höhere Erregungen als bei der halben Betriebsspannung.

Bei $n = 300$ und $E = 220$ wird

$$\Phi_b \quad = \frac{E_a \cdot 60 \cdot 10^8 \cdot a}{N \cdot n \cdot p} = \frac{215 \cdot 60 \cdot 10^8 \cdot 1}{280 \cdot 300 \cdot 3} = 5{,}1 \cdot 10^6$$

$$B_l \quad = \frac{5{,}1 \cdot 10^6}{470} = 10800$$

$$B_a \quad = \frac{5{,}1 \cdot 10^6}{362} = 14100$$

$$B_{i\,min} = 2{,}0 \cdot B_l = 2{,}0 \cdot 10800 = 21600$$

$$B_{i\,mitt} = 2{,}18 \cdot B_l = 2{,}18 \cdot 10800 = 23600$$

$$B_{i\,max} = 2{,}38 \cdot B_l = 2{,}38 \cdot 10800 = 25700.$$

Die zugehörigen Werthe von B_w sind

$$B_{w\,min} = 21000; \qquad B_{w\,mitt} = 22500; \qquad B_{w\,max} = 24000.$$

Wird der Streuungskoefficient gleich gross wie bei Leerlauf gesetzt, so wird

$$\Phi_m = 1{,}15 \cdot 5{,}1 \cdot 10^6 = 5{,}86 \cdot 10^6$$

$$B_m = \frac{5{,}86 \cdot 10^6}{346} = 17000$$

$$B_j = \frac{5{,}86 \cdot 10^6}{420} = 14000.$$

Die Ampèrewindungen bei Volllast sind gleich

$$AW_a = 18 \cdot 17 \quad \dots \dots \quad = 305$$

$$AW_z = 5\,\frac{470 + 4 \cdot 800 + 1200}{6} \quad \dots \quad = 4060$$

$$AW_m = 75 \cdot 54 \quad \dots \dots \quad = 4050$$

$$AW_j = 24 \cdot 53 \quad \dots \dots \quad = 1270$$

$$AW_l = 0{,}59 \cdot 10800 \quad \dots \dots \quad = 6380$$

$$AW_r \cong \quad \dots \dots \quad = 500$$

$$AW_k = 16565$$

$$AW_t = 3\,AW_k = 49695$$

Da bei Motoren $AW_{to} > AW_t$ ist, ermitteln wir hier die Verhältnisse

$$\frac{AW_{to}}{AW_t} = \frac{55410}{49695} = 1{,}12$$

$$\frac{2\,AW_{to}}{N \cdot i_a} = \frac{2 \cdot 55410}{280 \cdot 63{,}5} = 6{,}24.$$

Bei wachsender Geschwindigkeit wird der Kraftfluss im Verhältniss der Tourenzahlen verringert. Bei $n = 900$ wird also

$$\Phi_b = 5{,}1 \cdot 10^6 \cdot \frac{300}{900} = 1{,}7 \cdot 10^6$$

$$B_l = \frac{1{,}7 \cdot 10^6}{470} = 3600$$

$$B_a \quad = \frac{1{,}7 \cdot 10^6}{362} = 4700$$

$$B_{i\,min} = 7200; \qquad B_{i\,mitt} = 7860; \qquad B_{i\,max} = 8600$$

$$\Phi_m \quad = 1{,}15 \cdot 1{,}7 \cdot 10^6 = 1{,}95 \cdot 10^6$$

$$B_m \quad = \frac{1{,}95 \cdot 10^6}{346} = 5650$$

$$B_j \quad = \frac{1{,}95 \cdot 10^6}{420} = 4650.$$

Die der Tourenzahl $n = 900$ bei 220 Volt entsprechenden Ampèrewindungen sind somit gleich

$$\begin{aligned}
AW_a &= 0{,}7 \cdot 17 \quad \ldots\ldots\ldots\ldots &= \quad 12\\
AW_z &= 5\,\frac{1{,}5 + 4 \cdot 1{,}8 + 2{,}3}{6} \quad \ldots\ldots &= \quad 9\\
AW_m &= 2{,}7 \cdot 54 \quad \ldots\ldots\ldots\ldots &= \quad 145\\
AW_j &= 2 \cdot 53 \quad \ldots\ldots\ldots\ldots &= \quad 106\\
AW_l &= 0{,}59 \cdot 3600 \quad \ldots\ldots\ldots &= \quad 2110\\
AW_r &\cong 0 \quad \ldots\ldots\ldots\ldots\ldots &\\
\hline
& & AW_k = 2382\\
& & AW_t = 7146
\end{aligned}$$

Es wird also

$$\frac{AW_{to}}{AW_t} = \frac{7452}{7146} = 1{,}05$$

$$\frac{2 \cdot AW_{to}}{N \cdot i_a} = \frac{2 \cdot 7452}{280 \cdot 63{,}5} = 0{,}835.$$

Nebenschlusswicklung. Es sind pro Pol:

665 Windungen à 3,8/4,3 mm Drahtdurchmesser
und 200 „ à 4,0/4,5 „ „ vorhanden.

Die gesammte Windungszahl beträgt somit:

$$w_n = 6\,(665 + 200) = 6 \cdot 865 = 5190.$$

Die mittlere Windungslänge ist:

$$l_n = (D_m + 5 \text{ cm}) \cdot \pi = (21 + 5) \cdot 3{,}14 = 82 \text{ cm}.$$

Die Drahtquerschnitte sind:

$$q_n = 3{,}8^2 \cdot \frac{\pi}{4} = 11{,}34 \text{ mm}^2$$

und

$$q_n' = 4{,}0^2 \cdot \frac{\pi}{4} = 12{,}56 \text{ mm}^2.$$

Mit Rücksicht auf die festgelegte Ampèrewindungszahl würde sich ein Querschnitt von

$$q_n = \frac{(1 + 0{,}004\, T_m) \cdot AW_{to} \cdot l_n}{5700 \cdot E} (1{,}1 \text{ bis } 1{,}2)$$

$$= \frac{1{,}2 \cdot 55410 \cdot 82}{5700 \cdot 110} 1{,}2 = 10{,}5 \text{ mm}^2$$

ergeben. Der berechnete Querschnitt zeigt somit keine wesentliche Abweichung von den angegebenen Werthen.

Für eine Temperaturerhöhung $T_m = 50^0$ der Magnetspulen ergiebt sich der Widerstand der Nebenschlusswicklung zu:

$$R_n = \frac{(1 + 0{,}004) \cdot T_m \cdot w_n \cdot l_n}{5700 \cdot q_n} =$$

$$= \frac{1{,}2 \cdot 82}{5700} \cdot 6 \left(\frac{665}{11{,}34} + \frac{200}{12{,}56} \right) = 7{,}7\ \Omega.$$

Wie bereits früher angegeben wurde, braucht der Motor bei beiden Betriebsspannungen die gleichen Erregungen.

Der maximale Erregerstrom der erwärmten Maschine beträgt also:

$$i_{n\,max} = \frac{E}{R_n} = \frac{110}{7{,}7} = 14{,}3 \text{ Amp.}$$

und die maximale Stromdichte:

$$s_{n\,max} = \frac{14{,}3}{11{,}34} = 1{,}26 \frac{\text{Amp}}{\text{mm}^2}.$$

Die experimentell gemessenen Erregerströme bei den verschiedenen Tourenzahlen sind aus Tabelle XII S. 383 ersichtlich.

Verluste: Die ermittelten Verluste sind in der Tabelle XII und Fig. 353 tabellarisch und graphisch in Abhängigkeit von der betreffenden Tourenzahl zusammengestellt, wobei auch zugleich die Wirkungsgrade mitangegeben sind. Diese Bestimmung ist für die beiden Leistungen des Motors getrennt vorgenommen. Was die einzelnen Verlustbeträge betrifft, so sind die Leerlauf- und Erregerverluste, von denen die ersteren wieder in die Bestandtheile $W_h + W_w = W_{h+w}$ und W_ϱ zerlegt sind, auf experimentellem Wege gefunden. Die beiden konstanten Verluste im Anker und am Kollektor sind in folgender Weise berechnet worden.

Der Ankerwiderstand beträgt:

$$R_a = \frac{N}{(2\,a)^2} \cdot \frac{l_a(1 + 0{,}004 \cdot T_a)}{5\,700 \cdot q_a}$$

$$= \frac{280}{(2)^2} \cdot \frac{68\,(1 + 0{,}004 \cdot 40)}{5\,700 \cdot 35} = 0{,}0276,$$

wobei die Stablänge gleich

$$l_a \cong l_1 + 1{,}4 \cdot \tau + 5 \text{ cm} = 24 + 1{,}4 \cdot 27{,}8 + 5 = 68 \text{ cm}$$

gesetzt ist.

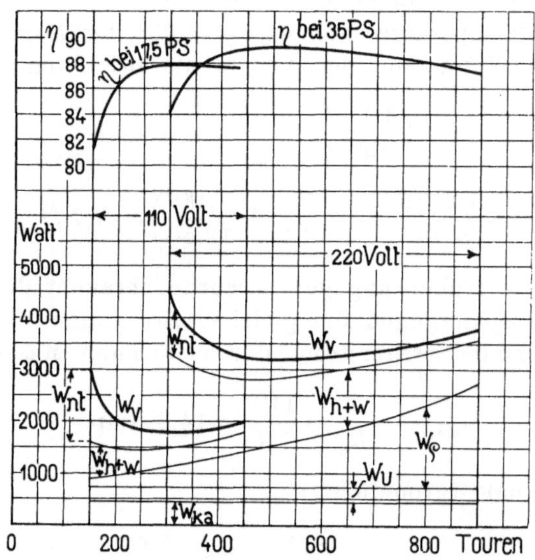

Fig. 353. Verluste und Wirkungsgrade eines Nebenschlussmotors mit regulirbarer Tourenzahl der Ges. f. el. Ind., Karlsruhe.

Man erhält dann einen Spannungsverlust im Anker von:

$$J_a R_a = 127 \cdot 0{,}0276 = 3{,}5 \text{ Volt}$$

und schliesslich einen Wattverlust im Anker von:

$$W_{ka} = J_a^2 R_a = 127 \cdot 3{,}5 \cong 450 \text{ Watt:}$$

Die Kollektorverluste ergeben sich zu:

$$W_u = 2\,J_a (P_g + P_w [f_u - 1])$$

$$= 2 \cdot 127\,(0{,}8 + 0{,}64\,[1{,}5 - 1]) = 285 \text{ Watt,}$$

wobei $f_u = 1{,}5$ und für weiche Kohlen:

$$P_g = 0{,}8; \qquad P_w = 0{,}8\, P_g = 0{,}64$$

angenommen wurde.

Der Spannungsverlust an den Bürsten würde demnach gleich:

$$\frac{W_u}{J_a} = \frac{285}{127} = 2{,}24 \text{ Volt sein.}$$

Tabelle XII.

Leistung d. Motors PS	Tourenzahl n	Erregerstrom i_n Amp.	Erregerverluste $W_{nt} = E \cdot i_n$	Leerlaufsverluste $E \cdot J_o$	Eisenverluste $W_h + W_w$	Reibungsverluste W_ϱ	Stromwärmeverlust im Anker $W_{ka} = J_a^2 R_a$	Kollektorverluste W_u	Gesammtverluste W_v Watt	Wirkungsgrad η
17,5	145	15,2	1670	902	752	150	450	285	3307	0,78
„	157	10,2	1120	858	—	—	„	„	2713	0,82
„	173	7,2	793	770	—	—	„	„	2298	0,845
„	192	5,4	595	736	—	—	„	„	2066	0,86
„	218	4,3	474	736	456	280	„	„	1945	0,87
„	255	3,5	385	748	—	—	„	„	1868	0,875
„	305	2,65	292	770	370	400	„	„	1797	0,877
„	366	2,1	230	880	—	—	„	„	1845	0,876
„	432	1,8	198	990	340	650	„	„	1923	0,873
35	290	15	1650	2860	—	—	„	„	5245	0,825
„	305	10,2	1120	2575	2175	400	„	„	4430	0,845
„	330	7,2	792	2290	—	—	„	„	3817	0,87
„	380	5,4	595	2115	—	—	„	„	3445	0,882
„	430	4,3	474	2090	1440	650	„	„	3299	0,89
„	495	3,5	385	2065	—	—	„	„	3185	0,893
„	615	2,65	292	2270	1220	1050	„	„	3297	0,89
„	745	2,15	234	2540	—	—	„	„	3509	0,88
„	894	1,8	198	2860	860	2000	„	„	3785	0,873

Kontrollrechnung bezüglich Funkenbildung. Bei konstanter Bürstenstellung muss das kommutirende Feld bei Leerlauf gleich:

$$B_k = (\lambda_M + \lambda_q)\, AS \text{ sein.}$$

Die Leitfähigkeiten λ_M und λ_q werden in folgender Weise gefunden:

Es ist $u_n = 4$, während die Anzahl kurzgeschlossener Spulenseiten pro Nut gleich

$$u_k = u\left[\frac{b_1}{\beta} + 1 - (p_w + 1)\frac{a}{p}\right]$$

$$= 2 \left] \frac{1,6}{0,69} + 1 - (1+1)\frac{1}{3} \right] = 2 \cdot 2,65 = 5,3$$

wird. Es wird demnach:

$$\frac{u_k}{u_n} = \frac{5,3}{4} = 1,32.$$

Für die mit Drahtbändern versehene Nut ist das Verhältniss

$$\frac{h_n}{b_n} = \frac{2,5}{10} = 2,5.$$

Man erhält danach aus der Tabelle IV, Seite 311 für λ_M den Werth:

$$\lambda_M \cong 3,0.$$

Für die stark gesättigten Polspitzen kann

$$AW_p = 0,75 \cdot b_i\, AS$$

gesetzt werden, so dass sich aus der Kurve Fig. 338a S. 314 für $c = 0,75$, und $\alpha_i = 0,7$, die Leitfähigkeit

$$\lambda_q = 3,05 \text{ ergiebt.}$$

Es ist also:

$$B_k = (\lambda_M + \lambda_q) \cdot AS = (3,0 + 3,05) \cdot 107 = 650.$$

Der Werth von

$$e_M + e_q = (1 + p_w)\frac{N}{K} \cdot AS \cdot l_i \cdot v\,(\lambda_q + \lambda_M)\, 10^{-6}$$

bleibt nicht konstant, sondern variirt je nach der Grösse der Umfangsgeschwindigkeit v:

Es wird bei $n = 150$ bezw. $v = 4,16$ m/sec.

$$e_M + e_q = (1+1) \cdot 2 \cdot 107 \cdot 24 \cdot 4,16 \cdot (3,0 + 3,05) \cdot 10^{-6} = 0,258 \text{ Volt,}$$

während bei $n = 900$ und $v = 24,96$ m/sec., der maximalen Geschwindigkeit des Motors,

$$e_M + e_q = 0,258 \cdot \frac{24,96}{4,16} = 1,548 \text{ Volt}$$

auf das sechsfache anwächst.

Im gleichen Maasse wie $e_M + e_q$ verändert sich auch die zusätzliche EMK der scheinbaren Selbstinduktion:

$$e_s = f_u \cdot \frac{\beta}{b_r} \cdot (1 + p_w) \frac{N}{K} AS \cdot l_i \cdot v \cdot k_s \lambda_L \cdot 10^{-6}.$$

Dieselbe schwankt zwischen den Grenzen:

$$e_s = 1{,}5 \cdot \frac{0{,}69}{1{,}775} (1 + 1) \cdot 2 \cdot 107 \cdot 24 \cdot 4{,}16 \cdot 2{,}6 \cdot 10^{-6} = 0{,}065 \text{ Volt}$$

und
$$e_s = 0{,}065 \cdot \frac{24{,}96}{4{,}16} = 0{,}39 \text{ Volt.}$$

Es wird hierbei $k_s \lambda_L = 2{,}6$ der Tabelle V, S. 315 entnommen und für den Formfaktor der Werth $f_u = 1{,}5$ eingeführt, während sich die reducirte Breite zu:

$$b_r = b_1 + \beta\left(1 - (1 + p_w)\frac{a}{p}\right) - \delta_i =$$

$$= 1{,}6 + 0{,}69\left(1 - (1 + 1)\frac{1}{3}\right) - 0{,}06 = 1{,}775$$

ergiebt.

Für $P_w = 0{,}64$ wird

$$A = \frac{P_w}{e_s} = \frac{0{,}64}{0{,}065} = 9{,}85 \qquad \text{bei } n = 150 \text{ und}$$

$$A = \frac{0{,}64}{0{,}39} = 1{,}64 \qquad \text{bei } n = 900.$$

Für die maximale Spannung zwischen der Bürstenspitze und den ablaufenden Lamellen erhält man bei den verschiedenen Geschwindigkeiten die Grenzwerthe:

$$P_T'' = \frac{e_M + e_q}{1 - \frac{e_s}{P_w}} = \frac{0{,}258}{1 - \frac{1}{9{,}85}} = 0{,}286 \text{ Volt}$$

und
$$P_T'' = \frac{1{,}548}{1 - \frac{1}{1{,}64}} = 4 \text{ Volt.}$$

Die Maschine arbeitet bei allen Tourenzahlen und Belastungen und konstanter Bürstenstellung funkenfrei.

Gewichte.

Ankerkupfer	59 kg	Ankerbleche	210 kg
Magnetkupfer. . . .	440 „	Magnetkerne	375 „
Kollektorkupfer . . .	38 „	Polschuhe	25 „
Gesammtkupfer	537 kg	Joch	570 „

Achtzehntes Kapitel.

74. Zusammenstellung der Formeln für die Berechnung einer Gleichstrommaschine. — 75. Tabelle über Hauptabmessungen und berechnete Grössen verschiedener Maschinen.

74. Zusammenstellung der Formeln für die Berechnung einer Gleichstrommaschine.

Die nachfolgende Zusammenstellung der Formeln in der Tabelle XIII entspricht einem Berechnungsformular, wie es der Verfasser für die Studirenden der Elektrotechnik an der Karlsruher Hochschule eingeführt hat. Die Formeln sind so gruppirt, dass eine leichte Uebersicht und Prüfung der berechneten Grössen möglich ist. Ihre Aufeinanderfolge entspricht daher nicht ganz dem Gange der Rechnung. Die unterhalb der Formeln stehenden Zahlen bezeichnen die Seiten des Buches, auf welchen nähere Erläuterungen zu finden sind.

In der Tabelle sind die Werthe von fünf verschiedenen Berechnungen einer 500 KW-Maschine 100 Touren 550 Volt mit Compoundwickluug eingetragen. Die Zahlen der III. Kolonne entsprechen dem berechneten Beispiele S. 321. Aus diesen Berechnungen ist der Einfluss der Polzahl auf die Kupfer- und Eisengewichte deutlich sichtbar. Da der Luftspalt δ mit abnehmendem Polbogen kleiner wird, bleibt das Kupfergewicht für 8, 10, 12, 14 und 16 Pole nahezu konstant, während das Eisengewicht nahezu proportional mit der Polzahl abnimmt.

Durch den Uebergang von der Parallelschaltung bei acht Polen zu der Reihenparallelschaltung bei höheren Polzahlen wurde es möglich, für alle Maschinen günstige konstruktive Verhältnisse zu erlangen. Eine Ausrüstung mit Aequipotentialverbindungen ist für alle erforderlich und daher vorgesehen. Die maximale Spannung zwischen den Kollektorlamellen bleibt in jedem Falle erheblich unter dem zulässigen Grenzwerth und die berechneten Spannungen P_T'' werden für die kleineren Polzahlen etwas höher als für die grösseren.

Das Berechnungsformular erhält nun folgende Gestalt:

Gleichstrommaschine.

Hauptschluss-, Nebenschluss-, Compound-, Dynamo- Motor.

500 KW, 100 Umdrehungen, 910 Ampère, 550 Volt, ... PS.

Zahl der Pole .... Type ....

Besondere Bedingungen für die Ausführung:

Die Maschine ist für den Betrieb der Strassenbahn .... bestimmt. Sie soll für konstante Klemmenspannung compoundirt werden und von Leerlauf bis $^5/_4$ Belastung (625 KW) ohne Bürstenverstellung funkenfrei arbeiten. Die Wicklung ist mit Aequipotentialverbindungen zu versehen. Der Wirkungsgrad soll mindestens bei Vollast $92\,^0/_0$ und bei Halblast $90\,^0/_0$ betragen. Die Temperaturerhöhung von Anker und Kollektor darf nach 10stündigem Betrieb mit voller Belastung 50^0 C. und die aus der Widerstandszunahme berechnete Temperaturerhöhung der Magnetspulen 60^0 C. nicht überschreiten.

Tabelle XIII.

	I	II	III	IV	V	
Armatur: Polzahl $2p$ (S. 264 u. f. Bd. II) =	8	10	12	14	16	
$\frac{6\cdot 10^{11}}{\alpha_i \cdot B_l \cdot AS} = \frac{D^2 \cdot l_i \cdot n}{KW}$ (S. 270 u. 281 Bd. II) =	41,5	41,5	41,5	42,5	42	10^4
Eisendurchmesser D (S. 280 Bd. II) . . =	200	220	240	250	260	cm
Eisendurchmesser innen D_i . . . . =	146,4	171	196,8	209,6	220	"
Ideelle Eisenlänge l_i (S. 280 Bd. II) . . . =	52	43	36	34	31	"
Eisenlänge (ohne Luftschlitze) l (S. 282 Bd. II) =	48	39	33	31	28	"
Eisenlänge (mit Luftschlitzen) l_1 (S. 38 Bd. II) =	52	43	36	34	31	"
Umfangsgeschwindigkeit v (S. 261 Bd. II) =	10,5	11,5	12,5	13,1	13,6	m/sec.
Wicklungsart (S. 255 Bd. II) . . . . . . =	Parallelschaltung	Reihenparallel	Reihenparallel	Reihenparallel	Reihenparallel	
Halbe Anzahl der Ankerstromzweige a . =	4	5	3	4	4	
Erregerstromstärke im Nebenschluss i_n . = (Fig. 332 S. 285 Bd. II)	10	10	10	10	10	Amp.
Stromstärke pro Zweig $\frac{J \pm i_n}{2 \cdot a} = i_a$ . . = (S. 284 Bd. II)	116	92,5	154	116	116	"
Lineare Belastung AS (S. 271 Bd. II) . =	231	244	248	241	241	
Anzahl der Armaturdrähte $\frac{\pi \cdot D \cdot AS}{i_a} = N$ = (S. 284 Bd. II)	1248	1830	1218	1632	1704	
Ankerkonstante $\frac{N}{K} \cdot AS \cdot l_i \cdot v \cdot 10^{-6}$ (S. 288 II.) =	0,252	0,238	0,222	0,213	0,202	
Wicklungsschritt: (S. 34 Bd. I) Kollektorseite y_1 . =	159	181	101	117	107	
Wicklungsschritt: hintere Seite y_2 . = (S. 287 Bd. II)	157	183	101	115	105	
Potententialschritt y_p: (S. 61 u. 62 Bd. I)						
für Schleifenwicklung $y_p = \frac{K}{p}$ . . = (S. 62 Bd. I)	156	—	—	—	—	
für Wellenwicklung $y_p = x \cdot y_k \mp 1$ (S. 66 Bd. I) $\left(\text{wo } y_k = \frac{K \pm a}{p}\right)$ . . . . =	—	183	203	117 & 233	213	

Auszuführende Potentialschritte,

Lamelle 1 mit .... mit .... mit .... mit .... mit .... mit .... mit ....

" .... " .... " .... " .... " .... " .... " .... " ....

" .... " .... " .... " .... " .... " .... " .... " ....

	I	II	III	IV	V	
Gesammtzahl der mit Aequipotentialverbindungen versehenen Lamellen . =	48	101	87	102	142	
(Das Zahlenschema für die Aequipotentialverbindungen ist aufzustellen.)						
Querschnitt einer Aequipotentialverbindung q_s (S. 86 Bd. II) . . . . =	30	12,6	12,6	12,6	12,6	mm²
Stromdichte $s_a \cong \frac{250 \text{ bis } 500}{AS}(1 + 0{,}1 \cdot v)$. = (S. 289 Bd. II)	3,0	3,08	3,15	3,0	3,07	$\frac{\text{Amp.}}{\text{mm}^2}$
Draht-Stab-Querschnitt q_a (S. 289 Bd. II) =	38,4	30	49	38,4	37,8	mm²
Draht-Stab-Dimension nackt . . . . . . =	2,8 · 13,7	2 · 15	3,8 · 13	2,8 · 13,7	2,7 · 14	mm
Draht-Stab-Dimension isolirt (S. 67 Bd. II) =	3,6 · 14,5	2,8 · 15,8	4,6 · 13,8	3,6 · 14,5	3,5 · 14,8	mm
Halbe Länge einer Windg. $l_a \cong l_1 + 1{,}4\,\tau + 5$ =	167	133	129	117,5	107,5	cm

	I	II	III	IV	V	
Nutenzahl Z (S. 286 u. 291 Bd. II) . . . =	208	305	305	272	284	
Nutenform (S. 72 Bd. II) Figur. . . . =	Keilverschlossen	Keilverschlossen	Keilverschlossen	Keilverschlossen	Keilverschlossen	
Nutenweite (S. 78 Bd. II) Figur. . . . =	13,8	10,6	12	13,8	13,5	mm
Nutentiefe Figur. . . . =	42	45	41	42	43	mm
Stäbe pro Nut (S. 286 Bd. II) . . u_n =	6	6	4	6	6	
Zahntheilung am Umfang $t_1 = \frac{\pi D}{Z}$ . . =	30,2	22,6	24,7	28,9	28,8	mm
Zahntheilung am Fuß t_2 . . . . =	28,9	21,7	23,8	27,9	27,7	mm
Zahndicke am Umfang z_1 . . . . =	16,4	12,0	12,7	15,1	15,3	mm
Zahndicke am Fuss $z_2 = \frac{t_1 \cdot B_l}{k_2 \cdot B_{i\,max}} \frac{l_i}{l}$. = (S. 292 Bd. II)	15	11,1	11,8	14,1	14,2	mm
Dicke des Eisenblechs $\triangle$ . . . . =	0,5	0,5	0,5	0,5	0,5	mm
Isolation zwischen den Blechen $100\,(1 - k_2)$ = (S. 37 Bd. II)	10	10	10	10	10	%
Eisenhöhe (ohne Zähne) $h = \frac{\Phi_b}{2 \cdot l \cdot k_2 \cdot B_a}$. = (S. 293 Bd. II)	22,6	20	17,5	16,5	15,7	cm
Effektiver Eisenquerschnitt $l \cdot h \cdot k_2$ . . . =	975	700	520	460	396	cm²
Kraftlinienlänge L_a . . . . =	60	55	54	46	41	cm
Tang. Zug der **Drahtbänder**						
$\frac{N \cdot q_a \cdot l_2}{3400 \cdot D} \cdot v^2 = T$ (S. 89 Bd. II) . . . . . =	—	—	—	—	—	kg
Axiale Länge eines Ankerdrahtes $(N)\,l_2$. =	—	—	—	—	—	cm
Material der Drahtbänder . . . . =	—	—	—	—	—	
Beanspruchung der Drähte . . . . . . =	—	—	—	—	—	kg/cm²
Durchmesser der Drähte . . . . =	—	—	—	—	—	mm
Anzahl der Bänder . . . . =	—	—	—	—	—	
Breite eines Bandes . . . . =	—	—	—	—	—	cm
Riemenscheibe (S. 31 Bd. II) Durchmesser . . . . =	—	—	—	—	—	cm
Riemenscheibe (S. 31 Bd. II) Breite (S. 33 Bd. II) . =	—	—	—	—	—	cm
Riemengeschwindigkeit v_r . . . . =	—	—	—	—	—	m/sek.
Beanspruchung des Riemens . . . . . =	—	—	—	—	—	kg/cm²
Wellendurchmesser (S. 1 Bd. II) . . . =	—	—	—	—	—	cm
Zapfen Durchmeser d (S. 11 Bd. II) . =	—	—	—	—	—	cm
Zapfen Länge l_z . . . . =	—	—	—	—	—	cm
Umfangsgeschwindigkeit v_z . . . . . . =	—	—	—	—	—	m/sek.
Zapfendruck Q . . . . =	—	—	—	—	—	kg
Zapfendruck pro cm² . . . . =	—	—	—	—	—	kg/cm²
Zapfentemperatur T_z (S. 497 Bd. I) . . =	—	—	—	—	—	° C.
Polschuh: Material (S. 163 Bd. II) . . =	Eisenblech	Eisenblech	Eisenblech	Eisenblech	Eisenblech	
Länge l_p $(\geq l_1)$ . . . . =	52	43	36	34	31	cm

	I	II	III	IV	V	
Polbogen b_p (üb. die Polspitzen gemessen) =	—	—	45,5	—	—	cm
Polbogen b_i (S. 280 u. 284 Bd. II) . . =	56	48,5	44	39,2	35,8	cm
Poltheilung $\frac{\pi D}{2p} = \tau$ . . . . =	78,5	69,1	62,8	56	51,1	cm
Verhältniss $\frac{l_i}{b_i}$ (S. 267 u. 280 Bd. II) . . =	0,93	0,89	0,82	0,87	0,87	
Verhältniss $\frac{b_i}{\tau} = \alpha_i$ (S. 270 Bd. II) . . =	0,713	0,7	0,7	0,7	0,7	
$\frac{(1-\alpha_i)\cdot\tau}{t_1}$ (S. 286 Bd. II) . . . . =	7,45	9,2	7,63	5,81	5,32	
Polbohrung . . . . =	201,6	221,4	241,2	251,1	261	cm
Luftzwischenraum $\delta = \frac{(1{,}2 \text{ bis } 2 \cdot b_i \cdot AS) - AW_z}{1{,}6 \cdot k_1 \cdot B_l}$ (S. 299 Bd. II) =	0,8	0,7	0,6	0,55	0,5	cm
$k_1 = \frac{t_1}{z_1 + X \cdot \delta}$ (S. 284 Bd. II, Anm.) (Fig. 330, S. 283 Bd. II) . =	1,13	1,17	1,19	1,22	1,23	
$(k_1 - 1) B_l \cdot \frac{Z \cdot n}{10^5 \cdot 60}$ (S. 490 Bd. I) . . . . =	4,25	7,83	8,7	9,0	9,85	
Magnetschenkel: Material (S. 163 Bd. II) =	Stahlguss	Stahlguss	Stahlguss	Stahlguss	Stahlguss	
Länge in der Achsenrichtung . . . . . =	—	—	—	—	—	cm
Breite — Durchmesser . . . . =	50	41,5	36	33	30,5	cm
Rad. Höhe inkl. Polschuh (S. 302 Bd. II) =	37,5	32	27,5	28	24	cm
Querschnitt Q_m . . . . =	1963,5	1353	1017,9	855,3	730,6	cm²
Kraftlinienlänge L_m . . . . =	2·40	2·35	2·31	2·30	2·27	cm
Joch: Material (S. 167 Bd. II) . . . . =	Stahlguss	Stahlguss	Stahlguss	Stahlguss	Stahlguss	
Länge in der Axenrichtung . . . . . . =	60	50	44	40	36	cm
Radiale Höhe . . . . =	19	16	13,5	13	12	cm
Querschnitt Q_j . . . . =	1140	800	594	520	432	cm²
Kraftlinienlänge L_j . . . . =	105	90	76	63	58	cm
Kollektor: Material (S. 93 Bd. II) . . . =	Kupfer	Kupfer	Kupfer	Kupfer	Kupfer	
Durchmesser D_k (S. 294 Bd. II) . . . . =	150	180	145	195	205	cm
Nutzbare Breite (S. 296 Bd. II) . . . . =	22	22	18	15	15	cm
Anzahl der Lamellen $K \geq \frac{N \cdot AS \cdot l_i \cdot v}{(2{,}5 \text{ bis } 3{,}5) \cdot 10^5}$ (S. 287 u. 288 Bd. II) $\cong 0{,}037 \text{ bis } 0{,}04\, N \cdot \sqrt{i_a}$ . . . . . =	624	915	609	816	852	
Breite einer Lamelle aussen β . . . . . =	0,666	0,538	0,66	0,66	0,665	cm
Art der Isolation (S. 94 u. 295 Bd. II) . =	Mika	Mika	Mika	Mika	Mika	
Dicke der Isolation . . . . =	0,9	0,8	0,9	0,9	0,9	mm
Maximale Spannung zwischen zwei Lamellen $E_{dk\,max} = \frac{3raE}{K}$ (S. 103 Bd. I u. S. 286 Bd. II) =	10,6	9,02	16,3	16,2	15,5	Volt

	I	II	III	IV	V	
Lamellen pro Polpaar $\frac{K}{p}$ . . . . =	156	183	101,5	116,6	106,5	
Umfangsgeschwindigkeit v_k . . . . =	7,8	9,45	7,6	10,2	10,75	m/sek.
Bürsten: Material . . . . =	Kohle	Kohle	Kohle	Kohle	Kohle	
Anzahl der Stifte p_1 . . . . =	8	10	12	14	16	
Stromstärke pro Stift . . . . =	230	185	154	132	115	Amp.
Bürsten pro Stift . . . . =	6	5	5	4	4	
Abmessungen der Berührungsfläche einer Bürste { Breite b_1 . . =	2,5	2	2	2,2	2	cm
Abmessungen der Berührungsfläche einer Bürste { Länge . . =	3,0	3,5	3	3	2,8	cm
Fläche aller Bürsten F_b (S. 295 Bd. II) =	360	350	360	370	358	cm²
Stromdichte (S. 373 Bd. I) . . . . =	5,1	5,25	5,13	5	5,15	$\frac{\text{Amp.}}{\text{cm}^2}$
Berechnung der Erregung für Leerlauf.						
Kraftfluss $\Phi = \frac{E \cdot 60 \cdot 10^8 \cdot a}{N \cdot n \cdot p}$ (S. 44 Bd. I) . =	26,4	18	13,6	11,5	9,68	10^6
Ideeller Polbogen b_i (S. 211 Bd. I) . . . =	56	48,5	44	39,2	35,8	cm
Ideelle Ankerlänge l_i . . . . =	52	43	36	34	31	cm
Mittlere Induktion im Luftzwischenraume (S. 271 Bd. II) $B_l = \frac{\Phi}{b_i \cdot l_i}$ . . =	9000	8650	8600	8650	8750	
Induktion im Anker $B_a = \frac{\Phi}{2 \cdot l \cdot h \cdot k_2}$ (S. 294 Bd. II) . . . =	13500	12900	13100	12500	12500	
Ideelle Zahninduktion (S. 222 Bd. I)						
$B_{i\,min} = \frac{t_1 \cdot \Phi}{k_2 \cdot z_1 \cdot l \cdot b_i} = \frac{t_1 \cdot B_l \cdot l_i}{k_2 \cdot z_1 \cdot l}$ . . =	20000	20000	20200	20000	20200	
$B_{i\,max} = \frac{t_1 \cdot \Phi}{k_2 \cdot z_2 \cdot l \cdot b_i} = \frac{t_1 \cdot B_l \cdot l_i}{k_2 \cdot z_2 \cdot l}$ . . =	21900	21600	21800	21600	21800	
Wirkliche Zahninduktion (S. 223 Bd. I) { $B_{w\,min}$ . . . =	19600	19650	19700	19600	19700	
Wirkliche Zahninduktion (S. 223 Bd. I) { $B_{w\,max}$ . . . =	21000	20800	21000	20800	21000	
Streuungskoefficient angenähert (S. 236 Bd. I)						
$\sigma \cdot \sigma_a = \left[1 + \frac{5\delta}{b_i \cdot l_i}(\Sigma\lambda_p + \Sigma x\lambda_m + \Sigma x\lambda_j)\right] \cdot \sigma_a$ =	1,1	1,1	1,1	1,1	1,1	
Maximale Induktion im Luftzwischenraum $B_l \cdot k_1$ . . . . =	10200	10200	10200	10500	10700	
$\Phi_m = \sigma \cdot \sigma_a \cdot \Phi$ (S. 300 Bd. II) . . . . . =	29,0	19,8	15,0	12,6	10,6	10^6
$B_m = \frac{\Phi_m}{Q_m}$ (S. 300 Bd. II) . . . . =	14900	14700	14600	14700	14500	
$B_j = \frac{\Phi_m}{2 Q_j}$ (S. 300 Bd. II) . . . . . . =	12700	12300	12600	12100	12300	
$AW_a = aw_a \cdot L_a$ (S. 225 Bd. I) . . . . =	810	620	650	440	350	
$AW_z = L_z \cdot \frac{aw_{z\,min} + 4\,aw_{z\,mit} + aw_{z\,max}}{6}$ (S. 225 Bd. I) . =	2820	3120	2800	2800	2800	

		I	II	III	IV	V	
$AW_m = aw_m \cdot L_m$ (S. 226 Bd. I)	=	2160	1960	1800	1800	1540	
$AW_j = aw_j \cdot L_j$ (S. 226 Bd. I)	=	1490	1210	1140	820	810	
$AW_l = 1{,}6\, B_l \cdot \delta \cdot k_1$ (S. 207 Bd. I)	=	13000	11300	10000	9300	8550	
AW_{ko}	=	20280	18210	16390	15160	14050	
$AW_{to} = p\,AW_{ko}$	=	81120	91050	98340	106120	112400	
Berechnung der Erregung bei einer Belastung von E	=	550	550	550	550	550	Volt
J	=	910	910	910	910	910	Amp.
E_a (S 299 Bd. II)	=	572	572	572	572	572	Volt
$\Phi_b = \dfrac{E_a \cdot 60 \cdot 10^8 \cdot a}{N \cdot n \cdot p}$	=	27,3	18,8	14,1	12	10	10^6
$B_l = \dfrac{\Phi_b}{b_i \cdot l_i}$ (S. 271 Bd. II)	=	9350	9050	8900	9050	9050	
$B_a = \dfrac{\Phi_b}{2 k_2 \cdot l \cdot h}$ (S. 292 Bd. II)	=	14000	13400	13600	13100	12600	
$B_{i\,min} = \dfrac{t_1 \cdot B_l \cdot l_i}{k_2 \cdot z_1 \cdot l}$	=	20800	20800	21000	21000	21000	
$B_{i\,max} = \dfrac{t_1 \cdot B_l \cdot l_i}{k_2 \cdot z_2 \cdot l}$	=	22600	22600	22600	22600	22600	
$B_{w\,min}$	=	20300	20300	20400	20400	20400	
$B_{w\,max}$	=	21450	21500	21500	21500	21500	
$\sigma_a \cdot \sigma_b = \left[1 + \dfrac{2(AW_l + AW_z + AW_a + AW_r)}{\Phi_b} (\Sigma\lambda_p + \Sigma x \cdot \lambda_m + \Sigma x \cdot \lambda_j)\right] \sigma_a$ (S. 235 u. 272 Bd. I)	=	1,1	1,1	1,12	1,12	1,12	
$\Phi_m = \sigma_a \cdot \sigma_b \cdot \Phi_b$	=	30	20,7	15,8	13,4	11,2	10^6
$B_m = \dfrac{\Phi_m}{Q_m}$ (S. 300 Bd. II)	=	15300	15300	15500	15650	15300	
$B_j = \dfrac{\Phi_m}{2 Q_j}$ (S. 300 Bd. II)	=	13200	13000	13300	12900	13000	
$AW_a = aw_a \cdot L_a$	=	1050	750	785	550	410	
$AW_z = L_z \cdot \dfrac{aw_{z\,min} + 4\,aw_{z\,mit} + aw_{z\,max}}{6}$	=	3700	4000	3700	3940	3860	
$AW_m = aw_m \cdot L_m$	=	2960	2600	2420	2520	2000	
$AW_j = aw_j \cdot L_j$	=	1940	1530	1440	1040	990	
$AW_l = 1{,}6\, B_l \cdot \delta \cdot k_1$	=	13500	11800	10400	9740	8950	
AW_r (Seite 271 Bd. I) für Wellenwicklung (Seite 273 Bd. I) $k_r (\tau - b_i)\, AS$[1] $- w \cdot i_a \left(\dfrac{y_1 - y_2}{2}\right)$	=	—	3700	3500	3040	2700	

[1]) Bei Generatoren kann je nach der Bürstenverschiebung $k_r \simeq 0{,}5$ bis 1 und bei Motoren $k_r \simeq 0{,}25$ bis 0,75 gesetzt werden. Bei Maschinen, deren Bürsten in der geometrisch neutralen Zone stehen, ist $AW_r = AW_q$ und kann bei gut gesättigten Maschinen gleich 400 bis 600 gesetzt werden, bei gering gesättigten ist $AW_q \simeq 0$. (Bestimmung von AW_q s. S. 255 Bd. I.)

	I	II	III	IV	V	
für Schleifenwicklung (Seite 273 Bd. I) $k_r(\tau - b_i\, AS^1) - w \cdot i_a\left(\frac{S}{p} - [y_2+1]\right)$ =	3900	—	—	—	—	
für Gramme'sche Wicklung $k_r(\tau - b_i)\, AS^1)$ . . . . =	—	—	—	—	—	
AW_k . . . . =	27050	24380	22245	20830	18910	
$AW_t = p \cdot AW_k$ . . . . =	108200	121900	133470	145810	151280	
$\frac{AW_t}{AW_{to}}$ . . . . =	1,335	1,331	1,356	1,37	1,345	
$\frac{2 \cdot AW_t}{N \cdot i_a}$ . . . . =	1,49	1,44	1,42	1,53	1,53	
Erregerwicklung.						
Hauptschluss: (S. 308 Bd. II)						
Zahl der Spulen . . . . =	8	10	12	14	16	
Schaltung der Spulen . . . . =	4 Grupp. ‖	2 Grupp. ‖	4 Grupp. ‖	2 Grupp. ‖	4 Grupp. ‖	
Windungen pro Spule . . . . =	15,5	7,5	13,5	6,5	10,5	
Windungen total $\frac{AW_t}{J} = w_h$ [2]) . . . . . =	124	75	162	91	168	
Stromdichte s_h . . . . =	1,56	1,56	1,56	1,56	1,56	$\frac{\text{Amp.}}{\text{mm}^2}$
Drahtquerschnitt $q_h = \frac{J}{s_h}$ . . . . =	146	2·146	146	2·146	146	mm^2
Drahtdimension nackt und isolirt . . . =	2,7·54	2·(2,7·54)	2,7·54	2·(2,7·54)	2,7·54	mm
Radiale Höhe des Wicklungsraumes (Fig. 343 S. 337 Bd. II) . . =	5,2	4,7	4,6	4,4	3,5	cm
Breite des Wicklungsraumes (S. 168 Bd. II) . =	5,4	5,4	5,4	5,4	5,4	cm
Mittlere Länge einer Windung l_h . . . =	173	143	130	120	115	cm
Widerstand $\frac{(1+0{,}004 \cdot T_m \cdot)\, w_h \cdot l_h}{5700 \cdot q_h} = R_h$. = (S. 489 Bd. I)	0,00194	0,00194	0,0019	0,00197	0,00174	Ohm
Anlasswiderstand (Motor) r_h . . . . . =	—	—	—	—	—	Ohm
Maximale Stromstärke beim Anlassen $\frac{E}{R_a + R_h + r_h}$ . . . . =	—	—	—	—	—	Amp.
Nebenschluss: (S. 304 Bd. II)						
Zahl der Spulen . . . . =	8	10	12	14	16	
Schaltung der Spulen . . . . =	Serie	Serie	Serie	Serie	Serie	
Windungen pro Spule . . . . =	1170	1072	1000	960	884	
Mittl. Länge einer Windung l_n . . . . =	174	148	130	121	115	cm

[1]) Siehe Anm. 1 S. 392.

[2]) Bei Compoundmaschinen ist $\frac{AW_t - AW_{to}}{J} = w_h$.
(S 171 u. 309 Bd. II und S. 444 Bd. I.)

	I	II	III	IV	V	
q_n[1]) $= \frac{[1+0{,}004\,T_m\cdot]\,AW_t\cdot l_n}{5700\cdot E}\cdot 1{,}1$ bis $1{,}2$ =	5,73	5,73	5,31	5,31	5,31	mm²
Drahtdurchmesser nackt und isolirt . . =	2,7/3,3	2,7/3,3	2,6/3,2	2,6/3,2	2,6/3,2	mm
Stromdichte bei Volllast s_n . . . . . . =	1,50	1,48	1,5	1,5	1,5	$\frac{\text{Amp.}}{\text{mm}^2}$
i_n bei Volllast $= q_n\cdot s_n$ . . . . =	8,65	8,5	8,0	8,0	8,0	Amp.
Totale Windungszahl $w_n = \frac{AW_t}{i_n}$ . . . . =	9360	10720	12000	13440	14144	
i_n bei Leerlauf $= \frac{AW_{to}}{w_n}$ . . . . =	—	—	—	—	—	Amp.
$i_{n\,min} = (0{,}7$ bis $0{,}9)\cdot i_n$ . . . . =	8,0	8,0	7,2	7,5	7,5	Amp.
Widerstand $R_n = \frac{(1+0{,}004\,T_m)\cdot w_n\cdot l_n}{5700\,q_n}$. =	60	59	62	64,5	64,5	Ω
$i_{n\,max} = \frac{E}{R_n}$ . . . . =	9,18	9,35	8,9	8,55	8,55	Amp.
Regulirwiderstand $r_n = \frac{E}{i_{n\,min}} - R_n$ . . =	9,0	10,0	14,0	9,0	9,0	Ω
Radiale Höhe des Wicklungsraumes . . = (S. 168 Bd. II)	27	23,0	18,0	19,5	16,5	cm
Breite des Wicklungsraumes . . . . . =	5,0	5,3	5,5	5,0	5,5	cm
Verluste und Wirkungsgrad.						
Armatur:						
Verluste im Eisen: (S. 460 ff. Bd. I)						
Periodenzahl $c = \frac{p\cdot n}{60}$ . . . . =	6,66	8,35	10,0	11,65	13,3	
Hysteresiskonstante $\sigma_h = \frac{\eta}{0{,}0016}$ . . . =	2	2	2	2	2	
Eisenvolumen des Kernes V_a . . . . . =	520	420	347	305	292	dm³
Eisenvolumen der Zähne V_z . . . . =	59	55,5	45,5	47	45,5	dm³
Hysteresisverlust im Ankerkern $W_{ha} = \sigma_h\cdot\left(\frac{c}{100}\right)\left(\frac{B_a}{1000}\right)^{1,6}\cdot V_a$ . . . . = (Fig. 366 S. 458 Bd. I)	4850	4500	4500	4400	4500	Watt
Hysteresisverlust in den Zähnen $W_{hz} = \sigma_h\cdot k_4\cdot\left(\frac{c}{100}\right)\left(\frac{B_{z\,min}}{1000}\right)^{1,6}\cdot V_z$ . . . = (Fig. 373 S. 464 Bd. I)	1020	1220	1150	1370	1520	Watt
Wirbelstromkonstante σ_w . . . . =	15	15	15	15	15	
Wirbelstromverlust im Ankerkern $W_{wa} = \sigma_w\cdot\left(\triangle\cdot\frac{c}{100}\cdot\frac{B_a}{1000}\right)^2\cdot V_a$ . . =	1700	2180	2360	2700	3060	Watt

[1]) Bei Compoundmaschinen, wo eine Nebenschlussregulirung in weiterem Umfange nicht verlangt wird, ist

$$q_n = \frac{(1+0{,}004\,T_m)\,AW_{to}\cdot l_n}{5700\cdot E}\cdot 1{,}0 \text{ bis } 1{,}1.$$

	I	II	III	IV	V	
Wirbelstromverlust in den Zähnen $W_{wz} = \sigma_w \cdot k_5 \cdot \left(\triangle \cdot \frac{c}{100} \cdot \frac{B_{z\,min}}{1000}\right)^2 \cdot V_z$ . . . = (Fig. 377 S. 469 Bd. I)	410	600	700	1000	1250	Watt
Totaler Eisenverlust $W_h + W_w = W_{ha} + W_{hz} + W_{wa} + W_{wz}$. =	7980	8500	8710	9470	10330	Watt
Verluste im Kupfer: (S. 472 Bd. I)						
Ankerwiderstand $R_a = \frac{N}{(2a)^2} \cdot \frac{l_a(1 + 0{,}004\,T_a)}{5700\,q_a}$ . . . =	0,0173	0,0165	0,0181	0,0159	0,0154	Ohm
Spannungsverlust in der Ankerwicklung $J_a \cdot R_a$ . . . . =	16	15,2	16,7	14,7	14,2	Volt
Wattverlust $W_{ka} = J_a^2 \cdot R_a$ (S. 291 Bd. II) =	14800	14000	15400	13600	13200	Watt
Bei kleinen Ankern: (S. 524 Bd. I)						
Abkühlungsfläche $A_a = \pi D l_1 + \frac{\pi}{2} D^2$. =	—	—	—	—	—	cm²
Specifische Kühlfläche $a_a = \frac{A_a}{W_{ka} + W_h + W_w}(1 + 0{,}1\,v)$. =	—	—	—	—	—	cm² pro 1 Watt
Temperaturerhöhung $T_a = \frac{400 \text{ bis } 550}{a_a}$. =	—	—	—	—	—	°C.
Bei grossen Ankern: (S. 526 Bd. I)						
Abkühlungsfläche $A_a = \pi D l_1$ . . . . . =	32600	29800	27200	26600	25300	cm²
Specifische Kühlfläche $a_a = \frac{A_a}{W_{kz} + W_{hz} + W_{wz}}(1 + 0{,}1\,v)$ =	11,0	10	10	9,75	9,10	cm² pro 1 Watt
$W_{kz} = \frac{l_1}{l_a} \cdot W_{ka}$ . . . . =	4600	4520	4300	3940	3800	Watt
Temperaturerhöhung $T_a = \frac{250 \text{ bis } 450}{a_a}$. =	32	35	35	36	38	°C.
Kollektorverluste:						
Uebergangsverlust (S. 485 Bd. I) $W_u = 2 J_a (P_g + P_w [f_u - 1])$ . . . =	2300	2300	2300	2300	2300	Watt
Spannungsverlust an den Bürsten $= \frac{W_u}{J_a}$ =	2,5	2,5	2,5	2,5	2,5	Volt
Auflagedruck g . . . . =	0,14	0,14	0,14	0,14	0,14	kg/cm²
Reibungskoefficient ϱ . . . . =	0,25	0,25	0,25	0,25	0,25	
Wattverlust durch Reibung (S. 487 Bd I) $W_r = 9{,}81\,v_k \cdot F_b \cdot g \cdot \varrho$ . . . . . . =	970	1135	940	1300	1320	Watt

	I	II	III	IV	V	
Specifische Abkühlungsfläche (S. 530 Bd. I) $a_k = \frac{\pi D_k \cdot L_k}{W_u + W_r}(1 + 0{,}1\, v_k)$ . . . . =	5,65	7,0	4,32	5,15	5,5	cm²pro 1 Watt
Temperaturerhöhung $T_k = \frac{100 \text{ bis } 150}{a_k}$. =	21	17	28	23	22	° C.
Erregerverluste:						
Abkühlungsfläche der Spulen A_m . . . = (S. 521 Bd. I)	61300	57620	52500	58500	58000	cm²
Wattverlust in der Hauptwicklung (S. 489 Bd. I) $W_H = \frac{(1 + 0{,}004\, T_m) \cdot l_h \cdot s_h \cdot AW_t}{5700}$. =	1610	1610	1570	1630	1440	Watt
Wattverlust in der Nebenschlusswicklung (S. 488 Bd. I) $W_n = \frac{(1 + 0{,}004\, T_m) \cdot l_n \cdot s_n \cdot AW_t}{5700}$. =	4500	4260	3960	4130	4120	Watt
Specifische Kühlfläche $a_m = \frac{A_m}{W_H + W_n}$. = (S. 521 Bd. I)	10,0	9,85	9,5	10,1	10,4	cm²pro 1 Watt
Temperaturerhöhung $T_m = \frac{500 \text{ bis } 750}{a_m}$. = (S. 521 Bd. I)	50	51	52	49	48	° C.
Totaler Verlust durch die Hauptschluss-Erregung und Shunt (S. 489 Bd. I): $W_{Ht} = i_h \cdot J_a \cdot R_h$ . . . . =	—	—	—	—	—	Watt
Totaler Verlust durch Nebenschlusserregung: $W_{nt} = E \cdot i_n$ . . . . =	4750	4680	4400	4400	4400	Watt
Verluste durch Lager- und Luftreibung:						
$W_R = 26 \frac{d \cdot l_z}{T_z} \cdot \sqrt{v_z^3}$ . . . . = (S. 498 Bd. I)	5000	5000	5000	5000	5000	Watt
Summe aller Verluste:						
$W_v = W_k + W_h + W_w + W_Q$ . . . . = (S. 501 u. 502 Bd. I)	37410	37225	38320	37700	37990	Watt
Wirkungsgrad:						
$\eta = \frac{\text{Leistung}}{\text{Leistung} + W_v} =$ bei Volllast . . =	93,1	93,1	93	93,1	93	%
bei $^3/_4$ Belastung =	93	92,9	92,8	92,8	92,5	%
bei $^1/_2$ Belastung =	91,5	91,4	91,4	90,9	90,5	%
bei $^1/_4$ Belastung =	86,5	86	86	85,5	84,8	%
Kontrollrechnung bezüglich der Funkenbildung. (S. 311 Bd. II)						
$\lambda_q = 0{,}625 \left[\frac{b_x - \frac{AW_p}{2\,AS}}{\overline{bc}} + \frac{\tau - b_x}{\overline{bf}} \right]$ . . . =	3,2	3,2	3,2	3,2	3,2	

	I	II	III	IV	V	
$\lambda_M = \frac{1}{u_k}\left[\lambda_n+\Sigma\mu_n+\lambda_k+\Sigma\mu_k+\frac{l_s}{l_i}(\lambda_s+\Sigma\mu_s)\right] =$	3,52	4,2	3,4	3,52	3,52	
$e_M+e_q=(1+p_w)\frac{N}{K}\cdot AS\cdot l_i\cdot v(\lambda_q+\lambda_M)\,10^{-6} =$	1,69	1,76	1,46	1,43	1,36	Volt
$k_s\cdot\lambda_L = k_s\cdot\frac{2}{u}\left[\lambda_n+\lambda_h+\frac{l_s}{l_i}\,\lambda_s\right]$ . . . . . $=$	2,4	2,75	3,44	2,4	2,4	
Bürstenbreite im reducirten Schema:						
$b_r = b_1+\beta\left(1-[1+p_w]\,\frac{a}{p}\right)-\delta_i$ . . . $=$	2,41	1,92	2,24	2,488	2,24	
$\frac{b_r}{\beta}$ . . . . $=$	3,62	3,57	3,4	3,77	3,37	
$u_k = u\,\frac{b_r}{\beta}$ [1]) . . . . $=$	7,24	7,14	7,0	7,54	6,74	
$e_s = f_u\cdot\frac{\beta}{b_r}(1+p_w)\frac{N}{K}\cdot AS\cdot l_i\cdot v\cdot k_s\cdot\lambda_L\cdot 10^{-6} =$	0,217	0,238	0,288	0,175	0,187	Volt
$A = \frac{P_w}{e_s}\,(>1)$ . . . . $=$	3,68	3,36	2,78	4,57	4,27	
$P_T'' = \frac{e_M+e_q}{1-\frac{e_s}{P_w}}$ (Bürsten in der für Halblast günstigten Stellung) $=$	2,32	2,52	2,28	1,83	1,78	Volt
(S. 373 u. 386 Bd. I) $B_k = AS\,(\lambda_M+\lambda_q)$ $=$	1550	1800	1640	1630	1620	
$P_T'' = 0{,}75 \text{ bis } 1{,}25 + \frac{2(e_M+e_q)}{1-\frac{e_s}{P_w}}$ (wenn die Bürsten in der geometrisch neutralen Zone stehen) $=$	—	—	—	—	—	Volt
$\frac{AW_l+AW_z}{b_i\cdot AS}$ . . . . $=$	1,33	1,34	1,3	1,45	1,49	

Gewichte in Kilogramm:

Lauf. Maschinen-Nr.	Polzahl	Kupfer:						Eisen:					
	$2p$	Armatur[2]) G_{ka}	Magnete G_{km}	Kollektor G_{kk}	Verhältniss: G_{km}/G_{ka}	$G_{ka}+G_{km}$	$G_{ka}+G_{km}+G_{kk}$	Armatur G_{ea}	Magnete G_{em}	Joch[3]) G_{ej}	$G_{ea}+G_{em}$	Verhältniss: $\frac{(G_{ea}+G_{em})}{(G_{ka}+G_{km})}$	$G_{ea}+G_{em}+G_{ej}$
I	8	715	1110	310	1,55	1825	2135	4550	4660	8500	9210	5,03	17710
II	10	650	1085	370	1,67	1735	2105	3740	3420	6050	7160	4,12	13210
III	12	700	1010	275	1,44	1710	1985	3100	2780	4700	5880	3,44	10580
IV	14	655	1054	320	1,61	1709	2029	2770	2640	4150	5410	3,17	9560
V	16	615	1020	335	1,66	1635	1970	2650	2200	3460	4850	2,97	8310

[1]) $u = \frac{N}{K\cdot w}$ ist für die meist üblichen Wicklungen $= 2$ (S. 28 Bd. I).

[2]) Das geringe Gewicht der Aequipotentialverbindungen ist in G_{ka} nicht enthalten.

[3]) In dem Jochgewicht ist das Gewicht der Füsse nicht enthalten.

75. Tabelle über Hauptabmessungen und

Lauf. No.	Fig. oder Tafel	Beschreib. auf Seite des Buches	Firma	Bemerkungen	
1	290 u. 291	196	Aktien-Gesellschaft „Volta", Reval	Nebenschlussmotor	Motoren
2	—	—	Sté-Electricité et Hydr., Charleroi	Hauptstrommotor	Motoren
3	280 u. 281	185	E.-A.-G. vorm. W. Lahmeyer & Co.	Hauptstrommotor	Motoren
4	283 u. 284	188	Union, E.-G., Berlin	Krahnmotor	Motoren
5	285 u. 286	190	Siemens & Halske, A.-G., Berlin	Strassenbahnmotor	Motoren
6	—[1]	—	Siemens & Halske, A.-G., Berlin	Strassenbahnmotor	Motoren
7	T. II	195	Allgem. Elektr. Ges., Berlin	Strassenbahnmotor	Motoren
8	351 u. 352	373	Gesellsch. f. elektr. Industrie, Karlsruhe	Nebenschlussmotor m.regulirb.Tourenz.	Motoren
9	269 u. 270	174	E.-A.-G. vorm. W. Lahmeyer & Co.	Nebenschlussdynamo	Generatoren
10	—	—	Maschinenfabrik Oerlikon	Nebenschlussdynamo	Generatoren
11	295 u. 296	203	Ges. f. elektr. Industrie, Karlsruhe	Nebenschlussdynamo	Generatoren
12	—	—	A.-G. „Volta", Reval	Nebenschlussdynamo	Generatoren
13	T. III	206	Vereinigte E.-A.-G., Wien	Nebenschlussdynamo	Generatoren
14	—	354	Beispiel	Nebenschlussdynamo	Generatoren
15	300 u. 301	207	Maschinenfabrik Oerlikon	Erregernebenschluss-dynamo	Generatoren
16	276 u. 277	180	Maschinenfabrik Oerlikon	Hauptstrom-Dynamo, mit glatt. Ringanker	Generatoren
17	305 bis 307	212	Brown, Boveri & Co., Baden, Schweiz	Nebenschlussdynamo	Generatoren
18	T. IV	215	Ganz & Co., Budapest	Nebenschlussdynamo	Generatoren
19	—[1]	—	Ges. für elektr. Industrie, Karlsruhe	Compounddynamo	Generatoren
20	293 bis 294	198	A.-G. „Volta", Reval	Compounddynamo	Generatoren
21	302 bis 303	209	Maschinenfabrik Oerlikon	Nebenschlussdynamo	Generatoren
22	310 bis 311	217	Comp. de l'Ind. Élec. et Mécanique	Hochspannungsgen.	Generatoren
23	—[1]	—	Sté. Alsac. de Constr. Mécanique, Belfort	Nebenschlussdynamo	Generatoren
24	—[1]	—	Sté. Electricité et Hydr., Charleroi	Nebenschlussdynamo mit 2 Kollektoren	Generatoren
25	—	321	Beispiel	Strassenbahngenerat.	Generatoren
26	T. V	221	Sté. Electricité et Hydr., Charleroi	do übercompound.	Generatoren
27	T. VI	222	E.-A.-G. vorm. Kolben & Co., Prag	do. do.	Generatoren
28	T. VII	224	Union, E.-G., Berlin	Strassenbahngenerat.	Generatoren
29a	T. IX	228	E.-A.-G. vorm. W. Lahmeyer & Co., Frankfurt a. M.	Doppeldynamo Lichttype	Generatoren
29b	T. IX	228	E.-A.-G. vorm. W. Lahmeyer & Co., Frankfurt a. M.	Doppeldynamo Bahntype	Generatoren
30	T. VIII	226	E.-A.-G. vorm. W. Lahmeyer & Co.	Nebenschlussdynamo	Generatoren
31	—[1]	—	Siemens & Halske A.-G., Wien	Nebenschlussdynamo	Generatoren
32	—[2]	—	General Electric. Comp.	Nebenschlussdynamo	Generatoren
33	—[2]	—	H. Hobart	Nebenschlussdynamo	Generatoren
34	T. X	232	Allgem. Elek.-Ges., Berlin.	Nebenschlussdynamo	Generatoren
35	—	—	Union, E.-G., Berlin	Nebenschlussdynamo	Generatoren

[1]) Siehe „Konstruktionstafeln für Dynamobau". I. Theil. „Die Gleichstrommaschinen", von E. Arnold. Stuttgart, F. Enke. 1902.

[2]) Siehe E. T. Z. 1901, S. 650. H. M. Hobart, Grosse Generatoren für Gleichstrom.

berechnete Grössen verschiedener Maschinen.

Lauf. No.	Leistung		Tourenzahl	Spannung E_k	Strom J	Polpaarzahl	Halbe Anzahl der Ankerstromzweige
	KW	PS	n	Volt	Amp.	p	a
1	—	2	900	220	8,5	2	1
2	—	2	1000	220	9	1	1
3		5	850	110	42	2	1
4	—	8	400	220	33	2	1
5	—	12	635	500	20	2	1
6	—	26	640	600	37,5	2	1
7	—	35	530	500	60	2	1
8	—	35	300 bis 900	220	135	3	1
9	4,5	—	1500	110	41	1	1
10	18	—	1100	125	144	2	1
11	23	—	950	450	50	2	1
12	33	—	300	230	144	2	1
13	55	—	610	120	460	3	3
14	100	—	250	120	834	3	3
15	100	—	150	115	870	3	3
16	132	—	475	2000	66	1	1
17	150	—	500	200	750	3	3
18	165	—	150	550	300	5	1
19	170	—	375	240	710	3	3
20	174	—	275	105	1660	4	4
21	280	—	450	190	1500	3	3
22	337	—	300	2250	150	3	1
23	350	—	70	250	1400	6	6
24	500	—	212	230	2175	6	12
25	500	—	100	550	910	6	3
26	500	—	100	500 bis 550	910	6	4
27	500	—	90	500 bis 550	910	5	5
28	525	—	100	550	956	4	4
29a	700	—	110	290	2420	10	10
29b	700	—	110	660	1060	8	4
30	1000	—	94	240	4170	12	12
31	1000	—	95	550	1820	7	5
32	1000	—	100	575	1740	7	7
33	1000	—	90	500	2000	8	8
34	1320	—	95	145	9100	9	18
35	2000	—	107	550	3640	14	14

Laufende No.	Leistung	Ankerdurchmesser D	Ankerdurchmesser D_i	Eisenhöhe h	Eisenlänge l	Eisenlänge l_1	Zahl der Luftschlitze	Stabzahl	Nutenzahl	Lamellenzahl
		cm	cm	cm	cm	cm		N	Z	K
	PS									
1	2	18	3,6	5	9	9	—	950	24	95
2	2	13,5	3,4	3,3	11,4	11,4	—	990	33	33
3	5	22,5	4,2	5,45	10,4	11,4	1	456	38	76
4	8	30,6	12,6	6,4	11,9	12,5	1	810	45	135
5	12	30	15	4,8	15	15	—	984	41	123
6	26	34,2	6,5	10,7	18	18	—	792	33	99
7	35	32	10,0	7,8	18	18	—	792	33	99
8	35	53	30,5	8,75	23	24	1	280	70	140
	KW									
9	4,5	18	4,8	4,5	13,5	13,5	—	368	46	92
10	18	30	6	9,1	15,6	16,6	1	222	37	111
11	23	35,1	18	6,6	20	21	1	588	37	147
12	33	45	20,2	8,6	22	24	1	538	54	269
13	75	54	28	10	15	18	2	438	73	219
14	100	82	47,8	13,5	24,5	27,5	3	390	65	195
15	100	115	80	14,9	44	44	—	360	180	180
16	132	80	45	17,5	75	75	—	840	210	210
17	150	75	47	10,4	20	23	3	456	114	228
18	165	140	92	20,9	18	21	3	798	133	399
19	170	92	60,5	12,6	29	29	—	492	123	246
20	174	88	60	9,2	28	31	3	368	92	184
21	280	90	52,7	15	38	38	—	374	187	187
22	337	125 Magnetbohrung	88	—	66	70	2	760	—	570
23	350	209	171	14	34	37	3	1792	224	448
24	500	200	155,6	18	36	40	4	1152	288	2×288
25	500	240	196,8	17,5	33	36	3	1218	305	609
26	500	220	170	20,8	41	45	4	1352	338	676
27	500	244	180	27	39,8	47	6	1800	300	900
28	525	183	135	19,4	55,9	64	6	1248	312	624
29a	700	370	310	26,4	21,4	24,4	1	1680	840	840
29b	700	370	310	26,4	21,4	24,4	1	1528	764	764
30	1000	380	320	26	27	30	2	1632	816	816
31	1000	250	204	18	49	54	5	1144	286	572
32	1000	305	250	23	34,4	42	8	2184	364	1092
33	1000	350	281	31,3	24,6	35	8	2304	384	1152
34	1320	320	274	20	45,5	50	3	1152	576	576
35	2000	370	327	18	38	42	4	2520	420	1260

Laufende No.	Wicklungsart	Leiter-dimensionen nackt mm	isolirt mm	Leiterquerschnitt q_a mm²	Stromstärke pro Ankerstromzweig i_a	Stromdichte s_a Amp./mm²	Halbe Länge einer Windung l_a cm	Ankerwiderstand R_a Ohm	Spannungsabfall $J \cdot R_a$ Volt	Drähte pro Nut $\frac{N}{Z}$	Nutendimensionen Tiefe cm	Breite cm
1	Reihenschaltung	1,2	1,5	1,13	4,3	3,8	34	1,47	12,3	40	2,2	0,9
2	Reihenschaltung	1,0	1,3	0,785	4,5	5,7	45	3	27	30	1,75	0,62
3	Reihenschaltung	2×2,1	2,5	2×3,46	21	2,96	41,5	0,139	5,85	12	3,7	0,7
4	Reihenschaltung	1,7×2,5	2,1×2,9	4,25	16,5	3,9	51,0	0,54	17,8	18	2,6	0,9
5	Reihenschaltung	2,03	2,33	3,23	10	3,1	53	0,81	16,2	24	2,7	1,19
6	Reihenschaltung	2,59	—	5,27	18,8	3,56	61	0,485	18,1	24	3,15	1,4
7	Reihenschaltung	2,8	3,0	6,15	30	4,9	58	0,49	29	24	3,2	1,35
8	Reihenschaltung	3,5×10	—	35	63,5	1,81	68	0,0276	3,5	4	2,5	1,0
9	Reihenschaltung	2×1,8	2,2	2×2,55	21,5	4,2	56	0,206	8,45	8	2,2	0,57
10	Reihenschaltung	2×3,4	3,8	2×9,08	73	3,9	54,5	0,0338	4,9	6	2,9	1,0
11	Reihenschaltung	2,8	3,4	6,15	26	4,15	62,5	0,312	15,6	16	1,9	1,65
12	Reihenschaltung	1,2×15	2,1×16	18	74	4,1	76	0,107	16	10	3,8	1,15
13	Reihenparallelschalt.	2,5×11	—	27,5	78	2,84	63	0,00565	2,75	6	3,0	1,1
14	Reihenparallelschalt.	3,6×12	—	43,2	141,5	3,28	92,5	0,0047	4,0	6	3,6	1,54
15	Reihenparallelschalt.	2,7×22	4,1×23,4	59,5	147	2,48	134	0,00475	4,1	2	2,6	0,9
16	Reihenschaltung	5,2	6,0	21,24	33	1,55	230	0,47	31	4	—	—
17	Parallelschaltg.	2,4×12	3,2×12,8	28,8	127	4,4	100,5	0,009	6,75	4	3,6	0,85
18	Reihenschaltung	4×11	—	44	154,5	3,5	85	0,081	24,2	6	3,1	1,7
19	Reihenparallelschalt.	4×12	—	48	120	2,5	102,5	0,0059	4,2	4	3,1	1,15
20	Reihenparallelschalt.	2×(2,3×19)	—	87	211	2,42	81	0,00113	1,87	4	5,0	1,4
21	Parallelschaltg.	4×15	5,5×16,5	60	250	4,16	90	0,0035	5,25	2	3,65	0,68
22	Reihenschaltung	—	—	17	75	4,4	—	0,24	36	—	—	—
23	Parallelschaltg.	2,3×22	—	50	119	2,36	118	0,006	8,4	8	5,0	1,4
24	Reihenparallelschalt.	3×14	—	42	91	2,18	118	0,00116	2,52	4	4,2	1,05
25	Reihenparallelschalt.	3,8×13	4,6×13,8	49	154	3,15	129	0,0181	16,7	4	4,1	1,2
26	Reihenparallelschalt.	3,1×14,5	—	45	115	2,58	131	0,0123	11,2	4	4,2	1,05
27	Parallelschaltg.	2×20	—	40	92,5	2,31	159	0,0146	13,5	6	5,0	1,35
28	Parallelschaltg.	2,3×18,5	—	42,5	122	2,88	170	0,0152	14,5	4	4,45	0,935
29a	Reihenparallelschalt.	3×15	—	45	123	2,74	110,5	0,00217	5,26	2	3,8	0,52
29b	Reihenparallelschalt.	3,5×15	—	52,5	138	2,64	130,5	0,0125	13,2	2	3,8	0,62
30	Reihenparallelschalt.	4×15	—	60	176	2,94	103,5	0,001	4,2	2	3,8	0,62
31	Reihenparallelschalt.	4×18	—	72	182	2,52	135	0,00374	6,8	4	5,0	1,3
32	Parallelschaltg.	2,4×16,5	—	39,6	124	3,2	130	0,00792	13,75	6	4,45	1,27
33	Parallelschaltg.	2,8×12,5	—	35	125	3,57	120	0,00675	13,5	6	3,2	1,34
34	Reihenparallelschalt.	7×11	7,5×11,5	77	254	3,3	128	0,0003	2,73	2	3,0	0,92
35	Parallelschaltg.	—	—	44	131	2,99	105	0,0016	5,7	6	3,5	1,44

Laufende No.	Leistung	Kollektor: Durchmesser D_k cm	Kollektor: Breite L_k cm	Umfangsgeschwindigkeiten: v m/sek.	Umfangsgeschwindigkeiten: v_k m/sek.	Bürsten: Spannung zwischen zwei Lamellen E_{dk} Volt	Bürsten: Material	Bürsten: Anzahl der Stifte p_1	Bürsten: Bürsten pro Stift	Bürsten: Bürstenbreite b_1 cm	Bürsten: Bürstenlänge cm	Bürsten: Stromdichte Amp./cm²
	PS											
1	2	13	4	8,5	6,1	13,9	Kohle	4	1	0,9	1,6	3,0
2	2	10,5	3,5	7,0	5,23	20	Kohle	2	1	1,5	3,0	2
3	5	14	4,8	10,0	6,25	8,7	Kohle	2	1	1,5	3,8	7,4
4	8	24	8	6,45	5,0	9,8	Kohle	4	—	1,0	—	—
5	12	24,5	8	10	8,2	24,4	Kohle	—	—	—	—	—
6	26	22	8	11	7,6	36,4	Kohle	2	2	1,3	2,8	5,2
7	35	23,5	8	8,9	6,5	30,2	Kohle	2	2	1,3	3,5	6,6
8	35	33,5	9,5	8,36 bis 25,08	5,28 bis 15,84	14	Kohle	4	3	1,6	3	4,4
	KW											
9	4,5	13	4,5	14,1	10,2	3,6	Kohle	2	—	1,5	—	—
10	18	20	7,8	17,1	11,4	6,75	Kohle	4	2	1,2	2,5	12
11	23	28	4,6	17	14	18,3	Kohle	4	2	1,5	2	4,35
12	33	33	10	7,1	5,18	5,14	Kohle	4	4	1,2	2,2	5,5
13	55	31	19	17,2	9,9	4,9	Kohle	6	4	1,4	4	7,0
14	100	48	26	10,7	6,3	5,5	Kohle	6	6	2,0	3,6	6,55
15	100	53	17	8,75	4,17	5,75	—	—	—	—	—	—
16	132	60	12	20,6	15	28,6	—	—	—	—	—	—
17	152	52	26,5	19,6	13,6	7,9	—	—	—	—	—	—
18	165	90	16	11	7,0	20,7	—	—	—	—	—	—
19	175	52	25	18	10,2	8,8	—	—	—	1,6	—	—
20	174	70	40	12,7	10,0	6,9	Kohle	8	10	2,4	3,0	5,95
21	280	52,5	46	21,2	12,4	9,1	Kohle	6	13	3	3	4,63
22	237	75,5	14	ca. 19	11,9	35,6	Kohle	4	4	—	—	6,25
23	350	140	28	7,7	5,1	10	—	—	—	—	—	—
24	500	110	2×29	22,2	12,2	14,4	Kohle	24	—	2,0	—	—
25	500	145	18	12,5	7,6	16,3	Kohle	12	5	2,0	3	5,13
26	500	170	20	11,5	8,9	19,4	Kohle	12	4	1,5	4	6,4
27	500	220	19	11,5	10,4	9,2	Kohle	10	—	2,0	—	—
28	525	157,5	25,5	9,57	8,3	10,6	Kohle	8	6	2,5	3	5,4
29a	700	223	30	21,2	12,9	10,4	—	—	—	—	—	—
29b	700	225	15	21,2	13,9	20,7	—	—	—	—	—	—
30	1000	290	30	19,0	14,0	10,6	Kohle	24	8	2	3	7,3
31	1000	208	27	12,5	10	28,8	Kohle	14	10	2,2	2,5	4,8
32	1000	214	38	16	11,2	11,0	Kohle	14	—	1,7	—	—
33	1000	270	38	16,5	12,7	10,4	Kohle	16	—	2,0	—	—
34	1320	220	63	15,9	11,0	4,85	—	—	—	—	—	—
35	2000	270	34	20,7	15,1	13,2	Kohle	28	4	1,9	3,2	5,3

Laufende No.	Luftzwischenraum δ cm	Poltheilung τ cm	$\frac{\text{Polbogen}}{\text{Poltheilung}}$ α_p	Polbogen b_p cm	Länge des Polschuhs l_p cm	Magnetkern: Länge achsial cm	Magnetkern: Breite bezw. Durchmesser cm	Magnetkern: Querschnitt Q_m cm²	Magnetkern: Radiale Höhe inkl. Polschuh cm	Joch: Querschnitt Q_j cm²
1	0,125	14,1	0,78	11	9	8,5	6	51	8,8	30
2	0,25	21,2	0,755	16	10,8	—	10,5	87	5,7	50
3	0,2	17,7	0,7	12,4	11,5	11,5	5,4	56	5,6	55
4	0,3	24	0,76	18,2	12,5	—	13,6	145	7	75
5	0,3	23,5	0,7	16,5	14,6	14,8	11,2	165	—	—
6	ca. 0,3	27	0,7	19	16,8	18	13,0	210	7,6	125
7	0,5	25	0,7	17,5	17	17	15,5	237	11,4	150
8	0,3	27,8	0,755	21	24	—	21	346	24,3	210
9	0,3	28,2	0,43	12,2	13,5	13,5	12,2	148	14	125
10	0,3	23,6	0,695	16,4	15	14,4	8,5	110	10,4	58
11	0,35	27,5	0,785	21,6	21	—	16,5	214	14	154
12	0,3	35,5	0,80	28,5	23,5	—	20,5	330	—	180
13	0,4	28,3	0,765	21,6	19,2	—	15,5	188,7	15	127
14	0,3	43	0,745	32	27,5'	—	25,5	510	20	295
15	1,1	60,5	0,71	43	47	—	37	1075	28	528
16	2,1	126	0,77	97	75	75	19	1430	75	—
17	0,5	39,2	0,715	28	25	—	24	453	20	216
18	0,5	44.5	0,85	37,5	20	—	23	415	26	300
19	0,85	49	0,785	38,5	29	—	28	615	20	450
20	0,2 bis 0,7	35	0,785	27,5	30	30	16	433	16,5	250
21	1,0	47,1	0,69	32,5	36	—	29	660	24	315
22	—	65	0,77	50	—	—	—	1000	—	—
23	0,85	54,5	0,69	37,6	37	37	37	1230	44	910
24	1,0	52	0,73	38	38	—	33	855	26	1100
25	0,6	62,8	0,725	45,5	36	—	36	1018	27,5	594
26	0,7	57,7	0,745	43	43	—	41	1320	34,5	1480
27	0,875	76,65	0,77	59	47	—	45	1590	51,5	880
28	0,8	72	0,75	54	62	—	53	2206	46,5	1714,5
29a	0,9	58	0,725	42	24,4	24,4	33,5	817	27	545
29b	1,0	72,5	0,725	52,5	24,4	24,4	40,9	1000	32	775
30	0,9	49,5	0,77	38	30	—	29	660	26	836
31	0,8 bis 1,2	55,5	0,72	40	49	49	32,5	1430	42	1820
32	0,95	68,9	0,74	51	37	—	40,6	1300	43	1809
33	1,0	69	0,71	49	35	—	38	1140	48	2100
34	1,6	55,8	0,715	40	47	43,5	30	1175	51	1200
35	1,0	41,5	0,79	32,8	—	—	—	—	—	—

Laufende No.	Leistung	Kraftfluss bei Belastung	Streuungskoefficient (angenommen)	Kraftfluss im Magnetkern	Luftinduktion		Ankerinduktion	Zahninduktionen			
		Φ	σ	Φ_m	B_l	$k_1 B_l$	B_a	$B_{i\,min}$	$B_{i\,max}$	$B_{w\,min}$	$B_{w\,max}$
	PS										
1	2	$0{,}726 \cdot 10^6$	1,2	$0{,}865 \cdot 10^6$	7700	10200	8 900	14900	23000	14900	21900
2	2	$1{,}05 \cdot 10^6$	1,25	$1{,}31 \cdot 10^6$	6000	7400	15 500	12900	25600	12900	23800
3	5	$0{,}78 \cdot 10^6$	1,2	$0{,}935 \cdot 10^6$	5700	6800	7 700	9900	23200	9900	22100
4	8	$1{,}76 \cdot 10^6$	1,2	$2{,}1 \cdot 10^6$	8100	9800	12 900	15500	22400	15500	21500
5	12	$2{,}04 \cdot 10^6$	1,2	$2{,}45 \cdot 10^6$	8400	11300	16 000	19300	30600	19000	26000
6	26	$3{,}23 \cdot 10^6$	1,17	$3{,}78 \cdot 10^6$	9400	12400	9 400	17700	28400	17700	25300
7	35	$3{,}29 \cdot 10^6$	1,2	$3{,}96 \cdot 10^6$	10600	12900	12 500	29200	31000	20500	26500
8	35	$5{,}1 \cdot 10^6$	1,15	$5{,}86 \cdot 10^6$	10800	13300	14 100	21600	25700	21000	24000
	KW										
9	4,5	$1{,}3 \cdot 10^6$	1,28	$1{,}66 \cdot 10^6$	8200	8850	11 900	17000	31000	17000	26000
10	18	$1{,}62 \cdot 10^6$	1,18	$1{,}91 \cdot 10^6$	6000	7300	6 400	11800	16800	11800	16800
11	23	$2{,}5 \cdot 10^6$	1,18	$2{,}95 \cdot 10^6$	5650	8000	11 700	14000	17800	14000	17600
12	33	$4{,}6 \cdot 10^6$	1,15	$5{,}3 \cdot 10^6$	7550	8900	13 900	15700	22400	15700	21500
13	55	$2{,}8 \cdot 10^6$	1,14	$3{,}18 \cdot 10^6$	7650	8800	9 300	18300	23200	18000	21800
14	100	$7{,}7 \cdot 10^6$	1,15	$8{,}85 \cdot 10^6$	9600	12200	13 100	19000	22100	18800	21300
15	100	$13{,}5 \cdot 10^6$	1,18	$15{,}9 \cdot 10^6$	7200	8700	10 300	14500	15800	14500	15800
16	132	$31{,}0 \cdot 10^6$	1,5	$46{,}5 \cdot 10^6$	4250	—	13 000	—	—	—	—
17	150	$5{,}5 \cdot 10^6$	1,14	$6{,}3 \cdot 10^6$	8900	10500	12 000	19000	22800	18700	22000
18	165	$5{,}77 \cdot 10^6$	1,2	$6{,}9 \cdot 10^6$	8880	11500	8 500	21500	23300	20700	22000
19	170	$8{,}0 \cdot 10^6$	1,14	$9{,}1 \cdot 10^6$	7300	8650	12 200	17400	20000	17400	19600
20	174	$6{,}45 \cdot 10^6$	1,17	$7{,}5 \cdot 10^6$	8500	10600	13 900	18700	25200	18600	23500
21	280	$7{,}15 \cdot 10^6$	1,15	$8{,}25 \cdot 10^6$	6800	7500	7 000	13800	16200	13800	16200
22	337	$19{,}7 \cdot 10^6$	1,18	$23{,}2 \cdot 10^6$	5500	—	12 000	—	—	—	—
23	350	$12{,}4 \cdot 10^6$	1,15	$14{,}3 \cdot 10^6$	9100	10500	14 500	20000	21800	19550	21000
24	500	$11{,}5 \cdot 10^6$	1,15	$13{,}2 \cdot 10^6$	7800	8750	9 900	17600	19300	17500	19000
25	500	$14{,}1 \cdot 10^6$	1,12	$15{,}8 \cdot 10^6$	8900	10600	13 600	21000	22600	20400	21500
26	500	$16{,}7 \cdot 10^6$	1,12	$18{,}7 \cdot 10^6$	8700	9500	10 300	21600	23600	21000	22300
27	500	$21{,}1 \cdot 10^6$	1,12	$23{,}6 \cdot 10^6$	8850	10200	10 900	23400	25700	22000	23200
28	525	$27{,}4 \cdot 10^6$	1,1	$30{,}2 \cdot 10^6$	8200	9500	14 000	21000	23400	20500	22300
29a	700	$10 \cdot 10^6$	1,12	$11{,}2 \cdot 10^6$	9900	10900	9 900	18100	18500	18000	18400
29b	700	$12{,}4 \cdot 10^6$	1,12	$13{,}9 \cdot 10^6$	9900	10900	12 400	19000	19650	18800	19400
30	1000	$9{,}65 \cdot 10^6$	1,12	$10{,}8 \cdot 10^6$	8950	9650	7 650	18500	19200	18400	19000
31	1000	$22{,}2 \cdot 10^6$	1,125	$25 \cdot 10^6$	11200	12200	13 400	24400	26200	22500	23800
32	1000	$16{,}2 \cdot 10^6$	1,125	$18{,}2 \cdot 10^6$	8600	9600	11 300	21400	23000	20700	21800
33	1000	$14{,}9 \cdot 10^6$	1,125	$16{,}8 \cdot 10^6$	8700	9700	10 700	22600	23600	21500	22200
34	1320	$16{,}3 \cdot 10^6$	1,12	$18{,}3 \cdot 10^6$	8500	9000	10 000	21000	21900	20400	21000
35	2000	$12{,}7 \cdot 10^6$	—	—	9400	11600	10 300	21600	22400	20900	21700

Laufende No.	$(k_1-1)\frac{Z\cdot n}{10^5\cdot 60}\cdot B_l$	Material des Polschuhs	Material des Magnetkernes	Material des Jochs	Magnetinduktion B_m	Jochinduktion B_j
1	9,1	Eisenblech	Stahlguss	Stahlguss	17000	14400
2	7,6	Stahlguss	Stahlguss	Stahlguss	15000	13100
3	6,1	Eisenblech	Eisenblech	Gusseisen	16700	8500
4	5,1	Eisenblech	Stahlguss	Stahlguss	14500	14000
5	12,8	Eisenblech	Stahlguss	Stahlguss	14900	—
6	10,6	Eisenblech	Eisenblech	Stahlguss	18000	15000
7	10,0	Eisenblech	Eisenblech	Stahlguss	16700	13200
8	8,6 bis 25,8	Eisenblech	Schmiedeisen	Stahlguss	17000	14000
9	7,4	Eisenblech	Eisenblech	Gusseisen	11200	6600
10	9	Eisenblech	Eisenblech	Stahlguss	17400	16500
11	13,2	Eisenblech	Schmiedeisen	Stahlguss	13700	9600
12	3,7	Eisenblech	Stahlguss	Stahlguss	16000	14800
13	8,5	Eisenblech	Stahlguss	Stahlguss	17000	12600
14	7,0	Eisenblech	Stahlguss	Stahlguss	17300	14900
15	6,5	Stahlguss	Stahlguss	Stahlguss	14800	15100
16	—	Stahlguss	Stahlguss	Stahlguss	16200	—
17	9,9	Stahlguss	Stahlguss	Stahlguss	14000	14500
18	11,7	Stahlguss	Stahlguss	Stahlguss	16600	11500
19	10	Stahlguss	Stahlguss	Stahlguss	14800	10000
20	17,5	Eisenblech	Eisenblech	Stahlguss	17300	15000
21	9,5	Stahlguss	Stahlguss	Stahlguss	12600	13000
22	—	Stahlguss	Stahlguss	Stahlguss	11600	—
23	3,8	Eisenblech	Eisenblech	Gusseisen	11600	7800
24	9,25	Stahlguss	Stahlguss	Gusseisen	15500	6000
25	8,7	Eisenblech	Stahlguss	Stahlguss	15500	13300
26	4,9	Stahlguss	Stahlguss	Gusseisen	14200	6300
27	6,0	Stahlguss	Stahlguss	Stahlguss	14800	13400
28	6,8	Stahlguss	Stahlguss	Stahlguss	13600	8800
29a	15,2	Stahlguss	Stahlguss	Gusseisen	13700	10300
29b	13,8	Stahlguss	Stahlguss	Gusseisen	13900	9000
30	9,2	Stahlguss	Stahlguss	Gusseisen	16500	6500
31	6,0	Eisenblech	Eisenblech	Gusseisen	17500	7000
32	6,3	Stahlblech	Stahlguss	Gusseisen	14100	5000
33	6,0	Gusseisen	Stahlguss	Gusseisen	14900	4000
34	4,5	Schmiedeisen	Eisenblech	Gusseisen	15300	7650
35	16,8	Eisenblech	Stahlguss	Gusseisen	14800	5450

Laufende No.	Leistung	Hauptschluss Draht-dimensionen mm	Querschnitt q_h mm²	Stromdichte s_h Amp./mm²	Windungen pro Spule	Schaltung	Nebenschluss Draht-dimensionen mm	Querschnitt q_n mm²	Stromdichte ca. s_n Amp/mm²	Windungen pro Spule	Schaltung	Erregerstrom bei Vollast i_n ca. Amp.
	PS											
1	2	—	—	—	—	—	0,8/1,1	0,5	1,5	2300	Serie	0,75
2	2	2,1/2,4	3,46	2,6	350	Serie	—	—	—	—	—	—
3	5	3,1/3,4	7,55	2,78	95	Parallel in 2 Gruppen	—	—	—	—	—	—
4	8	4,2/4,6	13,85	2,38	97	Serie	—	—	—	—	—	—
5	12	—	7,8	2,54	357	Serie	—	—	—	—	—	—
6	26	4,5	16	2,34	190	Serie	—	—	—	—	—	—
7	35	6,0	28,3	2,14	140	Serie	—	—	—	—	—	—
8	35	—	—	—	—	—	3,8/4,3 4,0/4,5	11,34 12,56	1,0	665 200	Serie	12
	KW											
9	4,5	—	—	—	—	—	1,3/1,5	1,32	1,98	2000	Serie	2,6
10	18	—	—	—	—	—	1,8/2,1	2,54	1,06	1200	Serie	2,7
11	23	—	—	—	—	—	—	1,1	1,82	3800	Serie	2,0
12	33	—	—	—	—	—	1,8/2,1	2,54	1,59	1600	Serie	4
13	55	—	—	—	—	—	2,6	5,3	1,7	684	Serie	9
14	100	—	—	—	—	—	3,5/4,0	9,62	1,56	546	Serie	15
15	100	—	—	—	—	—	5,0/5,5	19,64	1,74	450	Serie	34
16	132	7,0/7,5	38,5	0,86	704	Parallel	—	—	—	—	—	—
17	150	—	—	—	—	—	2,6/2,9	5,3	1,80	868	Serie	10
18	165	—	—	—	—	—	2,3	4,1	1,58	1570	Serie	6,5
19	170	—	70	1,7	11	alle parallel	2,4	4,5	1,5	1100	Serie	6,8
20	174	7,5×21	158	1,3	11	alle parallel	4,3/4,7	14,5	1,5	290	Serie	22
21	280	—	—	—	—	—	3,2/3,6	8,04	1,06	1225	Serie	8,5
22	337	—	20	1,25	—	alle parall.	—	—	—	—	—	—
23	350	—	—	—	—	—	—	24,6	1,02	450	Serie	25
24	500	—	—	—	—	—	5,0	19,6	1,14	550	Serie	22,2
25	500	2,7×54	162	1,56	13½	Parallel in 4 Gruppen	2,6/3,2	5,31	1,5	1000	Serie	8,0
26	500	2·(4×90)	2·360	1,26	5½	Serie	3,0/3,3	7,07	1,27	1012	Serie	9,0
27	500	2·(2,2×150)	2·330	1,38	9	Serie	2,8	6,16	1,05	1500	Serie	6,5
28	525	4·(1,2×160)	4·192	1,27	4½	Serie	2,59 2,31	5,27 4,19	1,3	920 376	Serie	5,5
29a	700	—	—	—	—	—	6,0/6,5	28,3	1,0	390	Serie	28
29b	700	—	—	—	—	—	4,2/4,7	13,85	0,95	1100	Serie	12
30	1000	—	—	—	—	—	6,6/7,1	33,2	1,17	308	Serie	40
31	1000	—	—	—	—	—	5,0	19,6	1,7	770	Serie	33
32	1000	—	—	—	—	—	—	—	—	—	—	—
33	1000	—	—	—	—	—	—	—	—	—	—	—
34	1320	—	—	—	—	—	5×7	35	0,86	660	Parallel in 3 Gruppen	30
35	2000	—	—	—	—	—	—	—	1,47	—	—	—

Laufende No.	$\frac{D^2 l_i n}{KW}$	AS	$\frac{N}{K} \cdot \frac{l_i \cdot v \cdot AS}{10^6}$	$\frac{AW_l + AW_z}{b_i \cdot AS}$	Annähernde Werthe von λ_q	λ_M	$e_M + e_q$	e_s	$A = \frac{P_w}{e_s}$	B_k
1	$141 \cdot 10^4$	72,5	0,055	4,9	3,3	3,5	0,375	0,062	16	440
2	$106 \cdot 10^4$	106	0,244	2,24	2,7	3,2	1,45	0,69	1,45	630
3	$104 \cdot 10^4$	136	0,0907	1,45	3	4	1,28	0,35	2,9	950
4	$70 \cdot 10^4$	139	0,067	2,18	4	3	0,47	0,093	10,7	980
5	$86 \cdot 10^4$	104	0,125	3,84	3,5	2,9	1,58	0,44	2,3	660
6	$59 \cdot 10^4$	156	0,247	2,9	3,5	3,5	3,45	0,98	1	1080
7	$32{,}6 \cdot 10^4$	238	0,305	4	3,5	3,5	4,25	1,32	0,76	1670
8	$67{,}5 \cdot 10^4$	107	0,086 bis 0,258	5	3,05	3	0,516 bis 1,548	0,13 bis 0,39	4,92 bis 1,64	650
9	$140 \cdot 10^4$	140	0,102	4,5	6,5	3	0,97	0,12	6,7	1130
10	$91 \cdot 10^4$	172	0,0977	1,29	4,3	3,8	0,79	0,22	3,6	1250
11	$107 \cdot 10^4$	136	0,266	1,74	3,4	3	1,7	0,18	4,5	790
12	$42{,}5 \cdot 10^4$	282	0,092	ca. 1,0	3,1	4	0,65	0,068	11,8	1860
13	$55 \cdot 10^4$	202	0,118	1,7	5,7	3,2	1,05	0,13	6,1	1560
14	$45 \cdot 10^4$	214	0,124	1,24	3,05	4,2	0,9	0,157	4,1	1550
15	$86{,}5 \cdot 10^4$	147	0,112	2,14	6,8	3	1,1	0,2	4	1440
16	$172 \cdot 10^4$	110	0,068	1,33	—	—	—	—	—	—
17	$43 \cdot 10^4$	212	0,186	2,07	—	—	—	—	—	—
18	$35{,}6 \cdot 10^4$	211	0,092	1,57	—	—	—	—	—	—
19	$53{,}5 \cdot 10^4$	202	0,21	1,58	4,6	3	1,6	0,35	2,3	1540
20	$37 \cdot 10^4$	281	0,218	1,78	3,2	4	1,57	0,55	1,45	2100
21	$49{,}5 \cdot 10^4$	330	0,515	1,27	6,7	3	5	1	1	3200
22	$96{,}5 \cdot 10^4$	145	0,296	—	—	—	—	—	—	—
23	$31{,}4 \cdot 10^4$	326	0,364	1,45	—	—	—	—	—	—
24	$64{,}5 \cdot 10^4$	167	0,29	2,04	6,9	4,8	3,4	0,95	1,05	1950
25	$41{,}5 \cdot 10^4$	248	0,222	1,3	3,05	3,4	1,43	0,288	2,78	1600
26	$43{,}0 \cdot 10^4$	238	0,234	1,57	6,9	3,9	2,52	0,42	2,4	2460
27	$47{,}8 \cdot 10^4$	217	0,225	1,8	5,7	4	2,18	0,35	2,9	2100
28	$40{,}0 \cdot 10^4$	264	0,325	1,13	6,9	3,5	3,38	0,51	2	2660
29a	$39 \cdot 10^4$	178	0,18	1,98	—	—	—	—	—	—
29b	$39 \cdot 10^4$	182	0,181	1,53	—	—	—	—	—	—
30	$40 \cdot 10^4$	240	0,264	1,63	5,7	3,5	2,44	1,18	1	2200
31	$31 \cdot 10^4$	266	0,36	2,4	5,7	3,9	3,45	0,78	1,3	2560
32	$38 \cdot 10^4$	283	0,36	1,37	4,4	4	3	0,49	2	2360
33	$37{,}2 \cdot 10^4$	260	0,28	1,5	4,3	3,5	2,18	0,36	2,8	2020
34	$36 \cdot 10^4$	292	0,45	2,18	—	—	—	—	—	—
35	$30 \cdot 10^4$	282	0,46	2,28	4,6	3,5	3,7	0,55	1,8	2280

Neunzehntes Kapitel.

76. Der Anlauf eines Motors. — 77. Die Anlaufstromstärke. — 78. Die Stufung der Anlasswiderstände. — 79. Gang der Berechnung eines Anlasswiderstandes. — 80. Die Berechnung von Bremswiderständen.

76. Der Anlauf eines Motors.

Zunächst betrachten wir den Anlauf eines leerangehenden Nebenschlussmotors, da sich hier die massgebenden Faktoren am einfachsten übersehen lassen. Zum Uebergang vom Ruhezustand in Bewegung braucht der Motor ein bestimmtes Anzugsdrehmoment ϑ, um das Reibungsmoment in den Lagern ϑ_R zu überwinden.

Er wird sich dann in Bewegung setzen, wenn

$$\vartheta = \left(\frac{10^{-8}}{2\,\pi \cdot 9{,}81}\,\frac{p}{a}\,N\,\Phi\right) \cdot J_A > \vartheta_R \text{ kg}$$

(siehe Abschnitt 124, g_m wird hier $= 1$) oder die Antriebsstromstärke

$$J_A > \frac{2\,\pi \cdot 9{,}81 \cdot 10^8}{N \cdot \Phi} \cdot \frac{a}{p} \cdot \vartheta_R \quad . \quad . \quad . \quad (92)$$

wird.

Da für das Reibungsmoment die Reibung der Ruhe in Betracht kommt, kann die nothwendige Antriebsstromstärke ziemlich gross werden.

Sobald sich der Anker in Bewegung gesetzt hat, muss ein bestimmter Anlaufeffekt geleistet werden. Dieser setzt sich zusammen aus der Leistung, welche der Motor zur Erhaltung der jeweiligen Geschwindigkeit nothwendig hat, und dem zusätzlichen Energiebetrag, welcher zur Beschleunigung dient und in lebendige Kraft der bewegten Massen übergeführt wird.

Der erste Theil ist bei dem betrachteten Fall eines leer anlaufenden Nebenschlussmotors der Leerlaufeffekt, den dieser für die verschiedenen Geschwindigkeiten von Null bis zur normalen verbraucht.

Dieser setzt sich zusammen aus Stromwärme im Anker und Feld, Reibungs-, Hysteresis und Wirbelstromverlusten.

Den Verlust für Stromwärme im Anker kann man aus der Betrachtung herausschaffen, indem man den Ankerwiderstand als Theil des Vorschaltwiderstands betrachtet und die Verluste in diesen verlegt.

Die Stromwärme im Erregerkreis kommt hier ebenfalls nicht in Betracht, da dieser vor dem Anlasswiderstand abgezweigt wird. Die übrigen Verluste variiren mit der Geschwindigkeit:

Hysteriesisverlust . . . . $= c_1 \cdot v$
Reibungsverlust . . . . . . $= c_2 \cdot v^{1,5}$
Wirbelstromverlust . . . . . . $= c_3 \cdot v^2$.

Die Summe dieser drei Effekte werde mit W_L bezeichnet.

$$W_L = c_1\, v + c_2\, v^{1,5} + c_3 \cdot v^2 \quad . \quad . \quad . \quad . \quad (93)$$

Der zur Beschleunigung der bewegten Massen M dienende Effekt W_B beträgt

$$W_B = \frac{d}{dt}\left(\frac{M \cdot v^2}{2}\right)$$

$$= M \cdot v \cdot \frac{dv}{dt}.$$

Beide Effekte sind zusammen gleich dem gesammten dem Anker zugeführten Effekt abzüglich der Stromwärme.

$$W_L + W_B = E_b \cdot J - J^2 \cdot R_g = E_a \cdot J$$

(E_b = Spannung zwischen den Bürsten,
R_g = Summe aus Anker- und Uebergangswiderstand)

$$E_a \cdot J = c_1 \cdot v + c_2 \cdot v^{1,5} + c_3 \cdot v^2 + m \cdot v \cdot \frac{dv}{dt}.$$

Nun ist bei der konstanten Erregung, wenn man von der Ankerrückwirkung absieht, die inducirte EMK der Geschwindigkeit proportional

$$E_a = c \cdot v \quad . \quad . \quad . \quad . \quad . \quad . \quad . \quad (94)$$

und es ergiebt sich daher

$$J = \frac{c_1}{c} + \frac{c_2}{c} \cdot \sqrt{v} + \frac{c_3}{c} \cdot v + \frac{m}{c} \cdot \frac{dv}{dt}$$

$$J = c_1' + c_2' \cdot \sqrt{v} + c_3' \cdot v + c_4' \cdot \frac{dv}{dt} \quad . \quad . \quad (95)$$

Wir können uns nun den Strom J in zwei Theile zerlegt denken, von welchen der eine J_L von der Leerlaufarbeit und der andere J_B von der Beschleunigungsarbeit herrührt.

$$J_L = c_1' + c_2' \cdot \sqrt{v} + c_3' \cdot v \quad \ldots \quad (96)$$

$$J_B = c_4' \cdot \frac{dv}{dt} \quad \ldots \ldots \quad (97)$$

Die Leerlaufskomponente J_L ist für jede Geschwindigkeit v gleich dem Leerlaufstrom, welche der betreffende Motor jeweils aufnehmen würde, wenn er mit der Geschwindigkeit v konstant weiterliefe, und da sich die Abhängigkeit des Leerlaufstromes von der Umdrehungsgeschwindigkeit bei Nebenschlussmotoren mit grosser Annäherung als Gerade darstellen lässt, kann man statt

$$J_L = c_1' + c_2' \sqrt{v} + c_3' v$$

auch schreiben

$$J_L = C_1 + C_2 \cdot v \quad \ldots \ldots \quad (98)$$

Der übrige Theil der Anlaufstromstärke wird zur Beschleunigung verwandt, und zwar ist die Beschleunigung $\frac{dv}{dt}$ ihm proportional. Denkt man sich den Anlasswiderstand eine Zeit lang konstant gehalten, den Kontakthebel also auf einem Kontakte belassen, so wird die Geschwindigkeit so lange steigen, als eine Beschleunigungskomponente J_B der Stromstärke verfügbar oder $J > J_L$ ist.

Nun gilt allgemein

$$J = \frac{E_k - E_a}{R}$$

(E_k = Gesammtspannung,
R = Gesammter Widerstand).

$$J_B = J - J_L = \frac{E_k - E_a}{R} - (C_1 + C_2 v)$$

$$J_B = \frac{E_k}{R} - C_1 - v\left(\frac{c}{R} + C_2\right) \quad \ldots \ldots \quad (99)$$

Man sieht hieraus, dass die Beschleunigungskomponente J_B mit dem Ansteigen der Geschwindigkeit allmählich verschwindet; die Geschwindigkeit nähert sich also für jede Stufe des Vorschaltwiderstandes einem bestimmten Endwerthe, der dann erreicht wird, wenn die Stromstärke gleich der entsprechenden Leerlaufstromstärke geworden ist.

Der Anlauf eines belasteten Nebenschlussmotors unterscheidet sich principiell nicht von den betrachteten Vorgängen.

Die Reibungsverluste und die Beschleunigungsarbeit resp. die zugehörigen Konstanten c_2' und c_4' vergrössern sich nur entsprechend und zu den betrachteten Theilen des Energieverbrauchs tritt ein neues Glied hinzu, das der geleisteten Nutzarbeit entspricht.

Im allgemeinen wird die Ueberwindung einer konstanten hemmenden Kraft gefordert werden, der ein konstantes Drehmoment, resp. eine konstante Ankerstromstärke entspricht oder mit andern Worten: ein bestimmter Theil der Anlaufstromstärke ist für die Belastung erforderlich. Die Anlaufstromstärke theilt sich demnach hier in drei Theile:

I. Leerlaufstromstärke,
II. Belastungsstromstärke,
III. Beschleunigungsstromstärke.

Belastungsstrom und Leerlaufstrom ergeben zusammen den Betriebsstrom, welchen der Motor für die verschiedenen Geschwindigkeiten braucht, und dieser ist in den obenstehenden Ableitungen an Stelle des Leerlaufstromes einzusetzen. Es ergiebt sich für jede Stufe des Anlasswiderstandes wieder ein Minimalwerth der Stromstärke und ein Maximalwerth der Geschwindigkeit. Der Minimalwerth wird gleich der gewöhnlichen Betriebsstromstärke des Motors, welche für alle Geschwindigkeiten annähernd konstant sein wird (für J_L klein gegen J_P); die Anlaufstromstärke muss daher stets grösser als diese gewählt werden.

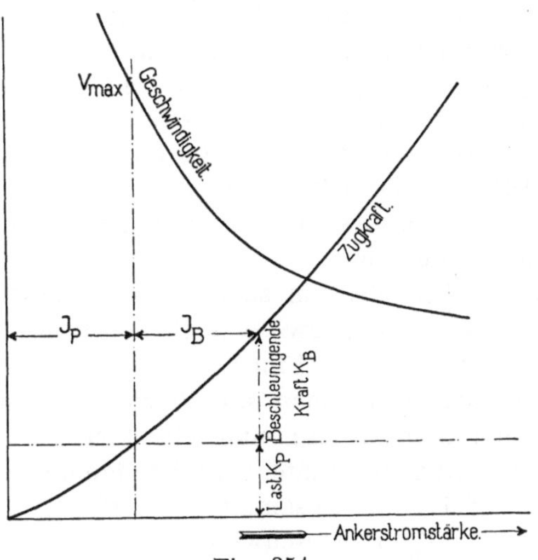

Fig. 354.

Bei Betrachtung des Anlaufes von Hauptschlussmotoren können wir uns auf das Anlassen unter Belastung beschränken. Gegenüber den bisherigen Betrachtungen stellt sich jedoch die Schwierigkeit ein, dass das inducirende Feld nicht mehr konstant, sondern von der Stromstärke abhängig ist. In Fig. 354 sind für einen bestimmten Vorschaltwiderstand Anzugskraft und Geschwindigkeit eines Hauptschlussmotors als Funktion der Stromstärke aufgetragen.

Einen Theil der Anzugskraft (K_P) beansprucht die Belastung, der Rest ist als beschleunigende Kraft verfügbar (K_B). Mit steigender Geschwindigkeit fällt die Stromstärke bis zu dem Werthe, für welchen die beschleunigende Kraft gleich Null wird. Man kann also auch hier die Stromstärke in eine Belastungskomponente J_P, und in eine Beschleunigunsgkomponente J_B zerlegen.

Die Beschleunigung ist jedoch hier nicht mehr der beschleunigenden Stromstärke proportional.

Zwischen Hauptschluss- und Nebenschlussmaschinen stehen in ihrer Wirkungsweise die Motoren mit Compoundanlasswicklung. Die Entwicklungen für Hauptschlussmotoren lassen sich sinngemäss auch für sie anwenden.

77. Die Anlaufstromstärke.

Aus den bisherigen Betrachtungen geht hervor, dass der Anlaufsvorgang wesentlich durch die Anlaufstromstärke bestimmt ist. Es wird daher nothwendig sein, die Bedingungen, welche bei der Wahl derselben in Frage kommen, näher zu betrachten. Wir werden später sehen, dass es für ruhigen stossfreien Anlauf am zweckmässigsten ist, die Anlaufstromstärke möglichst konstant zu halten.

Wir werden daher im folgenden mit einer konstanten mittleren Anlaufstromstärke rechnen.

Durch diese mittlere Anlaufstromstärke wird die Beschleunigung und damit auch die gesammte Anlaufzeit bestimmt, welche der Motor braucht, um seine volle Geschwindigkeit zu erreichen. Der Zusammenhang zwischen Anlassstromstärke und Anlaufzeit ergiebt sich, wie folgt. Einer konstanten mittleren Anlaufstromstärke entspricht, wenn man die Betriebsstromstärke für alle Geschwindigkeiten konstant annimmt, eine konstante Beschleunigungskomponente resp. eine konstante beschleunigende Kraft K_B.

Sei T die gesammte Anlaufzeit,
V_n die Geschwindigkeit, auf welche der Motor zu bringen ist,
K die gesammte Anzugskraft,
K_P die für die Belastung nöthige Kraft,

dann ergiebt sich

$$K_B = M \cdot \frac{dv}{dt}$$

$$\int_0^T K_B \cdot dt = \int_0^{V_n} M \cdot dv$$

$$K_B \cdot T = M \cdot V_n = (K - K_P)\, T$$

$$K = M \cdot \frac{V_n}{T} + K_P \quad . \quad . \quad . \quad . \quad (100)$$

Man kann daraus für eine gegebene Anlaufzeit die nothwendige Zugkraft und hiermit die zugehörige Anlaufstromstärke finden; diese wird natürlich um so grösser, je kürzer die Anlaufzeit ist.

Auch die Energieverluste durch Stromwärme im Anker und in den Anlasswiderständen während der Anlaufperiode (W_A), welche bei Motoren, die oft an- und abgestellt werden, den gesammten Energieverbrauch der Anlage wesentlich mitbestimmen, hängen von der Wahl der Anlaufstromstärke ab. Einen Anhalt über die Grösse dieser Verluste giebt folgende Ueberlegung.

Der gesammte Energieverbrauch während der Anlassperiode beträgt $E_k \times J \times T$ Wattsekunden. Ist die mittlere Anlaufstromstärke, also auch die mittlere Beschleunigung konstant, so giebt

$$v \cong c \cdot t, \qquad E_a \cong c \cdot t$$

und, da für $A = T$ $E_a \cong E_k$ wird, kann man setzen

$$E_a = \frac{t}{T} \cdot E_k.$$

Als mechanische Leistung abgegeben wird jeweils $E_a \cdot J$, der Rest der zugeführten Energie wird in Wärme verwandelt.

$$W_A = \int_0^T (E_k \cdot J - E_a \cdot J) \cdot dt \quad . \quad . \quad . \quad (101)$$

$$= \int_0^T E_k \cdot J \cdot \left(1 - \frac{t}{T}\right) dt$$

$$= \frac{1}{2} E_k \cdot J \cdot T \quad . \quad . \quad . \quad . \quad . \quad . \quad (102)$$

Etwa die Hälfte der während der Anlaufzeit zugeführten Energie geht also in den Widerständen als Stromwärme verloren.

Den Einfluss der Grösse der Anlaufstromstärke auf diese Verluste lässt folgende Berechnung erkennen:

Für einen unter Last anlaufenden Nebenschlussmotor findet man bei Einführung von Gl. 97, S. 410.

$$dt = \frac{c_4'}{J_B} \cdot dv$$

und $E_a = c \cdot v$ in Gleichung 101.

$$W_A = \int_0^{V_n} (E_k - c \cdot v) \frac{J}{J_B} \cdot c_4' \cdot dv$$

$$W_A = \frac{J}{J_B} c_4' \left(E_k \cdot V_n - c \cdot \frac{V_n^2}{2}\right)$$

$$W_A = \text{Konst.} \frac{J}{J_B}, \text{ und da}$$

$$\frac{J}{J_B} = \frac{J_B + J_P}{J_B} = 1 + \frac{J_P}{J_B} \text{ folgt}$$

$$W_A = \text{Konst.} \left(1 + \frac{J_P}{J_B}\right) \quad . \quad . \quad . \quad . \quad . \quad (103)$$

Da J_P für eine gegebene Belastung bestimmt ist, werden die Verluste also um so kleiner, je grösser man J_B resp. die mittlere Anlaufstromstärke wählt.

Je kleiner diese Energiemenge, welche, abgesehen von der Stromwärme im Anker, vom Anlasser aufgenommen wird, ist, desto kompendiöser kann man den ganzen Apparat konstruiren.

Kurze Anfahrzeit, geringer Energieverlust und kleine Abmessungen des Anlasswiderstandes weisen also darauf hin, dass man die Anlaufstromstärke so gross als möglich wählen soll. Der Maximalwerth, bis zu welchem man hier gehen kann, wird durch eine Reihe anderer Faktoren bedingt. Hier ist zu unterscheiden zwischen den Fällen, bei welchen der Anlauf den ganzen Betrieb wesentlich bestimmt und die Grösse der Motoren speciell mit Rücksicht darauf festgesetzt wird (Krahne, Aufzüge, Strassenbahnen), und der Aufgabe, einen Anlasser für einen gegebenen Motor zu entwerfen. Im ersten Falle sind der Stromstärke Grenzen gesetzt durch die Beanspruchung der Zuleitungen und Generatoren und die Spannungsschwankungen im Netz, durch den höheren Preis grösserer Motoren und endlich durch die Uebertragungsorgane, wie Riemen, Seile u. s. w., welche bei zu hoher Anlaufstromstärke, resp. Anzugskraft gleiten. Bei Strassenbahnmotoren setzt hier das sogenannte Schleudern der Räder eine Grenze. Auch darf bei diesen die Beschleunigung schon deswegen nicht zu gross werden, damit das Anfahren für die Fahrgäste nicht störend wird.

Bei Anlasswiderständen für Motoren, deren Grösse durch den Dauerbetrieb bestimmt ist, wird es sich meistens um Fälle handeln, bei welchen die Anlasser nur in grösseren Zeitintervallen in Thätigkeit zu treten haben. Läuft der Motor leer an, so wird man die

Anlaufstromstärke kleiner oder gleich der Betriebstromstärke wählen. Für Anlauf unter Last muss, wie oben angeführt wurde, die Anlaufstromstärke grösser sein, als die gewöhnliche Betriebsstromstärke. Es kommt demnach hier die Ueberlastungsfähigkeit des Motors für kurze Beanspruchungen in Betracht. Diese ist meist durch die Funkengrenze gegeben, da die mit Rücksicht auf Erwärmung zulässigen Stromstärken für kurze Belastungsdauer sehr hoch sind. In dieser Hinsicht verhalten sich Hauptstrommotoren bedeutend günstiger als Nebenschlussmaschinen, da bei ihnen das kommutirende Feld bei steigender Belastung durch das gleichzeitige Anwachsen des Erregerstroms gestärkt wird. Am besten wird man die Ueberlastungsfähigkeit der einzelnen Motortypen durch Versuche feststellen.

78. Die Stufung der Anlasswiderstände.

Vorerst soll nur von Metallwiderständen die Rede sein, die Flüssigkeitswiderstände werden später behandelt. Die Konstruktion der Drahtwiderstände bedingt es, dass sich der Widerstand bei Drehung des Kontakthebels nicht allmählich ändert, sondern dass er sprungweise einen andern Werth annimmt, wenn der Kontakthebel von einem Kontakt zum folgenden übergeht. Die Anlaufstromstärke wird nun, abgesehen von der Wirkung der Selbstinduktion, in jedem Augenblick allein bestimmt durch den Gesammtwiderstand zwischen den Zuführungsklemmen R und die gegenelektromotorische Kraft des Ankers E_a

$$J = \frac{E_k - E_a}{R}.$$

Eine plötzliche Aenderung des Widerstands wird die Stromstärke daher stark beeinflussen; und zwar sind die Vorgänge hier bei Nebenschlussmotoren andere als bei Seriemaschinen.

Bei Nebenschlussmaschinen hängt die inducirte EMK, da die Erregung konstant bleibt, allein von der Drehgeschwindigkeit der Drähte im magnetischen Feld ab; sie kann sich daher nur allmählich ändern. Eine plötzliche Aenderung von R wird eine gleiche Aenderung von J zur Folge haben, wobei allerdings die Selbstinduktion des Ankers das augenblickliche Anwachsen des Stromes etwas verzögert. Dieser Zuwachs erhöht, da die Belastungs- und Leerlaufstromstärke für annähernd konstante Geschwindigkeit denselben Werth beibehalten, allein die Beschleunigungsstromstärke, und es wird daher eine plötzliche Aenderung der Beschleunigung eintreten, welche sich, wenn die Stromschwankung zu stark war, als mechanischer Stoss äussert, dessen Intensität dem Sprung der Stromstärke entspricht.

Bei Hauptstrommaschinen ist die inducirte EMK, da das Feld von demselben Strome erzeugt wird, der auch den Anker durchfliesst, mit dem Ankerstrom magnetisch gekuppelt; wächst der Ankerstrom, so wächst gleichzeitig auch E_a entsprechend der Magnetisirungskurve. Ferner tritt hier zu der Selbstinduktion des Ankers die stärkere Selbstinduktion des Feldes hinzu, und beide Umstände wirken darauf hin, die Aenderung des Stromes bei Variation des Vorschaltwiderstandes abzuschwächen, resp. zu verlangsamen. Man kann daher die Anlasswiderstände unter sonst gleichen Umständen für Hauptstrommotoren gröber abstufen als für Nebenschlussmotoren. Dabei darf man jedoch nicht zu weit gehen, denn es ist zu berücksichtigen, dass bei Hauptschlussmaschinen einer bestimmten Aenderung der Stromstärke eine grössere Aenderung der beschleunigenden Kraft entspricht als bei Nebenschlussmaschinen, da diese hier von der Stromstärke in doppelter Hinsicht beeinflusst wird.

Man wird demnach bei der Stufung der Anlasser darauf zu sehen haben, dass allzugrosse Schwankungen der Ankerstromstärke möglichst vermieden werden. Dieser Bedingung kann man am besten entsprechen, wenn man die Stufen so bemisst, dass die Stromstösse beim Uebergang von einer Stufe zur andern alle möglichst gleich werden, oder mit andern Worten, dass die Stromstärke beim Anlassen zwischen einem Maximal- und einem Minimalwerth schwankt. Diese Forderung hat zuerst Prof. H. Görges aufgestellt[1]) und auch die dadurch bestimmte Stufung der Anlasswiderstände für Nebenschlussmotoren angegeben.

Bezeichne

J_{max} den angenommenen Maximalwerth der Anlaufstromstärke,

J_{min} den Minimalwerth,

R_0, R_1, R_2 u. s. w. den Gesammtwiderstand des Stromkreises bei Einstellung des Kontakthebels auf den ersten, zweiten, dritten u. s. w. Kontakt des Anlasswiderstandes,

r_1, r_2, r_3 u. s. w. die einzelnen Stufen des Anlasswiderstandes.

m die Stufenzahl.

Der Gesammtwiderstand R_0, bei dem der Ankerwiderstand mit einbegriffen ist, berechnet sich zu

---

[1]) E. T. Z. 1894. S. 644.

$$R_0 = \frac{E_k}{J_{max}}.$$

Läuft der Motor an, so steigt die gegenelektromotorische Kraft und die Stromstärke fällt. Hat diese den Werth J_{min} erreicht, so ist die inducirte EMK

$$E_{a_1} = E_k - J_{min} \cdot R_0.$$

Soll nun J_{min} nicht unterschritten werden, so ist hier die erste Stufe des Anlassers abzuschalten, und zwar soll dabei der Strom wieder den Werth J_{max} annehmen. Da die inducirte EMK während des Umschaltens konstant bleibt, so muss sein

$$E_k - J_{max} R_1 = E_{a_1} = E_k - J_{min} R_0$$

$$J_{max} \cdot R_1 = J_{min} \cdot R_0$$

$$\frac{R_1}{R_0} = \frac{J_{min}}{J_{max}} = \alpha.$$

Dasselbe gilt für alle folgenden Stufen; wir erhalten demnach:

$$\frac{R_2}{R_1} = \frac{J_{min}}{J_{max}} = \alpha, \qquad \frac{R_3}{R_2} = \frac{J_{min}}{J_{max}} = \alpha \text{ u. s. w.}$$

$$\left.\begin{aligned} R_0 &= R_0 \\ R_1 &= \alpha \cdot R_0 \\ R_2 &= \alpha \cdot R_1 = \alpha^2 \cdot R_0 \\ R_3 &= \alpha \cdot R_2 = \alpha^3 \cdot R_0 \\ R_x &= \alpha \cdot R_{x-1} = \alpha^x \cdot R_0 \end{aligned}\right\} \quad . \; . \; . \; . \quad (104)$$

$$\left.\begin{aligned} r_1 &= R_0 - R_1 = (1 - \alpha)\, R_0 = (1 - \alpha) \frac{E_k}{J_{max}} \\ r_2 &= R_1 - R_2 = (\alpha - \alpha^2)\, R_0 = \alpha \cdot r_1 \\ r_3 &= R_2 - R_3 = (\alpha^2 - \alpha^3)\, R_0 = \alpha^2 \cdot r_1 \\ r_x &= R_{x-1} - R_x = (\alpha^{x-1} - \alpha^x) \cdot R_0 = \alpha^{x-1} \cdot r_1 \end{aligned}\right\} \quad . \quad (105)$$

Die Stufung hat demnach nach einer geometrischen Reihe zu erfolgen. Für die letzte Stufe des Anlassers $R_{m-1} - R_g$ gilt, da nach deren Abschalten nur noch der Ankerwiderstand im Stromkreis liegt,

$$E_k - R_{m-1} J_{min} = E_k - R_g \cdot J_{max},$$

woraus folgt

$$R_g = \alpha \cdot R_{m-1}.$$

Da nun

$$R_{m-1} = \alpha^{m-1} \cdot R_0,$$

so ergiebt sich

$$R_g = \alpha^m \cdot R_0 = \alpha^m \cdot \frac{E_k}{J_{max}} \quad . \quad . \quad . \quad . \quad (106)$$

Daraus geht hervor, dass, wenn der Anlasser den gestellten Bedingungen genau entsprechen soll, die Stufenzahl m und das Verhältniss $\frac{J_{min}}{J_{max}} = \alpha$ in einem bestimmten Verhältniss zu einander stehen müssen.

Für **Hauptstrommotoren** führt die Bedingung, dass die Stromstärke zwischen zwei Grenzen verlaufen soll, zu folgender einfacher Konstruktion, welche von Herrn O. S. **Bragstad** angegeben wurde.

Für einen bestimmten Ankerstrom, also konstante Feldstärke, ist die inducirte EMK der Geschwindigkeit proportional.

$$E_a = E_k - J \cdot R = c \cdot v \quad . \quad . \quad . \quad . \quad (107)$$

Wollte man daher bei vollständig konstanter Stromstärke J anlassen, so müsste man bei steigender Geschwindigkeit den Widerstand R so variiren, dass stets Gleichung 107 erfüllt ist; der jeweils nothwendige Widerstand ist also eine lineare Funktion der Geschwindigkeit. Die Gerade, welche dieser Abhängigkeit entspricht, ist leicht zu konstruiren:

Man ermittelt die Abhängigkeit der Geschwindigkeit des betreffenden Motors von der Stromstärke für kurzgeschlossenen Anlasser, also einen Gesammtwiderstand des Stromkreises R gleich dem Motorwiderstand R_m (Anker und Feld) entweder experimentell oder aus der Charakteristik nach Bd. I, S. 452 graphisch und entnimmt der Kurve den Werth für die betreffende Stromstärke J. Diese Geschwindigkeit ergiebt den Punkt der Geraden, wo $R = R_m$. Einen zweiten Punkt erhält man aus der Beziehung, dass für die Geschwindigkeit Null der Widerstand

$$R_o = \frac{E_k}{J}.$$

Durch diese beiden Punkte ist die Gerade festgelegt. Konstruirt man nun (Fig. 355) die beiden Widerstandsgeraden AB und CD für $J = J_{max}$ und $J = J_{min}$, so erhält man den Zusammenhang zwischen Widerstand und Geschwindigkeit für diese beiden Grenzen der Stromstärke.

Beim Einschalten mit dem Widerstand R_o erhalten wir den Strom J_{max}. Dann steigt die Geschwindigkeit und die Stromstärke sinkt. Der Widerstand bleibt dabei konstant, und das Ansteigen der Geschwindigkeit als Funktion des Widerstandes wird durch die Ordinate im Punkt A dargestellt. Der Punkt E, in dem diese die J_{min}-Linie schneidet, giebt die Geschwindigkeit, bei welcher der Strom die Grenze J_{min} erreicht.

Bei dieser Geschwindigkeit muss die erste Stufe des Anlassers ausgeschaltet werden. Soll dabei die Stromstärke den Werth J_{max} annehmen, so ist der Widerstand R_1 durch die Gerade AB bestimmt, und man findet ihn, indem man durch E eine Parallele zur Abscissenaxe legt, welche die Gerade AB in F schneidet.

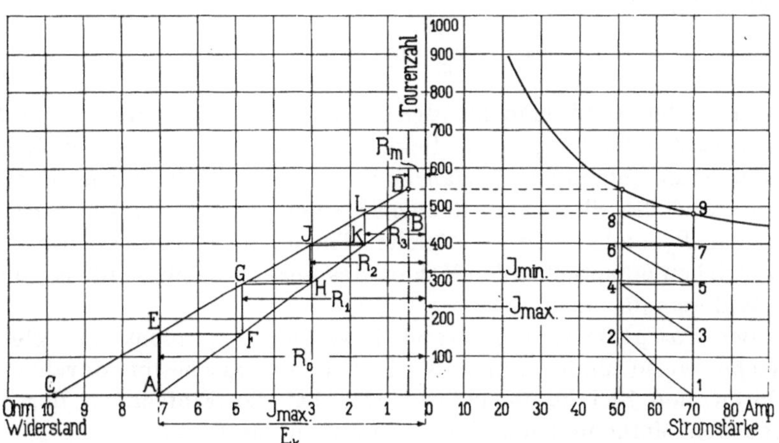

Fig. 355. Stufung eines Anlasswiderstands für Hauptstrommotoren.

Die erste Stufe der Anlasser wird demnach gleich EF. Analog findet man die übrigen Stufen des Widerstandes GH, JK u. s. w,

79. Gang der Berechnung eines Anlasswiderstandes.

Die erste und wichtigste Ueberlegung, die bei Berechnung eines Anlasswiderstandes anzustellen ist, betrifft die Festsetzung der maximalen Anlaufstromstärke. Ist diese gewählt, so berechnet sich der gesammte Anlasswiderstand

$$R_v = \frac{E_k}{J_{max}} - R_m$$

(R_m Widerstand des Motors).

Würde die plötzliche Entnahme der Stromstärke J_{max} aus dem Netz zu grosse Spannungsschwankungen verursachen, so sind einige Vorstufen anzuordnen.

Ist die Anfahrzeit gegeben, so kann man mittels Gleichung 100, Seite 413 die mittlere Anfahrstromstärke $\frac{J_{max} + J_{min}}{2}$ finden, und damit ist auch J_{min} gegeben. Im allgemeinen wird jedoch eine bestimmte Schaltertype mit einer gegebenen Stufenzahl m verwendet werden sollen. Für Nebenschlussmotoren gestaltet sich auch dann die Berechnung sehr einfach. Nach Gleichung 106, Seite 418 muss sein:

$$R_g = \alpha^m \cdot \frac{E_k}{J_{max}},$$

woraus folgt

$$\log \alpha = \frac{1}{m} \log \left(\frac{J_{max} \cdot R_g}{E_k} \right).$$

Entweder kann man aus dieser Gleichung α berechnen und die Stufen nach Gleichung 105, Seite 417 bestimmen oder einfacher wendet man folgendes Verfahren[1]) an. Man legt einen Papierstreifen auf die Skala des Rechenschiebers und theilt die Strecke zwischen R_g und R_0 in m gleiche Theile; dann geben die den Theilstrichen entsprechenden Zahlen des Rechenschiebers die Stufung des Widerstands an.[2])

Bei Hauptstromanlassern lässt sich J_{min} nicht auf gleich einfache Weise finden, man wird hier am raschesten durch ausprobiren zum Ziel kommen, was sich bei der Einfachheit der angegebenen Methode leicht bewerkstelligen lässt.

Beispiel. Für einen Hauptstrommotor von normal 35 PS, 500 Volt, 60 Ampère, dessen Tourendiagramm in Fig. 355 gegeben ist, soll der Anlasswiderstand berechnet werden. Es soll eine Kontrollertype mit 5 Kontakten (entsprechend 4 Widerstandsstufen) zur Verwendung kommen. Der Widerstand von Feld und Anker des Motors betrage zusammen 0,45 Ω.

Die Grösse der Hauptstrommotoren wird meist mit Rücksicht auf die Anzugskraft, welche sie beim Anlauf zu entwickeln haben, gewählt. Wir wollen daher mit der maximalen Anlaufstromstärke in der Nähe der normalen von 60 Amp. bleiben, um eine mittlere Anzugskraft zu erhalten, welche etwa dieser Stromstärke entspricht.

Setzen wir als Maximalgrenze 70 Amp. fest, so finden wir in dem Tourendiagramm eine zugehörige Tourenzahl von 480 Touren,

---

[1]) E. A. N. Pochin, E. T. Z. 1897, S. 346.

[2]) Beweis.

$$R_g = \alpha^m \cdot R_o$$

$$\log \alpha = \frac{\log R_g - \log R_o}{m}$$

$$\text{num} (\log R_o + \log \alpha) = \alpha \cdot R_o = R_1$$

$$\text{num} (\log R_o + 2 \log \alpha) = \alpha^2 R_o = R_2$$

u. s. w.

welche in das Widerstandsdiagramm bei 0,45 Ω einzutragen ist (Punkt B).

Den zweiten Punkt der Widerstandsgeraden für $J = 70$ Amp. ergiebt die Beziehung, dass für

$$v = o, \qquad R_o = \frac{E_k}{J} = \frac{500}{70} = 7,1\,\Omega$$

sein muss (Punkt A). Die andere Widerstandsgerade findet man leicht durch Ausprobiren, indem man verschiedene Werthe J_{min} annimmt, und die Gerade mit Hülfe der beiden gegebenen Bedingungen so legt, dass die Zickzacklinie vierstufig wird. Diese Bedingung wird durch die Stromstärke $J_{min} = 50,1$ erfüllt, und man erhält als Widerstandsstufen

$$r_1 = 2,2, \qquad r_2 = 1,8, \qquad r_3 = 1,45, \qquad r_4 = 1,15.$$

Bei einem Nebenschlussmotor gleicher Grösse mit einem Anker- und Uebergangswiderstand $R_g = 0,25\,\Omega$ ergeben sich bei derselben maximalen Anlaufstromstärke die Stufen zu

$$r_1 = 4,0, \qquad r_2 = 1,78, \qquad r_3 = 0,75, \quad r_4 = 0,32.$$

J_{min} wird hier gleich 30 Amp. Man sieht, dass für gleiche Stufenzahl die Stromstösse bei Nebenschlussmotoren bedeutend grösser werden als bei Hauptschlussmaschinen, wie dies oben begründet worden ist.

80. Die Berechnung von Bremswiderständen.

Die elektrische Bremsung eines Motors wird dadurch erreicht, dass man ihn als Generator auf einen Widerstand arbeiten lässt; er wird dann von den bewegten Massen angetrieben, wodurch deren kinetische Energie rasch aufgezehrt wird und sie bald zum Stillstand kommen. Bei der Bremsung von Nebenschlussmotoren geht man dabei am besten so vor, dass man die Erregung am Netz belässt, und den Anker durch einen Widerstand schliesst, den man bei sinkender Geschwindigkeit allmählich verringert. Die Anwendung von Selbsterregung während der Bremsperiode verringert die Bremswirkung sehr stark. Bei Hauptschlussmotoren wird bei der elektrischen Bremsung natürlich Selbsterregung angewandt. Hier ist darauf zu achten, dass bei Umschaltung des Motors zum Generator entweder die Pole des Ankers oder die des Feldes zu vertauschen sind, da der Hauptstrommotor nur so als Generator wirken kann (Bd. I, S. 191).

Um eine möglichst gleichmässige und starke Bremswirkung zu erzielen, muss die Stufung der Bremswiderstände ähnlich wie die der Anlasswiderstände so erfolgen, dass die Stromstärke zwischen zwei Grenzen J_{min} und J_{max} gehalten wird, woraus sich ergiebt, dass die Berechnung dieser Stufung nach den gleichen Methoden erfolgen kann, welche für Anlasswiderstände angegeben wurden.

I. Bremswiderstände für Nebenschlussmotoren. Da gerade wie beim Anfahren die Erregung während des Bremsens konstant bleibt, gilt auch hier ganz allgemein und unabhängig von der Ankerstromstärke die Gleichung

$$E_a = c \cdot v.$$

Diese inducirte EMK erzeugt bei einem Gesammtwiderstand des Stromkreises R einen Strom

$$J = \frac{E_a}{R}.$$

Für die Wahl der Grenzstromstärken J_{min} und J_{max} gelten die gleichen Erwägungen wie beim Anlassen. J_{max} ist, um eine möglichst starke Bremswirkung zu erreichen, möglichst hoch zu wählen, wird jedoch durch das Gleiten der Uebertragungsorgane und die Dimensionen der Maschine begrenzt. J_{min} wird hier meist durch die Stufenzahl bestimmt.

Der gesammte Bremswiderstand R_0 ist so zu berechnen, dass, wenn der Anker bei maximaler Geschwindigkeit auf diesen Widerstand geschaltet wird, die maximale Stromstärke nicht überschritten wird.

$$J_{max} \cdot R_0 = E_{a\,max} = c \cdot v_{max}.$$

Mit sinkender Geschwindigkeit sinken Spannung und Stromstärke, und man erhält für die Grenze J_{min} die Gleichung

$$J_{min} \cdot R_0 = E_{a1} = c \cdot v_1.$$

Beim Einschalten der nächsten Stufe, bei welchem wieder die maximale Stromstärke erreicht wird, ergiebt sich

$$J_{max} \cdot R_1 = E_{a\,1} = c \cdot v_1,$$

woraus folgt

$$\frac{R_1}{R_0} = \frac{J_{min}}{J_{max}} = \alpha,$$

$$R_1 = \alpha \cdot R_0.$$

Analog berechnet sich

$$R_2 = \alpha R_1 = \alpha^2 \cdot R_0 \text{ u. s. w.}$$

genau wie bei den Anlasswiderständen für Nebenschlussmotoren. Die Gleichungssysteme 104 und 105, Seite 417 gelten also auch für die Berechnung der Bremswiderstände. R_0 wird hier gleich $\frac{E_{a\,max}}{J_{max}}$, wobei $E_{a\,max}$ die im Anker bei vollem Lauf inducirte EMK darstellt. Da diese von der Netzspannung E_k nur wenig verschieden ist, kann man $R_0 = \frac{E_k}{J_{max}}$ setzen, so dass die Berechnung der Anlass- und Bremswiderstände einander vollständig gleich wird resp. bei gleichen Grenzwerthen der Stromstärke dieselben Widerstandswerthe ergiebt.

II. Bremswiderstände für Hauptschlussmotoren.[1]) Für eine bestimmte konstante Stromstärke J gilt auch hier die Gleichung

$$J \cdot R = E_a = c \cdot v \quad . \quad . \quad . \quad . \quad . \quad (108)$$

Um während der Bremsperiode diese Stromstärke konstant einzuhalten, müsste demnach R proportional mit v variirt werden.

Man erhält also in dem Diagramm Fig. 356, welches die Berechnung der Bremswiderstände für denselben 35 PS-Motor darstellt, für den weiter oben der Anlasswiderstand berechnet wurde, und das vollständig dem dort gegebenen Diagramm entspricht, für die

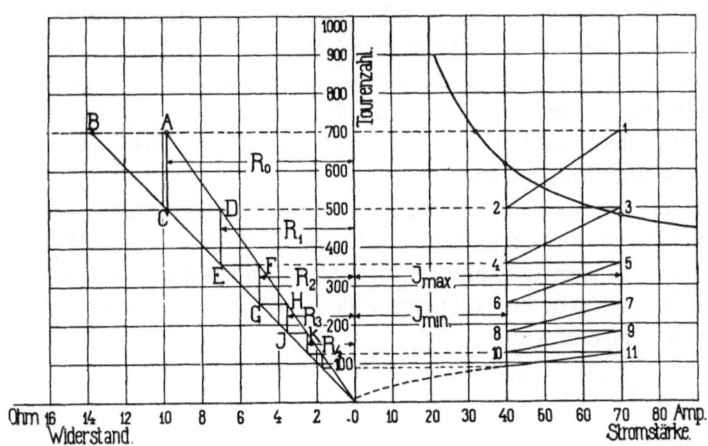

Fig. 356. Stufung der Bremswiderstände für Hauptschlussmotoren.

Abhängigkeit des Widerstands von der Geschwindigkeit bei konstanter Stromstärke wieder gerade Linien. Diese müssen, wie sich aus Gleichung 108 ergiebt, durch den Nullpunkt gehen. Einen weiteren Punkt für jede Gerade findet man auch hier mit Hülfe

---

[1]) Nach Maximilian Müller. Die elektrische Bremsung der Strassenbahnwagen. E. T. Z. 1902. S. 513.

der Geschwindigkeitskurve. Bei der Maximalstromstärke von 70 Ampère macht der Motor 480 Touren; die inducirte EMK beträgt dabei $500 - 70 \cdot 0{,}45 = 468{,}5$ Volt, und die Konstante c der Gleichung $E_a = c \cdot n$ berechnet sich danach für 70 Ampère Stromstärke zu $\frac{468{,}5}{480} = 0{,}98$.

Beginnt man mit der Bremsung bei der maximalen Tourenzahl von 700 und soll dabei sofort eine Stromstärke von 70 Ampère erhalten werden, so entspricht dem eine inducirte EMK von $0{,}98 \times 700 = 685$ Volt, und der Gesamtwiderstand des Ankerstromkreises muss daher $\frac{685}{70} = 9{,}8\ \Omega$ betragen. Indem man nun diesen Widerstand $R_0 = 9{,}8\ \Omega$ in das Diagramm bei 700 Touren einträgt, erhält man den Punkt A und, indem man diesen mit dem Nullpunkte verbindet, die eine Widerstandsgerade CA. Analog berechnet sich die Abscisse des Punktes B der andern Geraden bei 700 Touren zu 13,7 Ω. Der Linienzug zwischen beiden Geraden $AC\ DE$ . . . ergiebt dann in gleicher Weise, wie bei den Anlasswiderständen beschrieben wurde, die Widerstandsstufung und der Linienzug 1, 2, 3, 4 den Verlauf der Stromstärke bei richtiger Bethätigung des Fahrschalters.

Das Diagramm zeigt auch gleichzeitig die Nachtheile der elektrischen Bremsung. Wird nämlich der Schalter nicht bei der richtigen Geschwindigkeit bethätigt, sondern bereits ehe diese erreicht ist, so können bedeutende Ueberschreitungen der maximal zulässigen Stromstärke vorkommen, was eine Beschädigung des Kollektors zur Folge haben kann.

Ferner ist es nicht möglich, den Wagen durch elektrische Bremsung allein zum Stillstand zu bringen, weil man den Widerstand nicht unter ein gewisses Mass verringern und daher die Stromstärke und die Bremskraft bei niedrigen Tourenzahlen nicht auf der richtigen Höhe halten kann.

Zwanzigstes Kapitel.

81. Regulirwiderstände für Nebenschlussgeneratoren zum Konstanthalten der Spannung bei veränderlicher Belastung. — 82. Regulirwiderstände für Nebenschlussgeneratoren zur Veränderung der Spannung. — 83. Regulirwiderstände für Motoren.

Die Berechnung von Regulirwiderständen lässt sich naturgemäss nicht von allgemeinen Gesichtspunkten aus betrachten, sondern muss sich in jedem Fall nach dem Zwecke richten, dem der Widerstand dienen soll. Wir beschränken uns hier auf die Behandlung der hauptsächlichsten Fälle.

81. Regulirwiderstände für Nebenschlussgeneratoren zum Konstanthalten der Spannung bei veränderlicher Belastung.

Zur Berechnung des Nebenschlussreglers für einen Generator, dessen Spannung konstant gehalten werden soll (Maschinen für elektrische Centralen), ist es nothwendig, die Leerlaufcharakteristik der betreffenden Maschine, ihren Ankerwiderstand und die Ankerrückwirkung für irgend eine bestimmte Belastung zu kennen.

Unter Beachtung der Vorgänge in der Maschine, welche bei steigender Belastung den Spannungsabfall bewirken, ergiebt sich dann leicht eine graphische Konstruktion für die Stufen des Nebenschlussreglers.

Die Ursachen des Spannungsabfalls, Ohm'scher Spannungsverlust, Ankerrückwirkung und Tourenabfall der Antriebsmaschine kann man in bekannter Weise in dem Dreieck $B B_1 B_2$ zusammensetzen (Fig. 357). Die Seite $B B_2$ stellt die zur Kompensirung der Ankerrückwirkung nothwendige Erregerstromstärke i'_n dar:

$$i'_n = \frac{AW_r}{w_n} = \frac{2\,(b_c + \varrho)\,AS\ ^{1)}}{w_n}$$

[1]) Siehe Bd. I, S. 271, Gl. 53 und Anm. S. 392 Bd. II.

(w_n = Windungszahl der Erregerwicklung). $B_2 D$ ist der Spannungsverlust im Anker; zu diesem ist, falls man die Spannung an den Speisepunkten konstant halten will, der Spannungsverlust in den Speiseleitungen hinzuzufügen.

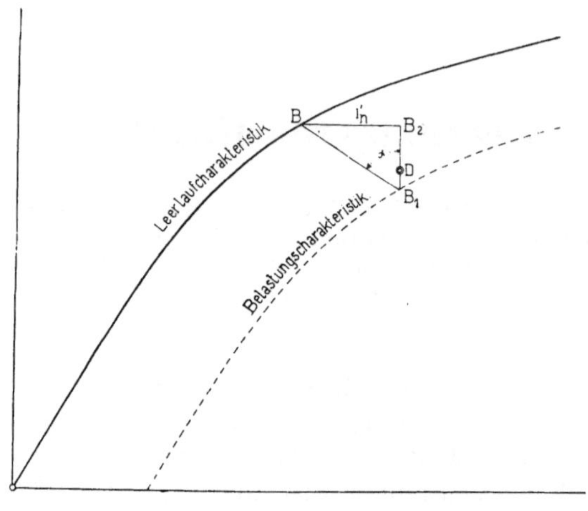

Fig. 357.

Der Spannungsabfall, welcher durch das Sinken der Tourenzahl der Antriebsmaschine bei steigender Belastung hervorgerufen wird, lässt sich ebenfalls annähernd berücksichtigen. Er ist dem Tourenabfall procentual gleich und für konstante Spannung annähernd der Belastung proportional; er kann, wenn der Tourenabfall bei der Vollbelastung J_V $p\,{}^0/_0$ beträgt, für irgend eine Belastung J_B ausgedrückt werden

$$\varepsilon = \frac{p}{100} \cdot E_k \frac{J_B}{J_V}.$$

In dem Dreieck ist er durch die Strecke $D B_1$ dargestellt. Vernachlässigt man die Veränderung der zur Kompensation der Quermagnetisirung dienenden Ampèrewindungen und nimmt konstante Bürstenstellung an, so werden die Seiten des Dreiecks $B B_1 B_2$ der Belastung proportional und der Winkel α für alle Belastungen konstant.

Zur Berechnuug des Regulirwiderstandes wird eine zulässige Abweichung von der Normalspannung anzunehmen sein, sodass sich eine Maximalgrenze E_{max} und eine Minimalgrenze E_{min} ergiebt. Die Widerstandsstufen sind dann so zu bemessen, dass bei der Regulirung diese beiden Grenzen innegehalten werden. Nimmt man an, dass bei Leerlauf und einer Spannung E_{min} (Fig. 358,

Punkt A) der gesammte Regulirwiderstand eingeschaltet sei, so wird der Widerstand der Magnetspulen und der Regulirwiderstand zusammen betragen müssen:

$$R_0 = \frac{E_{min}}{i_0} = \operatorname{tang} \lambda_0.$$

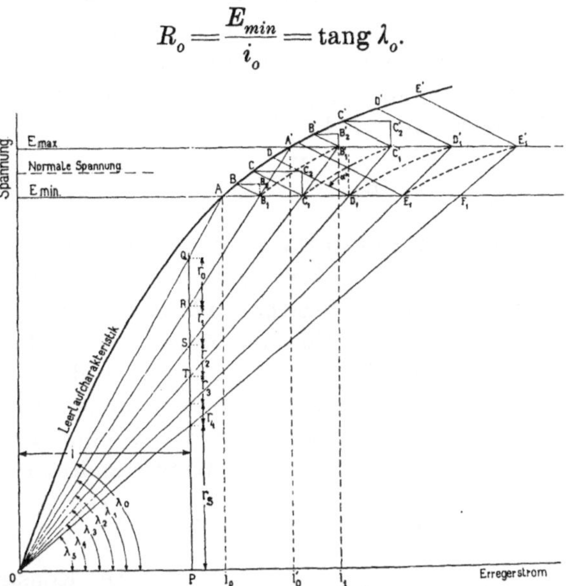

Fig. 358. Stufung eines Nebenschlussreglers zum Konstanthalten der Spannung

Wird nun die erste Stufe des Regulirwiderstandes abgeschaltet, so darf die Spannung nicht über E_{max} hinausgehen (Punkt A'); der Widerstand des Erregerkreises muss demnach sein

$$R_1 = \frac{E_{max}}{i_0'} = \operatorname{tang} \lambda_1 .$$

Wird die Maschine allmählich belastet, während der Widerstand des Erregerkreises $R_1 = \operatorname{tang} \lambda_1$ konstant bleibt, so geht die Klemmenspannung auf die Linie $A'O$ zurück und erreicht bei B_1 den Werth E_{min}. Legt man durch B_1 eine Gerade unter dem Winkel α gegen die Ordinate, so schneidet diese die zugehörige inducirte Spannung auf der Leerlaufcharakteristik aus (Punkt B), was man leicht einsieht, wenn man das Dreieck des Spannungsabfalls $B B_1 B_2$ einzeichnet. Damit nun die Grenze E_{min} bei weiterem Steigen der Belastung nicht überschritten wird, ist der Widerstand des Erregerstromkreises jetzt um so viel zu verkleinern, dass die Spannung auf E_{max} steigt. Das Dreieck $B B_1 B_2$ gleitet dabei mit dem Punkte B auf der Leerlaufcharakteristik, während B_1 eine Kurve beschreibt, welche das Ansteigen der

Klemmspannung als Funktion der Erregerstromstärke zeigt. Diese Kurve $B_1 B_1'$ ist mit grosser Annäherung eine Belastungscharakteristik der Maschine für eine der Seitenlänge des Dreiecks $B B_1 B_2$ entsprechende Belastung und wird (Bd. I, Seite 428) gefunden, indem man das Dreieck parallel mit sich längs der Leerlaufcharakteristik verschiebt. Man findet so die Erregerstromstärke i_1, welche das Steigen der Spannung auf E_{max} bewirkt und damit auch den zugehörigen Erregerwiderstand

$$R_2 = \frac{E_{max}}{i_1} \operatorname{tg} \lambda_2.$$

Fährt man mit der Konstruktion in gleicher Weise fort, wobei man die Dreiecke und die Belastungscharakteristiken nicht einzuzeichnen braucht, sondern nur die Strecken $B_1 B, B_1' B', C_1 C, C_1' C'$ u. s. w., so erhält man eine Schar von Geraden durch den Nullpunkt, deren Neigung gegen die Abscissenachse ein Maass für die nothwendigen Regulirwiderstände giebt. Zieht man in passendem Abstande i eine Parallele zur Ordinatenachse (z. B. bei $i = 5$ oder 10 Amp.), so schneiden die Geraden auf dieser die Widerstandsstufen aus.

$$r_o = R_o - R_1 = \operatorname{tg} \lambda_o - \operatorname{tg} \lambda_1 = \frac{Q R}{i}.$$

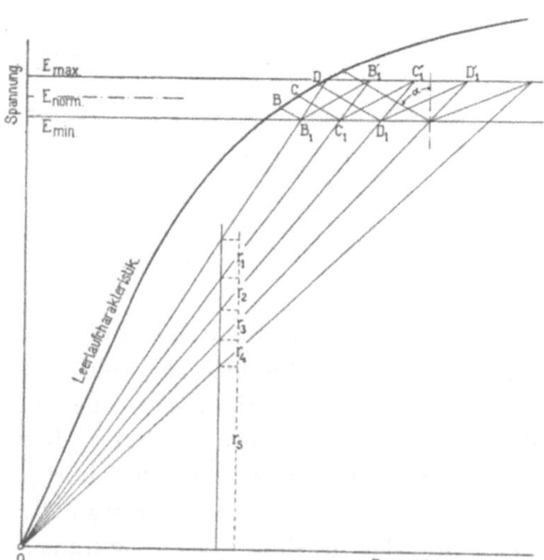

Fig. 359. Stufung eines Nebenschlussreglers zum Konstanthalten der Spannung (Vereinfachte Konstruktion).

Die Konstruktion gestaltet sich zeichnerisch noch etwas einfacher und übersichtlicher, wenn man die Stücke der Leerlaufcharakteristik $B\ B'$, $C\ C'$, resp. die Parallelen dazu $B_1\ B_1'$, $C_1\ C_1'$ als Gerade ansieht, was bei den kleinen Abständen von E_{max} und E_{min}, welche für die Regulirung in Frage kommen, meist zulässig ist. Man braucht dann nur (Fig. 359) die Linien $B_1\ B$, $C_1\ C$ u. s. w. zu ziehen und die Geraden $B_1\ B_1'$, $C_1\ C_1'$ parallel zu den Tangenten an die Leerlaufcharakteristik in B, C u. s. w. zu legen, und erhält dadurch sofort die Punkte B_1', C_1', deren Verbindungslinien mit dem Nullpunkte die Widerstandsstufen ergeben.

Im allgemeinen wird es übrigens nicht nothwendig sein, die Berechnung für sämmtliche Stufen durchzuführen, sondern man wird vielmehr, da die Konstruktion für jede beliebige Stelle des Regulirbereichs auch für eine einzelne Stufe unabhängig ausgeführt werden kann, nur die Grösse von einigen Stufen bestimmen und die übrigen interpoliren.

Bei **Fremderregung** ist die Konstruktion entsprechend zu modificiren. Die Erregung ist dann von der Klemmspannung der Maschine unabhängig, und das Sinken der Spannung bei steigender Belastung verläuft auf einer Ordinate. (Fig. 360.) Die Linien

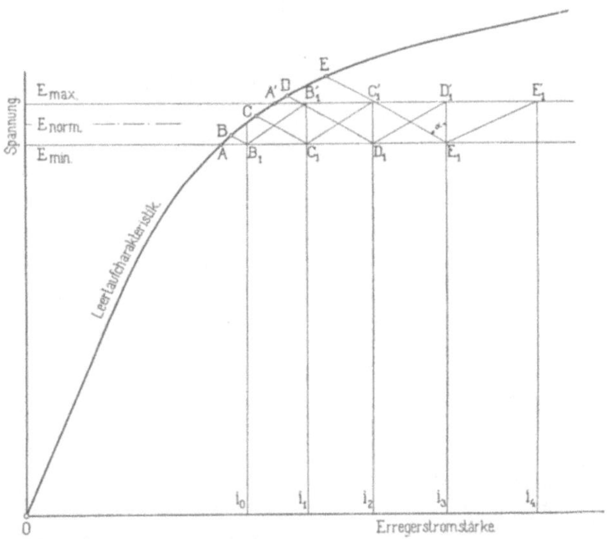

Fig. 360. Stufung des Regulirwiderstandes eines fremderregten Nebenschlussgenerators zum Konstanthalten der Spannung.

$B_1' C_1$, $C_1' D_1$ u. s. w. ergeben eine Stufung der Erregerstromstärken, aus der die nothwendigen Widerstandsstufen berechnet werden können.

Im allgemeinen wird man bei dem Entwurf der Regulirwiderstände nur die berechneten Leerlaufcharakteristiken zur Verfügung haben. Ist ein Widerstand für eine fertige Maschine zu berechnen, deren Leerlaufcharakteristik man experimentell aufnehmen kann, so muss man dabei die bei absteigender Magnetisirung aufgenommene Kurve (Bd. I., Fig. 331, Kurve II) zu Grunde legen, da diese stärker gekrümmt ist und also eine feinere Stufung ergiebt, als die bei steigendem Kraftfluss aufgenommene.

82. Regulirwiderstände für Nebenschlussgeneratoren zur Veränderung der Spannung.

Bei Maschinen zum Laden von Akkumulatoren ist es nothwendig, die Spannung der Lademaschinen innerhalb weiter Grenzen zu verändern. Will man eine möglichst gleichmässige Regulirung erzielen, sodass die Spannungsunterschiede zwischen zwei Stufen des Regulirwiderstandes alle gleich werden, so konstruirt man nach Bd. I, Fig. 335 die Belastungscharakteristik für die Ladestromstärke (Fig. 361), theilt den Abstand zwischen der höchsten

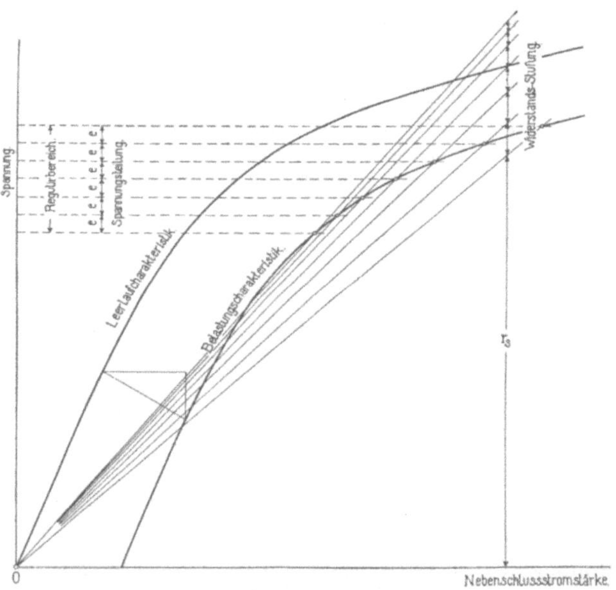

Fig. 361. Stufung des Regulirwiderstandes eines Nebenschlussgenerators mit veränderlicher Spannung.

und niedrigsten nothwendigen Spannung in so viel gleiche Theile, als der Widerstand Stufen erhalten soll, und überträgt diese Theilung durch Parallele zur Ordinatenaxe auf die Belastungscharakteristik. Zieht man dann von den Theilpunkten Gerade zum Nullpunkte, so schneiden diese auf einer an passender Stelle ($i_n = 5$ oder 10 Amp.) aufgetragenen Ordinate, die Widerstandsstufen aus.

Ein anderer Fall, der hierher gehört, ist die Berechnung der Feldregulatoren für Erregermaschinen von Wechselstromgeneratoren. Die Stufung der Erregerstromstärken der Wechselstrommaschinen findet man auf die gleiche Art und Weise, wie bei einer fremderregten Gleichstrommaschine. Man kann nämlich mit einer Annäherung, welche für den vorliegenden Fall vollständig genügt, für eine bestimmte Phasenverschiebung den Spannungsabfall bei Wechselstromgeneratoren geradeso wie bei Gleichstrommaschinen durch ein rechtwinkliges Dreieck darstellen, dessen Seiten der Belastung proportional sind. Die Seite $B_1 B_2$ (Fig. 357, Seite 426) dieses Dreiecks stellt den durch Selbstinduktion, effektiven Widerstand und Tourenabfall verursachten Spannungsabfall dar; $B B_2$ entspricht der Ankerrückwirkung. Beide kann man für gegebene Phasenverschiebung genügend genau proportional der Belastung setzen. Unter dieser Voraussetzung gelten dieselben

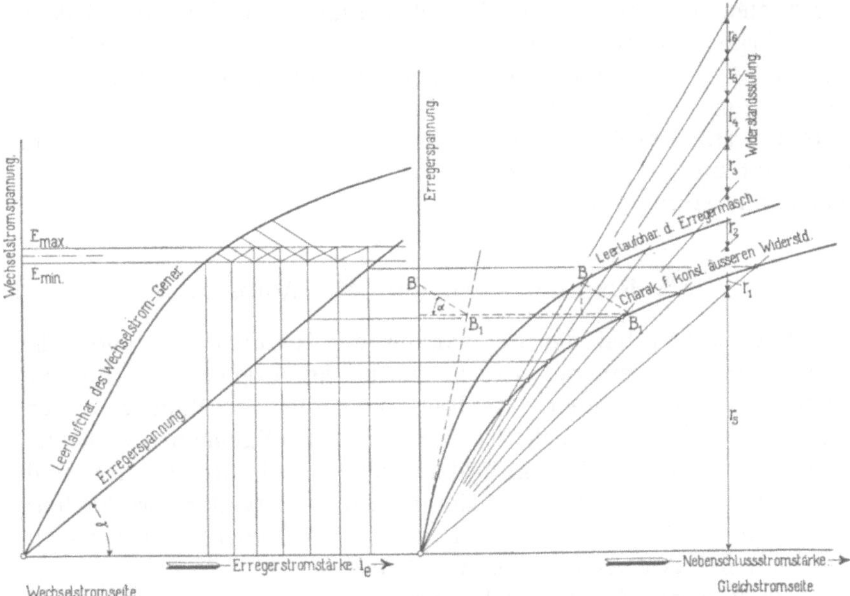

Fig. 362. Stufung des Regulirwiderstandes einer Erregermaschine.

Ueberlegungen, welche wir bei Gleichstrommaschinen angestellt haben, auch für Wechselstromgeneratoren, und wir können das Diagramm Fig. 360 auch hier anwenden. Man legt dabei eine maximale Phasenverschiebung der Berechnung zu Grunde, da bei dieser der Spannungsabfall am grössten und die Regulirung am schwierigsten wird und die Stufung natürlich auch hierbei noch ein möglichst genaues Konstanthalten der Spannung ermöglichen soll. Die Uebertragung der Stufung der Erregerstromstärke auf den Feldregulator der Erregermaschine ist in Fig. 362 dargestellt. Auf der linken Seite der Figur ist die Leerlaufcharakteristik des Wechselstromgenerators aufgezeichnet und die Konstruktion von Fig. 360 wiederholt. Da der Widerstand des Erregerkreises konstant ist, schneidet eine Gerade durch den Nullpunkt unter dem Winkel, dessen Tangente gleich dem Erregerwiderstand der Wechselstrommaschine R_e ist, auf den Ordinaten die den Erregerstromstärken i_e entsprechenden Klemmspannungen e_{ke} der Erregermaschine aus.[1])

$$e_{ke} = i_e \cdot \operatorname{tg} \gamma = i_e \cdot R_e.$$

Man zeichnet nun in gleichem Spannungsmaassstabe daneben die Leerlaufcharakteristik der Erregermaschine und konstruirt aus ihr mit Hilfe des Spannungsdreiecks die Charakteristik der Erregermaschine für konstanten äusseren Widerstand, wie in der Figur angedeutet ist, indem man berücksichtigt, dass hier die Ankerstromstärke, also auch die Strecke BB_1 der Klemmspannung proportional ist. Dann überträgt man die Spannungstheilung aus dem linken Diagramm durch Parallele zur Abscissenachse auf die Charakteristik, verbindet die gefundenen Schnittpunkte mit dem Nullpunkt und findet auf gleiche Weise wie oben angegeben die Widerstandsstufung.

83. Regulirwiderstände für Motoren.

Wenn schon bei der Berechnung der Regulirwiderstände für Generatoren nur einige typische Fälle hervorgehoben und behandelt werden konnten, so lässt sich die Berechnung dieser Apparate für Motoren noch viel weniger nach allgemeinen Gesichtspunkten behandeln. Die Anforderungen an die Regulirung sind je nach dem Zwecke, dem der Motor dient, vollständig verschieden; im folgenden können daher nur kurze Angaben über die in Betracht kommenden Faktoren gegeben werden.

Für Motoren gilt die Gleichung

$$E_k - J_a \cdot R = C \cdot n \cdot \Phi.$$

Die Regulirung wird nun stets eine Einwirkung auf die Tourenzahlen bezwecken, was durch Aenderung von E_k oder Φ erreicht wird. Da sowohl E_k als auch Φ durch die Widerstandsregulirung nur verringert werden können, wird im einen Fall nur eine Verkleinerung, im andern nur eine Vergrösserung der normalen Tourenzahl erreicht.

Die Variation der dem Motor gebotenen Spannung E_k durch Vorschaltwiderstände wird trotz ihrer Unwirthschaftlichkeit in einzelnen Fällen, z. B. bei Hebezeugen, angewandt. Man benutzt

---

[1]) Siehe E. T. Z. 1900, S. 804. E. Hunke, Ueber graphische Berechnung von Widerstandsregulatoren.

hier die Anlasswiderstände zugleich zur Regulirung, was eine einfache Konstruktion der Schalter und Tourenregulirung in weiten Grenzen ergiebt. Irgend welche Besonderheit in der Berechnung der Widerstände ergiebt sich daraus nicht, da es hier auf die exakte Einhaltung einer Tourenzahl nicht ankommt, und eine genauere Berechnung schon mit Rücksicht darauf nicht möglich ist, dass der Vorschaltwiderstand je nach der Belastung (resp. Stromstärke) des Motors ganz verschieden auf die Tourenzahl einwirkt. Sehen wir daher von diesem Falle ab, so wird die Regulirung stets durch Einwirkung auf Φ zu erfolgen haben, welche bei Nebenschlussmotoren durch Einschalten von Widerstand in den Erregerkreis, bei Hauptschlussmotoren durch eine Nebenschliessung zur Erregerwicklung erreicht wird.

Für Nebenschlussmotoren ist der dabei einzuschlagende Weg in Fig. 363 dargestellt.[1]) In Bd. I, Seite 449 wurde gezeigt, dass der Einfluss des Spannungsabfalles im Anker auf die Tourenzahl dem der Ankerrückwirkung entgegenwirkt. Wir wollen daher bei der Berechnung beide Einflüsse unberücksichtigt lassen und annehmen, dass sie sich gegenseitig aufheben. Wir erhalten dann für die Abhängigkeit der Tourenzahl vom Kraftfluss, da die Klemmspannung konstant ist, die Gleichung einer gleichseitigen Hyperbel

$$n = \frac{E_{ko}}{C \cdot \Phi} = \frac{\text{Konst.}}{\Phi}.$$

Diese ist auf der linken Seite in das Diagramm eingezeichnet.

Auf der rechten Seite ist Kurve $\Phi = f(i_n)$ aufgetragen, welche bei Vernachlässigung der Ankerrückwirkung für alle Belastungen gleich ist und leicht aus der Leerlaufcharakteristik berechnet werden kann.

$$\Phi = \frac{E_{ko}}{\frac{p}{a} \cdot N \cdot \frac{n_0}{60} \cdot 10^{-8}}.$$

Man kann nun, indem man von der einen Seite des Diagramms auf die andere übergeht, für jede Tourenzahl die zugehörige Erregerstromstärke finden.

Die Grenze, bis zu der die Tourenzahl durch Feldschwächung erhöht werden kann, ohne dass Funkenbildung eintritt, lässt sich genau nur experimentell feststellen. Bei besonders mit Rücksicht darauf gebauten Motoren ist man bis zu vierfacher Erhöhung der Tourenzahl gekommen. (Siehe Abschnitt 124.) Für die Berechnung

[1]) E. T. Z. 1900, S. 805.

der Widerstände nimmt man nach Erfahrungen, die man mit Motoren ähnlicher Bauart gemacht hat, eine obere Grenze der Tourenzahl an und kann dann aus dem Diagramm die zugehörige Erregerstromstärke finden, und da die Erregerspannung konstant ist, den entsprechenden Widerstand des Erregerkreises berechnen. Zieht man von diesem den Widerstand der Magnetwicklung ab, so erhält man den gesammten Regulirwiderstand. Die Stufung desselben erfolgt ebenfalls an Hand des Diagramms. Soll innerhalb des Regulirbereichs jede Tourenzahl mit möglichster Annäherung erreicht werden, so sind die Geschwindigkeitsstufen alle gleich zu machen.

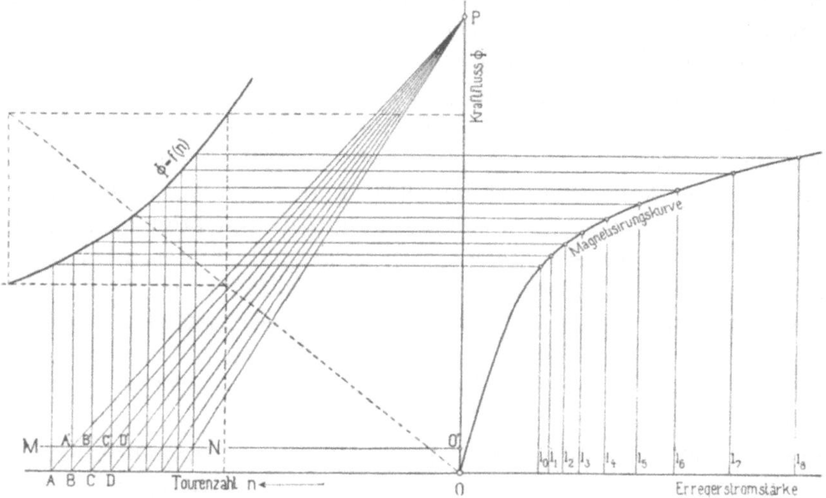

Fig. 363. Stufung des Regulirwiderstandes für einen Nebenschlussmotor.

Will man dagegen, dass die Stromstösse, welche bei der Regulirung auftreten, alle möglichst gleich seien, so ist die Stufung der Tourenzahl in geometrischer Progression vorzunehmen[1]), sodass die Stufen bei niedrigen Tourenzahlen kleiner, bei höheren grösser werden. Nach diesem Princip ist die Stufung in Fig. 363 durchgeführt. Die einzelnen aufeinander folgenden Geschwindigkeitsstufen stehen zu einander in einem konstanten Verhältniss; es verhalten sich

$$n_1 : n_2 = n_2 : n_3 = n_3 : n_4 \quad . \quad . \quad . \quad . \quad (109)$$

wie $(E_k - J_{max} R_g) : (E_k - J_{min} R_g)$, wenn J_{max} und J_{min} die Grenzen sind, zwischen denen die Stromstärke bei der Regulirung schwanken darf. Man erhält diese Theilung der Tourenzahl, indem man zwischen der Abscissenachse und der ihr parallelen Linie MN einen

[1]) Siehe E. T. Z. 1899. S. 280.

Linienzug $A\ A'$, $B\ B'$, $C\ C'$, wie Fig. 363 zeigt, so konstruirt, dass die Linien AA', BB', CC' alle durch einen Punkt P der Ordinaten-Achse gehen, während die Geraden $A'B$, $B'C$, $C'D$ . . als Ordinaten gezogen werden. Dann gilt nämlich:

$$\frac{A\,O}{A'\,O'}=\frac{O\,P}{O'\,P}$$

oder da $A'\,O'=B\,O$ ist,

$$\frac{A\,O}{B\,O}=\frac{O\,P}{O'\,P},$$

und ferner

$$\frac{B\,O}{B'\,O'}=\frac{B\,O}{C\,O}=\frac{O\,P}{O'\,P}.$$

Folglich

$$\frac{A\,O}{B\,O}=\frac{B\,O}{C\,O}=\frac{C\,O}{D\,O}\quad . \ . \ . \ . \ .=\frac{O\,P}{O'\,P}$$

resp. da $A\,O=n_1$, $B\,O=n_2$ u. s. w.

$$\frac{n_1}{n_2}=\frac{n_2}{n_3}=\frac{n_3}{n_4}\quad . \ . \ . \ . \ . \ . \ .=\frac{O\,P}{O'\,P}$$

Gl. 109 wird also durch die angegebene Konstruktion erfüllt.

Für Hauptstrommotoren gestaltet sich die Bestimmung der Regulirwiderstände insofern viel schwieriger, als hier das Feld mit dem Ankerstrom verkettet ist, und sich stets beide gleichzeitig ändern. Ausserdem wird durch die Regulirung der Widerstand des Motors verändert, und dadurch der Spannungsabfall im Motor beeinflusst.

Eine direkte Vorausberechnung dieser Regulirwiderstände ist daher überhaupt nur in dem Falle möglich, dass für ein gegebenes Drehmoment eine bestimmte Geschwindigkeitserhöhung gefordert wird, wie dies z. B. bei elektrischen Bahnen vorkommt. Für dieses Drehmoment ϑ und die gegebene Tourenzahl n_1, auf welche der Motor gebracht werden soll, erhält man die Energiegleichung

$$E_k J_a - J_a^2 (R_a + R_h) = \frac{2\,\pi \cdot 9{,}81}{60}\, n_1\, \vartheta.$$

Hierbei ist die Aenderung des Motorwiderstandes durch den Nebenschluss zur Feldwicklung vernachlässigt, da sie auf das Resultat wenig Einfluss hat. Aus der angegebenen Gleichung kann die zur Herstellung des Drehmoments ϑ bei der Tourenzahl n_1 nothwendige Ankerstromstärke berechnet werden.

Der hierbei nothwendige Kraftfluss Φ ergiebt sich dann zu

$$\Phi = \frac{E_k - J_a (R_a + R_h)}{\frac{p}{a} \cdot \frac{n_1}{60} \cdot N \cdot 10^{-8}} = \frac{a}{p} \frac{2\pi \cdot 9{,}81 \cdot 10^8}{N} \frac{\vartheta}{J_a}.$$

Man entnimmt nun der Magnetisirungskurve der Maschine, indem man den Einfluss der Ankerrückwirkung vernachlässigt, den zum Kraftfluss Φ gehörigen Werth der Erregerstromstärke J_e und erhält den zur Erhöhung der Tourenzahl auf den Werth n_1 erforderlichen Widerstand der Nebenschliessung

$$R_n = \frac{R_h \cdot J_e}{J_a - J_e}.$$

Einundzwanzigstes Kapitel.

84. Die Dimensionirung von Metallwiderständen. — 85. Flüssigkeitswiderstände.

84. Die Dimensionirung von Metallwiderständen.

Im vorigen Abschnitt haben wir uns damit beschäftigt, den Werth der Widerstände in Ohm festzustellen; es handelt sich noch darum, diesen Widerstandswerth in Materialdimensionen umzusetzen.

Für die Entscheidung über das für Anlass- und Regulirwiderstände zu verwendende Material wird vor allem billige Herstellung und geringer Raumbedarf dieser Apparate und ausserdem noch die Dauerhaftigkeit und der Temperaturkoefficient des betreffenden Metalls ausschlaggebend sein. Die Herstellungskosten der Widerstandsapparate sind hauptsächlich durch das Gehäuse und sonstigen Zubehör bedingt, während die Menge des verwandten Widerstandsmaterials nur eine untergeordnete Rolle spielt; die Kosten werden also unter sonst gleichen Umständen, um so geringer werden, je kompendiöser man die Vorrichtung gestaltet. Nun hängt der Raum, welchen die Widerstandsdrähte einnehmen, wesentlich von ihrer Länge ab; man wird sich daher bemühen, diese möglichst zu reduciren. Eine für gleiche Erwärmung durchgeführte Berechnung zeigt, dass die Länge des nothwendigen Widerstandsmaterials um so kleiner wird, je kleiner seine specifische Leitfähigkeit ist. Man wählt daher für Widerstandsapparate stets Materialien mit möglichst hohem specifischen Widerstand. Hauptsächlich sind in Gebrauch: Eisen und eine Anzahl Legirungen, welche speciell für diese Zwecke hergestellt werden, wie Nickelin, Kruppin, Manganstahl, Platinoid, Neusilber u. s. w.

Tabelle XIV giebt den specifischen Widerstand dieser Materialien, ihre Zusammensetzung und den Temperaturkoefficienten. Bei einer Reihe von Materialien ist dieser so klein, dass er praktisch gleich Null gesetzt werden kann. Ein geringer Temperaturkoefficient ist namentlich für Regulirwiderstände von Bedeutung, da es hier wünschenswerth ist, dass der Widerstand, nachdem er einmal eingestellt, möglichst konstant bleibt und nicht etwa, wenn man durch die Regulirung den Strom im Apparat geändert hat, allmählich einen andern Werth annimmt.

Die Dimensionirung der Widerstände für ein gegebenes Widerstandsmaterial, d. h. die Festsetzung von Querschnitt und Länge,

Tabelle XIV.

Material	Zusammensetzung (Gewichtstheile)	Spec. Widerstand ϱ m/mm²	Temperaturkoefficient
Konstantan	48 Cu 41 Ni 1 Mn	0,50	prakt. 0
Kruppin	Stahllegirung	0,85	0,0007
Eisen	—	ca. 0,13	0,0048
Manganin	48 Cu 7 Ni 12 Mn	0,42	0
Manganstahl	Stahl mit 12 % Mn	0,68	0,00125
Neusilber	60 Cu 25 Zn 14 Ni	0,3—0,4	0,00019
Nickelin I (hart)	Cu Zn Ni	0,43	0
„ II	Cu Zn Ni	0,33	0
latinoid	Neusilber mit 1—2 % Wolfram	0,47	0
Rheostan		1,00	0

wird bedingt durch die zulässige Erwärmung; durch diese wird der Querschnitt des Drahtes für die maximale Stromstärke, welche natürlich stets gegeben sein muss, und hiermit auch die zu verwendende Länge bestimmt. Vor allem ist hierbei zu unterscheiden zwischen Widerständen für dauernde Einschaltung und solchen, welche nur periodisch für kurze Zeit benutzt werden.

Der ersten Gruppe entsprechen die Regulirwiderstände, der zweiten die Anlasser.

Wird ein Widerstand dauernd von Strom durchflossen, so wird ein Gleichgewichtszustand und konstante Temperatur eintreten, wenn die von der Drahtoberfläche pro Zeiteinheit abgegebene Wärmemenge gleich dem zugeführten Effekt geworden ist:

$$10 \cdot h \cdot L \cdot U \cdot T^0 = 0{,}24\, J^2 \frac{L}{Q} \cdot \varrho \quad . \quad . \quad . \quad (110)$$

(h = pro cm² und Sekunde abgegebene Wärme in Grammkalorien.

L = Gesammtlänge in m,

U = Umfang in mm.

T^0 = Temperaturerhöhung in Grad C.)

Die zulässige Stromdichte $j = \frac{J}{Q}$ ergiebt sich aus dieser Formel zu

$$j = \sqrt{\frac{10\,h T^0}{0{,}24 \cdot \varrho}} \sqrt{\frac{U}{Q}} \quad . \; . \; . \; . \quad (111)$$

Diese wird also um so grösser, je grösser das Verhältniss $\frac{U}{Q}$ wird.

Man wird daher das Material am besten ausnutzen können, wenn man die Widerstände in Bandform ausführt, da für langgestreckten rechteckigen Querschnitt $\frac{U}{Q}$ am grössten wird. Namentlich sind auch Bänder aus Drahtgaze in dieser Hinsicht günstig.

Der Koefficient der Wärmeabgabe h hängt vor allem von der Art und Weise ab, wie die Drähte oder Bänder angeordnet und eingebaut sind. Sind die Widerstände in Kasten eingesetzt, so ist ihre Kapacität, d. h. die Anzahl Watt, welche sie aufnehmen können, wesentlich durch die Kastenoberfläche bedingt. Ingenieur J. Klöckner, Köln, dimensionirt die Kasten seiner Regulirwiderstände, welche seitlich mit Luftschlitzen versehen sind, so, dass auf $^1/_3$ Watt 1 cm^2 Kühlfläche kommt. Sind die Widerstände gänzlich eingeschlossen, sodass keine Luftcirkulation stattfinden kann, so muss man natürlich bedeutend unter diesem Werth bleiben.

Ferner ist die gegenwärtige Lage der Drähte oder Bänder und speciell für Drahtwiderstände, die Art und Weise, wie die Spiralen gewickelt sind, von Einfluss auf die Wärmeabgabekoefficienten. Als günstigster Abstand zweier Spiralgänge ist verschiedentlich experimentell der doppelte Drahtdurchmesser festgestellt werden; als Spiraldurchmesser wählt man nach Versuchen von V. Zingler[1]) am zweckmässigsten:

Drahtdurchmesser	Dorndurchmesser
1 mm	$^3/_8$″
1 —1,5 mm	$^1/_2$″
1,5—2,0 „	$^1/_2$″—$^3/_4$″
2,0—2,5 „	$^3/_4$″—$^7/_8$″
2,5—3,5 „	$^7/_8$″

Der Koefficient der Wärmeabgabe ist, wie aus dem Vorhergehenden erhellt, keine Konstante; die zulässige Materialbehandlung

[1]) The Electrical Review. Bd. 41, S. 396.

muss daher für jede Widerstandstype experimentell festgestellt werden. Um einen Anhaltspunkt zu geben, sei erwähnt, dass man nach neueren Versuchen[1]) für runden Querschnitt wählen kann

$$J \cong 0{,}37\sqrt{\frac{T^0}{\varrho}}\sqrt{D^3} \quad . \quad . \quad . \quad . \quad (112)$$

$$\text{resp. } D \cong 2\sqrt[3]{\frac{\varrho}{T^0}}\sqrt[3]{J^2} \quad . \quad . \quad . \quad . \quad . \quad (113)$$

Die zulässige Temperaturerhöhung T ist bedingt durch Art und Ort der Aufstellung des Widerstands, durch das Material, aus dem die einzelnen Theile des Apparats bestehen, und vor allem durch dessen konstruktiven Aufbau. Von Wichtigkeit ist dabei namentlich, ob die Widerstände aus frei gespannten Spiralen oder Bändern bestehen, oder ob dieselben auf gerillten Porcellancylindern oder sonst irgendwie so befestigt sind, dass die gegenseitige Lage der Drähte gesichert ist. Im ersten Falle wird man den Widerstand nicht so hoch beanspruchen dürfen, wie im zweiten, da hier die Gefahr vorliegt, dass bei zu starker Erwärmung infolge der Ausdehnung des Materials die Spiralen in Kontakt kommen und Kurzschlüsse entstehen.

Sämmtliche Materialien für Widerstandsapparate sollten stets vollständig feuersicher sein, so dass ein Widerstand, welcher vor Berührung geschützt ist, ziemlich hoch beansprucht werden kann und Maximaltemperaturen von 150—200^0 zulässig sind.

Bei Widerständen für kurze Dauer der Belastung kommt ausser den genannten Gesichtspunkten hauptsächlich die Wärmeaufnahme des Widerstandsmaterials und seiner nächsten Umgebung in Betracht. Hier werden also Widerstände mit grosser Wärmekapacität von Vortheil sein. Man wickelt deshalb zweckmässig die Spulen auf Porcellancylinder oder bettet das Widerstandsmaterial in eine Emailleschicht ein, welche auf eine gerippte Eisenplatte aufgebracht ist.

Namentlich diese letzteren gestatten eine vorzügliche Ausnützung des Materials. Nach Angaben von Dr. M. Levy[2]) kann man erreichen.

Für Anlasswiderstände	4—5	Watt pro cm^2 Plattenfläche
„ Dauerbelastung ca.	1	„ „ „ „

Die Feststellung der Dimensionen dieser Art von Widerständen kann allenfalls mit Hülfe der Kurven von E. Oelschläger, Bd. I,

[1]) E. T. Z. 1902. S. 405.

[2]) E. T. Z. 1899. S. 677.

Fig. 421 erfolgen. Die Ordinaten q bedeuten für diesen Fall das Verhältniss der bei kurzer Belastung und bei Dauerlast zulässigen Stromdichten.

Zur Erhöhung der Wärmekapacität werden die Widerstandsrahmen in manchen Fällen auch in Oel eingetaucht, wodurch ebenfalls eine bedeutend höhere Belastungsfähigkeit für kurze Belastungsdauer erreicht wird.

85. Flüssigkeitswiderstände.

Zum Anlassen grösserer Motoren verwendet man häufig Flüssigkeitswiderstände. Dieselben bestehen meist aus einem eisernen Trog, welcher mit Schwefelsäure-, Kochsalz-, Soda- oder Pottaschelösung gefüllt ist, und in den eine Elektrode, welche meist aus Eisen besteht, allmählich eingetaucht werden kann; als andere Elektrode dient die Gefässwand. Nachdem der Motor die volle Tourenzahl erreicht hat, werden die beiden Elektroden kurzgeschlossen.

Der Widerstand des Apparates ist von der Zusammensetzung der Flüssigkeit, von der eingetauchten Elektrodenfläche und von der Entfernung der beiden Elektroden abhängig; er kann durch Aenderung der Sättigung der Flüssigkeit in weiten Grenzen geändert werden. Die Elektroden-Dimensionen und das Sättigungsverhältniss, welche den richtigen Widerstand ergeben, sind durch Versuche festzustellen. Zu beachten ist, dass ein einmal eingestellter Widerstand sich durch elektrolytische Wirkungen stark ändern kann.

Die Flüssigkeitsmenge wird durch die Energieaufnahme bestimmt; man kann z. B. einen Motor von 25 PS mit etwa 3 Liter Flüssigkeit anlassen, erhält also kleine Dimensionen.

Hierin und in der Möglichkeit, den Widerstand durch allmähliches Eintauchen der einen Elektrode vollständig gleichmässig zu ändern, besteht der Vortheil der Apparate.

Auch zu Versuchszwecken finden Flüssigkeitswiderstände als Ballastwiderstände Anwendung. Man wählt hierbei die Stromdichte an den Elektroden zu 0,3—0,4 Amp./cm^2 und eine Flüssigkeitsmenge von 7 Litern für ein aufzunehmendes KW.

Zweiundzwanzigstes Kapitel.

86. Das Ausschalten der Erregerwicklung. — 87. Regulirwiderstände für Nebenschlussgeneratoren. — 88. Widerstandsapparate für Motoren ohne Umkehrung der Drehrichtung. — 89. Widerstandsapparate für Motoren mit Umkehrung der Drechrichtung.

86. Das Ausschalten der Erregerwicklung.

Was die Art, wie die Anlass und Regulirwiderstände mit einander und mit den Maschinen, zu welchen sie gehören, zu verbinden sind, betrifft, so giebt hier hauptsächlich ein Punkt zu besonderen Bemerkungen Anlass. Es ist dies die Anordnung der Schaltung mit Rücksicht auf das Ausschalten der Erregerwicklung bei Nebenschlussmaschinen.

Wird bei einer grösseren Maschine mit vielen Feldwindungen diese plötzlich vollständig abgeschaltet, sodass der Strom in sehr kurzer Zeit von seiner normalen Stärke auf Null zurückgehen muss, so kann die entstehende hohe Selbstinduktionsspannung $L \cdot \frac{di}{dt}$, ein Durchschlagen der Isolation veranlassen. Um dieser Gefahr zu begegnen, kann man verschiedene Wege einschlagen.

Man gebraucht z. B. einen Ausschalter mit zwei Kohlenkontakten und zieht, indem man diese langsam von einander entfernt, einen Lichtbogen, in welchem die Feldenergie vernichtet wird. Dieser Ausschalter kann mit dem Organe, das den Regulirwiderstand einstellt, z. B. einer Kurbel mit Schneckengetriebe derart verbunden werden, dass beim Drehen der Kurbel, nachdem der ganze Widerstand vorgeschaltet ist, zuletzt die beiden Kohlen auseinander gezogen werden.

Ferner werden mit Rücksicht auf diesen Punkt in vielen Fällen besondere Anordnungen der Schaltung angewandt. Es werden entweder Widerstände vorgesehen, welche vor gänzlicher Unterbrechung des Erregerkreises vor die Feldwicklung geschaltet werden, um die Stromstärke zu verringern, oder man setzt die Energie des verschwindenden Feldes irgendwie in Stromwärme um. Dies kann in der Erregerwicklung selbst geschehen, indem diese in sich geschlossen wird, oder es kann hierfür auch ein besonderer Stromkreis angewendet werden, indem man z. B. unter den Erregerspulen direkt auf dem Magnetkern eine Hülse aus Kupferblech anordnet oder eine etwa vorhandene Compoundwicklung vor dem Abschalten der Nebenschlusswicklung in sich kurzschliesst.

87. Regulirwiderstände für Nebenschlussgeneratoren.

Das Schaltungsschema Fig. 364 zeigt die Schaltuug eines Nebenschlussregulators.[1])

Die Erregerwicklung wird nicht abgeschaltet, sondern wenn der Kontakthebel des Regulators auf der äussersten Stellung angelangt ist, kurzgeschlossen. Analog dem Schema Fig. 364 gestaltet sich die Schaltung, wenn die Erregung direkt an den Sammelschienen liegt; man hat sich nur in Fig. 364 den Anker wegzudenken.

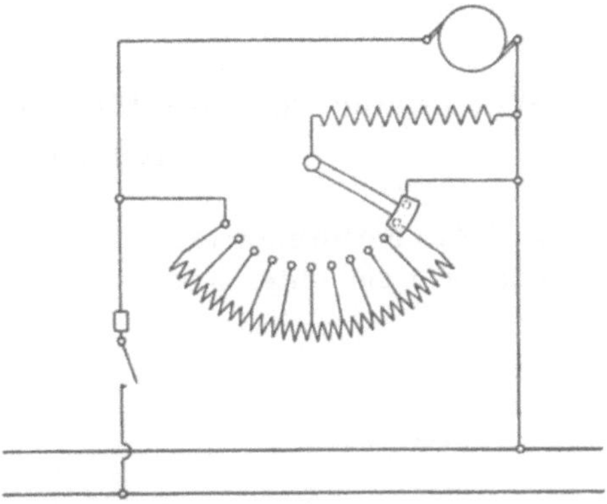

Fig. 364. Regulirwiderstand für einen Nebenschlussgenerator.

Eine feinere Regulirung lässt sich durch Anordnung von zwei Schalthebeln erreichen, welche von einander isolirt auf derselben Achse sitzen (Fig. 365)[2]). Der Strom tritt durch den einen Hebel in die Widerstandsspiralen ein und durch den andern aus. Die Anordnung bietet dieselben Vortheile wie zwei hintereinander geschaltete Regulirwiderstände, indem zur Regulirung zwei Punkte zur Verfügung stehen und jedes Stück des Widerstandes, welches man zwischen die beiden Kontakte

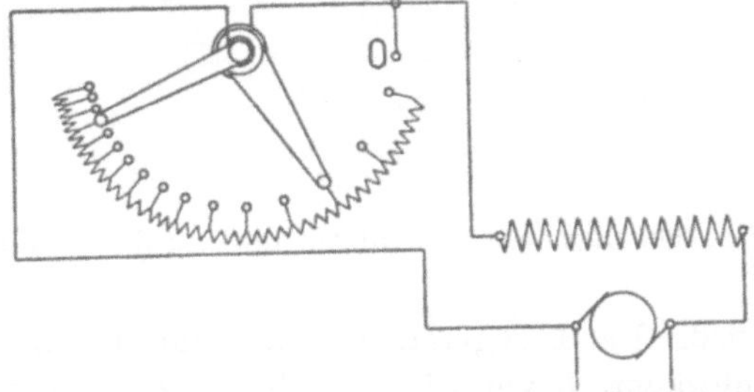

Fig. 365. Regulirwiderstand mit zwei Schalthebeln.

[1]) E. T. Z. 1894. S. 453.
[2]) E. T. Z. 1894. S. 275.

bringen kann, zur Einstellung benutzbar ist. Bringt man an einem Ende des Widerstandes ein paar Stufen mit feinerer Theilung an, so wird die Regulirung sehr präcise und man kann ausserdem noch die Zahl der Stufen verringern. Auch bei dieser Schaltung kann man nach der in der Figur angedeuteten Weise einen Kontakt 0 zum Kurzschliessen der Erregerwicklung anordnen.

Weit mannigfaltiger als für die Generatoren sind die Anordnungen der Schalter für Motoren. Zu den einfachen Schaltern für eine Drehrichtung kommen hier noch die Apparate für Umkehrung der Bewegung hinzu, und namentlich für diese kommen dann die verschiedenen Methoden der Ausschaltung der Erregung in Betracht.

88. Widerstandsapparate für Motoren ohne Umkehrung der Drehrichtung.

a) Für Nebenschlussmotoren. Fig. 366[1]) zeigt eine Anordnung, wie sie unter andern von der A. E.-G. Berlin ausgeführt

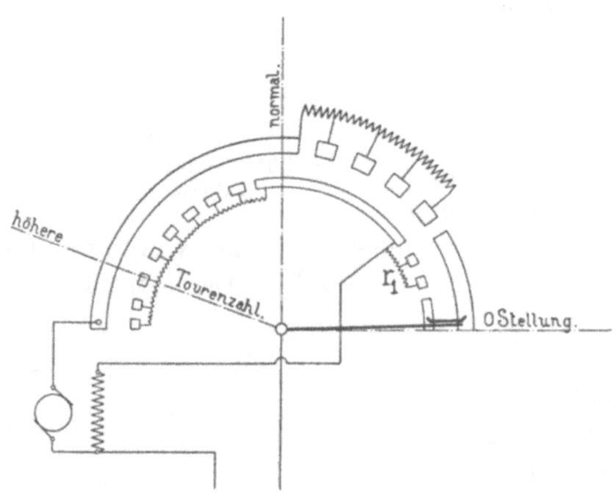

Fig. 366. Kombinirter Anlass- und Regulirwiderstand für Nebenschlussmotoren.

wird. Der Erregerstrom wird durch den Vorschaltwiderstand r_1 geschwächt, bevor die Wicklung abgeschaltet wird.

Bei der Schaltung Fig. 367[2]) wird die Erregung überhaupt nicht ausgeschaltet, sondern jeweils durch Anker und Anlasswider-

[1]) Niethammer, Elektrisch betriebene Hebemaschinen. S. 212.
[2]) E. T. Z. 1898. S. 93. (Fischer-Hinnen).

stand geschlossen. Hier ist jedoch im Betriebszustand der Anlasser in den Erregerkreis eingeschaltet.

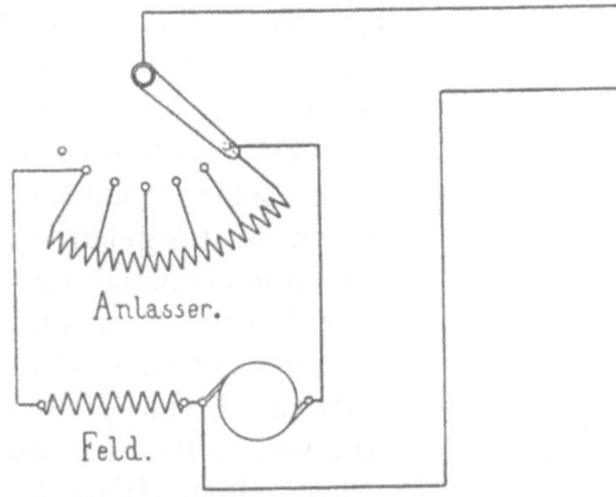

Fig. 367. Anlasserschaltung für Nebenschlussmotoren ohne Feldunterbrechung.

Dies lässt sich umgehen durch Anbringung einer besonderen Schleifschiene für den Nebenschluss (Fig. 368).[1] Die erste Stufe des Anlasswiderstands ist dabei zwischen *a* und *b* geschaltet.

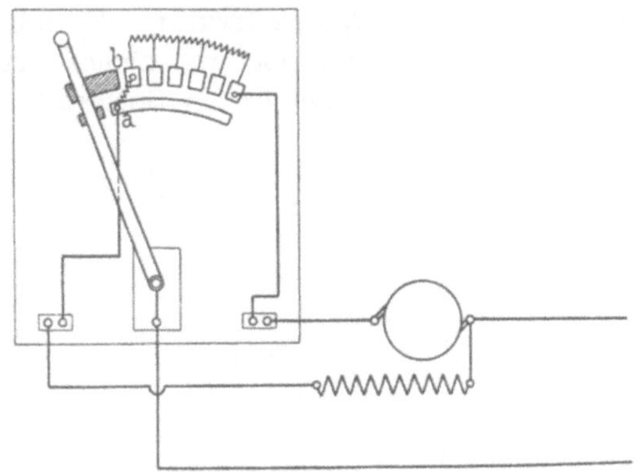

Fig. 368. Anlassapparat ohne Feldunterbrechung.

Will man bei grösseren Stromstärken den Strom nicht durch den Drehpunkt des Kontakthebels gehen lassen, so ist noch eine weitere Schleifschiene anzubringen (Fig. 369).[2]

Es erübrigt noch, auf die Schaltungen der Anlasser, welche mit Maximal- und Minimalausschalter versehen sind, hinzuweisen.

[1]) E. T. Z. 1897. S. 731. (C. L. R. E. Menges).
[2]) Helios, E.-A.-G. Köln.

Das Princip dieser Schaltungen wird für einen Nebenschlussmotor mit Compoundanlasswicklung (siehe S. 449) durch das Schaltungsschema Fig. 370[1]) erläutert; die sonst gebräuchlichen Anordnungen sind dieser ähnlich. Der Anlasserhebel wird entgegen einer Federkraft in der Betriebsstellung durch einen im Nebenschlusstromkreis liegenden Magneten *M* festgehalten, geht also in die Ausschaltstellung zurück, wenn der Nebenschluss aus irgend einem Grunde stromlos wird. Ein Elektromagnet *H* im Hauptstromkreis bethätigt, falls der Strom zu stark wird, einen Hebel *K*, welcher den Magneten *M* kurzschliesst.

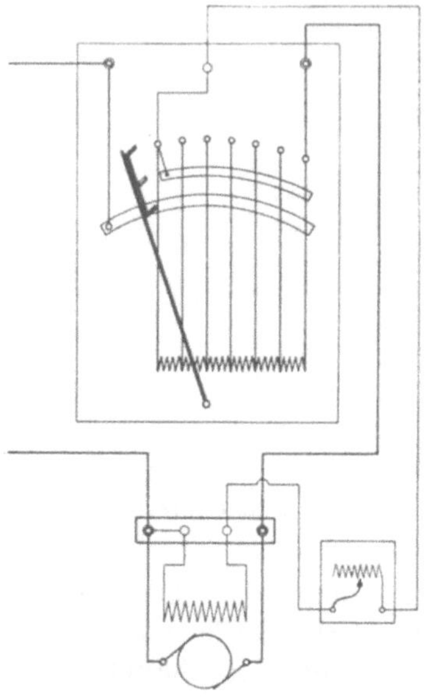

Fig. 369. Anlassapparat für grössere Stromstärken.

b) Für Hauptstrommotoren. Die entsprechende Einrichtung für Hauptstrommotoren in etwas anderer Anordnung zeigt Fig. 371.[2]) Der Anlasserhebel *A* wird hier entgegen der Federkraft, die ihn in die Nullstellung zu ziehen sucht, durch einen in ein Sperrrad eingreifenden

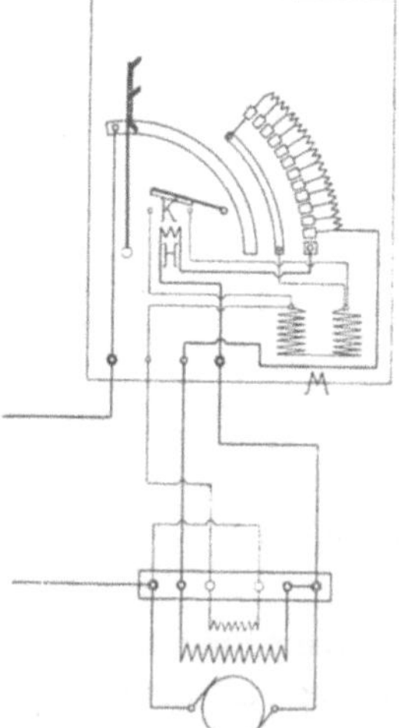

Fig. 370. Anlasser mit selbstthätiger Ausschaltung für Nebenschlussmotoren.

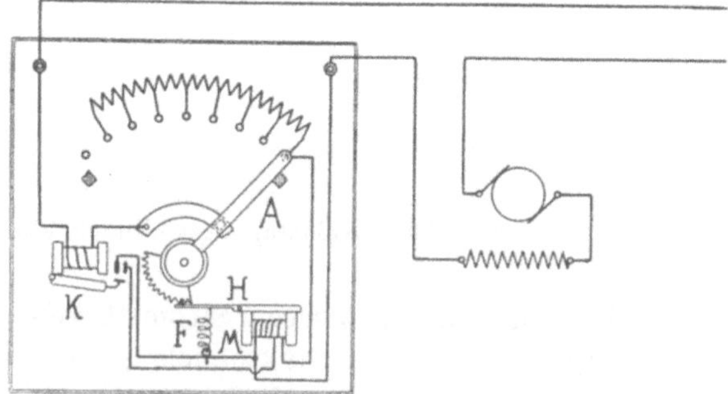

Fig. 371. Anlasser mit selbstthätiger Ausschaltung für Hauptschlussmotoren.

[1]) Helios, E.-A.-G. Köln.
[2]) Cutler, Electrical Co.

Zahn des Hebels *H* festgehalten. Wird der Strom ausgeschaltet, so lässt der Magnet *M* den Hebel *H* los und der Zahn wird durch die Feder *F* aus dem Sperrrad herausgezogen, so dass der Schalter in die Nullstellung zurückschnellt. Wird der Strom zu stark, so schliesst der Hebel *K* einen Theil der Wicklung von *M* kurz, so dass die Feder *F* zur Wirkung kommt und der Anlasshebel losgelassen wird.

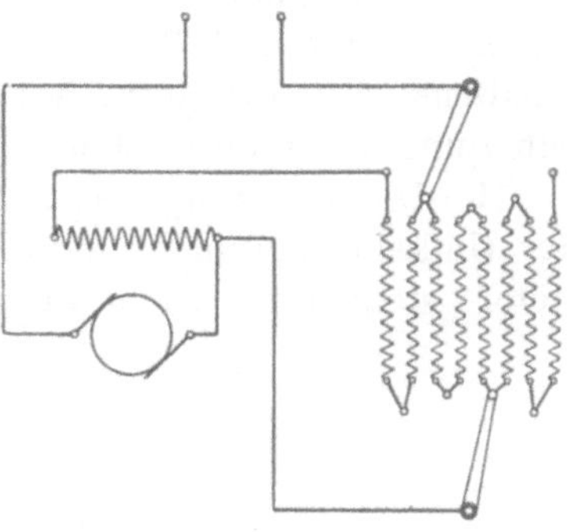

Fig. 372. Vereinigung von Vorschalt- und Regulirwiderstand bei Hauptschlussmotoren.

Von Schaltungen für Hauptstrommotoren hat noch Fig. 372[1]) Interesse. Der gleiche Widerstand dient als Vorschaltwiderstand und Magnetregulator. Die beiden Hebel können beliebige Stellungen annehmen. Ist ein Kontroller vorhanden, so legt man natürlich die Verbindungen so, dass Vorschalt- und Regulirwiderstand durch denselben Schalthebel bethätigt werden; dann wird

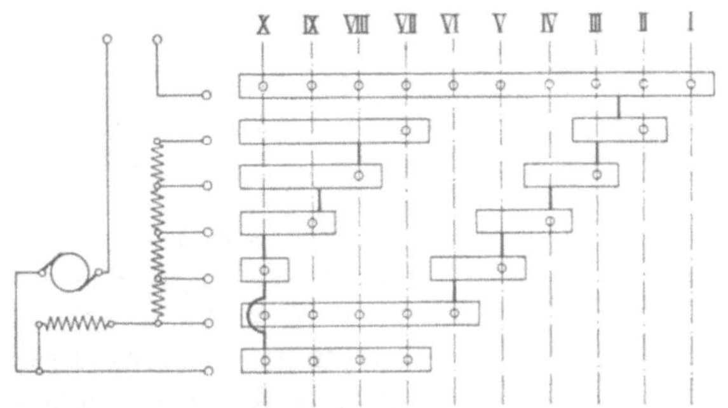

Fig. 373. Kontroller für Schaltung Fig. 372.

jeweils unter der normalen Tourenzahl der Widerstand als Vorschaltwiderstand und über der normalen als Nebenschluss benutzt. Fig. 373 giebt das Kontrollerschema für diese Schaltung.

89. Widerstandsapparate für Motoren mit Umkehrung der Drehrichtung.

a) Für Nebenschlussmotoren.

Die Apparate zur Aenderung der Drehrichtung von Nebenschlussmotoren arbeiten alle mit Stromumkehr im Anker; die Um-

[1]) Niethammer, Elektrisch betriebene Hebezeuge. S. 209.

schaltung wird daher stets am Anlasser vorgenommen (Wendeanlasser, Umkehranlasswiderstände).

Die einzelnen Anordnungen unterscheiden sich hauptsächlich durch die Art und Weise, wie die oben erwähnte Frage des Ausschaltens des Erregerkreises gelöst ist. Es sind hier folgende Schaltungen zu unterscheiden.

I. Die Erregung liegt direkt am Netz ohne Verbindung mit der Umkehrschaltung und bleibt daher bei der Umsteuerung des Motors stets unter voller Spannung.

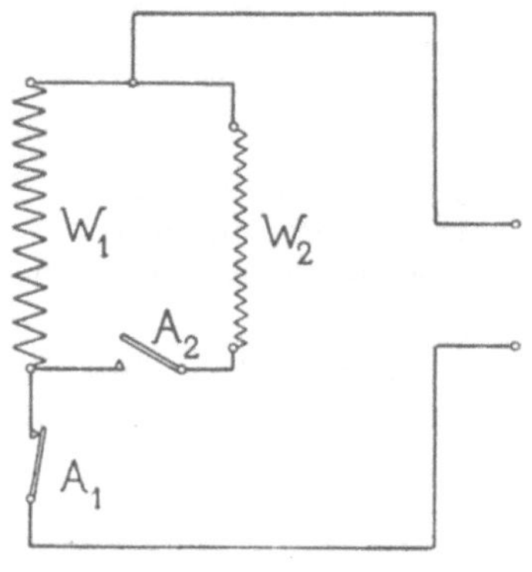

Fig. 374.
Ausschalter der Erregerwicklung.

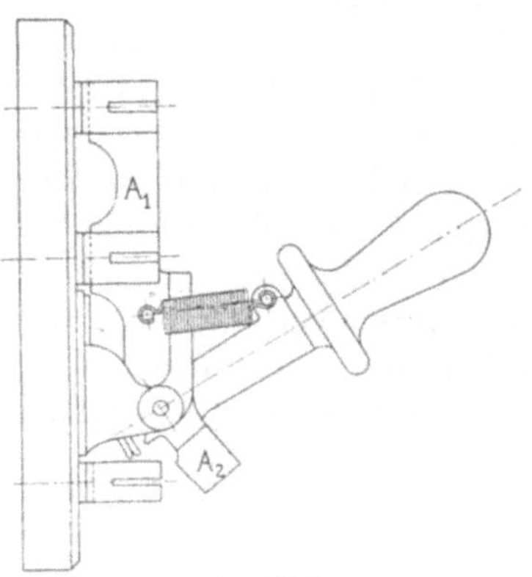

Fig. 375.
Schalter zu Schema Fig. 374.

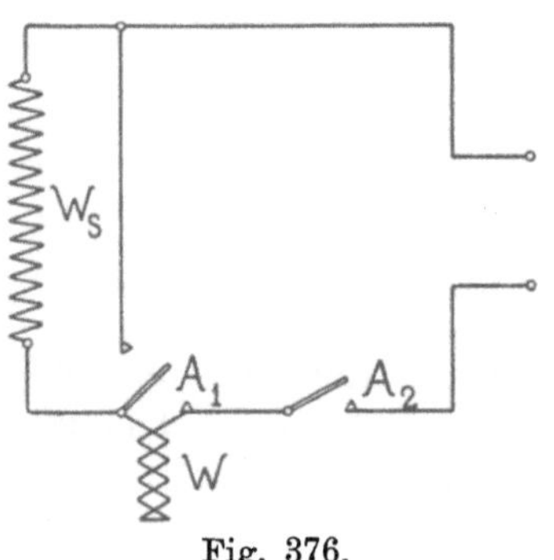

Fig. 376.
Ausschalter der Erregerwicklung.

Das Abschalten der Erregung vom Netz bei Ausserbetriebsetzung der Motoren kann, soweit besondere Schaltungen hierfür in Frage kommen, auf zwei Arten geschehen, entweder man schaltet kurz vor dem Abschalten parallel zur Erregung W_1 einen induktionsfreien Widerstand W_2 (Fig. 374).[1]) Die Schalter A_1 und A_2 werden dabei derart an einem Handgriff vereinigt (Fig. 375), dass Schalter A_1 durch eine hierauf eingestellte Feder in dem Augenblick zum Ausschnappen gebracht wird, in welchem Schalter A_2 geschlossen ist. Oder man schaltet (Fig. 376)[2]) vor die Erregung erst einen induktionsfreien Widerstand W, schliesst sie dann kurz und schaltet

[1]) E. T. Z. 1894. S. 136 (Hermann Müller).
[2]) E. T. Z. 1894. S. 229. (C. L. R. E. Menges).

ab. Die letztere Anordnung hat den Vortheil, dass der auszuschaltende Strom kleiner wird als bei der ersten Schaltung. Ist ein Regulirwiderstand vorhanden, so kann dieser als Vorschaltwiderstand benutzt werden, woraus sich die Schaltung ergiebt, die Fig. 364 zeigt.

II. Die Erregung wird zugleich mit dem Anker vom Netz abgeschaltet; Anker und Anlasswiderstand dienen als Ausgleichkreis.

III. Bei Motoren, bei denen zur Verstärkung der Anzugskraft während der Anlassperiode eine Compoundwicklung vorhanden ist (sog. Compoundanlasswicklung), kann diese für das Abschalten dienstbar gemacht werden, indem man sie in sich kurzschliesst. Die Feldenergie wird dann in der kurzgeschlossenen Spule in Stromwärme umgesetzt und kann keinen Schaden anrichten.

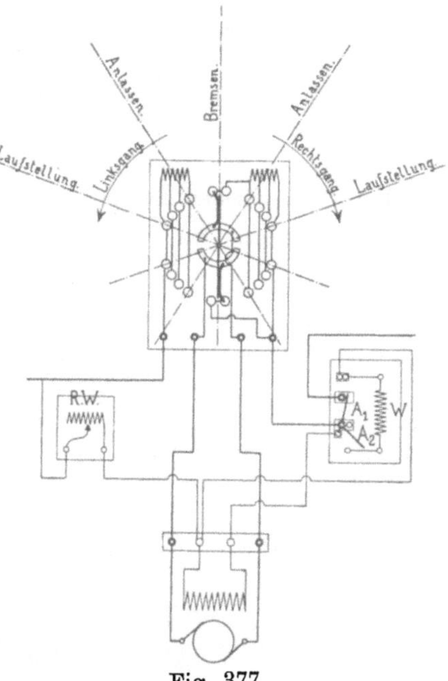

Fig. 377.
Umkehranlasser der Helios E.-A.-G.

Für die Schaltungsart I giebt Fig. 377[1]) ein Schaltungsschema. Zum Umkehren der Drehrichtung, z. B. zum Uebergang von Linksgang zu Rechtsgang, wird der Schalthebel von der Laufstellung links langsam in die Laufstellung rechts gedreht. Hierdurch wird zuerst der Anlasswiderstand vor den Motor geschaltet, sodass die Tourenzahl sinkt. Dann gelangt der Hebel in die Bremsstellung, in welcher der Anker über den halben Anlasswiderstand in sich geschlossen ist. Nachdem der Motor durch die Bremsung zum Stillstand gebracht ist, wird der Hebel weitergedreht, so dass er in die Anlassstellung für Rechtsgang kommt, in welcher der Strom über den Anlasswiderstand in umgekehrter Richtung wie bei Linksgang durch den Anker fliesst. Hierauf wird der Anlasswiderstand allmählich ausgeschaltet, bis der Hebel in die Laufstellung für Rechtsgang gelangt ist.

Zum Ausschalten wird der Hebel in die Bremsstellung gedreht, wodurch der Anker vom Netz abgetrennt wird; falls er voll-

---

[1]) Umkehranlasser der Helios, E.-A.-G. Köln.

ständig abgeschaltet werden soll, wird auch die Erregung durch den Schalter A_1 A_2, der nach dem Müller'schen System, Fig. 374 und 375, ausgeführt ist, unterbrochen.

Für diese Anordnung der Anlassapparate spricht die Einfachheit des Schalters. Ferner wird dadurch, dass die Erregung stets

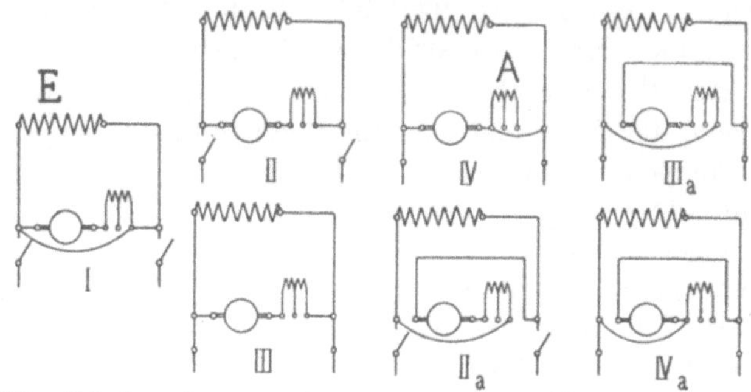

Fig. 378. Schaltstufen zur Umsteuerung eines Nebenschlussmotors.

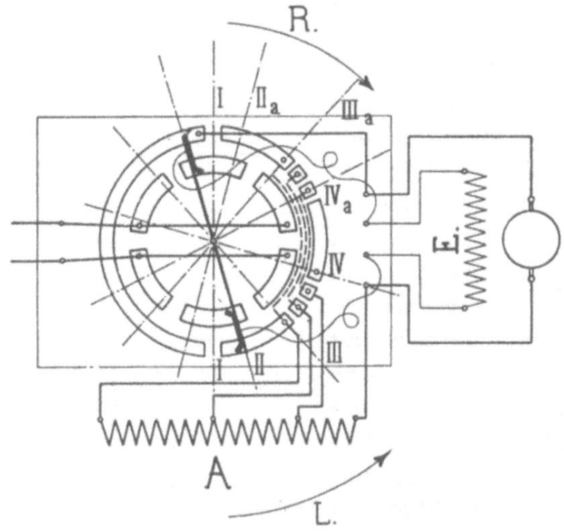

Fig. 379. Umkehranlasser von Egger und Wessels (zu Fig. 378).

voll eingeschaltet ist, beim Einschalten des Ankerstroms sofort ein starkes Drehmoment ausgeübt und ausserdem beim Schliessen des Ankers über den Anlasswiderstand eine kräftige Bremsung ermöglicht. Auf der andern Seite erfordert die Anordnung einen besonders konstruirten Ausschalter für die Erregung, und der Stromverbrauch wird dadurch, dass die Erregung stets eingeschaltet ist, etwas vergrössert; dies dürfte jedoch bei den Betrieben, für welche Umkehranlasser Verwendung finden, kaum in Betracht kommen.

Die beiden letzterwähnten Punkte sind vermieden bei der

Umsteuervorrichtung von Egger und Wessels[1]), welche in Fig. 378 schematisch dargestellt ist, während Fig. 379 den zugehörigen Schalter zeigt. Es ergeben sich hier folgende Schaltstufen:

IV und IVa. Laufstellung. Anlasser *A* ausgeschaltet.

III und IIIa. Anlassstellung. Anlasser vorgeschaltet.

II und IIa. Ausschaltstellung. Motor vom Netz abgeschaltet. Erregerwicklung durch Anker und Anlasswiderstand kurzgeschlossen.

I. Bremsstellung. Anker über den Anlasswiderstand kurzgeschlossen.

Hier wird also die Erregerwicklung *E* beim Ausschalten gleichzeitig mit dem Anker vom Netz abgetrennt. Infolge davon ist die Bremswirkung schwächer wie bei der vorbeschriebenen Schaltung, da die Maschine sich selbst nur schwach erregt; andererseits ist allerdings auch eine Beschädigung des Motors durch zu starkes Anwachsen des Bremsstroms hier nicht zu befürchten. Ferner wird die Anzugskraft direkt nach dem Einschalten etwas geringer, als bei der erstbeschriebenen Umsteuervorrichtung, da der Erregerstrom infolge der grossen Selbstinduktion der Feldwicklung nicht sofort seinen vollen Werth annimmt. Die Umkehr der Drehrichtung wird daher hier etwas mehr Zeit in Anspruch nehmen, als bei der erstbeschriebenen Anordnung.

Für die Schaltung mit Compoundanlasswicklung giebt Fig. 380[2]) ein Bild von den einzelnen Schaltstufen. Hier wird eine grosse Anzugskraft und starke Bremswirkung erzielt, ohne dass der Nebenschluss ständig eingeschaltet bleibt. Der Widerstand *W* wird der Magnetwicklung *F* nur vorgeschaltet, um den Trennungsfunken beim Abschalten zu schwächen; das Kurzschliessen der Hauptstromwicklung (*HS*) scheint demnach allein doch nicht vollständig sicher genug zu sein. Die in der Figur dargestellten Schaltstufen sind folgende:

1. Laufstellung. Hauptschlusswicklung kurzgeschlossen.
2. Hauptschlusswicklung eingeschaltet. Anlasser vorgeschaltet.
3. Bremsstellung. Anker über den Anlasswiderstand geschlossen.
4. Theil des Anlasswiderstandes ausgeschaltet. Stärkere Bremswirkung.
5. Hauptschlusswicklung kurzgeschlossen. Widerstand *W* vorgeschaltet.

[1]) E. T. Z. 1895. S. 454.

[2]) Patent der „Vereinigten E.-A.-G., vorm. B. Egger & Co. Wien. E. T. Z. 1898. S. 76.

6. Erregerwicklung abgeschaltet.
7. Erregerwicklung kurzgeschlossen.
8, 9, 10, 11, wie 6, 5, 4, 3.
12. Umkehrung der Drehrichtung. Anlasswiderstand vorgeschaltet.
13. Anlasswiderstand abgeschaltet. Hauptschlusswicklung kurzgeschlossen. Laufstellung.

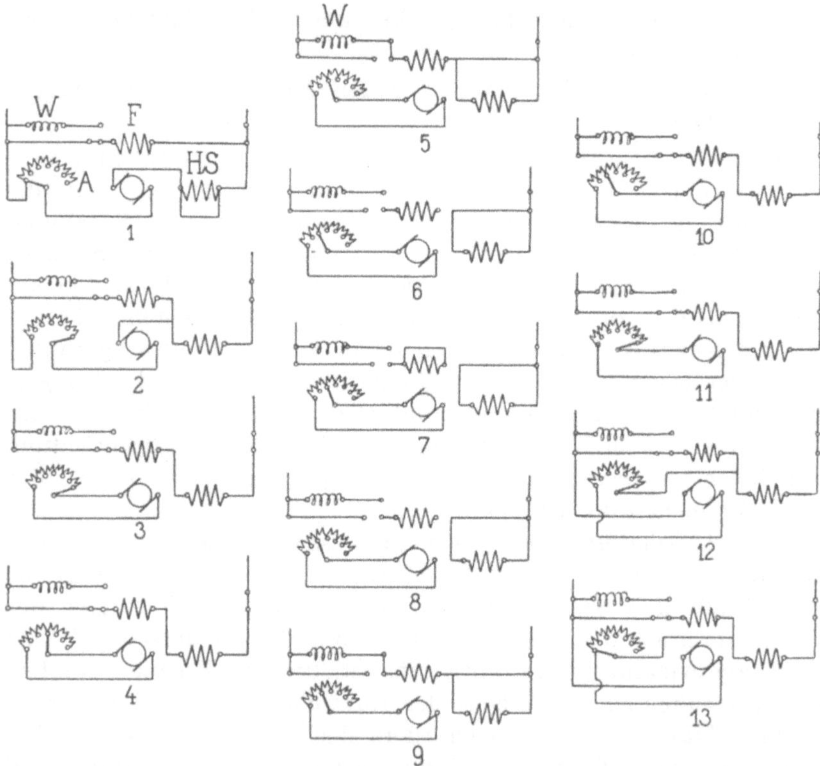

Fig. 380. Schaltstufen zur Umsteuerung eines Nebenschlussmotors mit Compoundanlasswicklung.

b) Hauptstrommotoren.

Einen Umkehranlasser für Hauptstrommotoren zeigt Fig. 381.[1]) Die Stromrichtung wird hierbei im Anker umgekehrt, während im Feld der Strom seine Richtung beibehält. Der Anlasser ist mit Bremsschaltung für beide Drehrichtungen versehen, was ein rasches und sicheres Umschalten ermöglicht. Zu beachten ist dabei, dass die Bremsschaltung so einzurichten ist, dass die Stromrichtung im

[1]) Umkehranlasser der Helios, E.-A.-G. Köln.

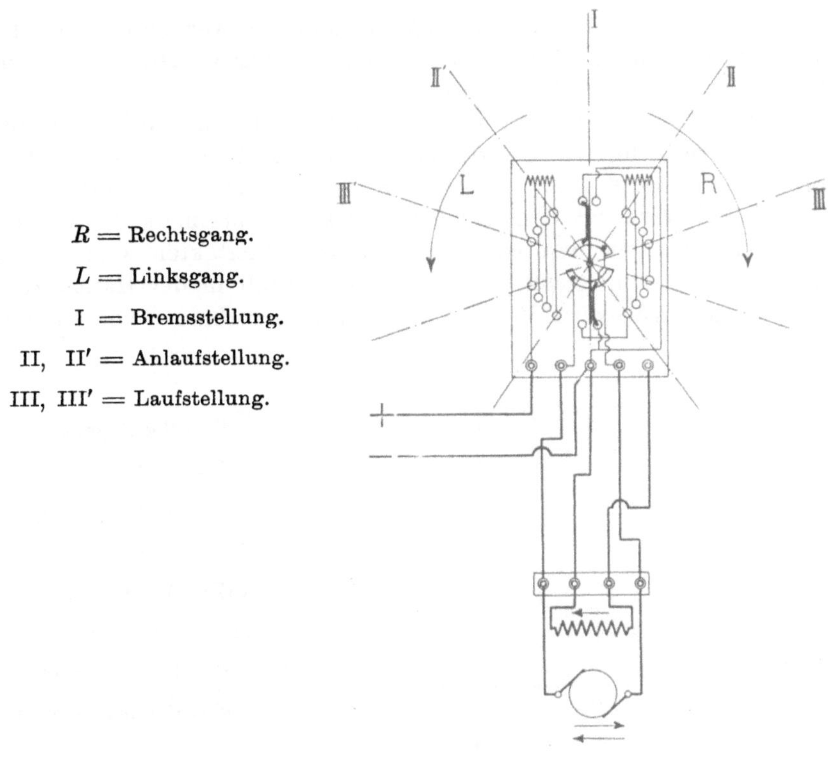

Fig. 381. Umkehranlasser für Hauptschlussmotoren.

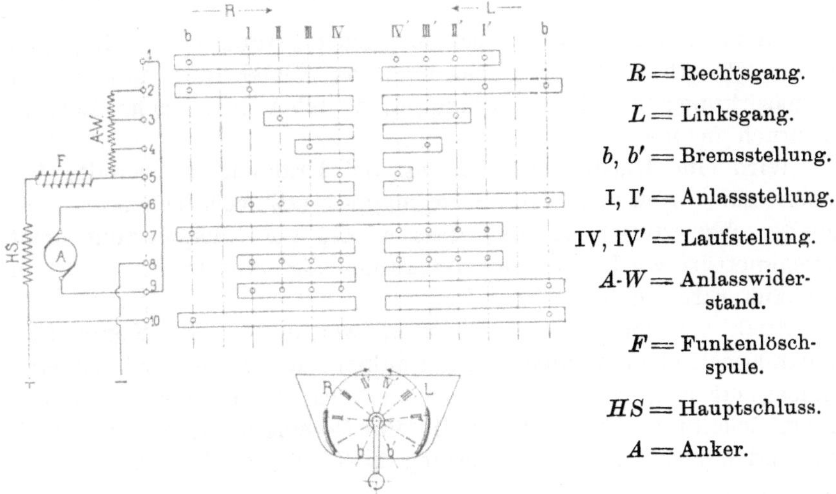

Fig. 382. Kontroller für zwei Drehrichtungen (Stromumkehr im Anker).

Feld unverändert bleibt. Für grössere Motoren werden die Schalter als Kontroller ausgeführt; die Schaltanordnung gestaltet sich hierbei so, wie es Fig. 382[1]) zeigt.

Fig. 383[2]) zeigt einen Kontroller, bei welchem die Umkehrung der Drehrichtung durch Stromumkehr im Feld erfolgt. Eine Bremsschaltung ist nicht vorgesehen. Diese Art der Schaltung des Umkehranlassers hat den Vortheil, dass die maximale Spannungsdifferenz zwischen den einzelnen Kontrollerkontakten sehr gering wird, nämlich nur gleich dem Spannungsabfall in der Hauptstromspule. Hierdurch wird die Neigung zum Ueberschlagen von Funken

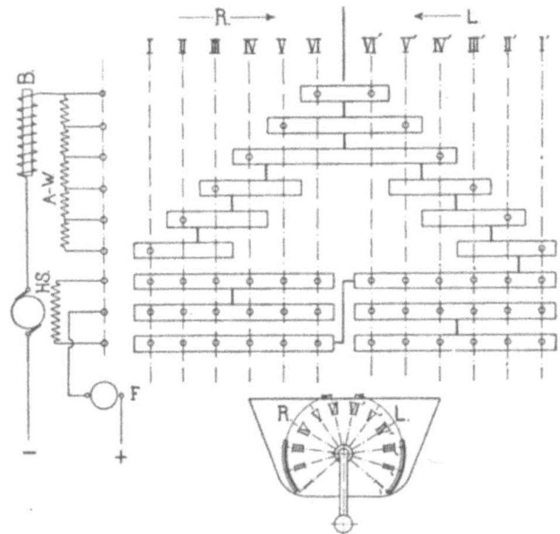

R = Rechtsgang.
L = Linksgang.
I, I′ = Anlassstellung.
VI, VI′ = Laufstellung.
AW = Anlasswiderstand.
HS = Hauptschluss.
B = Bremsmagnet.
F = Funkenlöschspule.

Fig. 383. Kontroller für zwei Drehrichtungen (Stromumkehr im Feld).

von einem Kontakt zum andern möglichst herabgesetzt. Dagegen ist ein Nachtheil dieser Schaltung das Fehlen der elektrischen Bremswirkung; die Umsteuerung wird daher hier mehr Zeit in Anspruch nehmen.

Wird eine Umsteuervorrichtung bei Krahnen angewandt, bei denen zur Bremsung ein Bremsmagnet (*B*) vorgesehen ist, so schaltet man diesen so ein, dass er bei der Umsteuerung nicht ummagnetisirt wird. Bei der Schaltung Fig. 383 ist er daher in den Ankerkreis gelegt.

Auch bei der Funkenlöschspule, welche bei den Kontrollern zum magnetischen Ausblasen der Funken angebracht wird, ist eine Ummagnetisirung während des Umsteuerns zu vermeiden. In der ersten Schaltung (Fig. 382) ist dieselbe so eingefügt, dass sie auch während der elektrischen Bremsung in Thätigkeit bleibt.

---

[1]) Umkehranlasser der Helios, E.-A.-G., Köln.
[2]) E.-A.-G., vorm. W. Lahmeyer & Co.

Dritter Theil.

Untersuchung der Gleichstrommaschine.

Dreiundzwanzigstes Kapitel.

90. Messung des Armatur- und Kollektorübergangswiderstandes.

Um die Vorgänge in der Maschine studiren und den Kupferverlust in der Armatur bestimmen zu können, ist die genaue Kenntniss des Widerstandes

$$R_a + \frac{2}{a} \cdot R_u = R_g$$

erforderlich. R_a bedeutet hier den Widerstand der Armatur bei einer bestimmten Temperatur und $\frac{2}{a} R_u$ den von der Stromdichte, Kollektorbeschaffenheit, Geschwindigkeit und den Kommutationsverhältnissen abhängenden Kollektorübergangswiderstand (Bd. I S. 277 u. 484).

Nur für rohe Untersuchungen genügt es, den Gesammtwiderstand R_g aus dem Spannungsabfalle zu berechnen, den ein durch den Anker, den Kollektor und die Bürsten geschickter Strom erleidet.

Für genaue Messungen ist es erforderlich, R_a und $\frac{2}{a} R_u$ getrennt zu ermitteln.

a) Messung des Armaturwiderstandes. R_a kann aus Strom und Spannung an dem stillstehenden Anker ermittelt werden. Man hebt zu diesem Zwecke die Bürsten vom Kollektor ab und wählt als Eintrittsstellen für den Strom i zwei solche Lamellen, durch welche die Wicklung in zwei gleiche Theile getheilt wird.

Aus dem zwischen diesen Lamellen gemessenen Spannungsabfall ergiebt sich ein Widerstand

$$r=\frac{e}{i},$$

der gleich dem vierten Theile des Widerstandes sämmtlicher hintereinander geschalteter Spulen ist. Bei $2a$ Ankerstromzweigen und einer einfach geschlossenen Wicklung sind nun immer $2a$ Widerstände von $\frac{4r}{2a}$ Ohm parallel geschaltet und es wird

$$\boldsymbol{R_a}=\frac{4r}{(2a)^2}=\frac{\boldsymbol{r}}{\boldsymbol{a^2}}\text{ Ohm.}$$

Die Lamellen, zwischen welchen der Widerstand w gemessen werden muss, bestimmt man folgendermassen. (Wettler E.T.Z. 1902 S. 8.)

Im allgemeinen hat man, je nachdem die Kollektorlamellenzahl K gerade oder ungerade ist, um $\frac{K}{2}\cdot y_k$ bezw. $\frac{K-1}{2}\cdot y_k$ Lamellen am Kollektor vorwärts zu schreiten, um die halbe Wicklung zu durchlaufen. $y_k=\frac{y_1\pm y_2}{2}$ stellt den Kollektorschritt dar. Sei y_m der Messschritt, d. i. diejenige Zahl von Lamellen, zwischen welchen zwei gleiche Wicklungshälften liegen, so kann dieser gefunden werden, indem man von $\frac{K}{2}\cdot y_k$ bezw. $\frac{K-1}{2}\cdot y_k$ ein solches Vielfaches der Lamellenzahl K abzieht, bis ein Rest kleiner als K übrig bleibt, also

$$y_m=\frac{K}{2}\cdot y_k-x\cdot K=K\left(\frac{y_k}{2}-x\right)\quad . \; . \; . \quad (114\text{a})$$

$$\text{bezw. } y_m=\frac{K\pm 1}{2}\cdot y_k-x\cdot K=K\left(\frac{y_k}{2}-x\right)\pm\frac{y_k}{2}\quad (114\text{b})$$

Bei Reihen- und Reihenparallelschaltungen ergeben sich die folgenden Fälle:

1. y_k ungerade: wir setzen $x=\frac{y_k-1}{2}$, so dass $\left(\frac{y_k}{2}-x\right)=\frac{1}{2}$ wird; es ist dann

$$\text{für } K \text{ gerade } y_m=\frac{K}{2}$$

$$\text{und für } K \text{ ungerade } y_m=\frac{K\pm y_k}{2}.$$

2. y_k gerade und K ungerade; es wird $x = \frac{y_k}{2}$ gesetzt, so dass $\left(\frac{y_k}{2} - x\right) = 0$ und

$$y_m = \pm \frac{y_k}{2}.$$

3. y_k und K gerade, was bei mehrfachen Reihenparallelschaltungen vorkommen kann. Es wird $x = \frac{y_k - 1}{2}$, so dass $\left(\frac{y_k}{2} - x\right) = \frac{1}{2}$ und

$$y_m = \frac{K}{2}.$$

Bei einfach geschlossenen Parallelschaltungen ist $y_k = \frac{y_1 - y_2}{2} = 1$ und es wird $x = \frac{y_k - 1}{2} = 0$, so dass für

$$K \text{ gerade } y_m = \frac{K}{2} \text{ und}$$

$$\text{für } K \text{ ungerade } y_m = \frac{K \pm 1}{2} \text{ wird.}$$

Für mehrfache Parallelschaltungen und K gerade ist $y_m = \frac{K}{2}$ und für K ungerade ist $y_m = \frac{K - m}{2}$, wenn m die Anzahl der Stromzweige pro Pol bedeutet.

Misst man bei g-fach geschlossenen Wicklungen zwischen den so bestimmten Lamellen den Widerstand r, dann wird

$$R_a = \frac{r}{a^2} \cdot \frac{1}{g}.$$

Beispiele:

1. Für das Schema Band I, Fig. 146 mit $a = p = 2$, $K = 16$ erhalten wir z. B.:

$$y_k = \frac{16 - 2}{2} = 7 \text{ und}$$

$$y_m = \frac{K}{2} = 8.$$

2. Für $a = 2$, $p = 3$ und $K = 145$ (s. Kap. 27 Beispiel für eine vollständige Untersuchung) wird

$$y_k = \frac{145 + 2}{3} = 49 \text{ und}$$

$$y_m = \frac{145 \pm 49}{2} = \begin{matrix} 97 \\ 48 \end{matrix}$$

Der zwischen zwei um 48 Lamellen auseinander gelegenen Lamellen gemessene Widerstand ergab sich zu $r = 0{,}01736$ Ohm und der gesuchte Ankerwiderstand ist

$$R_a = \frac{r}{a^2} = \frac{0{,}01736}{4} = 0{,}00434 \text{ Ohm.}$$

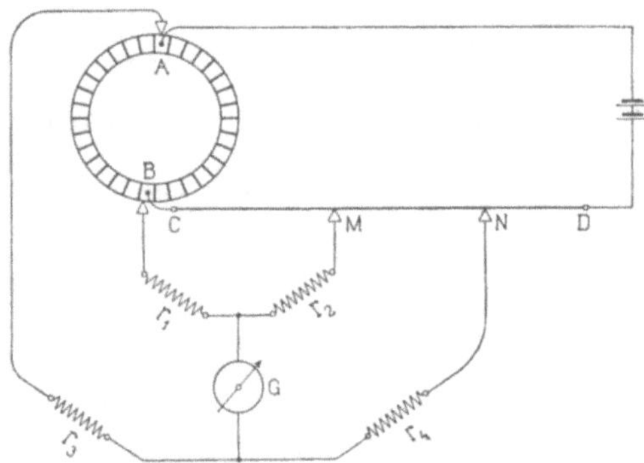

Fig. 384. Messung des Ankerwiderstandes.

Anstatt den Widerstand r aus Strom und Spannung zu bestimmen, kann man ihn auch direkt mittels eines Universal-Galvanometers oder einer Thomson'schen Doppelbrücke messen. In Fig. 384 sind AB die zwei Lamellen, durch welche die Wicklung in zwei gleiche Theile getheilt wird. Die Widerstände r_1 r_2, r_3 r_4 der Messanordnung sind paarweise gleich und sollen nicht zu klein sein. Ist die Entfernung der Punkte MN so bestimmt, dass im Galvanometer G kein Strom fliesst, dann sind die Widerstände zwischen MN und AB einander gleich.

b) Messung des Uebergangswiderstandes $\frac{2}{a} R_u$. R_u bestimmt man, indem man durch zwei Bürsten, die nebeneinander und isolirt auf einem Bürstenstifte angebracht werden, einen veränderlichen Strom schickt. Die betreffende Maschine lässt man unerregt mit den für die Untersuchung nöthigen Tourenzahlen laufen. Aus den gemessenen Stromstärken und den Spannungsabfällen zwischen den zwei in Serie geschalteten Uebergangsquerschnitten der Bürsten, kann dann R_u in Abhängigkeit von der Stromdichte und Geschwindigkeit ermittelt werden.

Wenn Versuchsresultate mit gleichen Kohlen und für ähnliche Verhältnisse vorliegen, wird man $\frac{2}{a} \cdot R_u$ aus denselben entnehmen können. (Bd. I, S. 477 u. f.).

Unter der Annahme, dass für eine bestimmte Kohlensorte die Potentialdifferenz P_g zwischen Kollektor und Bürste konstant bleibt, können wir

$$J_a \cdot \frac{2}{a} \cdot R_u = 2 P_g \text{ setzen. . . . . } \quad (115)$$

P_g ergab sich aus Versuchen für die verschiedenen Kohlensorten:

Le Carbone (X) weichste Sorte	0,45—0,6 Volt
gewöhnliche weiche Kohlensorte	0,7 —1,0 „
harte Sorte	1,0 —1,2 „
sehr harte Sorte	1,2 —1,5 „

Eine andere Methode zur Bestimmung von $\frac{2}{a} R_u$ besteht darin, dass man aus den experimentell aufgenommenen Bürstenpotentialen in Bezug auf den Kollektor, den Formfaktor f_u der Stromvertheilung für verschiedene Belastungen unter Bürsten verschiedenen Potentials, sowie auch e_u, die konstante Spannungsdifferenz aus den Bürstenpotentialen für Leerlauf ermittelt. Die durch Planimetriren der Flächen der Bürstenpotentiale (s. Bd. I, S. 377) für die entsprechenden Belastungen sich ergebende mittlere Ordinate ist $= R_w \cdot s_u$ Volt. Hieraus und

$$\text{aus } s_u = \frac{2 i_a}{F_u} \text{ kann } R_w = \frac{(R_w s_u) \text{ planimetrirt}}{s_u \text{ berechnet}}$$

gefunden werden.

Die Uebergangsverluste am Kollektor sind uns durch

$$W_u = 2 J_a \cdot (e_u + s_{u\,eff} \cdot R_w \cdot f_u) \text{ oder}$$

$$W_u = 2 J_a \cdot [e_u + (R_w \cdot s_u) f_u^2] \text{ (Bd. I, S. 485)}$$

gegeben. Hieraus ergiebt sich

$$\frac{2}{a} \cdot R_u = \frac{W_u}{J_a^2} = \frac{2}{J_a} \cdot [e_u + (R_w s_u) \cdot f_u^2] \text{. . . } \quad (116)$$

e_u, f_u und $R_w \cdot s_u$ sind als Mittelwerthe aus mehreren Beobachtungen unter verschiedenen Bürsten einzuführen.

Die Widerstandsmessungen führt man am sichersten durch, nachdem die Maschine einige Stunden voll belastet im Betriebe stand und die stationären Temperaturen erreicht hat.

Wird R_a bei ruhendem Anker gemessen und $\frac{2}{a} R_u$ nach einer der angegebenen Methoden ermittelt, so stimmt der hiernach berechnete Verlust $J_a^2 \cdot R_a + W_u$ nur dann mit den wirklich im

Armaturkupfer und am Kollektor auftretenden Verlusten überein, wenn die Wicklung symmetrisch, die Lagerung des Ankers vollkommen centrisch und die Vertheilung der Induktion unter den einzelnen Polen überall die gleiche ist. Ist dies nicht der Fall, dann treten beim rotirenden und stromführenden Anker Ausgleichströme auf, welche Spannungsabfälle und Armaturverluste bedingen, die mit den aus $(R_a + \frac{2}{a} R_u)$ berechneten in keinem bestimmten Verhältnisse stehen.

Bezüglich der Messung des effektiven Ankerwiderstandes, der aus dem Stromwärmeverlust des Ankers berechnet wird, sei auf die Messungen an der kurzgeschlossenen Maschine (Abschnitt 98) verwiesen.

91. Aufnahme der charakteristischen Kurven.

a) Die Leerlaufcharakteristik $E_a = f(i_n)$.

Tourenzahl konstant,
Bürstenstellung konstant,
Erregung veränderlich.

Steigert man bei der leer laufenden Maschine den Erregerstrom, von Null ausgehend, bis zu seinem Maximalwerthe und beobachtet die jedem einzelnen Werthe der Erregung entsprechende Spannung an den Klemmen, die in diesem Falle gleich der inducirten EMK ist, so erhält man die Leerlaufcharakteristik. Stehen die Bürsten in der neutralen Zone, so kann die Leerlaufcharakteristik direkt als Magnetisirungskurve aufgefasst werden.

Bei der selbsterregten Nebenschlussmaschine ist die bei Leerlauf an den Klemmen gemessene Spannung, infolge der Ankerrückwirkung und des Ohm'schen Spannungsabfalles durch den Erregerstrom kleiner als die inducirte EMK. Um sie genau zu erhalten, müsste man die Maschine fremd erregen.

Die Unterschiede sind jedoch so gering, dass man die bei Selbsterregung gefundene Charakteristik mit genügender Genauigkeit als Magnetisirungskurve auffassen kann. Um die Magnetisirungskurve einer Hauptstrommaschine aufzunehmen, muss diese von einer besonderen Stromquelle erregt werden. Bei der Aufnahme der Leerlaufcharakteristik ist noch zu beachten, dass die Variation des Erregerstromes immer nur in einer Richtung erfolgt, da infolge der Remanenz die sprungweise Aenderung der Erregung einen unstetigen Verlauf der Magnetisirungskurve bedingt. Bei konstanter Erregung ist die inducirte EMK der Tourenzahl proportional.

Kleinere Abweichungen von der, der Untersuchung zu Grunde gelegten Tourenzahl n können leicht korrigirt werden, da $E_a : E_a' = n : n'$, wenn E_a' bezw. E_a die bei den Tourenzahlen n' bezw. n abgelesenen Spannungen bedeuten.

b) Die Belastungscharakteristik $E_k = f(i_n)$.

Tourenzahl konstant,
Ankerstrom konstant,
Erregung veränderlich,
Klemmenspannung veränderlich.

Sie stellt die Abhängigkeit der Klemmenspannung von dem Erregerstrome bezw. den erregenden Ampèrewindungen, bei konstantem Ankerstrome dar. Indem man bei konstanter Tourenzahl, stufenweise den Erregerstrom variirt und den Belastungswiderstand jeweils so einregulirt, dass der Ankerstrom konstant bleibt, erhält man durch die Aufzeichnung der am Erregerampèremeter und dem Voltmeter an den Ankerklemmen abgelesenen Werthe die Belastungscharakteristik.

Bei der selbsterregten Maschine ist der konstant zu haltende Strom $J_a = J + i_n$.

c) Die äussere Charakteristik, $E_k = f(J)$.

Tourenzahl konstant,
Erregerstrom, bezw. Erregerwiderstand konstant,
Klemmenspannung veränderlich,
Ankerstrom veränderlich.

Sie zeigt den Spannungsabfall in Abhängigkeit vom Belastungsstrome, wenn keine Nachregulirung erfolgt. Die Aufnahme geschieht somit, je nachdem die Maschine selbst- oder fremderregt wird, bei konstantem Erregerwiderstande oder konstantem Erregerstrome, unter Variirung des äusseren Stromes und Beobachtung der Klemmenspannung. Wird die selbst- oder fremderregte Maschine bei Leerlauf so erregt, dass sie mit der normalen EMK $E_0 = E_k$ läuft, und belastet man sie ohne nachzureguliren bei konstant gehaltener Tourenzahl, so sinkt z. B. beim Strome J_1 die normale Spannung auf E_1 Volt, also um $E_0 - E_1$ Volt. Der procentuale Spannungsabfall ist dann durch

$$\frac{E_0 - E_1}{E_0} \cdot 100 \text{ gegeben.} \qquad (117)$$

Regulirt man umgekehrt die Maschine bei einer bestimmten Stromstärke auf die normale Klemmenspannung E_k und entlastet sie, ohne die Erregung nachzureguliren, so wird, wenn die entlastete Maschine die Spannung E_0' anzeigt, die procentuale Spannungserhöhung durch

$$\frac{E_0' - E_k}{E_k} \cdot 100 \text{ ausgedrückt.} \quad . \quad . \quad . \quad (118)$$

Soll eine Maschine auf Spannungsänderung geprüft werden, so schreibt der „Verband Deutscher Elektrotechniker" vor: Gleichstrommaschinen mit Nebenschlusserregung, mit gemischter Erregung und mit Fremderregung werden, ohne Nachregulirung der Erregung, von Vollbelastung bei normaler Spannung bis hinab auf Leerlauf bei gleichbleibender normaler Tourenzahl, in wenigstens vier annähernd gleichen Abstufungen der Belastung geprüft. Der Unterschied zwischen der grössten und der kleinsten beobachteten Spannung gilt als Spannungsänderung.

Bei der Hauptstrommaschine, bei der im Anker und den Feldspulen der gleiche Strom fliesst, ist die Belastungscharakteristik zugleich äussere Charakteristik.

Bei der Compoundmaschine ist die äussere Charakteristik so aufzunehmen, dass man wie bei der Nebenschlussmaschine die normale Spannung bei Leerlauf einregulirt und bei demselben Erregerwiderstande die den verschiedenen äusseren Belastungen entsprechenden Klemmenspannungen beobachtet.

d) Regulirungskurve $i_n = f(J_a)$.

Klemmenspannung konstant,
Tourenzahl konstant,
Ankerstrom veränderlich,
Erregung veränderlich.

Wird eine Nebenschlussmaschine stufenweise belastet, und beobachtet man die jeweils zur Erzeugung der konstanten Klemmenspannung erforderliche Erhöhung der Erregung, so erhält man die in Fig. 385a dargestellte Regulirungskurve $i_n = f(J_a)$.

Um bei einer Belastung von J_1 Amp. die Klemmenspannung E_k zu erhalten, müssen wir nach Fig. 385 b, in der die Leerlaufcharakteristik ($J = 0$) und Belastungscharakteristik für J_1 Amp. gezeichnet ist, die Erregung um

$$\overline{P_1 P_3} + \overline{P_3 P_2} = \overline{P_1 P_2} \text{ Amp.}$$

erhöhen.

$\overline{P_1 P_3}$ Amp. entspricht der infolge des Ohm'schen Spannungsabfalles $J_1 R_g$ erforderlichen Erhöhung der inducirten EMK und $\overline{P_3 P_2}$ den rückwirkenden Ampèrewindungen.

Die gefundene Nachregulirung der Erregung kann man somit bei gegebener Leerlaufcharakteristik und bekanntem R_g in den zur Deckung des Spannungsabfalles und den zur Ueberwindung der Ankerrückwirkung erforderlichen Theil trennen.

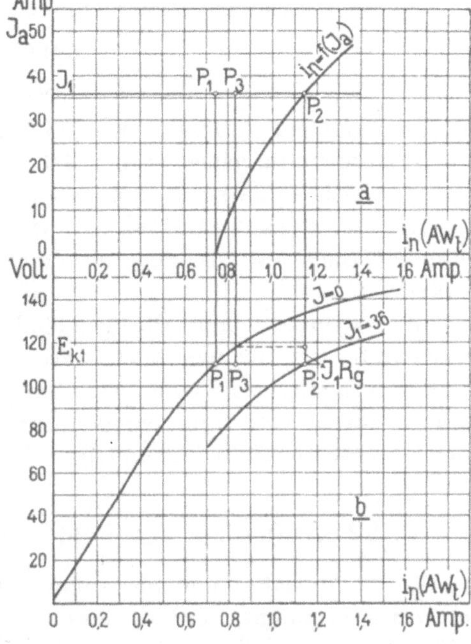

Fig. 385.

a) Regulirungskurve $i_n = f(J_a)$.

b) Leerlauf- und Belastungscharakteristik.

e) **Bestimmung der Compoundwindungen eines Generators.** Sollen an einer fertig ausgeführten Maschine, die zur Compoundirung auf konstante Klemmenspannung für irgend einen Belastungsbereich erforderlichen Hauptschlusswindungen w_h ermittelt werden, so hat man zunächst für die betreffende Maschine die Regulirungskurve aufzunehmen. Fig. 386 zeigt die Regulirungskurve einer Dynamo für die konstante Klemmenspannung von 110 Volt bei 200 Umdrehungen und die Belastungen 0 bis 70 Amp.

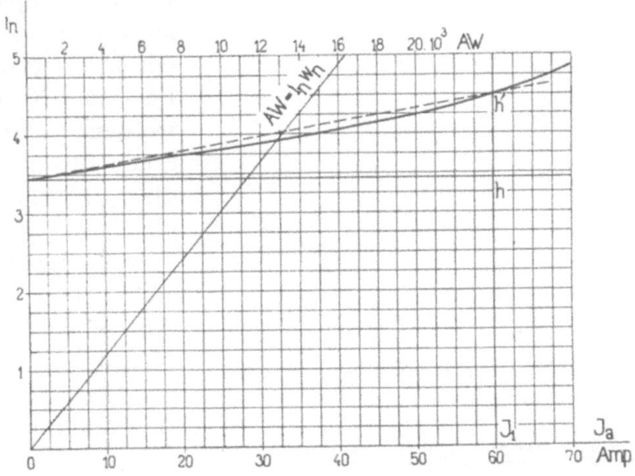

Fig. 386. Experimentelle Bestimmung der Compoundwindungen eines Generators

Soll die Maschine für 60 Amp. compoundirt werden, so hat man

$$w_h = \frac{h h'}{J} = \frac{4250}{60} = \sim 71$$

vom Ankerstrom durchflossene Windungen aufzubringen. $h h'$ ist im Ampèrewindungsmassstabe $AW = i_n \cdot w_n$ einzuführen, der als oberer Abscissenmassstab angegeben ist.

Da nun w_h konstant ist, so wird die Variation der compoundirenden Ampèrewindungen mit dem Strome J durch eine Gerade dargestellt.

Wir ersetzen somit die gewöhnlich gegen die Abscissenachse gekrümmte Regulirungskurve durch eine gerade Linie, wodurch bei Belastungen, die kleiner sind, als diejenigen, für welche w_h bestimmt wurde, eine Uebercompoundirung, für grössere Belastungen eine Untercompoundirung eintritt. (I. Bd., S. 445.)

92. Aufnahme der Feld- und Potentialkurven.

Die Feldvertheilung am Ankerumfange kann experimentell in der Weise bestimmt werden, dass man die in einer Spule inducirte EMK an verschiedenen Stellen des Feldes misst. Bei konstanter Geschwindigkeit ist die Feldstärke an der betreffenden Stelle der gemessenen EMK proportional.

a) Aufnahme der Feldkurven mit zwei beweglichen Hülfsbürsten. Die zwischen den Enden einer Armaturspule auftretende Spannung kann in beliebiger Lage der Spule durch zwei entlang des Kollektors verschiebbare Bürsten B gemessen werden. Führt die Spule Strom, dann ist die inducirte EMK gleich der gemessenen Spannungsdifferenz plus oder minus der Ohm'schen Spannungsverluste in der Spule. Das Zeichen plus ist zu wählen, wenn Strom und inducirte EMK gleiche Richtung haben.

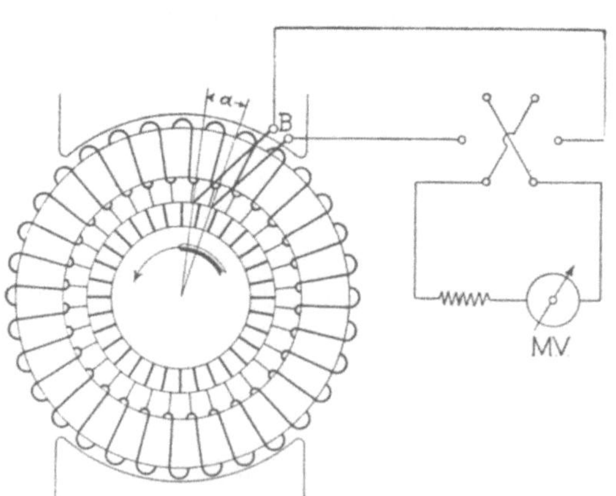

Fig. 387. Aufnahme der Feldkurven mit zwei Hülfsbürsten.

Die gemessene Feldstärke ist offenbar der Mittelwert der Feldstärke innerhalb des Bogens α, in Fig. 387, welcher der Zeit entspricht, während der die zwei Enden einer oder mehrerer Ankerspulen mit den Prüfbürsten verbunden sind.

Die Hülfsbürsten sollen nun immer in einer solchen Entfernung voneinander eingestellt werden, dass sie die auflaufenden Kanten derjenigen Lamellen berühren, die mit Anfang und Ende einer Spule verbunden sind, d. h. die um den Kollektorschnitt auseinanderliegen. Die zwischen den Hülfsbürsten einzustellende Entfernung wird dadurch besonders bei Wellenwicklungen sehr gross und bedingt somit auch eine grosse, oft schwer anbringbare Vorrichtung.

Bei Ankern mit Schleifen- oder Spiralwicklungen hat man somit die Spannungsdifferenz zwischen zwei benachbarten bezw. um m auseinanderliegenden Lamellen zu messen.

Bei Wellenwicklungen, bei denen $\frac{p}{a}$ gleich einer ganzen Zahl ist, genügt es für praktische Zwecke, die Spannungsdifferenz zwischen zwei benachbarten Lamellen zu messen.

Bei Wellenwicklungen mit $\frac{p}{a}$ gleich einer gebrochenen Zahl hat man die Spannungsdifferenz jeweils zwischen zwei um a auseinanderliegenden Lamellen zu beobachten.

Die so gemessene Spannung entspricht dann dem Mittelwerthe aus dem Feldbereiche, um den a Spulen am Ankerumfange gegeneinander versetzt sind.

Die nach Abzug des Ohm'schen Spannungsabfalles von der zwischen den Hülfsbürsten gemessenen Spannung sich ergebende EMK kann angenähert gleich

$$e_{max} = s' \cdot u \cdot w \cdot l \cdot B_{l\,max} \cdot v \cdot 10^{-6} \text{ Volt}$$

und die Luftinduktion

$$B_{l\,max} = \frac{e_{max} \cdot 10^6}{s' \cdot u \cdot w \cdot l} \quad . \quad . \quad . \quad . \quad . \quad (119)$$

gesetzt werden. Hierin bedeutet:

s' die Anzahl von Spulen, die zwischen den beiden von den Hülfsbürsten berührten Lamellen liegen,

w die Windungszahl, u die inducirten Seiten einer Spule und v die Umfangsgeschwindigkeit des Ankers in m/sek.

Die Feldstärke im Luftzwischenraume wird nur dann ganz genau ermittelt werden können, wenn die Spulenweite gleich der Poltheilung ist. Bei stark verkürzten Wicklungsschritten wird man daher auf diese Art die Feldstärke in ihrer absoluten Grösse nicht bestimmen können.

b) Aufnahme der Feldkurve mit rotirender Prüfspule. Wo es sich darum handelt, die Feldvertheilung an ganz bestimmten Stellen zu untersuchen, kann die Anordnung mit den Hülfsbürsten nicht mehr verwendet werden. Die Feldstärke ermittelt man dann mit Hülfe einer auf die Armatur aufgelegten Prüfspule.

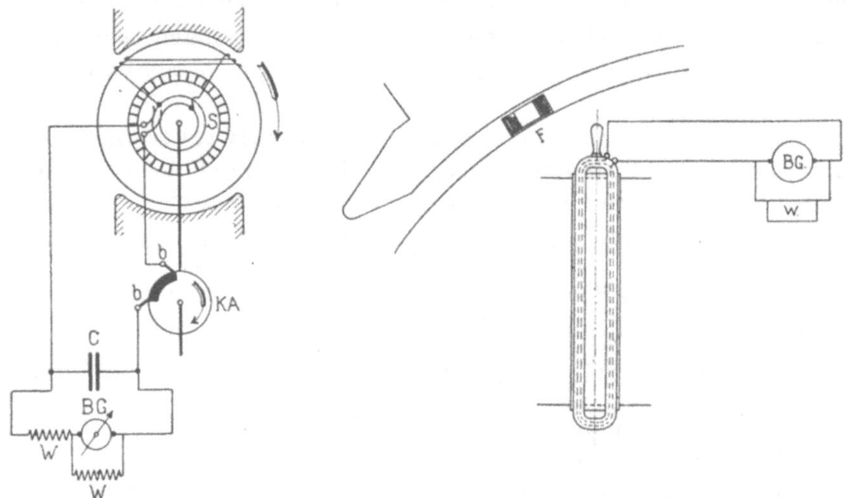

Fig. 388. Aufnahme der Feldkurven mit rotirender Prüfspule.

Fig. 389. Aufnahme der Feldkurven bei stillstehender Armatur.

Die Enden der Prüfspule (Fig. 388) sind mit zwei Schleifringen verbunden. Eine rotirende Scheibe mit Kontaktstück schliesst einmal während einer Umdrehung den Messstromkreis. Die Zeitdauer der Schliessung kann durch gegenseitige Verstellung der Bürsten, und der Zeitpunkt der Messung durch Verdrehung beider Bürsten eingestellt werden. Die inducirte Spannung wird mit einem ballistischen Galvanometer bestimmt.

Ist die Armaturspulenweite annähernd gleich der Poltheilung, dann kann man auch von zwei Lamellen, die mit den Enden einer Armaturspule verbunden sind, zu zwei Schleifringen S gehen und so das Aufbringen der Prüfspule ersparen.

c) Aufnahme der Feldkurve bei stillstehender Maschine. Um die Feldkurven bei Bürstenstellungen aufzunehmen, bei welchen die laufende Maschine stark feuern würde, kann man sich auch folgender Anordnung bedienen. Eine Drahtspule F (Fig. 389), welche annähernd gleich der Ankerlänge ist, ist in einer

Führung verschiebbar angeordnet. Diese Spule wird mit einem ballistischen Galvanometer verbunden und in den Luftraum der stillstehenden, aber normal erregten und normal vom Strome durchflossenen Maschine eingeschoben. Durch Herausziehen der Spule aus der Führung kann man durch den ballistischen Ausschlag die in den einzelnen Stellungen entlang des Ankerumfanges vorhandenen Induktionen, aus der in derselben inducirten EMK berechnen.

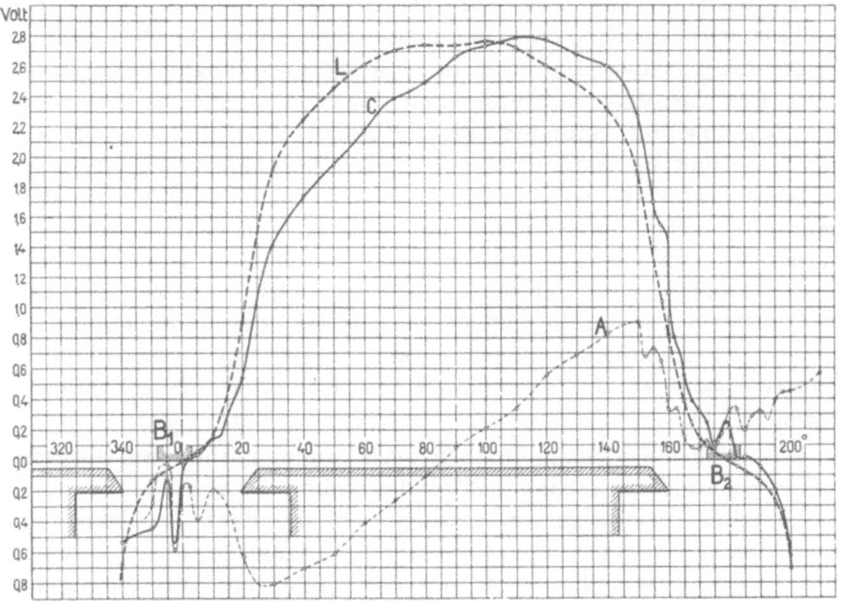

Fig. 390. Feldkurven für Leerlauf, Belastung und für das Ankerfeld. L = Leerlauf, C = Belastung, A = Ankerfeld.

Die Wirkungen der kurzgeschlossenen bezw. aus dem Kurzschluss heraustretenden Spulen auf das resultirende Feld können hiernach jedoch nicht studiert werden.

Feldkurven für Leerlauf und Belastung. In Fig. 390 sind nun die Feldkurven einer Maschine für Leerlauf und Belastung dargestellt (siehe auch Bd. I, Fig. 203, 209). Die Verzerrung und Schwächung des Feldes, sowie die Verschiebung der neutralen Zone, lässt sich aus der Feldkurve bei Belastung, Kurve C, erkennen. Die mit konstanter Erregung und Tourenzahl laufende Maschine ist bei Belastung mit demselben Strome wie bei Leerlauf erregt.

Den Ohm'schen Spannungsabfall in der Spule bestimmt man am besten an der stillstehenden Maschine, indem man den normalen Strom durch den Anker schickt und den Spannungsabfall zwischen zwei benachbarten bezw. um a auseinanderliegenden Lamellen misst.

Erregt man den mit dem Strome J belasteten Motor oder Generator auf die Klemmenspannung $E_k = E_a \mp JR_g$, so erhält man eine Feldkurve, deren wirksamer Kraftfluss gleich dem der leerlaufenden Maschine ist (s. Bd. I, S. 249).

Feldkurve für das Ankerfeld. Das Feld der belasteten Maschine wird durch eine magnetomotorische Kraft hervorgerufen, welche sich aus den Feld- und Anker-Ampèrewindungen zusammensetzt. Das von den Anker-Ampèrewindungen allein erzeugte Feld wird experimentell gefunden (Fig. 390, Kurve A), indem man bei unerregter und mechanisch angetriebener Maschine einen Strom in den Anker schickt, welcher im gleichen Sinne verläuft, wie der Generator- bezw. Motorstrom. Da in dem vom Ankerstrom erzeugten und im Raume stillstehenden Felde die Armaturspulen rotiren, kann die in demselben inducirte EMK, die proportional der Feldstärke an der betreffenden Stelle ist, durch die Potentialdifferenz zwischen zwei benachbarten, bezw. um a auseinander liegenden Lamellen in Abhängigkeit vom Kollektorumfang ermittelt werden.

Das Ankerfeld kann naturgemäss auch mittels aufgelegter Prüfspule gefunden werden. Wird das Ankerfeld aus der zwischen den Lamellen gemessenen Spannung erhalten, dann hat man von dieser den Ohm'schen Spannungsabfall abzuziehen bezw. zuzuzählen, je nachdem der Strom mit der inducirten EMK entgegengesetzte oder gleiche Richtung besitzt.

Die algebraische Zusammensetzung der Feldkurve für Leerlauf mit der für das Ankerfeld, gibt höhere Werthe, als sie das für Belastung aufgenommene Feld aufweist. Die Ursache liegt darin, dass sich erstens nicht die Felder zusammensetzen, sondern dass das resultirende Feld der Summe der Ampèrewindungen entspricht, und zweitens, dass von dem remanenten Magnetismus noch eine kleine EMK in der Armatur inducirt wird. Letzteren Einfluss kann man durch die Aufnahme des remanenten Feldes bei unerregter und stromloser Maschine leicht eliminiren.

Die Feldkurven für Leerlauf L, Belastung C und für das Ankerfeld A der Fig. 390 sind an einer 10 KW-Maschine bei 700 Umdrehungen; für Leerlauf und Halblast $J_a = 40$ Ampère bei der konstanten Erregung von $i_n = 1{,}5$ Ampère aufgenommen. Die Bürstenstellung $B_1 B_2$ und der auf den Ankerumfang projicirte Polschuh sind aus der Figur ersichtlich. Die Feldkurven wurden durch Messung der Momentanwerthe der Spannung zwischen zwei Schleifringen erhalten, welche mit zwei benachbarten Kollektorlamellen (Enden einer Spule) verbunden waren. Die aufgezeichneten Kurven entsprechen den inducirten EMKen, welche nach Abzug des Spannungsverlustes von der gemessenen Spannung, bezw. Hinzuzählen zu derselben, erhalten wurden. Der zackige Verlauf der Feldkurve zwischen den Polschuhen entspricht der Wirkung der sich im Kurzschluss befindlichen bezw. aus demselben austretenden Armaturspulen (s. Bd. I, S. 321).

Die Potentialkurve des Kollektors. Beobachtet man die Spannungsdifferenz zwischen einer Hauptbürste und einer entlang des Kollektorumfanges verschiebbaren Prüfbürste, so erhält man, wenn wieder die gemessenen Potentialdifferenzen als Funktion des Kollektorumfanges aufgetragen werden, die Potentialkurven. Dieselben geben ein Bild von dem Zusammenwirken der einzelnen Wicklungselemente. Die Potentialkurve steigt von Null an der Bürste, von welcher ausgegangen wird, bis zu einem Maximum an der folgenden Bürste entgegengesetzter Polarität (s. Bd. I, Fig. 203). Dieses Maximum entspricht der gesammten Klemmenspannung.

Bei belasteter Maschine wird infolge des Ohm'schen Widerstandes und der EMK, die der Ankerrückwirkung entspricht, die ganze Potentialkurve des Kollektors in der Drehrichtung bezw. entgegen derselben verschoben, je nachdem die Maschine als Generator oder Motor läuft (s. Bd. I, Fig. 203).

Die Kurve der Spannungen zwischen benachbarten Lamellen. In der Feldkurve entspricht jeder Lamelle eine bestimmte Ordinate. Indem wir nun von einer Lamelle, auf welcher die Hauptbürste aufliegt, ausgehen, und einen Ankerstromzweig durchlaufen, so addiren sich die Spannungen der aufeinander folgenden Spulen bezw. Lamellen. Tragen wir diese Summen als Funktion der entsprechenden Lamellen auf, so erhalten wir eine Potentialkurve des Kollektors, welche wir als Summationskurve der Feldkurve auffassen können.

Konstruirt man bei Reihenparallelschaltung oder mehrfacher Parallelschaltung diese Potentialkurve für zwei Ankerstromzweige, so können aus diesen Kurven (s. Bd. I, S. 96) die Potentialdifferenzen zwischen benachbarten Lamellen entnommen werden. Die so erhaltenen Potentialdifferenzen, in Abhängigkeit vom Kollektorumfang aufgetragen, ergeben die Kurve (Fig. 78, S. 99, Bd. I). Diese Kurve wird experimentell aufgenommen, indem man die Spannung zwischen benachbarten Kollektorlamellen mittels zweier entlang des Kollektorumfanges verschiebbarer Hilfsbürsten misst.

Bei den einfachen Parallelschaltungen mit Schleifen- oder

Spiralwicklung und bei den Wellenwicklungen mit $\frac{p}{a}$ gleich einer ganzen Zahl, fällt die Kollektorkurve mit der Feldkurve zusammen.

Sollen die Feld-, Potential- und Kollektorkurven an einem Motor aufgenommen werden, so stellt man sich die einem bestimmten Strom entsprechende Belastung am zweckmässigsten durch Kuppeln des betreffenden Motors mit einem passenden Stromerzeuger her.

93. Untersuchung der Maschine bei verschiedenen Bürstenstellungen.

Verschiebt man bei konstanter Tourenzahl, Erregung und Ankerstrom die Bürsten, so wird sich infolge der Aenderung des Ankerfeldes auch die inducirte EMK und damit die Klemmenspannung verändern.

Diese Untersuchung bietet hauptsächlich bei den Hauptstrommaschinen, wo man durch Veränderung der Bürstenstellung eine Regulirung der EMK erzielen will, wie z. B. bei den Bogenlichtmaschinen, Interesse. An einer 4 KW-Hauptstrommaschine konnte man bei einem konstanten Strome von 32 Ampère die Klemmenspannung zwischen $E_k = 111$ und 65,5 Volt variiren. In Fig. 391

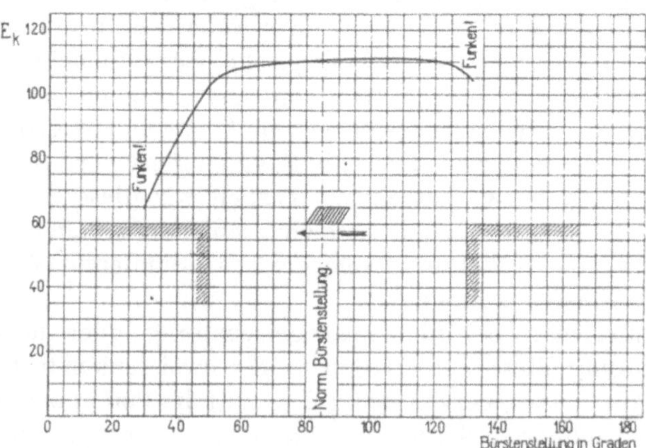

Fig. 391. Abhängigkeit der Klemmenspannung von der Bürstenstellung bei konstantem Ankerstrome.

sind als Abscissen die Bürstenverstellungen und als Ordinaten die Klemmenspannungen bezw. Leistungen aufgetragen. Die normale Bürstenstellung liegt bei ca. 85°. Die Lage der Polschuhe und die Grenzstellungen, bei denen noch ein funkenfreier Betrieb möglich ist, sind aus der Figur zu ersehen.

94. Untersuchung der Temperaturerhöhung.

Die Temperaturerhöhung ist nach den „Normalien des Verbandes Deutscher Elektrotechniker" bei der normalen Belastung unter Berücksichtigung der verschiedenen Betriebsarteu zu messen. Und zwar:

1. bei intermittirenden Betrieben (es wechseln nach Minuten zählende Arbeitsperioden mit Ruhepausen ab) nach Ablauf eines ununterbrochenen Betriebes von einer Stunde;

2. bei kurzzeitigen Betrieben nach Ablauf eines ununterbrochenen Betriebes während der auf dem Leistungsschild verzeichneten Betriebszeit;

3. bei Dauerbetrieben nach Ablauf von 10 Stunden. Sofern für kleine Maschinen feststeht, dass die stationäre Temperatur in weniger als 10 Stunden erreicht wird, kann die Temperaturzunahme nach entsprechend kürzerer Zeit gemessen werden.

Betriebsmässig vorgesehene Umhüllungen, Abdeckungen und Ummantelungen u. s. w. dürfen nicht entfernt, geöffnet oder verändert werden. Die Lufttemperatur ist immer in Höhe der Maschinenmitte und 1 m von der Maschine entfernt zu messen. Während des letzten Viertels der Versuchszeit ist die umgebende Luft in regelmässigen Zeitabschnitten zu messen und daraus ein Mittelwerth zu nehmen.

Zwischen dem Thermometer und dem zu messenden Maschinentheil ist eine möglichst gute Wärmeleitung durch Umgeben der Thermometerkugel mit Stanniol herzustellen. Wärmeverluste sollen ferner dadurch thunlichst vermieden werden, dass man Thermometer und Messtheile mit trockener Putzwolle überdeckt. Die Ablesung findet erst statt, wenn das Thermometer nicht mehr steigt. Mit Ausnahme der mit Gleichstrom erregten Feldspulen werden alle Theile der Generatoren und Motoren mittels Thermometer auf ihre Temperaturzunahme untersucht. Soweit wie möglich, sind jeweilig die Punkte höchster Temperatur zu ermitteln und die dort gemessenen Temperaturen bei Bestimmung der Temperaturzunahme zu verwenden.

Die Temperatur der Feldspulen ist aus der Widerstandszunahme zu ermitteln. Dabei ist, wenn nichts anderes bestimmt wird, für den Temperaturkoefficienten 0,004 anzunehmen.

Sei R_{nto} der der Temperatur t_0^0 C. und R_{nt1} der der Temperatur t_1^0 C. entsprechende Widerstand der Feldspulen, so wird

$$R_{nt1} = R_{nt0}\,(1 + 0{,}004\,[t_1 - t_0])$$

und die Temperaturerhöhung T_m für die zwischen den beiden Messungen liegende Zeit

$$T_m = (t_1 - t_0) = 250 \cdot \frac{R_{nt1} - R_{nt0}}{R_{nt0}}\;{}^0\,\mathrm{C}. \qquad (120)$$

Die Messung von R_{nt} erfolgt durch Messung der an den Klemmen der Feldspulen wirkenden Spannung und der Stromstärke in bestimmten Zeitabschnitten.

Bei normalen Konstruktionen ist die mit Thermometer gemessene Temperatur das 0,6- bis 0,7fache der aus der Widerstandserhöhung berechneten.

Für viele Untersuchungen, besonders bei intermittirend in Betrieb befindlichen Maschinen, die die Grundlagen für Berechnung und Dimensionirung liefern sollen, ist die Kenntnis der Zeitkonstante Z erforderlich, d. i. der Zeit, innerhalb welcher sich z. B. die Feldspulen auf die Temperatur 0,633 T^0 C. erwärmen. Bedeute T die maximale Temperaturerhöhung bei Eintritt des stationären Zustandes und hat man durch den Versuch einige zusammengehörige Werthe von Temperaturerhöhungen in der Zeit z Minuten ermittelt, so erhält man für $t = 0{,}633\,T$ in dem zugehörigen z die Zeitkonstante Z (Bd. I, S. 535).

Die Zahl 0,633 entspricht dem theoretischen Falle eines vollständig homogenen Körpers; für praktische Fälle wird $\frac{t}{T}$ etwas grösser; so ist z. B. für die im Abschnitt 101 untersuchte Maschine $\frac{t}{T} = 0{,}677$.

Vierundzwanzigstes Kapitel.

95. Bestimmung des Wirkungsgrades aus den Leerlaufverlusten. — 96. Messung des Wirkungsgrades nach der Zurückarbeitungsmethode. — 97. Bestimmung des Wirkungsgrades und der mechanischen Leistung durch Bremsung.

95. Bestimmung des Wirkungsgrades aus den Leerlaufverlusten.

Bei dieser Methode wird angenommen, dass sich die ganzen in einer Maschine auftretenden Verluste in die Leerlaufverluste und die bei Belastung hinzukommenden Stromwärmeverluste zerlegen lassen. Die Leerlaufverluste werden gemessen, indem man die Leistung bestimmt, welche man der leer als Motor oder Generator laufenden Maschine zuführen muss, damit sie mit gleicher Geschwindigkeit und gleicher inducirter EMK, wie die normal belastete Maschine läuft. Die Stromwärmeverluste werden aus den gemessenen Widerständen und Stromstärken bestimmt.

Die in einer Maschine auftretenden Verluste setzen sich zusammen aus:

1. der Lager-, Bürsten- und Luftreibung W_ϱ,
2. den Hysteresis- und Wirbelstromverlusten $(W_h + W_w)$,
3. den Stromwärmeverlusten im Ankerkupfer $(J_a^2 \cdot R_a)$,
4. den Uebergangsverlusten am Kollektor (W_u),
5. dem Stromwärmeverlust in der Erregerwicklung und dem Regulirwiderstande.

$(W_{nt} = i_n E_k$ für Nebenschlussmaschinen$)$

$$\left(W_{Ht} \begin{matrix} = J^2 \cdot R_h \\ = i_h \cdot J_a \cdot R_h \end{matrix} \text{ für Hauptstrommaschinen } \begin{matrix} \text{ohne Shunt} \\ \text{mit Shunt [s. S. 489 Bd. I]} \end{matrix} \right)$$

Der Wirkungsgrad der Dynamo bestimmt sich aus den messbaren Verlusten nach

$$\eta = \frac{E_k J}{E_k J + (W_\varrho + W_h + W_w) + J_a^2 R_a + W_u + W_{n(H)t}} \text{ für d. Generator}$$

und

$$\eta = \frac{E_k J - [(W_\varrho + W_h + W_w) + J_a^2 R_a + W_u + W_{n(H)t}]}{E_k J} \text{ für den Motor.}$$

Für eine Nebenschlussmaschine ergeben sich die Verluste folgendermassen:

Die Reibungsverluste sind konstant mit der Tourenzahl. Die Hysteresis- und Wirbelstromverluste sind bei einer bestimmten Tourenzahl von dem Kraftflusse abhängig, also auch von der im Anker inducirten EMK. Es muss somit beim Leerlaufversuch dieselbe EMK im Anker inducirt werden, wie bei der Belastung, für welche der Wirkungsgrad ermittelt werden soll.

Für einen Generator berechnet sich die Spannung E_k', unter welcher die Maschine als Motor leer laufen soll, nach

$$E_k' = E_a + J_o R_{go}.$$

J_o stellt den Strom dar, den der Anker bei Leerlauf aufnimmt, und R_{go} ist gleich dem Armaturwiderstand R_a plus dem beim Strome J_o entstehenden Uebergangswiderstand $\frac{2}{a} R_u$.

Soll die betreffende Maschine bei der Klemmenspannung E_k den Strom J liefern, so muss die inducirte EMK der Bedingung

$$E_a = E_k + J_a \cdot R_{ga}$$

genügen. R_{ga} ist der Gesammtwiderstand, der dem Strome J_a entspricht.

Dies eingeführt ergiebt

$$E_k' = E_k + J_a R_{ga} + J_o R_{go}. \quad . \quad . \quad . \quad (121)$$

Für den Motor, welcher bei der Belastung von PS Pferdestärken oder $PS \cdot 0{,}736$ KW und einer Klemmenspannung E_k Volt den Strom J verbraucht, hat die inducirte EMK der Bedingung

$$E_a = E_k - J_a R_{ga}$$

zu entsprechen.

Damit im leerlaufenden Motor dieselbe EMK wie bei dem mit einem bestimmten Ankerstrom J_a laufenden Motor inducirt wird, soll die Maschine als Motor mit der Klemmenspannung

$$E_k' = E_k - (J_a R_{ga} - J_o R_{go}) \quad . \quad . \quad . \quad (122)$$

laufen.

Den Leerlaufstrom J_o ermittelt man durch einen Vorversuch, indem man den Motor bei der vorerst schätzungsweise angenommenen Klemmenspannung E_k' und normaler Tourenzahl laufen lässt. Ein eventueller Fehler in der Schätzung von E_k' ist durch einen weiteren Versuch zu korrigiren.

Aus dem, dem leerlaufenden Anker zugeführten Effekt $E_k' \cdot J_o$ ergeben sich die Leerlaufverluste

$$(W_\varrho + W_h + W_w) = E_k' J_o - J_o^2 R_{go} \cong E_k' \cdot J_o.$$

Der Stromwärmeverlust $J_o^2 R_{go}$ durch den Leerlaufstrom kann gegenüber $E_k' J_o$ vernachlässigt werden. Unter normalen Verhältnissen beträgt $J_o^2 R_{go}$ höchstens 1% von $E_k' J_o$. Diese Vernachlässigung ist auch dadurch gerechtfertigt, dass die bei Leerlauf bestimmten Eisenverluste stets kleiner sind, als die bei Belastung und derselben inducirten EMK auftretenden.

Die Stromwärmeverluste im Ankerkupfer und Kollektorübergangswiderstand ergeben sich zu $(J_a^2 R_a + W_u)$, wobei man mit Rücksicht auf die geringe Genauigkeit der Methode, $W_u = 2 J_a P_g$ setzen darf.

Die Erregerverluste bestimmt man nach $W_n = i_n E_k$. Um i_n zu erhalten, hat man die Regulirungskurven, $i_n = f(J)$ bei konstanter Klemmenspannung, aufzunehmen.

Aus den so gemessenen Leerlaufverlusten, den berechneten Stromwärmeverlusten und der von der Maschine gelieferten Leistung $E_k J$ ergiebt sich der Wirkungsgrad für den Generator

$$\eta = \frac{E_k J}{E_k J + J_a^2 \cdot R_a + W_u + E_k i_n + E_k' J_o} \qquad (123)$$

und für den Motor:

$$\eta = \frac{E_k J - (J_a^2 \cdot R_a + W_u + E_k i_n + E_k' J_o)}{E_k J}. \qquad (124)$$

Soll die Wirkungsgradbestimmung für eine Reihe von Belastungen durchgeführt werden, so hat man, um den Leerlaufstrom für die den verschiedenen Belastungen entsprechenden inducirten EMKe zu erhalten, die Maschine als Motor mit konstanter Tourenzahl und variabler Klemmenspannung E_k' laufen zu lassen.

Aus den graphisch aufgetragenen Beobachtungswerthen für $E_k' = f(J_o)$ und der Regulirungskurve $i_n = f(J_a)$ kann man bei bekanntem R_g die zusammengehörigen Werthe von E_k', J_o und i_n leicht ermitteln.

Da eine Hauptstrommaschine, bei der hier erforderlichen Klemmenspannung als unbelasteter Motor nicht auf die normale Tourenzahl gebracht werden kann, so hilft man sich, um den Leerlaufeffekt dennoch messen zu können, in der Weise, dass man für den Leerlaufversuch die Hauptstromwicklung vom Anker abtrennt und die ganze Maschine, ebenso wie einen Nebenschlussmotor geschaltet, an eine Energiequelle anlegt.

Soll der Wirkungsgrad eines Hauptstromgenerators für die nach der äusseren Charakteristik zusammengehörigen Werthe von Klemmenspannung E_k und Strom J bestimmt werden, so hat man, um die den Reibungs-, Hysteresis- und Wirbelstromverlusten entsprechenden Effekte zu finden, die mit abgetrennter Erregung geschaltete Maschine als Motor unter der Klemmenspannung

$$E_k' = E_a + J_o R_{go} = E_k + J(R_{ga} + R_h) + J_o R_{go} \text{ Volt}$$

mit normaler Tourenzahl laufen zu lassen.

Hierin bedeutet wieder J_o den der Klemmenspannung E_k' entsprechenden Leerlaufstrom, R_{ga} und R_{go} die Widerstände der Armatur und der Kollektorübergänge bei J bezw. J_o Amp. und R_h den Widerstand der Feldwicklung.

Da nun $W_\varrho + W_h + W_w = E_k' J_o - J_o^2 R_{go} \cong E_k' \cdot J_o$, so wird

$$\eta = \frac{E_k J}{E_k J + J^2 \cdot (R_a + R_h) + W_u + E_k' \cdot J_o}.$$

Für den Wirkungsgrad der Maschine als Hauptstrommotor bestimmt man die Klemmenspannung, an welche die wie oben geschaltete Maschine angeschlossen wird, nach

$$E_k' = E_a + J_o R_{go} = E_k - J(R_{ga} + R_h) + J_o R_{go}$$

und den Wirkungsgrad:

$$\eta = \frac{E_k J - [J^2 \cdot (R_a + R_h) + W_u + E_k' J_o]}{E_k J}.$$

Die Messung von R_{ga} und R_{go} kann nach einer der im Abschnitt 90 angegebenen Methoden durchgeführt werden. Für praktische Untersuchungen genügt es jedoch, R_g aus der Beziehung

$$R_g = R_a + \frac{2 P_g}{J_a}$$

zu berechnen und

$$W_u = 2 J_a P_g$$

zu setzen (s. S. 481, Bd. I).

Nach den Normalien des Verbandes Deutscher Elektrotechniker, bezeichnet man die nach dieser Methode bestimmten Verluste als „messbare Verluste“.

Der mit diesen Verlusten berechnete Wirkungsgrad wird etwas zu hoch, und zwar aus folgenden Gründen.

Erstens sind die Eisenverluste bei derselben inducirten EMK E_a bei Belastung grösser als bei Leerlauf, weil durch die Quermagnetisirung der belasteten Maschine die Induktion im Eisen örtlich vergrössert wird.

Zweitens nehmen die Wirbelstromverluste im Ankerkupfer, in den massiven Theilen des Ankers und in den Polschuhen mit der Belastung zu, und zwar um so mehr, je mehr die Zahnsättigung infolge der Quermagnetisirung wächst.

Bei normalen gut gebauten Maschinen weicht jedoch der aus den messbaren Verlusten bestimmte Wirkungsgrad selten um mehr als $+2\,^0/_0$ von dem thatsächlichen Wirkungsgrad ab.

Beispiel. Für eine Nebenschlussmaschine von 2,6 KW wurde nach dieser Methode der Wirkungsgrad bei einer Belastung von $J = 20$ Amp. und $E_k = 110$ Volt Klemmenspannung folgendermassen bestimmt.

Es wurde $R_a = 0{,}22$ Ohm gemessen.

Für die normale Belastung und Klemmenspannung ergab sich $i_n = 0{,}86$ Amp.

Lässt man die Maschine bei der normalen Tourenzahl $n = 1200$ und der geschätzten Klemmenspannung von $E_k' = 119$ Volt als Motor leer laufen, so beträgt $J_o = 2{,}9$ Amp. und es wird

$$E_k' = E_k + J_a R_{ga} + J_o R_{go} = 110 + 6{,}58 + 2{,}64 = 119{,}22 \cong 119 \text{ Volt},$$

wenn für $P_g = 1{,}0$ Volt (gewöhnliche weiche Kohle) gesetzt wird; und somit $J_a R_{ga} = (J + i_n) \cdot R_a + 2 P_g = (20 + 0{,}86) \cdot 0{,}22 + 2 =$ 6,58 Volt.

$$J_o \cdot R_{go} = J_o R_a + 2 P_g = 2{,}9 \cdot 0{,}22 + 2 = 2{,}64 \text{ Volt}.$$

Die Leerlaufverluste sind:

$$W_\varrho + W_h + W_w = E_k' \cdot J_o = 119 \cdot 2{,}9 = 345 \text{ Watt}.$$

Die Verluste im Armaturkupfer:

$$J_a^2 \cdot R_a = (20 + 0{,}86)^2 \cdot 0{,}22 = 96 \quad „$$

Die Kollektorübergangsverluste:

$$W_u = 2 \cdot (20 + 0{,}86) \cdot 1 = 41 \quad „$$

Die Stromwärmeverluste in der Erregung:

$$W_n = i_n \cdot E_k = 0{,}86 \cdot 110 = 95 \quad „$$

Summe der messbaren Verluste $= 577$ Watt.

Der Wirkungsgrad ist

$$\eta = \frac{110 \cdot 20}{110 \cdot 20 + 577} = \mathbf{0{,}795}.$$

Wenn dieselbe Maschine als Motor mit $E_k = 110$ Volt, $J = 20$ Amp., und $n = 1200$ läuft, erhält man:

$$i_n = 0{,}693 \text{ Amp. und } J_a = (20 - 0{,}693) = 19{,}3 \text{ Amp.}$$

für $E_k' = 106$ Volt (geschätzt) wird $J_o = 3{,}18$ Amp.

und $E_k' = E - (J_a R_{ga} - J_o \cdot R_{go}) = 110 - (6{,}25 - 2{,}7) =$

$$106{,}45 \cong 106 \text{ Volt.}$$

da $J_a R_{ga} = 19{,}3 \cdot 0{,}22 + 2 = 6{,}25$ Volt.

$J_o R_{go} = 3{,}18 \cdot 0{,}22 + 2 = 2{,}70$ „

Leerlaufverluste	$E_k' \cdot J_o =$	331 Watt
Stromwärmeverluste im Anker .	$J_a^2 R_a =$	83 „
Uebergangsverlust	$2 J_a P_g =$	39 „
Verlust in der Erregung . . .	$i_n E_k =$	76 „
Summe der messbaren Verluste	=	529 Watt.

Der Wirkungsgrad für die Maschine als Motor ist

$$\eta = \frac{110 \cdot 20 - 529}{110 \cdot 20} = \mathbf{0{,}76.}$$

Der vom Motor gelieferte mechanische Effekt ist

$$\frac{E_k \cdot J \cdot \eta}{736} = \frac{110 \cdot 20 \cdot 0{,}76}{736} = 2{,}27 \text{ PS.}$$

96. Messung des Wirkungsgrades nach der Zurückarbeitungsmethode.

Wo es sich um eine rasche Bestimmung des Wirkungsgrades zweier für die gleiche Leistung und nach gleicher Type gebauter Maschinen handelt, kann man den Wirkungsgrad nach der Zurückarbeitungsmethode[1]) bestimmen. Die als Motor M und die als Generator G laufenden Maschinen sind entweder direkt oder durch Vermittlung einer Riemenübersetzung mechanisch gekuppelt. Es erzeugt sich dann das nach Schema (Fig. 392) geschaltete System selbst die zum Betriebe erforderliche Energie; und nur die Energie, welche bei der Transformation verloren geht, muss einer anderen Stromquelle, im vorliegenden Falle der Akkumulatorenbatterie B, entnommen werden.

Die beiden Maschinen werden gleichzeitig durch stufenweises Ausschalten des Anlasswiderstandes A angelassen. Ist die normale Tourenzahl erreicht, dann wird die eine Maschine stärker erregt, so dass sie, als Generator laufend, einen bestimmten Strom J_g liefert.

---

[1]) Auch Hopkinson'sche Methode genannt.

Damit in diesem Systeme die als Generator laufende Maschine die Energie $E_g \cdot J_g$ liefert, hat man dem Anker der als Motor laufenden Maschine $E_m \cdot J_g$ Watt zuzuführen, während die zur Deckung der Verluste erforderliche Energie $E \cdot J_z$ von der Hilfsenergiequelle geliefert wird. Der Wirkungsgrad der Gesamtübertragung ist demnach

$$\eta = \frac{E_g \cdot J_g}{E_m \cdot J_g + E \cdot J_z}.$$

Für die angenommene Schaltung ist $E_m = E_g = E$, also

$$\eta = \frac{J_g}{J_g + J_z}.$$

Dieses η ist als Produkt der Wirkungsgrade der einzelnen Glieder des Systems zu betrachten. Sind die Maschinen direkt gekuppelt, dann ist $\eta = \eta_g \cdot \eta_m$, worin η_g der Wirkungsgrad des Generators und η_m derjenige des Motors ist. Für den Fall einer Riemenübersetzung wird

$$\eta = \eta_g \cdot \eta_m \cdot \eta_t,$$

wenn η_t den Wirkungsgrad der Transmission bedeutet.

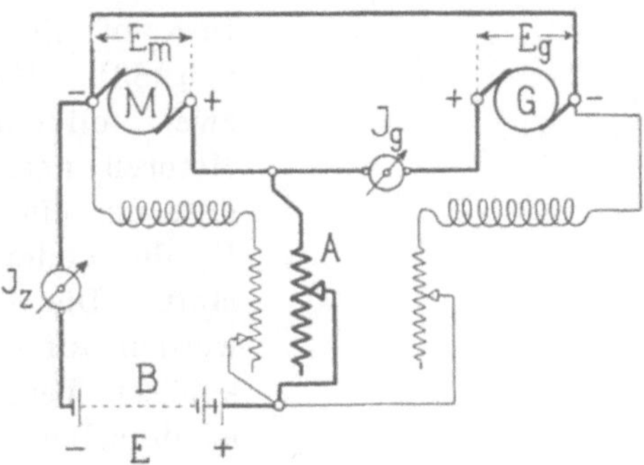

Fig. 392. Schaltungsanordnung der Zurückarbeitungsmethode.

Unter der Annahme, dass der Wirkungsgrad einer Maschine die einmal als Motor, das andere Mal als Generator läuft, gleich bleibt, kann dann der Wirkungsgrad einer Maschine als

$$\eta_g = \eta_m = \sqrt{\frac{J_g}{(J_g + J_z) \cdot \eta_t}} \quad . \quad . \quad . \quad (125)$$

gefunden werden.

Den Angaben dieser Methode kann nur eine geringe Genauigkeit zuerkannt werden, da die inducirten Spannungen von Generator und Motor wesentlich verschieden sind und dementsprechend auch Eisenverluste auftreten, die weder dem normalen Betriebe entsprechen, noch die Gleichheit von Generator- und Motorwirkungsgrad zulässig erscheinen lassen.

In der Praxis verwendet man diese Methode vielfach dort, wo es sich um die rasche Untersuchung einer grossen Zahl gleichgebauter Maschinen handelt.

Die hier angegebene Anordnung der Zurückarbeitungsmethode kann für Hauptstrommaschinen nur angewendet werden, wenn man die Feldwicklungen vom Anker löst und die eine Maschine gewissermassen als Nebenschlussmotor geschaltet, und die andere, mit ihr mechanisch gekuppelt, als fremd erregten Generator laufen lässt.

Bei der Untersuchung von Trambahnmotoren sollen die Verluste möglichst in der Weise in Betracht gezogen werden, wie sie im thatsächlichen Betriebe auftreten. Wesentlich sind hierfür die Verluste, die der Räderübersetzung und der besonderen Aufhängungsanordnung entsprechen. Dieselben lassen sich zugleich mit den Verlusten in den Maschinen für die verschiedenen Geschwindigkeiten und Belastungen folgendermassen ermitteln (M. B. Field, Journ. of the Inst. of El. Eng. Bd. 31, S. 1283). Man schaltet die zwei vollkommen gleichen Motoren nach Fig. 393 so, dass der eine als Generator G, der andere als Motor M läuft. Die beiden Motoren werden auf einem aus Winkeleisen hergestellten Bock in derselben Weise wie im Rahmen des Motorwagens montirt. Die Uebertragung der mechanischen Energie des Motors auf den Generator erfolgt durch eine Zahnräderübersetzung.

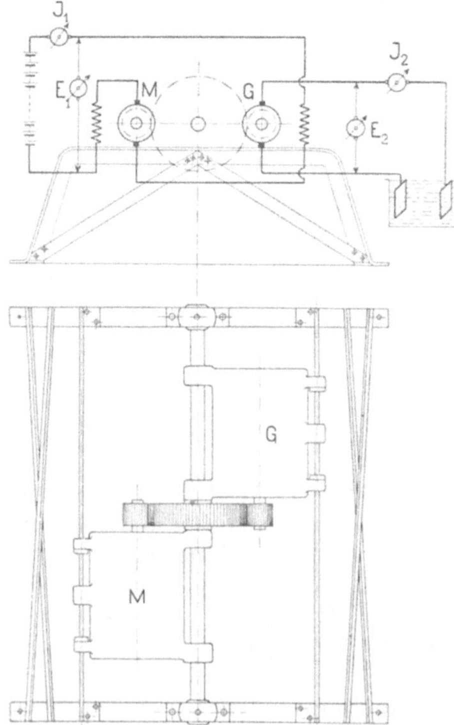

Fig. 393. Schaltung und Versuchsanordnung für die Untersuchung von Trambahnmotoren.

Sei $E_1 J_1$ die von der Energiequelle der Generatorerregung und dem Motor zugeführte Energie, $E_2 J_2$ die vom Generator abgegebene und vom Wasserwiderstande aufgenommene Energie, so werden die totalen Verluste der Energieübertragung durch $E_1 J_1 - E_2 J_2$ dargestellt. Nimmt man nun an, dass sich dieselben gleichmässig auf die als Generator und Motor laufende Maschine vertheilen, dann ist der Wirkungsgrad eines Motors für einen bestimmten Belastungszustand gleich

$$\eta = \sqrt{\frac{E_2 J_2}{E_2 J_2 + (E_1 J_1 - E_2 J_2)}} \quad . \quad . \quad . \quad (126)$$

Die die Verluste deckende Energie kann bei der Zurückarbeitungsmethode auch in Form von mechanischer Energie zugeführt werden, indem man die zwei gleichgebauten und mechanisch gekuppelten Maschinen durch einen kleinen Hülfsmotor antreibt. Der Hülfsmotor hat nur die Differenz zwischen der vom Motor verbrauchten und vom Generator gelieferten Energie zu bestreiten.

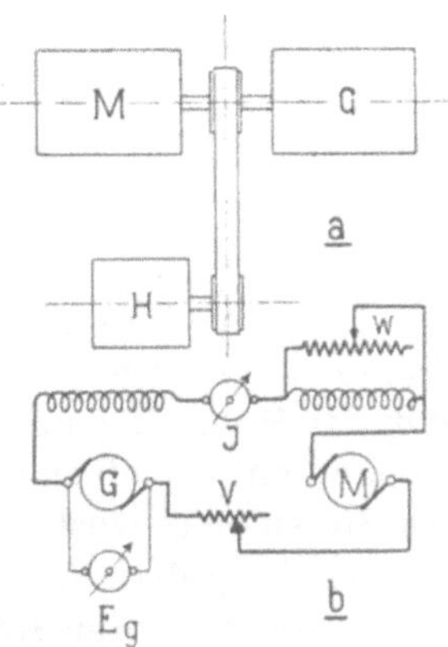

Fig. 394. Zurückarbeitungsmethode mit mechanisch zugeführter Verlustenergie.

Es bedeute W_g die in dem Systeme vom Generator G (Fig. 394a) gelieferte elektrische Energie, W_z die vom Hülfsmotor H gelieferte mechanische Energie und η_t den Wirkungsgrad der Transmission zwischen dem Hülfsmotor und dem Dynamopaare. Ist ferner η_m der Wirkungsgrad des Motors, und η_g derjenige des Generators, dann ist die an die Generatorwelle abgegebene mechanische Energie

$$\eta_m \cdot W_g + (\eta_t \cdot W_z) = \frac{W_g}{\eta_g}.$$

Setzen wir nun $\eta_m = \eta_g = \eta$, dann ist

$$\eta^2 \cdot W_g + \eta \cdot (\eta_t \cdot W_z) - W_g = 0$$

und der Wirkungsgrad einer Maschine

$$\eta_m = \eta_g = \frac{1}{2 W_g} \cdot (\sqrt{(\eta_t \cdot W_z)^2 + 4 W_g^2} - \eta_t \cdot W_z) \quad . \quad . \quad (127)$$

Eine einfachere und hinreichend genaue Formel erhalten wir folgendermassen. Man macht wieder die Annahme, dass sich die von dem Hülfsmotor zugeführte Energie $\eta_t \cdot W_h$ gleichmässig auf die als Generator und Motor laufende Maschine vertheilt, dass also der Energieverlust in einer Maschine $= \frac{W_z \cdot \eta_t}{2}$ ist. Der Wirkungsgrad $\eta_g \eta_m$ der Gesammtübertragung ergiebt sich dann als Verhältniss der vom Motor abgegebenen zu der vom Generator aufgenommenen Energie:

$$\eta_g \cdot \eta_m = \frac{W_g - \frac{W_z \cdot \eta_t}{2}}{W_g + \frac{W_z \cdot \eta_t}{2}},$$

und der Wirkungsgrad einer Maschine

$$\eta_g = \eta_m = \eta = \sqrt{\frac{W_g - \frac{W_z \cdot \eta_t}{2}}{W_g + \frac{W_z \cdot \eta_t}{2}}} \quad . \quad . \quad (128)$$

Diese Anordnung wird in Amerika vielfach zur Prüfung von Trambahnmotoren[1]) verwendet. Der Generator *G* (Fig. 394a b) und der Motor *M* sind direkt gekuppelt; auf die gemeinsame Welle arbeitet mittels einer Riemenübersetzung der Hülfsmotor *H*. Mittels des Hülfsmotors wird zunächst Generator und Motor auf die normale Tourenzahl gebracht. Der Generator erregt sich selbst und liefert seinen Strom in den Motor und den während des Anlassens stufenweise auszuschaltenden Widerstand *V* (Fig. 394b).

Die Regulirung der Tourenzahl der beiden Maschinen *G* und *M* erfolgt durch einen parallel zur Feldwicklung des Motors liegenden Widerstand *W*.

Die richtige Einregulirung der Geschwindigkeit des Hülfsmotors und der Stromstärke in der Motorerregung bei einem bestimmten Belastungszustand, erkennt man an dem Minimum der vom Hülfsmotor aufgenommenen Stromstärke.

Wegen der schwierigen Bestimmung von η_t und der erforderlichen genauen Tourenregulirung des Hülfsmotors wird diese Anordnung zur Wirkungsgradbestimmung wenig geeignet sein.

Die Methoden der Zurückarbeitung liefern, wie bereits erwähnt, nur angenäherte Werte für den Wirkungsgrad. Sie bieten jedoch ein sehr gutes Mittel, um ohne viel Energieaufwand die Messung der Temperaturerhöhungen und die Beobachtung des Verhaltens der Maschinen beim Dauerbetriebe durchzuführen.

---

[1]) Müller und Mattersdorf, Die Bahnmotoren.

97. Bestimmung des Wirkungsgrades und der mechanischen Leistung durch die Bremsung.

Die von einer Maschine gelieferte mechanische Leistung wird durch die Bremsung ermittelt. Die gebräuchlichsten zum Bremsen verwendeten Vorrichtungen sollen im Folgenden kurz beschrieben werden.

a) Der Bremszaum (Prony'scher Zaum).

Die am meisten zur Bremsung verwendete Vorrichtung ist der Bremszaum (Fig. 395). Die beiden Bremsklötze können mittels der Schrauben SS gegen den Brems-(Riemenscheiben)Umfang gepresst werden. Bei einer bestimmten Reibungskraft wird der Gleichgewichtszustand hergestellt, indem man rechts P_1 und links P_2 kg im Sinne der Pfeile wirkend, anbringt.

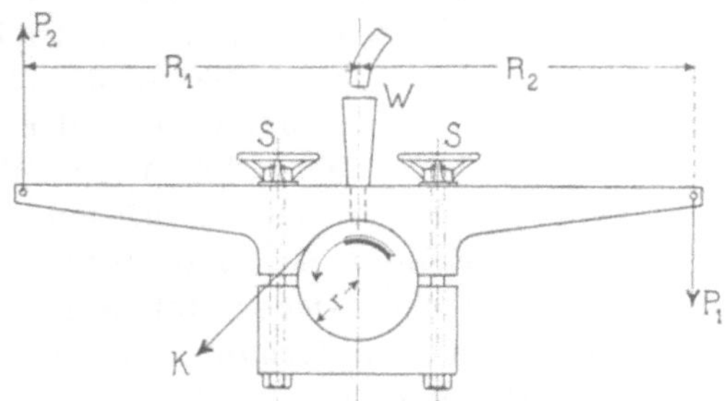

Fig. 395. Bremszaum.

Sei K die Umfangskraft an der Riemenscheibe in kg, r der Radius der Riemenscheibe in m und v die Umfangsgeschwindigkeit derselben in m/Sek., so wird die von der Bremse aufgenommene Leistung

$$A_{PS} = \frac{v \cdot K}{75} = \frac{2\pi \cdot r}{75 \cdot 60} \cdot \frac{n}{r} \cdot (P_1 R_1 + P_2 R_2)$$

und wenn $R_1 = R_2 = R$

$$\boldsymbol{A_{PS} = \frac{2\pi}{75 \cdot 60} \cdot R \cdot n (P_1 + P_2)} \textbf{ Pferdestärken} \qquad (129)$$

oder

$$\boldsymbol{A_{Watt} = \frac{2\pi}{60} \cdot 9{,}81 \cdot R \cdot n (P_1 + P_2)} \textbf{ Watt.} \quad . \quad (129\text{a})$$

Wählt man $R = \frac{75 \cdot 60}{1000 \cdot 2\pi} = 0{,}715$ m, so wird

$$A_{PS} = 1000 \cdot n (P_1 + P_2), \text{ oder}$$

für $R = 0{,}972$ m, wird

$$A_{Watt} = n\,(P_1 + P_2).$$

Feinere Abstufungen in der Belastung und eine elastische Einstellung des Gleichgewichtzustandes werden erzielt, indem man in Richtung von P_2 den Zug einer geaichten Feder oder Federwage wirken lässt. Als eine zweckmässige Anordnung kann die in Fig. 396 dargestellte **Zugfederwage** angeführt werden, welche im **Karlsruher Elektrotechnischen Institut** viel im Gebrauch ist. Das obere Ende der Federspirale F ist mit einer Schnur verbunden, die auf der durch eine Kurbel drehbaren Rolle R befestigt ist. Die Entfernung zweier Zeiger, die an den Enden der Feder befestigt sind, kann an einer auf dem Umhüllungsrohre angebrachten Skala abgelesen werden. Ist die Wage unbelastet, dann spielt der untere Zeiger auf Null ein. Wird die Wage belastet, so hat man die Feder durch Aufwinden der Schnur auf die Rolle R so lange anzuspannen, bis die untere Marke wieder auf Null einspielt. Die abgelaufene Entfernung zwischen den beiden Marken entspricht der Kraft P_2, die, wenn die Skalentheilung in kg ausgeführt ist, direkt abgelesen werden kann. Andernfalls kann man sich die Feder durch aufgehängte Gewichte leicht aichen. Die Gesammtanordnung einer Bremsvorrichtung mit Bremszaum und Zugfederwage zeigt Fig. 397.

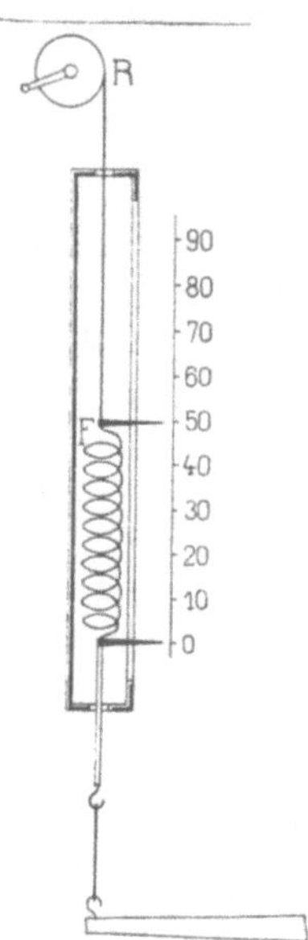

Fig. 396. Zugfederwage zur feineren Abstufung d. Bremshebelbelastung.

Ungenaue Rundung der Bremsscheibe, Verschiedenheit in der Oberflächenbeschaffenheit, ungenügende Kühlung und Geschwindigkeitsänderungen bewirken, dass ein an der Bremse einmal eingestellter Gleichgewichtzustand nicht erhalten bleibt. Die Forderung einer am ganzen Scheibenumfange möglichst gleichmässig vertheilten Druckkraft wird bei niedrigster Reibflächentemperatur nur durch eine ganz gleichmässig gespannte Ringbremse erfüllt. Zur Kühlung und Schmierung verwendet man bei Anordnung (Fig. 395) Wasserzufuhr bei W.

In Fig. 399 ist eine besondere Scheibenkonstruktion mit Innenkühlung dargestellt. Eine Innenkühlung erfordert noch eine vollkommen gleichmässige Schmierung der Bremsfläche durch Oel, Fett, Talg etc.

Was die Grösse der Bremsfläche anbelangt, so können die von

Fig. 397. Bremsvorrichtung mit Bremszaum und Zugfederwage.

Radinger und Brauer[1]) gemachten Angaben als Richtschnur dienen. Hiernach soll

[1]) s. Z. d. V. d. I. 1888, S. 56.

$$b \cdot r > 72 \times \text{PS für Luftkühlung}$$

und $$b \cdot r > 10 \times \text{PS für Wasserkühlung sein,}$$

wenn b die Bremsfläche, r den Bremsscheibenradius in cm und PS die von der Bremse zu absorbirende Leistung bedeuten.

b) Die Amsler'sche Differentialbandbremse.

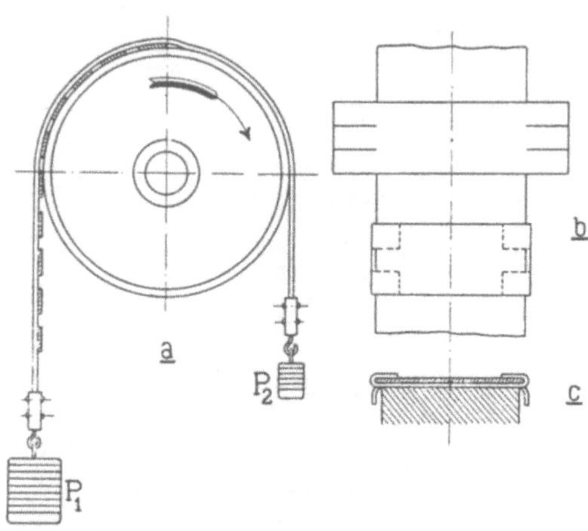

Fig. 398. Differentialbandbremse von Amsler.

Zur Bremsung kleinerer Motoren wird vielfach die Amsler'sche Differentialbandbremse verwendet, bei welcher in sehr einfacher Weise eine selbstthätige Regulirung der Bremskraft erzielt wird. Das Bremsband ist ein Hanf- oder Baumwollgurt, der über die zu bremsende Scheibe gelegt wird. An der auflaufenden Seite sind an der Innenfläche des Gurtes Blechstücke von der in Fig. 398 a b c angedeuteten Form angebracht. Die über das Band vorstehenden Theile derselben sind dreimal geschlitzt: die beiden äusseren Stücke sind nach oben über das Band, das Mittelstück rechtwinklig nach unten abgebogen, um ein seitliches Auflaufen auf die Bremsscheibe zu verhindern.

Die belastete Bremse regulirt sich nun durch die selbstthätig erfolgende Aenderung des umspannten Bogens. Entsteht eine vergrösserte Reibung, so wird P_1 gehoben, wodurch mehr Blechstücke auf die Scheibe auflaufen, der umspannte Bogen sich verkleinert und gleichzeitig auch die Reibungskraft solange vermindert wird, bis sich wieder der Gleichgewichtszustand eingestellt hat. Die abgebremste Leistung ist hier gleich $A = \frac{2r \cdot \pi n}{60} \cdot (P_1 - P_2)$ kgm/Sek.

c) Das Brauer'sche Bremsdynamometer.

Eine gut wirkende und selbstregulirende Bremsvorrichtung ist das Brauer'sche Bremsdynamometer. In Fig. 399 ist eine Anordnung desselben dargestellt, wie sie sich für die Bremsung von Motoren bis zu 20 PS und 1200 bis 1500 Touren eignet. (S. auch Brauer, Z. d. V. d. I. 1888, S. 56.)

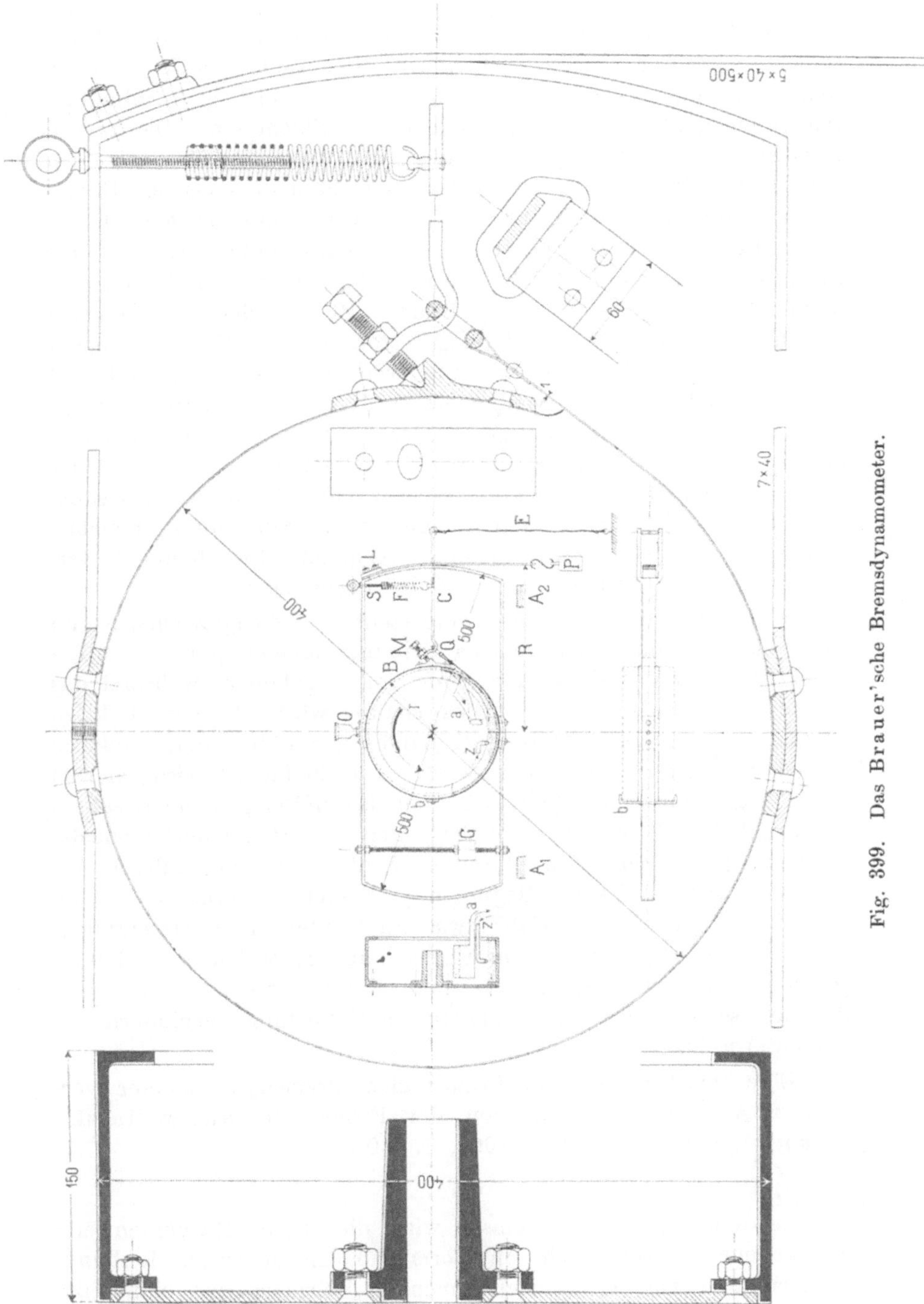

Fig. 399. Das Brauer'sche Bremsdynamometer.

Die beiden Enden des dünnen schmiedeeisernen Bremsbandes *B* stehen einerseits durch Vermittlung einer Druckschraube *M*, andererseits durch den Ring bei *Q* mit dem Spannhebel *C* in Verbindung. Das Bremsband trägt einen Rahmen aus Flacheisen. Die Bremsgewichte *P* werden an einen Ledergurt, der bei *L* befestigt ist, angehängt. Durch diese Anordnung erreicht man, dass der Hebelarm für die Gewichte konstant bleibt. Eine Zugfeder *F* stellt die Verbindung zwischen dem Rahmen und dem Hebel *C* her. Letzterer ist durch eine Schnur *E* mit einem festen Punkte am Boden verbunden. Für die vorliegende Bremse ist bei den angegebenen Dimensionen eine Wasserkühlung erforderlich. Man verwendet hierzu eine besondere Bremsscheibe, welche von innen gekühlt und an der Reibfläche bei *O* geschmiert wird; die Wasserzufuhr erfolgt bei *z*, die Ableitung bei *a*. Das Gewicht *G* dient zum Ausbalanciren der unbelasteten Bremse. Durch Verschieben von *G* auf der Schraubenspindel kann man den Schwerpunkt der Bremse verlegen, wodurch man eine mehr oder weniger stabile Einstellung erreichen kann. Der mit dem Bremsbande vernietete Eisenbügel *b* verhindert axiale Verschiebungen auf der Bremsscheibe.

Wenn bei einem einmal eingestellten Gleichgewichtszustand durch irgend eine Ursache das Reibungsmoment plötzlich überwiegt, so wird das linke Hebelende von *C* gehoben, während das rechte durch die Schnur *E* zurückgehalten wird. Es tritt dadurch eine Bewegung des Hebels dem Bande gegenüber ein, wodurch dessen Spannung vermindert wird. Die Feder *F* wird hierbei etwas angespannt und stellt, nachdem das Reibungsmoment seinen ursprünglichen Werth erreicht hat, den gestörten Gleichgewichtszustand wieder her. Die Schraube *M* dient zur erstmaligen Anspannung des Bandes bei Beginn des Versuches, während die im Verlaufe der Bremsung sich etwa ergebenden Handverstellungen durch die leichtgehende Schraubenspindel *S*, welche die Federspannung regulirt, ausgeführt werden. Ein zu grosses Ausschwingen der Bremse im Falle einer plötzlichen Entlastung verhindern die beiden Anschläge A_1 und A_2.

Eine im Principe dem Brauer'schen Bremsdynamometer verwandte Anordnung wurde von der Firma Siemens & Halske gebaut. (Hubert, E. T. Z. 1901, S. 340.)

d) Die Wirbelstrombremsen.

Bei den Wirbelstrombremsen wird die an die Maschinenwelle abgegebene Energie nicht in Form von mechanischer Reibung, sondern in Form von Wirbelströmen in Wärmeenergie umgesetzt. Die verschiedenen Ausführungsarten von Grau (E. T. Z. 1900, S. 365,

1902, S. 467), Feussner (E. T. Z. 1901, S. 608), Siemens & Halske (Nachrichten von S. & H. 1902, No. 32) und Pasqualini bestehen im Principe aus einer Kupferscheibe, welche im Felde eines Elektromagneten rotiren. Fig. 400 zeigt die Anordnung von Pasqualini. Auf die Welle des zu bremsenden Motors wird die massive Kupferscheibe K befestigt. Zwei Elektromagnete, M_1 und M_2, sind in den

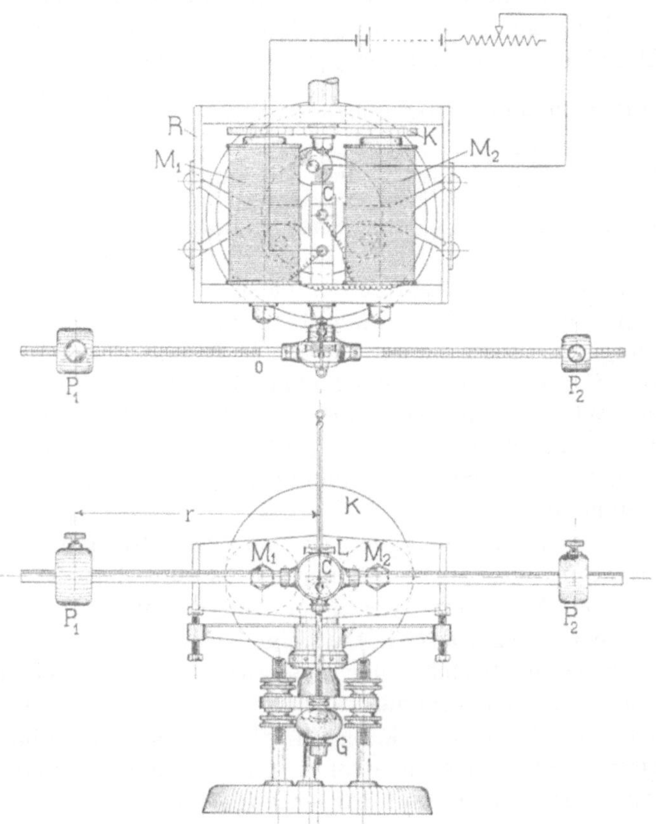

Fig. 400. Wirbelstrombremse von Pasqualini.

Eisenrahmen R eingebaut, welcher auf die Schneide C aufgelegt werden kann. Mit dem Rahmen starr verbunden sind die zwei mit einer Theilung versehenen Hebelarme, auf welcher die Läufergewichte P_1 P_2 verschoben werden können. Die horizontale Lage der Hebel wird an der Wasserwage L abgelesen. Ein an dem schwingenden Rahmen befestigtes Gewicht G kann in vertikaler Richtung verschoben werden, wodurch der Schwerpunkt des schwingenden Systems verlegt und die Empfindlichkeit für die

Einstellung in die Ruhelage verändert wird. Werden nun die beiden Elektromagnete durch einen fein regulirbaren Gleichstrom erregt, so werden infolge der Rotation der Scheibe in dem magnetischen Felde Wirbelströme in ihr inducirt, die ihrerseits wieder ein Drehmoment auf den Rahmen ausüben.

Indem man das auf dem Hebelarme verschiebbare Läufergewicht P_1 so lange verschiebt, bis die Libelle L einspielt, kann man, wie bei einer gewöhnlichen Bremse, aus dem hier veränderlichen Hebelarm r, dem Bremsgewichte P_1 und der Umdrehungszahl n die vom Motor abgegebene Leistung $A = \frac{2\pi r \cdot P_1 n}{60} = C \cdot r \cdot n$ ermitteln. $C = \frac{2\pi \cdot P_1}{60}$ stellt die Konstante für das betreffende Laufgewicht dar, welche für eine bestimmte Skala für r, in PS oder Watt ausgedrückt wird. Das Gewicht P_2 dient nur dazu, bei den verschiedenen Laufgewichten den Schwerpunkt derselben auf die gleiche Skala für r zu reduciren. Man hat somit bei der Nullstellung eines bestimmten Gewichtes P_1 und unerregten Bremsmagneten, P_2 so lange zu verschieben, bis die Libelle einspielt.

Diese Wirbelstrombremse arbeitet sehr exakt und ruhig und ist insbesondere für die Bremsung kleinerer Motoren (3 bis 4 PS) und für die Wirkungsgradbestimmung bei kleineren Belastungen sehr zu empfehlen.

Für grössere Belastungen, ist bei Wirbelstrombremsen eine Kühlvorrichtung unbedingt erforderlich. Pasqualini verwendet zur Kühlung einen besonderen Ventilator. Bei den Wirbelstrombremsen der Phys. Techn. Reichsanstalt[1]) ist eine Wasserkühlung vorgesehen. Die Kupferscheibe besteht hier aus zwei kreisförmigen Scheiben, die mit einem Zwischenraume voneinander in einer Nabe befestigt sind. Von der Nabe aus kann in diesen Zwischenraum Wasser eingespritzt werden, das in einer den äusseren Rand umgebenden Auffangrinne gesammelt und wieder abgeleitet wird.

Vorgang bei der Bremsung. Der zu untersuchende Motor wird, z. B. für den Fall eines Nebenschlussmotors, an eine Leitung, deren Spannung konstant gehalten wird, nach Schema der Fig. 401 angeschlossen.

Indem die Belastung durch die Bremse stufenweise variirt wird und die zusammengehörigen Werthe der Tourenzahl n und des Ankerstromes J_a entweder bei konstanter Erregung oder konstanter Tourenzahl n beobachtet werden, kann man den Wirkungsgrad η des Motors in Abhängigkeit von der abgegebenen Leistung

[1]) Prof. Feussner (E. T. Z. 1901, S. 609).

ermitteln. Letztere ist nach den Vorschriften des V. D. El. für den Motor stets in Pferdestärken anzugeben.

Es ist (s. S. 485) der Wirkungsgrad

$$\eta = \frac{\text{abgebremste Leistung in Watt}}{E_k \cdot J} = \frac{9{,}81 \cdot \frac{2\pi n}{60} \cdot R \cdot (P_1 + P_2)}{E_k \cdot J}.$$

Der abgebremsten Leistung $A = 9{,}81 \cdot \frac{2\pi n}{60} \cdot R\,(P_1 + P_2)$ entspricht ein Drehmoment ϑ, welches dem Verhältnisse von $\frac{\text{abgebremster Leistung}}{\text{Tourenzahl}}$ proportional ist. Im vorliegenden Falle ist

$$\vartheta = R \cdot (P_1 + P_2) \text{ kgm},$$

wenn R in m und P_1 bezw. P_2 in kg ausgedrückt wird.

Bestimmung der Anzugskraft von Motoren. Die Anzugskraft, auch Durchzugskraft, kann bestimmt werden, indem man auf die Riemenscheibe einen Bremszaum so fest aufsetzt, dass sich die Scheibe in ihm nicht drehen kann. An das eine Hebelende werden wie bei der Bremsung Gewichte gehängt, während man auf das andere den Zug einer Federwage wirken lässt, die so einregulirt ist, dass der Bremsbalken in der horizontalen Lage bleibt, wenn die Maschine erregt und im Anker ein bestimmter Strom fliesst.

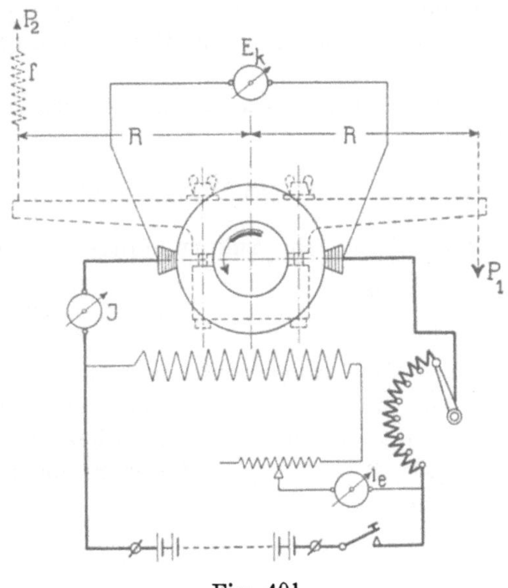

Fig. 401.

Das Drehmoment ist dann gleich

$$\vartheta = R \cdot (P_1 + P_2) \text{ kgm}$$

und die bei einem bestimmten Erregerfelde und Ankerstrom am Riemenscheibenumfang verfügbare Kraft K ist

$$K = \frac{R}{r} \cdot (P_1 + P_2) \text{ kg},$$

wenn r den Riemenscheiben- bezw. Bremsscheiben-Halbmesser in m bedeutet.

Um die thatsächlich vom resultirenden Felde auf den Umfang des stromführenden Ankers ausgeübte Kraft K_1 zu messen, hat man die Lagerreibung zu eliminiren. Dies kann leicht mit Zuhülfenahme der Zugfederwage geschehen. Die Ausschläge der Hebelarme des Bremszaumes werden durch zwei Anschlagbolzen begrenzt. Man hängt zunächst rechts soviel Gewichte P_1 kg auf, dass beim Einschalten des Stromes der Bremshebel gerade noch auf einen unteren Anschlagbolzen aufliegen bleibt. Nun spannt man die Feder der Wage solange an, bis sich der Bremshebel von dem unteren Anschlage bis zu dem oberen bewegt (s. Fig. 397). Dieser Einstellung entsprechen p'_2 kg. Indem man die Feder wieder entspannt, wird sich bei einer bestimmten Federspannung, p''_2 kg, die Bremse mit dem Anker durch die Horizontallage hindurch bis zum unteren Anschlage bewegen. Bei genügender Entfernung zwischen den beiden Bolzen kann diese Messung sehr genau vorgenommen werden.

Das auf den Ankerumfang wirkende Anzugsmoment ist dann gleich

$$\vartheta_1 = R\left(P_1 + \frac{p'_2 + p''_2}{2}\right) \text{ kgm}$$

und die Kraft am Ankerumfange

$$K_1 = \frac{2\vartheta_1}{D} \text{ kg},$$

wenn D der Ankerdurchmesser in m ist.

Für praktische Zwecke hat diese Untersuchung wenig Interesse. Es genügt, wenn man für Hebezeug- und Trambahnmotoren die Anzugskraft aus dem bei der Bremsung ermittelten Drehmomente berechnet.

Fünfundzwanzigstes Kapitel.

98. Experimentelle Ermittlung der Einzelverluste einer Gleichstrommaschine. a) Auslaufmethode. b) Betrieb mit geaichtem Motor. — 99. Bestimmung des Wirkungsgrades einer Maschine aus Leerlauf und Kurzschluss.

98. Experimentelle Ermittlung der Einzelverluste einer Gleichstrommaschine.

a) Die Auslaufmethode. Für die Bestimmung des Wirkungsgrades genügte es, die Verluste blos in ihrer Gesammtheit zu betrachten. Handelt es sich jedoch darum, die einzelnen Verluste bei verschiedenen Sättigungen und Umdrehungszahlen zu ermitteln, so muss man die im Eisen auftretenden Verluste, sowohl einzeln, als auch getrennt von den Kupfer- und Reibungsverlusten bestimmen können. In Bd. I, S. 503 ist die theoretische Begründung und ein praktisches Beispiel für die Anwendbarkeit derselben gegeben. Es sollen hier nur einige praktische Winke für die Aufnahme der Auslaufkurven und die Ermittlung der Konstante C angeführt werden.

Um genaue Versuchsresultate zu erhalten, ist es unbedingt erforderlich, dass die Maschine durch einen vorhergegangenen mindestens 4 bis 6stündigen Betrieb konstante Temperatur erhalten hat.

Auf die betreffende Tourenzahl wird die Maschine dadurch gebracht, dass man sie als Motor schaltet oder sie mit einem besonderen Motor mittels Riemen oder direkt durch eine ausrückbare Kupplung verbindet. Für genaue Versuche wäre letztere Anordnung, mit einer guten Reibungskupplung, stets zu empfehlen. In den meisten Fällen genügt es, die Maschine als Motor laufen zu lassen und die Schaltungsanordnung so zu treffen, dass man die Energiequelle, welche den Ankerstrom liefert, rasch abschalten kann. In den Erregerkreis giebt man mehrere Regulirwiderstände, mit welchen man den Erregerstrom beliebig fein reguliren kann.

Man beobachtet nun den Auslauf bei unerregter, $^1/_4$, $^1/_2$, $^3/_4$ und normal erregter Maschine, indem man in gleichen Zeitintervallen, vom Momente des Abschaltens an, die Tourenzahlen mit einem Tachometer beobachtet.

Der Auslauf soll immer von einer Tourenzahl aus erfolgen, die höher als die normale, oder die Tourenzahl liegt, für welche man die Verlusttrennung noch genau zu erhalten wünscht.

Die kleinen Werthe der Erregung kann man sich leicht bei stillstehender Maschine einstellen und hierauf während des Anlaufes

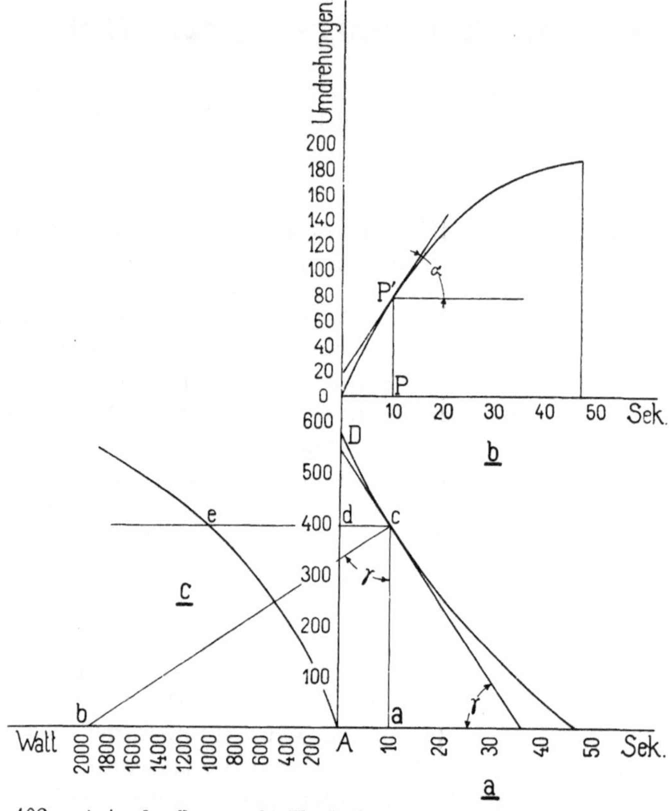

Fig. 402. a) Auslaufkurve, b) Umdrehungszahlkurve, c) Verlustkurve.

die Regulirwiderstände kurzschliessen. Unterbricht man dann gleichzeitig mit dem Abschalten des Ankerstromes auch die Kurzschlussleitung der Regulirwiderstände, so kann man den Auslauf von jeder beliebigen Tourenzahl aus beobachten.

Beim Auslauf mit konstanter Erregung können die Tourenzahlen zu den entsprechenden Zeiten auch gefunden werden, indem man die in dem auslaufenden Anker inducirten EMKe misst. Das Verhältniss von $\frac{\text{Tourenzahl}}{\text{inducirte EMK}}$ ist konstant.

Man braucht also nur 2 oder 3 Tourenablesungen, zugleich mit der Spannungsmessung, zu machen. Beobachtet man dann für den ganzen Auslauf die Spannungen, so giebt der aus den ersten drei Touren- und Spannungsmessungen sich ergebende Mittelwerth von $\frac{n}{e}$ alle weiteren Tourenzahlen, da in einem bestimmten Moment, in dem e_1 Volt gemessen wurde, die zugehörige Tourenzahl $n_1 = \left(\frac{n}{e}\right) \cdot e_1$ ist. Beim Auslauf mit unerregter Maschine inducirt der remanente Magnetismus die zu messende EMK. Ganz einwandsfrei ist diese Methode nur dann, wenn zwischen Abschalten der Erregung und der ersten Voltmeterablesung eine genügende Zeit verstrichen ist, die der magnetischen Trägheit entspricht. Bei hoch gesättigten Maschinen dauert das Verschwinden des Magnetismus oft sehr lange, weshalb man in diesem Falle die Tourenmessung aus den Voltmeterablesungen nur dann anwenden kann, wenn die Maschine schon vor dem Moment des Abschaltens der Energiequelle, die für den Auslauf bestimmte Erregung besitzt. Dies ist jedoch bei den kleinen Erregungen nur möglich, wenn die Maschine durch einen mit ihr mechanisch gekuppelten, besonderen Motor auf die Tourenzahl gebracht werden kann. Bei den Maschinen, für welche die Auslaufmethode gut zu verwenden ist, macht übrigens das Anpressen eines guten Tachometers sehr wenig für den Verlauf des Auslaufes aus.

Eine andere Methode, um die durch die Tachometermessung erhaltenen Auslaufkurven zu kontrolliren, besteht darin, dass man innerhalb gewisser Zeitabschnitte die Zahl der vom Momente des Abschaltens an zurückgelegten Zahl von Umdrehungen misst. Die Zeitabschnitte, nach welchen zugleich mit den Tachometerablesungen diese Tourenablesung erfolgen soll, sind so zu bestimmen, dass zwischen Beginn des Auslaufes und dem Momente des Stillstandes zumindest 6 bis 8 Punkte beobachtet werden können. Die Beobachtung der Zahl der zurückgelegten Umdrehungen kann mit einem gewöhnlichen Tourenzähler sehr genau durchgeführt werden. Trägt man sich nebst der Auslaufkurve, die gezählten Umdrehungen in Abhängigkeit von der Zeit auf, Fig. 402 a b, so muss die gesammte Fläche, die die Auslaufkurve mit den Ordinatenachsen einschliesst, in dem gewählten Massstabe gleich den während des ganzen Auslaufes zurückgelegten Umdrehungen sein:

$$\text{Fläche } AacD = \int_{t_0}^{t_1} n\,dt = PP'.$$

Es ist somit die Umdrehungszahlkurve die Integralkurve der Auslaufkurve.

Nach der Umdrehungszahlkurve kann die Auslaufkurve kontrollirt werden, indem man in geeigneten Punkten die Tangente zieht und $C' \operatorname{tg} \alpha = \overline{ac}$ setzt; C' bestimmt man sich aus einigen sicheren Werthen. Dadurch kann man insbesondere diejenigen Stellen der Auslaufkurve kontrolliren, die durch Auswechseln der Tachometerübersetzung, ungenaue Tourenablesungen ergeben.

Um aus den Auslaufkurven absolute Werthe für die Verluste abzuleiten, hat man durch einen weiteren Versuch, in dem man die Maschine als Motor bei konstantem Erregerstrom i_n und veränderlicher Klemmenspannung laufen lässt, den Leerlaufeffekt zu bestimmen. Der Ankerstrom J_a und die Tourenzahl n wird beobachtet. Trägt man sich den Leerlaufeffekt

$$W_\varrho + W_h + W_w = \Sigma \text{Verluste} = E_k J_a - J_a^2 \cdot R_g$$

als Abscissen und n als Ordinaten an, Fig. 402c, so wird

$$E_k J_a - J_a^2 \cdot R_g = C \cdot n \cdot \frac{dn}{dt} = C \cdot n \cdot \operatorname{tg} \gamma = C \cdot \overline{ab}$$

und da in dem gewählten Abscissenmassstabe

$$\overline{de} = E_k J_a - J_a^2 R_g = C \cdot \overline{ab}$$

ist, so wird $C = \frac{\overline{ed}}{\overline{ab}}$.

Die Konstante C kann somit aus beliebig vielen Punkten der Auslauf- und Verlustkurve für konstanten Erregerstrom bestimmt werden.

Kennt man $E_k J_a - J_a^2 R_g$ bei konstanter Tourenzahl und den Erregungen, für welche der Auslauf beobachtet wurde, so kann man auch hieraus die Verlustkurve für konstante Erregung konstruiren, indem $E_k J_a - J_a^2 \cdot R_g = C \cdot \overline{ab}$ ist. Um die in Sekunden abgelesene Subtangente $\overline{ab}$ im richtigen Massstabe in die Rechnung einzuführen, hat man $C \cdot \overline{ab}$ mit dem Verhältnisse $\left(\frac{\text{Ordinatenmassstab}}{\text{Abscissenmassstab}}\right)^2$ zu multipliciren.

Rechnerisch findet sich die Konstante C folgendermassen. Hat man dem Motoranker bei einer Erregung i_n Ampère den Effekt $E_k J_a - J_a^2 R_g$ zuzuführen und weiss man weiter durch den Auslaufversuch, dass innerhalb $t_1 - t_2$ Sekunden der Auslaufszeit, die Geschwindigkeit von n_1 auf n_2 Touren sinkt, so kann man schreiben:

$$E_k \cdot J_a - J_a^2 R_g = C \left(\frac{n_1^2 - n_2^2}{t_1 - t_2} \right) \text{ und}$$

$$C = \frac{E_k \cdot J_a - J_a^2 R_g}{n_1^2 - n_2^2} \cdot (t_1 - t_2).$$

Auf diese Weise kann C auch ohne Zuhilfenahme der Konstruktion der Subtangente gewonnen werden. Aus mehreren Werthen von C nimmt man einen Mittelwerth, mit dem die Rechnung dann fortgesetzt wird.

Durch Beobachtung des Auslaufes bei mindestens vier Werthen des Erregerstromes und Messung des Leerlaufeffektes bei verschiedenen Tourenzahlen und Erregungen, ist man in der Lage, die Trennung der Verluste in Reibung, Hysteresis- und Wirbelströme vorzunehmen, wie dies in Bd. I, S. 505 und später bei dem Beispiel einer vollständigen Untersuchung einer Gleichstrommaschine, Kapitel 27, gezeigt ist. Die Anwendung der Auslaufmethode ist durch die Dauer des Auslaufes begrenzt. Bei Maschinen mit einer Auslaufszeit, die bei $^1/_2$ bis $^3/_4$ der normalen Erregung kleiner als 30 bis 35 Sek. ist, kann man den Auslauf nicht mehr genau verfolgen.

b) Antrieb mit geaichtem Motor. Eine weitere Ermittlung der Einzelverluste in einer Dynamomaschine kann auch in der Weise vorgenommen werden, indem man dieselbe bei verschiedenen Betriebsverhältnissen: Leerlauf unerregt und erregt, belastet und kurzgeschlossen, durch einen geaichten Motor antreibt. Die Aichung des letzteren kann durch einen Bremsversuch oder nach der Auslaufmethode erfolgen.

Aus der graphischen Darstellung der Abhängigkeit zwischen abgegebener und eingeschickter Leistung, oder dem Verhältnisse dieser beiden, dem Wirkungsgrad, und der eingeschickten Leistung erhält man die Aichungskurve. Aus derselben kann für jeden Werth des eingeführten elektrischen Effektes, der an die Welle abgegebene mechanische Effekt abgegriffen werden.

Die zu untersuchende Maschine wird mit dem Generator direkt gekuppelt. Eine Riemenübersetzung zwischen Generator und Motor giebt stets Anlass zu Fehlerquellen, indem die Berücksichtigung der mit der Belastung sich ändernden Riemenverluste nicht leicht möglich ist.

Für genaue Untersuchungen kann die der Versuchsmaschine zugeführte mechanische Energie auch durch eine zwischen den Wellen der beiden Maschinen angebrachte Federkupplung gemessen werden. Die Torsion, welche eine geaichte Spiralfeder bei den verschiedenen Widerstandsmomenten erleidet, wird durch elektrische Kontakte ermittelt.

Bei Antrieb mit geaichtem Motor wird:

1. Der an den unerregten mit normaler Tourenzahl angetriebenen Generator abgegebene Effekt W_ϱ gemessen, welcher zur Deckung der Lager-, Bürsten- und Luftreibung aufgebraucht wird.

2. Der Generator bei offenem äusseren Stromkreise auf verschiedene Ankerspannungen erregt. Die vom Motor gelieferte mechanische Energie wird zur Deckung der Reibungs-, Hysteresis- und Wirbelstromverluste verbraucht.

3. Die an den mit konstanter Klemmenspannung und verschiedenen Ankerströmen laufenden Generator abgegebene Energie gemessen. Dieselbe muss gleich der vom Generator gelieferten elektrischen Energie, vermehrt um die Summe der thatsächlich auftretenden Verluste sein.

Kennt man aus Versuch 1 die Reibungsverluste, aus 2 die der inducirten EMK entsprechenden Hysteresis- und Wirbelstromverluste und aus den Bürstenpotentialen die Uebergangsverluste W_u, so ist der nicht durch

$$W_\varrho + W_h + W_w + J^2 \cdot R_a + W_u + E_k i_n + E_k J$$

gemessene Rest der vom Antriebsmotor gelieferten Energie in Verlusten zu suchen, die infolge örtlicher Veränderungen der Eiseninduktion und Ausgleichströmen in der Armatur bei der belasteten Maschine auftreten.

Diese Methode wäre wohl überall dort anzuwenden, wo es sich um ein vollständig genaues Bild über die Leerlauf- und Gesammtverluste handelt. Im praktischen Betriebe wird jedoch diese Anordnung wegen der zeitraubenden Aichung und der erforderlichen direkten Kupplung selten verwendet werden können.

Anstatt den Motor für jeden bestimmten Fall besonders aichen zu müssen, genügt es, wenn der Motor groß ist und mit konstanter Klemmenspannung läuft, die Eigenverluste desselben als konstant anzusehen und die an die Versuchsmaschine abgegebenen Leistungen aus der dem Antriebsmotor zugeführten Leistung, vermindert um seine Eigenverluste, zu bestimmen.

Für diesen Fall giebt jedoch, wenn nur überhaupt anwendbar, die Auslaufmethode zumindest ebenso genaue Werthe.

Der Verband Deutscher Elektrotechniker lässt in seinen „Normalien zur Prüfung elektrischer Maschinen" auch die Indikatormethode zu, bei welcher die antreibende Kraftmaschine bei leerlaufendem, unerregtem und erregtem Generator indicirt wird. Diese Leerlaufindicirung besitzt jedoch gewöhnlich sehr grosse Fehlerquellen, so dass auch in dem Falle, wo grosse direkt gekuppelte Maschinen untersucht werden sollen, die Auslaufmethode vorzuziehen sein wird. Man hat einfach die Schubstange auszuhängen, oder die Turbine ohne Beaufschlagung laufen zu lassen. Auf die Geschwindigkeit wird die Dynamo gebracht, indem man sie mit den in Gleichstromcentralen stets vorhandenen anderen Dynamos oder Akkumulatorenbatterien als Motor antreibt. Die Reibungsverluste sind dann getrennt von den elektrischen Verlusten leicht zu ermitteln und letztere können dann genauer diskutirt werden, als dies durch die Leerlaufindicirung möglich ist.

99. Bestimmung des Wirkungsgrades einer Maschine aus Leerlauf und Kurzschluss.

Die Untersuchung der kurzgeschlossenen Maschine wird von verschiedenen Firmen schon seit geraumer Zeit dazu verwendet, um bei grossen Typen, die im Versuchsraume nur umständlich voll belastet werden können, ein Kriterium über die Erwärmung der Armatur und des Kollektors und des Verhaltens der Bürsten bei stromliefernder Maschine zu erhalten.

Wird eine Gleichstrommaschine, deren Klemmen durch ein Ampèremeter kurzgeschlossen sind, von einer besonderen Stromquelle soweit erregt, dass im Anker der normale Strom fliesst, so inducirt das resultirende Feld der Maschine eine EMK, die dem Spannungsverluste unter den Bürsten und im Anker gleich ist.

Lässt man die Bürstenstellung zwischen Belastung und Kurzschluss unverändert, so wird das Armaturfeld bei kurzgeschlossener Armatur, ebenso wie bei Belastung, um fast 90^0 gegen das Erregefeld verschoben sein.

Die Grösse des Erregerstromes, welcher zur Erzeugung eines gewissen Kurzschlussstromes nothwendig ist, wird folgendermassen gefunden. In Fig. 403 ist die Leerlaufcharakteristik einer Maschine gezeichnet. Man trägt nun $OA = J_k\left(R_a + \frac{2}{a}\cdot R_u\right) = BD$ den Ohmschen Spannungsabfall und $BC = AW_r = 2\,(b_c + \varrho)\cdot AS$ die rückwirkenden Ampèrewindungen (s. S. 271 Bd. I) ab und erhält in OC die Grösse der erforderlichen Erreger-Ampèrewindungen. Bei einer Aenderung des Stromes werden die Winkel des Dreieckes BCD nur sehr wenig verändert, weil mit Ausnahme der nicht ganz mit dem Strome variablen Grösse $\frac{2}{a} R_u J_a$ alle anderen proportional mit diesem variiren.

Indem man Parallele zu CD zieht und die Ordinaten $CE = J_k$ proportional CD macht, erhält man die Kurzschlusscharakteristik der fremderregten Maschine. Experimentell wird diese gefunden, indem man bei kurzgeschlossener Armatur die Erregung variirt und den zugehörigen Strom bei konstanter Tourenzahl beobachtet. Diese Kurve ist für den geraden Theil der Leerlaufcharakteristik geradlinig.

Erregt man bei kurzgeschlossener Armatur die Maschine soweit, dass in derselben der normale Strom fliesst, so wird man bei

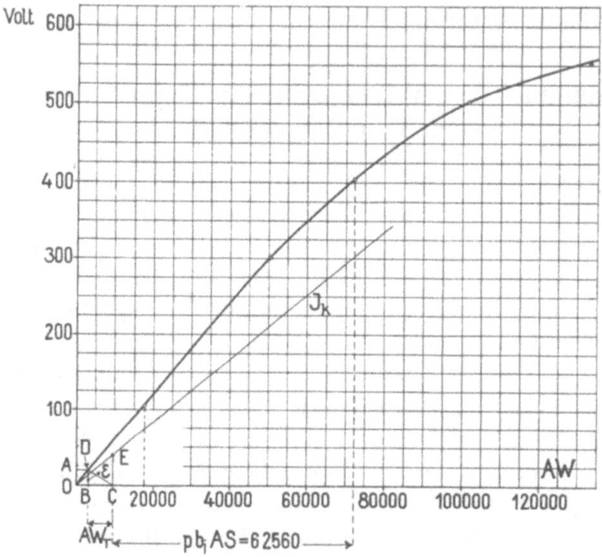

Fig. 403. Kurzschluss der fremderregten Maschine.

genügender Dauer des Versuches die bei Stromlieferung auftretende Erwärmung des Kollektors und der Stromabnehmer messen können und auch ein Urtheil über die Erwärmung der Armatur gewinnen.

Was nun die Arbeitsweise der kurzgeschlossenen Maschine anbelangt, so ist dieselbe in Bezug auf die Kommutation in Kap. 28 behandelt. Im Folgenden soll gezeigt werden, wie die Untersuchung bei Kurzschluss und Leerlauf zur Messung des **Wirkungsgrades** einer Maschine verwendet werden kann.

Hierzu müssen wir zunächst untersuchen, ob die bei Belastung auftretenden Verluste als Summe der bei Leerlauf und Kurzschluss gemessenen Verluste aufgefasst werden dürfen.

Was die **Eisenverluste** anbetrifft, so sind die hier zu berücksichtigenden Verhältnisse etwas komplicirter Natur, da die Gesetze des Magnetismus bei höheren Induktionen eine Superposition nicht zulassen. Das Feld der belasteten Maschine weicht infolge der quermagnetisirenden Wirkung des Ankerstromes wesentlich von dem der leerlaufenden Maschine ab. Die Zahninduktionen werden bei Belastung grösser als bei Leerlauf sein.

Die Hysteresisverluste in den Zähnen können für Leerlauf und Belastung proportional $B_{z\,min}^{1,6}$ bezw. $(B_{z\,min} + \triangle B_{z\,min})^{1,6}$ gesetzt werden.

Die Differenz $\triangle B_{z\,min}$ zwischen der Induktion für Belastung und Leerlauf ist wegen der hohen Sättigungen in den meisten Fällen kleiner als die entsprechende Induktion bei Kurzschluss.

Um dies zu illustriren, sind in Fig. 404 die Feldkurven bei Leerlauf, Kurzschluss und Belastung aufgezeichnet. Die Feldkurven gelten für die mehrfach erwähnte Körting'sche Gasdynamo.

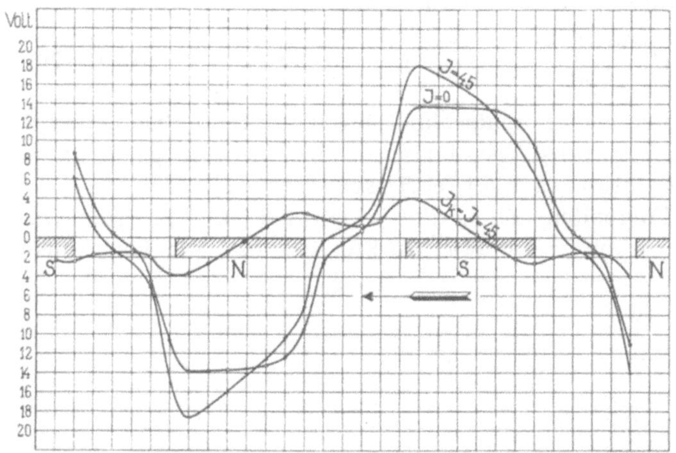

Fig. 404. Feldkurven für Belastung, Leerlauf und Kurzschluss.

Ermittelt man aus den experimentell gefundenen Feldkurven die Luftinduktionen, so erhält man für den Maximalwerth derselben bei

$$\text{Leerlauf} \quad B_{l_o} = C^{1)} \cdot 14 \text{ Volt} = 4270$$

$$\text{Belastung} \quad B_{l_b} = C \cdot 18 \text{ Volt} = 5490.$$

Aus der Feldkurve für die kurzgeschlossene Maschine ergiebt sich $B_{l_k} = 1240$.

Die bei Einführung der Zahndimensionen erhaltenen Zahninduktionen ergeben sich

[1]) $C = \frac{10^8}{2 \cdot w \cdot l \cdot v} = 305$; worin w die Anzahl der zwischen zwei Prüfbürsten liegenden Ankerwindungen bedeutet.

$$\text{bei Leerlauf} \quad B_{z\,min\,o} = \frac{2,73 \cdot 4270}{0,88 \cdot 1,53} = 8670$$

$$\text{bei Belastung} \quad B_{z\,min\,b} = \frac{2,73 \cdot 5490}{0,88 \cdot 1,53} = 11\,120$$

$$\text{und bei Kurzschluss} \quad B_{z\,min\,k} = \frac{2,73 \cdot 1240 \cdot 15}{0,88 \cdot 1,53 \cdot 15} = 2580.$$

Bei Belastung ergiebt sich für die Hysteresisverluste

$$C \cdot \left(\frac{11\,120}{1000}\right)^{1,6} = \mathbf{C \cdot 0,475.}$$

Die Summe der Eisenverluste, welche den Leerlauf- und Kurzschlussinduktionen entspricht, ist

$$C \cdot \left(\frac{8670}{1000}\right)^{1,6} + C\left(\frac{2580}{1000}\right)^{1,6} = C\,(0,32 + 0,05) = \mathbf{C \cdot 0,370,}$$

also kleiner als die thatsächlich bei Belastung auftretenden Verluste. Bei sehr gering gesättigten Maschinen giebt somit die Superposition zu kleine Hysteresisverluste.

Im Folgenden sollen die Verhältnisse für eine stark gesättigte Maschine erläutert werden. In Fig. 405 sind die konstruirten Feld-

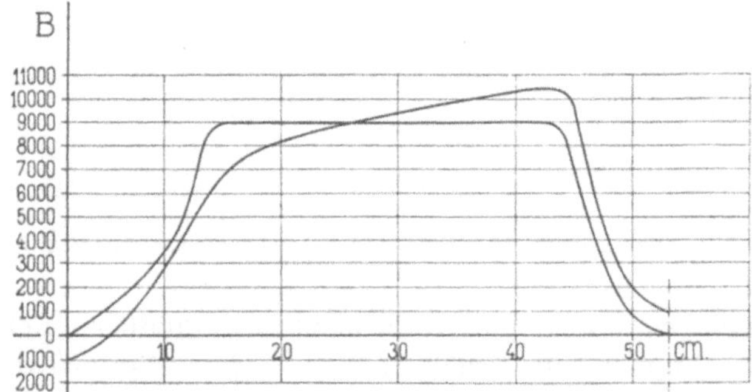

Fig. 405. Feldkurven eines 500 KW-Generators.

kurven eines Strassenbahngenerators für 500 KW dargestellt. Aus den Luftinduktionen

$$\text{bei Leerlauf} \quad B_{l_o} = 8880 \quad \text{und}$$

$$\text{bei Belastung} \quad B_{l_b} = 10400$$

ergeben sich die Zahninduktionen

$$\text{bei Leerlauf} \quad B_{z\,min\,o} = 20\,500$$

$$\text{bei Belastung} \quad B_{z\,min\,b} = 22\,900.$$

Aus der Leerlaufcharakteristik (Fig. 403) wurde die Induktion für die kurzgeschlossene Maschine ermittelt und hieraus die Zahninduktion bei Kurzschluss zu $B_{z\,min\,k} = 15\,850$ gefunden.

Die Eisenverluste bei Belastung ergeben sich als proportional: $\left(\frac{22900}{1000}\right)^{1,6} = 1,51$. Die Summe von Leerlauf- und Kurzschlussverlust ergiebt sich proportional zu

$$\left(\frac{20\,500}{1000}\right)^{1,6} + \left(\frac{15\,850}{1000}\right)^{1,6} = 1,25 + 0,8 = 2,05.$$

Bei stark gesättigten Maschinen ergiebt somit die Superposition zu grosse Hysteresisverluste.

Diese Differenzen sind im wesentlichen durch die Verluste in den Zähnen bedingt. Auch entsprechen die eingeführten Werthe nur den an bestimmten Stellen auftretenden maximalen Induktionen, weshalb die bei thatsächlichen Verhältnissen auftretenden Abweichungen viel geringer sein werden.

Was nun die Wirbelstromverluste anbetrifft, so sind die dem Leerlauffelde entsprechenden Wirbelstromverluste im Leerlaufeffekte und die dem Armaturfelde entsprechenden im Kurzschlusseffekte enthalten. Ueber die Gültigkeit der Superposition könnten wir nun ähnliche Betrachtungen anstellen, wie für die Hysteresisverluste, indem wir die 1,6 Potenz durch die zweite ersetzen, und würden zu dem gleichen Resultate kommen, d. h. dass bei geringen Sättigungen die Superposition zu kleine und bei hohen Sättigungen zu grosse Wirbelstromverluste ergiebt.

Es giebt aber Wirbelstromverluste, die wir weder in dem Leerlaufeffekte, noch in dem Kurzschlusseffekte messen. Hierher gehört der zusätzliche Wirbelstromverlust im Ankerkupfer, welcher infolge der erhöhten Zahnsättigung durch die Quermagnetisirung bei Belastung auftritt; denn erfahrungsgemäss nimmt der Wirbelstromverlust im Kupfer von einer gewissen Zahnsättigung an (etwa 20000) sehr rasch zu und ist für geringe Sättigungen, also auch bei Kurzschluss, fast Null.

Dasselbe gilt von den Wirbelstromverlusten in den massiven Theilen des Ankers, der von der seitlichen Ausbreitung des Kraftflusses über den Ankerkern hinaus abhängt. Diese seitliche Ausbreitung nimmt mit grossen Sättigungen rasch zu und verursacht zusätzliche Wirbelstromverluste. Soweit diese vom superponirten Ankerfelde abhängen, werden sie bei Kurzschluss ebenfalls nicht gemessen.

Bezüglich der Kollektorübergangsverluste werden wir im Abschnitt 108 sehen, dass wir durch Superposition der Leerlauf- und

Kurzschluss-Bürstenpotentialkurven eine Potentialkurve erhalten, die annähernd gleich der für Belastung ist. Vernachlässigen wir die konstante Spannung e_u, dann haben wir bei Kurzschluss und bei annähernd in geometrisch neutraler Zone stehenden Bürsten fast dieselben Kommutationsverhältnisse wie bei Belastung, und es ist somit f_u bezw. W_u fast gleich bei Kurzschluss und Belastung.

Wir sehen somit, dass der Fehler, den wir durch die Superposition bei stark gesättigten Maschinen machen, zum Theil wieder ausgeglichen wird, und es ist möglich, dass auch in diesem Falle die Summe der aus Leerlauf und Kurzschluss ermittelten Verluste doch noch kleiner wird als die Verluste bei Belastung.

Es wäre erwünscht, dass zur Bestätigung dieser Ueberlegungen Versuche in grösserem Massstabe gemacht würden. Es darf jedoch angenommen werden, dass bei den normal üblichen Sättigungen die aus Leerlauf und Kurzschluss gefundenen Verluste denjenigen bei Belastung mit grosser Annäherung entsprechen.

Was nun die Messung des Leerlaufeffektes anbetrifft, so ist sie bereits erörtert worden. Derselbe kann entweder durch die Messung der der Maschine zugeführten Leistung erhalten werden, wenn dieselbe als Motor mit der entsprechenden inducirten EMK und normaler Tourenzahl läuft, oder indem man die Maschine mit geaichtem Motor antreibt.

Die Messung der der kurzgeschlossenen Maschine zuzuführenden Energie kann nun wieder mit geaichtem Motor oder durch Beobachtung des Auslaufes bei Kurzschluss erfolgen. Die Maschine wird für die letztere Versuchsanordnung nach Fig. 406 geschaltet.

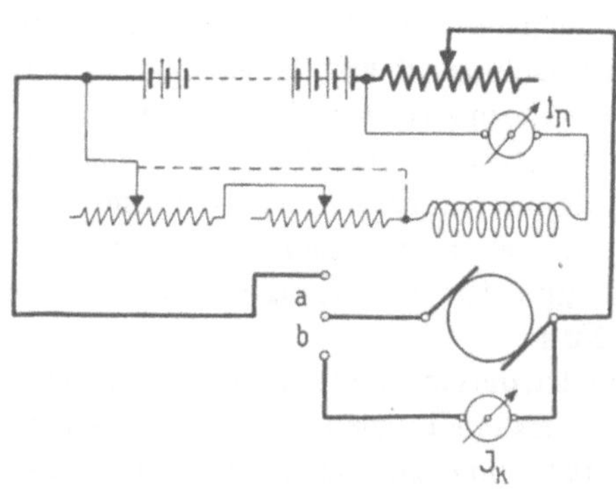

Fig. 406. Schaltungsanordnung zur Beobachtung des Auslaufes der kurzgeschlossenen Maschine.

Der für die Erregung der kurzgeschlossenen Maschine erforderliche Erregerstrom wird bei Stillstand eingestellt. Um die Maschine als Motor anlaufen zu lassen, schliesst man die Erregerwiderstände kurz. Ist die Tourenzahl, von welcher der Auslauf erfolgen soll, erreicht, dann unterbricht man erst den Ankerstrom, indem man den Schalthebel *a* in die Mittellage bringt. Nun öffnet man die Verbindung, welche die Erregerwiderstände kurzschliesst und legt den Umschalter in die Lage *b*, sobald der entsprechende Erregerstrom eingestellt ist.

Bei Maschinen mit grosser magnetischer Trägheit wird es immer einige Zeit dauern, bis der Strom in der Feldwicklung den für den Auslauf bei Kurzschluss erforderlichen Werth erreicht hat. Um deshalb beim plötzlichen Kurzschliessen das Auftreten von Stromstössen und Funkenbildung zu vermeiden, wird man erst nach einigen Sekunden, nach dem Abschalten der Erregung und nicht plötzlich kurzschliessen, sondern die Maschine erst auf einen Widerstand schalten, den man dann stufenweise ausschaltet. Die Beobachtung des Auslaufes erfolgt vom Momente des Kurzschlusses an in derselben Weise, wie auf S. 496 beschrieben. In denselben Zeitpunkten, in denen die Tourenzahl abgelesen wird, beobachtet man auch den Kurzschlussstrom.

Beispiel für den Auslaufversuch bei kurzgeschlossener Maschine.

Als Beispiel für eine derartige Untersuchung sollen die Versuchsergebnisse angeführt werden, die an der in Kap. 27 (Fig. 414), untersuchten Nebenschlussmaschine von 45 KW erhalten wurden.

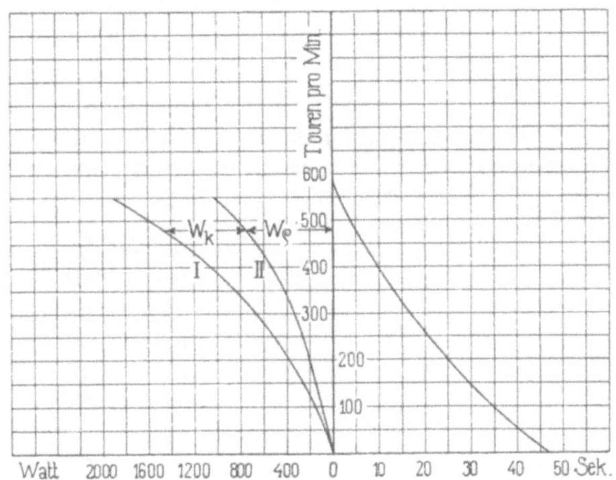

Fig. 407. Auslauf bei Kurzschluss.

Den Auslauf bei kurzgeschlossener Maschine zeigt die Auslaufkurve der Fig. 407. Die Kurve I wurde erhalten, indem man bei Zugrundelegung der vorher ermittelten Konstante C (s. S. 519), aus der Auslaufkurve bei Kurzschluss, die Abhängigkeit zwischen

$[W_k{}^*) + W_\varrho]$ und der Tourenzahl berechnete. Zeichnet man sich in diese Figur die aus der Auslaufkurve der unerregten Maschine ermittelten Reibungsverluste, Kurve II, so erhält man in W_k die Kurzschlussverluste. Indem wir nun annehmen, dass die Summe aus Kupfer-, Kollektor- und Eisenverlusten proportional dem Quadrate des Armaturstromes variiren, so erhalten wir in

$$R_{eff} = \frac{W_k}{J^2} \text{ den effektiven Widerstand. . (130)}$$

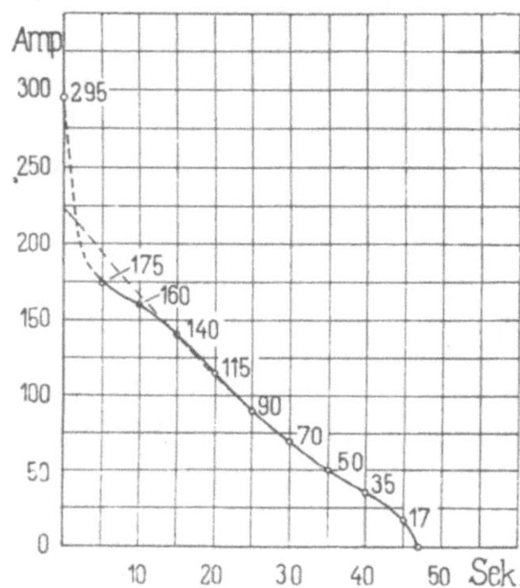

Fig. 408. Strom in Abhängigkeit von der Auslaufzeit.

In der folgenden Tabelle sind die beobachteten Werthe für den Auslauf und die berechneten Werthe von R als Funktion der Tourenzahl dargestellt.

Mit abnehmender Geschwindigkeit werden die Verluste in der Armatur kleiner, die Uebergangsverluste infolge zunehmenden Uebergangswiderstandes mit abnehmender Stromdichte grösser. Diese ausgleichende Wirkung ergiebt mit abnehmender Stromstärke ganz wenig anwachsende Werthe für den effektiven Widerstand. Fig. 408 zeigt den Verlauf des Kurzschlussstromes als Funktion der Auslaufzeit.

Zeit Sek.	Touren pro Min.	$100\,\overline{ab}$	$W_k + W_\varrho = 0{,}1726 \cdot 100 \cdot \overline{ab}$	W_ϱ Watt	W_k Watt	J Amp.	$W_k/J^2 = R_{eff}$ Ohm
1,5	550	11000	1925	1025	900	218	0,0188
5	475	8900	1485	760	725	195	0,01905
10	395	5900	1019	519	500	163	0,0188
15	325	4300	745	365	380	140	0,0192
20	260	3170	547	287	260	115	0,0196
25	195	2170	375	215	160	90	0,0197
30	145	1500	259	155	104	70	0,0212
35	105	930	160,5	106,5	54	50	0,0216
40	52,5	450	77,7			35	
45	12,5					17	
47	0					0	

*) Die bei kurzgeschlossener Maschine gemessenen Armaturkupfer- und Kollektorübergangsverluste wollen wir hier mit W_k bezeichnen. W_k ist dann gleich $W_{ka} + W_u$.

Beispiel für die Bestimmung der Verluste und des Wirkungsgrades aus den Leerlauf- und Kurzschlussverlusten. Im folgenden soll ein Beispiel über die Untersuchung einer Nebenschlussmaschine für 110 Volt, 24 Ampère und 1100 Umdrehungen pro Min. angeführt werden.

Der Gang der Untersuchung war der folgende:

1. Der Antriebsmotor wurde durch Bremsung mit einer Wirbelstrombremse geaicht und die vom Motor bei konstanter Tourenzahl von 1100 Umdrehungen pro Minute und konstanter Klemmenspannung von $E_k = 110$ Volt an die Motorwelle abgegebene Energie in Watt, in Abhängigkeit von der zugeführten Leistung in Watt, in der Aichkurve graphisch aufgetragen.

2. Nachdem der Motor mit dem Generator direkt gekuppelt war, wurde die Maschine stufenweise erregt. Die dem Generator zugeführte Energie ist dann gleich $W_\varrho + W_h + W_w$.

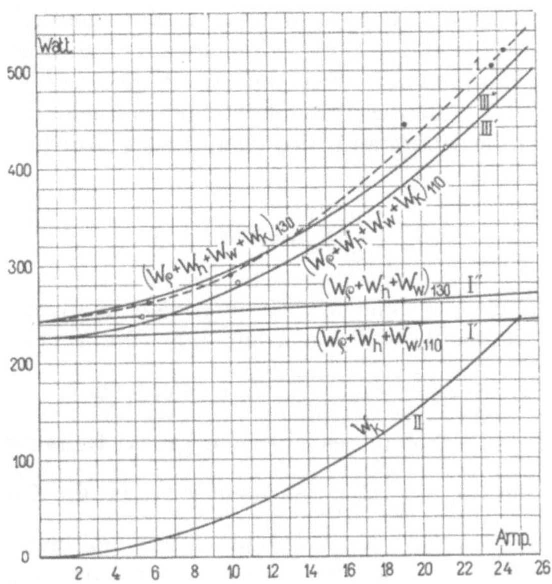

Fig. 409. Bestimmung der Gesammtverluste aus der Summe der Leerlauf- und Kurzschlussverluste.

3. Die Maschine wurde bei konstant gehaltener Klemmenspannung von 110 bezw. 130 Volt belastet. Die jetzt dem Generator zugeführte Energie ist gleich Σ Verluste $+ E_k J$. Die Summe der Verluste für $E_k = 130$ Volt ist in Fig. 409 Kurve 1 in Abhängigkeit vom Strome J aufgetragen (● Punkte). Für $E_k = 110$ Volt

sind die direkt gefundenen Werthe für die Summe der Verluste durch o Punkte markirt.

4. Der Generator wurde bei kurzgeschlossenen Klemmen stufenweise erregt und die bei den verschiedenen Kurzschlussströmen dem Generator zugeführte Energie $W_k + W_\varrho$ bestimmt. Die Verluste W_k sind in Abhängigkeit vom Generatorstrome in Kurve II eingetragen.

J Ampère	W_k Watt	$R_{eff} = \frac{W_k}{J^2}$ Ohm
25	244	0,39
20	156	0,39
15	96	0,40
10	40	0,40
5	12	0,48

In der Tabelle sind die aus W_k und J berechneten Werthe von R_{eff} eingetragen. Dieselben zeigen eine deutliche Zunahme des effektiven Widerstandes mit abnehmendem Strome. Bei konstanter Tourenzahl kommt eben nur die Abhängigkeit des Uebergangswiderstandes von der Stromdichte in Betracht.

5. Der Ankerwiderstand des Generators wurde im warmen Zustande gemessen:

$$R_a + \frac{2}{a} R_u = 0{,}34 \text{ Ohm.}$$

Aus der Kurve, welche die Eisenverluste in Abhängigkeit von der inducirten EMK darstellt, wurden dann die Verluste ermittelt, die der EMK $E_a = E_k + J\left(R_a + \frac{2}{a} R_u\right)$ entsprechen.

In diesem Falle kommt es auf eine grosse Genauigkeit in der Bestimmung von $\left(R_a + \frac{2}{a} R_u\right)$ gar nicht an, da die Zunahme der Eisenverluste, welche der nach Massgabe des Ohm'schen Spannungsabfalles vergrösserten EMK entspricht, klein im Verhältniss zu den übrigen Verlusten ist. Die Kurve I′ stellt die Verluste $(W_\varrho + W_h + W_w)_{110}$ für $E_k = 110$ Volt und die Kurve I″ diejenige für $E_k = 130$ Volt dar.

Bildet man nun die Summe aus den Leerlaufverlusten $W_\varrho + W_h + W_w$ und den Kurzschlussverlusten W_k für die verschiedenen Generatorbelastungen bei konstanter Klemmenspannung, so erhält man in Kurve III′ und III″ die Summe der Verluste für $E_k = 110$ und 130 Volt Klemmenspannung.

Die bei belastetem Generator gemessenen Verluste für $E_k = 110$ Volt (Punkte o) liegen so nahe an der Kurve für die aus Leerlauf und Kurzschlusseffektmessung erhaltenen Verluste, dass man letztere als den thatsächlichen Verlusten entsprechend ansehen kann.

Für die konstante Klemmenspannung $E_k = 130$ Volt sind die direkt gemessenen Verluste (● Punkte) schon von etwa 13 Ampère an grösser, als die sich aus Leerlauf und Kurzschluss ergebenden; dies steht ganz in Uebereinstimmung mit den auf Seite 505 gemachten Ueberlegungen hinsichtlich des Einflusses der zusätzlichen Wirbelstromverluste.

Betrachten wir den Wirkungsgrad für $E_k = 130$ Volt und $J = 27$ Ampère.

Aus Leerlauf und Kurzschluss ergiebt sich

$$W_\varrho + W_h + W_w + W_k = 491 \text{ Watt};$$

der Erregerstrom betrug 1,75 Ampère bei einer Erregerspannung von 200 Volt; somit wird

$$W_n = 350 \text{ Watt}$$

und

$$W_\varrho + W_h + W_w + W_k + W_n = 841 \text{ Watt}.$$

Man erhält sonach

$$\eta = \frac{3120}{3120 + 841} = \mathbf{0{,}788}.$$

Direkt gemessen wurden die Eisen- und Armaturverluste zu 514 Watt, die Erregerverluste ergeben sich wieder zu 350 Watt.

Wir haben nun Σ Verluste $= 864$ Watt und

$$\eta = \frac{3120}{3120 + 864} = \mathbf{0{,}783}.$$

Die Differenz beträgt nur — 0,5 % vom Wirkungsgrad, liegt also noch unterhalb der durch die Beobachtung bedingten Messfehler.

Es wird daher diese Methode, nebst dem Vortheil einer einfachen und rasch durchführbaren Versuchsanordnung ein Resultat liefern, das den thatsächlichen Wirkungsgrad genauer ergiebt als die Leerlaufmethode (s. S. 478).

Wenn die Maschine bei Kurzschluss und normaler Stromstärke feuert, so muss R_{eff} bei einer kleineren Stromstärke bestimmt werden. Die Bürstenstellung soll bei Leerlauf und Kurzschluss dieselbe sein und zwar am besten die Stellung der geometrisch neutralen Zone.

Sechsundzwanzigstes Kapitel.

100. Beispiel für eine vollständige Untersuchung eines Nebenschlussgenerators.

100. Vollständige Untersuchung eines Nebenschlussgenerators.

Die nachstehenden Versuche wurden an einem 45 KW-Nebenschlussgenerator für 120 Volt, 375 Ampère und 550 minutliche Umdrehungen durchgeführt. Die zur Auswerthung der gewonnenen Beobachtungswerthe erforderlichen Dimensionen sind die folgenden:

Ankerdurchmesser	$D = 49{,}0$ cm
Eisenlänge	$l = 21{,}5 + 1$ (Luftschlitz) cm
Anzahl der Nuten	73
Nutenweite	1,0 cm
Nutentiefe	3,0 cm

pro Nut 4 Stäbe; Querschnitt $3{,}7 \times 12 = 44{,}5$ mm^2

Reihenparallelschaltung $a = 2$ und $p = 3$, $N = 4 \cdot 73 - 2 = 290$

Kollektorlamellen $K = 145$.

$b_i = 19{,}0$ cm
$l_i = 22{,}0$ „
$t_1 = 2{,}11$ „
$z_1 = 1{,}11$ „
$z_2 = 0{,}85$ „
$D_i = 25{,}5$ „
$D_m = D_1 + h = 25{,}5 + 8{,}75 =$ 34,25 cm
$h = 8{,}75$ cm

$l_{st} = 10{,}0$ cm
6 Bürstenstifte zu je 4 Bürsten aus mittelharter le Carbone-Kohle $3{,}0 \times 1{,}6$ cm
$F_b = 1{,}6 \cdot 3{,}0 \cdot 24 = 115{,}2$ cm^2
$L_k = 16{,}0$ cm
$D_k = 30{,}0$ „
6 Feldspulen.

1. Leerlaufcharakteristik. Die mit konstanter Tourenzahl angetriebene Maschine wurde fremd erregt und einmal bei auf-, das andere Mal bei absteigender Aenderung des Erregerstromes die inducirte EMK E_a beobachtet. Die erhaltenen Beobachtungswerthe zeigt die in Fig. 410 dargestellte Kurve I.

2. Der Spannungsabfall bezw. die Spannungserhöhung wurde bei Selbst- und Fremderregung aus der äusseren Charakteristik ermittelt.

a) Spannungsabfall für Selbsterregung: Kurve IIa der Fig. 410.

Aus der Kurve IIa ergiebt sich der Spannungsabfall

$$= \frac{120 - 101{,}5}{120} \cdot 100 = \mathbf{15{,}4\,\%}.$$

b) Aus der Kurve IIIa ergiebt sich die Spannungserhöhung für Selbsterregung

$$= \frac{132{,}5 - 122}{122} \cdot 100 = \mathbf{8{,}25\,\%}.$$

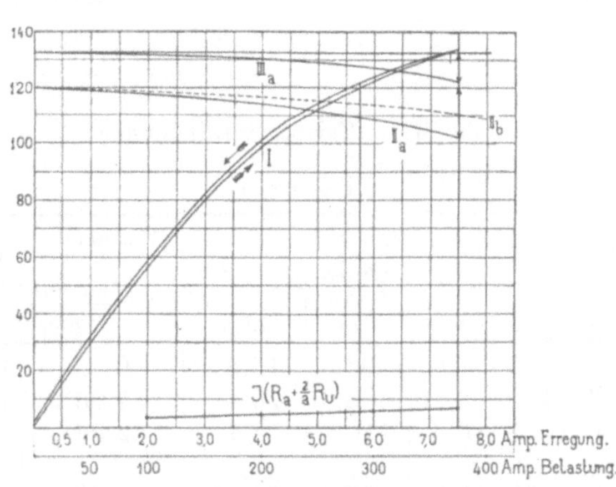

Fig. 410. Leerlauf- und äussere Charakteristik.

c) Für Fremderregung ergiebt sich aus Kurve IIb der Spannungsabfall

$$= \frac{120 - 111{,}5}{120} \cdot 100 = \mathbf{7{,}9\,\%}.$$

3. Untersuchung der Temperaturerhöhung. Die Maschine wurde normal belastet und die Temperaturen in Abhängigkeit von der Betriebsdauer gemessen. Als Lufttemperatur wurde die mit einem Thermometer in Höhe der Maschinenmitte und 1 m von der Maschine entfernt gemessene Temperatur eingesetzt.

Die Temperatur der Schenkelspulen wurde gleichzeitig mittels Thermometer gemessen und aus der Widerstandserhöhung berechnet, indem

$$t_1 - t_o = 250 \cdot \frac{R_{nt1} - R_{nto}}{R_{nto}}.$$

Die Widerstandserhöhung des Regulirwiderstandes ist hier nicht mit inbegriffen.

Das Untersuchungsprotokoll zeigt Tabelle I und die graphische Aufzeichnung der Temperaturkurven die Fig. 411.

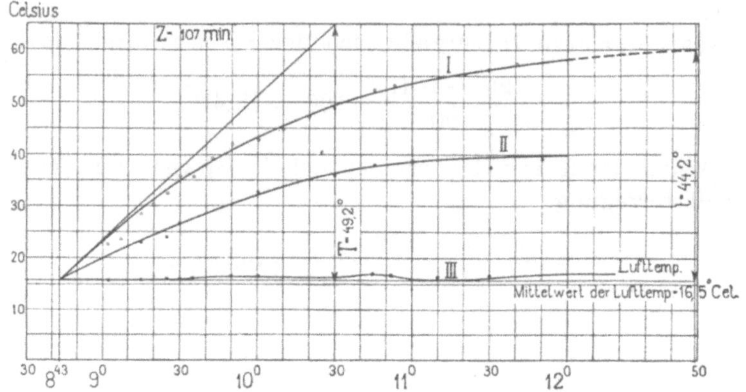

Fig. 411. Temperaturerhöhungen.

Tabelle I.

Zeit	n	J Amp.	E_k Volt	i_n Amp.	Spannung an den Erregerspulen E_{err}	$R_{nt_1} = \frac{E_{err}}{i_n}$ Ohm	Temperaturerhöhung $t = 250 \frac{R_{nt_1} - R_{nto}}{R_{nto}}$	Lufttemperatur	Temperatur der Feldspulen mit Thermometer
8^{h43}	550	370	122	6,5	103,5	15,9	0	15,9°	15,9°
9^{h08}	550	375	120	6,62	108,6	16,4	7,86°	15,9°	23,2°
9^{h15}	550	370	121	6,6	110	16,7	12,56°	15,9°	23,4°
⋮	⋮	⋮	⋮	⋮	⋮	⋮	⋮	⋮	⋮
11^{h41}	560	380	120	6,5	120,5	18,55	41,6°	—	38,0°
11^{h50}	550	360	122,5	6,48	120	18,52	41,3°	16,7°	39°
12^{h04}	560	375	124	6,40	118,5	18,63	42,8°	16,7°	38,3°

Für die Temperaturerhöhungen ist der Mittelwerth aus den während des letzten Viertels der Versuchszeit erhaltenen Lufttemperaturen massgebend. Derselbe ergiebt sich für die letzten $\frac{197}{4} = 49$ Min. zu 16,5° C.

Nach 197 Minuten normalen Betriebes hatten sich die Feldspulen um 42,8° C. erwärmt. In Fig. 411 sind in Kurve I die aus der Widerstandserhöhung berechneten, in Kurve II die mit Thermometer gemessenen Temperaturerhöhungen, und in Kurve III die Lufttemperaturen eingezeichnet.

Bei schätzungsweiser Verlängerung der Kurve I bis zum stationären Zustande erhält man nach $z = 246$ Min. die zugehörige Temperaturerhöhung $t = 44{,}2°$.

Legt man einen Beobachtungsfehler von $n = 10\,\%$ zu Grunde (s. Bd. I, S. 514), so ergiebt sich die maximale Temperaturerhöhung

$$T = \frac{100 \cdot t}{100 - n} = \frac{100}{90} \cdot 44{,}2 = \mathbf{49{,}2^0\ C.}$$

Die Zeitkonstante wird demnach

$$Z = \frac{z}{2{,}3} = \frac{246}{2{,}3} = \mathbf{107\ Min.}$$

Zur Zeit $Z = z = 107$ Min. hatten die Feldspulen eine Temperaturerhöhung von $33{,}25^0$ erreicht, entsprechend dem 0,677fachen Werth der zu Grunde gelegten Endtemperatur T.

An den Magnetspulen wurde eine mit dem Thermometer gemessene Temperaturerhöhung von $39{,}5 - 16{,}5 = 23{,}0^0$ beobachtet. Dies entspricht einem Verhältniss von

$$\frac{\text{mit Thermometer gemessener}}{\text{aus Widerstand berechneter}}\ \text{Temperaturerhöhung} = \frac{23}{42{,}8} = 0{,}536.$$

Nach Abstellung der Maschine wurden ferner folgende Temperaturerhöhungen gefunden:

Ankerkörper, gemessen auf Eisen	$T_a = 62^0 - 16{,}5^0 = 45{,}5^0$	C.
Ankerkörper, gemessen im Inneren .	$= 58^0 - 16{,}5^0 = 41{,}5^0$	„
Kollektorfahnen an der Stirnseite .	$68^0 - 16{,}5^0 = 51{,}5^0$	„
Kollektor	$T_k = 74 - 16{,}5^0 = 57{,}5^0$	„
Polspitze	$46{,}5 - 16{,}5^0 = 30{,}0^0$	„
Joch (innen)	$37{,}0 - 16{,}5 = 21{,}0^0$	„
Lager auf Kollektorseite (Lageröltemperatur)	$36 - 16{,}5 = 19{,}5^0$	„
Lager auf Riemenscheibenseite . .	$37{,}5 - 16{,}5 = 21{,}0^0$	„

4. Untersuchung der Kommutation. Für diese Untersuchungen wurde eine Bürstenstellung ermittelt, bei welcher zwischen Leerlauf, normaler Belastung und kurzgeschlossener Maschine keine oder nur minimale Funkenbildung zu bemerken war. Für diese Bürstenstellung wurden dann die Kommutationsdiagramme für Leerlauf, normale Belastung und Kurzschluss aufgenommen (Tabelle II, Fig. 412a und c).

In Fig. 412b sind die aus den Bürstenpotentialen konstruirten Kurzschlussstromkurven gezeichnet. Die Kurzschlussstromkurve für die kurzgeschlossene Maschine Kurve III zeigt ebenso wie die für die normale Belastung eine beträchtliche Unterkommutirung, lässt also auf ein zu schwaches Feld beim Eintritt in die Kommutationszone bezw. auf ein zu steiles Feld schliessen.

Tabelle II.

Auf der Bürste markirte Punkte (Fig. 412 c)	Leerlauf $E_k = 120$ $J = 0$ Volt	Normale Belastung $E_k = 120$ $J = 375$ Volt	Kurzschluss $E_k = 0$ $J = 375$ Volt	
0	— 0,24	— 1,19	— 0,21	auflaufende Kante
1	— 0,01	— 0,72	— 0,11	
2	+ 0,04	— 0,15	+ 0,2	
3	+ 0,15	+ 0,375	+ 0,6	
4	+ 0,21	+ 0,93	+ 1,27	
5	+ 0,29	+ 1,25	+ 1,99	
6	+ 0,29	+ 1,5	+ 2,55	
7	+ 0,24	+ 1,75	+ 2,75	
8	+ 0,15	+ 1,85	+ 2,85	ablaufende Kante
	Kurve I	Kurve II	Kurve III	

Ermittelt man den Formfaktor der Stromvertheilung für die Kurve II, so wird derselbe,

$$f_u = \frac{s_{u\,eff}}{s_u} = 2,1,$$

sehr gross. Der Grund hierfür ist hauptsächlich in der ungünstigen Annahme des Verhältnisses

$$\alpha = \frac{b}{\tau} = \frac{19,3}{25,7} = 0,752$$

und des hierdurch bedingten sehr steilen Verlaufes der Feldkurve zu suchen, weil bei dem kleinen Werth von τ die Pollücke zu klein geworden ist. Bei ein und derselben Bürstenstellung sind bei kurzgeschlossener Maschine an den Bürsten kleine Perlfunken bemerkbar, bei normaler Belastung ist die Funkenbildung minimal; der Leerlauf ist funkenfrei.

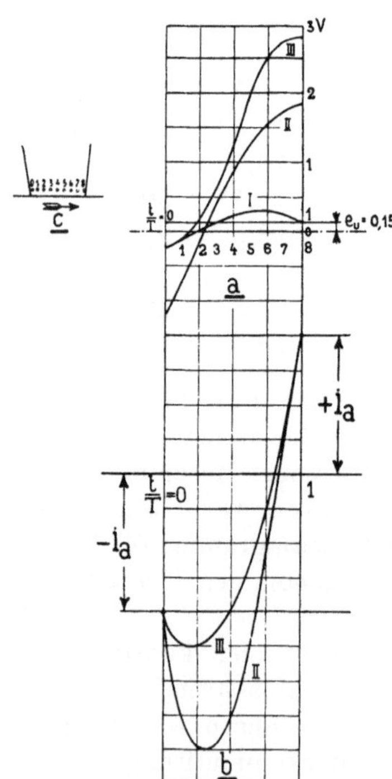

Fig. 412. Bürstenpotentialkurven (Kommutationsdiagramme).

Durch Planimetriren der Kurve I erhält man die erforderliche Verschiebung der Abscissenaxe, als $e_u = 0,155$ Volt.

Die mittlere Ordinate der Kurve II giebt $R_w \cdot s_u = 0{,}555$ Volt.

5. Bestimmung der Kupferverluste und des effektiven Ankerwiderstandes. Die kurzgeschlossene Maschine wurde von einem kleinen Motor angetrieben. Derselbe war geaicht, es konnte somit die von ihm an den Generator abgegebene mechanische Energie leicht ermittelt und in Tabelle III und Kurve W_k in Fig. 417 eingetragen werden. In der Tabelle III sind die aus den gemessenen Kurzschlussverlusten W_k ermittelten effektiven Ankerwiderstände R_{eff} eingetragen. In Fig. 413 sind dieselben in Abhängigkeit von J_a

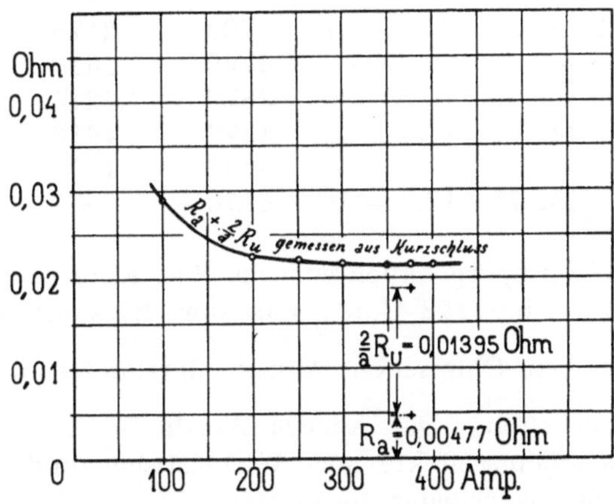

Fig. 413. Anker- und Uebergangswiderstand als Funktion des Stromes.

graphisch dargestellt. Wird nun die für eine Bürste gefundene Bürstenpotentialkurve II als ein Mittelwerth der Bürstenpotentiale unter sämmtlichen Bürsten angesehen, so ergiebt sich (s. S. 485, Bd. I) aus derselben

$$\frac{2}{a} \cdot R_u = \frac{W_u}{J^2} = \frac{2}{J_a} \cdot (e_u + [s_u R_w] \cdot f_u^2)$$

$$\frac{2}{a} \cdot \boldsymbol{R_u} = \frac{2}{375} \cdot (0{,}155 + 0{,}555 \cdot 2{,}1^2) = \mathbf{0{,}01395\ Ohm.}$$

Der Ankerwiderstand bei abgehobenen Bürsten ergab sich zu

$$R_a = 0{,}00434 \text{ Ohm bei } 37^0 \text{ C.}$$

und wird $R_{at} = 0{,}00477$ Ohm bei 62^0 C. ($T_a = 45{,}5^0$)

$$\boldsymbol{R_a} + \frac{2}{a} \cdot \boldsymbol{R_u} = 0{,}00477 + 0{,}01395 = \mathbf{0{,}01872\ Ohm.}$$

Tabelle III.

Kurzgeschlossener Generator			Antriebsmotor			Vom Motor aufgenommene Energie	Vom Motor an den Generator abgegebene Energie[1])	$W_k =$
n	i_n	J	J_a	E_k	$J_a^2 \cdot R_g$	$E_k \cdot J_a - J_a^2 \cdot R_g$	$W_\varrho + W_k$	$W_\varrho + W_k - 1293$
	ohne Riemen							
0	0	0	4,425	107,5	2,24	474,8	0	0
	mit Riemen							
550	0	0	22,04	108,5	31,6	1768,4	1293	0
550	0,1	162	22,04	109,3	55,8	2379	1903	610
550	0,11	202	24,54	109,5	68,7	2700	2173	880
550	0,14	255	29,0	109,9	97	3190	1610	1320
550	0,19	300	35,00	110,5	135,5	3870	3215	1920
550	0,22	345	41,3	110,5	184,3	4572	4913	2620
550	0,255	399	49,5	110,5	277	5483	4723	3430
550	0,30	453	59,75	110,0	410	6170	5677	4384

Bei $J = 375$ Ampère haben wir aus dem Kurzschlusseffekt den Widerstand $R_{eff} = 0{,}02148$ Ohm, aus der Messung der Bürstenpotentiale und des Ohm'schen Ankerwiderstandes $R_a + \frac{2}{a} R_u = 0{,}01872$ Ohm erhalten. Der erstere Werth ist etwas grösser, da wir in dem Kurzschlusseffekte noch Wirbelströme und einen kleinen Theil von Hysteresisverlusten mitmessen.

Für die weitere Berechnung legen wir die in der Kurve Fig. 413 dargestellten Werthe von R_{eff} zu Grunde.

6. Trennung der Verluste nach der Auslaufmethode. Die Maschine wurde als Motor geschaltet und der Auslauf für

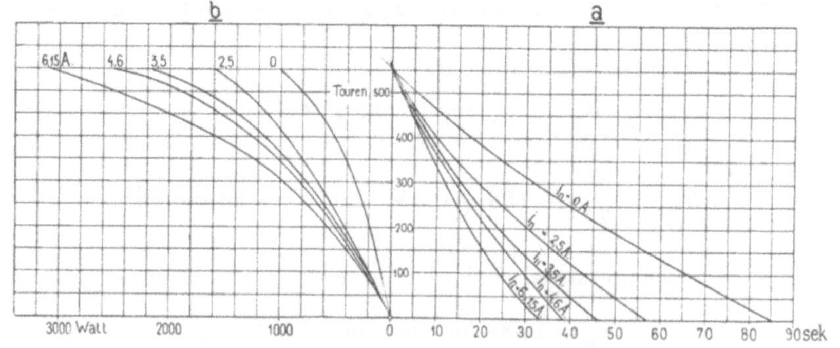

Fig. 414. Auslauf- und Verlustkurven.

[1]) Die Uebertragung zwischen den Maschinen erfolgte durch einen Riementrieb, dessen Verluste für alle übertragenen Leistungen als konstant angesehen wurden.

$i_n = 0$; 2,5; 3,5; 4,6 und 6,15 Ampère beobachtet. Die erhaltenen Auslaufkurven (Tabelle IV) sind in Fig. 414 dargestellt.

Die Ermittelung der Konstante C erfolgte nach den in Tabelle V angegebenen Beobachtungswerthen.

Tabelle IV.

Zeit	Geschwindigkeit in Touren pro Minute	Zahl der Umdrehungen nach der Zeit t	
0	555	0	$i_n = 0$
5	495	44	
10	460	82	
⋮	⋮	⋮	
60	135	320	
65	107	330	
88,5	0	350	

Tabelle V.

n	J_a	E_k	$E_k J_a$	$J_a^2 \left(R_a + \frac{2}{a} R_u\right)$	$W_\varrho + W_h + W_w$	$100 \cdot \overline{ab}$	$C = \frac{W_\varrho + W_h + W_w}{100\ \overline{ab}}$	i_n
550	25	71,7	1796	22,0	1774	10100	0,1751	2,5
550	23	94	2165	19,0	2146	13825	0,1550	3,5
550	23,7	107,5	2574	19,6	2554	14300	0,178	4,6
400	24,0	66,7	1600	20,2	1280	7100	0,180	4,6

Aus derselben ergiebt sich als Mittelwert

$$C = 0{,}1726.$$

Für die Berechnung der Kupferverluste durch den Leerlaufstrom wurde für

$$\left(R_a + \frac{2}{a} R_u\right) = 0{,}035 \text{ Ohm}$$

aus der Kurve Fig. 413 schätzungsweise abgegriffen und der Berechnung zu Grunde gelegt. Für die Erregungen $i_n = 6{,}15$; 4,6; 3,5; 2,5; und 0 Amp. sind in Fig. 414b die Kurven für die Gesammtverluste konstruirt. (Tabelle VI.) Die hieraus nach Abzug der Reibungsverluste erhaltenen Verluste $W_h + W_w$ bez. $\frac{W_h + W_w}{n}$ sind in Fig. 415 dargestellt.

Da im vorliegenden Falle der Auslauf ausgehend von 550 Touren pro Min. beobachtet wurde, so sind die Werthe zwischen 550 und

400 Touren etwas unsicher. Für die Trennung der Eisenverluste ist hauptsächlichst der Verlauf der Kurven für die niederen Tourenzahlen massgebend.

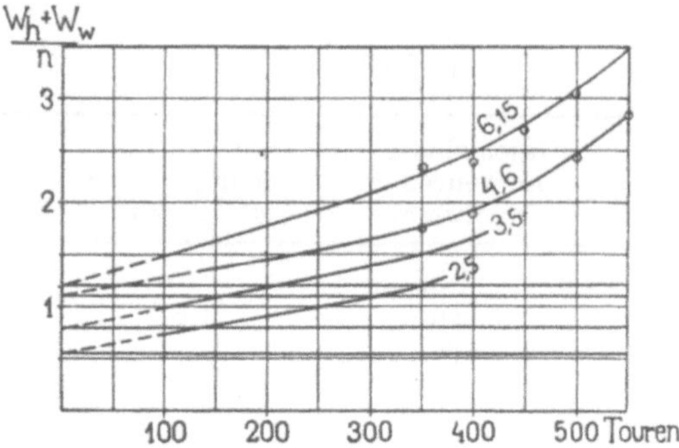

Fig. 415. Eisenverluste pro Umdrehung als Funktion der Tourenzahlen.

Tabelle VI.

n	i_n	$100\overline{ab}$	$W_\varrho = 0{,}1726 \cdot 100\overline{ab}$	i_n	$100\overline{ab}$	$W_\varrho + W_h + W_w$	$W_h + W_w$	$\frac{W_h+W_w}{n}$
550	0	6075	1048	6,15	17550	3028	1980	3,65
500		4710	813		13600	2338	1525	3,05
450		3750	650		10850	1865	1215	2,7
400		2950	510		8500	1470	960	2,4
350		2425	420		7400	1260	840	2,4
.		.	.		.	.	.	.
.		.	.		.	.	.	.

Tabelle VII.

i_n	6,15	4,6	3,5	2,5
$\frac{W_h}{n}$	1,19	1,09	0,82	0,55
$550\left(\frac{W_h}{n}\right)$	660	600	450	300
E_a[1])	124	108	91	70

Trägt man nun die gefundenen Reibungs- und Hysteresisverluste in Abhängigkeit von der inducirten EMK E_a und für die

[1]) Der der Erregung i_n aus der Leerlaufcharakteristik entsprechende Werth von E_a ist hier einzusetzen.

konstante Tourenzahl $n = 550$ graphisch auf, so erhält man die Kurven I und II der Fig. 416.

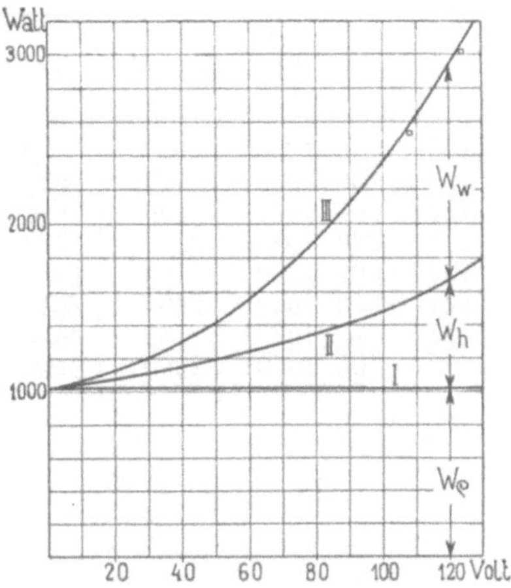

Fig. 416. Reibungs-, Hysteresis- und Wirbelstromverluste bei $n = 550$.

Die Kurve für die Gesammtleerlaufverluste $W_\varrho + W_h + W_w$ wurde experimentell für die konstante Tourenzahl $n = 550$ ermittelt (Tab. VIII). Da im vorliegenden Falle die Kurven $\frac{W_h + W_w}{n} = f(n)$ für diese Tourenzahl etwas unsichere Werthe für die Wirbelstromverluste ergeben, so wurden die experimentell gefundenen Gesammtverluste in Kurve III eingetragen.

Die Abweichungen zwischen den aus $\frac{W_h + W_w}{n}$ berechneten und den experimentell gefundenen Leerlaufverlusten ist übrigens nicht gross. (Mit o markirte Punkte.)

Für $i_n = 6{,}15\ A$ entsprechend $E_a = 124$ Volt ist z. B. $550 \cdot \left(\frac{W_w}{n}\right) = 1290$ Watt, während sich aus der Kurve für die Gesammtleerlaufverluste nach Abzug der Hysteresis und Reibungsverluste W_w zu 1340 Watt ergiebt.

Tabelle VIII.

n	i_n	E_k	J	$E_k J - J^2 \cdot R_g = W_\varrho + W_h + W_w$
550	2,54	71,3	24,65	1760—25,7 = 1734,3
550	2,75	76,7	25,3	1940—27,2 = 1912,8
550	3,155	85,5	25,25	2160—27,2 = 2133
.	.	.	.	. .
.	.	.	.	. .

In der Fig. 417 sind alle Verluste für die konstante Klemmenspannung $E_k = 120$ Volt und für die Stromstärken von 0 bis 375 Ampère eingetragen. In derselben ist auch die Wirkungsgradkurve in Abhängigkeit vom gelieferten Strome bezw. der gelieferten Leistung aufgetragen.

Die Tabelle IX giebt die Zusammenstellung der gefundenen Werthe.

Tabelle IX.

E_k	E_a	J	W_ϱ	$W_h + W_w$	W_k	$W_u = E_k \cdot i_u$	ΣW	$L_{Watt} = E_k J$	$\eta = \frac{L}{L + \Sigma W}$
120	120	0	1020	1920	0	120.5,5 = 660	3600	0	0
	123,4	100	1020	2040	290	120.5,9 = 710	4060	12000	0,723
	124,6	200	1020	2090	890	120.6,45 = 775	4775	24000	0,833
	125	250	1020	2100	1370	120 6,72 = 805	5295	30000	0,850
	126	300	1020	2160	1950	120.7 = 840	5970	36000	0,859
	127	350	1020	2260	2640	120.7,3 = 876	6746	42000	0,862
	127,5	375	1020	2230	3020	120.7,5 = 900	7170	45000	0,865
	128	400	1020	2250	3420	120.7,51 = 910	7606	48000	0,864

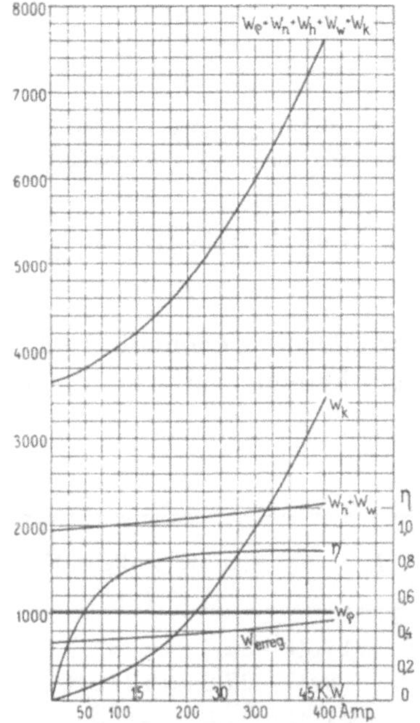

Fig. 417. Verluste und Wirkungsgrad für $E_k = 120$ Volt und $n = 550$.

7. **Bestimmung des Wirkungsgrades nach der Leerlaufmethode** (s. S. 477). Berechnet man den Wirkungsgrad durch Messung des dem leerlaufenden Motor zugeführten Effektes, so erhält man die in Tabelle X zusammengestellten Werthe und für den Wirkungsgrad in Abhängigkeit von der gelieferten Leistung die Kurve I in Fig. 418.

Für die Berechnung der Kupferverluste wurde

$$R_a = 0{,}00477 \text{ Ohm}$$

entsprechend der Temperatur 45,5 ° C. eingeführt. Für die Bestimmung der Uebergangsverluste wurde $P_g = 1{,}0$ Volt gesetzt, so dass

$$J \cdot \frac{2}{a} \cdot R_u = 2 \text{ Volt}$$

und

$$W_u = 2 \cdot J_a \text{ Watt.}$$

Die so erhaltene Wirkungsgradkurve liegt infolge der Annahme eines nicht die thatsächlich auftretenden Anker- und Kollektorverluste berücksichtigenden Ankerwiderstandes, bezw. Spannungsabfalles höher, als die aus den Einzelverlusten erhaltene Kurve II in Fig. 418.

Die Kurve I entspricht der nach den Normalien des Verbandes

Tabelle X.

n	E_k	E_k'	J_o	J	$W_\varrho + W_h + W_w = E_k' \cdot J_o$	$J_a^2 \cdot R_a$	$W_u = 2 J_a P_g$	$W_n = i_n \cdot E_k$	ΣW	$L_{Watt} = E_k J$	η
550	120	124,8	25,3	100	3160	48	200	710	4118	12000	0,742
550	120	125,0	25,3	200	3160	190	400	775	4525	24000	0,813
550	120	125,3	25,35	250	3170	298	500	805	4773	30000	0,865
550	120	125,5	25,4	300	3190	430	600	840	5060	36000	0,876
550	120	125,7	25,5	350	3200	580	700	876	5356	42000	0,887
550	120	125,9	25,5	375	3210	675	750	900	5535	45000	0,892
550	120	126	25,5	400	3220	765	800	910	5695	48000	0,894

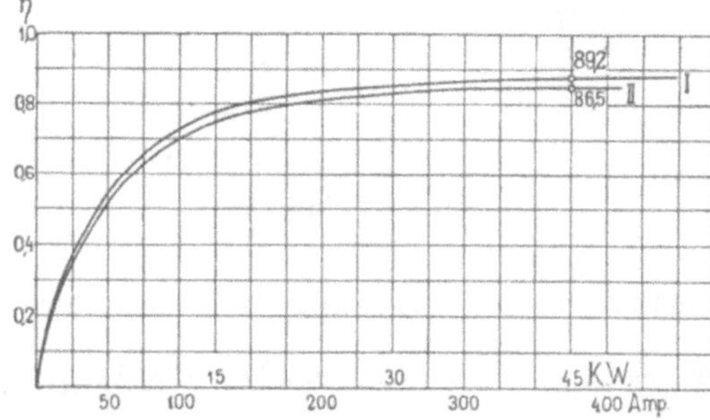

Fig. 418.

Kurve I: Wirkungsgrad berechnet nach der Leerlaufmethode.
Kurve II: Wirkungsgrad berechnet aus den Einzelverlusten.

Deutscher Elektrotechniker sich ergebenden Wirkungsgradkurve, in welcher der Wirkungsgrad als Verhältniss

$$\frac{\text{gelieferte Leistung}}{\text{gelieferte Leistung} + \text{„messbare" Verluste}}$$

definirt ist.

Für die normale Belastung weicht der Wirkungsgrad aus den messbaren Verlusten von dem thatsächlichen Wirkungsgrade um $89{,}2 - 86{,}5 = + 2{,}7\,^0/_0$ ab. Die Abweichungen zwischen den beiden Wirkungsgradkurven sind aus der Fig. 418 ersichtlich.

Aus den erhaltenen Beobachtungswerthen kann geschlossen werden, dass die Maschine einen für ihre Leistung verhältnissmässig kleinen Wirkungsgrad besitzt.

Wie bereits erwähnt, sind die Kollektorverluste infolge des steilen Feldes in der Kommutirungszone gross. Der Hysteresiskoefficient $\sigma = 1{,}56$ lässt auf ein Ankereisen mittlerer Qualität schliessen. Der Wirbelstromkoefficient $\sigma_w = 19{,}8$ setzt eine ungünstige Bearbeitungsweise des Ankers voraus.

Berechnung der Erwärmungskonstanten. Auf Grund der durch die Dauerprobe erhaltenen Temperaturerhöhungen und der gemessenen Einzelverluste sind wir nun in der Lage, die Erwärmungskonstanten zu berechnen.

a) Die Feldspulen.

Die Abkühlungsfläche ist für eine Spule, (Fig. 419) gleich 1568 cm^2 und für sämmtliche Spulen

$$A_m = 6 \cdot 1568 = \mathbf{9408\ cm^2}.$$

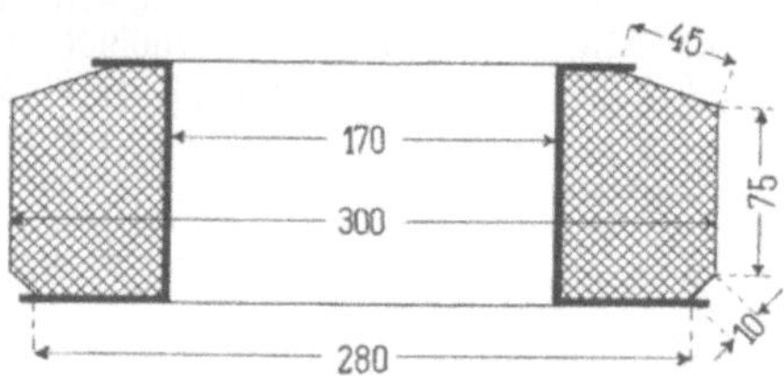

Fig. 419. Feldspule.

Der Wattverlust in der Erregung bei normaler Belastung ist

$$W_n = R_{nt} \cdot i_n^2 = 18{,}63 \cdot 6{,}4^2 = \mathbf{764\ Watt.}$$

Da im vorliegenden Falle die Versuchsdauer nicht bis zum Eintritt des stationären Zustandes fortgesetzt werden konnte, so behalf man sich mit der Schätzung, bezw. Berechnung der Endtemperatur.

Wird durch die Versuchsdauer thatsächlich der stationäre Zustand erreicht, dann hat man natürlich die am Ende derselben erhaltenen Temperaturen in die Rechnung zu setzen.

Die Temperaturerhöhung bis zum Eintritt des stationären Zustandes wurde zu $T_m = 49{,}2^0$ C. aus der geschätzten Temperatur von $44{,}2^0$ C. berechnet.

Es ergiebt sich somit

$$a_m = \frac{A_m}{W_n} = \frac{9408}{764} = \mathbf{12{,}35\ cm^2} \text{ pro Watt}$$

und

$$C_m = a_m \cdot T_m = 12{,}35 \cdot 49{,}2 = \mathbf{608.}$$

b) Armatur. Um die Ankerverluste für Zähne und Ankereisen getrennt zu bestimmen, müssen wir zuvor die dem verwendeten Eisen und der Bearbeitung desselben zukommenden Hysteresis- und Wirbelstromkonstanten σ und σ_w ermitteln.

Es ist

$$B_a = \frac{E_a \cdot 60 \cdot 10^8 \cdot a}{2 \cdot l \cdot h \cdot k_2 \cdot N \cdot n \cdot p} = \frac{60 \cdot 10^8 \cdot 2 \cdot E_a}{2 \cdot 21{,}5 \cdot 8{,}75 \cdot 0{,}88 \cdot 290 \cdot 550 \cdot 3} = 0{,}752 \cdot 10^2 \cdot E_a,$$

$$B_l = \frac{\Phi}{b_i \cdot l_i} = \frac{\frac{60 \cdot 2 \cdot 10^8}{292 \cdot 550 \cdot 3} \cdot E_a}{22{,}0 \cdot 19{,}0} = 0{,}597 \cdot 10^2 \cdot E_a \text{ und}$$

$$B_{z\,min} = \frac{t_1 \cdot B_l \cdot l_i}{k_2 \cdot z_1 \cdot l} = \frac{2{,}11 \cdot 22 \cdot 0{,}597 \cdot 10^2}{0{,}88 \cdot 1{,}11 \cdot 21{,}5} \cdot E_a = 1{,}32 \cdot 10^2 \cdot E_a,$$

ferner $V_a = 27{,}3$ dm^3

$V_z = 4{,}20$ dm^3.

Für $\frac{z_2}{z_1} = \frac{0{,}85}{1{,}11} = 0{,}765$ findet sich (s. S. 464 Bd. I und 469 Bd. I) $k_4 = 1{,}21$ und $k_5 = 1{,}20$.

Die Fig. 416 mit den Auslauf- und Verlustkurven giebt W_h und W_w als Funktion von E_a.

Setzt man also in die Formeln

$$W_h = \sigma \left(\frac{c}{100}\right) \cdot \left[\left(\frac{B_a}{1000}\right)^{1,6} \cdot V_a + k_4 \cdot \left(\frac{B_{z\,min}}{1000}\right)^{1,6} \cdot V_z\right]$$

$$\text{und } W_w = \sigma_w \cdot \left(\triangle \frac{c}{100}\right)^2 \cdot \left[\left(\frac{B_a}{1000}\right)^2 \cdot V_a + k_5 \cdot \left(\frac{B_{z\,min}}{1000}\right)^2 \cdot V_z\right]^{1)}$$

die den EMKen 120, 110, 90 und 70 Volt entsprechenden Werthe von W_h, W_w, B_a und $B_{z\,min}$ ein, so wird σ und σ_w erhalten (Tabelle XI):

Tabelle XI.

E_a	B_a	$B_{z\,min}$	W_h	σ	W_w	σ_w
120	9000	15850	615	1,62	1240	20
110	8260	14520	462	1,50	1040	16,75
90	6770	11900	350	1,55	740	21,0
70	5260	9250	255	1,57	480	21,4

Wir nehmen als Mittelwerthe

$$\sigma = 1{,}56 \text{ und } \sigma_w = 19{,}8.$$

[1]) Hierbei wird vorausgesetzt, dass alle Wirbelstromverluste nur im Ankereisen auftreten. Die Wirbelstromverluste im Kupfer, den Polen u. s. w. denkt man sich also in das Ankereisen verlegt.

Hieraus findet man:

$$W_{hz} = \sigma \cdot \frac{c}{100} \cdot k_4 \cdot \left(\frac{B_{z\,min}}{1000}\right)^{1,6} \cdot V_z \;\ldots = 200 \text{ Watt}$$

$$W_{wz} = \sigma_w \cdot k_5 \left(\triangle \cdot \frac{c}{100}\right)^2 \cdot \left(\frac{B_{z\,min}}{1000}\right)^2 \cdot V_z = 365 \text{ Watt}$$

$$W_{kz} = \frac{N l_1 \cdot (1 + 0{,}004 \cdot T_a) \cdot i_a^2}{5700 \cdot q_a} \;\ldots = 252 \text{ Watt}$$

$$W_{hz} + W_{wz} + W_{kz} \;\ldots\ldots = 817 \text{ Watt}$$

$$\text{und } \boldsymbol{a_a} = \frac{\pi \cdot D \cdot l \cdot (1 + 0{,}1 \cdot v)}{W_{hz} + W_{wz} + W_{kz}} = \mathbf{10{,}25}.$$

Da $T_a = 45{,}5^0$, so wird

$$\boldsymbol{C_a} = T_a \cdot a_a = 10{,}22 \cdot 45{,}5 = \mathbf{465}.$$

$$\text{Aus } W_{ha} = \sigma \cdot \left(\frac{c}{100}\right) \cdot \left(\frac{B_a}{1000}\right)^{1,6} \cdot V_a = 420 \text{ Watt}$$

$$\text{und } W_{wa} = \sigma_w \cdot \left(\triangle \frac{c}{100} \cdot \frac{B_a}{1000}\right)^2 \cdot V_a = 943 \text{ Watt}$$

$$W_{ha} + W_{wa} = 1363 \text{ Watt}$$

ergiebt sich für die vorliegende Mantelwicklung (s. S. 527 Bd. I)

$$\boldsymbol{a_k} = \frac{\pi \cdot D_1 \cdot l_1 + \pi \cdot D_m \cdot h \cdot (2 + 1)(1 + 0{,}1\, v_1)}{W_{ha} + W_{wa}} = \mathbf{6{,}1}.$$

$$\text{Aus } W_{ka} = 0{,}00477 \cdot 375^2 = 671 \text{ Watt}$$

$$\text{und } W_{kz} \;\ldots\ldots = 252 \text{ Watt}$$

$$W_{ka} - W_{kz} = 419 \text{ Watt}$$

ergiebt sich $\boldsymbol{a_{st}} = \dfrac{2 \cdot \pi \cdot D \cdot l_{st} (1 + 0{,}1 \cdot v)}{W_{ka} - W_{kz}} = \mathbf{17{,}25}.$

c) Kollektor.

$$\text{Aus } W_u = 2\, J_a (e_u + R_w \cdot s_u \cdot f_u^2) = 1690 \text{ Watt}^{1)}$$

$$\text{und } W_r = 9{,}81 \cdot v_k \cdot F_b \cdot g \cdot \varrho = 368 \text{ Watt}$$

$$W_r + W_u = 2058 \text{ Watt}$$

ergiebt sich $a_k = \dfrac{\pi \cdot D_k \cdot L_k}{W_u + W_r} \cdot (1 + 0{,}1 \cdot v_k)$

[1]) Aus Bürstenpotentialkurve S. 135 Fig. 412.

$$a_k = \frac{3,14 \cdot 30 \cdot 16}{2058} \cdot 1,865 = \mathbf{1,365}.$$

Für $T_k = 57,5^0$ C. wird

$$C_k = a_k \cdot T_k = 1,365 \cdot 57,5 = \mathbf{68,5}.$$

Die Werthe 100 bis 150, die in Bd. I, S. 530 für C_k angegeben sind, wurden unter Annahme eines Formfaktors $f_u = 1,2$ bis 1,5 berechnet, da Messungen dieses Faktors nicht vorlagen. Es scheint nun, dass bei genauer Ermittlung der Kollektorverluste, die Konstante C_k kleiner gewählt werden muss, um die Temperaturerhöhung des Kollektors zu finden, und zwar etwa gleich 70 bis 120.

Siebenundzwanzigstes Kapitel.

101. Untersuchung eines Nebenschlussmotors. — 102. Untersuchung eines Hauptstrommotors. — 103. Pendelerscheinungen beim Betriebe mit Hauptstromgeneratoren.

101. Beispiel für die Untersuchung eines Nebenschlussmotors.

Für einen Nebenschlussmotor von 3,25 PS sind in Fig. 420 die untersuchten Grössen: Drehmoment ϑ, Ankerstrom J_a, Tourenzahl n und Wirkungsgrad η für die konstante Klemmenspannung $E_k = 110$ Volt und konstantem Erregerstrom i_n zusammengestellt.

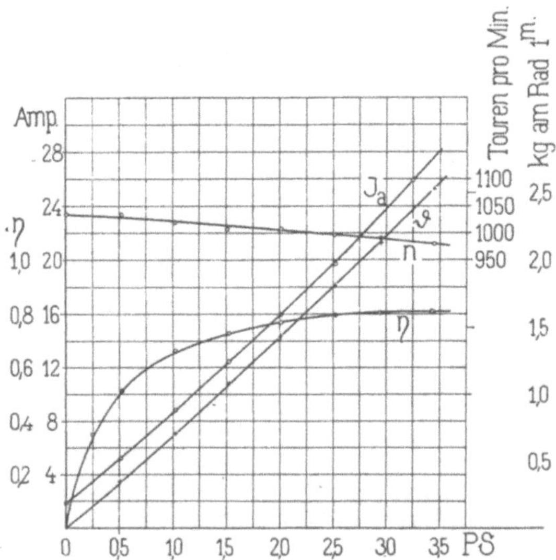

Fig. 420. Bremsung eines Nebenschlussmotors bei konstanter Klemmenspannung und Erregung.

Die Regulirung der Tourenzahl des Nebenschlussmotors geschieht durch Regulirung der Erregung.

Bei konstanter Erregung ist die Tourenzahl nur von der Spannung abhängig. Für Leerlauf ist die Funktion $n = f(E_k)$ durch eine gerade Linie dargestellt, da $E_a \cong E_k$, während sie bei Belastung durch das Verhältniss von Spannungsabfall zur Ankerrückwirkung (Bd. I, S. 451) bestimmt ist

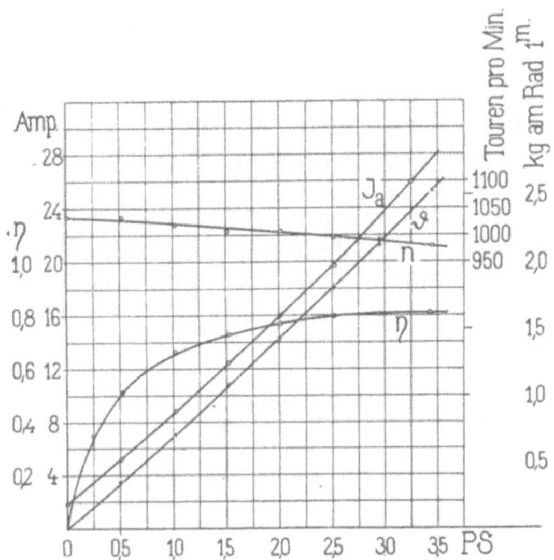

Fig. 421. Bremsung eines Nebenschlussmotors bei konstanter Klemmenspannung und Tourenzahl.

Die Grösse der erforderlichen Nachregulirung der Erregung für eine bestimmte Belastung wird durch Bremsung bei konstanter Tourenzahl erhalten (Fig. 421). Um bei dem untersuchten Motor bei konstanter Klemmenspannung und zunehmender Belastung die Tourenzahl konstant zu halten, musste die Erregung i_n verringert werden. Die Wirkung des Ohm'schen Spannungsabfalles bedingt bei einer bestimmten Belastung eine Verringerung der Tourenzahl, die Ankerrückwirkung eine Erhöhung derselben. Aus dem vorliegenden Falle erkennt man, dass die Wirkung des Ohm'schen Spannungsabfalles die Ankerrückwirkung überwiegt. Wäre die Ankerrückwirkung vorherrschend, so hätte man, um n konstant zu halten, i_n zu vergrössern.

102. Untersuchung des Hauptstrommotors.

Der Hauptstrommotor wird entsprechend seiner besonderen Verwendung für eine der folgenden Betriebsarten bei veränderlicher Belastung untersucht:

a) konstante Klemmenspannung und veränderliche Stromstärke und Tourenzahl,

b) gleichzeitig veränderliche Stromstärke und Klemmenspannung,

c) konstante Stromstärke und veränderliche Klemmenspannung.

Die unter c genannte Betriebsart hat nur bei der Serienkraftübertragung (Thury) Interesse und wird dort behandelt (Abschnitt 134).

a) Betrieb bei konstanter Klemmenspannung und veränderlicher Stromstärke und Tourenzahl.

Indem man die Spannung an den Klemmen des Motors konstant hält und die Belastung stufenweise steigert, beobachtet man den Strom J und die Tourenzahl n. Aus der abgebremsten Leistung und dem zugeführten elektrischen Effekt $E_k \cdot J$ ergiebt sich der Wirkungsgrad

$$\eta = \frac{\text{abgebremste Leistung in Watt}}{E_k J}.$$

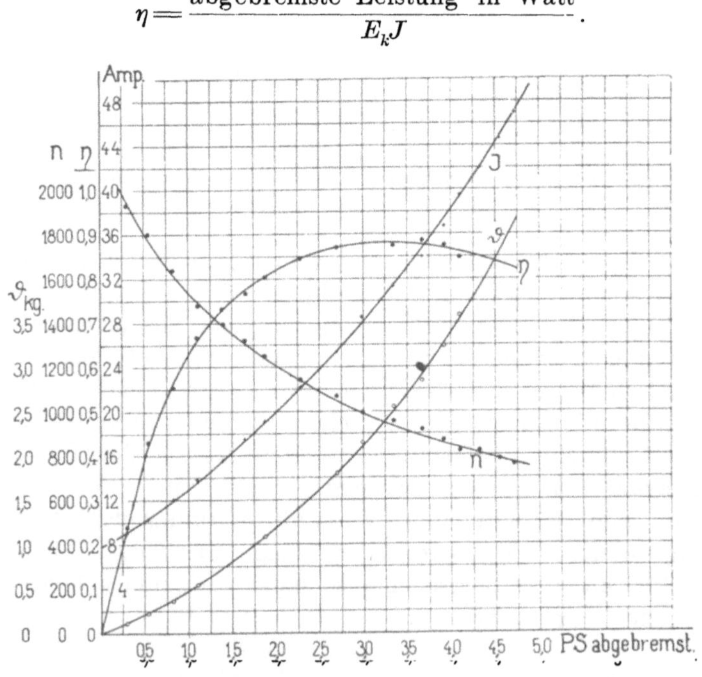

Fig. 422. Bremsung eines Hauptstrommotors bei konstanter Klemmenspannung.

Da die erregenden Ampèrewindungen dem Strome J proportional sind, so wird bei Entlastung des Motors die Tourenzahl sehr rasch ansteigen und kann ein unzulässiges Mass erreichen. Man darf deshalb den unbelasteten Hauptstrommotor nie an die volle Klemmenspannung anschliessen.

In Fig. 422 ist die Abhängigkeit des Wirkungsgrades η, des Ankerstromes J und der Tourenzahl n von der abgebremsten Leistung für einen normal 3,5 PS-Motor und die konstante Klemmenspannung von 100 Volt dargestellt.

Die äussere Motorcharakteristik, $E_k = f(J)$, wird beim Hauptstrommotor aufgenommen, indem man den Motor mittels eines Bremszaumes oder irgend einer anderen, mechanischen Energie aufnehmenden Maschine belastet, die Tourenzahl durch einen geeigneten Vorschaltwiderstand konstant hält und den jedem Ankerstrom J zugehörigen Werth von E_k beobachtet (Fig. 423). Ver-

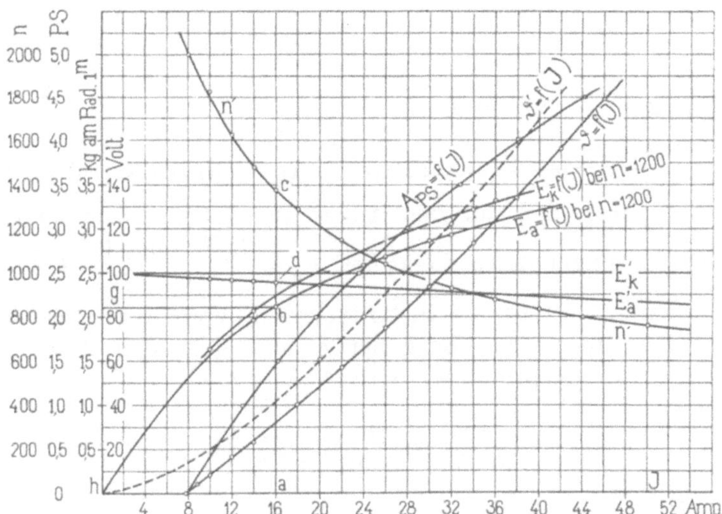

Fig. 423. Die charakteristischen Kurven des Hauptstrommotors.

mindert man die als Ordinaten aufgetragenen Klemmenspannungen um den zugehörigen Spannungsabfall $J\left(R_a + \frac{2}{a} R_u + R_h\right)$, so erhält man die innere Motorcharakteristik, $E_a = f(J)$.

Die Abhängigkeit der Tourenzahl von dem Strome J bei konstanter Klemmenspannung $E_k' = E_a' + JR_g$ kann erhalten werden, indem man

$$\frac{E_k' - JR_g}{E_a} = \frac{E_a'}{E_a} = \frac{n'}{n}$$

setzt. Entspricht in dem gewählten Massstabe in Fig. 423, $E_a = ab = 84{,}0$ Volt, der Tourenzahl $n = 1200$, für welche die äussere

Motorcharakteristik, $E_k = f(J)$, aufgenommen wurde, so findet sich z. B. für $J = 16$ Amp. entsprechend $ad = E_a' = 96{,}0$ Volt die Tourenzahl $n' = ac = 1370$.

Aus diesen Kurven lässt sich auch, ohne vorausgegangenen Bremsversuch, der zur Erzeugung eines bestimmten Drehmomentes erforderliche Strom bestimmen.

Die Leistung des Motors in Pferdestärken ist

$$\vartheta \cdot \frac{2\pi \cdot n}{60.75} = \frac{1}{736} \cdot E_k J \cdot \eta.$$

Setzen wir den Wirkungsgrad des Motors

$$\eta = \frac{E_k J - (J^2 \cdot R_g + W_h + W_w + W_\varrho)}{E_k J} = \frac{E_a J - (W_h + W_w + W_\varrho)}{E_k J}$$

$$= \frac{E_a J}{E_k J} \cdot \frac{E_a J - (W_\varrho + W_h + W_w)}{E_a J} = g_e \cdot g_m \cdot \quad . \quad . \quad . \quad . \quad (131)$$

wobei $g_e = \frac{E_a J}{E_k J}$, das elektrische Güteverhältniss, dem Verhältnisse zwischen dem an den Anker abgegebenen und dem bei den Klemmen eingeleiteten Effekt und $g_m = \frac{E_a J - (W_\varrho + W_h + W_w)}{E_a J}$, das mechanische Güteverhältniss, dem Verhältnisse zwischen dem an die Motorwelle abgegebenen und dem den Anker zugeführten Effekt entspricht, so wird

$$\vartheta \cdot \frac{2\pi n}{60 \cdot 75} = \frac{1}{736} \cdot g_m \cdot E_a \cdot J$$

und das Drehmoment

$$\boldsymbol{\vartheta} = \frac{60 \cdot 75}{736 \cdot 2 \cdot \pi} \cdot g_m \cdot \frac{E_a \cdot J}{n} = \mathbf{0{,}973} \cdot \boldsymbol{g_m} \cdot \boldsymbol{\frac{E_a}{n}} \cdot \boldsymbol{J}.$$

Setzt man ferner $g_m = 1$, so wird

$$\vartheta' = 0{,}973 \cdot \frac{E_a}{n} \cdot J.$$

Aus der inneren Motorcharakteristik ($n =$ Konst.) ergiebt sich das Drehmoment ϑ' proportional dem Produkte $E_a J$, also proportional dem Inhalte des Rechteckes $abgh$ in Fig. 423. Die hieraus abgeleitete Abhängigkeit zwischen dem Strome J und der Kraft in kg am Radius von 1 m Länge, ist durch die Kurve $\vartheta' = f(J)$ gegeben.

Das „wirkliche" Drehmoment ϑ ergiebt sich aus dem so erhaltenen „theoretischen" Drehmomente ϑ', indem man die Werthe von ϑ' mit dem mechanischen Güteverhältnisse

$$g_m = \frac{E_a J - (W_\varrho + W_h + W_w)}{E_a J}$$

multiplicirt. g_m kann für jeden Motor und für verschiedene Belastungen und Geschwindigkeiten durch Messung des Leerlaufeffektes $(W_\varrho + W_h + W_w)$ und des Widerstandes $R_g = \left(R_a + \frac{2}{a} \cdot R_u + R_h\right)$ bestimmt werden (siehe S. 457).

Tragen wir uns aus Fig. 422 die Abhängigkeit zwischen der abgebremsten Leistung und dem Strome in Fig. 423 ein, so erhalten wir die Kurve $A_{PS} = f(J)$.

Für einen bestimmten Strom ergiebt sich hieraus das wirkliche und direkt bestimmbare Drehmoment

$$\vartheta = 716{,}2 \frac{A_{PS}}{n} \text{ kgm oder kg am Radius 1 m.}$$

Die nach dieser Beziehung erhaltene Kurve $\vartheta = f(J)$ ist in Fig. 423 dargestellt.

Um den unbelasteten Motor zum Anlaufen zu bringen, müssen wir demselben einen Strom, $J_0 = 7{,}8$ Amp., zuführen. Das dem Leerlaufstrome J_0 entsprechende Drehmoment ist entgegengesetzt gleich dem durch die Leerlaufverluste $(W_\varrho + W_h + W_w)$ bedingten Widerstandsmomente. Je grösser also die Leerlaufverluste, bezw. je kleiner das mechanische Güteverhältniss ist, desto tiefer liegt die Kurve $\vartheta = f(J)$ für das wirkliche Drehmoment, gegenüber der für das theoretische Drehmoment $\vartheta' = f(J)$.

Die abgebremste Leistung, sowie der Nutzeffekt variiren mit der Tourenzahl;

es ist $\eta = 0$ für $J = 0$ (theoretischer Leerlauf)

und $\eta = 0$ für $E_a = 0$ (Stillstand, totgebremster Motor).

In der Fig. 424 ist die Kurve $\eta = f(n)$ für den vorher untersuchten Hauptstrommotor, Fig. 422, dargestellt. Trägt man in die Fig. 424 auch die Abhängigkeit der Tourenzahl von der zugeführten Leistung ein, so erhält man die Kurve $E_k J = f(n)$.

Die abgebremste Leistung in Watt ist $E_k J \cdot \eta$ und wird Null für die Tourenzahl $n = 0$ und die dem Leerlaufe entsprechenden Tourenzahl. Das Maximum der abgebremsten Leistung wird immer bei einer niedereren Tourenzahl eintreten, als das Maximum des Wirkungsgrades.

Es entspricht in Fig. 424 der Punkt A bei $n = 960$ und $E_k J \cdot \eta_{max} = 2459$ Watt $= 3,25$ PS dem maximalen Wirkungsgrade $\eta_{max} = 0,875$ und der Punkt B bei $n = 520$ der maximalen Leistung $E_k \cdot J \cdot \eta = 5000$ Watt $= 6,8$ PS. Der Ordinatenabschnitt $ab = J_o E_k$ giebt den Leerlaufeffekt des Motors für $n \cong 2115$ und $E_a \cong E_k = 100$ Volt.

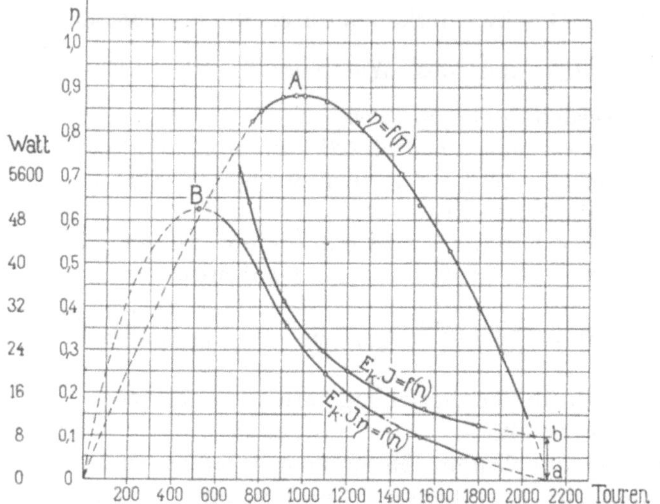

Fig. 424. Abhängigkeit des Wirkungsgrades, der zugeführten und abgegebenen Leistung von der Tourenzahl bei einem Hauptstrommotor.

b) Betrieb mit variabler Klemmenspannung und Stromstärke (Serieschaltung von Generator und Motor).

Wird ein mit konstanter Geschwindigkeit angetriebener Hauptstromgenerator mit einem Hauptstrommotor in Serie geschaltet, so wird letzterer unabhängig von der Belastung mit konstanter Tourenzahl laufen, wenn die inneren Charakteristiken von Generator und Motor derart übereinstimmen, dass die im Generator inducirten EMKe, vermindert um den Ohm'schen Spannungsabfall in Generator, Motor und Fernleitung, die innere Charakteristik für den Motor ergeben. Diese vollkommene Uebereinstimmung kann jedoch im allgemeinen nicht erreicht werden.

In der Fig. 425 ist die innere Generatorcharakteristik für die konstante Tourenzahl $n_1 = 1200$ durch die Kurve $E_{a1} = f(J)$ dargestellt. Die innere Charakteristik für die als Motor mit der konstanten Tourenzahl $n'_2 = 1200$ laufende Maschine ergiebt die Kurve $E'_{a_2} = f(J)$.

Sind beide Maschinen in Serie geschaltet und ist E_{a1} die im Generator und E_{a2} die im Motor inducirte EMK, so muss sich die Tourenzahl des Motors immer so einstellen, dass das Ohm'sche Gesetz

$$\frac{E_{a1} - E_{a2}}{R_t} = J$$

erfüllt ist.

$$R_t = \left(R_a + \frac{2}{a} R_u + R_h\right)_{Gen.} + \left(R_a + \frac{2}{a} R_u + R_h\right)_{Motor} + R_{Fernl.}$$

stellt den Ohm'schen Widerstand des gesammten Stromkreises dar.

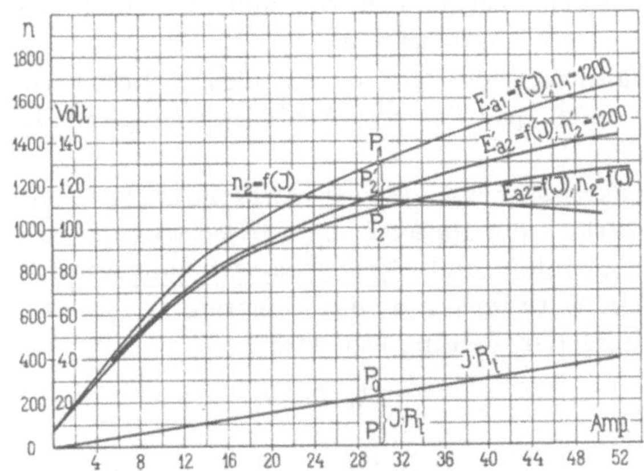

Fig. 425. Betrieb eines Hauptstrommotors mit variabler Spannung und Stromstärke.

Die bei einem bestimmten Strome J im Motoranker inducirte EMK E_{a2} ist somit gleich

$$E_{a2} = E_{a1} - JR_t$$

oder mit Bezug auf Fig. 425

$$PP_1 - PP_0 = PP_2.$$

Wir erhalten so die Kurve $E_{a2} = f(J)$, welche mit der Kurve $E_{a}{}'_{2} = f(J)$ für konstante Tourenzahl nicht zusammenfällt.

Bei der Tourenzahl n'_2 und dem Strome J wird im Motor die EMK $E_{a}{}'_{2} = C \cdot \Phi \cdot n'_2$ inducirt. Ist nun bei demselben Strome die inducirte EMK gleich E_{a2}, so entspricht dieser eine Tourenzahl n_2, so dass $E_{a2} = C \cdot \Phi \cdot n_2$ und

$$\frac{E_{a2}}{E_{a}{}'_{2}} = \frac{n_2}{n'_2},$$

also

$$n_2 = n'_2 \cdot \frac{E_{a2}}{E_{a}{}'_{2}} = n'_2 \cdot \frac{PP_2}{PP_2{}'}.$$

Das Verhältniss zwischen der der konstanten Tourenzahl n'_2 entsprechenden EMK E'_{a2} und der wirklich inducirten EMK E_{a2} giebt somit ein Maass für die Abweichung der thatsächlichen Tourenzahl n_2 von der Konstanten n'_2.

Fällt die Kurve $E_{a2} = f(J)$ mit der Kurve $E'_{a2} = f(J)$ zusammen, dann würde der Motor bei allen Belastungen mit konstanter Tourenzahl laufen.

Für die in der Fig. 425 dargestellten Verhältnisse erhält man für die Tourenzahl des Motors die Kurve $n_2 = f(J)$. Um n_2 zu finden, bildet man für jeden Werth des Stromes das Verhältniss zusammengehöriger Werthe von E_{a2} und E'_{a2} und multiplicirt es mit der konstanten Tourenzahl n'_2.

Eine Regulirung der Tourenzahl des Motors wird in diesem Falle durch einen parallel zur Feldwicklung geschalteten Widerstand erreicht.

Der Wirkungsgrad der Hauptstromkraftübertragung. Der Wirkungsgrad η der Hauptstromkraftübertragung ist das Produkt aus Generator-, Motor- und Fernleitungswirkungsgrad.

Sei η_g der Wirkungsgrad des Generators, η_m der des Motors und η_l derjenige der Leitung, so wird

$$\eta = \eta_g \cdot \eta_m \cdot \eta_l .$$

103. Pendelerscheinungen beim Betriebe mit Hauptstromgeneratoren.

Bei dem Zusammenarbeiten von Hauptstrom- oder Compoundgeneratoren mit Nebenschlussmotoren oder Hauptstrommotoren, deren Magnetwicklung eine Nebenschliessung besitzt, zeigte es sich, dass unter gewissen Umständen die Geschwindigkeit des Motors in periodische Schwankungen, „Pendelungen“, geräth.

Im Elektrotechnischen Institut der Technischen Hochschule Karlsruhe wurden auf Veranlassung des Verfassers von Herrn Dipl. Ing. S. Ottenstein Untersuchungen hierüber angestellt, die zunächst ergaben, dass diese Erscheinung nur durch die charakteristischen Eigenschaften des Hauptstromgenerators bedingt wird.

Die Erscheinung war am günstigsten bei einem Hauptstromgenerator (4 KW, 1200 Touren), der seine Energie einem mit konstanten Strome erregten Motor lieferte, zu studiren.

Wurde die Motorerregung auf eine gewisse Grösse einregulirt, dann konnte man die in Fig. 426a und b dargestellten Beziehungen zwischen Tourenzahlen bezw. Spannung und Zeit beobachten.

Innerhalb einer Zeitperiode von ca. 17 Sek. stieg die Geschwindigkeit von 0 auf 340 Umdrehungen pro Minute, sank wieder auf Null und erreichte bei entgegengesetzter Drehrichtung 340 Umdrehungen pro Minute, und sank wieder auf Null.

In derselben Zeitperiode variirte die Klemmenspannung zwischen + 79,0 und — 79 Volt und der Strom zwischen + 24 und — 24 Ampère.

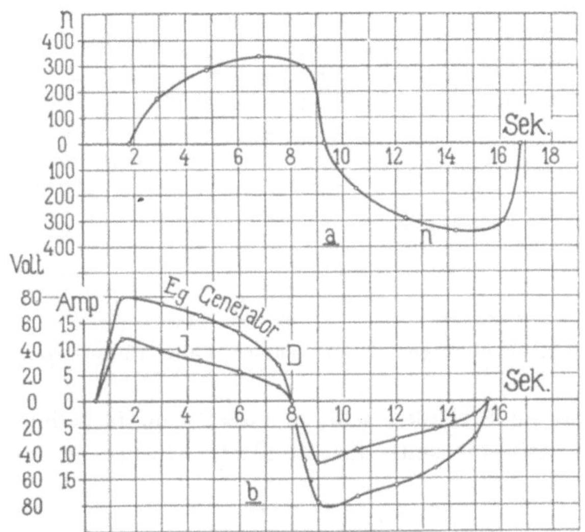

Fig. 426. Pendelerscheinungen beim Betriebe eines Hauptstromgenerators mit einem konstant erregten Motor.

Die Funktion $n = f(t)$ (Fig. 426a) zeigt ein langsames Ansteigen und ein rasches gebremstes Auslaufen. Die Kurve für die Spannung und den Strom (Fig. 426b) ein rasches Ansteigen bis zum Maximalwerthe und ein langsames Fallen, welches etwa mit der Beschleunigungsperiode der Kurve $n = f(t)$ zusammenfällt. Von einem Punkte D, welcher etwa dem Beginn der Verzögerung der Funktion $n = f(t)$ entspricht, fällt die Spannung rasch ab.

Wurde der Leitungswiderstand verkleinert, so trat das Pendeln heftiger auf; wurde die Motorerregung erhöht, dann wurde das Pendeln verlangsamt.

In Fig. 427 ist die Magnetisirungskurve des untersuchten Hauptstromgenerators für eine bestimmte Geschwindigkeit und für die zwei Richtungen des Stromes in der Feldwicklung dargestellt. Der Spannungsabfall durch Ankerrückwirkung ist vernachlässigbar klein.

Ist R_t der Widerstand der ganzen Hintereinanderschaltung, E_g die im Generator und E_m die im Motor inducirte EMK, so

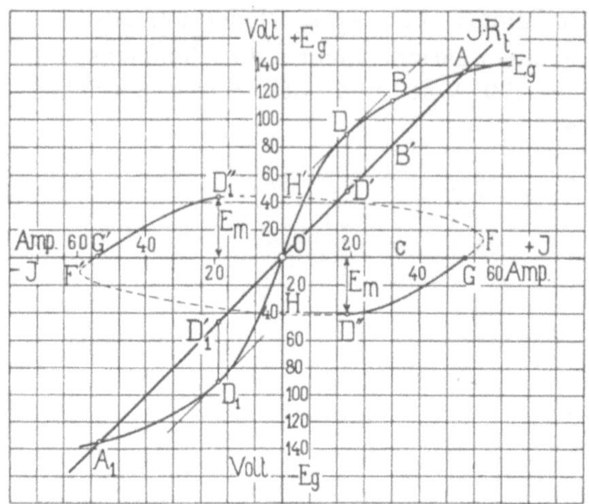

Fig. 427. Pendelerscheinungen beim Betriebe mit Hauptstromgeneratoren.

muss sich der im Stromkreis fliessende Strom in jedem Momente so einstellen, dass einerseits das Ohm'sche Gesetz

$$J = \frac{E_g - E_m}{R_t}$$

und andererseits die durch die Magnetisirungskurve gegebene Abhängigkeit zwischen J und E_g erfüllt ist.

Nehmen wir nun an, dass der dem Punkte A der Charakteristik entsprechende Strom auf den bisher ruhenden Motoranker einwirke, so wird er sich drehen und die in demselben inducirte EMK E_m wird proportional der Zunahme der Geschwindigkeit anwachsen, während der Strom abnimmt. Die Zustandsänderungen während der Anlaufperiode können wir verfolgen, indem wir uns vom Punkte A (Fig. 427) aus auf der Charakteristik nach abwärts bewegen. Ist z. B. das Drehmoment, welches bei Aufnahme von $E_m J = BB' \times OC$ dem Motoranker ertheilt wird, gleich dem auf den Anker einwirkenden Widerstandsmomente, herrührend von der Belastung und den Verlusten im Motor, so wird sich ein Gleichgewichtszustand einstellen, indem der Motor mit der der EMK E_m entsprechenden Geschwindigkeit weiterlaufen wird.

Betrachten wir nun den Punkt D, der als Berührungspunkt einer zu $J \cdot R_t$ parallelen Tangente erhalten wurde.

Ist während der Anlaufperiode im Punkte D noch kein Gleichgewichtszustand erreicht, also noch ein überwiegendes Drehmoment vorhanden, so müsste der ansteigenden Geschwindigkeit entsprechend auch E_m grösser werden, was jedoch nicht mehr möglich ist, da für die vorliegenden Verhältnisse DD' gleich dem Maximalwerthe von E_m ist, welcher der Beziehung

$$JR_t = E_g - E_m$$

genügt.

Ueber den Punkt D, den „kritischen Punkt", hinaus kann sich demnach kein Gleichgewichtszustand mehr einstellen, und es tritt „Pendeln" ein.

Ist D überschritten, dann wird $-E_m > E_g$ und es kommt ein Strom im Sinne der Motor EMK $-E_m$ zustande, wodurch der Generator umpolarisirt wird. Der jetzt in entgegengesetzter Richtung fliessende und der Summe der EMKe entsprechende Strom wird auf den Motor stark bremsend einwirken, so dass dieser bald zur Ruhe kommt. Sobald der Motor stillsteht, haben wir den Punkt A_1 erreicht. Indem nun die Geschwindigkeit bei entgegengesetzter Drehrichtung bis zu derjenigen Tourenzahl ansteigt, die dem kritischen Punkt D_1 auf der negativen Seite der Charakteristik entspricht, wiederholt sich der Vorgang von neuem.

Die Abhängigkeit zwischen E_m und J während einer vollen Periode ist durch den Linienzug F, D'', F', D_1'' dargestellt. Zeitlich wird $D_1''F$ und $D''F'$ rasch durchlaufen, entsprechend dem gebremsten Auslaufen des Motors, während die Phasen FD'' und $F'D_1''$ entsprechend der zu beschleunigenden Ankermasse langsam verlaufen. Während $HF'G'$ und $H'FG$ wirken E_g und E_m gleichsinnig, während $GD''H$ und $G'D_1''H'$ entgegengesetzt.

Beim Betriebe von Hauptstrommotoren durch Hauptstromgeneratoren hängt das Eintreten des Pendelns wesentlich von der Gestalt der Magnetisirungskurve des Generators im Vergleich zur inneren Charakteristik des Motors ab, d. h. in welcher Weise $E_m = E_g - JR_t = f(J)$ in Bezug auf die Tourenkurve

$$n = \text{konst} \times \frac{E_m}{E_g} = f(J)$$

verläuft.

Ein Pendeln könnte hier nur dann auftreten, wenn die Motorcharakteristik gegenüber der Generatorcharakteristik sehr steil ansteigt. Die Tourenzahl bezw. das Verhältniss $\frac{E_m}{E_g}$ wird als Funktion von J erst ansteigen und von einem bestimmten Punkte an abfallen, welcher auch zugleich dem Grenzwerthe entspricht, von welchem ab bei einem bestimmten R_t kein Gleichgewichtszustand mehr zu erzielen sein wird.

Aehnlich liegen die Verhältnisse beim Hauptstrommotor, zu dessen Feldwicklung ein Widerstand parallel geschaltet ist. Ein plötzlich auftretender Stromstoss wird wegen der Selbstinduktion der Feldwicklung in erster Linie im Nebenschluss verlaufen. Es kann infolge davon z. B. ein plötzliches Ansteigen der Tourenzahl eintreten, während die Erregung noch nicht oder erst nur sehr langsam abnimmt. Dadurch wird gewissermassen eine Verschiebung der Motorcharakteristik gegenüber der Magnetisirungskurve des Generators herbeigeführt. Das Eintreten der Pendelung hängt dann wie vorher vom Verlaufe der Kurve $E_m = E_g - J R_t = f(J)$ und von den momentanen Werthen der Verhältnisse $\frac{E_m}{E_g}$ ab. Tritt bei dieser Anordnung das Pendeln ein, so wird keine Umkehr in der Drehrichtung, sondern nur ein Schwanken zwischen einem minimalen und maximalen Werth der Tourenzahl zu bemerken sein.

Es ist leicht ersichtlich, dass diese Pendelerscheinungen nur bei gering belasteter Maschine auftreten können, wo in der Nähe des kritischen Punktes gearbeitet wird. Der Fall, dass die Motoren bedeutend höher gesättigt sind als die Generatoren, wird wohl selten eintreten, doch wäre, um diese Erscheinung zu vermeiden, bei Hauptstromkraftübertragungen hierauf Rücksicht zu nehmen.

Achtundzwanzigstes Kapitel.

104. Berechnete und experimentell ermittelte Kurzschlussstromkurven.

Die Bürstenpotentialkurven ergeben sich aus der Messung der mittleren örtlichen Potentialdifferenzen $P_x = e_u + s_{ux} \cdot R_w$ zwischen Bürste und Kollektor. Unter der Annahme, dass für den specifischen Uebergangswiderstand R_k die Beziehung

$$R_k = \frac{e_u}{s_{ux}} + R_w$$

für alle Stromdichten erfüllt wird, erhalten wir in dem an einer bestimmten Stelle zwischen auf- und ablaufender Bürstenkante gemessenen Bürstenpotential P_x ein Maass für den Mittelwerth der Stromdichte

$$s_{ux} = \frac{P_x - e_u}{R_w}.$$

Bei einem bestimmten Bürstenmaterial entspricht hierin e_u der konstanten Potentialdifferenz zwischen Bürste und Kollektor und R_w einer von der effektiven Stromdichte abhängenden Konstanten.

Die Integralkurve zur Bürstenpotentialkurve $P_x - e_u = f(x)$ giebt die Kurzschlussstromkurve, d. h. der in einem bestimmten Zeitpunkt $x = x_1$ in der kurzgeschlossenen Spule fliessende Strom ist gleich (s. S. 369, Bd. I)

$$i = i_a - \int_{x=0}^{x=x_1} s_{ux}\, dF_u.$$

Durch die Aufnahme der Potentialkurve sind wir daher in der Lage, jederzeit ein Bild über den Verlauf der Kommutation zu erhalten.

Die Integration der Potentialkurven kann nun entweder mittels eines Planimeters oder noch viel einfacher durch die folgende Konstruktion[1]) graphisch durchgeführt werden.

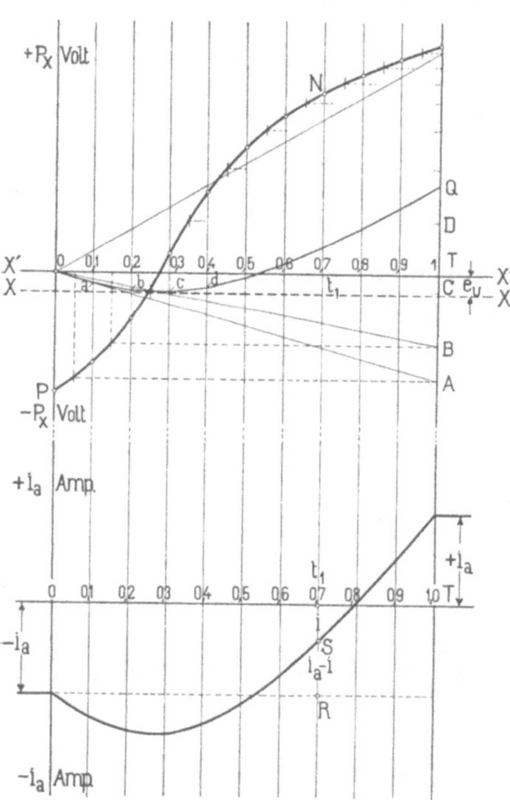

Fig. 428. Graphische Ermittlung der Kurzschlussstromkurve aus der Bürstenpotentialkurve.

Man zerlegt die Bürstenpotentialkurve (Fig. 428) in eine Anzahl vertikaler Schichten, indem man die Abscissenachse, welche der Dauer des Kurzschlusses bezw. der Bürstenbreite entspricht, in eine bestimmte Anzahl gleicher Theile theilt. Die Mittelpunkte der so auf der Bürstenpotentialkurve entstandenen Theilstrecken werden auf die Ordinate für $t = T$ projicirt. Zieht man nach diesen Projektionen Strahlen von O aus, so erhält man für jede Theilschicht die Richtung der Integral- bezw. Kurzschlussstromkurve. Zeichnet man, von O ausgehend, ein Polygon, dessen Seiten Oa, ab, bc, cd u. s. f. zwischen je zwei Ordinaten parallel zu den entsprechenden Strahlen OA, OB, OC, OD u. s. f. sind, so giebt dieses den Verlauf der Kurzschlussstromkurve an. Die Konstruktion wird offenbar um so genauer, je grösser die Zahl der Vertikalschichten

[1]) S. Brauer, „Turbinentheorie".

gewählt wurde. Die so erhaltenen Werthe der Integralkurve können nun leicht auf den gewählten Ampèremassstab reducirt werden. Die Fläche, welche z. B. der Linienzug $OPNt_1O$ mit der Achse einschliesst, ist gleich

$$\overline{RS} = \int_{t=0}^{t=t_1} (P_x - e_u)\, dt = \text{prop.}\ (i_a - i)$$

Der Inhalt des Rechteckes $\overline{QT \cdot OT}$ ist nach der Konstruktion gleich der Fläche, welche die Bürstenpotentialkure mit der Abscissenachse einschliesst; $\overline{QT}$ giebt daher im Ordinatenmassstabe die mittlere Ordinate $R_w \cdot s_u$ Volt.

Bevor wir an die weitere Behandlung der Potentialkurven gehen, soll zunächst gezeigt werden, inwieweit die aus der Potentialkurve ermittelte Kurzschlussstromkurve mit der experimentell gefundenen Kurzschlussstromkurve übereinstimmt.[1])

Im Anker der Versuchsmaschine wurde eine Armaturspule A aufgeschnitten und die Schnittenden durch Vermittlung von zwei Schleifringen S durch einen sehr kleinen induktionsfreien Widerstand $r = 0{,}002$ Ohm geschlossen (Fig. 429). Die Momentanwerthe des Spannungsabfalles, welche von dem in r fliessenden Strome erzeugt werden, können für jede beliebige Lage der Spule A während einer Umdrehung mittels einer rotirenden Kontaktvorrichtung, die den Stromkreis eines ballistischen Galvanometers einmal während jeder Umdrehung schliesst, beobachtet werden. Der Zeitpunkt für den Kontakt konnte durch Verstellen des die Kontaktbürsten bb tragenden Armes entlang einer in 720 Theile getheilten Theilscheibe beliebig eingestellt werden.

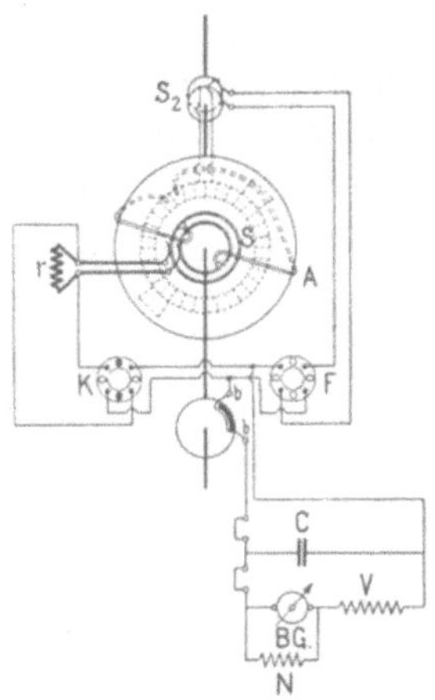

Fig. 429. Versuchsanordnung zur experimentellen Bestimmung des Verlaufes von Kurzschlussstromkurven.

Dieselbe Kontaktvorrichtung wurde auch zur Aufnahme der Feldkurven verwendet. Man liess zu diesem Zwecke an Stelle der

[1]) Die hier und in den folgenden Abschnitten angeführten Untersuchungen sind einer im Elektrotechnischen Institut der Technischen Hochschule zu Karlsruhe auf Veranlassung des Verfassers von Dipl.-Ing. K. Czeija ausgeführten Doktor-Ing.-Arbeit betitelt „Die experimentelle Untersuchung der Kommutation" entnommen, der die im ersten Bande gegebene Theorie der Kommutation zu Grunde liegt.

Potentialdifferenz an den Enden von r die Spannung zwischen den Schleifringen S_2, die mit zwei benachbarten Kollektorlamellen (Enden einer Spule) in Verbindung standen, auf den Messstromkreis einwirken.

Die Bürstenpotentiale wurden zwischen einer am Kollektorumfang entlang der Bürstenbreite verschiebbaren Hülfsbürste und einem an markirte Punkte der Bürste zu haltenden Kontakt gemessen (Fig. 430). Als Versuchsmaschine diente eine 10 KW 800 Tourenmaschine mit Schleifenwicklung, $p = a = 1$, 48 Nuten mit je 8 Drähten (2 parallel) und 48 Kollektorlamellen. Als Bürsten wurden vorerst Kupfergazebürsten von $1{,}4 \times 2{,}8 = 3{,}92$ cm² Auflagefläche verwendet. Um einen möglichst ruhigen Lauf zu erzielen, liess man die direkt mit einem gleichgrossen Motor gekuppelte Maschine mit nur 300 Touren laufen. Die Feldkurve für die leerlaufende, fremd mit $i_n = 3{,}0$ Ampère erregte Maschine, zeigt die Fig. 431, welche für die Bürstenstellung I aufgenommen wurde.

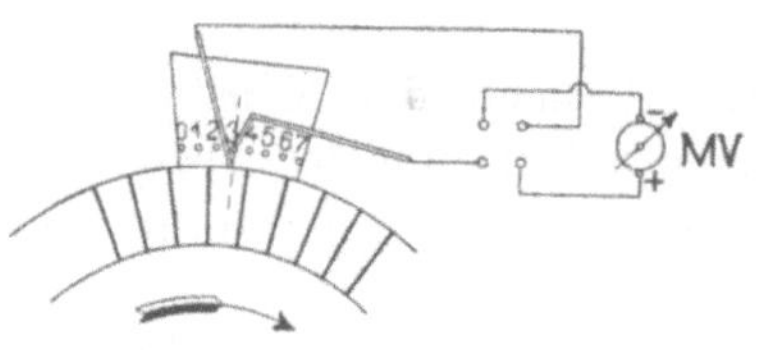

Fig. 430. Aufnahme der Bürstenpotentialkurven.

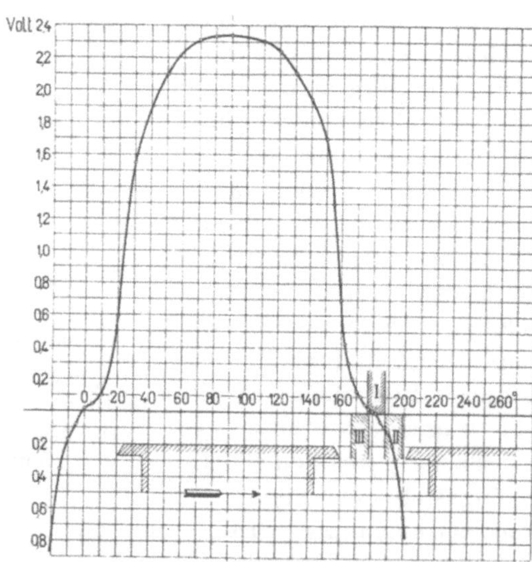

Fig. 431. Feldkurve der Versuchsmaschine zur Aufnahme der Kurzschlussstromkurven.

Der auf den Ankerumfang projicirte Polschuh ist aus der Fig. 431 ersichtlich. Das Verhältniss $\alpha_i = \frac{b_i}{\tau}$ betrug 0,77.

a) Maschine als Generator. Es wurden der Reihe nach die Bürstenpotential- und Kurzschlussstromkurven für die drei Bürstenstellungen I, II und III (Fig. 431) bei der konstanten Tourenzahl $n = 300$ und Erregung $i_n = 3{,}0$ Ampère aufgenommen. Dieselben sind in der Fig. 432a I, II und III wiedergegeben.

In der Bürstenlage I stehen die Bürsten in der geometrisch neutralen Zone. Wir erhalten für die Kurzschlussstromkurve für $J = 40$ Ampère die Kurve A_1 und für $J = 60$ Ampère die Kurve A_2. Die Bürstenpotentialkurven sind für $J = 40$ und 60 Ampère in den Kurven A'_o, A'_1 und A'_2 wiedergegeben.

Planimetriren wir die Kurve A'_o, so ergiebt sich für die Verschiebung der x-Achse

$$e_u = +\,0{,}000546 \cong 0 \text{ Volt.}$$

Aus der Potentialkurve für $J = 40$, Kurve A_1' erhalten wir den Mittelwerth der Ordinate $R_w \cdot s_u = 0{,}0555$ Volt, und da

$$s_u = \frac{J}{F_u} = \frac{40}{3{,}92} = 10{,}2 \frac{\text{Amp.}}{\text{cm}^2}$$

ergiebt sich

$$R_w = \frac{R_w \cdot s_u}{s_u} = \frac{0{,}0555}{10{,}2} = 0{,}00543 \text{ Ohm.}$$

Bilden wir ferner das Verhältniss von

$$\frac{\sqrt{\text{Mittelwerth des Quadrates von } (P_x - e_u)}}{\text{Mittelwerth von } (P_x - e_u)},$$

so erhalten wir den Formfaktor der Stromdichtevertheilung

$$f_u = \frac{0{,}0730}{0{,}0555} = 1{,}32$$

und die effektive Stromdichte $s_{u\,eff} = s_u \cdot f_u = 1{,}32 \cdot 10{,}2 = 13{,}36 \frac{\text{Amp.}}{\text{cm}^2}$.

Für $J = 60$ Ampère, Kurve A'_2 erhalten wir

$$R_w s_u = 0{,}0745 \text{ Volt}$$

$$s_u = \frac{60}{3{,}92} = 15{,}3 \frac{\text{Amp.}}{\text{cm}^2}$$

$$R_w = \frac{R_w \cdot s_u}{s_u} = 0{,}0049 \text{ Ohm}$$

$$f_u = 1{,}56$$

$$s_{u\,eff} = 1{,}56 \cdot 15{,}3 = 23{,}9$$

$$P_w = R_w \cdot s_{u\,eff} = 0{,}122 \text{ Volt.}$$

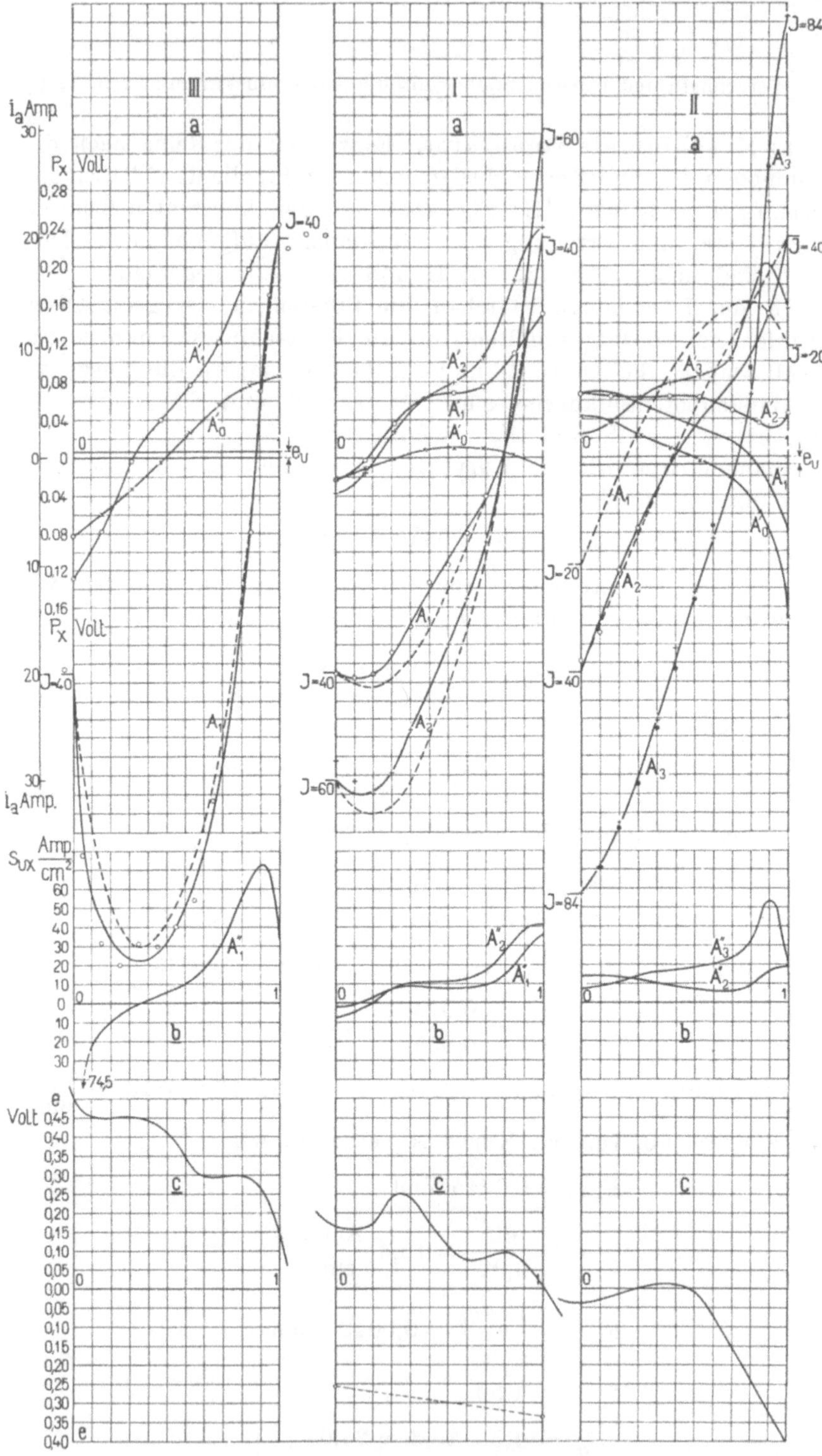

Fig. 432. Maschine als Generator.

a) I, II, III Bürstenpotentialkurven und experimentell aufgenommene und konstruirte Kurzschlussstromkurven.

b) I, II, III Momentanwerthe der Stromdichtevertheilung.

c) I, II, III Feldkurven für $J = 40$ Amp.

Aus den Potentialkurven A'_1 und A'_2 ergeben sich bei Einführung desselben Ampèremassstabes, wie für die experimentell (voll ausgezogenen) Kurzschlussstromkurven, die konstruirten (punktirten) Kurzschlussstromkurven A_1 und A_2.

Für die Bürstenstellung II, bei welcher die Bürsten um 10^0 aus der neutralen Zone in der Drehrichtung verschoben wurden, sind in Fig. 432a II die experimentell gefundenen Kurzschlussstromkurven für $J = 40$, Kurve A_2, und für $J = 84$ Ampère, Kurve A_3, aufgetragen. Für die Stromstärken $J = 0$, 20, 40 und 84 Ampère wurden die Potentialkurven A'_0, A'_1, A'_2 und A'_3 erhalten.

Es ergiebt sich

für Kurve A'_0 . . $J = 0$ . . $e_u = -0{,}008$ Volt;

„ „ A'_1 . . $J = 20$ . . $R_w s_u = 0{,}0373$ Volt; $s_u = 5{,}1 \frac{\text{Amp.}}{\text{cm}^2}$;

$R_w = 0{,}00732$ Ohm; $f_u = 1{,}545$; $s_{u\,eff} = 7{,}88$,

„ „ A'_2 . . $J = 40$ . . $R_w s_u = 0{,}06$ Volt; $s_u = 10{,}2 \frac{\text{Amp.}}{\text{cm}^2}$;

$R_w = 0{,}0059$ Ohm; $f_u = 1{,}041$; $s_{u\,eff} = 10{,}61$,

„ „ A'_3 . . $J = 84$ . . $R_w s_u = 0{,}088$ Volt; $s_u = 21{,}4 \frac{\text{Amp.}}{\text{cm}^2}$;

$R_w = 0{,}00411$ Ohm; $f_u = 1{,}087$; $s_{u\,eff} = 23{,}3$.

Für $J = 20$ und 40 Ampère sind die aus den Bürstenpotentialen A'_1 und A'_2 konstruirten Kurzschlussstromkurven durch die punktirten Kurven dargestellt. — Der aus A'_3 für $J = 84$ Ampère konstruirten Kurzschlussstromkurve entsprechen die • Punkte.

Für die Bürstenstellung III sind die Bürsten um 10^0 aus der neutralen Zone entgegen der Drehrichtung verschoben. In Fig. 432a III sind die unter denselben Verhältnissen wie bei I und II experimentell für $J = 40$ Ampère aufgenommene Kurzschlussstromkurve A_1 und die aus der Bürstenpotentialkurve A'_1 konstruirte Kurzschlussstromkurve (punktirt) und ferner die Potentialkurve für Leerlauf A'_0 dargestellt.

Es ergiebt sich

$$e_u = +0{,}0384 \text{ Volt}$$

$$R_w s_u = 0{,}0542 \text{ „}$$

$$s_u = 10{,}2 \frac{\text{Amp.}}{\text{cm}^2}$$

$$R_w = 0{,}00531 \text{ Ohm}$$

$$f_u = 2{,}192$$

$$s_{u\,eff} = 22{,}35\ \frac{\text{Amp.}}{\text{cm}^2}.$$

b) Maschine als Motor. Bei denselben Bürstenstellungen (I, II und III) wurden die Kommutations- und Bürstenpotentialkurven auch für die als Motor mit der Erregung $i_n = 3{,}0$ Ampère und der Umdrehungszahl $n = 300$ laufende Maschine aufgenommen und sind in Fig. **433a** I, II und III dargestellt.

Die Drehrichtung und Richtung des Stromes in der Feldwicklung blieb dieselbe wie beim Lauf als Generator.

Es wurde hierbei gefunden:

Bürstenstellung I:

$J = 40$ Ampère, Kurve $A'_1 \ldots e_u = 0$ (angenommen).

$$R_w \cdot s_u = 0{,}0371 \text{ Volt}$$
$$s_u = 10{,}2$$
$$R_w = 0{,}00364 \text{ Ohm}$$
$$f_u \doteq 1{,}48$$
$$s_{u\,eff} = 15{,}1.$$

Die experimentell gefundene Kurzschlussstromkurve ist in A_1 (voll), die aus A'_1 konstruirte Kurzschlussstromkurve ist punktirt eingezeichnet.

Für $J = 60$ Ampère ergab sich die Bürstenpotentialkurve A'_2.

Bürstenstellung II:

$J = 40$ Ampère, Kurve $A'_1 \ldots e_u = +0{,}006$ Volt (angenommen).

$$R_w \cdot s_u = 0{,}0426 \text{ Volt}$$
$$s_u = 10{,}2$$
$$R_w = 0{,}00417 \text{ Ohm}$$
$$f_u = 2{,}20$$
$$s_{u\,eff} = 22{,}5.$$

Die Kurve A_1 wurde experimentell für $J = 40$ Ampère aufgenommen, die punktirte Kurve aus A'_1 konstruirt.

Bürstenstellung III:

$J = 40$ Ampère, Kurve $A'_1 \ldots e_u = 0$ (angenommen).

$$R_w s_u = 0{,}02472 \text{ Volt}$$
$$s_u = 10{,}2$$
$$R_w = 0{,}002445 \text{ Ohm}$$
$$f_u = 1{,}33$$
$$s_{u\,eff} = 13{,}6.$$

Für $J = 60$ Ampère wurde die Bürstenpotentialkurve A'_2, für $J = 95$ Ampère die Kurve A'_3 erhalten. Experimentell wurden für

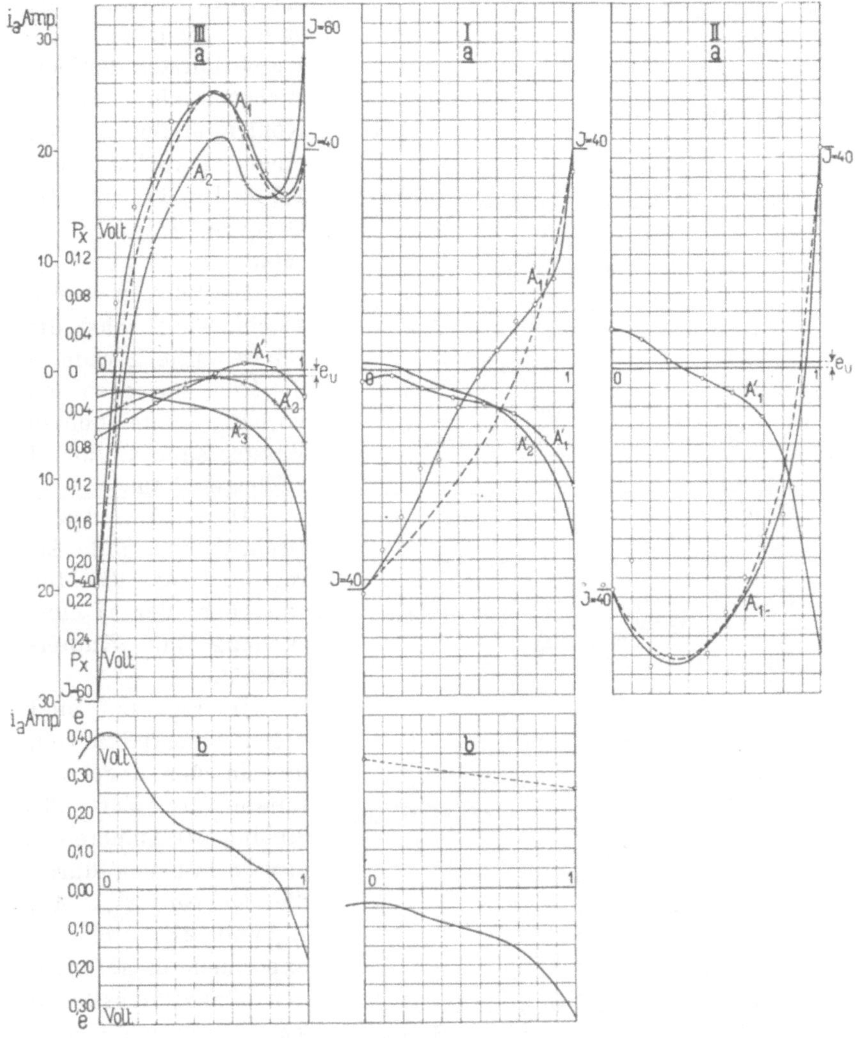

Fig. 433. Maschine als Motor.

a) I, II, III Bürstenpotentialkurven und experimentell aufgenommene und konstruirte Kurzschlussstromkurven.

b) I, II Feldkurven für $J = 40$ Amp.

$J = 40$ und $J = 60$ Ampère die Kurzschlussstromkurven A_1 und A_2 erhalten. Die aus A'_1 konstruirte Kurve ist punktirt gezeichnet.

Um auch zu zeigen, welche Uebereinstimmung zwischen den experimentell aufgenommenen und den aus den Bürstenpotentialen

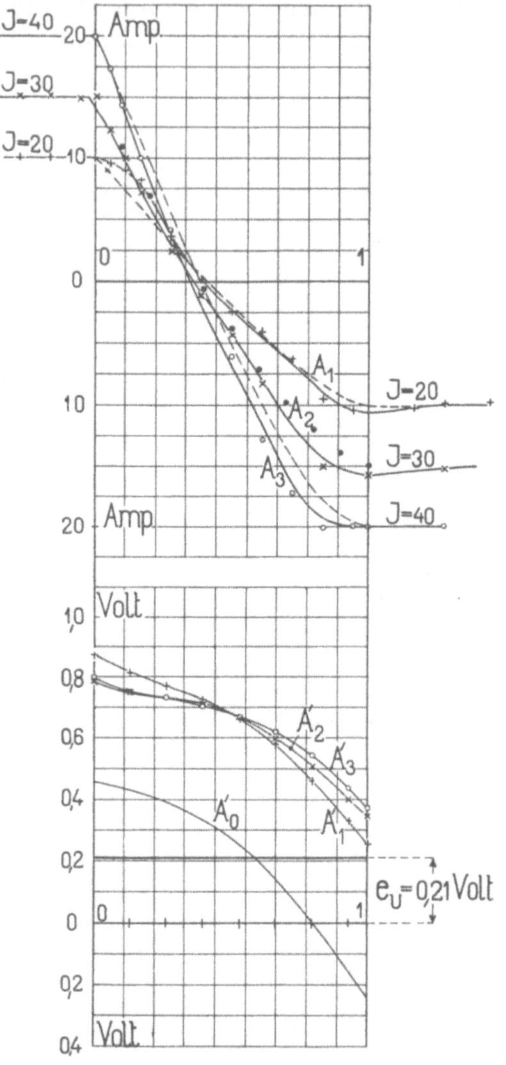

Fig. 434. Bürstenpotential- und Kurzschlussstromkurven für die Versuchsmaschine als Generator mit Kohlenbürsten.

konstruirten Kurzschlussstromkurven bei Kohlenbürsten besteht, wurden die Kupferbürsten der Versuchsmaschine durch Kohlenbürsten von einer Auflagefläche $1{,}5 \times 2 = 3{,}0$ cm² (le Carbone, Sorte X) ersetzt.

Die Bürsten waren so eingestellt, dass die Bürstenmitte gerade in die Mitte zwischen den vorher untersuchten Bürstenlagen I und II zu liegen kam.

Die Tourenzahl, Drehrichtung und Erregung war dieselbe wie bei der Untersuchung mit Kupferbürsten.

In Fig. 434 sind die Potentialkurven, die an der negativen Bürste für $J = 0$, 20, 30 und 40 Ampère gemessen wurden, durch die Kurven A'_0, A'_1, A'_2 und A'_3, und die experimentell gefundenen Kurzschlussstromkurven durch die Kurven A_1, A_2 und A_3 dargestellt.

Aus den Potentialkurven ergiebt sich:

$J = 0$ ... Kurve A'_0 ... $e_u = +0{,}21$ Volt,

$J = 20$ ... Kurve A'_1 ... $R_w s_u = 0{,}427$ Volt; $s_u = 6{,}67 \dfrac{\text{Amp.}}{\text{cm}^2}$;

$R_w = 0{,}0622$ Ohm; $f_u = 1{,}095$; $s_{u\,eff} = 7{,}31$; $P_w = 0{,}455$ Volt,

$J = 30 \ldots$ Kurve $A'_2 \ldots R_w s_u = 0{,}415$ Volt; $s_u = 10{,}0 \frac{\text{Amp.}}{\text{cm}^2}$;

$R_w = 0{,}0415$ Ohm; $f_u = 1{,}08$; $s_{u\,eff} = 10{,}8$; $P_w = 0{,}449$ Volt,

$J = 40 \ldots$ Kurve $A'_3 \ldots R_w s_u = 0{,}420$ Volt; $s_u = 13{,}3 \frac{\text{Amp.}}{\text{cm}^2}$;

$R_w = 0{,}0321$ Ohm; $f_u = 1{,}07$; $s_{u\,eff} = 14{,}25$; $P_w = 0{,}457$ Volt.

Die unter Annahme einer Verschiebung von $e_u = +0{,}21$ Volt konstruirten Kurzschlussstromkurven sind punktirt eingezeichnet bezw. für $J = 30$ Ampère durch die • Punkte markirt. Wie auch aus der Betrachtung dieser Kurven hervorgeht, zeigen dieselben ebenso wie bei den Kupferbürsten eine sowohl im charakteristischen Verlaufe, als auch in den absoluten Werthen zufriedenstellende Uebereinstimmung. Aus den hier angeführten Versuchen von Dipl.-Ing. K. Czeija geht zur Genüge hervor, dass die durch Integration der Bürstenpotentialkurve ermittelte Kurve mit genügender Genauigkeit mit dem thatsächlichen Verlauf der Kurzschlussstromkurve übereinstimmt.

(Infolge experimenteller Schwierigkeiten, die durch ein nicht vollständiges Aufliegen der ganzen Kohle und durch die unvermeidlichen Vibrationen der Kohlen auf den Kollektor hervorgerufen wurden, war es bei der Versuchsmaschine nicht möglich, die Kommutationsvorgänge bei Kohlenbürsten ebenso zu verfolgen, wie bei Kupferbürsten.)

Ermittelt man umgekehrt aus den experimentell aufgenommenen Kurzschlussstromkurven die Momentanwerthe der Stromdichte

$$s_{ux} = \frac{T}{F_u} \cdot \frac{di}{dt} = \frac{T}{F_u} \cdot \operatorname{tg} \alpha \cdot \left(\frac{\text{Ordinatenmassstab}}{\text{Abscissenmassstab}} \right),$$

so müssen wir in der Funktion $s_{ux} = f(x)$ eine Kurve erhalten, die proportional zur Bürstenpotentialkurve $P_x - e_u = f(x)$ verläuft.

α stellt den Winkel dar, den die Tangente an die Kurzschlussstromkurve mit einer Horizontalen einschliesst. In Fig. 432 b sind diese Kurven für die mit Kupferbürsten als Generator laufende Versuchsmaschine dargestellt, und zwar wurde

die Kurve A''_1 bezw. A''_2 in Fig. 432 b I aus Fig. a I Kurve A_1 (exp.) für $J = 40$ bezw. A_2 (exp.) für $J = 60$ Ampère,

die Kurve A''_2 bezw. A''_3 in Fig. 432 b II aus Fig. a II Kurve A_2 (exp.) für $J = 40$ bezw. A_3 (exp.) für $J = 84$ Ampère

und die Kurve A''_1 in Fig. 432 b III aus Fig. a III Kurve A_1 (exp.) für $J = 40$ Ampère erhalten. Diese Kurven stimmen in der That im charakteristischen Verlaufe mit genügender Genauigkeit mit den entsprechenden Bürstenpotentialen überein.

Grössere Abweichungen treten nur an den Bürstenkanten auf, was auch von vornherein zu erwarten war. Wir messen in den Bürstenpotentialen die Mittelwerthe aus der während der Dauer einer Periode der Kommutation variirenden örtlichen Stromdichte. Dieselbe wird von den aus $s_{ux} = \frac{T}{F_u} \cdot \frac{di}{dt}$ erhaltenen Momentanwerthen umsomehr abweichen, je mehr sich das Bild der Stromdichtevertheilung unter der Bürste während der Zeitdauer einer Periode ändert. In der Bürstenmitte werden diese Abweichungen nicht sehr gross sein, an den Bürstenkanten hingegen sind die Schwankungen am grössten. Einen wesentlichen Einfluss übt hierauf die Zahl der Kollektorlamellen und das Verhältniss von Bürstenbreite zu Lamellenbreite aus. Bei der vorliegenden Maschine lagen die Verhältnisse in dieser Hinsicht ungünstig, indem der Kollektor nur 48 Lamellen besass und das Verhältniss $\frac{\beta}{b_1} = \frac{9}{14}$ bei Kupferbürsten und $\frac{9}{15}$ bei Kohlenbürsten betrug.

105. Abhängigkeit des Kurzschlussstromes vom Verlaufe des kommutirenden Feldes.

Um auch zu sehen, in welchem Zusammenhange der Verlauf des Kurzschlussstromes mit dem Felde in der Kommutirungszone steht, wurden an der Versuchsmaschine, s. S. 544, für die Bürstenstellungen I, II und III die Feldkurven für $n = 300$, $i_n = 3{,}0$ und $J = 40$ Amp. aufgenommen. Dieselben sind in Fig. 432c I, II, III für die Maschine als Generator und in Fig. 433b I, II für den Lauf als Motor dargestellt.

Mit dem positiven Vorzeichen wollen wir im folgenden diejenigen EMKe bezeichnen, die beim Generator im Sinne des in der Drehrichtung voranliegenden, beim Motor im Sinne des rückliegenden Poles inducirt werden.

Dasjenige Feld, in welchem nun die Kommutation mit konstanter Stromdichte erfolgen würde, d. h. der Verlauf der Kurzschlussstromkurve ein geradliniger sein würde, ist für die Bürstenstellung I berechnet worden und ist in Fig. 432c I durch die punktirte Linie dargestellt. Die hier thatsächlich vorhandene Feldkurve verläuft während der ganzen Periode negativ; das Feld ist demnach zu schwach, wodurch der Kommutirungsvorgang verzögert wird. Die vollständige Stromumkehr erfolgt hier offenbar nur durch die Vorgänge unter der Bürste während des Ablaufens der Lamelle. Die Potentialkurve A'_1 spiegelt den Verlauf der Kurzschlussstromkurve ab. Dem Maximalwerthe von i entspricht der Vorzeichenwechsel in den gemessenen Potentialen und dem plötzlichen Uebergang in den Endwerth entspricht das rasche Ansteigen der Potentiale gegen Ende der Kurzschlussperiode. Bei $J = 60$ Ampère ist der Einfluss des negativen zusätzlichen Feldes noch deutlicher ausgeprägt.

Die Maschine lief bei 40 Ampère funkenfrei, bei 60 Ampère waren minimale Funken an der ablaufenden Kante bemerkbar. Die Belastung 60 Ampère entsprach bei dieser Bürstenstellung der Funkengrenze.

Für die Bürstenstellung III, Fig. 432c III ist das zusätzliche Feld beim Eintritt in die Kurzschlusszone sehr gross und negativ, denn e_k wird bei dieser Bürstenstellung nur ganz wenig grösser als für die Stellung I sein. Wir erhalten eine sehr beträchtliche Unterkommutirung, und es erfolgt der Uebergang in den Endwerth erst unmittelbar vor Ende des Kurzschlusses. Die Maschine zeigte für diese Verhältnisse deutlich bemerkbare Funkenbildung; die Potentialdifferenz an der ablaufenden Kante betrug 0,243 Volt.

Für die Bürstenstellung II erhalten wir für $J = 40$ Ampère ein annähernd richtiges Feld. Die experimentell aufgenommene Kurzschlussstromkurve zeigt beiläufig im dritten Viertel der Periode eine kleine Verzögerung, die wohl von dem schwachen Felde in diesem Theile herrühren wird. Bei dieser Bürstenstellung liegt der Fall vor, bei welchem bei Halblast $J = 40$ Ampère, die Kommutation annähernd mit konstanter Stromdichte erfolgt. Für Belastungen kleiner als 40 Ampère, z. B. 20 Ampère, tritt Ueberkommutirung auf, entsprechend dem positiven zusätzlichen Felde am Ende der Kurzschlussperiode; für Belastungen grösser als 40 Ampère, z. B. 84 Ampère, erhalten wir negative und verhältnissmässig kleine zusätzliche Ströme, entsprechend einer negativen zusätzlichen EMK für den Beginn der Kurzschlussperiode. Wir können hier deutlich die zwischen Leerlauf, Halblast und Volllast erfolgende Feldvariation verfolgen. Die Variationen des Feldes zwischen Leerlauf und Halblast und zwischen Halblast und Volllast sind jedoch nicht gleich, welches Verhalten durch das bei der vorliegenden Maschine sehr steile Feld, $\alpha = 0{,}77$, bedingt ist.

Die Maschine läuft bei dieser Bürstenstellung zwischen 84 und 20 Ampère funkenfrei, bei Leerlauf tritt mittleres Feuern ein.

Läuft die Maschine in der Bürstenstellung I unter denselben Verhältnissen als Motor, dann müsste, damit die Kurzschlussstromkurve geradlinig nach der Zeit verläuft, die in der Spule inducirte EMK während der Dauer des Kurzschlusses nach der in Fig. 433c I punktirt gezeichneten Kurve verlaufen. Die Kurzschlussstromkurve zeigt auch hier entsprechend dem schwachen Felde eine Verzögerung des Kommutationsvorganges.

Den charakteristischen Verlauf eines sehr steilen Motorfeldes zeigt die Kurzschlussstromkurve für $J = 40$ und 60 Ampère für die Bürstenstellung III in Fig. 433c III. Die Kommutirung erfolgt erst sehr rasch, infolge des starken Feldes, erreicht für $J = 40$ Ampère einen Maximalwerth von $i = 26$ Ampère, sinkt infolge des plötzlich zu schwach werdenden Feldes und erreicht erst kurz vor Schluss der Kurzschlussperiode den Endwerth (s. Bd. I, S. 303). Die Maschine läuft als Motor bei der Bürstenstellung III zwischen $J = 0$ und $J = 60$ Ampère funkenfrei, bei $J = 95$ Ampère arbeitet die Maschine an der Funkengrenze. Die Variation des Feldes infolge der Quermagnetisirung ist hier offenbar viel geringer als beim Generator.

106. Beurtheilung des Verlaufes des kommutirenden Feldes aus den Bürstenpotentialkurven.

Wie schon aus den im vorherigen angeführten Beispielen hervorgeht und was auch durch viele Versuche sowohl bei Kupferals auch Kohlenbürsten bewiesen wurde, zeigen die Bürstenpotentialkurven stets den charakteristischen Verlauf, den die Kurzschlussstromkurve unter Einfluss des in jedem Falle vorhandenen Feldes in der Kommutirungszone annimmt. Hierdurch wäre auch der experimentelle Beweis dafür erbracht, dass der Verlauf des Kurzschlussstromes in erster Linie von der Grösse und Richtung der zusätzlichen EMK e_z abhängt (s. Bd. I, S. 306).

In allen denjenigen Fällen, in welchen Momentanwerthe des Kurzschlussstromes i grössere Werthe erreichen als der Strom i_a, der kommutirt wird $(i > i_a)$, besitzt die Potentialkurve sowohl positive wie negative Werthe. Für Kommutationsvorgänge, bei welchen die Momentanwerthe des Kurzschlussstromes $i \leq i_a$ sind, verlaufen die Potentialkurven, je nach der Polarität der Bürste, an welcher die Potentialkurven gemessen werden, nur positiv, bezw. nur negativ.

In der Fig. 435 sind einige charakteristische Potentialkurven zusammengestellt, welche an der negativen Bürste aufgenommen, den normal vorkommenden Arten der Kurzschlussstromkurven entsprechen. Die als + bezw. — aufgetragenen Potentiale beziehen sich stets auf das Potential der Bürste.

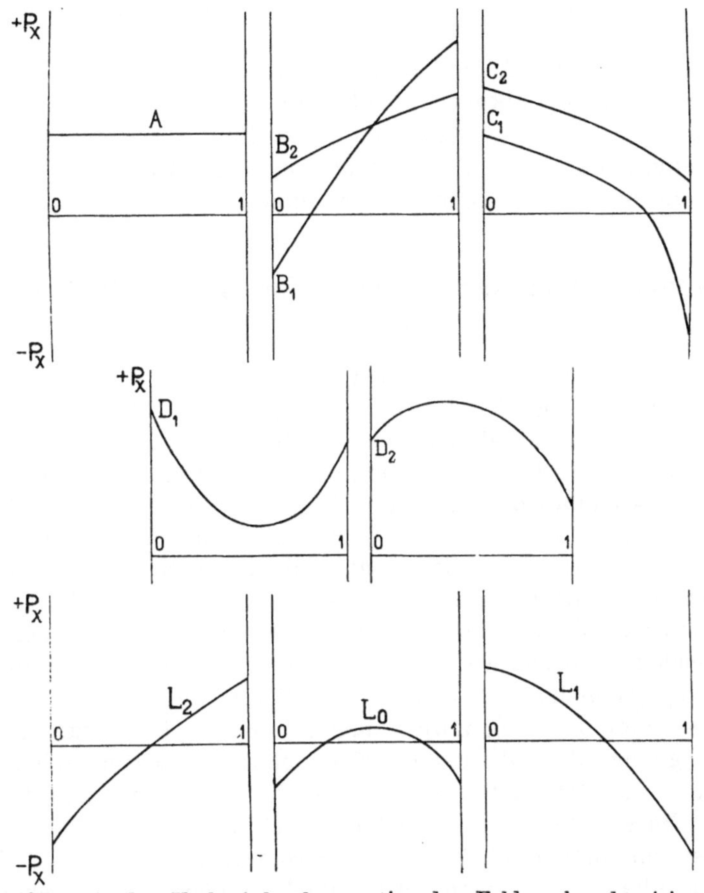

Fig. 435. Die den Verlauf des kommutirenden Feldes charakterisirenden Bürstenpotentialkurven.

Kurve A — Kommutation mit konstanter Stromdichte, theoretisch richtiges Feld; $e_z = 0$.

„ B_1 — Unterkommutirung, } Feld zu schwach,

„ B_2 — verzögerte Kommutirung, } e_z negativ.

„ C_1 — Ueberkommutirung, } Feld zu stark,

„ C_2 — beschleunigte Kommutirung, } e_z positiv.

„ D_1 — Kommutirung erst beschleunigt, dann verzögert. Feld zu Beginn der Kommutation zu stark, gegen Ende zu schwach. e_z erst positiv, dann negativ.

„ D_2 — Kommutirung erst verzögert, dann beschleunigt. e_z erst negativ, dann positiv.

Den Kurven D_1 und D_2 entsprechen zu steile kommutirende Felder, und zwar wird D_1 erhalten bei einem zu steil verlaufenden Feld beim Motor und D_2 bei einem zu steilen Feld beim Generator.

Die Kurven L_0, L_1 und L_2 sind die bei leerlaufender Maschine auftretenden Potentialkurven, und zwar entspricht L_0 der Bürstenstellung in der geometrisch neutralen Zone, L_1 einer Bürstenverschiebung im Sinne der Drehrichtung eines Generators und L_2 einer solchen im entgegengesetzten Sinne.

107. Untersuchung der Kommutation bei Leerlauf und Belastung.

Hat man die Bürsten so eingestellt, dass bei Halblast die Potentialkurve möglichst flach und nur positiv oder negativ verläuft, so werden im allgemeinen die bei Volllast aufgenommenen Bürstenpotentiale eine Verzögerung des Kommutationsvorganges oder eine Unterkommutirung zeigen. Diese Verzögerung oder Unterkommutirung ist um so kleiner, je weniger sich das Feld unter Belastung verändert, je geringer also die magnetische Leitfähigkeit für den Querkraftfluss ist. Ein weiteres Kriterium für die Richtigkeit der Polschuhform liefert dann die bei gleicher Bürstenstellung und gleicher Erregung wie bei Halblast aufgenommene Leerlaufpotentialkurve, welche im Falle eines sehr steil verlaufenden Feldes grosse Potentialdifferenzen, gegen die ablaufende Bürstenkante zu, aufweist.

Es genügt deshalb, um die Kommutation experimentell zu beurtheilen, die Potentialkurven für Leerlauf, Halblast und Volllast bei der Bürstenstellung aufzunehmen, bei welcher die Maschine bei Halblast mit annähernd konstanter Stromdichte kommutirt. Diese Bürstenstellung findet man sehr einfach, indem man durch einen Vorversuch, bei welchem die Maschine mit halbem Strome und normal erregt läuft, die bei verschiedenen Bürstenstellungen am flachsten verlaufende Potentialkurve aufsucht. Je weniger dann die bei der so ermittelten Bürstenstellung und Volllast aufgenommene Potentialkurve im charakteristischen Verlaufe von der bei Halblast erhaltenen abweicht, und ferner je geringere Potentialdifferenzen die bei Leerlauf aufgenommene Potentialkurve aufweist, desto stabiler ist das Feld, und desto besser wird die Maschine die Bedingung eines funkenfreien Laufes bei den geringsten Kollektorübergangsverlusten[1]) erfüllen.

---

[1]) In allen den Fällen, in welchen die Feldvariationen zwischen Halblast und Volllast bezw. Leerlauf gross sind, entsprechen der für Halblast richtigen

Eine vollständige Trennung der sich im Verlaufe der Potentialkurven abspiegelnden Feldvariationen in den auf Kosten der Polschuhform und den durch die besondere Anordnung der Drähte auf der Armatur entfallenden Theil, ist direkt nicht durchzuführen.

Die Wirkung der Selbst- und gegenseitigen Induktion der im Kurzschluss befindlichen Armaturspulen wird bei modernen, normal gebauten Typen stets klein sein im Verhältnisse zu der durch eine ungünstige Polschuhform entstehenden Feldvariation zwischen Leerlauf- und Belastung.

Eine auf Grund der Dimensionen der vorliegenden Maschine durchgeführte Nachrechnung von α, λ_q, k_s, λ_L und λ_m wird jedoch das aus den Potentialkurven erhaltene Bild auch in dieser Hinsicht vervollständigen.

108. Untersuchung der Kommutation bei kurzgeschlossener Maschine.

Das Feld der kurzgeschlossenen Maschine wird erzeugt durch die Ampèrewindungen der Armatur und durch die Erregerampèrewindungen. Letztere sind offenbar gegenüber den Ankerampèrewindungen sehr klein und bewirken im wesentlichen nur eine Verschiebung des resultirenden Feldes den Polmitten gegenüber. Wir begehen deshalb keinen grossen Fehler, wenn wir das Feld der kurzgeschlossenen Maschine durch das Ankerfeld ersetzen, und können dann für die in einer kurzgeschlossenen Ankerspule vom Armaturfelde inducirten EMKe, mit hinreichender Genauigkeit die Beziehung

$$-2\,e_q = -2\frac{N}{K}\cdot v\cdot l_i\cdot AS\cdot\lambda_q\cdot 10^{-8}\ \text{Volt}$$

einführen. Die durch die Selbst- und Gegenseitige Induktion inducirte EMK ist, gleich (s. S. 283 Bd. I)

$$-2\,e_m = -2\,i_a\cdot\frac{L+\Sigma M}{T}$$

und der Spannungsabfall für die Annahme eines geradlinig nach t verlaufenden Kurzschlussstromes ist gleich

---

Bürstenstellung bei Normallast grosse Kollektorverluste (s. Bd. I, S. 485). Bei der Bestimmung der Einzelverluste und des Wirkungsgrades wird man daher darauf Rücksicht zu nehmen haben, bei welcher Bürstenstellung die Kollektorverluste ermittelt werden sollen.

$$-2\,i_a R\cdot\left(\frac{t}{T}-\frac{1}{2}\right).$$

Das resultirende Feld der kurzgeschlossenen Maschine entspricht dann offenbar der gesammten Feldvariation zwischen Leerlauf und Belastung und ist durch die in der kurzgeschlossenen Spule inducirte EMK ausgedrückt gleich

$$-2\left(e_m+e_q+i_a R\left[\frac{t}{T}-\frac{1}{2}\right]\right).$$

Sind nun die Bürsten so eingestellt, dass für normale Halblast durch das kommutirende Feld die EMK

$$e=e_k=e_m+e_q+i_a R\left(\frac{t}{T}-\frac{1}{2}\right)$$

inducirt wird, so wird, wenn die Maschine bei derselben Stromstärke unter Kurzschluss läuft, die Kommutation in einem Felde erfolgen, das der EMK

$$e'=-\left(e_m+e_q+i_a R\left[\frac{t}{T}-\frac{1}{2}\right]\right)$$

entspricht. Um nun bei dieser Stromstärke einen geradlinigen Verlauf der Kurzschlussstromkurve zu erhalten, wäre ein Feld, bezw. die EMK

$$e_k=e_m+e_q+i_a R\left(\frac{t}{T}-\frac{1}{2}\right)$$

erforderlich, und es ergiebt sich somit eine zusätzliche EMK von

$$e_z'=-2\left(e_m+e_q+i_a R\left[\frac{t}{T}-\frac{1}{2}\right]\right).$$

Bei halbem Strome und der für Halblast richtigen Bürstenstellung erfolgt somit bei kurzgeschlossener Maschine die Kommutation in einem zusätzlichen Felde, das der gesammten Feldvariation zwischen Leerlauf und Volllast entspricht.

Von einer richtig dimensionirten Maschine wird man daher verlangen können, dass dieselbe bei der für Halblast richtigen Bürstenstellung und Kurzschluss, den halben Strom funkenfrei kommutirt.

Superposition des Leerlauf- und Kurzschlusszustandes. Machen wir nun die Annahme, dass durch Superposition des Leerlauffeldes und des Anker- bezw. Kurzschlussfeldes das Belastungsfeld erhalten wird, was auch für die neutrale Zone mit grosser Annäherung zutrifft (s. Fig. 390), so kann man leicht einsehen, dass in diesem Falle auch die zusätzliche EMK bei Belastung durch

Superposition der zusätzlichen EMKe bei Leerlauf und Kurzschluss erhalten werden kann. Wie wir nun aus dem vorhergehenden gesehen haben, hängt der Verlauf der Kurzschlussstromkurve und die Stromdichtevertheilung unter der Bürste in erster Linie nur von der zusätzlichen EMK ab. Wir können daher auch weiter schliessen, dass die durch eine bestimmte zusätzliche EMK bei Belastung auftretende Stromdichtevertheilung, durch Superposition der Stromdichtevertheilungen bei Leerlauf und Kurzschluss erhalten werden kann. Die Stromdichtevertheilung ergiebt sich durch die Messung der Bürstenpotentiale, woraus folgt, dass die durch Superposition der Bürstenpotentialkurven für Leerlauf und Kurzschluss erhaltene Potentialkurve mit der Bürstenpotentialkurve für Belastung übereinstimmen soll.

Streng richtig ist dies jedoch nicht, denn infolge der verschiedenen Stromdichtevertheilungen werden auch die Widerstände R_w bei Leerlauf, Kurzschluss und Belastung verschieden sein. Auch die durch die EMK der scheinbaren Selbstinduktion inducirte EMK wird bei Kurzschluss etwas verschieden von der für Belastung sein. Die Grösse dieser Abweichungen können wir am besten an der Hand einiger Beispiele verfolgen.

In Fig. 436 sind zunächst für die Versuchsmaschine (s. S. 544) mit Kupferbürsten und für die 3 Bürstenlagen I, II und III die bei Kurzschluss erhaltenen Potentialkurven zugleich mit denjenigen für Belastung und Leerlauf dargestellt. Die Tourenzahl betrug 300, die Erregung bei Belastung und Leerlauf 3,0 Amp. Die Stromstärken, für welche die Kurven aufgenommen wurden, sind aus der Figur ersichtlich. Für die Bürstenanlage I (neutrale Zone) stimmen die durch Superposition und bei Vernachlässigung von e_u erhaltenen (punktirten) Kurven, im charakteristischen Verlaufe sehr gut mit den bei Belastung aufgenommenen Kurven überein. Mit 40 Amp. lief die Maschine bei Belastung und Kurzschluss funkenfrei, mit 60 Amp. bei Belastung und Kurzschluss mit geringer Funkenbildung. Für die Bürstenstellung II und Belastung von 84 Amp., weicht die durch Superposition erhaltene Potentialkurve gegen Ende der Periode in den absoluten Werthen von der experimentell aufgenommenen Kurve ab. Hier stimmt offenbar nicht mehr die Superposition der Felder. Die durch Superposition erhaltene Spannung für die ablaufende Kante, ist hier etwas grösser als die Funkengrenze.

Die Maschine läuft funkenfrei bei Kurzschluss $J_k = 40$ Amp. und Belastung $J_b = 40$ Amp.; bei $J_b = 84$ Amp. arbeitet sie an der Funkengrenze und feuert bei $J_k = 84$ Amp. Für die Bürstenlage III und $J_b = 60$ Amp. stimmt die durch Superposition erhaltene Kurve mit der aufgenommenen Bürstenpotentialkurve gegen Ende der Kurzschlussperiode ganz gut. Die Kommutation erfolgt hier, wie man sich leicht aus den Feldvariationen erklären kann, bei Belastung in einem ungünstigeren Felde als bei Kurzschluss.

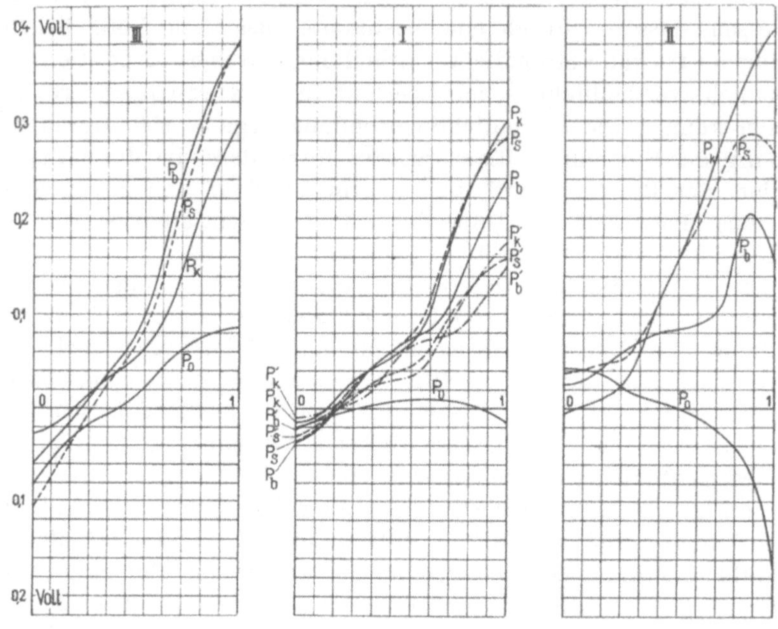

Fig. 436.

III. P_o Leerlauf, P_b Belastung 60 Amp., P_k Kurzschluss 60 Amp.
P_o und P_k superponirt : P_s.

I. P_o Leerlauf, P_b' bezw. P_b Belastung 40 bezw. 60 Amp., P_k' bezw. P_k Kurzschluss 40 bezw. 60 Amp.
P_o und P_k' bezw. P_o und P_k superponiert : P_s' bezw. P_s.

II. P_o Leerlauf, P_b Belastung, P_k Kurzschluss 60 Amp.
P_o und P_k superponirt : P_s.

Für eine Maschine für 110 Volt, 80 Amp. und 800 Touren sind in Fig. 437 einige bei Belastung, Kurzschluss und Leerlauf aufgenommene Potentialkurven dargestellt. Die Bürsten sind hier nur ganz wenig entgegen der Drehrichtung verschoben. Die Maschine lief bei dieser Bürstenstellung bei Leerlauf, Volllast und Kurzschluss funkenfrei.

Die durch Superposition erhaltenen Belastungs-Bürstenpotentiale stimmen mit den experimentell aufgenommenen gut überein.

Wir ersehen schon aus diesen Beispielen (siehe auch Fig. 420), dass wir in jedem Falle durch Superposition der Leerlauf- und Kurzschlusspotentialkurven ein Bild über den Verlauf der Kommutation bei Belastung erhalten. Dies giebt uns nun ein bequemes Mittel, um die Kommutationsverhältnisse einer Maschine experimentell beurtheilen zu können, ohne dass wir dieselbe voll belasten. Am besten würde sich hierzu wieder die Bürstenstellung eignen, bei der für normale Halblast mit konstanter Stromdichte kommutirt wird.

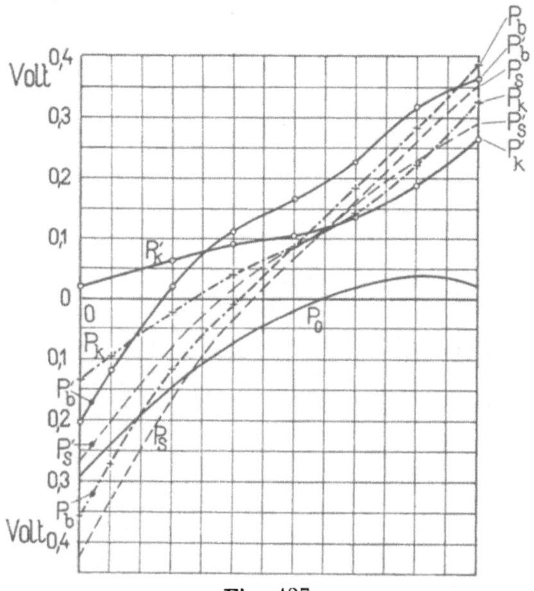

Fig. 437.

P_o Leerlauf, P_b' bezw. P_b Belastung 40 bezw. 80 Amp., P_k' bezw. P_k Kurzschluss 40 bezw. 80 Amp. P_o und P_k' bezw. P_o und P_k' superponirt: P_s' bezw. P_s.

Diese Bürstenstellung ist jedoch durch einen Leerlauf- und Kurzschlussversuch nur ungenau zu ermitteln. Genau bekannt ist die geometrisch neutrale Zone. Wir wollen nun untersuchen, wie sich die kurzgeschlossene Maschine bei der geometrisch neutralen Bürstenstellung verhält.

In Fig. 438 stellt das zwischen den Bürstenkanten liegende Stück der Kurve A das Feld (Ankerfeld) dar, in welchem bei kurzgeschlossener Maschine und dieser Bürstenstellung kommutirt wird. Lässt man die Bürstenstellung unverändert und wird die Maschine bei normaler Erregung belastet, so wird jetzt in einem nach der Kurve C verlaufenden Felde kommutirt, welches um so weniger von dem durch die Kurve A dargestellten abweichen wird, je flacher die Feldkurve bei Leerlauf, Kurve L, verläuft. Die zusätzlichen EMKe für den Lauf bei Kurzschluss und normaler Belastung sind daher für diese Bürstenstellung annähernd die gleichen, und es erfolgt die Kommutation bei dieser Bürstenstellung bei normaler Belastung und Kurzschluss unter annähernd denselben Verhältnissen. Diese entsprechen den ungünstigsten Bedingungen, unter welchen die Kommutation bei normalem Betrieb erfolgen kann. — Eine Maschine, die bei dieser Bürstenstellung und Kurzschluss den normalen Strom funkenfrei kommutirt, wird daher auch normal belastet ohne Funkenbildung laufen.

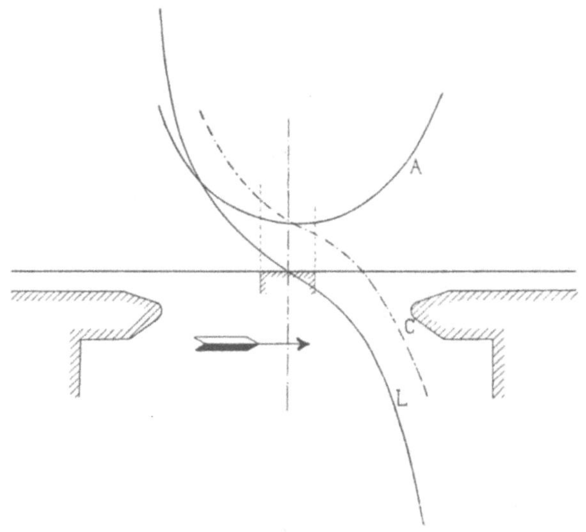

Fig. 438.
L Feld bei Leerlauf, *A* Ankerfeld, *C* Feld bei Belastung.

So prüft z. B. Dr. Behn-Eschenburg in der Maschinenfabrik Oerlikon die Gleichstrommaschinen in Bezug auf Kommutation daraufhin, ob dieselben bei kurzgeschlossenen Bürsten und geometrisch neutraler Bürstenstellung mit dem normalen Strome während mindestens 6 Stunden funkenfrei laufen.

Bei normalen und richtig dimensionirten Maschinen mit einem flach verlaufenden kommutirenden Felde und günstiger Polschuhform wird diese Bedingung fast immer erfüllt sein. Bei ungünstigen Kommutirungsverhältnissen, wie z. B. bei grossen Umfangsgeschwindigkeiten, würde die Rücksichtnahme auf diese Bedingung zu einer wesentlichen Vertheuerung der Maschine führen, und es müssen dann auf Grund von Versuchen an ähnlichen Maschinentypen immer die Belastungsgrenzen festgestellt werden, bei welchen für die Bürstenstellung in der neutralen Zone ein Betrieb unterhalb der Funkengrenze möglich ist.

Stehen jedoch die Bürsten in der für Halblast richtigen Stellung, dann muss in allen Fällen die Kommutation bei Kurzschluss mit mindestens dem halben Strome funkenfrei erfolgen. In jedem Falle wird man aber aus den durch die aufgenommenen Potentialkurven erhaltenen Kriterien über die Feldvariationen zwischen Leerlauf und Kurzschluss, einen Einblick in die Kommutationsverhältnisse bei Belastung bekommen.

109. Grösse der Funkenspannung und der Widerstand R_w.

Bei einer bestimmten Potentialdifferenz zwischen Bürste und Kollektor tritt Funkenbildung auf. Diejenige Spannung, bei welcher zwischen ablaufender bezw. auflaufender Bürstenkante und dem gegenüberliegenden Punkt am Kollektor eine Funkenbildung gerade noch bemerkt werden kann, bezeichnen wir als Funkengrenze. Für dieselbe wurde im Anschlusse an die Untersuchung der Kommutation:

bei Kupferbürsten 0,15 bis 0,25 Volt

gefunden. Bei Spannungen über 0,25 Volt ist die Funkenbildung deutlich zu bemerken; zwischen 0,38 bis 0,55 Volt beobachtet man Funken und Spritzen und eine sehr rasche Erwärmung des Kollektors. Schon bei Spannungen über 0,3 bis 0,32 Volt wird durch das Feuern das Bürstengewebe zerstört.

Bei Kohlenbürsten ist die Funkengrenze innerhalb noch weiterer Grenzen variabel. Hier spielt das Kohlenmaterial, die Kollektorbeschaffenheit und die Temperatur der Kohle eine grosse Rolle. Bei le Carbone Kohle Sorte X wurde dieselbe zwischen

$$1{,}8 \div 2{,}5 \text{ Volt,}$$

bei le Carbone Sorte ∞ zwischen

$$2{,}4 \div 2{,}6 \text{ Volt (Stromdichte bis 20 Amp./cm}^2\text{)}$$

gefunden. Zwischen 3,2 bis 4,2 Volt tritt keine wesentliche Aenderung in der zu beobachtenden Funkenbildung ein. Man kann dieselbe als mittlere bis heftige Funkenbildung bezeichnen. Die angegebenen Werthe sind als Mittelwerthe aufzufassen und gelten für glatten und nicht geschwärzten Kollektor.

Bezüglich des Widerstandes $R_w = \frac{(R_w s_u)}{s_u}$ erkennen wir aus den angeführten Versuchen, dass bei Kohlenbürsten $s_{u\,eff} \cdot R_w$ als konstant für ein und dieselbe Kohlensorte angesehen werden kann. Bei Kupferbürsten hingegen trifft dies nicht zu, da R_w nicht umgekehrt proportional $s_{u\,eff}$ ist, sondern nach irgend einer, wegen der Kleinheit der hier zu messenden Grössen nicht genau bestimmbaren Funktion mit $s_{u\,eff}$ variirt.

Man bemerkt ferner, dass R_w bei Kupferbürsten auch von der Richtung des Stromes $2\,i_a$ abhängt, und zwar ist für annähernd gleiche $s_{u\,eff}$ für ein und dieselbe Bürste R_w kleiner, wenn der Strom in Richtung Bürste — Lamelle (Motor s. S. 548) verläuft. Diese Erscheinung konnte stets beobachtet werden. Dieselbe Verschiedenheit des Widerstandes je nach der Stromrichtung ist auch von Prof. Sengel bei der Untersuchung von Funkenspannungen bei Kupfer- und Kohlenbürsten und Dr. Ing. Kahn bei der Messung von Kohlenübergangswiderständen beobachtet worden (s. Bd. I, S. 372 und 362).

Man wird daher bei Kupferbürsten, solange nicht ganz genaue Resultate über dieses Verhalten vorliegen, R_w als konstant ansehen können. Nach Messungen von Uebergangswiderständen bei Kupfergazbürsten auf Kollektoren wurde gefunden, dass innerhalb Stromdichten von $s_u = 5 \div 35 \frac{\text{Amp.}}{\text{cm}^2}$ der spec. Widerstand R_k durch die Gleichung

$$R_k = \frac{0{,}0064}{s_u} + 0{,}004 \text{ Ohm}$$

ausgedrückt werden kann.

110. Messung des Streuungskoefficienten einer Dynamomaschine.

Wir definirten als Streuungskoefficienten das Verhältniss von dem in den Magnetschenkeln erzeugten Kraftfluss, zu dem in den Anker eintretenden Kraftfluss:

$$\sigma = \frac{\text{Kraftfluss im Magnetschenkel}}{\text{Kraftfluss im Anker}}.$$

Ebenso können wir auch die Streuung zwischen Magnetschenkel und dem Joch ausdrücken als Verhältniss von

$$\frac{\text{Kraftfluss in dem Magnetschenkel}}{\text{Kraftfluss im Joch}}.$$

Um diesen Koefficienten zu messen, legt man sich auf die Schenkelspule, den Anker und das Joch Prüfspulen von gleicher

Windungszahl und führt deren Enden zu einem Umschalter, an welchem ein ballistisches Galvanometer angeschlossen ist. Bei plötzlichem Oeffnen oder Schliessen des Stromes in den Feldspulen werden die verschwindenden, bezw. entstehenden Kraftlinien EMKe

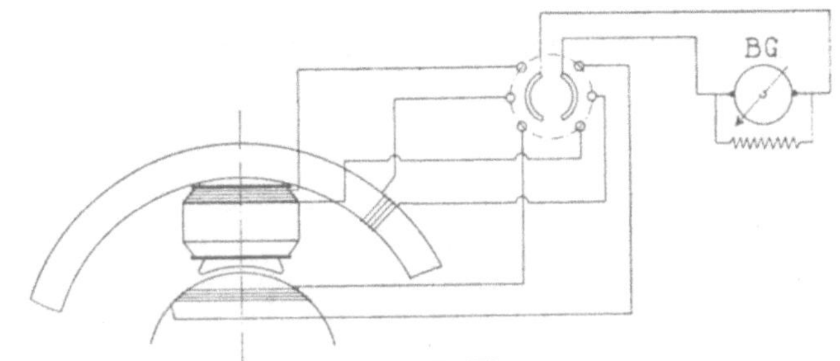

Fig. 439. Messung der Streuungskoefficienten einer Dynamomaschine.

in den Prüfspulen induciren. Bei gleicher Windungszahl der Prüfspulen werden die in denselben inducirten EMKe eine gewisse Elektricitätsmenge durch das Galvanometer schicken, die durch den ballistischen Ausschlag desselben gemessen werden kann. Bleibt für sämmtliche Messungen die ballistische Konstante unverändert, so wird der Streuungskoefficient

$$\sigma = \frac{C \cdot \alpha_m}{C \cdot \alpha_a} = \frac{\alpha_m}{\alpha_a},$$

also gleich dem Verhältniss der ballistischen Ausschläge für die Schenkel- und Ankerprüfspule. Man hat die Schenkelprüfspule immer dort anzubringen, wo dieselbe den maximalen Kraftfluss umfasst. Diese Stelle liegt an der Grenzschicht zwischen Schenkeleisen und Joch. Demnach ist die Prüfspule stets am oberen Ende der Magnetspule anzubringen. Um den Einfluss des remanenten Magnetismus zu eliminiren, hat man die Ausschläge α zu beobachten, wenn der Erregerstrom in beiden Richtungen sowohl unterbrochen, als auch geschlossen wird. Die Mittelwerthe ergeben dann die Werthe, die in Rechnung zu setzen sind.

Streuungskoefficienten können auch mit hinreichender Genauigkeit nach einer Nullmethode gemessen werden (Goldschmidt, E.T.Z. 1902, Seite 314). Die Prüfspule auf Anker und Schenkel wird mit einem gewöhnlichen Millivoltmeter derart in Serie geschaltet, dass die in den Prüfspulen beim Entstehen oder Verschwinden des Kraftflusses inducirten EMKe entgegengesetzt gerichtet sind (Fig. 440).

Aendert man nun die Windungszahlen der Prüfspulen s_1 und s_2 so lange, bis einerseits beim Oeffnen in der einen und andererseits beim Schliessen des Erregerstromes in der anderen Richtung kein Zucken der Nadel bemerkbar ist, so kann

$$\sigma = \frac{s_1}{s_2}$$

gesetzt werden, wenn s_1 und s_2 auch gleichzeitig die abgeglichenen Windungszahlen der Prüfspulen bedeuten.

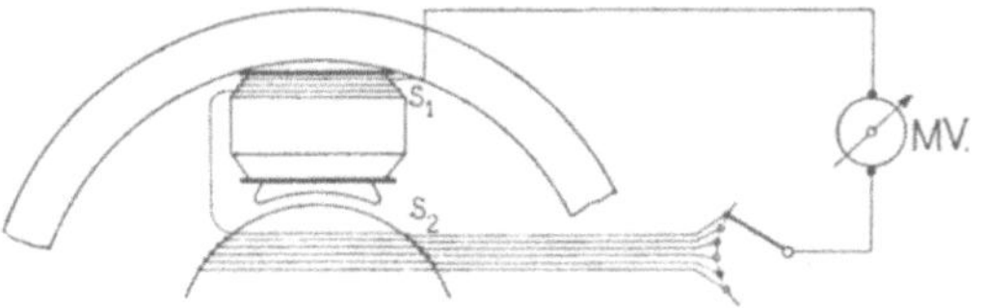

Fig. 440. Messung des Streuungskoefficienten nach der Nullmethode.

Der Streuungskoefficient ist abhängig von der Sättigung des Eisens. Man hat daher denselben stets bei verschiedenen Werthen des Erreger- und Ankerstromes zu untersuchen. Der Anker der Maschine bleibt bei dieser Untersuchung stillstehend.

111. Untersuchung der Wirbelstromverluste im Armaturkupfer.

Neben den Ohm'schen Verlusten im Armaturkupfer treten noch in demselben Verluste durch Wirbelströme auf. Genaue Versuche über die Wirbelstromverluste in Stäben hat auf Veranlassung des Verfassers Herr Dipl.-Ing. S. Ottenstein im Elektrotechnischen Institut der Hochschule ausgeführt.

Die Versuche wurden mit 6 Ankern von verschiedener Nutenform eines vierpoligen 5 PS-Motors durchgeführt, die Stäbe erhielten verschiedene Querschnitte und wurden in den Nuten verschieden gelagert. Auf beiden Seiten des Ankers ragten die Stäbe 4 cm frei in die Luft.

Um die Eisenverluste und die Verluste durch Lager- und Luftreibung zu bestimmen, wurden die Nuten mit hölzernen Stäben, deren Gestalt mit den Kupferstäben übereinstimmte, ausgefüllt.

Zum Antrieb des Ankers diente ein Elektromotor, und das übertragene Drehmoment wurde mittelst einer geaichten Torsionsfeder, deren Verdrehung durch elektrische Kontakte und Ablesung mit Spiegelgalvanometer genau gemessen werden konnte, bestimmt. — Diese Art der Messung des Drehmomentes hatte sich als sehr zuverlässig und genau erwiesen. Im vorliegenden Falle konnten noch 2 Watt gemessen werden, sodass der durchschnittliche Fehler des gemessenen gesammten Wattverbrauches des Motorankers nicht grösser als 0,5 % sein kann.

Die sämmtlichen folgenden Versuche wurden bei $n = 1000$ Umdrehungen oder einer Periodenzahl 33,3 aufgenommen.

In den Fig. 441a und b sind die Verluste für ein Kupfervolumen von 1 cm³ in Abhängigkeit von der ideellen Zahninduktion B_{id} gemessen am Zahnfuss dargestellt.

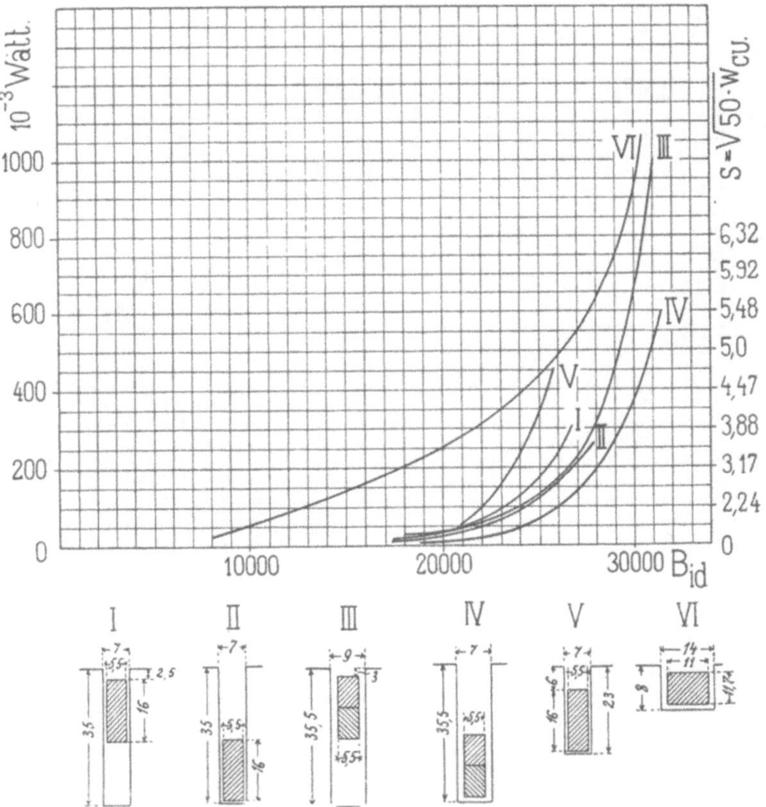

Fig. 441a[1]). Untersuchung der Wirbelstromverluste in Armaturstäben.

Fig. 441a, Kurven I bis V geben die Verluste in Stäben von $5{,}5 \times 16 = 88$ mm² Querschnitt. Die Verluste für die Anker I bis V beginnen bei ideellen Zahninduktionen von 18000 und steigen allmählich bis $B_{id} = 22000$, von hier an beginnt ein rasches Anwachsen der Verluste.

Die Kurve VI zeigt die Verluste für Stäbe von 8×11 mm,

[1]) Bei Abbildung der Nute VI sind die Masse 8 und 11,7 zu vertauschen

die in breiten und wenig tiefen Nuten liegen; diese Anordnung ist ausserordentlich ungünstig.

In Fig. 441 b sind die für sieben verschiedene Anordnungen gemessenen Wirbelstromverluste ebenfalls in Abhängigkeit von B_{id} dargestellt, der Stabquerschnitt ist hier nur $5{,}5 \times 8 = 44\,\text{mm}^2$ und das rasche Ansteigen der Verluste beginnt bei etwas höheren Zahninduktionen als in Fig. 441 a.

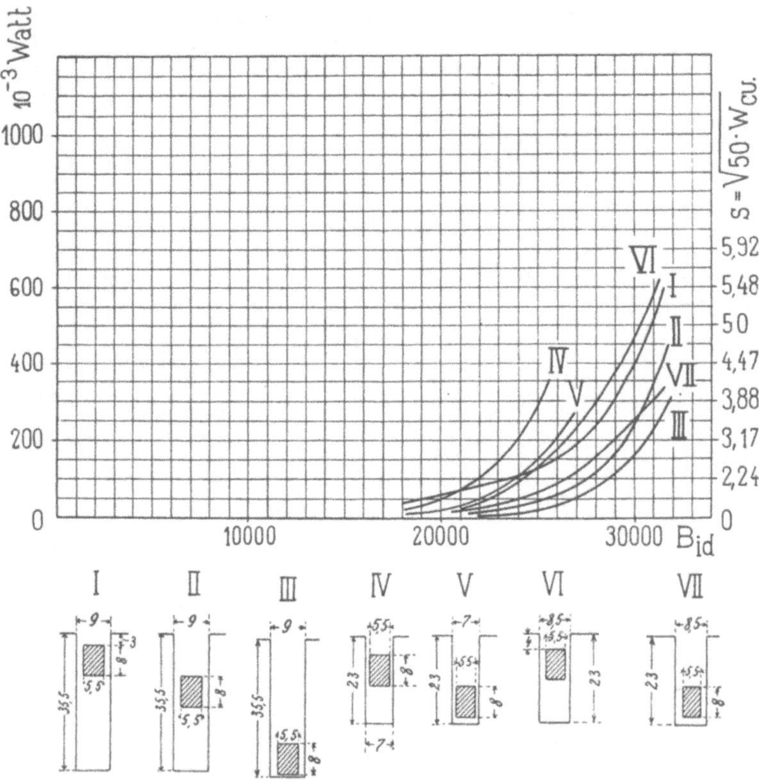

Fig. 441 b. Untersuchung der Wirbelstromverluste in Armaturstäben.

Um einen bequemen Maassstab für den Vergleich der Wirbelstromverluste mit dem Ohm'schen Verluste zu erhalten, ist in den Figuren links diejenige Stromdichte angegeben, welche im Kupfer denselben Verlust erzeugen würde wie die Wirbelströme. Die Leitfähigkeit des Kupfers in warmem Zustande wurde gleich 50 gesetzt. Bezeichnet W_{cu} den Wirbelstromverlust pro 1 cm³, so wird die äquivalente Stromdichte

$$s = \sqrt{50 \cdot W_{cu}} \text{ Amp./mm}^2 \quad . \quad . \quad . \quad (135)$$

Bezeichnet s_a die Stromdichte, herrührend vom Belastungsstrome, N die Stabzahl eines Ankers, l dessen Eisenlänge, l_a die Länge eines Stabes in cm (halbe Windungslänge), q_a den Querschnitt in mm², c die Periodenzahl, so kommt die Stromdichte s nur für die Länge l in Betracht und der Verlust im Ankerkupfer wird,

$$W_{ka} = \frac{N \cdot q_a}{5000}\left[l_a \cdot s_a^2 + l \cdot s^2 \cdot \left(\frac{c}{33,3}\right)^2\right] \text{ Watt.} \quad (136)$$

Wählen wir z. B. die Nutenform 7×35 mm und zwei Stäbe von $5,5 \times 16$ mm pro Nut, $B_{id} = 24000$, $N = 100$, $l = 30$ cm, $l_a = 80$ cm, so liegen 50 Stäbe unten und 50 oben in der Nut. Für die ersteren ist $s = 2,12$ und für die letzteren $s = 2,55$, und wir erhalten, wenn $s_a = 3,5$ und $c = 20$ angenommen wird,

$$W_{ka} = \frac{100 \cdot 88}{5000} \cdot \left[80 \cdot 3,5^2 + \left(\frac{1}{2} \cdot 30 \cdot 2,12^2 + \frac{1}{2} \cdot 30 \cdot 2,55^2\right) \cdot \frac{20^2}{1120}\right] =$$

$$W_{ka} = 1,76 \cdot [980 + 59] = \mathbf{1830 \text{ Watt.}}$$

Hiervon entfallen $59 \cdot 1,76 = 104$ Watt auf Wirbelstromverluste d. h. der Ohm'sche Wattverlust ist um 6,0% zu erhöhen, um den gesammten Wattverlust zu erhalten.

Nimmt man bei den gleichen Verhältnissen $B_{id} = 27000$ an, dann erhalten wir $W_{ka} = 1,76\,(980 + 145) = 1980$ Watt. Hiervon entfallen 255 Watt, d. h. 15% der Ohm'schen Verluste, auf Wirbelstromverluste.

Auf Grund dieser Versuche wären scheinbare Zahnsättigungen am Fusse bis 23000 und 24000 im Maximum zulässig. Die Zahnsättigung wird nun besonders durch die Quermagnetisirung erhöht, und die Quermagnetisirung kann daher, wenn die Zahninduktion bei Leerlauf schon gross ist, zu erheblichen zusätzlichen Wirbelstromverlusten führen.

Als bemerkenswerth ist noch zu erwähnen, dass die Abhängigkeit der Verluste von der Periodenzahl, wie es zu erwarten war, eine quadratische Beziehung ergab. Ferner war die Untertheilung der Stäbe nur dann wirksam, wenn die Stäbe einer Nut an den vorstehenden Enden nicht verlöthet waren, wurden sie verlöthet, so waren die Wirbelstromverluste nur wenig kleiner als bei massiven Stäben.

Die vorliegenden Versuche gelten natürlich nur für die angegebenen Verhältnisse. Inwieweit sich die Verluste für andere Nutengrössen und Stabquerschnitte und andere Arten der Untertheilung ändern, müsste durch weitere Versuche festgestellt werden.

Die Versuche bestätigen jedoch die Erfahrung, dass es rathsam ist, die massiven Stäbe nicht ganz an den äusseren Rand der Nuten zu legen, weil hier das Nutenfeld sehr stark ist, und dass bei massiven Stäben von grossem Querschnitt hohe Zahnsättigungen zu vermeiden sind, namentlich bei grossen Periodenzahlen.

Vierter Theil.

Die Arbeitsweise und Anwendung der Gleichstrommaschine.

Neunundzwanzigstes Kapitel.

112. Parallelschaltung von Nebenschlussgeneratoren. — 113. Parallelschaltung von Compoundgeneratoren.

112. Parallelschaltung von Nebenschlussgeneratoren.

In grösseren elektrischen Centralen werden in der Regel mehrere Generatoren aufgestellt, welche in den Zeiten grösseren Stromverbrauches gemeinsam auf das Netz arbeiten. Die Schaltanordnung ist dabei, wie Fig. 442 zeigt, so zu treffen, dass sämmtliche Generatoren einzeln oder gemeinsam auf das Netz arbeiten können, und es ist die Forderung zu stellen, dass jede einzelne Maschine beliebig an- und abgeschaltet werden kann und dass die Belastung beliebig auf die einzelnen Maschinen vertheilt werden kann.

Die Maschinen sollen beim Parallelbetrieb derart funktioniren, dass bei Belastungsschwankungen die Belastungserhöhung oder -abnahme sich gleichmässig auf die einzelnen Generatoren vertheilt, so dass alle Maschinen stets in gleicher Weise an der Stromlieferung theilnehmen. Im allgemeinen ist ein derartiges Parallelarbeiten von Nebenschlussgeneratoren leicht zu erzielen. Massgebend hierfür ist der Spannungsabfall der Maschinen, der für procentual gleiche Theile der Normallast möglichst gleich sein soll. Um dies zu erreichen, müssen die Generatoren annährend gleich stark gesättigt sein und ihr Ankerwiderstand und ihre Ankerrückwirkung müssen sich verhalten wie ihre Leistungen. Wäre nämlich von zwei parallel geschalteten Maschinen die eine schwach gesättigt, hätte also eine steile Charakteristik, während die andere mit starker Sättigung arbeitete, so würde bei steigendem Stromkonsum die stark gesättigte Maschine den grössten Theil des Belastungszuwachses aufnehmen; denn sie kann bei gleichem Spannungsabfall eine grössere Stromstärke abgeben als die schwach gesättigte. Ebenso wird eine Maschine mit verhältnissmässig grösserem Ankerwiderstand oder stärkerer Ankerrückwirkung weniger Belastung aufnehmen als die andere, da auch bei ihr die gleiche Stromabgabe einen grösseren Spannungsabfall hervorruft. Da jedoch in Bezug auf die angegebenen drei Gesichtspunkte die meisten neueren Maschinen sich ganz ähnlich verhalten, so wird ein gutes Parallelarbeiten bei Nebenschlussgeneratoren in der Regel anstandslos erreicht.

Auch das Zuschalten eines Nebenschlussgenerators parallel zu einem bereits im Betrieb befindlichen, geht sehr leicht von statten und kann bei richtiger Handhabung zu keinerlei Störung Anlass geben. Man bringt den zuzuschaltenden Generator auf die gleiche Tourenzahl wie die bereits im Betrieb befindlichen,

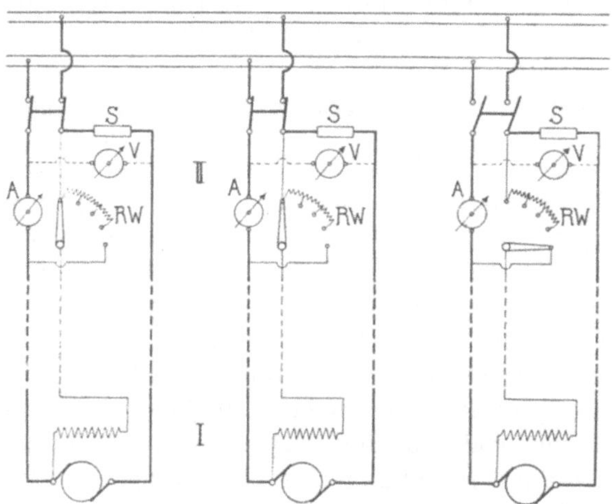

Fig. 442. Schaltungsschema für Nebenschlussgeneratoren mit doppelpoligen Ausschaltern.

regulirt dann seine Erregung so, dass er die gleiche Klemmenspannung zeigt und legt darauf den Schalter ein. Der Generator wird dann vorerst noch keinen Strom abgeben, da ja seine inducirte EMK genau gleich der Sammelschienenspannung ist. Indem man ihn stärker erregt und gleichzeitig die Erregung der anderen Maschinen entsprechend vermindert, theilt man ihm seinen Antheil an der Belastung allmählich zu.

Soll eine Maschine abgeschaltet werden, so geht man einfach in umgekehrter Reihenfolge vor; man schwächt die Erregung der Maschine, bis diese keinen Strom mehr abgiebt, und schaltet ab.

Die Schaltung der Erregung. Den Erregerkreis der Nebenschlussgeneratoren kann man entweder direkt an die Sammelschienen legen oder man kann die Schaltung auch so anordnen, wie in dem Schema Fig. 442 angegeben ist. Die letztere Anordnung hat den Vortheil, dass man nur drei Leitungen von der

Maschine (I) zur Schalttafel (II) erhält, da der eine Pol des Nebenschlusses direkt an die eine Klemme der Maschine gelegt wird; ferner wird hier der Nebenschluss bei Stillsetzen der Maschine von selbst stromlos. Dagegen hat ein Umpolarisiren der Maschine bei dieser Schaltung zur Folge, dass die Maschine bei der nächsten Inbetriebsetzung mit falscher Polarität anläuft, was bei Abnahme des Erregerstromes von den Sammelschienen ausgeschlossen ist. Verzichtet man auf doppelpolige Ausschaltung, so kann man auch bei Erregung von den Sammelschienen aus mit drei Leitungen zwischen Maschine (I) und Schalttafel (II) auskommen (s. Schaltungsschema Fig. 443).

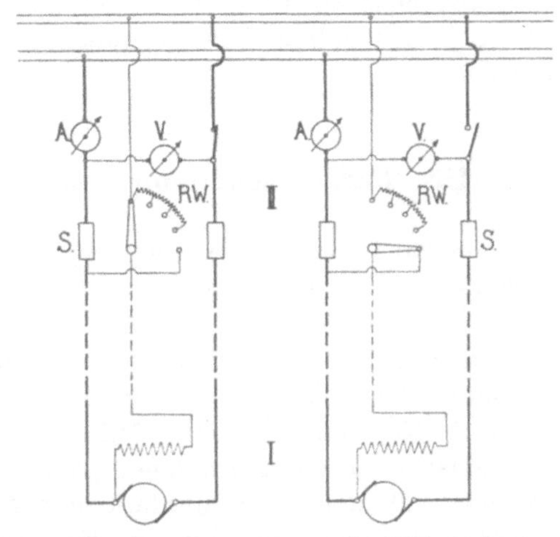

Fig. 443. Schaltungsschema für Nebenschlussgeneratoren mit einpoligen Ausschaltern.

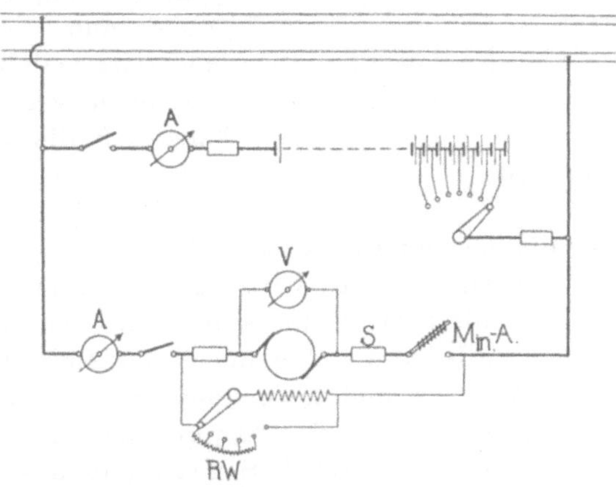

Fig. 444. Nebenschlussgenerator parallel mit einer Batterie.

Arbeiten die Maschinen parallel mit Akkumulatoren, so ist, um Stromumkehr im Anker zu vermeiden, ein Minimalausschalter (Min-A.) vorzusehen. Die Erregung ist dabei, wie Fig. 444 zeigt, stets vor dem Ausschalter abzuzweigen, denn die Erfahrung hat gezeigt, dass sonst die Maschinen bei Rückstrom aus den Akkumulatoren leicht umpolarisirt werden. Bei der angegebenen Schaltung ist dies natürlich ausgeschlossen, da die Magnete stets den richtigen Magnetisirungsstrom behalten.

Das Abschalten der Erregung ist auf S. 442 bereits behandelt worden.

113. Parallelschaltung von Compoundgeneratoren.

Gerade in Bezug auf das Parallelarbeiten und Parallelschalten verhalten sich die Compoundmaschinen weniger günstig als die Nebenschlussgeneratoren, da hier die inducirte EMK der Maschinen von der Belastung abhängig ist und mit ihr wächst, einer grösseren Stromstärke also kein grösserer Spannungsabfall entspricht. Nehmen wir den Fall an, dass zwei genau compoundirte Maschinen, deren Klemmenspannungen unabhängig von der Belastung und dem Tourenabfalle der Antriebsmaschine vollständig konstant bleiben, in der in Fig. 445 dargestellten Schaltung parallel arbeiten. Man wird sofort einsehen, dass dies vollständig unmöglich ist, da ja jede Maschine einen ganz beliebigen Strom abgeben und die Belastung sich ganz beliebig auf beide Maschinen vertheilen kann. Wäre z. B. die Nebenschlusserregung der einen Maschine aus irgend einem Grunde etwas stärker als die der andern, so würde die erstere sofort die ganze Stromlieferung übernehmen und würde sogar Strom in die zweite hineinschicken, und diese als Motor antreiben. Der Strom in der Hauptschlussspule würde sich dabei umkehren und, indem er die Nebenschlusserregung mehr und mehr kompensirte, ein Durchgehen der Maschine veranlassen. Eine derartig genaue Compoundirung ist nun zwar nicht möglich (siehe Bd. I, S. 444), und unsere Annahme entspricht nur dem extremen Fall; man sieht jedoch leicht ein, dass auch bei nicht genau compoundirten Maschinen grosse Belastungsverschiebungen eintreten können, wenn man sie in der gezeichneten Schaltung parallel arbeiten lassen wollte.

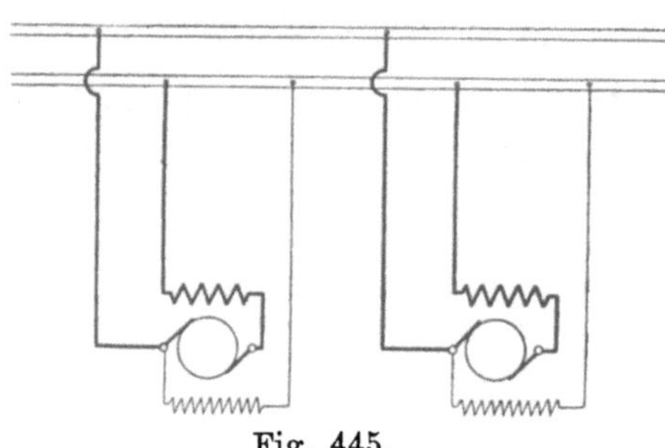
Fig. 445.

Um dieses zu verhüten, ordnet man eine Ausgleichsleitung (A-L) an, wie in Fig. 446 für drei parallel geschaltete Maschinen gezeigt ist; diese verbindet die an den Anker angeschlossenen

Klemmen der Hauptschlusswicklung A, A_1, A_2 aller Maschinen schaltet also sämmtliche Hauptschlusswicklungen unter sich parallel. Hierdurch ist eine Stromumkehr im Hauptschluss unmöglich gemacht und die Labilität der Ankerstromstärke aufgehoben, da ein Anwachsen des Ankerstromes in einer Maschine die Erregungen aller andern mit beeinflusst. Die Summe der in den Ankern

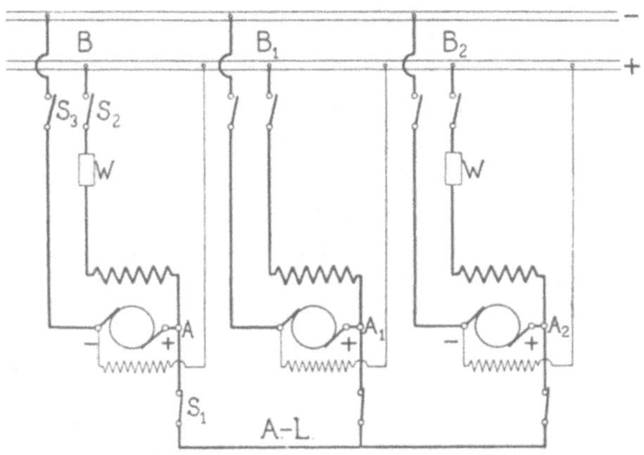

Fig. 446. Schaltungsschema für Compoundgeneratoren.

sämmtlicher Maschinen erzeugten Ströme vertheilt sich jetzt in den Hauptschlussspulen entsprechend dem Verhältnisse ihrer Widerstände, und hierdurch ist hinwiederum der Antheil der einzelnen Anker an der Stromlieferung bedingt. Hat z. B. bei zwei sonst ganz gleichen Maschinen der Hauptschluss der einen einen grösseren Widerstand als der der andern, so wird in dem ersten ein etwas geringerer Strom fliessen. Die Erregung dieser Maschine wird also schwächer als die der andern, und auch ihr Anker wird infolge davon weniger Strom liefern. Die Widerstände der Strombahnen zwischen den Punkten A, A_1, A_2 der Ausgleichsleitung und B, B_1, B_2 der positiven Sammelschiene müssen daher stets so abgeglichen werden, dass sich der Strom entsprechend der Grösse der einzelnen Maschinen in den Hauptschlussspulen vertheilt; nur dann ist ein richtiges Parallelarbeiten möglich. Zu diesem Zwecke sind allenfalls besondere Widerstandsstücke W, z. B. Nickelinbänder, in die Leitungen hinter die Hauptschlussspulen, die einen verhältnissmässig kleinen Widerstand haben, einzuschalten. Wenn diese Ausgleichung richtig ausgeführt ist, werden die Compoundgeneratoren ebenso gut parallel arbeiten wie Nebenschlussmaschinen.

Beim Zuschalten einer Compoundmaschine zu einer bereits auf das Netz arbeitenden kann man auf zwei verschiedene

Arten vorgehen. Bei der einen Methode schliesst man zuerst den Schalter S_1 am Ausgleicher und S_2 an der positiven Schiene (Fig. 446), so dass der Hauptschluss von den bereits arbeitenden Maschinen aus Strom erhält. Hierauf regulirt man die Nebenschlusserregung so ein, dass der Anker die gleiche Spannung zeigt wie die andern, und schaltet dann auch den Schalter S_3 auf der negativen Seite ein, so dass nun alle drei Schalter geschlossen sind. Diese Art des Zuschaltens ist von Mordey angegeben worden.[1])

Ein zweiter Weg, den man einschlagen kann, ist, die Maschine erst allein mit der Nebenschlusswicklung so zu erregen, dass sie die gleiche Spannung zeigt wie die andern, und dann alle drei Schalter, welche an einem Griff vereinigt sind, gleichzeitig einzulegen. Falls die Ausgleichsleitung nicht zum Schaltbrett geführt ist, legt man zuerst ihren Schalter S_1 und dann die beiden andern verbundenen Schalter S_2 und S_3 zugleich ein, was natürlich in der Wirkung dem gemeinsamen Einschalten von allen drei Schaltern gleich ist.

Bei der erstbeschriebenen Art wird sich beim Einlegen des letzten Hebels in der Stromvertheilung absolut nichts ändern; denn die Spannung an sämmtlichen Ankern ist gleich und die Hauptschlussspulen führen alle den ihrem Widerstande entsprechenden Theil des Linienstromes. Die zugeschaltete Maschine wird anfangs gar nicht an der Stromlieferung theilnehmen, und erst wenn man ihren Nebenschlussstrom allmählich verstärkt, während man den der andern Maschine schwächt, kann man ihr ihren Antheil an der Belastung zutheilen. Die Maschine läuft also vollständig wie eine Nebenschlussmaschine an und das Einschalten kann zu keinem Hin- und Herschwanken der Belastung zwischen den Maschinen, d. h. zu keinem Pendeln der Leistung Anlass geben.

Ferner hat diese Schaltung den Vortheil, dass man die Maschine stets leicht auf die richtige Polarität bringen kann, indem man bei kurzgeschlossenem oder abgetrenntem Nebenschluss den Hauptschluss allein einschaltet. Ein Nachtheil ist dagegen, dass das Einschalten der Hauptschlussspulen, das dem Einschalten des Ankers vorausgeht, zu einem Abfall der Netzspannung Anlass geben kann. Es wird nämlich hierbei parallel zur Seriewicklung der arbeitenden Maschine plötzlich ein weiterer Stromkreis gelegt; ein Theil des Linienstromes fliesst durch diesen und die Stromstärke in den Seriespulen vermindert sich, so dass die Spannung fällt. Hier wirkt nun die grosse Selbstinduktion der zugeschalteten Haupt-

[1]) S. P. Thompson, Dynamoelektrische Maschinen II, S. 773.

schlussspulen günstig, indem sie das Anwachsen des Stromes in der zugeschalteten und das Sinken in den bereits arbeitenden Spulen verzögert, so dass man Zeit hat, durch Reguliren der Nebenschlusserregung ein zu starkes Abfallen der Netzspannung zu verhindern. Die Spannungsschwankung wird natürlich verschieden sein, je nach der Stärke der Compoundirung und je nach dem Verhältniss des Widerstandes der zugeschalteten Hauptschlussspule zu den anderen. Am meisten wird er sich fühlbar machen bei stark übercompoundirten Maschinen, bei welchen die Seriewicklung einen verhältnissmässig grossen Anteil an der Erregung hat, oder beim Zuschalten einer grösseren Maschine mit kleinem Spulenwiderstand zu einer kleineren Maschine, deren Hauptschlusswiderstand entsprechend höher ist.

Bei der zweiten Art des Parallelschaltens wird diese Spannungsschwankung im Netz, sofern die Maschinen nicht übercompoundirt sind, vermieden. Gleichzeitig mit dem Ansteigen des Stromes in der Hauptschlussspule der hinzutretenden Maschine nimmt hier nämlich auch deren Anker an der Stromlieferung theil, während sich die Belastung der andern Maschinen entsprechend vermindert, so dass die Schwächung ihrer Erregung durch die Verkleinerung des Spannungsabfalles ausgeglichen wird.

Bei Uebercompoundirung wird sich jedoch auch hier ein Spannungsabfall einstellen. Die Ueberkompoundirung sinkt nämlich hier auf die Hälfte, da sich nach dem Parallelschalten von zwei Maschinen der Linienstrom, der ja durch das Schalten nicht beeinflusst wird, auf die beiden Hauptschlüsse vertheilt.

Mit Rücksicht auf konstante Netzspannung scheint somit diese Methode vortheilhafter zu sein als die erstbehandelte. Sie hat jedoch den Nachtheil, dass infolge der plötzlichen Belastung der hinzugeschalteten und Entlastung der im Betrieb befindlichen Maschine ein Hin- und Herschwanken der Belastung zwischen beiden und ein Pendeln der Antriebsmaschinen entstehen kann. Die Methode ist also in Bezug auf die Beanspruchung der Antriebsmaschinen weniger günstig als die erste, bei welcher eine allmähliche Belastung erreicht wird.

Welche von beiden Methoden zu wählen ist, muss von Fall zu Fall entschieden werden. Wo es auf genaues Konstanthalten der Spannung nicht ankommt, z. B. beim Trambetrieb, wird man oft die erste Methode wählen; während bei Lichtbetrieb, namentlich wenn abends eine grössere Maschine zu einer kleineren zugeschaltet werden soll, die zweite Methode vortheilhafter erscheinen kann.

Die Schaltung der Hauptstromspulen. Bei Compoundgeneratoren, die zur Stromerzeugung für Strassenbahnen verwendet werden, ist darauf zu achten[1]), dass die Hauptstromspulen an die positive Klemme des Ankers anzuschliessen, also zwischen

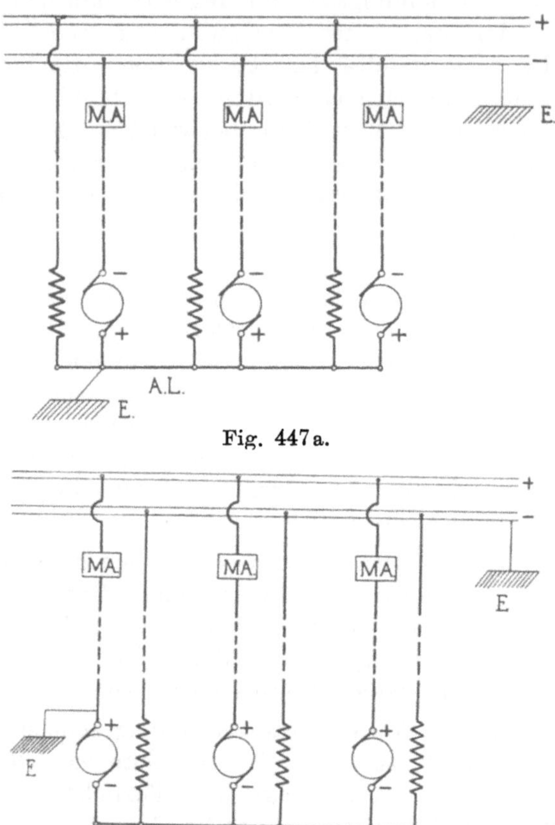

Fig. 447a.

Fig. 447b.

Fig. 447a und b. Schaltung der Hauptstromwicklung bei Strassenbahngeneratoren.

Anker und Fahrdraht zu legen sind (Fig. 447a).[2]) Wird der Hauptschluss an die negativen Ankerklemmen angeschlossen, d. h. zwischen Anker und Fahrschienen, eingeschaltet (Fig. 447b), so wird, falls im Anker der Maschine irgendwie Erdschluss *E* entsteht, diese

[1]) Street Railway-Journ. Nov. 1901, S. 410.

[2]) Bei Strassenbahngeneratoren werden wegen der elektrolytischen Wirkung der vagabundirenden Ströme, die Fahrschienen immer mit dem negativen Pol und der Fahrdraht mit dem positiven Pol verbunden.

sich wie ein kurzgeschlossener Hauptschlussgenerator verhalten, und die hierbei auftretende sehr hohe Stromstärke kann leicht eine Beschädigung der Maschine herbeiführen. Man könnte dies nur dadurch vermeiden, dass man den Maximalausschalter, der ja bei Strassenbahngeneratoren stets angewendet wird, zwischen der negativen Ankerklemme und der Ausgleichsleitung *A. L.* anordnet. Dies würde jedoch zwei besondere Leitungen zum Schaltbrett nothwendig machen, da die Ausgleichsleitung meist direkt von Maschine zu Maschine geführt wird.

Den Maximalausschalter zwischen Hauptschluss und negativer Sammelschiene einzuschalten, ist natürlich nicht statthaft, da ja dann der Strom im Anker und Maximalausschalter verschieden sein könnte. Abgesehen von diesem Gesichtspunkte hat die Anordnung der Hauptschlussspule zwischen Fahrdraht und Anker noch den weiteren Vortheil, dass sie zugleich als Blitzschutzspule für den Anker wirkt.

Dreissigstes Kapitel.

114. Maschinen für Beleuchtung. — 115. Bahngeneratoren. — 116. Maschinen für metallurgische Zwecke. — 117. Maschinen zum Laden von Akkumulatoren. — 118. Zusatzmaschinen.

114. Maschinen für Beleuchtung.

An die Generatoren, welche Strom für Beleuchtungszwecke liefern, ist vor allem die Anforderung zu stellen, dass ihre Spannung bei Belastungsschwankungen sich möglichst wenig ändert. Es kommen daher für diesen Zweck Nebenschluss- und Compoundmaschinen in Betracht.

Die Compoundmaschinen haben den Vortheil, dass sie eine annähernd konstante Klemmenspannung oder, wenn sie übercompoundirt sind, eine annähernd konstante Spannung an den Speisepunkten liefern; jedoch lässt sich dieses Ziel nicht derart genau erreichen, dass man auf eine Regulirung vollständig verzichten kann. Nebenschlussmaschinen lassen sich, wie im vorhergehenden Kapitel erläutert wurde, leichter parallel schalten als Compoundmaschinen. Ferner haben sie einen etwas höheren Wirkungsgrad, sind in der Herstellung einfacher und billiger und ermöglichen die Verwendung einer Akkumulatorenbatterie, wodurch das Konstanthalten der Spannung erleichtert und eine gleichmässigere Belastung der Maschine erzielt wird. Es ist daher die Verwendung von Nebenschlussmaschinen für Lichtcentralen vorzuziehen. Man konstruirt sie für geringen Spannungsabfall und regulirt die Spannung durch Nebenschlussregulatoren, die von Hand oder automatisch eingestellt werden.

Es hat sich mit der Zeit für grössere Lichtmaschinen ein Typ herausgebildet, den man in allen neueren Gleichstromcentralen beinahe ausschliesslich antrifft. Es werden Maschinen, welche direkt auf der Welle der Antriebsmaschine sitzen, verwendet. Hierdurch wird an Raum gespart und der Energieverlust einer Uebertragung vermieden. Gleichzeitig dient der Anker der Dynamo auch als

Schwungmasse, wodurch das Gewicht des Schwungrades entsprechend vermindert wird.

Die ganze nothwendige Schwungmasse in den Anker zu legen, ist bei Gleichstromgeneratoren im allgemeinen nicht zweckmässig.[1]) Die Anordnung bietet zwar den Vortheil, dass infolge des Wegfallens des Schwungrads und in vielen Fällen eines Lagers die gesammte Maschine in der Achsenrichtung kürzer wird, wodurch an Raum gespart wird und die Gebäudekosten allenfalls verringert werden. Andererseits ist zu beachten, dass die normalen Gleichstrommaschinen mit Umfangsgeschwindigkeiten von etwa 10—20 m/sek. ausgeführt werden, während man bei Schwungrädern, um möglichst geringes Gewicht zu erhalten, Umfangsgeschwindigkeiten bis 30 m/sek. anwendet. Will man daher das Schwunggewicht vollständig in den Anker verlegen, so ist man meistens genötigt, zu grösseren Ankergeschwindigkeiten überzugehen und erhält infolge davon Generatoren von grossem Durchmesser und geringer Länge. Diese Maschinen werden teuer, da sie wegen ihrer grossen Abmessungen bedeutend mehr Material erfordern als die normalen Typen. Ferner wird das nothwendige Schwunggewicht bei dieser Anordnung grösser als bei der Verwendung eines besonderen Schwungrades, da man mit der Umfangsgeschwindigkeit des Ankers doch nicht bis zu den üblichen Schwungradgeschwindigkeiten gehen kann.

Von besonderer Wichtigkeit ist, wie erwähnt, dass die Lichtmaschinen bei Belastungsschwankungen keine zu grossen Spannungsschwankungen zeigen. Man baut mit Rücksicht darauf die Maschinen mit solchen Sättigungen, dass sie bei normaler Spannung und Belastung etwas hinter dem Knie der Charakteristik arbeiten, wodurch einerseits zu grosser Energieverlust in der Erregung vermieden und eine ausreichende Regulirfähigkeit gewährleistet wird und andererseits wegen des flacheren Verlaufs der Charakteristik über dem Knie, die Spannungsschwankungen bei Belastungsänderungen in zulässigen Grenzen gehalten werden.

Die Maschinen werden in der Regel selbsterregend ausgeführt. Auch wenn die Erregung an die Sammelschienen angeschlossen ist (siehe S. 575), sind die Generatoren als selbsterregend zu betrachten, da ja, abgesehen von dem geringen Spannungsverlust in den Verbindungskabeln, an den Sammelschienen dieselbe Spannung herrscht wie an den Generatorklemmen. Die zulässige Spannungsänderung bei konstanter Erregung und Aenderung der Belastung von Leer-

---

[1]) Siehe hierüber auch Z. d. V. D. I. 1900. S. 211. F. Collischon. Gleichstrom-Schwungradmaschinen, und Z. d. V. D. I. 1901. S. 1531. A. Rothert. Sollen Dynamos als Schwungräder dienen?

lauf bis Volllast (der zulässige Spannungsabfall) darf 10 bis 20 % betragen. Zu hohe Anforderungen in dieser Beziehung zu stellen, ist unzweckmässig, da die Maschine dadurch unnötig verteuert wird; denn entweder müssen die Dimensionen der Maschine vergrössert werden oder die Sättigung der Magnete muss so hoch gewählt werden, dass eine grosse Erregerarbeit und ein grosser Aufwand an Magnetkupfer erforderlich sind.

Wird die Maschine von einer besonderen, unabhängigen Stromquelle, z. B. einer Akkumulatorenbatterie aus erregt, arbeitet sie also als fremderregte Maschine, so kann man bei richtiger Dimensionirung den Spannungsabfall auf 7 bis 10 % reduciren. Die Gründe des Spannungsabfalls bei Fremderregung und Selbsterregung sind in Bd. I, S. 425 und 437 behandelt worden.

115. Bahngeneratoren.

Die Generatoren, die für Strassenbahnbetriebe verwendet werden, sind dadurch charakterisirt, dass sie sehr grossen Belastungsschwankungen und plötzlichen Ueberlastungen ausgesetzt sind. Es werden hierbei sowohl Nebenschlussmaschinen als auch Compoundmaschinen zur Stromerzeugung benutzt.

Die ersteren gestatten die Anwendung einer sogenannten Pufferbatterie, welche die Stromstösse, die durch gleichzeitiges Anfahren mehrerer Wagen verursacht werden, zum Theil aufnehmen und so die Generatoren entlasten. Um dieses Ziel recht vollständig zu erreichen, baut man die Maschinen absichtlich mit grossem Spannungsabfall (bis 20 %), da der Generator ja einen um so kleineren Theil der Stromlieferung übernimmt, je grösser sein Ankerwiderstand und die durch die Ankerrückwirkung verursachte Verminderung der inducirten EMK ist. Durch die Verwendung von Pufferbatterien werden die Generatoren und ihre Antriebsmaschinen geschont, und wird ein möglichst gleichmässiger Betrieb erzielt.

In vielen Fällen erscheint es jedoch wünschenswerth, diese Gesichtspunkte zurücktreten zu lassen und vielmehr darauf zu sehen, den Bahnmotoren bei allen Belastungen eine möglichst gleichmässige Spannung zu bieten. Man erreicht dies durch Verwendung von Generatoren, die gerade so stark übercompoundirt sind, dass der Spannungsabfall, der bei Belastung in der Maschine und den Leitungen entsteht, durch eine entsprechende Erhöhung der inducirten EMK ausgeglichen wird.

Die Uebercompoundirung wird in der Regel so bemessen, dass die Klemmenspannung der Maschine von Leerlauf bis Maximallast um 50 Volt steigt. Dieses System wird namentlich bei langen eingeleisigen Strecken, bei denen es vorkommt, dass an einem entfernten Punkte zwei Wagen gleichzeitig anfahren, und bei kleineren Anlagen von Nutzen sein, bei welchen die Kosten der Pufferbatterie verhältnissmässig hoch ausfallen. Jedoch werden auch grosse Generatoren von 1000 KW mit Compoundwicklung versehen.

Beide Vortheile, Compoundirung und Pufferbatterie, kann man bis zu einem gewissen Grade vereinigen, indem man einen Compoundgenerator und eine Pufferbatterie mit Compoundzusatzmaschine verwendet, wie sie auf Seite 595 beschrieben ist. Die Anlage wird jedoch dadurch komplicirt und verteuert. Die Schwungmassen für die Bahnmaschinen sind namentlich bei der Benutzung von Compoundgeneratoren, bei welchen die vollen Belastungsschwankungen von der Maschine aufzunehmen sind, recht gross zu wählen, da sie nicht allein die Ungleichförmigkeit der antreibenden Kraft während einer Umdrehung auszugleichen haben, sondern hauptsächlich auch bei plötzlichen Ueberlastungen den Energiebedarf zum Theil decken und ein zu starkes Sinken der Geschwindigkeit verhindern sollen. Der Berechnung der Schwunggewichte ist daher die lebendige Kraft zu Grunde zu legen, die sie bei Ueberlastungen abzugeben haben. Für Maschinen ohne Pufferbatterien und Bahnen ohne grosse Steigungen kann man bei Antrieb durch Dampfmaschinen

$$G \cdot V^2 \geqq 6000\,(N + 100)$$[1]

annehmen, wo G = Schwunggewicht in kg,

v = Umfangsgeschwindigkeit des Schwungringes in m/sec,

N = Pferdestärken.

Für Maschinen mit Pufferbatterien kann man G je nach der Grösse der Batterie etwas kleiner wählen; während bei Fehlen einer Batterie und starken Steigungen bis 50% höhere Werthe zu wählen sind.

Die Maschinen sind in mechanischer Hinsicht recht fest und gedrungen zu konstruiren, was man am besten durch Wahl eines geringen Ankerdurchmessers und grosser Ankerlänge erzielt, soweit dies mit Rücksicht auf die Ankerkonstante statthaft ist (s. Seite 288). Da eine Unterbringung der Schwungmassen im Anker, wie wir gesehen haben, gerade die entgegengesetzte Dimensionirung bedingt, führt diese Anordnung bei Bahngeneratoren meist nicht zu guten Abmessungen. Dagegen ist es zweckmässig, den Generator direkt neben das Schwungrad zu setzen und beide fest miteinander zu

[1]) Hütte, XVII. S. 576.

verbinden, wie dies in Tafel V gezeigt ist. Durch diese Anordnung werden Stösse in der Welle und dem Triebwerk stark abgeschwächt und gleichzeitig wird das Aggregat in der Achsenrichtung verkürzt.

Besondere Sorgfalt ist auf die Dimensionirung der Bahngeneratoren mit Rücksicht auf ihr elektrisches Verhalten zu verwenden. Hier kommt vor allem in Betracht, dass sie bei allen Belastungen ohne jede Bürstenverstellung funkenfrei arbeiten müssen, da eine solche bei den raschen Belastungsänderungen selbstverständlich unmöglich ist, und zwar müssen die Maschinen gerade in dieser Hinsicht eine starke Ueberlastungsfähigkeit besitzen. Man erreicht dies am besten durch starke Sättigung und richtige Formgebung der Polspitzen und Anwendung von Aequipotentialverbindungen. Ferner sind bei Bahngeneratoren mit Rücksicht darauf möglichst harte Kohlenbürsten von grossem Uebergangswiderstand zu verwenden; dies ist schon deswegen zu empfehlen, da der Energieverlust an der Uebergangsstelle bei Maschinen mit höherer Spannung procentuell weniger ausmacht, als bei Niederspannungsmaschinen.

Auch die Compoundirung begünstigt das funkenfreie Arbeiten der Maschinen, da hierbei das kommutirende Feld mit zunehmender Belastung verstärkt wird.

Als Wirkungsgrad erreicht man bei grösseren Maschinen von 500 KW aufwärts 93% bis 95% je nach der Grösse der Generatoren. Bei Annahme eines Wirkungsgrads von 94% giebt Parshall folgende Vertheilung der Verluste als zweckmässig an:[1])

Stromwärmeverlust in der Armatur	2,25%
Eisenverluste	2,25%
Felderregung	0,75%
Verluste am Kommutator	0,75%.

Um ein Beispiel zu geben, welche Leistungen man von einer gut dimensionirten Maschine verlangen kann, seien folgende Werthe angeführt, welche bei einem 1000 KW-Bahngenerator[2]) der Union Elektricitätsgesellschaft von 500 bis 525 Volt bei 90 Umdrehungen pro Minute erreicht wurden: Zulässige Ueberlastung, momentan 100%, für zwei Stunden 50%.

Wirkungsgrad:	bei 5/4 und 1/1	Belastung	94,4%
„	bei 3/4	„	94 %
„	bei 1/2	„	92,7%
„	bei 1/4	„	87,8%.

Die Zahlen stimmen mit den Angaben anderer Firmen überein.

---

1) Street Railway Journal 1900. S. 774.

2) E. T. Z. 1902. S. 774.

Besonders ist bei Bahngeneratoren, deren negativer Pol ja immer an den Schienen resp. an Erde liegt, auf gute Isolation gegen Erde zu achten; auch sind womöglich alle Teile, welche mit dem positiven Pol in Verbindung stehen, vor Berührung durch das Maschinenpersonal besonders zu schützen. Ausserdem muss die positive mit dem Fahrdraht verbundene Leitung an allen vorspringenden Ecken und Kanten möglichst weit von der Erdpolleitung entfernt sein, um dem Blitz ein Ueberspringen an der Maschine zu erschweren.

Auf den Tafeln V, VI, VII sind einige Bahngeneratoren dargestellt; ihre konstruktiven Einzelheiten sind auf S. 221 ff. näher beschrieben.

116. Maschinen für metallurgische Zwecke.

Die Maschinen für metallurgische Zwecke sind dadurch gekennzeichnet, dass sie bei geringer Spannung sehr grosse Stromstärken zu liefern haben. Die Spannung, welche durch die elektromotorische Gegenkraft der Elektrolytzellen oder Schmelzöfen und durch den Ohm'schen Spannungsabfall bestimmt wird, beträgt für Generatoren, die auf Bäder arbeiten, oft nur 3 bis 8 Volt, je nach der Zahl der hintereinander geschalteten Zellen; bei Maschinen, die den Strom für Schmelzzwecke liefern, ist sie entsprechend der Gegenkraft des Lichtbogens höher. Dagegen kommen, da ja die Menge des gewonnenen Metalls allein durch die Stromstärke bestimmt wird, hier Stromstärken von mehreren Tausend Ampère in Betracht, und es werden für derartige Zwecke Maschinen gebaut, die bei 4 bis 6 Volt Klemmenspannung Ströme bis zu 7500 Ampère liefern.

Die niedrige Spannung der Elektrolytmaschinen führt, wenn man dieselben als Nebenschlussmaschinen baut, zu unbequem grossen Erregerquerschnitten und sehr hohen Erregerströmen, also auch grossen und theueren Regulirwiderständen. Die Generatoren werden daher oft separat durch Erregermaschinen mit höherer Spannung erregt. Bei Maschinen für elektrische Schmelzöfen, bei denen es sich um höhere Spannungen handelt, kommt Fremderregung weniger in Betracht; auch hat diese hier den Nachtheil, dass bei Kurzschluss im Ofen die Stromstärke ausserordentlich anwachsen kann, was bei reinen Nebenschlussmaschinen nicht möglich ist.

Die Erzeugung der starken Ströme bei so niedriger Spannung stellt an die Dimensionirung der Maschinen besondere Anforderungen. Die geringe Spannung verlangt, dass man die in einem Stab inducirte EMK

$$e = B \cdot l \cdot v \cdot 10^{-8} \text{ (Bd. I, Seite 2)}$$

klein wählt; man erhält sonst pro Armaturstromzweig zu wenig Stäbe, so dass kleine Verschiedenheiten der in einzelnen Stäben verschiedener Stromzweige inducirten EMKe stark zur Geltung kommen und starke innere Ströme entstehen können. Man muss daher bei Parallelankern mit geringer Luftinduktion ($B_l \cong 6500$), vor allem aber mit im Verhältniss zur Leistung geringen Tourenzahlen arbeiten; auch die Länge des Ankers wird man, wie weiter unten begründet ist, möglichst reduciren. Diese drei Bedingungen ergeben jedoch Anker mit grossem Durchmesser, da ja (s. Gl. 28, Seite 270)

$$D^2 = \frac{6 \cdot 10^{11} \cdot KW}{a_i \cdot AS} \times \frac{1}{B_l \cdot l \cdot n}$$

und die Maschinen werden daher im Verhältniss zu ihrer Leistung theuer.

Die grossen Stromstärken bedingen eine grosse Anzahl von Armaturstromzweigen, weil man mit der Stromstärke pro Zweig nicht über ein gewisses Mass hinausgehen darf. Für die behandelten Maschinen werden allerdings die sonst gebräuchlichen Werthe meist überschritten, und man findet hier Stromstärken pro Zweig von 250 und 300 Ampère.

Besonders ungünstig liegen die Verhältnisse bei diesen Maschinen in Bezug auf die Kommutation, da man natürlich bei den niedrigen Spannungen nur Kupferbürsten anwenden kann und da ferner ausserordentlich grosse Stromstärken zu kommutiren sind. Man muss daher darauf sehen, die scheinbare Selbstinduktion der Spulen möglichst zu vermindern. Zu diesem Zwecke muss man entweder glatte Armaturen anwenden oder die Nuten breit machen und möglichst viel Stäbe in eine Nut legen. Bei breiten Nuten erhält man ausserdem grosse Zahnsättigungen, was ebenfalls günstig wirkt. Bezüglich der Wahl der Ankerwicklung sei auf Seite 255 verwiesen. Um bei der resultirenden groben Theilung am Ankerumfang Wirbelströme in den Polschuhen zu vermeiden, sind lamellirte Polschuhe zu verwenden. Ferner ist auf eine möglichst weitgehende Untertheilung der einzelnen Ankerleiter zu achten, da sonst Wirbelstromverluste von beträchtlicher Höhe entstehen können (Seite 568). Aus demselben Grunde kann es sich auch als zweckmässig erweisen, die Kollektorlamellen zu untertheilen (s. Seite 94). Günstig für die Verringerung der Selbstinduktion ist auch geringe Ankerlänge und kleine Tourenzahl.

Ein Haupterforderniss für sicheres funkenfreies Arbeiten der Maschinen ist eine reichliche Dimensionirung und sorgfältig durchgebildete Konstruktion ihrer Kollektoren, von denen die grossen Strommengen abgenommen werden. Hierbei kommt vor allem eine gute Ventilation in Betracht, wie sie durch die Kollektorkonstruktionen (Fig. 116 bis 118) erreicht wird. Ferner wird auch hier das Arbeiten mit geringen Tourenzahlen von Vortheil sein, weil dadurch die Erwärmung durch Bürstenreibung verringert wird.

Von besonderer Wichtigkeit sind richtig konstruirte und dimensionirte Bürstenhalter mit sorgfältig ausgeführten Verbindungen und Anschlüssen. Auch ist auf eine gute und dauerhafte Verbindung der Ankerdrähte mit den Lamellen zu achten.

In vielen Fällen erweist es sich bei der betrachteten Maschinengattung als nothwendig, zwei Kollektoren anzuordnen (siehe Bd. I, S. 114 und 153). Man vermeidet dadurch allzu grosse Längen des Kollektors und der Bürstenstifte.

117. Maschinen zum Laden von Akkumulatoren.

Sollen die Generatoren in elektrischen Anlagen ausser zum Arbeiten auf das Netz zeitweise auch zum Aufladen von Akkumulatorenbatterien verwendet werden, so muss zu diesem Zwecke ihre Spannung um ca. 30 bis 40°/₀ gegenüber der Netzspannung erhöht werden können. Die Ladestromstärke wird dabei möglichst konstant gehalten, da dies für die Akkumulatoren am günstigsten ist; sie ist in den meisten Fällen bedeutend geringer als die normale Stromstärke, welche die Maschinen beim Arbeiten auf das Netz liefern können. Auf jeden Fall muss sie mit Rücksicht auf die Antriebsmaschinen in der Regel herabgesetzt werden, um bei der Erhöhung der Spannung eine Ueberlastung zu vermeiden.

Die Erhöhung der Spannung kann, falls die Antriebsmaschine dies gestattet, durch Erhöhung der Tourenzahl der Maschinen oder bei konstanter Tourenzahl durch Verstärkung der Erregung erreicht werden. Bei Verwendung der ersten Methode ist bei der Dimensionirung der Generatoren zu berücksichtigen, dass sie bei der Erhöhung der Tourenzahl mechanisch stärker beansprucht werden und dass infolge der Verringerung der Kurzschlusszeit die funkenfreie Kommutation erschwert wird. Die Nachrechnung in Bezug auf Funkenbildung muss daher für die maximale Geschwindigkeit vorgenommen werden. Günstig wirkt in dieser Beziehung, dass gleichzeitig mit der Erhöhung der Tourenzahl bezw. Spannung auch die Erregung steigt.

In den meisten Fällen wird jedoch eine Erhöhung der Tourenzahl nicht oder nur in geringem Grade möglich sein. Hier muss also die Erregung des Generators geändert werden, und dieser ist so zu dimensioniren, dass er einerseits beim Arbeiten auf das Netz befriedigend funktionirt und trotzdem eine Spannungserhöhung um den nothwendigen Betrag von 30 bis 40% möglich ist. Die Charakteristik der Maschine muss daher über dem Knie, auf dem man bei normaler Spannung arbeitet, noch möglichst stark ansteigen; man erhält sonst für die maximale Spannung, die zum Laden der Akkumulatoren nothwendig ist, zu viel Ampèrewindungen, muss also, um diese Spannung zu erreichen, sehr viel Erregerkupfer auf die Magnete aufbringen, das beim Arbeiten mit normaler Spannung nicht ausgenutzt wird und die Maschine vertheuert.

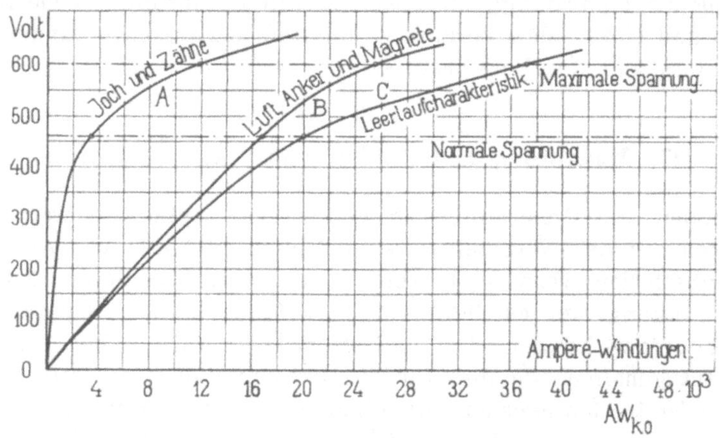

Fig. 448. Leerlaufcharakteristik einer Maschine zum Laden von Akkumulatoren.

Um diese Forderung zu erfüllen, schlägt man folgenden Weg ein. Man sättigt das Ankereisen und die Magnetkerne für normale Spannung wenig; den Anker je nach der Periodenzahl bis zu $B_a = 10000$, die Magnete ca. mit $B_m = 12000$. Dagegen sättigt man die Zähne schon bei normaler Spannung stark, indem man B_z zu 19000 bis 20000 annimmt, und verwendet ferner ein Gussjoch, das man ebenfalls bereits bei normaler Spannung ziemlich stark, etwa mit $B_j = 5000$ bis 7000, beansprucht. Die Magnetisirungskurve für Luft, Anker und Magnete allein wird dann bei der normalen Spannung noch ziemlich geradlinig verlaufen (Fig. 448, Kurve B); dagegen wird man auf der Magnetisirungskurve für Joch und Zähne (Kurve A) schon bei normaler Spannung über dem Knie arbeiten. Diese steigt jedoch auch über dem Knie noch stark an, da die Magnetisirungskurve für Gusseisen nicht so stark abbiegt, wie die für Stahlguss (siehe Tafel XI) und da die Zähne nur ein sehr kurzes Stück des Kraftlinienweges bilden und sich die Induktion dieses Stückes daher ohne allen grossen Aufwand von Erregerstrom auch über den Sättigungspunkt hinaus treiben lässt. Die Leerlaufcharakteristik C, welche man durch Summiren der Abscissen von A und B erhält, wird daher bei der normalen Spannung infolge des Einflusses von A schon genügend gekrümmt sein, und andererseits doch noch stark genug ansteigen, dass die maximale Ladespannung nicht allzu viel Erregerkupfer erfordert.

Die Maschinen mit starker Veränderung der Erregung haben jedoch den Nachtheil, dass beim Arbeiten mit normaler Spannung das Material nicht vollständig ausgenutzt wird und dass sich bei normaler Spannung ein verhältnissmässig grosser Spannungsabfall ergiebt, da die Charakteristik hier natürlich nur schwach gebogen sein kann. Die Maschinen werden daher verhältnissmässig gross und theuer, und es wird im allgemeinen zweckmässiger sein, die Generatoren für normale Netzspannung zu dimensioniren und zum Laden der Akkumulatoren die Spannung durch Zusatzmaschinen zu erhöhen.

118. Zusatzmaschinen.

Unter Zusatzmaschinen versteht man Generatoren, die in den Hauptstromkreis eingeschaltet werden und dazu dienen, die Spannung desselben zu verändern. Man braucht sie für verschiedene Zwecke, und dementsprechend ist auch ihre Anordnung und Erregungsart verschieden.

Am häufigsten werden Zusatzmaschinen als **Spannungserhöher beim Laden von Akkumulatoren** verwendet. Sie werden dabei in den Ladestromkreis eingeschaltet (Fig. 449) und dienen dazu, die Ladespannung beim Fortschreiten der Ladung entsprechend dem Ansteigen der elektromotorischen Gegenkraft der Batterie zu erhöhen. Die maximale Spannung, welche sie zu liefern haben, beträgt 30 bis 40% der Entladespannung der Batterie. Da die Ladestromstärke der Akkumulatoren während der ganzen Ladezeit möglichst konstant gehalten werden soll, sind die Generatoren

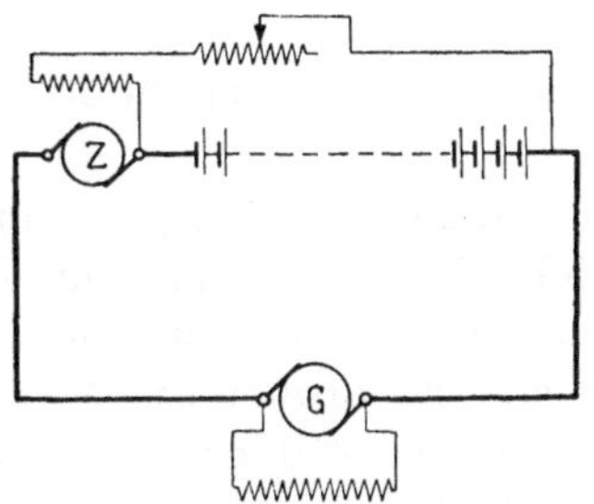

Fig. 449. Zusatzmaschine zum Laden von Akkumulatoren.

dafür zu entwerfen, dass sie bei konstanter Stromstärke Spannungen von annähernd Null bis zur Maximalspannung liefern können. Wie Fig. 449 zeigt, werden die Maschinen von der Batterie aus erregt, wodurch bis zu einem gewissen Grade eine automatische Spannungsregulirung erreicht wird, da der Erregerstrom mit zunehmender Batteriespannung steigt; ausserdem ist im Erregerkreis noch ein

Regulirwiderstand vorzusehen, welcher gestattet, die Erregung beim Beginn des Ladens stark zu vermindern und während des Ladens die Zusatzspannung so zu reguliren, dass die Ladestromstärke konstant bleibt.

Bei der Dimensionirung der Maschinen ist besonders zu beachten, dass diese bei äusserst geringer Erregung den vollen Ladestrom führen, und dass daher in ihnen eine verhältnissmässig grosse Ankerstromstärke ohne Feld kommutirt werden muss. Sie müssen daher die Forderung erfüllen, dass sie von Kurzschluss bis Volllast funkenfrei arbeiten. Im übrigen bietet die Berechnung, welche unter Zugrundelegung der maximalen Spannung und der Ladestromstärke zu erfolgen hat, keine weiteren Besonderheiten.

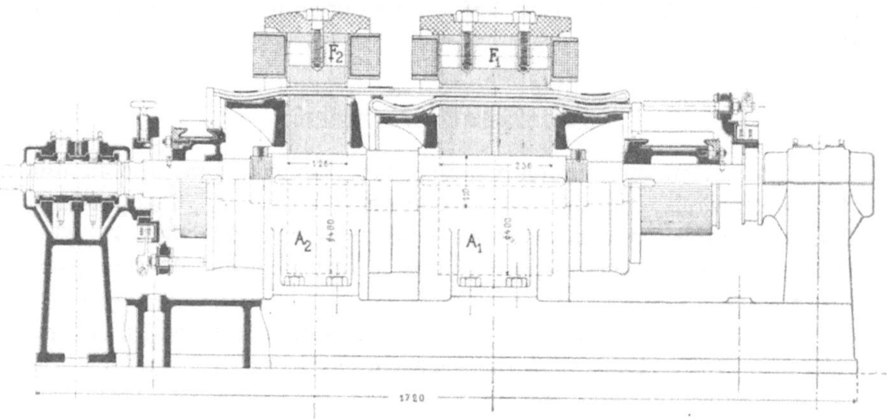

Fig. 450. Maschine für stark veränderliche Spannung von E. Lanhoffer.

Eine eigenartige Lösung der Konstruktion derartiger Maschinen giebt E. Lanhoffer in seiner in Fig. 450 dargestellten Doppelmaschine, die von dem „Maison Breguet“, Paris, gebaut wird. Er ordnet die Maschine so an, dass Antriebsmotor und Zusatzgenerator denselben Anker A_1 erhalten, und regulirt die Spannung des Generators, indem er seine Wicklung durch ein zweites magnetisches Feld F_2 führt, dessen Stärke innerhalb weiter Grenzen geändert wird. Soll eine sehr niedere Spannung geliefert werden, so wird das Feld F_2 so eingeschaltet, dass es eine entgegengesetzte EMK inducirt wie F_1. Bei höheren Spannungen werden beide Felder gleichsinnig geschaltet und F_2 mehr und mehr verstärkt. Durch diese Anordnung wird erreicht, dass man Generator- und Motorwicklung auf einem Anker unterbringen kann und doch einen Generator mit veränderlicher Spannung erhält. Die Vereinigung der beiden Wicklungen auf einem Anker bietet Vortheile in Bezug auf die Kommutation. Die Ströme von Motor und Generator haben nämlich entgegengesetzte Richtung, ihre quermagnetisirende Wirkung ist daher ebenfalls entgegengesetzt und hebt sich zum grössten Theil auf, wodurch eine gute Kommutation begünstigt wird. Der Theil A_2 der Maschine wirkt, wenn F_2 gegen F_1 geschaltet ist, als Motor, wenn beide in gleichem Sinne induciren, als Generator. Die Maschine wird auch für Riemenantrieb ausgeführt, indem einfach die Motorwicklung des Ankers A_1 und der zugehörige Kommutator weggelassen wird. Auch hier wird dann die Erregung von F_1 stets konstant gehalten und nur die Erregung von F_2 geändert. In dieser Form hat die Anordnung, die einer Trennung der Zusatzmaschine in zwei Theile gleichkommt, natürlich nur dann Werth, wenn man das Vorhandensein von zwei unabhängigen Kraftflusswegen zu einer besonderen Dimensionirung der Maschine in Bezug auf die Kommutation ausnutzt. Der Verfasser würde empfehlen, die Pole des konstanten Feldes F_1 mit Polschuhen zu versehen, welche ein passendes kommutirendes Feld liefern (Fig. 451 ausgezogene Linie), während die Pole F_2 einen kürzeren Polbogen erhalten (Fig. 451 gestrichelte Linie), so dass ihr bei niedriger Spannung der Kommutation direkt entgegenwirkendes Feld keinen Einfluss ausüben kann. Wie diese Anordnung sich auch als Motor mit variabler Tourenzahl verwenden lässt, soll weiter unten behandelt werden.

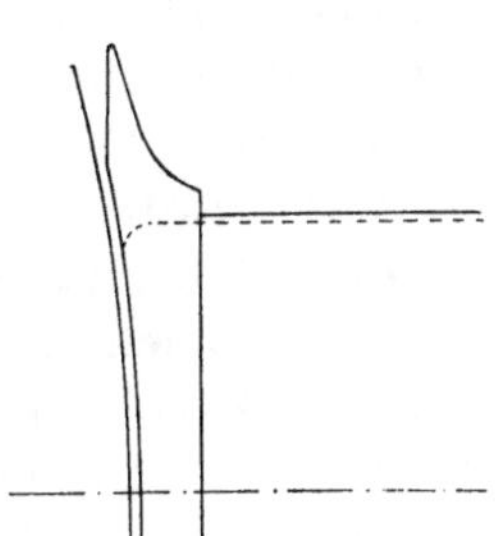

Fig. 451. Polform für die Lanhoffer'sche Maschine.

Eine weitere Anwendung finden die Zusatzmaschinen als Spannungserhöher zum Ausgleich des Spannungsabfalls in Fernleitungen. Sind in einer Gleichstromcentrale neben der Stromvertheilung in der näheren Umgebung noch einige weiter entfernt gelegene Punkte mit Strom zu versorgen, so würde man, falls man sämmtliche Speiseleitungen für den gleichen Spannungsabfall berechnen wollte, für die längeren Leitungen unwirthschaftlich grosse Querschnitte erhalten. Man lässt daher für diese einen bedeutend grösseren Spannungsabfall zu und schaltet, um ihn zu kompensiren, Zusatzmaschinen (Booster) in die betreffenden Fernleitungen ein. Die Spannung dieser Maschinen muss also, entsprechend der Zunahme des Spannungsabfalls, proportional mit der Stromstärke steigen. Man erreicht dies durch Verwendung von schwach gesättigten Hauptstrommaschinen, die mit möglichst konstanter Tourenzahl angetrieben werden. Ist der auszugleichende Spannungsabfall

$J \cdot R_s$ (R_s Widerstand der Speiseleitung), so soll $\frac{E_k}{J}$ konstant gleich R_s sein. Die äussere Charakteristik der Maschine (siehe Bd. I., S. 433, Fig. 340) muss also mit möglichster Annäherung eine Gerade sein, die unter einem Winkel α, dessen Tangente gleich $\frac{E_k}{J}$ ist, gegen die Abscissenachse geneigt ist. Zur Berechnung des Generators nimmt man den inneren Spannungsabfall für die maximale Stromstärke an, fügt ihn zur maximalen Klemmenspannung zu und berechnet die Maschine mit solchen Sättigungen, dass sie bei der sich ergebenden inducirten Spannung gerade noch unter dem Knie der Leerlaufcharakteristik arbeitet. Durch geeignete Formen der Polschuhe lässt sich ein funkenfreies Arbeiten für alle Belastungen bei diesen Maschinen leicht erreichen, da ja das kommutirende Feld, im Gegensatz zu den vorher behandelten Zusatzmaschinen, hier jeweils der Belastung entspricht. Infolgedessen wird es oft möglich sein, Kupferbürsten anzuwenden, wodurch der Wirkungsgrad dieser Maschinen mit niederer Spannung bedeutend verbessert wird.

Derartige Zusatzmaschinen werden nach einem Vorschlage von G. Kapp[1]) auch im Bahnbetriebe benutzt, wo sie in die sogenannten Rückspeisekabel (Speiseleitungen, die an entfernte Schienenpunkte angeschlossen werden, um den Rückstrom aufzunehmen) eingeschaltet werden. Man erhält hierbei in den drei parallel geschalteten Stromkreisen, Schienen, Erde, Kabel mit Zusatzmaschine, die Spannungsabfälle $i_s \cdot R_s$, $i_e R_e$ und $i_k \cdot R_k - E_z$, wobei unter E_z die in der Zusatzmaschine inducirte Spannung verstanden ist. Den letzten Ausdruck kann man auch schreiben

$$i_k \left(R_k - \frac{E_z}{i_k}\right)$$

und $\left(R_k - \frac{E_z}{i_k}\right)$ als scheinbaren Widerstand des Rückspeisekabels auffassen. Berechnet man nun die Maschine so, dass $\frac{E_z}{i_k}$ für alle Belastungen annähernd konstant und gleich R_k wird, so wird der scheinbare Widerstand der Speiseleitung gleich Null. Diese nimmt daher nahezu den vollen Strom auf und die schädlichen Erdströme werden verringert.

Endlich werden für bestimmte Zwecke die Zusatzmaschinen auch als Compoundmaschinen ausgeführt, deren zwei Erreger-

[1]) Siehe E. T. Z. 1896, S. 43 und 1900, S. 436.

wicklungen einander entgegenwirken. Eine derartige Anordnung ist in Fig. 452 dargestellt.

Die Zusatzmaschine Z arbeitet in Verbindung mit einer Pufferbatterie[1]) und hat den Zweck, ein automatisches Laden und Entladen der Batterie und dadurch eine möglichst konstante Belastung des Generators G herbeizuführen. Die Nebenschlusswicklung NS liegt an den Batterieklemmen, die ihr entgegen wirkende Hauptschlusswicklung HS wird vom Linienstrom durchflossen. Ist der Stromverbrauch im Netze gering, so überwiegt die Nebenschlusswickluug, welche eine EMK in der Richtung des Pfeiles I erzeugt, und die Batterie wird geladen. Ist der Stromverbrauch im Netz gross, so überwiegt die Hauptschlusswicklung, die EMK der Zusatzmaschine wird umgekehrt (Pfeil II), und die Batterie ar-

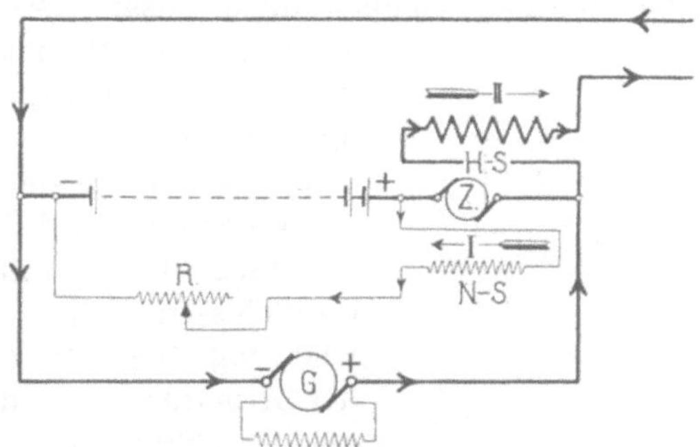

Fig. 452. Zusatsmaschine in Verbindung mit einer Pufferbatterie.

beitet gemeinschaftlich mit dem Hauptgenerator aufs Netz, wobei durch die Zusatzmaschine der Spannungsabfall in der Batterie für alle Belastungen ausgeglichen und so die Sammelschienenspannung konstant gehalten wird. Verschiedenheiten, die sich durch den Ladezustand der Batterie ergeben, können mit dem Regulirwiderstand R ausgeglichen werden.

Die beiden Erregerwicklungen werden so dimensionirt, dass sich ihre Wirkung gerade aufhebt, wenn der Linienstrom gleich dem normalen Generatorstrom ist, und dass ausserdem die beiden angegebenen Zwecke, die Erzeugung der Zusatzspannung zur Ladung der Batterie, und die Deckung des inneren Spannungsabfalls der Batterie möglichst vollkommen erreicht werden. Durch Vergrösserung der Windungszahl der Hauptschlussspule lässt sich mit dieser Maschine auch eine Spannungserhöhung des Batteriezweiges mit steigender Belastung erzielen, so dass die Pufferbatterie auch mit übercompoundirten Generatoren parallel arbeiten kann.

[1]) Z. f. E. Wien, 1897, S. 97.

Die Maschinenfabrik Oerlikon verwendet die Vorrichtung in etwas anderer Anordnung[1]). Die Nebenschlusswicklung der Zusatzmaschine wird an die Klemmen des Hauptgenerators gelegt und durch einen Automaten so regulirt, dass die Generatorspannung stets konstant bleibt. Sinkt die Spannung am Generator, so wird die Nebenschlusserregung der Zusatzmaschine durch den Regulator geschwächt, so dass beim Laden der Ladestrom schwächer, beim Entladen der Entladestrom stärker wird, da in letzterem Falle die Hauptstromwicklung mehr zur Geltung kommt. Hierdurch wird der Hauptgenerator entlastet und seine Klemmenspannung steigt. Wird die Spannung des Hauptgenerators zu hoch, so tritt der umgekehrte Vorgang ein.

Charles A. Brown hat eine Anordnung angegeben (Fig. 453), bei welcher eine derartig compoundirte Zusatzmaschine mit entgegengesetzt gewickelten Haupt- und Nebenschlussspulen zur Konstanthaltung der Spannung eines Generators in dessen Erregerkreis eingeschaltet wird. Die Serienwicklung wird vom Hauptstrom durchflossen, die Nebenschlusswicklung liegt an den Klemmen der Armatur. Ist die Belastung der Maschine stark, so überwiegt das Hauptfeld, welches bewirkt, dass die Maschine als Zusatzgenerator läuft und die Erregung der Hauptmaschine erhöht. Bei schwachem Linienstrom überwiegt die Nebenschlusswicklung, welche eine entgegengesetzte EMK erzeugt und den Erregerstrom schwächt; die Zusatzmaschine läuft dabei als Motor.

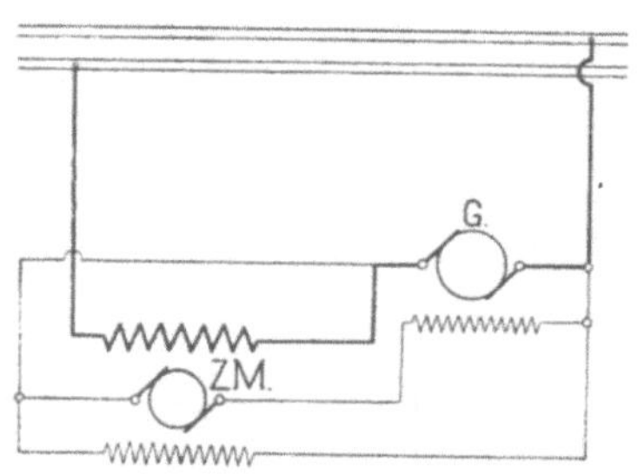

Fig. 453. Zusatzmaschine im Erregerkreis zum Konstanthalten der Spannung.

[1]) Zeitschrift für Elektrotechnik und Maschinenbau 1902, S. 301.

Einunddreissigstes Kapitel.

119. Das Dreileitersystem. — 120. Die Spannungstheilung durch Akkumulatoren und Ausgleichmaschinen. — 121. Maschinen mit zwei Ankerwicklungen und zwei Kollektoren. 122. — Spannungstheilung, System von Dolivo-Dobrowolsky. — 123. Die Dreileitermaschine von Dettmar.

119. Das Dreileitersystem.

Das im Jahre 1882 von J. Hopkinson erfundene Dreileitersystem hat den Zweck, unter Beibehaltung der durch die Glühlampen bedingten Verbrauchsspannung die Vertheilungsspannung zu verdoppeln. Dies wird dadurch erreicht, dass die Konsumstellen in zwei Abtheilungen getheilt und beide Hälften, wie Fig. 454 zeigt, so hintereinander geschaltet werden, dass sämmtliche Verbraucher der einen Hälfte mit allen Verbrauchern der andern Hälfte verbunden sind. Das Dreileitersystem stellt sonach eine Kombination von Parallel- und Serieschaltung dar.

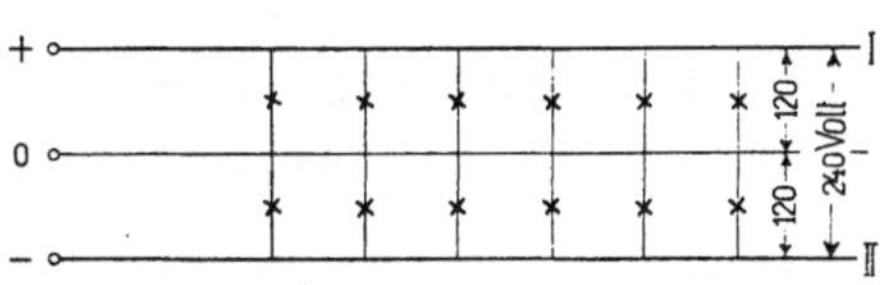

Fig. 454. Schema der Dreileiterschaltung.

Nimmt man zunächst an, dass in beiden Netzhälften eine gleiche Anzahl gleich grosser Belastungen eingeschaltet seien, so kann man immer je zwei derselben einander zuordnen und sie unabhängig von den andern hintereinandergeschaltet denken, so dass der Strom z. B. durch Leitung I zufliessen und durch Leitung II abfliessen wird; die Mittelleitung bleibt dabei stromlos. Ueberwiegt dagegen die Belastung in der einen Netzhälfte, so muss die Differenz der Ströme beider Netzhälften durch die Mittelleitung fliessen.

Die Spannung, welche dieser Differenzstrom im Widerstand des Mittelleiters verbraucht, ist der Spannung der stärker belasteten Netzhälfte entgegengesetzt gerichtet und erzeugt einen Spannungsabfall; während sie sich zu der Spannung der schwächer belasteten Netzhälfte addirt und eine Spannungserhöhung bewirkt.

Aus diesem Grunde ist eine Regulirung der Spannung jeder Netzhälfte unabhängig von der anderen erwünscht.

Die Spannungstheilung. Für die Theilung der Gesammtspannung sind eine ganze Reihe von Methoden vorgeschlagen und ausgeführt worden.

Eine in ihrer Wirkungsweise vollkommene Spannungstheilung wurde bereits von Hopkinson angegeben. Sie besteht in der Anwendung von zwei hintereinander geschalteten Generatoren, von deren Verbindungsleitung der Mittelleiter abgezweigt wird. Die Spannung der beiden Abtheilungen des Netzes kann hierbei unabhängig regulirt werden. Jedoch hat die Methode bei kleineren Anlagen den Nachtheil, dass statt einer grösseren Maschine zwei halb so grosse aufgestellt werden müssen, was eine Vertheuerung und Komplikation der Anlage und eine Verschlechterung des Wirkungsgrades mit sich bringt. Man hat daher versucht, diesem Uebelstande abzuhelfen und auch bei Dreileiteranlagen den Strom in einer Maschine zu erzeugen.

Es sind hier zwei Wege möglich. Entweder man stellt einen normalen Generator für die Spannung zwischen den Aussenleitern auf und theilt die Spannung ausserhalb desselben durch besondere Hülfsmittel, oder die Spannungstheilung wird an der Maschine selbst vorgenommen.

Die Spannungstheilung ausserhalb der Maschine geschieht durch Akkumulatoren oder durch sogen. Ausgleichmaschinen. In vielen Fällen werden beide Einrichtungen gleichzeitig angewandt.

120. Die Spannungstheilung durch Akkumulatoren und Ausgleichmaschinen.

a) Bei der Spannungstheilung durch Akkumulatoren wird der Mittelleiter an den Mittelpunkt der Batterie gelegt (siehe Fig. 455); die Regulirung geschieht durch je einen Zellenschalter für jede Hälfte. Ein Nachtheil dieser Anordnung ist, dass bei ungleicher Belastung der beiden Netzhälften die eine Abtheilung der Batterie stärker entladen wird als die andere. Da bei der Ladung die beiden Hälften in Serie geschaltet werden, also denselben Ladestrom erhalten, wird dann jeweils die eine Hälfte überladen werden. Man hilft sich vielfach so, dass man kleinere Theile der Belastung, z. B. die Beleuchtung der Centrale, derart anordnet, dass sie auf beide Hälften umgeschaltet werden können. Enthält die Beleuchtungsanlage, welche umgeschaltet werden soll, auch Bogenlampen, so ist darauf zu achten, dass die Stromrichtung nicht umgekehrt wird. Ein weiterer Nachtheil dieser Anordnung ist der, dass bei Betriebsunfähigkeit der Batterie der ganze Betrieb der Anlage eingestellt werden muss.

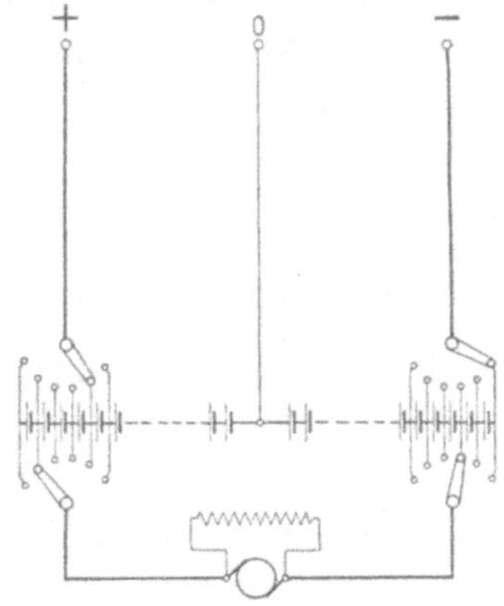

Fig. 455. Spannungstheilung durch Akkumulatoren.

b) Eine vortheilhaftere Methode der Spannungstheilung ist die Anwendung von Ausgleichmaschinen, und diese bilden allein oder in Verbindung mit Akkumulatoren die verbreitetste Art der Spannungstheilung. Die Ausgleichmaschinen sind zwei direkt gekuppelte Nebenschlussmaschinen, die einander möglichst gleich sind. Ihre Anker und Erregerwicklungen werden in Serie zwischen die Aussenleiter geschaltet und die Mittelleitung zwischen den Ankern angeschlossen (s. Fig. 456).

Bei gleicher Belastung J in den beiden Netzhälften laufen beide Ausgleichmaschinen mit demselben Strome J_0 als Motoren leer. Die Hauptmaschine liefert dann einen Strom $J + J_0$.

Ist die Belastung in beiden Hälften verschieden, so kann man sich durch eine Superposition der Ströme, wie sie in Fig. 456 dar-

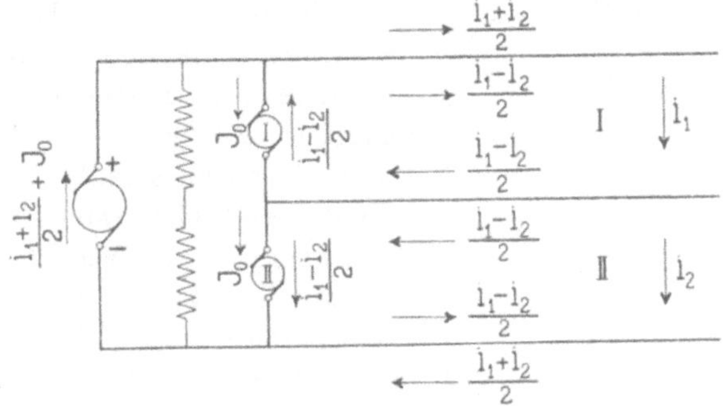

Fig. 456. Spannungstheilung durch Ausgleichmaschinen.

gestellt ist, einen Ueberblick über die Wirkungsweise des Systems verschaffen. Beide Netzhälften sind gleichmässig mit dem Strom $\frac{i_1 + i_2}{2}$ belastet. Die Verschiedenheit der Belastungen und des Spannungsabfalls wird durch einen Strom $\frac{i_1 - i_2}{2}$ hervorgerufen, der in beiden Netzhälften über dem erstgenannten gelagert ist.

Die Superposition gilt für ein symmetrisches gleichmässig erregtes Aggregat. In der einen Maschine (I) ist der Strom $\frac{i_1 - i_2}{2}$ dem Leerlaufstrom J_0 entgegengesetzt; diese läuft daher nicht mehr als Motor, sondern als Generator, welcher einen Strom $\frac{i_1 - i_2}{2} - J_0$ erzeugt und von der andern Maschine (II), in welcher der Strom $\frac{i_1 - i_2}{2}$ den Leerlaufstrom verstärkt, angetrieben wird. Von der in jeder der Ausgleichmaschinen inducirten Spannung ist daher in der einen Hälfte der Spannungsabfall im Anker $R_g \left(\frac{i_1 - i_2}{2} - J_0\right)$ abzuziehen (Generator), während bei der andern $R_g \left(\frac{i_1 - i_2}{2} + J_0\right)$ hinzuzufügen ist (Motor). Die Spannung wird also nicht mehr gleichmässig getheilt, und zwar wirkt diese Verschiedenheit in demselben Sinne, wie die Spannungsverschiebung infolge des ungleichen Spannungsabfalls im Netz. Diesem Uebelstande kann man zum Theil durch **wechselseitige Erregung der Maschinen** abhelfen, indem man die Maschine I von der Netzhälfte II aus erregt und entsprechend II von I aus. Die Erregung des stark belasteten Zweiges mit niederer Spannung wird dann, da sie an der höheren Spannung des schwach belasteten Zweiges liegt, vergrössert, während die andere entsprechend verkleinert wird. Ein vollständiger Ausgleich kann jedoch mit dieser Schaltung nicht erzielt werden, da ja eine Verschiedenheit der Erregerstromstärke das Bestehen einer Spannungsdifferenz zwischen den beiden Netzhälften voraussetzt.

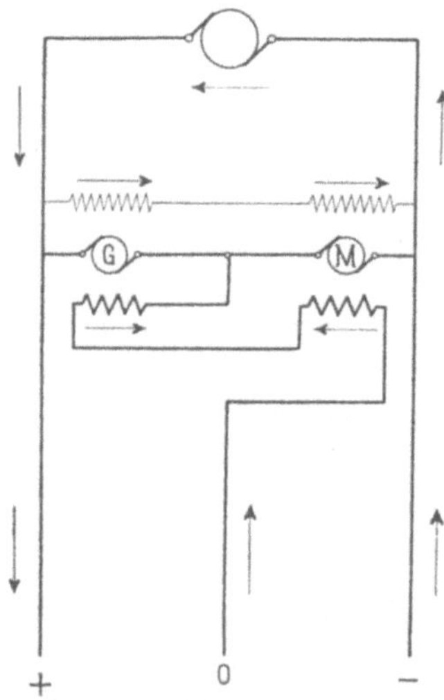

Fig. 457. Compoundirte Ausgleichmaschinen (Siemens & Halske).

Bedeutend wirksamer ist eine **Compoundirung der Maschinen** (Fig. 457), welche der Firma Siemens & Halske patentirt ist. Der Mittelleiterstrom, welcher ja Grösse und Richtung mit dem Belastungsunterschied ändert, wird so um die Magnete geführt, dass er das Feld der als Motor arbeitenden Maschine schwächt und das Feld der andern, die gerade als Generator läuft, verstärkt. Kehrt der Strom im Mittelleiter um, so vertauschen gleichzeitig beide Maschinen ihre Rolle und die Wirkung bleibt unverändert. Infolge davon wird die Spannung an den Klemmen des Generators steigen, während die Spannung des Motors fallen wird. Bei geringer Sättigung der Maschinen und passender Bemessung der Compoundwicklung kann man durch diese Schaltung erreichen, dass der zusätzliche Spannungsabfall in den Maschinen und Speiseleitungen vollständig kompensirt und die Spannung an den Speisepunkten konstant und in beiden Hälften gleich gehalten wird.

Allen Ausgleichmaschinen haftet jedoch der Uebelstand an, dass sie die Anlagekosten erhöhen, da sie für etwa 10 % der maximalen Leistung der Centrale zu bemessen sind, und zweitens werden durch ihren Leerlaufstrom, der ja ganz unabhängig von der Belastung stets aufzubringen ist, die Betriebskosten nicht unbedeutend erhöht. Man hat daher versucht, die Spannungstheilung direkt an der Maschine vorzunehmen.

121. Maschinen mit zwei Ankerwicklungen und zwei Kollektoren.

Am nächstliegenden ist es, die Hopkinson'sche Anordnung der zwei hintereinander geschalteten Generatoren dadurch zu vereinfachen, dass man die Wicklungen beider Maschinen auf einem Anker unterbringt und diesen mit zwei Kollektoren versieht. Eine Regulirung der Spannung in den einzelnen Netzhälften ist bei dieser Anordnung natürlich nicht möglich. Da die inducirte Spannung in beiden Wicklungen gleich ist, beträgt die Klemmenspannung der einen Hälfte $E_a - i_1 R_a$, und die der andern $E_a - i_2 R_a$; es ergiebt sich also eine Differenz für die Spannungstheilung $(i_1 - i_2) R_a$. Man hat daher versucht die Aufgabe auf andere Weise zu lösen, und zwar sind hier zwei verschiedene Systeme in Anwendung.

122. Spannungstheilung, System von Dolivo-Dobrowolsky.[1])

Eine sehr sinnreiche Lösung hat von Dolivo-Dobrowolsky angegeben. Er verbindet, wie aus der schematischen Darstellung seiner Anordnung, Fig. 458, ersichtlich ist, zwei gegenüberliegende Punkte der Armatur durch eine auf einen Eisenkern gewickelte Spule, eine sogen. Drosselspule, und zweigt den Mittelleiter in der Mitte derselben ab. Zwischen jeder der Bürsten und dem Abzweigepunkt D, welcher genau in der Mitte der Drosselspule liegt, herrscht dann konstant die halbe Klemmenspannung der Maschine $\frac{E_k}{2}$, wie man sich leicht klar machen kann. Da nämlich der

[1]) E. T. Z. 1894. S. 323.

Mittelleiter genau an die Mitte der Drosselspule gelegt ist, muss die Spannung zwischen dem einen Endpunkt C und dem Mittelpunkt D stets gleich der Spannung zwischen D und E sein. Ferner ist aus Symmetriegründen die Spannung zwischen AC stets gleich der Spannung EB, welche Lage die Drosselspule auch einnehmen mag. Es gilt also immer

$$AC + CD = DE + EB.$$

Nun ist die Spannung AB gleich E_k; folglich muss $AD = DB$ gleich $\frac{E_k}{2}$ sein.

Diese Ableitung gilt für Leerlauf und für Belastung, so lange beide Zweige genau symmetrisch belastet sind. In der Drosselspule fliesst dabei, entsprechend der wechselnden Spannung zwischen den Anschlusspunkten C und E, ein Wechselstrom J_w (der Magnetisirungsstrom), welcher jedoch wegen der grossen Selbstinduktion der Spule nicht gross ist und infolge davon auch nur geringe Stromwärmeverluste ergiebt.

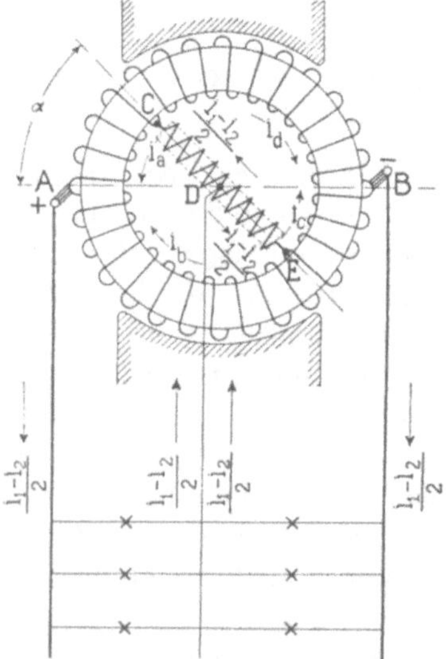

Fig. 458. Spannungstheilung, System v. Dolivo-Dobrowolsky.

Werden die beiden Netzhälften ungleich belastet, so lagert sich über den Wechselstrom noch der Gleichstrom des Mittelleiters, und es tritt ein Spannungsunterschied zwischen den beiden Zweigen auf. Mit Hülfe der bereits oben angewandten Superposition kann man diesen leicht berechnen (Fig. 458). Der beiden Netzhälften gemeinsame Strom $\frac{i_1 + i_2}{2}$ bewirkt einen für beide Zweige gleichen Spannungsabfall im Anker und ist der Berechnung von E_k zu Grunde zu legen:

$$E_k = E_a - \frac{i_1 + i_2}{2} \cdot R_a.$$

Der übergelagerte Mittelleiterstrom $2 \times \frac{i_1 - i_2}{2}$, welcher die Verschiedenheit der Spannung hervorruft, vertheilt sich wegen der Symmetrie der Anordnung gleichmässig auf die beiden Hälften der Drosselspule und fliesst durch den Anker zur positiven resp.

negativen Bürste. Der Spannungsabfall in der Drosselspule wird gleich

$$DC = \frac{i_1 - i_2}{2} \cdot \frac{R_d}{2},$$

wenn der gesammte Widerstand der Drosselspule mit R_d bezeichnet wird. Der Spannungsabfall im Ankertheile CA variirt während einer Umdrehung. Setzt man den gesammten Ankerwiderstand gleich R_a, so wird der Widerstand des Stückes AC gleich

$$x = \frac{\alpha}{\pi} \cdot 2 R_a \quad . \quad . \quad . \quad . \quad . \quad (137)$$

und der des Stückes CB gleich $2R_a - x$. Der Spannungsabfall CA berechnet sich dann leicht aus folgenden Gleichungen, welche sich aus Fig. 458 ergeben. Aus der Symmetrie der Anordnung folgt:

$$i_a \cdot x = i_c \cdot x$$

und $$i_b(2R_a - x) = i_d(2R_a - x).$$

Ferner muss nach den Kirchhoff'schen Sätzen sein:

$$i_a \cdot x - i_b(2R_a - x) + i_c x - i_d \cdot (2R_a - x) = 0, \quad i_a + i_b = \frac{i_1 - i_2}{2}.$$

Hieraus ergiebt sich

$$i_a \cdot x = \frac{i_1 - i_2}{2} \left(\frac{2R_a x - x^2}{2R_a} \right).$$

Der mittlere Spannungsabfall $\frac{1}{\pi}\int_0^\pi AC \cdot d\alpha$ wird gleich

$$\frac{1}{\pi}\int_0^\pi i_a \cdot x \cdot d\alpha = \frac{1}{\pi}\int_0^\pi \frac{i_1 - i_2}{2} \left(\frac{2R_a x - x^2}{2R_a} \right) \cdot d\alpha$$

resp. mit Rücksicht auf Gleichung 137

$$= \frac{1}{2R_a} \cdot \frac{i_1 - i_2}{2} \int_0^{2R_a} \frac{2R_a \cdot x - x^2}{2R_a} \cdot dx$$

$$= \frac{1}{3} \cdot \frac{i_1 - i_2}{2} R_a. \quad . \quad . \quad . \quad . \quad . \quad . \quad . \quad (138)$$

Der gesammte mittlere Spannungsabfall zwischen D und A wird daher gleich

$$\varepsilon = \frac{i_1 - i_2}{2}\left(\frac{1}{3}R_a + \frac{1}{2}R_d\right). \quad . \quad . \quad . \quad (139)$$

Der Spannungsabfall zwischen D und B ist diesem numerisch gleich, wirkt jedoch in Bezug auf das Netz in entgegengesetztem Sinne, indem er sich zu $\frac{E_k}{2}$ addirt, wenn DA davon zu subtrahiren ist. Die Spannungsdifferenz zwischen beiden Netzhälften wird daher gleich dem doppelten Spannungsabfall DA

$$\varDelta E = (i_1 - i_2)\left(\frac{1}{3}R_a + \frac{1}{2}R_d\right). \quad . \quad . \quad . \quad (140)$$

Um eine möglichst gleichmässige Spannungstheilung zu erhalten, wird man daher den Ohm'schen Widerstand der Drosselspule R_d möglichst gering zu halten haben.

Die Anordnung gestattet keine selbständige Regulirung der beiden Hälften, so dass man die angeführte Spannungsdifferenz und die durch den Spannungsabfall, welchen der Mittelleiterstrom hervorbringt, bedingte Verschiedenheit nur durch besondere Hülfsmittel, wie Hauptstromregulirwiderstände in den Aussenleitern oder besser Zusatzmaschinen in der Mittelleitung kompensiren kann.

Praktisch wird das System so ausgeführt, dass die Maschine mit zwei Schleifringen versehen wird, von denen jeder mit den verschiedenen Ankerstromzweigen an Punkten gleichen Potentials verbunden wird, wobei die Anschlusspunkte der beiden Ringe gegenseitig um eine Poltheilung verschoben sind. Die Punkte gleichen Potentials können für die verschiedenen Wicklungsarten wie Anschlusspunkte von Ausgleichringen gefunden werden (siehe Bd. I, Abschn. 20 und 21). Bei Schleifenwicklungen sind es p um eine doppelte Poltheilung voneinander entfernte Punkte, bei Wellenwicklungen sind es a Punkte der Wicklung.

An die beiden Ringe wird der feststehende, wie ein Transformator ausgeführte Spannungstheiler mittels Bürsten angeschlossen. Die beiden Hälften der Spule (CD und ED) werden gemischt oder übereinander gewickelt, so dass das Fliessen des Gleichstromes keinerlei Aenderung des magnetischen Zustandes des Eisenkerns verursacht, da ja die Wirkung der beiden Gleichstromzweige, die beide den Strom $\frac{i_1 - i_2}{2}$ führen, sich gegenseitig aufhebt.

Für die Berechnung des Spannungstheilers kommen, wie bei einem Transformator, die Eisenverluste und die Kupferverluste in Betracht. Die Eisenverluste sind abhängig von dem maximalen Kraftfluss

$$\Phi_{max} = \frac{E \cdot 10^8}{2\pi c \cdot w} = \frac{E \cdot 10^8}{2\pi \cdot \frac{p \cdot n}{60} \cdot w}.$$

w ist hierbei die gesammte Windungszahl der Spule und E bedeutet die maximale an den Klemmen der Spulen wirkende Spannung, welche in diesem Falle gleich der Generatorspannung E_k wird, da die grösste Spannung an der Spule auftritt, wenn diese gerade zwischen den beiden Bürsten liegt. Die Kupferverluste werden, wenn man den geringen Einfluss des Wechselstromes vernachlässigt, allein durch den Mittelleiterstrom verursacht und sind annähernd proportional der Ampèrewindungszahl $\frac{i_1 - i_2}{2} \cdot w = i \cdot w$. Zu günstigen Dimensionen für die Drosselspule gelangt man, wenn die beiden Verluste in einem bestimmten Verhältnisse zueinander stehen. Man setzt erfahrungsgemäss am besten

$$\Phi_{max} = 100 \cdot i \cdot w.$$

Multiplicirt man beide Gleichungen für Φ_{max}, so ergiebt sich

$$\Phi_{max} = \sqrt{\frac{E_k \cdot i \cdot 10^{10}}{2\pi \cdot \frac{p n}{60}}} \quad \ldots\ldots \quad (141)$$

Die Erfahrung hat ergeben, dass es möglich ist, die Belastung so auf beide Hälften zu vertheilen, dass der Strom im Mittelleiter nicht über 10 bis 15% des Aussenleiterstromes ansteigt, so dass $i = \frac{i_1 - i_2}{2}$ zu 5 bis 7,5% des maximalen Aussenleiterstromes angenommen werden kann.

123. Die Dreileitermaschine von Dettmar.[1]

Legt man an einem Gleichstromgenerator in der Mitte zwischen den positiven und negativen Bürsten noch eine weitere Bürste auf, so wird durch diese die Gesammtspannung ebenfalls in zwei Theile getheilt. Um das Auflegen dieser Bürste zu ermöglichen, muss man jedoch für sie eine schwach inducirte Zone schaffen; also die Pole theilen. Auf diesem Princip beruht die Dreileitermaschine, welche G. Dettmar im Jahre 1894 angegeben hat, nachdem Kingdon bereits eine ähnliche, jedoch praktisch nicht brauchbare Anordnung erfunden hatte.

[1]) E. T. Z. 1897, S. 55 und 230.

Die Maschine ist in Fig. 459 schematisch dargestellt. Das Magnetgestell zeigt einen vierpoligen Typ, ist aber in Wirklichkeit, da ja die Pole getheilt sind, zweipolig, und auch der als Trommelanker ausgeführte Anker ist zweipolig gewickelt. Bei mehrpoligen Maschinen ist die Schaltung analog auszuführen; es sind immer zwei Südpole und zwei Nordpole nebeneinander zu legen und zwischen den gleichnamigen Polen die Mittelleiterbürsten aufzulegen. Die Erregung ist so geschaltet, dass $N_{II} S_I$ und $N_I S_{II}$ zusammen je einen Erregerstromkreis bilden. Denkt man sich vorerst den Anker stromlos und beide Erregerzweige gleichmässig erregt, so wird sich ein Kraftfluss Φ_m ergeben, wie ihn Fig. 459 zeigt. Joch- und Ankerquerschnitt führen, wie man sieht, den vollen Kraftfluss eines Polstückes; äusserlich wird sich die Maschine daher an ihrem verhältnissmässig schweren Joch und Anker erkennen lassen.

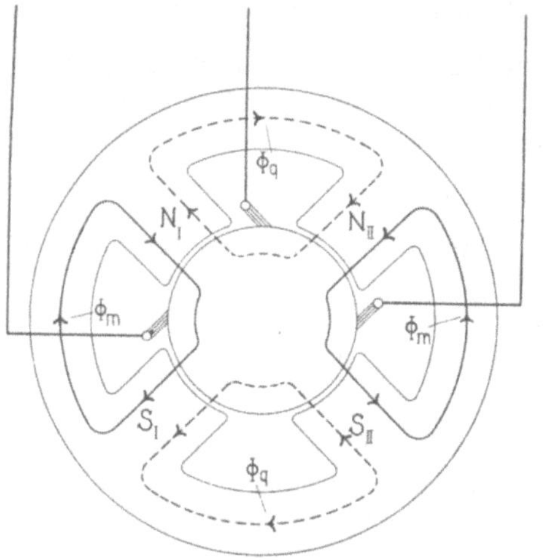

Fig. 459. Dreileitermaschine von Dettmar.

Eine Verstärkung der Erregung der Pole N_{II} und S_I hat auf den Kraftfluss der beiden andern Pole N_I und S_{II} keinen Einfluss, da die magnetomotorische Kraft der Spule N_{II} in Bezug auf S_{II} resp. N_I entgegengesetzt wirkt, wie die magnetomotorische Kraft der Spule S_I. Am besten kann man dies dadurch darstellen, dass man sich den Kraftfluss von N_{II} mit S_I und den von N_I mit S_{II} verkettet denkt, wie dies in Fig. 460 durch den stark ausgezogenen Linienzug $N_{II} S_I$ und den schwach ausgezogenen $N_I S_{II}$ gezeigt ist. Beachtet man nun, dass bei der gegebenen Schaltung der Ankerzweig 01 des Trommelankers nur durch die Pole $N_I S_{II}$ und der Zweig 02 nur durch die Pole $N_{II} S_I$ beeinflusst wird, so ergiebt sich, dass die Spannung jedes Zweiges unabhängig vom anderen regulirt werden kann.

Besonders bemerkenswerth ist bei dieser Maschine der Einfluss der Ankerrückwirkung. Der von den quermagnetisirenden Windungen erzeugte Kraftfluss Φ_q (Fig. 459) nimmt nämlich hier seinen Weg durch das Joch und verstärkt die Pole N_{II} und S_I, während er die Pole N_I und S_{II} schwächt. Es ist daher bei steigender Belastung die Erregung im Zweige $N_I S_{II}$ zu verstärken, während sie im

Zweige $N_{II} S_I$ verringert werden muss. Für die genaue Spannungstheilung und die Vermeidung von Spannungsschwankungen ist dieses Verhalten ungünstig, da beim Ansteigen der Belastung die Theilung ungleich wird. Namentlich wird dies der Fall sein, wenn die Belastung gerade in dem Theil vergrössert wird, in welchem durch die starke Ankerrückwirkung die Spannung an sich schon erniedrigt wird. Zum Theil kann man diesen Fehler dadurch kompensiren, dass man die Pole wechselseitig erregt, d. h. die Erregung von $N_{II} S_I$ vom Zweige 01 (Fig. 460) abnimmt und die von $N_I S_{II}$ vom Zweige 02. Hierdurch wird auch ein Umpolarisiren der Maschine vermieden, das, wenn jeder Zweig sein eigenes Magnetpaar erregt, infolge der Ankerrückwirkung bei den Polen N_I und S_{II} leicht eintreten kann. Diese beiden Pole werden nämlich dann immer von dem Zweige 02, bei welchem die Ankerrückwirkung eine Umpolarisirung nicht herbeiführen kann, in richtigem Sinne magnetisirt.

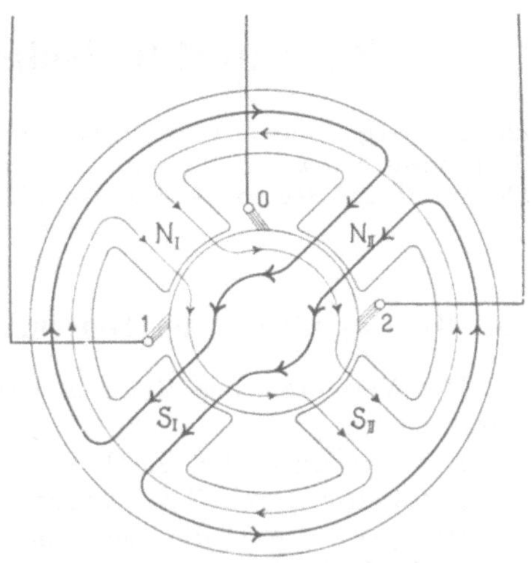

Fig. 460. Kraftflussverkettung in der Dettmar'schen Dreileitermaschine.

Den ungleichen Einfluss der Ankerrückwirkung auf die beiden Abtheilungen kann man auch dadurch kompensiren, dass man die Maschine mit dem Aussenleiterstrom compoundirt und diesen so um die Magnetschenkel führt, dass die Pole $N_{II} S_I$ geschwächt und die Pole $N_I S_{II}$ verstärkt werden.

Zweiunddreissigstes Kapitel.

124. Die Regulirung der Tourenzahl von Nebenschlussmotoren. — 125. Die Haupteigenschaften und das Verwendungsgebiet der Nebenschlussmotoren. — 126. Anlass- und Reguliraggregate. — 127. Belastungsausgleich durch Schwungmassen.

124. Die Regulirung der Tourenzahl der Nebenschlussmotoren.

Das Verhalten der Motoren wird durch folgende drei Grössen charakterisirt:

Erstens durch ihre Zugkraft oder das ausgeübte Drehmoment.

Zweitens durch ihre Tourenzahl.

Drittens durch die aus den beiden genannten Grössen sich ergebende Leistung.

Von der einem Nebenschlussmotor zugeführten Leistung $E_k \cdot (J_a + i_n)$ sind nach Abzug der gesammten Stromwärmeverluste (Bd. I, Seite 501) noch $E_a \cdot J_a$ Watt verfügbar. Von diesen wird jedoch nur ein Theil, $g_m \cdot E_a \cdot J_a$, ausserhalb des Motors nutzbar abgegeben, da zu den Stromwärmeverlusten noch die Hysteresis und Wirbelstromverluste und die Verluste durch Lager-, Luft- und Bürstenreibung hinzukommen. Diese abgegebene Nutzarbeit von $g_m \cdot E_a \cdot J_a$ Watt (s. Seite 532), oder $g_m \cdot \frac{E_a \cdot J_a}{9,81}$ kgm/Sek. kann man auch durch das ausgeübte Drehmoment ϑ und die Tourenzahl n ausdrücken

$$g_m \frac{E_a \cdot J_a}{9,81} = \frac{\vartheta \cdot 2\pi n}{60} \text{ kgm/Sek.}, \quad . \quad . \quad . \quad (142)$$

woraus für das Drehmoment ϑ folgt

$$\vartheta = \frac{g_m}{2\pi \cdot 9,81} \cdot \frac{60}{n} \cdot E_a J_a \quad . \quad . \quad . \quad . \quad (143)$$

oder, wenn man für E_a seinen Werth einführt,

$$\vartheta = \frac{g_m \cdot 10^{-8}}{2\pi \cdot 9,81} \cdot \frac{p}{a} \cdot N \cdot \Phi \cdot J_a \quad . \quad . \quad . \quad (144)$$

Aus dieser Gleichung geht hervor, dass das Drehmoment der Nebenschlussmotoren, wenn man von der Aenderung des Wirkungsgrads g_m absieht, von der Tourenzahl unabhängig ist.

Für die Tourenzahl n resultirt aus der allgemeinen Gleichung für die inducirte Spannung (Bd. I, S. 44)

$$n = 60 \cdot 10^8 \cdot E_a \cdot \frac{1}{\Phi} \cdot \frac{1}{N} \cdot \frac{a}{p} \quad . \quad . \quad . \quad (145)$$

Diese Gleichung giebt uns die verschiedenen Wege an, auf welchen man auf die Tourenzahl einwirken kann; es ergeben sich entsprechend den vier Faktoren der Gleichung vier verschiedene Regulirmethoden:

I. Aenderung der zu inducirenden Spannung E_a.
II. Aenderung des Kraftflusses Φ.
III. Aenderung der Windungszahl N.
IV. Aenderung der Polzahl p.

I. Tourenregulirung durch Aenderung der zu inducirenden EMK.

Die Aenderung der im Anker zu inducirenden EMK wird durch Variation der Spannung an den Motorklemmen bewirkt, und zwar handelt es sich dabei meist um eine Verminderung der Klemmenspannung gegenüber der normalen, also um eine Herabsetzung der Tourenzahl. Hierher gehört vor allem die Spannungsverringerung, welche beim Anlassen der Motoren vorgenommen wird (über den Anlaufsvorgang siehe Seite 408), und die im folgenden beschriebenen Methoden finden alle ausser zur Erzielung einer dauernden Tourenverminderung hauptsächlich auch beim Anlassen der Motoren Verwendung.

Die Aenderung der Klemmenspannung kann herbeigeführt werden: durch Vorschaltwiderstände, durch Aenderung der dem Motor zugeführten Gesammtspannung und durch Vorschalten eines zweiten Motors.

Bei der erstgenannten Art wird die Spannungsänderung an den Motorklemmen durch den Spannungsabfall $J_a \cdot R_v$ im Vorschaltwiderstand (R_v) erzielt:

$$E_a = E_k - J_a (R_v + R_g).$$

Nun ist, wie man aus Gleichung 144 ersehen kann, die Ankerstromstärke J_a von dem zu leistenden Drehmomente ϑ abhängig, und zwar wird für den hier betrachteten Fall J_a proportional ϑ:

$$J_a = c \cdot \vartheta.$$

Führt man diese Beziehung in die Gleichung für E_a ein, so findet man

$$E_a = E_k - c \cdot \vartheta \cdot (R_v + R_g).$$

Die Einwirkung eines bestimmten Werthes des Vorschaltwiderstandes R_v auf die zu inducirende EMK und damit auch auf die Tourenzahl ist also von dem zu leistenden Drehmoment abhängig; bei grossem Drehmoment wird die Tourenzahl durch den gleichen Widerstand mehr verringert als bei kleinem, und bei Leerlauf hat der Vorschaltwiderstand sehr wenig Einfluss. Die genaue Einstellung einer bestimmten Tourenzahl ist also bei dieser Regulirungsmethode nicht möglich. Ausserdem ist dieselbe sehr unökonomisch, da bei ihr von der gesammten, dem Motor zugeführten Energie $E_k \cdot J$ ein der Verminderung der Tourenzahl procentual gleicher Theil in den Vorschaltwiderständen vernichtet wird, der Wirkungsgrad also im Verhältniss der Tourenänderung $\frac{n_1}{n_0}$ sinkt.

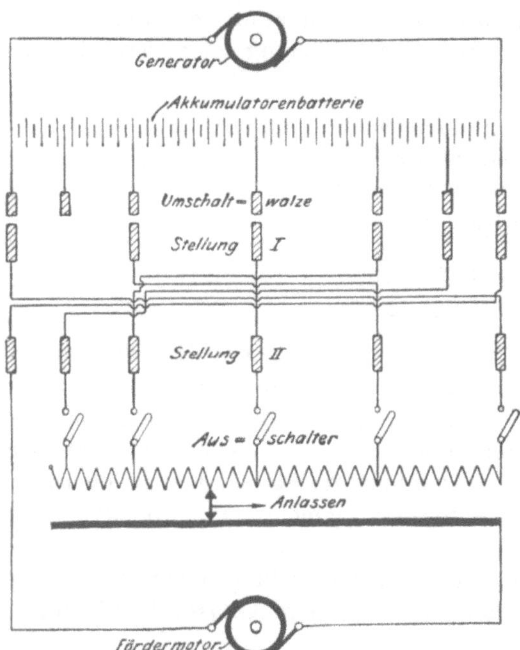

Fig. 461. Schaltung zum Anlassen und Reguliren von Fördermaschinen und Aufzügen (Patent Siemens & Halske).

Eine mit Rücksicht auf den Effektverbrauch weit günstigere Regulirungsmethode ist die Aenderung der dem Motor zugeführten Gesammtspannung.

Wird zur Stromlieferung eine Akkumulatorenbatterie verwendet, so kann man die verschiedenen Spannungsstufen durch Untertheilung der Batterie gewinnen. Diese Methode wird z. B. zum Anlassen und Reguliren von Fördermaschinen und Aufzügen verwendet. Damit die einzelnen Theile der Batterie möglichst gleichmässig entladen werden, wird beim Lauf in der einen Drehrichtung des Motors entsprechend der Hochfahrt in dem einen Trum an dem einen Pol anfangend eine Stufe nach der anderen allmählich eingeschaltet, während bei der darauffolgenden Hochfahrt in dem anderen Trum, also bei umgekehrter Drehrichtung, mit dem Einschalten am entgegengesetzten Pol begonnen wird (Schaltungsschema siehe Fig. 461). Hierdurch wird eine gleichmässige Beanspruchung der Batterie erreicht, da die zuerst eingeschalteten Theile, welche mit der hohen Anfahrstromstärke beansprucht werden und am längsten eingeschaltet bleiben, jeweils bei der nächsten Fahrt nur kürzere Zeit bei der niedrigen Stromstärke des vollen Laufes in Thätigkeit treten. Dies ist auch aus dem Diagramm (Fig. 462) zu ersehen, in welchem die Beanspruchung der einzelnen Batteriegruppen für zwei aufeinander folgende Züge eingetragen und summirt ist.[1])

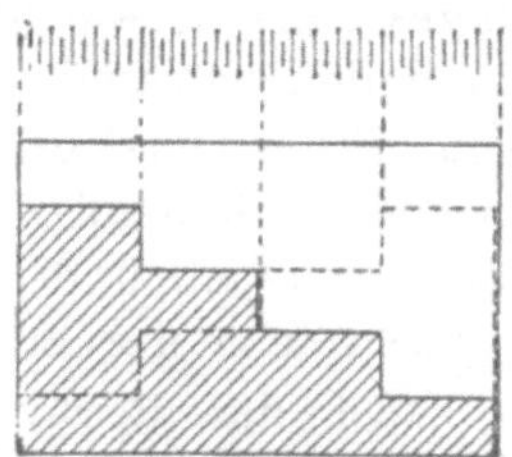

Fig. 462. Beanspruchung der Batterie Fig. 461. (Ausgezogene Stufenlinie für Hochfahrt in dem einen Trum. Gestrichelte Stufenlinie für Hochfahrt in dem andern Trum. Obere Horizontale = Beanspruchung für zwei aufeinanderfolgende Fahrten.)

Sind in einer Anlage viele Motoren vorhanden, deren Geschwindigkeit in weiten Grenzen variirt werden soll, so ist es zweckmässig, für dieselben ein Dreileiternetz mit zwei verschiedenen Spannungen auszuführen. Es stehen dann für den Betrieb der Motoren diese zwei Spannungen und ihre Summe, die Spannung zwischen den Aussenleitern, zur Verfügung, woraus sich drei entsprechende Geschwindigkeitsstufen ergeben. Um eine möglichst grosse Geschwindigkeitsvariation zu erhalten, wird das Dreileiternetz oft mit zwei verschiedenen Einzelspannungen ausgeführt. In der Praxis gebräuchliche Zahlen sind 75 und 150 Volt zwischen je einem Aussenleiter und den Mittelleiter (Fig. 463), so dass sich zwischen den Aussenleitern eine Spannung von 225 Volt ergiebt. Hier wird also durch die Aenderung der Spannung eine Tourenvariation im Verhältniss 1 : 3 erreicht.

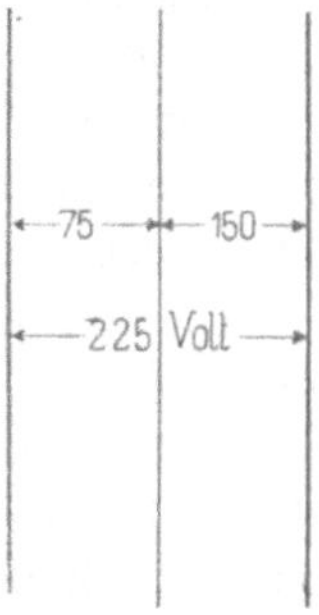

Fig. 463. Dreileiterschaltung mit verschiedenen Einzelspannungen für Tourenregulierung von Motoren.

Die beiden letztbeschriebenen Methoden gestatten nur eine Regulirung mit sehr grossen Stufen; sie sind daher für sich allein meist nicht genügend und können nur in Verbindung mit andern Hülfsmitteln (Vorschaltwiderständen, Nebenschlussregulirung) angewandt werden.

Eine allmähliche Variation der Gesammtspannung und der

[1]) Näheres über Ausbildung der Schalter E. T. Z. 1902, S. 603.

Tourenzahl kann bei Anwendung eines besonderen Generators erreicht werden, dessen Spannung durch Regulirung der Erregung geändert wird. Es wird hierbei an das Vertheilungsnetz ein Motor angeschlossen, welcher den Generator antreibt, und dieser versorgt dann den zu regulirenden Motor mit Strom. Diese Methode, welche von H. Ward-Leonard[1]) angegeben wurde, hat den Vortheil grosser Oekonomie. Ausserdem werden die Schaltapparate sehr klein, einfach und betriebssicher, da sie nur von den kleinen Erregerströmen durchflossen sind.

Bei der Regulirung der Tourenzahl durch Aenderung der Gesammtspannung entspricht jeder Einstellung der Spannung eine bestimmte Tourenzahl, welche der Nebenschlussmotor bei allen Leistungen bezw. bei jedem beliebigen Drehmoment stets annähernd beibehält. Dieselbe wird nur durch den Spannungsabfall im Anker etwas beeinflusst, dem jedoch die Ankerrückwirkung entgegenwirkt (Bd. I, S. 449). Wird der Motor von aussen, z. B. durch eine niedergehende Last, angetrieben, so läuft er als Generator (siehe Bd. I, S. 190) und liefert Strom zurück. Es stellt sich hierbei eine dem Antriebsmomente entsprechende Stromstärke ein, und die Tourenzahl steigt nur so viel, bis die inducirte Spannung gleich der Schienenspannung vermehrt um den Spannungsabfall im Anker geworden ist; die inducirte Spannung wird also nur um wenige Procente variiren.

Als dritten Weg zur Aenderung der im Motor zu inducirenden EMK ist eingangs die Vorschaltung eines zweiten Motors genannt worden. Werden zum Antrieb zwei Motoren verwandt, so kann man diese für niedere Tourenzahlen hintereinander und für höhere parallel schalten.

Diese Anordnung ist namentlich für Hauptstrommotoren sehr gebräuchlich und soll dort ausführlicher behandelt werden. Bei Nebenschlussmotoren ist sie weniger in Anwendung, weil es hier seltener vorkommt, dass zwei Motoren gemeinsam auf denselben Antrieb arbeiten. Da bei dieser Schaltung schon eine kleine Verschiedenheit der Felder der beiden Motoren eine ungleiche Vertheilung der Stromaufnahme und eine Ueberlastung des einen Motors herbeiführen kann (siehe S. 633), so ist jeder der beiden Erregerkreise mit einem besonderen, unabhängigen Regulirwiderstand, und womöglich jeder Ankerstromkreis mit einem besonderen Ampèremeter zu versehen, damit man Unregelmässigkeiten rechtzeitig erkennen und beheben kann.

Handelt es sich um Antriebe mit nur einem Motor, so kann

[1]) U. S. P. 463802 (1891). D. R. P. 77266 (1894).

man die Geschwindigkeitsregulirung mit einem besonderen vorgeschalteten Regulirmotor bewerkstelligen. Die mechanische Energie desselben wird dabei in einem direkt gekuppelten Generator ausgenutzt, welcher entweder auf das Netz zurück oder auf den Hauptmotor selbst arbeitet. Für den Fall, dass der Generator auf das Netz arbeitet (Schaltungsschema Fig. 464), wird die Erregung des Hauptmotors M und des Generators G_1 konstant gehalten und nur die des Regulirmotors M_1 durch den Regulirwiderstand RW verändert. Die Tourenzahl der Doppelmaschine $M_1 G_1$ ist dann, abgesehen vom Spannungsabfall im Anker, durch die Netzspannung festgelegt, also annähernd konstant. Bei Sinken der Geschwindigkeit wird nämlich G_1 zum Motor und verhindert, dass die Tourenzahl

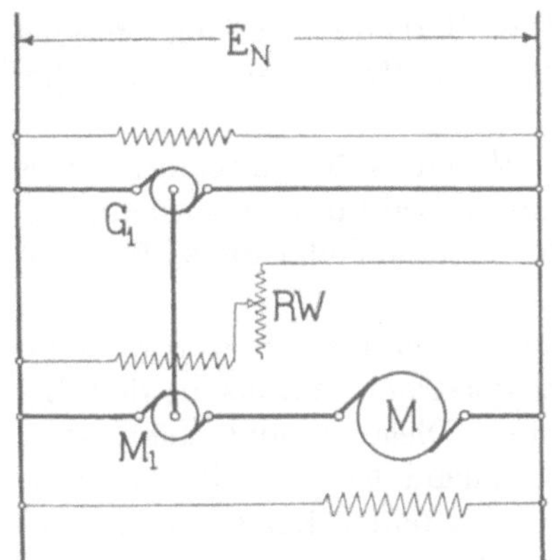

Fig. 464. Regulirmotor mit Generator, der auf das Netz arbeitet.

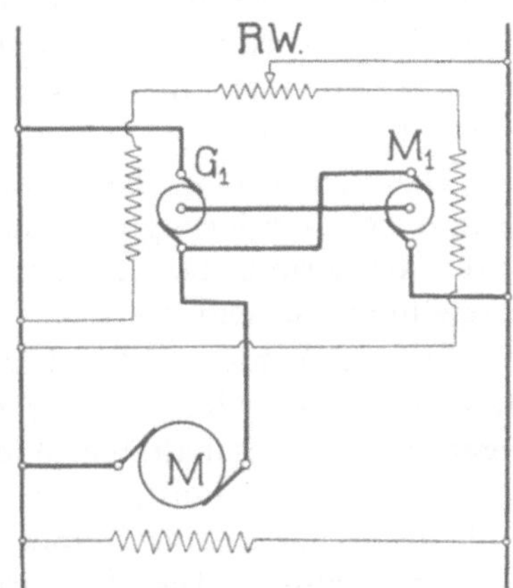

Fig. 465. Regulirmotor mit Generator, der auf den Hauptmotor arbeitet.

des Aggregats weiter abnimmt. Für konstante Umdrehungszahl hängt nun die im Motor M_1 inducirte EMK allein von seiner Erregung ab; denn wie aus Gl. 145 hervorgeht, muss dann der Quotient $\frac{E_a}{\Phi}$ konstant sein. Man kann also die Spannung am Motor M_1 durch Aenderung seiner Erregung beliebig reguliren und hierdurch, da die Summe der Spannungen beider Motoren, M und M_1, stets gleich der Netzspannung sein muss, die Spannung des Motors M nach Wunsch einstellen. Dieser Spannung entspricht nun wieder, abgesehen vom Spannungsabfall im Anker, eine ganz bestimmte Tourenzahl, welche der Motor bei allen Belastungen unbedingt beibehält. Wird die Belastung negativ, so arbeiten beide Motoren (M und M_1) als Generatoren auf das Netz und M_1 wird dabei von G_1 angetrieben. Wenn G_1 nicht an das Netz, sondern an den Motor selbst angeschlossen ist (Fig. 465), muss die Spannung von M_1 und G_1 stets gleichzeitig regulirt werden; im übrigen liegen hier, wie sich leicht zeigen lässt, die Verhältnisse in Bezug auf die Festlegung der Tourenzahl von M_1 genau wie bei der anderen Anordnung.

II. Tourenregulirung durch Aenderung des Kraftflusses.

Die Aenderung des Kraftflusses Φ eines Nebenschlussmotors wirkt, da dieser in der Hauptgleichung 145 im Nenner steht, im entgegengesetzten Sinne auf die Tourenzahl ein, wie die Aenderung der inducirten EMK. Während daher bei den bisher betrachteten Methoden durch die Regulirung meist eine Herabsetzung der Tourenzahl bewirkt wurde, wird durch die vorliegende Regulirungsart eine Tourenvermehrung erreicht. Die Methode hat den grossen Vortheil, dass sie den Wirkungsgrad des Motors sehr wenig beeinflusst.

Die Aenderung des Kraftflusses Φ eines Nebenschlussmotors kann durch Aenderung der Ampèrewindungszahl des Nebenschlusses, durch Aenderung des magnetischen Widerstands oder durch Bürstenverstellung bewirkt werden.

Die einfachste und daher beinahe ausschliesslich angewendete Methode ist die Schwächung des Erregerstroms mittels in den Erregerkreis eingeschalteter Widerstände. Diese kommt auch stets dann zur Anwendung, wenn es sich darum handelt, die Tourenzahl des Nebenschlussmotors bei verschiedenen Belastungen konstant zu halten. Die Aenderung der Ampèrewindungszahl durch Hintereinander- oder Parallelschalten der Nebenschlussspulen ist nicht zweckmässig, da das Umschalten der Spulen wegen ihrer grossen Selbstinduktion mit Schwierigkeiten verknüpft ist. Eine Aenderung der Windungszahl einer Spule hat auf die Ampèrewindungszahl der Nebenschlussmotoren keinen Einfluss.

Die Erhöhung der Tourenzahl, welche man durch Schwächung der Feldmagnete erreichen kann, ist begrenzt durch die Möglichkeit funkenfreier Kommutation. Es wirken hier nämlich zwei Umstände gleichzeitig ungünstig auf die Kommutationsverhältnisse ein. Einerseits wird das kommutirende Feld geschwächt und andrerseits wird durch das Ansteigen der Geschwindigkeit die Dauer des Kurzschlusses verkürzt. Um einen möglichst grossen Regulirbereich zu erhalten, wird man daher vor allem die durch den Ankerstrom bewirkte Quermagnetisirung möglichst herabzusetzen suchen. Wie man dies durch die Konstruktion der Pole oder durch Kompensationswicklungen erreichen kann, ist in Bd. I, Seite 394 ff. ausführlich beschrieben worden.

Gut geeignet hierfür ist die vom Verfasser zu diesem Zwecke angegebene Polkonstruktion (Bd. I, S. 399, Fig. 304 u. 306), indem bei ihr erstens die Quermagnetisirung verringert wird und ferner das kommutirende Feld unter dem Polzahn auch bei schwacher Erregung erhalten bleibt. Da nämlich der magnetische Widerstand an der Stelle Bb am geringsten ist, wird der Kraftfluss, der durch den Polzahn verläuft, auch bei schwacher Erregung wenig abnehmen. Besonders erwähnenswerth ist ferner die auf Seite 247 beschriebene Maschine von Koppelmann.

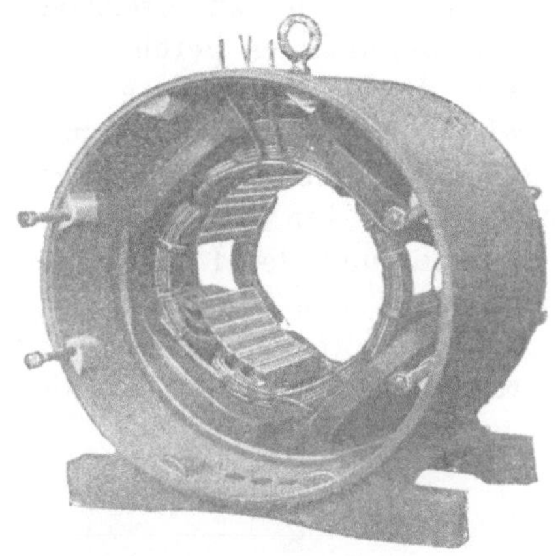

Fig. 466. Motor der Maschinenfabrik Oerlikon mit Kompensationswicklung.

Die Maschinenfabrik Oerlikon verwendet zur Kompensirung der Ankerrückwirkung und Erzeugung des kommutirenden Feldes eine Kompensationswicklung,[1]) die in Nuten der lamellirten Pole angeordnet ist (s. Fig. 466). Es wird hierdurch bei dem dargestellten 3 PS-Motor eine Tourenänderung von 350 auf 1500 Touren allein durch Reguliren des Erregerstroms erreicht, wobei sich der Wirkungsgrad der Maschine verhältnissmässig wenig ändert. Allerdings wird das Material hierbei schlecht ausgenutzt, indem eine 9 PS-Type nur als 3 PS-Motor verwendet wird. Versuchsergebnisse mit einem derartigen Motor sind in beistehender Tabelle gegeben.

Versuchsergebnisse für einen Kapselmotor Type H 36 der Maschinenfabrik Oerlikon.

Umdrehungen pro Minute		1500	1000	750	500	350
Spannung	Volt	130	130	130	130	130
Stromstärke bei Leerlauf . . .	Amp.	4	2,3	1,8	1,5	1,5
„ „ Volllast . . .	„	25	25	25	25	25
Leistung bei Volllast	PS	2,9	3,15	3,2	3,3	3,2
„ „ Halblast	„	1,4	1,74	1,75	1,75	1,75
Wirkungsgrad bei Volllast . .	%	66	72	73	74	73
„ „ Halblast . .	%	59	71	74,5	76	74
Nebenschlussstrom bei Leerlauf .	Amp.	0,12	0,21	0,29	0,3	0,8
„ „ Volllast .	„	0,06	0,12	0,18	0,3	0,6

[1]) E. T. Z. 1902. S. 1058.

Auch ohne diese besonderen Massregeln kann man bei gut dimensionirten Maschinen durch Aenderung der Erregung eine Tourenvariation bis 1 : 3 hervorbringen; die Maschinen werden jedoch dann grösser und theurer als die normalen von gleicher Leistung.

Die Absicht, die Verminderung der Quermagnetisirung durch das gleiche Mittel zu erreichen, wie die Feldschwächung, hat zu den Konstruktionen geführt, bei welchen die Variation des Kraftflusses durch Aenderung des magnetischen Widerstandes bewirkt wird. Jedoch kommt diese Methode wegen der mechanischen Komplikation, mit der sie verknüpft ist, sehr wenig zur Anwendung. Ein Theil der hierher gehörigen Konstruktionen arbeitet mit Aenderung des Luftzwischenraums. Zweckmässiger dürfte es sein, nach dem Vorgehen von F. A. Jonson[1]) einen Theil des Polkernes beweglich zu machen (Fig. 467). Hierbei wird ausser der Verringerung der Quermagnetisirung noch ein Zusammendrängen

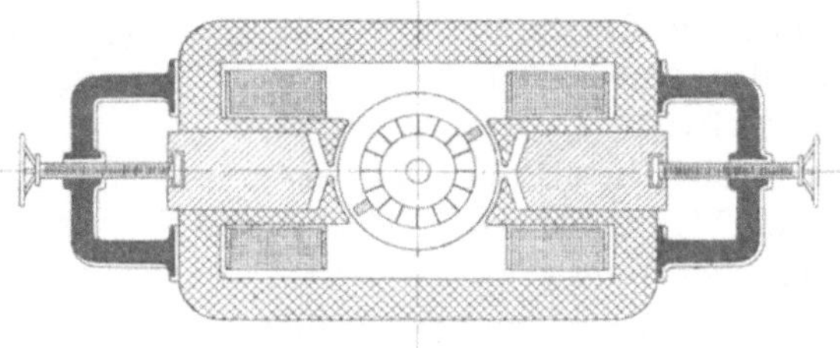

Fig. 467. Motor mit verschiebbaren Polkernen (Patent F. A. Jonson).

der Kraftlinien in den Polspitzen erreicht und so das kommutirende Feld auch bei kleinem Kraftfluss erhalten.

Eine Tourenregulirung in weiten Grenzen durch Aenderung des Kraftflusses wird auch bei dem bereits weiter oben (Seite 592) beschriebenen Doppelmaschinensystem Lanhoffer erreicht. Die Anordnung, die in Fig. 468 noch einmal schematisch dargestellt ist, beruht darauf, dass eine Wicklung von zwei verschiedenen Kraftflüssen F_1 und F_2 durchflossen ist, von denen der eine F_1 konstant und der andere F_2 in weiten Grenzen variabel ist und entweder in gleichem oder in entgegengesetztem Sinne wirkt wie F_1. Hierdurch kann eine sehr weitgehende Aenderung des wirksamen Gesammtkraftflusses und infolge davon eine sehr grosse Tourenvariation erzielt werden. Allerdings sind die Herstellungskosten eines solchen Motors verhältnissmässig gross.

Eine Tourenveränderung in gewissen Grenzen lässt sich auch durch Verstellung der Bürsten erreichen. Der Kraftfluss Φ

[1]) El. World and Eng. 1899. S. 556.

wurde in Bd. I, Seite 41 definirt als Kraftlinienzahl, die in die Fläche einer Windung in dem Momente eintritt, in welchem die betrachtete Windung kurzgeschlossen wird. Bei Verdrehung der Bürsten wird nun die Lage der kurzgeschlossenen Spulen im Felde, also auch Φ geändert, und zwar bewirkt eine Verschiebung der Bürsten gegen die Pole zu eine Verminderung des Kraftflusses, also eine Erhöhung der Tourenzahl. Da die Verstellung der Bürsten wegen der Funkenbildung nur innerhalb enger Grenzen möglich ist und die Methode auch die Konstruktion der Maschine kompliciren würde, ist sie nicht in Anwendung.

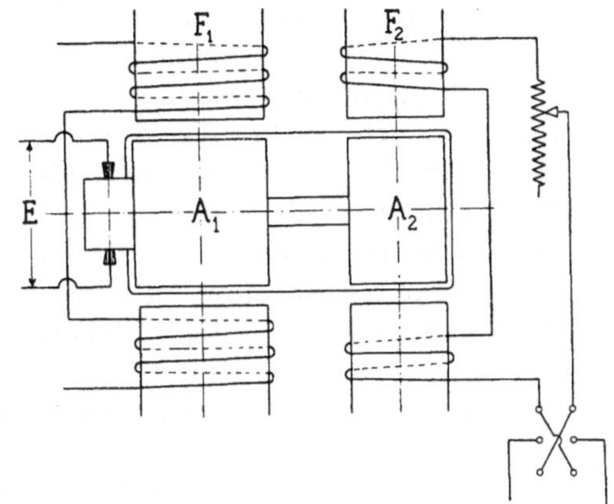

Fig. 468. Schema eines Motors System Lanhoffer.

III. Tourenregulirung durch Aenderung der Windungszahl.

Diese Art der Tourenänderung wird erreicht durch Anwendung von Ankern mit zwei Wicklungen und zwei Kollektoren. Wählt man z. B. für die eine Wicklung eine Windungszahl $\frac{N_1}{2} = 300$ und für die andere Wicklung $\frac{N_2}{2} = 100$, so lassen sich hiermit vier verschiedene Windungszahlen und also auch vier verschiedene Geschwindigkeiten des Motors einstellen. Werden beide Wicklungen hintereinander geschaltet, so resultirt eine Windungszahl $\frac{N_1}{2} + \frac{N_2}{2} = 400$; $\frac{N_1}{2}$ allein giebt 300, $\frac{N_2}{2}$ allein 100; ferner kann man noch die beiden Wicklungen gegeneinander schalten, so dass sich ihre Windungszahlen voneinander abziehen, und erhält dann $\frac{N_1}{2} - \frac{N_2}{2} = 200$ Windungen. Nun ist die Tourenzahl, wie Gleichung 145 zeigt, für sonst gleiche Verhältnisse, der Windungszahl umgekehrt proportional; entspricht z. B. der Hintereinanderschaltung beider Wicklungen $\left(\frac{N}{2} = 400\right)$ eine Tourenzahl von 300, so sind ausserdem noch die Tourenzahlen 600, 900 und 1200 mit der Maschine zu erreichen. Da der maximale Strom, der dem Motor zugeführt werden kann, in allen Fällen gleich ist, so verhalten sich die maximalen Drehmomente direkt wie die Windungszahlen (Gl. 144), während die Leistung des Motors für alle vier Schaltungen annähernd gleich bleibt, da ja $E_a \cdot J_a$ annähernd konstant ist.

Man erhält bei dieser Methode einen sehr weiten Regulirbereich, kann jedoch nur ganz bestimmte Tourenzahlen mit sehr grossen Abstufungen einstellen. Um auch mit dazwischen liegenden Geschwindigkeiten arbeiten zu können, wird meist ausserdem Feldregulirung angewandt. Beim Uebergang von einer Windungszahl zur andern ist durch Vorschalten von Widerständen ein allzu starkes Anwachsen des Stromes zu verhindern.

IV. Tourenregulirung durch Aenderung der Polzahl.

Die Aenderung der Polzahl wirkt je nach der Art der Wicklung in verschiedenem Sinne auf die Tourenzahl ein.

Bei Benutzung eines Ringankers mit Spiralwicklung kann man nach dem von der Union E. A.-G. ausgeführten System Essberger[1]) jeweils zwei oder mehr benachbarte Pole gleichsinnig schalten. Gleichzeitig werden die zwischen den Polen liegenden Bürsten ausser Betrieb gesetzt, so dass die Zahl der Ankerstromzweige, wie dies bei Spiralwicklung nothwendig ist, gleich der Polzahl bleibt. Es werden bei dieser Anordnung gleichsam die Pole verbreitert und der Kraftfluss pro Pol auf das Doppelte, Dreifache u. s. w. gesteigert. Bei Umwandlung eines vierpoligen Motors in einen zweipoligen wird Φ z. B. verdoppelt, und die Tourenzahl sinkt infolge davon auf die Hälfte.

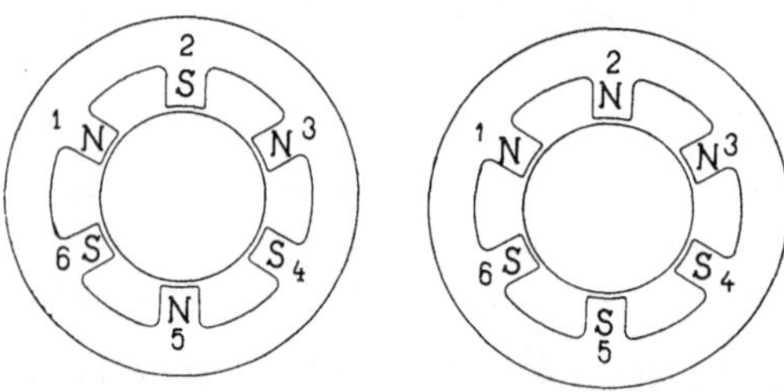

Fig. 469. Polumschaltung zur Regulirung der Tourenzahl von Motoren mit Wellenwicklung.

Anders gestaltet sich die Regulirung bei Wellenwicklung, bei der die Zahl der Ankerstromzweige und der Bürsten von der Polzahl unabhängig ist. Hier kann man (Fig. 469) eine Umschaltung z. B. in der Art vornehmen, dass man einen sechspoligen Motor zweipolig schaltet. Es bilden dann die drei Pole 1, 2, 3 den einen Pol und die drei Pole 4, 5, 6 den andern. Die von den Polen 2 und 3 bezw. von den Polen 5 und 6 in der Wicklung inducirten elektromotorischen Kräfte wirken sich entgegen und es bleiben nur die Pole 1 und 4 wirksam. Es muss also jetzt in einem Drittel

[1]) Z. d. V. d. I. 1896, S. 178.

der Ankerwicklung die gleiche gegenelektromotorische Kraft inducirt werden, wie vor der Polumschaltung in der ganzen Wicklung; die Umdrehungszahl wird daher verdreifacht.

125. Die Haupteigenschaften und das Verwendungsgebiet der Nebenschlussmotoren.

Die Eigenschaften des Nebenschlussmotors sind zum Theil bereits im vorhergehenden Kapitel im Zusammenhang mit den verschiedenen Arten der Tourenregulirung behandelt worden, sie sind jedoch im Folgenden noch einmal kurz zusammengestellt; es wird dabei konstante Klemmenspannung vorausgesetzt.

1. Bei konstanter Erregung ist die Tourenzahl des Nebenschlussmotors von Leerlauf bis Volllast annähernd konstant, also vom ausgeübten Drehmoment annähernd unabhängig (Bd. I, S. 448).

2. Das Drehmoment resp. die Anzugskraft des Nebenschlussmotors ist bei konstanter Erregung der Ankerstromstärke direkt proportional (Gl. 144).

3. Eine Aenderung oder ein genaues Konstanthalten der Tourenzahl ist durch Regulirwiderstände im Erregerkreis auf sehr einfache und ökonomische Weise zu erreichen.

4. Der Motor läuft, wenn er durch eine äussere Kraft angetrieben wird, in gleicher Drehrichtung ohne Schaltungsänderung als Generator weiter und liefert Strom ins Netz zurück. Dabei wirkt er gleichzeitig als selbstthätige Bremse, behält jedoch seine Tourenzahl annähernd bei.

5. Eine wirksamere elektrische Bremsung, mit welcher der Motor nahezu zum Stillstand gebracht werden kann, wird erzielt, indem man den Anker über einen Widerstand kurzschliesst, während das Feld vom Netz aus voll erregt bleibt.

Durch die angegebenen Eigenschaften ist das Verwendungsgebiet der Nebenschlussmotoren bestimmt. Man wird sie vor allem überall da anwenden, wo es darauf ankommt, bei variablem Drehmoment eine konstante Tourenzahl beizubehalten oder eine vom Drehmoment unabhängige Tourenregulirung zu erzielen. Nebenschlussmotoren werden daher gebraucht zum Antrieb von Werkstätten und einzelnen Werkzeugmaschinen (Gruppenantrieb und Einzelantrieb), für Papier- und Druckereimaschinen, für Pumpen und Ventilatoren u. s. w. Ferner wird der Nebenschlussmotor oft auch bei Hebezeugen angewandt, bei denen eine plötzliche Entlastung und Umkehrung der Kraftrichtung vorkommen kann, also namentlich für Fördermaschinen und Aufzüge.

Bei Elektromotoren, welche auf die Transmission von Werkstätten arbeiten, wird man im allgemeinen nur einen Anlasswiderstand brauchen und in den meisten Fällen auf einen besonderen Regulirwiderstand vollständig verzichten können. Beim Einzelantrieb von Werkzeugmaschinen kann man die für diese meist erforderliche Geschwindigkeitsänderung durch Zwischenschaltung einer Uebersetzung, z. B. durch Stufenscheiben, erzielen; zweckmässiger wird man jedoch die vortheilhaften Eigenschaften der Elektromotoren ausnutzen, indem man direkten Antrieb wählt und die Geschwindigkeit der Motoren ändert. Hierdurch ergiebt sich eine sehr bequeme Handhabung und eine grosse Ersparniss an Arbeitszeit, indem das zeitraubende Umlegen der Riemen vermieden wird. Eine passende Tourenabstufung wird durch Anwendung von Motoren mit zwei Wicklungen erreicht oder durch Ausführung eines Dreileiternetzes mit zwei verschiedenen Spannungen. Selbstverständlich können sich für bestimmte Fälle auch sämmtliche andern im Vorhergehenden beschriebenen Regulirungsmethoden als zweckmässig erweisen.

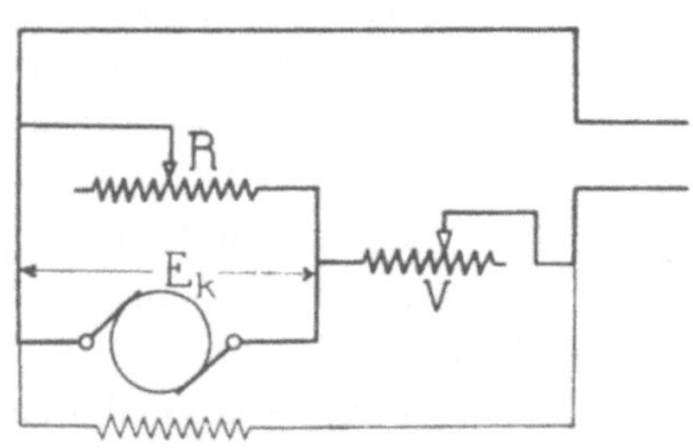

Fig. 470. Regulirung durch Vorschalt- und Parallelwiderstand für starke Herabsetzung der Geschwindigkeit.

Eine Tourenregulirung in sehr weiten Grenzen verlangen die Druckereipressen und die Papiermaschinen.

Es werden hierbei Geschwindigkeitsvariationen von 1:6 und mehr verlangt. Da hier eine Anlage meist eine ganze Reihe von einzelnen Maschinen enthält, wird oft die Anlage eines Netzes mit verschiedenen Spannungen in Frage kommen; ferner kann man die für die niederen Tourenzahlen erforderlichen kleinen Spannungen auch durch Aufstellung einer kleinen Akkumulatorenbatterie erreichen, da es selten vorkommt, dass verschiedene Maschinen gleichzeitig mit reducirter Geschwindigkeit laufen sollen. Der Einfachheit wegen wird oft auch die Tourenverminderung durch Vorschaltwiderstände herbeigeführt. Wie wir oben gesehen haben, ist die Wirkung der Vorschaltwiderstände jedoch stark von dem Drehmoment abhängig und für schwache Belastungen sehr gering. Die Cutler-Hammer Manufacturing Co. benutzt daher bei Druckereipressen die in Fig. 470 dargestellte Schaltung, bei welcher ausser dem Vorschaltwiderstand V noch ein Regulirwiderstand R parallel zum Motor benutzt wird. Die Spannung E_k wird hier hauptsächlich durch den Strom, der durch den Regulirwiderstand fliesst, bestimmt und lässt sich durch die Veränderung dieses Widerstandes unabhängig von der Belastung des Motors beliebig einstellen. Natürlich ist diese Regulirung ausserordentlich unökonomisch und kann daher nur da, wo die Geschwindigkeitsverminderung nur kurze Zeit dauert, angewandt werden.

Ein Gebiet, in das der Elektromotor erst in letzter Zeit eingedrungen ist, ist die Grubenförderung; gerade hier haben sich aus seinen besonderen Eigenschaften Vortheile gegenüber dem Dampfbetrieb ergeben.

Beim Arbeiten der Fördermaschinen[1]) unterscheidet man drei Perioden:

1. die Anfahrperiode,
2. die Fahrt mit konstanter Geschwindigkeit und
3. das Anhalten, wobei der Strom ausgeschaltet und der Motor, wenn nöthig, gebremst wird.

Von besonderer Wichtigkeit ist die Anfahrperiode.

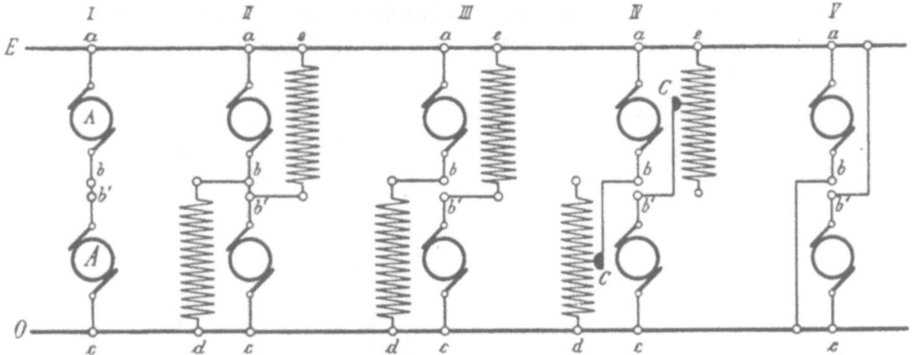

Fig. 471. Anlassen von Fördermaschinen bei Antrieb durch zwei Motoren.

Eine Verwendung von Anlasswiderständen würde bei den grossen Motoren einerseits zu Widerstandsapparaten von sehr grossen Dimensionen führen, vor allem aber ausserordentliche Energieverluste veranlassen, welche, wie auf S. 413 gezeigt wurde, etwa die Hälfte der während der Anlassperiode verbrauchten Energie betragen. Bei Anwendung von zwei Motoren, welche zuerst hintereinander und dann parallel geschaltet werden, vermindert sich dieser Verlust in den Anlasswiderständen auf die Hälfte. Da bei den Fördermaschinen die Last stets durch den Motor gehalten werden muss, darf der Strom beim Uebergang von der Serieschaltung zur Parallel-

[1]) Nach C. Köttgen. „Das Anlassen von elektrischen Fördermaschinen." E. T. Z. 1902, S. 601.

schaltung der Motoren nicht unterbrochen werden, was durch die Schaltanordnung (Fig. 471)[1]) erreicht wird. Es wird in Stellung II parallel zu jedem Anker ein Anlasswiderstand gelegt und dann die Verbindung zwischen beiden Ankern in der Art, wie Stellung III zeigt, gelöst. Die Anlasswiderstände werden hierauf allmählich ausgeschaltet (Stellung IV), bis die beiden Anker unmittelbar an der Netzspannung liegen (Stellung V).

Ist nur ein einziger Motor vorhanden, so bedient man sich beim Anlassen einer untertheilten Akkumulatorenbatterie oder benutzt ein sogenanntes „Anlassaggregat“, welches aus zwei rasch laufenden, direkt gekuppelten Nebenschlussmaschinen besteht.

126. Anlass- und Reguliraggregate.

Da diese Anlass- und Reguliraggregate Vorzüge besitzen, welche sie auch für andere Betriebe geeignet erscheinen lassen, seien sie im Folgenden etwas ausführlicher behandelt. Die hierher gehörigen Anordnungen zur allmählichen Erhöhung der Geschwindigkeit

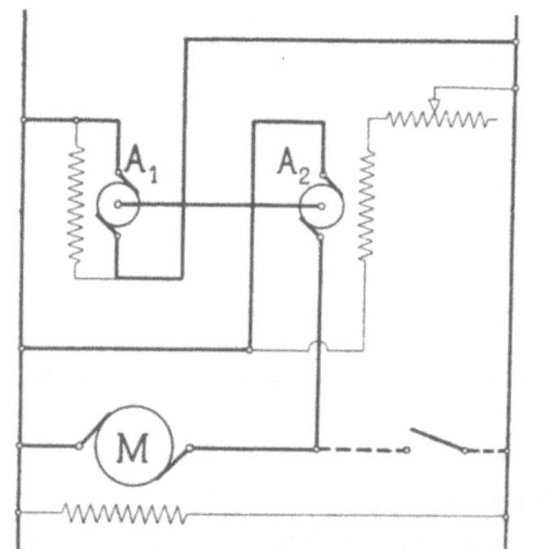

Fig. 472. Anlassaggregat Schaltung I. (H. Ward-Leonard.)

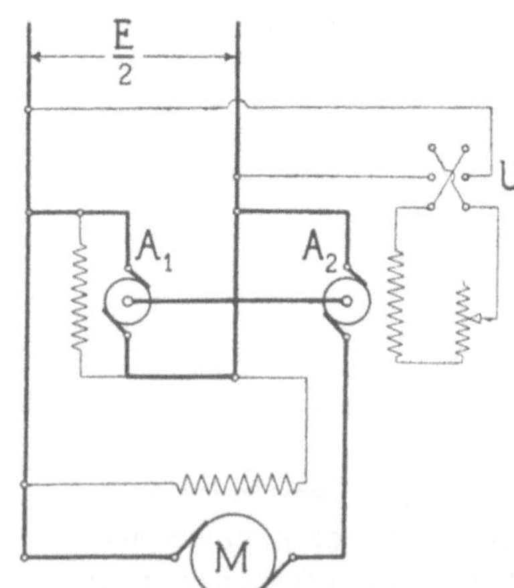

Fig. 473. Anlassaggregat Schaltung II.

während des Anlassens, basiren alle auf den beiden oben behandelten Methoden, die Klemmenspannung durch Anwendung eines besonderen Generators oder durch Vorschalten eines Regulirmotors zu ändern. Die hauptsächlich hier in Betracht kommenden Schaltungen sind in den Fig. 472 bis 475 dargestellt.

[1]) E. T. Z. 1902, S. 602.

I. Fig. 472 zeigt das Anlassen mittels eines besonderen Generators (A_2), der von einem am Netz hängenden Motor (A_1) angetrieben wird. Hat der Motor M die volle Geschwindigkeit erreicht, so wird er auf das Netz geschaltet, und das Anlassaggregat läuft leer.

II. Fig. 473 giebt eine andere Anordnung der Anlassmaschinen, die in letzter Zeit mehrfach zur Ausführung gekommen ist.

Die Maschine A_2 läuft im ersten Theil der Anlassperiode als vorgeschalteter Regulirmotor und treibt die Maschine A_1 an, die als Generator auf das Netz arbeitet. Die Spannung von A_2 wird allmählich auf Null vermindert, so dass der Fördermotor die volle Netzspannung erhält. Ist dieser Zustand erreicht, so wird das Feld von A_2 umgeschaltet und diese Maschine arbeitet jetzt als ein

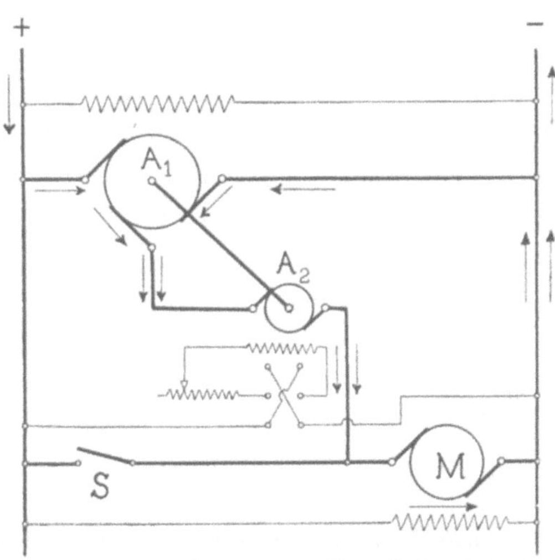

Fig. 474. Anlassaggregat Schaltung III (mit Dreileitermaschine).

von A_1 angetriebener Generator, dessen Spannung allmählich bis zur Netzspannung gesteigert wird. Der Fördermotor arbeitet also in der Fahrtperiode mit der doppelten Netzspannung und das Anlassaggregat bleibt stets vollbelastet eingeschaltet.

III. Bei der dritten Anordnung, Fig. 474, ist die Maschine A_1 als Dreileitermaschine (s. Seite 606) ausgebildet, welche die Spannung in zwei Hälften theilt, und die Regulirmaschine A_2 ist an die Mittelbürste angeschlossen. Diejenige Hälfte des Spannungstheilers, welche an der positiven Schiene liegt, wirkt als vorgeschalteter Motor, die andere Hälfte als Generator. Der Netzstrom durchfliesst die Motorhälfte, dann A_2 und den Fördermotor M; ausserdem erhalten A_2 und der Fördermotor noch von der Generatorseite von A_1 Strom. Im ersten Theil der Anlaufperiode treiben die Motorhälfte und der Regulirmotor A_2 zusammen die Generatorhälfte. Ist die Spannung des Fördermotors auf $\frac{E}{2}$ gestiegen, so wird, wie in der vorher beschriebenen Schaltung, A_2 durch Umkehrung der Erregung als Generator geschaltet, und die Motorhälfte treibt dann ausser der Generatorseite auch noch A_2 an. Hat der Fördermotor die volle Spannung erreicht, so wird er mit beiden Klemmen an das Netz gelegt, indem der Schalter S geschlossen wird.

IV. Am günstigsten gestalten sich alle Verhältnisse, wenn zum Betrieb ein Dreileiternetz zur Verfügung steht (Fig. 475). Man lässt dann anfangs durch A_2 als Motor den Generator A_1 antreiben, der dem Fördermotor den Strom liefert (Fig. 475a). Hat dieser die

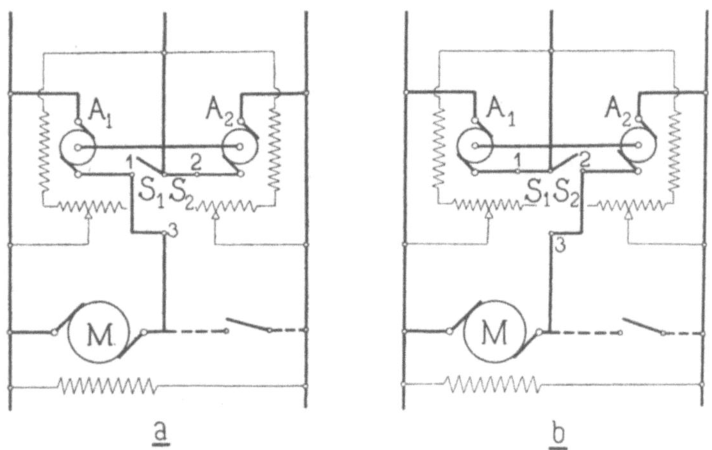

Fig. 475. Anlassaggregat Schaltung IV (für Dreileiternetz).

halbe Netzspannung erreicht, so wird der Schalter S_1 geschlossen und die Verbindung 2—3 hergestellt; hierauf wird der Schalter S_2 geöffnet und die Verbindung 1—3 unterbrochen, so dass die Schaltanordnung Fig. 475b entsteht.

A_2 dient dann als Vorschaltmotor und A_1 liefert Strom in's Netz. Die Spannung von A_2 wird nun allmählich auf Null reducirt und der Fördermotor dann direkt auf die beiden Aussenleiter geschaltet.

Die erforderliche Leistungsfähigkeit der Anlassmaschinen ist bei den einzelnen Schaltungen verschieden. Bei Schaltung I muss jede der beiden Maschinen von gleicher Leistung wie der Fördermotor sein; bei Anordnung II und IV werden beide nur halb so gross; in Schaltung III muss die Dreileitermaschine die gleiche Stärke haben wie der Hauptmotor, während die andere Maschine nur halb so stark zu sein braucht. Da das Anlassaggregat mit hoher Tourenzahl läuft, können die Dimensionen der Maschinen natürlich bedeutend kleiner gehalten werden, als die des langsam laufenden Fördermotors.

Für die Beurtheilung der einzelnen Methoden kommen ferner noch die Verluste in Betracht, welche in den Anlassmaschinen in den Fahrtpausen und während der vollen Fahrt entstehen. In dieser Hinsicht sind natürlich die Anordnungen günstig, welche gestatten, den Fördermotor, sobald er die maximale Geschwindigkeit erreicht hat, direkt auf das Netz zu schalten, während das Anlassaggregat nur leer weiterläuft. In Bezug auf die Belastung während der Fahrtpausen verhalten sich die ersten drei Methoden annähernd gleich, während die vierte Methode nur etwa die Hälfte der Verluste ergiebt, da hier bei Leerlauf nur der Nebenschluss der einen Maschine unter Strom steht und der Leerlaufstrom für die beiden kleinen Maschinen gering ist. Mit Rücksicht auf Betriebs- und Anlagekosten erweist sich demnach die Anordnung IV am vortheilhaftesten; sie setzt jedoch das Vorhandensein eines Dreileiternetzes voraus.

Zu beachten ist, dass bei einem Theil der Maschinen die Erregung bei vollem Stromdurchgang und voller Geschwindigkeit auf Null herabgesetzt wird. Diese müssen daher so gebaut sein, dass sie von Kurzschluss bis Volllast funkenfrei kommutiren.

Bei Verwendung von Anlassmaschinen ist, wie weiter oben (Seite 612 u. 613) begründet wurde, die Tourenzahl der Hauptmotoren von der Belastung unabhängig. Man kann mit ihnen jede beliebige Geschwindigkeit dauernd und sicher einstellen und ferner eine sehr wirksame, stossfreie Bremsung erreichen.

Bei der Schaltanordnung I kann die Anlassmaschine A_I natürlich auch mit hochgespanntem Wechselstrom betrieben und so die Vortheile des Gleichstromantriebs mit denen der Wechselstromkraftübertragung verbunden werden. Diese Methode wird z. B. von der Maschinenfabrik Oerlikon bei ihrem Fernbahnsystem angewendet.[1])

127. Belastungsausgleich durch Schwungmassen.

Eine Verbesserung der beschriebenen Anlassmethoden wird durch die Ausrüstung der Anlassmaschinen mit Schwungrädern erreicht, indem hierdurch eine gleichmässige Belastung der Centrale

[1]) E. T. Z. 1902. S. 346.

herbeigeführt wird und Spannungsschwankungen im Netz vermieden werden.

Die Schwungmassen werden in Verbindung mit Anlassmaschinen in Anordnung I und II verwendet. Die Vereinigung mit der Leonard'schen Anordnung I entspricht dem Patent von Ing. Karl Ilgner.[1]) Die Schwungmassen werden während der Fahrtpausen vom Motor A_1 beschleunigt und auf eine hohe Tourenzahl gebracht. Wenn dann der Fördermotor M angelassen wird, geben sie die ihnen zugeführte Energie an den Generator A_2 ab und entlasten so den Motor A_1 bezw. das Netz. Ihre Tourenzahl verringert sich dabei allmählich, bis der Fördermotor stillgesetzt wird und sie von neuem durch den Motor A_1 beschleunigt werden.

Durch entsprechende Regulirung des Motors A_1, z. B. durch Beeinflussung seiner Erregung durch ein Relais, das vom Linienstrom bethätigt wird, lässt es sich bei dieser Anordnung leicht erreichen, dass der Motor stets gleichmässig belastet bleibt. Dies gilt natürlich nur für gleichmässigen Wechsel zwischen Belastung und Leerlauf, d. h. regulären Förderbetrieb. Bei länger dauernden Pausen hat der Motor, nachdem die Schwungmassen auf maximal zulässige Geschwindigkeit gebracht sind, nur die Leerlaufarbeit des Aggregats zu leisten, und es sind Vorkehrungen zu treffen, dass diese Maximalgeschwindigkeit nicht überschritten wird.

Die beschriebene Anordnung löst die gestellten Aufgaben in vollkommenster Weise; sie hat jedoch den Nachtheil, dass sie die Aufstellung von zwei Maschinen erfordert, welche für gleiche Leistung wie der Fördermotor zu bemessen sind.

Die Union E.-G. verwendet die Schwungmassen daher in Verbindung mit Schaltung II (Fig. 473), bei welcher beide Maschinen nur halb so gross werden wie der Hauptmotor. Das System ist in Fig. 476 schematisch dargestellt.[2]) Die Zusatzmaschine A_2 ist hier mit z bezeichnet, die Maschine A_1 mit a, der Hauptmotor M mit f. Zur Erregung des Aggregats ist eine besondere Erregermaschine e vorgesehen, welche ihrerseits vom Linienstrom erregt wird. Hierdurch wird eine automatische Regulirung erreicht, was eine grosse Vereinfachung und damit eine Erhöhung der Betriebssicherheit bedeutet. Bei stromlosem Fördermotor ist auch z ausser Thätigkeit und läuft leer mit; die Maschine a verhält sich dabei wie eine Hauptstrommaschine, indem ihre Erregung, d. h. die Stromstärke der Erregerdynamo, allein vom Hauptstrom abhängt und mit fallendem Strom immer schwächer wird. Ihre Geschwindigkeit steigt daher all-

---

[1]) E. T. Z. 1902. S. 961.
[2]) E. T. Z. 1903. S. 261.

mählich an und die Schwungmassen werden beschleunigt. Um ein zu starkes Anwachsen der Geschwindigkeit zu vermeiden, ist die Erregerdynamo mit einer Nebenschlusswicklung *n* versehen, deren Strom im allgemeinen durch einen Vorschaltwiderstand stark geschwächt ist. Dieser wird bei einer bestimmten Tourenzahl von einem Centrifugal-Regulator ausgeschaltet und dadurch die Erregung von *e* bezw. *a* erhöht, so dass ein Durchgehen verhindert wird.

Wird der Hauptmotor eingeschaltet, so steigt der Strom in der Hauptstromspule *h* der Erregermaschine, die Erregung der Maschine *a* wird daher verstärkt und diese läuft, sobald die inducirte EMK grösser geworden ist als die Netzspannung, als

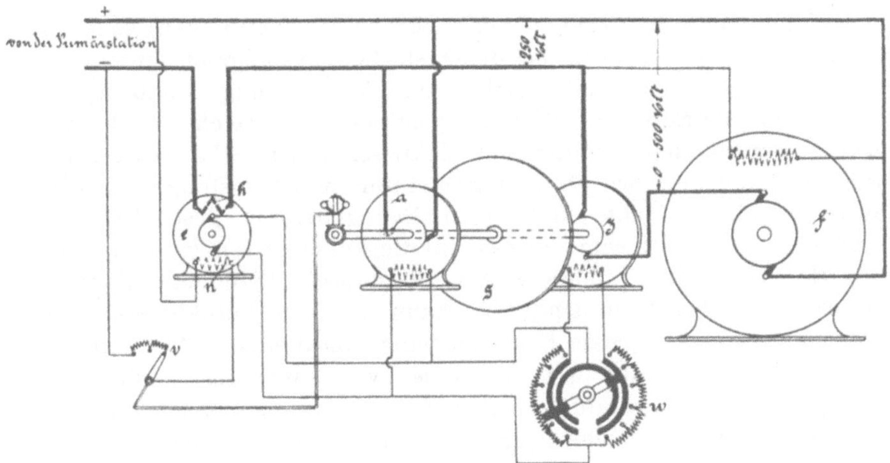

Fig. 476. Ausgleichmaschinen System Union E.-G.

Generator und schickt Strom in den Fördermotor; sie arbeitet also parallel mit den Generatoren der Erzeugerstation und nimmt diesen einen Theil der Belastung ab und zwar um so mehr, je stärker der zugeführte Netzstrom ist. Da eine kleine Aenderung der Erregung von *a* schon eine beträchtliche Erhöhung des von dieser Maschine abgegebenen Stromes zur Folge hat, wird sich der Linienstrom nur innerhalb enger Grenzen ändern.

Das Funktioniren der Zusatzmaschine *z* wird durch das Vorhandensein der Schwungmassen nicht beeinflusst und geht genau so vor sich, wie oben beschrieben wurde. Im ersten Theil der Anlassperiode wirkt sie als Vorschaltmotor und dann nach dem Umschalten ihrer Erregung als Zusatzgenerator, der von den Schwungmassen angetrieben wird.

Die Wirkung der Schwungmassen ist ähnlich wie die einer

Pufferbatterie. Es wird statt einer stark wechselnden eine gleichmässige Beanspruchung der Centrale erreicht und die Maximalleistung, welche die dort aufgestellten Generatoren abzugeben haben, verringert. Ferner können Maschinen mit stark wechselnder Belastung unter Vermittelung von derartigen Puffermaschinen an jedes Netz angeschlossen werden, ohne dass eine Beeinflussung der andern Stromverbraucher zu befürchten ist; ausserdem wird noch die Betriebssicherheit erhöht, indem z. B. bei Förderanlagen bei plötzlichem Ausbleiben des Netzstromes eine oder zwei Fahrten allein mit Hülfe der Schwungmassen zu Ende geführt werden können, so dass der Fördermotor von einer plötzlichen Störung in der Centrale oder im Netz unabhängig wird.

Puffermaschinen können nicht nur bei Förderanlagen, sondern auch in anderen Betrieben, bei denen starke Belastungsschwankungen vorkommen können, mit Vortheil zur Verwendung kommen, so z. B. beim Betrieb von Walzenzugsmaschinen, welche in letzter Zeit in verschiedenen Fällen mit elektrischem Antriebe ausgerüstet wurden. Auch da, wo ein Motorgenerator zum Belastungsausgleich zwischen einen Licht- und einen Bahngenerator geschaltet ist, wird es vortheilhaft sein, diesen mit Schwungmassen zu versehen.

Da die Schwungmassen auf den rasch laufenden Doppelmaschinen angeordnet sind, so kann man in verhältnissmässig kleinen Gewichten grosse Energiemengen ansammeln. Als Material für die Schwungräder wird Stahlguss verwandt; sie werden als volle Scheiben ausgebildet und nach der Fertigstellung, um das Gefüge möglichst gleichmässig zu machen und Gussblasen zu beseitigen, am äusseren Rande noch einmal überschmiedet, so dass man sehr hohe Umfangsgeschwindigkeiten (bis 80 m/sek.) zulassen kann, wodurch ebenfalls eine bedeutende Materialersparniss erzielt wird.

Dreiunddreissigstes Kapitel.

128. Die Regulirung der Tourenzahl von Hauptschlussmotoren. — 129. Die Haupteigenschaften und das Verwendungsgebiet der Hauptschlussmotoren. — 130. Die Compoundmotoren.

128. Die Regulirung der Tourenzahl von Hauptschlussmotoren.

Die allgemeinen Gleichungen für Drehmoment und Tourenzahl (144 und 145)

$$\vartheta = \frac{g_m \cdot 10^{-8}}{2\pi \cdot 9{,}81} \cdot \frac{p}{a} \cdot N \cdot \Phi \cdot J_a$$

$$n = 60 \cdot 10^8 \cdot E_a \cdot \frac{1}{\Phi} \cdot \frac{1}{N} \cdot \frac{a}{p}$$

gelten für Hauptschlussmotoren in gleicher Weise wie für Nebenschlussmaschinen. Die Verhältnisse sind jedoch insofern in beiden Fällen vollständig verschieden, als bei Hauptschlussmotoren der Kraftfluss Φ von der Stromstärke J_a abhängig ist. Die Stromstärke beeinflusst daher das Drehmoment in doppelter Hinsicht, und die Tourenzahl ist hier nicht wie bei Nebenschlussmotoren von der Ankerstromstärke bezw. vom Drehmoment unabhängig, sondern nimmt mit wachsendem Drehmoment bezw. steigender Stromstärke ab; es tritt also bei Hauptstrommotoren eine gewisse Selbstregulirung der Tourenzahl ein.

Man kann bei dem Betriebe der Hauptstrommotoren zwei Fälle unterscheiden, den Betrieb mit konstanter Netzspannung und den Betrieb mit konstanter Stromstärke. Letzterer ist nur bei Hochspannungskraftübertragungen in Anwendung und soll erst später im Zusammenhange mit diesen behandelt werden.

Bei dem Betriebe mit konstanter Netzspannung kommen für die Regulirung der Hauptstrommotoren im Princip die gleichen Regulirmethoden in Betracht, welche für Nebenschlussmotoren bereits ausführlich behandelt worden sind. Es sollen daher im folgenden nur die Unterschiede, welche sich durch die speciellen Eigenschaften der Hauptstrommaschinen in Bezug auf Anordnung und Wirkungsweise der Regulirung ergeben, erörtert werden.

Die Einwirkung der Vorschaltwiderstände auf die Geschwindigkeit wird hier in geringerem Maasse als bei Nebenschlussmaschinen (siehe S. 609) durch das auszuübende Drehmoment bedingt, und für geringe Sättigungen, bei welchen der Kraftfluss der Stromstärke proportional ist ($\Phi = c \cdot J$), entspricht einem bestimmten Vorschaltwiderstande R_v eine bestimmte Tourenverminderung CR_v, was man leicht aus folgender Berechnung entnehmen kann. Gleichung 145 geht für den betrachteten Fall über in

$$n = c' \cdot \frac{E_a}{\Phi} = \frac{c'}{c} \cdot \frac{E_a}{J} = C \cdot \frac{E_a}{J}$$

$$n = C \cdot \frac{E_k - J(R_g + R_v)}{J} = C \cdot \frac{E_k - J R_g}{J} - C \cdot R_v.$$

In der Endgleichung stellt das erste Glied die Tourenzahl dar, mit welcher der Motor bei der betreffenden Stromstärke ohne Vorschaltwiderstand laufen würde, und $C \cdot R_v$ ist die durch den Vorschaltwiderstand hervorgerufene Tourenverminderung, welche, wie man sieht, von der Stromstärke unabhängig ist. Aus diesem Resultat kann man auch erkennen, dass der Vorschaltwiderstand das Durchgehen des Motors bei Entlastung nicht verhindert, weil er die hohen Tourenzahlen, die der Motor dann annimmt, eben nur um einen konstanten, verhältnissmässig kleinen Werth vermindert.

Die übrigen Mittel zur Veränderung der Geschwindigkeit durch Beeinflussung der inducirten EMK wirken auf die Tourenzahl des Hauptstrommotors alle in gleicher Weise wie auf den Nebenschlussmotor und bieten keine Besonderheiten. Es ist daher hier nur die Tourenregulirung durch Hintereinander- und Parallelschaltung von zwei Motoren näher betrachtet, da sie gerade bei Hauptstrommotoren, nämlich beim Betrieb von Strassenbahn wagen mit zwei Motoren, häufig angewandt wird.

Beim Anfahren werden hier die beiden Motoren zuerst hintereinander geschaltet. Sie erhalten dabei die maximale Stromstärke, leisten also sofort das maximale Anzugsmoment. Sie brauchen jedoch einen bedeutend kleineren Vorschaltwiderstand, als ein Motor allein benöthigen würde, da jeder Motor nur die halbe Spannung erhält und die Eigenwiderstände bei den Motoren hintereinander geschaltet sind. Ist die halbe Geschwindigkeit erreicht, so werden beide Motoren unter Vorschaltung eines Widerstandes parallel geschaltet; ihre Anzugskraft bleibt daher die gleiche und die Geschwindigkeit erhöht sich allmählich auf die normale.

Die Gesammtleistung der beiden hintereinander geschalteten Motoren $\left(2\,\frac{E_k}{2}\cdot J\cdot\eta\right)$ ist natürlich nur halb so gross, wie die Leistung bei Parallelschaltung $(2\,E_k\cdot J\cdot\eta)$.

Ein Beispiel einer Schaltung mit dem Serie-Parallelsystem giebt Fig. 477, in der die Anlassmethode dargestellt ist, welche die Westinghouse Co. bei Bahnmotoren benutzt. In Schaltstufe 1 werden beide Motoren hintereinander unter Vorschalten eines Anlasswiderstandes (V) an das Netz gelegt. In den beiden folgenden Stufen wird der Anlasswiderstand ausgeschaltet. In den Stufen 4, 5 und 6 wird durch Schwächung des Feldes des einen Motors (I) bewirkt, dass die Spannung desselben sinkt und der andere Motor (II) allmählich auf die volle Netzspannung kommt. Dieser letztere arbeitet in Stufe 7 allein. In Stufe 8 wird Motor II mit einem Vorschaltwiderstand parallel zu I zugeschaltet; der Vorschaltwiderstand soll dabei verhüten, dass beim Parallelschalten ein Stoss auftritt; ohne ihn würde nämlich Motor II sofort die gleiche Stromstärke wie Motor I aufnehmen, und die gesammte Zugkraft, die auf den Wagen ausgeübt wird, würde plötzlich verdoppelt werden. Stufe 10 stellt die Schaltung für volle Fahrt dar.

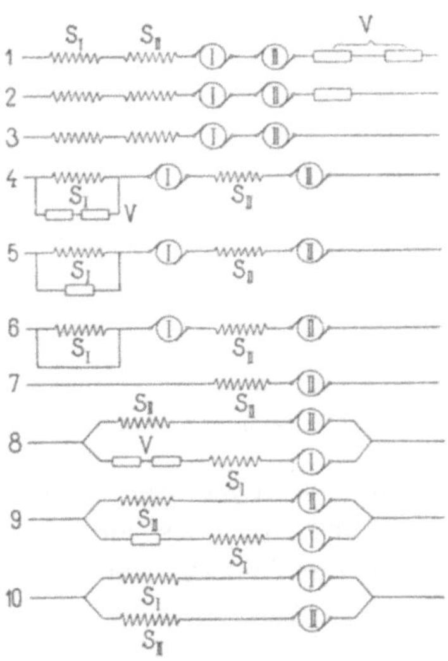

Fig. 477. Schaltstufen beim Anlassen von zwei Motoren nach dem Serie-Parallelsystem.

Die Schwächung des Feldes geschieht bei Hauptstrommotoren entweder dadurch, dass man einen Regulirwiderstand parallel zur Erregerwicklung legt (einen sogenannten „Shunt"), oder durch Abschalten von einzelnen Windungen der Hauptschlussspulen, oder endlich durch Serie- und Parallelschaltung der in einzelne Gruppen untertheilten Spulen.

Die Regulirung durch Serie- oder Parallelschalten der Erregerspulen ist durch die Sprague-Compagnie eingeführt worden (Sprague-Schaltung). Die Feldwicklung wird gewöhnlich in drei Abtheilungen getheilt (siehe Fig. 478). Beim Einschalten werden sämmtliche Windungen hintereinander geschaltet; ausserdem ist ein Vorschaltwiderstand V vorgesehen (Stufe 1); die Stromstärke ist dann in allen Erregerspulen gleich der Ankerstromstärke und das Anzugsmoment wird am grössten. In Stufe 2 ist der Vorschaltwiderstand abgeschaltet. In Stufe 3 wird die Spule *A* kurzgeschlossen. No. 4 und 7 sind Zwischenstufen, die gegenüber den vorhergehenden keine Aenderung bedeuten und sich nur mit Rücksicht auf die Schaltapparate ergeben. Um einen Unterschied in der Erregung zwischen Stufe 4 und 5 zu erhalten, muss man die Windungszahl der Spule *B* etwas grösser wählen, als die der beiden andern. Bei der letzten Stufe 8 sind alle drei Spulen parallel geschaltet, jede führt nur einen Theil des Ankerstromes, und die Ampèrewindungszahl ist etwa auf $^1/_3$ vermindert. Die Tourenzahl steigt also auf das Dreifache, während die Zugkraft entsprechend sinkt.

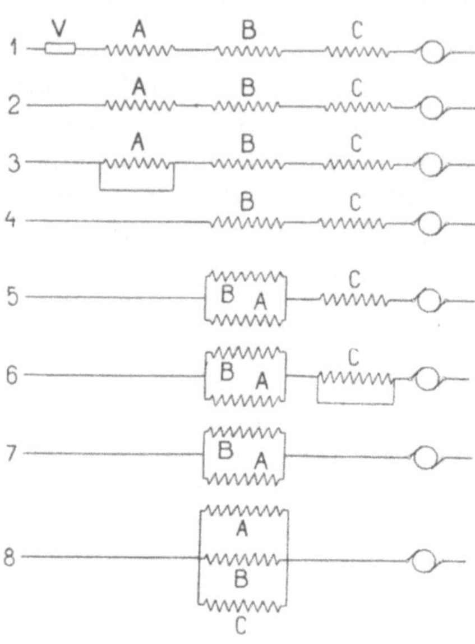

Fig. 478. Schema der Sprague-Schaltung.

Die Geschwindigkeitsregulirung durch Umschalten der Magnetspulen hat bei Verwendung von nur einem Motor zum Antrieb den Vortheil, dass sie sehr ökonomisch arbeitet. Als Nachtheil ist zu bezeichnen, dass die Erregerspulen gleichzeitig als Anlass-

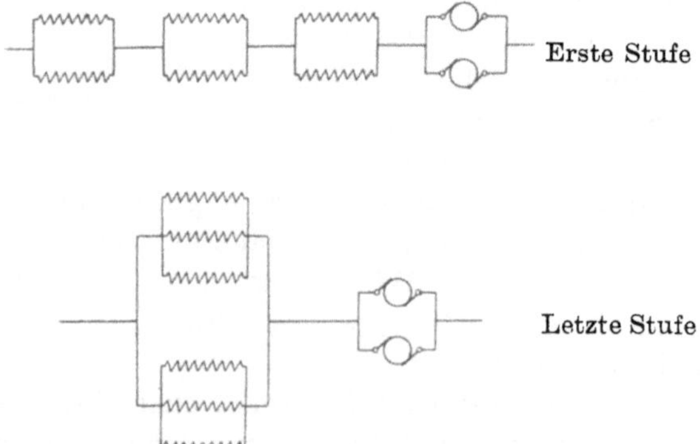

Fig. 479. Schema der Sprague-Schaltung für zwei Motoren.

widerstände dienen und so der entsprechende Effektverlust, der sonst in den Widerstandsapparaten auftritt, eine vergrösserte Erwärmung der Motoren selbst veranlasst; auch werden die Motoren etwas grösser als bei reiner Widerstandsschaltung.

Beim Antrieb mit zwei Motoren (Schaltungsschema Fig. 479) kommt hierzu noch der Umstand, dass es hier infolge ungleicher Feldstärke leicht vorkommen kann, dass sich der Strom nicht gleichmässig auf die beiden Anker vertheilt und der eine Motor überlastet und unzulässig erwärmt wird. Es ist nämlich fast unmöglich, die Felder beider Motoren vollständig gleich zu machen; einerseits werden die Widerstände der Magnetspulen meist etwas verschieden sein, was z. B. schon leicht durch ungleiche Kontaktwiderstände im Kontroller, in welchem ja der Strom in die einzelnen Spulen vertheilt wird, veranlasst werden kann, und ferner können auch Unterschiede zwischen den Lufträumen beider Motoren vorkommen. Nehmen wir z. B. zwei 25 PS-Motoren an, welche bei 500 Volt Klemmenspannung ca. 40 Amp. verbrauchen, und setzen den Fall, dass aus irgend einer Ursache ihre Felder um $2^0/_0$ verschieden seien. Der Ankerwiderstand jedes Motors betrage $0{,}5\,\Omega$, der Widerstand der Feldwicklung $0{,}9\,\Omega$. Bei gleicher Feldstärke würde dann in jedem der beiden Motoren eine EMK

$$E_a = 500 - 0{,}45 \times 80 - 0{,}5 \times 40 = 444 \text{ Volt}$$

inducirt werden. Sind dagegen die Feldstärken um $2^0/_0$ verschieden, so werden die inducirten EMKe, da ja die Tourenzahlen gleich sind, auch um $2^0/_0$, also etwa um 9 Volt verschieden sein. Es sei z. B. $E_{a1} = 439{,}5$ Volt und $E_{a2} = 448{,}5$ Volt. Dann wird

$$J_1 = \frac{500 - 0{,}45 \cdot 80 - 439{,}5}{0{,}5} = 49 \text{ Amp.}$$

und

$$J_2 = \frac{500 - 0{,}45 \cdot 80 - 448{,}5}{0{,}5} = 31 \text{ Amp.}$$

Die beiden Stromstärken sind also um $45^0/_0$ verschieden. Der stärker belastete Motor wird nun mehr erwärmt als der andere, infolge davon steigt sein Feldwiderstand noch mehr an, seine Feldstärke und EMK sinken weiter und die Stromvertheilung zwischen beiden Ankern wird noch ungünstiger. Eine einmal eingetretene Verschiebung der Belastung wird sich daher von selbst immer mehr steigern. Die Parallelschaltung zweier Anker, wie sie die Sprague-Regulirung mit sich bringt, ist daher zu vermeiden; sie ist bei Strassenbahnen, wo sie früher vielfach angewendet wurde, heute gänzlich verlassen.

Die Regulirung der Geschwindigkeit durch Aenderung der Windungszahl der Ankerwicklung oder der Polzahl wirkt bei Hauptschlussmotoren analog wie bei Nebenschlussmotoren, ist jedoch hier kaum in Anwendung.

129. Die Haupteigenschaften und das Verwendungsgebiet der Hauptschlussmotoren.

Um einen Ueberblick zu geben, für welche Betriebe die Verwendung von Hauptschlussmotoren besondere Vortheile bietet, seien hier noch einmal ihre Haupteigenschaften kurz zusammengestellt.

1. Die Tourenzahl der Hauptschlussmotoren mit konstanter Klemmenspannung ist abhängig von dem Drehmoment, welches sie ausüben müssen. Bei grossem Drehmoment laufen dieselben langsam, bei Leerlauf gehen sie durch.

2. Das Drehmoment resp. die Anzugskraft wird von der Ankerstromstärke in doppelter Weise beeinflusst ($\vartheta = C \cdot \Phi \cdot J$) und ist für geringe Sättigungen dem Quadrat der Stromstärke proportional. Bei gleicher Grösse hat daher eine Hauptstrommaschine eine bedeutend grössere Anzugskraft als eine Nebenschlussmaschine.

3. Ein Konstanthalten der Tourenzahl durch Regulirung ist viel schwerer zu erreichen, als bei Nebenschlussmotoren.

4. Der Hauptschlussmotor kann keinen Strom in das Netz zurückliefern (s. Bd. I, Seite 190).

5. Zur elektrischen Bremsung ist eine Umschaltung der Feldspulen oder des Ankers nothwendig.

6. Der Hauptstrommotor besitzt eine grössere Ueberlastungsfähigkeit als der Nebenschlussmotor, da bei ihm das kommutirende Feld mit wachsender Ankerstromstärke ebenfalls zunimmt.

Nach dem Vorhergehenden charakterisirt sich der Hauptstrommotor als besonders geeignet für Betriebe, bei welchen es hauptsächlich auf ein grosses Anzugsmoment ankommt, wie beim Krahnbetrieb und beim Betrieb elektrischer Bahnen. Hier bietet der Hauptstrommotor ausserdem noch den Vortheil einer automatischen Geschwindigkeitsregulirung, da er z. B. beim Anheben grosser Lasten langsamer läuft als bei kleiner Belastung oder Leergang.

Der Krahnbetrieb ist ein stark intermittirender Betrieb, bei welchem ausserdem oft augenblickliche Ueberlastungen vorkommen. Die Motoren werden durch das häufige Anlassen, Anhalten und Umsteuern sehr stark beansprucht; es kommt bei ihnen daher viel weniger auf einen guten Wirkungsgrad als auf grosse Ueberlastungsfähigkeit, das heisst gute Kommutations- und Abkühlungsverhältnisse an. Ferner sind dieselben wegen der häufigen und starken Stösse, denen sie ausgesetzt sind, mechanisch besonders fest zu konstruiren. Das Anlassen und die Tourenregulirung geschieht meist unter Verwendung von Widerständen und zwar kommen wegen der Umkehrung der Drehrichtung, die dieser Betrieb erfordert, besonders die Umkehranlassapparate, welche auf S. 447 bis 454 beschrieben sind, zur Anwendung.

Die Anforderung, welche an Strassenbahnmotoren zu stellen sind, sind ganz ähnlich wie bei Krahnmotoren. Die Konstruktion dieser Motoren ist auf S. 194 behandelt worden.

130. Die Compoundmotoren.

Die Compoundmotoren nähern sich in ihren Haupteigenschaften je nach dem Maass der Compoundirung mehr den Nebenschlussmotoren oder mehr den Hauptschlussmotoren; man hat dieselben daher entweder aufzufassen als compoundirte Nebenschlussmotoren oder als mit Nebenschlusswicklung versehene Hauptstrommotoren. In die erste Kategorie gehören die Nebenschlussmotoren, welche zur Erhöhung der Anzugskraft während des Anlaufs mit einer Compoundwicklung versehen sind, die jedoch meist, sobald die volle Geschwindigkeit erreicht ist, ausgeschaltet wird. Ferner kann eine Compoundirung, wie in Bd. I, S. 450 ausgeführt wurde, zum Konstanthalten der Tourenzahl von Nebenschlussmotoren dienen. Hauptschlussmotoren werden manchmal mit Nebenschlusswicklung versehen, um ein Durchgehen bei Entlastung zu verhindern (s. Bd. I, S. 453).

Vierunddreissigstes Kapitel.

131. Kraftübertragung mit veränderlicher Spannung und Stromstärke. — 132. Kraftübertragung mit konstanter Stromstärke und veränderlicher Spannung (System Thury). — 133. Generatoren für konstante Stromstärke und ihre Regulirung. — 134. Motoren für konstante Stromstärke und ihre Regulirung. — 135. Schaltungsschema einer Serie-Kraftübertragung System Thury. Ein- und Ausschalten von Generatoren und Motoren.

131. Kraftübertragung mit veränderlicher Spannung und Stromstärke.

Eine der einfachsten elektrischen Kraftübertragungen erhalten wir durch Serieschaltung eines Hauptschlussgenerators mit einem Hauptschlussmotor.

Sind zwei oder mehr Generatoren und ebenso viele Motoren vorhanden, so werden sie nach dem Drei- bezw. Mehrleitersystem verbunden. In Fig. 480 ist ein Schaltungsschema nach einer Ausführung der Maschinenfabrik Oerlikon für zwei Generatoren und zwei Motoren aufgezeichnet.

Die Generatoren werden mit konstanter Tourenzahl betrieben, wodurch auch nahezu konstante Tourenzahl der Motoren erreicht wird; Spannung und Stromstärke sind dabei veränderlich, und abgesehen von dem Konstanthalten der Tourenzahl findet keinerlei Regulirung statt. Die Bedingungen und die Arbeitsweise dieser Betriebsart sind bereits auf S. 534 erläutert worden.

Wie aus dem Schaltungsschema hervorgeht, ist an Messinstrumenten für jeden Generator und Motor nur ein Ampèremeter vorhanden. Die Abschaltung erfolgt einpolig. *S* bezeichnet eine Bleisicherung und *B* eine Blitzplatte. Jede Blitzplatte wird entweder für sich geerdet und den Erdplatten zugleich ein grosser Abstand gegeben, oder es werden, wenn eine gemeinsame Erdplatte vorhanden ist, Widerstände zwischen jeder Blitzplatte und der Erde eingeschaltet, weil sonst bei gleichzeitiger Thätigkeit von zwei Blitzplatten ein direkter Kurzschluss entstehen würde.

Die Generatoren werden ausserdem durch automatische Kurzschliesser K gegen zu hohe Stromstärken geschützt, die infolge von plötzlichen Ueberlastungen oder Kurzschlüssen in der Anlage entstehen können. Ueberschreitet der Strom eine gewisse durch die Spannung einer Feder regulirbare Grenze, so wird der Halter h durch den Elektromagneten E-M angezogen und dadurch der Schalter freigegeben. Der Schalthebel fällt nun infolge seines Gewichtes oder durch eine Feder getrieben nach unten und schliesst die Magnetwicklung kurz, so dass die Maschine stromlos wird.

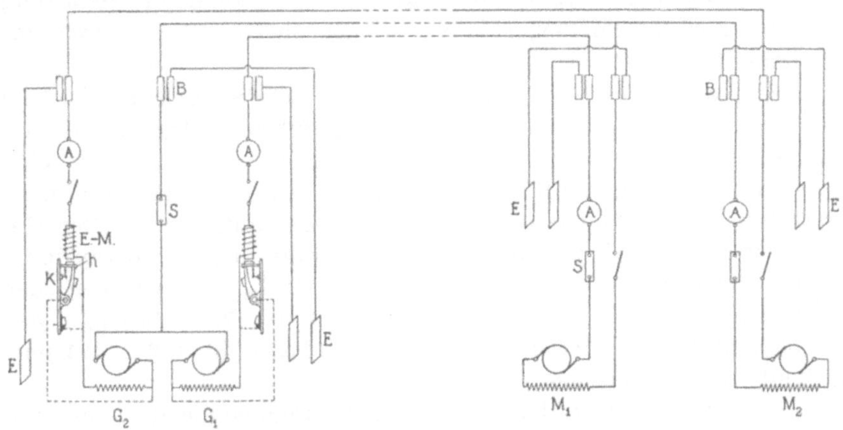

Fig. 480. Schaltungsschema einer Kraftübertragung mit veränderlicher Spannung und Stromstärke.

G_1, G_2 = Hauptschlussgeneratoren.
M_1, M_2 = Hauptschlussmotoren.
K = Kurzschliesser.
h = Halter.
EM = Elektro-Magnet.
S = Sicherung.
A = Ampèremeter.
B = Blitzplatten.
E = Erde.

Für die Motoren ist eine derartige Schutzvorrichtung nicht erforderlich, da sie nicht generatorisch wirken können und daher bei Kurzschluss stromlos werden.

Arbeiten die Motoren mit anderen Kraftmaschinen, z. B. Dampfmaschinen, parallel auf dieselbe Transmission, so können die Dampfmaschinen und die Motoren von der Transmission aus angetrieben werden, ohne dass der Maschinist in der Primärstation davon in Kenntnis gesetzt wird, da die Motoren (im Gegensatz zu Nebenschlussmotoren) keinen Strom erzeugen, wenn sie mit unveränderter Drehrichtung angetrieben werden.

Ebenso können die Maschinen der Primärstation ohne Rücksicht auf die Motoren in Gang gesetzt werden; sind die Motoren eingeschaltet, so laufen sie gleichzeitig mit den Generatoren an, sofern sie nicht schon im Gange sind; sind sie nicht eingeschaltet, so bleiben die Generatoren solange stromlos, bis die Einschaltung erfolgt.

Ausser der grossen Einfachheit in der Anlage und im Betriebe lässt sich mit der Serie-Kraftübertragung ein hoher Wirkungsgrad erreichen. Die Spannung einer Maschine bei Volllast wird von der Maschinenfabrik Oerlikon je nach der Entfernung bis zu 2000 Volt angenommen, so dass man beim Dreileitersystem zwischen den Aussenleitern 4000 Volt erhält.

Der Mittelleiter führt nur dann Strom, wenn die Belastung der Motoren verschieden ist; es gilt hier das auf S. 599 über das Dreileitersystem Gesagte ebenfalls.

Bei der bekannten Anlage Kriegstetten-Solothurn, welche die erste mit praktischem Erfolge ausgeführte Anlage dieser Art darstellt, wird bei einer Gesammtspannung von 2500 Volt eine Leistung von 50 PS auf 8 km Entfernung übertragen. In der Primärstation sind zwei Generatoren von je 18 KW aufgestellt. Der Gesammtwirkungsgrad der Uebertragung beträgt 75 %. Sie wurde im Jahre 1886 nach den Entwürfen von C. L. Brown von der Maschinenfabrik Oerlikon ausgeführt.[1]) Eine Maschine der Maschinenfabrik Oerlikon für derartige Anlagen ist auf S. 181 dargestellt und beschrieben.

Bemerkenswert ist ferner die von der Compagnie de l'Industrie Electrique, Genf, ausgeführte Kraftübertragung Frinvillier-Biberist. Es wird hier eine Leistung von 240 KW mit einer Spannung von 6000 Volt auf eine Entfernung von 28 km übertragen. Die Fernleitung besteht aus Kupferdraht von 7 mm Durchmesser. In der Primärstation sind zwei durch eine Girard-Turbine von 360 PS angetriebene Generatoren, Bauart Thury (siehe S. 217), für 3000 Volt, 40 Ampère und 200 Umdrehungen aufgestellt.

132. Kraftübertragung mit konstanter Stromstärke und veränderlicher Spannung (System Thury).

Das von der Compagnie de l'Industrie Electrique in Genf ausgebildete und in mehreren Fällen in grossem Massstabe ausgeführte Kraftübertragungssystem Thury ist ein reines Seriesystem mit konstanter Stromstärke. Alle Generatoren und Motoren (siehe Schaltungsschema Fig. 481) werden hintereinander geschaltet.

Da die Stromstärke konstant gehalten wird, so ändert sich die Spannung der Generatoren und Motoren mit der Leistung. Die

[1]) El. Rev. Bd. XX, S. 253, E. T. Z. 1887, S. 229.

gesammte in der Generatorstation erzeugte Spannung vertheilt sich entsprechend der Leistung auf die einzelnen Generatoren, und die gesammte Gegen-EMK entsprechend der Belastung auf die einzelnen Motoren.

Um die Stromstärke bei der veränderlichen Belastung der Motoren bezw. der veränderlichen Spannung konstant zu halten, ist eine Regulirung der Generatoren erforderlich; ebenso müssen die Motoren, damit ihre Umdrehungszahl konstant bleibt, mit Regulirvorrichtungen versehen werden.

133. Generatoren für konstante Stromstärke und ihre Regulirung.

Ist die gesammte Leistung der Primärstation in Watt (W) gegeben und die konstant zu haltende Stromstärke (J) gewählt, so ist auch die gesammte maximale Spannung

$$E_{max} = \frac{W}{J}$$

festgelegt.

Diese Spannung beträgt bei ausgeführten Anlagen bis 22500 Volt. Eine so hohe Spannung kann in einem Generator nicht erzeugt werden; die gesammte Leistung W muss daher auf so viele Generatoren vertheilt werden, dass die gewünschte Grenze nicht überschritten wird.

Um möglichst wenige und grosse Generatoren zu erhalten, wird man die Stromstärke J und die maximale Spannung eines Generators möglichst gross wählen.

Die Stromstärke J wird einerseits begrenzt durch die Leitungsverluste bezw. den Aufwand an Kupfer für die Fernleitung und andererseits durch die verlangte Leistung der kleinsten Motoren. Für die maximale Spannung eines Generators wird durch die zulässige Spannungsdifferenz zwischen benachbarten Kollektorlamellen und die Schwierigkeiten der Isolation eine Grenze gezogen. Die Compagnie de l'Industrie Electrique hat grössere Maschinen bis zu 4000 Volt ausgeführt, und bis zu 3500 Volt liegen mehrfache Ausführungen vor und sind seit einer Reihe von Jahren im Betriebe. Die konstruktive Ausbildung eines Hochspannungsgenerators ist auf S. 217 beschrieben.

Durch diese Maximalspannung und die gewählte Stromstärke ist die Höchstleistung des Generators festgelegt. Steht die Leistung der Primärstation zu der Entfernung, auf welche die Leistung übertragen werden soll, bezw. zu der aus wirthschaftlichen Gründen erforderlichen maximalen Gesammtspannung in einem ungünstigen Verhältniss, so erhält man Generatoren von kleinen Leistungen. Um in solchen Fällen wenigstens für die Triebmaschinen grössere Einheiten zu bekommen, hilft man sich dadurch, dass man mehrere Generatoren auf eine Welle setzt und sie gemeinschaftlich antreibt.

Die Generatoren werden mit Hauptschlusswicklung ausgeführt.

Die Regulirung der Generatoren auf konstante Stromstärke ist verschieden, je nachdem für die Antriebsmaschinen eine konstante Umdrehungszahl gefordert wird, oder eine veränderliche Umdrehungszahl zulässig ist.

Ist die Umdrehungszahl der Antriebsmaschinen konstant, so muss man die Spannung durch Aenderung des wirksamen Kraftflusses Φ reguliren. Zu dem Zwecke wird von Volllast bis $^2/_3$ Last das Feld durch eine regulirbare Nebenschliessung zu der Magnetwicklung geschwächt. Eine weitere Schwächung des Feldes ist, wie es scheint, bei den Thury-Maschinen infolge ihrer grossen Ankerlänge nicht zulässig, weil die grosse Selbstinduktion der Wicklung im stark geschwächten Felde zu Funkenbildung Veranlassung giebt.

Die weitere Verminderung der Spannung von $^2/_3$ Belastung bis Leerlauf wird daher durch Verstellung der Bürsten vorgenommen. also auch durch Aenderung des wirksamen Kraftflusses Φ (s. Bd. I, S. 41). Diese resultirt einerseits aus der Lageänderung der kurzgeschlossenen Spulen im Felde und andererseits aus der Schwächung des Feldes infolge Vermehrung der entmagnetisirenden Windungen der Armatur.

Durch die beschriebene Art der Regulirung wird erreicht, dass die Maschinen von der Spannung Null bis zu der Maximalspannung funkenfrei arbeiten. Die Regulirung wird automatisch durch ein Stromsolenoid bethätigt, das sich bei Anwachsen oder Abnehmen der Stromstärke in der einen oder anderen Richtung bewegt und dadurch als Relais eine Bewegung der Regulirvorrichtung mit Servomotor in dem einen oder anderen Sinne einleitet.

Weit bequemer und sicherer als mit den beschriebenen Methoden gestaltet sich jedoch die Regulirung, wenn man für die Aenderung der Spannung die Aenderung der Tourenzahl der Antriebsmaschine verwenden kann. Es tritt dann bis zu einem gewissen Grade Selbstregulirung ein, und ferner ist, da Erregung, Bürstenlage und zu kommutirende Stromstärke stets konstant bleiben, eine funkenfreie Kommutation für alle Belastungen leicht zu erzielen.

Bekanntlich geben Dampfmaschinen, welche ohne Regulirung, also mit konstanter Füllung arbeiten, und ebenso Turbinen mit konstanter Beaufschlagung für alle Belastungen und Tourenzahlen ein annähernd konstantes Drehmoment ab; dieses erleidet nur insofern eine Aenderung, als sich der Wirkungsgrad mit der Umdrehungszahl ändert. Andererseits verlangen Hauptschlussgeneratoren mit konstanter Stromstärke auch ein konstantes Drehmoment.

Das Drehmoment eines Hauptschlussmotors

$$\vartheta = C \cdot g_m \cdot \Phi \cdot J \cong f(J^2)$$

ändert sich, da sich der Kraftfluss Φ ebenfalls mit J ändert, annähernd proportional mit J^2. Wird somit das Antriebsmoment konstant gehalten und wächst J, was der Fall ist, wenn die Motoren im Netz entlastet werden und ihre Gegen-EMK daher sinkt, so fällt die Umdrehungszahl der Generatoren und ihre Leistung so lange, bis sich der Gleichgewichtszustand eingestellt hat. Das Umgekehrte tritt ein, wenn die Belastung der Motoren steigt. Die Regulirung erfolgt um so schneller, je kleiner die Schwungmassen der Generatoren sind.

Ganz genau ist diese Regulirung jedoch nicht, da sich der Wirkungsgrad eines Aggregates mit der Geschwindigkeit und der Belastung ändert, es muss daher die Tourenzahl in gröberen Stufen auch noch von Hand oder durch Automaten nachregulirt werden. Thury hat zu diesem Zwecke verschiedene Automaten entworfen. Die Beschreibung eines solchen, der für die Kraftübertragung St. Maurice-Lausanne ausgeführt wurde, ist in der E. T. Z. 1902, S. 1017 von Professor Dr. Wyssling gegeben. Ein durch ein Stromrelais bethätigter Regulirmotor wirkt auf eine horizontale Welle, welche längs des ganzen Turbinenhauses von Turbine zu Turbine führt. Diese beeinflusst die Servomotoren, welche bei jeder Turbine die Geschwindigkeit regeln.

134. Motoren für konstante Stromstärke und ihre Regulirung.

Die Hauptstrommotoren, welche mit konstanter Stromstärke ohne Regulirung betrieben werden, haben die Eigenschaft, dass ihr Drehmoment

$$\vartheta = C \cdot g_m \cdot \Phi \cdot J \cong f(J^2)$$

für alle Geschwindigkeiten annähernd konstant ist, d. h. ihre Leistung mit zunehmender Geschwindigkeit wächst. Sie befinden sich also stets in einem labilen Gleichgewichtszustande, indem beim Sinken des äusseren Widerstandsmomentes unter das vom Motor ausgeübte Drehmoment der Kraftüberschuss zur Beschleunigung verwandt und die Geschwindigkeit gesteigert wird, während sie im umgekehrten Falle sich vermindert. Die Motoren würden beim Sinken der Belastung durchgehen und beim Steigen stehen bleiben; es ist demnach bei wechselnder Beanspruchung eine automatische Regulirung nothwendig.

Von den Motoren wird meistens eine konstante Tourenzahl verlangt. Als Mittel zur Regulirung der Tourenzahl kommt bei grösseren Motoren nur die Aenderung des wirksamen Kraftflusses Φ in Betracht. Diese bewirkt zunächst eine Aenderung des Drehmomentes ϑ, welches für konstante Stromstärke, abgesehen von der Variation des Wirkungsgrades g_m, dem wirksamen Kraftfluss direkt proportional ist. Steigert man also Φ, so steigt auch ϑ; und wenn dieses grösser wird als der zu überwindende äussere Widerstand, so wird eine beschleunigende Kraft auf die Maschinen ausgeübt und die Tourenzahl steigt. Die Automaten, die auf konstante Tourenzahl einreguliren, wirken demnach genau so wie der Regulator einer Dampfmaschine, und der Vergrösserung der Füllung entspricht hier die Verstärkung des Kraftflusses Φ.

Die Spannung ist für konstante Geschwindigkeit dem Kraftfluss direkt proportional, steigt also mit zunehmender Belastung.

Ausgeführt wird die zur Regulirung nothwendige Aenderung des Kraftflusses, gerade wie bei den im vorhergehenden behandelten Generatoren mit konstanter Tourenzahl. Von Volllast bis $^2/_3$ Belastung wird ein parallel zur Hauptschlusswicklung geschalteter Regulirwiderstand allmählich verkleinert und von da ab werden die Bürsten gegen die Polmitte zu verschoben. Die ganze Regulirung erfolgt selbstthätig durch einen Regulator, der von der Motorwelle aus angetrieben wird. Der Einfluss dieser Art der Regulirung auf das Funktioniren der Maschinen ist bei Generatoren und Motoren gleich und bereits auf S. 640 erörtert worden.

Eine Ueberlastung der Motoren ist auf keinen Fall möglich. Die Höchstleistung wird erreicht, wenn der Regulator den gesammten Regulirwiderstand ausgeschaltet, die Felderregung also ihr Maximum erreicht hat. Steigt der äussere Widerstand höher, so fällt die Tourenzahl ab, bis allenfalls das Steigen des mechanischen Wirkungsgrades g_m die Ueberwindung der Belastung möglich macht, oder die Maschine kommt, falls die Belastung zu gross ist, zum Stillstand. Hierbei ist jedoch, da die Stromstärke nicht anwächst, eine Beschädigung der Motoren nicht zu befürchten.

Die Höchstleistung, die mit einem einzelnen Motor erreicht werden kann, ist für eine Anlage durch die maximale Spannung bestimmt, für welche die Maschinen gebaut werden können. Da man nicht über etwa 3000 Volt hinausgeht, ist die Maximalleistung festgelegt und beträgt z. B. bei einer Uebertragung mit 150 Amp.

ca. 450 KW. Ebenso ist auch die kleinste Leistung begrenzt, da die Motoren für zu geringe Spannungen nicht mehr wirthschaftlich arbeiten.

135. Schaltungsschema einer Serie-Kraftübertragung System Thury. Ein- und Ausschalten von Generatoren und Motoren.

Das Schaltungsschema der grössten und neuesten nach dem Seriesystem ausgeführten Anlage der Kraftübertragung St. Maurice-Lausanne[1]) ist in Fig. 481 theilweise dargestellt. (Es sind der

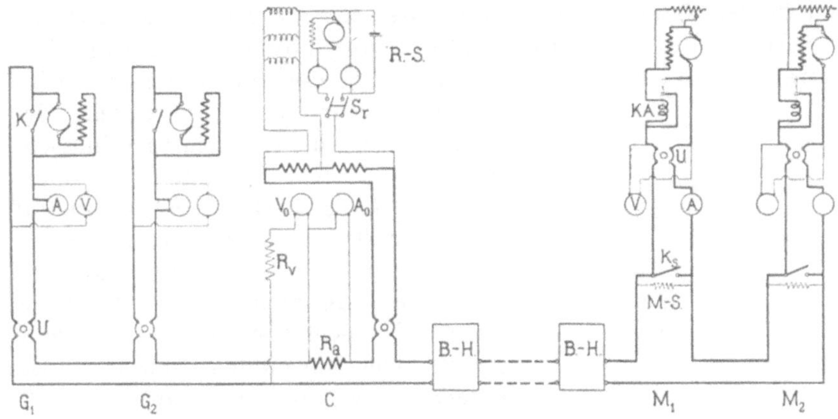

Fig. 481. Schaltungsschema einer Serie-Kraftübertragung System Thury.

G_1, G_2 = Generatoren.
M_1, M_2 = Motoren.
C = Centralapparate.
A_1, A_o = Ampèremeter.
V, V_o = Voltmeter.
R_a = Nebenschluss für das Ampèremeter A_o.
R_v = Vorschaltwiderstand des Voltmeters V_o.
R-S = Regulator.
S_r = Regulatorschalter.
K = Kurzschliesser (Fig. 483).
U = Umschalter (Fig. 482).
K_s = Kurzschliesser.
M-S = Magnetspule.
KA = Kohlenausschalter (Fig. 484).
B-H = Haus für Blitzschutzapparate.

Einfachheit halber eine Reihe von Generatoren und Motoren weggelassen.) Die Anlage umfasst 10 Hochspannungsgleichstromgeneratoren G von je 2250 Volt, die zu je zwei mit einer 1000 PS-Turbine direkt gekuppelt sind. Die Stromstärke beträgt 150 Amp. Die maximale Gesammtspannung (bei Vollbelastung) 22 500 Volt. Die in Lausanne in einer einzigen Maschinenstation vereinigten Motoren M dienen zum Antrieb von Drehstromgeneratoren.

[1]) Nach Prof. Dr. Wyssling. „Die Kraftübertragung mit Gleichstrom nach Reihenschaltungssystem für die Stadt Lausanne.“ E. T. Z. 1902, S. 1001.

Die Schaltanlage gestaltet sich ausserordentlich einfach. Als Centralapparate in der Generatorstation sind nur ein Centralvoltmeter V_0, ein Kontrollampèremeter A_0 und der automatische Regulator *R-S* vorhanden, durch den die Stromstärke konstant gehalten wird. Von einer Centralschalttafel in dem Sinne wie bei Centralen mit Parallelschaltung kann man hier nicht sprechen. Ferner gehört noch zu jedem einzelnen Generator ein Ampèremeter *A*, ein Voltmeter *V* und der in Fig. 482 schematisch dargestellte Schalter *U*. Diese Apparate werden nur bei der Inbetriebsetzung der Generatoren gebraucht; die Messinstrumente sind daher auf den Maschinen selbst, die Schalter auf einer isolirten Säule direkt neben den Maschinen und in der Nähe der Bedienungsräder für die Turbine angebracht.

Die Inbetriebnahme und Ausserbetriebsetzung der Generatoren ist äusserst einfach. Bei der Inbetriebnahme wird der Generator zunächst mittels des Schalters *U* in sich kurzgeschlossen; der Schalter steht dabei in der gezeichneten Stellung I (Fig. 482). Hierauf wird der Turbinenschieber ein wenig geöffnet und der Generator auf eine Tourenzahl gebracht, bei welcher er einen Kurzschlussstrom, der gerade gleich dem konstanten Netzstrom ist, erzeugt. Er läuft dabei natürlich noch sehr langsam (die Generatoren in St. Maurice mit 6,8 Umdrehungen p. Min). Ist die richtige Stromstärke erreicht, so wird der Generator durch Drehung des Schalters um 90⁰ (Stellung II) in den Stromkreis eingeschaltet; seine Stromstärke und Spannung bleiben dabei vollständig unverändert und die Antriebsmaschine hat allein die inneren Verluste zu decken. Um den Generator zu belasten, wird dann durch allmähliches Erhöhen der Tourenzahl seine Spannung erhöht, wobei die Stromstärke durch den Automaten konstant gehalten wird. Die Spannung der andern Generatoren sinkt dabei entsprechend. Hat der zugeschaltete Generator die richtige Spannung erreicht, so wird seine Regulirvorrichtung an den Centralapparat angekuppelt und die Inbetriebsetzung ist beendigt.

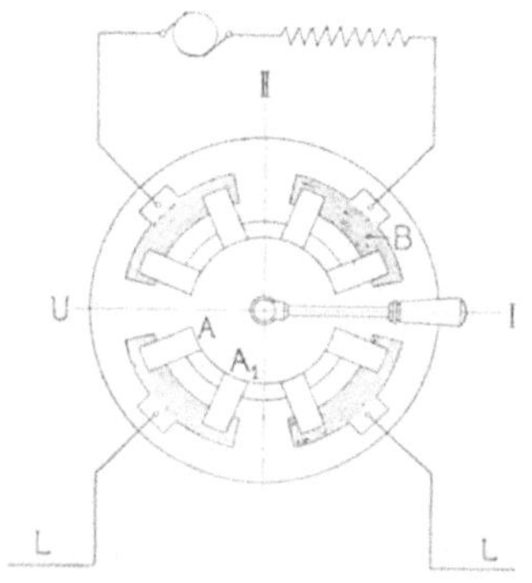

Fig. 482. Umschalter *U*.

Bei Ausserbetriebsetzung wird der Regulirapparat wieder abgetrennt, die Tourenzahl der Turbine herabgesetzt und der Generator in sich kurzgeschlossen und vom Netze abgeschaltet. Sobald die Antriebsmaschine soweit herunter regulirt ist, dass sie die Verluste im Generator nicht mehr decken kann, würde dieser von den anderen Generatoren aus als Motor in umgekehrter Drehrichtung angetrieben werden. Um dies zu verhüten, ist der in Fig. 483 dargestellte Kurzschliesser vorgesehen, dessen Lage im Schema mit *K* bezeichnet ist. Am Wellenende der Generatoren ist eine Daumenscheibe *a* angebracht; bei richtigem Drehsinn (Pfeilrichtung) bewegt diese sich frei; sobald jedoch die Drehrichtung sich umkehrt, setzt sie die Auslösevorrichtung *b* in Bewegung und giebt so den selbstthätigen Schalter *c* frei; dieser klinkt dann ein und schliesst die Maschine kurz.

Auch die Inbetriebsetzung der Motoren geht bei dem Seriesystem äusserst einfach von statten. Im allgemeinen werden die Motoren einfach in den Stromkreis eingeschaltet; sie laufen dann allmählich an, wobei sich mit dem Anwachsen der Geschwindigkeit ihre Spannung von selbst erhöht. Das Abstellen geschieht durch Kurzschliessen der Motoren. Beide Schaltungen werden mit dem bereits bei den Generatoren erwähnten Umschalter *U* (Fig. 482) vorgenommen. Beim Anlassen wird der Schalthebel einfach in die Laufstellung zurückgedreht, wobei der Kurzschluss aufgehoben und der Motor in die Leitung eingeschaltet wird. Bei grossen Motoren von über 100 PS würden jedoch, wenn man den Kurzschluss des Motors am Umschalter selbst aufheben wollte, wegen der grossen Selbstinduktion des Motors am Umschalter Funken auftreten.

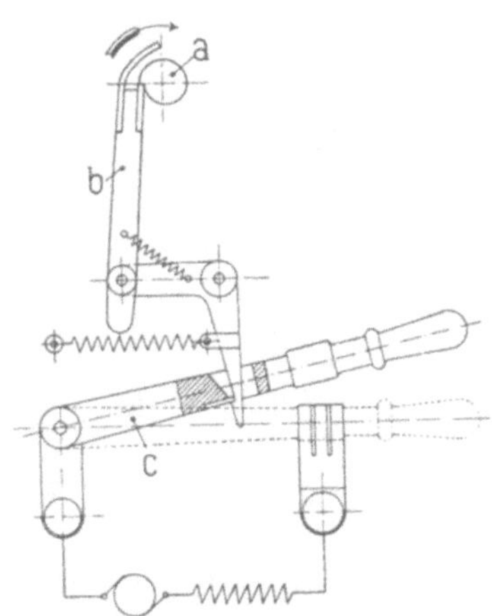

Fig. 483. Kurzschliesser *K*.

Hier wird deshalb (siehe Schaltungsschema Fig. 481) ausser dem Umschalter *U* noch der selbstthätige Kohlenausschalter *K-A* angebracht, der in Fig. 484 schematisch dargestellt ist. In der gezeichneten Stellung schliesst dieser den Motor kurz. Sobald nun der Umschalter *U* in die Stellung II gebracht wird, fliesst ein Strom durch die Spule *S* des Kohlenausschalters, und erst jetzt wird der Kurzschluss des Motors durch Auseinanderziehen der Kohlen aufgehoben und der Motor setzt sich in Gang. Der Lichtbogen entsteht auf diese Weise an den Kohlen und der Umschalter *U* bleibt unbeschädigt.

Um den Motor gegen zu hohe Spannungen und Umdrehungszahlen zu schützen, ist noch ein weiterer Sicherheitsapparat erforderlich. Parallel zu den Motorklemmen liegt eine Magnetspule *M-S* (Fig. 481). Wächst die Tourenzahl des Motors über ein bestimmtes

Maass, so veranlasst die entsprechend ansteigende Spannung eine Verstärkung des Stromes in der Spule. Hierdurch wird ein Eisenkern in diese hineingezogen und der Kurzschliesser k_s tritt in Thätigkeit.

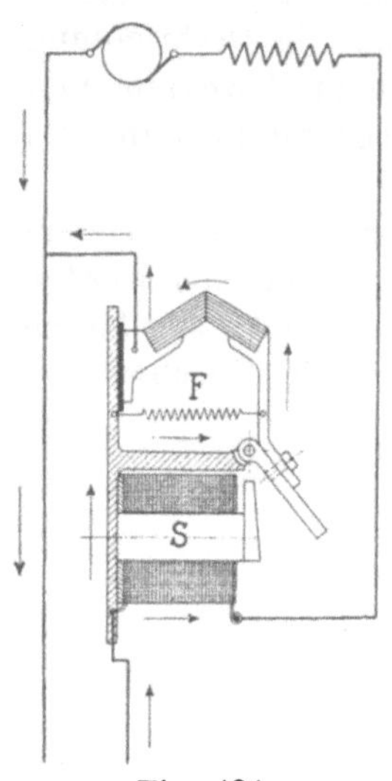

Fig. 484.
Kohlenausschalter *K-A.*

Bei anderen Anlagen hat Thury zur Sicherung der Motoren gegen zu hohe Umdrehungszahlen ein am Ende der Motorwelle aufgesetztes kleines Centrifugalpendel verwendet. Dieses schlägt bei zu starkem Anwachsen der Geschwindigkeit aus und setzt in ähnlicher Weise wie der in Fig. 483 dargestellte Sicherheitsapparat für Generatoren einen Kurzschliesser in Thätigkeit.

Das beschriebene System hat gegenüber der Kraftübertragung mittels Wechselstrom eine Reihe von Vorzügen, welche seine Anwendung für bestimmte Fälle vortheilhaft erscheinen lassen. Namentlich kann es in Betracht kommen, wo es sich um Uebertragung grosser Leistungen von einem Punkte zu einem andern handelt, wo also der primären Centrale eine sekundäre Centralstation gegenübersteht. Zur Uebertragung kleinerer Leistungen auf grosse Entfernung eignet es sich nicht, da es eine Untertheilung der Stromerzeuger und -verbraucher bedingt, welche in diesen Fällen nicht angängig ist.

Sachregister.

A.

B.

C.

D.

E.

F.

L.

M.

N.

T.

U.

V.

Berichtigungen zu Band I.

Seite 24. Abs. 2 Zeile 4 lies von der doppelten Poltheilung statt von der Poltheilung.
" 27. Zeile 13 von unten ist $3p$ zu streichen.
" 34. Formel (14) soll heissen $y = y_1 \pm y_2 \pm \ldots y_u$.
" 34. Formel (15) lies K statt k.
" 36. Zeile 11 von oben lies $\frac{s \pm 2}{p}$ statt $\frac{s+2}{p}$.
" 37. Zeile 4 von oben lies $u = 2$ statt $s = 2$.
" 66. Zeile 4 von oben lies $y_p = x \cdot y_k \mp x \cdot \frac{a}{p}$.
" 69. Zeile 16 von oben lies $\frac{K}{a}$ und $\frac{p \cdot y_k}{a}$ statt $\frac{K}{a} = \frac{p y_k}{a}$.
" 74. Letzte Zeile lies 4 gegen 3 statt 2 gegen 3.
" 85. Zeile 5 von unten lies Leerlauf statt Volllast.
" 85. Abs. 1 Zeile 1 lies Windung statt Spule.
" 85. Zeile 7 von unten lies Volllast statt Leerlauf.
" 93. Zeile 10 von oben lies Fig. 73 statt Fig. 70.
" 94. Oberste Zeile lies doppelte Poltheilungen statt Poltheilungen.
" 95. Zeile 11 von unten lies $y_k = 31$ statt $y_k = 51$.
" 95. Zeile 6 von unten füge hinter „wir“ ein: im wirklichen Schema.
" 99. Fig. 78 sind die Zahlen des Ordinatenmassstabes zu verdoppeln; es ist 2, 4, 6, 8 u. s. w. Volt zu setzen statt 1, 2, 3, 4 u. s. w. Volt.
" 203. Zeile 17 von unten lies Es statt Er.
" 203. Zeile 18 und 20 von unten ist überall Φ_a statt Φ einzusetzen, so dass die Formeln lauten:

$$\Phi_m = \Phi_a + \Phi_s$$

$$\frac{\Phi_m}{\Phi_a} = 1 + \frac{\Phi_s}{\Phi_a} = \sigma \quad \ldots \ldots \ldots \quad (32)$$

" 205. Zeile 4 von unten lies $B_l \cdot b_i \cdot l_i = \Phi_a$.
" 211. Absatz 2 soll lauten:

Ist b_x gleich dem mittleren Querschnitte eines Kraftrohres und δ_x gleich dessen mittlerer Länge, so wird, da der Koefficient k_1 für grosse Längen δ_x nahezu gleich 1 ist, die Leitfähigkeit eines solchen Rohres gleich

$$\frac{b_x l_i}{0{,}8 \delta_x}.$$

" 211. Zeile 8 von unten lauten dann die Formeln:

$$\Phi_x = B_l \cdot \delta k_1 \cdot \frac{b_x \cdot l_i}{\delta_x} = B_l \cdot l_i \cdot \frac{b_x \cdot \delta}{\delta_x} \cdot k_1$$

$$\Phi_a = B_l \cdot l_i \cdot b_i = B_l \cdot l_i \, 2 \left(\frac{b}{2} + \delta \cdot k_1 \cdot \Sigma \frac{b_x}{\delta_x} \right)$$

$$b_i = 2 \left(\frac{b}{2} + \delta \cdot k_1 \cdot \Sigma \frac{b_x}{\delta_x} \right) \quad \ldots \ldots \ldots \quad (35)$$

Seite 212. Zeile 4 lies AW_l statt AW.

„ 212. Formel 36 soll lauten $b_i = 2\left(\frac{b}{2} + \delta \cdot k_1 \cdot k_z \cdot \Sigma \frac{b_x}{\delta_x}\right)$.

„ 221. Zeile 8 von oben soll lauten:

Ist allgemein n die Zahl der Schlitze (s. Fig. 183), so ist die Weite eines Schlitzes

$$t - z = \frac{l_1 - l}{n}$$

und

$$\nu = \frac{t-z}{\delta} = \frac{l_1 - l}{\delta \cdot n}.$$

„ 222. Zeile 1 von oben lies $\frac{b_i \cdot l_x}{0{,}8\,\delta}$ statt $\frac{b_i \cdot l}{0{,}8\,\delta}$.

„ 225. Zeile 1 von oben soll lauten $B_i \cdot l \cdot \left(\frac{b_i}{t_1}\right) \cdot z \cdot k_2 = \Phi_a$.

„ 225. Unterste Zeile lies b_i statt b^i und b_i statt b.

„ 231. Zeile 5 von oben lies Polschuhflächen statt Polflächen.

„ 254. Zeile 8 von unten lies Φ_a statt Φ.

„ 270. Fig. 223 sind die Punkte des Ankerumfangs, die radial unter f und c liegen mit f_1 und c_1 zu bezeichnen.

„ 271 lauten dann die Formeln für B_{q1} und B_{q2}

$$B_{q1} = \frac{(B_l - B_{l\,min}) \cdot \delta \cdot k_1 + 1{,}25\,(\overline{c_1 B_1} - B_1 b) AS}{\overline{bc}}$$

$$B_{q2} = \frac{(B_{l\,max} - B_l)\,\delta \cdot k_1 + 1{,}25 \cdot \overline{bf_1} \cdot AS}{\overline{bf}}$$

„ 274. Zeile 11 von oben lies Kommutation statt Kommution.

„ 285. Zeile 15 von oben lies $(\Sigma PF)^2$ statt $\Sigma (PF)^2$.

„ 285. Zeile 20 von oben lies $\frac{1}{R_u'}$ und $\frac{1}{R_u''}$ statt R_u' und R_u''.

„ 294. Zeile 2 von unten lies Gl. 76 statt Gl. 75.

„ 295. Zeile 7 von oben lies $\sin A\pi$ statt $\sin \tau\pi$.

„ 298. Zeile 6 von unten lies e^x statt e_x.

„ 299. Zeile 5 der Tabelle lies e^x statt e und 1,648 statt 1,640.

„ 343. Zeile 14 von unten lies resp. $r = 1{,}9$ cm statt resp. $= 1{,}9$ cm.

„ 403. Zeile 2 von unten lies Prof. Ryan.

„ 406. Zeile 16 von unten lies H statt N.

„ 441. Zeile 3 von unten lies der Nebenschlussmaschine statt des Nebenschlussmotors.

„ 442. Text von Fig. 352 lies Nebenschlussmaschine statt Compoundmaschine.

„ 450. Zeile 2 von unten lies inducirte statt indicirte.

„ 485. Zeile 14 von unten lies $R_w \cdot s_{ux}$ statt $R_w \cdot s_u$.

„ 490 ist in Fig. 395 B_l statt B_δ zu setzen.

„ 506. Zeile 7 von oben lies $\left(\frac{50}{10}\right)^2$ statt $\left(\frac{50}{10}\right)$.

„ 541. Zeile 7 von unten lies Ankerbreite in cm statt in Sek.

Additional material from *Konstruktion, Berechung, Untersuchung und Arbeitsweise der Gleichstrommaschine*,
ISBN 978-3-662-42884-9, is available at http://extras.springer.com

Verzeichniss der Tafeln.

Berichtigungen.

Seite 10. Zeile 7, 5, 4, 3 von unten ist überall $2p\Phi$ statt $p\Phi$ einzusetzen.
Seite 66. Zeile 9 von oben ist „nicht“ zu streichen.
Seite 102. Zeile 3 von unten lies 90 statt 92.
Seite 237. Zeile 13 von oben lies Stäben statt Scheiben.
Seite 245. Zeile 1 von oben lies 40,5 statt 41,5.
„ 2 von oben lies 41,0 statt 40,0.
Seite 280 ist in der Tabelle 6000 statt 60 zu setzen.
Seite 284 Formel 37 lies k_z statt k_2.
Seite 306. Zeile 5 von oben lies W_n statt w_n.
Zeile 6 von oben Formel 72 soll lauten:

$$W_n = \frac{(1 + 0{,}04\, T_m)\, i_n\, w_n\, l_n}{5700}\, s_n.$$